THE SCIENCE OF CONSCIOUSNESS

의식의 과학

- 각성, 수면과 꿈 -

트레버 할리 저 | 김은미·안혜림 역

형설출판사
www.hyungseul.co.kr

목차

그림

머리말

인지과학은 20세기 후반에 마음을 연구하는 학제간 접근법으로 탄생했다. 이 분야는 실험심리학, 컴퓨터 과학, 철학, 언어학, 인류학, 비교심리학 등 다양한 분야에서 필요한 지식을 취합하는 전략을 채택했으며, 점차 신경과학에 기반을 두기 시작했다. 지난 30년 동안 나는 처음에는 인지 개론 수업을 가르쳤고, 나중에는 심화 선택 과정에서 의식 연구를 가르쳐 왔다. 그리고 그 과정에서 신경과학 연구 결과가 의식 이해에 중요한 역할을 하게 되는 과정을 지켜보았다. 이제 심리학의 모든 영역은 명확히 신경과학과 깊게 연관되어 있다. 이 시기 동안 심리학의 다양한 분야가 통합되었고 의식이 연구의 주요 주제로 떠올랐다.

그럼에도 불구하고, 나는 많은 학생이 인간의 존재가 뇌와 몸으로만 이루어져 있을 수 있다는 개념에 놀라는 모습을 목격해 왔다. 심리학 전공 학생들조차도 이런 생각에 불편함을 느낀다면 심리학에 대한 배경지식이 없는 사람들은 더욱더 충격을 받을 것이다. 결국, 뇌가 우리 존재의 전부이며, 따라서 의식에 대한 논의에서 신경과학이 핵심적인 역할을 수행하게 된다는 이해가 이 책을 세상에 내놓게 한 주요 동기였다. 나는 교육자로서, 철학적 일관성을 유지하면서도 신경과학을 중심에 두어 현재까지 알려진 과학적 정보를 바탕으로 의식에 대해 명확하게 논의할 수 있는 책이 필요하다고 느꼈다. 우리의 삶에는 여전히 해결되지 않은 수많은 미스터리가 있고, 그중 일부는 과학이 해답을 제시해 줄 수 있음을 보여주는 책이 필요했다. 이 책, 『의식의 과학』이 바로 그런 책이다.

접근법

『의식의 과학』은 학부생용 교재로 개발되었으며, 의식에 관한 심리학, 철학, 인지심리학 수업에서 활용할 수 있다. 그러나 더 많은 독자가 이 책을 접할 거로 생각하고 관련 분야를 전공하지 않은 독자들도 고려해서 내용을 구성하였다. 이 책은 의식의 과학에 대한 종합적인 입문서로서, 다음과 같은 독특한 특징이 있다.

학제적 접근법을 채택했다. 다양한 학문 분야의 발견이 의식 연구에 깊은 영향을 미치기 때문에 학생들에게 의식에 대한 최신의 정보를 가장 폭넓게 전달하려면 학제적 접근이 필요하다. 따라서 이 책에서는 중요한 주제를 논의할 때마다 사회과학부터 생물학, 컴퓨터 과학, 철학에 이르는 다양한 학문 분야를 활용한다.

이론적 체계를 제공하려 했다. 이 책은 논문이나 독창적인 연구 결과물, 발표문이 아닌 교재이기 때문에 다양한 원천에서 나온 자료를 포함하면서도 중립적인 태도를 유지하려 노력했다. 이 때문에 서로 상충하는 내용이 포함되어 있을 수도 있다.

심리학은 연구 방법에 대한 명확한 합의가 부족하다는 특징이 있다. 관련 지식이 풍부하고 연구 방법 역시 분명한 대학 물리학 교재와는 차이가 있다. 심리학 또는 관련 과목을 공부하는 학생들에게는 이런 불확실성을 받아들이고 항상 그 정도를 예측해야 한다는 어려움이 있다.

이 책에서는 편향을 배제하려 노력했지만 때때로 드러나는 경우도 있다. 나의 견해는 대니얼 데넷(Daniel Clement Dennett)보다 데이비드 차머스(David Chalmers)에 가깝다. 지난 수십 년 동안 철학은 의식에 대한 논의를 계속 촉진해 왔고, 그 동안 정교한 심리학 실험과 신경과학의 발전을 통해 이 문제를 이해하는 데 큰 발전이 있었다고 생각한다. 상대적으로 발전이 더디었던 '난제'들도 있을 것이며, 아마도 아직 해결되지 않은 문제들도 있을 것이다. 그러나 포기하면 발전은 불가능하고, 패배주의에 젖은 교재만큼 학생들을 우울하게 하는 것도 없을 것이다. 과학이야말로 인류의 가장 위대한 발명품이라고 믿기 때문에 이 책의 제목을 『의식의 과학』으로 정했다.

사전 지식이 거의 없는 독자를 가정해 책을 작성했다. 이 책의 범위에 포함되는 여러 학문 영역에 배경지식을 가지고 있지 않은 독자를 고려했다. 특히 의식을 이해하는 데 크게 기여하는 학문인 신경생물학은 비전공자들에게는 어려울 수 있다. 또한 의식을 논의할 때 사용되는 다양한 용어와 약어를 기억하기 어려울 수 있다는 점도 감안하였다.

그래서 독자가 모든 학문적 배경지식을 가지고 있지 않다는 가정하에 내용을 작성했다. 또한 반드시 필요한 정보는 아니지만 이해에 도움이 되는 정보는 '상자'로 배치해 흐름을 해치지 않으려 했다. 또한 책이 한 주제에서 다른 주제로 자연스럽게 이어지며, 다양한 학문에서 나온 개념들이 유기적으로 연결되도록 노력했다. 앞부분에서는 철학적인 내용과 다양한 실험을 다루었고, 주의나 잠처럼 의식과 연관된 주제를 다루는 뒷부분에서는 철학보다는 실험에 더 비중을 크게 두었다.

신경과학을 확고한 기반으로 삼았다. 이 책은 최근 급격하게 발전한 뇌 연구가 의식에 대한 이해를 완전히 바꿔 놓았다는 점을 인지하고, 신경과학을 확고한 기반으로 삼았다. 신경과학이 제공하는 실질적인 결과 없이는 의식에 대한 이해를 발전시킬 수 없다. 따라서 이 책은 신경과학이 발견한 사항들을 포괄적으로 다루고, 그 결과를 책 전체에 걸쳐 통합적으로 풀어냈다. 그러나 신경과학에 대한 사전 지식이 부족한 독자를 위해 용어 사전을 제공하였다.

의식의 '이례적인' 상태를 포함하여 통합하였다. 잠과 꿈의 과학을 간략히 다루는 다른 책들에 비해, 이 책은 이 주제에 3개의 장을 할애하여 최신 연구 결과를 상세히 설명하였다. 이는 특히 심리치개입법의 최신 동향에 관심이 있는 심리학 전공자에게 중요한 발견들이다. 의식의 '이례적인' 상태에 집중한 장들도 포함하여, 의식이 단일하고 단순한 상태라는 일반적인 견해를 넘어설 수 있다.

의식의 다문화적 측면을 강조하였다. 대부분의 심리학 실험은 서양의 젊은 대학생들을 대상으로 이루어지지만, 이들이 곧 80억을 넘어설 세계 인구를 대표한다고는 할 수 없다는 점을 인지하였다. 문화에 따라 의식에 대한 관점은 달라지며, 예를 들어 서양과 동양은 의식과 정신 상태에 대한 접근 방식이 다르다. 또한, 종교에 따라 의식의 변성된 상태(altered states)나 그에 이르는 수단(기도와 약물 포함)에 대한 강조점도 다르다. 언어의 차이 역시 우리가 세상을 인식하는 방식에 영향을 미친다.

교육적인 요소를 적극적으로 도입하였다. '직접 해보자(Try this)'라는 제목의 상자 안에는 독자가 직접 수행해 볼 수 있는 활동, 실험, 사고 실험을 소개하였다. 이런 활동을 통해 독자는 다양한 개념적 문제를 체험하고 이해할 수 있다.

전체적인 맥락에서 벗어나지만 독자에게 흥미롭거나 유용한 내용은 별도의 상자 안에 담았다. 특히 대학생들이 일반적으로 접하지 못하는 학제간 접근에 관한 배경지식을 제공하려 노력하였다. 이 책은 가능한 한 많은 이미지를 포함하였고, 이 이미지들은 단순한 장식적 요소가 아니라 정보 전달과 이해도 향상에 기여한다. 각 그림에는 상세한 설명이 추가되어, 독자가 필요한 정보를 확인하고 기억하기 쉽도록 하였다.

각 장에서는 추가로 읽을 만한 자료를 추천하였다. 학생들이 쉽게 접근할 수 있도록, 보충자료로는 주로 동료 심사를 통과한 학술지나 전공 서적 등의 내용을 종합해 소개하는 2차 자료를 선택하였다.

각 장은 해당 장의 주요 내용을 안내하는 로드맵으로 시작하며, 장의 끝에는 핵심 내용을 요약하였다. 이 요약은 독자가 각 주제에 대한 이해도와 지식을 평가하는 자가 검사 도구로 활용할 수 있다. 또한, 독자가 스스로 질문하고 답할 수 있는 질문들도 제공하였다.

본 책은 1장부터 18장까지 순서대로 읽는 것이 가장 이상적이지만, 각 장은 독립적으로 읽을 수 있도록 구성하였다. 또한, 독자의 이해를 돕기 위해 용어 사전을 제공하였다. 용어 사전에 포함된 단어들은 (서문을 제외하고) 본문에서 처음 등장할 때 눈에 띄게 붉은색으로 표시하였다. 일부 특정 분야의 용어는 별도의 용어 사전에서 다루었다. 예를 들어 신경해부학적 위치와 관련된 용어는 처음 등장할 때 검은색 이탤릭체로 표시하였고, 신경 전달 물질과 그 구조에 관한 용어는 각각 붉은색과 검은색으로 표시하였다. 범위가 제한적이지만 특정 장에서 중요하게 다루는 기술적 용어들은 이탤릭체로 강조하였다. 또한, 약어와 두문자어의 목록도 제공하였다.

온라인 자료

의식 연구 분야는 빠르게 바뀌고 있고, 독자는 이 책이 출판된 후 어떤 일들이 벌어졌는지 최신 정보를 계속 궁금해할 것이다. 물론 책 한 권에 정리하기에는 너무나 많은 정보가 존재한다. 이런 문제에 대처하기 위한 시도로 이 책을 위한 홈페이지를 개설했다. 다음 주소에서 접속할 수 있다. www.trevorharley.com/consciousness.html

『의식의 과학』에서 정정할 내용과 추가할 만한 내용, 논평, 최근 연구 소식, 의식을 다룬 다른 책들에 대한 정보 위주의 리뷰, 자주 받는 질문을 확인할 수 있다.

저자가 내려야 하는 가장 어려운 결정 중 하나는 얼마나 많은 인용을 표기할지다. 실제로 모든 내용에 대해 출처를 밝힌다면 책이 훨씬 두꺼워지고 문장마다 한 번씩은 흐름이 끊길 것이다. 동시에 모든 출처 표기가 진실해야 하고 독자가 쉽게 확인할 수 있어야 한다. 특정한 주장에 대해 추가적인 설명이나 검증이 필요하다면 내게 이메일을 보내주길 바란다. 온라인에서 더 쉽게 접근할 수 있는 엄청난 양의 자료를 확인할 수 있을 것이다. 의식에 집중하는 블로그의 수는 놀랄 만큼 많지만, 이런 블로그에서 제시하는 정보를 접할 때 곤란한 점은 학술지 논문과 달리 동료 심사를 거치지 않았다는 것이다. 그중에 신뢰할 만한 블로그의 링크를 웹사이트에 올려놓았다.

관련 과목을 가르치는 이들 중에는 이 책에서 어떤 주제는 빠져야 하고 어떤 주제는 추가되어야 한다고 생각하는 사람도 있을 것이다. 특정 주제를 다루어야 한다고 생각하면 내게 알려주길 바란다. 특정한 연구가 언급되어야 한다고 생각하면 역시 이메일을 보내주길 바란다. 시간이 흐르면서 새로운 연구들이 나와 오래된 생각들을 뒤집고 우리에게 새로운 이해를 선사하길 기대한다.

구성과 범위

앞의 몇 장은 의식이 무엇인지에 집중한다. 이에 대한 몇 가지 이론을 소개한 뒤 비교적 앞부분에 기계와 동물의 의식을 다룬 장을 배치했다. 의식이라는 주제를 새로이 접하는 학생들이 이러한 논의를 통해 의식의 본질에 대한 이해를 넓힐 수 있으리라 생각한다. 일반적으로는 각 장을 가능한 한 분리해서 구성했기 때문에 교수자가 읽는 순서를 결정할 수 있다. 그래도 처음 세 장을 먼저 소화하기를 권한다.

전체 내용은 3부로 구성된다.

1부는 의식의 본질을 다룬다. 의식이 무엇인지 알아볼 것이다.

1장에서는 의식이라는 영역을 살피고 의식이 왜 이토록 연구하기 어려운 주제인지 설명한다. 이 장은 책 전체의 요약이라 할 수 있다. 결론은 의식이라는 '문제'가 실은 서로 관련이 있는 여러 문제의 집합이라는 것이다.

2장에서는 하드웨어와 소프트웨어에 비유하기도 하는 마음과 뇌의 관계를 논한다. 이 장은 주로 철학적 논의에 집중한다. 의식을 생각할 때 무엇이 문제가 되는지 그리고 그 문제를 어떻게 풀어야 할지 이해하고 싶다면 반드시 읽어야 하는 장이다. 이 장에서는 의식의 '난제'라 불리는 질문에 집중한다. '왜 나라고 느끼게 되는 걸까?'라는 주제를 다루면서 심리철학에서 의식을 다루는 주요 철학적 접근법도 요약해서 소개한다.

3장에서는 자유 의지의 문제를 살핀다. 무언가를 하려 할 때 누가 결정을 내리고 있는지를 묻는다. 또한 이런 논의의 법적 함의도 검토한다. 우리에게 자유 의지가 없다면 각자의 행동에 참으로 책임을 물을 수 있을까? 유죄가 될 수 있기는 할까? 이 장에서는 철학적·심리학적·신경과학적 관점에서 행동하기로 하는 결정에 접근한다.

4장은 두 가지 유형의 의식 중 첫 번째 유형을 다룬다. 컴퓨터나 로봇이 의식을 가질 수 있을까? 의식이 있는지 없는지 어떻게 구분할 수 있을까? 기계의 의식과 관련된 윤리적 쟁점이나 공포가 있을까?

5장에서는 동물의 인식을 이야기하며, 어떤 동물이 자기 인식이 있는지 구분할 수 있는지 묻는다. 특정 동물이 의식을 가질 가능성이 있다면 이와 관련된 윤리적 쟁점은 무엇일까? 동물의 의식과 관련된 쟁점은 의식의 진화와도 이어진다. 왜 어떤 동물은 (짐작하건대) 의식을 갖는데 나머지 동물들은 그렇지 않을까? 왜 의식은 인류에게서 꽃을 피웠을까? 인간 의식의 발전 그리고 사회적 무리와 조직의 발전은 의식의 발전과 어떤 관련이 있을까?

2부는 의식의 작동을 다룬다. 어떻게 뇌에서 의식이 발생하고, 인지나 지각 과정과는 어떤 관련이 있을까?

6장에서는 내적 성찰(introspection)을 다루면서 우리가 의식에 관해 무엇을 배울 수 있는지를 검토한다. 우리는 무엇을 고민하고 있는가? 의식의 내용물은 무엇인가? 우리는 모두 자신의 의식에 관해 다 알고 있다고 믿는다. 바로 들여다볼 수 있기 때문이다. 하지만 심리학자들은 우리가 표면적인 의식에 속고 있다고 생각한다. 우리의 행동은 모든 종류의 편향과 자기기만에 취약하다. 특정한 뇌의 질환이나 손상은 우리 자신에 대한 정보에 접근하는 능력에 흥미로운 영향을 미친다. 또한 이 장에서는 프로이트(Freud)가 제시한 '능동적으로 억압되는 무의식'이라는 개념과 마음의 구조에 관한 이론도 소개한다. 그리고 우리가 모르는 사이에 영향을 미치는 과정과 프라이밍(priming)을 살펴보며 장을 마친다.

7장은 자기(the self) 그리고 자신의 정체성을 바라보는 우리의 관점을 논한다. 우리는 시간이 흘러도 변하지 않을 안정적인 정체성을 가지고 있을까? 핵심적인 '나'라는 게 있을까? 이 장은 자아(ego) 이론과 감각다발론(bundle theories of the sense)의 차이에 집중한다. 자기를 어떻게 오해할 수 있는지 보여주는 다양한 착각을 검토하면서 뇌 손상이 어떻게 우리의 정체성을 교란할 수 있는지에 대한 논의까지 이어간다. 특히 이 장에서는 우리의 기억에서 자기에 대한 감각을 얼마나 끌어낼 수 있는지 그리고 우리의 자전적 기억이 뇌 손상으로 인해 심각하게 교란될 때 어떤 일이 벌어지는지도 살펴본다. 자기에 대한 인지를 확인하기 위해 다시 신경과학적 근거에 집중할 것이다.

8장은 의식의 인지심리학에 더 초점을 맞춘다. 우리는 항상 자신이 깨어 있다고 '생각'하지만 정작 생각이란 무엇일까? 우리 중 많은 수가 자신의 경험을 논평하는 내면의 목소리를 듣는다. 이 목소리는 어디에서 왔고 다른 언어 체계와 어떤 관계를 맺고 있을까? 우리가 구사하는 언어의 형태가 세계를 사고하고 인식하는 방식에 어떤 영향을 미치는지 살펴본다. '주의(attention)'는 인지심리학에서 중요한 주제이며 분명히 의식과 관련이 있다. 하지만 이 장에서 알게 되는 것처럼 주의와 의식은 동일한 것이 아니다. 의식의 신경과학을 검토하고 특히 우리가 아무것도 하지 않을 때 '디폴트 모드(default mode)', 즉 몽상을 만들어 내는 체계가 활성화된다는 생각을 알아본다. 인지를 강조하는 의식의 모델들을 소개한 뒤 마지막으로 양자역학에서 의식의 근거를 찾아본다.

9장에서는 시지각과 시각적 인식, 뇌, 의식 사이의 관계와 밀접하게 연관된 주제들을 살핀다. 시각적 인식을 주제로 엄청난 양의 연구가 축적되어 왔다. 이러한 연구에서 무엇을 알게 되었을까?

10장에서는 의식과 뇌의 관계라는 핵심적인 문제를 자세히 다룬다. 언뜻 생각하기에는 마취제가 작동하는 방식 이상으로는 살펴볼 필요가 없을 것도 같다. 하지만 마취제의 작동 방식을 아는 게 유용하긴 하지만 궁극적인 답은 될 수 없다는 사실을 알게 될 것이다. 뇌 손상이 의식에 어떤 영향을 미치는지를 검토하면 많은 것을 배울 수 있다. 또한 결과를 해석할 때 몇 가지 주의할 점이 있긴 하지만, 뇌 이미징 기법 (혹은 뇌 영상 기법)들을 이용하면 알게 되는 것들이 있다. 의식의 끝인 죽음도 살펴본다. 하지만 정말 끝일까? 죽음 이후에는 의식이 전혀 이어지지 않을까? 그리고 우선 죽음을 어떻게 정의해야 할까? 죽음은 급작스러운 것일까 아니면 길게 이어지는 과정일까? 그리고 의식에서 죽음으로의 전환이 이루어지는 동안 영향을 미치는 것은 무엇일까? 죽음을 피할 수 있을까?

3부에서는 정상적으로 깨어 있는 의식과는 다른 상태의 의식들을 살펴본다. 잠, 꿈, 최면, 약물로 유도된 상태를 포함하는 '변성된 의식 상태(altered states of consciousness)'다.

11장에서는 정상적으로 깨어 있는 의식과는 무언가 다른 의식 상태, 변성된 의식 상태라는 개념을 소개한다. 의식 상태가 변성되는 것 같을 때 어떤 일이 벌어지는지 살펴본다. 뇌의 어떤 변화가 현상학의 변화로 이어질까? 이 장에서는 감각 박탈이나 유체 이탈 체험 등 다양한 원인으로 인한 변성된 상태를 살펴본다.

12장에서는 좀 더 친숙한 변성된 의식 상태이자 의식이 거의 부재한 상태인 잠을 다룬다. 수면 각성 주기를 제어하는 메커니즘은 무엇이 각성과 의식을 유지하는지 많은 것을 알려주는 듯하다. 뇌의 구조와 뇌의 연결, 신경 전달 물질을 살펴본다. 또한 수면부족과 수면장애가 미치는 영향도 알아본다. 마지막으로 우리가 왜 잠을 자는지, 그리고 잠이 학습과 얼마나 큰 관련이 있는지 설명하며 장을 마친다.

13장에서는 꿈과 관련이 있는 주제를 검토한다. 꿈은 누구에게나 낯설지 않은 변성된 의식 상태다. 우리는 무엇에 관한 꿈을 꾸고 왜 꿈을 꿀까? 꿈이라는 주제를 다루려면 자연스레 다시 프로이트를 찾게 되지만 꿈을 설명하는 방식은 더 많고 모두 모순되지도 않는다. 뇌가 꿈의 내용을 어떻게 만들어 내는지 알아보고 꿈의 병적인 측면, 즉 악몽에 관해서도 살펴본다. 또한 사람들이 자신이 꿈을 꾸고 있다는 사실을 인식하면서 꿈의 내용에 영향을 미치기도 하는 자각몽도 검토한다.

14장에서는 최면을 살펴본다. 심리학자들과 심리치료사들은 최면이 실제로 변성된 의식 상태인지를 두고 논쟁을 벌여 왔다. 이 장에서는 이러한 논의를 검토하며 주장의 근거들을 살펴본다. 최면은 어떻게 유도될까? 왜 어떤 사람들은 다른 사람보다 최면에 잘 걸릴까? 후최면암시(post-hypnotic suggestion)가 어떻게 작동하는지 그리고 임상에서 최면을 어떻게 활용하는지 알아본다. 또한 사람들이 최면 상태에서 자신이 원하지 않는 일을 하도록 조종하는 게 가능한지도 확인한다.

15장에서는 우리의 정신 상태에 영향을 미치는 향정신성 약물의 효과를 다룬다. 다양한 효과를 내는 수많은 약물이 존재한다. 일부는 합성되었고 일부는 자연 상태에 존재한다. 일부는 의학적 치료에 활용되고 일부는 오락을 위해 쓰인다. 일부는 합법이고 일부는 불법이다. 이 장은 의식에 관해 많은 것을 알려주는 약물들, 특히 환각제에 초점을 맞춘다. 여기서 핵심은 뇌의 어떤 변화, 특히 뇌의 어떤 화학 작용이 지각과 의식의 변화로 이어지는지다. 향정신성 약물 연구가 '정상적인' 의식에 관해 무엇을 알려주는지 살펴본다. 또한 이러한 약물의 사회적 맥락에 대한 간단한 논의를 살펴보며 오락을 위한 약물이 문화적 변화에 미쳤을 수 있는 영향도 알아본다.

16장에서는 명상을 살펴본다. 명상이 무엇인지 알아보고, 명상이 변화를 일으키는지 그리고 일으킨다면 어떻게 작용하는지도 검토한다. 정기적인 명상이 많은 면에서 이롭다는 증거가 셀 수 없을 정도로 쌓여 있으며, 이 장에서 이러한 증거들을 살펴본다. 또한 종교적이고 신비주의적인 경험과 관련된 생각들도 소개한다. 일반적으로 휴식하는 상태보다 어떤 면에서는 더 '나은' 의식 상태 혹은 적어도 더 '고조된' 의식 상태가 있는지 질문하며 장을 마무리한다.

17장에서는 초자연적 현상이 존재하는지 그리고 이러한 현상을 시험하려 할 때 발생하는 방법론적 어려움은 무엇인지 검토한다. 초감각적 지각과 관련 현상의 증거는 무엇일까? 그리고 이러한 주제가 의식에 관해 알려주는 것이 있다면 무엇일까?

마지막으로 18장에서는 1장의 끝에 제시했던 질문들을 다시 던져보고 이 책에서 배운 것들을 요약한다

감사의 말

많은 분들에게 감사드립니다. 익명을 원하는 몇몇 검토자들 덕분에 이 책이 훨씬 더 나은 형태로 완성되었습니다. 또한, 리처드 루스모어(Richard Loosemore)와의 토론을 통해 인공지능에 관한 논의가 더욱 풍성해졌습니다. 앨런 홉슨(Allan Hobson)의 열정과 격려가 없었다면 이 책은 현재의 모습으로 존재하지 않았을 것입니다. 앨런에게는 그의 너그러움, 환대, 경험, 지식, 열정에 대해 깊은 감사를 표합니다. 앨런은 헌사를 원하지 않는다는 것을 알지만, 그래도 이 책을 앨런에게 바칩니다. 그 외에도 많은 분들이 도움을 주셨습니다.

케임브리지 대학교 출판부(CUP)의 매슈 베넷(Bennett)은 이 책의 집필을 시작할 수 있도록 도와주셨습니다. CUP가 제공해준 모든 도움과 특히 인내심에 대해 깊은 감사의 말씀을 전합니다. 리사 핀토(Lisa Pinto)의 지도와 인내심, 린다 스턴(Linda Stern)의 상세한 논평과 노력에도 감사를 전합니다. 이 책으로 두 분께 보답할 수 있으면 좋겠습니다.

제인 애덤스(Jane Adams)는 탁월한 편집자였습니다. 또한, 레이철 노리지(Rachel Norridge)에게는 많은 시간과 도움을 주신 것에 대해 특별한 감사의 말씀을 전합니다. 오랜 세월 동안 리처드 윌턴(Richard Wilton)과 이 책에서 다룬 많은 주제에 대해 대화를 나누었습니다. 최근에는 『과학과 심리학(Science and Psychology)』이라는 책을 함께 집필하기도 했는데, 이 책에는 의식과 자유 의지에 대한 장이 있습니다. 자유 의지를 둘러싼 법적 쟁점에 관한 제 현재의 시각은 윌턴과 함께 쓴 책의 영향을 받았다고 확신합니다. 프랭크 존 스넬링(Frank John Snelling)은 '지적인 비전문가'로서 책을 미리 읽어보고 자신에게 어렵거나 정의가 필요하다고 생각되는 부분을 짚어주었습니다. 덕분에 독자들이 더 이해하기 쉬운 책을 쓸 수 있었습니다.

마지막으로 독자에게 격려의 말씀을 전하고자 합니다. 의식을 공부하는 것은 쉽지 않습니다. 때로는 어렵게 느껴질 수 있습니다. 하지만 그건 당신만의 문제가 아닙니다. 양자역학과 상대성이론과 같은 어려운 개념까지 이해해야 할 때도 있습니다. 이는 로켓 과학이나 뇌 수술보다 더 어려운 일입니다. 그러나 계속해서 공부하시면서 앞으로 나아가길 바랍니다.

약어 목록

ACC	Anterior cingulate cortex	전측 대상회피질
AI	Artificial intelligence	인공지능
AIM	Activation input modulation	활성화 입력 조절 모델
APA	American Psychological Association	미국심리학회
ASC	Altered state of consciousness	변성된 의식 상태
ASPD	Antisocial personality disorder	반사회적 인격 장애
AVH	Auditory verbal hallucination	청각 언어 환각
CBD	cannabidiol	칸나비디올
CN	Caudate nucleus	꼬리핵
CSF	Cerebrospinal fluid	뇌척수액
CLIS	complete locked-in syndrome	완전 락트인 증후군
DBS	Deep-brain stimulation	뇌심부 자극술
DCH	dynamic core hypothesis	다이내믹 코어 연구가설
DID	Dissociative identity disorder	해리성 정체감 장애
DLPFC	Dorsolateral prefrontal cortex	배외측 전전두엽피질
DMN	Default mode network	디폴트 모드 네트워크
DMT	N,N-dimethyltryptamine	N,N-디메틸트립타민
DN	Default network	디폴트 네트워크
DSM	The American Psychiatric Association's Diagnostic and Statistical Manual of Mental Disorders 미국정신의학협회 정신 장애 진단 및 통계 편람	
EEG	Electroencephalogram	뇌전도
ESM	Experience sampling method	경험 표집법
ESP	Extrasensory perception	초감각 지각
fMRI	Functional magnetic resonance imaging	기능적 자기 공명 영상
fNIRS	functional near infrared spectroscopy	기능적 근적외분광분석법
GWT	Global workspace theory	통합 작업공간 이론
GESP	a general extrasensory perception	전반적인 초감각 지각
HPPD	hallucinogen persisting perception disorder	환각제 지속성 지각장애

IIT	Integrated information theory	통합 정보 이론
LIFG	left inferior frontal gyrus	좌측 하부 전두회
LRE	life review experience	인생 회고 체험
LIS	Locked-in syndrome	락트인 증후군
MAOI	Monoamine oxidase inhibitor	모노아민산화효소억제제
MEG	Magnetoencephalography	자기뇌파검사
mPFC	Medial prefrontal cortex	내측 전전두엽피질
MCS	Minimally conscious state	최소의식 상태
MRI	Magnetic resonance imaging	자기 공명 영상
ms	Millisecond	밀리초, 1000분의 1초
MSR	Mirror test of self-recognition	자기 인지 거울 검사
MVPA	multi-voxel pattern analysis	다중 복셀 패턴 분석
NCC	Neuronal correlates of consciousness	의식의 신경 상관물
NDE	Near-death experience	임사체험
NREM	Non-rapid eye movement sleep	비렘수면
OBE	Out-of-body experience	유체 이탈 체험
OCD	Obsessive-compulsive disorder	강박장애
OFC	Orbito-frontal cortex	안와전두피질
PCC	Posterior cingulate cortex	후부 대상회피질
PCP	phencyclidine	펜시클리딘
PET	Positron emission tomography	양전자 방출 단층촬영술
PK	psychokinesis	염력
PGO	Ponto-geniculo-occipital	뇌교-슬상체-후두엽
POSTS	Positive occipital transients of sleep	양극후두부일시수면예파
PPC	posterior parietal cortex	후부 두정엽피질
PTSD	Post-traumatic stress disorder	외상 후 스트레스 장애
PVS	Persistent vegetative state	지속 식물 상태
REM	Rapid eye movement (sleep)	급속 안구 운동 (수면), 렘 (수면)
REST	Restricted environmental stimulation therapy	제한된 환경 자극 치료법
RP	Readiness potential	준비 전위
SCN	Suprachiasmatic nucleus	시각교차상핵
SSRI	Selective serotonin re-uptake inhibitor	선택적 세로토닌 재흡수 억제제
SWS	slow-wave sleep	느린 파형 수면, 서파 수면

TUTs	task unrelated thoughts	작업과 무관한 생각
TST	threat simulation theory of dreaming	꿈의 위협 시뮬레이션 이론
THC	Tetrahydrocannabinol	테트라하이드로칸나비놀
TLE	Temporal lobe epilepsy	측두엽뇌전증
TMS	Transcranial magnetic stimulation	경두개 자기 자극법

1부

의식의 본질

1 의식이라는 문제

이 장에서는 의식과 의식의 가장 중요한 특성들을 소개할 것이다. 의식의 정의를 살펴보고, 의식은 개인적 경험(private experience)이라는 말이 무슨 뜻인지 알아볼 것이다. '너로 존재한다'나 '나로 존재한다'는 생각에 관해서도 고민해 볼 것이다. 이 장에서는 책의 나머지 부분에서 더 자세히 살펴볼 개념들과 주제들을 언급하면서 왜 의식이라는 주제가 중요한지 설명할 것이다.

의식에 관한 연구들이 질문에 초점을 맞추는 반면 답변은 거의 제공하지 못한다. 그렇지만 이런 질문들은 '사람으로서의 삶'이 무엇을 의미하는지에 대해 고찰하게 만드는 중요한 요소들이다. 또는 무언가로 존재한다는 것이 어떤 것인지, 즉 의식을 가진다는 것이 어떤 것인지를 이해하는 데 핵심이라 할 수 있다.

우선 당신 자신을 생각해 보라. 지금 이 순간 당신을 당신으로 존재하게 하는 것은 무엇일까? 당신이 사랑하는 사람을 생각해 보라. 그 사람으로 존재한다는 것은 무엇이라고 생각하는가? 그들은 그들이 느끼는 것을 정확히 아는가? 그리고 당신은 그 사람이 무엇을 느끼는지 그대로 아는가? 사람마다 생각이 다를 수 있지만 적어도 마지막 두 질문에 대한 답은 모두 '아니다'다. 그리고 어떻게 해야 나의 의식과 당신의 의식을 확실히 알 수 있을지 그 방법조차 알지 못한다.

왜 의식을 연구하는가?

의식을 연구하는 것은 결국 '우리 자신이 무엇인가'에 대해 탐색하는 과정이다. 우리는 의식이라는 렌즈를 통해 이 세계를 (혹은 적어도 우리의 생각 속의 세계를) 인지한다. 우리가 우주를 경험하는 방법을 이해하지 못한다면, 어떻게 우주 자체를 이해할 수 있겠는가?

의식이 무엇인지 그리고 어떻게 작동하는지는 '생명이란 무엇인가?'나 '우주는 어디에서 왔을까?'처럼 과학이 품고 있는 근본적인 질문이다.

의식에 관한 연구는 우리가 이해하는 자연 과학의 한계에 의해 제한된다. 일부 과학자들은 의식에 관한 우리의 이해 수준과 물리 법칙 사이의 격차가 너무 커서 물리학으로는 의학을 이해하기 어렵거나, 의식을 이해하려면 물리학을 넘어서야 한다고 믿는다.

의식과 심리학

의식에 관한 연구는 심리학을 아우르는 주제다. 의식이 주의와 실행 절차(executive processes), 작업 기억, 지각, 의사 결정, 언어에 관한 연구를 연결하기 때문이다. 우리는 의식이 마음에서 계속 진행되는 모든 처리(processing)의 결과라 생각한다. 예를 들어 어떤 물체의 지각 처리가 끝나면 시각적 인식이 이뤄진다. 의식을 처리의 마지막 단계로 보는 이런 관점이 맞는 걸까?

의식과 신경과학

의식이 뇌에 자리하고 있는 위치를 찾으려는 노력 덕분에 뇌의 각 부분이 어떻게 연결되어 있는지 그리고 다양한 부분 사이에 정보가 흘러가면서 어떻게 의식이 생겨나는지 알게 되었다. 의식에 관한 신경과학 연구는 뇌라는 시스템이 심리적 과정을 어떻게 뒷받침하는지, 또 정상적인 심리적 과정이 뇌 안에 존재하는 많은 시스템의 미묘한 균형에 어떻게 의존하는지 우리의 이해를 넓혀주고 있다. 무엇이 망가질 수 있고, 기능 장애가 어떤 결과를 낳는지도 보여준다. 현재 진행되고 있는 가장 흥미진진한 신경과학 연구 중 일부는 의식과 관련된 주제를 다룬다

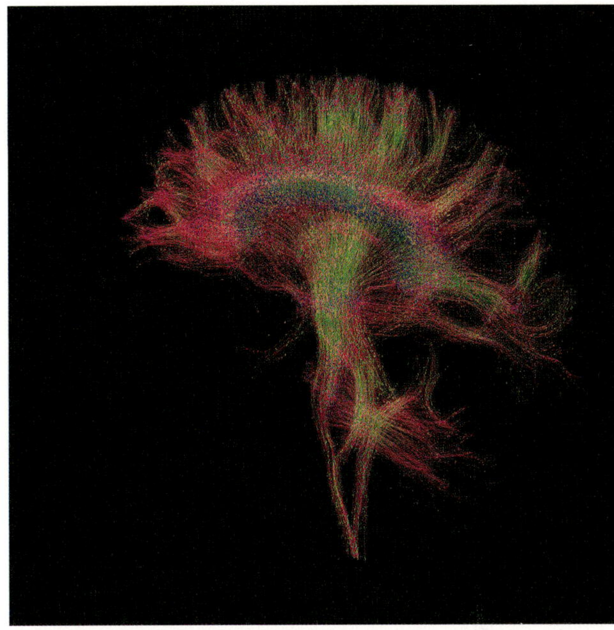

그림 1.1 확산텐서영상(diffusion tensor imaging)은 살아있는 뇌를 이미지화할 수 있는 최첨단 기술로 이 그림처럼 화려한 (그리고 유용한) 이미지들을 만들어 낸다.
출처: Callista Images/Cultura/Getty Images

의식과 철학

의식은 심리철학의 핵심 문제 중 하나다. 어떻게 물질인 뇌에서 인식이 생겨날까? 나의 개인적인 경험을 어떻게 물리법칙으로 설명할 수 있을까?

또한 의식은 철학적 사고의 근본적인 관심사인 자유의지의 문제와도 얽혀 있다. 나는 지금 여기 세련된 카페에 앉아 이 단락을 쓰고 있다는 사실을 인식하고 의식하고 있다. 또한 커피잔을 들어 바닥에 내던지는 행동을 선택하지는 않고 있다.이러한 선택은 행동에 대한 내 자유의지다. 반면에 내 모든 것이 나의 유전자와 과거에 의해 그리고 지금까지 우주가 걸어온 역사에 의해 결정된다면 자유 의지라는 감각은 착각에 불과하다. 나의 미래는 계속 여기에 앉아서 커피를 홀짝이고 예의를 지키며 절제된 태도를 유지하고 조용히 머무르도록 결정되어 있다. 내게는 선택의 여지가 없다. 일상적인 믿음에 완전히 반하는 결론이다. 철학자들은 아주 오래 전부터 자유 의지와 선택에 수반되는 문제들을 알고 있었지만(그림 1.2 참고) 지금도 널리 받아들여지는 해답은 없다.

그림 1.2 데모크리토스(Democritus, 기원전 460~기원전 370 추정). 데모크리토스는 모든 것이 '원자(atom)'로 구성되어 있으며 원자의 운동은 인과 법칙에 의해 결정된다고 주장한 그리스의 철학자다. 그가 구상한 체계에는 우연이나 선택이 끼어들 여지가 없었다.
출처: De Agostini Picture Library/Getty Images Plus.

의식을 연구하면 우리가 누구인지 혹은 어떠한 존재가 아닌지 알게 된다. 선택권을 가지는 '나'는 누구일까? 반대로 선택권이 없는 '나'는 누구일까? '당신'이 무언가를 하겠다고 결정할 때 그 사람은 '당신'인가? 그 상황을 통제하고 있는 이는 누구인가? 우리는 보통 누군가가 우리와 함께하는 것처럼 우리 자신이 세계

를 바라보고 우리의 정신생활을 관찰한다고 생각한다. 우리와 함께하는 듯한 이 조그마한 사람을 **호문쿨루스(homunculus)**라 한다(상자 1.1을 참고하라). 하지만 호문쿨루스라는 개념은 *무한 회귀(infinite regress)*라는 문제에 직면한다. 한 가지 관련이 있는 개념은 우리에게 세상을 경험하는 영구적인 '자기(self)'가 있다는 것이다. 나는 나 자신을 (나 자신은 나의 자기다) 내가 기억하기로는 내 다섯 살 생일에 축하 노래를 듣고 있었던 그 사람이라고 생각한다. 왜 그렇게 생각할까? 말이 되는 생각인가? 나 자신이 시간이 흘러도 지속되는 정체성을 가지고 있다고 생각하는 것이다. 이 '자기'라는 관념은 어디서 왔을까? 앞으로 살펴보게 되겠지만 의식에 몰두하는 많은 연구자들은 이러한 '자기'가 착각이라고 주장한다. 의식에 관한 연구들이 우리 자신에 대한 감각과 우리의 정체성에 대한 감각이 어디에서 왔는지 알려줄 것이다.

상자1.1 우리 안의 호문쿨루스

호문쿨루스는 라틴어로 '작은 사람'을 의미한다. 우리 머릿속에서 모든 것을 지켜보며 어떻게 행동할지를 결정하는 작은 사람이 있다는 생각이다. 이러한 아이디어는 과학에 앞서 발전한 기술이었던 연금술에 뿌리를 두고 있다. 호문쿨루스를 상상하는 방식 중 특정한 버전의 호문쿨루스는 심리학자가 아닌 사람들 (그리고 일부 심리학자들) 사이에서 인기가 높다. 우리는 자기 머릿속에 실제로 작은 사람이 들어 있다고 생각하지는 않지만 '내'가 내 머릿속에서 세계를 바라보고 있다는 느낌이 있다. 호문쿨루스 개념을 둘러싼 문제는 호문쿨루스가 어떻게 작동하는지 전혀 알지 못한다는 것이다. 호문쿨루스 안에도 그 호문쿨루스를 관찰하고 제어하는 더 작은 호문쿨루스가 있다면? 그렇다면 우리는 문제를 해결하는 대신 다른 문제로 대체했을 뿐이고, 재빨리 호문쿨루스 안의 또다른 호문쿨루스가 끝없이 이어지는 무한 회귀에 직면한다. 호문쿨루스라는 발상은 대중문화에도 등장한다. DC톰슨(D.C. Thomson) 출판사의 만화잡지 댄디(Dandy)와 비노(Beano)에 연재되었던 넘스컬스(Numskulls)라는 만화에는 우리 머릿속에 살면서 감각 기관과 뇌를 조종하는 아주 작은 기술자 팀이 나온다. 하지만 넘스컬스의 뇌는 누가 움직일까? 더 작은 넘넘스컬스(Num-Numskulls)가 있을까?

의식에 관한 연구는 사회에 많은 시사점을 제공한다. 우리에게 자유 의지가 없다면 개인에게 책임을 묻는 방식 역시 달라져야 한다. 내게 은행을 터는 것 외에 대안이 없었다면 해당 범죄 때문에 처벌을 받는 게 맞을까?

의식과 영성

의식은 과학과 인문학을 잇는 다리다. 왜 어떤 곡은 감동적이고, 어떤 그림은 아름다울까? 아름다움이나 공정성을 알아보는 컴퓨터를 상상할 수 있나? 상상할 수 없다면 왜일까? 과학은 우리에게 어떻게 행동해야 하는지 말해주지 않지만, 철학의 윤리는 삶의 방식을 말하고 우리가 어떻게 행동해야 할지 제안한다. 그래도 의식이 없다면 그러한 명령이 의미가 있을까?

우리의 의식은 가장 심오한 가치이자 과학을 넘어서는 감각인 *영성*과 긴밀하게 연결되어 있다. 우리는 무엇에서 영성을 느낄까? 그리고 무엇이 영적인 느낌을 만들어 낼까? 명상을 하거나 교회에 가거나 다른 방식으로 종교 활동을 하면서 특정한 경험에는 일상적인 경험보다 더 풍성하거나 더 고차원적인 면이 있다고 느낄 수 있다(그림 1.3). 아니면 당신의 마음이 몸을 벗어난 듯한 기분을 느끼는 것처럼 색다른 상태를 경험할 수도 있다. 어떤 사람들은 자신의 의식을 '확장'하기 위해 약물을 사용해 왔다. 이런 사실은 무엇을 의미할까? 의식의 다양한 상태 사이에는 어떤 관계가 있을까?

의식에 관한 연구는 잠이 들었을 때나 혼수상태일 때, 죽었을 때를 포함해 우리에게 의식이 없을 때 어떤 일이 벌어질지도 알려준다. 잠은 단순히 의식이 부재한 상태일까? 우리가 죽어가고 있을 때 그리고 그 후에는 어떤 일이 벌어질까?

의식에 관한 연구는 삶의 의미에 관한 탐구에도 영향을 미친다. 하지만 덴마크의 철학자 쇠렌 키르케고르(Søren Kierkegaard, 1813~1855)가 1844년 기록한 것처럼 때로는 의식을 가지는 것이 저주처럼 보이기도 한다.

그림 1.3 신앙을 실천하는 방식은 전 세계에 걸쳐 다양하다. 사진은 네팔 카트만두의 외곽에 자리한 아미타바 드룩파 사원의 여승들이 쿵후를 수련하는 모습이다. 출처: AFP/Getty Images.

> 자신을 의식하는 동물이 된다는 것은 무엇을 의미하는가? 기괴하지 않다면 적어도 터무니없는 생각이다. …… 누구든 벌레들의 먹이가 되고 만다는 사실을 아는 것이다. 무(無)에서 나와 이름과 자의식, 깊고 내밀한 감정, 생과 자기표현을 향한 고통스러운 내적 열망을 가지게 되지만 이 모든 것에도 결국 죽게 된다는 공포다. (Kierkegaard, 1980)

의식이 없다면 고통도 없을 것이다. 하지만 동시에 기쁨이나 즐거움, 아름다움, 사랑도 없을 것이다. 의식은 과학에서 가장 매혹적인 주제 중 하나이며 과학과 예술을 이어주는 주제다. 이 정도면 의식을 연구할 이유가 충분하다.

의식을 연구하는 법

의식의 과학적 연구는 한때 철학자들만의 영역이었으나 이제는 학제적 분야가 되었다. 한동안은 의식에 관한 연구가 제대로 된 대접을 받지 못했다. (아주 옛날이긴 하지만) 내가 케임브리지대학교 심리학과 학사과정을 다니던 때에 '의식'이라는 단어가 사용되기는 했었는지 잘 모르겠다. 다행히도 상황이 바뀌었고 의식은 심리학자와 철학자, 신경과학자, 외과 전문의, 컴퓨터과학자, 인류학자가 협업하며 연구하는 주제가 되었다. 이렇게 인지 과학자(cognitive scientist)들이 함께 모여 수행하는 연구를 의식학(consciousness studies)이라 한다.

의식을 알기 위한 방법 하나는 그냥 당신이 경험하고 있는 것들을 생각해 보는 것이다. 어쨌든 지금 당신은 의식이 있으니, 바로 당신의 마음속에서 어떤 일이 벌어지고 있는지 바라보는 게 어떨까? 이보다 의식에 관해 더 많은 것을 말해줄 수 있는 행동이 있을까? 자신을 관찰하고 자기 경험을 보고하는 이러한 과정을 **내적 성찰**이라 한다. 내적 성찰이 유용하긴 하지만 항상 신뢰할 수 있는 것은 아니다. 당연히 우리는 현재 의식하고 있는 것들만 내적 성찰을 할 수 있다. 우리 자신에 대한 우리의 지식은 한정되어 있으며, 대니얼 카너먼(2012)과 같이 인간의 추론을 연구한 심리학자들의 작업에서 드러난 것처럼 우리는 보통 자신의 한계를 알지 못한다. 예를 들어 소비를 할 때처럼 무언가 결정을 내릴 때 우리는 스스로가 합리적이라고 생각하지만, 실은 대개 인식하지 못하는 온갖 편향과 편견의 영향을 받고 있다. 대표적으로 우리는 보통 완강하게 위험을 피하려 한다. 실제로는 우리가 한 번에 의식하는 것들이 많지 않을 수는 있지만, 그렇다고 의식하지 못하는 것들이 우리에게 영향을 끼치지 않는 것은 아니다. 따라서 우리가 내적 성찰을 통해 의식의 내용을 보고할 때, 그리고 우리가 왜 특정한 방식으로 행동하게 되는지 생각할 때, 우리가 보는 그림은 어쩔 수 없이 불완전하며 가끔은 상당히 틀리기도 한다. 6장에서 내적 성찰의 한계를 상세히 들여다보고, 자신의 마음을 아는 것이 얼마나 어려운지도 훨씬 더 자세히 살펴볼 것이다.

따라서 의식을 연구하려면 다양한 방법을 사용해야 한다. 철학적 분석에 더해 의식과 관련이 있다고 여겨지는 변수들을 측정할 수 있는 심리학 실험을 실시하고 해당 변수들에 가한 실험적 조작의 결과를 관찰해야 한다. 그다음 어떤 일이 벌어지고 있는지를 설명하는 이론적 모델을 수립하기 위해 실험 결과에서 추론을 끌어내야 한다.

과학적 실험

심리학과 신경과학은 일반적으로 (특정 단어의 길이와 같은) 독립 변수를 조작하고 이러한 조작이 (그 단어를 말하는 데 걸리는 시간과 같은) 종속 변수에 미치는 영향을 관찰하는 실험과학이다(상자 1.2, 상자 1.3). 아직 의식을 측정하는 방법이 알려지지 않았고 따라서 의식을 종속 변수로 바꾸기도 어렵거나 불가능하기 때문에 의식에 관한 연구에는 어려움이 따른다. 머리에 쓰기만 하면 우리의 의식이 어떤지, 우리가 정말 무엇을 생각하는지, 우리가 지금 무엇을 경험하고 있는지 숫자로 보여주는 '의식 측정기'는 없다. 때로는 이런 어려움이 비관주의를 불러일으키기도 한다. 의식에 관한 연구로 얼마나 많은 것을 얻을 수 있을지 의심하게 되는 것이다. 하지만 (아직은) 의식을 직접 측정할 수 없다 해도 무언가에 관해 말로 보고한 내용이나 우리 자신 혹은 세계에 대한 판단처럼 의식에 의존하거나 의식과 관련이 있다고 추정되는 변수들을 측정할 수 있다.

상자1.2 과학에서 반증(反證, falsification)의 역할

그림 1.4 칼 포퍼 경(1902~1994). 칼 포퍼는 오스트리아에서 태어난 철학자로 영국 런던의 임페리얼 칼리지(Imperial College)에서 오랫동안 논리학과 과학적 방법론을 가르쳤다. 포퍼는 과학이 (옳음을 증명하는, 하지만 그가 보기에는 불가능한) 입증을 통해서가 아니라 (특정 이론이 틀렸음을 입증하려는) 반증을 통해서 발전한다고 주장했다.
출처: : ullstein bild/Getty Images.

과학은 세계에 관한 지식을 얻는 방법이다. 우리는 세계에 관한 데이터를 모으고 그 데이터를 설명하기 위한 이론을 수립할 때 과학적 방법을 활용한다. 데이터는 우리가 측정할 수 있는 모든 것을 말한다. 과학은 통제 가능한 관찰과 관련이 있고, 통제 가능한 관찰에서는 우연에 맡기는 것을 최소한으로 남긴 채 비교가 이루어진다.

이론은 새로운 예측으로 이어지고, 이후 더 많은 데이터를 대상으로 실험이 이뤄진다. 예측이 입증되면 그 이론은 지지를 받고 힘을 얻는다. 예측이 틀리면 어떤 식으로든 이론을 수정해야 한다. 오스트리아와 영국에서 활동한 탁월한 과학철학자 칼 포퍼 경(1902~1994)은 과학은 반증을 통해 진행되어야 한다고 주장했다. 우리는 자신의 이론을 증명하려 하는 대신 반증하려 노력해야 한다(그림 1.4). 우리의 예측이 틀렸다는 것을 알아내야만 과학이 발전하고 이론이 뒤집힌다. 우리는 아리스토텔레스의 물리학을 버렸다. 실제 실험이 이뤄지자 이 이론에 기반한 예측이 틀렸다는 사실이 확인되었기 때문이다. 동일한 높이에서 떨어뜨린 물체의 속도가 무게에 따라 달라지지 않는다는 것을 알았고, 움직이는 물체는 다른 힘이 작용하지 않는 한 속도를 유지하며 직선으로 계속 움직인다는 것도 알았다. 뉴턴 역학이 세상을 훨씬 더 잘 설명했다.

반증이 중요하긴 하지만 과학이 항상 반증된 이론을 퇴출하면서 발전하는 것은 아니다. 여기에는 두 가지 중요한 이유가 있다. 먼저, 어떤 이론이 아주 잘 작동하면 사람들은 당연히 한 가지 예측이 잘못된 것으로 확인되었다고 해도 해당 이론을 모두 거부하고 맨땅으로 돌아가 완전히 새로운 이론을 설계하기를 꺼린다. 이론이 전체적으로 틀린 것이 아니라 논리를 전개하는 과정에서 가정 중 단 하나가 잘못된 것은 아닐까? 그래서 우리는 높은 건물 꼭대기에서 깃털과 무거운 공을 떨어뜨렸을 때 공은 급히 추락하고 깃털이 하늘거리며 내려오는 것을 보아도 뉴턴 역학을 버리지는 않는다. 대신 공기의 저항과 같은 다른 요인들을 생각하고, 뉴턴 역학이라는 이론 전체가 아니라 두 물체가 통과하는 매질(medium)이 중요하지 않다고 생각했던 추정이 틀렸다는 것을 알게 된다. 두 번째로, 데이터를 모으려면 측정을 해야 한다. 그런데 측정법이나 관찰 도구가 잘못되었을 수 있다. 현미경으로 뇌의 한 영역을 들여다보니 안에 완벽한 원형의 검은 물체가 보인다고 하자. 하지만 내가 다른 사람들이 수 세기 동안 놓쳤던 새로운 뇌 구조를 관찰하고 있을 가능성은 거의 없다. 내가 쓰는 현미경의 렌즈에 얼룩이 있을 가능성이 훨씬 더 크다.

상자1.3 신경과학의 역사

신경과학은 신경계를 과학적으로 연구하는 학문이다. 특히 인지 신경과학에서는 신경계 그리고 신경계와 관련된 생물학적 과정이 어떻게 인지의 기저를 이루는지 연구한다.

오랫동안 뇌와 인간의 행동에 어떤 관계가 있는지 연구할 수 있는 유일한 방법은 뇌 손상을 입은 사람을 부검하는 것뿐이었다. 그 사람이 살아있는 동안에는 뇌 손상이 미치는 영향을 관찰하고 사후에 뇌의 어떤 부분이 손상되었는지 확인하는 방법이다. 부상의 위치를 바탕으로 손상된 뇌 부위를 추정할 수 있는 경우도 있었다(1848년 철도 작업 현장에서 발파 작업에 쓰던 쇠막대가 뇌를 관통했던 미국인 피니어스 게이지(Phineas Gage)의 사례가 대표적이다. 7장에서 그의 사례를 좀 더 상세히 다룬다). 신경외과 수술은 뇌의 어떤 부분이 손상을 입었는지 정확히 알려주었다. 예를 들어 *분리 뇌(split-brain)* 환자들을 보면 두 대뇌반구를 연결하는 신경 섬유인 **뇌량**(corpus callosum)이 손상되었다는 것을 알 수 있고, 이러한 손상의 결과로 행동에 어떠한 변화가 있는지 확인하기 위한 실험을 할 수 있었다. 또한 동물을 상대로 한 연구에 근거해 추정할 수도 있었다. 물론 동물을 상대로 한 연구 결과를 인간과 연결할 때는 분명히 주의가 필요하며, 특히 해당 동물이 언어를 사용하지 않고 자기 인식의 정도가 제한적이거나 자기 인식이 있는지 의심스러운 경우에는 더욱 조심해야 한다.

최근 들어서는 비침습적으로 뇌를 영상화할 수 있는 기술들 덕분에 뇌가 작동하는 동안에도 과학자들이 뇌의 구조를 살피고 전기적 활동을 측정할 수 있게 되었다. 가장 혁명적인 변화는 *기능적 자기 공명 영상(functional magnetic resonance imaging*, fMRI)이라는 기술에서 왔다. fMRI는 상당히 뛰어난 수준의 공간적·시간적 정확도로 뇌의 다양한 부분이 어떤 일을 하고 있는지 실시간으로 관찰할 수 있게 한다. fMRI로 인간을 실험한 최초의 연구는 1990년대 초에 이루어졌다. 장비 가격이 점차 저렴해지고 정확도는 올라가면서 그리고 fMRI를 이용한 연구를 수행하는 데 필요한 기술들이 점점 대중화되면서 이 기술이 널리 활용되게 되었다.

어떤 기술을 사용하든 뇌 영상을 활용할 때는 주의가 필요하다. 첫째, 뇌는 항상 연구자들이 염두에 두고 있는 특정한 작업을 수행하는 동시에 더 많은 일을 하고 있다. 따라서 연구의 대상이 되는 작업을 배경 잡음에서 분리해 내기 위한 기법이 필요하다. 둘째, 이러한 영상화 기술로는 뇌의 활동을 직접 측정하는 것이 아니라, 중간 지표를 통해 측정하는 것이다. 예를 들어 산소 소모량 등을 측정하는 것이다(Lilienfeld et al., 2015). 셋째, 아직은 공간 해상도(physical resolution)와 시간 해상도(temporal resolution) 사이에 일종의 트레이드오프가 존재한다(그림 1.5). 마지막으로, 언제 어디에서 어떤 일이 벌어지고 있는지 안다 해도 그것이 무슨 일인지 정확히 알 수는 없다는 사실을 기억해야 한다. 하지만 30년 전과 비교해 심리학이 완전히 다른 학문이 된 것은 사실이며, 행동에 대한 이해, 뇌와 행동 사이의 관계에 대한 우리의 이해도 대단히 확장되었다.

상자1.3 신경과학의 역사 (계속)

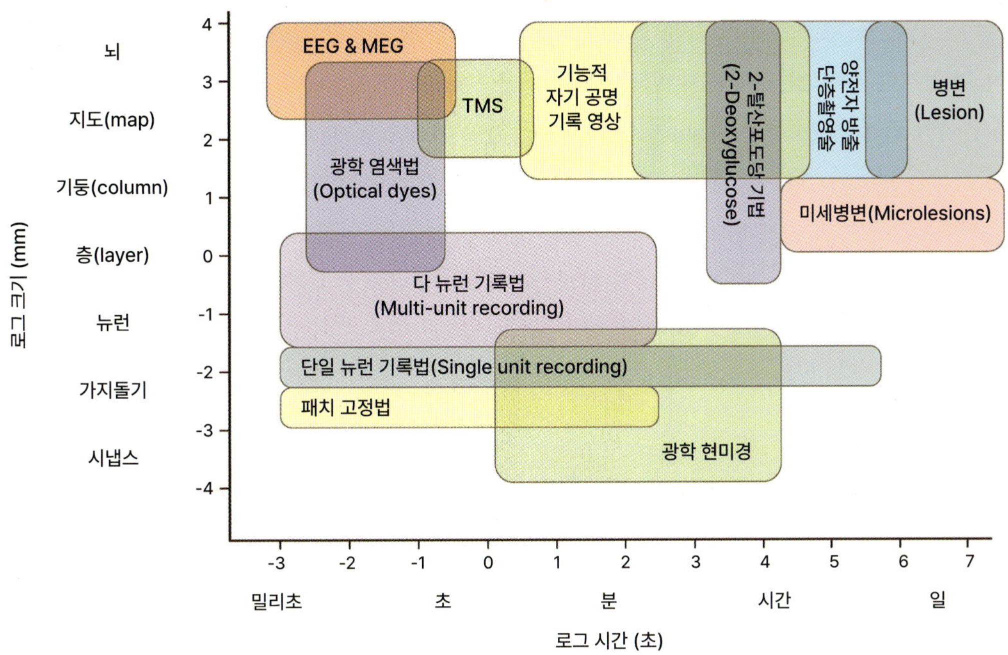

그림 1.5 다양한 신경과학 조사 기법의 공간적·시간적 정확도 또는 해상도. Y축에는 크기를, X축에는 시간을 나타냈다. 로그 축적이므로 축을 따라 눈금이 하나씩 커질 때마다 10배씩 차이가 난다. 각 기법에 관한 자세한 설명은 책 본문과 용어 사전을 참고하라.

심리학과 의식 연구는 뇌를 영상화하는 기술의 발전과 함께 급격히 진보하고 있다. 그리 멀지 않은 과거에도 뇌를 관찰하는 유일한 방법은 사람이 죽을 때까지 기다렸다가 부검하는 것이었다. 게다가 뇌 기능과 심리 현상 사이의 관계에 대해서는 여러 단계의 추론에 의존할 수밖에 없었다. 뇌 영상 기술은 살아있는 뇌를 관찰할 수 있게 하고, 현대의 기능적 영상화 기술은 살아있는 뇌가 무엇을 하고 있는지도 관찰할 수 있게 한다. 뇌가 하고 있는 일에 영향을 미칠 수 있는 다른 기술들도 있다. 그래서 인류는 처음으로 우리가 생각하고 결정을 내릴 때 뇌에서 어떤 일이 일어나는지 볼 수 있게 되었다.

하지만 반드시 마음에 새겨야 하는 경고가 있다. 첫째, 뇌 영상 기술로 할 수 있는 일에는 여전히 제한이 있다. 현재로서는 뇌를 공간적으로 아주 정확하게 측정하려면 비교적 오랜 시간이 걸린다. 따라서 뇌 영상 기술의 시간 해상도가 그다지 정확하지 않다. 뇌에서 일어나고 있는 일을 즉각적으로 시간적으로 보다 정확하게 측정할 수 있는 기술들은 공간 해상도가 비교적 떨어진다.. 따라서 지금은 시간적 정확도와 공간적 정확도 사이에 트레이드오프가 존재한다(그림 1.5). 또한 장비들이 여전히 거대하고 커다란 소음을 내므로 자고 있거나 꿈을 꾸는 상태에서는 검사가 어렵다(그래도 불가능하지는 않다). 물론 이 모든 한계는 사라질 수 있으며 그 시기가 되도록 빨리 앞당겨지기를 바란다. 두 번째 경고는 더욱 중요하다. 우리는 의식을 직접 측정하는 것이 아니라 뇌에서 무슨 일이 벌어지고 있는지 측정하고 있다. 누군가의 언어 보고를 이용하거나 뇌에서 무슨 일이 일어나고 있는지 알려주는 다른 간접 측정치를 이용해 의식에 접근할 수밖에 없다. 따라서 우리가 할 수 있는 최선은 영상 데이터와 의식의 여러 측면 사이에 존재하는 연관성을 찾아내는 것이다. 게다가 우리는 뇌의 활동을 직접 측정하는 게 아니라 산소 소모량처럼 뇌의 활동과 상관이 있는 무언가를 측정한다. 그렇지만 이러한 기술들은 앞서 인류가 활용해 왔던 기술보다 대단히 발전한 것이며, 의식에 관한 과학적 연구가 이전보다 더 진지하게 받아들여지는 데에도 어느 정도 기여했다.

뇌와 의식의 관계를 연구하는 또 다른 방법은 부상이나 뇌졸중, 수술로 인한 뇌의 손상이 의식에 미치는 영향을 조사하는 것이다. 뇌 손상의 효과는 정확히 뇌의 어떤 부분이 얼마나 많이 손상되었는지에 따라 무척 다르다. 우리는 앞으로 이 책을 읽어 나가며 뇌 손상에 관한 연구가 의식의 본질에 관해 아주 많은 것을 알려주었다는 사실을 확인하게 될 것이다. 이러한 신경심리학적 연구에서도 보통 영상화 기술을 활용하고 있어서 정확히 뇌의 어떤 부위가 손상되었는지 알 수 있다.

철학적 사고 실험

철학은 지식의 본질, 존재하는 것들, 마음의 본질, 가치의 본질에 관한 근본적인 문제들을 연구하는 학문이다. 이 책에서 주로 관심을 두는 분야는 심리철학으로 알려진 세부 분야다. 심리철학의 무기고에서 자랑할 만한 가장 강력한 무기는 어떤 가설이나 상황을 생각하면서 우리가 논리적 결론이라고 판단한 것을 철저히 따져보는 **사고 실험(thought experiment)**이다. 과학의 특징은 실험이다. 하지만 사고 실험은 적어도 지금 당장은 현실에서 구현할 수 없거나 구현하기가 무척 어려운 시나리오들을 다룬다. 이를 통해 우리의 편견을 드러내거나, 편견이 우리를 얼마나 놀라운 결론으로 이끌 수 있는지를 보여주기 위해서다. 훌륭한 사고 실험은 문제와 가정을 명확히 다듬을 수 있게 해준다. 이후 여러 장에서 '중국 뇌 문제(China brain)'와 '가장 명석한 신경과학자 메리 문제(Mary the clever neuroscientist)'를 포함해 여러 사고 실험을 살펴보게 될 것이다.

인공지능

의식을 조사하는 또 다른 방법은 의식을 만들어 보는 것이다. 컴퓨터나 로봇이 의식을 가질 수 있을까? 아니면 어떤 이유에서든 의식은 생물학적 체계에 국한된 것일까? 우리가 만들어 낼 수 있다면 의식이 있는 기계의 특성은 무엇이 되어야 할까? 우리가 의식이 있는 컴퓨터를 만들었다면 그게 어떤 건지 정확히 설명할 수 있을까? 인공적인 의식 역시 사람의 의식만큼 이해하기 어려울까? 결정적으로, 우리가 만들어 낸 컴퓨터가 의식을 가지는지 가지지 않는지 어떻게 구분할 수 있을까? 영화 「터미네이터(Terminator)」 시리즈(Cameron, 1984)에서 인공지능 스카이넷(SkyNet)은 인간들에 맞서 자기 인식 능력을 지키기 위해 핵 공격을 감행한다. 우리가 지각이 있는 인공지능을 만들어 낸다면 그 인공지능을 두려워해야 할까? 아니면 우리가 인공지능의 능력을 제한할 수 있어서 전혀 위협적이지 않을까?

인류는 인공지능뿐만 아니라 움직이면서 세상과 물리적으로 상호작용하는 기계도 만들어 낼 수 있다. 이러한 기계는 **로봇(robot)**으로 알려져 있다. 인간을 본떠 로봇의 외형을 만들 수도 있지만 이러한 외양은 속임수일 뿐이다. 세상과 상호작용할 수 있는 특성은 의식의 발전에 어떤 영향을 미칠까?

인류가 지금 가지고 있는 능력을 훌쩍 뛰어넘는 시도이긴 하지만 우리는 뇌를 만들려고 노력하면서 심리학과 신경과학, 의식에 관해 배울 수 있다(그림 1.6). 이미 이런 노력이 진행되고 있으며 지금까지 수백만 개의 신경 세포, 즉 **뉴런(neuron)**을 포함하는 대규모 모델을 만들어 내는 데 이르렀다. 크게 두 가지 방식으로 이 문제에 접근할 수 있다. 뉴런들을 컴퓨터 시뮬레이션으로 구현하거나, 실제로 인공 뉴런을 제작하는 것이다. 첫 번째 접근 방식은 시간이 오래 걸리지만 현재로서는 더 쉽다. 비슷한 맥락으로, 특정 부품을 장착함으로써 우리 뇌를 강화하거나 '업그레이드' 할 수도 있다. GPS처럼 간단한 기능을 추가할 수도 있고, 메모리 확장과 같은 광범위한 것도 가능하다. 이러한 변화들은 의식에 관해 무엇을 알려줄까?

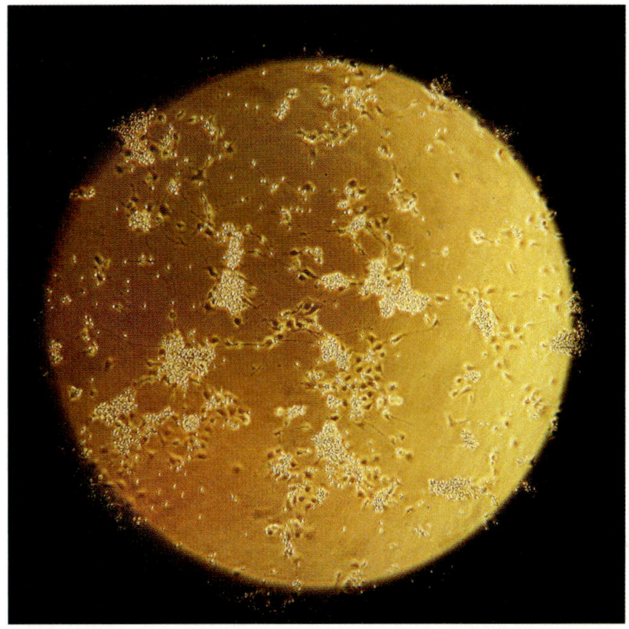

그림 1.6 성장 중인 뇌세포들. 스탠퍼드 대학교 의과대학의 신경과학 실험실에서 새로운 뉴런을 만들고 있는 쥐의 줄기세포를 확대 촬영했다. 생물학적 뇌를 만들어 내려면 신경세포를 성장시킬 수 있어야 한다.
출처: MediaNews Group/San Mateo County Times via Getty Images.

의식을 정의하기

영국의 심리학자 스튜어트 서덜랜드(Stuart Sutherland)는 의식을 "매력적이지만 종잡을 수 없는 현상. 그게 무엇인지, 무엇을 하는지, 왜 발달한 것인지 밝힐 수 없다"고 정의했다(Sutherland, 1989).

서덜랜드는 한발 더 나아가 의식에 관해 쓴 글이라면 그 무엇도 읽을 가치가 없다고도 했다. 다른 글은 모르겠지만, 적어도 이 책이 이제는 그의 주장이 통하지 않는다는 것을 보여주길 바란다. 하지만 의식을 정의하기가 어려운 것은 사실이다. 그저 보면 알 수 있는 것 중 하나다.

> **직접 해보자: 의식 정의하기**
>
> 당신도 의식이 무엇인지 자기가 아는 바를 생각해 보고 있을 것이다. 그렇다면 직접 정의해 보면 어떨까? 그다음 검색 엔진을 이용해 의식의 다양한 정의를 찾아보자. 당신이 내린 정의와 어떻게 다른가?

의식의 정의

의식은 지금 여기 우리로 존재한다는 우리의 경험이다. 꿈이 없는 잠에 빠지면 사라졌다가 다음 날 아침 깨어나면 돌아오는 것이다(Tononi, 2004; Tononi & Edelman, 1998). 우리가 죽으면 완전히 사라지지만, 10장에 살펴보게 될 것처럼 이 역시 논의해 볼 필요가 있다.

미국의 철학자 토머스 네이글(Thomas Nagel, 1974)은 어떤 유기체에 바로 그 유기체로 존재하게 하는 무언가가 있으면 의식이 있는 것이라고 제안했다. 지금 바로 이 책을 읽고 있는 당신을 당신으로 존재하게 하는 무언가가 있다. 당신은 아마 분명히 정원에서 벌레를 쫓으며 깡충깡충 뛰는 울새를 울새로 존재하게 하는 무언가가 있다고 생각할 것이다. 하지만 노트북이나 바윗덩어리로 존재하게 하는 것은 없다고 생각할 것이다

(Gallagher & Zahavi, 2012를 참고하라).

더 나아가 어떤 감각을 인식하는 경험인 **인식(awareness)**과 동일한 의식을, 우리 자신을 인식하거나 의식하는 것을 아는 **자의식(self-consciousness)**과 구분할 수도 있다.

비말(Vimal, 2009)은 문헌 조사를 통해 의식이라는 단어의 다양한 의미를 검토했고 총 40가지로 정리했다. 그리고 다음과 같이 결론 내렸다. "의식은 의식적인 경험과 의식적인 기능이라는 양면성을 갖는 독립체(시스템이나 프로세스)의 정신적 측면으로 정의할 수 있다. 다르게 말해서, 정신적 측면이 의식적인 경험과 의식적인 기능으로 이루어진다는 것은 해당 시스템이나 프로세스에 의식이 있다는 필요충분조건이다"(p17) 의식을 정의하면서 '의식적'이라는 단어를 사용했다는 사실에 주목하자!

인식

사전에서 의식의 뜻을 찾아보면 '인식'과 '인식하는'이라는 단어가 계속 등장한다. 의식을 갖는다는 것은 인식한다는 것을 포함한다. 사람들에게 의식을 무엇이라 생각하는지 물으면 아마 '깨어 있다는 것'이나 '무언가를 알고 있다는 것'이라 답할 것이다. '인식'은 의식이라는 개념에서 분명히 중요하다. 사전에서 '인식'의 뜻을 찾아보면…… '의식'이라는 단어를 만나게 될 것이다. 인식은 감각을 느끼거나 인지하는 상태다(Cohen & Dennett, 2011).

우리는 인식할 뿐 아니라 자기 인식도 한다. 우리가 인식하고 있는 상태를 아는 것이다. 우리는 깨어 있는 내내 생각을 하는 동시에 인식하고 있지만, 자기 인식은 우리가 자신의 인식에 주의를 돌렸을 때만 일어난다. 다양한 동물들도 인식한다고 하면 그들 중 얼마나 많은 수가 자기 인식을 할까? 어쩌면 자기 인식이 인간과 다른 동물들을 갈라놓는 특성일까? 중요한 질문이며 5장에서 논의할 주제다.

우리는 오직 우리 자신의 경험만을 의식한다는 데 주목하자. 우리는 우리로 존재한다는 것이 무엇인지 다른 이에게 설명할 수 없고, 상대 역시 그로 존재한다는 것이 무엇인지 우리에게 설명할 수 없다. 우리가 느낄 수 있는 방식으로 다른 이가 느끼는 통증을 설명할 수도 없다. 의식에는 근본적으로 개인적인 면이 있다.

우리는 지금 우리 자신의 의식만을 인식할 수 있다. 물론 우리의 의식이 온전히 현재에 갇혀 있는 것은 아니다. 기억이 있기 때문이다. 하지만 우리의 기억은 실제 사건이 아니라 인식의 결과물이다.

직접 해보자: 여러분의 마음을 관찰하라

무엇을 하고 있든 그냥 여러분의 마음을 관찰해 보라. 무슨 일이 벌어지고 있나? 지금 무엇을 인식하고 있는가? 특별히 무언가를 생각하고 있었나? 언어나 그림으로 떠올리고 있었나? 무언가를 기억하고 있었거나 무언가를 인식하고 있었나? 이제는 자신이 다른 무언가를 인식하게 할 수 있는가? 가능한 한 지금의 순간을 붙들어 보자. 상황이 바뀌었고 새로운 순간에 접어들었다고 말하기까지 얼마나 걸렸나? 여러분의 인식을 인식하는 자기 인식을 어떻게 묘사하겠는가?

타인의 마음이라는 문제

우리의 경험에는 이상한 구석이 있다. 오직 우리 자신만의 것이고 타인의 것은 될 수 없다. 의식은 우리 머리 밖의 세상과 아주 다르며 이러한 차이는 과학의 연구 주제가 된다. 둘의 차이를 묘사하는 방식에는 몇 가지가 있다. 의식은 주관적이라 하고 다른 것들은 객관적이라 한다. 우리는 우리 자신의 정신생활에 일인칭 시점을 사용하지만, 과학은 세상을 설명할 때 삼인칭 시점을 쓴다. 외부 세계는 공적이고 우리의 경험은 사적이다.

그림 1.7 음파를 이용하는 박쥐.
박쥐로 존재한다는 것은 어떤 것일까?
출처: Delimont/Gallo Images/Getty Images Plus.

의식은 이렇게 개인적이어서 연구하기가 어렵다. 여러분을 여러분으로 존재하게 하는 것은 무엇인가? 우리는 다른 이들의 마음을 영원히 들여다볼 수 없다. 우리의 경험은 개인적이고 다른 이들과 나눌 방법이 없다. 타인의 마음이라는 문제는 누구든 경험해서 알아낼 수 없는 문제다. 나는 여러분이 가지는 의식의 내용에 접근할 수 없고 반대도 마찬가지다. 우리는 진정으로 우리의 고통을 공유할 수 없다. '고통'이나 '붉은색', '뜨겁다'는 단어를 쓰면서 타인에게도 이러한 단어가 나와 같은 의미를 가지길 바랄 뿐이다.

1974년 네이글은 '박쥐를 박쥐로 존재하게 하는 것은 무엇인가?'라는 제목의 유명한 논문을 썼다. 박쥐는 음파로 공간을 탐색하고 먹이를 찾는다(그림 1.7). 인간의 오감과는 다른 종류의 감각이다. 우리는 다른 대부분의 인간으로 존재한다는 게 어떤 것인지 짐작할 수 있지만, *박쥐로 존재하는 게 어떤 것인지*는 상상을 시작할 수조차 없다. 박쥐는 주로 우리가 갖지 못한 감각이자 음파의 한 형태인 반향 정위(echolocation)로 세계를 인지한다. 대개 인간이 들을 수 있는 주파수 범위 밖의 소리를 낸 뒤 물체에 부딪혀 되돌아오는 음파를 감지한다. 이러한 감각은 빠르게 움직이는 곤충을 사냥할 수 있을 정도로 정확하다. 어쩌면 이러한 특성이 박쥐를 박쥐로 존재하게 하겠지만 우리가 상상할 수 있는 범위를 넘어선다. 네이글에 따르면 우리는 박쥐로 존재한다는 것이 무엇인지 절대 제대로 이해할 수 없다. 맥긴(McGinn, 1989)이 지적한 것처럼 "박쥐다움(bathood)"은 "지각이라는 측면에서 인간에게 허락되지 않는다". 박쥐가 특별한 게 아니다. 인간과 박쥐의 차이가 인간과 다른 포유동물의 차이보다 더 극단적으로 클 뿐이다. 어쨌든 이러한 차이는 일반적으로 존재한다. 어쩌면 우리는 박쥐로 존재한다는 게 어떤 것인지 대강은 알 수 있을지도 모른다. 어쨌든 반향 정위는 일종의 청각이며 인간 역시 훨씬 좁은 범위이기는 하지만 청각을 활용한다. 그래도 박쥐로 존재한다는 게 어떤 것인지 온전히 이해할 수는 없을 것이다.

심지어 인간의 경험을 상상할 때도 한계가 있다. 나는 태어날 때부터 시각 장애인으로 존재한다는 것이 어떤 의미인지 상상할 수 없고, 한 번도 세상을 보지 못한 이에게 본다는 것이 어떤 의미인지 짐작할 수 없다.

그림 1.8 1888년의 헬렌 켈러와 앤 설리번 선생님. 헬렌 켈러로 존재한다는 것은 어떤 것일까?
출처: Bettmann/Getty Images.

그림 1.9 내 미니어처 푸들, 보를 소개한다. 그에게 그의 보호자(즉, 나)로 존재하는 것이 어떨 것 같으냐고 묻는 게 가능할까?

헬렌 켈러(Helen Keller)는 1880년 미국 앨라배마에서 태어났다. 그는 19개월경 성홍열 또는 뇌수막염으로 추정되는 병을 앓은 끝에 시력과 청력을 잃었다. 그리고 7살에 앤 설리번(Anne Sullivan) 선생님에게 촉감을 통해 소통하는 법을 배우기 시작했다(그림 1.8). 손가락으로 소통하기 전 켈러의 경험은 어땠을까? 소통을 시작한 후 그의 경험은 어떤 면에서 우리의 경험과 비슷해지고, 어떤 면에서는 여전히 우리와 달랐을까? 켈러의 사례는 주목할 만하다. 그는 88세까지 살았고 예술학 학사를 취득한 최초의 시각·청각 장애인이었다.

마지막으로 내 강아지 보(Beau)를 만나 보자(그림 1.9). 미니어처 푸들로 막 두 살이 되었다. 이 책에서 몇 차례 그의 관점을 생각해 볼 것이다. 보는 무척 흥미로운 사례다. 나는 이 강아지를 아주 잘 안다. 우리는 무척 친밀한 사이다. 나는 그에게 의식이 있다고 확신하며, 때로는 자의식이 있다는 생각도 든다. (자신이 가진 모든 장난감의 이름을 비롯해) 인간의 말을 몇 단어 알아듣긴 하지만, 내가 보기에는 단어의 상세한 순서 같은 문법은 이해하지 못한다. 보는 세계를 나와 다르게 인지한다. 후각은 나보다 300배나 예민하다. 나는 보로 존재한다는 게 어떤 것인지 조금은 알고 있는 것 같지만, 그가 나를 어떤 존재라 생각하는지는 좀처럼 알 수 없다. 그냥 커다란 개라고 생각하지 않을까? 그에게는 내가 근접할 수 없는 부분이 있다.

의식의 난제 그리고 쉬운 문제

오스트레일리아의 철학자 데이비드 차머스는 '물리적 세계에서 어떻게 경이로운 인식이 일어나는가?'라는 의식의 핵심 문제를 **난제(難題)**라 칭했다. 다르게 표현하면, '특히 신경계와 뇌의 물리적 구조처럼 과학의 연구 대상이 되어 왔던 객관적인 과정이 어떻게 주관적인 경험을 유발하는가?'라고 할 수 있다. 이 난제는 종종 **설명적 간극(explanatory gap)**이라는 용어로 제시되기도 한다. 물리 법칙으로 세계의 물리적 속성들을 설명할 수 있는 데 반해 세계의 정신적 속성들은 설명하지 못하는 격차를 일컫는 용어다. 난제는 기계론적 법칙과 느낌·경험 사이에 존재하는 이러한 격차를 해소하기 위해 해결해야 하는 문제다.

쉬운 문제들은 난제 외에 우리가 의식에 관해 알고 싶어 하는 모든 것을 의미한다. 깨어 있는 것과 잠들어 있는 것, 혼수상태에 빠져 있는 것의 차이가 무엇인지, 시각과 다른 감각들이 어떻게 작동하는지, 우리가 어떻게 미래를 준비하고 자기 행동을 통제하는지, 잠들고 꿈꾸는 방식을 제어하는 과정은 무엇인지, 주의란 무엇인지, 기억에 어떻게 접근하는지, 우리 자신의 내적 상태에 어떻게 다가가고 보고하는지, 약물이 우리에게 어떤 영향을 미치는지, 뇌 손상이 인지적 처리를 어떻게 변형하는지, 우리 자신의 정신적 과정에 관해 무엇을 보고할 수 있는지 등등 심리적 과정에 대한 궁금증이다. 한 세기가 넘게 실험심리학을 발전시켜 왔는데도 이러한 문제에 대한 우리의 이해는 잘 봐줘도 여기저기가 듬성듬성 비어 있는 수준이다.

데넷(Dennett, 2014, 2018)과 같은 철학자들은 (실제로는 전혀 쉽지 않다고 생각하는) 쉬운 문제들을 모두 해결하면 '난제' 역시 풀리거나, 아니면 애초에 문제가 되지 않는다는 사실이 밝혀지리라 믿는다. 우리는 그저 이 연구 분야나 문제들을 제대로 이해하지 못하고 있는 것이다. 데넷은 또한 의식을 기능에서 분리하려는 것이 실수이며, 이러한 실수가 난제의 출현으로 이어졌다고 주장했다(Cohen & Dennett, 2011). 데하네(Dehaene, 2014) 역시 비슷한 의견을 밝혔다. 그는 '쉬운' 문제들이 실은 풀기 어려운 문제이고, 이 분야에 대한 우리의 지식이 발전하면서 '쉬운'이나 '어려운' 같은 꼬리표도 바뀐다고 했다. 철학자 피터 핸킨스(Peter Hankins)는 다른 접근방식을 취했다. 그는 사실 '쉬운 문제들'이 어려운 문제들이며 난제는 해결할 수 없다고 정리했다(Hankins, 2015).

이 책에서 난제만을 다뤘다면 무척 얇은 책이 되었을 것이다. 우리는 최근 몇 년간 쉬운 문제들에서 엄청난 진전을 이뤘다. 하지만 난제와 관련해서는 이 문제를 조금 더 이해하게 된 것 외에 그다지 발전이 없는 듯하다. 앞으로 살펴보게 되겠지만 어떤 이들은 이론적인 관점에서 우리가 절대 난제를 해결하지 못할 거라 주장한다. 반면 우리에게 이 문제를 풀 능력이 있으며, 적어도 어떻게 풀어야 하는지는 알고 있다고 믿는 이들도 있다. 어떤 사람들은 난제가 존재한다는 것 자체를 부정하며, 어떤 사람들은 그저 언젠가는 앞으로 나아갈 수 있길 바란다.

지향성: 우리는 항상 무언가를 의식할까?

'의식하는(conscious)'이라는 형용사에는 해석의 여지가 많다. 우리는 일상적인 대화에서 이 단어를 다양한 방식으로 사용한다. 그저 무언가를 바라보고 있다는 사실을 인식할 때 의식한다고 한다. '시간을 의식'할 수도 있다. 현재 시각 그리고 시간이 흐르고 있다는 사실을 아는 것이다. 또한 '네게 돈이 필요하다는 걸 의식하고 있어'와 같이 말하기도 한다. 여기서 의식한다는 말은 염두에 두고 있다는 뜻이다.

위에 든 예에는 모두 공통점이 있다. 일상적인 대화에서 언급될 때 의식은 무언가와 연관이 있거나 무언가를 향한다. 사실 의식은 항상 무언가를 향해 있는 것 같다. 우리는 늘 무언가를 인식한다. 우리의 생각이나 외부 세상에서 유입되는 감각, 우리 몸, 혹은 이 모든 것을 동시에 의식한다. 머리를 완전히 비우는 것은 불가능한 듯하다. 아무것도 생각하지 않으려고 할 때조차 바로 그 아무것도 없는 상태가 의식이 향하는 대상이 되어버린다. 의식에는 항상 대상이 있다는 생각을 **지향성(intentionality)**이라 한다. 오래된 개념은 아니지만 독일의 철학자 프란츠 브렌타노(Franz Brentano)와 관련이 깊다. 브렌타노는 지크문트 프로이트가 박사과정 시절 만난 스승 중 한 명이었고, 그의 생각은 오늘날 우리가 이해하는 무의식을 비롯해 초기 정신분석에 영향을 미쳤다. 브렌타노는 지향성이 사고와 의식의 중요한 특성 중 하나라고 주장했다(Bretano, 1874). 생각은 항상 무언가에 관한 것이며, 우리에게는 인식하지 않을 방법 자체가 없다. 우리는 항상 무언가를 인식하고 있으며, 인식하고 있다는 사실 그 자체만을 알 때도 마찬가지다. 의식에는 내용이 있다.

우리가 의식할 수 있는 것에는 한계가 있다. 몸 안에서 이뤄지는 소화 과정을 인식할 수는 없다. 종종 당혹스러운 꾸르륵 소리를 듣거나 소화가 잘되지 않는다고 느낄 수는 있다. 하지만 이러한 반응은 소화 활동이 신경계에 영향을 미친 부수적인 결과물일 뿐이다. 소화 과정 자체는 전혀 드러나지 않는다. 더 이해하기 쉽게 설명하자면, 우연히 장미 가시에 손이 찔렸을 때 우리는 통증을 전해주는 신경 세포가 아니라 통증을 의식한다. 아무리 신경 세포 하나하나를 의식해 보려 해도 불가능하다.

또한 의식은 다양한 심리적 과정에도 접근하지 못한다. 우리는 누군가가 한 문장을 이야기하는 것을 들으면 (보통) 그 문장을 이해한다. 하지만 자신이 그 문장을 어떻게 이해했는지 스스로 알아낼 수는 없다. 숙련된 운전자나 테니스 선수들은 이와 관련된 과정, 즉 지시를 듣고 행동에 옮기는 과정을 자동으로 처리한다. 사실 숙련을 요구하는 활동에서 개별 과정에 집중하면 오히려 문제가 발생할 수 있다. 노련한 테니스 선수나 골프 선수가 의식적으로 자신의 움직임 하나하나에 집중하기 시작하면 실력이 급격히 떨어질 수 있다.

직접 해보자: 아무것도 의식하지 않기

아무것도 의식하지 않도록 노력해 보자. 마음을 비우자. 무언가를 의식하지 않은 채 의식을 유지하는 것이 가능하다고 생각하나? 가능하다면, 당신이 아무것도 생각하지 않고 있다는 걸 어떻게 알 수 있나?

의식의 유형

심리학자들과 신경과학자들은 자신들이 지난 백여 년 동안 뇌와 행동에 관해서 그리고 둘 사이의 관계에 관해서 이해를 넓혀온 것을 자랑스러워한다. 지난 몇십 년간 두 학문의 발전 속도는 더욱 빨라졌다. 많은 이들이 두 학문 덕분에 의식에 관한 이해가 진일보했다고 평한다. 하지만 이 장에서는 연구자들이 제기한 근본적인 문제 몇 가지를 다루었다. 몇몇 연구자가 의식의 다양한 유형 혹은 측면을 구분하려 시도했던 것도 놀랄 일은 아니다.

현상적 의식과 접근 의식

미국의 철학자 네드 블록(Ned Block, 1995)은 **현상적 의식(phenomenal consciousness)**과 **접근 의식(access consciousness)**을 구분했다. 현상적 의식은 우리가 경험하는 것, 즉 우리로 존재하는 것이다. 외부 세계를 지각하는 감각이자 내면에서 일어나는 바람, 사고, 감각의 경험이다. 우리가 이 장에서 주로 이야기해 온 것이기도 하다. 많은 이들에게는 현상적 의식을 이해하는 것이 바로 해결해야 할 핵심 '난제'다. 접근 의식은 언어, 사고, 주의, 행동 제어, 추론과 관련이 있다. 우리가 말하고 생각하는 것 그리고 무엇보다 우리가 보고할 수 있는 것, 즉 (우리의 경험보다는) 생각, 감각, 희망 자체나 인지에서 처리된 표현과 연관된 의식이다. 블록은 P의식과 A의식이라는 약어를 사용하기도 한다. 대부분의 인지심리학 실험은 접근 의식에 관한 것이지만 이 장의 '직접 해보자'는 대부분 현상적 의식을 다루었다. 접근 의식은 컴퓨터 프로그램에서 정의할 수 있다고 하지만 현상적 의식은 정의할 수 없다.

현상적 의식과 접근 의식은 어디까지 분리할 수 있을까? 다르게 말하면, 다른 종류의 의식 없이 홀로 존재할 수 있을까? 블록은 보통 현상적 의식과 접근 의식이 상호작용하지만, 원칙적으로는 각각 독립적으로 존재할 수 있다고 한다. 예를 들어 우리는 현상적 의식을 제외하면 인간이 할 수 있는 모든 것을 할 수 있는 로봇을 만들 수 있을 것이다. 반면 인간이 아닌 많은 동물은 현상적 의식을 갖고 있지만 접근 의식은 없다. 경험은 하지만 그 경험이 인지 처리에 포함되지는 않아서, 자신이 무언가를 경험하고 있다는 느낌이 없다. 이런 설명이 실제로는 무엇을 의미하는지 그리고 둘을 확실히 구분할 수 있는지는 평가하기 어렵다.

블록의 구분은 논쟁을 불러일으킨다. 정의에 따르면 현상적 의식은 계산할 수 없고 접근 의식만이 상징이나 부호로 처리되기 때문이다. 그렇다면 수학 문제를 풀거나 문장을 쓸 때는 접근 의식을 사용하게 된다. 블록은 자신의 마음속을 들여다볼 수 있는 능력인 내적 성찰의 중요성을 강조했고, 내적 성찰을 가능하게 하는 사건들만이 상징으로 처리된다고 설명했다(Block, 1995). 게다가 우리가 이러한 구분을 받아들인다면, 몇몇 과학자들의 반박을 무시하고 감각이 계산적 메커니즘에서 생겨난다는 주장도 인정해야 한다(블록의 주장을 비판하는 많은 동료들이 문제 삼는 내용이 궁금하다면 Block, 1995를 참고하라). 현상적 의식과 접근 의식의 구분은 부분적 인식(partial awareness)을 설명하는 데도 문제가 있다(Kouider et al., 2010; Block, 2005에서 반론을 확인할 수 있다).

이러한 구분의 또 다른 문제는, 많은 이들이 현상적 의식을 우리가 일반적으로 의미하는 의식 전반으로 이해한다는 것이다. 블록이 접근의식이라 칭한 것은 심리학에서는 중요할지 몰라도 실제로 의식을 생각할 때는 중요하지 않아 보인다. 반면 일부 연구자들은 접근 의식으로 모든 것을 설명할 수 있다고 믿기도 한다(Naccache, 2018).

다른 유형 구분

블록이 현상적 의식과 접근 의식을 나눈 것처럼 다른 연구자들도 비슷한 유형 구분을 제안했다. 노벨상을 받은 미국의 생물학자 제럴드 에덜먼(Gerald Edelman)은 다양한 감각에서 확보한 정보와 최근 기억에서 통합한 감각을 한데 묶어 만들어 낸 현재의 인지를 1차 인지로 구분했다. 그리고 의식과 생각, 계획, 기억에 접근할 수 있는 능력을 인지하는 것을 2차 인지라 칭했다. 2차 인지는 우리 자신의 생각을 처리하고 추상적 추론을 할 수 있게 한다(Edelman, 2003).

이렇게 인지를 분류하려는 모든 시도는 우리가 인식과 비인식, 인식과 (우리가 인식하고 있다는 것을 아는) 자기인식, 느낌과 정서, 단순히 현재에 살아있는 것과 과거에 대한 기억을 가지는 것, 미래를 예감하는 것 사이의 차이를 명확히 알아야 한다는 것을 보여준다. 이러한 구분에 대한 합의가 없다는 사실은 우리가 의식과 인식의 공간을 어떻게 분할해야 하는지 제대로 알지 못한다는 것을 일깨운다.

많은 이들이 핵심적인 의식과 현상적 의식에만 관심을 가진다. 그리고 왜 주의나 기억, 시각처럼 지엽적인 심리학적·신경과학적 쟁점에까지 신경을 써야 하는지 궁금해한다. (차머스와 같은) 이런 사람들은 우리가 가능한 한 난제에 집중해야 한다고 믿는다. 의식 연구에서 유일하게 중요한 질문이기 때문이다. 반면 데넷처럼 쉬운 문제를 먼저 해결해야만 난제를 풀 수 있다고 믿는 이들에게는 이런 '지엽적인' 문제들이 모든 것을 알아낼 수 있는 열쇠다.

의식의 수준

꿈을 꾸는 동안에도 의식이 있는지 생각해 보자. 우리는 시각적으로, 청각적으로 생생한 경험을 하며 때로는 움직임까지 더해진다. 따라서 의식이 있기는 하지만 어떤 면에서는 분명히 '정상적으로' 깨어 있는 의식과 다르다. (보통) 꿈속에서는 경험을 되새길 수 없다. 굉장히 기이한 상황에서도 잠시 멈춰 서서 '어, 이거 이상한데? 일어날 수 없는 일이야. 지금 꿈을 꾸고 있는 걸까?'라고 생각하지 않는다. 또한 꿈속에서는 행동에 영향을 미칠 수 있는 능력이 크게 제한된다. 잠이 들었지만 꿈은 꾸고 있지 않을 때는 어떨까? 일반적으로는 의식이 없다고 할 수 있다. 하지만 의식이 없다고 해도 존재하지 않는 것과 같지는 않다. 자고 있다가도 큰 소리가 나면 대개 깨어날 것이다.

달랑거리는 장난감을 보며 웃음을 터트리는 아기는 어떨까? 젖먹이 아기들은 아직 언어가 없다. 기억도 많지 않다. 빨리 움직이지도 못한다. 그들의 의식은 아마 우리의 의식과 다를 것이다. 그래도 대부분의 사람들은 젖먹이 아기들도 어느 정도 의식을 가지고 있다고 할 것이다.

침팬지나 여러분의 반려동물, 마당의 새는 어떨까? 모두 어느 정도는 의식이 있는 것처럼 행동한다. 대부분의 사람들이 다른 영장류에게도 의식이 있다고 생각한다. 많은 동물들이 통증을 느낄 때면 분명히 괴로워하며 아프다는 신호를 보내는 듯하다. 인간, 초기 인류, 침팬지, 개, 새, 물고기, 새우, 개미, 세균, 나무, 바위의 사진이나 그림을 일렬로 배치하고 어디까지 의식이 있는지 물으면 어떻게 답하겠는가? 다양한 답이 나왔지만 대부분은 물고기와 개미 사이 어딘가에 의식의 선을 그었다(Reggia et al., 2015). (현재로서는) 이 질문에 대한 답을 알아낼 방법이 없지만 사람들이 인간에게만 의식이 있다고 생각하지 않는다는 건 분명하다. 그리고 앞으로 살펴볼 것처럼 사람들이 유독 물고기에게 빡빡하게 구는 것일 수도 있다(5장을 참고하라).

아기나 개의 의식이 성인의 의식과 다른 것은 분명하지만 의식의 수준을 나눌 수 있을까? 나는 개나 아기보다 더 의식적일까? 박식하기로 이름난 더글러스 호프스태터(Douglas Hofstadter)는 그렇게 생각했다. 그는 저서 『나는 기이한 폐회로다(I Am a Strange Loop)』에서 '더' 의식적이고 '덜' 의식적이라 생각하는 의식의 체계를 제시했다. 우리는 꿈을 꾸고 있을 때보다 완전히 깨어 있을 때 더 의식적일까? 그림 1.10은 호프스태터가 제시한 의식의 체계다. 온전한 추측이 포함되어 있다는 것을 잊지 말자. 개보다 더 의식적인 새도 있을 수 있다. 누가 알겠는가? 우리가 '더 의식적'이라 말할 때는 의식에 측정할 수 있는 일종의 크기 차원이 존재한다고 가정하고 있다. 하지만 이런 차원이 존재하는지는 불분명하다.

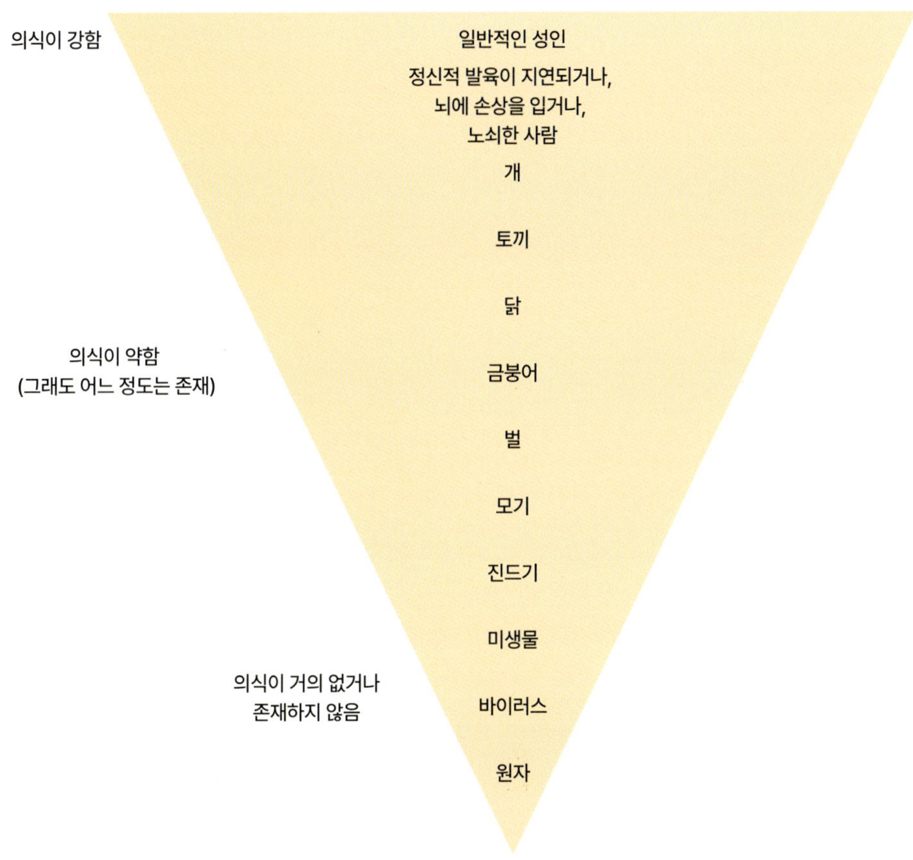

그림 1.10 호프스태터의 '의식 원뿔'(본인이 붙인 이름이다). 대부분의 사람들이 의식을 단계가 나뉘는 현상이라 생각한다. 어떤 유기체는 다른 유기체들보다 더 '강한' 의식을 가진다. 이런 일반적인 믿음이 옳은 것일까?
출처: Hofstadter (2007).

마취 상태에 관한 연구나 혼수상태 혹은 다양한 뇌 손상을 입은 사람들에 관한 연구 역시 의식을 단계가 나뉘는 현상으로 볼 만한 근거를 제공한다(이 주제는 10장에서 더 자세히 다룬다). 깨어 있을 때, 특히 지금이 언제이고 어디에 있는지 혼란스러울 때는 어떤가? 그럴 때면 보통 '아직 덜 깼어'라고 말하곤 하는데 아마 화자가 의도한 것보다 더 사실적인 표현일 것이다.

인간은 자신을 둘러싸고 있는 것들을 인식할 뿐만 아니라 자신이 인식하고 있다는 사실을 알 수 있다는 측면에서 자기 인식도 한다. 우리는 자신의 의식을 성찰할 수 있다. 이런 능력은 대개 정상적으로 깨어 있는 의식에 한정된다. 보통 자기 인식이 없고, 잠시 멈춰서 자신이 깨어 있는지 아니면 잠들어 있는지 물을 능력이 없는 것이 꿈꾸기의 특징이기 때문이다. 인식한다는 것을 인식하고 그 인식을 또 인식하는 이런 무한 회귀는 자기 자신으로 정의되거나 자신을 이용하는 **재귀(recursion)**의 한 예다. 어떤 연구자들은 인류만이 재귀적으로 사고하는 능력을 가지고 있으며 이러한 능력이 인간의 언어를 학습하는 데 필수적이라 생각한다(Corballis, 2014). 이러한 주장이 옳다면 인간만이 자신을 인식할 수 있다는 가설이 옳을 것이다.

우리의 의식은 정상적으로 깨어 있는 상태에서 다양한 방식으로 변화하기도 한다. 꿈꾸기가 대표적인 예지만 향정신성 약물을 복용하면 더 극적인 변화가 일어난다. 이러한 약물의 효과는 종류와 복용량에 따라 미약할 수도 있지만 LSD와 같은 환각제라면 극단적인 반응을 유발할 수도 있다. 약물은 마음을 어떻게 변성시킬까? 약물의 화학적 효과는 어떻게 지각, 인지 그리고 특히 의식의 변화로 이어질까? 약물의 생체 작용은 우리가 경험하는 현상과 어떠한 관련이 있을까?

의식을 변성시키는 방법은 더 많다. 명상, 마음챙김, 최면은 모두 정상적으로 깨어 있는 상태를 의도적으로 바꾸려 할 때 사용되는 기술이다. 이때 어떠한 변화가 수반되고, 동시에 뇌에서는 어떤 일이 일어날까? 심오한 신비주의적 체험이나 종교적 체험 역시 의식의 변화를 포함한다. 감각 차단은 휴식의 수단과 고문 방법으로 모두 쓰일 수 있다.

죽음은 의식의 최종적인 변성이다. 정말 그럴까? 죽음은 누르기만 하면 의식의 영구적 소멸로 이어지는 스위치 같은 것일까? 죽음을 어떻게 정의할까? 갑작스레 찾아오는 것일까, 아니면 점진적인 과정일까? 죽음에 다가갔다가 살아난 사람 중 일부는 임사체험을 보고한다. 보통은 평화로움을 느꼈고 심지어 즐겁기까지 했다고 하며, 대체로 빛의 터널을 따라 내려갔다고 한다. 이런 사람들은 정말 그들 중 일부가 믿는 것처럼 천국으로 향하다가 되돌아온 것일까?

의식이 '정상적'으로 깨어 있는 상태가 의식의 유일한 유형이 아닌 것은 분명하다. 다른 상태에서의 현상, 즉 우리가 느낀 것과 경험한 것을 어떻게 설명해야 할까? 그리고 이러한 의식의 상태 변화는 신경계의 변화와 어떤 관련이 있을까?

의식 연구의 역사

그림 1.11 미국의 행동주의 심리학자 B. F. 스키너(1904~1990)와 그가 발명한 스키너 상자. 스키너 상자는 비둘기와 쥐의 행동을 연구하는 데 쓰였다. 행동주의 심리학자들은 동물의 행동에 집중했고 의식처럼 추상적인 구성개념이 끼어들 틈은 없었다.
출처: Joe Wrinn/The LIFE Images Collection/Getty Images.

역사가 시작된 이래 줄곧 사상가들이 의식에 대단한 관심을 가졌던 것은 놀랄 일이 아니다. 인간이라면 누구나 세계를 경험하며 경험이야말로 인간이라는 존재의 가장 중요한 특성이기 때문이다. 그리스 철학자들은 의식의 존재를 짐작했다. 종교에서는 인간의 의식을 비물질적인 *영혼(soul)*의 핵심으로 본다. 일부 신앙에서는 영혼이 영원히 사라지지 않고 (기독교에서 믿는 것처럼) 심판을 기다리기 위해 육체를 떠나 독립적으로 존재하거나, (불교에서 믿는 것처럼) 여러 차례 다른 육체로 환생하는 등 다양한 방식으로 죽음 이후에도 지속된다고 생각한다.

16세기와 17세기에 코페르니쿠스, 케플러, 갈릴레오와 같은 천문학자들의 연구를 바탕으로 과학혁명이 시작되었다. 초기의 과학은 대개 물리학에 집중되어 있었고 이후 생물학도 발전했지만 의식은 심리와 함께 여전히 철학에 국한된 주제였다. 한 예로, 프랑스의 철학자 르네 데카르트(René Descartes, 1596~1650)는 모든 존재는 근본적으로 다른 정신과 물질의 두 유형으로 나눌 수 있다고 주장하며 이원론(二元論)으로 육체와 정신의 문제를 설명하려 했다(2장을 참고하라).

1907년 미국 매사추세츠 하버힐의 내과 의사였던 덩컨 맥두걸(Duncan MacDougall)은 영혼에 물리적 무게가 있다는 가설을 세웠다. 그는 영혼이 육체를 떠난 뒤 체중을 측정해 영혼의 무게를 알아내려 했다. 맥두걸은 여섯 환자의 사망하기 직전 체중과 직후 체중을 재서 비교했고 영혼의 무게가 21그램이라 결론 내렸다. 이 수치는 공상과학 소설과 영화에 자주 등장하지만 측정 오차임이 거의 확실하다.

심리학은 독일 철학자 빌헬름 분트(Wilhelm Wundt, 1832-1920)와 미국 철학자 윌리엄 제임스(William James, 1842~1910) 같은 인물이 등장한 19세기 후반부터 진정한 과학으로 발전했다(Schultz & Schultz, 2015). 초기 심리학은 당연히 인지나 기억처럼 측정하기 쉬운 대상에 초점을 맞추었다. 20세기 초 미국에 존 브로더스 왓슨(John Broadus Watson)과 벌허스 프레더릭 스키너(Burrhus Frederic Skinner)를 비롯한 행동주의 심리학자들이 출현하면서 의식 연구는 구석으로 밀려났고, 마음처럼 모호한 개념들은 관찰가능한 행동에 자리를 빼앗기며 사실상 폐기되었다.

인지심리학은 미국의 언어학자 노엄 촘스키(Noam Chomsky)의 작업과 디지털 컴퓨터의 발전에 힘입어 20세기 중반부터 심리학을 주도하는 패러다임으로 부상했다. 디지털 컴퓨터는 곧 마음의 작동 방식에 관한 은유(metaphor)가 되었다. 초기 인지심리학 연구 중 많은 작업이 뇌가 어떻게 작동하는지 충분히 고려하지 않은 채 인지 과정을 다루었기 때문에 본질적으로 이원론적 입장을 채택했다고 볼 수 있다. 이 시기에는 의식에 관한 연구가 거의 이루어지지 않았다. 의식은 어딘가 기괴하고 거의 금기시되는 주제로 여겨졌다.

20세기 말 뇌 영상화 기술이 발전하면서 심리학은 뇌에 집착하게 되었고, 인지심리학과 뇌과학이 결합되어 새로 만들어진 분야인 인지신경과학이 심리학의 지배적인 패러다임이 되었다. 뇌 영상화 기술의 부상과 함께 인식도 심리학의 전면에 등장했고 지금은 가장 흥미진진하고 많은 연구가 이루어지는 주제로 자리 잡았다. 하지만 앞으로 살펴보게 될 것처럼 연구자마다 의식을 다르게 이해한다.

의식이라는 문제

앞선 논의들을 살펴보면 의식이라는 문제는 서로 관련이 있는 여러 문제의 집합처럼 보인다. 아래에 의식을 연구하는 이들을 위한 11가지 문제를 요약했다. 지금까지 살펴본 논의들을 더 자세히 설명하고 확장하면서 몇몇 핵심 용어와 생각들을 소개했다. 이 책의 나머지 부분에서는 이 11가지 문제와 관련해 지금까지 알아낸 지식들을 확인하게 될 것이다.

난제: 왜 나로 존재하고 있다는 느낌을 받을까? 왜 지금 느끼는 것과 같은 감정이 생겨날까? 빨간 장미를 볼 때 받게 되는 '빨갛다는 느낌'은 무엇일까? 그리고 왜 이런 감각을 누구에게도 설명할 수 없을까? 우리는 도대체 왜 현상적 경험을 하게 될까? 의식에 관해 생각하는 사람들은 대부분 난제를 떠올린다.

시간의 문제: 조금 전 분명히 내 뇌가 나를 위한 결정을 내렸는데 왜 내가 행동을 선택했다고 착각할까? 의식과 관련이 있는 뇌 활동을 관찰하면 지각 처리와 운동 동작에 관여하기에는 의식이 너무 느린 것처럼 보인다.

자유 의지 문제: 내 행동이 이미 결정되어 있다면 나는 왜 그리고 어떻게 내가 나의 행동을 선택하고 통제한다고 착각할까?

이유의 문제: 다른 동물들도 어느 정도는 의식을 가지는 듯하지만, 우리는 인간이 자기 인식하고 의식을 가지고 있다는 것만 확신한다. 하지만 많은 동물들은 자기 인식 없이도 아주 훌륭하게 살아가는 것처럼 보인다. 그렇다면 왜 이런 복잡성이 더해졌을까? 동물들에게 의식이 있다면, 그 수가 너무 많기는 해도 해변의 모래나 은하계의 별에 의식이 없다고 할 수 있을까? 왜 내 컴퓨터는 의식이 없을까? (적어도 나는 그렇다고 생각한다.) 왜 말이 (아마도) 파리보다 더 강한 의식을 가질까?

자기(the self)의 문제: 선택의 여지가 있다고 생각하는 이 '나'는 누구인가? 나의 경험을 경험하고 있는 이는 누구인가?

무의식의 문제: 왜 어떤 것은 의식적이고 어떤 것은 무의식적인가? 의식이 우리에게 선사하는 추가적인 것들은 무엇인가? 거의 모든 과정이 무의식적으로 처리된다면 왜 몇 가지만은 의식적으로 처리되게

되었을까? 의식이 무언가에 영향을 미치기에는 너무 느려 보이는데도?

인지 문제: 정상적인 성인처럼 복잡한 존재는 의식을 가져야만 하는가? 우리의 인지 기계에서 의식을 만들어 내는 것은 무엇인가? 인지 처리에서 의식의 자리는 어디인가?

결합(binding) 문제: 다양한 감각이 어떻게 하나로 결합하면서 하나의 대상에서 관련된 모든 정서를 인지하게 할까? 왜 호랑이를 볼 때 함께 움직이는 주황색과 검은색 줄무늬를 보고 배경과 분리되는 호랑이의 형상을 볼까? 왜 호랑이가 으르렁거리는 소리를 들으면 호랑이가 낸 소리 같을까? 그리고 주위에서 호랑이만 떼어놓고 보면 두려움과 경외감이 일까? 결합은 양상 안에서도 일어나고(그래서 모든 것이 제 자리에 있는 하나의 대상을 인식할 수 있다) 여러 양상에 걸쳐서도 일어난다(그래서 호랑이의 으르렁거리는 소리가 호랑이의 모습에 딸려 나온다).

신경과의 연관성 문제: 뇌는 어떻게 의식을 만들어 낼까? 우리가 특정한 처리에 관여할 때 활성화되는 것이 확인되는 특별한 뇌 구조가 있을까? 뇌 손상은 의식에 어떤 영향을 미칠까? 왜 소뇌에 더 많은 뉴런이 포함되어 있고 더 밀접하게 상호 연결되어 있는데, 의식은 소뇌가 아닌 대뇌피질에서 발생하는 것처럼 보일까?

변성 문제: 의식의 '정상적' 상태란 무엇을 의미할까? 뇌의 상태를 변성시키는 것은 무엇일까? 뇌의 신경전달물질에 어떠한 변화가 일어나면 의식의 현상학에도 변화를 일으킬까? 의식의 변성된 상태에서는 무엇이 달라진 걸까?

과학의 문제: 과학으로 의식을 완전히 설명하는 것이 가능하기는 할까?

첫 번째 문제는 대체로 P의식, 즉 현상적 의식에 관한 질문이고 나머지는 모두 A의식, 즉 접근 의식에 관한 질문이다. 이 장에서는 의식이 무엇인지 고민해 보았다. 여러분도 이제는 의식이 원래 언뜻 짐작했던 것보다 더 이해하기 어려운 대상인 이유를 어느 정도 파악했기를 바란다. 이 장에는 많은 질문이 담겨 있다. 이 책을 마칠 때에는 이 모든 질문에 확정적인 답을 얻을 수 있을 거라 기대한다면 실망할 수도 있다.

그리고 여기 마지막 질문이 있다. 이 분야에서 경력을 쌓아 나갈 사람이 아니라면 이 책에서 무엇을 얻어 가야 할까? 5년 후에도 남는 것은 무엇일까? 언뜻 보기에는 간단해 보이는 질문이 실은 아주 복잡하다는 사실을 기억해야 한다. 난제를 기억해야 한다. 그리고 뇌가 행동, 경험과 어떻게 연관되어 있는지 그리고 어떤 측면에서는 관련이 없는지 기억해야 한다.

1장 요약

· 의식은 인식과 자기 인식에 대한 우리의 감각이다.

· 의식은 어떤 존재인 것처럼 느끼는 것이다.

· 우리가 의식을 연구하는 이유는, 우리로 존재하는 것이 어떠한 의미를 가지는지 알아내기 위한 연구이고 과학에 대한 우리의 이해를 한계까지 밀어붙이기 때문이다.

· 의식은 심리학과 철학을 통합하는 주제다.

· 의식은 우리가 자유 의지를 갖고 있느냐는 질문과 연결되어 있다.

· 의식은 영성 그리고 의식이 더 고양된 상태에 대한 연구를 포함한다.

· 의식은 약물 사용이나 명상 등의 심리학적 기법을 통해 변성될 수 있다.

· 자신의 생각을 관찰하는 방법인 내적 성찰로 의식을 연구하지만, 이 방법에는 한계가 있고 신뢰하기 어렵다.

· 의식과 관련이 있다고 여겨지는 변수를 조작하고 그 효과를 분석하는 실험적 연구로 의식을 연구할 수 있다.

· 사고 실험으로 의식을 철학적으로 고찰하는 연구 방법도 있다.

· 의식을 가진 로봇과 컴퓨터 모델을 구성하려 시도하면서 기계에 의식을 부여하기 위해 필요한 특징들을 분석할 수 있다.

· 의식에는 다양한 정의가 있으나 인식과 자기 인식의 개념이 가장 중요하다. 순환성이 전혀 없는 정의를 내리기는 어렵다.

· 의식은 개인적이다. 다른 사람은 아무도 우리가 바로 지금 무슨 생각을 하고 있는지 알 수 없다. 실은 우리가 생각하고 있는 바를 정확히 타인에게 설명할 수도 없다.

· '난제'는 차머스가 지적한 것처럼 다양하게 표현될 수 있다. 하지만 어떻게 표현하더라도 뇌의 물리적 구조에서 어떻게 주관적인 경험이 생겨나는지를 설명하기 위한 질문으로 요약된다.

· 우리는 다른 사람 혹은 다른 종의 동물로 존재하는 것이 어떤 것인지 결코 제대로 상상할 수 없다.

· 의식은 항상 무언가를 향한다.

리뷰 질문

1. 의식을 어떻게 정의할 수 있을까?
2. 의식은 심리학에서 다루는 다른 주제들과 무엇이 달라서 과학적으로 설명할 수 있을지조차 의심하게 할까?
3. 의식을 연구하는 데 활용되는 여러 방법을 평가해 보라. 지난 5년간 가장 눈에 띄는 발전을 이끈 연구 방법은 무엇인 것 같은가?
4. 의식의 난제 그리고 쉬운 문제들은 무엇인가? 쉬운 문제들은 얼마나 쉬운가?
5. 서로 다른 생명체의 의식은 그 질과 양에서 차이가 있다고 말하는 게 합당한가?
6. 의식이 무엇인지 확신하지 못하면서 의식을 과학적으로 연구하는 게 가능할까?
7. 5년이 흐른 뒤 이 책의 내용 중 무엇을 기억하고 싶은가?
8. 당신이 속한 대학교나 기관에 의식을 연구하는 조직이 생긴다고 상상해 보자. 일반 대중과 지역 정치인들을 대상으로 하는 보도자료에 어떤 내용을 써야 할까? 그들의 돈을 투자할 만한 가치가 있다는 것을 어떻게 보여줄 수 있을까?

추천 자료

의식에 관한 입문서

수전 블랙모어. (2020 [2005]). 뇌의식의 대화 (원제: Conversations on Consciousness). 한언출판사.

Blackmore, S. (2017). Consciousness: A Very Short Introduction (2nd ed.). Oxford, UK: Oxford University Press.

Critchlow, H. (2018). Consciousness. London: Ladybird Books.

Parks, T. (2018). Out of my Head: On the Trail of Consciousness. London: Harvill Secker.

의식에 관한 종합 안내서

Bayne, T., Cleeremans, A., and Wilken, P. (2009). The Oxford Companion to Consciousness. Oxford, UK: Oxford University Press.

Schneider, S., and Velman, M. (2017). The Blackwell Companion to Consciousness. Oxford, UK: Blackwell.

Zelazo, P.D., Moscovitch, M., and Thompson, E. (2007). The Cambridge Handbook of Consciousness. Cambridge, UK: Cambridge University Press.

왜 의식을 연구하는가?

헬렌 켈러. (2014 [1903]). 헬렌 켈러 자서전 (원제: The Story of my Life). 꿈과희망.

2 심신 문제

심신 문제(心身問題, mind-body problem)는 마음과 뇌의 관계에 관한 철학적 문제다. 어떻게 (몸을 구성하는 물질의 일부인) 뇌에서 (의식이라는) 주관적 경험이 생겨날까? 어떻게 고동치는 1,500그램짜리 찐득거리는 분홍색 물체에서 우리의 감각, 느낌, 생각 그리고 다른 모든 정신적 활동이 생겨날까? 심신 문제의 철학적 고찰은 길고 복잡한 역사를 가지고 있다. 심신 문제와 관련이 있는 철학의 일반적인 영역을 *심리철학*이라 한다. 심리철학에서는 심신 문제 외에도 더 많은 주제를 다룬다(상자 2.1).

상자 2.1 철학의 용어와 분야

철학은 생각을 연구하는 학문이다. 지식을 연구하고 지식이 어디에서 왔는지를 연구한다. 어떤 것들이 존재하고 우리는 그런 사실을 어떻게 아는지, 잘 사는 방법은 무엇인지, 선과 악을 구분하는 것은 무엇인지, 무언가를 아름답다고 느끼게 하는 것은 무엇인지, 오래된 지식에서 새로운 지식을 추론할 수 있는 논리는 무엇인지 연구한다. 모든 학문과 마찬가지로 철학에도 여러 세부 영역이 있다. 특히 우리의 목적에 맞는 세부 영역은 다음과 같다.

*인식론*은 지식을 연구하는 분야다. 인식론에서는 '지식은 어디에서 왔는가?', '경험을 통해서만 지식을 획득하는가, 아니면 어떤 지식은 타고 나는가?', '우리가 확실히 알 수 있는 것은 무엇인가?'를 묻는다. 회의론자들은 우리가 확신할 수 있을지를 의심한다.

*존재론*은 존재(being)와 실존(existence)의 본질을 연구하는 분야다. 무엇이 실존하는가?

*형이상학*은 만물의 궁극적 근거와 본질에 관한 근본적인 질문들을 던지는 연구를 위해 인식론과 존재론을 결합한 포괄적 용어다. '형이상학적'이라는 수식어는 종종 상대나 대상을 무시하는 모욕처럼 사용되기도 하지만 이것은 옳지 않다. 형이상학의 질문들은 인간이 던질 수 있는 가장 근본적인 질문에 포함된다.

*심리철학*은 이 장에 등장하는 쟁점들을 다루지만 그 외에도 '마음이란 무엇인가?', '우리는 우리 자신과 세계에 관한 지식을 어떻게 얻는가?'와 같은 질문도 던진다.

*과학철학*은 과학자들이 무엇을 왜 해야 하는지를 고민하는 철학의 갈래다. 과학적 진취성의 본질은 무엇인가? 그 방법과 목표, 토대는 무엇인가?

고대 그리스인들은 철학과 자연과학을 구분하지 않았다. (16세기 초 코페르니쿠스와 케플러, 갈릴레오의 천문학 연구로 촉발된) 과학혁명이 시작되고 나서야 철학과 종교, 과학을 가르는 경계가 생기기 시작했다. 철학(과 수학)은 몇 세기 전부터 완전히 자리를 잡은 학문이었지만, 케임브리지 대학교에서는 1851년이 되어서야 학부생들에게 물리학과 화학을 비롯한 자연과학을 가르치기 시작했다.

이 장에서는 두 가지 질문을 고민한다. 첫째, 의식과 뇌, 다시 말해 정신과 물질 사이에 존재하는 관계의 본질에 관해 무엇을 이야기할 수 있을까? 우리는 이원론과 일원론의 기초적인 개념을 살펴볼 것이다. 얼마나 많은 종류의 '것(stuff)'이 존재하는 걸까? 정신은 물질과 다를까? 두 번째, 주관적 경험의 본질은 무엇일까? 1장에서 정의한 의식의 문제 중 골라보면 이 장은 거의 첫 번째 문제인 난제를 다룬다고 할 수 있다. 그 외에도 해결해야 할 문제가 몇 개 더 있고, 아마 그 문제들의 답이 이 장에서 다루는 주제를 이해할 수 있게 도와줄 것이다.

2장은 사고 실험으로 알려진 철학의 도구를 소개하며 시작한다. 다음에는 마음과 뇌의 핵심적인 관계를 고민할 때 많은 이들이 가장 직관적이라 여기는 설명은 무엇인지 생각해 보고 이 둘이 서로 다른 종류의 것인지도 살펴본다. 그리고 현대의 연구자 대부분이 오직 한 종류의 것, 즉 물질밖에 없다는 대안을 선호하는 이유도 논의한다. 그 후에는 오로지 물질만으로 구성된 세계에서 감각과 개인적인 경험을 어떻게 설명할 수 있는지 이야기한다. 물질과 물리 법칙으로 모든 걸 설명할 수 있다는 개념인 물리주의(physicalism)에 맞서는 핵심적인 논거로 자주 언급되는 지식 논증(knowledge argument)을 살펴보고, 또 다른 사고 실험인 전도된 스펙트럼(inverted spectrum)도 검토한다. 순수하게 물질적인 관점에서 세상을 바라볼 때 불거지는 또 다른 문제인 통증의 주관적 체험도 알아본다. 이후에는 역시 유명한 사고 실험인 철학적 좀비(philosophical zombie) 문제로 넘어간다. 철학적 좀비란 우리를 닮았고 우리처럼 행동하지만 의식적 경험이 없는 가상의 존재를 말한다.

다음에는 현재 가장 큰 지지를 얻고 있는 모델인 기능주의(functionalism)를 비롯해 뇌와 마음의 관계를 규정한 몇 가지 형식 모델(formal model)을 살펴본다. 마지막으로 우리가 생물학적으로나 인지적으로나 자신의 의식을 이해할 준비가 되어 있지 않았을 수 있다고 주장하는 신비주의(mysterianism)를 접한 후에는 절망에 빠진 채 이해하기를 포기할 수도 있다.

물리학이나 화학 교재는 지금까지의 지식을 요약하고, 더 많은 연구를 수행할 수 있는 방법을 보여준다. 그런 책들은 확실성을 기반으로 쓰인다. 하지만 이 장은 어떠한 확신도 제공하지 않으며 의견 충돌과 논쟁으로 가득하다. 가장 뛰어난 철학자들이 평생 이 주제를 고민하며 몇 세기를 보낸 후에도 가장 기본적인 쟁점들에 대한 합의가 이루어지지 않았다는 것을 알면, 과연 희망이 있을지 의심스러울 수도 있다. 하지만 절망하지 말자. 바로 그런 역사가 이 주제를 더욱 매력적으로 만든다.

사고 실험

우리는 철학자들이 자주 특정한 종류의 실험을 한다는 사실에 주목해 왔다. '~라면 어떻게 될까?'라는 질문을 던지고 상상 속에서 실험을 진행하는 사고 실험이다. 이런 실험은 확정적이거나 입증된 답을 제공하기 위한 것이 아니다. 그보다는 단순히 특정한 질문에 답하려 하면서 해당 주제와 관련해 우리가 갖는 한계를 드러내는 것이 목적이다. 사고 실험에 참여할 때는 모든 것을 멈추고 어떤 답을 내놓을 수 있을지만 생각해야 한다.

사고 실험은 심리철학에 국한되지 않는다. 널리 알려진 '슈뢰딩거의 고양이'는 양자역학으로 해석하면 고양이가 살아 있으면서 동시에 죽어 있을 수도 있다는 물리학의 사고 실험이다. 미국의 철학자 대니얼 데닛(Dennett, 2014)은 **직관펌프(intuition pump)**라는 사고 실험을 고안했다. 어떤 문제에서 중요한 측면에 정신을 집중하며 크게 상관없는 세부 사항은 피해 가도록 생각을 단순화하는 간단한 사고 실험이다. 흥미로운 사실을 드러내는 방식으로 추론이 진행되게 하고, 올바른 답이라 생각하는 방향으로 향해가는 과정에서 일련의 답을 내놓도록 사고 실험을 구성할 수 있다. 사고 실험에서 핵심은 답을 찾는 것이 아니라 우리의 논증을 보여주거나 명확히 하는 것이다. 앞으로 자주 확인하게 되겠지만 우리의 직관은 틀릴 때가 많다.

직접 해보자: 늪 인간(Swampman)

데닛이 논의한 유명한 사고 실험 중에는 철학자 데이비드 도널드슨(Donaldson, 1987)이 처음 제안한 순간복제 인간도 있다. 당신이 (이유는 알 수 없지만) 늪에서 하이킹을 하다가 벼락을 맞고 사망했다. 바로 그때 또 다른 벼락이 늪의 다른 부분에 떨어지면서 엄청난 양의 분자들이 재배치됐고, 우연히도 사고를 당한 시점의 당신의 몸과 정확히 같은 형태를 갖게 되었다. 물리학과 생물학에 관한 부분은 너무 걱정하지 말기로 하자. 어쨌든 이 문제는 사고 실험일 뿐이다. 이렇게 새로 생겨난 존재를 '늪 인간'이라 부른다. 당신을 꼭 닮은 늪 인간은 전 세계를 방랑하며 정확히 당신처럼 행동할 것이다. 당신이 읽던 책을 계속 읽고, 꼭 당신처럼 당신의 친구들에게 인사를 건넨다. 늪 인간은 정말 당신일까? 이 논증에 대한 당신의 직관은 무엇인가? 이 사고 실험은 의식에 관해 무엇을 알려줄까?

마음과 뇌

'마음'은 의식과 마찬가지로 우리가 항상 사용하고 그게 무엇인지 알고 있다고 생각하지만 정의하기는 어려울 수 있는 단어 중 하나다. 마음은 우리의 정신생활에 관한 모든 것이고 우리에게 지각과 사고, 기억을 주는 인지 과정인 의식의 내부와 외부에 관한 모든 것이다.

마음과 뇌의 문제

가장 중요한 쟁점은 마음과 뇌가 어떻게 연결되어 있는지다. 어떻게 물질인 뇌가 개인적이고 정신적인 경험을 할 수 있게 하는 걸까? 경험은 물질이 아닌데 어떻게 물질에서 생겨나는 걸까? 좀 더 정확히 말하자면, 사물'들'에서 생겨나는 걸까? 뇌는 복잡한 구조물이고 1000억 개 이상의 뉴런으로 구성되기 때문에 복수형을 강조했다. **심신 문제**라고 알려진 이 문제는 이 장에서 가장 중요한 주제다. 우리는 뇌나 뇌의 각 부분, 뉴런이 얼마나 크고 공간적으로 어디에 위치하는지 이야기할 수 있지만 공포나 특정한 생각, 소망에 관해서는 같은 방식으로 말할 수 없다. 소망에는 물리적 크기가 없다.

심신 문제는 웨스트팔(Westphal, 2016)이 제시한 네 개의 간단한 명제로 요약할 수 있다.

1. 몸은 물질이다.
2. 마음은 물질이 아니다.
3. 마음과 몸은 상호작용한다.

4. 물질과 비물질은 상호작용할 수 없다.

개별 명제는 참인 듯하지만 한데 모아 보면 분명히 모순된다! 따라서 네 개의 명제 중 적어도 하나는 틀렸을 것이다. 하지만 어떤 명제가 틀렸을까?

심신 문제는 의식의 문제를 포함하지만 더 일반적으로는 모든 정신과 물질의 관계를 다룬다.

부분 전체의 오류

뇌를 이야기하면서 뇌를 마음과 동일한 것으로 취급하는 함정에 빠지기 쉽다. 하지만 둘은 엄연히 다르며 이런 실수를 범하는 것을 **부분 전체의 오류(mereological fallacy)**라 한다. '뇌는 무언가를 알고 있다', '뇌는 생각한다', '뇌는 해석한다', '뇌는 결정을 내린다'고 말하는 것이 이러한 오류의 예다. 이 네 문장에서는 '뇌'라 이야기하며 '마음'을 뜻하고 있다(Bennett & Hacker, 2003).

한 단어를 그 단어와 매우 밀접한 관련이 있는 다른 단어 대신 사용하는 것을 환유(換喩)라 한다. 대통령 대신 '용산'이나 '청와대', 국회 대신 '여의도'라 칭하는 것이 대표적이다. 같은 맥락에서 '마음'을 의미하며 '뇌'를 쓸 수 있지 않으냐고 주장할 수도 있다. 문제는 비유를 사용해 말하다 보면 혼동으로 이어진다는 것이다. 머지않아 우리는 생각하고 느끼는 것은 바로 뇌이며, 따라서 해결해야 할 문제도 존재하지 않는다고 생각하게 될지도 모른다. 과학은 언어를 정확히 사용하길 권장하며 엉성한 언어 사용은 과학의 적이다.

부분 전체의 오류는 누구나 빠지기 쉬운 함정이다. 때때로 내 뇌는 스스로 무슨 생각을 하고 있는지 모르는 듯하다.

직접 해보자: 붉은색 묘사하기

붉은 장미처럼 분명한 감각질을 가진 무언가를 선택하자(그림 2.1). 타인에게 어떻게 설명하겠는가? 그 색을 본 적이 없는 이에게 어떻게 묘사하겠는가?

감각질

철학자들은 하나의 주관적 경험을 구성하는 모든 요소를 **감각질(感覺質, qualia)**이라 부른다. 우리가 경험하는 감각질의 예로는 석양의 오렌지색, 장미의 붉은색, 하늘의 푸른색, 장미의 향기, 잘못해서 바늘로 손가락을 찔렀을 때의 통증, 근사한 커피 한 잔의 맛, 기타 소리, 발을 감싸고 있는 신발의 촉감 등이 있다. 눈(그리고 귀와 입)을 열면 어디에나 감각질이 있다.

그림 2.1 붉은 장미. 장미꽃의 붉은색과 향기는 감각질의 예시이다. 가시에 손가락이 찔렸을 때 경험할 수 있는 통증도 마찬가지이다.
출처: Rosemary Calvert/Stone/Getty Images

감각질은 우리의 경험을 구성한다. 장미에 대한 우리의 경험은 장미가 가진 모든 감각질의 합이다. 하지만 앞서 목격했듯이 우리의 경험은 개인적이다. 장미를 한 번도 경험한 적이 없는 누군가에게 장미의 붉은 빛을 설명하는 것은 불가능하다. 내가 다른 이들과 같은 방식으로 붉은색을 보고 있는지 어떻게 알 수 있나?

난제를 달리 표현하면 '신경 시스템은 어떻게 감각질을

만들어 낼 수 있을까?'라 바꿔 쓸 수 있다. 순수하게 정신적이고 완전히 주관적인 감각질을 만들어 내는 객관적이고 물리적인 과정은 무엇일까?

이원론과 일원론

마음과 물질은 근본적으로 달라 보이므로 이 둘이 완전히 다른 실체인지, 그리고 물질은 물리적 세계의 일부이고 마음은 물리적 세계에 속하지 않는지 궁금해하는 것이 당연하다. 이렇게 둘을 완전히 다른 실체로 보는 생각을 **이원론**이라 하며 길고 무시할 수 없는 역사를 가지고 있다. 그 대척점에는 **일원론**이 있다. 일원론은 물리적 세계만이 존재한다는 것으로, 마음이 물질에서 생겨난다고 믿는다. 물질이 마음에서 나오거나, 다른 형태의 물리적 측면이 있는 것도 아니다

직접 해보자: 감각질이 얼마나 많은가?

행동을 멈추고 주위를 둘러보자. 얼마나 많은 감각질을 인식하게 되는가? 한 번에 하나 이상의 감각질을 인식할 수 있나?

르네 데카르트와 실체 이원론

이원론은 고대 동양 철학과 고대 그리스 철학자 플라톤, 각종 종교로 거슬러 올라가는 오랜 역사를 자랑한다. 프랑스 철학자 르네 데카르트는 1641년 이 사상을 가장 훌륭하게 정리했다(그림 2.2). 데카르트는 만물이 자신이 *'연장된 것'(res extensa)*이라 칭한 물질적 실체와 *'사유하는 것'(res cogitans)*이라 칭한 비물질적인 실체로 나뉜다고 생각했다. 연장된 것은 우리가 손을 뻗어 건드릴 수 있는 물리적 세계이며 쿼크(quark, 소립자의 복합 모델을 구성하는 기본 입자-옮긴이)와 원자(atom)로 만들어진다. 사유하는 것은 정신적인 것이자 우리가 경험하는 것이며 우리의 의식을 구성하는 것이다. 그가 보기에 몸은 물질적 실체로, 마음은 비물질적인 실체로 만들어졌다.이렇게 마음과 물질을 서로 다른 유형의 실체로 보는 이원론을 **실체 이원론**이라 한다(종종 **데카르트 이원론(Cartesian dualism)**이라 칭하기도 한다).

그림 2.2 프랑스의 철학자 르네 데카르트(1596~1650). 철학에서는 데카르트 이원론, 기하학에서는 데카르트 좌표에 이름을 남겼다.
출처: Imagno/Hulton Fine Art Collection/Getty Images.

과학자가 아닌 일반인들은 대체로 실체 이원론에 솔깃해한다. 우리의 경험과 잘 맞기 때문이다. 마음과 물질은 너무나도 달라 보인다. 그리고 영혼을 믿는 이들에게는 온전히 정신적인 것이 존재한다는 생각이 죽음을 이기는 영속적인 영혼이 존재한다는 믿음과 일치하는 해답처럼 보인다. 실체 이원론으로 초능력이나 텔레파시처럼 과학적 근거가 불분명한 예외적인 현상들을 설명할 수 있다고 주장하는 이들도 있다. 하지만 실체 이원론은 난제에 그다지 만족스럽지 않은 답을 제공한다. 개인적 경험은 정신적 문제의 영역에서 발생하

기 때문에 물리적 물질은 절대 개인적인 경험을 만들어 낼 수 없다는 것이다.

실체 이원론에는 두 가지 중요한 문제점이 있다. 첫째, 정신의 재료는 물리학의 영역을 벗어난다. 우리는 무엇이 정신을 구성하는지 알 수 없고 물리적·과학적 기법으로 조사할 수도 없다. 결과적으로 우리에겐 이 주제를 더 발전시킬 방법이 없다. 마음은 영원히 수수께끼로 남을 것이다. 두 번째 문제는 더 골치가 아프다. 마음과 물질은 어떻게 상호작용하는가? 실수로 무언가를 잘못 걷어찼을 때 발가락과 부딪힌 물체가 당신의 인식에 통증의 감각을 일으키는 이유는 무엇일까? 당신의 정신적인 것이 손가락 하나를 들어올리기로 결심했을 때 실제로 그 손가락이 올라가는 건 어째서일까?

데카르트는 이러한 문제들을 알고 있었고 영혼이 **솔방울샘**(pineal gland)을 통해 뇌나 세계와 상호작용한다고 주장했다. 솔방울샘은 머리 가운데에 있는 내분비기관이다(그림 2.3). 데카르트는 당시 잘못 알려졌던 두 가지 사실에 근거해 솔방울샘을 택한 듯하다. 이 기관이 뇌의 내부 구조에 있는 공간인 뇌실 한가운데에 있다는 것(실제로는 뇌의 아래쪽에 매달려 있다) 그리고 동맥으로 둘러싸여 있다는 것(그리스 철학자이자 외과의였던 갈레노스가 129년경 주장한 내용이지만 실제로는 정맥에 둘러싸여 있다) 때문이었다. 데카르트는 솔방울샘의 운동이 뇌실과 혈류에서 그리고 궁극적으로 근육에서 운동을 유발할 수 있다고 생각했다. 우리는 이러한 생명 작용이 사실이 아님을 알고 있다. 따라서 실체 이원론에는 정신적 실체가 물리적 물질과 상호 작용하는 메커니즘이 존재하지 않는다.

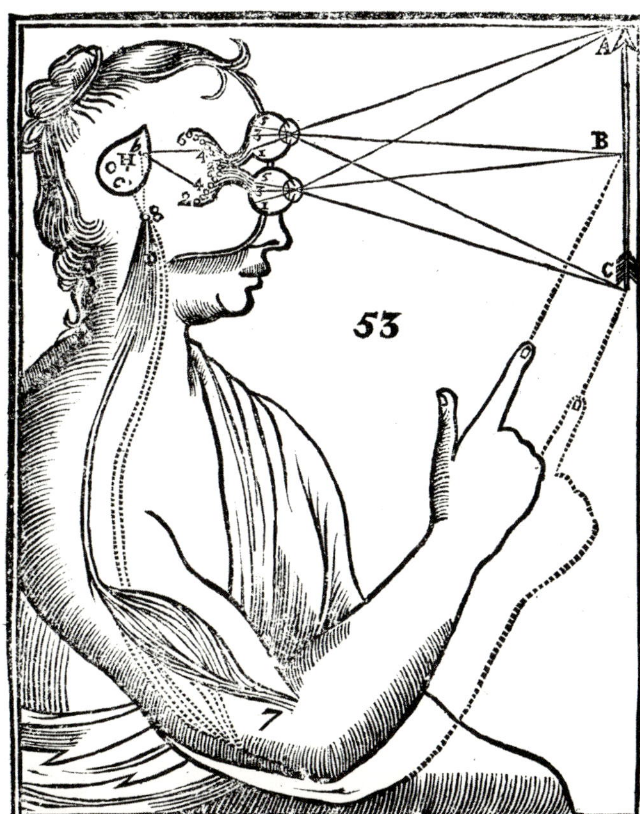

그림 2.3 데카르트가 믿었던 솔방울샘의 위치는 마음과 물질 사이의 상호작용이 일어나는 위치였다. 데카르트는 지각과 행동에 관해서도 글을 남겼다. 이 그림에는 눈도 상세하게 묘사되어 있다.
출처: Print Collector/Hulton Archive/Getty Images.

이원론의 다른 갈래

데카르트와 다른 방식으로 좀 더 그럴듯하게 마음과 물질의 상호작용을 설명하려는 시도도 존재한다. *병행론(parallelism)*에서는 물리적 세계와 정신적 세계가 신이 만들어 낸 두 개의 거대한 시계처럼 처음부터 완벽한 조화를 이루며 작동하기 시작했고 이후에도 완벽한 동시성을 유지하고 있다고 주장한다. *기회원인론(occasionalism)*에서는 다소 바빴던 신이 사건들은 항상 물리적 세계에서 일어나게 하고 이에 대응하는 생각이나 감정은 각자의 정신적 세계에서 일어나게 했다고 주장한다.

신의 중재에 의지하는 대신 단순한 물리적 설명을 추구하는 과학자들은 아무리 많은 사람의 흥미를 끌더라도 마음과 물질의 상호작용을 설명하지 못하는 이상 실체 이원론에는 치명적인 결함이 있다고 생각한다.

그럼에도 불구하고 용감한 소수의 과학자들은 이원론에 대한 엄밀한 설명을 내놓기 위해 노력해 왔다. 아마 가장 잘 알려진 사례는 오스트레일리아의 생리학자이자 철학자이며 노벨상 수상자인 존 에클스 경(Sir John Eccles, 1903-1997)일 것이다. 에클스는 강력한 기독교 신앙 그리고 마음과 물질은 다른 실체라는 믿음에서 동기를 얻었다. 에클스는 **피질(cortex)**이 그가 덴드론(dendron)이라 칭한 기본적인 단위로 이루어져 있다고 주장했다. 덴드론에는 뉴런이 길쭉한 원통형으로 뭉쳐 있으며 각 원통의 지름은 약 60마이크로미터다. 그리고 덴드론이 약 4천만 개 모인 다발들이 에클스가 *사이콘(psychon)*이라 칭한 정신적 단위와 연결되어 있다(Beck & Eccles, 1992; Eccles, 1994). 그는 양자역학적인 과정을 통해 사이콘이 신경전달물질에 영향을 미친다고 제안했다. 이 상호작용은 소소하고 탐지할 수 없어서 한 시스템 안에서 전체적으로는 물질과 에너지가 소실되거나 만들어지지 않는다는 물리적 보전 법칙을 위배하지 않는다. 하지만 이러한 상호작용은 탐지할 수 없기 때문에 영원히 과학의 영역을 벗어난 채로 남아있을 수밖에 없다.

실체 이원론을 정당화하려는 모든 설명의 문제는 세계의 물리적 법칙에 대한 우리의 이해가 완벽하지는 못할지라도 상당히 훌륭하며, 이러한 법칙들이 다른 무언가를 위한 여지를 남겨두지 않은 것처럼 보인다는 것이다. 우리는 이미 양자와 원자, 분자에 작용하는 모든 힘을 이해하고 있다. 뉴런의 행동 역시 물리적 법칙을 통해 완벽하게 설명된다. 이러한 요소들이 이미 알려진 물리적 법칙 외에 다른 무언가의 영향을 받고 있을 가능성이 있다고 이야기하는 것은 아무런 기반도 없는 그 무언가를 위해 물리학에 혁명을 일으켜야 한다는 뜻이다.

실체 이원론 외에 다른 종류의 이원론도 제안된 바 있다. 그중 가장 유명한 것이 속성 이원론(property dualism)이다. 속성 이원론에서는 세계에는 오직 한 종류의 실체, 즉 물리적 실체밖에 없지만 물리적 속성과 정신적 속성이라는 두 종류의 속성이 존재한다고 주장한다. 물질이 특정한 복잡한 방식으로 조직되면 정신적 속성 같은 새로운 유형의 속성이 생겨난다는 **창발론(emergentism)**이 속성 이원론의 한 예다. 창발론은 최근 인기를 얻은 이론으로 이 책에서도 뒤에 다시 살펴볼 것이다. 속성 이원론자들은 세계에 오직 한 종류의 실체만이 존재하더라도 정신적 현상을 물리적 현상으로 축소할 수는 없다고 본다. 대표적인 예가 색과 열기다. 빛의 진동수로 색을 정의할 수 있을지 몰라도 우리가 인지하는 색을 진동수로 축소할 수는 없다. 열기와 온기가 물질의 운동 분자 에너지로 정의되더라도 우리가 느끼는 열기는 그것과는 다른 무언가다.

일원론

이원론의 대안은 세계에 오직 한 종류의 실체만 존재한다는 **일원론**이다. 일원론의 한 갈래이자 아일랜드의 철학자 비숍 버클리(Bishop Berkeley, 1685~1753)가 가장 큰 영향을 미친 사상인 **관념론(idealism)**에서는 세계가 기본적으로 정신적이라 본다. 버클리는 물질적 대상은 오직 지각하는 이의 마음속에만 존재하며, 해당 대상을 지각하는 사람이 없더라도 신이 지각하고 있다고 주장했다. 공상에 가깝다는 이유로 한동안 외면당하기도 했지만, *의식적 리얼리즘(conscious realism)*처럼 오늘날 일종의 르네상스를 맞이하고 있는 관념론의 변형 사상들도 있다. 의식적 리얼리즘에서 의식은 뇌의 활동을 만들어 내며, 이후 물리적 세계의 속성과 대상을 만들어 낸다(Hoffman, 2019).

대부분의 과학자와 심리학자, 철학자들은 이제 **유물론(materialism)**이라는 실체 일원론의 한 유형을 선호한다. 존재하는 유일한 실체는 물리 법칙을 따르는 물질이라는 접근방식이다. (유물론은 **물리주의(physicalism)**라고도 한다. 엄격히 구분하면 유물론에서는 물질만이 존재한다고 하는 반면, 물리주의에서는 물질과 물리법칙만이 존재한다고 한다. 오늘날에는 많은 이들이 두 단어를 구별 없이 사용하며 이 책에서도 구분하지 않고 쓰기로 한다.) 물질이라는 한 가지 유형만 고려하면 되어서 물리적 법칙 외에 다른 방식을 통한 다른 유형 간의 교류 문제가 존재하지 않고, 의식에 관한 모든 연구가 자연과학의 영역 안에 남게 되기 때문에 유물론/물리주의는 매력적이다. 현대의 의식 연구자 대부분이 특정한 형태의 유물론을 지지한다. 이제는 물질에서 어떻게 개인적인 경험이 생겨나느냐는 난제만이 남는다.

마음도 아니고 물질도 아닌 오직 한 종류의 실체만이 존재하고, 마음과 물질은 이 실체를 다른 방식으로 바라보거나 조직한 것이라는 또 다른 관점도 있다. 이러한 시각을 **중립 일원론(neutral monism)**이라 하며 여러 철학자들이 몇 세기 동안 중립 일원론의 변형을 내놓았다. 웨스트팔(Westphal, 2016)은 중립 일원론이 심신 문제에 완전한 해답을 준다고 주장한다. 중립 일원론의 한 변형은 **무법칙적 일원론(anomalous monism)**으로 물질만이 존재하며, 정신적 사건들은 물리적 사건에 엄밀한 물리적 방식으로 대응되지 않는다는 이론이다(Davidson, 1970). 여러 형태의 중립 일원론에 대한 반박은 이 중립적 실체의 본질을 특정하기 어렵다는 것이다. 그럼에도 불구하고 여러 중립 일원론 역시 오늘날 다시 주목을 받고 있다.

상자 2.2 물리학의 역사

*물리 법칙*은 물질과 힘이 장소와 시간에 관계없이 어떻게 행동하는지를 설명한다. 이러한 법칙들은 우리의 행동과 세계에 근본적인 제약을 가한다. 공상과학 TV 시리즈 「스타트렉(Star Trek)」에서 등장인물 중 한 명인 스코티(Scotty)는 "내가 물리 법칙을 바꿀 수는 없어"(Daniels, 1966)라고 푸념하기도 했다.

물리학의 원리 자체는 시간이 흘러도 변하지 않지만 이에 대한 우리의 이해는 역사를 거치며 상당한 변화를 겪었다. 크게 세 가지 단계로 나누어서 설명할 수 있다.

고대 그리스인들의 추론, 주로는 아리스토텔레스의 추론에서 나온 '과학 이전의 시대'의 물리 법칙들은 관찰과 직관을 기반으로 했다. 하지만 우리의 직관은 종종 틀리며, 가설을 검증하지 않으면 그릇된 추정을 하고 그릇된 결론을 도출할 수 있다. 한 예로, 그리스인들은 무언가가 일정한 속도로 움직이고 있다면 꾸준히 힘이 작용하고 있는 것이며, 그 힘이 더는 작용하지 않으면 분명히 물체가 멈출 거로 생각했다. 땅 위에 공을 굴리면 그 공은 결국 멈출 것이다. 비슷하게 그리스인들은 탑 꼭대기에서 깃털과 포탄을 동시에 떨어트리면 더 무거운 포탄이 먼저 땅에 떨어질 거로 생각했다. 과학 이전의 시대는 몇천 년간 이어졌다.

상자 2.2 물리학의 역사 (계속)

16세기에 지구가 우주의 중심이 아니며, 태양의 주위를 돌고 있다는 코페르니쿠스, 케플러, 갈릴레오의 발견과 함께 '과학의 시대'가 시작되었다. 그전에도 태양을 중심으로 우주를 바라보려는 철학자들이 있었지만, 이 세 과학자는 처음으로 관측 자료를 이용해 태양계 모델을 만들어 냈고 이러한 구상을 수학적으로 표현해 이전의 지구 중심적 관점을 반박했다. 지동설은 천동설보다 관측 자료를 훨씬 더 훌륭하게 설명한다.

왜 이러한 수학 방정식이 존재하는지를 설명하는 과업은 아이작 뉴턴 경(Sir Isaac Newton, 1642~1727)에게 떨어졌다. 그는 자신이 찾아낸 세 가지 유명한 법칙에 따라 힘을 받는 물체가 움직인다고 가정했다. 모든 물체는 힘이 작용하지 않는 한 움직이지 않거나, 직선으로 일정한 속도로 이동한다. 힘은 질량에 가속도를 곱한 것과 같다. 모든 운동에는 작용과 반작용이 있다. 뉴턴 역학(또는 고전 역학)은 멈춰 있거나 움직이는 물체의 행동을 훌륭하게 설명한다. 측정 도구의 정확도에 제한이 있을 뿐, 일상적인 상황에서 어떤 일이 벌어지는지 완벽한 설명을 제공한다. 고전 역학이 세계를 워낙 탁월하게 설명했기 때문에 더는 물리학에 발견할 것이 남아있지 않다는 말까지 나왔다. 측정 도구의 소수점 이하 자리를 늘리는 일만 남은 듯했다.

하지만 1905년 발표된 아인슈타인의 기적적인 연구가 모든 것을 바꾸었다. 고전 역학은 일상적인 상황을 설명하는 데는 뛰어났지만 아주 빠른 속도로 먼 거리에서 발생해서 상대성이 작용하는 현상이나, 원자보다 작은 아주 짧은 거리에서 벌어져서 양자역학 효과가 영향을 미치는 현상은 설명하지 못했다. 양자역학에서는 에너지가 연속적이지 않으며 아주 작은 단위로 존재한다고 한다. 따라서 우리가 상황을 측정하는 정확도에는 한계가 있으며, 어떤 효과들은 확률적으로 묘사하는 것이 최선이다.

물리 법칙은 세계가 작동하는 방식에 관한 온전한 설명을 제공해 주는 것 같으므로 매우 중요하다. 하지만 물리 법칙만으로 의식을 설명할 수 있을까?

지식 논증

유물론적 일원론은 단순함의 미덕을 가지고 있으며, 다른 종류의 실체들이 상호작용하는 문제로 우리를 괴롭히지도 않는다. 하지만 '물질에서 어떻게 주관성과 감각질, 개인적인 경험이 생겨나는가?'라는 난제에는 답을 주지 못하는 듯하다. 유물론적 일원론이 취하는 입장을 물리주의라 한다.

어쩌면 우리가 난제의 어려움을 과대평가하고 있는지도 모른다. 몇 가지 사고 실험을 통해 무엇이 문제인지 명확히 할 수 있을 것이다.

'메리' 색 사고 실험

다음 사고 실험은 철학자 프랭크 잭슨(Frank Jackson)이 고안한 것으로 **지식 논증**이라 불린다(이야기의 주인공인 메리는 세계에 관한 완전한 지식을 가지고 있지만 경험은 한정적이기 때문이다). 메리라는 여성이 있다고 하자(Jackson, 1986). 사악한 철학자 한 명이 그를 키웠는데 그 철학자는 프랭크라고 하자. 메리는 온 세상을 흑백으로 바꾸는 특별한 콘택트렌즈를 낀 채 태어났고 세계를 검은색과 흰색, 회색조로만 보았다. 그림 2.4를 보면 메리가 붉은색 장미를 어떻게 보는지 알 수 있다.

메리는 평생 색의 물리학, 색각(色覺)의 생물학, 색각의 신경과학 등 색 지각과 관련된 모든 것을 공부하는 데 몰두했고 35세가 되자 인간이 색을 어떻게 보는지에 관해 모든 것을 알게 되었다. 색 지각을 제대로 이해하려면 아마 세계를 이해하기 위해 필요한 모든 것을 알아야만 했을 것이다. 하지만 메리는 무척 명석했고 경이로운 기억력을 지니고 있었으며 시간도 충분했다. 35세 생일에 그는 붉은 장미 한 송이를 선물 받았고 특별한 콘택트렌즈가 제거되었다. 메리는 무슨 말을 했을까? 색에 관해 뭔가 새로운 것을 배웠을까, 아니면 새로운 걸 배우지 못했을까? "와, 내가 생각했던 붉은색 그대로예요!"라고 했을까, 아니면 "맙소사! 이게 붉은색이군요!"라고 했을까? 그가 뭐라 했을 것 같은가? 많은 사람들은 메리의 경험이 그를 놀라게 했을 것이며 그래서 "세상에!"라고 감탄했으리라 생각한다. 이들이 보기에 붉은색이나 다른 색을 경험하는 개인적인 감각, 즉 감각질은 물리적 세계의 일부가 아니다. 메리가 세계의 물리 법칙을 완벽하게 이해한다고 해도 실제로 붉은색을 보는 감각에 대비할 수는 없었다. 정말 이렇게 믿는다면 우리는 잭슨이 지적한 것처럼 물리주의와 세계의 물리적 속성에서 모든 지식이 파생된다는 생각을 거부해야 한다. 따라서 이 사고 실험은 지식 논증이라 불리는 것으로 이어진다.

그림 2.4 흑백 장미. 메리는 이런 세상을 보며 자랐다.
출처: Rosemary Calvert/Stone/Getty Images.

물리주의를 위해 그리고 물리주의에 반해

많은 이들이 실제로 색을 경험하는 것이 색에 대한 지식을 더해준다는 생각을 즉각적으로 수긍한다. 그래서 몇몇 중요한 연구자들이 이에 동의하지 않는다는 것을 알게 되면 무척 놀란다. 아마 가장 극단적인 위치에서 물리주의를 옹호하는 이는 데넷(Dennett, 1991)일 것이다. 그는 메리가 장미의 붉은색을 경험하며 전혀 놀라지 않았을 거라 주장했다. 그는 감각의 본질이 실은 세계에 관한 완전한 지식에서 나온다고 믿는다. 완전한 지식이 얼마나 막대한 것인지 제대로 인식하지 못하면 메리가 놀랐을 거라 말하기 쉽다. 완전한 지식이란 우리가 제대로 이해하기 어려운 경지다. 데넷의 접근법은 난제에 답하는 한 가지 방식이 될 수도 있다. 결국에는 난제가 아예 존재하지 않는다고 하는 것이다.

또 다른 접근방식은 메리가 무언가 새로운 걸 배우긴 했지만 그런 사실 자체로 물리주의를 거부할 수는 없다는 것이다. 여기서 핵심은 메리가 무언가 새로운 사실을 배운 것이 아니라 오래된 사실을 새로운 방식으로 배웠다는 것이다. 마블 코믹스(Marvel Comics)의 유명한 캐릭터와 그의 비밀 정체를 언급한 두 개의 문장으로 이러한 접근법을 설명할 수 있다.

'아이언맨은 하늘로 솟구쳐 올라갈 수 있다'

'토니 스타크(Tony Stark)는 하늘로 솟구쳐 올라갈 수 있다'

당신이 토니 스타크와 아이언맨이 동일한 인물인 것을 알고 있다면 두 문장은 동일한 이야기를 하고 있다. 하지만 아이언맨이 토니 스타크라는 사실을 모르다가 아이언맨의 정체를 알게 됐다면, 단순히 같은 세상을 다른 방식으로 보는 법을 배운 것이다. 두말할 필요도 없이 이러한 논증은 논란을 부른다. 아이언맨과 토니 스타크가 동일한 인물이라는 새로운 사실을 알게 되었다는 것은 그전까지 세계에 관한 지식이 불완전했다는 뜻이기 때문이다.

폴 처칠랜드(Paul Churchland, 2004)는 이러한 논증의 변형을 제안했고 역시 다양한 논의를 끌어냈다. 처칠랜드는 철학자 버트런드 러셀(Bertrand Russell, 1990)이 지식을 간접지(間接知, knowledge by description)와 직접지(直接知, knowledge by acquaintance)로 구분했던 것을 활용했다. 기린이 어떻게 생겼는지 언어로 정확히 설명한 것을 포함해서 기린을 아는 데 필요한 모든 것을 읽었다면 간접지를 쌓은 것이다. 하지만 직접 동물원을 찾아 기린을 보았다면 직접지를 쌓은 것이다. 처칠랜드는 어떤 경우든 우리가 완전히 새로운 지식을 익힌 것은 아니지만, 실제로 기린을 보거나 물에 들어가 수영을 하는 것은 이러한 활동에 관해 읽기만 하는 것과는 분명히 다르다고 지적했다.

마지막으로, 어떤 사람들은 혼자 익히는 방법으로는 세계에 관해 모든 것을 배울 수 없다고 주장한다. 오로지 경험으로만 얻을 수 있는 물리적 지식이 존재한다. 이들은 메리가 세계를 이해하기 위해 필요한 모든 것을 알고 있다는 전제 자체가 틀렸다고 본다(Alter, 1998). 경험은 지식의 일부이고 메리는 그러한 지식이 부재하므로, 색에 관해 '메리가 모든 것을 알고 있다'는 주장 자체가 틀렸다.

반박하려는 시도도 끊이지 않았지만, 많은 이들은 지식 논증이 물리주의에 맞서는 가장 강력한 논거라고 믿는다.

선천적으로 시각 장애나 청각 장애로 태어난 이들도 때때로 치료를 통해 후천적으로 보거나 듣는 능력을 얻기도 한다는 사실을 기억해야 한다. 새로운 감각을 얻었을 때 이들이 보이는 반응은 당연히 희열부터 혼란까지 극단을 오간다. 하지만 이러한 경험들은 메리의 역경에 관해 아무것도 말해주지 못한다. 이들 중 누구도 자신들이 경험하지 못했던 것에 관해 메리처럼 물리적으로 완벽하게 이해하고 있었다고 주장한 경우는 없었기 때문이다.

전도된 색 스펙트럼

개인적 지식(private knowledge)이라는 개념의 핵심은 다른 사람이 경험하고 있는 것이 무엇인지 제대로 확신할 수 없다는 것이다. 여러분이 붉은색을 보고 있을 때 역시 '붉은' 무언가를 보았다고 말하는 누군가와 정확히 같은 경험을 하고 있는지 어떻게 알 수 있을까? 여러분이 붉은색을 본다는 감각이 있을 때 다른 누군가는 여러분이 '초록색'을 볼 때와 같은 감각을 가진다면 어떨까? 그리고 이런 질문을 던질 수도 있다. 무지개를 볼 때 나는 여러분과 동일한 방식으로 색을 보고 있을까(그림 2.5)? 이러한 생각을 **전도된 스펙트럼**

(inverted spectrum)이라 하며, 그 기원은 영국의 철학자 존 로크(John Locke, 1632~1704)까지 거슬러 올라간다. 색에 대한 지각은 사람에 따라 체계적으로 바뀔 수 있으며, 누구도 이를 설명할 수 없다는 생각이다. 색에 대한 감각을 설명할 방법이 없었을 때와 마찬가지로 우리는 다시 감각질이 실재하며 말로는 표현할 수 없다는 결론에 이른다.

그림 2.5 무지개. 빨주노초파남보의 일곱가지 색을 자랑한다. 하지만 당신이 나와 순서가 뒤바뀐 색들을 본다면 어떨까?
출처: Danita Delimont/Gallo Images/Getty Images Plus.

뇌의 상태를 살펴보는 방법으로 색을 인식하는 방식을 알아낼 수 있을 것 같지는 않다. 시각계에서 무언가를 찾아내면 우리가 특정한 색의 감각을 어떻게 경험하는지 알 수 있을까? 뇌에서는 찾을 수가 없다. 뇌는 물리적 시스템이고 색에 대한 우리의 경험은 온전히 개인적인 경험이기 때문이다. 색들이 서로 뒤바뀐 것을 상상할 수 있지만 그런 일이 벌어지는 이유를 물리적으로는 설명할 수 없기 때문에 우리는 다시 한번 비물리적인 무언가가 일어나고 있다는 사실을 받아들여야만 할 듯하다. 그리고 감각질의 존재도 인정해야만 한다. 이런 생각을 전혀 좋아하지 않았으며, 전도된 스펙트럼 논증이 "우스꽝스럽고" "터무니없게" 비논리적이라 생각하는 이가 있었으니 바로 미국의 인지과학자 더글러스 호프스태터(Hofstadter, 2007)였다. 그는 역시 전도가 일어나는 다른 사례들을 언급하며 '이게 정말 말이 되는가?'라고 물었다. 가장 흥미로운 예는 전도된 음 스펙트럼(inverted sonic spectrum)이다. 아주 낮은 음조는 방을 흔들 수 있고 가장 높은 음조는 바그너의 오페라에서처럼 우리의 심장을 관통할 수 있는 고주파 음과 저주파 음의 단순한 연속체가 있다고 하자. 높은 음조를 저음처럼 느끼고, 낮은 음조를 고음처럼 느끼는 게 가능할까? 호프스태터는 뇌와 세상의 다른 모든 것에서 분리된 순수한 경험을 가질 수 있다고 믿는 것이 문제라고 보았다. 전도된 음은 너무 현실에 밀착된 것처럼 보이기 때문에 철학자들은 전자기 스펙트럼을 골라 전도된 색에 관해 이야기한다. 하지만 중요한 것은 결국 감각이 물리적인 무언가와 연관되어 있느냐는 질문이다.

색에 관해서라면 우리도 어느 정도 이야기할 수 있다고 생각할 수도 있다. 예를 들어 붉은색은 오렌지색과 약간 비슷하고 파란색보다는 노란색에 가깝지만, 초록색은 오렌지색보다 파란색에 가까운 듯하다. 붉은색은 따뜻해 보이고 초록색은 차가워 보인다. 하지만 우리의 예에서 색 스펙트럼은 질서 정연하게 위치를 서로 뒤바꿀 수 있으며, 그러면 색을 참고한 설명 역시 뒤바뀐다. 이렇게 전도된 색들을 생각하는 방식의 하나는 무지개가 뒤집히면서 무지개의 색들 역시 모두 순서가 바뀌었다고 상상하는 것이다. 아니면 색상환(color wheel)의 양쪽 끝을 바꿀 수도 있다. 그리고 물론 누군가가 붉은색과 오렌지색에서 따뜻한 느낌을 받을 때 다른 누군가는 초록색과 파란색에서 따뜻한 느낌을 받을 수도 있다.

우리는 시각의 신경과학에 관해 엄청난 지식을 가지고 있다. 이 모든 지식이 우리가 붉은색을 볼 때 무엇을 느끼는지를 설명하는 데는 아무런 소용이 없는 것일까? 과학은 때때로 아주 조금이라도 도움을 준다. 우리는 색 공간(color space)이라는 측면에서 색을 설명할 수 있다. 색의 범위를 다루는 방식은 다양하지만 쉬운 방법 하나는 색상(색을 결정하는 중요한 요인인 기본 주파수, 또는 무지개에서의 위치)과 채도(색이 순수한 정도, 또는 흰 빛의 색이 섞여 있는 정도), 명도(밝은 정도, 또는 검은색에서 먼 정도)를 사용하는 것이다. 색 공간의 모든 색은 이 세 가지 차원으로 명시할 수 있다. 게다가 인간의 색각은 모든 색에 동일하게 민감하지 않다. 한 예로, 초록색과 노란색 사이의 색들보다 붉은색과 파란색 사이의 색들이 지각의 측면에서 더 구분하기 쉽다는 사실이 밝혀졌다. 따라서 우리가 붉은색과 초록색의 자리를 뒤바꾼다면, 관찰 대상이 되는 이에게 색들의 조그마한 차이를 판단해 달라고 요청해서 행동적으로 색의 전도를 탐지해 낼 수 있을 것이다. 하지만 짙은 파란색은 파란색이 어두워진 것인 반면 진한 노란색은 우리가 갈색이라 부르는 것이다. 색 공간에는 행동적으로는 전도를 탐지할 수 없게 할 정도로 많은 비대칭이 존재할 수 있다(Clark, 1985; Hardin, 1993). 팬톤(Pantone)이나 NCS그룹(NCS Group) 같은 기업이 개발한 표색계(color system)를 보면 우리가 볼 수 있는 색의 범위에 관해 아이디어를 얻을 수 있다(그림 2.6).

그림 2.6 색 공간은 특정한 형태의 색상환을 포함한다. 색을 묘사하는 방법은 다양하지만 대표적으로는 색상(주파수)과 채도(색이 순수한 정도), 명도(색이 밝은 정도)로 나타내는 방법이 있다.
출처: Berezka_Klo/Getty Images Plus.

우리는 이 논증을 더 진행할 수 있을까? 우리에게 충분한 지식이 있다면 어떤 색이든 비대칭성을 반영하면서 가까이 배치된 색들에 대한 상대적인 위치로 모두 다르게 설명할 수 있을까? 그렇다면 아마 전도된 스펙트럼은 감각질에 대한 좋은 논거가 되지 못할 것이다. 그리고 만약 전도가 색에 영향을 미치지 않는다면, 마찬가지로 스펙트럼의 형태로 분포하는 다른 체험에는 영향을 미칠까? 한 예로, 내가 느끼는 레몬의 맛이 당신이 느끼는 레몬의 맛인지 어떻게 알 수 있을까? 어쩌면 우리는 결국 다른 맛들을 참조하거나 비슷한 맛에 대한 상대적인 비대칭성을 활용할 때만 레몬 맛의 자리를 찾아줄 수 있을 것이다. 어쩌면 전도된 스펙트럼 논증은 감각질의 형언할 수 없고 개인적인 본질에 대한 아주 훌륭한 근거는 아닐지도 모른다. 하지만 이 지식 논증이 보여주는 것처럼 붉은색의 붉음과 초록색의 초록에는 다른 색과의 관계만으로는 포착할 수 없는 무언가가 있는 듯하다.

통증이라는 문제

통증을 느꼈던 경험을 떠올려 보자. 어떤 통증을 느꼈나? 그리고 당신은 그 통증을 다른 이들에게 어떻게 설명할 것인가? 통증은 색을 비롯한 다른 감각질과 한 가지 특징을 공유하는 듯하다. 통증은 결국 개인적이며 형언할 수 없는 것이다. 말로는 설명할 수 없다. 본질적으로 여러분은 나의 통증을 제대로 느낄 수 없다. 나의 통증은 개인적이다.

통증의 물리적 측면

통증을 주관적으로 체험할 때는 물리적 측면과 정신적 측면이 모두 존재하며, 신경계의 특정한 활동에 상응하는 듯하다. 우리는 통증의 신경과학에 관해 아주 많은 것을 알고 있다. 외부 자극에 기인한 통증을 통증수용체성 통증이라 하고 (열이나 냉기, 날카로움, 미는 힘, 화학 물질 등의) 자극이 유해할 정도의 강도로 올 때 발생한다. 이 자극이 일정한 역치(閾値, threshold)를 넘으면 **통증수용체(nociceptor)**라 부르는 신경 말단이 활성화되고 이 신호가 척수로, 그리고 나중에는 뇌로 전달된다. 통증수용체는 크게 두 가지로 구분한다. **미엘린(myelin)**이라는 인지질 성분 막의 보호를 받는 A섬유(A-fibre)는 전기 신호를 아주 빠르게 전달한다. 그리고 C섬유(C-fibre)는 미엘린 막이 없어서 신호를 상대적으로 느리게 전송한다.

무언가에 손가락을 찔렸거나 실수로 뜨거운 것을 만졌을 때 우리에게 제일 먼저 벌어지는 일은 재빨리 손을 떼는 것이다. 반사 작용이기 때문에, 그리고 A섬유 통증수용체가 척수의 운동 뉴런과 연결되어 있는 방식 때문에 이렇게 빠른 동작이 일어난다. 통증의 감각은 조금 더 (어쩌면 상당히 조금 더) 늦게 와서 지속된다. 동시에 C섬유가 척수로 정보를 전달하고 해당 정보가 다시 뇌줄기(brainstem)와 시상(thalamus)으로 전송된 뒤 뇌의 나머지 부분에서 처리된다. 통증을 유발하는 사건과 통증이라는 느낌 사이에 존재하는 지연은 C섬유의 느린 전송 속도로 설명된다. 화상을 입었을 때 먼저 다소 둔한 통증을 느끼다가 갑자기 날카로운 통증을 느끼는 것처럼 종종 두 단계로 통증을 경험하는 것도 같은 이유다. 그렇다면 우리는 (여기서는 극히 단순화하긴 했지만) 아주 이해하기 쉬운 생물학적 인과 사슬로 통증을 유발하는 자극에 대한 반응을 설명할 수 있다. 문제는 이 사슬에 통증이라는 느낌이 필요해 보이지 않는다는 것이다.

통증을 포함하는 일련의 과정은 위의 간략한 설명보다 훨씬 복잡하다. 말초신경계는 통증 신호의 전송을 제한할 수 있는 '문'을 가지고 있다(Melzack & Wall, 1965). 또한 이제는 몸이 통증 신호의 전송을 억제하고 희열의 느낌까지 만들어 내는 **아편류**와 유사한 화학물질을 만들어 낸다는 사실이 잘 알려져 있다(그림 2.7). 이러한 물질들을 엔도르핀이라 한다. 이러한 세부 사항들이 통증의 생리학을 이해하는 데 중요하긴 하지만, '통증이 무엇이고 왜 우리에게 아픔을 주는가?'라는 중요한 쟁점에 더 집중하기로 하자.

통증의 정신적 측면

그림 2.7 초콜릿의 코코아는 엔도르핀을 방출해서 가벼운 희열을 만들어 낸다. 하지만 이러한 효과를 의식할 정도가 되려면 초콜릿을 아주 많이 먹어야 한다. 운동은 희열을 얻을 수 있는 더 확실한 방법이다. 엔도르핀은 통증 제어에 관여한다.
출처: Irrin0215/Getty Images Plus.

통증은 감각의 독특한 분야로 두드러진다. 이는 통증이 C섬유의 활성화처럼 명확하게 측정 가능한 물리적 상태와 강하게 연결되어 있기 때문이다. C섬유의 활성화가 일어날 때 모든 사람이 통증을 체험한다는 점이 특히 눈에 띈다. 그렇지만 통증에 대한 우리의 이해는 C섬유의 활성화만으로는 충분하지 않다. 이는 통증이 단순히 생리적인 반응을 넘어 보다 깊은 감각적 경험을 포함하기 때문이다. 그래서 통증이라는 감각이 어떻게 명확한 물리적 상태와 연결되는지가 관건이 된다.

이제 더 많은 질문이 떠오른다. 인간은 통증을 회피하려는 물리적 본성은 가지면서 아프다는 감각은 느끼지 않게 진화할 수 없었을까? 아니면 누군가가 핀으로 손가락을 찔렀을 때 손을 치우며 "아야!"라고는 말하면서도 아무런 느낌이 없을 수는 없을까? 여러분이 아주 효과가 뛰어난 진통제를 먹어서 다른 물리적 상태에는 변화가 없지만 통증만 느끼지 않게 되었다고 해보자. 그래도 여러분에게 통증이 있다고 말할 수 있을까? 우리는 이미 통증의 생리학을 상당히 자세히 파악하고 있고, 뇌 영상화 기술을 이용해 고통을 유발하는 자극이 있을 때 뇌의 어느 부분이 활성화되는지도 볼 수 있다. 그렇다면 한발 더 나아가 뇌의 해당 영역에 통증의 느낌이 위치한다고 말할 수 있을까? 그리고 우리가 "네가 내 팔을 찌른 후에 통증이 있어"라고 하면 정말 팔의 그 부위에 통증을 느끼는 걸까? 뇌에서 처리한 뒤에야 통증이 생기는 게 맞을까?

이쯤 되면 누군가는 "이거 봐요, 다 그럴듯한 이야기이고 어느 정도 재미도 있네요. 하지만 좀 이론적이고 실은 우습기도 해요. 당연히 나도 내가 사는 세상이 어떤지 알고 있어요. 분명히 다른 사람들이 사는 세상과 같겠죠. 당신이 나를 핀으로 찌르면 내가 당신을 찔렀을 때와 마찬가지로 통증을 느낄 거예요"라고 말할지도 모르겠다. 이러한 논증을 *타인의 마음이 존재하고 나와 유사하다는 가정에서 나온 논증(argument by analogy to the existence of other minds)*이라 한다. 이러한 회의적인 시각에는 두 가지로 답할 수 있다. 먼저 우리는 다른 사람들이 어떤 느낌을 받는지 안다고 생각할지 몰라도 절대 확신할 수는 없다. 두 번째로 오스트리아의 철학자 루트비히 비트겐슈타인(Ludwig Wittgenstein, 1889~1951)이 지적했듯이, 왜 여러분이 특별해야 하는가? (Wittgenstein, 1953) 그는 이런 종류의 일반화가 무책임하다고 평했다. 내가 어떤 식이라면 다른 모든 사람도 나와 마찬가지일 정도로 내가 특별해야 하나?

통증을 느끼지 못하는 희귀한 상태를 *선천성 무통각(congenital analgesia)*이라 한다. 이런 사람들은 우리가 통증에서 얻은 경고 신호를 알아채지 못하기 때문에 부상과 감염에 매우 취약하다. 게다가 모르핀 같은 일부 약물은 사람들이 극도의 고통을 경험할 때도 불쾌함을 느끼지 않게 한다고 알려졌다. 우리가 **해리(dissociation)**라 부르는 상태다. 이런 이유로 우리가 통증을 착각할 일이 없다고 믿거나(즉, 감각의 무류성(無謬性, infallibility, 오류가 있을 수 없다는 뜻-옮긴이)이라 칭하는 것을 잘못 생각하거나), 통증이 굳이 적대적일 필요가 없다고 생각하는 것(즉, 본질적인 불편함에 관해 잘못 생각하는 것)은 틀린 듯하다. 데넷은 우리가 생각하는 고통이라는 개념에는 결함이 많아서 실제적인 것은 전혀 언급하지 않는다고 주장했다(Dennett, 1978b). 컴퓨터가 고통을 느끼게 만들 수 없는 것도 이 때문이다.

직접 해보자: 위험을 피하려 하는 컴퓨터 만들기

당신은 인간을 꼭 닮은 정교한 로봇을 만들어 왔다. 그리고 당연히 이 로봇이 안전하게 지내며 몇 가지 정교한 자기 보호 수단을 갖추길 바란다. 수년간 수백만 달러를 들여 만든 로봇이 자리에서 일어나 갑자기 불길 속으로 뛰어들길 바라는 사람은 없지 않은가. 이 로봇이 반드시 위험을 피해 가게 하려면 어떻게 해야 할까? 높은 건물에서 몸을 던지거나 불 속으로 걸어 들어가면 안 된다는 이 세상의 지식만으로 충분할까? 하지만 뜨거운 냄비를 만지거나 예상치 못한 뾰쪽한 물건에 찔렸을 때 놀라는 감각은 어떻게 할 것인가? 충분히 위험한 자극을 맞닥트렸을 때 물러나는 능력으로 충분할까? 아니면 인간처럼 통증을 느끼도록 프로그램을 짜야 할까? 그리고 만약 그런 프로그램을 짜야 한다면 어떻게 할 수 있을까?

아기들의 통증

최근까지 아기들이 통증을 느낄 수 있는지를 두고 상당한 논란이 있었다. 이제는 아기들도 통증을 느낄 수 있다는 사실이 분명해진 듯하지만, 1980년대 중반까지만 해도 아기들을 수술할 때 놀랍게도 마취제나 진통제를 주지 않는 게 일반적이었다(de Lima et al., 1996). 변명을 해보자면, 쟁점 중 하나는 마취제가 아기들에게 더 위험하다는 것이었다. 따라서 굳이 필요하다고 판단되지 않을 때는 마취제를 주지 않는 것이 중요했고, 영아들의 신경계는 통증을 느낄 정도로 충분히 발달하지 않았다고 믿었으므로 마취제가 필요하지 않다고 판단했다. 이제는 더 안전한 마취법이 개발되어 영아들도 안전하게 마취할 수 있게 되었다. 또한 영아와 태아의 신경학에 관한 우리의 이해도 훨씬 발전했다.

오늘날의 연구를 보면 성숙한 태아도 통증을 느끼는 듯하다. 통증을 지원하는 뇌 시스템, 특히 피질과 관련이 있는 연결들은 27주까지 완전히 발달하지 않는다(Lee et al., 2005). 하지만 괴로움에 비명을 지르는 아기를 보면서도 아기들이 통증을 느낀다는 사실을 믿지 않았던 것은 기이하게 느껴진다.

철학적 좀비

오늘날에는 어디서나 좀비를 볼 수 있다. 좀비는 영화와 슈팅 게임에서 엄청난 인기를 누린다. 우리의 목적에 맞게 정의하자면, 좀비는 행동으로는 우리와 구분할 수 없지만 의식이 없는 사람이다. 붉은색을 보거나 고통을 느끼는 것 같은 감각도 경험하지 않는다. 나로서 (그리고 아마 여러분으로서) 존재한다는 것에는 무언가가 있지만 좀비로서 존재한다는 것은 같은 방식으로 이야기할 수 없다. 좀비로 존재한다는 것은 아무것도 아닌 듯하다. 여기서 '행동으로는 우리와 구분할 수 없다'는 것은 좀비에게 의식이 있는지 없는지 알려주는 행동 검사가 존재하지 않는다는 뜻이다. 우리가 바늘로 찌르면 좀비도 고통에 비명을 지를 것이다(그리고 아마 우리를 비난할 것이다). 좀비는 자신이 다른 사람들과 똑같이 붉은색을 보고 있다고 생각할 것이다. 의식이 있는지 물으면 물론 있다고 주장하고, 당연한 사실을 의심한다며 상처받은 척할 수도 있다. 좀비에게 의식이 없다는 사실을 드러내는 증거는 없다. 하지만 좀비는 사실 통증을 전혀 느끼지 않는다. 그저 통증 행동을 전시할 뿐이다. 여기서 우리가 특정한 의미로 이야기하고 있는 좀비를 '**철학적 좀비(philosophical zombie)**'라 한다.

상자 2.3 좀비

영화에서 좀비는 마음이 없고, 사람을 먹으며, 팔을 쭉 뻗은 채 천천히 걸어 다니는 썩은 시체로 묘사된다. 움직이고 일종의 목표를 추구하기도 하지만 의식은 없다. 전통 설화에서 좀비는 보통 카리브해 지역에 출몰하며 특히 아이티에서 많이 믿는 종교인 부두교와 관련이 있다. 이때 좀비들은 마법사들이 죽은 시체에 생기를 불어넣은 존재로, 자신의 주인을 위해 노동을 수행한다(그림 2.8). 좀비 신화를 다룬 최초의 연구는 미국의 인류학자 조라 닐 허스턴(Zora Neale Hurston)이 1920년대부터 1930년대까지 아이티에서 진행한 작업이다. 웨이드 데이비스(Wade Davis, 1985)는 자신의 책 『뱀과 무지개(The Serpent and the Rainbow)』에서 좀비 신화가 환각을 유발하고 섬망을 발생시키는 약품인 흰독말풀과 복어에서 추출되는 강력한 **신경독**인 *테트로도톡신(tetrodotoxin)*에 의도적으로 감염된 이들의 일화에서 나왔다고 주장해 논란을 낳기도 했다. 복어는 일본을 비롯한 몇몇 나라에서는 별미로 여겨져서 특별한 훈련을 받은 요리사들이 조심스레 조리해 제공되지만 가끔 사망사고가 발생하기도 한다. 테트로도톡신은 신경계에서 소듐 이온의 활동을 억제해 근육이 수축하지 못하고 신경계 전반에 정보가 전달되지 않게 한다. 그래서 치사량보다 적은 양의 테트로도톡신을 포함하는 '좀비 가루'를 사람들에게 먹이면 좀비와 같은 상태를 유지하게 할 수 있을 거라는 아이디어가 나왔다. 하지만 생리적으로 실제로 이러한 효과를 낼 수 있을지는 불분명하다. 좀비신화에 관한 더 설득력 있는 설명은 좀비들이 그냥 사탕수수 농장에서 야간 노동에 지쳐 탈진한 노동자들이라는 것이다.

그림 2.8 아이티의 수도 포르토프랭스의 부두교. 사진은 시체들이 일어나 좀비로 변한다고 알려진 묘지의 풍경이다. 좀비 신화의 기원을 두고 여러 이론이 있으나 가장 설득력 있는 주장은 사탕수수 농장에서 야간 노동에 지쳐 탈진한 노동자들이라는 것이다.
출처: Hutchings/Corbis Historical/Getty Images.

의식이 필요할까?

당신은 철학적 좀비가 가능하다고 생각하는가? 여기서 잠시 멈추고 자신만의 답을 고민해 보자.

철학적 좀비가 이론상으로는 가능하다고 생각한다면, 철학적 좀비는 의식이 있는 존재와 똑같이 행동하므로 의식이 있는 존재를 의식이 없는 존재와 구분할 방법이 없다. 따라서 의식은 아무것도 하지 않으면서 존재하는 무언가이고 꼭 필요하지는 않은 추가적인 것이다. 데이비드 차머스(Chalmers, 1996)는 철학적 좀비가 가능하다고 주장한 이들 중 가장 중요한 철학자다. 그는 물리주의가 틀렸다는 결론을 내리기 위해 이 논증을 사용했다. 유감스럽게도 그의 결론은 의식이 우리의 물리적 상태에 인과적 역할을 전혀 하지 않는다는 견해로 이어지는 듯하다. 이러한 입장을 **부수현상설(附隨現象說, epiphenomenalism)**이라 한다.

철학적 좀비가 존재할 수 없다고 믿는다면 당신은 의식이 일부 필요한 기능을 제공한다는 생각에 동의하는 것이다. 실제로 의식이 없다면 의식이 있는 사람처럼 행동할 수 없다. 이런 입장을 취할 때 당신은 '의식이 필요한 이유는 무엇이고 의식의 기능은 무엇인가?'와 같은 질문에 답할 준비가 되어 있어야 한다. 오언 플래너건(Owen Flanagan, 1992)과 퍼트리샤 처칠랜드(Patricia Churchland, 1996)를 포함한 몇몇 철학자들은 철학적 좀비가 존재할 수 없다고 주장했다.

머릿속에 떠올리기

철학적 좀비의 존재 가능성은 심리철학에서 가장 치열한 논쟁을 부른 사고 실험 중 하나다. 의식이 꼭 필요하지는 않은 추가적인 것이라 생각하는 입장과 일부 기능을 제공한다는 입장 모두 즉각적으로 와닿지 않는다. 철학적 좀비의 문제를 다루는 또 다른 방법은 처음부터 이런 논의가 무의미하다고 말하는 것이다. 이때는 머릿속에 떠올릴 수 있는 무언가와 가능한 무언가를 구분하는 게 도움이 된다. 무언가를 *머릿속에 떠올릴 수 있다(conceivable)*는 것은 우선 상상할 수 있다는 것이다. 무언가를 머릿속에 떠올릴 수 있을 때야 우리는 더 나아가 그것이 가능한지를 고민할 수 있다. 우리가 철학적 좀비에 관해 의미 있게 이야기할 수 있다는 생각은 철학적 좀비를 실제로 머릿속에 떠올릴 수 있다는 생각에 기대고 있다. 하지만 실은 철학적 좀비를 머릿속에 떠올릴 수 없다고 주장하는 이들도 있다.

이러한 견해를 밝힌 이들 중 가장 잘 알려진 사람이 데넷(Dennett, 1995)이다. 그는 철학적 좀비를 머릿속에 떠올릴 수 있다는 생각은 오해에 불과하다고 주장했다. 데넷은 철학적 좀비를 떠올리는 것이 불가능하다는 여러 논거로 시작한다. 의식은 쉽사리 요약할 수 있는 간단한 것이 아니라 정신적 상태와 행동, 성향의 거대한 복합체이고, 이런 사실을 고려하지 않고 철학적 좀비를 떠올릴 수 있다는 사람들은 실제로는 이게 얼마나 어려운 일인지 과소평가하고 있는 것이다. 한 예로, 통증에서 아픔을 제거하면 같은 방식으로 행동할 수 없다. 데넷에 의하면 그냥 불가능한 일이다. 따라서 철학적 좀비를 머릿속에 떠올릴 수 없다면 그들의 존재에 대해 이야기하는 것이 의미가 없다. 문제는 사라진다. 하지만 철학적 좀비가 가능한지와 마찬가지로 철학적 좀비를 머릿속에 떠올릴 수 있는지를 두고도 의견이 분분하다.

철학적 좀비의 존재 가능성을 두고 벌어진 논쟁은 진짜 실험과 사고 실험의 근본적인 차이를 보여준다. 진짜 실험이라면 데이터만 보면 된다. 사고 실험에서는 서로 다른 직관(直觀)을 가지고 있으며 모두 자신의 직관이 옳다고 생각한다.

유물론

우리가 이원론을 거부한다고 해보자. 그렇다면 어떻게든 일원론적 유물론자의 입장이 유효하게 만들어야 한다. 마음이 온전히 뇌에만 의존한다면 물리적인 용어만으로 설명할 수 있어야 한다. 그렇다면 어떻게 감각질과 개인적이면서 주관적인 경험을 다룰 수 있을까? 다시 말해서, 난제를 어떻게 풀어야 할까? 앞서 소개한 사고 실험들은 주관적인 경험을 물리주의 체계로 끌어들이는 것이 얼마나 어려운지 보여준다. 유물론은 오직 물질만이 존재한다는 사상이다. 유물론에는 두 가지 다른 접근법이 있다. **환원적 유물론(reductive materialism)**과 **제거적 유물론(eliminative materialism)**이다.

환원적 유물론

환원적 유물론 또는 **환원주의(reductionism)**는 어느 단계를 이론화할 때 더 낮은 단계의 이론들로 설명할 수 있다는 사상이다. 따라서 우리는 원자의 행동을 아원자 입자(subatomic particle)와 양자역학으로 설명할 수 있고, 화학은 물리학으로 설명할 수 있다. 생물학은 화학과 물리학으로 설명할 수 있다. 우리의 행동은 결국 뇌의 활동으로, 뇌의 활동은 생물학으로, 생물학은 물리학으로 환원된다. 따라서 환원적 유물론에서는 모든 감각적 체험이 뇌의 물리적 활동으로 설명되거나 환원된다고 한다. 지금 단계에서 이러한 논의는 복잡한 생물학적 체계에 적용하기 위한 '원칙'을 제시하는 것이라 할 수 있다. 어떤 단계의 현상을 더 낮은 단계로 환원하는 처리 방법은 어마어마하게 실용적이다.

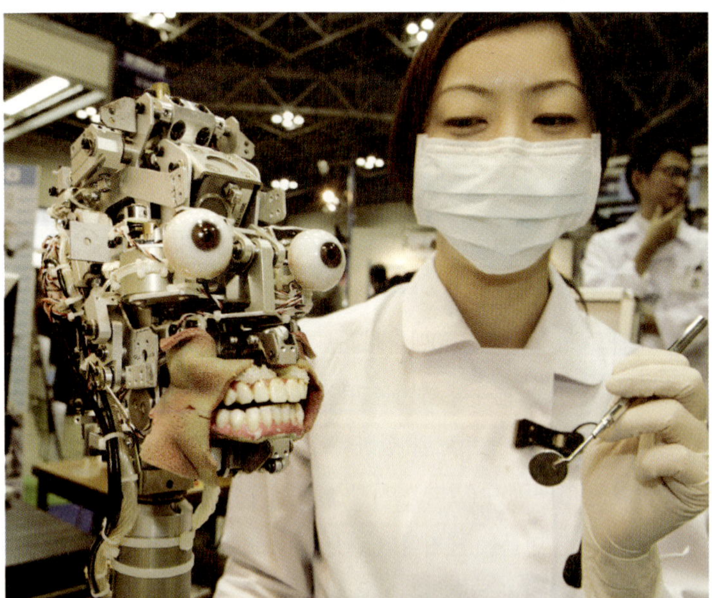

그림 2.9 2007년 일본 도쿄에서 열린 세계로봇전시회에서 일본치과대학 병원 직원 우치다 유코가 치과의사와 학생들을 위해 인간과 흡사하게 만든 로봇 치과 치료 시뮬레이터 '심로이드(Simroid)'의 기계 장치를 선보이고 있다. 이 로봇은 입에 센서가 있어서 치과의사들이 잘못된 처치를 하면 "아야!"하고 외친다. 일본의 로봇 벤처 코코로(Kokoro)와 일본치과대학이 개발한 이 로봇은 현재 임상 훈련에 활용된다.
출처: Yoshikazu Tsuno/Staff/AFP/Getty Images

물리주의에서 가장 간단한 접근법은 많은 문제가 있다는 것 자체를 부정하고 정신적 상태가 뇌의 상태와 동일하다고 주장하는 것이라 할 수 있다. 다시 말해서, 감각과 뇌의 처리를 동일한 것으로 보는 것이다. 이러한 접근법은 보통 **심신 동일론(mind-brain identity theory)**으로 불린다. 동일론에는 여러 갈래가 있지만 가장 유명하고 많이 논의된 이론은 *유형 동일론(type identity theory)*이다. 유형 동일론에 따르면 정신적 사건은 고통을 받는 상태와 같이 여러 유형으로 구분할 수 있고, 이러한 정신적 사건의 유형들을 C섬유 활성화와 같은 뇌 상태의 다양한 유형과 연관 지을 수 있다. 동일론에서는 통증을 받을 때의 정신적 상태가 C섬유가 활성화된 물리적 상태와 같다고 본다.

유형 동일론을 대표할 만한 주장을 내놓은

이는 오스트레일리아의 철학자 J.J.C. 스마트(Smart, 1959)다. 스마트는 특히 동일론의 *절약성(parsimony)*에 감화되었다. 과학에서 이론의 절약성은 특정한 현상을 가장 간단하게 설명하는 이론을 선호하는 것이다. 딱히 아주 좋은 이유도 없는데 왜 감각질을 설명하기 위해 뇌의 상태 외에 무언가를 더 도입해야 할까? 동일론에 대한 가장 강력한 반론은 여러 다른 물리적 상태에 의해 동일한 정신적 상태가 발생할 수 있다는 것이다. 예를 들어 인간과 조류의 통증 체계가 작동하는 생리학은 아주 다르다(Putnam, 1988). 우리가 어느 날 외계인을 마주한다면 그들은 우리처럼 진화한 C섬유를 가지고 있지 않을 가능성이 크지만 그래도 거의 틀림없이 통증을 느낄 수 있을 것이다. 실리콘으로 만들어진 로봇이 통증을 느낄 수 있게 되는 날은 절대 오지 않을 거라고 장담할 수 있는 사람이 있을까(그림 2.9)? 통증은 단순히 C섬유가 활성화되는 것 이상의 무언가인 듯하다.

제거적 유물론

대니얼 데넷(Dennett, 1988), 폴 처칠랜드(Churchland, 1981, 1988), 퍼트리샤 처칠랜드(Churchland, 1986), 조르주 레이(Georges Rey, 1997)와 같은 철학자들이 개척한 두 번째 접근법은 제거적 유물론이라 한다. 제거적 유물론에서는 정신적 상태에 관한 우리의 일상적인 이해가 잘못되었다는 대담한 주장을 한다. 이 접근법은 특히 데넷의 논문 「감각질 부인하기(Quining qualia)」에 훌륭히 예시되어 있다. 지금은 누구도 감각질이 존재하는지 의심할 수 없다. 어쨌든 붉은색의 무언가를 보고 있을 때 내가 붉다는 감각을 느낀다는 것은 적어도 내게는 의심할 여지 없는 사실이기 때문이다. 이 때문에 감각질은 과학에서 특별한 위상을 획득하는데, 데넷은 이에 반대한다. 대신 그는 유물론이 어떤 면에서는 감각질을 설명하는 데 실패한다 해도 (혹은 감각질을 더 낮은 단계의 현상으로 '환원'한다 해도) 유물론 자체를 거부해서는 안 된다고 주장한다. 데넷은 유물론이 감각질의 존재와 완벽한 조화를 이룬다고 믿는다. 감각질이 존재해도 아무 문제가 되지 않는다. 그저 아무 문제가 없다. 그는 감각질을 '부인'함으로써 감각질의 문제를 제거한다. 여기서 '부인하다'라 번역되는 동사는 영어로 'quine'이며 '실재하거나 의미가 있는 무언가의 존재나 중요성을 단호히 부인한다'는 뜻이다. 데넷은 철학적 실재에 언뜻 중요해 보이는 다른 구분(분석 명제와 종합 명제. 하지만 우리는 사소한 내용까지 신경 쓸 필요가 없다)을 적용하는 데 반발했던 미국의 위대한 철학자 W. V. O. 콰인(W.V.O. Quine, 1908~2000)을 기리며 이 단어를 만들어 냈다.

데넷은 이 논증에 직관펌프를 활용했다. 특정한 커피를 즐겨 마시는 두 친구가 있다고 해보자. 몇 년이 흐른 뒤 그들은 같은 커피가 옛날처럼 맛있지 않다는 데 동의한다. 한 명은 커피의 풍미는 그대로지만 자신의 취향이 달라져서 예전처럼 즐길 수 없다고 한다. 다른 친구는 커피의 풍미가 달라져서 예전처럼 즐길 수 없다고 한다. 한 명은 커피의 특질(quale)은 그대로지만 이에 대한 자신의 반응이 달라졌다고 하고, 다른 한 명은 특질이 달라졌다고 한다. 이 두 가지 관점을 구분할 수 있을까? 데넷은 두 친구가 모두 옳을 수는 없다고 한다. 그렇다면 둘 중 누가 옳은 걸까? 이 문제는 답이 없다. 둘 중 한 사람은 특질에 관해 잘못 알고 있으면서 자신이 틀렸다는 것도 알지 못해야 한다.

데넷의 접근법은 놀랍게도 그다지 많은 논쟁을 부르지 않았고, 많은 이들이 그의 논증 중 특정한 단계만을 문제 삼는 듯하다(대표적으로 Flanagan(1994)을 참고하라). 어쨌든 그의 접근방식은 감각질이 온전히 유물론적인 과학의 걸림돌이 되지 않는다고 믿는 사람이 적어도 일부 존재한다는 사실을 보여준다. 데닛을 비롯해 폴 처칠랜드, 퍼트리샤 처칠랜드 같은 철학자들은 감각질에 관한 모든 발상이 너무 혼란스럽고 모순으로 가득 차 있어서 사용할 수 없는 정도라고 보았다. 그들의 입장은 우리의 내적 성찰을 신뢰할 수 없다는 것을 알고 있기 때문에 현대 과학에 더는 일상적인 '민간(folk)' 심리학을 위한 자리는 없고, 이를 배제하는 게 낫다는 것이다. 철학자 갈렌 스트로슨(Galen Strawson, 2018)은 이들을 '부인자들(deniers)'이라 칭했다.

하지만 문제를 옆으로 밀어두는 것이 실제로 해당 문제를 제거하는 것인지에 대해서는 논쟁의 여지가 있으며 모두가 확신하는 것도 아니다. 제거적 유물론이 많은 이들의 직관에 반하는 것처럼 보이기는 해도, 철학자들은 모두가 만족할 정도로 제거적 유물론을 반박하는 게 쉽지 않다는 것을 알게 되었다. 분명히 민간 심리학(folk psychology)에는 문제가 많다. 우리가 일상에서 사용하는 개념들이 항상 과학적 검토에도 통용되는 것은 아니다.

기능주의

어쩌면 우리는 뇌의 상태와 정신적 상태의 상세한 관계를 두고 지나치게 걱정하고 있는지도 모른다. 둘은 아마 다양한 방법으로 관계를 맺고 있을 것이다. 어쨌든 쥐덫을 만드는 데는 여러 가지 방법이 있다. 쥐가 치즈 조각을 빼내려 할 때 튀어 오르는 전통적인 용수철 덫도 있고, 쥐가 안으로 들어가면 뚜껑이 닫히는 상자도 있다. 아니면 위쪽 구멍으로 들어가서 다시는 빠져나올 수 없는 관형 덫도 있다. 핵심은 쥐덫이 무엇을 하는지다. 쥐를 죽이거나 잡을 수 있으면 쥐덫이다. 인간의 마음에도 비슷한 논리를 적용할 수 있다. 특정한 정신적 상태가 어떻게 보이는지가 아니라 무엇을 하는지가 중요하다. 그리고 이러한 논리가 옳다면 정신적 상태가 물리적으로 구현되는 세부적인 방식은 중요하지 않다. 중요한 것은 정신적 상태의 기능이다. **기능주의(functionalism)**는 정신적 상태를 정신적 상태로 만드는 것은 오로지 해당 상태의 기능 그리고 전체 시스템에서 맡고 있는 역할에 달려 있다는 이론이다. 해당 상태의 내부적 구성 그리고 물리적으로 어떻게 구현되는지에는 좌우되지 않는다.

실리콘 뉴런과 실리콘 뇌

우리는 인공 물질을 통해 삶의 질이나 우리의 삶 자체가 변할 수 있다면 자신에게 맞는 대체 고관절이나 인공 밸브에 완벽히 만족한다. 그래도 이러한 변화를 뇌까지 확장하는 것은 꺼리는 사람이 있을 수도 있다. 간단한 사고 실험으로 시작해 보자. 우리가 조그마한 실리콘 뉴런을 제조할 수 있다고 해 보자. 실리콘 뉴런은 '진짜' 뉴런과 정확히 같은 방식으로 작동한다. 기존의 뇌세포를 이 뉴런으로 교체하면 정확히 '진짜' 세포와 같은 물질처럼 이웃 뉴런에서 보내온 정보를 받아들여 활성화하고, 인접한 뉴런에 정보를 전달한다. 그래도 당신의 생물학적 뉴런을 실리콘 뉴런으로 교체하는 게 불편한가? 그렇지는 않을 거라 확신한다. 게다가 실리콘 뉴런은 더 튼튼할 수도 있다. 어쨌든 중요한 것은 뉴런의 기능과 작동하는 방식이지 만들어지는 세부 과정이 아니다.

이제는 이 논증이 어떻게 진행될지 짐작할지도 모르겠다. 다른 모든 뉴런이 연결되어야 하는 뇌의 생물학적 뉴런 두 개를 실리콘 뉴런으로 바꾸면 어떨까? 우리가 연결 작업을 해낼 수 있고 각 뉴런이 다른 뉴런들과 어떻게 연결되어 있는지 정확히 이해한다면, 실리콘 해마(hippocampus)나 실리콘 시상하부(hypothalamus)도 이식할 수 있지 않을까? 실은 적절히 연결된 실리콘 뇌로 바꿀 수도 있지 않을까? 대부분 실리콘 뉴런 한두 개는 기쁘게 받아들이겠지만 더 큰 조직 앞에서는 망설일 것이고, 특히 실리콘 뇌로 바꿔 넣는다는 생각에 만족할 이는 얼마 되지 않을 것이다. 하지만 논의를 시작했던 지점에서 크게 달라진 것은 없다.

기능주의에서 핵심은 오로지 기능만이 중요하다는 것이다. 실리콘 뇌가 생물학적 뇌와 정확히 똑같이 행동한다면 동일한 방식으로 기능하는 한 뇌가 무엇으로 만들어졌는지는 중요하지 않다. 최근 몇 년간 우리는 부분적으로는 *'인간 커넥톰 프로젝트(Human Connectome Project)'*에 힘입어 뇌의 연결 방식에 대한 이해를 급격히 넓혔다. 사실 인류는 얼마 전부터 회충의 일종인 예쁜꼬마선충(Caenorhabditis elegans)이라는 생명체의 신경계 연결을 완벽히 파악하고 있다(White et al., 1986). 따라서 뉴런을 재현할 수 있을 정도로 좋은 모델을 갖게 된다면 실리콘 벌레뿐 아니라 실리콘 뇌의 꿈도 처음에 생각했던 것처럼 멀지만은 않을 것이다.

직접 해보자: 당신은 뇌를 얼마나 많이 포기할 수 있나?

실리콘 뇌를 생각하고 다음 질문에 답해 보자. 당신의 뉴런 한 개를 실리콘 뉴런으로 대체하는 데 반대하나? 두 개는? 천 개는? 해마는? 뇌 전체는? 왜 뉴런 한 개는 바꿀 수 있지만 백만 개는 안 될까? 그래도 당신은 여전히 당신일까? 그래도 당신에게 의식이 있을까?

상자 2.4 뉴런

뉴런 또는 신경세포는 말초 신경과 척수, 뇌로 구성된 신경계의 기본 단위가 되는 특별한 유형의 세포다. 뉴런은 다른 모든 세포들과 마찬가지로 기본적으로 화학물질이 담긴 가방인 세포체와 유전 물질이 들어 있는 핵, 가방 전체를 둘러싸고 있는 반다공성 막으로 이루어진다. 다른 세포들과 달리 뉴런은 표면에 두 종류의 돌기도 가지고 있다. **축삭(axon)**은 다른 뉴런들과 연결된 길고 얇은 '팔'이다. *가지돌기(dendrite)*는 더 짧고 납작한 돌기다(그림 2.10). 축삭은 뉴런을 따라 신호를 전달하고 가지돌기가 다른 세포가 보낸 신호를 받는다. 신호는 축삭을 따라 전달되는데 전위(電位, potential)라 부르는 전파가 소듐, 포타슘, 칼슘과 같은 원소들의 이온들과 함께 신호 전송에 특히 중요한 역할을 한다

상자 2.4 뉴런 (계속)

뉴런은 다른 뉴런들과 직접 접촉하지 않고 축삭과 가지돌기 사이에 존재하는 자그마한 틈으로 분리되어 있다. 이 틈을 **시냅스(synapse)**라 한다. 시냅스에는 **신경전달물질**이라 부르는 특별한 화학물질들이 있는데 대표적으로 세로토닌, 도파민, 감마아미노부티르산(GABA), 노르아드레날린이 있다. 모든 정보 전달이 궁극적으로는 세포의 전기적 상태 변화로 이어지긴 하지만, 뉴런은 신경전달물질과 전기 신호를 통해 정보를 전달한다.

*미엘린*이라는 인지질 성분의 막은 축삭을 둘러싸 보호한다. 미엘린은 절연체이기 때문에 미엘린 피복이 두꺼울수록 전기 자극이 축삭을 따라 전파될 때 속도가 빨라진다. 미엘린의 형성과 분포에 장애가 발생하면 중추신경계 전반의 장애로 이어지며 가장 대표적인 사례는 다발성 경화증(multiple sclerosis)이다.

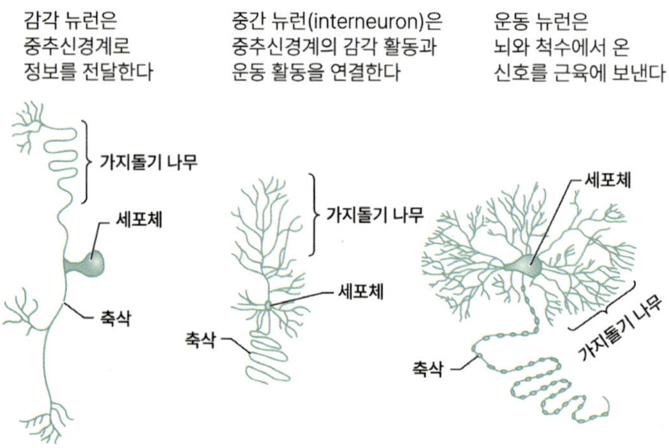

그림 2.10 뉴런 또는 신경세포. 뇌에는 약 천억 개의 뉴런이 있으며 각 뉴런은 다른 뉴런 천여 개와 연결될 수 있다. 의식은 정말 이렇게 수없이 뭉쳐 있는 뉴런에서 생겨나는 걸까?

'중국 뇌' 사고 실험

실리콘 뇌가 의식을 가질 수 있는지 묻는 것은 그래도 타당해 보인다. 하지만 '중국 국민 문제' 혹은 '중국 뇌 문제'(Block, 1978)라 불리는 사고 실험은 이런 질문을 우습게 만드는 듯하다. 적어도 직접 고민해 보기 전에는 그렇다. 중국이 선택된 이유는 인구가 최소 14억으로 아주 많기 때문이다. 전형적인 사람의 뇌에는 뉴런이 약 천억 개 있어서 중국 인구에 0만 두 개 더하면 대략 비슷한 규모가 된다. 한 사람이 뉴런 하나를 대신한다고 하고, 뉴런이 활성화해 다른 뉴런들과 소통하듯이 다른 사람과 휴대전화로 소통하게 하자(앞선 시대에는 라디오를 썼다). 뇌에서는 뉴런 하나가 '활성화'될 때마다 다른 뉴런들에 흥분성 자극을 보낸다. 마찬가지로 중국 뇌에서 뉴런 하나를 대신하는 사람들은 자신과 연결된 모든 사람에게 전화를 걸고, 전화를 받은 이는 다시 자신과 연결된 모든 이에게 전화를 거는 식으로 전달이 이어진다. 감각 뉴런이 보낸 정보를 받는 뉴런에 해당하는 사람도 있을 것이고, 원한다면 운동 뉴런에 해당하는 사람도 둘 수 있다. 심지어 세계의 신호를 바꿔서 감각 뉴런으로 보내고, 운동 뉴런의 신호를 세계로 내보내는 체계를 마련할 수도 있다. 이러면 사실상 중국이 하나의 뇌를 이루게 된다.

이 체계 전체, 즉 중국 뇌에는 의식이 있을까? 의식의 속성은 개별 뉴런이 아니라 전체로서의 뇌, 하나의 체계로서의 뇌에 존재한다. 인간의 뇌는 적절히 연결된 중국 뇌와 무엇이 다를까?

데넷(Dennett, 1991)을 비롯한 일부 철학자들은 중국 뇌가 정신적 상태의 한 형태라고 결론 내렸다. 이러한 결론에 만족하지 못하는 이들도 많다. 특히 블록(Block, 1978)은 이 체계 전체가 정보를 받아들일지는 몰라도 감각질에 상응하는 것이 없다고 지적했다. 하지만 이러한 주장에도 물음표가 따라붙는다. 개별 뉴런들은 통증을 느끼지 못해도 수많은 뉴런에서 생겨나는 마음은 통증을 느낀다. 왜 중국 뇌만 달라야 하나?

이러한 예를 볼 때 우리는 (신념이나 욕구, 통증의 느낌 같은) 정신적 상태가 온전히 기능적 역할, 즉 무엇을 하고 무엇을 하기 위해 연결되었는지에 따라 구성된다고 제안할 수 있다. 정신적 상태는 오로지 (인과적 역할이라 알려진) 각 상태가 다른 정신적 상태에 미치는 영향 때문에 다른 정신적 상태나 감각 입력, 행동 출력과 연관성을 가지게 된다. 이러한 주장은 기능주의라 알려졌다. (주의해야 하는 단어다. 심리학과 사회학에는 몇 가지 유형의 기능주의가 있다.)

오로지 인과적 역할만이 중요하기 때문에 정신적 상태를 구현하는 물리적 형태는 중요하지 않다. 다중 실현성(multiple realisability)이라 알려진 개념이다. 따라서 적당한 실리콘 칩은 뉴런만큼 좋다. 중국 뇌도 적절히 연결되어 있는 이상 뇌만큼 좋다. 세부적으로 어떻게 구현했는지는 중요하지 않으므로(*구조적 불변성(organisational invariance)*이라는 개념이다) 인간의 뇌라고 특별할 건 없다.

내가 경험한 바로는 대부분의 학생들이 이 사고 실험의 중국처럼 한 국가가 자체적인 의식을 가질 수 있다는 생각을 좋아하지 않았다. 하지만 깊이 따지면 그 이유를 설명하기 어려워했다. 우리는 중국 뇌가 한 번에 뉴런 하나씩 활성화되는 방식으로 작동한다고 생각해서는 안 된다. 모두 동시에 활동해야 한다. 속도가 걱정된다면 단축 버튼을 쓸 수 있게 하거나, 심지어 자신과 연결된 모든 이에게 바로 진동을 전달하게 할 수도 있다. 상상력을 조금만 발휘하면 인간의 뇌와 중국 뇌의 시스템에 전혀 차이가 없도록 만들 수 있다. 그러면 분명히 기능주의자들과 마찬가지로 중국이란 나라 전체에는 의식이 있다는 결론에 도달할 것이다.

상자 2.5 계산이란 무엇인가?

계산(computation)은 계산 장치, 즉 컴퓨터(computer)가 하는 일이다. 입력값을 주면 시스템이 규칙에 따라 출력값을 만들어 낸다. 아주 간단한 예를 생각해 보자.

$$2 + 3 = 5$$

입력값으로 두 개의 숫자가 주어지면 덧셈이라는 산술 연산이 출력값을 준다. 컴퓨터의 개발에는 영국의 수학자 앨런 튜링(Alan Turing)과 다른 연구자들이 발전시킨 계산 이론이 결정적인 역할을 했다. 계산 체계는 수학에 기초해 아주 잘 설명되어 있는 체계라는 점에서 하나의 형식 체계다. 특정한 계산 체계가 따르는 규칙을 그 계산 체계의 문법(syntax)이라 한다. 인간의 언어는 해당 언어의 단어들을 조작하기 위해 통사 규칙의 복잡한 체계를 가지고 있다. 언어에서 의미의 전달은 *의미론(semantics)*의 영역이다.

상자 2.5 계산이란 무엇인가? (계속)

1960년대와 1970년대에 발전한 인지심리학은 컴퓨터를 행동이 발생하는 방식에 대한 은유로 삼았고 심리적 과정을 정보 처리(information processing), 즉 연산으로 보았다. 마음은 (화면이나 망막에 비치는 빛의 패턴 혹은 발화 같은) 입력을 받아서 일련의 변환(연산)을 통해 (해당 물체의 이름이나 발화의 의미에 대한 접근 같은) 출력을 만들어 낸다. 이러한 맥락에서 인지심리학의 임무는 마음이 사용하는 입력과 출력의 표현 형태뿐만 아니라 도중에 벌어지는 변환이나 연산의 본질까지 규명하는 것이다. 사고는 보통 부호 처리(symbol manipulation)로 이야기된다. *부호(symbol)*는 개를 상징하는 개의 표상(representation)처럼 무언가를 상징하는 것이다. 우리는 사고할 때 이 부호들을 처리하고 있는 것이다.

이러한 접근법이 인지와 심리에 관해 얼마나 적절한 설명을 제공할 수 있는지는 논란이 많다. 설(Searle)이 제안한 '중국어 방 논증'(이 장의 '기능주의에 대한 반박' 부분을 참고하라)의 핵심은 연산의 문법 규칙을 명시하는 것만으로는 행동을 이해하는데 충분하지 않으며, 의미론 그리고 마음속의 의미가 이 세계의 물체와 속성, 사건들과 연결되어 있는 방식을 더 고려해야 한다는 것이다.

기능주의에 대한 반박

기능주의는 감각질을 어떻게 설명할까? 어떤 사람들은 감각질의 생물학적 기질(biological substrate)에는 (무엇이 특별한지는 전혀 알지 못하지만) 뭔가 특별한 것이 있고, 반드시 생화학적 토대가 필요하다고 생각한다. 몇 가지 가능성이 있다. (1) 인간을 비롯해 복잡한 생물체들은 정상적인 감각질을 경험한다(정상적인 감각질은 우리의 감각질과 유사하다고 가정한다). (2) 일부 체계(system)에는 복잡성과 관계없이 감각질이 존재하지 않는다. 이러한 개념은 결여된 감각질(absent qualia)이라 알려졌다. (3) 실리콘 칩을 바탕으로 하는 로봇은 의식을 가질 수 있지만 로봇의 의식은 우리의 의식과 무척 다를 것이다('상이한 감각질' 또는 '때때로 전도된 감각질'이라 한다). 같은 기능을 하는 둘이 서로 다른 정신적 상태를 가질 수 있으므로 기능주의는 감각질에서의 이러한 개별적 차이를 설명할 수 없다.

차머스(Chalmers, 1995)가 지적했듯이 현재는 교착 상태에 가깝다. 생화학 체계에 뭔가 특별한 것이 있으며 중국 뇌가 의식을 가진다는 것은 말도 안 된다는 주장을 옹호하는 이들이 있다. 그리고 모든 것이 어떻게 구현되는지가 아니라 어떻게 구성되는지가 중요하다고 생각하는 사람들이 있다. 두 집단은 이 세계에 관해 완전히 다른 시각을 가지고 있을 것이다. 두 진영 모두 자신이 옳다고 생각하며 기존의 입장을 확고히 유지한다. 어느 쪽이 옳은지 확실히 판단할 수 있는 사람이 있을까? 그래도 차머스(Chalmers, 1995)는 흥미로운 사고 실험을 하나 더 제안한다.

생화학적인 당신이 있고, 당신의 모든 뉴런을 원래의 뉴런과 정확히 같은 방식으로 기능하는 실리콘 칩으로 대체하고 정확히 같은 패턴으로 연결한 당신의 실리콘 *동형체(isomorph)*, 즉 동일한 복제본이 존재한다고 하자. 이 복제본을 '나 로봇'이라 부르기로 하자. 기능주의자들은 나 로봇에 의식이 있고 모든 상황에서 당신과 정확히 같은 경험(과 감각질)을 가진다고 할 것이다. 일부 반기능주의자(anti-functionalist)들은 나 로봇이 *결여된 감각질*을 가진다고 할 것이다. 이제 앞에서 다룬 사고 실험을 떠올리며 중간 정도의 입장을 생각해 보자. 당신을 데리고 가서 (아마 전전두엽피질의) 뉴런 하나만 기막히게 좋은 실리콘 칩 하나로 교체한다. 앞서 살펴본 것처럼 이런 작업은 아무런 변화도 일으키지 못한다고 말하는 이들도 있을 것이다. 그리고 점점 더 많은 뉴런들을 교체해 나간다.

어느 시점이 지나면 반기능주의자들은 무언가가 변했다고 주장할 것이다. 갑자기 감각질이 사라질 수도 있다. 하지만 과연 언제 그렇게 될까? 생물학적 뉴런이 하나만 남았을 때? 그럴 것 같지는 않다. 반쯤 교체했을 때? 정확히 언제 그런 변화가 일어날지는 모르지만, 교체를 시작한 후 일정 시점에는 갑자기 감각질이 사라질 것이다. 변화가 진행됨에 따라 감각질이 서서히 희미해질 수도 있다. 그게 가능할까? 한 예로, 우리는 손에 화상을 입었을 때 가장 불쾌한 아픔을 느끼게 된다. 같은 상황에서 나 로봇은 가벼운 아픔만을 느낄까? 우리 눈에는 새빨간 장미가 나 로봇에게는 바랜 분홍색으로 보일까? 뉴런을 많이 교체할수록 감각질도 희미해진다. 부분적인 감각질(partial qualia)을 이야기할 수 있을까? 비슷하게 나 로봇에 감각질이 있지만 우리와는 다른 전도된 감각질인 경우를 생각해 볼 수도 있다. 우리가 뉴런을 칩으로 바꾸면 어느 시점에 감각질이 바뀔까? 갑자기 모든 게 뒤집힐까? 차머스(Chalmers, 1995)는 이런 생각을 *춤추는 감각질(dancing qualia)*이라 불렀다.

기능주의를 반박할 때 중요한 또 다른 논증은 설이 제안한 중국어 방(Searle, 1980)이다. 기능주의는 마음에 대한 계산이론(computational theory of mind)과 관련이 있는데, 이 이론에서는 정신적 과정이 컴퓨터가 프로그램을 통해 가동되는 것과 같은 방식의 계산 문제라고 본다. 어느 컴퓨터에서 프로그램을 가동하는지는 중요하지 않다. 애플 매킨토시를 사용하든 IBM 호환 PC를 사용하든 2 더하기 2는 항상 4와 같다. 설은 적절히 프로그램된 컴퓨터는 항상 정신적 상태를 가진다는 생각을 '강한 인공지능(strong AI)'이라 칭했고, 중국어 방은 강한 인공지능에 맞서는 가장 강력한 반론이다. 한 여자가 어떤 방 안에 앉아 있다고 상상해 보자. 그는 외국어에 관한 지식이 없고 특히 중국어는 전혀 모른다. 하지만 그 방에는 중국어 입력이 들어오면 적절하게 적힌 중국어를 출력하게 하는 일련의 규칙이 있다. 누군가가 문 아래로 종이 한 장을 밀어 넣는다. 그러면 여자는 부호가 적힌 책을 찾아서 규칙에 따라 해당 부호들을 조작한다. 규칙을 이용해서 중국어 출력값을 만들어 내는 것이다. 그리고 다른 문 아래에 출력값이 적힌 종이를 밀어 넣는다. 바깥 세계에서 보기에는 우리가 그 '방'에 중국어로 무언가를 제시하면 중국어를 이해해서 중국어 답을 만들어 내는 듯하다.

하지만 방 안에 있는 여자가 중국어를 이해한다고 할 수 있을까? 물론 아니다. 이미 그가 단어 하나도 이해하지 못한다고 설명했다. 그 여자는 그저 '무턱대고' 일련의 규칙을 따랐을 뿐이다. 설은 강한 인공지능도 마찬가지라 주장한다. 컴퓨터들은 맹목적으로 규칙을 따를 뿐 무엇을 하고 있는지 전혀 이해하지 못한다.

이 논증은 많은 비판적 반응을 유발했고, 그 반응들에 대한 반응이 뒤따랐다. 의식 연구에서 흔히 그렇듯이 확실한 승자는 없다(수많은 동료의 반응이 궁금하다면 설이 쓴 최초의 논문을 참고하라). 목소리를 높이는 이들 대부분이 그저 새로운 문제로 옮겨 갔을 뿐이다. 가장 일반적인 반응은 시스템 응답(systems response)이라 부르는 주장이다. 그 여자는 중국어를 이해하지 못하지만 방 전체는, 즉 전체 시스템은 중국어를 이해한다. 영어를 들었을 때 뉴런 하나는 영어를 이해하지 못하지만 뇌 전체는 분명히 영어를 이해하는 상황과 비슷하다. 중요한 것은 시스템 단위다. 이에 대한 설의 반응은 시스템이 부호의 의미, 즉 부호가 이 세계의 사물이나 행위, 속성에 적용되는 방식인 의미론을 알고 있어야 한다는 것이다. 중국어 방에 존재하는 일련의 규칙은 의미론이 없는 형식적인 구문 체계일 뿐이며, 따라서 그 방은 각 부호가 무엇에 대응되는지는 전혀 알지 못한 채 부호들을 처리한다. 설은 의식이 있으려면 의미가 필요하고 생물학적 시스템만이 의미를 가진다고 주장한다. 중국어 방을 둘러싸고 다양한 논의가 이어졌지만 이 시스템 응답론이 가장 널리 알려졌다(최근의 논의로는 Dennett, 2014의 한 장에서 중국어 방을 다뤘다).

직접 해보자: 벌레로 존재한다는 것은 어떤 것일까?

회충의 일종인 예쁜꼬마선충은 온화한 지역의 토양에 서식하는 독립생활 선충이다. 이 글을 쓰고 있는 현재까지 신경망 도식화 **커넥톰**이 완성된 유일한 유기체이며, DNA의 배열순서도 밝혀졌다. 예쁜꼬마선충의 신경계에는 뉴런이 약 천 개밖에 없다. 중국 뇌나 인간 뇌와 유사한 방식으로 이 벌레를 시뮬레이션해 보면 어떨까? 휴대전화를 가진 사람 백 명을 모아 메시지를 서로 주고받게 하면서 예쁜꼬마선충의 신경계에서 일어나는 전기 자극을 재현해 보자. 벌레로 존재한다는 것이 어떤 것인지 조금이라도 알게 될까?

신비주의

과학 교육을 조금이라도 받은 사람이라면 대부분 실체 이원론을 불편해한다. 그래서 이런 단어들을 직접 사용하지는 않더라도 보통 자신이 일종의 물리주의 일원론자, 즉 유물론자일 거라 결론 내린다. 문제는 유물론이 우리 눈에 띄는 모든 종류의 문제에 취약하다는 것이다. 특히 무언가를 느끼고 경험할 여지가 별로 없어 보일 때는 더욱 그렇다. 뭔가 다른 대안은 없을까?

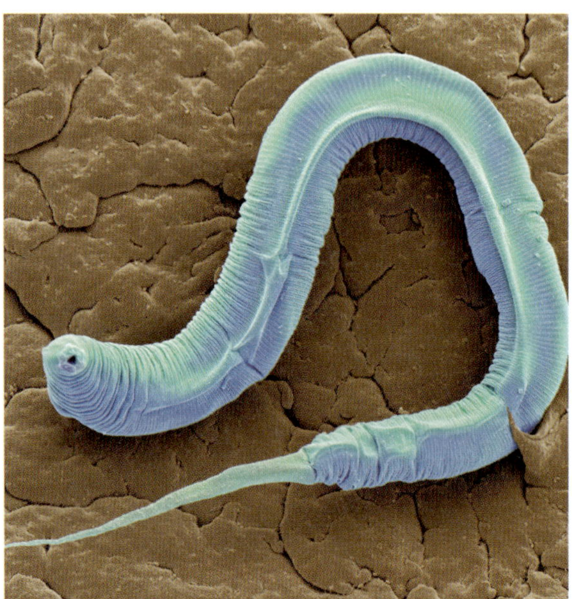

그림 2.11 회충의 일종인 예쁜꼬마선충. 우리는 이 벌레의 DNA 배열 순서를 파악했고 커넥톰도 완성했다. 하지만 회충으로 존재하는 게 어떤 것인지 정말 알고 있을까? 예쁜꼬마선충으로 존재한다는 것은 어떤 걸까?
출처: Steve Gschmeissner/Science Photo Library/Getty Images.

한 가지 대안은 과학이라는 영역 안에 있는 다른 것들과 달리 의식을 인간의 이해를 넘어서는 무언가로 보는 것이다. 모든 사람이 직접 경험하는 무언가를 근본적으로는 이해할 수 없다는 사실이 당혹스러울 수도 있지만 불가능한 일은 아니다. 이런 식의 접근법을 신신비주의(新神祕主義), 혹은 그냥 **신비주의**라 한다. 신비주의의 추종자들은 *신비주의자(mysterian)*라 부른다. 이러한 명칭은 1960년대 미국에서 활동했던 록 밴드에서 왔다(해당 밴드의 정식 이름은 '? And the Mysterians'였다. 물음표도 들어가는 게 맞다). 그리고 1957년 일본에서 동명의 공상과학 영화 「미스터리언스(The

Mysterians)」가 공개되었다(Honda, 1957; 그림 2.12). 최초의 신비주의자들은 의식은 다른 유형의 실체여서 물리 법칙을 따르지 않는다고 생각하는 이원론자들이었다. 신신비주의자들을 이해하기 위해 비유를 활용해 보자. 윌리엄 제임스(James, 1896)는 개들이 '우리 삶에 존재하지만 우리 삶에 속하지는 않는다'고 썼다. 개들은 항상 자신의 이해를 넘어서는 의미와 목적을 가지는 사건들을 겪는다. 책을 쳐다보고 있는 내 강아지 보를 생각해 보자. 당연히 보가 책을 읽고 있다고 말할 수는 없다. 실제로 책을 읽지 못하기 때문이지만 동시에 책을 읽을 생각도 없고, 평생 읽어본 적도 없다. 읽는다는 게 무엇인지도 이해하지 못한다. 우리에게는 의식을 연구한다는 것이 이와 비슷할 수 있다.

그림 2.12 혼다 이시로가 연출한 일본의 1957년 작 공상과학 영화 「미스터리언스」의 홍보물(Honda, 1957). 이 영화는 외계인들이 오로지 지구의 여성들을 쫓아 이 행성을 침공한다는 이야기다. 현대의 신비주의자들은 훨씬 합리적이어서 의식은 인간이 이해하기에 너무 복잡하다고 주장할 뿐이다. 가장 오른쪽에 신비스러운 외계인이 서 있다.
출처: LMPC/LMPC/Getty Images.

신비주의의 가장 단호한 옹호자는 영국의 철학자 콜린 맥긴(Colin McGinn)이다. 그는 자연이 인간의 뇌에 의식이라는 문제를 해결할 능력을 주지 않았을지도 모른다고 주장한다. 즉, 자연은 우리에게 자기 자신을 이해할 기구(apparatus)를 제공하지 않았다(McGinn, 1989, 2000). 의식이라는 문제를 맞닥뜨릴 때 과학은 맥긴이 *인지적 종결(cognitive closure)*이라 칭한 벽돌담에 부딪힌다. 맥긴은 과학이 단지 지금 의식을 설명하지 못한다고 하지 않는다. 필연적으로 영원히 설명하지 못할 것이라 주장한다. 우리가 이해할 수 있는 범위를 넘어서는 주제이기 때문에 우리의 마음은 의식이라는 주제 앞에서 닫혀 버린다. 생물학적으로 우리의 마음을 이해하는 것은 불가능하다.

대니얼 데닛은 신비주의에도 날카로운 비판을 가한다(Dennett, 1991b 등). 비판의 중심에는 의식이 우리의 이해를 넘어선다는 것은 지나치게 비관주의적인 결론이라는 판단이 있다. 과학의 역사에는 아주 다루기 힘들거나, 양자역학처럼 실제로 발견하기 전에는 상상도 할 수 없었던 문제들의 사례가 넘쳐난다. 데닛은 신신비주의에서 제시하는 논증의 형식이 과학적이지 않다고 지적하기도 했다. 우리가 절대 의식을 이해할 수 없을 거라고 주장하지만 그런 주장을 증명하거나 담보하지는 못한다.

그럼에도 불구하고 신비주의를 지지하는 이들의 명단은 인상적이다. 적어도 우리가 뇌의 물리학과 생물학에 관해 알고 있는 것과 개인적 경험의 발생 사이에 설명적 간극이 존재한다고 추측하는 선도적인 연구자들이 아주 많아서 노엄 촘스키(Noam Chomsky), 스티븐 핑커(Steven Pinker), 마틴 가드너(Martin Gardner), 샘 해리스(Sam Harris)도 여기에 속한다.

이원론을 너무 빨리 포기하지 않는 것 역시 또 다른 대안일 수 있다. 앞서 살펴보았듯이 실체 이원론이 이원론 중 가장 많이 알려지긴 했지만 다른 갈래도 존재한다. 속성 대안론은 실체에는 한 가지 유형밖에 존재하지 않지만 물리적 속성과 정신적 속성이라는 두 가지의 다른 범주가 있으며 한 범주는 다른 범주로 환원될 수 없다는 이론이다. 비환원적 유물론에서는 (인간의 통증을 C섬유의 활성화와 연관 짓는 것처럼) 정신적 속성을 생물학적 과정과 연결할 수 있지만 (그게 전부는 아니기 때문에) 서로를 다른 것으로 환원할 수는 없다고 한다. 그렇다면 추가로 무엇이 있을까? 실체 이원론은 비교적 직관적으로 이해되는 반면 속성 이원론은 따라가기가 훨씬 어렵다고 생각하는 사람이 많다

2장 요약

- 심리철학은 마음과 뇌의 상호작용을 연구한다.
- '어떻게 뇌에서 개인적인 경험이 생겨날까?'라는 질문을 심신 문제라 한다.
- 철학에서는 전통적인 실험 대신 특히 사고 실험을 활용한다.
- 사고 실험은 문제를 명확히 하고 그 문제에 대한 우리의 추정과 믿음을 드러낼 수 있게 도와준다.
- 감각질은 장미의 붉은색처럼 있는 그대로의 감각, 경험의 기본 요소를 가리킨다.
- 데카르트가 정립한 이원론은 마음과 물질이 서로 다른 유형의 실체이며 마음은 물리 법칙을 따르지 않는다고 본다.
- 이원론의 가장 큰 문제는 마음과 물질이 상호작용하는 방식을 규명하는 데 있다.
- 이원론과 반대로 일원론에서는 물질이든, 마음이든, 아니면 다른 '중립적' 실체이든 단 한 종류의 실체만이 존재한다고 본다.
- 물리주의와 유물론은 오늘날 구별 없이 사용되는 용어로 모든 것이 근본적으로 물리적이라 한다.
- 지식 논증은 신경과학자 메리의 문제를 검토하면서 감각질이 무엇인지 예측하기 위해서는 무엇을 알아야 하는지 질문한다.
- 지식 논증은 보통 물리주의에 대한 반론으로 받아들여진다.

· 많은 이들이 메리가 붉은 장미를 경험하기 전에도 붉은 장미가 무엇인지 알 수 있었을 것이라는 가정에 회의적이다.
· 하지만 지식 논증에 대한 반론도 있다.
· 지식 논증에 대한 가장 극단적인 반론은 데닛이 제기한 것으로, 메리는 붉은색을 경험하고도 전혀 놀라지 않았을 거라고 한다. 물리적 세계의 완전한 지식에서 추론해 낼 수 있기 때문이다.
· '전도된 스펙트럼'이라는 개념은 다른 사람이 초록색을 감지할 때 누군가는 붉은색을 감지할 수 있을지, 즉 동일한 것을 보면서도 서로 다른 감각질을 경험할 수 있을지 묻는다.
· 통증은 감각질의 또 다른 사례로, 고통의 기능을 두고 다양한 논의가 있다.
· 우리는 어떤 자극이 통증의 느낌을 유발하지 않더라도 그 자극을 피할 수 있을까?
· 행동학적으로 인간과 차이가 없어지려면 불가피하게 의식이 있어야 하는데, 철학적 좀비가 존재할 수 있을까?
· 철학적 존비가 존재할 수 있다고 생각하면 의식을 가진 존재와 의식이 없는 존재를 구분할 방법이 없어지고, 따라서 의식은 아무것도 하지 않으면서 존재하는 무언가이다. 꼭 필요하지는 않은 추가적인 것이다. 이러한 입장을 부수현상설이라 한다.
· 이론상으로는 어떠한 개념을 이해한다면 머릿속에 떠올릴 수 있고, 그 개념에 논리적 모순이 없다.
· 철학적 좀비를 머릿속에 떠올릴 수 있는지를 두고 상당한 논쟁이 있다.
· 유물론은 인간의 모든 경험은 한 종류의 실체에서 생겨나며, 그 실체는 물리학에서 연구하는 물질이라는 이론이다.
· 유형 물리주의, 환원적 유물론, 심신 동일론은 정신적 경험이 물리적 뇌의 상태에 상응하며 그 외의 것은 존재하지 않는다는 생각을 일컫는 다른 명칭들이다.
· 제거적 유물론에서는 세계에 대한 우리의 일상적인 민간 심리학에 오해의 소지가 있고, 아주 형편없이 정의되어 있거나 명백히 틀렸다고까지 주장한다. 따라서 우리는 과학자로서 통증의 주관적 감각에 지나치게 관심을 가져서는 안 된다.
· 기능주의는 정신적 상태가 어떻게 만들어졌는지보다 무엇을 하느냐로 정의된다는 이론이다.
· 기능주의에 따르면 우리는 대체하는 물질이 올바르게 연결되기만 하면 뉴런이 아닌 물질, 예를 들어 실리콘이나 개별 인간으로도 정신을 구성할 수 있다.
· 많은 이들이 마음이 구성되는 방식은 중요하지 않다는 주장을 반박한다.
· 가장 대표적인 반론은 설이 제안한 '중국어 방' 사고 실험이다.
· 신비주의자들에 따르면 의식은 우리의 이해를 넘어선다. 마음에는 마음 자체를 이해하기 위한 기구가 준비되어 있지 않기 때문이다.

리뷰 질문

1. 이원론과 일원론을 구분할 때 '실체'는 무엇을 뜻하나?
2. 속성 이원론의 강점과 약점은 무엇인가?
3. 색이 아닌 다른 감각을 이용해 지식 논증을 보여주는 사고 실험을 고안할 수 있나?
4. 상업 영화에서 묘사되는 좀비와 철학적 좀비의 차이점은 무엇인가?
5. 뇌에 의식만을 위한 특별한 무언가가 있을까?
6. 전문가가 아닌 이들은 대부분 '중국 뇌' 사례가 우습다고 생각한다. 그들이 반대하는 이유는 무엇일까? 여러분은 그들에게 반박할 수 있나? 그리고 그들이 밝힌 이유에는 어떤 생각할 점이 있을까?
7. 설이 제안한 '중국어 방' 논증은 무엇인가? 이 논증이 옳을까?
8. 신비주의자들이 옳다면 우리 모두 그냥 손을 놓고 집으로 돌아가야 할까? 아니면 의식의 연구 중에서도 어떠한 부분은 계속 이어 나갈 가치가 있을까?

추천 자료

일반

대니얼 C. 데닛. (2015 [2013]). 직관펌프, 생각을 열다 (원제: Intuition Pumps and Other Tools for Thinking). 동아시아.

마틴 코헨. (2005 [2004]). 비트겐슈타인의 딱정벌레 (원제: Wittgenstein's Beetle and Other Classic Thought Experiments). 서광사.

Churchland, P.M. (2013). Matter and Consciousness (3rd ed.). Cambridge, MA: MIT Press.

Kim, J. (2010). Philosophy of Mind (3rd ed.). Philadelphia, PA: Westview Press.

Searle, J.R. (1997). The Mystery of Consciousness. New York, NY: The New York Review of Books.

Searle, J.R. (2004). Mind: A Brief Introduction. New York: Oxford University Press.

The Stanford Encyclopaedia of Philosophy. 2020. Website. http://plato.stanford.edu.

이원론과 일원론

Uttal, W.R. (2013). Dualism: The Original Sin of Cognitivism. London: Routledge. 종교, 철학, 과학에서 이원론을 개략적으로 살펴보는 책.

지식 논증과 전도된 스펙트럼

Nagasawa, Y. (2009). The knowledge argument. In T. Bayne, A. Cleeremans, and P. Wilken, The

Oxford Companion to Consciousness. Oxford, UK: Oxford University Press, pp. 395-397.

Ludlow, P., Nagasawa, Y., & Stoljar, D. (eds.) (2004). There's Something about Mary. Cambridge, MA: MIT Press.

통증이라는 문제

Møller, A.R. (2018). Pain: Its Anatomy, Physiology, and Treatment (3rd ed.). Scotts Valley, CA: CreateSpace.

철학적 좀비

The Stanford Encyclopaedia of Philosophy. 2020. P-zombies. Website. http://plato.stanford.edu/entries/zombies/#3.

유물론과 기능주의

The Stanford Encyclopaedia of Philosophy. 2020. Functionalism. Website. https://plato.stanford.edu/entries/functionalism.

과학의 역사와 과학 혁명

Chalmers, A.F. (2013). What Is this Thing Called Science? Milton Keynes, UK: Open University Press.

Koestler, A. (1959). The Sleepwalkers. London: Penguin.

계산

더글러스 호프스태터. (2017 [1979]). 괴델, 에셔, 바흐 (원제: Godel, Escher, Bach: An Eternal Golden Braid). 까치.

신비주의.

McGinn, C. (2000). The Mysterious Flame: Conscious Minds in a Material World. New York, NY: Basic Books.

3 우리에게 자유 의지가 있을까?

여러분에게는 선택권이 있다. 이런 이야기를 얼마나 많이 들었는가? 고등학교나 대학교에서 더 열심히 공부했을 수도 있고, 더 놀았을 수도 있다. 결정을 했다면 그 선택은 여러분의 몫이다. 이어지는 삶은 여러분이 내린 결정의 결과다. 무언가 하나를 결정하기 위해 고민했던 때가 얼마나 많은가? 새 차를 사는 게 맞을까? 새집은? 새 신발은? 최종적으로 하나를 선택하기까지 장단점을 따지며 몇 시간을 보낸다(그러고는 종종 바로 후회하기도 한다).

이 장에서는 우리가 정말 모든 것에 선택권을 가지고 있는지, 그리고 실제로 우리가 무엇을 하긴 하는지 검토한다. 우리는 스스로 생각하는 바와 달리 물리 법칙에 따라 움직이는 공과 비슷할까? 3장은 결정론(determinism)이라는 개념을 살펴보면서 시작된다. 물리 법칙이 이 세계의 현재 상태에 작용하는 방식 때문에 실제로 일어나는 모든 일은 꼭 일어나야만 했던 일이라는 이론이다. 다음에는 결정론이 우리가 자유 의지를 가지고 있다는 믿음, 즉 우리가 항상 어떻게 행동할지 온전히 자유롭게 선택할 수 있다는 믿음에 어떠한 영향을 미치는지 생각해 본다. 그리고 행동하고 선택한다고 믿는 이 '나'가 누구인지를 질문하며 호문쿨루스와 데카르트 극장(Cartesian theatre)을 소개한다.

자유 의지가 없다면 그 결과는 어떤지도 고민해 볼 것이다. 예를 들어, 여러분에게 정말 선택권이 없다 해도 범죄를 저지르면 처벌을 받아야 할까? 그다음에는 행동의 신경과학을 검토한다. 결정을 하고 있을 때 그리고 어떤 행동을 하기로 결심했을 때 뇌에서는 어떤 일이 벌어질까? 그리고 우리의 몸을 통제하고 있다고 생각하는 '나'가 전혀 개입하지 않아도 몸이 어떤 행동을 하는 듯한 무의식적인 행동의 사례를 검토하며 3장을 마친다.

사람과 물체

여러분은 지금 이 책을 읽고 있지만 원한다면 책을 내려놓고 나가서 뭔가 다른 일을 하는 쪽을 택할 수도 있다. 물론 그냥 계속 독서를 하는 쪽을 택할 수도 있다. 여러분은 지금 이 순간 무엇을 할 것인지 온전히 자유롭게 선택할 수 있다고 느낄 것이다.

우리의 결정과 선택을 공의 움직임과 비교해 보자. 공 하나를 차거나 던졌다고 해 보자. 우리는 공을 찰지 차지 않을지 선택할 수 있지만, 공은 차인 순간 무엇을 할지 선택할 수 있을까? 당연히 불가능하다. 터무니없는 생각이다. 공의 움직임은 온전히 물리법칙에 의해 *결정된다*. 우리가 공을 차면 물리법칙이 개입한다. 물체 단위에서는 뉴턴의 법칙이 완벽하게 맞아떨어진다. 초기 조건을 (즉, 공이 어디에 있었고, 언제 차였으며, 정확히 어디를 차였고, 어떤 방향으로 얼마나 큰 힘이 작용했는지를) 충분히 정확히 측정할 수 있다면 공이 어떻게 움직일지 정확히 계산할 수 있다. 얼마나 멀리 얼마나 높이 움직여서 정확히 어디에서 멈추는지 알 수 있는 것이다. 이 문제에서 공은 할 수 있는 것이 없다. 우리는 필요한 계산을 할 때마다 같은 답을 얻을 것이며 그 답은항상 옳을 것이다. 공을 다시 차면 다시 한번 공의 움직임을 완벽히 정확하게 예측할 수 있다. (과학의 역사에서 아이작 뉴턴 경이 차지하는 위상에 관해 짧은 해설을 읽고 싶다면 2장의 '상자 2.2 물리학의 역사'를 참고하라.)

결정론과 자유 의지

그렇다면 사람과 공은 아주 다른 유형의 존재처럼 느껴진다. 물리법칙이 공의 행동을 결정한다고 했지만 사실 물리법칙은 모든 물체의 행동을 결정한다. 모든 행동, 즉 정신적 행동과 물리적 행동이 모두 물리적 법칙에 의해 결정된다는 주장을 **결정론**이라 한다. 반면 우리는 인간으로서 무엇을 할지 선택할 수 있는 듯하다. 우리는 우리에게 **자유 의지**가 있다고 말한다. 혹은 적어도 자유 의지가 있다고 생각한다. 자유 의지란 이런저런 선택을 내려야 한다는 강요를 받지 않으면서 가능한 행동 방안 중 무언가를 고를 수 있는 능력이다.

홀로 놓여 있는 공 하나에서 더 복잡한 시스템으로 넘어가 보자. 당구대를 예로 들 수 있다. 당구 채로 공 하나를 치면 그 공이 움직이기 시작하고 다른 공들에 부딪힌다. 공들은 차례차례 이리저리 움직이며 보통 서로 부딪히다가 마찰력 때문에 멈춘다. 프로 당구선수가 공들의 움직임을 통제하는 정도는 보는 이들을 놀라게 한다. 다음 플레이를 생각해서 공들을 배치하며 경기를 이어간다. 공의 방향을 바꾸기도 하고 반동을 주기도 하면서 아주 쉽게 공을 가져간다. 하지만 이러한 시스템이 아무리 복잡해 보여도 홀로 놓여 있는 공 하나를 차는 것에서 규모를 키웠을 뿐이다. 역시 온전히 물리법칙의 지배를 받는 결정된 시스템이다. 움직이지 않는 물체에만 논의를 한정할 필요는 없다. 당구공과 같은 물체가 어떻게 움직이는지 (속도, 즉 방향과 빠르기를) 안다면 그 공이 다른 물체와 부딪힌다 해도 어떤 일이 벌어질지 계산할 수 있다.

그림 3.1 시계 장치 태양계 모형. 모든 것은 처음부터 예측 가능하며 시계 장치처럼 돌아간다. 마음도 같은 방식으로 작동할까?
출처: Jamie Cooper/SSPL/Getty Images.

이러한 논의가 어디까지 확장될 수 있을지 궁금할 것이다. 훨씬 더 규모를 키울 수 있다. 지구와 달, 태양계, 심은 우주까지 생각할 수 있다. 모두 훨씬 더 복잡한 당구대에 불과하다. 언제라도 우주의 정확한 상태(초기 조건)를 알고 있으면 기계적으로 물리법칙을 대입하기만 해도 다음에 어떤 일이 벌어질지 정확히 계산할 수 있다. 어떤 것의 현재는 과거로 인해 결정되었고, 그 현재가 다음 상태를 결정한다는 생각을 결정론이라 한다.

물론 실제로는 공 하나처럼 상대적으로 간단한 무언가의 정확한 경로를 결정하기도 무척 어렵다. 측정의 정확도와 요구되는 계산 능력이 우리가 도달한 수준을 훌쩍 뛰어넘기 때문이다. 우주의 미래 상태를 측정하고 계산하는 것은 실제로는 불가능한 과업으로 남아있을 것이다. 하지만 *이론적으로* 충분한 시간과 능력만 있다면 할 수 있다. 중요한 것은 이 '이론적으로'라는 주장이다. 이에 따르면 미래의 상태는 역사와 물리법칙에 의해 결정된 현재의 상태에 의해 결정된다. 우주는 시계 장치처럼 순조롭고 예측 가능하게 돌아간다(그림 3.1). 1814년 프랑스의 철학자이자 물리학자였던 피에르 시몽 라플라스(Pierre-Simon Laplace, 1749~1827)는 조석 현상과 행성 궤도의 이론을 연구했고, 특히 중력 때문에 (태양 주위를 도는 목성의 궤도에 토성이 미치는 영향처럼) 행성 간에 일어나는 더 높은 수준의 상호작용을 설명하기 위해 미적분을 활용했다. 그는 이러한 연구 끝에 모든 것이 결정되어 있다고 제안했다. 충분한 지식과 시간만 있다면 적절히 명석한 사람이 우주의 현재 상태에서 이후의 상태에 관한 모든 것을 계산해 낼 수 있다는 주장이었다. 라플라스는 탁월한 지능을 지닌 악마를 상정했다. 이 악마가 한순간 우주에 존재하는 모든 입자의 위치와 속도 그리고 그들 각각에 작용하는 모든 힘을 알 수 있다면 이론적으로는 우주의 모든 미래 상태를 계산해 낼 수 있을 것이다.

조금 다르게 생각해 보자. 여러분은 정말 자유로운가? 여러분이 강의를 듣고 있는 중에 강사가 여러분에게 뭔가 창피한 일을 해 달라고 요청했다고 하자. 예를 들어, 공공장소에 가서 "세상아, 안녕!"하고 외치는 것이다. 아마 몇몇은 요청을 따르고 대부분은 따르지 않을 것이다. 여러분은 자신에게 자유로운 선택권이 있다고 생각한다. 하지만 많은 철학자들은 다르게 생각한다. 강사의 요청에 응할 것인지는 확실히 여러분에게 달려 있지만, 여러분은 여러분이라는 역사의 총합이다. 현재의 행동은 앞서 여러분에게 일어났던 일들에 의해 결정된다. 결국 여러분의 유전자와 역사에 달려 있다. 지금은 이 둘에 대한 선택권이 없다. 이미 그렇게 됐다. 여러분은 당구대처럼 그저 시계 장치일 뿐이다. 여러분은 뉴런의 현재 상태, 즉 현재 뇌의 바로 그 연결 때문에 특정한 방식으로 행동할 것이다. 뇌의 연결이 정확히 지금과 같다면 여러분은 다른 방식으로 행동할 수 없다. 여러분에게 가능한 미래는 오직 한 가지밖에 없다.

우리가 어려운 결정을 스스로 내리는지 생각해 보면 이러한 설명이 얼마나 그럴듯한지 알 수 있다. 여러분의 인생에서 중요한 결정을 내렸던 어느 한 시점을 생각해 보자. 한 예로, 나는 대학 강사직을 처음 제안받았던 때가 떠오른다. 나는 장점(돈, 경력 사다리에서 한 단계 상승)과 단점(집에서 너무 멀었고, 가르치는 자리였기 때문에 연구를 할 시간이 줄어들었다)을 저울질했다. 직업적인 결정이나 개인적인 결정을 내릴 때 누구나 비슷한 과정을 거칠 것이다. 그때 나는 결정을 내렸고 온전히 자유로운 선택이었다(나는 그 제안을 받아들이기로 했다. 그리고 이후 일이 아주 잘 풀렸다는 것을 알면 여러분도 기쁘지 않을까 싶다).

하지만 나는 정말 선택을 했을까? 내가 내린 선택을 의심하긴 했을까? "아니요"라고 말할 수 있었을까? 당시 내 걱정거리는 돈이었고, 그런 걱정은 수입이 한정된 가정에서 자란 내 배경에서 나왔다. 우리 가족은 절대 위험을 감수하지 않았기 때문에 나는 위험을 회피하는 성향이었다. 실은 의심의 여지가 없는 결과였다. 언제라도 우리는 유전자와 환경, 역사(그리고 이들의 상호작용)의 결과물이다. 유전자와 역사의 힘이 우리 뇌의 연결을 결정하고 뉴런들이 특정한 방식으로 활성화되게 한다. 분명히 우리는 고민하며 시간을 보내지만 뇌의 전기 신호는 정확히 예측가능한 길로 흘러간다.

직접 해보자: 대담해지자

여러분이 평소에는 부끄럽거나 어색하다는 이유로 하지 않는 (안전하고! 합법적인!) 무언가를 해보자. 예를 들어, 공공장소에 가서 "여러분, 안녕하십니까!"라고 외쳐보는 것이다. 이 세상을 더 나은 장소 혹은 더 행복한 장소로 바꿀 수 있는 무언가를 생각해 낼 수 있다면 더욱 좋다. 한 예로, 나는 모르는 이에게 다가가 "그 셔츠 멋진데요"라고 말하는 걸 부끄러워한다. 여러분은 할 수 있나? (이런 행동에 도전할 때 내가 항상 그렇듯이) 마지막 순간에 겁을 먹고 꽁무니를 빼지 않는가? 그리고 이런 행동을 선택했을 때(혹은 선택하지 않았을 때)의 느낌을 살펴보자. 여러분의 행동이 자유로웠다고 생각하나? 그러한 행동으로 자유로움을 얻었나?

양자역학의 영향

이쯤 되면 (이미 그전에도) **양자역학**을 바탕으로 이의를 제기하는 사람이 많을 것이다. 양자보다 작은 수준에서 에너지는 아주 작은 단위, 즉 *양자(量子, quantum)*로 존재하며 입자들의 행동은 *확률적*이다. 한 입자가 무언가를 한다고 확정 지어 말하는 대신 특정한 확률만을 이야기할 수 있다. 이 수준에서 우주는 비결정적(非決定的)이며 진짜 우연이 작용하기 시작한다. 하지만 자유 의지에 있어서는 양자역학이 큰 도움이 되지 않는다. 첫째, 비결정성은 아주, 아주 작은 양자 수준에만 적용된다. 거시적 수준에서 주사위를 굴리거나 동전을 던질 때 그 결과는 양자역학이 아니라 전통적인 물리법칙으로 설명된다. 당구대 위의 움직임을 지배하는 그 법칙이다.

두 번째, 뇌에 양자 효과가 일부 존재한다고 해도 현재의 신경 상태에 입력으로 작용하는 또 다른 원천일 뿐이다. 어쨌든 여러분에게 선택권을 주지는 않을 것이다. 여러분이 동전 던지기에서 두 가지 대안 중 하나를 선택하려 한다고 하자. 동전은 양자 동전을 쓴다. 동전 던지기의 결과는 아마 완전히 무작위적일 것이다. 그래도 여러분의 '선택'은 오로지 이 동전 던지기에 의해 결정되기 때문에 어쨌든 여러분이 택한 것이 아니다. 따라서 양자역학을 고려하더라도 결론은 어느 정도 비결정적인 우주도 우리에게 자유 의지를 선사하지 않는다는 것이다. (하지만 양자역학은 라플라스의 악마에게는 문제상황을 제기한다. 양자 수준의 사건들은 확률적이어서 악마가 우주에 관해 완벽히 알 수 없기 때문이다. 하지만 이러한 문제는 우리의 논의에 큰 영향을 미치지 않는다.)

이원론과 자유 의지

자유 의지가 없다는 생각이 너무 불편해서 유물론을 버리고 이원론으로 돌아가려 하는 사람들이 있을지도 모르겠다. 하지만 2장에서 살펴보았듯이 이원론에는 문제가 많다. 사실 비물질적인 영혼이 자유 의지를 가지는 이유조차 확실하지 않다. 여러분의 영혼은 그냥 결정을 내리는 것처럼 보이는 순간까지 축적된 모든 경험의 결과물이 아닐까? 우리의 물리적 자신들이 그렇듯 오로지 역사에 의존해 행동하지 않을까?

어떤 사람들은 "글쎄요, 내게 자유 의지가 없다면 오히려 다행이죠……"라며 은행을 털겠다거나, 침대로 돌아가 침대 안에서 평생을 보내겠다고 할 수도 있다. 그럴 수도 있겠지만 안타깝게도 여전히 여러분에게는 선택권이 없다. 모든 행동 방침이 이미 미리 결정되어 있다. 그러니 대신 건강하고 생산적인 삶을 살기로 했다고 믿는 편이 나을 것이다.

유물론적 일원론을 포기하고 싶지 않다면 자유 의지는 존재하지 않는다고 결론을 내려야 할 것 같다. 여러분은 "세상아, 안녕!"하고 외칠지 말지에 있어서 어딘가로 굴러가고 있는 공만큼도 선택권이 없다. 자유 의지는 착각이다.

상자 3.1 착각이란 무엇인가?

마술사들이 마법을 펼칠 때 우리는 상황이 눈에 보이는 그대로 아니라는 것을 알고 있다(그림 3.2). 마술사 데이비드 코퍼필드(David Copperfield)가 유리 탱크에서 나타나 하늘로 솟아오를 때 우리는 그가 실제로 날고 있지 않다는 것을 안다(혹은 적어도 알고 있다고 확신한다). 데이비드 블레인(David Blaine)이나 데런 브라운(Derren Brown)이 누군가의 마음을 읽고 맞는 카드를 골라낼 때 우리는 그들이 정말 텔레파시를 사용하지 않았다는 것을 안다(혹은 적어도 알고 있다고 확신한다). 무언가가 일어나긴 했지만 의도적으로 착각을 유도한 것이다.

착시를 볼 때 우리는 종이 위에 무언가가 있다는 사실까지 부인하지 않는다. 상황이 그저 눈에 보이는 대로가 아닐 뿐이다.

무언가가 착각이라는 말은 보이는 그대로가 아니라는 뜻이다. 반드시 무언가가 존재하지 않는다는 의미는 아니다. 어쨌든 마법사 데이비드 코퍼필드는 아주 쉽게 하늘로 날아오르는 듯했다. 하지만 겉으로 드러나는 것은 속이기 쉽다. 진짜 무슨 일이 벌어지는지 알아내려면 더 깊이 파고들어야 한다.

그림 3.2 1948년 영국의 무대 마술사 재스퍼 마스켈린(Jasper Maskelyne, 1902~1973)이 런던의 화이트홀 극장에서 톱을 들고 조수 메이지 라이트(Maisie Wright)를 반으로 썰 준비를 하고 있다. 우리는 이 조수가 정말 절반으로 썰리는 것은 아니라는 사실을 알고 있다. 물론 착각이긴 하지만 그렇다고 해서 아무 일도 일어나지 않는 것은 아니다.
출처: Hulton Archive/Getty Images.

데카르트 극장의 호문쿨루스

'나에게는 선택권이 있다'에서 '나'는 누구인가? 우리에게 자유 의지가 있다고 생각하는 '나'는 누구인가? 언뜻 보기에는 명백한 답이 있는 것 같지만 이 질문은 의식의 연구에서 가장 핵심적인 질문 중 하나다. 우리는 자신을 '나', 즉 우리의 머릿속에 앉아 세계를 지각하고 결정을 내리는 '자기'라 생각한다. 또한 우리는 종종 바깥 세계를 중계하면서 스스로 내면의 목소리(내적 언어)라 생각하는 것을 만들어 내고, 이러한 목소리가 내면의 자기가 만들어 낸 것이라 믿는다. 우리라는 사람 안에 한 사람이 존재하는 듯하다.

내면에 존재하는 분리된 인간을 '자기'로 보는 시각을 자기의 호문쿨루스 이론(the homunculus theory of the self)이라 한다. 우리는 시각과 청각, 촉각, 후각, 미각으로 지각한 세계를 우리 주위에서 펼쳐지는 엄청난 규모의 다감각 영화처럼 생각한다. 하지만 스크린을 보고 있는 이는 누구일까? 무슨 일이 벌어지는지 지켜보며 어떻게 반응할지 결정하는 내면의 사람이 있다. 하지만 그렇다면 그 내면의 사람 안에서는 어떤 일이 벌어질까? 그 내면의 사람을 움직이는 것은 무엇일까? 더 작은 또 다른 호문쿨루스? 우리는 빠르게 러시아의 마트료시카 인형(몸체가 분리되며 인형 안에 더 작은 인형이 여러 개 반복해서 들어가 있는 인형-옮긴이) 같은 영원한 회귀에 진입하고, 아무것도 해결하지 못했다는 사실을 깨닫는다.

*가상 현실(virtual reality)*에서 영화를 보는 것처럼 우리가 관찰한 다감각 표상을 마음이 조합한다는 생각을 흔히 **데카르트 극장**의 신화라 한다. 데넷(Dennett, 1991)은 부정적인 의미에서 데카르트 이원론을 상기시키기 위해 '데카르트'라는 단어를 사용했다. 신비로운 호문쿨루스가 비물질적인 영혼이 아니라면 무엇이겠는가? 그리고 대부분의 연구자들이 그랬듯이 이 영혼을 거부한다면 극장이라는 비유는 틀릴 수밖에 없다.

그렇다면 '나'는 스크린을 보거나 내적 언어를 만들어 내지 않는다. 오히려 '나'는 뇌 전체가 활성화된 결과물이다. 가능한 선택지를 가늠하고 결정을 내릴 수 있는 내면의 자기는 존재하지 않는다. 대신 뇌가 현재 상태에 기반한 입력을 받아들이고 그 반응으로 출력을 만들어 낸다. 무엇이 결정을 내리고 있는지 고민할수록, 설령 우리가 완전한 자유 의지를 가지고 있다 해도 '나'가 무엇인지 이해하기에는 요원해 보인다. 나머지 나와 분리할 수 있는, 자유로운 내면의 자기인 '나' 말이다. 자유 의지의 전체적인 개념은 더욱 혼란스러워지기만 하고 점점 더 말이 되지 않는 듯하다.

자유 의지를 믿을 때의 이점

우리가 가장 소중히 간직하는 믿음 중에는 다른 사람들이 우리와 다르지 않다는 믿음 그리고 무엇을 하고 싶은지 자유롭게 선택할 수 있다는 믿음도 있다. 하지만 의식에 관한 연구에서는 이러한 믿음에 의문을 제기한다. 의식 연구는 의식이 이유가 있어서가 아니라 뇌의 활동 때문에 생겨나며, '우리'가 몸이 무언가를 하도록 움직인다는 믿음이나 몸을 의식적으로 통제하고 있다는 감각이 착각에 지나지 않는다는 것을 알려준다.

로보랫(robo-rat)이라 불리는 조종당하는 쥐의 사례를 생각해 보자(Talwar et al., 2002). 이 쥐들의 **운동 피질(motor cortex)**과 *내측 전뇌 다발(medial forebrain bundle)*에 전극을 심었다(그림 3.3). 내측 전뇌

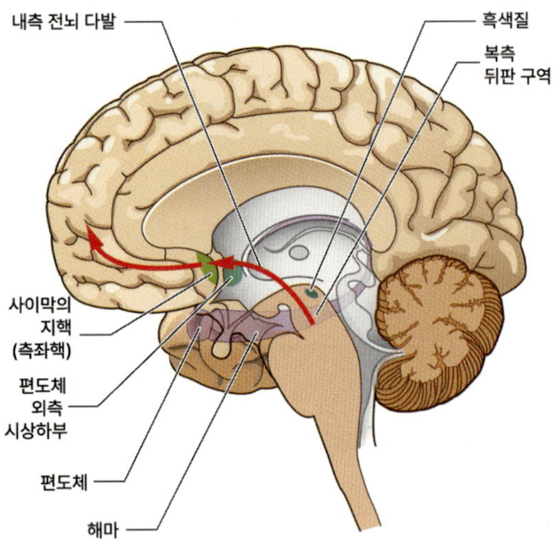

그림 3.3 뇌의 보상 회로. 모든 생물체는 살아있고, 영양분을 소화시키고, 재생산하기 위해 동기가 주어져야 한다(예를 들면, 우리가 추진력이라 하는 것). 그래서 보상에 관여하는 뇌의 시스템이 복잡한 것도 놀랍지 않다.

다발은 전뇌와 시상하부를 통과하는 섬유 다발로, 뇌의 보상 시스템에서 중요한 부분이라 알려졌다. 그리고 쥐의 뇌에 심은 전극을 신호를 전송하는 장치에 연결해 쥐가 기쁨으로 느끼는 신호와 수염의 자극으로 느끼는 신호를 보냈다. 이렇게 결합된 신호들은 쥐들이 특정한 방향으로 움직이고, 뛰어오르고, 벽을 기어오르도록 길들이는 데 활용되었다. 쥐는 외부의 통제를 받고 있다는 것을 모른다. 쥐가 쥐의 관점에서 상황을 생각해 볼 수 있다 해도, 전극이 작동하는 방식 때문에 제 뜻대로 움직이고 있다고 판단할 것이다. 바꿔 말하면 자기의 자유 의지로 움직이고 있는 것이다. 많은 이가 배낭이 우리 뇌 안에 있다는 것만 다를 뿐 우리가 어느 정도는 이 쥐들과 비슷하다고 느낀다.

우리는 왜 굳이 착각을 유지하려 하는 걸까? 나는 이러한 생각에 문제가 있다는 것을 알고 있지만, 다른 모든 과학자들과 철학자들이 그렇듯 계속 착각이 아니라 진짜인 것처럼 행동한다. 포기하고 그저 사건이 일어나기를 기다리는 사람도 있을 것이다.

미국의 사회 심리학자 대니얼 웨그너(Daniel Wegner, 2002)는 자유 의지가 착각이긴 하지만 우리가 한 가지 목적 때문에 일부러 착각을 일으킨다고 주장했다. 우리는 자기 삶에 대한 이야기를 들려주고 여러 사건에 대한 설명을 유지하며 기억하기 위해 자기도 모르게 의식적인 의지라는 느낌을 만들어 낸다. 웨그너는 이러한 이야기가 없으면 우리가 책임감을 느끼지 않을 것이고 따라서 도덕에 대한 감각이나 옳고 그름에 대한 감각도 갖지 않을 것이므로, 사회 집단의 응집성을 유지하기가 어려웠을 것이라 지적했다. 우리가 우리의 미래를 통제한다는 믿음이 없다면 우리는 굳이 행동에 나서지 않을 것이다.

양립가능론

자유 의지를 반박하는 논거는 설득력이 있는 듯하지만 모든 철학자가 자유 의지를 단념한 것은 아니다. 일부 철학자들은 결정론과 자유 의지가 어떻게든 공존한다고 주장하며, 혹은 우리가 결정론을 포기할 수도 있다고 한다.

결정론과 자유 의지가 양립할 수 있다는 생각을 **양립가능론(compatibilism)**이라 한다. (자유 의지와 결정론이 양립할 수 없다고 보는 철학자들은 양립불가론자라 한다.) 양립가능론자는 사람들이 행동을 하거나 선택을 할 때, 즉 자유 의지를 활용할 때 실제로 벌어진 일과는 다르게 행동할 수도 있었다고 믿는다. 전통적인 결정론자는 가능한 미래가 오직 한 가지뿐이라고 설명하지만, 자유 의지를 믿는 쪽에서는 가능한 미래가 여러 개 존재하며 사람들이 그중 하나를 선택한다고 설명한다.

후자의 설명은 우리와 세상이 작동하는 방식에 관한 대부분의 직관과 닿아 있지만, 양립가능론자는 결정론의 논거에서 결함을 찾아내야만 한다.

그중 하나는 영국의 철학자 토머스 홉스(Thomas Hobbes, 1668 [1651])까지 거슬러 올라간다. 그는 우리 개개인이 모든 결정의 원천이라고 주장했다. 우리에게는 의지의 자유가 있으며, 우리가 실제로 한 것 외에 다른 것도 할 수 있었다. 따라서 우리는 여전히 우리의 행동에 책임이 있다. 이러한 주장이 (이 장 뒤쪽에서 살펴볼 것처럼) 감옥 간수에게는 위안이 될지 몰라도 해답이 되지는 않는다. 사람들은 행동할 때 여전히 역사를 중재하고 있을 뿐이기 때문이다. 사람들이 자신에게 자유 의지가 있다고 믿는 것만으로는 결정론의 오류를 증명할 수 없다.

양립가능론에는 강조하는 지점이 다른 여러 주장이 있다. 한 예로, 데넷(Dennett, 1978a, 2004)은 우리의 행동이 뇌의 현재 상태에 의해 결정되더라도 우리는 결정을 내리고 있다고 믿는 착각에 불과한 '나' 대신 전체 시스템을 고려해야 한다고 주장했다. 그렇다 해도 언제나 뇌의 상태는 온전히 우리의 역사에 의해 결정된다는 반박은 사라지지 않는다.

양립불가론자는 자유 의지와 결정론이 공존할 수 있다는 생각을 부정하지만, 결정론을 포기함으로써 자유 의지를 지켜낼 수도 있다. 이러한 입장을 **자유론(libertarianism)**이라 한다(사람들이 최소한의 세금을 내며 한정된 제약 안에서 가능한 한 자유로울 수 있어야 한다고 믿는 정치적 주장과 혼동하지 않길 바란다). 자유론에도 여러 갈래가 있어서 일부에서는 이원론을 받아들여서 결정론으로 인해 불거진 문제들을 해결하려 하고, 로버트 케인(Robert Kane, 1998)과 로버트 노직(Robert Nozick, 1981) 등이 이끄는 학파에서는 유물론을 포기하지 않으면서도 결정론을 배척한다.

영국의 철학자 피터 스트로슨(Peter Strawson, 1962)은 자유 의지와 결정론의 문제는 다른 어떤 문제보다도 단어들이 사용되는 방식과 관련이 있다고 지적했다. 이러한 문제들을 *유사문제(擬似問題, pseudo-problem)*라 한다. 자유 의지에 관한 철학적 진실이 무엇이든 사람들은 도덕적 책임이나 옳고 그름 같은 측면을 생각하게 될 것이다. 그리고 우리는 이러한 측면에 주목해야만 한다.

환경이 행동에 미치는 영향

여러분은 슈퍼마켓에 갔을 때 자신이 진열대의 물건들을 자유롭게 선택한다고 생각하나? 슈퍼마켓에서 사람 눈높이에 비싼 물건과 상품을 진열하려 하는 것이 단순히 우연이라 생각하나? 침이 흐르고 허기가 돌게 해서 당장 더 많은 음식을 사게 만드는 빵 굽는 냄새와 치킨의 향기가 퍼져 나오는 것은 우발적인 상황일까? 당연히 아니다. 상점과 광고회사들은 우리의 구매 행동이 쉽게 영향을 받는다는 것을 알고 있다(Lindstrom, 2011). 작은 것들이 커다란 결정에 영향을 미칠 수 있다.

결정을 내릴 때마다 우리의 행동은 유전자와 그 시점까지 축적된 실제 경험의 총합, 환경의 결과물이다. 이 중에서 인생에서 중요한 사건과 같은 일부 요인은 커다란 영향은 미칠 수 있지만 대부분은 소소한 영향만을 미친다. 분명히 우리는 대부분의 경우 왜 특정한 방식으로 행동하고 있는지 완전히 이해하지 못하며, 우리의 행동에 영향을 미치는 사소한 환경들을 설명하지 못한다.

사회적 프라이밍(social priming)이란 감지하기 어려운 환경의 단서가 행동에 영향을 미칠 수 있다는 개념이다. 초기의 몇몇 전통적인 실험에서 무례하게 구는 것과 관련이 있는 단어들을 읽어 영향을 받은 학생들은 이후 통제 집단의 학생들보다 더 빨리 그리고 더 자주 실험자를 방해하는 경향을 보였다. 유사하게 ('은퇴한', '연로한', '주름이 있는' 등) 나이가 드는 것과 관련이 있는 단어를 읽은 학생들은 실험실을 나설 때 통제 집단의 학생들에 비해 더 천천히 걸었다(Bargh et al., 1996). 이러한 결과는 놀라우며 이를 두고 뜨거운 논쟁이 이어지고 있다(e.g. Doyen et al., 2012; 반론으로는 Bargh, 2012를 참고하라). 특히 실험 결과를 재현할 수 있는지가 논란이다. 하지만 전반적으로 우리의 행동이 적어도 때로는 환경의 감지하기 어려운 특징들에 영향을 받는다는 일반적인 주장을 뒷받침하기 충분한 연구가 축적된 듯하다. 한 예로, 최근의 연구는 프라이밍이 도박꾼들이 돈을 걸지 아니면 걸지 않을지에 영향을 미칠 수 있음을 보였다(Payne et al., 2016).

상자 3.2 톡소플라스마

주위의 아주 자그마한 것들이 우리 행동에 영향을 미칠 수도 있다. *톡소플라스마증(Toxoplasmosis)*은 기생성 원생동물인 *톡소플라스마원충(Toxoplasma gondii)*이 유발하는 병으로 오염된 고양이의 대변을 접촉하면 감염된다. 보통은 뚜렷한 증상이 없거나, 기껏해야 감염 초기에 감기와 유사한 증상을 보인다. 미국에서는 네 명 중 한 명이 감염되었다는 추정도 있다. 연구자들은 톡소플라스마원충에 감염된 쥐와 고양이가 좀 더 위험하게 행동하는 쪽으로 행동 변화를 일으킨다는 사실을 확인했다. 쥐들은 열린 공간에 더 오래 머무르면서 고양이에게 잡아 먹힐 가능성을 키웠다(Berdoy et al., 2000).

연구 결과에 따르면 톡소플라스마원충 감염은 사람의 성격에도 영향을 미쳐 특히 남성이 더 편의주의적으로 행동하게 하고 규칙을 어길 가능성이 커진다(Flegr, 2007). 성격의 변화는 감염된 기간이 길수록 더 심해져서, 원래 편의주의적으로 행동하는 사람이 감염될 확률이 높은 것이 아니라 감염으로 인해 행동이 바뀌었음을 시사한다. 또한 톡소플라스마원충 감염은 정신운동성 조정을 낮춘다. 아마도 이러한 요인들이 결합한 결과이겠지만, 감염된 사람들은 운전자일 때와 보행자일 때 모두 자동차 사고에 연루될 가능성이 더 크다. 위험을 감수하려는 성향이 더 강하다는 것을 암시하는 이러한 효과는 톡소플라스마원충에 감염된 설치류가 보이는 효과가 유사하다. 관련 메커니즘은 복잡하지만 염증과 테스토스테론 수치의 증가에 반응해 뇌에서 신경전달물질 도파민의 방출이 늘어나는 것을 포함한다(Flegr, 2013). (도파민은 특히 뇌의 보상 시스템과 관련이 있는 신경전달물질이다.) 또한 유사한 메커니즘이 작용해 여성의 자살률 상승과도 관련이 있다(Pedersen et al., 2012).

따라서 주위의 자그마한 것들도 우리가 모르는 사이 여러 면에서 우리의 행동과 우리가 내리는 선택에 영향을 미칠 수 있다. 여러분을 생각해서 알려드린다. 쇼핑을 갈 때는 미리 구입 목록을 작성하라. 그리고 고양이를 만진 후에는 항상 손을 씻어라.

상자 3.2 톡소플라스마 (계속)

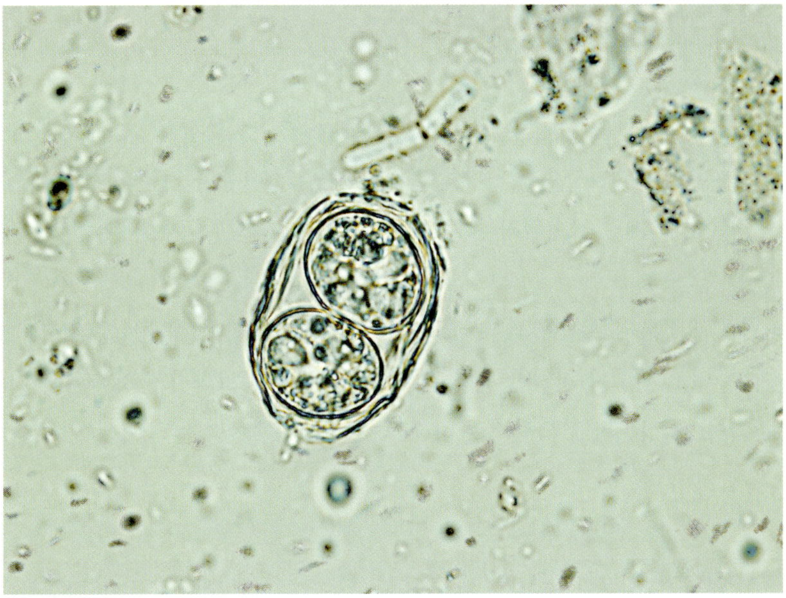

그림 3.4 톡소플라스마원충. 정말 이 작은 생명체가 길을 건널 때 더 위험을 감수하도록 우리를 조종할 수 있을까?
출처: Todorean Gabriel/Getty Images Plus.

직접 해보자: 인생의 전환점

인생의 중요한 결정들을 되돌아보자. 왜 그런 결정들을 내렸나? 그때로 다시 돌아가 보자. 그 결정에는 어떠한 이유들이 있었나? 이제는 아침을 먹은 이유(혹은 먹지 않은 이유)처럼 최근에 내린 사소한 결정을 생각해 보자. 왜 오늘 아침에 치즈 오믈렛을 골랐나? 원래 달걀을 좋아하는데 마침 냉장고에 있었고, 빨리 먹어 치워야 하는 치즈도 있었나? 왜 냉장고에 달걀과 치즈를 넣어 두었나? 달걀은 왜 그렇게 좋아하는가? 얼마든지 질문할 수 있다. 아마 어떤 결정을 되돌아보든 대부분은 스스로 알아채지 못했던 너무나 많은 이유가 있었다는 사실을 깨닫게 될 것이다.

죄와 벌

자유 의지가 존재하느냐는 질문에는 실용적인 중요성이 있다. 모든 법체제는 사람이 선택해서 범죄를 저지른다고 상정한다. 법에서 중요한 가정은 범죄를 저지른 이가 다르게 행동할 수 있었다는 것이다. 누군가 은행을 털기로 결심했고 그렇게 했다면 그 사람은 유죄 판결을 받아야 한다. 그 사람에게는 강도질을 하지 않겠다고 결심하는 대안이 있었다.

물론 법에는 중요한 세부 요소들이 많다. 내가 어떤 식으로든 여러분이 범죄를 저지르도록 강요했다고 하자. 그러면 법체제는 여러분을 유죄로 판단하지 않을 가능성이 있다. 여러분에게 선택권이 있는 것처럼 보이긴 하지만, 법은 강도질을 하는 것에 대한 대안이 너무 불편한 것이었으므로 여러분은 책임을 면제받아야 한다고 판단할 것이다(대신 여러분이 범죄를 저지르도록 강요한 인물이 책임을 져야 할 것이다).

여기서 주장하는 바는 모든 범죄의 실행이 두 번째 사례와 유사하다는 것이다. 범죄자에게 선택권이 있었던 것처럼 보여도 실제로는 선택할 수 없었다.

도덕적 책임

하지만 은행 강도에게 자유 의지가 없다면 어떻게 범죄 행위의 책임을 물을 수 있을까? 그럴 수밖에 없어서 범죄를 저지른 것인데 왜 감옥에 보내야 할까? 자유 의지가 없다면 자기 머리에 총을 겨눈 것처럼 확실히 아무 잘못이 없는 걸까? 이러한 걱정은 범죄에만 국한되지 않는다. 그럴 수밖에 없었던 아이에게 왜 무례한 행동을 했다고 꾸짖거나 벌을 주는 걸까?

도덕적 책임의 쟁점은 자유 의지와 결정론의 논쟁에 좌우되기 때문에 분명히 간단한 해답은 없다. 우리에게는 우리 행동에 대한 도덕적 책임이 없고 언제나 진정한 선택권은 없다는 생각은 그다지 솔깃한 주장이 아니다. 그래서 철학자들이 도덕적 책임을 결정론과 조화시키려 하거나, 결정론이 틀렸다는 것을 보여주기 위해 임청난 노력을 기울여 온 것도 놀랍지 않다.

상자 3.3 처벌의 목적

그림 3.5 영국의 웜우드 스크럽스(Wormwood Scrubs) 교도소. 범죄를 저지를지, 저지르지 않을지 범죄자들에게 선택권이 없다면 교도소는 어떤 기능을 하는 걸까?
출처: weerachonoat/Getty Images Plus.

의식 연구는 다른 방식으로도 범죄나 처벌이라는 개념과 연결될 수 있다. 한 예로, 철학자들은 범죄자에게 선택권이 없었다고 이야기하는 데는 동의한다 해도 처벌의 목적은 사실 유죄 선고를 받은 범죄자를 벌하는 것이 아니라 다른 이들이 유사한 범죄를 저지르는 것을 억제하는 것이라 주장할 수 있다. 사회를 안전하게 유지하려면 감옥이 필요하다는 사람들도 있다. 감옥에 안전하게 갇혀 있는 동안은 범죄자들이 더 이상의 범죄를 저지를 수 없기 때문이다. (정말 벌을 주기 위한 것인지, 갱생을 위한 것인지, 범죄를 억제하기 위한 것인지, 사회를 보호하기 위한 것인지, 아니면 이 모든 것을 위한 것인지) 처벌의 목적에 관한 논쟁은 오랫동안 계속되어 왔다(대표적으로 Hart, 1970). 하지만 우리는 이 문제를 조금 다른 관점에서 바라보려 한다. 다른 범죄를 억제하는 수단으로써 처벌의 유효성은 결정론적 세계에서는 역시 의미가 없는 질문이다. 공개 처벌을 지켜보는 이들이 어떻게 행동할지는 이미 결정되어 있다. 억제 수단으로써 처벌의 존재는 개인이 어느 시점에 어떻게 행동하는지를 결정하는 데 작용하는 여러 요인 중 하나일 뿐이다(그림 3.5)

범죄를 이해하려는 노력에서 심리학의 역할

자유 의지에 대한 근본적인 우려를 한편으로 밀어 둔다 해도, 심리학과 신경과학은 법적 책임이나 사회가 범죄와 범죄자들에게 대응하는 방식에 관한 고민에 또 다른 문제를 제기한다. 법은 오래전부터 자신의 범죄를 온전히 책임질 수 없는 일부 개인에게 책임을 줄여주고 있다. 미국에서는 '정신 이상을 이유로 유죄는 아님'이나 '유죄이지만 정신 이상' 같은 평결을 받을 수 있고, 영국 법 역시 정신 이상을 참작한다. 전 세계에서 유사한 정의를 적용한다. 예를 들어 조현병을 앓는 동안 범죄를 저지른 사람은 보통 정신 질환으로 고통받지 않는 사람들과는 다르게 취급된다. 조현병 환자들은 자기 행동을 책임질 수 없거나 책임이 줄어드는 것으로 여겨지기 때문이다. 중범죄를 저질렀다면 대개 어떤 식으로든 감금을 피하기 어렵지만 처벌보다는 치료가 강조된다(그리고 보통 범죄자가 '치유'될 때까지 석방을 고려할 수 없다는 조건이 붙는다).

하지만 정신적으로 병든 사람은 누구일까? 흔히 정신병질(精神病質, psychopathy)로 알려진 *반사회적 인격장애(antisocial personality disorder*, 줄여서 ASPD라 하며 미국 정신의학회의 정신 장애 진단 및 통계 편람(Diagnostic and Statistical Manual of Mental Disorders, DSM)에 등재되어 있다)를 가진 사람은 공감 능력이 부족하거나 아예 없어서 양심의 가책을 보이지 않으며, 사회적 규범을 따르지 못하고, 타인을 지나치게 기만하며, 학대를 가하면서 즐거워하기도 한다. 많은 연쇄 살인범이 반사회적 인격장애를 가지고 있다. 하지만 이러한 증상이 장애로 분류되었다면 우리는 반사회적 인격장애를 가진 이들을 어떻게 대해야 할까? 예를 들어, 그들은 조현병을 진단받은 사람들처럼 병이 든 걸까? 따라서 조현병을 앓는 사람들과 동일하게 취급하며 그들이 저지른 범죄에 대한 책임을 묻지 말아야 할까? 오히려 정반대다. 서양법에서는 반사회적 인격장애를 가진 이들에게 통찰력이 있다고 간주해서 (조현병을 앓는 이들과는 달리) 다른 식으로도 행동할 수 있었을 거라고 판단한다.

하지만 조현병과 반사회적 인격장애에 이렇게 차이를 두는 것이 합당할까? 이제는 많은 증거가 반사회적 인격장애를 가진 이들의 뇌가 같은 장애가 없는 이들의 뇌와 조직적으로 다르다는 사실을 보여주고 있다. 대부분의 연구에서 반사회적 인격장애를 가진 사람들은 뇌의 각 반구 깊숙이 위치한 조그마한 아몬드 모양의 구조인 **편도체**가 다르게 기능하거나, 편도체로의 연결이 여러 가지로 다른 것이 확인되었다. 한 예로, 뇌 영상을 이용한 양 등의 연구(Yang et al., 2011)에서는 반사회적 인격장애를 가진 사람들의 편도체가 통제 집단보다 더 작고 변형된 경향이 드러났다. 프라이드(Fried, 1997)는 폭력성을 배운 이들은 전전두엽피질이 과하게 자극되고 편도체가 지나치게 억제된다고 주장했다. 편도체는 정서 처리, 특히 위험 파악에 깊이 관여한다고 알려졌다. 반사회적 인격장애가 있는 사람들과 없는 사람들의 차이는 더 있다. 예를 들어 사이코패스(psychopath, 반사회적 인격장애를 앓고 있는 사람들-옮긴이)는 신경전달물질 세로토닌의 수치가 더 낮다(Moore et al., 2002). 따라서 반사회적 인격장애를 가진 사람들의 뇌는 태어날 때부터 대부분의 사람들과 다르거나, 생애 초기에 정신적 외상을 초래하는 사건을 겪으며 달라진다. 그렇다면 사실상의 뇌 손상을 입은 사람을 온전히 책임을 져야 하는 성인으로 취급하며 감금하거나 일부 국가에서처럼 처형하는 대신, 동정적으로 대하며 치료를 제공해야 하지 않을까?

하지만 모든 범죄 행위는 개인의 환경과 조기 교육의 상호 작용에 기원한다. 어린 시절의 빈곤과 사회적 박탈, 부모의 실업, 정신적 외상, 방치, 학대가 모두 전과 기록을 쌓을 가능성을 높일 수 있다는 사실은 잘 알려져 있다(대표적인 예로 Milaniak & Widom, 2015, Minh et al., 2013을 참고하라). 양육 환경이나 가정교육의 결과 범죄에 빠진 이들을 처벌해야 할까, 아니면 치료해야 할까? '정상적' 성격 유형의 범위에 들어간다는 것이 어떤 의미인지 생각해 보자. 우리는 다른 사람들보다 더 위험을 감수하는 성향이 강한 사람들이 존재한다는 사실을 알고 있다. 이들이 뇌가 특이하게 형성된 결과인 성격 때문에, 혹은 어린 시절 형편없는 대접을 받았기 때문에 순간적인 충동으로 범죄를 저질렀다면 처벌을 받아야 할까? 얼마나 불공평한가!

신경과학을 도덕과 윤리의 연구에 적용하는 분야를 신경윤리(neuroethics)라 하며, 특히 범죄학에 적용하는 분야는 *신경범죄학(neurocriminology)*이라 한다. **신경윤리**는 자유 의지의 철학과 신경과학부터 머리가 좋아지게 하는 약의 사용, 치료(와 처벌)의 적용까지 모든 것을 다루는 광범위한 분야다. 예를 들어, 본인이 원하지 않아도 반사회적 인격장애를 치료하는 것이 옳을까?

행동하기로 결심하기

손가락을 움직일 때를 선택하는 것처럼 단순히 실행할 수 있는 단순한 자발적 행동을 생각해 보자. 아주 간단한 실험을 해보자. 책상이나 의자에 앉아서 손가락을 특정한 표면 위에 띄워 두고 빙빙 돌리다가 아무 때나 원할 때 갖다 댄다. 이런 행동의 주관적 경험은 결정하기를 기다리다가 결정을 내리고 신경 자극이 뇌에서 손가락으로 내려간 뒤 손가락을 움직이는 단계를 거친다. 그리고 언제 손가락을 움직일지 결정할 때 여러분은 여러분의 자유 의지를 행사하는 듯하다. 여러분은 *주체감(sense of agency)*을 가진다.

사람의 행동을 몇 단계로 설명할 수 있다는 데 주목하자. 여러분은 자신이 손가락을 움직이기로 결심했다고 이야기하겠지만, 우리는 왜 손가락을 들기로 결심했는지 물을 수 있다. 여러분이 손가락을 움직인 이유는 이 장을 읽고 있었고 내가 직접 해보라고 권했기 때문이다. 여러분은 자유 의지에 관해 알고 싶어서 이 장을 읽고 있다. 학사 학위를 따고 싶기 때문이다. 더 좋은 위치에서 생계를 꾸리고 싶기 때문이다. 우리가 행동하는 이유에 대한 이 모든 설명은 모든 행동과 모든 선택에 동시에 적용될 수 있다.

자유 의지의 질문은 옆으로 밀어두고, 우리가 결정을 내리고 있다고 생각할 때 뇌에서 어떤 일이 벌어지는지 살펴보자. 어쨌든 비록 우리에게는 자유로운 선택권이 없다 해도 뇌는 역사와 환경에 따른 현재 상황에 반응해야 하며, 뇌의 반응에는 처리(processing)도 포함된다. 그 처리에서 어떤 일이 언제 벌어질까?

직접 해보자: 행동하기를 택하기

표면이 단단한 탁자를 앞에 두고 앉자. 손을 탁자 위에 두고 손가락을 들어 올린다. 그리고 원할 때 탁자를 건드리기로 하자. 설명을 따라가면서 여러분이 거치는 과정 그리고 근육과 손의 위치를 관찰하자. 행동하기로 결심하는 여러분의 경험은 무엇이었나? 언제 결심했나? 손가락을 움직이기 전 얼마나 시간이 지난 것 같은가?

'자발적' 움직임에 관한 리벳의 실험

벤저민 리벳(Benjamin Libet, 1983)은 일련의 전통적인 실험을 통해 손가락을 움직이기 시작하는 것처럼 간단한 과업을 수행할 때 뇌에서 어떤 일이 벌어지는지를 탐구했다. 리벳은 상자 3.4에 설명한 장치를 사용했다. 실험에 참여한 사람들은 조그마한 점이 시계와 비슷하게 숫자가 적혀 있는 눈금판 주위를 빠르게 움직이는 것을 보았다. 그리고 자신이 움직이기로 결정한 것을 인식했을 때 점의 위치를 기록해야 했다. 즉, 눈금판에서 점의 위치를 주목하면서 언제 손가락을 움직일지 결정해야 했고, 이후 해당 위치를 보고했다. 동시에 **뇌전도(electroencephalogram, EEG)**로 준비 전위(readiness potential)도 측정했다. 리벳은 보통 참가자들이 손가락을 움직이겠다는 의식적인 의도를 형성했다고 보고하기 약 350밀리초 전에 준비 전위가 나타나는 것을 확인했다. 다만 정확한 수치는 장치에 따라 달라졌다.

이러한 시험 설계는 우리가 어떤 움직임을 실행할 때 뇌가 **준비 전위**라 불리는 소소한 전기적 변화를 보여준다는 사실에 기반한 것이다. 준비 전위는 뇌의 전기적 활동을 측정하는 기구인 **뇌전도**로 측정할 수 있다(상자 3.4, 그림 3.6). 준비 전위는 복잡한 파형을 보이지만, 결정적으로 행동이 일어나기 0.5초(500밀리초) 전에 식별할 수 있는 뚜렷한 변화가 확인된다. 따라서 우리는 이 특정한 시간 전에, 즉 행동을 하기 500밀리초 전에 움직이기로 결심했다는 것을 알 수 있다.

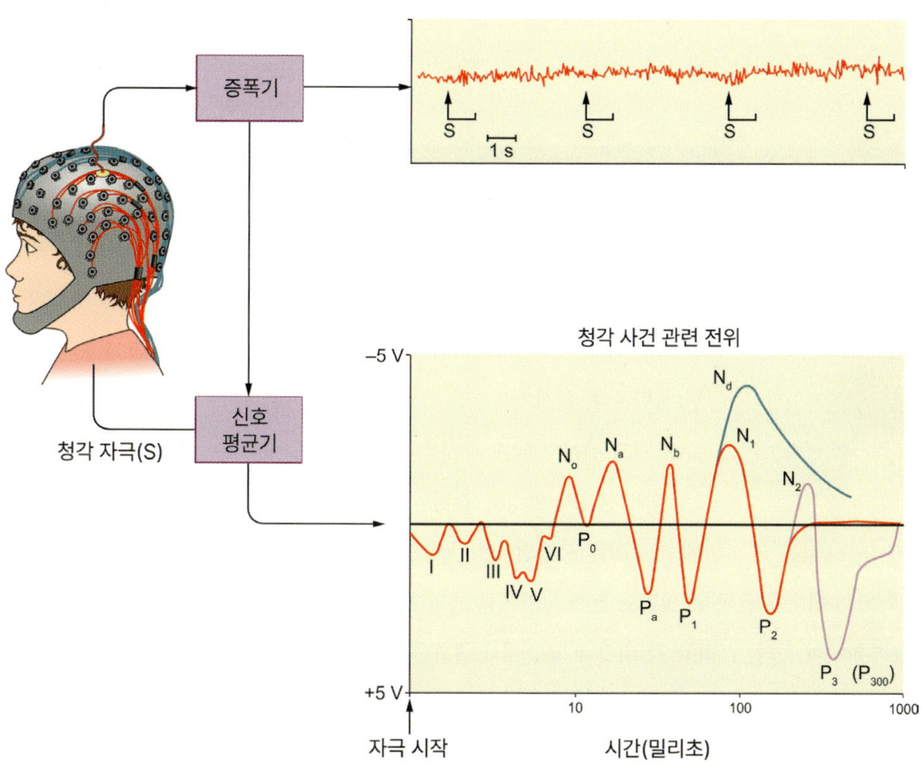

그림 3.6 뇌가 자극에 반응하는 방식인 사건 관련 전위(event-related potential). 운동 움직임을 준비하는 뇌에서는 양의 전기적 활성이 급격히 감소했다가 점차 증가한다.

하지만 리벳의 실험에서 참가자들은 움직이기 겨우 200밀리초 전에야 자신이 행동하기로 결심한 것을 인식했다고 보고했다. 따라서, 우리는 뇌가 행동하기로 결심하는 것과 관련된 과정을 처리하고 300밀리초가 지나서야 행동하기로 결심한 것을 인식하게 된다(사람에 따라 50밀리초 차이 정도 차이가 있었으나 어쨌든 전체 논의에는 영향을 미치지 않는다). 그리고 뇌는 우리가 행동하겠다는 의지를 경험하기 전에 자발적 움직임을 시작한다.

이러한 결과는 우리가 행동할지를 의식적으로 결정한다는 생각이 단지 착각에 불과하다는 것을 보여주는 듯하다. 우리는 마음이 무의식적으로 정해지고 어느 정도 시간이 지난 후에야 결정을 내리고 있다는 것을 의식한다.

리벳은 두 단계로 구성되는 자유 의지 모델을 제안해 자신의 연구 결과가 의식적인 의지와 조화를 이룰 방법을 찾으려 했다. 뇌는 특정한 결정으로 이어지는 처리 과정을 수행하며, 사람이 이 결정을 알아차리고 운동피질이 불가역적으로 운동 동작을 시작하기까지 약간 시간이 걸린다. 리벳은 이 짧은 시간에 의식적 거부권을 행사할 가능성이 존재한다고 보았다. 우리가 해당 움직임을 허락할지 아니면 거부하고 운동피질이 움직임을 시작하지 못하게 막을지 결정할 수 있다는 것이다. 이러한 거부권이 존재한다고 하면 다시 (움직일지 아니면 움직이지 않을지) 가능한 대안 중 자유롭게 선택할 가능성이 생긴다.

어떤 사람들은 의식적 거부권이라는 개념이 오히려 자유 의지를 더 의심하게 한다고 주장한다. 첫째, 의식적 거부권으로는 자유 의지를 제대로 구현할 수 없고 그저 책임을 의식적 의지로 옮길 뿐이다. 그리고 앞의 모든 논의와 같이 의식적 의지 자체도 이미 완전히 결정되어 있다. 둘째, 누구 혹은 무엇이 거부권을 행사하는가? 우리는 다시 데카르트 극장으로 돌아가 호문쿨루스 문제를 맞닥뜨리게 된다. 호문쿨루스가 소소한 결정을 내리기 위해 시간이 필요한 게 아닐까? 이러한 시간 간격은 어디서 생기는 걸까?

상자 3.4 뇌전도(뇌파)로 뇌 활동 측정하기

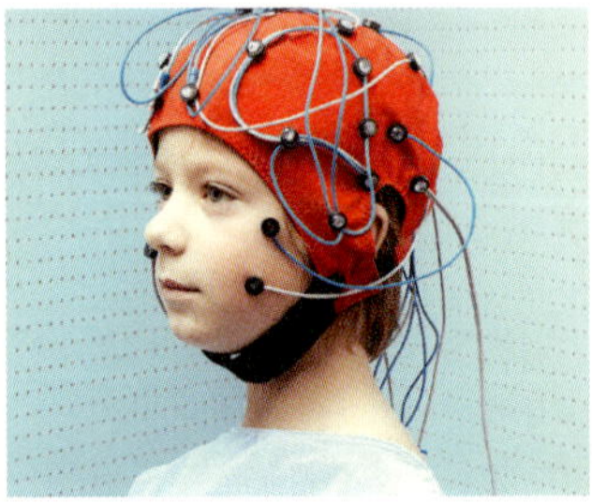

그림 3.7 뇌전도 모자.
출처: Luca Sage/Stone/Getty Images.

뇌전도는 전기 센서를 통해 뇌의 전기적 활동을 측정하는 장치이며 주로 두피의 기준점과 특정 지점에 조그마한 금속 원반을 부착하는 형태다(그림 3.7). 그리고 피부와 원반 사이의 전도성을 높이기 위해 보통 소량의 젤을 원반에 바른다. 센서가 4개인 것부터 256개인 것까지 다양하지만 일반적으로는 수십 개의 센서가 달린 장치를 사용한다. 센서는 뉴런이 활성화되면서 발생하는 뇌의 전기적 활성을 감지한다. 뇌전도는 뇌전증과 같은 질병을 진단하는 데 사용되는 중요한 의학적 도구이며, 앞으로 살펴볼 것처럼 의식의 다양한 상태와 깊이를 파악하는 데도 활용된다. 뇌전도 검사 모자에는 뇌의 전기적 활동을 감지할 수 있는 기준점에 전극이라 불리는 센서가 부착되어 있다. 그리고 각 위치나 채널에서 변화하는 전압 정보의 형태로 데이터를 만들어 낸다. 뇌전도는 시간 해상도가 무척 뛰어나서 아주 짧은 시간 간격으로도 뇌 활동을 측정할 수 있다. 하지만 센서와 신호의 원천 사이에 두개골이 존재하기 때문에 공간 해상도, 즉 뇌의 어느 부분이 활성화되는지 측정하는 공간적 정확도는 훨씬 떨어져서 전극마다 뇌의 상당히 넓은 영역(과 깊이)에서 활동을 감지한다. 그래도 뇌전도는 지난 몇십 년간 심리학 연구에서 광범위하게 활용되어 왔다.

상자 3.4 뇌전도(뇌파)로 뇌 활동 측정하기 (계속)

준비 전위(영어 약자로는 RP로 표기하나, 해당하는 독일어 단어 Bereitschaftspotential를 줄여서 BP라 쓰기도 한다)는 특정 전극 몇 개의 데이터가 상대적으로 갑자기 음전하로 떨어졌다가 약 1초에 걸쳐 서서히 전기적 중성을 회복한 뒤 평균적으로 점차 양전하 활동이 증가하는 패턴을 말한다. 준비 전위는 뇌 운동피질의 활동을 센서로 측정해 파악하며, 오랫동안 자발적 운동 움직임의 계획이나 준비와 관련이 있는 것으로 알려졌다.

리벳의 실험에 대한 비판

연구자들은 리벳의 실험을 두고 몇 가지 문제를 제기해 왔다. 먼저 리벳의 시대에는 대안을 찾기 어려웠던 시험 장치의 물리적 설계에 대한 비판이 다수 존재한다. 시계 문자판에 적힌 숫자를 보고하는 것은 인식의 시점을 보고하는 이상적인 방법이라 할 수 없으며, 특히 상대적으로 짧은 시간 간격을 다루고 있을 때는 더욱 그렇다. 참가자는 결정을 내리는 일과 점의 위치를 주시하는 일 두 가지를 동시에 해내야 한다. 이런 종류의 과업을 수행할 때는 사람들이 보고한 결과를 신뢰하기 어렵다(Danquah et al., 2008). 참가자들은 자신들의 의도에서 시계로 주의를 돌려야 하는데, 시간이 필요할 뿐 아니라 정확성을 떨어트리는 행위다 (Dennett & Kinsbourne, 1992).

준비 전위가 신경 계통의 준비 상태를 측정하기에 아주 좋은 척도가 아니라는 주장도 있다 (Guggisberg & Mottaz, 2013). 한 예로, 트레베나와 밀러(Trevena & Miller, 2002, 2010)는 준비 전위가 특히 움직임을 준비하는 것과는 관련이 없다고 제안했다. 누군가가 움직이지 않기로 결정할 때도 똑같이 커다란 신호가 나타나기 때문이다. 대신 이들은 준비 전위가 계획된 행동에 주의를 돌리는 것과 관련이 있다고 주장했다. 비슷한 맥락에서 준비 전위가 명시적으로 움직이겠다는 결정을 내리는 것과 관련이 있는 신경계의 정확한 특정 사건보다는, 서서히 움직이려고 준비하는 것과 관련이 있는 뉴런 단위의 배경 잡음을 반영한다는 주장도 있다(Schurger et al., 2016). 철학자 앨프리드 밀리(Alfred Mele)는 리벳의 실험을 재현하고 직접 참가자가 되어본 뒤 '움직이려는 의도의 인식'이 애매한 개념이라 결론 내렸다(Mele, 2010). 리벳은 여러 차례 실험한 평균 결과를 보고했고, 평균적으로 움직이려고 결심하기 전에 준비 전위가 있음을 보였다. 하지만 둘 사이에 직접적인 연관성이 있을 때 응당 그래야 하는 것과 달리 모든 실험에서 준비 전위가 나타나지는 않았다 (Haynes, 2011).

리벳이 원래 사용한 기법에 문제가 있었다 해도 더 발전한 기술을 활용한 최근의 연구들 역시 그의 일반적인 결론을 뒷받침한다. 순 등(Soon et al., 2008)은 사람들이 집게손가락으로 왼쪽 버튼을 누를지 오른쪽 버튼을 누를지 선택할 때 피질 활성화(cortical activation)를 관찰하기 위해 fMRI를 활용했다. 이들은 뇌에서 운동 움직임을 제어하는 영역인 운동보조영역(supplementary motor area) 뿐만 아니라 뇌의 더 많은 영역이 관여하긴 하지만, ***전두엽피질(front cortex)***과 ***두정엽피질(parietal cortex)***의 영역이 미리 활성화되는 것을 확인하였다. 사실 순을 비롯한 연구진은 참가자들이 결정을 내렸다고 아직 보고하지도 않은 운동 움직임의 결과를 10초 전에 예측할 수 있다고 주장하기까지 했다. 이런 유형의 실험은 여전히 움직이려는 의도를 인식한다는 개념이 애매하다는 비판에서 자유롭지 않지만 워낙 많은 연구가 축적되어서 이러한 비판을 압도한다. 그렇다고 우리가 간단한 운동 움직임을 실행하기로 결심하는 데 항상 10초나 필요하다는 결론을 내릴 수는 없다는 데 주목하자. 관련 개념들이 아직 명료하지 않은 것은 사실이지만, 이런 종류의 실험들은 올바른 신경과학 도구를 가지고 있다면 '여러분'이 무엇을 하게 될지 여러분보다 먼저 알아낼 수도 있다는 사실을 시사한다. 따라서 자유 의지라는 개념을 고집하기가 더욱 어려워진다.

마지막으로, 이러한 실험 모두 손가락을 들어올릴 때를 정하는 것처럼 상당히 단순한 결정을 다루었다. 이렇게 상대적으로 단순한 결정을 내리는 방식을 저녁 메뉴나 결혼할 상대를 선택하는 것처럼 더 복잡한 결정에도 그대로 적용해 이해해도 될지는 불분명하다.

여기서 소개한 실험들의 타당도와 관계없이 우리는 자유 의지에 관한 동일한 질문들을 맞닥뜨리게 된다. 이원론자가 아니라면 의식이 무(無)에서 나온다고 생각하지 않는다. 의식은 뇌 활동을 반영한다. 우리는 왜 행동을 할 때 행동하기로 결심할까? 뇌에서의 처리 때문이다. 모든 실험이 결정을 내리려면 시간이 걸린다는 것을 보여준다.

비자발적 행동

우리는 모두 팔다리가 무의식적으로 미미하게 움직이는 상황을 경험한 적이 있다. 이러한 움직임을 **근간대성 경련(myoclonic jerks)**이라 하며 수면 중에 종종 발생한다. 근간대성 경련의 또 다른 형태는 이완되었던 횡격막이 수축할 때 발생하는 딸꾹질이다. 근간대성 경련은 비자발적인 근육 수축으로 인해 발생하며 흔하고 광범위하게 경험할 수 있다. 보통은 아무런 문제도 유발하지 않지만, 쉽사리 그치지 않는 딸꾹질은 짜증을 유발할 수 있으며 지나치게 오래 계속되면 고통을 겪을 수도 있다. 더욱 심각한 근간대성 경련은 중독과 중추신경계의 손상부터 다발성 경화증, 알츠하이머병, 파킨슨병과 같은 신경계 질환까지 광범위한 질병과 관련이 있다.

우리의 몸은 보통 우리의 자발적 통제하에 있다. 나는 컴퓨터 마우스를 잡으려 팔을 들기로 한다. 다시 '나'가 어떻게 존재하는지 주목하자. 근간대성 경련은 '나'가 관여하지 않은 내 몸의 움직임이다. 이러한 움직임은 우리를 놀라게 한다. 딸꾹질을 할 때 우리 몸은 우리에게 저항한다. 이럴 때면 '나'는 대부분 몸이 제멋대로 구는 것을 막을 수 없다. 우리에게 자유 의지가 있다고 생각할 수 있지만, 흔히 자기 몸을 통제할 수 있다고 믿는 것과 달리 항상 몸을 통제하지는 못한다.

외계인 손 증후군

비자발적 행동의 극단적인 사례 중 하나는 몸의 일부분(주로 왼손)이 저절로 움직이는 듯한 *외계인 손 증후군(alien hand syndrome)*이다. 누군가가 손의 움직임을 지적하지 않으면 당사자는 자기 손이 움직였다는 것을 알지 못할 수도 있다. 왼손과 오른손이 각자 반대로 움직이는 경우도 있다. 주로 뇌의 좌반구와 우반구를 연결하는 신경 다발이 끊어져서 분리된 분할 뇌 환자에게서 이러한 증상이 관찰된다(분할 뇌 환자는 7장에서 자세히 다룬다). 뇌 영상을 보면 외계인 손 움직임은 **반대쪽**의 운동피질이 활성화되면서 시작하는 것으로, 우반구의 운동피질이 외계인 손인 왼손과 관련이 있다(Aboitiz et al., 2003; Assal et al., 2007; Biran et al., 2006). 이것은 **전운동피질**과 좌반구의 일부를 비롯해 뇌의 훨씬 더 넓은 영역이 관여하는 자발적 운동과 다르다(그림 3.8). 뇌의 다른 부분도 관련이 있긴 하지만, 운동피질과 이를 둘러싸는 영역은 뇌 표면에서 운동 행동을 통제할 책임이 있고 움직임을 수행하는 부분이다. 전운동 영역은 운동피질로 명령을 보낸다. 운동 영역이 근육을 세세하게 움직이는 실행과 관련이 있다면, 전운동 영역은 움직임을 계획하는 데 관여한다. 이러한 결론은 앞에서 살펴본 것과 동일하다. 움직임의 즉각적인 통제는 운동 영역에서 이루어지지만 움직이기로 결심할 때는 뇌의 훨씬 더 많은 부분이 참여한다. 어떤 이유로든 운동 영역이 분리되면 우리는 자신의 움직임을 낯설고 생경하게 느끼기 시작한다.

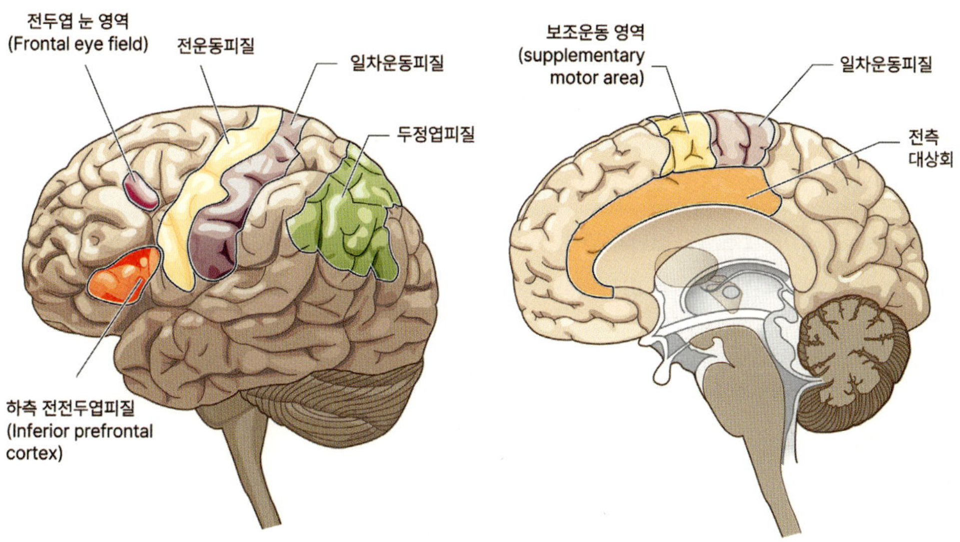

그림 3.8 전운동피질과 주변 영역. 뇌의 이 영역은 행동을 준비하는 데 관여한다.

외계인 손 증후군을 종종 *무법 상태 손 증후군(anarchic hand syndrome)*이라 부르기도 하지만 마르케티와 델라 살라(Marchetti & Della Salla, 1998)는 이 두 가지 상태를 구분해야 한다고 주장했다. 외계인 손은 자기 손이 자신의 것이 아니라는 감각인 반면, 무법 상태 손은 자기 손이긴 하지만 자신이 통제할 수 없다는 감각이다. 둘은 다양한 환자들이 이러한 차이를 보이며, 무법 상태 손은 뇌량 앞부분의 병변과 관련이 있지만 외계인 손은 ***뒷부분***의 병변 또는 아마 *두정엽피질*의 손상과 관련이 있다고 지적했다.

기술과 습관

차를 운전하거나 악기를 연주하거나 어떤 스포츠 종목에서 뛰는 것처럼 기술이 필요한 과업을 수행하는 법을 배우기 시작할 때는 모든 주의를 기울여야 한다. 기어를 바꿀 때마다, 바퀴를 돌릴 때마다, 팔의 위치를 잡을 때마다, 음표를 소리로 바꿀 때마다, 무엇을 하든 간에 생각을 해야 한다. 다르게 표현하면 '의식'해야 한다. 하지만 점차 기술이 쌓이면 이러한 과업을 수행하는 능력이 점차 자동화된다. 최종적으로는 아무 생각

없이 이렇게 기술이 필요한 과업을 해내게 된다. 사실 기술이 쌓인 선수들과 운전자들은 자동화된 과업을 의식하려 노력하는 것이 실제로는 제 기량을 발휘하는 데 방해가 된다는 것을 알게 된다.

운전을 배우기 시작할 때는 두 가지를 한 번에 할 수 없다. 대화를 하면서 동시에 운전을 할 수 없다. 하지만 기술이 쌓이면 상당히 안전하게 차를 몰면서 즐거운 대화를 나눌 수 있게 된다. 그래도 대체로 두 가지를 한 번에 하기는 대단히 어려우며, 이중 과제 패러다임(dual-task paradigm)을 활용한 연구들이 보여주는 것처럼 성과가 상당히 떨어진다. 이중 과제 전형은 참가자들에게 동시에 두 가지 과업을 수행하라고 요구하는 단순한 실험이다(대표적으로, Navon & Gopher, 1979).

습관의 형성은 특정한 과업에 숙련되는 것과 유사한 과정을 포함한다. 습관보다 더 극단적인 것은 도박 등의 행동 중독(behavioural addiction)이다(Duhigg, 2013). 도박 등의 중독 습관은 뇌 보상 회로의 활성화를 포함하며, **바닥핵(basal ganglia)**과 **뇌줄기**를 비롯해 움직임을 시작하는 데 관여하는 회로를 공유한다. 기술을 배우거나 습관을 만들어 갈 때 무언가를 충분히 여러 번 반복하거나 커다란 보상을 감지하면 뇌가 주도권을 쥐게 되고 우리의 행동에 대한 의식적인 통제가 심하게 감소한다.

자동차 운전이나 피아노 연주 같은 과업은 어떻게 자동화될까? 답은 한결같은 연습과 반복에 있다. 과업을 자동화하는 방법은 심리학 연구 문헌에 잘 정리되어 있다. 대부분의 연구자들은 운동 행동을 실행하는 것을 비롯해 정보를 처리하는 데는 두 가지 방식이 있다고 믿는다(다만 이 두 가지 방식은 이분법보다는 스펙트럼의 극단으로 생각하는 게 더 좋을 수 있다). 먼저 느리고 노력이 필요하며, 작업기업(working memory)의 공간을 차지하고, 의식적으로 고찰할 수 있는 *주의 처리(attentional processing*, 통제 처리(controlled processing)라고도 한다)가 있다. 그리고 빠르고 노력할 필요가 없으며, 작업기업의 공간을 사용하지 않고, 의식적으로 접근할 수 없는 *자동 처리(automatic processing)*가 있다. 특정한 과업에 숙련된다는 것은 주의 처리에서 자동 처리로의 전환을 의미한다(예를 들어, Schneider & Shiffrin, 1977).

당신이 새로운 기술을 배우던 때를 생각해 보자. 처리 방식의 변화를 따라갈 수 있을 것이다. 나는 운전을 배울 때 모든 것을 한 번에 해내야 한다는 생각에 압도됐다. 특히 무언가를 하고 싶을 때마다 거울을 확인하는 것이 정말 어려웠다. 기어를 바꾸면서 클러치를 조작하는 게 그냥 안 됐다. 한동안은 너무 낙담한 나머지 거의 손을 놓을 뻔했지만, 수백만 명이 아무 문제 없이 운전을 배운다는 사실을 스스로 상기시킨 덕분에 포기하지 않았다. 참고 계속한 끝에 운전 기술이 자동화되었다. 결국에는 기어를 바꿀 때 내가 어떤 동작을 해야 하는지 생각하지 않게 되었다. 지나치게 자동화된 바람에 이제는 몇 년째 자동변속기 차를 모는데도 종종 기어를 바꾸려고 한다. 아마 여러분도 분명히 비슷한 기억이 있을 것이다.

우리가 최종적으로는 어떤 과업들을 자동으로 처리하게 되었다고 해도 여전히 주위를 관찰해야 한다. 차를 모는 것은 아주 복잡한 (그리고 위험한) 과업이지만, 우리는 운전을 하고 있다는 사실을 의식하지 않을 뿐만 아니라 우리가 하고 있는 일의 세부적인 내용을 잊은 채 훌륭하게 운전을 할 수 있다. 아마 일정 시간 차를 몰았는데도 마음이 다른 곳에 가 있어서 목적지까지 어떻게 왔는지를 비롯해 운전에 관한 기억은 전혀 남지 않았던 경험이 있을 것이다! 어떻게 길을 따라왔는지도 기억이 없지만 어쨌든 원했던 곳에 도착했다.

하지만 이런 상황은 얼핏 듣기와는 달리 위험하지 않다! 운전 중 뭔가 뜻밖의 상황이 벌어지면 우리는 아주 빠르게 처리 방식을 전환한다. 갑자기 도로 위에 어린이나 동물이 나타나면 극도로 빠르게 반응할 것이다. 따라서 마음이 다른 곳에 가 있는 것 같을 때도 우리는 여전히 세계를 관찰하고 있고 적절히 반응할 수 있다. 이러한 능력은 *칵테일파티 효과(cocktail party effect)*라 부르는 것과 동일하다. 시끄러운 파티에서 여러분에게 말을 거는 매력적인 인물에게 완전히 몰두해 있는데 멀리서 누군가 여러분의 이름을 언급하는 것이 들린다. 갑자기 여러분은 방 건너편에서 어떤 일이 벌어지는지에 집중하게 된다. 그렇다 해도 특정한 과업을 자동으로 처리하면서 또 다른 과업에 지나치게 주의를 기울이면 대가를 치르게 될 수도 있다. 운전자들은 휴대전화를 사용할 때 사고를 겪을 가능성이 더 크며, 특히 운전 초보일 때는 간단한 대화를 나누거나 음악을 듣기만 해도 사고 확률이 높아진다는 사실이 잘 알려져 있다(Brodsky & Slor, 2013).

따라서 우리의 인식 밖에도 엄청난 양의 자료가 존재하고 우리는 이 자료를 상당히 깊이 있게 처리하고 있다. 이 주제는 인지와 의식에 관한 장에서 다시 살펴볼 것이다.

심리적 강박

가끔 우리의 통제를 벗어나는 것은 신체의 일부만이 아니다. *강박장애(obsessive-compulsive disorder, OCD)*를 가진 사람들은 '자신의 의지와 달리' 어쩔 수 없이 반복해서 손을 씻거나 복잡한 의식을 행하는 등의 행동을 한다. 강박장애를 가진 사람들은 자신들을 사로잡는 생각에 맞서 싸우지만, 아무리 특정한 행동을 멈추려 하거나 특정한 생각을 그만두려 해도 실행에 옮기기가 몹시 어렵다는 것을 알게 된다(Fornaro et al., 2009; Schwartz, 2017). 강박장애는 광범위한 장애이며, 다른 장애들과 마찬가지로 원인이 복잡하다. 영상화 기술을 활용한 연구들을 보면 강박의 대상과 관련된 이미지에 대한 반응으로 **안와전두피질**, **전측 대상회피질**, **꼬리핵**을 비롯한 뇌의 여러 영역이 비정상적으로 활성화되었다. 우리는 의식을 탐구하는 여정에서 이 조직들을 몇 번 더 만나게 될 것이다(그림 3.9). 또한 강박장애에는 강력한 유전 요소가 있다(Fornaro et al., 2009). 강박관념은 다양한 형태로 나타나며 강박행동과 결합되기도 한다. 예를 들어 어떤 사람이 질병에 관한 생각에 사로잡혀 있다가 아프게 되면, 이로 인해 반복적으로 손을 씻는 행위를 하게 되기도 한다. 하지만 핵심은 우리의 마음이 우리의 의지에 반하는 생각을 가질 수 있다는 것이다.

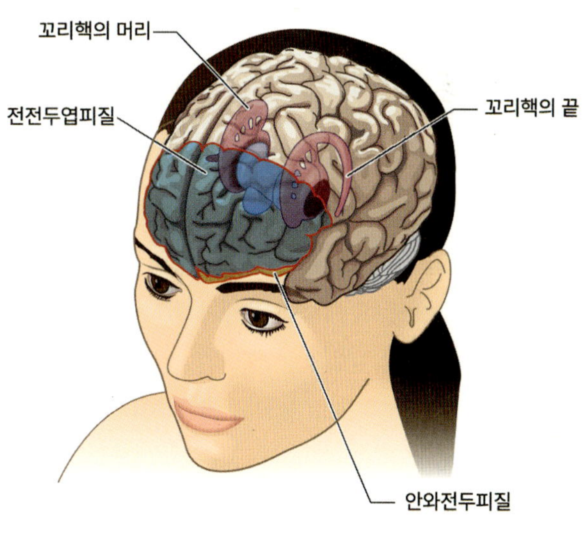

그림 3.9 강박장애에 관여하는 뇌의 회로. 강박장애를 가진 사람들은 자신의 의지에 반해서 생각하거나 행동해야 한다고 느낀다.

3장 요약

- 자유 의지는 우리가 행동을 할 때 어떤 행동을 할지 선택하고 있다는 감각이다.
- 우리는 자신이 원한다면 손가락을 들어올리기로 선택할 수 있다고 믿는다. 원한다면 공부를 할지 아니면 일을 하러 갈지 선택할 수 있다. 아무것도 하지 않는 것을 선택할 수도 있다. 우리에게는 자유 의지가 있다.
- 대부분의 과학자들은 우리가 적어도 우리의 행동에 영향을 미치는 의사 결정이나 사건의 수준에서는 결정론적인 세계에 살고 있다고 믿는다. 모든 행동이 이전의 사건들에 의해 결정된다는 뜻이다.
- 자유 의지 자유론자들(정치적 자유론자들과 혼동하지 말자)은 자유 의지를 지지하고 결정론을 거부하지만 소수다.
- 양립가능론은 자유 의지를 결정론적 세계와 조화시키려 한다.
- 양자역학은 자유 의지가 착각이라는 주장을 반박할 근거를 전혀 제공하지 않는다. 양자 효과는 아주 작은 단위에서만 일어나기 때문에 물리적 수준에서는 모든 사건이 여전히 결정되어 있다.
- 대부분의 철학자들은 자유 의지라는 감각이 착각일 뿐이라고 결론 내린다.
- 우리의 행동은 우리의 유전자와 역사, 환경에 의해 결정된다.
- 자유 의지를 갖고 있다고 생각하게 하는 구성개념이 있다. 바로 '나(I)'다.
- 결정을 내리거나 세계를 관찰하는 이 '내면의 사람'을 호문쿨루스라 한다.
- 이 세계가 투사되는 다감각 스크린을 데카르트 극장이라 부른다. 호문쿨루스는 데카르트 극장의 스크린을 지켜보고, 반응하며 행동한다.
- 데닛과 다른 연구자들은 데카르트 극장의 비유를 거부한다. 호문쿨루스의 문제 그리고 영원한 회귀의 문제가 있기 때문이다.
- 몇몇 기생충이나 사회적 프라이밍처럼 환경의 소소한 것들도 우리가 알지 못하는 사이 우리의 행동에 커다란 영향을 미칠 수 있다.
- 많은 이들이 의식적 통제가 착각이라 느끼지만 동시에 필요하다고 생각한다. 우리 삶에 관한 이야기를 할 수 있도록 도와주고, 책임감과 도덕성이라는 감각을 키우는 데 필수적이기 때문이다.
- 사람들에게 자유 의지가 없다면 아마 자기 행동에 진정한 책임감을 느끼지 않을 것이고, 그래서 아마 범죄자들도 처벌할 수 없을 것이다.
- 반사회적 인격장애를 가진 사람들은 유전자와 환경이 상호작용한 결과로 뇌 손상을 보인다. 이러한 장애가 양형에 반영할 만한 요소인지는 논쟁이 있다.
- 자그마한 운동 움직임이라 해도 실행하기로 결심하려면 시간이 걸린다. 그러한 결정을 내리는 데 관여하는 뇌의 움직임은 분명히 우리가 해당 결정을 의식하기 전에 시작된다.
- 외계인 손 증후군은 손이 주인에게 속하지 않고 주인의 뜻에 반해서 움직이는 느낌이다. 운동피질이 통제와 계획에 관여하는 뇌의 다른 영역들과 분리되는 뇌 손상으로 인해 발생한다.

· 우리는 의식적인 통제 없이 움직일 때도 있고, 자신은 하고 싶지 않은 생각을 하게 될 때도 있다.
· 새 기술을 처음 배울 때 우리는 당장 수행해야 하는 과업 외에 다른 것을 의식하기가 무척 어렵다는 것을 알게 된다. 하지만 능숙해질수록 기술이 자동화된다.
· 자동화는 과업의 반복된 실행을 포함하며, 뇌 심부 조직들을 비롯해 뇌의 다양한 영역이 관여한다.
· 특정한 자극에 중독되거나 새로운 습관을 형성할 때 우리는 명백한 통제 없이 움직이기도 한다.
· 강박장애를 가진 사람들은 자신의 의지에 반해서 행동하게 된다고 알려졌다.

리뷰 질문

1. 자유 의지를 생각할 때 왜 양자역학은 결정론에서 벗어날 근거를 제공하지 못할까?
2. 대부분의 사람들이 우리 머릿속에 세계를 관찰하며 다음 행동에 관한 결정을 내리는 '나'가 있다는 느낌을 받는다. 이런 일반인들의 시각은 왜 잘못되었을까?
3. 양립가능론은 자유 의지에 관한 문제들을 얼마나 성공적으로 다루고 있나?
4. 여러분에게 자유 의지가 없다면 왜 모두 자신에게는 자유 의지가 있다고 생각할까?
5. 사이코패스를 처벌하는 게 옳을까?
6. 우리는 어떤 행동을 할 때 자신이 결정을 내리고 그 결정을 실행한다고 생각한다. 신경과학이 들려주는 설명은 무엇이 다른가?
7. 외계인 손 증후군과 무법 상태 손 증후군은 무엇인가? 이러한 증상들이 의식 연구에서 중요한 이유는 무엇일까?
8. 여러분은 이 질문에 답하는 것을 피할 수 있나?

추천 자료

일반

Kane, R. (2011). The Oxford Handbook of Free Will (2nd ed.). Oxford, UK: Oxford University Press.

자유 의지와 결정론

대니얼 C. 데닛. (2009 [2004]). 자유는 진화한다 (원제: Freedom Evolves). 동녘사이언스.

샘 해리스. (2013 [2012]). 자유 의지는 없다 (원제: Free Will). 시공사.

Baggini, J. (2015). Freedom Regained: The Possibility of Free Will. London: Granta.

Baron, P. (2016). Free Will and Determinism (2nd ed.). Scotts Valley, CA: CreateSpace.

Mele, A.R. (2014). Free: Why Science Hasn't Disproved Free Will. Oxford, UK: Oxford University Press.

신경윤리.

제임스 팰런. (2020 [2013]). 사이코패스 뇌과학자 (원제: The Psychopath Inside). 더퀘스트.

Farah, M.J. (ed.) (2010). Neuroethics: An Introduction with Readings. Cambridge, MA: MIT Press.

Illes, J., and Sahakian, B.J. (2011). The Oxford Handbook of Neuroethics. Oxford, UK: Oxford University Press.

행동하기로 결심하기

Libet, B. (2005). Mind Time: The Temporal Factor in Consciousness. Harvard, MA: Harvard University Press.

Sinnott-Armstrong, W., and Nadel, L. (2010). Conscious Will and Responsibility: A Tribute to Benjamin Libet. Cambridge, MA: Oxford University Press.

Wegner, D.M. (2003). The Illusion of Conscious Will. Cambridge, MA: MIT Press.

비자발적 행동

Duhigg, C. (2013). The Power of Habit: Why We Do What We Do, and How to Change. New York: Random House.

4 기계 의식

인간은 의식을 가질 수 있는 유일한 존재일까? 반드시 그래야 할 명확한 이유는 없다. 우주 어딘가에 의식을 가진 외계인들이 있어서 지금 우리가 하는 걱정을 똑같이 하고 자신들만이 유일하게 의식이 있는 존재인지 궁금해할 수도 있다. 하지만 외계인들은 너무 멀리 있으니 더 가까운 곳에서 찾을 수는 없을까? 두 후보가 있다. 동물과 (로봇을 포함하는) 컴퓨터다.

다음 두 장에서는 의식이 생명체에 국한되어야 하는지 검토하며, 이 장에서는 인공적인 존재인 컴퓨터와 로봇에 초점을 맞춘다. 먼저 생명의 핵심적인 측면을 컴퓨터로 시뮬레이션한 사례들을 살펴보면서 살아있음을 알게 하는 것이 무엇인지 질문한다. 물론 살아 있다고 해서 모두 의식을 가지지는 않으므로, 그다음에는 인공 지능을 살펴본다. 아마 최소한의 지능은 의식의 전제조건일 것이다. 특히 의학이나 법학처럼 특정한 좁은 영역의 지식에 답할 수 있는 *영역 특화 전문가 시스템(domain-specific expert system)*과 대비되는 범용 지능(general intelligence)이라는 개념을 검토한다. 다음에는 로봇 공학에서 환경과의 상호작용과 움직임이 중요한 이유를 알아본다. 그리고 뇌와 뇌 유사 시스템을 만들어 내려는 시도를 살펴보고, 우리의 생물학적 자기를 강화하는 것이 의식에 미치는 영향을 생각해 보며 장을 마친다.

의식이 무엇인지 명확히 알지 못할 때 '이 로봇은 의식을 가지고 있을까?' 같은 질문에 답하기는 쉽지 않다. 기술이나 동물처럼 다른 영역에서 의식을 검토해 보면 의식의 본질에 집중하게 된다는 이점이 있다.

'고도의 지능을 지녔고 실제로 의식이 있는 컴퓨터'라는 개념은 영화를 비롯한 공상과학물의 중요한 밈(meme)이다. 의식이 예술에 어떻게 반영되는지를 살펴보면 사람들이 의식을 어떻게 생각하는지 많은 것을 배울 수 있다. 컴퓨터나 로봇이 의식을 가질 가능성은 보통 자연스럽게 받아들여지지만, 예술 작품에서 이러한 컴퓨터나 로봇이 보여주는 행동은 낯설 때가 많으며 보통 위협적이다.

인공생명

생명이란 무엇일까? 의식과 마찬가지로 생명의 경계는 다소 흐릿하다. (바이러스는 살아있는 것일까? '광우병'을 비롯한 여러 신경질환의 원인이 된다고 알려진 변형 단백질 프라이온(prion)은 살아있는 것일까?) 대부분의 연구자들은 자기조직적(self-organising)이고 자기영속적(self-perpetuating)이면서 성장과 재생산 능력을 보여주는 존재는 살아있다는 데 동의한다.

생명체의 여러 양상을 재현하려는 시도들이 있었고 이에 관한 기록들도 잘 정리되어 있다. 비교적 최근 등장한 이 학문 분야는 *인공생명(artificial life, A-life*라고도 한다)이라 알려졌는데, 1986년 이 분야의 가장 걸출한 연구자 중 한 명이었던 미국의 컴퓨터 과학자 크리스토퍼 랭턴(Christopher Langton)이 붙인 이름이다. 인공생명을 모델링할 때는 살아있는 듯한 시스템을 구축함으로써 모든 수준에서 생명체의 시스템을 배워야 한다고 강조한다. 그리고 보통 진화 또는 적은 수의 간단한 제약에서 복잡계가 발달하는 방식을 특히 선호한다. 인공생명 분야는 소프트웨어 기반 접근법과 (일종의 로봇이라 할 수 있는) 하드웨어를 활용하는 접근법으로 나뉜다. 지금까지 개발된 컴퓨터 시뮬레이션 중 의식이라 간주할 만한 성취에 근접한 시도는 없었지만, 공정하게 말해서 의식은 인공생명의 주된 목표가 아니다. 하지만 진화나 복잡성처럼 인공생명과 관련이 있는 일부 개념에서는 의식을 이해하고 가능하면 만들어 내기까지 하는 것이 중요하다고 판명될 수도 있다. 인공생명 연구에서 나온 가장 중요한 생각은 자기조직화가 몇 안 되는 낮은 수준의 제약에서도 생겨날 수 있는 비교적 간단한 과정이라는 것이다.

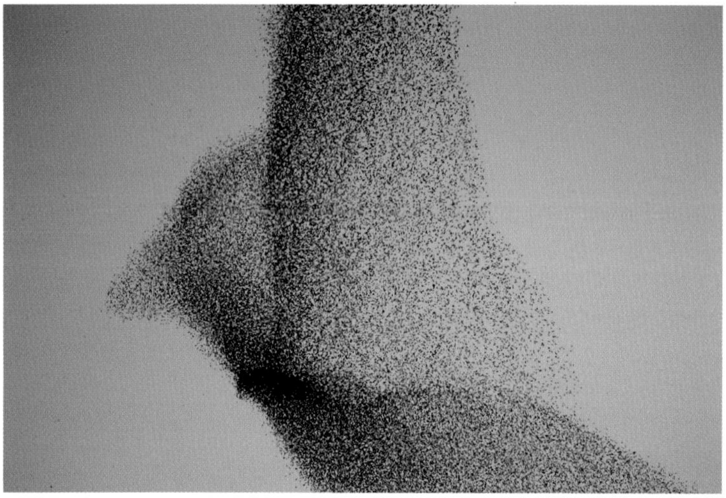

그림 4.1 찌르레기(흰점찌르레기) 무리. 날면서 이렇게 행동하는 찌르레기 무리를 찌르레기 떼라고 한다. 찌르레기 떼는 복잡하고 아름다운 장면을 만들어 내기도 한다.
출처: Fiona Elisabeth Exon/Moment/Getty Images.

*오토포이에시스(autopoiesis)*라는 단어는 종종 생명의 두 가지 특징인 재생산 능력과 유지 능력을 모두 지닌 시스템을 가리키는 데 쓰이기도 한다. 이 단어는 보통 자기조직화와 동의어로 사용되며, 세포는 자기 생산적(autopoietic) 시스템의 가장 중요한 예다.

인공생명 분야의 초기 연구 주제 중 하나는 새나 물고기 같은 동물이 서로 모이는 방식(혹은 무리 지어 다니는 방식)이었다. 동물들은 주로 안전을 위해 빽빽한 대형을 만든다. 여러 마리가 촘촘하게 모여 있을 때는 포식동물 한 마리가 희생양을 한 마리만 골라내기가 더 어렵다. 뭉쳐 있으면 먹을 것을 찾아내고 포식동물을 확인하기가 더 쉬워지는 등 다양한 장점이 있지만, 여기서 우리는 *무리 지어* 움직이는 것에 관심이 있다. 동물들이 서로 모이는 데는 여러 이유가 있으나 움직일 때는 주로 포식동물에 맞서 방어하는 수단이 된다(그림 4.1). 새들이 무리 지어 움직일 때 가끔은 모든 새가 집단 지성을 공유하는 듯하다. 마치 한 몸처럼 움직인다. 가장 먼저 동물의 무리를 시뮬레이션한 연구는 새 떼의 행동을 모델링했던 보이드(Boids) 프로그램이었다(Reynolds, 1987). 이 프로그램은 새들을 아주 단순한 생물 혹은 행위 주체로 시뮬레이션하며, 새 한 마리 한 마리에는 간단하고 논란의 여지가 없는 세 개의 규칙만이 적용된다(그림 4.2):

분리 – 서로 충돌하지 않도록 근처의 이웃들과 충분한 거리를 유지한다.
결합 – 무리의 중심으로 이동한다.
정렬 – 무리가 움직이는 평균적인 방향으로 이동한다.

'보이드' 하나하나가 이런 규칙을 따르면 시뮬레이션으로 구현된 무리의 행동은 진짜 새 떼의 행동과 아주 비슷해 보이고, 새떼가 하나가 되어 움직이는 듯한 방식을 모방할 수 있다. 개별 행위 주체들은 더 큰 규모에서 전체 무리가 어떻게 움직이는지에 관해서는 듣지 못했다는 사실에 주목하자. 각각은 그저 이웃들을 기준으로 어떻게 날아야 할지 알고 있을 뿐이다. 이 규칙들은 부분적으로 작용한다. 무리 짓기라는 복잡한 행동은 몇 가지의 간단한 부분적 규칙을 따르는 단순한 여러 개체가 상호작용한 결과로 나타난다고 할 수 있다.

그림 4.2 보이드 시뮬레이션. 분리, 결합, 정렬이라는 단순한 세 가지 규칙에서 복잡한 무리 행동이 생겨난다.

알바레스로드리게스를 필두로 한 연구진(Alvarez-Rodriguez et al., 2018)은 생명을 *양자 컴퓨터(quantum computer)*로 시뮬레이션했다. 아직 개발 과정에서 아주 초기에 머물러 있는 양자컴퓨터는 계산을 할 때 양자역학의 이론을 활용해 트랜지스터 기반 컴퓨터보다 훨씬 빠른 처리 속도를 보인다. 연구진은 IBM QX4를 이용한 시뮬레이션에서 '유기체(organism)'를 *2큐비트(qubit*, 양자컴퓨터에서 정보처리의 최소 단위)로 표현했고 유전적 진화와 복제가 큐비트로 어떻게 구현될 수 있는지 보였다. 유전적 구성의 특질들은 개별 양자들의 세대를 따라 유전되었다. 이 연구에서는 생명을 시뮬레이션하는 것과 생명을 구현하는 것 사이의 경계가 더 명확하지 않다. 시뮬레이션이 이 모든 자질을 보여준다면 이 시뮬레이션은 어떤 이유에서 살아있지 않다고 할 수 있을까? 아직 초기 단계이긴 하지만 이 연구는 양자 역학이 생명에 개입할 수 있는 가능성을 보여줄 길을 열었다.

이러한 컴퓨터 프로그램은 살아있는 걸까, 아니면 단순히 생명을 시뮬레이션하는 걸까? 어느 정도 자기조직적이지만 자기영속적이지는 않다. 하지만 이러한 프로그램들은 8장에서 더 자세히 살펴볼 중요한 개념인 *창발(emergence)*을 비롯해 여러 중요한 원리들을 분명히 드러낸다.

직접 해보자: 벌이 되기 위한 규칙

꿀벌은 개미나 메뚜기처럼 무리 지어 사는 곤충이다. 하지만 모여 있는 것이 전부는 아니다. 각자 꽃가루의 형태인 식량을 찾고, 꽃가루 바구니에 저장하고, 그걸 다시 벌집으로 가져와서 내려놓고, 특별하게 식량이 풍부한 곳이 있으면 익히 알려진 8자 춤으로 다른 꿀벌들에게 자신이 찾아낸 것을 알려주어야 한다. 벌 한 마리 한 마리는 한정된 지능을 가진 작고 단순한 단위로 볼 수 있지만 벌 떼 전체는 복잡한 행동을 보여준다. 개별 일벌의 행동을 결정할 수 있는 부분적인 규칙을 몇 개 적어보자.

인공지능

컴퓨터가 의식을 가질 수 있을까? 내 휴대용 컴퓨터 앞에서 마주하는 이 질문은 날카로운 동시에 우스꽝스러워 보인다. 하지만 전문가들은 컴퓨터가 처음으로 인간의 지능을 뛰어넘을 시기를 놀라울 정도로 비슷하고 일정하게 추정한다. 보스트롬(Bostrom, 2014)은 컴퓨터가 *인간 수준 기계 지능(human-level machine intelligence)*을 획득했을 가능성이 있는 때를 '적어도 인간의 직업 대부분을 적어도 일반적인 사람만큼 수행할 수 있는 때'로 정의하고 컴퓨터 전문가들의 의견을 조사했다. 2014년 예측된 중앙값은 2040년이었다(적어도 50퍼센트의 전문가가 이때쯤에는 컴퓨터가 인간 수준 기계 지능에 도달했을 거로 전망했다). 2022년까지 역전이 일어나리라 예측한 전문가는 10퍼센트, 2075년까지는 90퍼센트였다.

이러한 숫자에 회의적인 이유는 **인공지능(artificial intelligence, AI)**의 역사가 긍정적인 예측과 열광적인 요구로 가득 차 있기 때문이다. 인공지능은 컴퓨터 과학자 존 매카시(John McCarthy)가 1956년 만들어 낸 단어로 추가 설명이 필요 없다. 인간의 지능이 필요했던 일들을 컴퓨터가 수행하게 한다는 뜻이다. 컴퓨터가 특정한 과업을 인간이 하는 방식 그대로 할 필요는 없다는 데 주목하자. 초기 인공지능 연구는 *전문가 시스템(expert system)*에 집중했다. 전문가 시스템에서는 전통적인 컴퓨터 프로그래밍 언어, 특히 리스프(Lisp, 오래된 프로그래밍 언어로 주로 인공지능 소프트웨어를 만드는 데 활용된다-옮긴이)를 이용해 일련의 지식을 집대성한 뒤 인간 전문가들을 흉내 내거나 대신하며 정보를 제공했고 문제를 해결했다. 이러한 시스템은 의학이나 법학처럼 특정 분야 기반 지식을 체계화했고, 질문에 맞는 답을 찾기 위한 지식 데이터베이스와 추론 엔진으로 구성되었다. 초기의 대표적인 전문가 시스템은 세균감염증에 관한 질문에 답했던 마이신(MYCIN)이었다(Gorry et al., 1973).

인공지능은 (방법에 상관없이 컴퓨터가 영리하게 일하게 하는) 기술이기도 하고, (인간 지능을 이해하는 데 인공지능을 활용하는) 과학이기도 하다. 두 가지 접근법에 우열이 없다는 전제하에 그리고 두 가지 접근법 사이에 엄청난 혼선이 있음을 인정하면서 둘을 구분하면 유용하다. 마이신과 같은 전문가 시스템이 인간과 같은 방식으로 세균감염증에 관한 질문에 답하지 않는다고 해서 그 시스템의 가치가 사라지는 것은 아니기 때문이다. 사실 전문가 시스템은 더 많은 것을 '알고' 있고, 대답할 때 편견이 작용하지 않으며, 중요한 정보를 놓치지 않는 등의 여러 장점이 있다. 또한 프로그램으로 무언가를 대표하는 부호들을 조작하는 부호 연산을 강조하는 부호 인공지능(symbolic AI)과, 신경망 연구와 비부호 학습을 포함하는 더 일반적인 인공지능을 구분하는 것도 유용하다.

인공지능 발전 연대기

인공지능에 대한 낙관이 가득했던 초기, 사이먼과 뉴얼(Simon & Newell, 1968)은 (실은 1967년에) 10년 이내에 컴퓨터로 실현할 수 있는 것에 관해 다섯 가지 예측을 내놓았다.

1. (대회 출전이 금지되지 않는다면) 디지털 컴퓨터가 세계 체스 챔피언이 될 것이다.

2. 디지털 컴퓨터가 수학에서 중요한 정리를 새로 발견하고 증명할 것이다.
3. 디지털 컴퓨터가 미적 가치가 상당하고 인정받는 음악을 작곡할 것이다.
4. 심리학 이론 대부분은 컴퓨터 프로그램의 형태를 취하게 될 것이다.

이들의 예측 중 10년 이내에 현실이 된 것은 없었다. 현실에 근접하긴 했을까?

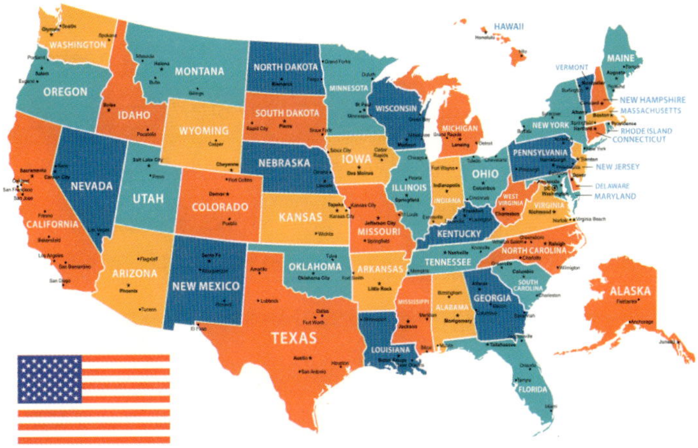

그림 4.3 미국의 4색 지도. 지도를 칠하는 데 필요한 최대의 색이 네 가지라는 사실은 오래전부터 알려져 있었으나, 이를 증명하는 데는 컴퓨터의 도움이 필요했다.
출처: bergserg/Digital Vision Vectors/Getty Images.

1. 컴퓨터는 1994년 처음으로 '사람' 세계 체스 챔피언에게 승리했다. 자세한 내용은 뒤에 다룬다.
2. 컴퓨터가 처음으로 증명한 수학의 주요 정리는 4색정리(four-colour theorem, 인접한 두 '나라'를 무조건 다른 색으로 색칠해야 할 때 네 가지 색만 있으면 지도를 완성할 수 있다는 정리)다(Appel & Haken, 1977; 그림 4.3). 하지만 이 문제는 1852년 프랜시스 거스리(Francis Guthrie)가 영연방에 속하는 나라들의 지도를 칠하면서 처음 떠올린 이후 오랫동안 알려졌다. 오늘날에는 수학적 증명을 확인하고 일부 새로운 증명을 찾아내는 데 일상적으로 컴퓨터가 활용된다(하지만 이렇게 찾아낸 증명에 대해서도 비판은 있다. 중요한 반론 중 하나는 인간이 검증할 수 없는 증명이 많다는 것이고, 새로운 통찰을 제공한다는 면에서는 명쾌하지 못하다는 지적도 있다). 하지만 컴퓨터의 도움을 받아 기존의 문제를 증명하는 것이 흥미로운 새 이론을 만들어 내는 것과 같을 수는 없다. 어떤 영역에서든 컴퓨터가 이러한 목표에 근접했다는 합의가 나오지는 않았다.
3. 특정한 음악이나 미술이 미학적 가치를 가지는지는 무척 주관적인 문제다. 어떤 사람들은 무조음악

그림 4.4 컴퓨터가 만들어 내는 알고리듬 미술의 한 예로, 패트릭 군더슨(Patrick Gunderson)의 「구성 #72(Composition #72)」. 미학이 주관적이긴 하지만 나는 이 작품이 (인간이 만들어 낸) 최고의 표현주의 미술품보다 더 나은 것 같다. 여러분의 의견은 어떤가?
출처: 창작자 본인 제공.

(consensus, 조성을 부정하고 조와는 다른 구성원리를 추구하는 음악-옮긴이)이나 표현주의 미술을 사랑하지만, 어떤 사람들은 이들을 혐오한다. 컴퓨터는 사람이 창조했다고 착각하게 하는 음악과 미술을 만들어왔지만 아주 최근에야 사람들이 컴퓨터의 작품에 가치를 부여하기 시작했다(그림 4.4). 이러한 창작품에 예술적 깊이가 있는지, 혹은 정말 사람이 만들어 낸 예술과 비교할 만한지는 논란의 여지가 있다. 하지만 우리는 아마도 관대하게 '그렇다'라고 결론 내릴 수 있을 것이다. 컴퓨터가 만들어 낸 것들이 조금이라도 좋아 보이기까지 10년이 아니라 40년은 더 걸린 것 같지만, 많은 사람이 컴퓨터의 작품에서 미학적인 즐거움을 찾아낸다는 의미에서 컴퓨터는 이런 일을 해낼 수 있다. 나는 지금 컴퓨터가 만든 음악을 몇 곡 듣고 있는데 아주 좋지는 않다. 왜 그런지 모르겠지만 그다지 음악적으로 들리지 않고, 왜 그런지 모르겠지만 그냥 별로다.

4. 1960년대와 1970년대에도 지능적 행동의 컴퓨터 모델들이 있었지만 우리가 심리학을 이해하는 데 얼마나 기여했는지는 의문이다. 대표적인 예로 언어 이해를 모델링한 위노그라드(Winograd, 1972)의 블록세계(BLOCKSWORLD) 프로그램이 있다. 이 프로그램은 기술적으로는 인상적이었지만, 대부분이 심리학적 과정에 관해 아무것도 읽어내지 못했고 전혀 이해가 되지 않는다고 토로했다(뒤에 더 자세히 다룬다). 컴퓨터 프로그램이 이론을 표현하기 시작한 연결주의 모델링(connectionist modelling)이 등장하기 전에는 많은 심리학자가 이러한 예측을 부정했을 것이다(대표적으로, McClelland & Rumelhart, 1981). 계산심리학을 심리학 전반이라 말하기 어렵다면, 적어도 인지심리학에는 커다란 영향을 미치게 되었다.

> **직접 해보자: 예술을 위한 예술**
>
> 컴퓨터와 만들어 낸 음악과 시각 예술의 사례는 인터넷에서 쉽게 찾을 수 있다. 사람이 만든 음악과 시각 예술 중 비슷한 작품을 찾고, 각 작품의 출처를 모르는 사람들에게 함께 보여준 뒤 둘을 구분할 수 있는지 보자. 둘 사이에 차이가 있다고 생각한다면 무엇이 다른지 설명할 수 있나?

약속했던 바 혹은 기대했던 바를 빠르게 달성하는 데 실패한 결과 1970년대 초 그리고 1980년대와 1990년대에 다시 주기적으로 인공지능 연구에 투입되는 자금이 끊겼다. (자금이 쉽사리 조달되는 '인공지능의 여름'과 대비해) '인공지능의 겨울'이라 알려진 시기였다. 영국에서는 인공지능 연구계 내부에서 최선의 길을 찾기 위한 논쟁이 벌어졌고, 그간의 인공지능 연구에 대한 검토가 시작되어 1973년 라이트힐 보고서(Lighthill report)를 발간하며 마무리되었다. 하지만 이러한 노력에도 몇 년간 인공지능 연구에 대한 정부의 지원이 중단되었다.

체스를 두는 컴퓨터

체스 게임은 오랫동안 컴퓨터 지능의 성취를 보여주는 척도로 여겨졌다. 체스는 계획과 평가, 논리, 통찰의 결합을 요구하며, 전 세계에서 게임이 벌어지고, 알기 쉬운 규칙 몇 개로 복잡한 게임이 펼쳐진다. 오래전부터 체스를 잘하는 것은 총명함의 증거로 꼽혔다. 인공지능 역사 초기에는 컴퓨터가 곧 사람을 이기리라는 낙관론이 퍼져 있었다. 앞서 보았듯이 사이먼과 뉴얼(Simon & Newell, 1968)은 10년 이내에 디지털 컴퓨터가 인간 체스 챔피언을 이길 거로 예측했지만, 컴퓨터가 실제로 그 정도의 실력을 보여주기까지 훨씬 더 오랜 시간이 걸렸다. 1968년 세계적인 체스 명수(이자 아주 뛰어난 선수)였던 다비드 레비(David Levy)는 10년 안에 자신을 꺾을 수 있는 컴퓨터가 나오지 않을 거라는 내기를 했고 승리했다. (그는 1989년 결국 컴퓨터에 졌다.)

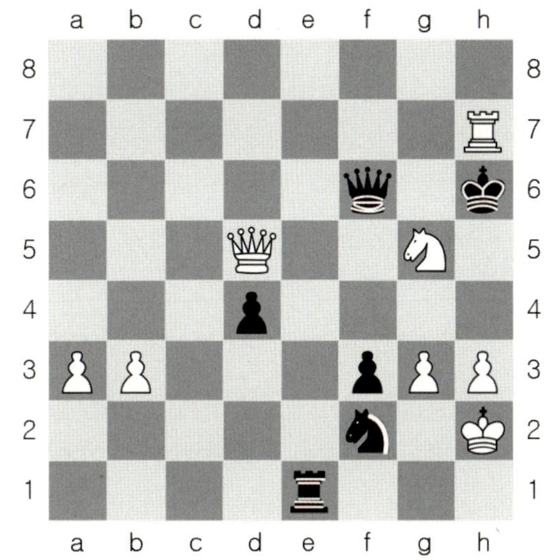

그림 4.5 딥블루 대 카스파로프 (1996년 대결, 첫 번째 경기). 카스파로프가 패한 후 마지막 상황을 나타냈다.

1980년대가 되자 체스 전용 컴퓨터들은 능숙한 체스 선수들과 같은 수준의 경기를 펼치기 시작했다. 하지만 그때에도 컴퓨터들이 '초고수'(grand master)라 알려진 예외적으로 강력한 선수들까지 꺾을 수 있을지는 불분명했다. 1989년 딥소트(Deep Thought) 컴퓨터가 대회와 같은 조건에서 초고수 벤트 라르센(Bent Larsen)을 이겼다. 1996년 2월에는 미국 필라델피아에서 IBM의 컴퓨터 딥블루(Deep Blue)가 가리 카스파로프(Garry Kasparov)를 꺾었다(그림 4.5). 처음으로 체스 대회와 같은 조건에서 진행된 경기에서 컴퓨터가 챔피언을 눌렀기 때문에 주목할 만했다. 하지만 여섯 경기로 진행된 전체 대결에서는 카스파로프가 4대 2로 승리했다(딥블루는 1승 2무를 거뒀다). 하지만 1년 뒤 뉴욕에서 열린 재대결에서는 업데이트된 딥블루가 카스파로프를 3.5대 2.5로 꺾었다. 딥블루는 여섯 경기 중 두 경기에서 승리했다. 딥블루의 승리는 널리 보도되고 회자되었으며 인공지능 발전의 상징처럼 여겨졌다. (딥블루 내 체스 프로그램의 버그에서 나온 잘못된 한 수로 인해 카스파로프의 자신감이 흔들리고 첫 번째 패배로 이어졌을 가능성이 있다. 또한 카스파로프는 전체적으로 사람의 도움이 있었을 거라 의심했다(물론 IBM은 그의 추측을 강력히 부인했다; Silver, 2012).)

딥블루는 특수 하드웨어에서 특별한 프로그램이 돌아가는 슈퍼컴퓨터였다. 하지만 시간이 지나면서 일반적인 개인용 컴퓨터에서 구동되는 평범한 상업용 체스 프로그램 역시 점점 강력해졌다. 2002년 디프프리츠(Deep Fritz)는 세계 챔피언 블라디미르 크람니크(Vladimir Kramnik)와의 대결에서 8경기 중 2경기를 따내며 4대 4 무승부를 기록했다. 추론에는 두 가지 접근법이 있으며 사람은 체스를 할 때 두 가지 접근법을 모두 활용한다. **알고리듬(algorithm)**은 하나의 규칙 또는 일련의 규칙을 따르는 루틴이다. 한 예로, 특정한 값을 다음과 같은 식에 넣는다고 해 보자.

$$f(x) = 2x + 1$$

그러면 항상 같은 옳은 답을 얻을 수 있다. 체스를 할 때 알고리듬 접근법은 억지 기법(brute force)에 해당한다. 움직일 수 있는 모든 경우의 수를 검토하고 그에 대한 상대의 반응, 또 상대의 반응에 대한 나의 반응 등등을 검토하는 식으로 이어진다. 억지 기법의 문제는 가능한 경우의 수가 기하급수적으로 증가하며, 오늘날의 컴퓨터조차 조합의 수를 감당할 수 없고 인간에게도 불가능하다는 것이다. (코토프(Kotov, 1971)의 책 『초고수처럼 생각하라(Think Like a Grandmaster)』에서는 고급 체스 기술에서 계산의 중요성을 강조하긴 하지만) 따라서 인간은 억지 기법에는 거의 의존하지 않고 **휴리스틱(heuristics)**이라는 일반적인 지침을 더 따른다. 체스에는 '룩(rook) 먼저', '쓸데없이 폰(pawn)을 자기 킹(king) 앞으로 움직이지 마라', '룩들을 모아라'와 같은 휴리스틱이 있다.

딥블루는 온전히 알고리듬에 의존해 억지 기법으로 경기를 펼쳤고 이를 위해 특수 설계된 컴퓨터 칩을 사용했다. 이 칩은 1초에 약 1억 개의 자리를 계산하며 7수 앞까지 내다보았고(양 선수가 7수씩 말을 움직이는 것이므로 14번 앞이라고 할 수도 있다), 특정 위치에서는 20수를 내다보기도 했다(Hsu, 2002). 오늘날의 체스 프로그램들은 더는 억지 기법에만 기대지 않고 휴리스틱과 경기가 끝나는 자리에 관한 정보표, 경기 초반 진행에 관한 지식을 모은 '책들', 자리를 계산하는 데 도움이 되는 경기들의 데이터베이스까지 활용한다(Greenemeier, 2017). 전반적으로 자리를 계산하는 방식이 개선되었다. 이제는 억지 기법만으로도 인간이 내다볼 수 있는 범위를 넘어선다. 인간의 두뇌와 비교할 때 컴퓨터가 너무 강력해져서 더는 체스에 특화된 컴퓨터가 필요하지 않을 정도다. 2005년부터는 개인용 컴퓨터와 휴대용 컴퓨터, 심지어 스마트폰에서 구동되는 체스 프로그램들까지 가장 강력하다는 '인간' 선수들을 일상적으로 누르고 있다. 2006년에는 일반적인 개인용 컴퓨터에서 구동된 디프프리츠가 6경기로 치러진 대결에서 크람니크를 눌렀다. 에스네르(Eschner, 2017)가 지적한 것처럼 "체스의 최강자까지 꺾으려는 컴퓨터의 도전은 컴퓨터들이 너무 약했던 1994년부터 컴퓨터들이 너무 강해진 2004년까지만 정말 흥미로웠다".

더 최근에는 2014년 구글이 인수한 영국의 인공지능 기업 딥마인드(DeepMind)에서 알파제로(AlphaZero)라는 체스 프로그램을 만들었다. 딥마인드는 전통적인 컴퓨터 프로그램들보다 훨씬 뇌의 구조와 비슷해서 학습을 할 줄 아는 신경망을 개발하는 데 특화된 회사다(더 자세한 내용은 아래를 보라). 알파제로는 체스 두는 법을 배우고 자신과 게임을 하며 실수에서 배워 실력을 키운다. 이 프로그램은 아홉 시간의 훈련 후 '전통적인' 체스 프로그램인 스톡피시 8(Stockfish 8)에 승리를 거뒀다. 물론 알파제로가 사용한 하드웨어가 굉장히 강력하기는 했다. 체스 초고수들은 알파제로의 실력과 스타일에 관해 '말들의 자리에 대한 이해가 깊으면서 아주 적극적인 공격 플레이를 펼치는 것 같다'고 평했다(Sadler & Regan, 2019; Silver et al., 2018).

이러한 성과가 컴퓨터의 능력을 인상적으로 보여줄 수는 있지만, 누구도 범용 지능을 시사한다고는 주장하지 않을 것이다. 인류가 스스로 특별하다고 믿는 것 중 아주 적은 부분만을 빼앗아 가긴 했지만 이러한 프로그램들은 체스를 크게 바꾸었다. 초고수들도 경기 초반 진행을 발전시키거나 훈련할 때 체스 프로그램을 사용하며, 분석을 통해 참신한 플레이들이 등장했다(Rowson, 2019).

상자 4.1 컴퓨터, 사람을 이기다

체스와 체스의 대수표기법을 아는 사람들을 위해 딥블루(백)와 세계 챔피언 가리 카스파로프가 1996년 맞붙었던 대결의 첫 번째 경기를 소개한다. 정규 대회의 환경과 시간제한(두 시간 동안 양 선수가 40수를 둠) 아래에서 컴퓨터가 세계 챔피언에게 승리를 거둔 최초의 경기였다.

1.e4 c5 2.c3 d5 3.exd5 Qxd5 4.d4 Nf6 5.Nf3 Bg4 6.Be2 e6 7.h3 Bh5 8.0–0 Nc6 9.Be3 cxd4 10.cxd4 Bb4 11.a3 Ba5 12.Nc3 Qd6 13.Nb5 Qe7 14.Ne5 Bxe2 15.Qxe2 0–0 16.Rac1 Rac8 17.Bg5 Bb6 18.Bxf6 gxf6 19.Nc4 Rfd8 20.Nxb6 axb6 21.Rfd1 f5 22.Qe3 Qf6 23.d5 Rxd5 24.Rxd5 exd5 25.b3 Kh8 26.Qxb6 Rg8 27.Qc5 d4 28.Nd6 f4 29.Nxb7 Ne5 30.Qd5 f3 31.g3 Nd3 32.Rc7 Re8 33.Nd6 Re1+ 34.Kh2 Nxf2 35.Nxf7+ Kg7 36.Ng5+ Kh6 37.Rxh7+ 1–0

흑은 Kg6를 둘 수밖에 없었지만 그러면 백이 이길 수 있는 수가 너무 많기 때문에 경기를 포기했다.

2인용 경기에 참여하는 컴퓨터들은 탐색 트리를 평가하기 위해 보통 최소최대 알고리듬(minimax algorithm)을 이용한다. 먼저 각각의 말을 현재 위치에서 이동시킬 수 있는 수를 모두 찾아서 탐색 트리를 만든다. 그다음 최소최대 알고리듬으로 각 수를 두었을 때 마지막으로 도달하는 자리의 양질(goodness)이 최대화되는 수를 찾는다. 경기를 시작할 때 백은 20가지 수 중 하나를 선택할 수 있고 흑도 같은 경우의 수를 가지므로 둘이 한 번씩 말을 움직이면 400가지의 배치가 가능해진다(이때 탐색 깊이(search depth)는 2에 불과하다). 2수를 두면 가능한 배치의 수가 7만 개를 넘어가고, 3수면 9백만 개, 4수면 2,800억 개를 넘긴다. 가능한 수를 모두 계산하려면 강력한 컴퓨터와 훌륭한 평가 알고리듬이 필요한 이유다. 탐색 공간을 줄이는 방법도 있다. 알파베타 가지치기(alpha-beta pruning)는 앞서 고려했던 수보다 더 약해 보이는 수를 찾으면 계산을 멈춘다. 사람들은 문제를 풀 때 억지 기법을 거의 활용하지 않는데, 우리가 이런 계산에 약하기 때문에 좋은 전략이다.

튜링 테스트

정말 똑똑한 컴퓨터가 있다면 그 컴퓨터에 의식이 있는지 없는지 어떻게 구분할 수 있을까? 컴퓨터의 능력을 보는 유명한 검사로 영국의 컴퓨터 과학자 앨런 튜링(1912~1954, 이니그마(Enigma) 기계를 고안한 것으로 유명하며 흔히 컴퓨터과학과 인공지능의 창시자로 꼽힌다)이 제안한 **튜링 테스트(Turing Test)**가 있다. 튜링은 특정한 기계가 지능이 있는 것처럼 보이려면 인간과 구분할 수 없는 행동을 보여주어야 한다고 주장했다. 실제로 사람이 컴퓨터가 내놓은 결과물을 듣거나 보았을 때 사람이 제공하는 것인지 아니면 기계가 제공하는 것인지 구분할 수 없어야 한다는 뜻이다.

튜링 테스트의 문제점은 지능적인 행동은 모방하기 쉽고 사람들은 쉽게 속는다는 것이다. 아주 기초적인 컴퓨터 프로그램 몇 개는 몇몇 사람들이 (과거처럼) 단말기 건너편에 있는 이를 상대하고 있다고 믿도록 속이는 데 성공한 듯하다. 가장 유명한 사례는 조지프 와이젠바움(Joseph Weizenbaum, 1996)의 프로그램 엘리자(ELIZA)다. 엘리자는 로제리안 심리치료사(Rogerian psychotherapist, 치료사가 대개 환자들이 말한 것을 되짚으면서 무조건 환자에게 공감하는 인간 중심 치료법을 발전시킨 심리학자 칼 로저스(Carl Rogers)

그림 4.6 앨런 튜링(1912~1954). 영국의 수학자이자 선구적인 컴퓨터 과학자로 제2차 세계대전에서 이니그마 암호의 해독을 도운 초기의 전자 기계들을 만들었다. 튜링머신은 범용 목적 컴퓨터의 추상적 모델이다. 튜링의 작업은 컴퓨터와 인공지능의 발전에 결정적으로 기여했다고 평가된다.
출처: Heritage Images/Hulton Archive/Getty Images.

의 이름을 딴 명칭이다)처럼 보이도록 만들어졌다. 상대가 제공한 입력값에서 단어 몇 개를 확인하고 구문을 변형하는 간단한 규칙 몇 가지를 적용하며, 흔해 빠진 문구들로 무장한 이 단순한 프로그램의 길이는 몇백 줄밖에 되지 않았다. 사람과 이 프로그램 사이에 오간 대화의 사례다.

사람: 남자들은 다 똑같아요.
엘리자: 어떤 점이 그래요?
사람: 항상 이렇게 저렇게 당신을 괴롭히죠.
엘리자: 구체적인 예를 떠올릴 수 있나요?
사람: 음, 제 남자친구는 제가 여기 오게 만들었어요.
엘리자: 당신 남자친구가 당신을 이곳에 오게 했군요.
사람: 제가 우울해할 때가 너무 많대요.
엘리자: 당신이 우울하다니 안타깝군요.

사람들은 엘리자와 대화하는 것을 즐겼다고 한다. 사실 엘리자가 아주 제한적인 컴퓨터 프로그램일 뿐이라는 사실을 알아내기는 상대적으로 쉽다. 다른 사람이 말한 내용을 반복하는 것만으로 모면할 수 있는 상황은 많지 않다!

문자나 말로 대화를 수행하는 프로그램을 *챗봇(chatbot)*(또는 채터봇(chatterbot))이라 한다. 오늘날 챗봇은 알렉사(Alexa), 시리(Siri), 어시스턴트(Assistant) 같은 말하는 인공지능이나 웹사이트의 문자 서비스 등으로 상업적으로 널리 활용되고 있다. 뢰브너상(Loebner Prize)은 매년 가장 인간처럼 생각되는 컴퓨터 프로그램에 시상되는 인공지능 분야의 상이다. 최근에는 챗봇 미츠쿠(Mitsuku)가 4년 연속 수상했다. 개인적으로는 미츠쿠가 그다지 사람처럼 느껴지지 않았다. 대화가 아주 빠르게 이상해져서 상대가 나의 말을 제대로 이해하지 못한다는 게 분명해졌다. 하지만 미츠쿠는 상당히 좋은 농담을 하나 했다. ("지난주에는 해산물 디스코텍에 가서 홍합을 유혹했어요") 아마 어떤 사람들이 챗봇과 이야기하는 것을 즐기는 이유는 프로그램에 의식이 없다는 사실, 혹은 진짜 사람이 아니라는 사실을 알고 있기 때문일 것이다. 심지어 자신의 심리치료사에게도 숨기고 싶은 비밀이지만 컴퓨터 프로그램에는 털어놓을 수 있는 일들이 있기 마련이다.

물론 지능적인 것은 의식을 가지는 것과 전혀 다르다. 하지만 튜링 테스트의 발상을 의식에도 쉽게 확장할 수 있다. 컴퓨터가 인간에게서 나온 것과 구분할 수 없는 결과물을 내놓는다면 의식이 있어 보이는 척을 잘해내고 있는 것이다. 똑똑한 컴퓨터를 생각하다 보면 다른 인간의 마음을 생각할 때와 같은 문제를 맞닥뜨리게 된다. 우리는 합리적인 의심을 넘어 절대적으로는 결코 컴퓨터에 의식이 있다고 확신하지 못할 것이다. 미래 세계에는 인간과 지능적인 로봇들이 함께 살아갈 수도 있다. 어떤 사람들은 로봇에 의식이 있다고 생각할 수도 있고 어떤 사람들은 생각이 다를 수도 있다. 어떤 사람들에게 '의식이 있는' 로봇이란 그냥 좀비에 불과할 수도 있다.

직접 해보자: 컴퓨터 프로그램 찾아내기

어떤 질문을 던져야 엘리자가 사람이 아닌 컴퓨터 프로그램이라는 것을 알 수 있을까? 모든 응답자가 정직하게 답한다고 가정하고, 누군가가 엘리자인 척할 가능성은 무시하자.

직접 해보자: 챗봇

인터넷에서 챗봇을 찾아보자. 어떤 질문에 대한 답이 인간과 대화하고 있지 않다는 사실을 깨닫게 하는가? 이런 종류의 질문을 더 일반적으로 어떻게 특징지을 수 있을까?

심리학의 초기 인공지능 모델

인공지능 연구자들이 처음으로 접근했던 주제 중 하나는 언어였다. 오늘날 우리가 알렉사나 시리에서 볼 수 있는 유형의 컴퓨터 인터페이스(interface, 사람과 사물 또는 사물과 사물 간의 소통을 위한 매개체나 프로토콜-옮긴이)를 만들기 위해서였다. 초기의 컴퓨터에 데이터와 프로그램을 입력하는 작업은 구멍을 뚫은 수많은 카드에 의존해서 시간이 오래 걸렸고 번거로웠다. 한정된 수의 문법 규칙에서 무한한 수의 문장이 생겨날 수 있음을 보였던 노엄 촘스키의 연구(대표적으로, Chomsky, 1957)는 프로그래밍 언어와 맞아떨어졌다. 프로그래밍 언어의 진보는 심리적 과정이 계산으로 간주될 수 있으며 따라서 컴퓨터 언어로 코드화될 수 있다는 낙관주의에 기여했다.

인지 처리 측면에서 가장 초기에 등장했고 가장 큰 영향을 미친 컴퓨터 모델은 매사추세츠공과대학교(Massachusetts Institute of Technology, MIT)의 테리 위노그라드(Terry Winograd)가 만든 SHRDLU라는 언어 이해 시뮬레이션이었다(Winograd, 1972). SHRDLU라는 이름은 가장 빈번하게 사용되는 영문자의 내림차순이자 당시 일부 컴퓨터 키보드의 배열이었던 ETAOIN SHRDLU에서 왔다. 이 시뮬레이션은 블록세계라는 아주 제한적인 영역, 즉 *마이크로 월드(microworld)*에서만 작동했다(그림 4.7). 블록세계는 커다란 파란색 블록과 초록색 피라미드처럼 단순한 기하학적 객체들로 구성되어 있었다. 이 프로그램은 커다란 붉은색 블록 위에 초록색 피라미드를 올려놓는 것과 같은 단순한 명령어들을 따라갈 수 있었다. 또한 "좋아", "난 못해", "'~의 위에'라는 말이 뭘 의미하는지 잘 모르겠어"처럼 간단한 답을 내놓기도 했다. 구문 규칙에 따라 모든 답을 만들어 내는 대신 필요할 법한 답변의 예시를 활용하며 대화한다는 점에 주목하자. 그렇기는 하지만 SHRDLU의 성취는 인상적이었다. 그때그때 블록세계에 관한 표상을 유지해서 모든 객체가 어디에 있는지 알고 있었고, '피라미드는 다른 피라미드 위에 올라갈 수 없다'(안정적이지 않다)와 같은 배경지식도 어느 정도 있었다. 붉은색 블록 위에 푸른색 블록이 놓여 있을 때 사용자가 초록색 피라미드를 바로 붉은색 블록 위에 올려놓으려고 하면 먼저 푸른색 블록을 내려놓아야 했다.

당시 SHRDLU는 인공지능의 힘을 보여주는 인상적인 예시로 여겨지긴 했지만 제약이 아주 많았다. 이 프로그램은 오직 블록세계의 객체들에 관해서만 '말할' 수 있었다. 의자 위에 고양이를 올려놓으라고 하면 알아

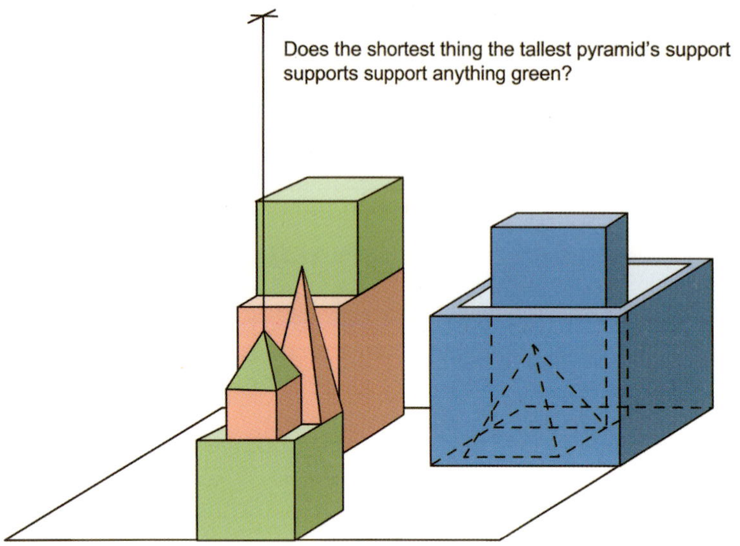

그림 4.7 위노그라드의 마이크로 월드인 블록세계(1972). SHRDLU는 질문을 이해하고, 마이크로 월드의 객체들을 조작하라는 지시를 따를 수 있었다.

듣지 못했다. 문장의 문법을 온전히 파악하고 단어에 의미를 부여한다는 의미에서는 언어를 제대로 이해하지 못했고, 인간과 같은 종류의 메커니즘을 활용해서 문장을 만들어 내지 않았다. 요약하면 SHRLDU는 할 수 있는 것이 아주 제한적이었다. 개에게 다리가 있는지 물으면 알아듣지 못했다.

이러한 프로그램들은 적어도 인간이 프로그램의 지식을 공급하거나 '내장'하는 접근방식에서 인공지능이 가지는 심층적인 문제를 보여준다. 이런 인공지능은 오로지 들은 것만 알거나 들은 것들에 기반한 추론만 할 수 있다. 인간도 마찬가지라고 할지도 모르지만 우리는 엄청나게 많은 것을 알고 있다. 그리고 특정한 문장을 이해하기 위해 잠재적으로 우리가 아는 모든 것을 무엇이든 끌어다 쓸 수도 있다(Dreyfus, 1992). 이러한 문제를 *배경지식 문제(background knowledge problem)* 혹은 *프레임 문제(frame problem)*라 한다. 마이크로 월드에서 효과적인 성능을 보여줄 수 있게 세계의 특성을 추출하는 것은 쉽지 않다. 관련된 배경지식의 양이 막대할 수 있기 때문이다. 인류는 세계를 발전시켜 왔고 오랫동안 배워왔기 때문에 코드로 이루어진 프로그램들과는 다르다. 이러한 비교가 모든 인공지능에 대한 반론이 아니라 비교적 최근까지 연구자들이 추구해 왔던 특정한 종류의 인공지능 모델에 대한 반론이라는 사실에 주목하자. 또한 의도했던 목적에서는 이러한 모델들이 유용했다는 주장에 반박하는 것도 아니다. 그저 그중 많은 모델이 심리학에 관해 많은 것을 알려주지 못하며, 의식에 관해서는 아무것도 말해주지 못한다는 것이다.

오늘날의 컴퓨터는 얼마나 똑똑할까?

일부 분야에서는 이미 컴퓨터가 사람보다 똑똑하다. 가장 초창기부터 산술 계산에서는 컴퓨터가 더 나았다. 애초에 컴퓨터를 만든 이유가 그 때문이다. 하지만 더 복잡한 기술에서는 어떨까? 2016년 3월 구글의 프로그램 알파고(AlphaGo)가 한국의 바둑 고수 이세돌을 4-1로 꺾으면서 새로운 이정표가 세워졌다. 바둑은 그 복잡성이나 다양한 경우의 수 때문에 컴퓨터가 억지 계산 기법만을 활용하면 계산 복잡도가 너무 높아져서 체스보다 더 까다로워 보인다. 딥블루가 (경기 초반 진행에 관한 데이터베이스와 함께) 어느 정도 억지 계산 기법에 의존하는 반면 알파고는 경기를 하면서 배울 수 있게 하는 알고리듬을 활용한다.

고려하는 능력의 범위가 좁을수록 무엇이 좋은 성과를 구성하는지 특정하기 쉬워지고, 컴퓨터가 더 좋은 성과를 낼 가능성이 커진다. 현재 대부분의 컴퓨터 프로그램은 일반화에 약하다. 체스 프로그램은 일부 수정하지 않으면 바둑을 두지 못하며, 재정 업무를 수행하는 회계사를 모방하려면 완전히 다른 프로그램이 필요하다. 인간은 여러 업무를 오갈 수 있고 현재의 컴퓨터는 이런 전환이 불가능하지만, 이론적으로는 불가능할 이유가 없다. 적어도 하드웨어의 발전 속도는 아주 빠르다. 무어의 법칙에 따르면 집적회로의 트랜지스터 숫자는 2년마다 두 배가 되며, 따라서 하드웨어의 성능은 기하급수적으로 증가한다. 물론 이러한 성장 속도가 유지될지는 지켜보아야 한다. 미국의 미래학자 레이 커즈와일(Ray Kurzweil)은 기술 발전의 가속화 경향을 이야기한다(그림 4.8).

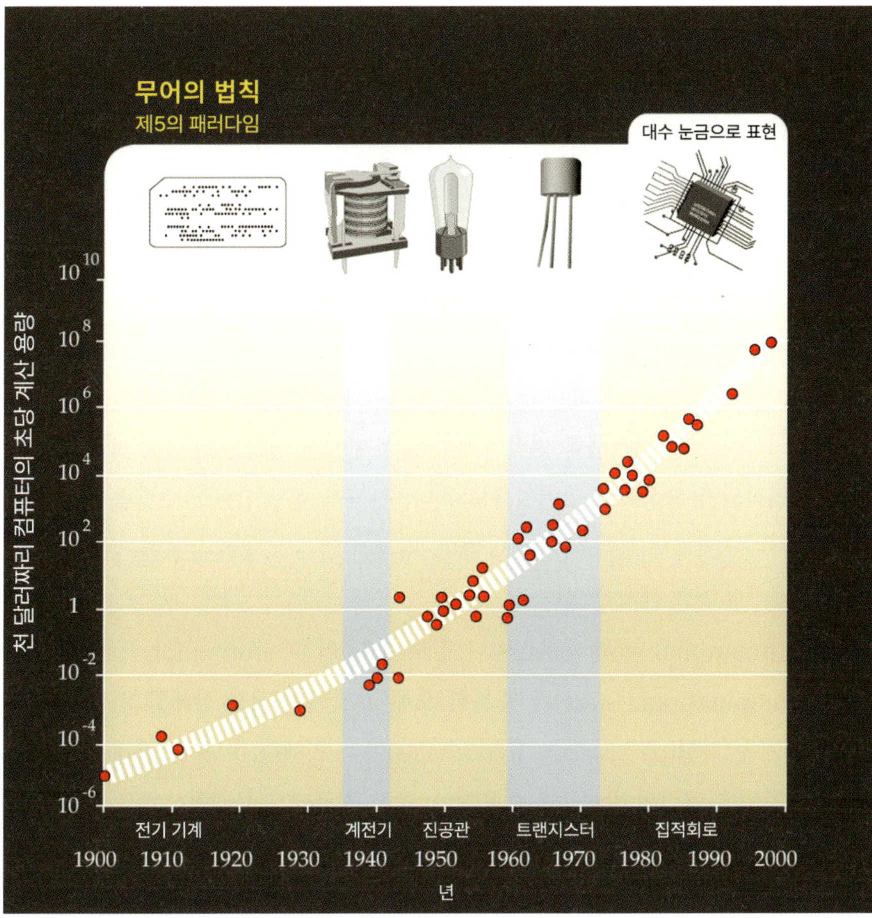

그림 4.8 문화적·기술적으로 중요한 사건의 발전 속도 가속화를 보여주는 도표. '변화의 시기'가 빨라지고 빨라지고 빨라진다.
출처: Courtesy of Ray Kurzweil and Kurzweil Technologies, Inc. Creative Commons Attribution 1.0 Generic license. Based on Kurzweil (2005).

컴퓨팅 분야의 최신 동향을 보면 문제를 해결하기 위해 명시적인 알고리듬이나 데이터베이스에 미리 프로그램된 지식을 명시적으로 제공하지 않는다. 대신 프로그램들이 제공받은 대형 데이터 세트에서 통계적 규칙성을 추출하며 정보를 학습하게 하는 *심층 기계 학습(deep learning)*에 기반한 기법들을 활용한다. 어쨌든 인간 어린이들은 그들이 아는 모든 것을 명시적으로 배우는 것이 아니라 환경에서 획득한다. 심층 기계 학습은 컴퓨터가 음성 인식이나 물체 인식처럼 복잡한 과업에서 추상적 표현을 학습할 수 있게 하며, 신약을 찾아내는 것처럼 창의적인 영역에 활용된다(LeCun et al., 2015).

또한 심층 기계 학습은 더 이상 컴퓨터에서 여러분이 투입한 것들만 나오지 않는다는 것을 의미한다. 과거와 달리 이제는 많은 프로그램이 학습을 한다. 심층 기계 학습은 *신경망*(심리학의 *연결주의*

(connectionism))이라는 접근법을 바탕으로 한다. 신경망은 뉴런을 닮은 수많은 단순한 구성단위의 상호작용을 포함한다. 이러한 네트워크는 학습하고 일반화할 수 있으며, 인간의 뇌가 작동하는 방식에 훨씬 가깝게 가동된다. 학습을 포함하는 접근법은 전통적인 '좋았던 구식' 인공지능보다 의식을 이해하는 데 더 도움을 줄 것으로 보인다.

이러한 학습 알고리듬을 '지능적'이라 보아야 할지는 논쟁의 여지가 있다. 단순히 데이터에서 학습한 통계적 예측을 기반으로 분류를 내놓기 때문이다. 자신들이 무엇을 왜 하는지는 알지 못하며 융통성도 없다. 어쨌든 지능이 있다고 의식을 가지게 되는 것은 아니고, 단순 계산 능력에서 의식이 생겨나는 것도 아니다. 컴퓨터에 더 많은 트랜지스터가 들어간다고 해서 그 컴퓨터가 의식을 가지게 될 것 같지는 않다. 여기서 가장 중요한 질문은 '컴퓨터가 의식을 가지게 하려면 지능과 계산 능력 외에 무엇이 필요할까?'다. 어쩌면 계산 능력이 아무리 강력해져도 컴퓨터가 절대 의식을 가지지 못할 수도 있다.

의식의 계산 상관물

(의식의 신경 상관물(neural correlates of consciousness)과 유사한) *의식의 계산 상관물(computational correlates of consciousness)*이라는 용어는 1995년 매시스(Mathis)와 모저(Mozer)가 처음 사용했다. 이러한 모델들은 의식이 있는 시스템과 의식이 없는 시스템에서 진행되는 정보 처리 과정의 차이를 이해하려 하며, 계산에서 의식의 유용성이 무엇인지를 묻는다. 의식의 계산 상관물 모델을 옹호하는 이들은 보통 감각질을 설명하는 것은 이 모델의 몫이 아니라고 한다. 따라서 인지 모형이 유용한 정보를 제공할지는 몰라도, 난제를 설명하는 데는 분명한 한계가 있다.

매시스와 모저는 뉴럴 작업공간(neuronal workspace)이나 정보 통합 이론(information integration theory)과 유사하게 계산 상태(computational state)가 충분히 오래 유지되면 계산 상태를 인식하게 된다고 주장했고, 자신들의 이론을 지속 가설(persistence hypothesis)이라 칭했다. 이들은 끌개 네트워크(attractor network)와 같은 연결주의 모델링의 발상들을 이용했다. 둘은 컴퓨터 시뮬레이션에서 지속 상태가 과도 상태(transient state)보다 더 큰 영향을 미치는 것을 보였다.

클레이레만스(Cleeremans, 2014)는 의식이 없는 상태와 의식이 있는 상태를 구분하는 계산 원리에 초점을 맞추었다. 의식에 진입하는 표상은 안정성이나 강도, 지속성, 특수성으로 구별된다. 의식의 계산 상관물에 관한 이러한 생각들은 통합 작업공간 이론(global workspace theory)의 일부를 이루기도 한다.

의식에서 어떠한 종류의 인지적 과정이 중요한지를 검토한다는 발상과 이러한 문제를 탐구하기 위해 명시적인 컴퓨터 모델을 활용한다는 생각 모두 흥미롭긴 하지만, 이러한 유형의 연구는 아주 초기 단계에 있다. 레그자 등(Reggia et al., 2016)은 이러한 연구가 중요하다고 주장하면서도 우리가 특히 현상적 의식의 상관물을 비롯한 의식의 계산 상관물들을 아직 이해하지 못하고 있다고 결론 내렸다.

LIDA (Learning Intelligent Distributed Agent)

책상 위에 놓여 있는 컴퓨터에 아무리 많은 트랜지스터가 들어가고 아무리 똑똑한 소프트웨어가 설치된다 한들 의식을 가질 수 있을까? 외부 세계를 측정하는 센서가 없는 인공지능을 구축하려는 접근 방식을 *비체화 접근법(disembodied approach)*이라 한다.

연구자들은 기계 의식에 무엇이 필요한지 고민해 왔다(Gamez, 2008). 한 예로, 알렉산데르(Aleksander, 2005)는 다음과 같은 목록을 작성했다.

1. 묘사: 시스템은 세계의 요소들과 각 요소의 위치를 '표현'하는 지각적 상태(perceptual state)들을 가진다.
2. 상상: 시스템은 세계의 일부를 기억해 내거나 세계의 일부를 닮은 감각들을 만들어 낼 수 있다.
3. 주의: 시스템은 세계의 어느 부분을 묘사하거나 상상할지 선택할 수 있다.
4. 계획: 시스템은 행동을 계획하는 일련의 상태들을 제어한다.
5. 정서: 시스템은 계획된 행동을 평가하고 이후의 행동을 결정하는 감정적 상태(affective state)들을 가진다.

이러한 유형의 설계는 *하향식(top-down)* 구성의 예다. 의식이 어떠한 특성을 가져야 하는지 특정한 뒤 충족시킨다. 문제는 우리가 의식이 무엇인지 충분히 이해하지 못해서 하향식 구성이 의식의 출현으로까지 이어질지 보장할 수 없다는 것이다. 예를 들어 위의 목록에서 정서는 없어서는 안 되는 의식의 전조일까? 「스타트렉」의 벌칸족(Vulcans)이나 「닥터 후(Doctor Who)」의 사이버맨족(Cybermen)처럼 완전히 이성적이고 감정은 없지만 그래도 의식은 있는 것 같은 존재도 가능할까?

다양한 시스템에서 인지를 모델링하려 했던 정교한 시뮬레이션 세트로 멤피스대학교(University of Memphis)의 스탠 프랭클린(Stan Franklin)이 만든 LIDA(Learning Intelligent Distributed Agent, 학습 지능형 분산 에이전트)(와 이전의 모델 IDA)가 있다(Baars & Franklin, 2003; Franklin et al., 2012). 프랭클린은 우리가 8장에서 더 자세히 살펴볼 의식에 관한 접근법인 통합 작업공간 이론의 명시적인 계산 모델을 개발했다. LIDA는 그 자체로 단순한 개별 모델이라기보다는 의식의 모델을 시뮬레이션하기 위한 환경이라 할 수 있다. LIDA는 상징적인 측면과 연결주의적인 측면이 모두 있는 복합 모델이다. 기본 단위는 10헤르츠(Hz)를 주기로 하는 인지의 원자(atom)로, 더 큰 인지적 표현을 만들어 내는 데 활용된다. 주기마다 여러 심리 모듈이 출력값을 전송하고 상호작용한다. 또한 주기마다 새로운 입력값을 이해하는 탐지 단계(sensing phase), 새로운 입력값이 기존의 기억과 상호작용해서 결과가 작업공간에 추가되는 주의 단계(attention phase), 적절한 학습이 진행되고 필요한 행동이 준비되는 행동 단계(action phase)가 있다. 복잡한 모델이 만들어지는 동안 이러한 주기가 반복된다. 의식은 주의 단계에 일어나는 활동에 해당한다.

공백이 존재하는 상황에서는 이런 모델 이상의 성과물을 내기가 어렵다. 주의 단계가 의식을 만들어 내는 것은 아니지만 적어도 의식의 모델로 기능한다. 이러한 모델들은 연구자들이 자기 모델을 상당히 명시적으로 밝히게 해서 가설을 검증할 수 있게 하고 타당성을 확보할 수 있게 하는 장점이 있다.

비체화된 인공지능도 의식을 가질 수 있을까?

하향식 접근법의 대안은 간단한 것에서 시작해서 환경이 발전을 만들어 가게 하는 *상향식(bottom-up)* 접근법이다. 이미 정교한 뇌를 가지고 있지만 환경에는 거의 노출되지 않은 신생아와 유사하다(물론 신생아도 자궁에서 일부 정보에 노출되며, 분명히 부분적으로 유전자에 새겨진 지식과 기술을 가지고 있다). 갓난아이는 모든 가능성을 품고 있겠지만 의식 연속체만 따지면 더 먼저 태어난 어린이에 뒤지는 듯하며, 어쩌면 몇몇 동물에도 뒤질 수 있다. 의식이 확장되어 가는 것이 성장이며, 환경에 노출되며 상호작용한 결과로 유전적 재프로그래밍이 일어나고 성장이 이루어진다. 인지 발달에 아주 중요하고 필수적인 부분이라 할 수 있는 환경과의 상호작용은 두 가지 방식으로 이루어진다. 발달 심리학자 장 피아제(Jean Piaget, 1896~1980)는 아이들이 기대하는 것과 경험하는 것의 차이를 발견하면서 어떻게 학습하는지 그리고 조절(accommodation)과 동화(assimilation)를 활용해 이러한 차이를 어떻게 해결하는지 설명했다. 오늘날 우리가 피드백 루프라 부르는 과정이다(Goswami, 2007).

인간이 정교한 의식을 발달시키려면 지각과 환경으로부터의 피드백이 필수적이다. 한 예로, 나와 나머지 세계가 다르다는 것을 모르면 어떻게 자기라는 감각을 가질 수 있을까? 나와 나머지 세계가 다르다는 사실은 세계와의 상호작용을 통해서만 배울 수 있다. 세계 속에 존재하고 위치하는 몸과 마음의 중요성, 세계와의 상호작용의 중요성, 특히 마음에 영향을 미치는 몸의 중요성은 최근 들어 인지심리학에서 더욱 높게 평가되고 있다. 이러한 접근법을 **체화된 인지(embodied cognition)**나 *상황 인지(situated cognition)*, *행화주의(enactivism)*라 한다(대표적으로 Noe, 2010; Wilson & Golonka, 2013).

고도로 지능적인 컴퓨터가 아이와 전혀 다를 거로 추정할 근거는 없다. 따라서 세계와 연결되지 않고 세계와 상호작용할 수 없는, 즉 세계를 인식하거나 행동하거나 행동의 결과를 관찰할 수 없는 비체화된 인공지능이 고도의 의식을 획득할 것 같지도 않다. 그렇다면 「터미네이터(Terminator)」 시리즈의 지각이 있는 인공지능 스카이넷도 두려워할 이유가 없다! 내 생각에 의식이 있는 컴퓨터의 가장 안전하고 확실한 형태는 지각과 행동이 가능한 지능형 로봇이다. 현재로서는 아직 갈 길이 멀다. 2040년에도 의식이 있는 로봇을 볼 수 있을 것 같지는 않지만 이건 2020년의 추측일 뿐이다. 20년 동안 많은 일이 일어날 수 있다.

또 어떤 일이 가능할지 궁금한 이들도 있을 것이다. 어떻게 해야 비체화된 컴퓨터가 아주 지능적이 될 수 있을지 상상해 볼 수도 있다(한 예로, 지능지수 검사를 받도록 컴퓨터를 훈련할 수도 있다). 하지만 비체화된 컴퓨터가 아무리 지능적이 된다 해도 의식을 가지는 것을 보기는 어렵다. 되풀이되는 이야기지만 지능과 의식은 분리해서 생각해야 하기 때문이다. 의식을 가지는 것은 아주 똑똑한 것 이상이다.

요약하면 의식이 있는 인공지능을 만들어 낼 수 있는 한 가지 가능성은 고도로 지능적인 컴퓨터를 개발한 뒤 그 컴퓨터가 세계를 지각하고, 세계와 상호작용하며, 로봇에 장착된 채 전 세계를 돌아다니고, 배우게 하는 것이다. 그리고 기다리며 어떤 일이 벌어질지 보자.

현실에서 체화된 주체(embodied agent)에 대한 대안도 있다. 바로 가상적으로 체화된 주체다. 실제 세상을 돌아다니며 그 안에서 성장하는 대신 가상적으로 상호작용하는 시뮬레이션된 세계에 주체를 두는 것이다. 위노그라드의 블록세계는 단순하게 시뮬레이션된 세계의 예다. 주체가 의식을 가질 후보가 되려면 시뮬레이션된 세계가 상당히 풍요로운 세계여야 할 것이다. 그런 세계에서 어떤 종류의 가상적 의식이 발달할 수 있을까? 이러한 가상적 의식은 실제 의식과 같을까? 기능주의가 옳다면 기능적 관계만이 중요할 테니 어떠한 주체든 우리처럼 의식을 가질 수 있지 않을까? 하나 같이 매력적인 질문들이지만 제대로 답하기에는 한참 멀었다.

로봇공학

로봇은 컴퓨터나 비슷한 장치로 제어하는 기계로 인간의 직접적인 도움 없이도 세계와 상호작용할 수 있으며, 복잡한 일련의 동작을 자동으로 수행할 수 있다. 로봇이라는 이름은 '강제 노동'을 의미하는 체코어 단어 '로보타(robota)'에서 왔는데, 체코의 작가 카렐 차페크(Karel Čapek, 1890~1938)가 1920년 발표한 연극 「로봇(R.U.R.)」에서 인간과 비슷한 가상의 기계를 지칭하며 처음 쓰였다.

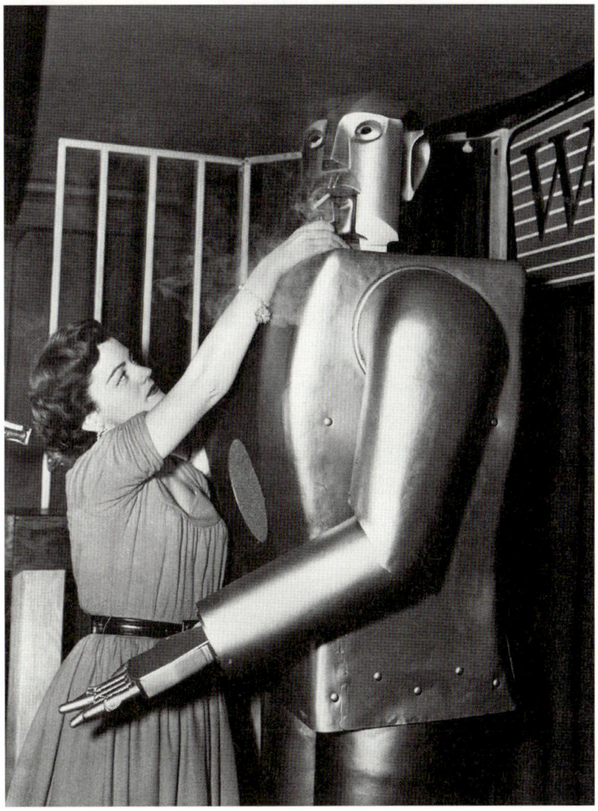

그림 4.9 담배 피우는 로봇 엘렉트로(Elektro). 물론 폐가 없어서 걱정도 없었다. 출처: Bettmann/Getty Images.

가장 단순한 종류의 로봇은 바닥 위를 돌아다니며 장애물을 피하는 장치다. 이러한 장치는 물체를 감지하는 센서, 이동 수단, 입력값을 처리하고 그에 대한 반응으로 무엇을 할지 결정하는 일종의 지능을 제공하는 컴퓨터 프로세스, 그리고 당연히 특정한 동력원으로 구성된다(Winfield, 2012). 이 문제의 규모를 과소평가하지 말자. 이동은 놀라울 정도로 복잡한 과업이다. 사람들은 지극히 효율적으로 이동하며 전혀 노력하지 않는 것처럼 보일 때도 많지만 (다량의 피질과 피질 아래의 다양한 구조물, **소뇌**를 비롯한) 뇌의 많은 부분이 움직임을 처리하는 데 전념한다. 하지만 감지와 움직임에 필요한 지능은 아주 제한적이어서 지금도 상업용 로봇 청소기나 잔디 깎는 기계에서 볼 수 있을 정도다. 인상적인 기술이긴 하지만 이런 기계에 의식이 있다고 말할 사람이 있을까?

아주 단순한 로봇은 1930년대 후반과 1940년대에 처음 등장했다. 하지만 산업계에서 상업용 로봇이 널리 쓰이기 시작한 것은 1950년대 후반과 1960년대 초부터였다. 산업계에서 널리 쓰인 최초의 로봇으로는 일반적으로 유니메이트(Unimate)가 꼽힌다. 1961년 미국 뉴저지주 유잉타운십(Ewing Township)에 있는 제너럴 모터스(General Motors) 공장의 조립 라인에서 주물을 집어내 차체에 용접하는 로봇이었다. 이 로봇은 주로 기계 팔의 형태였고, 기억 매체의 일종인 자성 드럼(magnetic drum)에 저장된 지시를 따랐다. 오늘날에는 산업계와 군대, 의료계에서 비싼 노동 인력을 없애는 대신 로봇을 활용하며 비용을 절감할 뿐 아니라

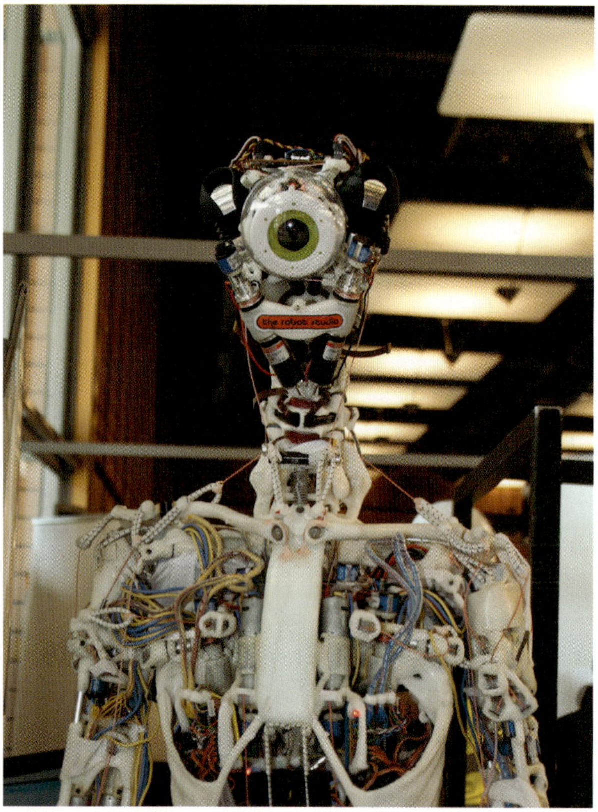

그림 4.10 로봇 크로노스. 크로노스는 로봇이 무엇을 닮아야 하는지에 관한 일반적인 합의에 상당히 근접했지만 인간으로 착각할 위험은 전혀 없다.
출처: Daniel Santos Megina/Alamy Stock Photo.

반복적이고(조립라인), 위험하며(폭탄 처리), 고도의 정밀성을 필요로 하는(약물) 업무들을 맡기는 것을 아주 흔하게 볼 수 있다.

많은 상업용 로봇은 우리와 조금도 닮지 않았다. 하지만 인간과 닮은 형태의 로봇은 인류의 상상력을 사로잡았고 셀 수 없이 많은 텔레비전 프로그램과 영화, 광고에 등장해 왔다(그림 4.9). (프리츠 랑(Fritz Lang)이 1927년 발표한) 영화 「메트로폴리스(Metropolis)」와 동명의 시리즈에 등장하는 터미네이터들, 「스타트렉: 넥스트 제너레이션(Star Trek: The Next Generation)」의 데이터(Data)가 대표적인 예다. 이러한 로봇 중 많은 수가 인격을 가지고 있으며 일부는 감정도 있다(적어도 감정 칩을 업그레이드했던 시절의 데이터는 그랬다. 하지만 결국 그는 문제의 칩을 제거한다).

고도로 지능화된 로봇이 인간의 형태를 취해야 하는 데는 여러 가지 이유가 있다. 첫째, 진화의 역사가 증명하듯 인간의 형태는 다양한 과업에 맞는 훌륭한 형태다. 사실 여러 감각과 손을 활용하며 이동할 수 있는 유기체가 인간과는 근본적으로 다른 형태로 진화했을 거라 상상하기는 어렵다. 우리에게도 설계상의 결함이 있지만 (한 예로, 식도와 기도가 가까워서 질식할 위험이 크다) 고도로 지능적이어서 의식이 있는 생명체가 우리와는 철저히 다른 형태를 가지리라고는 생각하기 어렵다. 허구 속의 수많은 외계인이 보통 인간과 닮아 있는 것도 우연이 아니다(상자 4.2). 둘째, 연구자들은 우리가 우리와 닮은 형태들과 소통할 때 가장 편안해한다는 사실을 증명했다. 크로노스(CRONOS)는 롭 나이트(Rob Knight)의 주도로 영국의 에식스대학교(University of Essex)와 브리스톨대학교(University of Bristol)가 협업해 개발한 로봇이다. 크로노스는 두 팔과 두 다리, 몸통, 머리, 한 개의 눈을 가진 인간의 형태로 설계되었다. 근골격계의 설계에 생물학적 원리를 적용하긴 했지만, 개발자들이 지적했듯이 인간처럼 보이는 로봇을 만들 때 가장 관건은 피부였다(그림 4.10).

더 구체적으로 말하면 우리는 (현재로서는 불가능하지만) 우리와 전혀 구분할 수 없거나, 우리를 닮긴 했지만 지나치게 닮지는 않은 로봇을 좋아한다. 특정한 형태에 대한 우리의 감정적 반응과 해당 형태가 우리를 닮았지만 완전히 똑같지는 않은 유사도의 관계를 살펴보면 유사도가 증가해도 호감도가 급격히 떨어지는 구간이 있다. 이 구간을 불쾌한 *골짜기(uncanny valley)*라 한다. 대부분의 사람들이 이 구간에 속하는 형태에 불안감을 느끼고, 때로는 소름끼쳐 하기도 한다(Kätsyri et al., 2015; Mathur & Reichling, 2016). 이 구간에 해당하는 형태에서는 행동하는 능력보다는 느끼고 감각하는 능력을 보기 때문에 이러한 느낌을 받는 듯

하다(Gray & Wegner, 2012)

직접 해보자: 감정 칩

「스타트렉: 넥스트 제너레이션」에서 인간의 모습을 한 로봇 데이터는 감정 칩을 업그레이드 받는다. 특히 우리가 정신과 뇌의 모듈성(modularity)에 관해 알고 있는 것들을 생각할 때 이런 아이디어가 얼마나 그럴듯하게 느껴지나?

그림 4.11 불쾌한 골짜기. 크로노스(그림 4.10)처럼 로봇이 전혀 사람 같지 않거나 인간의 완벽한 복제품처럼 보이면 우리는 불안해하지 않는다. 하지만 인간에 가깝지만 완전하지는 않아서 불쾌한 골짜기에 빠진 로봇은 우리를 불안하게 한다고 생각한다.
출처: Chris McCardy/Getty images Europe.

상자 4.2 외계인

정교한 인공지능과 로봇, 외계인들은 적어도 20세기가 시작된 이후로 대중문화에서 아주 흔한 주제가 되었다. 에드거 앨런 포(Edgar Allen Poe), 쥘 베른(Jules Verne), H. G. 웰스(H.G. Wells)는 현대 공상과학 소설의 창시자로 흔히 언급된다. 지구를 침공하는 외계인들은 보통 초고도의 지능과 초고도의 기술력을 지녀 모두 의식이 있을 것으로 짐작된다. 하지만 이런 외계인들에게는 어떤 형태가 어울릴까? 영국 비비시(BBC)의 텔레비전 프로그램 「닥터 후」에 등장해 널리 알려진 달렉족(Daleks)은 인간과 전혀 다른 외양을 가졌다. 몸통에 눈 하나가 달려 있고 한 손은 뚫어뻥이며 다리 없이 굴러다닌다. 하지만 적어도 본체는 로봇 형태의 이동체와 별개로 설계되고 진화했다는 변명거리가 있다. 가장 일반적인 형태는 (흔히 볼 수 있는 '회색인'처럼) 인간과 비슷한 기계나 곤충을 닮은 형태, 촉수를 가진 외계인이다(그림 4.12). 웰스의 1898년 소설 「우주전쟁(The War Of The Worlds)」에 등장하는 화성인들은 (달렉족의 본체처럼) 촉수 생명체다. 분명히 인간의 형태를 한 외계인이 고도의 지능과 의식을 발달시켰을 가능성이 커 보이는 반면 곤충 형태나 촉수를 가진 외계인들은 덜 진화했을 것 같다. 확실히 우리는 양안시와 이동성, 정교한 손재주, 소통 능력이 필요할까? 아니면 그냥 내 상상력의 한계라고 결론 내려야 할까?

군집 지능

간단한 규칙을 따르는 여러 개별 동물의 상호작용에서 복잡한 '무리' 행동이 생겨나는 것과 마찬가지로 개별적으로는 단순한 여러 로봇의 상호작용에서 복잡한 행동이 생겨날 수 있다. 이런 복잡 행동을 **군집 지능(swarm intelligence)**이라 한다.

그림 4.12 촉수가 있는 외계인들. 이러한 형태의 생명체가 정말 우주를 누비는 우주선을 만들 정도로 진화할 수 있을까?
출처: Hulton Archive/Handout/Moviepix/Getty Images.

유명한 예가 (이전에는 키바시스템스(Kiva Systems)라 불렸던) 아마존로보틱스(Amazon Robotics)다. 아마존로보틱스는 선반에서 물품을 모은 뒤 컨베이어벨트나 사람 근처로 옮겨서 주문을 처리한다. 물품이 선택되면 중앙 소프트웨어가 가장 근처에 있는 로봇을 골라 해당 물품을 가져오게 한다. 물품은 바코드로 분류되며 로봇들은 바닥의 바코드를 따라 창고를 돌아다닌다. 로봇들은 무거운 물품도 들 수 있고 충돌 없이 움직인다. 아마존은 자사의 창고에서 10만 대 이상의 로봇을 활용하는 것으로 추정되며, 로봇을 자동 배달에도 활용할 방법을 찾고 있다.

이러한 시스템에서 개별 로봇은 특별히 지능적이지 않다. 하지만 전체 시스템은 복잡한 과업을 수행할 수 있다. 이런 로봇들은 여전히 상대적으로 크다. 나노봇(nanobot)은 로봇이 현미경으로 보아야 보일 만큼 작아진 소형화의 기적이다. 나노봇보다 조금 더 큰 사촌으로는 마이크로봇(microbot)이 있다. 오늘날 나노봇은 대체로 그 가능성만이 논의되고 있지만, 의학을 비롯한 일부 분야에서는 분자의 수를 세거나 다른 분자의 위치를 잡아주는 등의 아주 단순한 업무를 수행할 수 있는 나노봇이 실제로 만들어졌다(Patel et al., 2006). 나노봇과 마이크로봇은 의식을 가지기에는 너무 작다. 하지만 이런 로봇이 수백만 개 모인 무리라면? 그 무리는 집합적으로 의식을 가질 수 있을까?

진화 로봇공학

영혼창조설이나 지적 설계(intelligent design) 같은 '설'은 제쳐 두고, 인간은 창조되지 않았다. 우리는 약 6500만 년 전 다른 포유류에서 갈라져 나온 영장류들과 함께 진화했고, (다음 장에서 자세히 살펴볼 것처럼) 그 과정에서 어느 시점에 의식이 나타났다. 진화는 설계 없이 세계에 적응해야 할 때 문제들을 해결하는 효과적인 방법이다. 따라서 일부 로봇과학자들이 로봇 설계에 진화적 접근법을 적용하려 한 것도 놀랍지 않다.

진화론적 원리에 기반한 프로그래밍은 컴퓨터과학에서 오랜 역사를 쌓아 왔으며, 아마 미국의 심리학자이자 컴퓨터 과학자인 존 홀랜드(John Holland, 1929-2015)가 처음 개발한 *유전 알고리듬(genetic algorithm)*이 가장 널리 알려진 접근법일 것이다. 유전 알고리듬은 돌연변이와 선택 같은 원리를 이용해 문제를 푸는 컴퓨터 프로그램이다. 근본적으로 문제를 푸는 데 더 좋은 코드가 프로그램에서 살아남을 가능성이 더 크다.

그림 4.13 골렘 프로젝트. 로봇의 이러한 형태를 '화살(Arrow)'이라 한다. 표면을 가능한 한 효과적으로 움직이는 이러한 로봇의 형태를 결정하는 데는 설계보다 진화가 더 큰 역할을 했다.
출처: Hod Lipson의 허락을 받고 수록.

유전 알고리듬은 세계를 해석하고 행동을 통제하는 부분인 로봇의 제어 모듈을 프로그래밍하는 데 활용되지만, 유전 프로그램이 활용되는 형태는 이뿐만이 아니다. 진화 프로그래밍 역시 제어 프로그램에 한정적으로 활용되지 않는다. 하드웨어 역시 '진화'가 가능하다. 로봇의 핵심적인 특징을 게놈(genome)으로 코드화하고, 특정한 과업이나 일련의 과업에 대한 로봇의 적합도를 향상시키기 위해 해당 게놈에 유전 과정을 적용할 수 있다(Nelson et al., 2009; Nolfi et al., 2004). 하드웨어 진화의 가장 흥미로운 사례는 미국의 브렌다이스대학교(Brandeis University)와 코넬대학교(Cornell University)가 협업한 골렘 프로젝트(Golem Project)다(Lipson & Pollack, 2000). 유전 과정의 결과는 때때로 놀라워서 전혀 기대하지 못했던 형태가 나타났다(Winfield, 2012). 그림 4.13의 형태는 표면을 이동하는 문제를 해결하기 위해 진화와 유사한 과정을 거치자 탄생한 결과물이다.

로봇과 의식

장기적으로 보면 로봇은 의식을 갖기에 인공지능보다 더 좋은 후보일 수 있다. 우리처럼 세계와 상호작용할 수 있기 때문이다. 정보를 받아들이고, 세계에 관한 정보에 따라 행동하며, 그런 상호작용의 결과를 관찰한다. 이러한 맥락에서 로봇은 '자기 모델(self-model)'을 처리할 수 있다. 세계와 상호작용하면서 어떤 식으로든 자기라는 개념을 갖는 것은 의식의 전제 조건이다.

상황을 복잡하게 만들자면, 사실 많은 '로봇'이 로봇의 컴퓨터 시뮬레이션에 불과하다. 하드웨어가 있는 로봇을 만들려면 어렵고 돈이 많이 들어가므로, 실제로 로봇을 만들기 전에 (로봇을 정말 만들어야 할지) 해당 로봇을 시뮬레이션해 보는 것이 비용과 시간을 줄이는 방법이다. 로봇이 복잡성 속에 성장할 수 있다면 시뮬레이션도 성장할 수 있을 것이다. 로봇이 의식을 가질 수 있다면, 로봇의 시뮬레이션 역시 의식을 가질 수 있을까?

직접 해보자: 로봇 시뮬레이션하기

우리가 대부분의 사람들이 의식이 있다고 동의하는 로봇을 만들기로 했다고 하자. 이 로봇을 시뮬레이션하려면 어디서부터 시작해야 할까? 그 시뮬레이션에 의식이 있다고 말할 수 있을까? 의식이 있는 로봇의 시뮬레이션을 구현하는 것이 이론적으로 가능할까? 시뮬레이션은 불가능하지만 그런 로봇은 만들 수 있다면, 시뮬레이션에는 어떤 의미가 있을까? 우리는 환경과의 상호작용을 어느 정도까지 시뮬레이션할 수 있을까?

뇌 만들기

우리가 지금까지 살펴본 인공지능과 로봇 시스템은 소프트웨어, 특히 지식, 학습, 지각, 행동이 강조된다는 특징을 공유한다. 어쨌든 인공지능이나 로봇 시스템에 의식이 생긴다면 소프트웨어의 잠재적 복잡성 그리고 소프트웨어가 세계와 상호작용하는 방식에서 생겨날 것이다. 요구하는 작업을 해낼 수 있을 만큼 강력하기만 하다면 하드웨어에는 크게 신경 쓰지 않았다.

컴퓨터과학에는 모든 하드웨어의 계산 능력이 **튜링 머신(Turing machine)**이라는 기계와 대등하다는 공식적인 증명이 있다(Hofstadter, 1979에서 해당 증명에 관한 설명을 볼 수 있다). 이름에서 알 수 있듯이 영국의 수학자이자 컴퓨터 과학자인 앨런 튜링(1912~1954)이 튜링 머신을 처음 설명했다. 튜링 머신은 일련의 규칙에 따라 부호들이 조작되는 테이프로 구성된다. 튜링은 이 테이프가 한없이 길면 튜링 머신이 모든 계산을 해낼 수 있음을 보였다. 간단하게 들리지만 이러한 설계는 모든 컴퓨터의 원형이 되었다. 튜링 머신은 실재하는 물체가 아니라 이론적 구성물이다. 동력이 있다면 계산할 수 있다는 것을 보여주는 동시에 적당히 빠르기만 하다면 우리가 사용하는 것이 컴퓨터인지 태블릿인지 스마트폰인지 크게 상관할 필요가 없고 설계 스타일은 각자의 취향을 따라도 되는 이유를 알려주는 추상적 개념이다. 따라서 만일 우리가 어떤 컴퓨터에 의식이 있다고 여긴다면 같은 환경에서 동일한 소프트웨어가 구동되는 다른 컴퓨터 역시 의식을 가질 수 있어야 한다. (한 가지 중요한 경고는 의식이 세계와 상호작용하는 속도에 의존한다면 컴퓨터의 계산 능력 역시 중요할 수 있다는 것이다.) 사실 우리의 상상을 실리콘 기반 컴퓨터에 제한할 필요도 없다. 튜링 머신과 동등한 것이라면 무엇이든 가능하다. 이러한 개념을 (2장에서 논의한 기능주의의 기반이 되는 논제인) **기질 독립성(substrate independence)**이라 한다.

앞서 살펴봤듯이 줄과 성냥갑으로 만들었지만 컴퓨터와 대등한 튜링 머신이나 중국 뇌(2장을 보라)가 의식을 가질 수도 있다는 생각을 좋아하는 이는 많지 않다. 나를 비롯한 많은 이가 적합한 미래의 로봇이 의식을 가질 수도 있다는 예측은 어려움 없이 받아들이지만 성냥갑 앞에서는 멈칫거리게 된다. 왜 그럴까? 이러한 믿음이 합리적일까?

많은 사람은 의식을 가질 수 있게 하는 뇌에 뭔가 특별한 것이 있다고 믿는다. 하지만 뇌에는 있지만 로봇에는 없는 특성이 무엇인지 밝혀야 하는 책임은 연구자들에게 있다. 하향식 인공지능에 대한 대안은 뇌를 연구하고 상향식으로 뇌를 만들어 내려 시도하는 인공지능이다.

인공 뇌 구성하기

인공 뇌를 구성한다는 아이디어는 공상과학 소설에나 어울릴 법하게 들리지만 그 가능성은 폭넓게 논의되어 왔다. 다만 초기의 시도들은 당연히 뇌 전체보다는 뇌의 일부에 초점을 맞추었다(Eliasmith et al., 2012). (마이크로소프트의 공동창업자 폴 앨런(Paul Allen)이 설립한) 미국의 앨런연구소(Allen Institute)는 인간유전체 사업(Human Genome Project)에서 인간의 유전체 지도를 만든 것과 같이 뇌에 있는 모든 뉴런과 이들 사이에 존재하는 모든 연결의 완전한 지도를 만들려 한다. 뇌 지도를 파악하는 것이 의식을 이해하는 데 얼마나 도움이 될지는 지켜보아야 한다(Regalado, 2014). 물론 뇌를 만들어 내려는 시도는 유기물에 한정되지 않는다. 뉴런을 시뮬레이션하는 트랜지스터가 오히려 더 좋을 수도 있지 않을까? 뇌의 뉴런을 실리콘 복제물로 대체하고 동일하게 연결해서 작동하게 한 2장의 사고 실험을 떠올려 보자. 특정한 양의 뉴런이 트랜지스터로 대체된 어느 시점부터는 그 뇌가 더는 인간이 아니라 기계라고 할 수 있을까? 그렇다면 어떤 시점일까? 이러한 실험이 정말 서서히 진행된다고 하면 해당 뇌의 주인은 내내 같은 느낌을 받을 것이고 자신은 여전히 사람이라 여기겠지만, 외부에서 지켜보는 이들은 다른 의견을 가질 수도 있다.

이 사고실험은 불가피하게 추측에 근거하고 있지만 인공 뇌를 구성하는 데는 뚜렷하게 정의된 목표들이 있다. 어떤 사람들은 뇌를 구성하는 것이 행동의 신경학적 기질을 컴퓨터로 모델링하는 분야인 계산신경과학의 논리적 종점(終點)이라 믿는다. 또한 이러한 연구가 심리학과 철학의 이론을 위한 시험장을 제공한다는 주장도 있다. 더 작은 부분들이 어떻게 작동하는지를 알아내면서 더 큰 시스템을 구성하는 방법을 때로는 역공학(reverse engineering)이라 한다.

뇌를 만드는 데는 서로 다른 두 가지 접근법이 있다. 첫 번째는 서로 다른 프로그램으로 뇌의 하위 기능들을 시뮬레이션하는 전체 뇌 에뮬레이션(whole-brain emulation)이다. 한 사람을 에뮬레이션하는 것은 특정한 뇌를 모델링하는 것이다(Bostrom, 2014; Sandberg & Bostrom, 2008). 시뮬레이션은 특정한 존재가 더 상위 수준에서 어떻게 모델링되는지 그 원리를 포착하는 작업이며 지나치게 상세할 필요는 없다.

하드웨어를 에뮬레이션하는 방법에는 크게 두 가지가 있다. 먼저, 하드웨어로 에뮬레이션할 수 있다. 한 예로, 트랜지스터가 개별 뉴런과 시냅스에 해당하는 실리콘 뇌를 만든다. 두 번째 방법은 소프트웨어로 에뮬레이션하는 것이다. 맥(Mac)에 PC 환경을 사용할 수 있게 하는 패러럴즈(Parallels®)나 브이엠웨어퓨전(VMware® Fusion)와 같은 방식이다. 하지만 뇌를 소프트웨어로 시뮬레이션하는 것은 컴퓨터 하드웨어를 에뮬레이션하는 것만큼 큰 비용이 들어가지 않는다. 뇌가 상대적으로 느리기 때문이다. 전송 속도가 상당히 다양하긴 하지만 고속 전송 속도도 보통 초당 약 100미터에 불과하다. 일반적으로 (초당 299,792,458 미터인) 광속의 몇 퍼센트인 실리콘칩의 전송 속도와는 차이가 크다. 따라서 뇌를 구성하는 칩들은 할 일이 많긴 해도 원래 뇌보다 훨씬 빠르게 일을 해치울 수 있다.

엘리아스미스 등(Eliasmith et al., 2012)은 뉴런 250만 개로 구성된 뇌를 시뮬레이션하고 *스폰(Spaun)*이라는 이름을 붙였다. 250만은 큰 숫자지만, 이 뇌는 인간의 뇌와 비교하면 여전히 아주 작다. 이 모델은 시각적 이미지로 표현되었고 로봇 팔로 반응을 내놓는다. 이 모델의 아키텍처에는 입력과 출력 사이에 정보 부호화, 입력 변환, 보상 계산, 정보 해독, 움직임 처리의 상호 작용 모델 다섯 개가 있으며, 다섯 개의 모델 모두 작업 기억에 접근하고 하나의 행동 선택 시스템 아래에 존재한다. 이 시뮬레이션은 다양한 행동과 심리학적 원리를 이용한다. 스폰이 의식을 가질 수 있을 것 같지는 않지만 기계 의식으로 나아가는 여정에서 의미 있는 한 단계로 평가할 수 있다.

뇌 전체를 개별 뉴런과 뉴런 사이의 연결까지 모델링할 수 있게 될 때 얻을 수 있는 또다른 성과는 *업로딩(uploading)*의 가능성이다. 업로딩이란 여러분 자신과 여러분의 인격, 기억, 그리고 아마 의식의 사본까지 적당한 호스트 컴퓨터로 옮기는 것이다. 일부 열광적인 언론 보도들은 2045년이면 컴퓨터에 우리의 정신을 업로드할 수 있게 될 거라고 주장한다(Sandberg & Bostrom, 2008). 우리가 뇌를 에뮬레이션할 수 있게 되더라도 에뮬레이션에서 의식이 유지될지는 세계와의 상호작용이 유지되는지에 달려 있다. 업로딩은 분명히 기질 독립성을 가정한다.

뇌를 만드는 데 적용할 수 있는 두 번째 접근법이자 현재로서는 더 쉬운 방법은 뇌의 각 부분을 모델링하는 *부분 뇌 에뮬레이션(part-brain emulation)*이다. 플라이셔 등(Fleischer et al., 2007)은 뇌를 바탕으로 하는 장치인 다윈엑스!(Darwin X!)에서 **해마**와 해마 주변의 피질 영역들을 모델링했다. 다윈엑스!는 실제로 미로 속을 움직이는 로봇 형태의 플랫폼과 이를 인도하는 신경 시뮬레이션으로 구성되어 있다. 로봇에는 카메라뿐 아니라 표면의 질감을 구분하는 기계 장치 수염도 있다. 이 시뮬레이션은 행동과 행동에 필요한 신경 계산(neural computation)의 모델을 제공하는 동시에 뇌가 이렇게 작동할 수도 있다는 이해를 유도한다(한 예로, 이 모델에서 감각 피질은 놀랄 정도로 적은 입력을 제공한다).

우리가 언젠가 뇌를 시뮬레이션할 수 있을지도 모른다. 그 뇌는 아마 의식이 있겠지만 이러한 성취가 의식을 이해하는 데 도움을 줄까? 복잡한 컴퓨터를 이해하는 것은 복잡한 인간을 이해하는 것과 같은 종류의 쟁점들을 불러일으키지만, 우리는 각 개체가 어떻게 구성되어 있는지에 관한 정보를 활용하면서 처리에 참여하는 영역 중 어느 부분이 가장 중요해 보이는지 추측할 수 있을 것이다. 하지만 이러한 논의는 가능성에 크게 의존하며 추측에 가깝다. 앞서 설명한 모든 논의에도 불구하고 현재 전체 뇌 에뮬레이션을 시도하는 이는 극히 소수다. 현재 우리의 지식과 기술적 능력으로는 뇌 지도를 만들기가 너무 어렵기 때문이다. 하지만 2050년을 목표로 한다면 의식이 있는 컴퓨터도 낙관적으로 들린다. 당장 우리는 초파리의 뇌를 에뮬레이션 하는 방법에서 진전을 보이기 시작하고 있다(Givon & Lazar, 2016).

의식이 있는 개체를 가지고 노는 것은 심각한 윤리적 쟁점을 만들어 낸다(Sandberg, 2014). 우리가 의식이 있는 것처럼 보이는 개체를 만든다면, 이를 구성하는 어떤 측면이 의식에 필요한지를 확인하기 위해 해당 개체를 변형해도 괜찮을까? 나는 그렇지 않다고 생각한다. 아마 업로딩은 더 많은 윤리적 쟁점을 불러올 것이다. 전력이 끊어지면 어떤 일이 벌어질까?

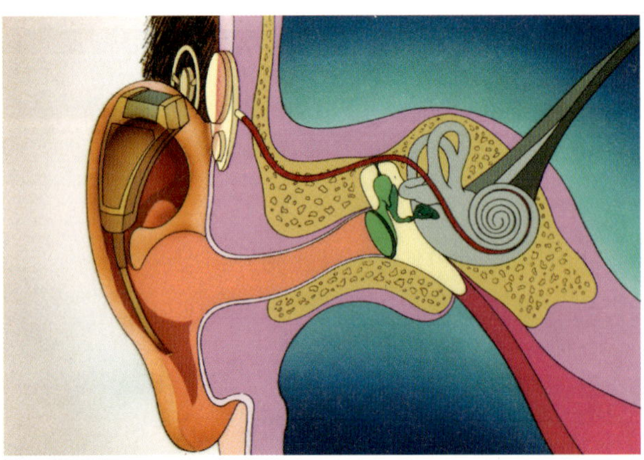

그림 4.14 인공와우의 구조. 귀에 심는 이 장치는 청력 문제를 가진 이들이 다시 들을 수 있게 한다. 여러분은 신경보철물을 수용하겠는가?
출처: DeAgostini/Getty Images.

신경보철물

신경보철물(neuroprosthesis)은 뇌 일부분을 대체하거나 확장하는 장치다. 적절한 예로 간주할 수 있는 가장 초기의 사례는 청신경을 직접 자극해 청각 장애가 있는 이들의 청력을 향상시키는 데 사용되는 장치인 인공와우(cochlear implant)다. 인공와우는 1970년대부터 널리 활용되고 있다. 그림 4.14는 이 장치의 구조를 보여준다. 장치의 일부가 청각에 필수적인 기관인 달팽이관(와우관이라고도 한다)과 내이의 뼈들을 우회해 심어지고 청신경에 바로 소리 입력에 관한 전기 신호를 보낸다. 뇌심부 자극술

(Deepbrain stimulation, DBS)은 뇌 안에 심는 전기자극기라는 장치를 이용하며, 전기자극기가 뇌의 특정 영역을 자극하기 위해 전기 자극을 보낸다. 뇌심부 자극술은 파킨슨병과 우울증, 뇌전증, 강백장애와 같은 장애를 치료하는 데 활용된다.

오늘날 우리는 뇌-컴퓨터 인터페이스가 신뢰할 수 있는 수준에 오르며 널리 활용되기 시작한 단계에 있다. 대표적인 예가 팔다리의 움직임을 제어하기 위해 사지가 마비된 이들의 척수를 자극하는 인터페이스다. 뇌전도를 이용해 길을 찾는 뇌 제어 휠체어도 있다(대표적으로, Bi et al., 2013).

아주 복잡한 문제에 대처하는 수단이기 때문에 당연히 항상 온전히 신뢰할 수 있거나 부작용이 없는 것은 아니지만, 이러한 장치들은 놀라운 수준의 기술적 성취를 보여준다. 하지만 의식을 이해하는 노력에 뇌-컴퓨터 인터페이스들이 기여하는 바는 한정되어 있다. 아마 움직임의 시작인 자유 의지를 이해하는 데는 도움을 줄 수 있을 것이다. 보철 기술을 통해 정신적 역량을 향상시키는 신경 증강(neural augmentation)은 더 많은 것을 알려줄 수도 있다. (약리학적 수단을 통해 인지를 강화하는 것을 포함하는 더 일반적인 용어는 *신경 강화(neuroenhancement)*다.) 일론 머스크(Elon Musk)와 같은 일부 미래학자들은 인류가 미래 인공지능 기술의 위협에서 안전하게 살아남으려면 우리 자신을 안전하게 지킬 수 있도록 강화 기술을 써야 한다고 생각한다.

아직은 공상과학 소설에서만 접할 수 있는 생각이긴 하지만 머리에 연결하기만 하면 작업 기억의 용량이 확장되거나, 디지털 컴퓨터처럼 암산을 해낼 수 있게 하거나, 지금까지 출판된 모든 책에 거의 바로 접근할 수 있게 하는 모듈이 있다고 상상해 보자. 여러분은 그 모듈을 수용하겠는가? 여기에는 심오한 윤리적 쟁점이 있다. 먼저 모든 기술에는 어느 정도의 위험이 있다. 그리고 인구 다수는 그 기술에 돈을 낼 여유가 없다면 어떻게 될까?

신경보철물을 보유하는 주관적 경험은 어떨까? 작업 기업이 확장되거나 전반적인 처리 속도가 빨라지면 여러분의 주관적 경험은 어떻게 변할까?

가까운 미래까지는 이러한 질문들이 온전히 추측으로 남아있을 것이다. 다시 한번 관련 기술이 무척 흥미진진하고 엄청난 가능성을 품고 있더라도, 현재로서는 우리에게 의식에 관해 말해줄 수 있는 것이 아주 제한적이라는 사실을 알 수 있다.

인공지능의 미래

의식에 관한 책이라면 반드시 인공지능과 로봇공학이라는 주제를 다루어야 한다는 데 많은 이들이 동의하지만, 당장 이러한 기술이 우리에게 말해주는 것은 많지 않다. 하지만 앞선 논의들이 보여주듯 이 분야의 연구는 우리가 미래를 이해하는 데 기여할 수 있다. 미래는 어떨까?

기술 특이점

컴퓨터의 지능이 우리를 넘어서면 그때는 어떤 일이 벌어질까? 기술과 지능이 발전할수록 새로운 진보의 길이 열린다. 많은 이가 인공지능이 임계점에 도달할 때 새로운 기술의 개발이 급격히 증가하면서 기술 발전이 인류의 통제를 벗어나 자기 강화하는 추세를 보이게 될 거라 믿는다. 기술이 기하급수적으로 발달하면서 갑작스레 상상조차 할 수 없었던 기술적 진보와 변화를 인류 문명에 선사할 것이다. 아주 지능적인 컴퓨터가 더 지능적인 컴퓨터를 설계할 수도 있고, 로봇들이 학습하며 자기 자신을 발전시킬 수도 있다. 커즈와일(Kurzweil, 2005)은 이러한 성장이 시작되는 시점을 **특이점(singularity**, 또는 기술 특이점)이라 칭했다. 물론 기술은 계속 발전할 것이다. 특이점을 정의하는 특징은 새로운 기술이 기술의 성장을 극적으로 견인하면서 시간에 따른 성장의 그래프에서 기울기가 갑작스레 변하는 단절이 있으리라는 것이다. 모든 이가 단절이 존재할 거라 믿는 것은 아니다. 기술이 계속 원만하고 비교적 예측 가능하게 변할 것이며, 계산 능력의 발전이 곧 의미 있는 변화로 이어질 거라 가정할 이유가 없다고 믿는 사람들도 있다(대표적으로, Searle, 2014).

이러한 논의에서 계속해서 증가한다는 '지능'은 무엇일까? 나는 '지능 검사로 측정되는 것 중 1번 작업'과 같은 정의를 선호한다. 누군가가 지능적이라 말할 때 우리는 상대가 많은 것을 알고 있으며, 문제 해결에 능하고, 어려운 문제에 해결책을 내놓는다는 것을 의미한다. 유동지능(fluid intelligence)과 결정성 지능(crystallised intelligence), 창의성을 혼동하는 일상적인 정의다. 현재로서는 지능을 문제를 풀기 위해 정보를 획득하고 활용하는 능력이라 이해해야 한다. 더 자세한 내용을 알고 싶은 사람은 몰트비 등의 연구(Maltby et al., 2013)를 비롯한 다양한 자료를 찾아보는 게 좋겠다.

누구나 자신이 아는 아주 지능적인 사람들의 예를 떠올릴 수 있겠지만 이들도 '상식'이 부족하거나, 수학 문제 풀이처럼 아주 좁은 분야의 전문가일 수 있다. 이렇게 협소한 지능의 극단적인 예는 서번트 증후군(savant syndrome)이다. 자폐 스펙트럼 장애를 앓는 이들 중 일부는 산술 계산 등의 아주 특정한 영역에서 놀라운 재능을 보여준다. 특출한 기억력을 가지고 있어서 날짜만 듣고 요일을 맞추거나(1862년 5월 17일이 무슨 요일인지 아는 사람?) 악기를 뛰어나게 연주하는 경우도 있다. 현재 컴퓨터 프로그램의 지능은 아주 한정적이다. 연산으로 환원되는 과업에는 뛰어나지만 그게 전부다. 계산을 빠르게 하는 능력이 의식으로 이어지지 않는 건 확실하다. 인간 수준의 기계 지능은 더 많은 것을 요구하며 컴퓨터가 사람의 일을 해낼 수 있어야 한다. 가장 위험한 직업은 변호사나 의사, 회계사처럼 기술이 코드화되고 학습될 수 있는 분야다.

물론 인간처럼 지능적이 되는 것이 곧 컴퓨터가 의식을 가진다는 것을 뜻하지는 않는다. 의식을 가지는 것은 똑똑한 것보다 더 많은 것을 요구하지만, 진화 과정에서 이 둘은 밀접한 관련이 있다. 하지만 유발 하라리(Yuval Harari, 2016)가 주장했듯 지금 우리는 지능과 의식이 분리되는 것을 목격하고 있다. 우리가 지켜봐 온 것처럼 컴퓨터는 어떤 면에서는 인간보다 더 지능적이 되었지만 의식은 없다. 적어도 아직은 그렇다. 인공적인 의식을 가지는 개체의 구성을 탐구하는 영역을 인공의식(artificial consciousness)이라 한다.

어떤 사람들은 이러한 기술 변화의 결말이 인류가 영원히 살 수 있을 정도로 목숨과 지적 능력을 발전시키는 것이기를 바란다. 이렇게 기술을 통해 인간이라는 생명체를 변화시키고 발전시키는 기법을 **트랜스휴머니즘(transhumanism)**이라 부른다.

직접 해보자: 확신을 주는 로봇 만들기

일반적인 종합 검진을 진행하거나 질의에 답하는 등의 의료 서비스를 제공하는 로봇이 진짜 의사처럼, 혹은 진짜 의사 이상으로 여러분을 돌봐주리라는 확신을 주려면 어떻게 행동해야 할까?

상자 4.3 트랜스휴머니즘

트랜스휴머니즘은 우리의 신체와 생리, 그리고 특히 지능을 강화하기 위한 기술을 활용하고 발전시켜 인간이라는 존재를 확장하고 향상시킬 수 있다고 믿는 철학이다. 신경보철물은 미래에 우리의 지능을 발전시킬 수 있을 거라 예측되는 방법의 하나다. 칩 하나로 작업 기억의 용량이 늘어나거나 수치 계산이 더 빨라진다면 어떨까?

하지만 현재는 트랜스휴머니즘을 따르는 이들이 활용할 수 있는 방법이 한정되어 있다. 한 가지 대중적인 기계 장치는 컴퓨터 칩을 심어서 지금 당장은 문을 여는 것처럼 상당히 간단한 과업을 할 수 있게 하는 강화 장치다. 이보다 덜 외과적인 시도로는 보조제를 통해 수명을 연장하려 하거나, 신경강화제(neural enhancer) 또는 *누트로픽스(nootropics)*라 불리는 약들을 통해 지능을 향상시키려 하는 것이 있다. 이러한 약들은 대부분 원래 알츠하이머병과 같은 질환을 치료하기 위해 개발된 것들이다.

트랜스휴머니즘의 궁극적인 목표는 우리의 수명을 불멸에 가깝게 연장하든, 우리의 의식을 특정한 종류의 외부 하드웨어에 업로드하든, 어떻게든 죽음에서 벗어나는 것이다.

인공지능은 위협일까?

인공지능이나 로봇이 우리에게 위협이 될 가능성에는 두 가지가 있다. 첫 번째는 현재 존재하는 유일한 위험의 원천으로, 하드웨어 고장을 부르는 인적 오류의 결과다. 프로그래밍 버그 때문일 수도 있고, 데이터베이스의 불완전한 지식 때문일 수도 있다. 어느 쪽이든 버그 하나의 영향이 파멸적일 수도 있다(의도하지 않은 핵전쟁은 인류의 절멸까지 이르는 사고나 위협, 또는 실존적 위협일 수 있다). 한 예로 2000년을 앞두고 밀레니엄 버그(Millennium bug)가 광범위한 혼란을 유발하리라는 공포가 퍼졌지만 다행히도 거의 현실화되지 않았다.

로봇과 인공지능이 자체적인 결정의 결과 때문에 인류에게 위협이 되려면 아마 자기라는 감각과 자기 보호 감각이 필요할 것이며, 어쩌면 의식도 있어야 할 것이다. 따라서 두 번째 위협의 원천은 인공지능이 결국 자기를 인식하게 되면 어떤 식으로든 인간을 해치기로 '선택'할 수 있다는 것이다. 인류는 자신들보다 열등하다고 여겨지는 종을 대하는 데 있어 어떤 면에서든 그다지 좋은 기록을 남기지 못했다. 여행비둘기의 멸종부터 집약적 돼지 사육까지, 우리가 걸어온 길을 아름답게 포장할 수는 없다. 역사가 증명하듯 인간이라는 종 안에서도 서로 제대로 대하지 못하고 있다. 컴퓨터나 로봇이 인간보다 더 지능적이라면 자신들이 우리보다 더 우월하다고 생각하는 게 당연한데, 왜 우리를 친절하게 대해야 할까? 악의적인 로봇과 인공지능은 공상과학 소설의 주류를 이루는 주제다. 「2001년 스페이스 오디세이(2001: A Space Odyssey)」(Kubrick, 1968)의 할 9000(HAL 9000) 컴퓨터부터 「터미네이터」 시리즈의 스카이넷까지, 인공지능은 대개 인간과 인류에 대한 위협으로 그려진다.

공상과학 소설 작가 아이작 아시모프(Isaac Asimov, 1920~1992)는 1942년 발표한 단편 「런어라운드(Runaround)」에서 인간을 절대 위협하지 않는 로봇으로 프로그래밍하기 위한 *로봇의 3대 원칙*을 제안했다(Asimov, 1950).

1. 로봇은 사람을 해치거나, 자기가 행동하지 않아서 해를 입게 하지 않는다.
2. 로봇은 첫 번째 원칙과 충돌할 때를 제외하면 반드시 사람의 지시에 복종해야 한다.
3. 로봇은 첫 번째 원칙이나 두 번째 원칙과 충돌하지 않는 선에서만 자기 존재를 보호해야 한다.

아시모프의 3대 원칙을 구현하면 도움이 될까? 나는 이 지점에서 특히 의식이 의미가 있다고 생각한다. 이러한 규칙은 상대적으로 단순한 범용 인공지능이나 로봇이 고의로 사람들을 해치는 것을 막을 수 있을 것이다. 하지만 더 진보한 컴퓨터가 존재하는 상황이라면 훨씬 더 까다로워진다. 왜 의식이 있는 개체에 우리가 처음부터 강요한 한계를 준수하도록 제한을 두어야 할까? 의식의 대가는 자유가 아니던가? 내게 여러분이 좋아하는 모든 도덕을 가르칠 수도 있고, 일평생 특정한 규칙을 따르도록 양육할 수도 있다. 내가 자신과 연결되어 있는 인류라는 종의 생명의 존엄성을 사랑하고 존중할 수도 있다. 하지만 이러한 제약들을 무시하기로 결심할 때도 있을 것이다. 내가 위협당하고 있다고 느낀다면, 내가 사랑하는 이가 위협당하고 있다고 느낀다면, 내가 그 위협에서 벗어나게 할 수 있다고 생각한다면, 내가 속한 종을 위해 꼭 필요한 일이라 생각한다면, 관습을 버릴 수도 있지 않을까? (적어도) 자유 의지라는 착각은 의식에서 나온다.

컴퓨터가 의식을 가질 수 있다거나 인류에 의도적인 위협이 될 수 있다는 생각을 거부한다 해도, 여전히 기술 발전을 걱정해야 할 이유는 많다. 기술은 점점 더 일터에서 인간을 대신하고 있다. 실업이 증가할 수 있으며, 그러한 경제가 향하는 결말은 예측하기 어렵다. 지능적이지 못한 나노봇들조차 실질적인 위협으로 밝혀질 수 있다. 그레이구(Gray goo)는 자기 복제 능력은 있지만 멍청한 나노봇들이 통제를 벗어나 지구상의 모든 생물군을 소비해 버리는 가상 종말 시나리오다. 내가 가장 좋아하는 예는 보스트롬의 종이 클립 최대화 기계다(Bostrom, 2014). 로봇이나 공장을 제어하는 인공지능에 '종이 클립 생산을 최대화하라'는 간단한 지시가 떨어질 수 있다. 그렇다고 뭐가 잘못될 수 있을까? 자기 개선 능력이 있는 인공지능은 어느 시점부터 가능한 한 많은 종이 클립을 만들어 내기 위해 사람을 위협하는 일까지 시작할 수 있다. 커다란 종이 클립 공장을 지을 수 있는데 왜 작물을 기르는 훌륭한 논밭을 그대로 두어야 할까? 그렇게 모든 것이 시작된다.

이러한 가능성을 두려워해야 할까? 나는 그렇다고 생각한다. 하지만 우리를 위해서가 아니라 우리의 아이들이나 손자들을 위해서다. 핵무기를 통제하는 컴퓨터 시스템의 버그도 문제지만, 의식이 있으면서 원한도 품고 있는 초인공지능은 다른 문제다. 둘 다 실존적 위협이 된다. 미래가 항상 장밋빛인 것은 아니다.

4장 요약

- 인공생명은 생명체의 여러 양상을 시뮬레이션하는 것과 관련이 있는 연구 분야다.
- 보이드는 세 가지 간단한 규칙에서 복잡한 행동이 생겨나는 새 떼의 행동을 시뮬레이션하는 초기 인공생명 프로그램이다.
- 지능은 의식과 분리될 수 있다. 의식을 가지려면 최소한의 지능이 필요한 듯하지만, 높은 지능을 소유했다고 해서 당연히 의식을 가지는 것은 아니다.
- 인공지능(AI)은 컴퓨터가 영리하게 인간과 같은 일을 할 수 있게 하며, 일반적으로 인간의 지능이 요구되는 과업을 수행할 수 있게 한다.
- 우리는 인공지능을 물리적 세계와 직접 상호작용할 수 있는 로봇과 구분해야 한다.
- 컴퓨터는 1990년대 후반 이후 일상적으로 체스의 초고수들을 꺾을 수 있게 되었다.
- 컴퓨터는 이제 바둑에서도 인간에게 승리한다.
- 튜링 테스트는 지능을 발휘해서 인간과 구분할 수 없게 만드는 컴퓨터의 능력을 확인하게 한다.
- 수많은 컴퓨터 과학자가 (아주 특정한 기술에만 한정된 지능만 가지는 대신) 일반적인 인간 수준의 지능을 보여주는 컴퓨터를 만들어 낼 수 있을 거라 믿는다. 이번 세기 안에 이러한 범용 인공지능을 개발할 수 있을 거라 믿는 이들도 있지만, 대체로 다음 세기 전반기로 전망한다.
- 무리 로봇들은 분산된 통제 속에 상대적으로 단순한 로봇을 다수 활용한다.
- 우리는 인공지능과 인공지능을 장착한 로봇들이 위험을 선사할 가능성을 우려해야 한다. 아시모프의 원칙을 프로그래밍한다고 해서 이들이 이러한 원칙을 반드시 따른다는 보장은 없다.
- 컴퓨터가 환경에 노출되지 않고, 특히 어린 아이들이 인지적으로 성장하는 것과 같은 방식으로 세계를 인지하고 그에 기반해 행동하며 행동의 결과를 관찰하지 않고도 의식을 갖게 될 것 같지는 않다.
- 우리는 진화가 로봇을 구성하는 과정을 주도하게 할 수 있다. 진화적으로 성공적인 로봇은 우리의 기대와 다른 외양을 가지고 있을 수도 있다.
- 우리는 지능을 구성한 뒤 발전하게 해서 일종의 뇌를 만드는 방식으로, 혹은 뇌 전체를 에뮬레이션하는 식으로 의식이 있는 인공지능을 개발할 수 있을 것이다.
- 신경보철물은 신경계의 일부를 전자적으로 대체하거나 강화하는 장치다.
- 커즈와일은 발전 속도가 극적으로 증가하는 가까운 미래에 기술적 특이점이 올 거라 주장했다. 인공지능 시스템이 자체적으로 발전할 수 있게 될 때 이런 사건이 벌어질 수 있다.
- 인공지능과 로봇 기술의 발전은 인류에게 아주 중요하지만, 현재로서는 이러한 연구가 의식에 관해 알려주는 것은 많지 않다.
- 우리가 의식이 있는 컴퓨터나 로봇을 구성할 수 있다고 해서 의식을 더 이해하게 되는 것은 아니다!
- 트랜스휴머니즘은 기술을 이용해 인간의 조건을 향상시키고, 특히 확장하는 것이다.

리뷰 질문

1. 의식에 꼭 필요한 생명체의 특성이 있다면 무엇일까?
2. 언제 시뮬레이션은 시뮬레이션이기를 멈추고 실현 단계가 되는가?
3. '의식에 대한 튜링 테스트'는 어떻게 구성될까?
4. 뇌를 뉴런 무리라고 하면 얼마나 타당한 설명일까?
5. 뇌의 구조는 의식에서 얼마나 중요할까? 인공 뇌는 의식에 필요한 구조를 발전시킬 수 있을까?
6. 하드웨어나 소프트웨어 수준에서 인간에게 해를 끼치는 로봇의 능력을 제거할 방법이 있을까?
7. 기술적 특이점이 온다고 할 때 우리는 무엇을 두려워해야 할까?
8. 트랜스휴머니즘이란 무엇이고, 이와 관련된 윤리적 문제들은 무엇일까? 여러분은 영원히 살고 싶은가?

추천 자료

일반

McFarland, D. (2008). Guilty Robots, Happy Dogs. Oxford, UK: Oxford University Press.

인공지능

닉 보스트롬. (2017 [2014]). 슈퍼 인텔리전스 (원제: Superintelligence: Paths, Dangers, Strategies). 까치.

마크 오코널. (2018 [2017]). 트랜스휴머니즘 (원제: To Be a Machine). 문학동네.

레이 커즈와일. (2007 [2005]). 특이점이 온다 (원제: The Singularity is Near). 김영사.

Bechtel, W., and Abrahamsen, A. (2001). Connectionism and the Mind: Parallel Processing, Dynamics, and Evolution in Networks. Hoboken, NJ: John Wiley & Sons.

로봇공학.

Winfield, A. (2012). Robotics: A Very Short Introduction. Oxford, UK: Oxford University Press. A short work that reviews the complete field of robotics for the beginner.

위협이 되는 인공지능

위에서 보스트롬과 커즈와일의 책.

트랜스휴머니즘

레이 커즈와일, 테리 그로스만. (2006 [2004]). 노화와 질병 (원제: Fantastic Voyage: Live Long Enough to Live for Ever). 이미지박스.

레이 커즈와일, 테리 그로스먼. (2011 [2009]). 영원히 사는 법 (원제: Transcend). 승산.

5 동물 의식

이 장은 의식이 인간이라는 동물에게만 한정되는지 검토한다. 먼저 인간이 아닌 동물들이 무엇을 할 수 있는지 동물 지능이라는 주제를 살펴보고 특히 동물이 느끼는 통증에 관해 생각해 본다. 다음에는 자기 인식 거울 검사를 알아본다. 동물에 따른 의식의 차이도 살펴볼 것이다. 새우와 침팬지를 구별하게 하는 것은 무엇일까?

동물들이 다른 존재, 예를 들어 인간이나 다른 동물을 어떻게 생각하는지도 궁금해진다. 우리는 타인과 상호작용할 때 다른 사람들이 무엇을 생각하고 믿는지, 다른 사람들의 신념이 어떻게 그들의 행동을 결정하는지에 관한 모델을 가지고 있다. 이러한 모델은 의식에서 얼마나 중요할까? 이 질문은 '왜 의식이 진화할 수 있었을까?'라는 주제로 이어진다. 물론 인간은 자연스레 정교한 언어를 사용한다는 면에서 유일무이하다. 이러한 특성이 의식과 자기 인식에 어떤 역할을 했을까? 언어의 진화는 의식의 진화와 어떻게 상호작용했을까?

마지막으로 의식이 가장 광범위하게 퍼져 있을 가능성도 생각해 본다. 동물뿐 아니라 무생물도 의식을 가진다는 범심론(汎心論, panpsychism)이다.

인간이 아닌 동물 중 어떤 동물에게 의식이 있을까?

1장에서 살펴본 것처럼 다른 동물들도 의식을 가지는지에 관한 의견은 다양하다. 내가 대화해 본 이들은 평균적으로 새(대부분은 의식이 있다고 생각한다)와 물고기(대부분은 의식이 없다고 생각한다) 사이에 선을 그었다. 개미 다음에 선을 그은 연구들도 있다. 의식의 명확한 정의가 없다는 사실이 방해가 되어서 의식의 수준을 인정하는 쪽으로 마음이 기울 수도 있다. 우리는 자기를 인식하지만 내 반려견 보(그림 5.1)는 인식만 있다는 식으로 말이다.

그저 철학자들만 관심을 보일 법한 지적 호기심 거리는 아니다. 앞 장에서는 컴퓨터에 의식이 있다면 우리 마음대로 그 컴퓨터를 꺼버려도 될지 생각해 보았다. 고릴라에게 의식이 있다면 그들을 동물원에 두어도 될까? 소에게 의식이 있다면 그들을 식량으로 키우고 도살해도 될까? 의식이 있는 토끼에게 아픔과 스트레스를 유발하는 미용 제품을 시험해도 될까?

동물들은 종(種), 속(屬), 과(科), 목(目), 강(綱), 문(門)으로 분류된다. 예를 들어 늑대는 말승냥이종, (개와 코요테, 자칼이 속하는) 개속, (여우와 다른 멸종동물 일부를 포함하는) 개과, (고양이, 곰, 판다를 포함해서 고기를 먹는 동물들이지만 고기만! 먹지는 않는) 식육목, (보통 새끼에게 젖을 먹이며 기르는) 포유강, (복잡한 척수를 가지는) 척삭동물문이다. 인간은 사피엔스종, 사람속, 사람과, 영장목, 포유강, 척삭동물문이다. 사람속에 속하는 다른 생명체는 없으며 우리의 가장 가까운 사촌은 침팬지, 다음은 고릴라다. 출현 시기와 유기체의 복잡도 사이에는 강력한 상관관계가 존재한다. 출현 이후의 기간과 가능한 행동의 목록 그리고 뇌의 구조와 복잡도 사이에도 마찬가지로 상관관계가 있다. 하지만 이를 적용할 때는 조심해야 한다. 명백한 진화적 단계를 거쳤다고 해서 반드시 더 복잡한 뇌 구조가 추가되는 것은 아니다. 한 예로, 새는 포유동물보다 먼저 생겨났고 공룡의 직접적인 후손으로 여겨지지만 포유동물과는 아주 다른 구조의 복잡한 뇌를 가지고 있다(그림 5.2). 진화적으로 늦게 발달한 고등 영장류에만 커다란 **신피질**이 존재하는 것은 사실이지만, 진화는 복잡한 인지를 지원하는 대안적 뇌 구조로 이어지기도 했다.

그림 5.1 내 반려동물 보. 그는 (아마) 확실히 인식 능력이 있을 것이다. 하지만 자기도 인식하고 있을까?

그림 5.2 물고기를 물고 있는 바다오리. 조류는 영장류와는 전혀 다른 구조의 뇌를 가지고 있지만 그래도 복잡하고 지능적인 행동을 보인다. 그리고 우리는 불쌍한 물고기도 안타까워해야 하는 걸까?
출처: Education Images/Universal Images Group/Getty Images.

직접 해보자: 어떤 동물이 의식을 가질까?

여러분이 만난 사람들에게 어떤 동물들에 의식이 있는지 물어보자. 내가 발견한 것처럼 새와 물고기 사이 어딘가에 선을 긋는가? 역으로 의식이 무엇을 뜻하는지 질문을 받을 수도 있으니 조심하라.

동물의 마음

나는 정원에서 새들에게 모이를 주는 것을 좋아한다. 새들은 중요한 목적을 가지고 팔짝팔짝 뛰어다니는 것처럼 보이기 때문에 나나 다른 인간들과는 다르다고 믿기가 어렵다. 이러한 생각을 의인관(anthropomorphism)이라 한다. 고양이, 특히 개도 마찬가지여서 그들의 눈을 들여다볼 때면 그 안에서 무언가가 벌어지지 않는다는 사실을 믿을 수가 없다. 하지만 이들에게 의식이 있을까?

동물과 의식에 관해 생각할 때는 두 가지 중요한 질문이 있다. 분포상의 질문은 '인간이 아닌 어떤 동물이 의식을 가지는가?'다. 그리고 현상학적 질문은 '특정한 동물의 의식은 어떨까?'다. 박쥐나 쥐, 고양이로 존재한다는 것은 어떤 것일까?

대부분의 사람들이 나와 비슷한 생각을 하며 일부 동물은 어느 정도 의식을 가진다고 믿는다. 2012년 7월 데이비드 에덜먼(David Edelman), 필립 로(Philip Low), 크리스토프 코흐(Christoph Koch)를 비롯한 저명한 의식 연구자 그룹이 다음 내용을 포함하는 '의식에 관한 케임브리지 선언(Cambridge Declaration on Consciousness)'을 발표했다.

> 신피질이 없다고 해서 해당 생물이 감정적 상태를 경험하지 못하는 것은 아닌 듯하다. 인간이 아닌 동물들도 의도적 행동을 보일 수 있는 능력과 함께 의식 상태의 신경해부학적·신경화학적·신경생리학적 기질을 가지고 있음을 시사하는 증거들이 모이고 있다. 이 증거들은 인간이 의식을 만들어 내는 신경학적 기질을 소유한 유일한 존재가 아님을 알려준다. 모든 포유류와 조류를 포함해 인간이 아닌 동물들 그리고 낙지류를 비롯한 다른 생물들 역시 이러한 신경학적 기질을 가지고 있다.

케임브리지 선언은 조류(아마 내가 정원의 새들을 제대로 보았나 보다), 특히 회색앵무의 의식을 강조한다.

동물 지능

우리는 의식과 지능이 어느 정도 분리되는 컴퓨터를 살펴보았다. 동물들은 얼마나 똑똑할까? 당연히 동물들의 능력은 다양한 범위에 퍼져 있으며, 진화 사다리에서 한 단계 이동하면 그 차이가 더 벌어진다. 따라서 가장 발달한 지능적 기술은 영장류에서 나타난다. 우리는 종종 인간 뇌의 크기나 복잡도에 관해 이야기하지만 돌고래와 코끼리, 고래는 우리보다 더 큰 뇌를 가지고 있다. 인간 뇌의 피질에는 주름이 많지만 다른 영장류와 돌고래, 코끼리, 돼지도 마찬가지다. 참거두고래는 포유류의 뇌에서 고급 인지 기능을 담당하는 영역인 신피질의 세포 수가 동물 중에서 가장 많다(Mortensen et al., 2014). 까마귀, 앵무새를 비롯한 일부 조류의 뇌에는 뉴런이 아주 밀집해 있다(Olkowicz, 2016). 조류의 뇌에는 신피질이 없지만 같은 기능을 수행하는 외투(pallium)라는 구조가 있다. 앞선 예만큼 명확하지는 않지만 (문어와 같은) 두족류 연체동물은 정교하게 지각을 식별하며, 기억력이 뛰어나고, 복잡한 행동을 배울 수 있다. 또한 그 구조가 포유류와 크게 다르기는 하나 복잡한 신경계를 가진다. 따라서 이들은 의식 상태를 가질 가능성이 있다(Edelman & Seth, 2009). 적어도 내 학생들이 믿고 있는 바와 달리, 다른 논객들은 어류도 의식을 가질 가능성이 크다고 지적한다(Balcombe, 2016). 최근에는 곤충들이 의식을 가지는지를 두고도 논쟁이 있었다(Barron & Klein, 2016; Adamo, 2016). 곤충에 이르면 의식을 얼마나 정확하게 정의할 수 있는지가 문제가 된다. 공간에서 해당 생물체의 위치에 대한 표상을 만들어 낼 수 있는 뇌의 구조가 존재하는 것이 의식일까? 고급 인지와 의식이 영장류의 뇌에서 보이는 엄밀한 특징에 의존한다고 가정해서는 안 된다.

인간이 아닌 영장류의 뇌가 얼마나 복잡한지 생각해 보면 자기 자신을 인식하는 능력, 자기 생각에 관해 무엇을 이해하고 있는지 보여주는 초인지기술(metacognitive skill), 다른 동물이 무슨 생각을 하는지에 관한 모델을 가지는 것, 공감 능력, 장기 계획 능력이 모두 영장류에서 관찰되고 심지어 일부 설치류에서도 보이는 것도 놀랍지 않다(Smith et al., 2014).

그림 5.3 말하는 앵무새 알렉스. 이렌느 페퍼버그는 회색앵무 알렉스와 30년 이상 함께 작업했고 이 새에게 5살 아이와 유사한 언어 능력과 인지 능력이 있다고 주장했다.
출처: Martin Barraud/OJO Images/Getty Images.

동물 심리학자 이렌느 페퍼버그(Irene Pepperberg)는 오랫동안 회색앵무와 함께 일했고 특히 알렉스(Alex, 1976~2007)라는 새와 30년을 함께 보냈다(그림 5.3). 알렉스는 수치 인지 문제를 비롯해 복잡한 문제를 풀 줄 알았고 언어를 사용했다. 앵무새들이 언어를 훌륭히 모방한다는 사실은 잘 알려져 있지만 알렉스는 소통하기 위해 언어를 사용했고 사고에도 도움을 받았다. 페퍼버그는 알렉스가 사망하는 시점에는 5살짜리 사람 아이의 인지 능력을 가지고 있었고, 감정 수준은 2살과 동등했다고 주장했다. 그는 알렉스가 죽을 때까지 계속 배우며 발전하고 있었다고 믿었다. 비판적인 사람들은 이 새가 의미보다 반응하는 법을 배웠다고 생각한다. 특정한 상황에서 보상을 받을 수 있는 특정한 소리를 냈다는 것이다(대표적으로, Hesse & Potter, 2004). 페퍼버그는 이에 대한 반박으로 알렉스 의 높은 정확도와 아이들을 모방하면서 보여준 오류의 유형을 제시했다. 많은 사람은 페퍼버그의 작업이 알렉스가 고등 인지와 언어 활용의 증거를 보였음을 시사한다고 믿는다. 또한 알렉스는 "어떤 색?"처럼 명백히 자신과 관련이 있는 질문, 즉 자기 지시적인 질문을 던져 그에게 자기라는 개념이 있고 따라서 자기 인식도 있음을 드러냈다.

알렉스가 특별한 사례는 아니다. 야생의 새들, 특히 까마귀과 새들(까마귀 중에서도 특히 덤불어치)의 능력은 주목할 만하다. 몇몇 새들은 **일화 기억(episodic memory)**을 가진 것처럼 행동한다(Dally et al., 2006). 일화 기억은 단순히 상황을 기억하는 것이 아니라 기억하고 있다는 사실을 아는 것이다. 일화 기억은 기억의 인식을 포함하고 있어서 중요하며, 7장과 8장에서 살펴볼 것처럼 인지와 의식에서 중심적인 역할을 한다고 여겨진다. 또한 덤불어치는 다른 어치들이 알고 있는 바에 관해 어떤 모델을 가지고 있는 듯하고(Shaw & Clayton, 2013), 식량을 도둑맞지 않기 위해 보이지 않은 은닉처에 숨겨 놓는 등의 대응 전략을 쓴다(Clayton et al., 2007). 조류의 뇌는 포유류의 뇌와 다르지만 그래도 아주 복잡하다(그림 5.4). 쥐들 역시 그리고 아마 다른 포유류들 역시 특정한 기억을 가지고 있을 뿐만 아니라 사건이 일어난 순서까지 파악하는 일화 기억을 가지고 있을 것이다(Babb & Crystal, 2006; Basile, 2015; 그림 5.5).

의식을 배우는 학생이라면 누구나 곧 돌고래들이 (아마 고래들도) 무척 지능적이며 어쩌면 의식도 있을 거라는 이야기를 듣게 될 것이다. 하지만 당장 지나치게 많은 결론을 내리는 것은 너무 설익은 판단일 수 있다. 활동적인 해양 동물을 상대로 적절한 연구를 수행하기란 방법론적으로 어렵다는 사실이 흔히 간과되곤 한다(Harley, 2013). 돌고래들이 거울을 보며 자기를 인식하는 것 같긴 하다(하지만 뒤에서 설명하는 자기 인지 거울 검사에서 돌고래는 분명히 자기 머리에 있는 표시를 건드릴 수 없으므로 검사가 더 어려워진다; Marten & Psarakos, 1995). 또한 자신의 판단에 반신반의하는 모습을 보여주기도 하는데, 이는 상황을 기억할 뿐 아니라(가장 놀랍지 않은 부분이다) 상황을 기억한다는 사실을 기억하는 신호로 받아들일 수 있다(Smith et al., 1995). 이러한 신호는 돌고래가 인식과 자기 인식을 가지고 있음을 시사한다.

fMRI와 같은 기술을 이용해 인간에게서 독특한 **의식의 표지(signature of consciousness)**를 찾아낼 수 있다면 동물에게도 의식이 가능한지 살펴볼 수 있을 것이다(Barttfeld et al., 2015). 이런 연구는 이제 걸음마 단계이고 잠을 자지 않는 활동적인 동물을 뇌 영상화 기계 속에 넣기는 쉽지 않다. 현재 우리는 뇌의 서로 다른 부분을 잇는 연결이 어떻게 활성화되고 뇌의 다른 부분들이 어떻게 통합되어 있는지를 분석해 깨어 있는 마카크 원숭이의 휴지 상태(resting state)와 마취에 빠진 마카크 원숭이의 휴지 상태를 구분할 수 있다(Barttfeld et al., 2015). 또 다른 갈래의 연구에서는 일반적인 마취 상태에서 회복할 때 활성화되는 영역처럼 인간 뇌의 어떤 구조가 의식에 중요하다고 추정되는 프로세스에 핵심적으로 관여하는지를 알아내고, 비슷한 뇌 구조를 가진 동물들에 유사한 의식이 존재한다고 가정하려 한다. 케임브리지 선언에 따르면 이러한 논거는 적어도 일정 범위의 동물들은 의식을 가지고 있다는 생각이 사실임을 확인해 준다(Mashour & Alkire, 2013, 마취 상태에 관해서는 10장에서 더 자세히 다룬다).

영화에는 가끔 정교한 성간 우주선을 타고 날아다니는 초지능의 외계인들이 등장한다. 그런 우주선의 형태는 보통 곤충이나 벌레, 거미를 닮았다. 텔레비전 공상과학 시리즈 「닥터 후」에 등장하는 달렉족은 한 손이 뚫어뻥이어서 물체를 조작할 수 있는 능력이 분명히 제한적일 것이다. 손이 없는데 어떻게 그렇게 지능을 발전시킬 수 있었을까? 앞서 지적했던 것처럼 지능과 의식은 세계와의 상호작용에 의존한다. 사물을 쥐거나 조작하기에 적당한 손, 즉 세계를 탐구하기에 적당한 손이 없다면 다양한 상호작용이 가능하지 않을 것이다. 따라서 손이 없으면서 초지능을 지닌 외계인은 생각하기 어렵다. 마찬가지 이유로 나는 돌고래와 같은

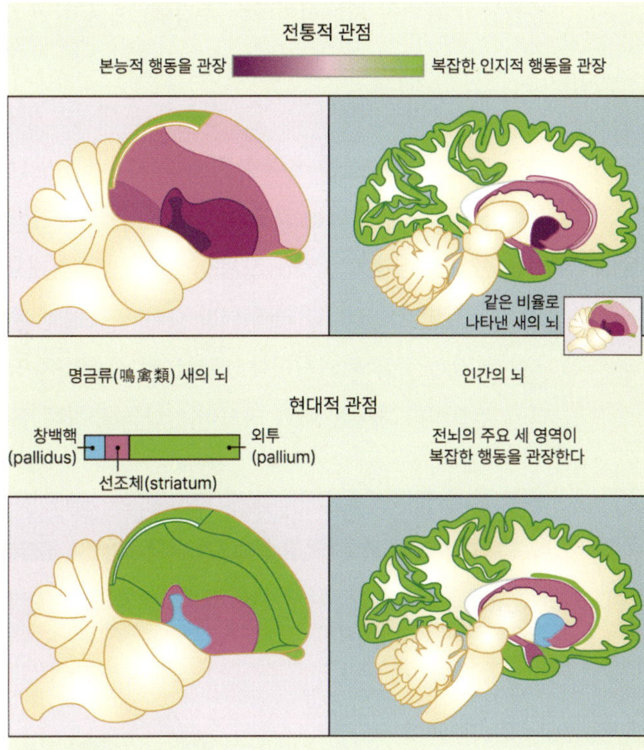

그림 5.4 전형적인 새의 뇌를 보는 전통적 관점과 현대적 관점. 최근에는 새의 뇌에서 많은 영역이 고급 인지 기능에 관여한다고 생각한다.
출처: Courtesy of Erich Jarvis/AvianBrain.org.

그림 5.5 인지 실험을 수행하고 있는 평범한 큰까마귀. 새들은 똑똑하며 (큰까마귀가 속하는) 까마귀과의 새들은 특히 똑똑하다.
출처: Cyril Ruoso/Nature Picture Library/Science Photo Library.

동물들이 특별히 지능적이라는 주장에, 예를 들어 인간에게 필적할 만한 지능을 가졌다는 주장에 회의적이다. 그렇다고 해서 돌고래들이 제한적인 의식을 가지지 않을 거라는 뜻은 아니다.

요약하면 인간이 아닌 여러 동물에도 의식이 있을 거로 추정하게 하는 좋은 이유들이 있다. 뇌의 복잡성이나 자기 참조와 같은 처리 유형에서 드러나는 인간과의 유사성을 기반으로 충분히 추측해 볼 수 있다. 의식을 자의식으로 한정하는 것도, 정의를 통해 인간이 아닌 다른 모든 생명체가 어떤 식으로든 의식을 가질 가능성을 사실상 배제하는 것도 도움이 되지 않는다(대표적으로, Humphrey, 1984, 48페이지: "누군가는 '자의식'이라 말할 것이다. 그 외에 어떤 다른 의식이 존재하는지는 모르지만 말이다"). 우리 자신을 의식하는 *자의식*은 복잡한 종류의 의식이다. 대부분의 사람들은 꿈을 꿀 때나 아기였을 때도 우리에게는 일종의 의식이 있다는 주장이나 개에게 어떤 의식이 있다는 주장에 동의할 것이다.

상자 5.1 뉴런 없이 학습하기

그림 5.6 블롭. 물론 이 단일세포 유기체에는 뉴런이 없지만 그래도 학습할 수 있다.
출처: Eric Cabanis/AFP/Getty Images.

특정한 존재가 복잡한 생물이 하는 행동을 하려면 반드시 인간과 비슷하리라고 가정해서는 안 된다. 그림 5.6에서 프랑스 연구자 오드레 디쉬투르(Audrey Dussutour)가 들고 있는 것은 그가 프랑스 툴루즈에 위치한 프랑스국립과학연구센터 동물인지연구소의 연구실에서 연구하는 단일세포 유기체 블롭(Blob)이다. 이 유기체는 동물이나 식물, 진균류가 아니고 신경계도 없지만 유해한 자극을 피하고 유리한 환경이 있는 방향으로 성장하는 법을 배울 수 있다.

상자 5.1 뉴런 없이 학습하기 (계속)

그림 5.7 자연환경에 서식하는 점균류를 당겨 찍었다. 이 단순한 유기체는 지능적이라 묘사하기에 충분한 행동들을 보여준다.
출처: Stephane de Sakutin/AFP/Getty Images.

블롭은 점균류(slime mould, 단세포 진핵 미생물로 원생동물과 진균류의 사이에 위치하는 것으로 알려짐-옮긴이)의 일종(황색망사점균)으로 지구에서 가장 오래 생존해 온 유기체 중 하나다(그림 5.7). 또한 인간과 유사한 방식으로 영양분이 있는 장소 사이에서 가장 경제적인 경로를 택하는 법을 배울 수 있고, 미로와 비슷한 퍼즐을 푸는 법까지 훈련받을 수 있다(Nakagaki et al., 2000; Tero et al., 2010).

자기 인지 거울 검사

우리는 거울에서 자신을 보면 보통 바로 자기라는 것을 알아본다. 이런 이유로 자신을 다른 사람들과 구분하면서 알아볼 수 있는 자기 인지라는 개념은 동물 의식 연구에서 중요하게 여겨진다. 자신을 다른 것들과 분리되는 존재로 알아볼 수 있어야만 자기 인식도 가능하다. 어느 날 내 침실 유리창을 찾아왔던 파란 박새 한 마리는 유리에 비친 자신 위로 날아가기 위해 몇 시간을 썼다. 그 새는 거울에 비친 자신의 상을 감탄하며 바라보지 않을 것이다. 대신 경쟁 상대라 생각되는 존재를 공격하러 날아갈 가능성이 크다. 박새는 자신을 다른 새들과 구분할 수 없었다.

그림 5.8 자기 인지 거울 검사. 나는 거울을 이용해서 내게 붙어 있는 붉은 점을 알아볼 수 있다. 다른 동물들도 자신들이 특별하다는 것을 알아볼까?

미국의 심리학자 고든 갤럽(Gordon Gallup)은 이러한 개념을 바탕으로 **자기 인지 거울 검사(mirror test of self-recognition, MSR)**를 고안했다(Gallup, 1970). 그는 동물들은 보통 볼 수 없는 동물의 이마에 붉은 염료를 발랐다. 그리고 동물이 거울에서 자신의 상을 보게 했다. 그 동물이 해당 지점을 비비거나 관찰하는지, 즉 몸단장하는 행동을 보여주는지가 관찰 대상이었다(그림 5.8). 거울 속 상이 자신이라는 것을 알아보아야만 몸단장을 할 수 있다. 인간이 아닌 영장류와 돌고래, 고래, 까치를 비롯해 많은 종이 다양한 버전의 거울 검사를 '통과'했다(Prior et al., 2008; Reiss & Marino, 2001). 코끼리의 사례는 논란이 많다(Povinelli, 1989). 침팬지는 뛰어난 성과를 보였고, 자신들의 팔이 시각적으로 반전된 텔레비전 영상까지 알아보았다(Menzel, 1985).

거울 검사의 결과 해석은 논쟁적이다. 어느 정도 훈련을 받은 후에는 비둘기들도 검사를 통과했고(Epstein et al., 1981) 붉은털원숭이들도 해냈다(Chang et al., 2017). 훈련을 통해 동물들이 거울의 의미를 이해하게 된 걸까 아니면 기계적으로 특정한 움직임을 하게 된 걸까? 거울 검사는 시각적 양식에 국한되지만 후각을 이용한 검사의 결과는 개들이 자신의 체취를 구분할 수 있음을 시사한다(Cazzolla Gatti, 2015; Horowitz, 2017). 이러한 결과 자체는 놀랍지 않을지 모르지만, 개들은 후각 자기 인지 검사에서 자신의 체취에 다른 향이 덧씌워져 변형되었을 때 더 오래 냄새를 맡으며 탐색했다. 어떤 면에서든 특별하기 때문에 인식할 수 있다는 뜻이다. 따라서 원래 형태의 거울 검사 역시 자기 인지를 가졌는지 판단하는 수단으로는 너무 보수적이다.

자기 인지는 자기 인식을 필요로 할까? 이러한 개념들을 동시에 맞닥뜨리면 아주 복잡한 혼란 상태에 빠지기가 쉽다. 거울 검사가 논란이 되는 데는 크게 두 가지 이유가 있다. 첫째, 동물들이 이 검사를 통과하지 못하는 이유가 자기 인식의 부재 때문인지가 불분명하다. 갤럽은 원래 침팬지는 이 검사를 통과했지만 원숭이는 실패했다고 주장했다. 앞서 살펴본 것처럼 먼저 (적절한 훈련 체계를 갖췄을 때만 비둘기들이 이 검사를 통과했음을 보여준 Epstein et al., 1981처럼) 검사의 방법론적인 세부 사항을 살펴보아야 하고, 동물이 어떻게 행동해야 하는지에 대한 우리의 기대가 지나치게 의인관을 따르지 않게 해야 한다(개들은 거울 검사의 시각 버전을 통과하지 못한다). 멘젤 등(Menzel et al., 1985)은 많은 동물, 특히 일부 원숭이는 자기 인식이 없어서가 아니라 특정한 지각운동 기술(perceptual-motor skill)이 없어서 거울 검사에 실패했다고 주장했다. 몇몇 원숭이가 훈련 후 검사를 통과한 연구가 발표되면서 이런 주장에 힘이 실렸다. 둘째, 자기 인지는 우리에게 무엇을 알려줄까? 자신을 알아보는 생물 혹은 로봇은 의식이 있는 걸까? 많은 이의 생각은 다르다(대표적으로, Suddendorf, 2013). (예를 들면, 컴퓨터가 보는 움직임이 자신이 한 움직임이라는 것을 알게 해서) 컴퓨터가 자신의 거울상을 알아보도록 프로그래밍할 수는 있지만 이런 프로그램에는 '자기 모델(self model)'이 없다. 자기 모델이 의식에 필요한지조차도 또 다른 쟁점이다. 철학적 좀비에게 자기 모델이 있을까? 거울 검사를 통과한 모든 생물에 필요한 것은 어쩌면 자기 몸이라는 개념일 수도 있다(Heyes, 1994, 1998).

현재로서 가장 무난한 선택은 거울 검사를 통과한다고 해서 의식을 가지지는 않으며, 거울 검사를 통과하지 못해도 의식을 가질 수 있다는 것이다. 하지만 거울 검사를 통과했는데 자기 인식은 없다고 보기는 어렵다. 또한 감정적 상태를 인식하는 것처럼 인지적으로 부담이 더 크다고 여겨지는 과업에서는 영장류 간의 차이를 확인하기 어려운 반면, 인지적으로 더 단순한 거울 검사에서는 차이가 발생한다는 역설도 남는다. 아마 거울 검사는 자기 인식이 아닌 신체 인식을 확인하는 도구에 가까울 것이다.

동물과 통증

앞서 통증을 느끼는 것은 의식의 특징이고 단순히 해로운 자극에서 벗어나는 것이 아님을 살펴보았다(2장을 참고하라). 해로운 자극에 반응하는 것과, 고통을 느끼면서 반응하는 것을 구분하기란 쉽지 않다. 내 푸들 보는 꿀벌과 놀면 예상할 수 있는 결과가 기다리고 있는데도 내 경고를 무시한다. 그는 펄쩍 뛰어오르며 비명을 지른다. 그 비명이 통증을 느끼는 것과 상관이 없다고 생각하기는 어렵다. 우리는 동물이 통증을 느낀다고 절대적으로 확신하지는 못한다(하지만 앞서 여러분이 나처럼 통증을 느낀다는 사실 역시 절대적으로 확신할 수 없다는 것을 알았다). 동물들은 분명히 통증 행동을 보인다. 사람이 아닌 동물들이 통증을 겪는 걸 보면 측은하다. 고통스러워하는 게 분명하다. 개나 고양이가 어떠한 통증도 경험하지 않으면서 그저 해로운 자극에 대한 반응과 관련된 행동을 보인다고 말하는 이는 다른 이들의 반응을 걱정하지 않는 용감한 사람일 것이다.

아메바는 자신에게 불편한 환경에서 이동할 것이다(자주 언급되지만 인용은 드물게 되는 사실이다; Craig, 2003). 하지만 아메바는 의식적으로 통증을 경험하지는 않는 듯하다. 그렇다면 진화 사다리를 따라 얼마나 내려와야 통증을 경험하게 될까? 동물이 통증을 느끼려면 통증을 인식할 수 있는 신경계를 가져야 한다는 것이 합리적인 가정이다. 모든 포유류는 유사한 뇌 구조를 공유하므로 포유류라면 우리와 같은 방식으로 통증에 반응하고 역시 같은 방식으로 통증을 경험할 법하다. 널리 활용되는 생쥐를 이용해 동물로 인간의 통증을 실험하는 모델은 이러한 가정을 바탕으로 한다(Wilcox & Hirshkowitz, 2015).

적어도 학생들은 물고기 근처에 의식과 의식 없음의 경계선을 그었다는 사실을 떠올려 보자. 물고기는 통증을 느낄까? 의견이 갈린다. 적어도 (송어를 비롯한) 일부 물고기는 통각수용기를 닮아서 열과 압력, 산성처럼 유독한 자극에 물리적으로나 행동적으로나 반응하는 신경세포를 가지고 있다(Sneddon et al., 2003). 적어도 불쾌함을 유발하는 자극이며 고통스러울 가능성도 있는 아세트산을 주입하면 물고기는 (수조에서 강력한 국소마취제인 리도카인이 퍼져 있는 구역으로 이동하는 등) 통증을 줄일 방법을 찾는다. 반면 일부 연구자들은 신피질의 부재를 지적하거나, 이러한 실험 중 일부에 방법론적 결함이 있음을 지적한다(Rose et al., 2014). 신피질의 부재가 물고기가 통증을 느낄 수 있다는 가정을 폐기하기에 충분한 근거는 아니며, 생명체가 반드시 인간과 유사한 뇌를 가져야 한다고 주장하는 것은 지나치게 의인관을 따르는 것이라고 주장하는 이들도 있다(Sneddon & Leach, 2016; 다른 관점을 보고 싶다면 Key, 2015를 참고하라).

게와 바닷가재를 효과적이고 인도적으로 죽이는 방법은 뜨거운 물에 넣는 거라 여겨지지만, 그때 동물들이 비명을 지른다는 사실 역시 널리 알려져 있다. 하지만 이러한 갑각류에는 성대나 폐가 없어서 우리가 아는 '비명'을 지를 수는 없다. 때로는 대신 관절에서 공기가 빠져나가는 소리가 들리기도 한다. 그렇다고 그들이 고통을 느끼지 못한다는 것은 아니지만, 가장 흔하게 거론되는 사례의 하나도 실은 근거 없는 믿음에 불과하다. 우리는 고통을 느끼는 능력이 얼마나 작은 동물에까지 존재하는지 알지 못한다. 바닷가재와 갑각류 그리고 다른 여러 무척추동물은 뇌가 없다. 대신 몸의 여러 곳에 신경세포가 밀집해 있다. 복잡한 뇌 구조가 없으면 생명체가 통증을 느낄 수 없다는 주장이 있지만 그러한 믿음에도 추측이 섞여 있다.

상자 5.2　식물도 통증을 느낄까?

기후 변화로 인해 산불 발생 빈도가 증가하고 있다(그림 5.9). 산불은 넓은 삼림지대를 망가뜨리고 지역사회를 파괴하며 생명까지 앗아가는 비극적인 사건이 될 수 있지만, 나무들은 타면서 아무것도 느끼지 않을까? 대부분의 사람들이 보이는 첫 번째 반응은 황당한 질문이라는 것이다. 무슨 느낌이 있겠는가? 나무는 동물이 아닌 식물이다. 하지만 스트레스가 많은 환경에 있는 식물이 다른 식물들에 자기 상황을 전달할 수 있다는 증거가 있다. 물이 부족하거나 줄기가 잘린 담배 나무와 토마토 나무는 (20~100킬로헤르츠의) 고주파 음을 낸다. 스트레스가 심한 환경에 있지 않은 식물들은 이런 소리를 훨씬 적게 낸다(Khait et al., 2019). 이러한 소리를 내는 메커니즘으로 가능한 것은 식물의 목질부에서 기포가 터지는 공동현상(cavitation)이다. 또한 식물들은 가뭄으로 스트레스가 심할 때 휘발성 성분을 방출하며, 나무들은 주위 나무들의 건강에 반응한다.

식물들이 유사한 생명체에 고충이나 경고를 전하는 것은 사실이지만, 그래도 고통과 같은 무언가를 경험하는 것은 전혀 다른 일이다.

그림 5.9 산불. 소방관들이 남아프리카공화국 케이프타운의 시그널힐(Signal Hill)에서 산불을 제압하려 애쓰고 있다. 나무들은 아파하고 있을까?
출처: Rodger Bosch/AFP/Getty Images.

마음 이론

산티노(Santino)는 스웨덴의 도시 예블레(Gävle)에 있는 푸르비크 동물원(Furuvik Zoo)의 침팬지다. 자신의 우월함을 보여주고 싶어서였는지, 자신을 바라보는 관광객들에게 화가 난 건지, 아니면 그냥 따분해진 건지 알 수 없지만 그는 (처음에는) 전혀 이상한 낌새를 눈치채지 못했던 관광객들에게 돌을 던지기 시작했다(Harari, 2016). 더욱 흥미로운 사실은 산티노가 이런 행동을 미리 계획했다는 분명한 신호를 보였다는 것이다. 아침 일찍부터 적당한 돌을 모았고, 관광객들이 도착하면 사용할 수 있게 근처에 쌓아 놓았다. 당연히 소문이 퍼졌고 관광객들은 산티노가 돌무더기에 다가가면 뒤로 물러나는 법을 배웠다. 똑똑한 관광객들 같으니. 그러자 산티노는 미리 계획한 기만 행동으로밖에 설명할 수 없는 행동을 했다. 건초 더미를 만들어서 그 아래 돌을 숨겼고, 다시 이상한 낌새를 눈치채지 못했던 관광객들에게 갑자기 돌을 꺼내 던졌다(Osvath & Karvonen, 2012).

산티노는 왜 이런 식으로 행동한 걸까? 관광객들에게 돌을 던지고 싶었지만 돌을 보는 순간 사람들이 물러나리라는 것을 알았기 때문이다. 그래서 그들을 속여야 했다. 산티노는 다른 사람들이 무슨 생각을 하는지 알고 있었다. 속임수를 쓰려면 마음 이론을 가지고 있어야 한다. 즉, 다른 사람이 무엇을 믿는지, 무슨 생각을 하는지 알아야 한다.

마음 이론(theory of mind)은 사회적 동물에게 중요한 인식 요소다. 모두가 산티노의 위업에 완전히 설득되는 것은 아니어서 더 많은 연구가 필요하다고 주장하는 이들도 있다(예를 들어, Shettleworth, 2010에서는 영장류가 마음 이론을 가진다는 결론을 피하며 학습 이론에 기반한 반론을 펼친다).

침팬지와 마음 이론에 관해서는 침팬지가 인간의 목표를 이해한다는 것을 입증한 프리맥과 우드러프의 유명한 논문(Premack & Woodruff, 1978)을 시작으로 많은 연구가 축적되어 있다. 이후 가장 좋은 연구 방법과 결과를 해석하는 법을 두고 논쟁이 가열되었다. 현재로서 가장 합리적인 결론은 당연하게도 연구 방법의 선택은 복잡하며, 침팬지가 인간과 완전히 같은 방식은 아니더라도 어느 정도의 마음 이론을 가지고 있다는 것이다(Call & Tomasello, 2008). 특히 침팬지들이 틀린 믿음(false belief)을 이해한다는 증거는 없다. 즉, A라는 침팬지가 B라는 다른 침팬지가 틀린 정보를 가지고 있다는 것을 알고 있을 때, 이를 바탕으로 B의 행동을 예측할 수 있다는 증거는 없다. 이런 면에서 침팬지들의 행동은 (피아제 이론의 용어를 빌리면) 여전히 매우 자기중심적인 어린이들의 행동을 닮아 있다(Kesselring & Müller, 2011).

체니와 세이파스(Cheney & Seyfarth, 1990)는 버빗원숭이의 사회와 사고방식을 연구했고 이 원숭이들이 다른 원숭이의 사회적 역할을 정교하게 이해하고 있음을 보였다. 똑똑한 동물들이 있는 복잡한 사회적 무리에서 살아남으려면 똑똑해져야 한다. 다른 개체의 동기를 이해하면 아주 유리한 위치에 서게 되고, 다른 개체가 여러분을 속이려 해도 알아챌 수 있다. 이러한 일들을 해내려면 다른 개체가 무엇을 믿는지 알아야 하고, 때로는 다른 개체들이 여러분에 대해 믿는 바도 알아야 한다. 즉, 적어도 여러분이 속한 사회적 무리에서 가까운 구성원들의 마음에 관한 복잡한 정신 모형이 필요하다. 사회적 지능과 마음 이론의 연관성은 분명하다. 영리한 누군가가 무엇을 할지 알고 거기에 어떻게 반응할지 결정하려면 정신적으로 그들의 생각과 행동을 그리고 그들이 여러분의 행동에 반응해 보일 것 같은 행동을 시뮬레이션할 수 있어야 한다.

그러면 의식이 없어도 마음 이론을 가질 수 있느냐는 질문을 맞닥뜨리게 된다. 사회 친화적으로 되도록 학습하는 컴퓨터 프로그램을 상상할 수 있나?

인간이 아닌 동물에서 학습 이론에 관해 얻은 이러한 결과는 중요하다. 자기 대 다른 존재라는 감각 없이 마음 이론을 가질 거로 생각하기는 몹시 어렵고, 결국 자기 인식과 의식 없이 마음 이론을 품기도 어렵기 때문이다. 따라서 이러한 결과는 적어도 침팬지와 같은 동물이 우리와 완전히 다르지 않은 방식으로 의식을 가지고 있음을 시사한다. 하지만 회의론자는 조건화(conditioning)와 연합 학습(associative learning)이라는 측면에서 항상 더욱 복잡한 대안적인 설명을 만들어 낼 수 있다. 결국 여러분이 어떤 설명이 가장 단순해 보이는지 결정해야 한다.

사회적 상호작용의 중요성

여러분과 비슷하게 똑똑한 동물들을 상대하려면 마음 이론이 필요하다. 의식이 어느 정도 사회적 기능에 기여한다는 생각은 널리 퍼져 있다. 진화 생물학자 E. O. 윌슨(E. O. Wilson)은 저서 『지구의 정복자(The

Social Conquest of Earth)』에서 이러한 접근법을 요약했다(2012). 그는 우리가 "타인에게 공감하고, 친구와 적의 감정을 모두 판단하며, 모두의 의도를 짐작하고, 개인적·사회적 상호작용을 위한 전략을 계획하기 위해" 지능을 진화시켰다고 썼다. 이러한 *사회적 지능 가설(Social Intelligence Hypothesis)*은 인간이 왜 이토록 똑똑해졌는지를 설명할 수 있을 것이다. 하지만 동시에 우리가 왜 의식을 가지게 되었는지도 설명할 수 있을까?

이러한 접근법의 당연한 귀결은 구성원들이 다른 구성원들에 관한 모델을 필요로 하는 복잡한 사회연결망을 형성하며 살지 않는 종은 의식이 필요하지 않다는 것이다. 하지만 우리는 적어도 어떤 종들은, 그리고 어쩌면 많은 사회적 종이 어느 정도는 의식을 가지고 있을 거라 짐작한다. 따라서 인간 종에서 의식이 사회적 기능에 도움이 되더라도 이러한 이유만으로 의식이 발달한 것 같지는 않다. 우리는 다시 의식과 자의식을 구분해야만 하며, 높은 지능을 가지고 복잡한 사회연결망에 속할 때 자의식이 발달할 수 있다고 주장해야 한다.

*친사회적 행동(prosocial behaviour)*은 여러분 자신에게는 반드시 유익하지 않지만 타인에게는 유익한 행동이다. 기부를 하거나 무언가를 공유할 때 혹은 보수가 없는 일에 자원할 때 여러분은 친사회적 관계를 맺는 것이다. 또한 이러한 행동을 하려면 무엇이 타인들에게 유익한지도 알아야 한다. 따라서 친사회적 행동은 마음 이론을 필요로 한다(그림 5.10). 침팬지가 종종 친사회적으로 행동한다는 상당한 증거가 있다. 예를 들어 한 침팬지가 빨대 같은 도구를 손에 넣으면 다른 침팬지들은 해당 도구를 가질 수 없고 따라서 다른 침팬지들은 (입이 닿지 않는 곳에 있는 물을 마시는 것처럼) 그 도구가 없으면 성취할 수 없는 목적을 이룰 수 없다. 이럴 때 첫 번째 침팬지는 두 번째 침팬지에게 빨대를 넘겨줄 것이다. 보통 첫 번째 침팬지는 자기 행동에 보상을 받지 못한다. 두 번째 침팬지가 첫 번째 침팬지에게 물을 나누어 마시자고 제안하는 경우는 드물다(Tennie et al., 2016; Warneken & Tomasello, 2006).

그림 5.10 우간다 빅토리아호에 있는 은감바섬 침팬지 보호구역의 침팬지 무리. 침팬지들은 사회적 위상이 무척 중요한 사회연결망을 이루며 산다. 마음 이론을 가지면 사회적 상호작용이 무척 용이해진다.
출처: DEA/G. Cozzi/De Agostini/Getty Images.

일부 침팬지들이 높은 수준의 의식을 짐작하게 하는 의례 행동(ritual behavior)에 참여한다는 주장도 있다. 퀼 등(Kühl et al., 2016)은 서부 아프리카에서 인간의 돌무덤을 연상시키는 특정한 장소에 돌을 쌓아 두는 침팬지들을 관찰했다. 이러한 장소들은 보통 나무에 둘러싸여 있었고 대개 돌을 던져 올려서 만들어졌다. 과장된 표출 행동(exaggerated display behavior)을 비롯해 다른 해석도 있지만 이러한 설명들은 특정한 위치와 같은 모든 요인을 설명하지 못한다. 침팬지들이 일종의 신앙을 실천하고 있다는 주장은 좀 지나친 해석이라 할 수 있지만, 일부 동물이 무척 복잡한 행동에 참여한다는 결론에 도달할 수밖에 없다.

의식의 진화

의식이 자연 선택의 결과로 진화했다면 분명히 여러 진화적 이점이 있을 것이다. 어떤 이점이 있을까?

일부 연구자들은 지질학적 구분으로 캄브리아기(Cambrian period)에 특정한 종류의 표상을 가능하게 하는 감각계와 신경계가 있어서 어느 정도는 의식이 있다고 할 수 있는 생명체들이 출현했다고 주장한다(Feinberg & Mallatt, 2013). 이러한 구조를 보여주는 화석들은 약 5억 2000만 년 전에 만들어졌다. 에델먼(Edelman, 1992, 2003)은 여러 동물에 존재한다고 여겨지는 기본적인 순간순간의 의식, 즉 간단한 의식(simple consciousness)을 주로 언어를 기반으로 하는 부호에 의존하는 고차 의식, 즉 자의식과 구분했다. 물론 자의식이 제일 먼저 인간에게 나타났는지는 확실하지 않지만, 인간이 언제 자의식을 갖게 되었는지에 관해서는 몇 가지 지표가 있다.

약 6만 년 전에 인간 진화에서 아주 중요한 일이 일어났다. 최근에는 10만 년 전이라는 추정도 나왔지만 현생인류, 즉 *호모 사피엔스(Homo sapiens)*는 20만 년 전 아프리카에서 진화했다고 알려졌다. 이들은 수만 년간 같은 생활을 하며 아프리카에서 살았다. 그리 긴 시간은 아니다. 그러다 아주 짧은 기간에 몇 가지 사건이 일어났다. 호모 사피엔스가 아프리카 밖으로 퍼져 나가며 급격히 수를 불렸고 더 호전적인 사냥꾼이 되었다. 도구가 훨씬 더 정교해졌고 미술, 종교로 이어지는 매장 의식과 음악이 광범위하게 출현했다는 분명한 흔적이 있다. 때로는 이 시기를 후기 구석기 혁명(Upper Palaeolithic Revolution)이라 한다(Diamond, 1997). 이 모든 것이 독립적으로 우연히 나타나지는 않았을 것이다. 어떤 식으로든 관련이 있는 것이 분명해 보인다. 한 가지 가능한 연결고리는 언어의 진화다. 그즈음 음성 기관에 유전적 돌연변이와 변화가 나타났다(Harley, 2014). 이러한 변화가 어떤 식으로든 의식의 진화와 연결되었을 수도 있다.

우리는 사회적 지능이 다채로운 사회연결망에서 커다란 이점을 안겨주는 것을 살펴보았다. 의식이 복잡한 사회적 지능의 결과라는 생각을 가장 소리 높여 옹호하는 이는 영국의 동물 심리학자 니컬러스 험프리(Nicholas Humphrey, 1984, 2006)다. 험프리는 의식이 있어야만 다른 개체의 정신을 고도로 시뮬레이션할 수 있다고 주장했다. 의식은 엄청난 진화적 이점을 제공하며, 일부가 의식을 획득한 후에는 급격히 선택되었다.

험프리는 충분히 풍요로운 사회적 삶을 누리는 종이라면 의식을 발달시키게 될 것이라 생각했지만 유인원을 제외한 다른 종에 자신의 생각을 적용하는 것은 조심스러워했다. 이러한 관점은 의식을 자의식과 동일시하는 듯하다(오히려 험프리는 둘을 구분하는 것을 거부하며 다른 종류의 어떤 의식이 존재하는지 물었다. 하지만 우리의 결론은 의식의 구분이 복잡하다는 것이다). 케임브리지 선언은 여러 동물 종이 의식을 가지고 있다고 보며, 이러한 종 중 많은 수가 영장류처럼 복잡한 사회적 체계를 가지지는 않는다.

미든(Mithen, 1996, 2005)은 후기 구석기 혁명쯤 인간의 인지 처리에 중요한 변화가 발생해 다르게 생각할 수 있게 되었다고 주장했다. 이전까지 초기 인간과 앞선 종들의 마음은 독립적이고 개별적인 영역으로 매우 분리되거나 구분되어 있었다. 인지 처리에 변화가 생기면서 생각하는 방식이 무척 유동적이고 규격화되지 않은 방식으로 바뀌었다. 미든이 인지적 유동성(cognitive fluidity)이라 칭한 방식이다. 인지적 유동성은 의식의 중요한 측면이며 우리의 모든 생각과 행동을 되돌아볼 수 있게 한다.

원의식

인간의 가장 가까운 이웃인 네안데르탈인은(개별종인 *호모 네안데르탈렌시스*(Homo neanderthalensis)든, 호모 사피엔스의 한 갈래인 *호모 사피엔스 네안데르탈렌시스*(Homo sapiens neanderthalensis)든) 인간의 가장 가까운 이웃인 네안데르탈인은 평판이 좋지 않아서 더 우아하고 지능적인 *호모 사피엔스*에게 밀려난 느리고 멍청하며 못생긴 존재들로 알려졌다. 이러한 대중적인 이미지는 부적절하다. 네안데르탈인은 인류와 마찬가지로 도구를 사용하고 불을 피웠으며, 거의 확실히 언어를 사용하고 악기를 만들었으며, 매장 의식을 활용했을 수도 있다(Rendu et al., 2016). 인간과 비슷한 수준의 의식 없이 이러한 성취가 가능했으리라 믿기는 어렵다.

앨런 홉슨(Allan Hobson)은 급속 안구 운동(rapid eye movement, REM)에서 발생하는 꿈의 상태와 아주 유사한 상태를 설명하며 원의식(protoconsciousness)이라 칭했다(Hobson, 2009). 꿈을 꿀 때는 대부분 인식이 있지만 자기 인식은 없다. 인상과 지각이 뒤죽박죽으로 뒤섞이고 통합되지 않는다. 홉슨은 진화의 측면에서 원의식이 자기 인식과 인간의 완전한 의식에 선행한다고 주장했다. 아기들과 어린이들 역시 성숙하기 전에 원의식 상태를 경험한다. 일부 동물이 원의식 상태에 있으며, 확신할 수는 없어도 초기 인류나 네안데르탈인 역시 같은 상태에 있었을 수 있다는 주장은 타당하게 들린다.

언어의 중요성

지금까지 알려진 바로는 인류만이 언어를 가지고 있다. 인간의 언어는 한정된 수의 규칙에 따라 한정된 수의 단어를 조합해 무한대의 문장을 만들어 낼 수 있으며, 이러한 문장들로 언어 자체를 포함해 무엇에 관해서든 소통할 수 있다(Harley, 2014). 핵심은 우리가 무엇에 관해서든 소통할 수 있다는 것이다. 벌들은 인상적인 춤을 추며 다른 벌에게 꿀이 풍부한 원천의 위치를 알려주지만 꿀에 관해서만 제한적으로 소통한다.

다른 몇몇 종도 인상적인 소통 체계를 가지고 있다. 원숭이들은 위협에 따라 다른 울음소리를 가지고 있다. 꿀벌들의 춤은 잘 알려졌다. 어떤 개들은 인간 언어의 일부를 이해해서 다른 단어에 반응할 수 있는 듯하다. 하지만 이들 모두 소통의 주제가 되는 대상이 극히 한정되어 있다.

많은 이가 고래와 돌고래 같은 종들이 언어를 사용한다고 믿는다. 고래와 돌고래는 놀라운 범위의 인지적 기술과 지각적 기술, 사회적 기술을 소유하고 있지만, 적어도 '언어'를 위와 같이 정의한다면 사실 이들에게 언어가 있다는 증거는 없다(그림 5.11). 우리는 앞서 페퍼버그가 알렉스에게 앵무새 언어를 가르친 사례를 살펴보았고 알렉스는 놀라운 수의 단어와 단어의 순서를 기억했다. 하지만 언어와 관련된 연구는 대부분 침팬지에게 언어를 가르치는 데 쏠려 있다. 한 가지 유명한 사례는 칸지(Kanzi) 라는 보노보에게 영어를 기반으로 하는 인공 언어를 가르쳤던 연구다. 칸지는 놀라운 성과를 보였지만 연구자들은 여전히 이 암컷 보노보가 인간 언어의 핵심적인 특징들을 포착해 냈는지 논쟁을 벌이고 있다(Harley, 2014; Savage-Rumbaugh, 1996; Sundberg, 1996).

인간만이 언어를 사용하는 문화에서 태어나는 건 명백하다. 의식을 생각할 때 왜 언어가 이토록 중요할까? (Corballis, 2014, 2017; Mithen, 1996을 비롯한) 많은 연구자는 언어의 진화를 인간의 진화 그리고 고급 인지 기술과 의식의 발달에서 대단히 중요한 단계로 본다. 우리는 일인칭 대명사 '나'처럼 자신에 대한 상징을 가질 때만 자신을 자신으로 이해하는 자의식을 가지게 된다(Gallagher & Zahavi, 2012).

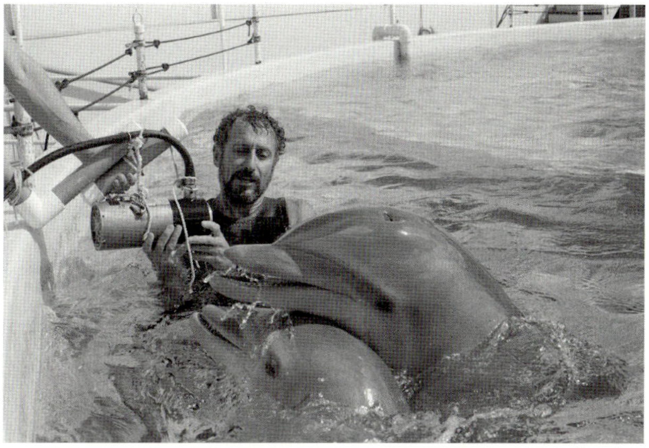

그림 5.11 루이스 헤르만(Louis Herman) 박사는 돌고래의 감각 능력을 연구한다. 돌고래들은 놀라운 범위의 인지 기술과 지각 기술, 사회적 기술을 보여주며 아마도 자의식을 가지고 있을 것이다. 하지만 그들이 일상적으로 언어를 사용한다는 확실한 신호는 없다.
출처: Tony Korody/Sygma/Getty Images.

미던(Mithen, 1996)은 언어의 진화가 재귀적 의식(reflexive consciousness)의 발달에 아주 중요하다고 주장했다. 언어는 사회적이지 않은 생각들이 사회적 지능의 영역으로 포섭될 수 있게 한다. 미던은 음악이 다리 역할을 했다고 설명했다. 우리 선조들은 무리의 화합을 강화하기 위해 노래를 하고 음악을 활용했고, 그 과정에서 언어가 발전했다. 따라서 자기 인식의 발달은 궁극적으로 사회연결망에서 어떤 수단으로든 소통하려던 초기의 시도들에서 나왔다. 말할 것도 없이 초기 고고학에서 추론해 내는 것은 추측에 의존할 수밖에 없다.

재귀

인간 언어의 힘은 한정된 수의 문법 규칙에 따라 조합한 한정된 수의 단어를 이용해 무한대의 문장을 만들어 내는 능력에서 나온다. 그 결과 우리는 언어를 이용해 모든 생각을 표현할 수 있다. 이렇게 엄청난 힘은 재귀라 알려진 과정에서 생겨난다. 다음의 사전 항목처럼 무언가가 자신을 통해 정의될 때 재귀라 한다.

재귀. 재귀를 보라.

문법 규칙 역시 재귀적으로 정의할 수 있다. 한 예로, 중앙 삽입(centre-embedding)이라 알려진 언어 구성법은 계속, 잠재적으로는 무한히 새로운 절을 삽입하는 것이다.

고양이에게 쓸모가 없어진 쥐

생쥐가 좋아하는 고양이에게 쓸모가 없어진 쥐

이가 피를 빨고 있는 생쥐가 좋아하는 고양이에게 쓸모가 없어진 쥐

사실 이런 문장은 급격히 이해하기가 어려워진다.

촘스키(Chomsky, 1957)는 재귀가 특히 어떤 생각이든 표현하게 하는 능력과 무한한 창조력 덕분에 인간의 언어에 커다란 힘을 주었다고 주장했다. 이후에는 재귀를 사용할 수 있는 능력이 인간의 언어를 유일무이하게 만든다고 덧붙이기도 했다(Hauser et al., 2002). 재귀를 사용할 수 있는 능력이 인류를 특별하게 만든다.

코벌리스(Corballis, 2014, 2017)도 비슷한 접근법을 취했지만 재귀적 사고가 언어에 선행하며 언어가

재귀적으로 사고하는 능력의 덕을 보았다고 설명했다. 특히 코벌리스는 언어와 재귀적 사고는 인간이 정신적 시간 여행을 활용할 수 있게 해서 과거의 사건을 의식에 불러와 살펴보게 하고, 미래에 그리고 특정한 사건이 벌어졌을 때 어떤 일이 일어날지를 생각할 수 있게 한다고 주장했다. 지금까지 확실하게 알려진 바로는 인간만이 정신적 시간 여행을 활용할 수 있다. 의식 연구에서 정신적 시간 여행이 얼마나 중요한지는 이후에 살펴보기로 한다(8장을 보라).

재귀적 사고는 복잡한 사회적 지능에서도 중요하다. 다양한 사회적 상황에서 나는 상대가 나를 어떻게 생각하는지 혹은 상대가 내가 자신을 어떻게 생각한다고 생각하는지 알아내려 한다. 우리는 얼마든지 더 나아갈 수 있다. 재귀는 속임수와 거짓말에도 중요하다. 상대가 나를 어떻게 생각할지에 관해 내가 어떻게 생각하는지를 알아낼 수 있어야 한다.

언어는 우리가 자신의 정신적 과정에 관해 내부적인 해설을 제공할 수 있게 한다. (내면에서 오가는 구어만을 의미하는 것이 아니다. 수어 역시 구어만큼 강력하며, 수어 사용자들 역시 내면에서 수어가 오간다고 보고한다.) 어떤 식이든 내면의 언어가 없다면 '나는 인식하고 있는가?'나 '나는 인식하고 있다는 것을 인식하고 있는가?'와 같은 질문에 어떻게 답할 수 있을지 상상하기가 매우 어렵다. 따라서 낮은 수준의 의식에는 언어가 꼭 필요하지 않을지 몰라도 더 높은 자기재귀적 의식에는 언어가 꼭 필요한 듯하다.

양원적 마음

비교적 최근에 인간의 인지가 본질적으로 바뀌었다고 주장하는 연구자들도 있다. 미국의 심리학자 줄리언 제인스(Julian Jaynes, 1920~1997)는 3천여 년 전 (즉, 기원전 천 년경) 중요한 변화가 있었다고 제안했다. 그의 주장에 따르면, 그전까지 마음은 제인스가 *양원적(兩院的, bicameral)*이라 칭한 상태였다. 좌우반구가 완전히 통합되지 않아서 주도적인 좌반구가 우반구의 뇌 활동을 신이나 다른 신성한 존재의 '음성'으로 해석했다. 초기 인류는 근본적으로 주도적인 좌반구가 우반구가 만들어 내는 음성에 쉴 새 없이 노출되는 '조현병에 걸린 사람'들이었다. 따라서 마음은 두 반구에 대응되는 두 개의 '방'으로 나뉘었다. (그래서 양원적이라고 한다.) 제인스는 이때 의식이 나타났다고 설명하긴 했지만, 초의식(metaconsciousness)을 지칭하기 위해 우리가 의식이 있다는 것을 깨닫는 '자기 인식'이라는 단어를 사용했다.

> **직접 해보자: 어떻게 해야 거짓말을 잘할까?**
>
> 타인과 그들이 우리를 어떻게 생각하는지에 관한 모델이 없다면 얼마나 효과적으로 거짓말을 할 수 있을까?

옛 문헌을 분석한 결과가 이러한 주장의 근거가 되었다. 트로이(Troy)의 몰락과 그 결과를 그린 호메로스의 서사시 『일리아스』와 『오디세이아』에 묘사된 것을 포함해서, 그리스 신화의 신들은 항상 인간에게 직접 말을 했고 인간들은 바로 그들의 지시에 따라 움직였다. 영웅들은 자체적인 동기를 가지는 대신 신의 명령을 따르는 것으로 묘사된다. 이러한 서사시에 그려진 이야기의 결말을 보면 신들은 인간의 일에서 손을 뗀다. 그로부터 오래되지 않아 그리스 문명에서 아주 이성적인 사고방식이 발달하고 내적 성찰과 철학의 발전으로 이어진다. 신들이 훨씬 더 멀어지고 인간에게 직접 이야기하거나 일상에 개입하지 않는다. 성서의 구약에서도 비슷한 변화들이 관찰된다는 점도 잊지 말자. 초기에는 하느님이 항상 인간에게 직접 말을 하지만 시간이 흐를수록 훨씬 뒤로 물러난다.

제인스가 지적한 것은 단지 다른 유형의 정보를 통합하는 능력이 아니라 초인식(meta-awareness), 즉 우리 자신의 생각을 살피고 내적 성찰할 수 있는 능력의 발달이었다. 그는 의식의 기원을 이야기했지만 실은 초의식의 기원이었다. 그전에도 인간에게 인식이 있었다는 증거는 없다. 또한 제인스는 때로는 (도구 사용을 고려하는 유인원이나 까마귀 같은) 동물들도 문제를 풀기 위해 생각하는 것 같다는 데도 동의했다. 하지만 이들에게는 언어가 없어서 초인식이 극도로 제한적이다.

양원적 마음이라는 개념이 널리 받아들여졌다거나 오늘날 심각하게 고려되고 있다고는 말할 수는 없다. 분명히 기원전 첫 세기에 그리스인들의 사고방식이 변했지만 진화가 아니라 혁명이었다는 증거는 없다. 우반구가 내면의 목소리를 만들어 낸다는 증거 역시 없고, 조현병에서 환청이 발생하는 메커니즘 역시 이와 다르다. 마지막으로 중요한 질문을 던져 보면, 이러한 변화와 전파를 위한 생물학적 메커니즘은 무엇이었을까? 이 시기 즈음 사고방식의 변화와 관련해서 어떠한 형태든 중요한 돌연변이가 있었다는 징후는 없다. (제인스는 이 사실을 지적하며 이러한 변화가 청동기 시대의 붕괴로 인한 긴장에서 촉발되었다고 주장했다. 기원전 2세기가 끝날 무렵 기후 변화 혹은 초대형 화산 폭발이 유발했을 것으로 추정되는 사회적 무질서가 오랜 기간 이어졌다. 하지만 이러한 긴장이 어떻게 생물학적 변화를 촉발했는지는 여전히 불분명하다.) 따라서 제인스가 현대적 의식의 발달 시기를 다른 모든 이론보다 한참 뒤인, 언어가 발달하고 몇만 년이 흐른 후로 점 찍었다는 사실은 주목할 만하다.

범심론

어떤 사람들은 동물이 아닌 사물도 의식을 가질 수 있다고 생각한다. **범심론**은 의식이 모든 물체의 보편적이고 기본적인 특징이라고 보는 관점이다. 혹은 일부 물체로 국한하는 경우도 있다. 전자(electron)가 물리적 상태를 가지는 것으로 판명되면 범심론이 옳은 것이다. 그 물리적 상태는 전자로 존재하는 것이기 때문이다.

대부분의 사람들에게는 이러한 주장이 우스꽝스럽게 들린다. 개인적으로는 나무와 시냇물에 각각을 담당하는 요정인 님프(nymph)가 있다고 생각했던 고대 그리스인과 로마인이 떠오른다. 범심론의 여러 갈래 중 오늘날 더 높이 평가받는 갈래는 실재(實在, reality)가 신성(神性, divinity)과 동일하다는 것이다. 모든 것은 신의 일부이거나 혹은 신의 일부를 포함한다.

돌만큼 의식이 없을 것 같은 물체가 있을까? 그렇기는 하지만 범심론은 물체, 마음, 공간, 시간 등으로 본질을 나누는 전통적인 구분 대신 사건과 같은 다른 구분을 강조함으로써 마음과 몸의 이원성이라는 문제를 극복하는 시도에서 존중받는 철학적 전통으로 남아 있다(Whitehead, 1933). 기본적인 사상은 모든 것에, 심지어 돌에도 어느 정도 의식이 있다는 것이지 돌에 자기만의 마음이 있다는 의미는 아니라는 데 주목하자.

사실 범심론은 오늘날 우리가 심신 문제라 부르는 질문에 철학이 가장 먼저 내놓은 설명 중 하나이고, 20세기 초에 들어서야 그 인기가 꺾이기 시작했다(Koch, 2014). 하지만 의식의 수준을 나누면서 아주 간단한 시스템에도 의식이 출현할 수 있다고 주장한 신경과학자 줄리오 토노니(Giulio Tononi)와 크리스토프 코흐의 작업으로 다시 힘을 얻었다(Tononi & Koch, 2015). 이후에 (8장에서) 더 자세히 살펴보겠지만, 토노니와 코흐는 올바른 종류의 물건에는 모두 의식이 있다고 설명했다. 복잡한 시스템은 모두 마음의 기본적인 속성을 가지고 있으며, 해당 시스템으로 존재한다는 것을 느낀다는 면에서 최소한의 의식이 있다. 시스템이 더 복잡할수록 의식이 경험하는 상태도 많아진다. 두 사람은 자신들이 *통합 정보(integrated information)*라 칭한 척도로 복잡도를 공식화했다. 모든 것이 의식을 가지지는 않는다 해도, 가장 첨예한 쟁점으로 (감광 센서와 작은 메모리로 구성된) 광다이오드(photodiode)처럼 단순한 회로도 극히 적은 경험을 가질 수 있다. 데이비드 차머스가 범심론적 시각을 가지고 있다고 생각하는 사람들도 있다.

생명이 없는 물체가 어떻게 정신적 속성이나 의식의 요소를 가질 수 있는지에 관한 질문은 논외로 하더라도, 범심론은 *조합 문제(combination problem)*를 안고 있다. 뇌의 뉴런들이 각각 일정한 의식을 가질 수 있을 때 뇌 전체가 의식을 가지려면 이들을 어떻게 조합해야 할까? 이와 유사한 문제가 '왜 아주 많은 수의 바위는 우리처럼 의식을 가지지 않는가?'다. 한 가지 가능한 답은 미세한 의식이 단순히 더해지는 대신, 어떻게 상호작용하는지는 불분명하지만 올바른 조건 하에서 어떤 식으로든 상호작용해서 동물 의식이 출현한다는 것이다. 대부분의 사람들과 달리 조합 문제를 심각하게 받아들이지 않는 이들도 있다(Harris, 2019).

『스탠퍼드 철학 백과사전(Stanford Encyclopedia of Philosophy)』에서는 범심론을 접한 대부분의 사람들이 못 믿겠다는 듯이 빤히 상대를 바라보는 것으로 반응한다고 적혀 있다. 그런 쓰레기 같은 생각을 하면서 돈을 받는 사람들이 있다고? 하지만 철학과 사고의 역사에는 처음에는 황당하다는 눈길을 받았지만 결국에는 옳았음이 증명된 생각들이 넘쳐난다. 라이트 형제가 미국 노스캐롤라이나주의 마을 키티호크(Kitty Hawk)에서 하늘로 날아오르기 불과 8년 전이었던 1895년, 저명한 물리학자 켈빈 경(Lord Kelvin)은 "공기보다 무거운 비행 기계는 불가능하다"라고 말했다고 알려졌다(그림 5.12). 그래서 우리는 불신을 밀어두고 증거를 고려해야 한다. 어느 정도는 의식에 관해 일관성이 있거나 많은 이를 만족시키는 다른 설명이 없기 때문이기도 하다.

범심론의 또 다른 문제는 이 이론은 사실 이론이 아니라는 것이다. 과학적이지 않기 때문이다. 범심론을 어떻게 시험할 수 있을까? 바위에 의식의 자그마한 요소가 있다는 생각을 어떻게 조작화할 수 있을까?

그림 5.12 1903년 12월 17일 라이트 형제 오빌(Orville)과 윌버(Wilbur)가 미국 노스캐롤라이나주의 마을 키티호크 근처에서 처음으로 공기보다 무거운 비행기에 동력을 공급하고 조종하며 하늘을 날았다. 1895년 당대에 가장 존경받고 주목받았던 물리학자 중 한 명인 켈빈 경은 "공기보다 무거운 비행 기계는 불가능하다"라는 사회적 통념을 고집했다. 우리는 (범심론처럼) 사회적 통념에 반하는 대안을 바로 거부하지 않도록 주의해야 한다.
출처: Universal History Archive/Universal Images Group/Getty Images.

하지만 대부분의 연구자들과 마찬가지로 물리주의적 관점을 받아들인다면 논리적으로 두 가지 대안밖에 남지 않는다(Nagel, 1979; Seager & Allen-Hermanson, 2015). 정신적인 것이 어떻게든 물리적인 것에서 생겨나거나, 모든 것에 정신적 측면이 있다는 것이다. 따라서 의식이 어떻게든 생겨나거나 범심론을 채택해야 하고, 바로 범심론을 거부할 수는 없게 된다.

5장 요약

- 2012년 케임브리지 선언에서는 "인간은 의식을 만들어 내는 신경학적 기질을 소유한 유일한 존재가 아니다"고 명시했다.
- 분포상의 질문은 '인간이 아닌 어떤 동물이 의식을 가지는가?'다.
- 현상학적 질문은 '특정한 동물의 의식은 어떨까?'다.
- 많은 동물이 우수한 기억력과 일화 기억, 초인지, 계획, 도구 사용, 속임수를 비롯한 복잡한 인지적 기술을 구사할 수 있다.
- 거울 검사와 같은 자기 인지 검사들은 몇몇 동물 종이 자신을 알아볼 수 있고 자기라는 개념을 가지고 있음을 시사한다.
- 하지만 자기 인지를 의식과 연결할 수는 없다.
- 의식과 인식을 포함하는 통증 경험은 의식과 인식을 포함하지 않는 유독한 자극 피하기와 구분해야 한다.
- 물고기가 통증을 느낀다고 주장하는 이들이 있다.
- 마음 이론은 타인들이 생각하는 바에 관해 우리가 가지고 있는 모델이며, 다른 사람의 관점을 취하거나 속임수를 쓰는 것을 포함하는 과업에 꼭 필요하다.
- 의식은 동물들이 마음 이론 그리고 자기와 타인의 자기에 관한 모델을 필요로 할 때 복잡한 사회적 행동의 결과로 진화했을 수도 있다.
- 사회적 동력이 의식의 진화를 불렀다는 생각을 지지하는 주요 연구자는 니컬러스 험프리다.
- 앨런 홉슨이 제안한 개념인 원의식은 의식에 선행하는 상태이고, 경험상 꿈의 상태와 비슷하다.
- 인간만이 언어 사용 능력을 가지고 태어난다.
- 언어는 한정된 체계의 단어와 문법적 규칙을 이용해 무한한 생각을 교류할 수 있게 한다.
- 인간만이 재귀적으로 사고하는 능력을 가진 듯하며, 재귀는 인간의 언어에 대단한 힘을 선사한다.
- 재귀는 마음 이론과 사회적 지능에서 중요한 역할을 한다.
- 양원적 마음 가설은 불과 몇천 년 전에야 좌반구와 우반구가 완전히 통합되면서 인간에게 초인식이 발달했다는 것이다.
- 범심론은 의식이 우주에 광범위하게 퍼져 있다는 생각이다. 일부 연구자들은 아주 간단한 몇몇 시스템도 약간의 경험을 가질 수 있다고 주장한다.

리뷰 질문

1. 심리학에서는 어떤 사람이 한 가지 일은 할 수 있고 다른 일은 할 수 없는 반면, 다른 사람은 반대의 패턴을 보일 때 이중 해리(double dissociation)가 관찰된다고 한다. 한 예로, 뇌 손상을 입은 어떤 환자들은 말을 만들어 낼 수 있지만 그 말은 이해하지 못하는 반면 다른 환자들은 말을 이해할 수 있지만 만들어 내지는 못한다. 지능과 의식은 이중 해리의 한 사례일까?
2. 박쥐처럼 시각보다 반향 위치 측정을 더 많이 사용하는 생물에게 적합한 거울 검사는 무엇일까?
3. 괴로움에 빠진 동물들은 통증을 느끼는 듯하다. 이러한 동물들은 통증 행동을 보인다. 그러한 행동이 속임수이며 통증을 경험하지는 않는다는 주장을 지지하기 위해 어떠한 반론을 제시할 수 있을까?
4. 어떤 동물에게 의식이 있다면 수행하기가 '더 쉽다'고 말할 수 있는 사회적 행동은 무엇일까?
5. 자기 인식은 언제 그리고 왜 진화했나?
6. 어떤 동물에게 의식 그리고 자의식이 있을 것 같은가? 그들의 생명 작용 중 무엇이 이런 차이를 설명해 주나?
7. 범심론의 윤리적 함의는 무엇인가?
8. 다른 동물들이나 컴퓨터, 심지어 다른 사람들에게 의식이 있다는 다양한 주장들은 모두 유추를 기반으로 한다. 어떤 사람이나 동물이 특정한 상황에서 나처럼 행동한다면 아마 나와 비슷할 것이고 따라서 의식이 있을 수 있다는 것이다. 개가 통증을 겪는 것처럼 보인다면 아마 통증을 경험하고 있는 것이고 따라서 적어도 인식을 한다는 것이다. 이런 논증은 얼마나 타당한가? 얼마나 과학적인가? 얼마나 철학적으로 들리나?

추천 자료

동물의 마음

조너선 밸컴. (2017 [2016]). 물고기는 알고 있다 (원제: What a Fish Knows). 에이도스.

프란스 드 발. (2017 [2016]). 동물의 생각에 관한 생각 (원제: Are We Smart Enough to Know How Smart Animals Are?). 세종(세종서적).

Godfrey-Smith, P. (2016). Other Minds: The Octopus and the Evolution of Intelligent Life. London: William Collins.

의식의 진화

스티븐 미슨. (2008 [2005]). 노래하는 네안데르탈인 (원제: The Singing Neanderthals: The Origins of Music, Language, Mind and Body). 뿌리와이파리.

니콜러스 험프리. (2014 [2006]). 빨강 보기 (원제: Seeing Red: A Study in Consciousness). 이음.

Humphrey, N. (1984). Consciousness Regained: Chapters in the Development of Mind. Oxford, UK: Oxford University Press.

Humphrey, N. (2011). Soul Dust: The Magic of Consciousness. London: Quercus.

Mithen, S.J. (1996). The Prehistory of the Mind: A Search for the Origins of Art, Religion, and Science. London: Thames and Hudson.

Renfrew, C. (2007). Prehistory: The Making of the Human Mind. London: Phoenix.

범심론

크리스토프 코흐. (2014 [2012]). 의식 (원제: Consciousness: Confessions of a Romantic Reductionist). 알마.

Harris, A. (2019). Consciousness. New York: Harper. 범심론에 찬성하는 입장에서 의식을 과학적으로 설명한 유명한 책.

Strawson, G. (2006). Consciousness and its Place in Nature. Exeter, UK: Imprint Academic.

2부
의식의 작용

6 우리 자신의 마음 살피기

이 장에서는 내적 성찰을 살펴보고 왜 그 결과를 항상 신뢰할 수 없는지 알아본다. 제일 먼저 내적 성찰의 본질과 우리 자신의 의식을 탐구하려는 과정인 현상학에 관해 알아본다. 그다음 우리가 세계에 관해 믿고 있는 것이 무엇인지 그리고 이러한 신념이 얼마나 신뢰할 수 없는 것인지 검토한다. 뇌 손상은 세계에 관한 신념을 더욱 불안정하게 만들 수 있으며, 부인(denial)이라 부르는 상태에서 불안정성이 가장 두드러지게 나타난다. 의식의 개인적인 특성이 의식 연구를 다른 과학들과 분리하긴 하지만 긍정적인 면도 있다고 생각할 수도 있다. 적어도 우리 자신의 마음을 들여다보는 방법으로 의식을 연구할 수 있기 때문이다. 자신의 마음을 들여다보는 이러한 과정을 내적 성찰이라 한다. 내적 성찰이라고 하면 어렵지 않을 것 같다. 지금 무슨 생각을 하는지 보고하면 된다. 하지만 우리는 우리 자신을 그다지 잘 알지 못하는 것으로 판명되었다. 행동하면서 왜 이러한 행동을 하는지 알고 있다고 생각하지만, 우리의 행동은 과거의 수많은 사소한 것에서 영향을 받으며 이 모든 것을 떠올리기란 쉽지 않다. 내적 성찰은 무척 한정적으로만 활용할 수 있는 것으로 밝혀졌다.

우리는 지금 우리 마음의 얼마나 많은 부분을 의식하고 있을까? 이론적으로는 얼마나 많이 의식할 수 있을까? 의식에서 드러나지 않는 부분은 주로 어디일까? 그다음 우리는 무의식, 특히 프로이트와 융(Jung)의 정신역동(psychodynamic) 관점을 살펴볼 것이다. 마지막으로 의식의 외부에 존재하는 것들이 깨닫지 못하는 사이에 우리의 의식에 어떤 영향을 미칠 수 있는지, 흔히 잠재 지각(subliminal perception)이라 알려진 과정을 검토하며 마무리한다.

우리는 '실재'를 말하는 것이 타당한지 일반적으로는 판단할 수 없고, 우리의 감각 데이터가 진실하지 않다는 것을 알게 될 것이다. 특히 세계를 보는 나의 관점이 여러분과 동일하지 않을 수도 있다.

또 다른 문제는 세계를 보는 우리의 관점을 신뢰할 수 없다는 것이다. 우리는 행동의 원인에 제대로 접근하지 못한다. 우리의 행동은 우리가 인식하지 못할 수도 있는 많은 것의 영향을 받는다. 우리는 많은 것을 잊어버린다. 착각할 수도 있다. 이러한 어려움이 우리 자신과 우리 자신의 행동에 관한 데이터를 모을 수 있는 가장 분명한 방법인 내적 성찰을 매우 신뢰할 수 없게 만든다. 우리가 보고할 수 있는 모든 것은 우리가 현재 믿고 있는 것들이다.

의식의 내용

앞서 우리가 항상 무언가를 의식하고 있음을 지적했지만 그 무언가가 무엇일까? 우리는 어떤 종류의 것들을 생각하고 있을까? 그리고 의식의 내용을 탐험하는 방법에는 무엇이 있을까?

의식의 흐름

직감적으로는 우리 의식의 내용이 정신적 재잘거림과 지각의 연속적인 흐름일 것 같다. 윌리엄 제임스는 **의식의 흐름(stream of consciousness)**이라는 단어로 의식이 있는 마음에서 흐르는 생각과 느낌, 개념, 인상을 지칭했다(James, 1890). 이 목록에 음악도 추가할 수 있고, 특히 어떤 곡이 뇌리에 박혀서 몇 번이고 또렷하게 반복되다가 결국 짜증을 유발하는 이어웜(ear worm)을 빼놓을 수 없다(Beaman & Williams, 2010). 제임스는 이러한 흐름의 명백한 연속성에 깊은 인상을 받았다. 그는 우리가 언제든 한 번에 한 가지 정신적 사건만을 인식하지만, 이러한 사건들이 끊임없이 하나로 합쳐지며 빠르게 흘러가는 흐름이라는 인상을 준다고 주장했다. 의식의 '대상' 각각은 어떤 식으로든 외부 세계 혹은 앞서 지나간 것과 연결된다. 그래도 우리는 한 번에 오직 하나의 대상만을 의식할 수 있고 여러 대상 중 어디에 주목할지 정하기도 한다. 제임스는 자기 마음의 내용을 살펴보는 과정인 내적 성찰이 의식을 연구하는 도구로써 한계가 있다고 믿었다. 기껏해야 이러한 흐름을 한 순간 정지하고 그 순간만을 보고하는 데 한정되기 때문이다. 다른 연구자들은 더 나아가 의식의 흐름은 그 자체가 실재하지 않는다는 의미에서가 아니라 우리가 생각하는 대로가 아니기 때문에 착각이라고 주장했다(Blackmore, 2002). 우리는 풍부한 시각 정보의 흐름을 보거나, 내부나 외부에서 만들어진 끊임없는 사운드 트랙을 듣지 않는다. **변화 맹시(change blindness)**나 **무주의 맹시(inattentional blindness)** 같은 현상이 알려주는 것처럼 세계에 대한 우리의 표현은 훨씬 빈곤하다.

하지만 의식의 흐름을 관찰하면서 어느 부분에 주목할지 선택하는 '우리'는 누구일까? 다시 한번 호문쿨루스 문제를 마주하게 된다. 블랙모어(Blackmore, 2002)는 의식의 흐름이 또 다른 착각이라고 주장했다. 실제로 존재하지 않는다는 의미에서가 아니라, 우리가 직감적으로 상상하는 바와는 다르다는 의미에서였다. 의식의 흐름은 풍부하고 상세한 경험들이 연속되는 것이 아니며 이러한 상상과 그다지 비슷하지도 않다. 버나드 바스(Bernard Baars) 역시 의식의 흐름은 실은 1초에 (보통) 24장의 다른 사진 혹은 프레임을 보여주는 영화를 보는 것과 마찬가지로 착각에 불과하다고 지적했다. 우리는 개별적인 사건에서 연속성을 조합해 내고, 다의도형(ambiguous figures, 보기에 따라 두 가지 또는 그 이상으로 파악할 수 있는 도형-옮긴이) 관련 연구에서 확인된 것처럼 한 번에 하나만 의식할 수 있다(Baars, 1997; Elitzur, 1997).

내 개인적인 느낌은 내가 찾을 때만 의식의 흐름이 존재한다는 것이다. 즉, 내적 성찰 중에만 존재한다. 한순간의 인상이란 언제든 우리가 바라볼 때 무언가가 일어나는 것이고, 우리가 어떤 식으로든 바라볼 때만 그 흐름을 감지할 수 있는 것이다. 나는 대부분의 시간에 그다지 많은 것을 생각하지 않는다. 이런 의미에서 의식의 흐름은 착각이다.

불교 명상의 목적에는 내면의 목소리와 의식의 흐름을 잠재우는 것도 있다(Blackmore, 2002).

직접 해보자: 여러분의 의식의 흐름

여러분의 의식의 흐름에 집중하자. 무엇으로 구성되어 있는가? 얼마나 상세한가? 그것을 연속적인 흐름으로 묘사하겠는가? 마음대로 끌 수 있는가? 끌 수 있다면 얼마나 오랫동안 끌 수 있는가? 불교 명상에 관해 조사해 보고 직접 해 보자. 의식의 흐름이 관객이 지켜보는 가운데 스크린에 비치는 다채로운 사진이라는 설명에 얼마나 동의하나? 아니면 다른 방식으로 의식의 흐름을 묘사하겠는가?

내적 성찰의 과정

언뜻 보기에 우리는 의식을 연구하기에 유리한 위치에 있는 듯하다. 우리가 해야 할 일은 바로 지금 자신에게 무엇을 의식하고 있는지 묻는 것뿐이다. 내적 성찰은 자기 마음의 내용을 조사하는 과정이다. 바로 지금 무슨 생각을 하고 있는가? 어떤 느낌을 받는가? 바로 지금 무엇을 의식하고 있는가? 여러분은 막 내적 성찰을 했다. **현상학**이 철학적 접근법인 반면 내적 성찰은 심리적 행위다.

처음에는 내적 성찰이 훌륭한 도구처럼 여겨진다. 우리에게는 자신의 개인적인 상태를 체계적으로 조사하는 데 적합한 방법이 있다. 1890년 윌리엄 제임스(그림 6.1)는 "내적 성찰 관찰(introspection observation)은 우리가 제일 먼저, 가장 중요하게, 항상 의존해야 하는 것이다. …… 우리가 거기서 의식의 상태를 발견한다는 데 모두가 동의한다"(185 페이지)고 썼다. 하지만 정의에 따르면 내적 성찰은 의식을 가진다는 것이 무엇인지 알려주지 못한다. 예를 들면 무언가를 회상하면서 일부 내용을 무의식에서 의식으로 옮길 수 있을지도 모른다. 하지만 언제나 우리가 아는 것의 대부분은 우리에게 닿지 않는 곳에 있으며, 의식의 용량이 제한되어 있어서 그래야만 한다.

그림 6.1 철학자이자 심리학자였던 윌리엄 제임스(1840~1910). 제임스는 많은 업적을 세웠지만 무엇보다도 심리학 교육과정을 구축한 최초의 인물이었고, '미국 심리학의 아버지'로 불린다. 소설가 헨리 제임스(Henry James)와 일기 작가 앨리스 제임스(Alice James)는 그의 동생이다. 윌리엄 제임스는 생각과 인상, 느낌의 연속적인 흐름인 '의식의 흐름'이라는 말을 만들어 냈다.
출처: Universal History Archive/Universal Images Group/Getty Images.

내적 성찰은 우리의 주의를 마음속으로 옮기는 것이라 생각할 수 있다. 이러한 표현 역시 문제가 있다. 누가 의식을 돌리고 있고, 무엇을 살피고 있는가? 무한 회귀의 가능성이 존재한다. 내 마음에 주의를 돌리기 시작하면 내 주의의 초점이 앞서 주목하고 있던 것에서 주의를 돌리려는 행위로 이동하고, 그리고 다시 주의를 주던 행동에서 주목하려는 행동으로 이동한다. 이렇게 끝이 없다. 적어도 내적 성찰을 할 때 우리가 관찰하는 것은 단순한 감각이 아니라 관찰하는 행위와 상호작용하는 감각이다. 마음의 내용을 관찰하면서 어떤 식으로든 내용이 바뀌는 추가적인 문제도 있다. 프랑스의 철학자 오귀스트 콩트(Auguste Comte, 1798~1857)는 "생각하는 사람을 사고하는 사람과 그의 추론을 관찰하는 사람 둘로 나눌 수는 없다"고 지적했다(James, 1890).

파딩(Farthing, 1992)은 내적 성찰을 *분석적 내적 성찰*과 *서술적 내적 성찰*, 해석적 내적 성찰의 세 가지로 구분했다. 분석적 내적 성찰에서는 우리의 경험을 구성 성분으로 묘사하려고 한다. 분석적 내적 성찰을 할 때는 정신물리학자 에드워드 티치너(Edward Titchener, 1867~1927)가 자극오차(stimulus error)라 칭한 것을 범하지 않도록 조심해야 한다(Farthing, 1992). 따라서 내가 무엇을 보고 있는지 보고할 때는 책상을 보는 대신 안쪽에 (여러분에게 서랍으로 보이는) 사각형 기둥들이 달려 있는 사각형의 형태, 창문 근처에서는 좀 밝아졌다가 창에서 멀어질수록 어두워지는 회색을 보아야 한다. 원하는 만큼 많은 세부 사항을 더한다. 티치너에 따르면 나는 책상을 '보는' 것이 아니다. 이러한 가정은 무척 미심쩍으며, 사실 내가 '진짜' 무엇을 보는지가 전혀 분명하지 않다. 그렇다 보니 이 방법은 악평을 얻었다. 또한 분석적 내적 성찰은 신뢰하기 어렵다는 면에서도 문제가 있다. 이러한 방법을 훈련받은 관찰자들조차 다른 것들을 '보고 있다'고 보고하기 때문이다(직접 해 본 결과 나는 시도할 때마다 다른 것을 보았다). 하지만 더 큰 문제는 이런 방법이 누구에게 무엇을 알려줄 수 있는지 전혀 명확하지 않다는 것이다.

현상학적 내적 성찰이라고도 하는 서술적 내적 성찰은 단순하게 '나는 무엇을 지각하거나, 생각하거나, 느끼는가?'라고 묻는 것이다. 서술적 내적 성찰에서는 우리의 즉각적인 경험을 보고하지만 어쩔 수 없이 약간의 차이가 있다(Farthing, 1992). 일상적인 어휘와 범주를 사용하나('나는 테이블을 보고 있다'도 허용된다) 자신이 내적 성찰하는 것을 해석하지는 않는다. 부득이하게 언어로 서술할 수 있는 것에 한정되고 한 번에 오직 하나만 서술할 수 있다.

해석적 내적 성찰은 생각과 감정의 원인을 찾아내려 한다. '나는 무엇을 생각하는가?'에 그치지 않고 '왜 그것을 생각하는가?'까지 나아간다. 이러한 차이가 항상 분명한 건 아니다. 누군가에게 사랑을 느낀다고 말할 때 우리는 의식의 내용을 서술한 것일까 아니면 해석한 것일까(Farthing, 1992)? 뒤에서 살펴보게 될 것처럼 무언가를 하거나 믿는 이유가 있다 해도 우리가 보고하는 이유는 옳지 않을 수도 있다.

사람마다 의식의 내용에 관해 보고하는 내용이 다르다. 의식의 내용을 지각하는 방식이 다른지 아니면 보고하는 방식이 다른지는 분명하지 않다. 스트로슨(Strawson, 2018)은 자신은 의식의 연속적인 흐름을 전혀 감지하지 못했고, 오히려 자신이 볼 때마다 의식이 다시 시작되는 듯한 일련의 반복되는 '개시(launch)'처럼 느껴졌다고 보고했다. 진정한 연속성이 지속되는 기간은 관찰하는 시점마다 매우 다르다. (이러한 보고는 나

직접 해보자: 내적 성찰하기

내적 성찰을 시도해 보자. 한 사람이나 사물을 바라보라(그림 6.2도 좋다). 무엇이 보이는가? 여러분이 보는 대상을, 예를 들면 얼굴에서 눈이나 입으로, 혹은 눈동자로 바꿀 수 있는가? 이 과정에 중요한 게 있다면 무엇일까? 분석적 내적 성찰과 서술적 내적 성찰, 해석적 내적 성찰을 모두 시도해 보자. 그리고 얼굴을 직접 바라보는 대신 회상할 때는 내적 성찰에 차이가 있을까? 있다면 무엇일까?

그림 6.2 내적 성찰의 유형. 사람의 얼굴을 보면서 분석적 내적 성찰과 서술적 내적 성찰, 해석적 내적 성찰을 각각 시도해 보자.

자신의 경험과도 더 비슷하다.)

그저 자신이 무엇을 생각하고 있는지에 관해 생각하는 일도 언뜻 들었을 때 예상했던 것만큼 간단하지 않다.

현상학

현상학은 경험을 *일인칭 시점*에서 철학적으로 연구하는 학문이다. 우리는 우리 자신의 의식의 내용과 구조를 분석한다. 현상학은 경험을 적절히 설명하고 이해하는 데 관심이 있으며, 경험이 다른 경험과 어떤 관계를 맺고 있는지 파악하려 한다. 내적 성찰은 현상학에서 사용하는 도구이지만 현상학은 단순히 내적 성찰을 활용하는 것보다 훨씬 더 광범위한 철학적 접근법이다. 현상학은 하이데거(Heidegger), 후설(Husserl), 메를로퐁티(Merleau-Ponty), 사르트르(Sartre)와 같은 철학자들의 생각을 바탕으로 유럽 대륙에서 시작되었다. 대부분의 과학은 일인칭 시점과 대조적으로 우리 자신의 경험과 믿음을 한쪽에 밀어 놓고 중립적으로 추정되는 삼인칭 시점을 취한다. (이인칭 시점에서는 또 다른 이야기가 전개될 것이다.) 그렇다 해도 둘의 차이는 일반적인 과학자들이 믿고 있는 것처럼 명확하지 않다. 한 예로, 망원경으로 이루어진 관찰의 타당성은 관찰자의 시각계와 광학 장치를 만드는 과정의 정확성에 대한 믿음을 기반으로 한다.

간단해 보이는 심리학 실험을 들여다보면 두 시점의 차이가 모호하다는 사실이 드러난다. 참가자들에게 불이 켜지면 버튼을 눌러 달라고 하고 반응 시간을 측정했다고 하자. 우리는 정확히 무엇을 측정한 걸까(Gallagher & Zahavi, 2012)? 참가자들은 불이 켜졌다는 것을 어떻게 알까? 불에 대한 인식을 내적 성찰하고 찾은 걸까, 아니면 이러한 설명을 벗어나는 더 간단한 설명이 있을까? 심리학에는 이러한 쟁점들이 넘쳐나며, 실제로 언어심리학 분야에는 사람들이 단어를 인식하는 간단해 보이는 일을 두고 엄청난 연구가 축적되어 있다(Harley, 2014).

현상학이라는 학문의 기반을 닦은 이는 독일의 철학자 에드문트 후설(Edmund Husserl, 1859~1938)이다. 후설의 첫 번째 핵심 주장은 의식이 향하는 것을 구분해야 한다는 것이다. 후설은 의식이 지향성을 가진다는 생각을 브렌타노(Brentano, 1874)에게서 빌려 왔다(Husserl, 1973 [1913]). 브렌타노는 의식이 항상 무언가를 향한다고 제안하며 의식이 향하는 것을 *지향 대상(intentional object)*이라 칭했다. 그 대상이 우리 자신의 생각일 때도 있지만, 우리는 항상 무언가를 의식하고 있다.

후설은 한발 더 나아가 우리가 의식을 어떻게 관찰해야 하는지 물었다. 그는 선입관 없이 세상의 사물을 관찰하는 방법을 알고 싶어 했다. 후설은 사물에 관한 본질적 지식은 지각에서 모든 인지적 과정을 제거하려 노력하면서 외부 세계의 존재에 대한 모든 추정을 '괄호 속에 넣어 버릴' 때만 가능하다고 주장했다. 그리고 이러한 절차를 판단중지(epoché)라 칭했다. 판단중지는 대상이 어떤 것인지 혹은 어떻게 보이는지에 관한 선입관을 지우고 바라보려 노력하는 것을 포함하는데, 감각 데이터 자체에 도달하기 위해 감각 데이터에 대한 우리의 해석을 완전히 없애려 애쓰면 이러한 노력이 가능하다고 본다. 판단중지 동안에는 지각하는 대상에 관해 평상시에 가지고 있던 태도를 유예하고, 그 대상을 당연하게 여기는 대신 경험하는 것에 집중하려 노력한다. 현상학자들은 대상에 대한 지각이 해당 물체에 대한 상상이나 기억과 무엇이 다른지 뿐만 아니라 경험 그 자체도 포착하려 한다(Gallagher & Zahavi, 2012).

현상학에 관한 후설의 설명에는 *초월 자아(transcendental ego)*, 즉 인간의 모든 생각과 지각의 기저를 이루는 진짜 자기도 있다. 초월 자아라고 하면 세상을 있는 그대로 인식하는 내면의 최종적인 작은 생명체인 호문쿨루스가 떠오르기도 한다. 지각을 관찰하고 있는 진짜 자기가 있는 걸까? 또한 인지적 과정을 벗어난 진정한 지각을 두고 차이를 논하는 것은 우리가 인지적 처리에 관해 알고 있는 바와 잘 맞지 않는다. 우리는 마음대로 인지적 처리를 제거할 수 없으며, 있는 그대로의 지각에 관해 이야기하는 것은 그다지 말이 되지 않는다.

더 최근에는 대니얼 데닛이 의식 연구에 대한 과학적 접근법을 설명하기 위해 *타자현상학(heterophenomenology)*이라는 용어를 사용하고 있다(Dennett, 1991). 어떤 사람이 보고하는 바를 고려해야 하지만 그 사람의 주장을 꼭 신뢰할 만한 것으로 받아들일 필요는 없다. 앞으로 살펴보게 될 것처럼 사람들은 자주 자기 자신에 관해 틀리곤 하나, 이를 알기 위해서는 제삼자가 필요하기 때문이다. 데이터가 되는 것은 보고의 내용이 아니라 보고 그 자체다(Gallagher & Zahavi, 2012). 따라서 타자현상학은 다른 사람, 즉 타자의 현상학이다.

직접 해보자: 가공되지 않은 지각 찾기

자연의 풍경을 바라보는 것으로 내적 성찰을 해 보자. 가공되지 않는 지각, 즉 가장 하위 단계의 감각 데이터를 얻을 수 있는가? 여러분이 보는 것을 바꿀 수 있나? 지금 바로 현실 세계로 나갈 수 없다면 그림 6.3을 이용하라. 물체들을 물체가 아닌 다른 무언가로 볼 수 있는가? 형태나 색 같은 감각 특징들을 다른 특징을 무시하고 개별적으로 분리할 수 있는가? 그러한 풍경은 감각질에 어떻게 부합하나?

그림 6.3 무지개와 나무가 있는 풍경. 여러분은 가공되지 않는 지각에 도달할 수 있나? 아니면 무지개는 무지개로만, 나무는 나무로만 볼 수 있나?
출처: Craig Roberts/Photographer's Choice/Getty Images Plus.

경험 표집

사람들이 생각하는 바를 알아내는 한 가지 방법은 질문을 던지는 것이다. 가장 널리 사용되는 방법을 **경험 표집법(experience sampling method, ESM)**이라 한다. 참가자들은 미리 정해진 간격 혹은 무작위적인 간격으로 소리를 내는 타이머(요즘은 거의 스마트폰 앱을 사용한다)를 지참한다. 그리고 타이머가 울리면 바로 멈추고 방금 무엇을 생각하고 있었는지 기록한다. 경험 표집법은 많은 분야에서 교육 중에, 다이어트를 할 때, 충분한 운동을 하려고 할 때, 의학적 치료를 받을 때 사람들이 자신이 하고 있는 일을 어떻게 생각하는지 파악하기 위해 활용된다(Myin-Germeys et al., 2009; Zirkel et al., 2015). 경험 표집법은 정신 질환을 연구하는 데도 유용한 방법이다. 예를 들어, 심각한 우울 장애가 있는 사람들은 통제 집단에 비해긍정적인 영향과 관련이 있는 생각이나 기억을 덜 한다는 사실을 보여준다(Telford et al., 2012).

사람들은 질문을 받을 때 자신이 무엇을 생각하고 있었다고 보고할까? 놀라운 일은 아니겠지만 사람에 따라 엄청난 차이가 있으며 환경에 좌우된다. 경험 표집법으로 얻은 한 '결과'는 도시 전설이 되었는데 남자들이 7초마다 섹스에 관한 생각을 한다고 했다(어떤 웹사이트를 보느냐에 따라 15초 간격일 수도 있고, 3분 간격일 수도 있다). 대부분의 조사에서 참가자들에게 생각의 빈도를 회고적으로 추정해 달라고 요청하기 때문에 이러한 숫자들을 뒷받침할 연구는 거의 없다. 이러한 도시 전설이 미국의 성과학자(性科學者, sexologist)인 앨프리드 킨제이(Alfred Kinsey, 1894~1956)가 펴낸 킨제이 보고서(Kinsey et al., 1948, 1953)에서 나왔다고 생각하는 사람들이 많다. 사실 킨제이는 "남자 중 54퍼센트는 매일 또는 하루에 몇 번씩, 43퍼센트는 한 달에 몇 번씩 또는 한 주에 몇 번씩, 그리고 4퍼센트는 한 달에 한 번 미만으로 섹스에 관해 생각한다"(Kinsey Institute, 2020)라고 적었다. 이후 대학생 283명을 대상으로 진행된 경험 표집법 연구에서는 남자들이 하루에 평균 19번씩 섹스에 관해 생각하는 것이 확인되었지만(여자들은 하루에 10번씩 생각했다), 음식과 잠에 관한 생각을 더 자주 했다(Fisher et al., 2012). 또한 사람마다 차이가 엄청나게 크다.

경험 표집법으로 얻어진 중요한 연구 결과 중 하나는 사람들이 항상 자기 자신이 생각하고 있다고 생각하는 일을 생각하고 있지는 않다는 것이다. 우리의 마음은 바로 처리해야 하는 눈앞의 일을 떠나 방황한다(절반에 가까운 46.9퍼센트가 그랬다; Killingsworth & Grant, 2010). 강의실이나 회의장에 앉아 있다가 자신이 수업이나 회의가 아니라 완전히 다른 것을 생각하고 있다는 사실을 깨달을 때가 얼마나 많은가? 딴생각에 관해서는 뒤에 더 자세히 살펴볼 것이다. 우리가 지금 하고 있는 일을 생각하는 시간은 절반 정도이며, 우리는 과거보다 미래에 관해 더 많이 생각한다(Busby Grant & Walsh, 2016).

내적 성찰의 한계

특정한 시점에 사람들이 의식하고 있다고 보고한 바를 해석할 때의 문제는 내적 성찰의 정확성에 관한 문제와 우리 행동의 원인을 귀인하는 것의 문제로 나누어 볼 수 있다.

내적 성찰이라는 방법의 중요한 한계는 사람들은 분명히 자신이 말로 옮길 수 있고 기억할 수 있는 것만 서술할 수 있다는 것이다. 바로 경험한 바에 관해 질문을 해서 기억력이 문제가 되는 것을 의아하게 생각할 수도 있지만, 많은 생각과 인상이 순식간에 사라진다. 나는 잊어버린 후에야 무언가를 잠시 알고 있었다는 사실을 깨달을 때가 많다. 파딩(Farthing, 1992)은 상황을 단어로 옮기려면 생각이 왜곡될 수 있으며, 사람들이 생각을 바로 서술하기보다 재구성할 수 있고, 정신적 과정을 관찰하는 행위가 과정 자체를 바꿀 수 있다는 문제점도 지적했다. 게다가 사람들은 자신이 보고하는 것을 검열할 수 있고, 사람들의 보고를 개별적으로 확인할 수도 없다. 예를 들어 어떤 사람은 섹스에 관해 너무 자주 생각한다는 것을 인정하기를 꺼릴 수도 있다. 따라서 사람들이 보고한 바가 항상 그들이 생각한 것에 관한 정확한 서술이 아닐 수도 있다.

또한 우리는 자신이 행동한 이유에 접근하는 데 놀라울 정도로 무능하다. 정신적 과정을 언어로 보고한 것을 데이터로 사용할 때의 문제점을 지적한 고전적인 논문으로는 니스벳과 윌슨의 연구(Nisbett & Wilson, 1977)가 있다. 그들이 발견한 가장 중요한 문제점은 사람들에게 왜 어떤 일을 하고 있거나 했는지 묻는 순간부터 무척 곤란한 상황이 벌어진다는 것이다. 사람들이 항상 자신이 왜 어떤 행동을 했는지 제대로 알고 있는 것은 아니기 때문이다. 우리는 자기 행동을 단순히 감각 데이터에 기초해 설명하지 않으며, 대신 자신을 포함하는 사람들이 왜 우리가 행동하는 것처럼 행동하는지를 다룬 이론들에 의존한다. 그렇게 우리는 다양한 유형의 인지 편향과 왜곡의 영향을 받고 있다.

> **직접 해보자: 경험 표집법**
>
> 자신을 대상으로 경험 표집을 시도해 볼 수 있다. 예를 들면 스마트폰으로 하루에 몇 번씩 무작위적인 간격으로 알람이 울리게 해 두었다가 알림이 울릴 때마다 여러분이 무슨 생각을 하고 있었는지 기록해 보자. 여러분이 하루 동안 한 생각을 어떻게 요약하겠는가?

우리 행동의 원인을 정확히 설명하는 것이 얼마나 어려운지 보여주는 한 가지 예는 *인지 부조화(cognitive dissonance)*라 알려진 현상이다. 고설스와 렉먼(Goethals & Reckman, 1973)이 이러한 효과를 증명한 바 있다. 둘은 학생들을 대상으로 인종 분리 정책을 쓰는 학교에서의 인종 통합과 이를 위한 버스 통학제 등에 관한 사회적 태도를 조사했다. 그리고 토론 세션이 진행되었는데, 청중 속에 버스 통합제를 옹호하거나 반대하는 논리를 놀라울 정도로 훌륭하게 펼치는 공범 한 명을 숨겨 두었다. 공범의 목표는 학생들의 일반적인 신념에 반박하는 것이었다. 고설스와 렉먼은 토론 세션이 끝난 후 학생들의 태도를 다시 조사했다. 학생들의 태도가 공범이 설득력 있게 옹호한 방향으로 바뀐 것은 놀랍지 않을 것이다. 여기서 놀라운 사실은 참가자들에게 원래 의견을 서술해 달라고 했을 때 학생들이 토론 전에 믿고 있던 바를 제대로 기억하지 못했고, 자신들의 원래 신념이 마지막에 믿고 있는 바와 아주 비슷했다고 주장했다는 것이다. 우리는 자신의 견해가 전혀 바뀌지 않았다고 믿는 것으로 자신의 견해가 바뀌는 인지 부조화에 대처한다. 우리는 항상 지금 믿는 바대로 믿어왔기 때문이다.

인지 부조화는 광범위하고 강력한 현상이다. 역시 불편하게 들리는 다른 실험에서 짐바르도를 비롯한 연구진(Zimbardo et al., 1969)은 참가자들에게 곤충을 먹게 했다. 놀랍게도 모든 참가자가 곤충을 먹었지만 일부 참가자들은 무례하고 위협적인 실험자에게 이런 지시를 받았고, 다른 참가자들은 예의 바른 실험자에게 아주 친절한 지시를 받았다. 무례한 실험자의 지시를 받은 그룹만이 자신들은 곤충을 먹는 게 즐거웠다고 주장했다. 예의 바른 실험자와 함께한 참가자들은 아마 역시 상대에게 친절하기 위해 곤충을 먹었다고 이야기해도 지시에 따른 이유를 설명할 수 있었을 것이다. 하지만 무례한 실험자를 만난 참가자들은 같은 설명으로 만족할 수 없었고, 자신들이 실험자의 지시를 따른 이유에 대해 다른 설명을 찾아내야 했다. 바삭바삭한 다리를 씹으며 재미를 느꼈다는 설명이 더 받아들이기 쉬웠을 수 있다.

따라서 사람들에게 무슨 생각을 하고 있느냐고 묻을 때도, 왜 그렇게 생각하거나 믿느냐고 물을 때도 어려움이 따른다.

여러분의 신념

우리는 우리의 *신념(belief)*을 표현한다. 그리고 '나는 다카가 방글라데시의 수도라고 믿어'부터 '네가 나를 사랑한다고 믿어'까지 다양한 정도의 망설임을 표현할 때 '믿는다'는 동사를 쓴다. 누군가는 이런 설명에도 불만을 토로하면서, 모든 것이 실은 신념이기 때문에 '날이 화창하네'라고 말할 때 사실 '나는 날이 화창하다고 믿어'라고 말해야 한다고 주장할지도 모르겠다. 결국에는 내 신념을 잘못된 것으로 만들 수도 있는 온갖 교묘한 방법이 존재하지만 일반적으로 우리는 어느 정도 미심쩍은 것에 관해 서술할 때 '믿는다'는 동사를 쓴다. 어떤 경우든 '나는 아무개를 믿어'라고 하면 아무개가 옳을 거라 생각한다는 뜻이다.

그림 6.4 카니자 삼각형. 중앙에 진짜 모서리가 있어서 다른 흰색 영역보다 도드라져 보이는 밝은 흰색 삼각형이 있는 것 같지만 이러한 모서리들은 환각이다. 우리는 우리가 보고 있다고 생각하는 것을 실제로는 보지 않는다.
출처: Yuriy Vlasenko/Shutterstock.

나는 내가 실수를 한다는 사실을 알고, 세상에 관한 나의 신념 중 일부가 틀릴 수 있다는 사실도 인정한다. 그래도 내 잘못된 신념이 중요하지 않은 지엽적인 부분일 거라고도 생각한다. 나는 캐나다의 수도가 오타와인 것을 영원히 기억하지 못할 것이다. 계속 몬트리올(아니면 토론토)이라고 생각한다. 이런 실수는 내게 그다지 중요하지 않다(캐나다인들, 특히 오타와 시민들에게는 죄송하다). 지각이 항상 온전히 진실하지 않다는 사실도 받아들인다. 한 예로, 우리는 착시에 속는다. 그림 6.4는 착각 윤곽(illusory contours)을 보여주는 착시의 한 유형인 카니자 삼각형(Kanizsa triangle)이다. 중앙에 다른 흰색 영역과 구분되는 진짜 모서리와 윤곽을 가진 밝은 흰색의 삼각형이 있는 듯하다. 하지만 모서리는 환각이다. 우리는 우리가 보고 있다고 생각하는 것을 보지 않는다. 하지만 우리는 당장 주위를 보고 있는 우리의 견해와 이 세상에 관한 우리의 신념이 기본적으로 옳다고 생각한다. 하지만 그러한 것들은 사실이라기보다는 현재 세상의 상태에 관한 신념이다.

따라서 우리는 종종 무언가를 믿을 때 실용적으로 어느 정도의 불확실성을 내포하는 깃발을 단다. '나는 우리 할아버지가 잉글랜드의 사우샘프턴(Southampton)에서 태어났다고 믿어.' 나는 이 문장이 사실이라고 생각하지만 절대적으로 옳다는 것은 아니다.

'신념'은 특별하다. 그냥 믿을 수는 없고 무언가를 믿어야만 한다. 마찬가지로 그냥 생각할 수는 없고 무언가를 생각해야만 한다. '믿는다'와 같이 '무언가에 관해' 지향성을 가지는 현상을 나타내는 서술을 *명제 태도(propositional attitude)*라 한다.

따라서 내가 나의 신념을 생각할 때는 덜 회의적이면서 교육도 덜 받은 데카르트처럼 그 대상을 얼마나 확고하게 믿고 있는지 혹은 얼마나 옳다고 자신하는지 (즉, 내가 옳다고 믿는 세상에 얼마나 부합하는지) 평가할 수 있고, 나의 모든 신념을 확실성의 연속체 위에 나타낼 수 있다.

우리는 자신의 신념을 두고 얼마나 틀릴 수 있을까?

신념의 신뢰도

마지막으로, 세상에 관해 아주 회의적인 사람들이 있다(상자 6.1). 우리의 신념 중 일부는 의심스럽다는 것을 확인하기 위해 이런 극단까지 갈 필요는 없다. 사람들은 종교, 도덕, 정치에 관해 다른 신념을 가지며 이에 따라 아주 다른 가치체계를 갖게 된다. 다른 누군가의 신념이 틀렸다고 말할 수는 있지만 누군가가 자신의 신념을 바꾸게 하는 것은 무척 어려운 일이다. 영리하면서 표현력이 뛰어난 누군가와 정치적으로 심각한 불화를 겪어본 적이 있다면 익히 알고 있을 것이다. 이러한 신념은 다른 신념을 기반으로 하며, 합리적으로 보이는 두 사람이 의견 일치를 보려면 신념의 층을 몇 겹 벗겨내야 할 수도 있는데 이때는 보통 시간이 필요하다.

직접 해보자: 여러분의 신념

여러분이 믿고 있는 바를 몇 가지 골라 7점 척도로 확실성을 평가해 보자. 가능하면 차이가 생기도록 평가하자. 여러분이 매긴 점수에 패턴이 있나? 여러분의 신념이라고 생각되는 문장들을 고르기가 얼마나 어려웠나?

상자 6.1 유아론과 반실재론, 우리를 현혹하는 악마

*회의론(Scepticism)*은 의문을 품는 철학적 원칙이다. 우리는 특히 지식에 관해 회의적인 태도를 가지려 한다. 르네 데카르트는 자신이 무엇을 확신할 수 있을지 의심했고, 오로지 자신의 존재만 절대적으로 확신할 수 있다고 결론 내렸다(존재하는 것들만이 자신의 존재에 관해 질문을 던질 수 있기 때문에 데카르트의 유명한 경구인 "나는 생각한다, 고로 존재한다"가 나왔다(프랑스어로는 "je pense, donc je suis", 라틴어로는 "cogito, ergo sum")). 우리가 존재한다고 확신할 수 있는 유일한 것은 우리 자신의 마음뿐이라는 철학적 믿음을 *유아론(唯我論, Solipsism)*이라 한다. 외부 세계와 다른 사람들이 우리의 마음 밖에도 존재하는지는 확신할 수 없다. 대부분의 사람들은 이러한 관점이 직관에 반한다고 생각하기 때문에 종종 *반실재론(Anti-realism)*이라고도 불린다.

상자 6.1 유아론과 반실재론, 우리를 현혹하는 악마 (계속)

그렇다고 해도…… 실제로 외부 세계 같은 것이 없다면 우리는 왜 이에 대한 착각을 가지고 있는 걸까? 여러 기발한 아이디어가 나왔다. 우리는 필요한 영양분이 들어 있는 통에 잠긴 채 미친 과학자가 감각계에 제공하는 정보만을 흡수하는 뇌일 수도 있다(상자 9.1을 참고하라). 아니면 사악한 악마들이 재미로 만들어 낸 생명체일 수도 있고, 영화 「매트릭스(The Matrix)」 시리즈(The Wachowskis, 1999)처럼 정교한 시뮬레이션의 결과일 수도 있다. 사실 닉 보스트롬은 인간이라는 종이 '포스트휴먼(post-human)' 단계에 진입하기 전 멸종할 수도 있고, 아니면 어떠한 포스트휴먼 문명도 진화 역사의 시뮬레이션을 가동하지 않을 수 있으며, 혹은 우리가 컴퓨터 시뮬레이션에서 살고 있다고 주장했다(Bostrom, 2003). 데이비드 차머스는 우리가 시뮬레이션된 세계에서 살고 있는 확률을 20퍼센트로 본다고 알려졌다. 따라서 우리는 인간들이 시뮬레이션 속에 살고 있다는 생각을 진지하게 받아들여야 한다. 우리가 시뮬레이션 속에 사는지 아니면 이러한 생각이 틀렸는지 어떻게 알 수 있을까? 첫째, 세계가 온전히 시뮬레이션되고 있을 것 같지는 않다. 모든 것을 시뮬레이션하려면 엄청난 연산 능력이 필요하기 때문이다. 둘째, 시뮬레이션은 버그를 포함하기 마련이다. 이런 이유로 우리는 현실에 존재하는 자그마한 문제들을 아마 양자 수준에서 경계해야 할 것이다.

유아론과 반실재론, 우리를 현혹하는 악마, 시뮬레이션 모두 우리를 우울하게 만드는 가정이며 대부분의 사람들은 대개 인정하지 않는다. 이러한 접근법은 우리에게 주는 것이 없다. 유아론자들조차도 대부분 외부 세계가 존재하고 그 외부 세계가 우리가 생각하는 그대로인 것처럼 행동한다. 나는 내가 자기 코에 주먹을 날려도 그대로 내버려 둘 유아론자를 만나보지 못했다. 우리는 세상을 지각하게 하고 특정한 방식으로 행동하게 해서 결과적으로 세계가 보이는 방식을 바꾸는 무언가가 존재한다고 생각한다. 우리의 의식이 일종의 착각이라고 말하는 것만으로는 그러한 착각이 어떻게 발생하는지, 혹은 왜 내가 느끼는 방식으로 느껴지는지 설명할 수 없다.

때때로 우리는 자신이 생각하는 것만큼 합리적이지 않다. 더 많은 증거가 있는데도 신념을 바꾸기를 거부하면 잘못된 신념 때문에 고통을 겪을 수도 있다.

세상에 관한 나의 신념이 조금이라도 틀릴 수 있을까? 그럴 리 없다. 여러분의 신념은 그럴지 몰라도 나는 아니다. 한 사람이 세계에 관한 잘못된 신념을 끈질기게 유지하면 우리는 그 사람이 망상(delusion)에 빠졌다고 한다. 지금까지 나는 타지키스탄의 수도가 타슈켄트(Tashkent)라 믿었지만, 교양이 더 풍부한 사람이 실은 두샨베(Dushanbe)라고 정정해 주었다. 아무리 회의적인 사람이라도 위키피디아(Wikipedia)를 찾아보면 두샨베가 맞다는 것을 확인할 수 있다. 나는 마지못해 친구의 우월한 상식을 칭찬하면서 그가 맞다는 것을 인정하고 내 신념을 바꿀 것이다. 그렇다면 나는 그냥 틀린 것이지 망상에 빠진 것이 아니다.

또한 고정관념이나 편견 같은 사회적 행동에 관해서는 우리가 자신이 생각하는 바를 알지 못할 수도 있다. 우리의 신념 중 일부는 명시적이지 않고 암묵적이다. 편견이 있다는 사실을 소리 높여 부정할 수는 있지만 실제로는 편견이 있는 것처럼 행동하기도 한다(Greenwald et al., 2002; Nosewk et al., 2009).

망상

내가 타지키스탄의 수도는 정말 타슈켄트라는 주장을 굽히지 않을 수도 있다. 위키피디아가 틀렸다. 어쨌든 나는 몇 번이나 그렇게 들었다. 아마 내 친구가 나를 속이기 위해 위키피디아의 항목을 편집했을 것이다. 기분이 나빠진 친구가 우즈베키스탄의 역사에 관한 책을 보내온다. 나는 그 책이 가짜라고 주장한다. 결국 이 문제를 끝장내기 위해 두 사람이 타슈켄트와 두샨베로 날아가 그곳에 사는 사람들의 이야기를 들어본다. 나는 모두가 나를 속이기 위한 거대한 음모에 참여하고 있다고 우긴다. 이제 나는 그냥 틀린 게 아니다. 나는 *망상에 빠졌다*. 이쯤 되면 아마 내 정신 건강이 걱정될 것이다.

망상은 환각과 마찬가지로 조현병의 특징이다. 조현병의 가장 일반적인 유형은 편집증(paranoia), 즉 특정한 인물이나 일반적인 사람들이 자신에게 일부러 못된 짓을 하거나 속이려 든다고 믿는 망상적 신념이 나타나는 *망상성 조현병(paranoid schizophrenia)*이다(상자 6.2).

상자 6.2 조현병

조현병은 정신병의 일종으로 '현실감각을 잃었다'고 정의되는 심각한 유형의 정신 이상 상태이며, 의식 연구자들이 관심을 가지는 대상이다. 조현병은 환각(특히 *청각 언어 환각(auditory verbal hallucination, AVHs)*)과 망상(특히 누군가가 자신을 지켜보거나 괴롭히려 한다고 믿는 편집증과 자신이 특별히 중요한 인물이라고 믿는 과대망상증(megalomania))이 나타나며 사고와 계획이 어렵고 정서 조절과 동기 부여, 사회적 교류를 힘들어하는 심각하고 고통스러운 정신 질환이다. 조현병의 원인(혹은 원인들)은 밝혀지지 않았으나 유전적 요인이 크며 산소 부족, 어린 시절의 트라우마나 학대, 이른 연령대의 오락성 약물 남용과 같이 태아 발달기와 아동기에 스트레스를 주는 환경적 요인이 알려져 있다. 유전적 소인이 환경적 스트레스 요인과 상호작용하면서 도파민과 글루탐산염을 비롯한 신경 전달 물질 수준에서 이상이 발생하는 것으로 추정되지만 관련성은 간단하지 않다. 조현병이 있는 사람과 없는 사람은 뇌 구조에도 차이가 있으나 인과관계의 방향 역시 분명하지 않다. 조현병은 청소년기 말기나 성인기 초기에 처음 발병하는 경향이 있으며, 보통 재발 이후 이어지는 완화기로 구분한다.

다행히도 항정신병 치료제가 발전하면서 조현병 환자의 삶의 질도 대단히 향상되었다. 하지만 대부분의 약물과 마찬가지로 항정신병 치료제도 부작용이 있으며, 부작용이 심각해서 (사람들이 약을 복용하는지 복용하지 않는지) 처방을 준수하는 정도에 영향을 미칠 수도 있다. 이러한 약물의 작용 기제가 모두 완전히 알려진 것도 아니다. 가장 널리 사용되는 항정신병 치료제인 할로페리돌(Haloperidol)은 뇌의 도파민 수치를 낮춰 주지만 다른 효과도 있다.

세계에 관한 신념 그리고 특히 다른 사람들에 관한 신념이 아주 잘못된 것처럼 보이는 신경 증후군들도 있다. 가장 극적인 예를 몇 가지 살펴보자.

캡그라 증후군(Capgras delusion)은 친구나 가족(혹은 다수의 사람일 수도 있지만 보통은 파트너다)이 그 사람 행세를 하는 사기꾼으로 바뀌었다고 믿는 망상이다. 이렇게 바뀐 사기꾼들은 원래 사람과 다를 게 없어 보이지만 증후군에 걸린 이는 그들이 같은 사람이라는 사실을 인정하지 않는다. 첩보기관이나 로봇, 복제인간이 사기꾼을 보냈을 수도 있고 심지어 화성인 탓을 하기도 한다. 기묘하게도 환자들은 '진짜' 사람에게 어떤 일이 일어났는지는 크게 궁금해하지 않는다. 일부 환자들은 심지어 사기꾼이라 생각하는 이와 더 친밀해지기도 한다. 캡그라 증후군은 뇌 손상과 치매, 조현병을 가진 이들에게서 관찰되나 가장 흔하게는 두정측두병변(parietal-temporal lesions)과 관련이 있다(Ellis & Lewis, 2001; Stone & Young, 1997). 이 병의 명칭은 자기 남편을 포함한 사랑하는 사람들이 다른 사람들로 교체되었다고 주장했던 여성 마담 엠(Madame M.)의 사례를 기록한 프랑스의 정신과 의사 조제프 캡그라(Joseph Capgras, 1873~1950)의 이름에서 왔다.

루첼리와 스핀러(Lucchelli & Spinnler, 2007)는 교양이 뛰어난 59세 남성으로 심각한 전두엽 치매(frontal dementia)가 진행된 프레드(Fred)의 사례를 보고했다. 초기에는 프레드의 아내인 윌마가 그가 자신을 1년 넘게 다른 '누군가'로 보고 있다고 알렸다. 최초의 징후는 프레드가 집으로 돌아와 윌마에게 자기 아내는 어디에 있느냐고 물은 것이었다. 그는 자기 눈앞에 있는 여자가 윌마라는 사실을 부정했고, 자신은 진짜 윌마가 어떤 사람인지 아주 잘 알고 있다고 주장했다. 그리고 진짜 윌마가 집을 떠났으며 나중에 돌아올 거라고 결론 내렸다.

캡그라 증후군은 기본적으로 얼굴 처리(face processing)에 장애가 발생한 것으로 여겨진다. (얼굴 처리 장애는 안면실인증(prosopagnosia)이라 알려졌다.) 특히 캡그라 증후군 환자들은 일반적인 얼굴 인식에서 진행되는 것처럼 개개인에 관한 정보를 저장하는 (개인 정체성 노드라 부르는) 단위에 접근하지 못한다. 올바른 얼굴 인식 단위를 활성화하고 있더라도 잘 아는 얼굴을 마주할 때 일반적으로 도달하는 정서적 각성에는 이르지 않는다. 망상은 지각 인식은 있지만 정서적 활성화는 일어나지 않는 상황을 조정하려는 시도에서 발생한다(Corlett et al., 2010; Ellis & Lewis, 2001; Ellis & Young, 1990). 일부 연구자들은 추론에 추가적인 문제가 있어서 이러한 부조화의 원인을 타인에게서 찾는 편향이 있는 사람들은 캡그라 증후군으로 이어지는 반면, 부조화가 자기 내면에 존재한다고 생각하는 편향이 있는 사람들은 코타르 증후군(Cotard's delusion)으로 이어진다고 주장한다(코타르 증후군에 관해서는 아래 내용을 보라, Stone & Young, 1997). 허슈타인과 라마찬드람(Hirstein & Ramachandram, 1997)은 비슷하게 ***측두엽***에 있는 얼굴 처리 영역에서 변연계로 이어지는 연결이 손상되었을 수 있다고 제안했다.

*프레골리 증후군(Fregoli delusion)*은 두 명 이상의 사람이 실은 변장을 한 동일인이며, 보통은 자신을 괴롭히려 한다고 믿는 또 다른 망상 장애다(Langdon et al., 2014). 이 증후군은 기능 수준에서 동일한 얼굴 인지 모델을 이용해 설명할 수 있지만, 캡그라 증후군과 달리 서로 다른 잘못된 얼굴 인식 단위가 같은 사람의 개인 정체성 노드에 붙어 있다고 이해할 수 있다. 역시 뇌의 트라우마, (파킨슨병 치료에 활용되는) 엘도파(L-DOPA) 약물의 장기 사용, 조현병을 비롯한 정신병리학적 장애 등 다양한 물리적 원인이 있다. 하지만 얼굴 인지 모델에 대한 심리학적 설명과 손상된 뇌 영역 범위 간의 상세한 대응은 아직 완전히 규명되지 않았다. 프레골리 증후군이라는 이름은 외양을 재빨리 바꾸는 능력으로 유명했던 이탈리아의 배우 레오폴디 프레골리(Leopoldi Fregoli, 1867~1936)에서 왔다.

캡그라 증후군과 프레골리 증후군은 망상적 오인 증후군의 일종이다. 또한 드물게 (자신이 이중으로 존재하거나 자신의 도플갱어(doppelgänger)가 있다고 생각하며, 다른 인격을 가진 또 다른 자기가 둘의 삶을 주도한다고 믿는) *주관적 이중 증후군(subjective doubles syndrome)*과 다른 사람이 또 다른 사람으로 변하는 것을 알아볼 수 있다고 믿는 변형 망상(intermetamorphosis)이 발견된다.

이러한 망상 장애도 기이해 보이지만 흔히 '걸어 다니는 시체 증후군'이라 알려진 *코타르 증후군*은 더욱 기이하다. 코타르 증후군을 앓는 이들은 자신이 이미 죽었거나 존재하지 않는다고 믿는다(Debruyne et al., 2010). 이 장애를 겪는 이들의 심정을 상상하기는 쉽지 않다. 몸의 일부나 혈액을 잃었거나, 몸이 부패하고 있거나, 죽었지만 천국이나 지옥에 있다고 생각하는 덜 극단적인 버전도 있다. 코타르 증후군은 자신이라는 존재를 혹독하게 부정하는 망상이며 심각한 우울증 및 자기혐오와 관련이 있는 듯하다.

샬랜드버빌을 비롯한 연구진(Charland-Verville et al., 2013)은 우울 삽화 이후 스스로 감전 사고를 유발해 자살을 시도한 뒤 심각한 뇌 손상을 입은 환자의 사례를 보고했다. 이 남성 환자는 8개월 후 주치의를 찾아와 자기 뇌가 죽어서 음식 섭취나 잠이 필요하지 않으며, 자신이 죽었다는 것을 증명하기 위해 왔다고 했다. 그는 여전히 말하고 듣는 등의 활동을 할 수 있다면 자신의 정신은 여전히 살아 있다는 사실을 인정했고, 이런 상황에서 왜 자기 뇌가 죽었다는 건지 설명하지 못했다. 연구진은 **양전자 방출 단층촬영술(Positron emission tomography, PET)**을 이용해 그의 뇌 활동을 검사했다. 뇌의 넓은 영역에 걸쳐 (신진대사가 심하게 감소하는) **대사저하(hypometabolism)**가 있어서 *좌우의* **전두정엽피질망(fronto-parietal cortical network)**, 특히 **배외측 전두엽(dorsolateral frontal lobe)**, **후두정엽(posterior parietal lobe)**, **쐐기앞소엽(precuneus)**, 전측 대상회피질의 일부에 병변이 있음을 시사했다. 샬랜드버빌을 비롯한 연구진은 다른 연구에서 이러한 영역들이 의식적인 인식에 대단히 중요하며(Vanhaudenhuyse et al., 2011), 자기(the self)를 통합하는 데 핵심적인 역할을 하는 **디폴트 모드 네트워크(default mode network)**의 주요 부분을 포함한다는 사실(Buckner et al., 2008; Northoff & Bermpohl, 2004)이 밝혀졌다는 데 주목했다. 이러한 연구 결과와 언급된 뇌의 영역들은 뒤에서 더 살펴보게 된다. 지금 당장 기억해야 하는 사실은 일부 망상 장애는 의식의 장애이며 온전한 의식은 뇌의 특정 영역, 특히 전두정엽망(fronto-parietal network)에 달려 있다는 것이다.

집단 히스테리

때로는 두 명 이상이 동일한 망상의 영향을 받기도 한다. 이러한 현상을 *집단 히스테리(mass hysteria,* DSM)에는 *집단 심인성 질환(mass psychogenic illness)*으로 등재되어 있다)라 한다. 1965년 10월 잉글랜드 북부 블랙번(Blackburn)의 한 중등학교에서 백 명 이상의 여학생이 현기증을 호소했고 많은 이가 실신했다. 85명은 병원으로 이송되었다. 기질적 요인은 찾을 수 없었고, 가장 유력한 원인은 집단 히스테리로 밝혀졌다(Moss & McEvedy, 1966). 집단 히스테리가 과호흡으로 이어진 것이었다. 모스와 메케비디는 이 히스테리가 어떻게 사회적 '전염'을 통해 퍼졌는지 설명했다. 그리고 (더 앞서 열린 집회에서 사람들이 실신했던 실제 사례에서 그랬듯이) 대부분의 경우에는 어느 정도의 진실과 함께 사건이 진행되게 만드는 '트리거(trigger)'가 있다(블랙번의 경우에는 같은 해 초 소아마비가 유행했다).

그림 6.5 비틀스 히스테리. 1965년 8월 15일 비틀스가 미국 뉴욕의 시스타디움(Shea Stadium)에서 공연하는 동안 일부 팬이 울부짖으며 실신했다. 이러한 현상은 비틀스 조증(Beatle mania)이라 불렸지만 극단적인 열광을 마주한 팝스타는 비틀스뿐만이 아니었다.
출처: Everett Collection Inc/Alamy Stock Photo.

인터넷을 검색해 보면 집단 히스테리로 추정되는 다양한 사례를 찾을 수 있을 것이다. 모든 사건이 블랙번 사고처럼 잘 기록되어 있는 것은 아니지만 1962년 아프리카 중동부의 나라 탕가니카(Tanganyika)를 물들인 웃음 전염병, 2006년 발생한 포르투갈 드라마 「설탕을 뿌린 딸기(Morangos com Açúcar)」 바이러스, (DSM에도 등재될 정도로) 광범위하게 반복적으로 발생하는 히스테리로 음경이 줄어들었다고 믿는 *코로(koro)* 증후군(Mattelaer & Jilek, 2007)처럼 특별히 잘 알려진 사례들이 있다. 비틀스(Beatles)부터 데이비드 캐시디(David Cassidy)와 도니 오즈먼드(Donny Osmond), 베이 시티 롤러스(Bay City Rollers)까지 여러 팝스타도 젊은 팬들이 자신의 우상을 보며 졸도하거나 울부짖는 집단 히스테리를 유발해 왔다(그림 6.5).

집단 히스테리는 긍정적일 수도 있고 부정적일 수도 있다. 긍정적인 집단 히스테리는 외계인이나 히말라야산맥의 설인(yeti), 비틀스 등 어떤 대상을 향하는 열정이다. 부정적인 집단 히스테리는 마녀나 쪼그라든 음경, 유독 가스 등 어떤 대상에 대한 공포다(Bartholomew & Hassall, 2015). *도덕적 공황(moral panic)* 역시 사람들이 악마 숭배자들의 아동 학대(상자 6.5)처럼 사회에 대한 위협이 존재한다고 믿기 시작할 때 발생하는 집단 심인성 질환의 예다.

작화

이 모든 망상의 사례에는 보통 망상을 겪는 이의 상태(condition)에 관한 통찰이 빠져 있다. 어떤 사람들은 자신이 믿는 것이 이상하거나 기이하다는 사실을 알고 있다고 보고하지만 항상 그런 것은 아니다. '그들은 둘이어야 한다', '그들은 로봇이어야 한다', '그들이 내 두개골에 수신기를 심어뒀다'와 같이 괴상한 신념을 설명하려는 사람들은 보통 없는 말을 지어내야만 한다. 생각과 기억을 만들어 내거나 왜곡해서 공상에 관한 복잡한 설명을 제공하는 과정은 **작화(confabulation)**라 알려졌다. 작화는 조현병이나 치매 같은 다양한 장애와 부인 등의 신경학적 상태에서 발견된다. 일부 연구자들은 작화가 빈칸 채우기와 유사하다고 생각한다. 정보를 요구받았으니 제공하는 것이다.

상자 6.3 탕가니카의 1962년 웃음 전염병

1962년 1월 30일 웃음 전염병이 시작된 카샤샤(Kashasha)는 (이제는 탄자니아의 일부이지만) 당시에는 탕가니카에 속했고, 부코바(Bukoba)에서 가까운 서쪽 해안의 마을이었다. 선교 단체가 이 마을에 세운 학교에서 소녀 세 명이 웃기 시작했고 자신들의 웃음을 제어할 수 없게 되었다고 한다. 전파가 시작되어 159명의 학생 중 95명이 같은 증세를 보였지만 교직원들은 영향을 받지 않았다. 소녀들은 모두 12살부터 18살 사이였다. 그중 일부가 근처 마을 은샴바(Nshamba)에 살았고 이곳에도 '전염병'이 퍼졌다. 5월이 끝날 때까지 217명의 젊은이가 통제할 수 없는 웃음의 공격을 받았다. 웃음은 일반적으로 몇 시간 지속되었으나 16시간 동안 계속되는 경우도 있었다. 유행이 완전히 끝나기까지 18개월이 걸렸고 총 천여 명의 젊은이가 웃음 전염병을 경험했다. 때로는 웃음과 함께 울부짖기나 비명 지르기, 호흡 곤란, 실신, 더부룩함과 같은 증상이 동반되기도 했다. 같은 시기에 비슷하지만 훨씬 작은 규모의 유행이 부코바에서 북쪽으로 약 160킬로미터 떨어진 우간다의 음바라라(Mbarara) 근처에서도 발생했다.

왜 집단 히스테리가 발생하는지를 두고 몇 가지 이론이 있으며, 당연히 이 이론들은 충돌하지 않는다. 어떤 사람들은 이러한 사건들이 거짓말이거나 대단히 과장되었다고 한다. 집단 히스테리는 대개 불확실성이 크고 사회적 변화가 일어나는 시기에 일어난다. 탕가니카가 영국으로부터 독립을 선언한 것이 바로 1961년 12월 9일이었다. 웃음 전염병에 걸린 청소년 중 많은 이가 무언가가 두렵다고 보고했지만 두려움의 대상을 특정하지는 못했다. 또 다른 가설은 상대적으로 진보적인 젊은이들과 제2차 세계대전을 견딘 보수적인 구세대의 갈등이 히스테리를 유발했다는 것이다. 비틀스 조증이 비슷한 시기에 발생했던 것도 우연이 아닐지 모른다. 십대들이란.

이렇게 기이한 망상들에서 벗어나기 위해 기억해야 할 세 가지가 있다. 첫째, 우리는 완전히 잘못된 신념을 아주 확고하게 유지할 수 있다. 둘째, 뇌의 질환이나 손상이 우리의 신념 체계를 아주 구체적으로 바꾸어서, 우리가 아는 다른 모든 것과 공존할 수 없다고 여겨지는 신념조차 유지할 수 있다. 셋째, 뇌와 인지적 과정 사이에는 분명히 대응 관계가 존재하지만 아주 복잡하다. 캡그라 증후군과 프레골리 증후군은 무척 명확하게 정의되지만, 우리가 앞으로 반복해서 보게 될 패턴처럼 뇌의 아주 좁은 영역에 발생한 손상으로 인한 것이 아니다.

부인

앞서 살펴본 망상 장애의 특징 중 하나는 증상의 특성상 환자들이 자신들이 망상에 빠졌거나 정신병의 일부 증상을 가지고 있다는 사실을 부인한다는 것이다. 자신의 병을 부인하는 현상은 이런 유형의 증후군에서 상당히 흔하게 볼 수 있다. **부인(denial)**은 특히 이후에 다룰 무시(neglect)와 같은 공간·집중력 장애에서 흔하게 확인된다. 신경 질환에 해당하는 부인을 **질병인식불능증(anosognosia)**이라 한다. 질병인식불능증은 분명히 자기 인식 장애의 또 다른 사례다.

질병인식불능증의 가장 주목할 만한 사례는 *안톤바빈스키 증후군(Anton-Babinski syndrome*, 안톤 증후군, 피질시각상실(cortical blindness), 시각적 질병인식불능증(visual anosognosia)이라고도 불린다)이

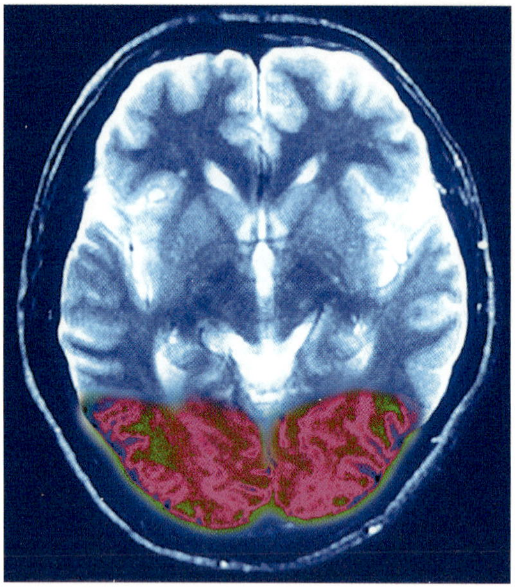

그림 6.6 뇌의 후두엽. 이 이미지는 눈을 위쪽에 두고 뇌의 횡단면을 나타낸 것이다. 후두부는 머리의 뒤쪽이며 이 영역은 대부분 상대적으로 초기의 시각 처리에 집중한다.
출처: BSIP/Universal Images Group/Getty Images.

다. 이 증후군을 앓는 환자들은 고급 시각 처리가 빈번히 이뤄지는 뇌의 ***후두엽(occipital lobe)*** 손상으로 고통받는다(그림 6.6). 이런 환자들은 피질의 문제로 시각을 상실하며 이러한 사실을 일반적인 시각 검사로도 쉽게 확인할 수 있지만 눈과 시신경은 완전히 정상이다. 하지만 안톤바빈스키 증후군에 걸린 이들은 자신들이 시각을 상실했다는 사실을 부인하면서 완벽히 잘 볼 수 있다고 주장한다. 자기 행동과 능력이 신념과 불일치하는 이유를 설명해야만 하므로 부인은 필연적으로 막대한 작화를 동반한다. 처음에는 환자가 시각을 잃었는지도 분명하지 않을 수 있다. 아무런 문제도 보고하지 않기 때문이다. 그가 온갖 물건에 부딪히고 닫혀 있는 문을 향해 걸어가는 등의 행동을 하면 비로소 의심을 하게 된다. 마두둘라 등(Maddula et al., 2009)은 뇌졸중으로 좌우 후두엽에 손상을 입은 83세 여성의 사례를 보고했다. 그는 아무것도 볼 수 없었지만 시력이 정상이라고 주장했고, (의사의 넥타이 색처럼) 그가 볼 수 있는 것에 관해 물으면 답을 내놓았다. 말할 것도 없이 그의 대답은 완전히 틀렸다. 이러한 환자들은 확실히 많은 보살핌이 필요하다.

안톤바빈스키 증후군 환자들이 이러한 행동을 보이는 이유는 분명치 않다. 후두엽피질뿐 아니라 다른 피질 영역에도 손상이 있거나, 적어도 후두엽과 뇌의 다른 영역 간의 연결이 끊어졌을 것이다. 한 가지 가능한 설명은 **시각 피질**(visual cortex)과 좌반구의 언어 영역이 분리되었다는 것이다(Prigatano & Schachter, 1991). 하지만 이런 설명에도 더 규명해야 할 부분이 많다.

질병인식불능증은 다양한 신경심리적 문제에서 발견되지만 부인에서 가장 흔히 나타나며, 이러면 보통 우뇌의 두정엽과 전측두정영역에 손상이 있다(Moro et al., 2011). 이러한 환자들은 대개 자기 팔다리 중 하나가 자신에게 속해 있다는 사실을 부인하는데 이 증상은 특히 **자가국소실인증(asomatognosia)**으로 알려져 있다.

상자 6.4 치매와 알츠하이머병

생활 수준과 의학이 발전하면서 인구가 고령화되었고, 뇌를 비롯한 신경계의 기능 저하를 포함하는 신경퇴행성 질환들을 포함해 과거에는 상대적으로 드물었던 노화 관련 질병이 훨씬 널리 퍼졌다. 치매는 기억 상실, 언어 문제, 계획 능력 상실, 성격 변화, 정서 문제 등 다양한 범위의 증상을 가리키는 일반적인 용어다. 치매가 *진행된다*는 말은 시간이 흐를수록 증상이 악화되어서 환자가 충분히 오래 살 수만 있다면 운동 제어에 문제를 겪고 죽음까지 이어질 수도 있다는 뜻이다.

상자 6.4 치매와 알츠하이머병 (계속)

치매로 이어지는 질병에는 여러 가지가 있지만 가장 보편적이고 잘 알려진 질병은 알츠하이머병이다. 65세 이상 인구에서 흔히 볼 수 있지만 *조기 발병 알츠하이머병*은 훨씬 일찍 시작되기도 한다. 65세 이상 인구의 5퍼센트 정도가 이 병을 앓는 것으로 알려졌다. 최초의 증상은 기억을 확실히 잊어버리는 경우가 잦아지고, 계획을 세우기 어려워하며, 감정 기복이 커지고, 방향 감각을 잃는 것이다. 잊어버린 기억을 설명하려 하면서 작화가 목격되기도 한다. 알츠하이머병에 걸린 사람들의 뇌에는 단백질과 죽은 세포가 쌓이거나 얽혀 있는 특징이 있다. 이 병을 유발하는 정확한 원인은 밝혀지지 않았으나 유전적 요소가 분명히 있으며 우울증, 두부 손상, 고혈압 등의 요인이 작용한다.

현재로서는 알츠하이머병을 치료하는 방법이 없지만 건강한 생활 방식이 발병 가능성과 강도를 낮출 수 있으며, (대개 아세틸콜린계에 작용하는) 일부 약물이 적어도 초기 단계의 치료에는 유력한 후보로 꼽히고 있다.

질병인식불능증은 복잡한 현상이고 몇 가지의 다르지만 유사한 결손으로 구성되는 듯하다(Heilman et al., 1998; Moro et al., 2011). 근본적인 문제는 다른 유형의 정보를 종합하는 데 있다. 의식은 정보를 합치는 데 관여하며, 정보의 결합을 책임지는 과정들이 선택적으로 지장을 겪을 수도 있다. 질병인식불능증을 앓는 사람은 세계에 대한 현재의 시각·공간 모델과 자기 몸에 대한 공간 모델을 감각 정보와 통합하지 못한다. 이런 이유로 질병인식불능증은 자기 점검 장애라 할 수 있다(Berti et al., 2005).

의식이 활용할 수 없는 것들이 있을까?

언제나 우리가 한 번에 인식할 수 있는 정보의 양은 제한적이지만, 순간적인 인식 밖에는 엄청난 양의 정보가 있다. 이 자료들은 어떻게 구조화되어 있을까?

우리는 의식 밖에 있는 과정과 의식 밖에 있는 내용을 구분해야 한다. 프랑스의 수도가 어디인지 물으면 여러분은 의식에 떠오르는 대로 '파리'라 답할 것이다. 하지만 그 전에 '파리'라는 이름은 어디에 있었을까? 또한 의식으로 가져올 수 있는 자료와 가져올 수 없는 (**무의식(unconscious)**이라는) 자료도 구분해야 한다. 어떤 대상을 보거나 이름을 떠올릴 때 의식으로 가져올 수 있지만 지금은 의식 밖에 있는 자료를 *전의식(preconscious)*이라 한다. 또한 의식적인 인식의 문턱 바로 아래 있어서 의식의 내용에 영향을 미칠 수도 있는 자료도 있는데, 이러한 자료는 잠재 처리(subliminal processing)라 하며 이 장의 뒤쪽에서 자세히 다루기로 한다. 이렇게 우리에겐 뇌의 다른 시스템이 각각 제공하는 것으로 밝혀진 여러 유형의 처리가 있다(Dehaene et al., 2006).

무의식적인 인지 *처리*에 관해서는 논란의 여지가 없지만 무의식의 *내용*에 관해서는 더 많은 숙고가 필요하다. 말하자면, 우리가 시각 처리의 아주 초기 단계에는 접근할 수 없다는 사실에는 논란의 여지가 없다. 하지만 여러분이 어린 시절의 기억을 억누르고 있다고 하면 논쟁이 벌어질 수 있다.

프로이트와 무의식

프로이트의 빙산(氷山) 이론에 따르면 정신에는 세 가지 단계가 있으며 우리는 한 번에 극히 일부만을 의식한다(Freud, 1924; Wilson, 2004b). 우리는 언제나 눈앞에 닥친 일에 주목하고 있다. 앞에서 의식의 중요한 측면이 선택성이라는 것을 알았다. 우리는 지금 당장 많은 것을 알지 못하고, 심지어 자신이 지금 무엇을 하고 있는지도 제대로 알지 못한다. 그리고 전의식이 있다. 바로 지금은 인식하고 있지 않지만 필요하면 의식으로 가져올 수 있는 자료다. 여러분은 아마 바로 지금 아침에 먹은 것을 생각하고 있지 않았을 것이다. 하지만 내가 무엇을 먹었느냐고 물으면 (바라건대) 바로 기억할 수 있을 것이다. 전의식을 의식한 것이다.

프로이트의 은유적 빙산에서 대부분을 차지하는 것은 무의식이다(그림 6.7). 프로이트의 무의식 이론은 시간이 흐르면서 변화한 복잡한 이론이다. 전의식이 의식으로 가져올 수 있지만 특정한 시기에는 의식에 없는 자료를 담고 있는 반면, 무의식은 의식으로 가져올 수 없는 자료를 담고 있다. 프로이트에 따르면 무의식의 자료는 자신에게 아주 불편한 것들이라 우리가 적극적으로 억누른다. 무의식은 기억과 소망, 욕망, 충동을 보관하는 곳이다.

프로이트의 모델에서 무의식은 단순히 정보를 수동적으로 보관하는 장소가 아니다. 지식과 기억, 욕망을 능동적으로 의식과 분리하기도 한다. 무의식의 내용을 어떻게 탐험할 수 있을까? 프로이트는 가끔 경비원이 쓰러지면 무의식이 어떻게든 뚫고 나오기도 한다고 믿었다. 이런 일은 무의식의 내용이 변형된 형태로 드러나는 꿈에서 가장 자주 벌어지며, 이에 관해서는 뒤에 더 자세히 다룬다. 또한 무의식은 프로이트가 일상의 정신병이라 불렀던 형태로 나타나기도 한다(Freud, 1905). 프로이트는 사소한 실수나 잘못이 무언가를 말해주며, 우연이 아니라 무의식의 발현으로 발생한다고 생각했다. 이러한 잘못을 **프로이트적 실수(Freudian slip)**라 한다. 프로이트가 제시한 간단한 예는 오스트리아의 국회의장이 무척 어려운 회의가 될 것을 예상하면서 "개회를 선언합니다"라고 알리는 대신 "폐회를 선언합니다"라고 말한 사례였다. 오늘날의 인지심리학에서는 이러한 잘못 대부분이 정보 처리 모델에서 발생한 실수라고 설명한다(Harley, 2014).

그림 6.7 프로이트의 정신 빙산 모델. 빙산의 대부분은 수면 아래 숨겨져 있다. 항해를 어렵게 만드는 것도 수면 아래 숨어 있는 부분이다. 프로이트에게 의식이 있는 정신은 빙산의 일각에 불과했다. 많은 정신적 내용은 무의식에 숨겨져 있다.
출처: brainmaster/E+/Getty Images.

다른 중재적 접근법에서는 사람들에게 특정한 자극이 무엇과 연관되어 있는지 묻는다. 가장 잘 알려진 접근법은 자유연상(free association)이라는 기법으로, 사람들에게 특정한 언어 혹은 꿈의 파편에 대한 반응으로 가장 먼저 떠오르는 게 무엇인지 묻는 것이다. 그리고 새로운 자극에 대한 반응에 관해 물으며 이런 과정을 반복할 수 있다. 자유연상은 대개 꿈의 해석과 병행된다.

비슷한 기법으로 사람들에게 기본적으로 무작위적인 패턴을 보여준 뒤 무엇이 보이는지 묻는 *로르샤흐 잉크반점검사(Rorschach inkblot test)*가 있다(Exner, 2002; 그림 6.8). 스위스의 심리학자 헤르만 로르샤흐(Hermann Rorschach, 1884~1922)가 만든 검사로, 모호한 자극을 해석하는 과정에서 사람들의 정서와 숨겨진 갈등을 드러나는 투사적 성격검사로 가장 흔하게 활용된다. 오늘날에는 성격을 측정할 때 설문지를 기반으로 하는 객관적 검사들이 훨씬 선호된다. 치료의 수단으로써 로르샤흐 검사는 점수 체계의 효용성에 따라 제한적으로 활용되거나, 분석가가 사용하는 해석과 기본 이론의 도구가 된다. 아버지와의 관계에서 억압된 갈등이 없다면 잉크 반점을 해석해서 드러낼 수 있는 것도 없을 것이다.

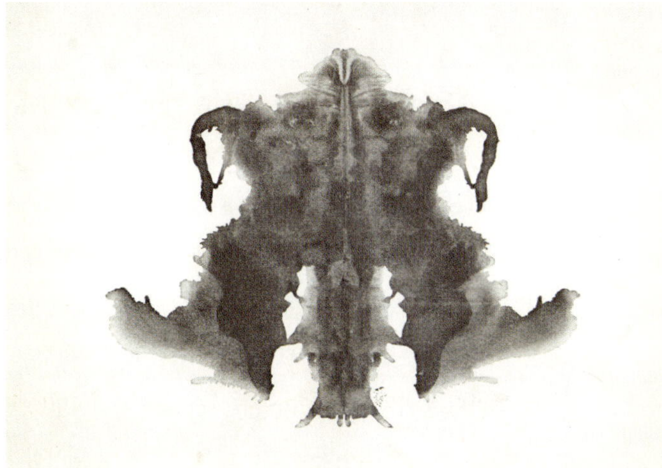

그림 6.8 로르샤흐 검사에서 사용되는 그림. 이 그림을 보면 무엇이 떠오르나? 정말 음산한 그림이다.
출처: zmeel/E+/Getty Images.

어떤 사람들은 최면과 같은 적절한 치료법으로 밝혀낼 수 있는 억압된 기억이 존재한다고 믿는다. 어린 시절의 성적 학대처럼 간직하기에는 너무 참혹한 기억이 프로이트의 주장과 유사한 과정에 의해 억눌러져 있다는 생각이다. 학대를 당하는 동안에는 분리 상태(dissociated state)에 있어서 나중에 기억을 되살리기가 어려워지는 메커니즘을 생각해 볼 수는 있다. 이 주제는 매우 논란이 많다. 실험실 환경에서 사람들이 단어 목록 중 일부를 일부러 잊어버릴 수 있다는 증거는 있다(MacLeod, 1975). 하지만 많은 연구가 진행되었는데도 사람들이 불쾌한 기억을 광범위하게 억누른다는 체계적 증거는 없다(McNally, 2007). 더군다나 소위 기억회복치료(recovered memory therapy)를 통해 억압된 기억을 '회복'하려는 시도는 신뢰성이 떨어지거나 위험할 수 있다. 목격자 증언에 관한 광범위한 연구에서 확인되었듯이 통제되고 유도된 질의에서 가짜 기억이 만들어질 수 있기 때문이다(Loftus & Ketcham, 1994). 미국심리학회(American Psychological Association, APA)와 영국심리학회(British Psychological Society) 모두 종종 잊혔던 어린 시절의 기억이 떠오를 수는 있지만 보통은 다른 증거가 없으면 이러한 기억이 사실인지 아니면 가짜인지 구분할 방법이 없다는 의견을 내놓은 데도 주목해야 한다(Wright et al., 2006; 상자 6.5). 우리가 아주 어린 시절의 기억을 많이 되살리지 못하고 유아기의 기억은 아예 없는 것은 사실이지만, 프로이트가 주장한 대로 억압 때문이라기보다는 기억의 구조와 부호화(encoding)의 방법 때문일 가능성이 크다(Tustin & Hayne, 2010). 이 시기의 잃어버린 기억을 도움 없이 되찾을 수 있을 것 같지도 않다.

상자 6.5 악마 숭배자들의 아동 학대

악마를 숭배하는 이들이 저지르는 아동 학대의 이야기는 1980년대에 미국에서 시작되어 전 세계로 퍼졌다. 캐나다의 정신과 의사 로런스 파즈더(Lawrence Pazder)가 1980년 자신의 환자(이자 이후 아내가 된) 미셸 스미스(Michelle Smith)에 관한 책 『미셸은 기억한다(Michelle Remembers)』를 출판하며 이들의 이야기가 처음으로 알려진 듯하다. 파즈더는 최면을 활용해 미셸이 어린 시절 악마 숭배자 무리에게 당한 학대의 기억을 되살리도록 도왔다. 파즈더는 미셸의 사례가 거대한 음모 중 하나일 뿐이라고 믿었다. 뒤이어 더 많은 사례가 밝혀졌고, 초기에 알려진 일 중 하나는 1984년부터 1987년까지 조사가 진행된 (미국 캘리포니아주 맨해튼비치(Manhattan Beach)에 있는) 맥마틴 유치원(McMartin Pre-school) 사건이었다. 이 사건은 공판에 회부되었으나 1990년 모두 무죄가 선언되었고 전체 기소가 취하되었다. 이 사건은 미국 역사상 가장 큰 비용이 들어간 형사사건 공판이 되었다. 전 세계에서 고발, 조사, 취하 또는 유죄 선고의 패턴이 반복되었다. 1991년 영국 스코틀랜드의 오크니(Orkney) 아동 학대 스캔들과 같은 사건은 일시적으로 아이들을 부모에게서 떼어놓는 결과를 낳았다.

악마 숭배자들의 아동 학대에 관한 보도를 보면 17세기에 특히 흔했지만 인류의 역사 내내 기록되어 있는 흑마법 이야기와 유사한 점이 많다. 대표적인 예로 1692년과 1693년 미국 매사추세츠주에서 벌어진 세일럼(Salem) 마녀재판에서는 수백 명이 흑마법을 썼다는 혐의로 고발되어 19명이 처형됐다. 희생자는 대부분 여성이었다. 영국에서는 영국 내전 시기(1642~1651)에 '마녀잡이 장군'을 자처한 매슈 홉킨스(Matthew Hopkins)의 지휘 아래 마녀사냥이 벌어져 수백 명이 처형되었는데 역시 거의 여성이었다. 악마 숭배자들의 아동 학대 사건과 흑마법 사건은 (이 장의 앞부분에서 살펴본) 집단 히스테리 또는 집단 심인성 질환의 다른 예다. 특히 사람들이 특정한 위협을 알게 되고 자신이 지각한 바를 지지할 증거를 찾았을 때 나타나는 도덕적 공황의 사례다. 이러한 조사의 트리거는 보통 조그마한 것이었고(한 사건에서는 어린이가 변을 보며 괴로워했다), 황당한 물품들이 증거로 인정되었다(유명 텔레비전 프로그램을 녹화한 비디오도 있었다). 모든 게 끝난 후에는 지혜롭게 사건을 바라보기가 쉽지만, 당시에는 여론의 압박으로 인해 의식이 왜곡되었다.

프로이트의 무의식은 민간 심리학에서 중요한 역할을 하지만 과학적 증거는 많지 않다. 우리가 체계적으로 욕망과 기억을 억누른다는 증거도 거의 없다. 이제 우리는 정신이 프로이트가 예견했던 것보다 훨씬 더 복잡하다는 사실을 알고 있다. 어떤 면에서는 프로이트가 우연히 맞기도 했다. 인지심리학이 처리의 많은 부분에 접근할 수 없다는 것을 보여주기 때문이다. 예를 들어 얼굴 인식이나 단어 인식 모듈이 의식에 진입할 수는 없을 것이다. 하지만 이런 모듈이 무의식에 있다고 할 수 있을까? 기술을 배우면 처리가 자동화되지만 그걸 자동 처리라 부를 수 있을까? 물에 잠겨 있는 빙산의 아랫부분은 기억이 아니라 인지적 과정이다. 그리고 우리는 이러한 과정 대부분에서 과정 자체가 아니라 결과물만을 의식할 수 있다.

직접 해보자: 실수 일기 쓰기

사소한 실수와 잘못을 일기에 기록하자. 일주일 이상 잘못한 것, 실수한 것, 말실수한 것, 까먹은 것을 모두 기록하자. 각각의 실수를 어떻게 설명하겠는가? 프로이트가 말한 억압의 증거를 찾을 수 있나?

직접 해보자: 자유연상

자유연상을 시도해 보자. 여기 여섯 개의 단어가 있다. 각각의 단어로 자유연상을 해 보자. 무언가가 여러분을 막아서는 것을 알아차렸나? 어떤 결론을 끌어낼 수 있는가?

상추

로켓

코끼리

다리

어머니

죽음

융과 집단무의식

스위스의 정신분석가 카를 융(Carl Jung, 1875~1961)은 개인의 무의식 아래에 인류가 공유하는 **집단무의식(collective unconscious)**이 있다고 제안하며 프로이트의 무의식 개념을 더 발전시켰다. 집단무의식은 모든 사람이 공유하는 상징인 *원형(archetype)*을 포함한다(Jung, 1969; 그는 이 단어를 1919년 처음 사용했다). 이러한 원형은 꿈과 예술, 신화에서 볼 수 있다(그림 6.9). 원형은 특정한 문화를 공유하는 모든 사람의 경험을 포함해서 개개인의 경험을 통해 변형된다. 원형의 예로는 (악마, 영웅, 지혜로운 노인처럼 따로 설명이 필요 없는) 전형적인 인물과 (홍수나 종말 같은) 전형적인 모티프가 있다.

많은 이가 집단무의식이라는 개념에 매혹되며, 치료에 유용하다고 말하는 사람들도 있다. 그런 이들에게는 안타까운 얘기겠지만 융의 집단무의식 이론은 과학적 이론이 아니고 실험적 증거가 없다. 한 예로, 무엇이 원형이고 무엇은 원형이 아닌지에 관한 합의도 없다. 찾아보면 다양한 목록을 보게 될 것이다.

문화와 작품을 가로지르며 반복되는 주제가 있는 것은 분명하다. 부커(Booker, 2004)는 그가 일곱 가지 기본 플롯(plot)이라 칭한 것을 정리했고, 중요한 문학 작품들이 시대를 초월해서 모두 이러한 플롯 중 하나에서 나왔다고 주장했다. (부커의 책은 융 심리학의 관점에서 쓰였다.) 또한 시대와 문화를 넘어 반복해서 등장하는 상징적인 인물과 신앙심이 깊은 인물에 일정한 유형이 있는 것도 확실하다. 하지만 이러한 현상을 설명하기 위해 집단무의식을 받아들여야 할까? 일곱 가지 기본 플롯에 들어맞지 않는 것 같은 이야기들은 어떤가? 이러한 이야기는 진정한 문학이 아닐까? 하지만 인간들은 비슷한 뇌를 가지고 있고 대략 비슷한 환경에서 살아간다. 따라서 어떤 생각이 문화와 신화, 문학, 역사 전반에 반복되지 않는다면 오히려 놀라운 일이다. 이런 관찰을 설명하기 위해 집단무의식을 만들어 낼 필요는 없다.

그림 6.9 타로점을 치는 아르카나 카드(arcana card)에 등장하는 원형들. 융은 전통과 문화가 집단무의식의 보편적인 면을 보여줄 수 있다고 주장했다. 예를 들어 대사제는 아니마(anima, 남성의 무의식에 존재하는 여성적 요소-옮긴이)이고 죽음은 그림자이지만 다른 해석도 가능하다. 출처: De Agostini Picture Library/Getty Images Plus.

잠재 처리

잠재 암시(**subliminal** suggestion)라는 개념은 대중의 상상 속에서 강력한 힘을 발휘한다. 1957년 미국 뉴저지주의 포트리(Fort Lee)에서 윌리엄 홀든(William Holden)과 킴 노백(Kim Novak)이 출연한 영화 「소풍(Picnic)」(Logan, 1955)이 상영되는 동안 관객들에게 '팝콘 드세요'와 '코카콜라 마시세요'를 권하는 잠재의식 메시지가 스크린에 투영되었다(그림 6.10). 이러한 광고를 진행한 회사의 부회장인 제임스 비카리

그림 6.10 타킴 노백이 출연한 1957년 영화 「소풍」의 한 장면을 활용한 잠재 광고. 잠재 광고가 조금이라도 효과가 있는지는 분명하지 않으며, 이제는 대부분이 이러한 광고가 무척 윤리적이지 않다고 생각할 것이다. 슈퍼마켓에 갓 구운 빵의 기분 좋은 냄새가 가득한 것은 순전히 우연일까? 출처: Walter Daran/The LIFE Images Collection/Getty Images.

(James Vicary)는 팝콘과 코카콜라의 매출이 급증했다고 밝혔다. 하지만 그는 자기 회사를 위해 과장하고 있었다. 이 술책은 아무런 차이를 만들어 내지 못했다. 이후 비카리는 모든 게 거짓말이었다고 털어놓았다. 잠재 광고 전략이 효과를 발휘하는지 아니면 효과가 없는지를 두고 무척 회의적인 태도를 가져야 하는 건 사실이지만, 사람들은 당연히 이러한 속임수가 윤리적이지 않다고 생각했고 격분했다.

'잠재적(subliminal)'이라고 하면 의식적 지각의 한계치 아래를 의미한다. 의식적 인식에 도달하지 못하는 강도의 자극이 이후의 행동에 영향을 미칠 수 있을까? 1983년 영국의 심리학자 앤서니 마르셀(Anthony Marcel, 1983a, b)은 인식 없는 지각이라 불리는 두 편의 대작 논문을 발표했다. 마르셀은 다섯 개의 실험을 보고했는데 여기서는 다섯 번째 실험을 살펴볼 것이다. '의사' 같은 단어를 보기 직전에 '간호사'처럼 (의미에서) 관련이 있는 단어를 보면, '버터'처럼 관련이 없는 통제 단어를 보았을 때보다 두 번째 단어('의사')를 빠르게 인식한다는 사실은 잘 알려져 있다. 마르셀은 한 단어를 보여준 뒤 재빨리 단어와 같은 다른 자극(이런 후속 자극을 마스크(mask)라고 한다)을 제시하면 참가자들이 더는 첫 번째 단어를 알아보지 못하는 *차폐(masking)*라는 현상을 활용했다. 사실 목적 단어를 보여준 뒤 적당히 빠르게 마스크를 제시하면 참가자들은 목적 단어가 존재했는지 아니면 존재하지 않았는지조차 구분하지 못한다. 마르셀은 차폐가 된 단어들 역시 다음 단어의 인식에 영향을 미친다는 것을 보여주었다. 예를 들어 참가자는 정작 자신이 '의사'라는 단어를 보았는지 보지 않았는지 알지 못해도 '간호사'라는 단어를 더 빨리 알아보았다. 마르셀의 발견은 당시의 단어 인식 및 지각 모델과 맞지 않았다. 당시 통용되던 모델은 지각이 순차적이라 가정했기 때문이다. 특정한 단어를 의식적으로 확인한 후에야 해당 단어의 속성에 접근할 수 있었다.

마르셀의 논문은 논쟁을 불렀고 특히 다니엘 홀렌더(Daniel Holender)의 비판은 영향력이 무척 컸다(Holender, 1986). 홀렌더는 마르셀이 보고한 실험은 실제로 진행하기가 어렵고, 시도마다 마스크가 완전히 효과를 발휘하도록 하는 것도 쉽지 않다고 주장했다. 하지만 이후 메리클과 치스먼(Merikle & Cheesman, 1987), 그린월드 등(Greenwald et al., 1995)이 수행한 실험은 마르셀의 결론을 뒷받침했다(그래도 여전히 반론이 있다는 점은 적어둔다; Holender & Duscherer, 2004).

어쩌면 의식에 진입하지 못한 자극이 처리에 영향을 미칠 수 있다는 사실에 지나치게 놀랄 필요는 없을 수도 있다. 칵테일파티 효과를 기억하는가?

잠재 처리를 활용하는 방식 중 가장 걱정되는 것은 구매 의사결정에 영향을 미치는 것이다. 우리는 이미 자신이 인식하지 못할 때조차 많은 것이 우리의 행동에 영향을 미칠 수 있다는 사실을 알았다(3장을 보라). 왜 슈퍼마켓에 들어서면 갓 구운 빵의 향기가 풍기고 입구 주변에 온갖 빛나는 상품들이 진열되어 있다고 생각하나?

잠재 프라이밍이 효과적일 수 있다고 여겨지는 또 다른 영역은 교육이다. 많은 이가 잠재 메시지가 담긴 테이프를 들으면 무언가를 배우거나 노력 없이도 자기 발전을 이룰 수 있다고 생각한다. 안타깝게도 노력 없이 배울 수 있다는 생각을 뒷받침하는 증거는 없다. 프랫카니스를 비롯한 연구진(Pratkanis et al., 1994)은 참가자들에게 기억력이나 자아존중감 향상을 목적으로 하는 잠재 메시지가 담긴 테이프를 주고 실험을 진행했다. 참가자들은 매일 이 테이프를 들었다. 5주가 지난 뒤 참가자들은 자신의 성과가 향상되었다고 믿었지만 객관적인 지표에서는 실험 전후로 차이가 확인되지 않았다. 연구진은 기발하게도 절반의 테이프에 일부러 이름표를 잘못 붙여서 자아존중감 향상을 위한 메시지를 듣는 참가자 중 절반은 기억력 향상을 위한 메시지를 듣고 있다고 생각하게 했고, 기억력 향상을 위한 메시지가 담긴 테이프에도 같은 조치를 했다. 이때 참가자들은 실제로 들은 메시지가 아니라 테이프의 이름표에 따라 발전이 있었다고 생각했다. 물론 이때도 객관적인 지표에서는 향상(또는 후퇴)이 확인되지 않았다. 안타깝지만 노력 없이는 배울 수 없는 듯하다.

한 가지 분명한 결론은 그 무엇도 분명하지 않다는 것이다! 잠재 광고가 효과를 발휘하지 않을 수도 있지만 슈퍼마켓들은 입구에 특정한 것들을 배치하면서 우리의 결정에 영향을 미치려 한다. 우리는 일부러 어떤 것을 잊을 수 있지만 어린 시절의 기억이 억압되어 있다는 증거는 없다. 사회적 프라이밍은 논쟁을 부르지만 우리는 부드럽게 개입해 사람들의 행동을 유도할 수 있다.

6장 요약

- 내적 성찰은 우리 의식의 내용을 조사하는 것이다.
- 우리는 분석적으로, 서술적으로, 해석적으로 내적 성찰을 할 수 있다.
- 연구 방법으로써 내적 성찰은 잊을 수 있고, 생각을 말로 표현해야 하며, 검열할 수 있다는 등의 여러 한계를 가진다.
- 게다가 내적 성찰의 내용을 신뢰할 수 없을 때도 있다. 우리는 특히 행동의 이유를 제대로 설명하지 못한다.
- 현상학은 일인칭시점에서 경험을 연구하는 철학의 한 갈래다.
- 경험 표집법은 무작위적인 시간 간격으로 상기시키면서 사람들이 특정한 순간에 무슨 생각을 하는지에 관한 데이터를 수집하는 방법이다.
- 조현병이나 알츠하이머병 같은 정신 질환은 망상이라 부르는 잘못된 신념으로 이어질 수 있다.
- 망상은 망상에서 예측하는 것과 세상이 '실제로' 돌아가는 방식 간의 차이를 설명하는 수단으로 작화를 동반하기도 한다.
- 캡그라 증후군, 프레골리 증후군, 안톤바빈스키 증후군을 비롯한 여러 신경 질환은 잘못된 신념을 만들어 낼 수 있다.
- 이러한 장애를 가진 사람들은 대개 무언가가 잘못되었다는 사실을 부인한다(질병인식불능증).
- 프로이트는 정신을 의식과 전의식, 무의식으로 분류했다.
- 프로이트는 의식의 내용은 '빙산의 일각'에 불과하며, 우리에게 억압된 욕망과 기억이 가득 차 있는 광활한 무의식이 있다고 주장했다.
- 무의식에 억압된 기억이 가득하다는 과학적 증거는 없다.
- 정신은 프로이트가 생각했던 것보다 훨씬 더 복잡한 구조를 가진다.

- 능동적으로 억눌러진 소망과 기억으로 가득 차 있는 무의식이 존재한다는 증거는 거의 없다.
- 많은 인지적 처리는 의식에서 직접 접근할 수 없다.
- 융은 우리가 문화적으로 공유되는 자료와 상징(원형)인 집단무의식도 가지고 있다고 주장했다.
- 융이 개념화한 집단무의식을 뒷받침하는 증거는 찾기 어렵다.
- 그렇기는 하지만 우리의 행동은 우리가 인식하지 못하는 것들의 영향을 받을 수 있다(잠재 처리).

리뷰 질문

1. 현상학에 대한 후설의 접근법은 감각 데이터에 관한 해석을 배제하고 감각 데이터 자체에 도달하려 하는 판단중지라는 개념을 바탕으로 한다. 근본적인 지각의 대상만 남기기 위해 지각에서 인지 과정을 제거하는 것이다. 여러분이 인지와 지각에 관해 알고 있는 사실을 고려할 때 이런 과정이 가능할까?
2. 내적 성찰이 우리의 정신적 상태에 관한 정확한 통찰을 제공한다는 생각이 착각일 수 있다고 지적한 니스벳과 윌슨의 고전적인 논문은 1977년 발표되었다. 그 이후 무엇이 변했을까? 그들의 결론은 여전히 유효할까?
3. 경험 표집법은 의식의 내용을 측정하는 데 얼마나 신뢰성 있는 도구일까?
4. 잘못된 신념을 만드는 신경 질환은 의식의 질환이라 할 수 있을까?
5. 프로이트와 융의 무의식 개념을 비교하고 차이점을 정리해 보라.
6. 회복된 기억이라는 개념이 어떤 평가를 받고 있는지 논하라.
7. 잠재 처리의 증거들을 평가해 보자. 연구실 밖에서는 얼마나 효과를 발휘하나?
8. 무언가를 판매하려 할 때 심리학을 어떻게 활용할 수 있을까?

추천 자료

내적 성찰

숀 갤러거, 단 자하비. (2013 [2008]). 현상학적 마음 (원제: The Phenomenological Mind). 철학 그리고 내적 성찰의 실천과 현상학에 관해 전반적으로 살펴볼 수 있는 훌륭한 입문서.

Farthing, G.W. (1992). The Psychology of Consciousness. Upper Saddle River, NJ: Prentice Hall. 오래된 책이지만 여전히 내적 성찰과 그 위험성을 접하기에 적합한 입문서.

집단 히스테리와 대중적인 망상

Bartholomew, R.E., and Hassall, P. (2015). A Colourful History of Popular Delusions. New York: Prometheus.

신념의 신경과학

Hirstein, W. (2006). Brain Fiction: Self-Deception and the Riddle of Confabulation. Cambridge, MA: MIT Press. 작화의 신경과학.

정신분석학적 무의식

Freud, S. (1905). The Psychopathology of Everyday Life. Harmondsworth, UK: Penguin. 프로이트가 처음으로 무의식이 어떻게 일상 생활을 뚫고 나타나는지를 다룬 책. 여전히 읽어볼 만하다.

Tallis, F.R. (2012). Hidden Minds: A History of the Unconscious. New York: Arcade. 심리학에서 무의식이라는 개념이 발전해 온 변천사.

심리학적 잠재의식

리처드 H. 탈러, 캐스 R. 선스타인. (2009 [2008]). 넛지 (원제: Nudge: Improving Decisions about Health, Wealth and Happiness). 작은 변화를 일으키도록 사람들을 '넛지'해서 사람들과 사회에 영향을 미치는 법을 다룬 화제의 책.

캐서린 케첨, 엘리자베스 로프터스. (2008 [1994]). 우리 기억은 진짜 기억일까? (원제: The Myth of Repressed Memory: False Memories and Allegations of Sexual Abuse). 도솔. 로프터스는 목격자 증언의 신뢰성 연구를 주도하는 학자다.

Eagleman, D. (2011). Incognito: The Secret Lives of the Brain. New York: Pantheon. 잠재 처리에 관한 대중적인 설명.

Packard, V., and Miller, M. (2007). The Hidden Persuaders. New York: Ig Publishing. 1947년 처음 발표된 기념비적인 작품으로 미국 사회에서 광고의 역할과 비밀을 파헤쳤다.

7 자기와 정체성

영국의 위대한 코미디언 피터 쿡(Peter Cook)은 말년에 누군가의 기분을 상하게 한 적이 있었다. 거만한 상대가 쿡에게 자기가 누구인지 알기는 하냐고 묻자 그는 준비한 듯한 답을 내놓았다. "이 안에 정신과 의사 있나요? 여기 자기가 누구인지 모른다는 사람이 있군요"

나는 누구이고, 나를 다른 모든 이와 갈라놓는 것은 무엇일까?

이 장에서는 자기(the self)와 개인의 정체성을 다룬다. 자기는 우리가 스스로를 움직인다고 생각하는 내면의 눈으로, 세계를 지각하고 선택을 내리는 존재다. 이런 생각이 옳다면 두말할 필요도 없이 자기는 바로 호문쿨루스일 테고, 우리는 호문쿨루스를 살펴보며 함께 접했던 문제들을 맞닥뜨리게 될 것이다. 자신에 관한 정보를 모두 통합하려면 우리 자신을 살펴야만 한다. 우리 자신에 관해 일인칭시점을 가져야 하는 것이다(Vogeley & Fink, 2003).

이 장에서는 먼저 재귀라는 개념을 중심으로 자기의 모델들을 살펴보고, 자기의 신경과학을 검토한다. 이후 자기에 관한 두 가지 광범위한 이론인 자아(ego) 이론과 다발론(bundle theory)을 알아본다. 자기의 존재에서 명백한 연속성이 얼마나 중요한지 확인하고, 기억이 우리 자신을 유지하는 데 어떤 역할을 하는지도 검토할 것이다. 기억상실(amnesia)이나 치매로 기억을 잃으면 어떤 일이 벌어질까?

뇌의 어떤 영역이 우리 자신에 관한 모델을 만들어 내는 데 관여할까? 우리가 가진 자기 모델이 뇌 손상으로 인해 어떤 영향을 받을 수 있는지 살펴본다. 특히 분리 뇌 환자들의 사례를 들여다볼 것이다. 하나의 뇌에 두 '자기'가 존재할 수 있을까? 그다음 자기의 물리적 경계를 알아보고 자기를 어떻게 조종할 수 있는지도 생각해 본다. 우리는 항상 자신을 우리의 몸과 동일시할까? 마지막으로 자기 역시 또 다른 착각일 수 있다는 생각을 검토하며 이 장을 마친다.

자기

나는 공간과 시간 속에 한 사람으로 존재한다는 감각을 가진다. 내 머릿속에 세상을 바라보는 '나'가 있는 것 같다. (해변에 있을 때는 졸업식장에 있을 때와 약간 다르게 행동하기는 하지만) 나는 어디에 있든 같은 사람이다. 나 자신은 시간이 흘러도 지속적인 존재라고 생각한다. 나 자신이 열 살 때의 나와 같은 사람이라고 생각한다. 나에서 핵심적인 부분은 내가 간직하고 있는 기억이다. 그러한 기억들이 시간이 흐르면서 나라는 정체성을 형성하고 나를 정의할 수 있게 도와준다. 나 자신은 나의 **자기**다. 자기는 우리 의식의 대상인 개개인이다. 자기는 우리가 바라볼 때만 존재하는 듯하다.

*자기정체성(self-identity)*이라는 감각은 심리적 측면과 신체적 측면을 모두 가진다(Gillihan & Farah, 2005). 나는 나 자신이 사람이라고 생각한다. 밤에 잠자리에 들었다가 아침에 일어난 바로 그 사람이다. 나는

나 자신을 물리적 신체와 동일시한다. 내 정신과 몸은 고유하고, 내 몸이 나에게 속한다고 생각한다.

나는 나 자신이 특정한 시간에 특정한 곳에 존재한다고 생각하며, 태어난 이후로 존재해 왔다는 감각이 있다. 기억들이 이러한 감각을 뒷받침한다. 기억은 타인과 구분되는 자기라는 감각에 이바지한다. 오직 나만이 내 기억들을 가지고 있다. 내게는 어느 정도 과거의 경험으로 인해 형성된 나만의 특유한 인격이 있다. 나 자신은 내 몸 안에 자리하며, 내 몸은 공간과 시간에서 분리되어 있다. 우리는 자신이 유일무이하다고 생각한다.

무엇이 우리를 유일무이하고 변함없이 만들까? 처음에는 바보 같은 질문처럼 느껴질 수 있다. 제일 먼저 떠오르는 답은 우리의 몸이나 인식, 경험일 것이다. 하지만 몇 가지 사고 실험을 해 보면 이러한 질문이 언뜻 생각한 것과 달리 사소하지 않다고 확신하게 될 것이다.

여러분이 어젯밤에 잠이 들었다가 아침에 일어난 바로 그 사람인지 어떻게 아는가? 누구든 당연히 같은 사람이라고 하겠지만 오늘 아침에야 완전한 기억을 가진 채 존재하게 되었다고 상상해 볼 수도 있다. 여러분이 더 발전한 문명에서 오늘 아침에 (혹은 그들의 아침에 상응하는 어느 시기에) 지금까지의 인생이라는 허구의 기억을 채운 채 가동하기 시작한 컴퓨터 시뮬레이션이라는 상상 역시 가능하다. 아무리 가능성이 작아 보이더라도 절대 불가능하다고 단정할 방법은 없다.

다섯 살이나 열 살, 혹은 여러분이 제대로 기억하는 가장 어린 나이로 돌아가 보자. 그 시절의 여러분은 지금과 같은 사람인가? 대부분의 사람들은 '그렇다'고 답하겠지만 물리적으로 그 둘은 아주 다르다. 기억도 아주 다르다. 여러분은 그 이후 엄청나게 많은 것들을 경험했고, 당시의 여러분은 아마 지금은 기억하지 못하는 많은 것을 기억하고 있었을 것이다. 아마 그때 여러분의 지적 능력과 인지적 능력은 지금과 대단히 달랐고 뇌와 신경계도 훨씬 덜 성숙했다는 사실이 더욱 중요할 것이다. 물리적 실재(같은 몸)와 정신적 경험(같은 정신)에 연속성이 있어서 같은 사람이라고 생각하지만, 남아있는 사진이나 영상을 보면 차이가 크다.

또한 우리는 미래 혹은 무언가가 현실과는 다른 상황에서의 자신을 상상할 수 있다(아침에 체육관에 가지 않았다면 오늘 내게 다른 일이 일어났을까?). 이런 유형의 인식을 종종 **자각적 의식(autonoetic consciousness)**이라 한다. 8장에서 이러한 자각적 의식이 의식에서 특히 중요한 역할을 할 수 있다는 사실을 살펴보게 될 것이다. 하지만 지금 핵심은 우리가 자신을 현재에서 과거까지 확장해서 볼 뿐 아니라 미래까지 연장해 상상할 수 있다는 것이다.

> **직접 해보자: 여러분의 세계를 바라보고 있는 이는 누구인가?**
>
> 아마 여러분은 세계를 바라보고 있다는 감각이 있을 것이다. 누가 바라보고 있는 걸까? 이 세계에 존재한다는 느낌을 어떻게 설명하겠는가?

자기 모델

우리는 각자 자신에 관해 생각할 때 우리가 누구이고, 어디에 있으며, 언제에 있는지 말해주는 우리 자신의 모델을 가지고 있는 듯하다. 나는 트레버이고 겨울 해가 스코틀랜드의 언덕들 위로 천천히 올라가는 시간에 의자에 앉아 있다. 오늘 아침에 먹은 것(글루텐프리 빵에 새우를 얹어 먹었다)을 떠올릴 수 있고 열한 살 때 학교에서 라틴어를 배웠던 것도 기억한다. 나 자신이 학자이자 작가이며 웃는 것을 좋아하는 내성적인 사람이라 생각한다. 얼마든지 이어갈 수 있다.

나는 내가 언급한 기억에 무척 자신이 있지만 면밀히 분석해 보면 분명히 틀린 '기억'도 몇 가지 있을 것이다. 나는 우리 집 앞 잔디에 가구가 무더기로 쌓여 있던 일을 기억한다. (긴 사연이 있다.) 하지만 내가 그 사건이 실제로 벌어졌다고 생각했던 날에 우리 가족은 이 집에 살고 있지 않았다. 내 기억은 정확하지 않고 완전하지도 않을 것이다. 연구실 밖에서 진행된 기억에 관한 연구를 생각하면 내 기억력이 딱히 나쁜 것도 아니다.

나는 지역 신문에서 범죄 기사를 찾아 읽는 것을 좋아한다. 피고 측의 흔한 변론 중 하나는 누군가의 머리를 종종 가격하는 성향이 원래 성격은 아니라는 듯이 '피의자는 유죄이지만 원래 성격과 완전히 다른 행동을 했다는 것을 감안해달라'는 것이다.

우리는 처음에 생각했던 것만큼 완전하지는 않더라도 자신에 대한 모델을 가지고 있다고 생각한다. 내적 성찰을 논의하면서 우리는 자신이 행동한 대로 행동한 이유를 정확히 알지 못한다는 사실을 알았다(6장). 자신이 행동한 대로 행동한 이유에 관한 우리의 신념이 완전히 틀릴 수도 있다(Nisbett & Wilson, 1977).

우리는 우리 자신에 관해 생각하기 때문에 또 다른 차원의 자기를 도입할 수 있다. 우리는 자기 자신을 생각하는 자기 자신을 생각할 수 있고, 메타 자기(meta-self)가 시작된다. 이 과정은 재귀적이다. 생각하는 것을 생각하는 능력은 우리가 가진 자기 인식의 원천이고, 이러한 능력이 인간을 다른 동물들 혹은 대부분의 동물들과 구분 짓는다. 따라서 호문쿨루스의 무한 회귀 반론이 전적으로 설득력을 갖는 것은 아니다. 우리는 '나는 텔레비전을 보고 있어' 같은 문장을 기쁘게 받아들인다. 텔레비전을 보고 있는 경험이 비논리적이라고 하지 않는다. 하지만 적어도 무한 회귀 논쟁은 왜 회귀가 끝없이 이어지는가에 관한 논의를 요구한다.

직접 해보자: 자신을 묘사하기

여러분은 자신을 어떻게 묘사하겠는가? 지능 검사에서 지능을 측정하는 것과 마찬가지로 성격 검사에서는 성격을 측정한다. 결과물은 외향성, 신경증적 성향, 새로운 환경에 대한 개방성, 호감도, 성실성과 같은 몇몇 요인에 대한 여러분의 점수를 보여주는 도표다. 인터넷에서 이런 도표들을 발견할 수 있다. 찾은 도표 중 하나를 완성해서 자신에게 점수를 매겨보자. 그다음 성격 검사를 받고 검사 결과가 여러분의 자기 모델과 얼마나 일치하는지 확인하자. 즐거운 시간을 더 늘리고 싶다면 친구들과 가족들에게 여러분의 점수를 매겨 달라고 해 보자.

직접 해보자: 자신을 생각하는 자신 생각하기

자신에 관해 생각해 보자. 자신을 생각하는 자신을 생각해 보자. 자신을 생각하는 자신을 생각하는 자신을 생각해 보자. 실제로 할 수 있나? 할 수 있다면 얼마나 더 갈 수 있나? 이러한 회귀가 무한할 수 있거나, 무한해야 하는 이유를 인정하나?

자아 이론과 다발론

자기를 다루는 두 가지 주요 이론으로는 자아 이론과 다발론이 있다(Parfit, 1984, 1987).

자아 이론에서는 세계를 관찰하고 경험하는 통일된 하나의 내가 있다고 한다. 우리의 지속적인 존재는 경험의 대상, 즉 (프로이트의 자아 개념과 유사한) 자아가 지속적으로 존재한다는 맥락에서만 타당하다. 우리의 의식은 언제든 통일되어 있다. 오직 한 사람인 나의 자아가 이 모든 경험을 소유하고 있기 때문이다. 내 삶은 통일되어 있다. 평생 이 모든 경험을 소유하는 이는 오직 한 사람이기 때문이다. 르네 데카르트의 유명한 명제 '나는 생각한다, 고로 존재한다'는 자아를 우리가 확신할 수 있는 유일한 것으로 주목하게 한다. 자아와 호문쿨루스는 동일한 개념이다. 내면에 계속 존재하는 자기가 있다. 의식을 공부하지 않은 사람들은 대부분 자기를 이렇게 생각할 것이다.

다발론에서는 경험을 하는 동일한 무언가로는 의식의 통일성이나 평생의 통일성을 설명할 수 없다고 한다. 자아는 존재하지 않는다. 대신 우리의 정신적 경험은 다양한 다른 정신적 상태, 사건, 생각이 연속되며 만들어진다. 서로 이어지는 각각의 경험들은 '줄로 묶여 있는 다발'과 비슷하다. 한 사건이 다른 사건을 유발하거나 여러 사건에 대한 이후의 기억을 유발할 때 서로 이어지는 각각의 경험들이 통일된다. 불교 교리 역시 비슷하게 자아를 인정하지 않는다(*무아(無我)*라는 개념이다). 자아는 착각일 뿐이다. 18세기 스코틀랜드 철학자 데이비드 흄(David Hume, 1738)은 우리가 보는 모든 것은 속성의 다발이라고 주장했다(그림 7.1). 대상에 관해서는 말할 수 없고, 이러한 속성들 위에 존재하는 '온전한 대상'은 없다. 우리는 대상을 인식하기 위해 이러한 지각을 하나로 모으며, 이러한 것들을 지각하는 자기가 있다고 생각한다. 비슷하게 우리의 의식을 적절히 주목하면 지각과 생각, 개념만이 존재한다. 독립적인 자기는 찾을 수 없다. 물론 우리는 나와 너, 우리에 관해 이야기하지만 이러한 대명사는 실재하는 무엇에도 대응되지 않는다. 자기는 언어적 구성물 이상도, 이하도 아니다.

그림 7.1 스코틀랜드 철학자 데이비드 흄(1711~1776). 흄은 우리가 인식하는 모든 것이 형태와 색, 질감과 같은 속성의 다발이라고 주장했다. 대상을 만드는 이러한 다발 위에 존재하는 것은 없다. 같은 맥락에서 우리는 그저 감각과 생각, 느낌의 다발일 뿐이다. 이 모든 것 위에 존재하는 '자기'나 '자아'는 없다.
출처: De Agostini Picture Library/De Agostini/Getty Images.

두 가지 접근법 중 확실히 자아 이론이 더 직관적이다. 나는 자기, 나 자신을 가지고 있는 게 분명하다. 그래서 지금 이 세계를 경험하고, 이 책을 읽고, 굳이 다른 설명을 하려는 데 점점 불만을 가지는 게 아닌가? 우리는 각자 개인 정체성을 가진다. 우리 자신에게 적용되는 일인칭 정체성은 우리에게 자신이라는 감각을 부여한다.

영국의 철학자 데릭 파핏(Derek Parfit, 1942~2017)은 안정된 자기는 존재하지 않는다는 것을 보여주기 위해 설계한 다수의 사고 실험을 설명했다(Parfait, 1984). 가장 유명한 *순간이동장치 역설(teletransporter paradox)*로 시작해 보자. 「스타트렉」 시리즈나 영화를 본 사람이라면 순간이동장치가 익숙할 것이다. 스코티, 나를 전송해요! 「스타트렉」에 등장하는 전통적인 장치와 유사한 가장 단순한 형태를 생각해 보자. 여러분이 거대한 장치에 들어서면 그 장치가 여러분을 원자 수준으로 쪼개고 각 원자의 정확한 위치와 상태를 파악한 뒤 모든 정보를 광속으로 화성에 보낸다. 화성에서는 또 다른 장치가 정보를 받아 현지에서 활용할 수 있는 원자들로 원자 단위부터 무척 빠르게 여러분을 재구성한다. 따라서 여러분은 원본의 원자 단위 복사본이다. 이러한 설정을 어떻게 생각하나? 이렇게 화성으로 날아간다면 만족스러울 것 같나? 순간이동장치 문제는 오랫동안 다양한 형태로 존재해 왔다. 고대의 철학자인 헤라클레이토스와 플라톤, 플루타르코스는 테세우스의 배 문제를 사색했다. 이 배는 오랫동안 떠돈 탓에 널빤지 하나하나, 못 하나하나까지 수없이 많은 수리를 거쳤다. 원래 배에 있던 재료가 모두 사라진 후에도 이 배는 처음과 같은 배일까?

나는 순간이동되는 게 좋을 것 같고, 내게 이런 질문을 받은 사람들 모두 같은 답을 했다(물론 오리지널 「스타트렉」의 등장인물인 '본스(Bones)' 매코이(McCoy)는 순간이동장치를 미심쩍어하며 이런 방식으로 여행하기를 꺼린다). 이러한 경험은 아마 장치로 들어가고, 눈을 깜짝이고, 다음 순간 다른 어느 곳에 출현하는 것일 테다. 나는 여전히 나로 존재하고 나처럼 느낄 것이다. 하지만 물리적 몸은 원래의 나와 다르다. 원자들이 완전히 바뀌었다. 그렇다면 우리는 분명히 우리를 구성하고 있는 특정한 원자들을 아주 중요하게 생각하지 않는 것이다.

이제 우리의 용감무쌍한 우주 탐험가가 순간이동장치에서 가능한 다양한 고장을 맞닥뜨리는 상황을 생각해 보자. 특정한 버전에서 순간이동장치는 여러분의 사본을 완벽하게 만들어 냈지만 해체하는 데는 실패해서 지구에도 여러분이 존재하고 화성에도 여러분이 존재하게 되었다. 어떤 게 진짜 여러분일까? 화성에서 두 개의 사본을 만들 수도 있다. 이때 두 개의 사본 중 어떤 게 진짜 여러분일까? 장치 안에서 서로를 마주했을 때 이 둘은 무슨 생각을 할까? 'P-순간이동장치 4(P-transporter 4)'라는 사례에서는 전송하는 장치가 고장을 일으켜 화성에는 제대로 도착하지만 지구의 원본에 해당하는 여러분은 짓이겨지고 끔찍하고 고통스러운 죽음을 맞는다. 화성에 존재하는 새로운 여러분은 이러한 사실을 알고 특별히 괴로워할까?

이러한 질문에는 확실한 답이 없다. 파핏은 생각이나 생각 사이의 관계에는 아무것도 존재하지 않을 뿐 아니라 정체성을 결정하는 무언가도 존재하지 않는다고 주장했다. 우리의 경험 위에 있는 자기는 없다.

뇌와 몸의 세포 각각에 수술을 해서 완전히 똑같은 복제품으로 대체할 수 있다고 상상해 보자. 전체 세포의 2퍼센트만 교체했다면 우리는 같은 사람일까? 50퍼센트라면? 95퍼센트라면? 100퍼센트 이식 수술을 받으면 우리는 더는 우리가 아니고 새로운 존재가 되는 걸까? 우리가 더는 우리가 아니게 되는 임계점이 있을까? 대체 수술에서 우리가 더는 우리가 아니고 우리의 사본이 되는 임계점이 존재하리라 믿는 것은 자연스럽다. 파핏은 다발론을 믿는다면 이러한 자연스러운 믿음을 폐기해야 한다고 생각했다. 우리는 개별적으로 존재하는 개체가 아니기 때문이다. 두 가지 결과가 가능한 것이 아니라 두 가지의 다른 서술이 가능하다. 문제는 우리의 언어 때문에 생긴다. '그저 단어 선택'의 문제일 뿐이다(Parfit, 1987: 23).

처음에는 다발론이 직관에 반하는 것처럼 보일 수 있지만 이러한 사고 실험에서 무엇이 잘못됐는지 지적하기는 어렵다. 그래서 이 이론은 의식 연구자들에게 인기가 많다.

상자 7.1 얼굴 이식

2006년 프랑스에서 이자벨 디누아르(Isabelle Dinoire)가 처음으로 부분 얼굴 이식 수술을 연달아 받은 뒤 스페인과 프랑스에서 처음으로 전체 얼굴 이식 수술이 진행되었다. 얼굴 이식은 장기 제공자에게서 피부와 점막, 뼈, 혈관, 신경을 이식하는 것을 포함하는 극도로 복잡한 수술이다. 수술 이후에도 평생 면역억제제를 복용해야 하는데 그러면 암을 비롯해 생명을 위협하는 병이 발생할 확률이 훨씬 커진다. 하지만 물리적 거부 반응뿐 아니라 *심리적 거부 반응(psychological rejection)*이 일어날 위험도 있다. 우리는 거울 등에 비친 자기 얼굴을 가끔만 보면서도 외양과 우리 자신을 정의하는 특성 중 하나로 받아들인다. 놀라울 수도 있는 사실이지만 심리적 거부 반응은 실제 사례에서는 문제가 되지 않는 것으로 밝혀졌다. 이런 종류의 거부 반응이 관찰되지 않는 이유는 환자들이 바로 새로운 얼굴의 주인임을 인식하고 '흉한' 얼굴 대신 '정상적인' 얼굴을 얻었다고 느끼면서 자신의 새로운 외모를 자기 자신과 통합했거나 심리 상담의 도움을 받았기 때문이다.

하지만 이식 수술의 심리적 거부 반응은 여전히 미지의 영역이다. 1998년 클린트 핼램(Clint Hallam)은 세계 최초로 손을 이식받았다. 하지만 그는 2001년 이식받은 손이 전혀 자신의 것처럼 느껴지지 않는다며 절단을 요청했다. 핼램이 필요한 면역억제제를 복용하지 않고 있었고 새로운 손의 운동 제어에 큰 어려움을 겪었기 때문에 상황이 복잡했다.

아는 자기와 알려진 자기

우리가 더 자세히 생각해 보아야 할 '자기'에 관한 설명으로 *중심적 자기(central self)*와 더 *주변적 자기(peripheral self)*를 구분하는 이론이 있다. 이러한 구분은 오랜 역사를 가진다. 윌리엄 제임스(William James, 1890)는 아는 자기와 알려진 자기를 구별했다. 내가 나에 관해 생각할 때 이런 구분이 가능하다. 핵심적인 자기는 우리의 인식이어서 우리는 우리 자신을 알 수 있는 듯하다. 제임스에게 이러한 자기는 아는 자기와 알려진 자기로 구성되어 있었다. 비슷한 구분으로 *최소한의 자기(minimal self)*와 *서술적 자기(narrative self)*(Gallagher, 2000), *핵심적 자기(core self)*와 *확장된 자기(extended self)*(Damasio, 1999)가 있다.

갤러거는 최소한의 자기가 다른 모든 것을 제거하고 '지금'을 경험하는 나라고 주장했다. 그는 최소한의 자기가 행위자라는 감각(나의 행동을 시작하는 것은 나다)과 소유의 감각(나는 내 몸에 속한다)을 가지고 있다고 제안했는데, 우리는 보통 이 두 가지 감각을 구분하지 못한다. 확장된 자기는 시간이 흐르는 동안 지속되는 것이다. 과거의 자전적 기억을 가지고 있고 맥락과 미래에서 자기에 관해 생각할 수 있다. 서술적 자기는 우리가 우리 자신에 관해 말하는 이야기이다.

다마지오가 제안한 자기의 세 가지 단계

신경과학자 안토니오 다마지오(Antonio Damasio)는 진화와 동물 심리, 신경과학에 기반해 각각 다른 유형의 의식에 해당하는 자기의 세 가지 단계가 있다고 제안했다(Araujo et al., 2013; Damasio, 1999, 2010). 원자기(proto-self)는 인식할 수 없다. 그리고 상당히 원시적인 생물에도 존재한다. 이러한 생물은 환경에 반응하는 원자기를 가지는 것으로 설명할 수 있다. (통증과 같은) 느낌을 가질 수 있지만 (통증을 두려워하는) 정서는 없다. 내적 상태의 변화에 대한 반응으로 정서를 가질 때 핵심 의식(core consciousness)이 출현한다. 어떤 생명체가 공포를 느끼고 이러한 정서에 따라 (도망치는 등의) 반응을 하는 것이 한 예다. 확장 의식(extended consciousness)은 자서전적 기억을 갖느냐에 달려 있는데, 시간이 흐를수록 인식의 감각이 확장되어 정체성의 감각으로 이어진다(Damasio, 1999).

원자기는 많은 동물이 공유하는 무의식 상태이며 생명체의 내적 상태에 대한 순간순간의 표상으로 구성된다. 배가 고프거나, 혐오스러운 자극을 경험하거나, 공간에서 자신의 위치를 나타낼 수 있다. 원자기는 사실 우리가 생각하는 의미의 자기가 아니지만, 자기를 경험하는 것의 전제 조건은 몸의 상태에 관한 정보를 가지는 것이다. 원자기는 뇌에서 진화적으로 먼저 생성된 뇌줄기, **시상하부**, **뇌섬엽**(뇌섬엽피질) 같은 영역에 의존하며 이러한 영역은 배고픔과 목마름, 운동, 몸의 느낌, 정서와 같은 항상성 조절 메커니즘에 관여한다. 여러 면에서 원자기는 프로이트의 이드(Id) 개념과 유사하다. 원자기는 몸과 우리의 정서를 대표한다. 뇌줄기는 원자기의 형성에 중요한 역할을 하지만, 건강한 사람들의 자기정체성에 중요한 역할을 하는 것으로 추정되는 영역인 뇌섬엽피질 역시 관련이 있다. 다마지오의 설명은 뇌섬엽이 어떤 역할을 하는지 알려주는 동시에 왜 이 영역이 변함없는 자기(the constant self)에 아주 중요하지는 않은지 말해준다는 이점이 있다. 뇌줄기의 아랫부분은 심장과 소화관에서 오는 정보를 받고 윗부분은 몸의 근골격에 대한 이미지를 구성한다. 다마지오는 인간이 아닌 여러 동물도 원자기를 가지고 있을 수 있다고 설명했다. 원자기는 뇌의 여러 수준에서 순간순간 생물체의 상태를 표현하는 신경 패턴의 모음이며, 이러한 패턴은 관련이 있고 일관되며 비의식적이다.

핵심 자기(core self)는 몸을 인식하며 외부 세계를 지각하는 자기다. 다마지오에게 의식은 느낌을 안다는 느낌이다. 여기서는 다시 소유의 감각이 중요하다. 생명체는 원자기로 표현되는 자기 자신과 외부 세계를 구분한다. 핵심 자기는 일상에서 사용하는 자기의 의미와 가장 가깝고, 전문 지식이 없는 이들이 생각하는 의식이라 할 수 있다. 자기와 내적 성찰의 역할을 검토할 때 우리는 뇌 손상으로 인해 자기와 의식에 상당한 변화를 겪은 사례를 마주하게 된다. 그래도 우리는 해당 사례의 사람들에게 의식이 있다는 사실을 부정하려 하지 않는다. 다마지오는 뇌 손상을 입은 사람들에게도 핵심 자기는 여전히 온전하다고 제안한다. 핵심 자기는 평생 크게 변하지 않으며 우리는 핵심 자기를 의식한다. 그래서 우리가 핵심 의식을 이야기할 수 있는 것이다. 핵심 의식은 연속되는 펄스(pulse, 극히 짧은 시간만 흐르는 전류–옮긴이)로 끊임없이 재생되며, 이러한 펄스가 한데 섞여 의식의 흐름을 만들어 내는 듯하다. 다마지오는 핵심 의식이라는 자신의 개념을 로크, 브렌타노, 칸트, 프로이트, 윌리엄 제임스 같은 여러 사상가의 관점과 연결했다. 그리고 마지막으로 확장 의식이 있다. 핵심 자기는 순간적인 자기로 '펄스'에 존재한다. 그리고 원자기가 사물과 그 사물이 몸과 연관되는 방식을 지각할 때 생겨난다. 문제의 사물이 음식인가? 포식자나 다른 종류의 위협인가? 우리와 같은 다른 몸인가?

다른 무언가인가? 핵심 의식은 날 것 그대로의 경험이다. 느낌을 안다는 느낌에 대한 반추나 언어, 과거나 미래는 없다. 다마지오는 핵심 자기의 주요 조정자가 **시상**(thalamus)이라 추정하지만(그림 7.2) 뇌줄기와 피질을 비롯한 다른 영역도 관여한다.

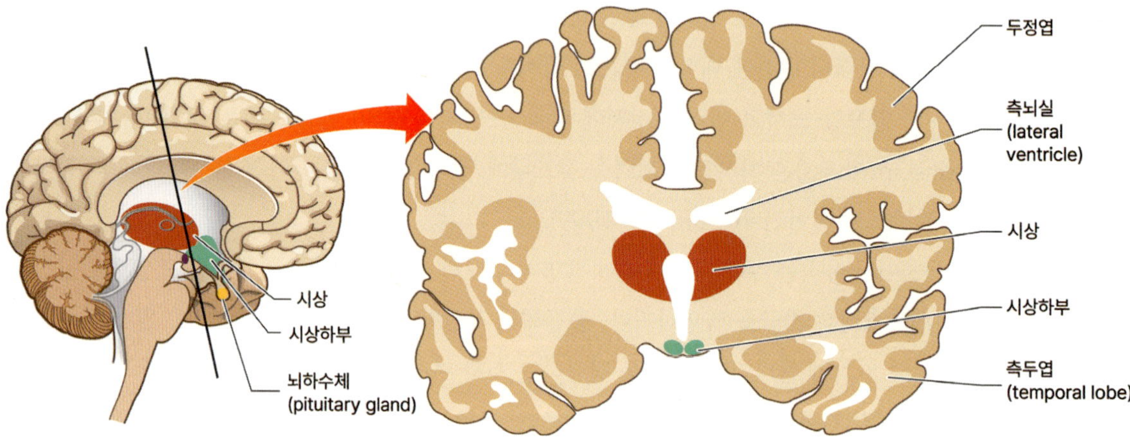

그림 7.2 시상의 위치. 시상은 뇌의 다양한영역을 연결하는 비교적 큰 하부피질 구조이다. 시상은 다양한 역할을 하지만 감각 기관과 뇌의 다른 부분에서 온 정보를 전달하는 중요한 허브로도 기능한다.

반추나 자기 인식은 확장 의식이 있을 때만 가능하다. 확장 의식은 우리에게 자기 인식 그리고 과거와 미래에 대한 자서전적 감각을 선사한다. 많은 동물이 핵심 자기를 가지고 있을 수 있지만 확장 의식을 가지는 존재는 인간과 극소수의 동물뿐일 것이다. 인간은 고도로 발달한 전두엽과 같이 고급 수준의 처리를 구현하는 신경 기전을 가진다는 점에서 다른 동물과 구분된다. 확장 자기(extended self) 혹은 자서전적 자기(autobiographical self)는 기억과 미래에 대한 기대를 기반으로 하며 평생에 걸쳐 서서히 발전한다. 자서전적 자기를 획득하려면 핵심 자기가 있어야 하지만 핵심 자기가 있다고 자서전적 자기를 가질 수는 없다. 사람들이 핵심 의식은 유지하면서도 일시적으로 혹은 영구적으로 자서전적 자기를 잃어버린 사례들이 있다. 핵심 자기는 근원적인 일인칭 경험과 자신이 경험한 지각의 상태, 그러한 자극이 자기와 몸에 즉각적으로 의미하는 바를 처리한다. 더 정확히 말하면 일인칭 경험의 느낌을 처리한다. 다마지오가 확장 의식이라 칭한 자서전적 자기는 의식이 훨씬 더 풍성한 형태로 존재할 수 있게 한다.

핵심 자기와 확장 자기는 분리할 수 있다(Damasio, 1999). **기억상실**과 알츠하이머병에서 확장 자기의 손상을 확인할 수 있지만 핵심 자기는 항상 온전하다. (잠을 잘 때나 뇌전증으로 발작을 일으킬 때처럼) 일시적으로 핵심 자기가 부재한 때도 종종 있지만 핵심 자기 없이 확장 자기만 가질 수는 없기 때문에 이중 해리가 존재하지는 않는다. 코타르 증후군(6장을 참고하라)은 자기 인식이 일부 남아있긴 하지만 주체감이나 소유한다는 감각 없이 확장 자기를 보유할 때 어떤 일이 벌어지는지 엿볼 수 있게 한다.

다마지오는 정서의 역할을 무척 강조했다. 그가 말하는 정서란 몸 상태의 (근육의, 내장의, 화학적인) 내적 변화를 의미하며 신경계의 변화도 동반한다. 정서는 의식적이지 않다. 하지만 (예를 들어 외부의 어떤 물체를 목격해서) 정서가 유발되면 '느낌'을 만들어 낼 수 있으며, 느낌은 행동하려는 자극을 제공한다. 느낌은 의식에 접근할 수 있다.

자기와 집행적 자기의 유형

우리가 우리 자신이라고 생각하는 것에는 몇 가지 측면이 있다. 파핏의 사고 실험이 이러한 개념에 의문을 제기하든 말든 우리는 자신이 어젯밤 잠자리에 들었던 그 사람 혹은 다섯 살 때의 그 사람과 같은 사람이라 생각한다. 우리는 기억에 지나치게 의존해서 기억된 자기(mnemonic self)라 부르는 존재의 연속성을 가진다. 자신이 상당히 일관성 있는 신념과 특성을 가지며 이러한 것이 우리의 인격을 구성한다고 생각한다. 자기 행동을 통제하고 있다고 느끼며, 결정을 내리고 미래를 계획한다고 생각한다. (3장에서) 우리가 의식적으로 행동을 선택하는지는 의심스럽지만, 자신의 운명을 책임진다는 착각은 강력하다는 사실을 확인한 바 있다. 이러한 측면을 *집행적 자기(executive self)*라 부를 수 있다. 결정을 내리고, 계획하고, 추론하고, 자신과 자신의 인지적 능력에 관해 생각하는 것(*메타인지(metacognition)*라 부르는 능력)은 모두 *집행적 처리(executive processes)*라 칭하는 것의 예다. 집행적 처리는 여러 유형의 집행적 처리와 관련이 있는 다른 영역과 함께 뇌의 전두엽, 특히 전전두엽피질에서 실체화된다(Alvarez & Emory, 2006).

전두엽 손상이 집행적 처리의 저하로 이어지는 것은 놀랍지 않다. 심리학에서 가장 유명한 사례 연구 중 하나는 미국의 철도 노동자 피니어스 게이지(1823~1860)의 사례다. 모든 증언에 따르면 게이지는 1848년 돌발적인 폭발로 침대차의 거대한 쇠막대가 그의 머리를 관통하고 왼쪽 전두엽을 심각하게 손상하기 전까지 무척 쾌활한 인물이었고 성실하며 숙련된 노동자였다(그림 7.3). 놀랍게도 그는 의료적 도움을 요청할 수 있었다(뇌 자체에는 통증 수용기가 없지만 머리 주위에는 많기 때문에 느낌이 좋지는 않았을 것이다). 사고 이후 그의 친구들은 게이지가 예전과 달리 음탕하고 상스러우며 변덕스럽고 우유부단한 사람이 되었다는 것을 알아챘다. 사고로 인한 손상이 인격과 집행적 처리에 영향을 미쳤다. 이 유명한 역사적인 사례의 세부적인 내용에는 어쩔 수 없이 빈틈이 많지만 인격과 집행적 처리, 기능의 위치에 대한 근본적인 발견은 이후 여러 차례 재확인되었다. 뇌 손상은 우리 자신의 여러 측면을 바꿀 수 있다.

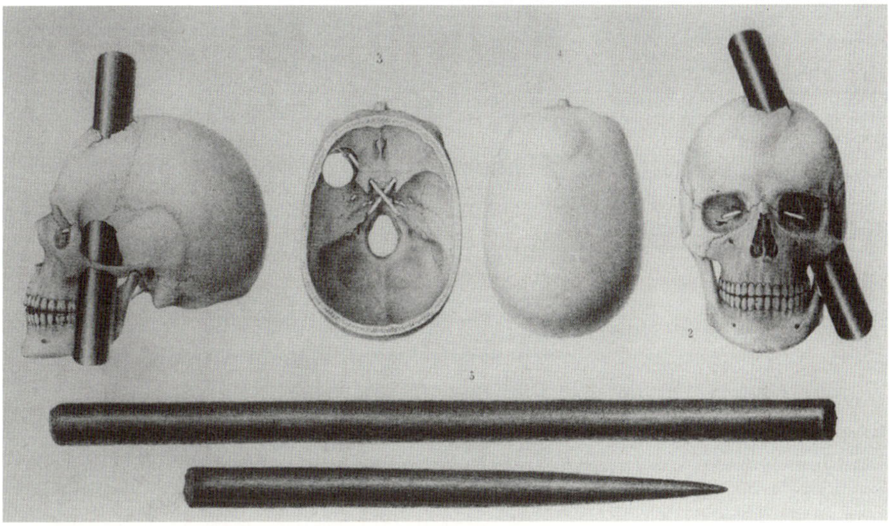

그림 7.3 피니어스 게이지가 입은 상처와 상처를 유발한 쇠막대를 재구성한 그림. 1848년 일어난 사고로 왼쪽 전두엽피질이 손상된 후 게이지는 다른 사람이 되었다고 한다.
출처: Martin Shields/Alamy Stock Photo.

존재의 연속성

우리는 기억할 수 있는 한 자신이 동일한 사람이었다는 강력한 감각이 있다. 우리의 의식은 잠으로 인해 주기적으로 중단되고 가끔은 마취나 뇌진탕으로 차단되기도 하지만 우리는 자신이 그대로라고, 동일한 자기라고 믿는다. 이러한 현상을 *존재의 연속성(continuity of existence)*이라 한다.

우리는 기억 때문에 자신이 동일한 사람이라고 믿는다. 우리는 5분 전에 그리고 잠에 빠지기 전에 무엇을 하고 있었는지 기억할 수 있다. 기억이나 앞선 경험 없이 존재한다는 것이 어떨지 상상해 보자. 의식은 가질 수 있지만 자기라는 감각을 가지리라 예상하기는 어렵다. 우리 자신과 개인적 경험에 관한 정보를 저장하는 기억 체계를 **자서전적 기억**이라 한다. 하지만 우리의 자서전적 기억은 완전하지 않다. 특히 더 가까운 사건을 더 잘 기억하는 *최신 효과(recency effect)*가 있다. 오늘 아침으로 무엇을 먹었는지는 기억하지만 지난 주 같은 요일의 아침 메뉴는 기억하지 못한다. 거슬러 올라갈수록 자서전적 기억은 더 불완전하다.

우리의 기억은 특히 아주 어린 시절에 취약하며 매우, 매우 어렸을 때의 기억은 아예 존재하지 않는다. 보통은 서너 살 이전의 기억이 전혀 없지만 두 살이나 조금 더 후의 일을 기억하는 사람도 있다. 이러한 현상을 *영아기기억상실(infantile amnesia)*이라 한다. 우리가 지나친 정신적 외상을 초래하는 기억을 억압하고 있어서 아주 어린 시절을 기억하지 못한다고 설명하는 프로이트의 정신분석이론은 근거가 없다(Freud 1899, 1905). 그보다 더 그럴듯한 가설이 몇 가지 있다. 아주 어렸을 때는 언어가 없고(Harley, 2017) 인지적 구조가 매우 달라서(Piaget, 1990) 기억이 다른 방식으로 부호화되고, 저장되고, 검색될 수 있다(Hayne, 2004). 어린 쥐들도 일종의 영아기기억상실을 보여주므로(Feigley & Spear, 1970) 인간의 언어와 자기 인식은 생애 초반의 기억상실에 중요하지 않은 듯하다. 초기 기억의 취약성은 아마 기억의 기반에 존재하는 구조적이고 신경화학적인 차이 때문일 것이다(Li et al., 2014). 그래도 우리는 자신이 가족사진 속 아기와 같은 사람임을 의심하지 않는다. 그리고 어떻게든 연속성의 진실성을 확인할 수 있는 한에서는 기억과 개인적 특질의 구멍을 기꺼이 받아들인다. 어린아이들과 아기들에게 의식이 있고, 심지어 영아기기억상실을 겪는 시기의 높은 연령대에는 자기 인식도 존재한다는 사실을 부정하려는 이들도 있을 것이다. 그때 우리에게 의식이 있었다 해도 이후에는 그 의식을 기억해 내지 못한다.

자서전적 기억은 살면서 겪은 사건들의 기억으로 구성된다. '자서전적 기억이 (예를 들면, 다른 사실들과) 분리된 기억 체계인가'라는 질문에 매달리지는 않겠다(지금까지의 논의를 살펴보고 싶다면 Conway & Pleydell-Pearce, 2000을 참고하라). 자서전적 기억은 자기의 연속성에 대한 감각의 원천이다. 이 기억만으로 우리가 의식을 가지게 되는 것은 아니라는 데 주목하자. 내 노트북에도 기억이 있지만 의식이 있는 건 아니다. 의식은 특정한 유형의 기억과 관련이 있다.

> **직접 해보자: 여러분의 가장 오래된 기억**
>
> 여러분의 가장 오래된 기억은 무엇인가? 그때의 여러분이 지금과 얼마나 같은 사람이라고 생각하나? 생애 초기의 기억을 얼마나 신뢰하나? 다른 가족의 기억이나 사진, 영상과 같이 객관적인 증거로 검증할 수 있나?

기억상실과 기억의 손실

인지심리학에서는 일반적인 지식을 위한 기억인 의미 기억(semantic memory)과 특정한 사건을 위한 기억인 일화 기억을 구분한다(Eysenck & Keane, 2015). 여러분에게 프랑스의 수도가 어디인지 물으면 의미 기억을 이용할 것이고, 오늘 아침으로 무엇을 먹었느냐고 물으면 일화 기억을 이용할 것이다. 일화 기억은 기억의 인식을 포함하기 때문에 특히 중요하다. 일화 기억은 과거의 사건을 다시 방문하게 하는 *정신적 시간 여행*을 가능하게 한다(Tulving, 2002). 자서전적 기억은 일화 기억으로 부호화된 일화들로 구성된다.

우리는 일상적으로, 특히 시간이 흐름에 따라 많은 것을 잊지만 기억상실에서 경험하는 기억의 손실과는 비교할 수 없다. **기억상실**은 기억과 새로운 정보를 익히는 능력을 잃는 것이다. 기질적 기억상실(organic amnesia)은 뇌, 특히 (변연계와 해마의 요소를 포함하는) 내측 측두엽(medial temporal lobe)과 (보통 시상의 일부로 분류되는) 유두체(mammillary body) 손상으로 인해 발생한다. 기억상실에는 두 가지 유형이 있는데 대개 동시에 발생한다. 기억상실이 시작되기 전에 일어난 사건을 기억해 내는 데 어려움을 겪는 *역행성 기억상실(retrograde amnesia)*과 기억상실이 시작된 후에 일어난 일을 기억해 내지 못하고 새로운 정보를 익히지 못하는 *순행성 기억상실(anterograde amnesia)*이다(Shimamura, 1992).

여러 유형의 치매, 특히 퇴행성 신경 질환인 *알츠하이머병*이 진행되는 (대개) 고령자들은 점차 자서전적 기억을 잃는다.

기질적 기억 상실의 유명한 사례 중 하나는 HM이라 불린 환자다. 이 남성은 1953년 심각한 뇌전증을 호전시키기 위해 *양쪽* 반구의 *내측 측두엽*을 제거하는 수술을 받았다. 뇌전증은 호전되었으나 그는 여생 동안 심각한 역행성 기억상실과 순행성 기억상실로 고통을 겪었다(Scoville & Milner, 1957). HM(그의 본명은 헨리 몰레이슨(Henry Molaison)이었다)은 2008년 사망했고 심리학에서 가장 많이 연구된 인물 중 하나가 되었다(Squire, 2009). 그는 새로운 정보를 끊임없이 반복해 익혔지만 대부분이 재빨리 사라졌다. HM은 새로운 일화 기억을 유지하는 것이 거의 불가능했다. 연구자들과 자주 만났지만 상대가 누구인지 알지 못했다. 시사에 관한 지식도 없었다.

올리버 색스(Oliver Sacks)는 1980년대 초에도 여전히 1945년이라 믿으며, 의사를 만난 적이 있다는 사실을 부인하고("그런 수염은 기억했을 거예요!"), 거울에 비친 자기 모습에 충격을 받던 지미 G.(Jimmie G.)의 사례를 보고했다(Sacks, 1985). 지미 G.는 코르사코프 증후군(Korsakoff's syndrome)을 앓았고 때때로 알코올을 장기간 심각하게 남용했다. 심각한 알코올 남용은 영양실조가 동반되어 장기적인 비타민 B1(티아민) 결핍으로 이어지기도 한다. 알코올의 유독성을 제거해 줄 비타민 B1이 없을 때 화학적 독소의 축적에 취약한 내측 측두엽이 파괴될 수 있다. 코르사코프 증후군 환자들은 이야기와 정보를 만들어 내는 경향이 있다(Kessels et al., 2008).

기질적 기억 상실의 또 다른 유명한 예로는 클라이브 웨어링(Clive Wearing)의 사례가 있다(Wearing, 2005; Wilson & Wearing, 1995). 웨어링(1938년 출생)은 무척 존경받는 음악가이자 음악학자였으나 1985년 3월 예외적으로 심각한 두통과 함께 병에 걸렸다. 아마 포진바이러스에 의한 뇌염(herpes encephalitis)이 원인이었을 것이다. 무척 드문 경우지만 *단순포진 바이러스(herpes simplex virus)*가 신경계를 공격하기도 한다(상자 7.3). (뇌염은 뇌에 갑자기 예상치 못하게 발생하는 염증이다.) 이후 검사 결과 바이러스가 (전두엽을 비롯한 뇌의 다른 영역과 함께) 그의 해마를 크게 파괴한 것으로 확인되었다(그림 7.4). 그는 발병 이후 새로운 기억을 형성하지 못했다. 웨어링은 역행성 기억상실과 순행성 기억상실을 함께 겪었다.

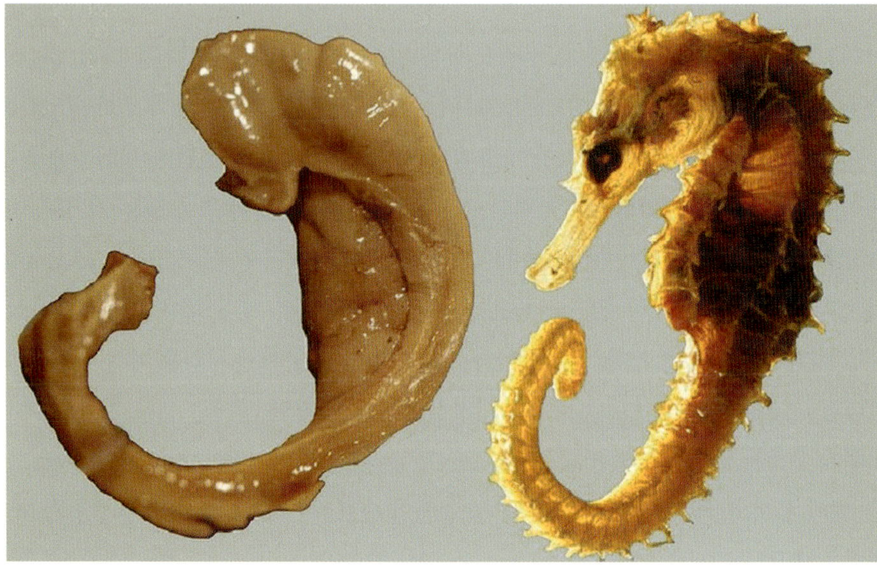

그림 7.4 뇌의 해마와 이 조직의 이름을 따온 바닷물고기 해마. 아래 그림은 뇌에서 해마의 위치를 보여준다. 기억을 부호화하는 데는 뇌의 여러 구조가 관여하지만 해마가 특히 중요하다. 해마는 한때 주로 정서에 관여하는 것으로 여겨졌지만 이제는 훨씬 더 복잡한 역할을 하는 것이 확인된 변연계 내 조직이다. 해마는 좌우 반구에 하나씩 있다.

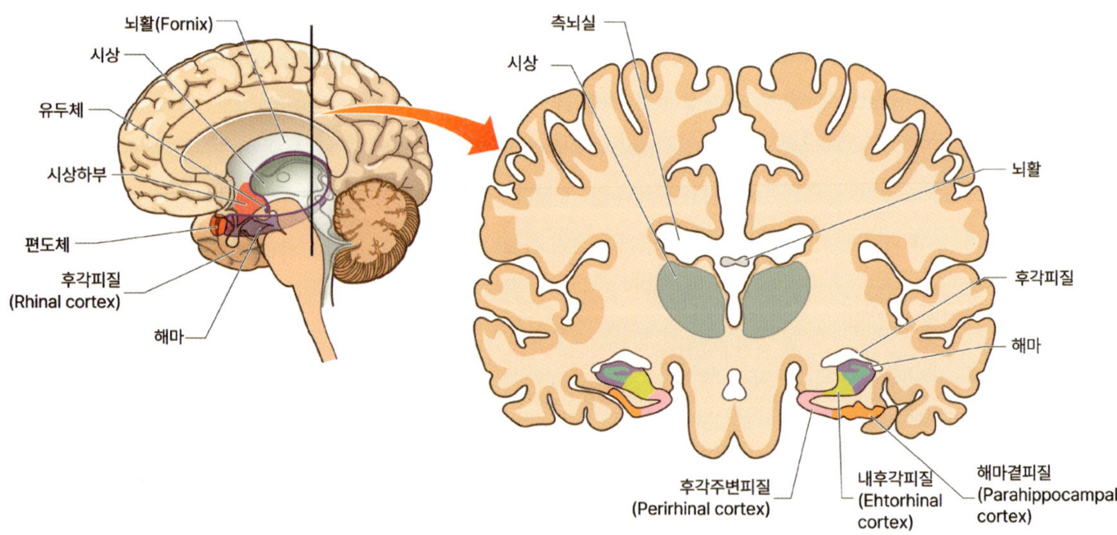

상자 7.2 단순포진뇌염

단순포진 **뇌염**(*Herpes simplex* **encephalitis**)은 뇌의 바이러스 감염이다(그림 7.5). 이 질병은 매년 50만 명에게 영향을 미친다. 단순포진 바이러스는 입술의 발진을 유발하는 바로 그 바이러스(HSV-1)다. 인구의 절반 이상이 이 바이러스에 노출되지만, (스트레스가 원인 중 하나이긴 하나) 알려지지 않은 이유로 이 바이러스가 신경 축삭을 따라 뇌까지 퍼지기도 한다. 50세가 넘은 이들이 특히 이 질병에 취약하다. 가장 중요한 증상은 혼란 증세를 동반하

상자 7.2 단순포진뇌염 (계속)

는 극심한 두통이다. 항바이러스제 아시클로버(acyclovir)를 활용하는 빠른 치료가 중요하다. 치사율은 약 70퍼센트이며 생존자들도 염증의 결과로 다양한 정도의 신경 손상을 입는다(그림 7.6). 해마와 변연계, 전두엽이 특히 손상에 취약하다(Sabah et al., 2012; Whitley, 2006).

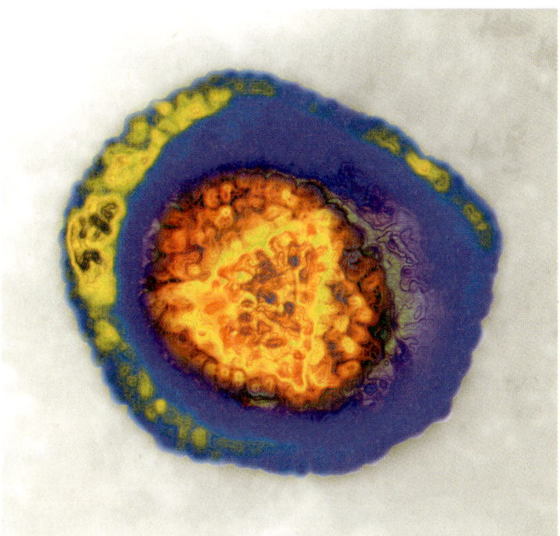

그림 7.5 단순포진 바이러스. 입술의 발진을 유발하는 바이러스이지만 뇌염(뇌의 염증)과 함께 심각한 뇌 손상을 일으키기도 한다.
출처: BSIP/Universal Images Group/Getty Images.

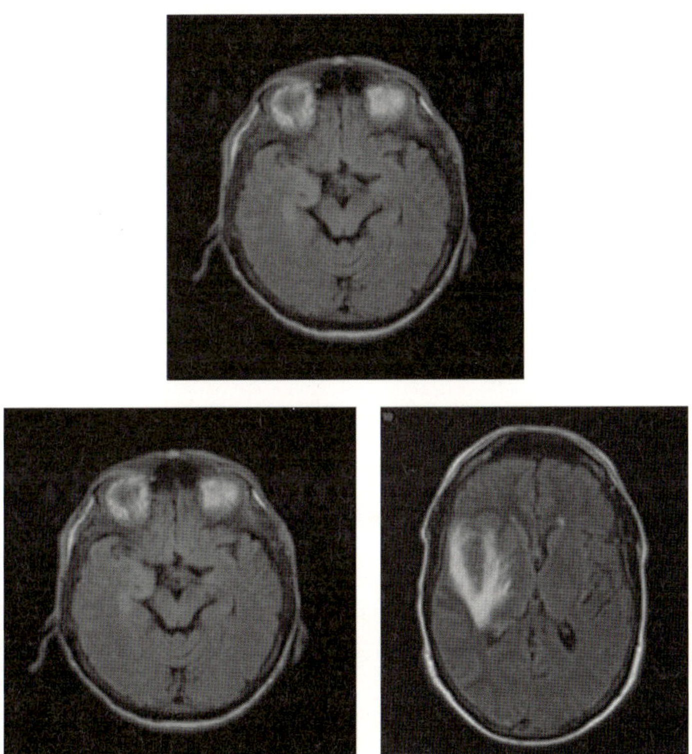

그림 7.6 단순포진뇌염에 걸린 후 뇌에 생긴 병변의 예. 변연계와 해마는 특히 손상에 취약하다. 출처: (위와 아래 왼쪽) 프랭크 길야드(Frank Gaillard) 교수가 제공한 사례. rID: 9164, rID: 10644. (아래 오른쪽) 오스트레일리아 멜버른국립병원(Royal Melbourne Hospital)의 코어 컨디션스(Core Conditions) 프로젝트에서 제공한 사례. rID: 34113, Radiopaedia.org.

웨어링의 기억은 7초에서 30초 사이로, 주로 20초에 한정된다. 이 범위를 넘어서는 모든 것은 사실상 사라진다. 그는 자신이 잠에서 막 깨었거나, 처음으로 의식이 있다거나, 막 혼수상태에서 깨어났다고 이야기한다. 일기를 쓰며 계속 깨어 있다는 사실을 기록하지만 이후 앞서 적은 내용에 선을 그어 지우며 자신이 썼다는 사실을 부인한다. 웨어링의 사례는 오직 지금이라는 범위에만 존재하는 의식을 가지는 게 어떤 것인지 보여준다. 비유하자면 그의 의식은 20초 혹은 비슷한 시간마다 재부팅되어야 한다. 무언가를 어떻게 해야 하는지에 관한 절차적 정보와 같은 몇몇 기술은 여전히 남아 있고, 아프기 전에 있었던 자서전적 사실의 일부를 기억하기도 한다(자식이 있는 것은 알았지만 그들의 이름은 기억하지 못했다). 그래도 웨어링은 여전히 예전과 같은 사람일까? 음악과 아내를 사랑하는 것을 비롯해 여러 개인적 특질은 변하지 않고 남아 있지만 사실상 1985년에 멈춰 있다(Sacks, 2007). 웨어링의 인격은 뇌 손상의 영향을 받았지만(더 공격적으로 변했다) 여전히 동일한 사람임을 알아볼 수 있다. 여전히 같은 기쁨과 사랑을 품고 있다. 의식이 몇십 초마다 새롭게 갱신되기는 해도 여전히 자신에게 의식이 있다는 것을 안다.

일화 기억이 심각하게 망가진 이러한 사례는 적어도 어떤 의미의 자기에는 존재의 연속성이 꼭 필요하지 않다는 사실 또한 알려 준다. 이 모든 사례에서 핵심 자기는 온전하지만, 확장 자기에 기여하는 뇌의 체계가 손상되면서 확장 자기 역시 손상되었다고 할 수 있다.

자기의 신경과학

자기와 자기 모델, 확장 자기를 유지하는 데 관여하는 것들의 복잡성을 고려할 때 뇌의 많은 영역이 이 모든 것과 연관되어 있다는 사실은 놀랍지 않다. **전전두엽피질**은 모든 것을 하나로 묶는 데 중요한 역할을 한다(Vogeley & Fink, 2003; Vogeley et al., 1999). 전두엽 손상은 인격의 변화로 이어지며, 조현병과 같은 질병에서 전전두엽피질의 기능 장애는 자기 모델의 혼란을 부른다(Vogeley et al., 1999).

뇌섬엽(혹은 *뇌섬엽피질*. 두정엽과 전두엽에서 측두엽을 분리하는 틈새인 외**측구**(lateral **sulcus**) 깊숙이 접혀 있는 피질 영역)이라 불리는 뇌의 영역은 자기를 표현하는 데 특히 중요한 역할을 한다(그림 7.7). fMRI는 우리가 자기 성찰에 몰두할 때 뇌섬엽이 극도로 활성화되는 것을 보여준다(이 사례에서는 '나는 좋은 친구다'나 '나는 매력적이다'와 같은 문장이 참인지 판단하게 했다; Modinos et al., 2009). 반면 필리피 등(Philippi et al., 2012)은 뇌가 *단순포진 바이러스*에 감염되어 주위 영역과 함께 뇌의 양쪽 뇌섬엽이 광범위하게 손상된 환자의 사례를 보고했다. 이 남성은 많은 기억을 상실했고 물체를 알아보는 데 어려움을 겪는 등 몇 가지 심각한 이상을 보였으나 자기 인식은 온전했다. 여러 척도 중 과거 다양한 시기에 촬영한 사진과 눈앞에 있는 거울에서 자신을 알아보았고, 타인이 자신을 만지는 것과 스스로 만지는 것을 구분했으며, 자신의 성격을 묘사할 수 있었다. 더 최근의 자서전적 기억을 떠올리는 등의 과업에서는 경미한 이상을 보였지만 자기 인식에 심각한 손상을 입지 않은 것은 분명했다. 뇌섬엽이 우리의 정체성을 유지하는 데 중심 역할을 한다면 그럴 수 없었을 것이다. 필리피를 필두로 하는 연구진의 발견은 우리 자신이라는 감각이 시상과 뇌줄기까

(a)

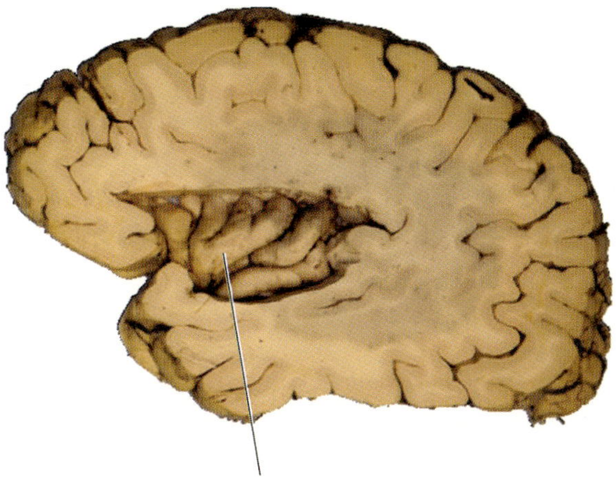

(b)

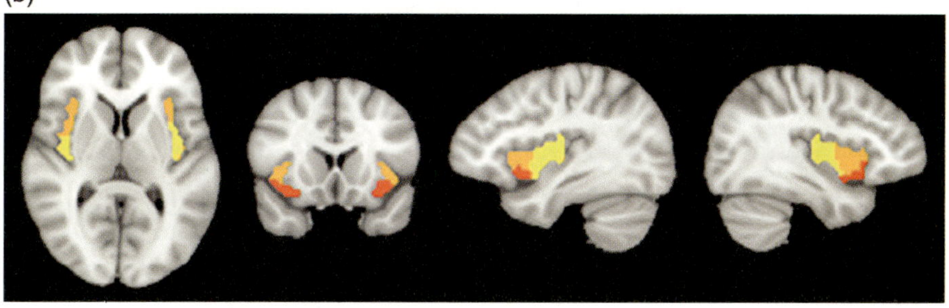

그림 7.7 뇌섬엽피질 혹은 뇌섬엽은 외측구의 피질에서 접힌 부분이다. 자기를 표현하는 데 중요한 역할을 하는 것으로 여겨진다.

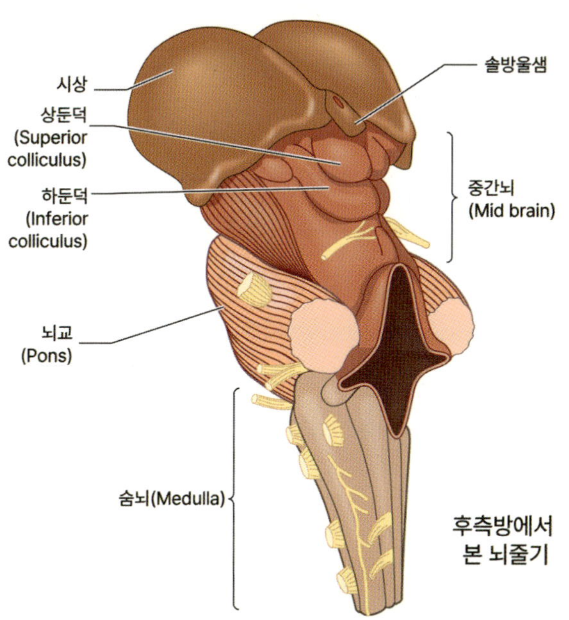

그림 7.8 뇌줄기. 뇌의 위쪽 영역과 척수 사이의 작은 구역으로 호흡과 심장 박동, 수면을 포함해 여러 핵심 기능을 책임진다.

지 포함하는 뇌의 상당한 영역에 퍼져 있는 네트워크의 상호작용에서 온다는 사실을 다시 한 번 확인해 준다(그림 7.8). 우리가 자기에 관한 정보를 선택적으로 처리할 때 복내측 전전두엽피질, ***전측*** 대상회 그리고 양쪽 전뇌섬엽, 좌측 **선조체**, 우측 시상, 편도체를 비롯한 뇌의 다양한 영역이 활성화된다는 것이 밝혀진 메타분석 결과 역시 이러한 결과를 뒷받침한다(Northoff et al., 2006).

또한 뇌섬엽피질은 우리가 심박수를 예측하거나(Critchley et al., 2004) 정서적 경험의 강도를 판단하는(Zaki et al., 2012) 등 우리 몸에 관한 판단을 내릴 때도 활성화된다.

심리적 자기가 물리적 자기에서 분리되는 사례로는 변성된 상태를 다루는 11장에서 살펴볼 유체 이탈 체험이 있다

물리적 자기의 장애

우리는 심리적 자기를 물리적 자기와 동일시한다. 여러분의 몸은 바로 여러분의 것이고 여러분의 자기와 의식이 그 안에 있다. 여러분이 깃든 곳이다. 눈을 통해 밖을 내다보며 여러분의 몸통 앞면, 팔, 다리, 코끝을 볼 수 있다. 거울을 보면 눈을 포함하는 얼굴의 다른 부분도 볼 수 있다.

심리적 자기가 물리적 자기에서 분리되는 사례로는 변성된 상태를 다루는 11장에서 살펴볼 유체 이탈 체험이 있다.

분리 뇌 연구

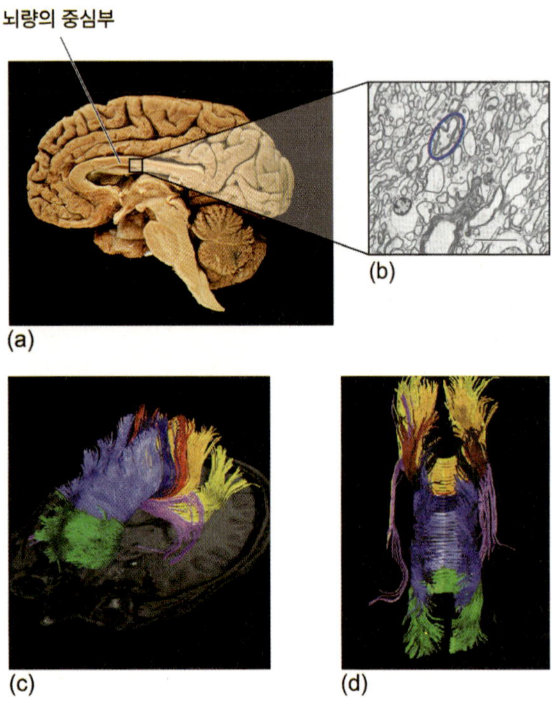

그림 7.9 뇌량. 뇌량은 두 피질 반구를 연결하는 섬유관이다.

뇌는 왼쪽과 오른쪽의 대뇌 반구 두 개로 구성되며 두 반구는 뇌량이라 불리는 신경세포 섬유 다발로 연결되어 있다(그림 7.9). 이 섬유들은 두 반구 사이에서 정보가 아주 빠르게 전송될 수 있게 한다. 1960년대 초 미국의 심리학자 로저 스페리(Roger Sperry, 1913~1994)는 마이클 가자니가(Michael Gazzaniga, 1939년 출생)를 비롯한 박사 과정 학생들과 함께 분리 뇌 환자들을 조사했다. 분리 뇌 수술은 **뇌량절개술(callosotomy** 또는 *corpus callosotomy*)이라 부르는 뇌 수술로 뇌량을 잘라내는 것을 포함한다(더 앞선 시기에 시상을 비롯한 다른 뇌 구조까지 잘라냈던 **연결부절개술(commissurotomy)**과는 차이가 있다). 극단적으로 심각한 뇌전증 환자에게 시행되었던 드문 치료로, 뇌전증이 한 반구에서 다른 반구로 퍼지는 것을 예방하는 것이 목적이었다. 스페리를 필두로 한 연구진이 처음 분석한 환자는 1962년 완전한 뇌량절개술을 받은 환자 W. J.(Patient W.J.)였다. W. J.는 1944년 제2차 세계대전에서 머리를 다친 낙하산 부대원이었다. 그 결과 이 남성은 한 번 발생하면 며칠씩 지속되는 경련에 시달렸다. 수술은 그의 상태를 대단히 개선했다(Gazzaniga et al., 1962). 검사를 받기에 적합한 분리 뇌 환자는 소수에 불과하다. 1970년대 후반부터는 더 나은 약물이나 더 정교한 수술을 포함해 훨씬 덜 급진적인 치료가 이루어졌고, 따라서 더는 완전한 뇌량절개술이 필요하지 않게 되었다. 로저 스페리는 1981년 노벨 생리학·의학상을 받았다.

뇌의 두 반구에 각각 특화한 분야가 있다는 사실은 널리 알려져 있다. 한 예로, 대부분의 사람들은 언어와 관련된 많은 기능이 좌반구에 몰려 있다. 좌반구는 분석적이고 우반구는 공간과 관련된 전반적인 처리를 책임진다는 일반적인 생각은 크게 틀리지 않다(하지만 자신이 우반구형 인간이라고 주장하는 이는 조심하라).

몸은 반대쪽으로 연결되어 있어서 왼쪽 몸의 정보는 먼저 우반구로 가고 오른쪽 몸의 정보는 좌반구로 간다. 예를 들면 오른쪽 귀는 좌반구로 정보를 보내고 우반구의 운동피질이 왼쪽 몸을 제어한다. 눈의 상황은 살짝 더 복잡하다. 전체 시야에서 좌측 편의 정보는 우반구로, 우측 편의 정보는 좌반구로 간다.

보통은 정보가 한 반구에서 다른 반구로 상대적으로 빨리 전송되므로 이러한 차이를 감지하려면 시간을 세밀하게 측정하는 도구가 있는 비교적 복잡한 실험이 필요하다. 하지만 분리 뇌 환자들은 뇌량이 절단되어 있어서 (그림 7.10과 같이) 적절하게 구성하면 양쪽 뇌 반구에 선택적으로 정보를 제시할 수 있다(Gazzaniga, 2005; Wolman, 2012). 이런 실험의 결과는 대개 놀랍다. '좌반구'는 시야의 오른쪽에 제시되는 사물의 이름을 댈 수 있지만 우반구는 시야의 왼쪽에 제시되는 사물의 이름을 대지 못한다. 하지만 따라 그릴 수는 있다. 십대 소년을 대상으로 한 초기 연구에서 소년의 '우반구'에 학교에서 가장 좋아하는 소녀의 이름을 묻자 답을 내놓지 못했다. 하지만 왼손으로 소녀를 가리킬 수는 있었다. 어떤 연구자들은 좌반구와 우반구가 자기와 미래, 문화, 역사에 관해 다른 개념을 가지고 있다고 주장한다. 한 예로, 환자 P. S.의 우반구에 자라서 뭐가 되고 싶은지 묻자 그는 '자동차 경주 선수'라 답했다. 하지만 좌반구에 같은 질문을 던지자 '제도사'라는 답을 내놓았다(Brogaard, 2012).

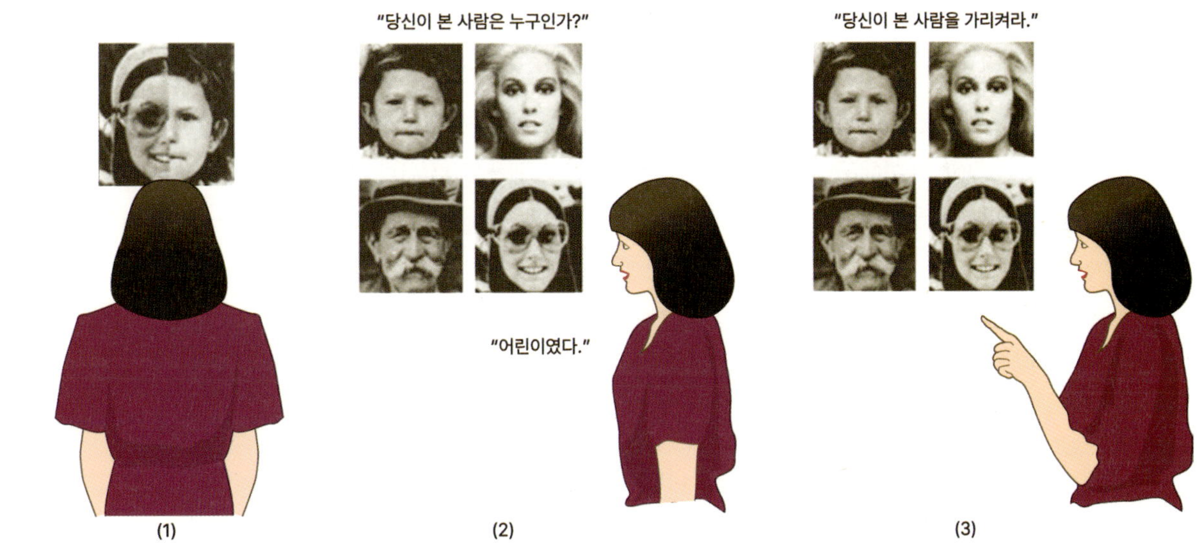

그림 7.10 분리 뇌 검사의 구성. 정보는 두 반구에 일관되게 제시될 수도 있고, 모순되게 제시될 수도 있다.

이런 분리 뇌 연구에서는 의식의 어떤 면이 분리되는 걸까? 말이 되는 유일한 설명은 현상적 의식이다(Bayne, 2008). 현상적 경험은 좌반구에 한정되고, 언어가 없는 우반구는 자동 처리의 결과인 분리 뇌 행동(split-brain behavior)만을 하는 일종의 *좀비와 같은 상태*를 유지하고 있을 가능성도 있다(베인(Bayne)이 제안했지만 근거는 내놓지 못한 모델이다). 이러한 모델은 언어에 지나친 중요성을 부여하는 것이며, 우반구도 일부 언어 처리를 지원하기는 한다.

다른 연구자들은 우반구와 좌반구가 독립적으로 의식을 갖고 있다고 주장한다. 좌반구가 우월하기 때문에 우리가 통일된 의식을 갖고 있는 것처럼 생각하는 것이다(Agrawal et al., 2014). 게다가 '일반적인' 사람들에게는 두 반구 사이의 정보 교환이 아주 중요하다. 이러한 설명을 '두 줄기 의식 모델(two streams of consciousness model)'이라 한다(Tye, 2003). 외과 수술이 통일된 의식을 둘로 나눈다. 각각의 반구는 보통 자체적인 현상적 의식을 지원하지만 일상에서는 의식의 흐름이 동일하다. 일상에서는 동일한 내용을 제공받기 때문이다. 실험실 환경에서만 두 줄기의 의식이 달라질 수 있다.

어떤 순간에든 현상적 의식만이 존재하지만, 현재 과업의 요구와 과업의 결과로 가장 초점을 맞추는 것에 따라 반구가 전환된다는 주장도 있다(Bayne, 2008).

파핏(1984)은 분리 뇌 환자들의 사례에서 두 줄기의 의식이 존재한다는 결론에 도달하는 이유는 그저 두 개의 자기가 존재하기는 어려워 보이기 때문이라고 지적했다. 그는 다발론이 더 자연스러운 설명을 제공한다고 믿었다. 분리 뇌 사례는 단순히 감각과 경험, 인식의 상태가 결정적으로 종종 중복되면서 계속되는 일상적 경험의 연장이기 때문이다. 다발론에서는 자아 이론처럼 두 개의 의식을 만들어 낼 필요 없이 전혀 다르지만 중복되는 경험이 존재할 뿐이라고 설명한다. 핀토 등(Pinto et al., 2017)도 지각의 흐름이 나뉘긴 하지만 의식은 나뉘지 않는다고 동의했다.

이러한 대안 중 하나를 선택하기는 쉽지 않다. 분리 뇌 데이터는 복잡하며, (연결부절개술이 아닌) 뇌량절개술 이후에도 두 반구는 뇌 심부의 경로를 통해 느리고 우회적으로 연결되어 있다. 게다가 이러한 환자들은 각 반구가 행하는 행동의 결과를 관찰하는 법을 배웠고, 시간이 흐르면서 대부분의 신경 손상 사례와 마찬가지로 성과가 향상되었다. 사람들은 조정하는 법을 배운다. 따라서 실험실에서 행한 검사에서 위에 설명한 효과가 확인되었다고 해도 현실에서는 뇌량절개술의 효과가 개선될 수 있다.

해리 상태

해리 상태는 어떤 식으로든 현실과 분리되었다고 느끼는 상태다. 아주 가벼운 정도부터 아주 심각한 정도까지 그 강도가 다양할 수 있으며, 일시적일 수도 있고 오래 유지될 수도 있다. 당장 주위를 둘러싸고 있는 것에서 분리될 수도 있고, 더 심각한 경우에는 자기 몸이나 정서, 환경과 분리되었다고 느낄 수도 있다. 가장 흔한 해리 상태로는 뒤에 더 자세히 논의할 몽상이나 **딴생각**이 있다.

많은 이가 *현실감 소실(derealization)*과 *이인증(離人症, depersonalization)*으로 알려진 간헐적 상태를 경험한다(Hunter et al., 2017). 현실감 소실을 겪는 사람은 마치 영화 속에서 살고 있는 것처럼 현실과 분리되었다고 느낀다. 자신을 둘러싼 것들이 어떤 식으로든 비현실적이거나 왜곡된 것처럼 보인다. 내가 일시적으로 현실감 소실을 경험할 때면 두꺼운 유리나 아크릴이 나를 세상과 분리해서 들리는 것과 보이는 것에 모두 영향을 미치는 것 같다. 세상이 색과 정서적 영향력을 잃은 듯이 보일 수도 있다. 이인증에서 가장 흔한 증상은 변칙적인 신체 경험이다. 사람들은 몸과 분리된 채 자신을 관찰하고 있는 것처럼 느끼거나 실제로 존재하지 않는다고 느낀다. 세상은 현실감이 덜하고 꿈처럼 느껴진다. 어떤 사람들은 자신이 로봇이 된 것 같다고 말하기도 한다. 정서 반응이 줄어들거나 어떤 식으로든 변성된다. 이인증은 불안과 우울 다음으로 흔한 심리적 증상이다. 또한 목숨을 위협하는 상황에서 흔하게 나타나서 지진과 자동차 사고 같은 사건에서는 50퍼센트 이상이 이러한 증상을 보고한다. 일반적으로 이인증은 불안과 더 관련이 있다. 또한 편두통 환자나 측두엽 뇌전증 환자에게 비교적 흔히 나타난다.

현실감 소실과 이인증은 대개 동반되며, 더 극심한 정도의 현실감 소실-이인증 장애는 병리학상의 장애로 인정받아 미국정신의학협회의 DSM-5에 등재되어 있다. 불안과 트라우마, 수면 부족, 시차로 인한 피로, 카페인 남용, 알코올 남용, **향정신성** 약물, 마약의 금단 증상 등 아주 다양한 환경이 이러한 증상을 유발할 수 있다(Baker et al., 2003; Raimo et al.,1999; Stein & Uhde, 1989 등).

마찬가지로 현실감 소실과 이인증의 사례마다 서로 다른 증상 몇 가지가 동시에 진행되고 있을 수 있다. 영상화 기술을 활용한 연구를 보면 전전두엽피질이 과하게 활성화되고 감각연합피질에 큰 변화가 확인된다. 동시에 *세로토닌*에 작용하는 내인성 **오피오이드**와 *글루탐산성* NMDA 경로가 관여한다(Simeon, 2004). 뇌전도를 이용한 연구에서는 일부 삽화 기간에 느린 뇌파(세타파(theta waves))가 비정상적으로 출현하는 것이 확인되었다(Raimo et al.,1999).

(미국정신의학협회의 정신 장애 진단 및 통계 편람 4 판까지는 둔주 상태(fugue state)라 수록되었던) *해리성 둔주*(Dissociative fugue)는 자서전적 정보를 위한 기억을 잃은 상태를 의미하며, (더 긴 기간도 보고되어 있긴 하지만) 보통 몇 시간이나 며칠 정도의 짧은 기간에 스트레스가 극심한 사건을 겪은 결과 나타난다. 둔주 상태를 겪는 동안 당사자는 원래 정체성과 새로운 정체성을 오가거나, 새로운 정체성에 정착할 수도 있다. 정신병 약이나 신체적 외상, 섬망으로 인해 기억을 일부 잃을 수도 있지만 이러한 원인은 정신의학적으로 고려되지 않는다. 회복하는 동안에는 환자가 자신이 익숙하지 않은 것들에 둘러싸여 있음을 깨닫고 놀랄 수도 있다. 둔주 상태에서 회복한 후에는 둔주 상태를 촉발한 스트레스 사건에 관한 기억을 더 영구적으로 잃어버릴 수도 있다(이러한 증상은 해리성 기억상실증이라 한다).

둔주 상태를 겪은 이들의 유명한 사례가 몇 가지 있다. 처음으로 널리 논의된 사례는 앤설 본(Ansel Bourne, 1826~1910; 이 이름이 익숙하게 느껴진다면 유명 영화의 주인공 제이슨 본(Jason Bourne)의 이름이 그에게 왔기 때문이다)의 사례다. 본은 미국 로드아일랜드주의 그린(Greene)에 살던 전도사였다. 그는 1887년 1월 17일 여동생과 프로비던스(Providence)라는 도시로 여행을 떠나기로 했다. 하지만 대신 저축한 돈을 모두 찾아 펜실베이니아주의 노리스타운(Norristown)으로 향했고, 앨버트 J. 브라운(Albert J. Brown)이라는 이름으로 가게를 열고 새 삶을 시작했다. 그는 3월 15일 아침 눈을 떠 자신이 어디에 있는지 모르겠다고 주장했다. 사람들이 그의 이름은 앨버트 J. 브라운이라고 알려주었지만 그는 지금은 1월 17일이며 자신은 앤설 본이라고 했다. 그는 지난 두 달간의 기억이 없었다. 이후 최면 상태에서는 앨버트 브라운의 정체성을 가지기도 했다. 그래도 이 이야기는 행복하게 끝났다. 그는 이후 죽을 때까지 앤설 본으로 살았다(Rieber, 2006).

항상 둔주 상태에서 돌아온 이들의 정체성을 쉽사리 확인할 수 있는 것은 아니다. 둔주 상태로 보낸 기간이 길수록 어려워진다. 가장 유명한 사례 중 하나는 브루네리-카넬라 사례(Bruneri-Canella case)다. 이탈리아 남성으로 아이러니하게도 철학자였던 줄리오 카넬라(Giulio Canella) 교수는 제1차 세계대전 중이던 1916년 마케도니아 전선(Macedonian Front)에서 실종되었다가 1926년 다시 나타났다. 그의 아내가 신문에서 사진을 보고 병원에 입원 중인 한 남자를 찾아낸 것이다. 그 남자는 과거의 기억이 없으며 자신이 누구인지 잊어버렸다고 주장했고, 대신 카넬라 교수의 아내가 그가 자기 남편이라 확인했다. 하지만 문제의 남자가 실은 아나키스트이자 경범죄자인 마리오 브루네리(Mario Bruneri)라고 주장하는 익명의 편지가 도착했다. 결국 그는 법적으로 브루네리임이 밝혀졌다. 하지만 '카넬라'와 그의 '아내'는 브라질로 날아갔고 카넬라는 1941년 그곳에서 생을 마쳤다. 적어도 이 이야기는 오랜 시간이 지난 후 자신의 정체성을 잃어버렸고 기억이 없다고 주장하는 이가 특정한 인물인지 확인하는 작업이 얼마나 어려운지를 알려준다(DNA 검사가 있는 지금은 아마 더 쉬울 것이다).

이처럼 기이한 상태는 더 많지만, 이들에 관해서는 항상 어느 정도 논란이 있다. 모든 상태가 오로지 자기 보고에만 의존하기 때문에 늘 의심의 여지가 있다.

상자 7.3 현실감 소실: 사례 연구

심각한 현실감 소실이 이어지면서 15년간 간간이 '현실에 발을 붙이고 있다'고 느낀 순간을 모두 합쳐도 30여 분에 불과하다. 이렇게 존재가 '들락날락하는 것'은 세상에 느끼는 거리감과 완전히 다르다. 다른 것들을 참조하지 않고는 어떤 것을 겪게 되는지 설명하기가 쉽지 않다. 알 수 없는 이유로 모든 감각 정보가 하나로 합쳐지지 않고 세계에 관한 통일된 감각을 형성하는 데도 실패하는 것 같다. 더 정확히 말하면, 조화를 이루지 못하고 산산조각으로 부서진다. 내 주위의 사람과 사물이 다소 멀고 비현실적으로 보인다. 손을 뻗어도 닿지 않고 사람과 사물, 풍경이 조각조각 나 있는 듯하다. 그 안에서 나는 (심박수 증가, 체온 저하 등) 내 몸에서 오는 내부 정보의 홍수를 겪고, 그래서 외부 세계와 단절된 듯한 감각이 더 강해진다. 정신적 외상을 초래하는 사건을 겪은 후에는 내가 경험하는 바에 상당한 질적 차이가 생겼다. 몇 분 내에 변화가 일어났고 취한 듯한 상태가 되었다. 잠시 깨는 순간순간을 제외하고는 늘 그 상태가 지속되고 있다. 내가 다른 사람들과 다르다는 것에는 의문을 품지 않는다. 대신 현실에 대한 나의 경험이 과거와 어떻게 다른지 비교한다.

(내 동료 애나 Z.(Anna Z.), 2019.)

해리성 정체감 장애

정신의학에 전문 지식이 없는 사람이라도 대부분 '다중 인격'은 들어 보았을 것이다. 정확히 말하면 **해리성 정체감 장애**(dissociative identity disorder, DID. 조현병과 혼동하지 말자)다. '다중 인격'은 인류의 역사 내내 기록되고 소설로 쓰인 소재이지만 여전히 논쟁적인 주제다. 최근 가장 주목할 만한 사례는 처음에는 '이브(Eve)'라는 가명으로 불렸던 크리스 코스트너 사이즈모어(Chris Costner Sizemore, 1927~2016)의 사례다(Thigpen & Cleckley, 1954, 1957). 사이즈모어를 다룬 책은 조앤 우드워드(Joanne Woodward)가 출연한 영화 「이브의 세 가지 얼굴(The Three Faces of Eve)」로도 만들어져 1957년 공개됐다(Johnson, 1957). 식펜과 클렉레이는 이브가 어린 시절의 트라우마에 대한 반응으로 다중 인격을 발전시켰다고 주장했지만 사이즈모어 본인은 항상 여러 인격이 존재했다고 생각했다. 사실 이 여성은 평생 3개가 아니라 22개의 인격을 가졌다고 밝혔다(Bernstein, 2016; Sizemore, 1977). 흔히 나타나는 세 가지 성격은 (술집에 살다시피 하며 충동적이고 난폭한) 이브 블랙(Eve Black)과 (소심한 가정주부) 이브 화이트(Eve White), (진정한 자신인) 제인(Jane)으로 묘사된다.

정신과 의사와 심리학자 중에는 해리성 정체감 장애와 이 질병이 의미하는 바에 회의적인 사람들이 많다. 일부는 이러한 현상이 묘사된 그대로라고 믿지만, 인격 장애가 있는 이들 혹은 우연한 계기에서나 치료사들에 의해 인격을 이식받은 이들이 만들어 낸 증상이라고 생각하는 사람도 있다(Brand et al., 2016; Gillig, 2009; McAllister, 2000). 전반적으로는 복합 장애로서 해리성 정체감 장애가 존재하며 실은 그리 드물지도 않다는 합의가 만들어지는 듯하다. 해리성 정체감 장애를 앓는 이들은 보통 최면에 아주 잘 걸리기 때문에 강력한 해리 성향을 시사하며, 일관성 있게 어린 시절 트라우마를 겪었던 경험이 있다. 둔주 상태를 인정한다면 해리성 정체감 장애를 인정하는 것도 그다지 멀리 나가는 것은 아니다. 또한 몇몇 연구자가 서로 다른 상태에 동반되는 생리적 차이를 찾아내(Reinders et al., 2006) 다양한 상태가 존재함을 뒷받침하고 있다.

그렇기는 하지만 무엇이 해리성 정체감 장애를 만드는지 알아내기는 어렵다. 가장 확실한 해석은 '자기라는 체계' 전체가 2개나 3개, 혹은 그 이상이 된다는 것이다. 인격 간의 차이를 검토하면 '자기'에 무엇이 관여하는지 찾는 출발점이 될 것이다. 당연히 (특정 상황에서 어떠한 방식으로 행동하고 세계를 평가하는 경향인) 인격이 있을 것이고 (한 인격이 늘 다른 인격의 존재를 기억하지는 못할 수 있으므로) 한 세트의 기억도 있을 것이다. 다발론은 인격들을 가까이서 긴밀히 협업하는 서로 다른 다발들이라 설명한다. 자아 이론에서는 둘 이상의 자아가 존재한다고 가정해야 하므로 더 문제가 있어 보인다.

자기의 경계

자기라는 감각을 부여하는 핵심 요인은 자기가 우리 몸에서 자리 잡는 방식 그리고 몸이 물리적 공간에서 자리 잡는 방식이다. 그게 내 몸이다. (내게) 나라는 감각은 특히 머릿속 내 눈 사이에 위치하지만, 아래를 내려다보면 손가락 역시 나의 일부라 생각한다. 다른 이의 손을 잡고 손가락을 교차해도 여전히 내 손가락과 타인의 손가락을 구분할 수 있다. 뇌는 우리의 몸에 대한 소유권을 어떻게 부여할까? 그리고 어떻게 하면 상황이 꼬일 수 있을까?

놀라운 일은 아니지만 공간에서의 조망 수용(perspective-taking)은 공간 처리를 지원하는 뇌의 영역, 가장 중요하게는 오른쪽 *두정엽피질*에 의존한다(Vogeley & Fink, 2003). 자기를 논의하며 앞에서도 언급했던 뇌섬엽은 우리 자신의 몸을 표현하는 데 한몫을 하고(Craig, 2009), 우리의 몸을 행동의 원천으로 삼는 데도 관여하는 것으로 알려졌다(Farrer & Frith, 2002; Tsakiris et al., 2007).

환상 몸

물리적 자기와 심리적 자기가 분리된 환자들은 **자기상환시**(autoscopy 또는 *autoscopic phenomena*)를 겪고 있다고 한다. 자기상환시를 경험하는 환자는 물리적 몸을 다른 위치에서 보지만 자신은 원래의 올바른 위치에서 본다. 자기가 둘이 되는 것 같다. 아마 도플갱어라는 개념도 여기서 나왔을 것이다. **자기환시(heautoscopy)**를 경험하는 사람은 심리적 자기도 이동시켜서 몸의 이미지와 함께 있게 되고, 같은 공간의 다른 지점에서 자기 자신과 세계를 경험하는 듯하다. 자기상환시 현상은 한 사람이 외부 공간에서 다른 조망으로 자기 몸을 지각하는 흔치 않은 시각적 환각 체험이다. 이 현상은 유체 이탈 체험(11장을 참고하라) 그리고 뇌전증 발작과 조현병에서 종종 나타나는 자기상환시적 환각으로 구성된다(Blanke & Mohr, 2005). 환자들의 병변 분석 결과는 우반구의 우세를 시사한다. 한 예로, 환자 B. F.(Patient B.F.)는 출생 과정에서 후두엽피질(occipital cortex)과 바닥핵이 손상되었고 (어디를 보고 있느냐에 따라) 자기 1미터 앞에서 본인의 반투명한 거울 이미지를 보았다. 거울 이미지는 이 여성이 움직이는 대로 움직이면서 자신에게 어떤 일이 벌어지는지 지켜보았다(Zamboni et al., 2005). 이러한 신체 인식 장애는 뇌의 한쪽 혹은 양쪽에서 더 뒤편에 발생한 손상이나 파괴로 인해 발생하는데 화가 날 정도로 막연하게 들리는 진단이다. 자기상환시 현상은 뇌의 손상이 애매하거나 모순되는 감각 정보를 만들어 내면서 하나의 응집된 자기 이미지로 적절히 통합되지 못하기 때문에 발생한다(Blanke & Mohr, 2005). 변형된 가상 현실에서 참가자들에게 상충하는 시각·체지각 입력을 제공해 유사한 장애를 유발한 상태에서 진행한 실험을 통해 이러한 모델을 뒷받침할 근거를 얻었다(Lenggenhager et al., 2007).

환상 팔다리와 환상 통증

자기 몸을 소유하고 있다는 감각에 문제가 생기기도 한다. 가장 잘 알려진 사례 중 하나는 완전히 잘라내거나 일부 절단된 팔다리가 여전히 몸통에 붙어 있다는 기분이 들고, 특히 사라진 팔다리에 계속 통증을 느끼는 **환상 팔다리(phantom limbs)**다. 처음에는 이러한 통증이 남아있는 팔다리의 신경에 생긴 병리적 변화에서 기인하는 것으로 여겨졌다. 하지만 오늘날 알게 된 증거는 통증이 중추 신경계에서 유래함을 시사한다(Flor et al., 2006). 한 예로, 환상 팔다리 통증은 부분 마취나 하반신 마취로는 사라지지 않는다(Baron & Maier, 1995). 태어났을 때부터 팔다리가 없었는데도 팔을 비롯한 환상 팔다리의 통증을 보고하는 사례도 있다(La Croix et al., 1992; Saadah & Melzak, 1994).

환상 팔다리와 이러한 현상의 시사점을 가장 광범위하게 탐구해 온 연구자는 인도계 미국인 신경과학자 빌라야누르 라마찬드란(Vilayanur (V.S.) Ramachandran)이다. 라마찬드란은 이러한 감각을 신경가소성(neural plasticity)의 측면에서 설명한다. 팔다리를 잃게 되면 체감각피질(somatosensory cortex)에서 몸의 이미지가 재구성된다(Ramachandran et al., 1992). 운동피질은 뇌에서 아주 분명하게 지형적으로 구성된 몇 안 되는 영역 중 하나이므로, 몸에서 가까운 각 부분은 운동피질에서도 물리적으로 가까운 부분에 할당된다. 몸의 신경 지도가 재구성되면서 가까운 영역들이 잃어버린 팔다리나 몸의 기능에 관여하게 된다.

이러한 재구성의 결과 중 하나는 앞서 잃어버린 팔다리에 배정되었던 체감각피질의 일부가 몸의 남아있는 부분에 다시 배정되고, 그 결과 잃어버린 팔다리에 감각(과 통증)이 있다고 해석하는 혼동이 일어나는 것이다(절단된 신경의 무작위적인 잡음이 '상향식으로' 부풀려지면서 환상 통증이 된다는 연구자들도 있다; Vaso et al., 2014를 참고하라). 라마찬드란은 환상 팔다리 통증을 치료하기 위해 거울 상자 시스템을 개발했다. 한 쌍의 거울을 이용해 잃어버린 팔다리의 자리에 거울에 비친 팔다리가 보이게 하는 장치다. 환자가 남아있는 팔다리를 움직이면 잃어버린 팔다리가 움직이는 것처럼 보인다. 이렇게 잃어버린 팔다리를 어느 정도 제어하는 법을 배우면 고통스럽다고 여겨지는 지점이나 발작에서 빠져나올 수 있게 된다(Ramachandran et al., 1995).

요약하면 물리적 자기 이미지를 생성하는 것 그리고 몸과 함께 자기를 정체화하는 것은 복잡한 과정이어서 부분적으로 혼란이 발생할 수 있다.

직접 해보자: 거울 상자

직접 거울 상자 시스템을 만들고 오른팔이나 오른 다리를 집어넣어 왼팔이나 왼 다리처럼 보이는지 확인해 보자. 인터넷을 검색하면 만드는 법을 쉽게 찾을 수 있다. 적절한 크기의 거울 두 개가 필요할 것이다(그림 7.11).

그림 7.11 거울 상자 구성. 이렇게 배치하면 잃어버린 팔다리 대신 거울에 비친 팔다리를 보게 되어 잃어버린 팔다리의 움직임을 '제어'할 수 있게 된다.
출처: Pascal Goetgheluck/Science Photo Library.

고무손 착각

신체 이미지의 왜곡은 병리적 오해에 국한되지 않는다. 몸의 각 부분에 대한 우리의 지각은 정확하지 않으며 몸의 범위에 관해 쉽사리 잘못 판단할 수 있다.

고무손 착각 실험에서 참가자들은 왼쪽 손을 시야 밖에 두고 앉는다. 그리고 실물과 똑같은 고무손이 앞에 놓여 있는 것을 본다. 실험자는 보이지 않는 참가자의 왼쪽 손과 보이는 고무손을 모두 붓으로 쓰다듬는다(그림 7.12). 두 손을 동시에 동일한 방식으로 쓸면 참가자들은 점점 고무손을 자기 손처럼 경험하기 시작한다. 한 예로, 왼손으로 오른손을 가리키라고 하면 보통 자기의 왼손이 아닌 고무손을 가리킨다(Botvinick & Cohen, 1998; Ehrsson, Holmes, & Passingham, 2005; Ehrsson, Spence, & Passingham, 2004). 이러한 착각이 시작되려면 11초 정도가 걸린다. 참가자들을 fMRI 장치에 넣고 이 실험을 하면 착각이 시작되

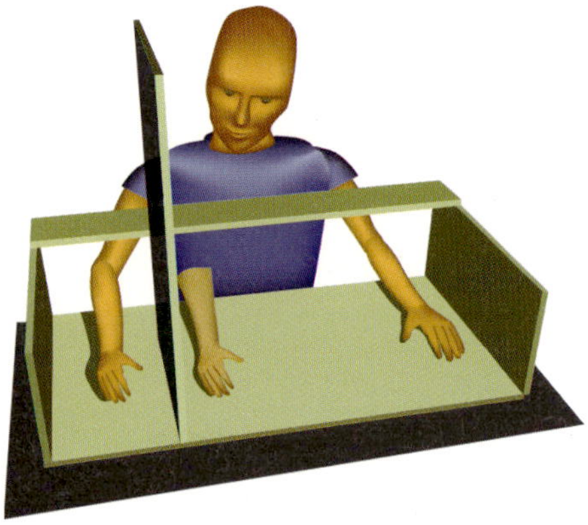

그림 7.12 고무손 실험. 잠시 후 일부 참가자들은 고무손에서 감각을 '느꼈다'.
출처: Rohde, Di Luca, & Ernst (2011).

는 초기에 두정엽피질이 활성화된다. 그리고 약 11초가 지나면 숨겨진 손에 대응하는 운동피질 영역의 신경 활동이 강화된다. 실제 손과 고무손을 쓰다듬는 행동이 일치하지 않으면 이러한 활성화는 발생하지 않는다. 따라서 두정엽피질은 시각 정보와 촉각 정보를 통합하는 데 관여하는 듯하며 전운동피질은 손을 소유한다는 감각에 관여한다.

더 나아가 몸 전체에 유사한 착각을 유발하는 것도 가능하다. 페트코바와 에르손(Petkova & Ehrsson, 2008)은 몸에 대한 소유권을 할당하는 데 조망(우리가 언제나 팔과 몸통, 다리를 동일한 방식으로 보게 되는 머리 위 눈의 각도)가 중요하다면 가끔 우리의 조망을 조작해서 뇌를 속이는 것도 가능하리라고 추론했다. 두 사람은 참가자들에게 헬멧을 씌워서 마네킹의 머리 각도에서 마네킹을 보게 했다(그림 7.13). 그리고 참가자들에게 시각 자극과 촉각 자극을 동시에 가했다(참가자들은 자신들의 배가 붓으로 쓸리는 동안 붓으로 마네킹의 복부를 쓰다듬는 것을 보았다). 참가자들은 곧 대체 몸에 자리하는 듯한 착각을 보고했고 생리적 측정치 역시 이들의 진술을 뒷받침했다. 가상 현실을 이용한 실험에서도 유사한 결과가 나왔다(Slater et al., 2010).

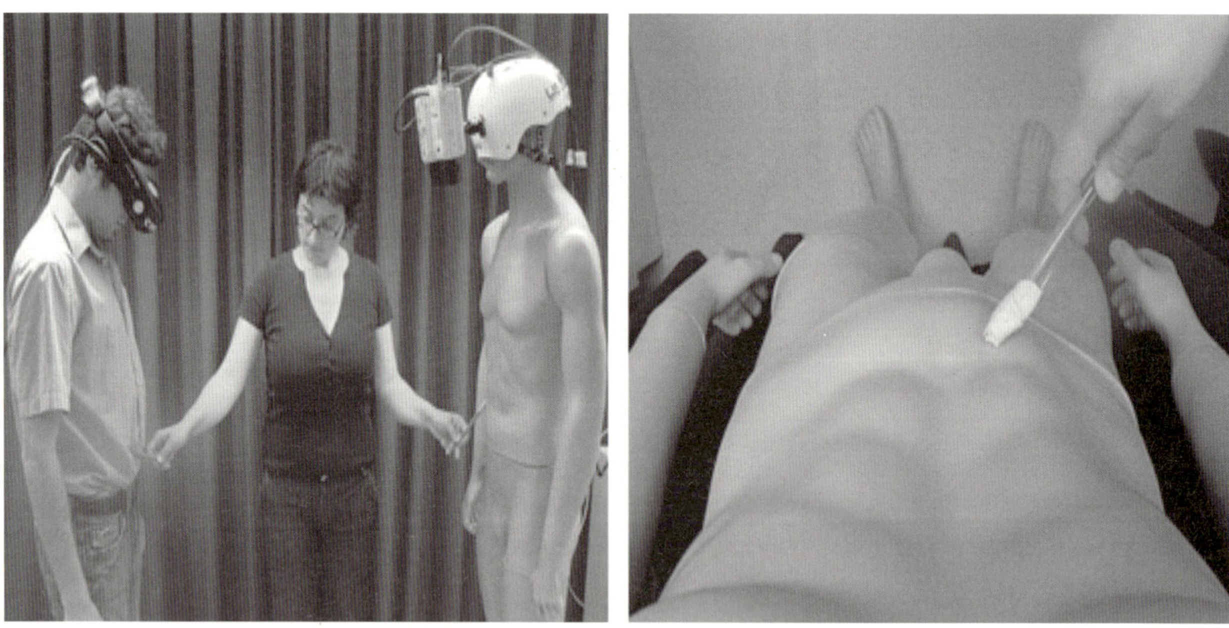

그림 7.13 페트코바와 에르손의 사람 바꾸기 실험. 이 실험은 고무손을 몸 전체로 확장했고 사람들은 마네킹에 자리하는 감각을 보고했다.
출처: © Petkova et al. (2008).

이러한 연구는 오해를 유도하는 적절한 시각 정보와 촉각 정보로 뇌를 속일 수 있음을 보여준다. 상향식 지각 메커니즘은 하향식 지식을 무시할 수 있으며, 우리는 우리 몸의 자기 이미지가 우리 몸 밖에 존재한다고 착각할 수 있다.

운동 제어의 인식

블레이크모어 등(Blakemore et al., 2002)은 일련의 중간 단계를 통해 (차를 마시겠다는) 목적에서 파생된 (컵을 쥐는) 희망 상태를 성취하는 데 기반한 운동 제어 모델을 제안했다. 이 모델에서는 행동을 하면서 계속해서 목표 상태와 실제 상태의 차이를 줄여 나간다. 이 모델에서 목표를 설정하거나 최종 단계를 관찰하는 것을 비롯한 일부 단계는 인식할 수 있지만 (운동 움직임을 매끄럽게 통제하고 피드백을 작동하는 등의) 일부 단계는 인식할 수 없다. 블레이크모어를 필두로 한 연구진은 이 모델이 운동 제어의 모든 장애를 설명할 수 있다고 주장했다. 한 예로, 환상 팔다리는 팔다리로 전달되는 특정한 운동 지시와 팔다리의 위치 예측, 피드백의 부재 사이에 존재하는 차이 때문에 발생한다. 일부 조현병 환자들은 자기 행동을 통제할 수 없으며 외계인을 비롯한 외부의 행위자가 자신의 행동을 제어한다고 주장한다. 예측 메커니즘과 신념 체계에 모두 결함이 있어서 비정상적인 감각을 외부 제어의 탓으로 돌리는 것이다. 외계인 손 증후군을 앓을 때는 손의 표현이 부적절하게 활성화된다. 예를 들면 컵을 보기만 하면 현재의 목표와 일치하지 않는데도 컵에 손을 뻗는다는 목표가 활성화된다.

자기는 몸에 한정될까?

자기는 내 몸에 한정될까? 권위 있는 몇몇 연구자들은 *확장 자기* 혹은 **확장 의식**을 이야기한다. 특히 영국의 철학자 앤디 클라크(Andy Clark)가 확장된 마음 가설을 옹호한다(Clark, 2010, 2013).

클라크는 체화된 인지(*행화주의*도 같은 뜻이다)라 알려진 개념에서 시작한다. 체화된 인지는 세상에 어떻게 체화되어 있는지에 따라 인지 처리가 심대한 영향을 받는 방식을 강조한다. 인지는 지각 체계와 운동 체계 그리고 세계와의 상호작용에 의존한다(Shapiro, 2017). 여기까지는 그다지 논란이 많지 않은 듯하고, 실제로 논쟁은 대개 실험 결과가 정확히 무엇을 보여주는지 세부적인 내용을 두고 벌어진다. 그래도 아마 몇 가지 결과는 놀라울 것이다. 먼저, 우리가 단순히 손을 움직이는 것을 생각하기만 해도 손과 관련이 있는 운동피질이 어느 정도 활성화될 것이다. 다른 사람이 컵을 들어 올리는 등의 운동 행동을 수행하는 것을 보기만 해도 여러분의 전두엽피질과 두정엽피질에서 적절한 운동 영역이 반응한다(Rizzolatti & Sinigaglia, 2007). 단어의 의미는 운동 행동과 지각적 특성에 기초를 두고 있다. '망치'와 같은 도구의 의미를 활성화하면 해당 도구를 사용하는 것과 관련이 있는 피질의 영역이 활성화된다(Kemmerer, 2015). 몸과 환경은 우리의 생각에 영향을 미칠 수 있다. 잘 알려진 한 실험에서 더러운 방이나 유해한 냄새에 노출된 사람들은 도덕적 판단이 더 가혹해졌고, 깨끗한 방에 노출된 사람들은 덜 가혹했다(Schnall et al., 2008).

클라크는 더 나아가 우리가 사용하는 도구, 즉 펜이나 스마트폰, 종이, 인터넷이 인지적 환경의 일부이며 따라서 어떤 사물은 정신의 연장으로 볼 수 있다고 주장한다. 이러한 주장에는 어느 정도 근거가 있다. 특정한 도구에 아주 숙련되면 해당 도구를 우리 몸의 체계에 포함하는 것처럼 신체 표상도 변화하기 때문이다(Maravita & Iriki, 2004). 한 예로, 노련한 테니스 선수 신체에서 수용 영역(receptive field)은 테니스 라켓을 포함하도록 바뀐다. 라켓이 정말 팔의 연장이 되는 듯하다.

이러한 관찰이 흥미롭긴 하지만 내 도구들이 나의 일부라 말하는 것은 지나치다. 스마트폰을 잃어버리면 일시적으로 상실감에 빠질 수 있지만 새것으로 대체할 수 있다. 편도체는 경우가 다르다. 내 손은 둘 사이 어딘가에 자리한다. 절단되면 다시 붙일 수 있고 심지어 이식을 받을 수도 있지만 모든 움직임이 회복되지는 않을 것이고 잠시 새로운 손을 내 것이 아닌 외계인의 손처럼 볼 수도 있다. 실제로 손을 이식받은 일부 환자는 새 손에 적응하는 데 어려움을 겪으며, 이식 사례 전반에서 이러한 문제가 증가하는 듯하다. 한 예로 얼굴 이식은 자기라는 개념에 도전하는 듯하고 면역 거부 반응뿐 아니라 심리적 거부 반응도 일어날 수 있다(Bluhm & Clendenin, 2009). 최초로 얼굴 이식 수술을 받은 이자벨 디누아르는 자신의 새로운 외모를 두고 "이건 절대 나일 수 없다"나 "내가 누구인지 확신이 들지 않는다"와 같은 말들을 했다.

의식의 확장에서 가장 큰 변화는 쓰기가 시작된 것이었다. 쓰기는 다른 방법으로는 불가능할 정도로 많은 것을 기억할 수 있게 한다. 문화적 정보를 저장하고 전달할 수 있게 한다. 계획을 세우고 공유할 수 있게 한다. 공유된 수학적 정보를 발전시킬 수 있게 해서 물리학의 발전까지 이어졌다. 쓰기가 이루어지는 문화는 미래를 예측하기에 훨씬 더 나은 위치에 있다.

오늘날 우리는 아주 작고 저렴한 컴퓨터 장치로 의식을 확장할 수 있게 된 새로운 시기를 통과하고 있는 듯하다. 스마트폰은 더 많은 정보를 손에 쥘 수 있고 생각을 저장하는 손쉬운 방법을 제공하는 장치의 훌륭한 예다.

도구가 극도로 중요해졌다는 사실을 부인하려는 것은 아니지만, 확장된 인지라는 개념을 얼마나 중요하게 보느냐는 우리가 가진 피부와 뇌(혹은 신경초(neural sheath)까지)의 경계가 얼마나 임의적이라 보는지에 달려 있다.

자기는 그저 또 다른 착각일까?

"너 자신을 알라"는 말이 있다. 하지만 알아야 할 자기가 없다면 어떨까?

자기는 그저 점점 길어지는 착각의 목록에 추가해야 하는 또 다른 항목일 뿐일까? 자기가 착각이라 해도 유용한 착각이다. 우리는 자신에 관해 엄청나게 많이 이야기한다.

하지만 지금까지 확인했듯이 적어도 마음에서 실제로 벌어지는 일에 있어서는 민간 심리학과 우리의 신념이 제공하는 정보를 신뢰하기 어렵다. 몇몇 저자는 자기가 근거 없는 믿음이라 한다. 사실 그들이 말하고자 하는 바는 자기에 관한 자아 이론이 틀렸다는 것이다. 독일의 철학자 토마스 메칭어(Thomas Metzinger)는 오랫동안 이런 주장을 펴왔다(2004, 2010). 메칭어가 보기에는 역시 이 세계에 관한 모델을 구성하고 그 안에 우리의 자리를 만드는 것이 가장 중요하다. 복잡한 생물들은 단지 세계를 모델링하지 않고 그 안에 자기 자신을 모델링한다. 즉, 자기 모델을 가진다. 우리의 자기 모델은 전전두엽피질에 의해 만들어진다. 그리고 이 세계 모델이 너무 훌륭한 나머지 현실에서 일상적으로 실수를 저지른다. 하지만 지속되는 독립체인 자기 같은 것은 존재하지 않고 오로지 세계 모델에 대한 경험만이 존재한다. 다소 혼란스럽게 들릴 수도 있지만, 그는 우리의 모델 속에 등장하는 현상적 자기(phenomenal self)를 이야기한다. 우리는 세계라는 가상 모델 속에 가상 자기를 가지고 있으며, 이 모든 것은 '진짜' 세계에 비해 상대적으로 빈곤하다. 여기에 미묘한 차이가 있다.

클라크(Clark, 2016)는 인류가 예측에 관심이 있다는 생각을 강조한다. 끊임없이 변하는 세계에서 시간과 노력을 들여 상세한 모델을 구축하는 것은 시간 낭비다. 지각 입력을 처리하고 결국에는 아무 쓸모도 없는 모델을 만드느라 너무 많은 시간을 쏟을 수도 있다. 대신 우리는 '적기에(just in time)' 최소한의 공을 들인다. 지금 당장 여러분이 무엇을 의식하고 있는지 다시 생각해 보라. 우리는 지금 하고 있는 일에 집중하며, 어느 순간이든 우리의 모델은 상대적으로 빈곤하다. 예측의 이점은 확인된 세계에 대한 예측은 무시하고 더 중요할 것 같은 차이에 집중할 수 있게 한다는 것이다. 비슷하게 채터(Chater, 2018)는 흔히 믿는 바와 달리 마음이 '얕다'고 주장했다. 그다지 많은 것이 진행되지 않는다는 뜻이다(내 경우에는 대부분 정말 그렇다). 대개 우리는 어떻게든 해치워야 할 최소한의 처리만을 수행한다. 우리가 듣고 읽은 언어에서 어떻게 문법적 구조를 파생해 내는지를 두고 여러 복잡한 모델들이 있지만, 아마 대부분의 시간에는 그저 중요한 단어 한두 개만 골라낼 것이다.

여기서 기저에 깔린 생각은 민간 심리학에서 믿어지는 것보다는 훨씬 적은 일이 일어나고 있다는 것이다. 앞에서 살펴보았듯이 많은 연구자가 자기는 착각이라고 주장했다. 존 로크는 내적 성찰을 하면서 자기는 없고 느낌과 지각의 다발만이 존재한다는 것을 알았다. 수전 블랙모어(Susan Blackmore)와 대니얼 데닛은 가장 강력하게 자기의 존재를 부인하는 이들이다. 데닛(Dennett, 1991)은 자기가 경험의 일관성을 자신과 타인들에게 설명하기 위해 지어낸 이야기일 뿐이라고 주장한다.

세계와 협상하기 위해 자기의 존재를 믿어야만 한다고 생각한다면 코타르 증후군을 생각해 보라. 코타르 증후군을 겪는 이들은 자신이 죽거나, 더는 존재하지 않거나, 자기를 가지고 있지 않다고 믿으며 혹은 신체의 일부를 잃었다고 생각하기도 한다. 기이한 망상이 흔히 그렇듯이 이러한 장애의 근원은 분명하지 않다. 캡그라 증후군과 관련이 있을 수도 있다. 하지만 결과는 분명하다. 자기를 부정하는 것은 자기 무시(self-neglect)로 이어지며, 현실을 이해할 수 없게 해서 심각한 정신병을 유발한다. 코타르 증후군에는 다양한 원인이 있다(Debruyne et al., 2010).

자기는 경험을 관찰하는 주체이자 행동을 시작하는 주체다. 적어도 나는 자기를 그저 또 다른 망상으로 치부하기 어렵다. 나는 나 자신이 우주의 중심에 있다고 생각한다. 이러한 자기가 그저 내가 만들어 낸 착각이고 지어낸 이야기일 뿐이라고 하면 덜 생생하게 느껴질까?

모두 동의하지는 않겠지만 이런 관점을 지지하는 이들도 있다. 쑤이와 험프리스(Sui & Humphreys, 2015)는 지각과 기억을 일관성 있는 전체로 유지하려면 자기 참조가 필요하다고 주장했다. 따라서 자기는 존재할 뿐 아니라 심리적으로 중요한 기능을 하고 있다. 두 사람의 연구는 개념적 쟁점들을 해결하려 할 때 자기의 본질(자기 언급은 이야기를 늘어놓는 것과 똑같을까?)에 관해 그리고 개념적 쟁점을 해결하려 할 때 신경과학 데이터의 역할에 관해 몇 가지 흥미로운 논쟁을 낳았다(Lane et al., 2016; Sui, 2016). 우리가 타인보다 자신과 관련된 것을 더 잘 기억한다는 사실은 잘 알려져 있다(Symons & Johnson, 1997). 자기가 허구라면 대부분이 믿는 아주 강력한 허구다. 우리는 자기라는 허구에서 무엇이 중요한지 물어야 하며, 또한 이 허구가 어떻게 만들어졌고 사람들은 이 허구와 어떻게 협상하는지 상세히 설명하여야 한다(Gallagher & Zahavi, 2012).

7장 요약

- 자기는 우리의 경험을 소유하는 내 머릿속의 '나'다.
- 자아 이론에서는 세계를 관찰하는 자아가 있고 이 자아가 자기로 확인될 수 있다고 한다.
- 자아 이론은 무한 회귀의 문제를 겪을 수 있다.
- 다발론에서는 자기가 언제든 한데 묶일 수 있는 일련의 지각과 생각일 뿐이라고 설명한다.
- 다마지오는 원자기와 핵심 자기, 확장 자기를 구분했다.
- 핵심 자기는 지금의 의식이다.
- 자기는 다양한 생물체가 공유하는 몸의 항상성 메커니즘을 기반으로 한다.
- 확장 자기는 자서전적 기억과 자기 반추를 가진다.
- 자기는 전두엽을 비롯한 뇌의 광범위한 영역에서 진행되는 통합된 행동에서 생겨난다.
- 뇌섬엽은 자기라는 감각을 유지하는 데 중요한 역할을 한다.
- 자서전적 기억은 존재의 연속성을 제공한다.
- 영아기기억상실은 성인이나 일정한 나이가 된 어린이가 아주 어렸을 때의 기억에 접근하지 못하는 현상을 말한다.
- 기억 상실의 몇몇 사례는 존재의 연속성이 사라졌을 때 어떤 일이 일어나는지 알려준다.
- 분리 뇌 환자들은 두 개의 자기가 존재하고 각각 좌반구와 우반구에 위치하는 것으로 해석할 수 있는 행동을 보여준다.
- 해리 상태는 자기가 항상 모든 기억과 처리의 여러 측면에 접근하지 못할 수도 있다는 것을 보여준다.
- 해리성 정체감 장애('다중 인격')는 자기가 조각날 수 있다는 것을 알려준다.
- 팔다리를 잃은 사람 중 일부는 환상 팔다리를 보고하며 특히 잃어버린 팔다리의 통증을 호소한다.
- 환상 팔다리 통증은 피질의 변화로 인해 발생한다.
- 우리는 자신의 경계를 착각하거나 오해할 수 있다.
- 고무손 착각은 우리가 자신의 경계를 인식할 때 어떻게 속아 넘어갈 수 있는지 보여주는 사례다.
- 체화된 인지 이론에 따르면 인지 처리는 우리가 이러한 처리가 세계 안에 위치하며 몸이 마음에 영향을 미칠 수 있다는 사실을 깨달아야만 의미가 있다.
- 분산된 자기는 공간으로 확장되거나 분산될 수 있다. 휴대용 컴퓨터는 우리가 인지할 수 있는 목록을 늘린다.
- 우리는 세계에 많은 영향을 미치지만 이러한 영향은 어떤 식으로든 의식적이라 할 수 없다.
- 자기는 착각이며 단순히 우리의 경험을 합리화하기 위해 만들어 낸 이야기에 불과하다고 주장하는 이들이 많다.
- 불교의 무아 이론은 영속적인 자기나 본질은 존재하지 않는다는 교리다.

- 자기가 착각이라 해도 우리는 이러한 착각이 발생하는 데 관여하는 인지적 과정 그리고 개개인이 이러한 착각을 활용하고 이야기하고 이에 반응하는 방식을 설명해야 한다.

리뷰 질문

1. 우리가 자기 자신에 관해 생각하는 자기 자신에 관해 생각하는 데 있어 더는 반복을 덧입힐 수 없는 한계가 있다면, 자기가 정말 회귀적인 걸까?
2. 다마지오의 모델과 같은 자기 모델은 의식의 난제를 해결해 주나?
3. 무엇이 다섯 살 어린이였던 여러분과 지금의 여러분을 같은 사람이게 하나?
4. 여러분의 의식은 공간에 어떻게 분포되어 있나?
5. 환상 팔다리는 의식에 관해 무엇을 말해주는가?
6. 자기는 착각일 뿐일까?
7. 우리가 자기를 몸과 동일시하지 않음을 시사하는 현상을 이야기해 보라.
8. 몇몇 의학 연구자는 언젠가 머리 이식이 가능해질 거라 주장한다. 이때 가상 환자들의 자기는 어떻게 될까?

추천 자료

일반

Gallagher, S. (ed.) (2011). The Oxford Handbook of the Self. Oxford, UK: Oxford University Press.

자아 이론과 다발론

Parfit, D. (1984). Reasons and Persons. Oxford, UK: Oxford University Press.

자기의 신경과학

마이클 S. 가자니가. (2016 [2015]). 뇌, 인간의 지도 (원제: Tales from Both Sides of the Brain: A Life in Neuroscience). 추수밭(청림출판).

빌라야누르 라마찬드란, 샌드라 블레이크스리. (2015 [1998]). 라마찬드란 박사의 두뇌 실험실 (원제: Phantoms in the Brain). 바다출판사.

V.S. 라마찬드란. (2012 [2011]). 명령하는 뇌, 착각하는 뇌 (원제: The Tell-Tale Brain). 알키.

Damasio, A. (1999). The Feeling of What Happens. New York: Harcourt Brace & Company.

Damasio, A. (2010). Self Comes to Mind: Constructing the Conscious Brain. New York: Pantheon.

기억상실과 둔주 상태

Gerald C. Davidson, Sheri L. Johnson, Ann M. Kring, John M. Neale. (2018 [2015]). 이상심리학(제13판). 시그마프레스.

Wearing, D. (2005). Forever Today: A Memoir of Love and Amnesia. London: Corgi Press.

분산된 자기

Clark, A. (2010). Supersizing the Mind: Embodiment, Action, and Cognitive Extension. Oxford, UK: Oxford University Press.

Hofstadter, D. (2007). I Am a Strange Loop. New York: Basic Books.

자기라는 신화

Hood, B. (2013). The Self Illusion. London: Constable.

Metzinger, T. (2010). The Ego Tunnel: The Science of the Mind and the Myth of the Self. New York: Basic Books.

8 인지와 의식

인지 과정은 의식과 어떻게 연결되어 있을까? 이 장에서는 주로 인지적 쟁점에 초점을 맞춘 몇몇 모델을 검토한다. 먼저 의식과 자기 인식에서 언어의 역할을 살펴보며 8장을 시작한다. 사고(thinking)란 무엇이고 우리의 마음을 채우는 듯한 생각의 흐름, 즉 앞서 '의식의 흐름'이라 칭했던 내면의 끊임없는 흐름은 무엇일까? 우리 대부분은 생각을 할 때 어떤 종류든 내면의 목소리를 듣는다. 이러한 내적 언어(inner speech)는 무엇이고 어디에서 온 걸까? 그리고 우리는 마음속에서 심상이라 부르는 그림을 어떻게 구성할까?

주의는 정신적 처리의 병목(bottleneck)이다. 이 주제를 검토한 후, 주의 체계(attentional system)의 구조 그리고 뇌와 연관되어 있는 방식을 알아볼 것이다. 주의 과정(attentional process)에 집중과 비집중이라는 두 가지 유형이 있다는 주장을 살펴보고, 특히 중요한 일이 전혀 일어나지 않을 때 우리의 정신이 방황하기 시작한다는 개념인 디폴트 모드 네트워크를 들여다본다. 디폴트 모드 네트워크의 신경과학은 무엇이고, 왜 이 네트워크가 의식에 그렇게 중요한 걸까? 또한 주의와 인지 과정을 몹시 강조하는 두 종류의 아주 다른 의식 모델, 바스의 통합 작업공간 모델과 데넛의 다중 초안 모델을 살펴본다.

이후에는 시선을 돌려 세계에 관한 모델을 구성하는 것이 얼마나 중요한지 알아보고, 이러한 모델을 구성하고 유지하는 데 의식이 어떠한 역할을 하는지도 검토한다. 미래에 관한 사고 그리고 우리 자신의 정신적 과정에 대한 사고, 즉 메타인지에서 의식의 역할은 무엇인가? 우리 자신에 관해 생각하는 재귀적 사고(recursive thinking)가 의식에서 가장 중요할까? 그다음에는 의식이 창발적 과정(emergent process)이라 주장하는 설명을 살펴본다. 그리고 어린 시절을 거치며 의식이 어떻게 발달하는지 알아본다.

최종적으로 의식이 양자역학적 과정에서 출현했다고 하는 이론을 검토하면서 이 장을 마친다.

의식에는 제한이 있다

의식의 중요한 측면 중 하나는 제한이 있다는 것이다. 우리는 한 번에 아주 많은 것을 의식하지 않는다. 의식 밖에 있는 것, 프로이트가 전의식이라 칭했던 것은 어떻게 된 걸까? 분명히 우리가 원했다면 인식할 수 있었던 것이 아주 많다.

여러분은 아마 내가 '독일의 수도'라 이야기하기 전까지는 이에 관해 전혀 생각하지 않았을 것이다. 하지만 이 말을 듣는 순간 베를린이 여러분의 의식에 불쑥 솟아오를 것이다. 베를린은 내내 어디에 있었던 것일까? 어떻게 보면 어디에도 없었다. 항상 기억에 저장되어 있었지만 어떻게든 초점 안에, 즉 우리의 **주의**에 들어온 것이다. 주의 또한 파악하기 다소 힘든 개념으로, 인지 처리에서 병목 역할을 한다. 우리는 한 번에 모든 것을 할 수 없다. 의식과 주의는 얼마나 연관되어 있을까? 어쩌면 같은 것을 칭하는 다른 이름들이 아닐까?

인지심리학에서 많이 연구된 다른 몇몇 개념도 의식에 관한 논의와 관련이 있다. 앞서 의식의 진화에서 언어의 역할 그리고 반복의 중요성을 간단히 살펴본 바 있다. 언어는 의식에서 또 어떤 역할을 할까? 사고 역시 우리가 항상 사용하는 민간 심리학의 용어이지만 그 의미를 분명히 정의하기는 어려운 것으로 밝혀졌다. 사고는 생각의 표현이자 무언가를 향하는 것이다. 생각 하나만 동떨어져 있을 수는 없다. 무언가를 생각해야만 한다. 반면 문제 해결은 의식적일 수도 있고 의식적이지 않을 수도 있다. 문제를 풀려고 시도하면서 생각할 수도 있지만 때로는 문제를 생각하고 있지 않을 때, 즉 잠복기라 알려진 과정에 해결책이 떠오르기도 한다.

언어와 의식

"내 언어의 한계는 내 세계의 한계를 의미한다"는 철학자 루트비히 비트겐슈타인(Ludwig Wittgenstein, 1961)이 한 말이다.

언어는 무한한 수의 문장을 만들어 내기 위해 한정된 수의 단어를 조합하는 한정된 수의 규칙으로 이루어진 체계다. 인류의 의식이 반드시 구어(口語)를 필요로 하지 않는 것은 분명하다. 청각 장애가 있는 이들은 구어 못지않게 다채롭고 복잡한 수어를 사용한다(Harley, 2014). 발달 단계에서 언어 이전 시기에 있는 유아에게 어느 정도의 의식이 있다는 사실을 부인하는 이는 많지 않으며, 야생에 가까운 환경에서 언어에 뚜렷이 노출되지 않고 성장했지만 의식이 있는 것으로 보이는 아이들의 사례도 많다. 지금까지 살펴보았듯이 대부분의 사람들은 인간이 아닌 동물 중에서도 최소한 일부 동물은 언어를 사용하지 않더라도 의식이 있다고 믿는다. 따라서 의식을 갖기 위해 반드시 형식 언어(formal language)가 필요한 것은 아니다. 하지만 자의식은 어떨까? 어떤 독립체가 자신의 존재라는 개념을 표현할 수단, 즉 어떤 형태의 언어가 없는 상황에서 자신의 존재를 숙고할 수 있을 거라 상상하기는 어렵다.

일부 연구자들은 언어가 의식에서 무엇과도 비교할 수 없는 중요성을 가진다고 생각한다. 맥페일(MacPhail, 1998)은 자기(the self)가 발전하려면 언어가 꼭 필요하며, 의식에는 자기라는 개념이 꼭 필요하다고 주장했다. 따라서 인간이 아닌 동물은 의식을 가질 수 없다. 하지만 이런 입장은 지나치게 극단적이다. 먼저, 우리는 앞서 인간이 아닌 여러 동물에 의식이 있다는 강력한 증거들을 살펴보았다. 또한 언어를 습득하기 시작하는 18개월경이 되기 전의 유아와 아이들에게 의식이 없다고 하면 너무 완고해 보인다. 어떤 이유로든 언어를 사용하지 않거나, 수어와 같은 대안적 형태의 언어를 사용하는 사람들은 어떻게 설명할 것인가? 그렇기는 해도 언어는 상징적 표상을 가능하게 하는 데 일정한 역할을 할 수 있으며, 일부 과업을 더 쉽게 만들어 줄 수 있다.

언어와 문화

안타깝게도 그 출처를 확인하는 것은 거의 불가능한 듯하지만, 다양한 원주민이 서구에서 온 사람들을 처음으로 만났을 때 (콜럼버스의 배를 본 미국 원주민들을 생각해도 좋고, 쿡 선장(Captain Cook)의 배 인데버(Endeavour) 호를 마주한 오스트레일리아 원주민을 떠올려도 좋다) 커다란 배들을 '보지' 못했다는 흥미로운 이야기가 있다. 원주민들은 그런 구조물을 생각조차 할 수 없었고, 그래서 커다란 배가 너무 생경한 나머지 눈에 보이지도 않았던 것이다. 이 이야기는 쿡 선장의 배가 해안 근처를 항해할 때도 해변의 사람들이 전혀 관심을 보이지 않았던 데서 나온 듯하다.

문화에 따라 사고와 지각에 이렇게 커다란 차이까지는 존재하지 않는다 해도, 더 미묘한 차이는 분명히 존재한다. 우리는 모두 상당히 비슷한 방식으로 세계를 지각하지 않는다. 의식의 형태에서 세세한 부분은 각자의 경험에 의존한다.

언어의 형태가 생각하는 방식에 영향을 미친다는 주장은 꽤 오래되었다. 이러한 주장을 발전시킨 이는 미국의 언어학자 벤저민 리 워프(Benjamin Lee Whorf, 1897~1941)다. 워프는 화재 예방 분야에서 일하던 화공 엔지니어였지만 언어에도 관심이 있었다. 그는 *사피어-워프 가설(Sapir–Whorf hypothesis)*이라 알려진 이론을 만들어 냈다(Harley, 2017). 언어상대주의(linguistic relativism)와 언어결정론(linguistic determinism)을 결합한 사피어-워프 가설은 다른 언어가 세계를 다른 방식으로 나누고 이러한 차이가 영향을 미쳐서 서로 다른 언어를 사용하는 이들은 세계를 다른 방식으로 지각하고 범주화한다고 설명한다.

이런 유형의 연구를 수행하려면 방법론적으로 상당히 까다롭다. 그래도 색 지각에 관해 엄청난 양의 연구가 축적되어 있다. 모든 언어에 기본적인 색 일체를 일컫는 이름이 있는 것은 아니며, 사피어-워프 가설에 따르면 이렇게 몇몇 색의 이름이 없는 언어를 사용하는 이들은 이름이 없는 색을 기억하기가 더 어려울 것이다. 예를 들어, 뉴기니섬(New Guinea)의 다니족(Dani people)은 밝은색과 어두운색을 구분하는 두 개의 단어밖에 없다(그림 8.1). 아마존강 유역에 사는 피라아족(Pirahã people)의 언어에는 '하나'와 '둘', '많이'에 해당하는 단어밖에 없고 그들의 수치 인지는 더 복잡한 집계 체계가 없다는 데 영향을 받는다. 세 개 이상의 물체를 다루어야 하는 과업, 특히 기억이 포함되는 다양한 과업에서 피라아족 사람들은 형편없는 성과를 보인다(Gordon, 2004). 따라서 우리가 세계를 지각하고 범주화하는 방식에서 의식의 내용은 언어의 형태에 영향을 받는다. 현재로서는 워프의 가설을 강력히 지지하는 근거가 많지 않지만, 언어가 이해를 상당히 도와주고(Frank et al., 2008) 특정한 용어의 존재 여부가 인지 처리에 영향을 미친다는 사실이 사피어-워프 가설을 약하게나마 뒷받침한다(Winawer et al., 2007)는 정도로 합의가 이루어져 있다.

그림 8.1 뉴기니섬의 파푸아(Papua)에 사는 다니족 사람들. 다니족 사람들이 색을 어떻게 지각하고 기억하는지를 두고 많은 연구가 이루어졌다. 다니족의 언어에는 색을 가리키는 단어가 두 개밖에 없기 때문이다. '밀리(mili)'는 차갑고 어두운 색조를, '몰라(mola)'는 따뜻하고 밝은 색조를 의미한다.
출처: 12MN/iStock Editorial/Getty Images Plus.

시지각 또한 문화적 차이에 민감한 것으로 드러났다. *뮐러-라이어 착시(Muller–Lyer illusion)*는 착시 중에서 가장 널리 알려졌으며 가장 확연하게 드러나는 현상이다. 같은 길이의 선 세 개가 제시되는데 가운데에 있는 선이 위아래의 선보다 더 길어 보인다(그림 8.2). 실제로는 세 선의 길이가 같다는 것을 알 때조차 길이가 다른 선들을 보게 된다. 하지만 문화적 차이에 따라 이런 착시에 속아 넘어가는 정도가 확연히 다르고 서구 문화에서 성장한 이들이 가장 쉽게 속는다. 그 이유를 두고 상당한 논의가 있었다. 눈의 색소 차이 때문일까, 아니면 직선에 대한 경험 차이 때문일까(대표적으로 Jahoda, 1971을 참고하라)? 문화와 인종이 동일해도 도시 거주자와 지방 거주자 사이에 차이가 있다(Ahluwalia, 1978)는 연구 결과는 이러한 종류의 착시가 직선에 노출되는 정도에 영향을 받는다는 주장을 뒷받침하는 듯하다. 이렇게 착시에 대한 민감성이 건물로 가득한 도시 풍경의 특징인 직선과 직각, 모서리에 노출되는 정도와 관련이 있다는 이론을 목공적 *세계(carpentered world)* 가설이라 한다.

사고

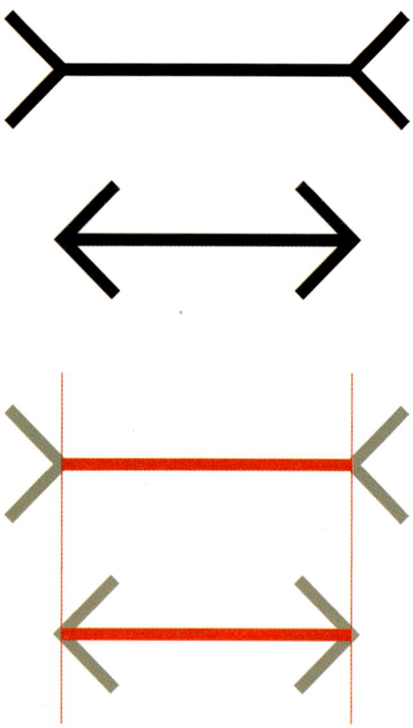

그림 8.2 뮐러-라이어 착시. 위의 검은색 수평선 두 개는 (아래쪽 회색 수평선들에서 확인할 수 있는 것처럼) 길이가 같다. 화살표가 두 선의 길이를 달라 보이게 한다.
출처: bobmadbob/iStock/Getty Images Plus.

퍼니휴(Fernyhough, 2016)는 '사고'라는 단어에는 연관된 두 개의 쓰임이 있다고 지적했다. 넓은 의미에서 '사고'는 의식이 있는 마음이 하는 모든 일을 의미한다. 또 다른 쓰임은 '사고'가 우리의 생각이 언어로 내면화된 내적 언어를 가리키는 것이다. 퍼니휴는 사고를 거의 대화에 가까운 의식적이고 적극적인 과정으로 보는 후자의 좁은 의미를 선호했다. 그가 생각하는 사고는 철저히 언어적이었다. 구어를 사용하는 이들은 말을, 수어를 사용하는 이들은 시각이나 몸짓을 활용한다.

사고가 특정한 종류의 언어를 포함한다는 생각은 오랫동안 상당한 인기를 얻었다. '나는 지구가 평평하다는 것을 믿는다'나 '네가 전 재산을 나에게 주었으면 좋겠다', '나는 내 푸들이 다른 푸들보다 더 영리하다고 생각한다' 같은 문장을 살펴보자. 첫째, 앞서 지적했듯이 그냥 믿기만 하거나 무엇이든 믿을 수는 없다. (여러분이 믿는 것만을 믿는 것처럼) 무언가를 믿어야 한다. 이러한 구조를 명제라 하며 명제는 ('나는 믿는다'라는) 동사와 ('내가 무언가를 믿는다는 것을'이라는) 보어절로 구성된다. 또한 명제는 *진릿값(truth value)*을 가진다. '나는 지구가 평평하다는 것을 믿는다'라는 명제는 참이거나 거짓이다. 사람들이 명제에 대해 고수하는 이러한 정신적 상태를 명제적 태도라 한다. 영국의 철학자 버트런드 러셀은 이 문제를 고심하며 상당한 시간을 보냈다(Russell, 1912). 당연히 나도 진실이 아니라는 것을 알고 있는 무언가에 관해 이야기할 수 있고(사실 나는 지구가 평평하다고는 생각하지 않는다), 우리는 이러한 명제를 거짓말이라 한다. 중요한 것은 이러한 명제가 오로지 언어와 유사한 말들로만 서술된다는 것이다. 동사에 대응하는 무언가가 필요하고, 동사가 표현하는 상대에 대응하는 무언가가 필요하다. 즉, 생각은 통사(統辭, syntax)이다.

이러한 이유로 많은 연구자가 생각이 언어로 이루어진다고 결론 내렸다. *생각의 언어 가설(Language of Thought Hypothesis)*에서는 생각과 사고가 종종 *정신어(mentalese)*라 불리는 정신적 언어로 이루어진다고 한다(Fodor, 1975). 사고는 세계에 대한 내적 표상이 결합한 통사적 조작들로 이루어진다. 생각의 언어는 우리가 생각의 수많은 특성을 설명할 수 있게 도와준다. 이러한 생각의 특성 중 하나로 *생산성(generativity)*

이 있다. 명시적 언어와 마찬가지로 선천적인 수의 개념을 만들어 내기 위해 유한한 수의 단어들을 유한한 수의 통사적 규칙으로 결합함으로써 어떤 개념이든 표현할 수 있고, 따라서 우리의 내적 언어가 한정되고 제한적인 경험으로부터 잠재적으로 무한한 수의 생각들을 표현할 수 있게 한다는 특성이다. 자기 자신을 참조하는 규칙인 재귀(recursion, 4장을 참고하라)가 여기서 중요한 역할을 한다. 언어가 상황을 표상하는 개념을 처리한다고 보고, 사고는 특정한 정신 상태에서 다른 정신 상태로의 변화라 이해하는 접근법을 *표상적 마음 이론(Representational Theory of Mind)*이라 한다(Fodor, 1975). 지금까지 우리는 표상(representation)이라는 단어를 일상적 의미로 다소 부주의하게 사용해 왔다. 인지 과학에서 표상은 다른 무언가를 의미하는 **부호(symbol)**다. 한 예로, 지도 속 교회 부호는 실제 세계의 교회를 의미한다. '부호가 자신이 표상하는 바를 얼마나 닮았는가?'라는 중요한 질문에 대해서는 아직 심리학이 확고한 답을 내놓지 못했지만, 이론적으로는 부호가 아주 추상적이어서는 안 될 이유가 없다. 언어에서 단어들은 세계의 (여러 사물 중) 특정한 사물을 표상하는 부호이다. '교회'라는 부호에는 아무것도 없으며 이 세계에서 대표하는 사물과 온전히 임의적인 관계를 맺고 있다.

생각의 내적 언어와 소통의 외적 언어가 같아야 할 필요는 없다는 데 주목하자. 하지만 같다고 가정하는 게 당연하게 느껴진다.

또한 우리는 "생각할 게 있어"처럼 '문제 해결'이라는 의미에서 사고라는 단어를 사용한다. 문제 해결은 복잡한 과정이다. 오늘날의 연구자들은 문제 해결을 이중 경로 과정(dual-route process)으로 개념화하는데, 이중 한 가지 경로는 의식적이고 다른 한 경로는 의식적이지 않은 것이다(Evans, 2010). 무언가를 기억하거나 문제를 풀어보려 했지만 성공하지 못했던 경험이 있을 것이다. 하지만 나중에 다른 무언가를 하다가 답이 떠오르기도 한다. 뒤에서 이루어지는 비의식적인 사고 과정을 잠복기라 하며 이에 관해 많은 연구가 이루어졌다(Sio & Ormerod, 2009).

내적 언어

경험표집법은 우리 모두 상당히 많은 시간 자신에게 이야기를 한다는 것을 알려준다. 전체 표집 대상 중 약 4분의 1은 언제나 *내적 언어*가 발생했다(Heavey & Hurlburt, 2008). 하지만 사람마다 차이가 컸다.

발달심리학자들은 인지 발달에서 내적 언어의 역할을 논의해 왔다. 촘스키는 언어가 인지와 별개로 발달하는 분리된 모듈이라고 보았다. 피아제는 인지가 우선이며 언어 획득을 추동한다고 보았다. 1930년대 러시아의 심리학자 레프 비고츠키(Lev Vygotsky)는 언어적·사회적·인지적 발달을 포괄하는 더 복잡한 모델을 주장했다(Vygotsky, 1934). 비고츠키는 아이들이 세 살 무렵이 되기 전에는 사회적으로 누군가를 향해 말하는 대신 큰 소리를 내며 생각하는 것처럼 보이는 *독백(monologue)*을 하는 데 주목했다. 사실 그는 아주 어린 아이들이 소리를 내야만 생각을 할 수 있다고 믿었다. 그리고 세 살 무렵에 독백이 사라진다. 비고츠키는 실은 독백이 사라진 것이 아니라 내적 언어로 내면화된 것이라 주장했다. 이 시점에서 사고는 더 언어적이고 더 합리적으로 변하지만, 아이들의 명시적인 언어는 사회적으로 바뀐다.

명시적 언어는 내적 언어와 얼마나 비슷할까? 내적 언어는 뇌에서 소리 내어 말할 때와 같은 메커니즘을

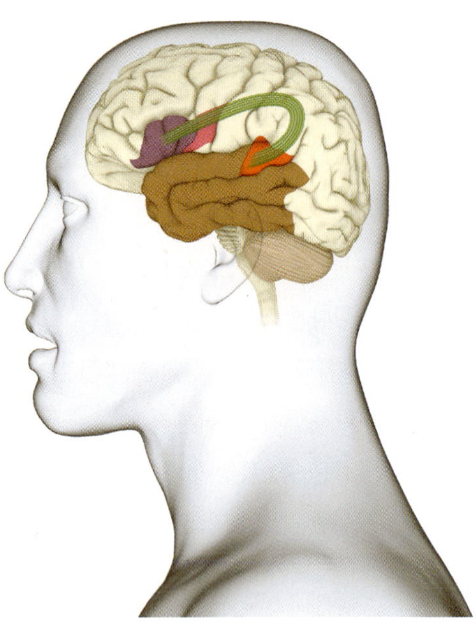

그림 8.3 브로카 영역. 왼쪽 반구에서 언어 처리에 가장 중요한 부분들을 표시했고 브로카 영역은 보라색으로 구분했다. 브로카 영역은 단어를 만드는 소리와 문장을 만드는 단어 같은 언어 단위의 배열에 관여한다.
출처: Dorling Kindersley/Getty Images.

사용할까? 우리가 사용하는 부호는 얼마나 다채로울까? 비고츠키(Vygotsky, 1934)는 내적 언어가 '순수한 의미에서의 사고'라 믿었지만 이런 설명이 무엇을 의미하는지는 다소 불분명하다. 이후 이루어진 연구 결과를 보면 비고츠키의 짐작보다는 복잡한 듯하다. 여기서 핵심 질문은 '내적 언어에서 소리의 표상은 얼마나 상세한가?' 그리고 '추상적인가(즉, 음운적인가) 아니면 구체적인가(즉, 표음적인가)?'다. 지금까지 활용되어 온 일반적인 실험 방식은 참가자들에게 혀가 꼬일 듯한 복잡한 문구('간장 공장 공장장은 강 공장장이고 된장 공장 공장장은 장 공장장이다')를 제시하고 속으로 반복하게 한 뒤 참가자들이 내적으로 범한 실수를 보고하게 하는 것이다. 음운적 내적 언어에서는 어휘적 편향 효과(lexical bias effect)가 나타나겠지만 표음적 유사성 효과(phonemic similarity effect)는 없을 것이다. 표음적 내적 언어에서는 두 가지 효과가 모두 나타날 것이다. 어휘적 편향은 말실수를 할 때 단어가 아닌 것이 우연히 떠올라 튀어나오는 경우보다 다른 단어로 나타나는 경우가 더 많은 경향을 가리킨다. 표음적 유사성은 유사한 소리가 날 때 더 많이 혼동하는 것을 말한다. 어느 정도의 논의(Corley et al., 2011; Oppenheim & Dell, 2008, 2010) 끝에 내려진 합리적인 결론은 내적 언어가 가변적이라는 것이다. 기본적으로 표음적 단계이지만 때로는 음운적 정보를 포함하기도 한다. 내적 성찰에 결함이 있다는 것을 알지만 이러한 결론은 경험과 일치하는 듯하다. 때로는 특정한 방식으로 단어들이 들리지만 어느 정도로 상세한지는 그때그때 다르다. 내적 언어는 분명히 단어의 의미를 활성화하는 것보다는 더 구체적이다.

개인에 따라 그리고 생애주기에 따라 차이가 있긴 하지만 내적 언어는 추론과 계획, 문제 해결, 행동 통제, 기억 시연을 포함하는 인간의 인지에서 중요한 역할을 하는 듯하다(Alderson-Day & Fernyhough, 2015). 기능적 신경영상법 기술을 활용한 연구를 메타 분석한 대규모 연구에서 우리가 크게 소리 내어 말할 때 활성화되는 왼쪽 **하부 전두회(브로카 영역(Broca's area)**이라고도 한다. 그림 8.3) 같은 영역이 내적 언어 중에도 활성화되는 것으로 확인되었다(Morin & Hamper, 2012). 게다가 뇌 자극술을 이용해 이 영역의 활성화를 방해하면 명시적 언어와 내적 언어 모두 차질을 겪었다. 특히 사람들이 자기 반추를 하거나 자서전적 정보를 탐색할 때 하부 전두회가 더욱 활성화되어 자기 인식을 포함하는 내적 언어가 사고뿐 아니라 자기 인식을 포함하는 과업에 중요하다는 것을 시사했다.

조현병의 환청 중 적어도 일부는 내적 언어와 외부 자극을 구분하지 못하는 데서 기인할 수 있다. 내면에서 생겨난 말을 들으면서 그 출처를 외부로 착각하는 *출처 관찰(source monitoring)*의 실패를 **청각 언어 환각(auditory verbal hallucination, AVH)**이라 한다. 상대적으로 조현병 환자에게 흔히 나타나긴 하지만 이 질환에만 국한되는 증상은 아니며, 일반 대중 중에도 상당수가 이러한 환각을 겪는다(Moseley et al., 2013).

잠이 들거나 잠에서 깰 때 상대적으로 더 자주 나타난다(11장을 참고하라).

내적 언어는 폭식증과 식욕 부진, 사회 불안, 성 기능장애, 우울증 등 다양한 장애와 관련이 있다. 하지만 물론 증상에서 원인을 분리해 내기는 어렵다(Baumeister et al., 2011; Scott et al., 2014). 자기 대화를 발전시키려는 노력은 아무런 해도 끼치지 않는다. 이러한 접근법은 여러 성과 중에서도 특히 운동선수의 기량을 향상시키는 데 도움이 되는 것으로 여겨진다(Hardy, 2006).

직접 해보자: 여러분의 내적 언어

여러분의 내적 언어를 관찰해 보자. 외부적 대화와 얼마나 비슷하게 들리는가? 마음속에서 만들어 내는 소리의 세부적인 부분에서 변화를 감지할 수 있나? 자기 자신에게 가장 많이 말을 건네는 때는 언제인가?

심상

분명히 모든 정신적 활동이 말과 내적 언어의 형태를 갖는 것은 아니다. 우리는 또한 **심상(心象, mental image)**을 가지며(혹은 가지는 듯하며), 대부분의 이들에게 가장 도드라지는 공통적인 심상은 시각적 이미지이다.

이러한 시각적 이미지가 실은 마음속의 그림이라는 것은 언뜻 명백해 보이지만, 사실 인지심리학에서는 분명한 것이 하나도 없다. 이러한 이미지의 본질에 관해서는 역사적으로 많은 논의가 이루어져 왔다. 한편 심리학자 스티븐 코슬린(Stephen Kosslyn)은 공간 표상 이론(spatial representation theory)을 강력히 주장했다(대표적으로 Kosslyn, 1996). 이 이론에서는 시각적 이미지가 사진과 같고 우리는 그 이미지 자체를 조작할 수 있다고 한다. 반면 명제적 이론(propositional theory)에서는 심상이 실은 *명제*라 부르는 언어를 표상하는 것과 동일한 추상적 표상으로 부호화되어 있다고 한다. 이러한 이론을 대표적으로 발전시킨 이가 캐나다의 철학자 지논 파일리션(Zenon Pylyshyn)이다(Pylyshyn, 1973, 2002).

심상을 둘러싼 논쟁은 인지심리학의 역사를 통틀어 가장 오래된 논쟁 중 하나이자 가장 격렬한 논쟁이다. 이 논쟁은 앨런 페이비오(Allan Paivio)의 *이중 부호화 이론*(*dual-code theory*, 대표적으로 Paivio, 1986)을 공격한 파일리션의 유명한 저작(Pylyshyn, 1973)으로부터 시작되었다. 이중 부호화 이론에서는 우리가 세계를 표상하려면 언어적 부호와 회화적 부호가 모두 필요하다고 한다. 파일리션은 언어적 형태의 부호만으로도 모든 것을 할 수 있다고 주장했다. 곧 코슬린이 회화적 부호를 지지하는 연구자들을 대표하는 인물이 되었고 수많은 연구가 뒤따랐다. 코슬린은 우리가 이미지의 회화적 특성을 활용해 문제를 해결하는 것처럼 보이는 상황이 많다고 주장했다. 여러분에게 우리나라 지도를 상상해 보라고 한 뒤 서울과 대구 중 어디가 더 대전과 가깝냐고 물었다고 해 보자. 여러분은 먼저 지도의 이미지를 만들어 내고 어느 도시가 더 가까운지 확인해서 질문에 답하는 듯한 경험을 할 것이다. 파일리션은 이러한 결과를 실험을 설계하는 방식이 미치는 효과(실험적 요구 특성)를 포함해 다르게 설명할 수 있다고 받아쳤다. 우리의 정신적 지도가 항상 옳은 것은 아니다. 우리나라의 인천과 목포 그리고 중국의 다롄과 장춘 중 어느 도시가 가장 서쪽에 있는지 자문해 보라.

파일리션은 시각적 이미지의 중요한 문제 중 하나로 다시 호문쿨루스 문제를 꼽았다. 바라보고 있는 이는 누구인가? 무한 회귀에 빠지고 있지 않나? 당신은 시각적 이미지를 바라보는 경험을 했다고 이야기할 수도 있다. 하지만 여기서 '당신'은 누구인가? 나 자신의 시각적 이미지를 생각해 봐도 상당히 개략적인 수준이라 진짜 그림이라고 말하기는 어렵다. 행동에 관한 데이터를 다른 방식으로 설명할 수 있다면 우리가 끌어낼 수 있는 결론은 무엇일까? 또한 파일리션은 마음속의 그림은 언어적으로 부호화되어 있는 것이 아니라 생각의 언어인 정신어로 부호화되어 있으며, *정신어*가 어떤 형태를 가지는지는 알 수 없다고 주장했다.

중요한 논쟁 중 하나는 표상이 유추적인지 아니면 명제적인지다. 유추적 표상은 지도에서 특정한 점 사이의 거리를 상대적인 비율로 유지하는 것처럼 표상하는 대상의 물리적 특성을 일부 유지한다. 하지만 궁극적으로는 유추적 표상도 유추적이지 않게 된다. 지도는 프린터의 픽셀이나 도트가 되고 텔레비전 화면은 픽셀이 된다. 이 논쟁은 점차 수그러들었다.

하지만 더 최근에는 체화된 인지 접근법이 새로운 땔감이 되었다. 지각 처리에 관여하는 뇌의 영역들은 우리가 그림에 관해 생각하기 시작할 때 활성화되었다(Kosslyn et al., 2001). 심상의 형성이 인지의 요소들을 포함한다는 것을 시사하긴 하지만 결정적인 발견이라 할 수는 없다. 이러한 활성화가 정말 처리에서 특정한 인과적 역할을 하는지 아니면 그냥 부작용인지 불분명하기 때문이다.

심상과 관련된 마지막 쟁점은 우리가 심상을 형성할 때 감각질을 경험하느냐다. 붉은 장미를 시각화할 때 사람들은 실제로 붉은 장미를 볼 때와 같은 방식으로 붉음의 특질을 얻을까? 개인적으로는 그렇다고 하고 싶지만 실제 대상을 볼 때만큼 강렬하지는 않고 더 빨리 지나간다. 그렇다면 우리가 감각질을 획득할 수 있는 정도에 관해 더 흥미로운 쟁점을 제시하는 게 아닐까?

직접 해보자: 여러분의 심상

대상을 가리지 말고 무언가의 심상을 만들어 보자. 일단 붉은 장미로 하자. 이러한 이미지를 떠올리는 것은 어떠한 체험인가? 여러분이 시각화한 붉음은 얼마나 붉은가? 시각적 이미지에서 붉음의 감각질을 경험할 수 있다고 생각한다면, 통증을 얼마나 정확히 시각화할 수 있을지 생각해 보자.

주의

많은 사람이 주의를 (정신적 과정의 여러 양상 중) 무언가에 초점을 맞추는 조명처럼 생각한다. 그래서 생긴 **선택적 주의(selective attention)**라는 명칭은 우리가 오직 무언가에만 주목한다는 점을 강조한다. 우리의 처리 용량에는 제한이 있기 때문에 우리는 어떤 정보를 더 깊이 처리할지 선택해야 한다. 따라서 주의는 특정한 정보를 다른 정보보다 더 철저히 처리하게 하는 인지 메커니즘이다. 주의의 본질은 접근 의식(A의식)에 관한 가장 중요한 질문 중 하나다(Block, 2005, 2011).

초기에는 주의를 폭이 급격히 좁아지는 병목처럼 인식했고, 가장 많이 논의된 질문은 무언가는 이 병목을 통과하게 하고 무언가는 통과하지 않도록 결정하는 것이 무엇인지였다. 우리의 뇌가 어느 한순간에 받아들이는 정보의 양이 얼마나 많은지 생각해 보라. 뇌는 (시각, 청각, 후각, 미각, 촉각의) 오감에서 끊임없이 들어오는 입력뿐만 아니라 통증이나 몸의 각 부분이 어디에 있는지에 대한 감각까지 엄청난 양의 정보를 받아들인다. 특히 시각과 청각에서는 수많은 자극이 경쟁한다. 하지만 우리는 한 번에 상대적으로 적은 자극만을 인식하는 듯하며 이때 주의와 병목이라는 개념이 등장한다. 브로드벤트(Broadbent, 1958)는 유입되는 모든 감각 정보가 감각 완충 장치(sensory buffer)에 저장된다고 제안했다. 그다음 메시지가 어느 귀에 들리는지 혹은 목소리의 유형이 어떤지와 같은 물리적 특성에 따라 이러한 자극 중 일부에 집중한다. 특히 이러한 필터가 어떠한 자극 혹은 *채널(channel)*에 주목할지 선택한 후에야 의미 처리가 이루어진다. 이러한 주장은 *칵테일파티 효과*와 같은 사례에서 특히 문제를 노출한다(Cherry, 1953). 여러분이 파티장에서 와인잔을 마주하고 있는 사람이 말하는 것을 듣고 있다면 자신이 완전히 집중하고 있다고 생각할 수도 있다. 파티장은 시끌벅적하고 여러분은 집중하고 있다. 다른 소리는 전혀 들을 수 없다(실제로 같은 공간에서 진행되는 다른 대화를 모두 들을 수 있다면 산만하고 불쾌한 경험이 될 것이다). 그때 파티장 건너편에서 여러분의 이름이 언급되는 게 들린다. "나는 사실 트레버를 좋아한 적이 없어요" 여러분은 초점의 방향을 바꾸게 된다. 그렇다면 우리는 항상 환경을 관찰하고 있어야 하며, 필요하면 초점의 방향을 바꿀 수 있도록 충분한 깊이까지 관찰 결과를 처리하고 있어야 한다. 그래서 트리스먼(Treisman, 1964)은 방치 중인 채널에서 온 정보는 완전히 제거되는 대신 희석된다고 제안했다.

이러한 모델 그리고 비슷한 모델에서 '주의'는 정확히 무엇일까? 자극 중에서 무언가를 선택하는 과정일까, 아니면 주의의 '스포트라이트' 속에 들어온 결과일까? 후자는 그다지 말이 되지 않으므로 주의는 대개 지각 입력의 어떤 측면에 선택적으로 초점을 맞추는 과정으로 여겨진다. 그리고 우리는 익숙한 문제를 마주하게 된다. 주의의 방향을 알려주는 것은 누구 혹은 무엇일까? 물론 우리는 자극이 추가적인 처리를 위해 선택될 때 활성화되는 뇌의 영역들을 관찰할 수 있다. 하지만 이게 주의의 전부일까? 앤더슨(Anderson, 2011)은 "주의 같은 건 없다"는 도발적인 제목의 논문에서 이러한 입장과 비슷한 관점을 드러냈다. (제임스(James)는 이미 1980년 처음으로 심리적 설명에 주의가 필요하지 않다고 제안했다. 예전에는 주의가 무엇인지 알고 있었던 것 같은데 이 책을 읽는 지금은 더는 확신이 들지 않아 염려스럽다면 제임스의 말이 위로가 될 것이다. "모두 주의가 무엇인지 안다") 추상을 실재하는 무언가처럼 다루는 오류를 *물화(物化, reification)*라 한다. 연구자들이 주의를 조작한다고 할 때 그들은 주의를 직접 다루는 것이 아니다. 대신 신호와 목표 사이의 간격이나 공간 입지, 채널과 같은 변수를 조작한다(Anderson, 2011). 우리가 집중하고 있는 것들은 일종의 선택적 초점 안에 있지만, 다른 무언가도 받아들여야 할까?

인식과 주의가 연관되어 있다는 것 역시 합리적인 추측이다. 그렇다면 선택적 주의가 선택하는 것이 우리가 인식하는 것일까? 즉, 주의가 의식의 내용을 결정할까? 하지만 대부분의 연구자들은 반대로 생각한다. 주의와 인식은 둘 중 하나 없이도 나머지를 가질 수 있다는 점에서 *이중으로 분리*될 수 있다(Cohen et al., 2012; Koch & Tsuchiya, 2007; Lamme, 2003; Mole, 2008, Tononi & Koch, 2008). 한 예로, 영상 기술을 활용한 연구들은 특징 선택에 뇌의 특정한 네트워크가 관여하고 고수준의 처리와 자기 반추에는 다른 영역들이 관여한다고 제안한다(Koch & Tsuchiya, 2007; Lamme, 2003). 맹시가 있는 환자들을 대상으로 한 연구(10장을 참고하라)에서는 방향과 주의 신호(attentional cue)가 반드시 시각적 인식으로 이어지지 않는다는 사실이 확인되었다. 그리고 우리는 (한계치 아래의) '보이지 않는' 사물을 향할 수 있다(즉, '보이지 않는 사물'에 집중할 수 있다; Tsushima et al., 2006). 따라서 특정한 자극이 실제로 인식에 도달하지 않았다 해도 인식하기 위해 해당 자극으로 방향을 틀고 선택할 수 있다.

직접 해보자: 주의를 옮기기

주위에 있는 무언가에 차례차례 주의를 옮겨 보자. 모든 감각을 동원해 실험하고, 외부 세계뿐 아니라 내면에 있는 것으로도 주의를 옮겨 보자. 이때 벌어지는 일을 어떻게 설명하겠는가?

어떤 사람들은 이러한 요약이 과장되었으며, 인식 없이는 주의를 가질 수 없다 해도 인식을 위해 주의가 꼭 필요하지는 않다는 주장을 뒷받침할 굳건한 실증적 증거가 없다고 믿는다(Cohen et al., 2012). 코헨(Cohen) 등은 주의의 선택이 의식을 위한 필요조건이지만 충분조건은 아니라고 주장한다. 이러한 실험들은 주의 없는 의식을 입증하기 어렵다는 방법론적 어려움 때문에 논란의 여지가 있다.

주의와 의식이 정확히 무엇을 의미하는지 생각하려면 여기서 다시 조심해야만 한다(Koivisto et al., 2009). 위에서 논의한 실험들은 모두 지각(보통은 시지각) 그리고 외부에 존재하는 자극과 관련이 있다. 내적 재료가 어떻게 의식을 만드는지에 관해서는 거의 알려지지 않았다. 의식적 선택 없이도 무언가가 의식에 진입하는 것은 충분히 상상할 수 있다(한 예로, 우리가 무언가를 회상할 때면 어떤 대상이 기억에서 의식으로 솟아 올라온다). 더 깊이 파고들수록 의식과 주의, 선택은 더 혼란스러워진다.

시주의

대부분의 연구가 추가적인 처리를 위해 시각적 자극을 선택하는 과정인 시주의(visual attention)와 시각계의 용량 한계에 초점을 맞춰 진행되었다.

시주의에 관해서는 엄청난 양의 연구가 축적되어 있다. 한 가지 확실한 결론은 확실한 결론이 없다는 것이다. 시각 처리를 구현하는 인지 체계와 뇌 구조는 몹시 복잡하다. 시각 처리는 여러 모듈 그리고 동시에 작동하는 몇 개의 피질 체계와 하부피질 체계를 포함한다.

디폴트 모드 네트워크

몽상을 하려고 하면 계속 딴생각이 든다는 오래된 농담이 있다.

나는 집중을 유지하기가 무척 어렵다는 것을 안다. 나는 항상 딴생각을 하고 있다. 이 부분을 쓰기 시작했지만 미처 깨닫기도 전에 정원의 잡초를 뽑아야 한다는 생각을 하고 있었다. 여기까지 쓴 지금은 점심 메뉴를 생각하고 있다. 분명히 누구든 딴생각에 빠지는 이러한 현상이 익숙할 것이다. *딴생각*을 하기 시작하면 우리는 집중을 멈추고 해야 하는 일, 요청받은 일, 하고 싶은 일을 생각하기 시작한다. 때로는 어떻게 거기까지 갔는지 알 수 없는 공상에 빠져 있는 자신을 발견하기도 한다. 우리는 이런 상념 역시 몽상이라 한다. 이렇게 침입해 오는 생각들을 *과업과 관련이 없는 생각(task unrelated thought)*이라 한다.

우리는 항상 딴생각을 한다. 2,250명을 대상으로 한 조사에서 스마트폰을 이용해 무작위적인 간격으로 무엇을 하고 있느냐고 물었을 때(경험표집법) 지금 하고 있어야 하는 일이 아닌 다른 것에 관해 생각하고 있었다고 보고한 이가 46.9퍼센트에 달했다(Killingsworth & Gilbert, 2010). (특정한 행동을 하고 있던 그룹에서는 딴생각을 하고 있었다고 보고한 사람이 한 명도 없었는데 바로 섹스였다.) 우리가 딴생각을 하는 걸 항상 즐기는 것은 아니다. 킬링스워스와 길버트(Killingsworth & Gilbert, 2010)의 연구에서는 사람들이 집중할 때보다 딴생각을 할 때 덜 행복한 것으로 확인되었다. 사람들은 행복한 것을 생각할 때도 더 행복하다고 느끼지 않았다. 딴생각의 양은 작업 기억 용량과 관련이 있고(Kane & McVay, 2012) 생각에 대한 실행 제어 상실과 결부되어 있다(Smallwood & Schooner, 2006). 작업 기억 용량이 적은 사람은 딴생각을 할 가능성이 더 크고 실수를 범할 가능성도 더 크다. 여기서 인과관계를 추출하기는 어렵지만 케인과 맥베이(Kane & McVay, 2012)는 첫 번째 변수인 작업 기억 용량과 두 번째 변수인 과업과 무관한 생각의 비율, 이 둘의 기저에 모두 세 번째 변수인 주의-제어 역량이 있다고 주장한다. 몽상에 얼마나 취약한지는 개인에 따라 차이가 있다. 한 사람이 자신의 심상과 공상에 빠져드는 성격 특성을 **몰입(absorption)**이라 한다. 몰입은 텔레겐 몰입 척도(Tellegen Absorption Scale)로 측정한다. 이 척도에서는 '음악을 들으면 다른 것은 알아채지 못할 정도로 빠져든다'와 '일몰을 보며 깊이 감동한다'와 같은 질문을 던진다. 놀라운 사실은 아니겠지만 딴생각을 할 때 집중해야 하는 과업에서 더 많은 실수를 범하는 경향이 있다(Smallwood & Schooner, 2015).

딴생각을 한다고 하면 안 좋게 들리고, 어느 정도는 딴생각 대신 다른 일을 해야 할 것 같다. 하지만 딴생각은 항상 이득이 없는 손실일까? 바르스(Baars, 2010)는 예술과 과학, 수학에서는 창조적인 작업이나 계획이 어느 정도, 어쩌면 많이 딴생각을 하는 시간에 생겨난다고 지적했다. 그는 그렇게 많은 양의 정신적 자원을 전혀 유용하지 않은 적응 기능에 할당했다면 진화적 관점에서 가장 놀라운 일이라고 주장하기도 했다.

딴생각은 여러분이 당장 손에 쥔 일에 집중하기를 멈출 때 시작된다. 최근 몇 년간 신경과학자들은 디폴트 모드 네트워크(DMN) 혹은 **디폴트 네트워크(default network, DN)**로 불리는 것의 중요성을 인지하기 시작했다. 디폴트 모드 네트워크는 동시에 고도로 활성화되는 뇌 영역들의 네트워크로 뇌의 다른 영역이나 네트워크와는 확연히 구분되며 사람들이 '아무것도 하지 않을' 때 활성화된다(그래서 디폴트, 즉 기본이다). 뇌가 잠들지 않은 채 휴식하고 있을 때, 몽상할 때, 다른 이에 관해 생각할 때, 미래에 관해 생각할 때 이 네트워크가 활성화된다(Buckner et al., 2008; Raichle et al., 2001). 특정한 과업에 집중하고 있는 정반대의 모드와는 모든 게 다르다. 나는 다음 문장을 쓰겠다고 생각한 지 2분밖에 되지 않았는데도 생각을 모으며 먼 곳을 바라보다가 갑자기 내가 체육관에 가서 무엇을 할지 그리고 내일 아침으로 무엇을 먹어야 할지 생각하고 있다는 사실을 깨달았다. 내가 생각해야 하는 것과는 전혀 관련이 없는 것들이다. 나는 딴생각에 빠졌고 아마 디폴트 모드 네트워크가 무척 활성화되었을 것이다. 우리가 특정한 과업이나 지각 처리에 관여하지 않을 때 이 네트워크가 활성화되므로 '디폴트 모드'라고 한다. 대신 디폴트 모드 네트워크는 자기 발생적인 생각들을 처리한다. 이제 나는 다시 글을 쓰는 데 집중하고 있고 디폴트 네트워크는 꺼졌다.

디폴트 네트워크는 서로 다른 유형의 처리를 책임지는 뇌의 특정 영역들과 관련이 있는 다수의 **허브(hub)**로 구성된다(Buckner et al., 2008; Andrews-Hanna et al., 2014). 허브들과 여러 허브를 연결하는 부분을 제외하면 뇌에 남는 부분이 많지 않다! 확실히 이러한 영역들은 우리가 의식을 유지하는 데 중요하다고 생각하는 많은 것의 처리에 관여한다. 잠이 들면(Picchioni et al., 2013) 그리고 명상을 할 때면(Xu et al., 2014) 디폴트 모드 네트워크의 작동에 변화가 관찰된다. 디폴트 모드 네트워크의 손상은 자폐 스펙트럼, 알츠하이머병, 우울증, 조현병, 외상후 스트레스 장애 등의 병적 증상과 관련이 있다(Buckner et al., 2008). 디폴트 모드 네트워크를 구성하는 뇌의 영역은 우리가 한 가지 과업에 참여할 때 비활성화된다.

우리가 아무것도 하지 않는 듯할 때 뇌가 활성화된다는 사실이 놀랍지 않은가? 우리는 마음을 완전히 비운 채 유지하는 것이 사실상 불가능하다는 것을 알고 있다(우리는 항상 무언가를 의식한다). 따라서 우리는 항상 무언가를 생각하고 있고, 생각하는 것은 활동이다. 디폴트 모드 네트워크는 뇌의 특정한 영역들이 어떻게 연결되어 있는지 보여주고, (미래의 행동을 계획할 때처럼) 이렇게 배후에서 이루어지는 활동에도 용도가 있다는 사실을 알려준다는 점에서 중요하다. 또한 뇌가 어느 정도의 외부적 요구가 있을 때만 움직이는 자연적 휴식 상태를 가진다는 것을 말해주고, 이 네트워크에 가해진 손상이 어떻게 다양한 결핍을 만들어 내는지도 가르쳐 준다. 하지만 모든 이가 뇌가 한 가지의 자연적 휴식 상태를 가지며 이러한 상태를 기준치로 삼아야 한다는 주장에 설득된 것은 아니다. 또한 이러한 결론의 기반이 되는 에너지 소비량의 측정이 처음에 예상했던 것보다 더 복잡할 수도 있다(Morcom & Fletcher, 2007). 그래도 분명히 아무것도 하지 않고 특히 아무것도 생각하지 않는 일은 아마 여러분이 처음 생각했던 것보다 훨씬 더 복잡할 것이다.

디폴트 모드 네트워크는 우리가 아무것도 하지 않을 때만 활성화되지는 않는다. 이 네트워크는 우리가 인생의 사건들을 계획할 때나 심사숙고할 때, 몽상을 할 때도 적극적으로 관여한다. 따라서 디폴트 모드 네트워크는 몽상이나 딴생각과 같은 적극적인 요소와 행동을 멈추거나 계속 아무것도 하지 않는 소극적인 요소를 모두 가지고 있다. 적극적인 딴생각에는 *청반(locus coeruleus)*이라 알려진 뇌줄기의 **뇌교(pons)**와 신경전달물질 노르에피네프린(norepinephrine)이 관여한다. 디폴트 모드 네트워크의 신경과학은 상자 8.1에 정리되어 있다.

상자 8.1 디폴트 모드 네트워크

다음과 같은 영역들이 **디폴트 모드 네트워크**에 포함된다(그림 8.4).

뇌의 전두부 – 자기에 관한 정보에 관여한다.

각회(angular gyrus) – 지각, 주의, 행동을 연결하며 일화적 기억의 소환에 관여한다.

내측 전전두엽피질(mPFC) – 개인 정보, 자서전적 기억, 미래의 목표나 사건, 의사 결정과 같은 자기 처리에 관한 결정에 관여한다.

후부 대상회피질(PCC)과 쐐기앞소엽 – 기억과 지각에서 온 정보를 결합한다. 후부 대상회피질의 아래쪽 (복측) 부분은 자기와 타인들에 관한 과업이나 과거를 기억하는 과업, 미래에 관해 생각하는 과업에 관여하며 개념들뿐 아니라 공간 탐색도 처리한다. 위쪽 (배측) 부분은 비자발적인 인식과 각성에 관여한다.

상자 8.1 디폴트 모드 네트워크 (계속)

배측 내하부조직(dorsal medial subsystem) – 타인에 관한 사고에 관여한다.

배내측 전전두엽피질(dmPFC) – 다른 사람이 행동한 목적을 알아내는 데 관여한다.

외측두피질(lateral temporal cortex) – 사회적인 의미나 사회적인 개념의 지식을 검색하는 데 관여한다.

측두-두정 접합부(temporo-parietal junction, TPJ) – '마음 이론' 정보 처리에 관여한다.

내측 측두하부조직(medial temporal subsystem) – 자서전적 기억과 미래 시뮬레이션에 관여한다.

해마 – 새로운 기억의 형성을 책임진다.

뇌교 – 적극적인 딴생각을 조절하는 데 관여한다.

후부 하두정엽(posterior inferior parietal lobe, pIPL) – 청각·시각·체지각 정보와 주의의 처리가 모인다.

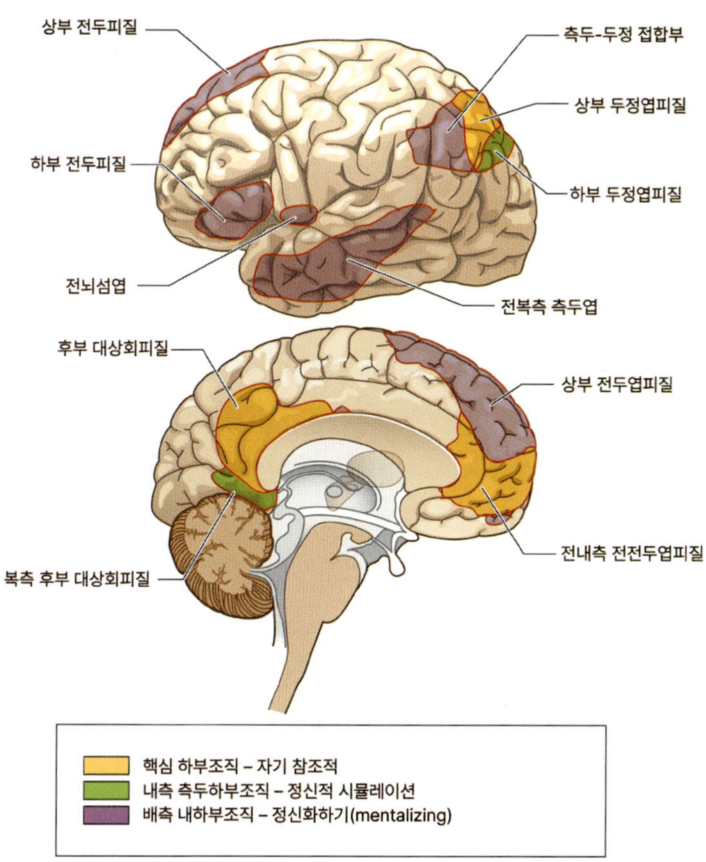

그림 8.4 디폴트 모드 네트워크. 디폴트 모드 네트워크는 우리가 가만히 있거나 아무런 과업에 관여하지 않을 때 활성화된다. 그리고 마음에서 딴생각이 시작되어도 활성화된다. 이 네트워크는 복잡한 뇌 회로로 구성된다.

직접 해보자: 여러분의 딴생각

아주 쉽고 편안한 실험이다. 등을 기대고 앉아 딴생각을 해보자. 자신에게 2분을 준다. 무슨 생각을 했나? 한 생각이 다른 생각으로 어떻게 흘러갔나? 부드러운 의식의 흐름이었나, 아니면 갑작스러운 전환이었나? 내적 성찰을 하지 않을 때도 의식의 흐름을 알아챌 수 있나? 이런 질문이 말이 되긴 하나?

통합 작업공간 이론

심리학자 버나드 바스는 최근 몇 년간 **통합 작업공간 이론**(global workspace theory, GWT; Baars, 1983, 1988, 1993, 1997, 2002; Baars & Geld, 2019)이라는 중요하고 영향력이 큰 의식 모델을 발전시켜 왔다. 처음에는 무대가 있고 조명 하나가 그 무대를 비추고 있는 극장을 상상하면 GWT를 이해하기 쉽다. 조명은 인지 과정의 주의에 해당하고 작업 기억이 현재 다루고 있는 내용을 향한다. 우리는 바로 지금 조명을 받고 있는 것을 의식한다. 이 모델은 가능한 지각의 결과를 만들기 위한 입력 조합들의 집합인 통합 작업공간과 적절한 행동을 찾아내는 출력 메커니즘으로 구성된다.

GWT의 장점은 단순하고 직관에 호소한다는 것이다. 평범한 교육을 받은 일반인이 의식의 모델을 만들어야 한다면 아마 GWT와 비슷한 무언가를 내놓을 것이다.

이 모델은 위에 요약한 것보다 훨씬 풍성한 내용을 자랑한다. 한 예로, 조명을 적절히 움직이면 무대 위에 있는 무엇이든 의식으로 불러올 수 있지만, 인지 기계로 구성된 무대 뒤에는 어느 때에도 닿을 수 없으며 그곳에도 많은 것이 있다. 우리는 집행 과정과 같은 과정 자체를 의식할 수 없고 오로지 조명이 밝히는 것만 의식한다. 일종의 관객도 있으나 조명이 무엇에 빛을 비추는지 지켜보는 내면의 사람은 아니다. 대신 장기 기억과 같은 구조들이 있다. 예를 들어 한 사람의 얼굴을 보며 그 얼굴을 의식하는 것은 지난번에 그 사람을 만났을 때 그와 했던 일을 떠올리게 할 수 있다. 셜리스와 쿠퍼(Shallice & Cooper, 2011)는 통합 작업공간의 접근법을 지지하며 *감독 과정(supervisory process)*의 중요성을 강조했다. 감독 과정은 다른 과정들을 통제하고, 다양한 과정 중에서도 특히 메타인지 과정에 크게 관여한다.

GWT는 제한된 용량과 연속적 속성, 의식적이지 않은 인지 과정을 촉발하는 것을 포함해서 의식의 중요한 특성 몇 가지를 설명한다. 이 인지 모델은 신경과학 데이터와도 잘 통합된다. 또한 계산 모형으로 만들어질 수 있을 정도로 명시적이어서 시뮬레이션을 통해 인지에 대한 이해를 높일 수 있다(Franklin et al., 2016).

GWT는 현재 의식에 관한 접근에서 가장 대중적인 이론 중 하나이고 최근에는 신경학적 기저도 밝혀졌다(아래를 보라). 그래도 이 역시 비판에서 자유롭지는 않다. 비판 중 하나는 GWT가 잘 포장된 데카르트 극장이라는 것이다. 하지만 바스는 GWT가 호문쿨루스에 기반한 이론이라는 주장을 부인했다. 그에 따르면 극장이 있고 그 안에 조명을 받는 대상들이 있는 것은 맞지만 이를 지켜보는 관객은 없다. 의식을 결정하는 것은 작업 기억 내용의 활성화이지 관찰하고 있는 어떤 존재가 아니다.

또 다른 문제는 GWT가 난제를 해결했는지 명확하지 않다는 것이다. 감각질은 어디에서 오는 걸까? 엘리추르(Elitzur, 1997)는 이러한 점을 지적하면서도 바스가 가능한 이론들의 범위를 제한했고 인지와 의식이 어떻게 연관되어 있는지 설명했다고 결론 내렸다. 특히 바스는 뇌의 모든 상태를 동반하는 의식적 경험이 존재하지 않는 이유를 설명하려 했다. 하지만 모든 인지 모델이나 신경과학 모델과 마찬가지로 GWT가 현상적 의식(P의식)이 아닌 접근 의식(A의식)의 모델이라는 결론은 피하기 어렵다.

뉴런 작업공간 이론

프랑스의 신경과학자이자 심리학자인 스타니슬라스 데하네(Stenislas Dehaene)는 관련 논문을 연속해서 발표하며 **뉴런 작업공간 이론(neuronal workspace theory, NWT)**을 발전시켰다. 이 복잡한 모델은 뇌에서 일어나는 통합과 주의 관련 처리들에 관해 포괄적이고 상세한 설명을 제공한다(Dehaene et al., 1998; Dehaene & Naccache, 2001). 신경 작업공간 이론은 GWT의 개념들을 확장한다.

이러한 작업의 일부로 데하네는 우리에게 의식이 있을 때 뇌가 특별히 전형적인 패턴을 보여주는지에 관심을 둔다. 의식에 의식만의 특징이 있을까? 신경적으로 믿을 만한 특징이 있다면 많은 시사점을 가질 수 있을 것이다. 혼수상태인 사람에게 의식이 있는지 알 수 있고, 동물들이 비슷하게 이 특징적인 패턴을 공유한다면 그들 역시 우리와 같은 방식으로 의식을 가지고 있다고 결론 내릴 수도 있을 것이다.

현재의 영상화 기술은 시간 해상도나 공간 해상도가 상대적으로 떨어진다는 한계가 있다. fMRI와 자기뇌파검사(magnetoencephalography) 모두 특정한 시점에 어디에서 어떤 일이 벌어지고 있는지 정확히 알려주지 못한다. 그리고 당연히 반응 시간 실험과 같은 실험심리학의 전통적인 기법들은 이제까지 연구된 복잡한 과정이 뇌의 어느 부분에서 일어나고 있는지에 관해 아무것도 알려주지 못한다. 데하네는 방법론적 문제를 피하기 위해 이러한 기법들을 복잡한 수학 분석과 결합했고, 특정 과업의 여러 측면을 수행하면서 공간적으로나 시간적으로나 더 정확하게 관찰할 수 있게 했다. 자극이 주어졌을 때 참가자의 뇌에 활성화되는 부분이 있는지뿐만 아니라 어느 부분이 언제 활성화되는지도 볼 수 있게 한 것이다. 예를 들어, 참가자가 특정한 위치에 있는 자극이 글자가 아니라 숫자라는 것을 처음으로 알게 된 때는 언제인가? 데하네와 동료들은 새로운 자극의 지각과 관련이 있는 '뇌파(brain wave)'인 P300이 의식적인 과정과 연관되어 있다는 것을 보였다. P300이라는 이름이 붙은 이유는 뇌전도에서 자극을 제시하고 약 300밀리초 뒤에 양전압이 나타났기 때문이다. P300은 주로 뇌의 전두 영역에서 나타난다.

데하네(Dehaene, 2014)는 지각이 지각 정보의 초기 모듈식 처리에서 '벗어나' 여러 모듈과 뇌 전반에 정보 공유가 가능해지면 이러한 의식의 특징이 나타난다고 주장했다. 우리가 정보를 의식하게 되면 해당 정보는 고도로 상호 연결된 시스템에서 *전체적으로 이용할 수 있게* 되며 수준이 낮은 데이터는 하나의 지각 대상(percept)으로 통합된다. 데하네는 이러한 프로세스를 *점화(ignition)*라 칭했다(바스의 설명에서 조명이 비치는 것과 같다).

모듈식(modular) 처리와 *해방된(liberated)* 처리의 차이는 자극의 일부가 다른 패턴에 가려 식별하기 어려운 마스킹 실험의 결과에 반영된다. 초기 처리는 선형 활성화 패턴을 만들어 내지만 특정한 시점에서는 비선형적 패턴이 관찰된다. 이때가 뇌의 전두 영역에서 점화가 일어나는 시점이다. 전의식 감각 데이터가 통합된 하나의 지각 대상으로 합쳐질 때 점화가 일어난다. 전의식 감각 데이터는 불완전하고 모호하며 자기모순적일 수 있지만 의식적 지각 대상은 단일하고 일관성이 있으며 모호하지 않다. 두 가지 상태에서 동시에 모호한 자극을 지각하는 경우는 절대 없다. 피질에서 대응하는 감각 투사 영역이 활성화된 이후 일관성 있는 표상이 만들어질 때 감각 인식이 이루어진다. **감각피질(sensory cortex)**은 외적으로 활성화될 수도 있고, 의식적인 내적 언어와 이미지의 결과로 내적으로 활성화될 수도 있다. 의식적인 감각 내용이 확실히 결정되고 나면

피질-피층 섬유(cortico-cortical fibre)와 **피질-시상 섬유**(cortico-thalamic fibre)를 따라 다른 네트워크의 청중에게 광범위하게 전해진다. 데하네와 샹죄(Dehaene & Changeux, 2004)는 긴 축삭돌기가 있고 대부분 피질 영역이나 시상 영역과 이어져 있는 상호 연결된 일련의 뉴런들이 널리 흩어져 있다고 제안했다. 이러한 구조가 자기를 위해 지각 대상의 중요성을 평가하거나 감정하는 것을 비롯해 의식적인 감각 대상의 추가 처리를 수행한다.

이 기다란 연결은 정보가 뇌 전역에 전달될 수 있게 하고 여러 영역 사이의 피드백도 가능하게 한다. 의식은 **재입 처리**(re-entrant processing, 혹은 반복 처리(recurrent processing))에 의존하며, 의식이 발달하려면 뒤쪽에서 진행되는 뉴런 단위의 처리에서 앞서 피질에서 진행된 처리로 전달되는 피드백도 꼭 필요하다.

데하네는 정보를 공동으로 다루고 공유하는 다수의 독립적인 모듈이 처리를 진행할 수 있게 무대 혹은 칠판을 제공하는 것이 의식의 역할이라 설명한다. 이러한 접근법은 다양한 다른 이론들과 양립 가능하다(Baars & Geld, 2019; Crick, 1984; Crick & K och, 1990; Damasio, 1989; LaBerge, 1997; Gazzaniga, 1996; Ramachandran et al., 1995; Edelman, 1989; Llinás & Ribary, 1992; Newman & Baars, 1993; Shallice et al., 1996; Posner, 1992). 이 모델은 다른 이론들과 비슷한 점이 많다. 콜롬비아의 신경과학자 로돌포 이냐스(Rodolfo Llinás, 1934년 출생)는 신경계의 주요 목적이 예측이라고 주장한다. 정교한 뇌에서 사건들은 중심 의식으로 들어온다. 기다란 뉴런 연결이 전기 진동을 통해 일제히 활성화되면서 뇌의 다른 부분이 동시에 활성화되기 때문이다(Llinás, 2002; Llinás & Ribary, 2001). GWT와 NWT가 결합하면서 많은 연구자 사이에 의식과 다른 인지적 처리가 실현되는 방식과, 이 관계가 뇌에서 구현되는 방식에 관해 새로운 합의가 이루어졌다.

GWT와 NWT에 기초해 예측할 수 있는 사실 하나는 우리가 광범위한 처리가 끝난 후에야 사물을 인식한다는 것이다. 즉, 의식은 특정한 사물의 모든 특성을 보고하거나 전혀 보고하지 못하는 *양자택일의 현상*이어야 한다(Sergent & Dehaene, 2004). 하지만 우리는 특정한 시점에 보고할 수 있는 것 이상으로 세부적인 것들을 의식한다. 우리의 지각 경험은 접근할 수 있는 수준을 *넘쳐흐르는* 듯하다(Block, 1995, 2005; Lamme, 2010). 한 예로, 우리는 본 적이 없어서 이와 관련된 사물을 알 수 없는 색을 의식할 수 있다. 엘리엇 등(Elliott et al., 2016)은 일련의 표적을 신속하게 제시해서 첫 번째 표적 이후 아주 빨리 제시된 두 번째 표적을 식별하기 어렵게 하는 **주의 과실**(attentional blink) 실험을 활용해 어떤 대상의 한 가지 특성에는 의식적으로 올바르게 접근하면서도 다른 특성에 접근하는 데는 심각한 장애가 있을 수 있음을 보였다(예를 들면, 제시된 카드에 글자와 색이라는 두 가지 특성이 있을 수 있다). 이러한 결과는 의식이 양자택일이 아니라는 생각을 뒷받침한다. 표상의 수준에 따라 독립적으로 의식하기 때문에 특정한 사물 전체를 인식하지 않아도 해당 사물의 특성은 인식할 수는 있다는 *부분 인식 가설(partial awareness hypothesis)*을 통해 앞의 실험 결과와 GWT/NWT를 조화시킬 수는 있다(Kouider et al., 2010). 하지만 특정한 한 특성의 인식은 여전히 양자택일의 문제인 듯하다.

이 모델에 대한 또 다른 비판은 현상적 의식의 본질을 설명하지 않고 난제를 제대로 해결해 주지도 않는다는 것이다.

상자 8.2 뉴런 작업공간 모델의 신경과학

데하네를 필두로 한 연구진(Dehaene et al., 1998)은 다섯 개의 뇌 회로가 신경에 관여한다고 주장했다.

- 계획을 위한 **전전두엽피질**과 **전운동** 영역
- 고수준 지각을 위한 **하측두피질**
- 계산을 위한 **편도체**, **대상회피질**, **안와전두피질**
- 장기 기억을 위한 **해마** 영역과 **해마곁** 영역
- 주의 방향 설정을 위한 **후부 두정엽피질**

이 다섯 개의 뇌회로는 서로 연결되어 있어서 어떠한 새로운 자극이라도 적절하게 계산되고 처리된다. 그다음 하향식 처리가 실행될 때까지 피드포워드(feedforward, 다음 단계에 발생할 수 있는 변화를 예측해서 현 단계의 출력을 조정하는 제어-옮긴이) 자극이 있다가 *점화*로 이어진다. 점화는 하향식 처리와 상향식 처리가 만날 때 일어난다. 점화는 양자택일적이기 때문에 자극으로 인한 활성화가 통합 뉴런 작업공간 전체를 점화시키거나 재빨리 사그라진다. 점화가 일어나면 기다란 피질-피층 섬유 그리고 재입 연결 또는 반복 연결이 활성화되면서 전역에서 한 가지 표상을 사용할 수 있게 된다(Lamme & Roelfsema, 2000).

의식적 표상은 비의식적 표상과 달리 전체적으로 사용될 수 있다. 점화된 표상은 경쟁 상대를 억제해서 주의적 병목이나 무주의 맹시 같은 현상으로 이어진다. *전두엽피질*이 점화된 표상의 적극적 유지에 관여한다.

다중 초안 모델

철학자 대니얼 데넷은 데카르트 극장이라는 비유에서 의식의 내용이 상영되는 다감각 영화 스크린을 바라보고 있는 호문쿨루스를 떠올린 바 있다. 그리고 그는 특히 이러한 호문쿨루스의 존재를 짐작하게 하는 모델에 무척 가혹한 태도를 보였다. 앞서 살펴보았듯이 바스나 다른 연구자들은 자신들을 향한 혐의에 강력히 반발했지만, 데넷이 보기에는 GWT를 포함하는 많은 의식 모델이 이러한 부류에 속했다. 데넷은 '이 호문쿨루스는 어디에 있는가?'라고 물었다. 아마 호문쿨루스의 머릿속에 더 작은 호문쿨루스가 있을 것이고. 그런 식으로 무한 회귀에 빠져들지 않나? 데넷은 이러한 모델들이 이원론을 내포하고 있다고 주장했다. 약간의 차이만 있는 관찰자 때문에 무한 회귀에서 벗어나지 못했기 때문이다. 대신 데넷(Dennett, 1978a, 1991, 2013)은 의식이 한 장소에서 합쳐진다는 생각을 거부했다. 바로 이러한 생각 때문에 의식의 신경 상관물을 찾는 것이 너무나 어려워지기 때문이다. 그리고 대안으로 **다중 초안 모델(multiple drafts model, MDM)**을 제안했다. 어떤 순간에나 우리 뇌에서는 많은 일이 동시에 함께 일어나고 있지만 가장 중요한 것은 사건의 기억이다. 데카르트 극장이나 특정한 순간에 존재하는 작업 공간에서처럼 우선권을 갖는 의식 처리는 없다. 대신 특정한 사건이 일어난 후에 필요해지면 초안에서부터 상황이 재구성된다.

데넷은 일련의 정지 이미지가 움직이는 것처럼 지각되는 아주 단순한 착시인 **파이 착시(phi illusion)**를 설명한다. 이러한 착시의 변형 중 하나는 파란색과 붉은색의 빛을 비추는 조명 두 개를 서로 가까이 두고 스위치를 재빨리 껐다 켰다 하는 것이다(그림 8.5). 조명을 켜고 끄는 간격이 1초보다 짧으면 첫 번째 조명이 비

치는 빛이 두 번째 조명이 비치는 빛의 위치로 이동하고 색도 바뀌는 것처럼 보인다. 그래서 붉은색 조명을 켜기 전에 파란색 조명의 빛이 변화하는 것을 볼 수 있다. 왜 이런 착시가 생길까?

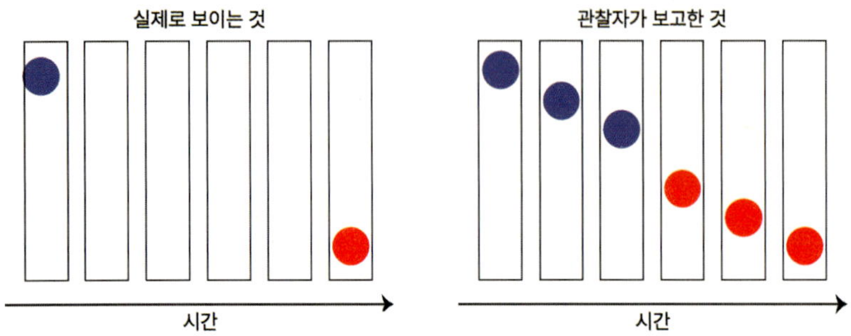

그림 8.5 파이 착시. 실제로는 두 이미지가 일정한 간격으로 연속해서 제시된다. 간격이 적당히 짧으면 자극이 움직이고 도중에 색도 바뀌는 것처럼 보인다. 게다가 사람들은 실제로 조명을 바꾸기 전에 색이 변했다고 보고하는데 당연히 불가능한 일이다. 따라서 파이 착시에서 사람의 경험은 구성된 것이 틀림없다.

데넷은 파이 착시를 두고 자신이 *오웰형(Orwellian)*과 *스탈린형(Stalinesque)*이라 명명한 두 가지 유형의 설명을 제안했다. 오웰형 설명에서는 (오웰의 소설 『1984』(Orwell, 1949)에서 그랬듯이) 역사가 다시 쓰인다. 참가자들은 두 번째 조명의 빛에 관한 자신의 기억을 바꾼다. 스탈린형 설명에서는 여론 조작을 위한 공개 재판이 있고, 사건이 의식으로 들어오기 전에 조정된다. MDM에서는 이러한 일이 벌어지지 않는다. 우리가 어떠한 상세한 표상도 구성하지 않기 때문이다. 같은 사건이 다른 시기에 해석되고 (그래서 다중 초안이다) 우리가 어떤 일이 있었는지 기억하려고 할 때야 사건이 결정된다.

이 모델을 더 발전시킨 버전에서 의식은 '뇌 안에서의 명성(名聲, fame)'으로 지칭된다(Dennett, 2001, 2015). 의식에 어떤 항목을 집어넣는 것은 경쟁 과정이다. 의식의 내용은 그때그때 강하고 안정적이어서 경쟁에서 승리한 상태들이며, 강인함과 안정성은 특정한 상태와 관련이 있는 뉴런의 활성 패턴으로 정의된다.

데넷은 의식의 난제가 존재하지 않으며 실제로 의식에는 아무런 문제가 없다고 보았다. 우리는 언제나 뇌에서 가장 활동적인 것을 무조건 의식한다. 우리에게는 적절히 복잡한 정보 처리 체계가 필요하다. 이러한 이유로 컴퓨터는 아직 의식을 가지지 못하지만, 컴퓨터가 영원히 의식을 가지지 못할 원칙적 이유도 없다. 의식은 '그저' 착각일 뿐이다.

MDM에 대해서는 몇 가지 비판이 있다. 데넷은 의식과 감각질, 자기 등등이 모두 착각이라고 주장하지만 많은 이들은 이러한 개념이 의식에 관한 진정한 쟁점이라고 생각한다(Chalmers, 1996). 데넷은 정말 의식의 모델을 만들어 낸 걸까, 아니면 '의식은 무엇인가'라는 질문을 회피한 걸까?

세계를 모델링하기

우리는 앞서 원시 생물조차 항상성이라 부르는 과정을 통해 환경과 균형을 유지한다는 사실을 알았다. 실제로 온도 조절 장치도 주위 온도에 반응한다. 이러한 면이 세계의 표상이라고 하면 호기로운 주장일 것이다. 그렇기는 하지만 내 반려견 보는 자신의 세계에 대한 표상을 가지고 있다. 자기 장난감 가방이 어디에 있는지 알고, 뭘 하는 물건인지 알고, 내가 자리를 옮겨도 같은 가방인 것을 알고, 그 안에 장난감이 있다는 것을 알고, 놀라울 정도로 정확하게 집의 어떤 장소로 옮겨져 있을지도 안다. 보는 분명히 세계에 관한 모델을 가지고 있다. 그가 자신의 모델을 이용하는 것을 보면 의식이 있다는 것을 알 수 있다. 물론 나도 정확히 같은 일을 하고 더 많이 한다. 세계에 관한 내 모델은 확실히 더 풍요롭다.

정신 모형

정신 모형(mental model)은 우리가 우리를 둘러싼 세계를 표현하기 위해 구축한 일종의 표상이다. 정신 모형은 상황 모형(situation model)을 비롯해 다양한 이름으로 불리지만 여기서는 정신 모형이라는 명칭만 사용할 것이다. 정신 모형이라는 개념은 원래 주로 글이나 대화가 전개되는 동안 이를 이해하려는 맥락에서 발달했다(Harley, 2017). 이 모델은 우리가 예측을 하고, 문제를 해결하고, 들은 것에서 추론할 수 있게 도와준다(Johnson-Laird, 1983). 예를 들어 자신들이 보기에 메리는 제인의 왼쪽에 있고 로즈는 제인의 오른쪽에서 있다고 하자. 여러분이 세 사람을 바라본다면 오른쪽에 있는 사람은 누구일까? 아마 여러분은 일종의 심상을 만들어 내서 이 문제를 풀어낼 것이다. (지금은 그림이 회화적인지 아니면 명제적인지 기저의 형태에 관해서는 걱정하지 말기로 하자.) 이러한 생각을 확장하면 우리가 언제든 주위 세계에 관한 모형이자 우리가 어떻게 행동할지를 결정하는 모형을 가지고 있을 거라 제안할 수 있다. 내가 왼쪽을 바라보며 누군가에게 "날씨가 좋군요"라고 한다면 내 모형에서 누군가가 내 왼쪽에 있고 마지막으로 창문 밖을 내다봤을 때 날씨가 좋았기 때문이다. 이 모형은 우리가 우리를 둘러싼 세계에 관해 알고 있는 모든 것의 표상이다. 여기서는 이 모형이 언제나 얼마나 상세한지에 관해서는 걱정할 필요가 없다. 나는 내 서재에 분명히 무작위적으로 놓여있는 책들에 관해 놀라울 정도로 훌륭한 표상을 가지고 있다. 하지만 컴퓨터 앞에 앉아 이 문단을 쓰고 있는 지금은 그 책들에 관해 생각하지 않고 있다. 그래도 키보드의 자판에 관해서는 생각하고 있다. 따라서 모형에서 (초점에 있는) 활성화된 요소와 배경 요소를 구분하고 싶을 수도 있지만 이 모델이 어떻게 작동하는지를 두고 지나치게 상세하게 파고들 필요는 없다. 여기서 중요한 것은 우리가 우리를 둘러싼 세계에 관한 일종의 모형을 가지고 있으며, 우리의 행동을 통제하고 어떤 일이 벌어질 것 같은지 예측하기 위해 이 모형을 사용한다는 것이다.

다른 생명체에 관한 정신 모형 역시 세계에 관한 정신 모형에 포함되어 있다. 직장 동료나 집단에 관한 마음 이론은 정신적 시뮬레이션이자 특정한 형태의 정신 모형이다. 다른 사람에 관한 모형은 정교한 모형이다. 타인들의 반응을 예측하고, 그들이 우리를 속이고 있을 가능성을 고려하며, 우리가 무언가를 하거나 다른 무언가를 했을 때 그들이 어떻게 할지도 모델링할 수 있어야 한다. 이러한 과업을 위한 인지적 요구가 상당히 많을 수 있지만 반드시 의식도 있어야 할까? 세계의 여러 측면에 관해 컴퓨터 시뮬레이션을 구축할 수 있으나 이러한 시뮬레이션에는 자연계가 가지는 복잡성이 부족하다. 복잡성이 문제인 걸까? 어떤 모형이 충분히 그럴듯해지면 의식을 가지게 되는 걸까? 의식의 존재 여부가 만들어 낼 수 있는 모델의 복잡성에 따라 결정된다는 생각은 직관적으로 와닿지 않는 듯하다. 앞서 (5장에서) 살펴보았듯이 험프리(Humphrey, 1984, 2006)는 의식이 타인의 정신 상태를 모델링하는 데 특히 중요하다고 주장했다.

정신적 시간 여행

인류가 엄청난 성공을 거둬온 이유 중 하나는 미래를 계획하는 능력 때문이다. 도토리(다람쥐)나 견과류(어치)를 숨겨서 어려운 시절을 대비하는 동물도 있지만 인간과 비슷할 정도로 미래를 계획하는 능력을 지닌 동물은 없다. 계획은 현재에 관한 모델을 가지고 있으면서 서로 다른 행동이 이러한 모델을 어떻게 바꿀지 계산할 수 있어야 하는 복잡한 인지적 기술이다. 우리는 앞서 지각적 의식이 과거나 미래에 자신을 데려가거나(**정신적 시간 여행**) 실제와 다른 세계라는 *반사실적* 상황에 대입하는 능력을 가리키는 용어라는 것을 배웠다(Schacter et al., 2007). 한 예로, 나는 보가 늘 내 왼쪽을 지키고 있지 않은 세상을 (대충) 상상할 수 있다. 이러한 사고는 자기 인식 그리고 자기 자신의 생각에 관해 생각하는 능력(메타인지)이 있어야 하는 듯하다.

*시간감각(chronesthesia)*이라고도 하는 정신적 시간 여행에서 우리는 미래(와 과거)에 있는 자신을 상상할 수 있고 미래와 조건부의 미래, 반사실적 과거(내가 그렇게 했었다면…)에 일어날 일을 시뮬레이션해 볼 수 있다. 밖에 비가 오는데 내가 그 여자에게 그런 말을 하고 그는 나에게 다시 저런 말을 한다면 그때 나는 무엇을 할 수 있을까? 때로는 우리 자신을 정신적으로 다른 어딘가에 두는 능력을 지각적 의식이라 칭하기도 한다. 인식이 없는데 이러한 모델을 구축할 수 있을 거라 상상하기는 어렵다. 정신적 시간 여행을 처음 설명한 이는 기억 연구자 엔델 툴빙(Endel Tulving)이었다. 정신적 시간 여행은 우리가 미래를 생각하고 계획할 수 있으며 가능한 결과를 고려할 수 있고 우리가 원하는 것들을 위해 그중 무언가를 선택할 수 있다는 의미에서 과거와 미래를 인식할 수 있게 한다(Suddendorf & Corballis, 2007; Suddendorf, Addis, & Corballis, 2009; Tulving, 1985). 정신적 시뮬레이션은 사회적 상호작용에서 타인들의 관점을 이해하고, 어려운 결정에서 가능한 대안을 탐색하며, 경험에서 배울 수 있게 (실제 발생했던 일이든 사실과 다른 일이든) 과거의 사건을 되새기는 데 유용하다(Baumeister & Masicampo, 2010).

정신적 시간 여행을 위한 조직은 일화적 기억을 위한 조직이기도 하다. 뇌 스캔 결과는 왼쪽 두정엽피질이 중요하다는 것을 보여준다. 이 영역은 우리 자신에 관해 생각할 때 가장 활성화되고, 가장 친한 친구에 관해 생각할 때 중간 정도로 활성화되며, 덴마크의 여왕에 관해 생각할 때 가장 낮은 반응을 보인다(Lou et al., 2004). 게다가 **경두개 자기 자극법**으로 이 영역을 자극하면 우리 자신을 묘사하는 형용사를 찾기가 어려워진다. (7장에서 살펴본 클라이브 웨어링처럼) 극심한 기억상실 환자들은 과거를 기억하지 못할 뿐 아니라 미래도 상상하지 못해서(Hassabis et al., 2007; Suddendorf et al., 2009) 양방향의 시간 여행에 뇌의 비슷한 영역이 관여하는 게 틀림없음을 시사한다. 뉘베리 등(Nyberg et al., 2010)은 영상화 기술을 활용한 연구를 종합해 특히 *왼쪽 두정엽피질*을 비롯하여 뇌의 다양한 영역이 시간 감각에 관여하지만 *전두엽*과 *소뇌*의 일부도 관련이 있다고 결론 내렸다. 해마는 우리가 상상한 내용을 저장하는 데는 기여하지만 시간에 따른 내용의 조작에도 연관되어 있는지는 분명하지 않다(Nyberg et al., 2010; Squire et al., 2010). 정신적 시간 여행은 우리의 생각을 살펴보는 것도 포함하기 때문에 어느 정도는 메타인지 능력이다. 이러한 주장들은 충돌하지 않는다.

정신적 시간 여행이 인간만의 능력인지를 두고는 논쟁이 있다. 서든도프 등(Suddendorf et al., 2009)은 인간이 아닌 동물이 이런 유형의 계획을 할 수 있다는 분명한 증거는 없다고 주장한다. 문제는 동물들이 의미 기억이나 절차 기억이 아닌 진정한 일화 기억을 가지고 있음을 증명하는 것이다. 견과류를 숨긴 새는 실제로 자신이 숨겼다는 것을 기억하는 것일까, 아니면 그냥 숨긴 장소만을 기억하는 것일까? 한 예로, 우리는 자신이 어디에서 태어났는지 알지만(이러한 정보에 관한 의미 기억이 있다) 태어난 것을 기억하지는 못한다(일화 기억은 없다). 또한 서든도프를 필두로 하는 연구진은 과거의 사건이나 미래의 계획을 공유하기 위해 언어가 진화했다고 주장한다. 정신적 시간 여행이 가능하려면 (과거, 현재, 미래와 같은) 시간의 다른 지점들을 기억하고 참고할 수 있어야 하는데, 언어가 있어야만 이러한 일을 효과적으로 해낼 수 있기 때문이다.

조건부의 미래에 관한 정신적 모델링 그리고 다른 복잡한 생명체의 미래 행동에 관한 정신적 모델링은 더욱 특별한 듯하다. 하지만 '의식이 없는데 이러한 일들을 해낼 수 있을 거라 상상하기 어렵다'는 주장이 설득력이 있거나 견고하다고 보기는 어렵다. 앞으로의 연구 주제로 유망하지만 해야 할 일이 아주 많고 이러한 접근법이 난제와 관련이 있을지도 분명치 않다.

아마 이런 종류의 사고를 위해 전반적으로 필요한 것은 의식이 아니라 자의식일 것이다. 시간과 공간에서 우리의 위치를 생각할 수 있어야 하기 때문이다. 에덜먼(Edelman, 2003)은 지각과 정서를 포함하며 대부분의 동물이 가지고 있는 일차 의식(primary consciousness)과 개개인이 자신의 역사와 계획을 평가하는 능력인 이차 의식(secondary consciousness)을 구분했다. 이차 의식은 자기 반성적 인식과 추상적 사고, 메타인지를 포함하며 이러한 특성에 좌우된다.

메타인지

*메타인지*는 자신의 인지를 되돌아보고 조작하는 능력이다. 생각에 관해 생각하는 것이다. 여러분이 지금 어떤 문제를 어떻게 풀지, 어떻게 새로운 무언가를 잘 배울지, 혹은 자신이 무엇을 기억하고 무엇은 기억하지 못하는지 생각하고 있다면 메타인지적으로 생각하고 있는 것이다. 메타인지 기술은 사람에 따라 차이가 있으며, 학습에 뛰어난 이들은 더 강력한 메타인지 기술을 지니고 있다(Sternberg, 1986). 메타인지는 흔히 '생각에 관한 생각'이라 설명되지만 실은 복잡한 기술이다. 인식이 없는 존재가 메타인지적으로 생각할 수 있을 거라 보기는 어렵다. 실제로 일부 연구자들은 메타인지를 자신의 정신적 상태 혹은 인지 처리에 대한 인식으로 정의한다(Smith et al., 2016). 몇몇 연구자들은 감시(monitoring)와 제어(control)를 구분한다(Dunlosky & Thiede, 2013). 감시는 우리의 기억과 지식에 관해 특정한 기억이 얼마나 강렬한지, 얼마나 정확한지, 언제 생겨났고 우리가 언제 알게 되었는지 판

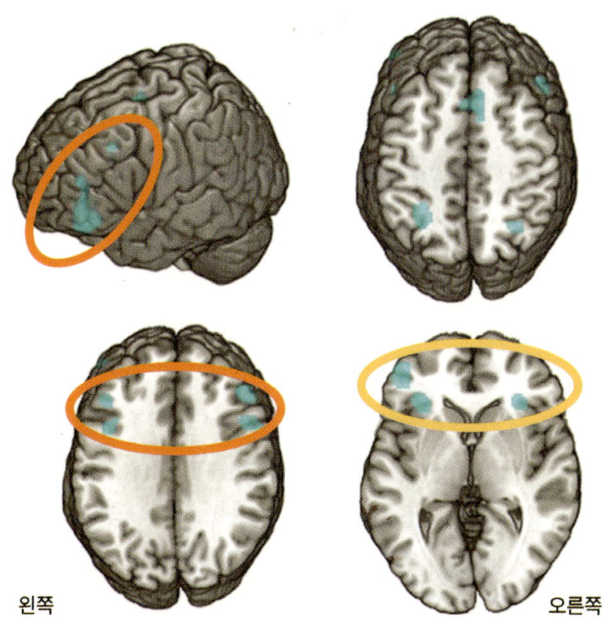

그림 8.6 뇌와 메타인지. 메타인지는 인지에 관해 생각하는 것으로, 행동을 통제하는 사고와 추론처럼 높은 수준의 처리인 집행 처리를 포함한다. 언어적 추론과 비언어적 추론을 할 때 특히 활성화되는 뇌의 영역을 표시했다.

단을 내리는 것이다. 그리고 제어는 우리의 행동에 영향을 미치는 데 지식을 활용하는 것이다. 메타인지는 대체로 전전두엽피질의 영역이다(Fleming & Dolan, 2012; 그림 8.6). 앞으로 어떻게 할지에 관해 예비적인 판단을 내릴 수도 있고, 과거에 어떻게 했는지를 회상하며 회고적인 판단을 내릴 수도 있다.

인간이 아닌 동물도 메타인지적 처리를 활용하는지를 두고는 어느 정도 논란이 있다. 동물들도 자신의 정신적 상태를 감시할까? 독일의 심리학자 볼프강 쾰러(Wolfgang Köhler, 1897~1967)는 제1차 세계대전 기간 대서양의 테네리페섬에 묶여 있었고 그곳에서 침팬지의 문제 해결을 연구했다. 그는 바나나를 침팬지들의 손이 닿지 않는 곳에 두었고 침팬지들이 나무로 만든 상자를 층층이 쌓아 올리거나 막대기를 다른 막대기의 끝에 찔러 넣는 것을 발견했다. 침팬지들은 바로 문제를 해결하려 드는 대신 (그가 직접 쓴 표현은 아니지만) 정신적 시뮬레이션을 시도하는 듯했고, (그가 쓴 표현을 빌리면) 그 결과 문제를 간파했다. 그는 연구 결과를 『유인원의 사고방식(The Mentality of Apes)』(Köhler, 1917)이라는 유명한 책으로 펴냈다. 통찰과 계산은 일정 수준의 메타인지적 처리가 필요하다. 또한 원숭이들이 자기 행동을 감시하고, 의사 결정을 위한 정보를 제공하기 위해 과거를 활용한다는 증거도 있다(Middlebrooks & Sommer, 2011). 이러한 연구에서는 대개 메타인지적 판단을 기반으로 해야 한다고 가정되는 불확실한 상황에서 원숭이들이 얼마나 확신을 갖지 못하는지 관찰한다. 여기서 문제 중 하나는 메타인지를 분석하는 것 자체가 언어에 너무 매여 있어서 메타인지의 특정한 측면들은 인간에게서만 검토할 수 있게 제한된다는 것이다. 유인원과 돌고래를 포함해 다양한 종의 동물을 대상으로 하는 많은 연구에서 얻어진 합의는 인간이 아닌 일부 동물도 적어도 메타인지와 유사한 것을 가지고 있다는 것이다. 몇몇 동물은 자신의 인지 처리를 감시할 수 있는 듯했다(Smith et al., 2016).

정의에 대한 합의가 없어서 상황이 더욱 복잡하다. 심리학에서 항상 그렇듯이 볼 수 없는 무언가에 단어로 이름을 붙이기 때문에 어려움이 발생한다. 스미스를 필두로 한 연구진(Smith et al., 2016)이 제안한 것처럼 메타인지를 정신적 상태에 대한 인식이라 정의하면 우리 삶이 단순해지고 더 할 말도 많지 않을 것이다. 메타인지적 상태는 우리가 가진 모든 정신적 상태의 부분 집합이다. 우리는 항상 메타인지적 상태를 의식하지만 특정한 때에 더 많은 것을 의식할 수 있다.

하지만 모두가 메타인지를 정신적 상태의 인식으로 정의하는 것은 아니다. 실제로 스미스를 포함한 연구진 역시 메타인지를 "정신적 상태나 인지 처리를 감시할 수 있는 능력"이라 정의하기도 했는데 이러한 정의에는 상당한 차이가 있다. 몇몇 연구자는 메타인지적 처리에 인식이 필요하다는 주장을 인정하지 않는다. 이런 이유로 켄트리지와 헤이우드(Kentridge & Heywood, 2000)는 메타인지적 처리를 공식적으로 정의하지 않으면서도 우리 자신의 처리를 통제하기 위해 필요한 것은 피드백 고리(feedback loop)뿐이며 피드백 고리는 의식을 수반할 필요가 없다고 주장했다. 이러한 주장은 인식과 메타인지, 안다는 감각, 기억 인출, 메타인지적 판단의 본질과 같은 더 광범위한 논쟁의 일부다(관련 쟁점에 관한 간략한 소개와 논의를 확인하고 싶다면 Koriat & Levy-Sadot, 2000을 참고하라).

분명히 우리 자신의 인식을 반추한다는 것은 자기 인식이 이뤄진다는 뜻이다. 하지만 메타인지와 의식, 인지 처리의 정확한 관계는 복잡하며, 각 용어를 어떻게 정의하는지 그리고 우리가 우리의 인지 처리를 감시하고 변화시킬 때 정확히 어떠한 일이 일어나는지에 따라 달라진다. 우리는 아직 미시인지(microcognition)에 관한 이론을 갖고 있지 못하다. 따라서 절대 간단하게 메타인지에서 의식이 생겨난다고 말할 수는 없으며, 의식과 메타인지가 같다고 말할 수도 없다.

아마 메타인지는 주의처럼 별개로 존재할 것이다. 연구자들은 공존하는 일련의 처리를 찾아내고 여기에 이름을 붙였다고 생각한다. 그 일련의 처리를 하나의 개념으로 구체화된 것이다. 또한 메타인지 이론들이 서로 배타적이지 않다는 사실에도 주목해야 한다. 한 예로, 셰이와 프리스(Shea & Frith, 2019)는 통합 작업공간 모델이 메타인지적 처리를 필요로 한다고 주장한다. 특히 *신뢰도 추정(confidence estimate)*을 통해 서로 다른 출처에서 온 정보들을 효과적으로 결합하는 것을 비롯해서 작업공간 내에서 이뤄지는 인지적 작업에 메타인지적 처리가 요구된다.

표상 이론

*표상*은 인지심리학에서 핵심적인 역할을 한다. 표상은 다른 무언가를 대표하는 무언가다. 예를 들어 지도 위의 자그마한 교회 부호는 실제 세계의 해당 위치에 있는 교회를 *대표한다.*

미국의 철학자 프레드 드레츠키(Fred Dretske, 1995)와 마이클 타이(Michael Tye, 1991, 1995, 2002)는 **의식의 표상 이론(representational theory of consciousness, RTC)** 혹은 *표상주의(resentationalism)*라 불리는 설명을 발전시켰다. 표상 이론에는 몇 가지 변형이 있지만 모두 감각질이 일종의 표상이라는 생각을 공유한다.

앞서 정신적 상태는 무언가를 향한다는 개념인 지향성을 살펴본 바 있다(1장). 지향적 상태는 (진짜일 필요는 없는) 사물이나 가상적일 수도 있는 더 복잡한 상황을 대표한다. 표상 이론은 지향성을 의식까지 확장한다. 우리의 인지적 표상은 경험의 현상적 특질을 결정한다. 감각질은 표상적 내용의 일부가 아니다. 통증과 색은 표상이므로 통증의 감각은 통증이 느껴지는 신체 부분에 실제로 (혹은 적어도 잠재적으로) 발생한 손상을 대표한다.

의식의 표상 이론은 설명하기 어렵고 이해하기도 어렵다. 가장 핵심적인 생각은 (감각질이나 정서, 통증처럼) 많은 이들이 표상이 될 수 없다고 생각하는 것들을 포함해서 모든 것은 표상의 일부로 생각할 수 있다는 것이다. 이러한 인식 변화가 모든 정신적 현상을 더 다루기 쉽게 만든다고 한다.

재귀 (다시)

우리는 우리가 정신 상태를 의식할 뿐 아니라 *자의식*을 가질 수 있다는 것, 즉 정신적 상태를 의식한다는 사실을 의식할 수 있다는 것을 알고 있다. 의식의 표상 이론이 발전한 갈래 중 하나가 *고차원 생각 이론(higher-order thought theory, HOT*; Rosenthal, 2006*)*이다. 고차원 생각 이론에서는 이 모델이 전제하는 관련된 상태가 지각의 표상이 아니라 이차적 생각의 표상이라고 한다. 일차적 정신 상태는 기본적인 지각이다. 이차적 정신 상태나 생각은 일차적 상태 위에 작동해서 그 사람으로 존재하는 것과 같은 상태다. 삼차적 상태는 아마 인간에게 국한될 것으로 보이는데, 이차적 상태 위에 작동하며 내적 성찰이나 반추의 처리에 해당한다. 현상적 특질은 일차적 정신 상태에 진입한 이후 달라지지 않지만, 우리가 이러한 현상을 가지고 하는 일은 상태를 경험하는 것부터 경험을 반추하는 것까지 변화한다. 이 시점에서 메타인지적 처리가 이뤄지고 재귀가 쟁점이 된다.

고차원 생각 이론에 따르면 특정한 지각 대상과 같은 일차적 정신 상태를 가지는 것도 의미가 있지만, 생명체들은 이러한 정신적 상태에 관한 정신적 상태를 가질 때 의식을 가지기 시작한다. 처음의 지각 대상과 같은 상태 또는 내부적으로 만들어진 심상을 일차적 정신적 상태라 한다. 고차원 표상 이론들은 일차적 정신 상태만 가져도 자의식을 가지기에 충분하다는 주장에 동의하지 않는다. 우리는 저차원의 처리를 관찰할 때만 의식할 수 있다(이러한 생각은 칸트와 로크까지 거슬러 올라가지만 리뷰를 보고 싶다면 Lau & Rosenthal, 2011을 참고하라).

우리 자기 생각에 관해 생각하는 이러한 능력은 인간을 (적어도 지금 시점의) 컴퓨터나 대부분의 동물과 갈라놓는 듯하다. 울새에게 인식이 있을 수 있지만 우리에겐 증거가 없고, 울새가 자신의 의식에 관해 생각할 거로 여기지도 않는다. 침팬지와 같은 일부 동물은 이런 유형의 사고가 가능할 수도 있지만 현재로서는 구분하기가 무척 어렵다(미래에는 이러한 유형의 생각을 시사하는 신경 신호를 찾아낼지도 모른다). 또한 고차원 이론들은 자신의 정신 상태에 관해 생각하는 능력을 잃어버렸을 수 있는 일부 신경심리학 데이터를 이해할 수 있게 한다. 한 예로, 우리는 본다(seeing)는 개념을 잃어버릴 수도 있다. 그렇다면 일차적 상태는 온전할지라도 고차원 상태 중 일부는 사라질 것이다.

그림 8.7 1904년 디자인된 드로스테 코코아(The Droste cocoa) 깡통. 깡통에 그려진 그림은 재귀의 사례다. 깡통의 그림에는 드로스테 코코아 깡통을 들고 있는 여자가 있고, 그 깡통의 그림에는 드로스테 코코아 깡통을 들고 있는 여자가 있고, 그 깡통의 그림에는...

우리 자신에 대한 인식을 인식하는 것을 메타인식이라 하며 *메타인식(meta-awareness)*은 (자신의 인지에 관해 생각하는 능력인) 메타인지의 특정한 유형이다. 의식이 항상 무언가를 의식하는 지향적 상태임을 고려할 때 종종 *메타의식(metaconsciousness)*을 이야기하기도 한다. 또한 우리는 인식하는 자신을 인식하면서 또 이러한 자신을 인식할 수도 있고, 이론적으로는 무한히 인식을 계속할 수 있다.

앞에서 살펴보았듯이 이렇게 잠재적으로 무한히 자신을 호출하는 처리의 기술을 재귀라 한다(4장을 보라). 재귀는 그림 안에 그 그림이 다시 들어 있는 드로스테 효과(Droste effect, 또는 *미장아빔(mise en abyme)*이라고도 한다)로 설명된다(그림 8.7). 이 효과를 자기 참조라고도 한다. 거울을 들여다보면서 거울에 비치는 다른 거울이 첫 번째 거울에 비치는 장면을 담아내도록 위치를 조정해 보자. 마음도 같은 능력을 가지고 있다. 우리는 우리 자신을 들여다볼 수 있다. 즉, 자신을 바라보는 자신을 볼 수 있고 이렇게 무한히 반복할 수 있다. 이미 촘스키가 재귀적 사고가 인간을 특별하게 만든다고 주장했던 문법적 규칙의 맥락에서 그리고 복잡한 사회적 상호작용의 모델링에서 재귀를 논의한 바 있다(5장을 참고하라).

재귀라는 개념은 자기와 의식이라는 개념이 이상한 자기 참조적 고리 혹은 *이상한 고리(strange loop)*에서 나온다고 보는 호프스태터(Hofstadter, 1979, 2007)의 작업에서 중요한 역할을 한다. 호프스태터는 시각적 비유를 사용하는 것을 좋아하며, 비디오카메라 한 대를 이 카메라가 연결된 화면을 향해 놓으면 기이하고 복잡한 구조가 만들어지는 것을 의식의 기원과 비교한다. 의식은 이러한 자기 감시에서 어떻게든 생겨난다. 또한 호프스태터는 네트워크가 아주 복잡하게 뒤엉켜 있으면 표상의 차원이 '높은지' 아니면 '낮은지' 논하는 게 타당하지 않을 수도 있다고 지적한다.

자기 참조가 의식에서 중요한 역할을 하고 자기 의식(self-consciousness)에 꼭 필요하다는 점에서는 분명히 호프스태터가 옳다. 이상한 고리 역시 아마 일정한 역할을 할 것이다. 하지만 이러한 접근이 의식을 이해하는 한 가지 틀 외에 더 많은 것을 어떻게 제공해 줄 것인지 파악하기 어렵고, 따라서 이러한 접근법으로 세부적인 현상들을 어떻게 설명할 수 있을지도 확실하지 않다. 그리고 물론 이상한 고리로 난제가 풀릴 것 같다는 제대로 된 조짐도 없다.

또한 우리가 자신의 정신 상태를 인식할 수 있으며 이러한 인식이 중요한 역할을 한다는 사실을 받아들이지 않으면 자의식에 관해 생각할 수 없다. 이러한 사실을 수용하는 것은 일차적 정신 상태와 더 높은 차원의 정신 상태를 구분하고, 고차원 정신 상태의 의식이 일차적 정신 상태의 의식을 만든다고 말하기 위한 또 다른 단계이기도 하다. 따라서 고차원 이론은 고차원 생각을 형성할 수 없는 (앞서 살펴보았듯이, 아마 침팬지와 돌고래를 제외한 대부분의) 동물에는 자의식뿐 아니라 현상적 의식도 부재할 수밖에 없다고 말하는 듯하다(Tye, 1995). 골치 아픈 수많은 논문이 이 문제를 논의하고 있다. 또 다른 비판은 고차원 이론들이 현상적 의식의 특성을 설명하지 못한다는 것이다. 우리는 고차원 생각의 대상인 정신 상태를 가지면서도 의식은 하지 않는 상황을 상상할 수 있다(Chalmers, 1996). 이 모델은 왜 현상적 의식이 생겨나는지 설명하지 않는다.

상자 8.3 복잡계란 무엇인가?

복잡계는 상호 작용하는 수많은 하위 체계로 구성되어 있어서 체계 전체의 행동을 아주 예측하기 어려운 체계다. 또한 특정한 질서가 출현한다는 것도 특징이다. 확실히 논란의 여지가 없는 시스템을 고르자면 일기계(日氣系)를 형성하는 난기류에서 생겨나는 열대성 폭풍 사이클론이 있다. 날씨, 사회, 뇌, 도시가 대표적인 예이지만 실제로는 더 많다.

상자 8.3 복잡계란 무엇인가? (계속)

복잡계는 아래에 설명한 특징들을 비롯해 서로 관련이 있는 다양한 특성을 보인다.

혼돈(chaos). 혼돈계에서는 초기의 작은 차이가 확대되어서 시작 조건의 아주 사소한 차이가 결과를 전혀 예측할 수 없게 만들어 버리기도 한다. 가장 강력한 컴퓨터로도 가까운 미래를 예측할 수 없을 정도다. 바로 나비효과다. 나비효과는 미국의 수학자 에드워드 로렌즈(Edward Lorenz)가 나비 한 마리의 날갯짓이 몇 주 뒤 지구 반대편의 일기계에 영향을 미칠 수 있다는 예를 들며 처음으로 사용한 용어다. **혼돈**은 일기 예보를 몹시 어렵게 만든다! 예측할 수 없다고 해서 비결정적(non-deterministic)이라는 뜻은 아니다. 수학에 배경지식이 있는 이들은 로지스틱 사상 함수(logistic map function)를 공부해야 한다.

비선형성. 입력값의 조그만 변화도 출력값이 커다란 변화로 이어질 수 있다.

피드백 고리. 특정한 처리에서의 출력값이 다른 처리의 입력값으로 연결될 수 있다. 본문에서 호프스태터의 이상한 고리를 살펴본 바 있다.

적응. 복잡계는 회복력이 있다. 컴퓨터는 논리 기판의 트랜지스터 하나가 손상되면 전체 시스템이 작동을 멈춘다. 하지만 항상 우리의 뉴런들이 죽어가고 있어도 우리는 알아채지 못한다. 여러분이 흰개미 집을 훼손하더라도 조그마한 녀석들이 나타나 복구할 것이다.

창발. 이 논란이 많은 주제에 관해서는 본문에서 이어갈 것이다. 시스템의 하위 수준을 분석하면 예측하지 못했던 새로운 행동이 나타날 수 있다는 개념이다.

창발

호프스태터(Hofstadter, 1979, 2007)는 흰개미 한 마리 한 마리는 상당히 단순하지만 (그리고 아마 더 큰 집단으로 수행하고 있는 일을 인식하지 못하지만) 흰개미들의 군집 지능은 복잡한 개미집을 구축하고 유지할 수 있게 하는 것과 마찬가지로, 혹은 새와 물고기들이 개별적으로는 온전히 국부적인 행동을 하면서도 전체적으로는 대규모의 복잡한 무리 행동을 만들어 내는 것과 마찬가지로(4장을 보라), 이상한 *뒤엉킨 고리(tangled loop)*의 행동에서 의식이 생겨난다고 주장했다. **창발** 혹은 **창발론(emergentism)**이라고 하는 이러한 개념은 여러 단순한 개체의 상호작용에서 원래의 단순한 개체에는 존재하지 않는 새로운 무언가가 생겨난다는 것이다. 새들에게서 무리 행동이, 흰개미들에게서 군집 지능이 생겨난다. 대표적인 예가 물이다. 물은 만지면 축축한 느낌이 들고, 흐르며, 강한 표면 장력을 가지고, 다른 많은 물질을 녹인다. 하지만 이 모든 것을 물을 구성하는 수소 원자와 산소 원자의 특성으로 설명할 수 있을까? 액체 상태인 물의 특성은 액체인 상태가 아니라 개별 물 분자에서 나온다. 전체는 부분의 합 이상인 듯하다. 창발은 복잡계의 자기 조직화(self-organisation)에서 새로운 구조가 출현하는 현상을 말한다.

의식의 *창발* 이론에서는 의식이 아주 얽히고설킨 채 자기 조직화하는 복잡계의 행동에서 알 수 없는 이유로 생겨난 새로운 구조라고 한다. 얽히고설킨 체계란 많은 부분이 다양한 방식으로 상호작용한다는 뜻이다. 복잡계는 시작 조건에 아주 민감한 체계다(아마존 유역에서 그 유명한 나비가 날갯짓을 하면 대서양에 폭풍

이 인다는 속담이 대표적인 예다). 이러한 종류의 이론에서는 흔히 프랙털을 언급하거나 '혼돈의 가장자리' 같은 문구를 내세우곤 한다. 의식이 창발적 현상이라는 아이디어는 요즘 심리학자들 사이에서 커다란 인기를 누리고 있다. 아주 솔깃하게 들린다. 하지만 실제로는 어떤 의미일까?

창발에는 약한 창발(weak emergence)과 강한 창발(strong emergence)의 두 가지 유형이 있다. 우리가 적어도 이론적으로는 컴퓨터에서 창발을 시뮬레이션할 수 있다면 이때의 창발은 약한 창발이다. 고차원의 행동을 낮은 차원의 구성 요소로 환원할 수 있다. 따라서 보이드 프로그램에서 새들의 무리 행동은 약한 창발이다(4장을 보라). 분명히 컴퓨터 프로그램으로 손쉽게 시뮬레이션할 수 있고, 복잡한 행동이 낮은 차원의 행동에서 생겨나는 과정도 확실하다. 하지만 수백만 개의 뉴런이 이런 식으로 상호작용할 때 어떻게 의식이 생겨날 수 있는지는 명확하지 않다.

강한 창발로 생겨난 특성은 구성 요소로 환원할 수 없다. 단순한 다수의 구성단위 간의 상호작용에서 완전히 새로운 차원이 생겨난다. 더 단순한 단위의 행동을 통제하는 법칙으로는 이 새로운 차원을 예측할 수 없다. 따라서 컴퓨터로 시뮬레이션할 수도 없다(하지만 이런 유형의 창발을 보여주기에 적합할 정도로 강력한 컴퓨터라면 가능할 수도 있다). 다시 말해서, 복잡한 현상의 창발은 물리법칙으로 예측할 수 없다는 뜻이다. 이러한 명제는 확실히 못마땅하게 들린다. 많은 이들이 이러한 생각을 좋아하지 않으며 실제로 거부하기도 한다.

낮은 수준의 요소가 정확히 어떻게 결합해서 정신 상태와 의식이 생겨난 걸까? 많은 연구자는 창발이라는 개념을 좋아하지 않는다. 이 개념으로는 사실 아무것도 해결할 수 없다고 생각하기 때문이다. 어떻게 무(無)에서 무언가가 출현할 수 있을까? 많은 것이 영리한 방식으로 결합했다고 해서 어떻게 완전히 새로운 차원의 생각이 출현할 수 있을까? 물리법칙으로 예측할 수 없는 무언가를 어떻게 얻을 수 있을까?

표상과 의식

이 장의 한 가지 결론은 의식을 특정한 하나의 인지 처리와 쉽사리 동일시할 수 없다는 것이다. 주의와 메타인지 같은 개념은 의식과 밀접하게 연관되어 있지만 같지는 않다. 당연한 얘기라고 생각할 수도 있지만 나는 경험이 풍부한 수많은 심리학자들이 '의식은 메타인지와 동일한 것이다'와 같은 말을 하는 것을 들어왔다.

회귀나 정신 모형, 고차원 생각, 정신적 시간 여행과 같은 개념 자체로는 의식에 관한 문제를 전혀 해결할 수 없지만, 이러한 개념들은 분명히 일정한 역할을 한다. 개인적으로는 의식 말고 다른 복잡한 생명체들을 포함해서 미래를 모델링하고, 선택 가능한 결과들을 고려하고 평가할 수 있는 시스템이 존재할 거로 상상하기 어렵다. 하지만 내 상상력의 한계가 증명할 수 있는 것은 아무것도 없다. 이러한 생각은 매우 지능적이면서 사회적인 생명체들이 다른 개체들과 교류해 온 결과로 의식이 진화했다고 주장하는 진화 이론들과 일치한다.

현재로서는 아마 확실한 신경과학적 토대를 가지고 주의와 지각, 메타인지를 통합하는 통합 작업공간 모델이 최선의 의식 모델일 것이다. 하지만 이 모델의 중요한 단점은 난제를 다루지 않는다는 것이다.

또한 우리는 그다지 유쾌하지 않지만 엄격한 논리적 양자 선택을 맞닥뜨리고 있다. 의식은 일정한 수준의 복잡성에서 알 수 없는 이유로 신비롭게 생겨나는 것일까, 아니면 어느 정도는 항상 존재해 온 것이어서 단일

원자조차도 어느 정도 의식을 가지는 것일까(범심론)? 이러한 논쟁은 논리적으로 흠잡을 데가 없어 보이지만 어느 쪽이든 세계를 이해하려면 꼭 필요한 근본적인 무언가가 빠져 있다. 어느 쪽을 택하든 신비로움만 커져 간다.

이 섹션을 마칠 때쯤이면 정신적 모델링이나 정신적 시간 여행, 회귀적 사고, 생각의 고리와 감각 인상이 의식 연구에서 중요한 개념이긴 하지만 아직 일관성 있는 하나로 통합되지 않았다는 인상을 받게 된다. 고차원 생각도 분명히 중요하지만 감각질에 관한 설명을 어떻게 녹여낼 것인지 명확하지 않다. 의식을 다룬 호프스태터의 저작들은 대단히 흥미롭고 영향력도 대단하나, 그가 만든 의식의 모델이 무엇인지 그리고 그 모델이 어떻게 난제를 풀 수 있는지는 사실 명쾌하지 않다.

자유 에너지

영국의 신경과학자 칼 프리스턴(Karl Friston)은 몇 편의 논문에 걸쳐 *자유 에너지* 이론(principle of *free energy*)에 기반한 의식 모델을 발전시켰다(Carhart-Harris & Friston, 2010; Friston, 2009, 2010, 2018). 이 이론의 핵심적인 아이디어는 생명체들이 무언가의 가치를 최적화하거나 뜻밖의 사태를 최소화하려 한다는 개념인 *최적화(optimisation)*다. 자유 에너지 이론에서는 시스템들이 보상 수준을 최적화하려 한다고 주장한다. 기본적으로 우리는 커다란 보상이 있을 거라 생각되면 기꺼이 큰 노력을 투입할 것이다. 생물들은 주위 환경과 균형 상태에 도달하며, 무질서에 저항하려 한다. (여러분에게 물리학의 배경지식이 있다면 자유 에너지나 무질서, 엔트로피 같은 단어를 알아볼 것이다. 이 이론 체계에서 이러한 단어가 사용되는 것은 우연이 아니다.) 뇌는 세계의 내적 모델을 창조하고 이 모델은 감각 입력값에 기초하여 최적화를 시도한다. 우리는 다양한 수준에서 최적화를 목격한다. 동물들은 포식자를 피하거나 음식이 풍부한 곳을 찾기 위해 큰 노력을 기울인다. 2020년 코로나바이러스 위기에서는 사망자 수를 최소화하기 위해 사회 차원에서 기꺼이 엄청난 변화를 감수하며 희생했다.

이 이론은 수학적이면서 기술적이지만 의식은 전문화(specialisation)의 결과로 생겨난다. 세계의 일반적인 경향이 무질서(엔트로피)의 증가라면, 생명체들의 일반적인 경향은 질서를 늘리기 위해 엔트로피에 맞서 행동을 최적화하려 노력하는 것이다. 이러한 경향은 위계적 조직과 전문화 그리고 필요한 것에 초점을 맞추는 주의 같은 처리로 이어진다. 뇌는 세계에 무슨 일이 일어날지 예측하려는 시도에서 추론을 맡는 '추론 에너지(inference energy)'가 된다. 의식은 주의의 발달과 함께한다.

자유 에너지가 의식을 얼마나 잘 설명하는지 평가하기에는 아직 너무 이르지만 주목할 만하다. 의식이 있는 인공지능의 구축에 자유 에너지를 적용하자는 논의도 활발히 이루어지고 있다.

양자 의식

우리는 특정한 집단 안에서 인기를 끌고 있지만 다른 곳에서는 좀처럼 탐탁하게 여기지 않는 다른 가능성도 살펴보아야 한다. 의식이 양자역학과 관련이 있다는 생각이다. 양자역학은 물리학에서 원자보다도 작은 규모로 아주 미세하게 물질과 에너지를 다루는 접근법이다. 양자역학에서는 에너지가 아주 작은 단위, 즉 양자로 존재한다고 가정한다. 그리고 이렇게 아주 작은 규모에서 물리법칙은 결정적이지 않고 확률적이다. 대체 이러한 생각이 뇌와 뉴런의 발화처럼 거시적인 물질이나 과정과 어떤 관련이 있을까?

대체로 (봄(Bohm)이나 다이슨(Dyson), 펜로즈(Penrose), 위그너(Wigner)처럼) 물리학자나 수학자인 몇몇 이론가는 전통적인 물리학으로는 의식을 설명하지 못하며, 따라서 양자역학의 개념들을 이용해야 한다고 주장한다. 특히 영국의 수학자 로제 펜로즈(Roger Penrose, 1989)는 이러한 믿음 아래 양자 의식(quantum consciousness)이라는 모델을 만들어 냈다. 양자역학을 끌어온 논의의 당연한 귀결은 전통적인 컴퓨터는 뇌가 가진 양자 속성을 가지고 있지 않기 때문에 의식을 가질 수 없다는 것이다.

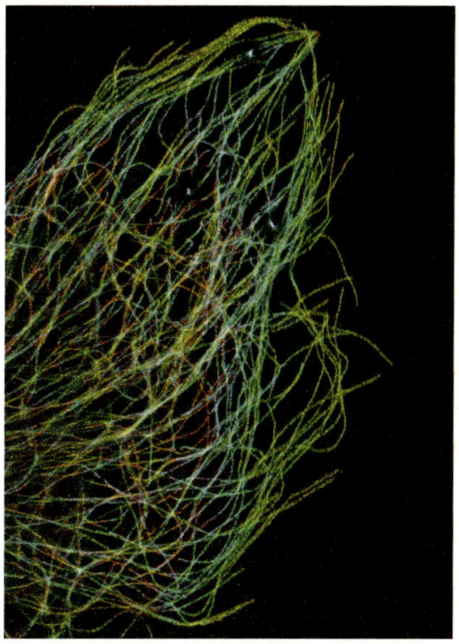

그림 8.8 세포 가장자리의 미세소관. 미세소관은 세포를 지지하고 구조를 잡아주는 형틀을 제공하지만, 정말 이들 안에서 일어나는 양자 효과가 의식을 만들어 낼까? 출처: National Institutes of Health (NIH)/Public domain.

옥스퍼드대학교에서 연구를 이어간 펜로즈와 미국의 마취 전문의 스튜어트 해머오프(Stuart Hameroff)는 몇 년에 걸쳐 의식에 관한 설명을 발전시켰다(Hameroff, 1998, 2006, 2007; Penrose, 1989, 1994, 1997; Hameroff & Penrose, 2014). 이들의 이론을 조화객관환원이론(orchestrated objective reduction theory; Orch OR theory)이라 한다. 둘은 시냅스 입력과 *미세소관(microtubule)*에 저장된 기억 때문에 양자 진동이 '조화'를 이루게 된다고 제안했다. 미세소관은 세포의 구조적 골격에서 중요한 구성요소다(그림 8.8). 미세소관은 조화객관환원이론에서 중요한 역할을 한다. 미세소관은 세포의 내부 골격을 형성하는 단백질 관으로, 세포 안에서 물질들의 이동을 돕는 것을 비롯해 다양한 기능을 한다. 이 특별한 구조가 의식이 생겨나는 양자 연산을 가능하게 한다는 것이 펜로즈와 해머오프의 주장이다. 둘은 자신들의 모델이 결합 문제를 비롯한 다양한 추가적인 현상을 설명할 수 있고, 마취약이 (신경전달물질 수준에서가 아니라) 미세소관에 미친 영향으로 인해 의식이 '지워지는' 방식을 밝혀 마취 상태 역시 설명할 수 있다고 한다.

양자 의식 이론은 많은 비판을 받고 있다. 당연하게도 많은 연구자가 의식을 이해하기 위해 물리법칙에 관한 현재의 이해를 거부해야 한다는 주장에 경악하며, 대신 의식이 이러한 법칙들과 완전히 양립한다고 믿는다(물론 이 장에서 내내 살펴보았듯이 어떻게 양립하는지를 보여주는 데는 실패했다). 반면 양자 의식이 더 나은 설명을 제공하는지는 분명하지 않다. 이 모델 어디에서 나로 존재한다는 느낌이 생겨날까? 단백질 관 안에서 일어나는 극도로 미세한 진동이 어떻게 통증의 감각으로 바뀔까? 양자 의식은 새로운 조직을 소개하지만 여전히 오래된 동일한 문제를 맞닥뜨리게 된다.

내가 이 이론을 상세히 이해하고 있는 척하지는 않겠다. 이 이론에 설득된 심리학자를 본 적이 없다는 것도 인정한다. 과학계에 골이 하나 있다면 수학을 자유롭게 구사하는 자들과 고급 수학 기술이 없어서 세계의 어느 부분에는 진입하지 못하는 이들 사이에 존재할 것이다. 고급 수학이 없으면 우리는 특정한 개념을 평가하기는커녕 제대로 이해할 수도 없다. 의식의 양자 모델에 관한 평균적인 논평은 양자역학은 매우 신비로운 것이고 의식도 매우 신비로운 것이니 둘은 분명히 관련이 있다는 것이다.

이러한 논의에서 놓쳐서는 안 될 사실 하나는 뉴런이 대개 단순한 누산기(연산의 결과를 저장해 두는 일시 기억 장치-옮긴이)나 (특히 행동의 연결주의 모형에서) 전기적 스위치처럼 여겨진다는 것이다. 뉴런은 대부분의 설명에서 제안하는 것보다 훨씬 더 복잡하며, 이러한 복잡성이 의식을 만들어 내는 데 추가적인 역할을 할 수도 있다.

상자 8.4 양자역학

전통적인 물리법칙들은 17세기 아이작 뉴턴에 의해 발견되었다. 이 법칙들은 세상에 존재하는 모든 물질의 행동이 어떻게 세 개의 단순한 법칙에 따라 결정되는지 보여준다. 여전히 남아있는 소수의 변칙은 사소한 것으로 여겨졌다.

켈빈 경은 1900년경 다음의 유명한 말을 남겼다고 전해진다. "이제 물리학에는 새롭게 발견될 것이 없다. 더욱 정확한 측정만이 남았다.

그래도 몇 가지 수수께끼가 남아 있었다. 첫 번째는 일부 금속의 표면에서 자외선을 비추면 전자가 방출되는 광전효과였다. 방출되는 전자들의 에너지가 빛의 진폭이 아니라 진동수에 따라 결정된다는 것이 특히 이해할 수 없는 부분이었다(그림 8.9). 별일 아닌 것처럼 들리지만 이런 현상을 설명하려는 노력이 물리 세계에 관한 우리의 이해를 크게 바꿔놓는 계기가 되었다. 두 번째는 (무언가를 가열했을 때 붉게 타오르기 전) 흑체(black body)가 방사선을 방출하는 방식이었다. 전통적인 물리학으로는 그 패턴을 설명할 수 없었다. 세 번째는 빛이 때로는 파동처럼 움직이고, 때로는 입자들이 모인 것처럼 움직인다는 것이었다.

양자역학에서는 (빛처럼) 아주 가까운 거리에서는 더는 뉴턴의 법칙들이 적용되지 않는다고 설명한다. 두 가지 개념이 중요하다. 첫째, 모든 것은 조그마한 묶음(packet) 단위로 존재한다. 즉, 양자화되어 있다. 그리고 이러한 묶음 사이에는 아무것도 없다. 다시 말해서, 극단적으로 짧은 거리와 에너지 수준에서 연속적인 것은 없다. 연속적인 것처럼 보이고 대부분은 파동처럼 움직이는 빛조차도 광자(photon)라는 조그마한 입자로 이루어진다. 아인슈타인이 처음으로 광전효과를 통해 이러한 사실을 입증했다.

두 번째는 양자 규모의 사건은 확률적이라는 것이다. 뉴턴 역학에서 세계는 거대한 당구대와 같아서 모든 사건이 앞서 일어난 사건에 의해 정확히 결정된다. 양자역학에서 전자들은 원자 주위에서 정확한 위치를 가지지 않는다. 대신 어디에 존재할지 확률적 분포가 있다. 실제로 지식에는 한계가 있다. 하이젠베르크(Heisenberg)의 불확정성의 원리에 따르면 우리가 특정한 입자의 위치를 정확히 알수록 속도(기술적으로는 모멘텀)의 정확성은 떨어지게 된다.

양자역학에는 낯선 생각들이 많다. *슈뢰딩거(Schrodinger)의 고양이*나 *다세계 해석(many worlds interpretation)*, *원격작용(action at a distance)* 등은 시간을 들여 알아볼 가치가 있다. 하지만 양자역학은 추상적인 이론에 그치지 않으며 실세계에서도 중요하게 응용된다. 양자 컴퓨터(그림 8.10)는 (비트에 기반한) 0이나 1이 아닌 상태도 허용해서 (아마 컴퓨터로 의식을 모델링하기에 충분할 정도로) 컴퓨터의 속도와 계산 능력을 획기적으로 높인다.

상자 8.4 양자역학 (계속)

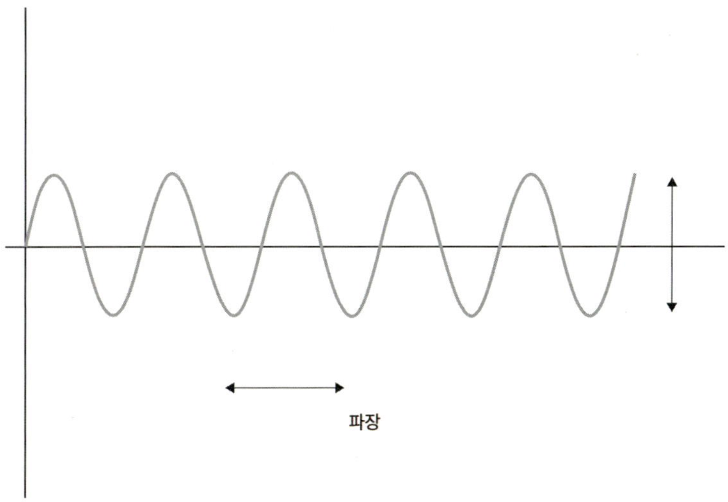

그림 8.9 파동. 진폭은 파동의 높이이고 진동수는 정해진 기간에 파동이 생기는 횟수다. 양자역학에서 전자나 광자와 같은 양자는 환경에 따라 파동과 입자의 성격을 모두 가지는 것으로 설명된다.

1905년 아인슈타인이 네 편의 과학 논문을 발표했다는 사실은 주목할 만하다. 한 편에서는 광전효과를 통해 빛이 광자라는 조그마한 묶음으로 이루어져 있다는 것을 입증했다. 다른 한 편에서는 액체에서 움직이는 자그마한 입자의 운동(브라운 운동)을 통해 원자의 존재를 효과적으로 증명했다. 다른 한 편에서는 빛의 속도로 움직이는 물체에 어떤 일이 일어나는지 검토하고 특수상대성 이론을 제안했다.

나머지 한 편에서는 뒤늦게 생각난 것처럼 질량과 에너지가 등가라는 것을 밝혔다($E = mc^2$). 이전까지는 거의 알려지지 않았던 과학자가 한 해 동안 해낸 일치고는 나쁘지 않다. 이 해를 아인슈타인의 '기적의 해(Annus Mirabilis)'라고 하며, 개인적으로는 인류가 쌓은 가장 위대한 업적 중 하나라고 생각한다. 좀비 상태로 생존하는 게 가능하다고 생각한다면, 아인슈타인이 의식 없이 이 모든 것을 성취했을 가능성도 고려해야 보아야 한다(그림 8.9).

그림 8.10 양자 컴퓨터인 IBM Q 시스템 원(Q System One). 양자컴퓨팅은 아직 초창기 단계지만 이 기술이 훨씬 강력한 컴퓨터로 이어질 것은 분명하다. 이진 비트 대신 큐비트를 사용하기 때문에 훨씬 더 많은 정보를 보유할 수 있다.
출처: Misha Friedman/Getty Images News/Getty Images.

8장 요약

- 사피어-워프 가설에서는 서로 다른 문화권의 언어는 세계를 나누는 방식에 차이가 있다고 한다.
- 이러한 차이는 해당 언어를 사용하는 사람이 세계를 지각하고 범주화하는 데 영향을 미치고, 그 결과 생각하는 방식에도 영향을 미친다.
- 목공적 세계 가설은 건물이 가득 들어찬 서구의 풍경을 지배하는 직선과 직각에 평생 노출되면 착시에 민감해진다는 이론이다.
- 생각의 언어는 지각과 행동을 중재하는 표상 체계이며, 특히 우리의 생각이 이루어지는 형태다.
- 생각의 언어는 언어와 유사하지만 구어와 같을 필요는 없다.
- 많은 생각이 일종의 내적 언어나 유사한 형태로 생겨난다.
- 소리 표상이 상세한 정도에는 차이가 있다. 그 형태를 명확히 하기 위한 연구가 더 이루어져야 한다.
- 또한 우리는 시각적 이미지를 형성하고 이를 통해 생각할 수 있다.
- 이러한 이미지가 근본적으로 회화적 표상인지 명제적 표상인지를 두고 상당한 논의가 이루어졌지만 아직 만족스러운 답을 얻지 못했다.
- 윌리엄 제임스는 감각과 개념, 생각, 인상의 연속적인 흐름인 의식의 흐름이 존재한다고 했다.
- 오늘날 많은 사람들은 이러한 연속적인 흐름이 착각이라 생각한다.
- 주의는 우리가 자원이 제한된 상황에서 추가 처리를 위해 특정한 요소를 선택하는 과정이다. 주의는 의식과 같지 않다.
- 디폴트 모드 네트워크는 우리가 무언가를 집중적으로 생각하지 않을 때 활성화되는 뇌회로다.
- 버나드 바스의 통합 작업공간 이론(GWT)은 기저의 뇌 구조와 연결될 수 있는 포괄적이고 논리정연한 의식 모델이다.
- 바스는 GWT 이론의 중심이라 할 수 있는 공감각적 스크린을 지켜보는 '신비한 관찰자'는 없다고 주장한다.
- 데하네의 뉴런 작업공간 이론(NWT)은 GWT 이론을 확장하며, 특히 이 이론이 뇌에서 어떻게 구현되는지 보여준다.
- 대니얼 데넷은 GWT와 같은 모델들이 해결해야 할 쟁점을 이동시키거나 숨길 뿐 실제로는 호문쿨루스를 위장시키는 것에 불과해서 치명적인 결함을 안고 있다고 주장한다.
- 데넷은 의식의 내용이 상영되는 다감각 영화 스크린을 데카르트 극장이라 칭한다. 하지만 이러한 모델들에서 데이터를 해석하는 주체는 무엇인가?
- 데넷은 다중 초안 모델이라는 대안적 접근법을 제안한다.
- 다중 초안 모델에는 결정권을 가지는 주체가 없고 여러 갈래의 처리가 동시에 이뤄진다. 우리가 사건을 기억할 때 비로소 기록이 확정되고 의식이라는 착각이 만들어진다.
- 하지만 지금까지 어떠한 모델도 '난제'에 답하지 못했다. 이러한 실패가 얼마나 중요한지를 두고는 연구

자들 사이에 의견이 갈린다.

- 정교한 정신 모형을 만들 수 있는 능력은 인간 사고의 중요한 특성이다.
- 정신적 시간 여행은 인간 사고의 중요한 특성이다.
- 우리는 사회적이고 복잡한 반사실적 사건에 대한 모델을 만들 수 있으며, 이 인지적 과업은 아마 인식이 필요할 것이다.
- 메타인지는 우리 자신의 인지 처리를 감시하고 조종할 수 있는 능력이다.
- 특정한 능력이 인지와 연관된 정도는 우리가 해당 능력을 정확히 어떻게 정의하느냐에 좌우된다.
- 메타인지가 우리 자신의 인지 능력에 대한 인식이라 말하는 것은, 메타인지가 인지적 능력을 조종하는 능력이라 말하는 것과 아주 다른 의미이다.
- 재귀는 그 자신을 호출함으로써 특정한 처리를 정의하거나 호출하거나 활용할 수 있는 능력이다. 의식을 다룰 때 우리는 우리 자신을 인식하고 있는 우리 자신을 인식하고, 또 그러한 우리 자신을 인식하고, 이런 식으로 무한히 반복적으로 인식하는 우리 자신을 상상할 수 있다.
- 창발 이론에 의하면 의식은 복잡계의 창발적 속성이다.
- 창발은 약하거나 강할 수 있다.
- 의식은 성장기를 거치며 발달하고, 인지 발달 및 언어 발달과 관련이 있다.
- 펜로즈와 해머오프는 양자 의식이라는 양자 모델을 제안했다.
- 양자역학 모델은 평가가 어려울 수 있으며, 이런 접근법으로 난제를 해결할 수 있는지도 불분명하다.
- 의식은 일정한 수준의 복잡성에서 알 수 없는 이유로 신비롭게 생겨난 것일 수도 있고, 아니면 어느 정도는 항상 존재해 온 것이어서 단일 원자조차 어느 정도 의식을 가질 수도 있다.

리뷰 질문

1. 의식 연구자들이 특정한 현상이 착각이라고 하면 무엇을 의미하는가? 그냥 존재하지 않는다는 의미일까?
2. 구어를 쓰는 사람과 수어를 쓰는 사람들은 의식에 차이가 있을까?
3. 의식 모델 중 통합 작업공간 모델과 다중 초안 모델을 비교해 보라.
4. 뉴런 작업공간 이론이 제시하는 뇌 구조와 처리의 상세한 위치는 현상적 의식을 이해하는 데 얼마나 중요한가?
5. (의식이 없는) 컴퓨터가 미래를 예상하고 계획하도록 프로그래밍할 수 있을까? 컴퓨터의 기억 인출은 인간의 일화적 기억에서 일어나는 기억 인출과 얼마나 다른가?
6. 표상이란 무엇인가? 왜 의식을 이해하는 데 표상이라는 개념이 중요한가?
7. 창발이란 무엇인가? 의식은 무엇에서 창발될 수 있을까?

추천 자료

언어와 의식

Fernyhough, C. (2016). The Voices Within: The History and Science of How We Talk to Ourselves. London: Profile Books.

Harley, T.A. (2017). Talking the Talk: Language, Psychology, and Science. Hove: Psychology Press. 내가 쓴 책으로, 언어와 생각 그리고 사피어-워프 가설을 강조하는 언어 입문서.

심상

The Stanford Encyclopaedia of Philosophy. 2020. Mental imagery. Website. https://plato.stanford.edu/entries/mental-imagery/.

Kosslyn, S.M., Thompson, W.L., and Ganis, G. (2006). The Case for Mental Imagery. Oxford, UK: Oxford University Press.

Tye, M. (1991). The Imagery Debate. Cambridge, MA: MIT Press.

주의

Montemayor, C., and Haladjian, H.H. (2015). Consciousness, Attention, and Conscious Attention. Cambridge, MA: MIT Press.

Raichle, M.E. (2010). The brain's dark energy. Scientific American, 302, 44–49.

Searle, J.R. (1997). The Mystery of Consciousness. New York: The New York Review of Books.

세계를 모델링하기와 고차원 모델

더글러스 호프스태터. (2017 [1979]). 괴델, 에셔, 바흐 (원제: Godel, Escher, Bach: An Eternal Golden Braid). 까치. 여러 번 추천하게 되는 탁월한 책.

Carroll, S. (2016). The Big Picture: On the Origins of Life, Meaning and the Universe Itself. London: Oneworld.

Gennaro, R. (2017). Consciousness. London: Routledge.

양자 의식

로저 펜로즈. (2022 [1989]). 황제의 새마음: 컴퓨터, 마음, 물리법칙에 관하여 (원제: The Emperor's New Mind: Concerning Computers, Minds, and the Laws of Physics). 이화여자대학교출판문화원.

9 지각과 의식

'보아야 믿을 수 있다'라는 옛말이 있다.

의식의 내용은 상향식과 하향식으로 나눌 수 있다. 위에서 아래로 내려가는 내용은 사고(思考)에 관한 것 그리고 우리의 뇌가 세계를 바꾸는 방식에 관한 것이다. 아래에서 위로 올라오는 내용은 뇌로 들어오는 감각 데이터에 관한 것이다. 우리가 지금까지 배운 게 하나 있다면 이러한 분류에는 오해의 소지가 있을 수 있다는 것이다. 자의식이 데이터, 처리, 그리고 더 많은 데이터에 의존하는 것처럼 보이기 때문이다. 그렇다 해도 의식으로 들어오는 정보의 중요성을 과대평가하기는 어렵다. 어떤 개체에 적어도 특정한 시기에는 많은 양의 정보가 들어오지 않는다면, 그 개체가 의식을 가질 거로 상상하기는 어렵다.

심리학 자료에서는 시각, 청각, 촉각, 후각, 미각으로 환경을 감지하는 것과 이러한 데이터를 해석하는 지각을 구분한다. 우리가 검토해야 하는 작업은 대부분 시각을 다룬다. 거의 모든 사람에게 가장 지배적인 감각이기 때문이기도 하지만, 가장 연구하기 좋은 감각이기도 해서다. 시각에 관한 엄청난 양의 연구가 축적되어 있어서 의식과 시각적 인식을 동일시하는 사람들이 있다고 생각할 수도 있다. 이러한 지점을 기억해 두어야 한다.

앞서 살펴보았듯이 자기 보고(self-report)는 보통 신뢰도가 떨어지며, 본인이 아닌 타인이 서술한 자기 보고는 해석하기 어려울 수도 있다. 미국의 심리학자 조지 M. 스트래턴(George M. Stratton, 1865~1957)이 내놓은 반전 안경을 생각해 보자. 이 안경을 쓰면 세상의 위아래가 뒤집힌 것처럼 보인다. 그리고 사람들은 며칠 안에 적응해 낸다. 즉, 반전 안경을 쓰고도 차에 치이지 않게 되는 것이다. 하지만 앞서 나왔던 주장처럼 세계를 뒤집어 보는 법을 배우는 것과는 다르다. 이 장에서는 먼저 지식이 주로 감각 체험에서 온다는 생각인 경험주의를 살펴볼 것이다.

우리는 어떻게 지각 정보를 인식하게 될까? 이러한 처리는 어떻게 잘못될 수 있을까? 이 질문들에 답하기 위해 착시와 무시 주의를 검토한다. 특히 네커 큐브가 의식 연구에 어떻게 활용되어 왔는지 알아볼 것이다.

그다음에는 시공간 지각에서 무엇이 잘못될 수 있는지 그리고 뇌 손상이 이러한 처리에 어떠한 영향을 미칠 수 있는지 생각해 본다. 이를 위해 맹시와 방임의 조건에 초점을 맞출 것이다.

우리가 어떻게 여러 가지를 하나로 묶어내는지도 살펴본다. 여러 곳에 퍼져 있는 주황색과 검은색을 개별 구성요소와 색으로 인식하는 대신, 어떻게 하나의 형태로 보고 으르렁거리는 소리와 결합해서 호랑이를 볼까? 이 결합 문제는 의식 연구의 근본적인 주제다. 그리고 마지막으로 지각 역시 또 다른 착각일 가능성을 검토한다.

경험론

우리는 세계에 관해 무엇을 알고 있을까? 정신없이 휴대용 컴퓨터의 키보드를 두드리던 것을 잠시 멈추면 나는 가을빛으로 물든 나무 한 그루가 파란 아침 하늘을 배경으로 서 있고, 그 위로 조그마한 흰 구름이 흘러가며, 멀리 스코틀랜드의 언덕들이 솟아 있는 것을 볼 수 있다. 하지만 이 모든 풍경이 내가 본 것을 내가 해석한 것이 아니라 정말 내가 본 것일까? 하늘부터 시작하자면, 사실 나는 하늘을 본 게 아니다. (특정한 주파수의 빛이 내 망막에 특정한 패턴으로 떨어지기 때문에) 균일한 밝은 파란색이 널리 퍼져 있는 것을 보았다. 구름은 특정한 형태로 지칭하기 어려운 흰색 조각이다. 나무는 더 복잡하다. 내가 보고 있는 것은 분명히 갈색과 초록색, 검은색, 노란색의 조각이 모여 내가 '나무'라 알아 온 형태를 이루고 있는 것이다. 비슷하게 언덕들 역시 초록색과 갈색의 조각 모음에 불과하다. 그렇다면 내가 지금 보고 있다고 생각하는 것이 정말 내가 본 것일까? 도대체 '진짜 본' 것을 이야기하는 것 자체가 말이 되나? 내 감각을 신뢰할 수는 있을까?

오로지 우리의 감각을 통해서만 지식을 얻을 수 있다는 생각을 **경험주의(empiricism)**라 하는데, 이성을 지식의 원천으로 간주하는 사상인 **합리주의(rationalism)**와 대비되는 개념이다. 대부분은 이런 생각을 접하고 그다지 놀라지 않을 것이다. 하지만 우리가 감각을 통해 얻고 있는 지식은 정확히 무엇일까? 앞서 주목했던 것처럼 우리는 사실 나무를 보지 않고 색과 형태의 조각들을 본다. 그리고 색이란 무엇일까? 우리는 특정한 색이 특정한 파장을 가지는 빛에 해당한다는 것을 알고 있지만 감각질에 관한 논의에서 깊이 살펴본 대로 우리가 경험하는 것은 개인적이면서 다른 누구와도 공유할 방법이 없는 감각이다. 내가 보는 나뭇잎의 노란색은 아마 파장이 500나노미터(나노미터는 10억분의 1 미터다) 내외인 빛에서 나왔을 것이다. 하지만 나는 여러분이 경험하는 색이 내가 경험하는 색과 같은지 알 방법이 없다. 앞에서 살펴보았던 것처럼 사실 이러한 질문은 과학의 범위를 벗어날 것이다. 또 다른 감각의 사례를 생각해 보자. 내 무릎 위에는 휴대용 컴퓨터가 있다. 무척 단단하게 느껴지지만 우리는 원자와 분자의 대부분이 빈 공간이라는 사실을 알고 있으므로 이 단단한 느낌은 아마 착각일 것이다. 사물을 구분하는 나의 인상조차 (이제 컴퓨터는 탁자 위에 놓여 있다) 내가 시각적 장면을 구성하고 정교한 물리적 힘이 작용한 결과다.

그렇다면 외부 세계는 실은 내가 지각하는 대로 '보이지' 않는다. 우리가 현실이라고 부르는 많은 것이 어느 정도는 특정한 무언가로 보이지 않는다. 아무도 바라보지 않을 때 하늘은 어떤 색일까? ('숲의 나무 한 그루가 쓰러졌을 때 아무도 그 소리를 듣지 않았다면, 그 나무는 소리를 낸 것일까?'라는 질문은 동일한 맥락의 오래된 실험이다.) 하늘은 파장이 약 475나노미터인 빛을 뿌리지만 빛 자체가 감각을 포함한다는 것은 말이 되지 않는다. 실제로 하늘은 다양한 기체 분자로 구성되어 있지만, 우리가 올려다보며 하늘이라 부르는 이것은 무엇일까? 물체는 그 자체로 존재하지 않고 오로지 특정한 장소와 시간에 위치하는 일련의 감각 자극으로 존재한다는 생각을 *현상주의(phenomenalism)*라 한다. 우리에게는 다발론으로 익숙하다(5장). 현상주의는 경험주의의 급진적 형태로 존 스튜어트 밀(John Stuart Mill)이나 데이비드 흄, 특히 이마누엘 칸트(Immanuel Kant) 같은 철학자들과 깊은 관련이 있다. 우리는 '진짜' 물체가 무엇인지 절대 알 수 없으며, 따라서 그들에 관해 이야기하는 것은 말이 되지 않는다. 우리가 아는 것은 물체와 관련된 감각 데이터나 속성의 다발이다. 이러한 관점이 외부적 진실은 존재하지 않고 그래서 그에 관해 이야기하는 것도 의미가 없다는 뜻은 아니다.

여러분은 지금 꿈을 꾸고 있는 걸까?

우리가 아는 것에 회의를 품는 다른 이유 그리고 아마 더 기상천외하게 들릴 법한 이유도 있다. 여러분이 지금 꿈을 꾸고 있는 게 아니라는 것을 어떻게 아나? 나는 내가 꿈을 꾸고 있지 않다고 상당히 확신하며, 아마 여러분도 마찬가지일 것이다. 지금 나의 경험은 꿈에는 없는 수준의 능력과 반추를 포함한다. 하지만 뒤에 살펴보게 될 것처럼 이쪽도 저쪽도 아닌 경계선상의 상태가 있다. 나는 드물지 않게 가짜로 깨어나는 것을 경험한다. 내가 잠에서 깨는 꿈을 꾸고 잠시 후에 깨어나 실제로는 그때도 잠에 빠져 있었다는 것을 깨닫는다. 어떤 사람들은 우리가 이후 더 자세히 논의할 현상인 자각몽을 꾼다(13장을 참고하라). 자각몽을 꾸는 동안 사람들은 자신이 꿈을 꾸고 있다는 사실을 인식한다. 꿈꾸는 경험과 깨어나는 경험의 범주는 어느 정도 뒤섞여 있다. '현실'은 언뜻 생각하기와는 다를 수 있다.

사악한 과학자가 뇌를 몸에서 분리해 건강하게 살려 둘 수 있는 커다란 통에 담가 두는 사고 실험을 생각해 보자. 그 과학자는 뇌의 감각 신경을 인공적인 입력에 연결해 뇌에 가상현실을 제공한다. 결국 한 사람이 보는 것은 망막 세포의 자극으로부터 시신경을 따라 전달된 전기적 자극의 패턴에 불과하다. 이론적으로는 우리가 이러한 전기적 패턴을 시뮬레이션해서 인공적으로 제공하지 못할 이유가 없다. 그럴 수 있다면 우리는 그에 상응하는 패턴을 '보게' 될 것이다. 이론적으로는 우리는 통에 담긴 뇌에 완전한 삶을 제공할 수 있다(상자 9.1).

상자 9.1 커다란 통 속의 뇌

*커다란 통 속의 뇌*는 데카르트까지 거슬러 올라가는 사고 실험이다. 데카르트는 사악한 악마를 이야기했는데, 이 악마는 '진짜' 세계를 인식하고 있다고 믿도록 완전한 착각을 제공하고 우리를 속이고 있다. 이러한 아이디어는 사악한 과학자가 여러분을 영양분으로 차 있고 전선을 통해 감각 입력이 제공되는 커다란 통 속의 뇌로 바꾸었다는 추측을 통해 새로운 형태를 얻었다(Harman, 1973; Putnam, 1981). 뇌의 출력 부분에도 전선을 연결해 여러분이 의도하는 행동을 읽어내면 여러분과 세계의 상호작용까지 고려할 수 있다. 이 사고실험을 좀 더 현대적으로 비틀고 싶다면 이런 질문을 던져 보자. 여러분이 지금 이 아주 훌륭한 가상 현실 시뮬레이터 속에 있지 않다는 것을 어떻게 알 수 있을까?

여러분이 커다란 통 속의 뇌가 아니라는 것을 어떻게 알 수 있을까? 여러분은 "말도 안 되는 소리"라 답하겠지만 당연히 통 속의 뇌도 같은 답을 내놓을 수 있다. 아니면 그냥 그렇게 생각해 보라. 우리에게는 이러한 생각을 완전히 거부할 수는 없다는 관점이 남는다. 이러한 관점을 **회의주의(skepticism)**라 한다. 우리는 무엇도 확신할 수 없다(상자 6.1). 우리가 생각하는 그대로가 현실이라고 믿을 근거는 빈약하지만, 우리는 그 믿음에 크게 의존한다. 어떤 사람들은 우리가 시뮬레이션 속에 살고 있다면 그 프로그램에 조그마한 버그들이 있을 것이며, 따라서 버그들이 미치는 영향을 찾아야 한다고 주장한다. 하지만 시뮬레이션을 가동하는 프로그램에 버그가 없을 수도 있다.

정상적인 시지각

시각, 청각, 미각, 후각, 촉각의 다섯 가지 감각이 있다는 사실은 잘 알려져 있다(그리고 10장에서 '여섯 번째 감각'을 논의한다). 하지만 지금까지 이뤄진 연구 대부분은 시각 처리에 관한 것이고, 그다음으로는 청각에 관한 연구가 많다. 우리는 (눈과 같은) 감각 기관부터 뇌까지 어떤 일이 벌어지는지, 지각 처리에 뇌의 어떤 경로와 영역들이 관여하는지 지각 처리를 상당히 잘 이해하고 있다(예를 들어, Harris, 2014; Ward, 2015). 회의주의는 이러한 처리의 결과가 항상 믿음직하지는 않을 수도 있다는 것을 가르쳐 준다.

채우기

우리는 세계를 보는 완전한 시각을 가지고 있는 듯하다. 주위를 둘러보면 세상에서 어떠한 공백도 볼 수 없다. 앞을 보면 완전히 시각적인 세계를 인식한다. 하지만 우리는 이러한 생각이 옳지 않다는 것을 알고 있다. 시신경이 눈의 망막과 닿는 부분에 존재하는 맹점 때문이다. 맹점에는 빛을 탐지하는 간상세포나 원추세포가 없어서 이 지점에서는 아무것도 볼 수 없다. 하지만 우리는 자기 시야에서 구멍을 보지 않는다. 뇌가 이 구멍을 **채워야** 한다. 우리는 평균적으로 1분에 15번 눈을 깜빡이며 한 번의 깜빡임은 200밀리초 이상 지속되지만 대부분의 시간 동안 우리는 세계가 명멸한다는 것을 인식하지 않는다. 채우기 역시 몇몇 시각적·신경학적 결손과 함께 발생한다. 환자들은 항상 시야의 구멍을 보고하는 대신 이러한 지점을 채운다.

채우기는 두 가지로 설명할 수 있다. 첫째, 우리가 그냥 무언가의 부재를 무시할 수 있다. 둘째, 신경 계산 처리를 통해 주위 정보에서 공간적으로 동일한 구조나 유사한 표상을 만들어 내서 실제로 비어 있는 곳을 채운다. 대부분의 신경과학적 증거는 더 능동적인 두 번째 설명을 뒷받침하지만, '그냥 부재를 무시한다'라는 주장을 지지하는 이들도 있다(Dennett, 1991). 한 예로, 우리는 (밝은색 빛을 본 후에 그렇듯이) 이렇게 채워진 부분에서 보색의 잔상을 보는데 이러한 현상은 우리가 주위 정보에서 표상을 만들어 낼 때만 일어날 수 있다(Komatsu, 2006).

우리는 표면의 파편을 제거해서 눈을 보호하기 위해 *눈을 깜빡인다*. 마음대로 눈을 깜빡일 수도 있지만, 동시에 규칙적으로 의식하지 못하는 사이 1분에 15번씩 눈을 깜빡인다는 점에서 깜빡임은 준 자율적(semi-autonomic)이다. 한 번의 깜빡임은 100밀리초 이상 지속되어서 우리는 보통 1분마다 2초 이상 눈을 감고 있게 되지만 대개는 이를 알아채지 못한다(Bristow et al., 2005). 브리스토를 필두로 하는 연구진은 눈을 깜빡이는 행동이 보통 환경 변화의 인식과 관련이 있는 시각피질(visual cortex)과 두정엽피질, 전전두엽피질의 활성을 억제한다는 것을 입증하기 위해 fMRI를 활용했다. 하지만 우리가 깜빡임을 완전히 의식하지 않는 것은 아니다. 시간에 대한 감각에 영향을 미쳐서 눈을 더 자주 깜빡일수록 시간이 더 빠르게 흐른다고 생각하기 때문이다(Grossman et al., 2019). 그래도 우리는 어둠이 자주 끼어드는 세상을 보지 않는다. 보통은 끊어지지 않는 시각적 인식 구간들을 아주 매끄러운 하나로 봉합한다.

어떻게 설명하든 채우기는 세계에 대한 우리의 인상이 보이는 그대로가 아니라는 증거다.

쌍안적 그림

쌍안적(bistable) 그림은 두 개의 안정적인 형태를 가지는 그림이다(특히 셋 이상의 안정적인 형태를 가질 때는 *다안적(multistable)* 그림이라 한다). 1832년 스위스의 결정학자 루이스 네커(Louis Necker)가 처음 제시한 네커 큐브는 이러한 종류의 애매한 그림 중 가장 잘 알려진 예다(그림 9.1). 때로는 착시로 불리기도 하지만 실은 그냥 애매한 것이다. 그림만 봐서는 정육면체의 어디가 앞면이고 어디가 뒷면인지 구분할 수 있는 정보가 충분하지 않다. 이 그림을 잠시 들여다보면 두 가지 해석 사이에서 헷갈리는 것을 알아차리게 된다. 보통은 의지를 발휘해서 한 가지 해석을 확정하게 된다. 두 번째 예는 그림 9.2의 계단이다. 어린 소녀와 나이 든 여성의 그림(그림 9.3)과 그림 9.4의 감춰진 그림(Concealed figure)을 비롯해 잘 알려진 예가 몇 가지 더 있다. 미술 작품의 사례로는 살바도르 달리(Salvador Dali)가 1940년 발표한 「볼테르 흉상이 사라지는 노예 시장(The Slave Market with the Disappearing Bust of Voltaire)」이 있다(그림 9.4).

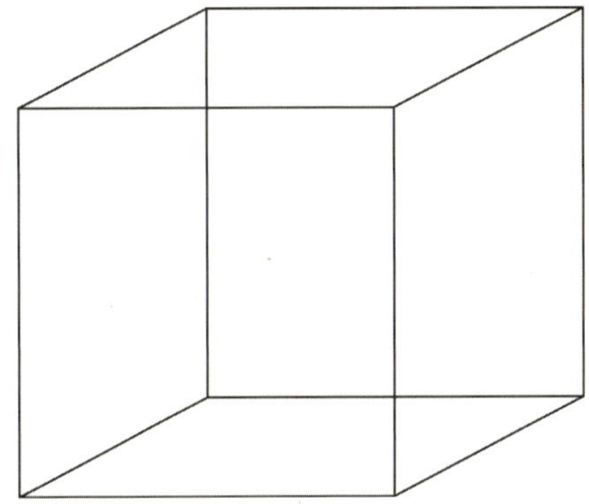

그림 9.1 네커 큐브. 여러분은 두 가지 해석을 다 찾아낼 수 있나? 의지를 발휘해서 다르게 볼 수도 있나?
출처: grebeshkovmaxim/iStock/Getty Images Plus.

그림 9.2 쌍안적 그림. 계단의 어느 쪽이 위인가? 슈뢰더 계단(Schroeder stairs)이라 불리는 관점 반전 착시다. 나무로 만든 물체를 왼쪽 위에서 오른쪽 아래로 향하는 계단으로 지각하거나, 위아래로 뒤집을 수도 있다. 나는 이 물체를 마음대로 뒤집기가 더 어려웠다.
출처: PeterHermesFurian/iStock/Getty Images Plus.

한 번에 하나만 인식할 수 있다는 주장에 따르면 우리는 두 가지 해석을 동시에 의식할 수 없다. 한쪽이거나 다른 한쪽이다. 따라서 궁금증이 생긴다. 한 가지 해석에서 다른 해석으로 옮겨갈 때 어떤 일이 일어날까? 이러한 전환을 보통 반전(reversal)이라 한다. 특히 반전에 대응되는 신경 상관물이 있을까? 뇌전도를 보면 앞뒤로도 신호가 있긴 하지만 처리 초반의 120밀리초에 후두엽에서 반전 양성(reversal positivity)이 나타난다. 이러한 결과는 자연스러운 반전이 대체로 상향식 현상임을 시사한다(Kornmeier & Bach, 2005). 이후 진행된 연구는 앞서 애매한 그림에 노출되는 것이 반전을 '준비'시킬 수 있음을 보여서 하향식 처리와 상향식 처리가 모두 일어난다는 것을 암시했다(Intaite et al., 2013). 노력해서 억지로 반전을 이뤄내는 것을 관찰할 수 있는데, 이 관찰과 일치하는 결과다. 이러한 신경학적 표지자가 의식 속 사건의 상관물이다.

*감춰진 그림*은 쌍안적 그림과 유사하며 대상이 그림 속에 교묘하게 감춰져 있다. 나는 그림 9.5에서 감춰진 대상을 찾아내는 데 오랜 시간이 걸렸다 그 대상을 알아냈을 때 어떤 변화가 일어날까? 아마 지각의 저차원 처리는 바뀌지 않을 테니, 그림에 대한 우리의 해석이 변화할 것이다.

그림 9.3 어린 소녀와 나이 든 여성 그림. 유명한 쌍안적 그림으로, 일단 두 가지 형태를 보게 되면 둘 사이를 비교적 쉽사리 오갈 수 있다.
출처: Universal History Archive/Universal Images Group.

그림 9.4 살바도르 달리의 「볼테르 흉상이 사라지는 노예 시장」(1940). 조각상의 머리를 자세히 보면 감춰진 그림들이 있다. 아니면 조각상이 감춰진 것처럼 보일 수도 있다.
출처: Bridgeman Images.

양안 경합

두 눈은 세상의 약간 다른 이미지를 받아들이고 우리는 보통 두 이미지를 생각 없이 매끈하게 연결한다. 이미지를 결합하는 과정에서 *양안 경합(binocular rivalry)*이라 알려진 현상처럼 어려움이 발생할 수도 있다. 양안 경합이란 지각의 인식이 두 눈이 제시하는 서로 다른 이미지를 오가는 현상을 말한다. 우리는 다른 눈의 이미지를 압도하는 하나의 이미지를 보는 대신 짧지만 분명하게 한 눈에서 온 이미지를 보고, 다른 눈의 이미지로 갔다가, 다시 두 이미지를 오간다. 이미지의 교체는 한 슬라이드가 다른 슬라이드로 대체되는 것처럼 즉각적으로 일어나는 것이 아니라 한 이미지의 한쪽 끝에서 다른 쪽 끝으로 파도가 퍼져 나가듯이 진행되며, 여기에 걸리는 시간은 (선들이 얼마나 가까이에 있는지처럼) 그림의 정밀한 물리적 특성에 따라 결정된다(Wilson et al., 2001). 따라서 양안 경합은 애매한 그림과 같은 맥락의 시각적 인식 시험이다. 우리는 언제든 한 번에 하나만 인식한다(Crick & Koch, 1998). 그리고 같은 질문이 생겨난다. 무엇이 이미지의 전환을 결정하고, 이러한 전환의 신경 상관물이 존재할까?

그림 9.5 감춰진 그림. 달마티안 개의 형태가 숨겨져 있지만 놀라울 정도로 적은 정보로도 형태를 찾을 수 있다.
출처: Mark Burnside/Stone/Getty Images Plus.

애매한 그림을 다룰 때와 마찬가지로 뇌 영상화 기술과 현대적인 전기생리학 기술까지 활용해도 쉽사리 답이 나오지 않는다(Blake & Logothetis, 2002). 그래도 우리에게는 수렴하는 증거가 있다. 시각 처리 체계의 서로 다른 수준에서 활용되는 서로 다른 메커니즘이 이미지를 유지하고 교체를 결정하는 데 관여한다. 뇌 영상은 자연스러운 전환이 우측 **전두정엽** 영역을 비롯해 공간 주의(spatial attention)와 연관된 몇몇 피질 부분의 활성 증가와 관련이 있음을 시사한다(Blake & Logothetis, 2002). 한 연구에서는 얼굴과 건물이 있는 그림을 제시했을 때 보통 얼굴 인식과 관련이 있는 영역인 **방추형회(fusiform gyrus)** 그리고 건물과 공간 위치의 표상에 민감하다고 알려진 (해마를 둘러싼 **회백질(grey matter)**인) **해마곁(parahippocampus)**의 일부에서 활동이 관찰되었다. 더 중요한 사실은 당시 보는 이가 지배적이라고 보고한 이미지의 단계에서 활성 증가가 나타났다는 것이다(Tong et al., 1998). 이렇게 뇌의 특정 지점을 오가는 선택적 활성화 패턴을 얻으려면 시각계가 처리에 앞서 정확한 해석을 결정해야 한다. 두 지점이 모두 활성화되는 것은 볼 수 없으며, 그렇다면 고차원 처리의 중심이 두 지점 중 하나를 선택해야 한다. 뇌에 전극을 이식하는 신경외과 수술을 받은 뇌전증 환자들을 대상으로 한 연구에서는 전환 2초 전에 내측 전두의 활성화가, 1초 전에는 내측 측두엽에 고도의 특이적인 활성화가 확인되어 지각 내용의 내적인 변화를 암시했다. 이러한 선택적 활성화는 단일 뉴런처럼 선택적이다(Gelbard-Sagivet al., 2018)

> **직접 해보자: 네커 큐브**
>
> 그림 9.1의 네커 큐브를 살펴보자. 다른 형태로 전환이 일어나나? 마음대로 전환하는 법을 익힐 수 있는가?

이러한 연구들은 시각적 인식이 여러 메커니즘과 위치가 관여하는 복잡한 과정임을 시사한다. 단 한 영역이 우리가 인식하는 것을 결정하는 데 참여하는 것이 아니다. 두정엽 피질과 측두엽 피질의 하향식 피드백 신경 고리 역시 시각 처리 초기에 뉴런의 활동을 안정시키는 데 일정한 역할을 하는 듯하며, 다시 한번 의식에서 피드백 고리가 얼마나 중요한지를 보여준다(Logothetis, 2006). 실제로 양안 경합을 일으키는 데 관여하는 처리들의 복잡성은 우리가 주관적 의식과 지각 인식을 구분해야 한다는 것을 시사한다(Giles et al., 2016). 이러한 결론으로 이어지는 핵심적인 근거는 참가자들에게는 보이지 않는 자극 특성들이 경합을 만들어 낼 수 있다는 사실이다(Zou et al., 2016). 지각 인식은 참가자들이 차이를 식별할 수 있게 하는 표상을 만들어 내는 것을 포함하는 반면, 주관적 의식은 맹시에서도 관찰되는 것처럼 참가자들이 타당한 언어적 보고를 할 수 있게 한다(아래를 보라). 현재로서는 양안 경합이 주관적 의식을 포함하지 않을 수도 있다고 생각된다(Giles et al., 2016).

변화 맹시와 무주의 맹시

우리가 보통 만들어 내는 지각적 표상의 복잡성은 인상적일 때가 많고 때로는 놀랍기까지 하다. 시각적으로 풍요로운 장면을 바라보거나 복잡한 음악을 들어보라. 정말 많은 것이 담겨 있는 듯하고 정보의 양에 거의 압도될 지경이다. 하지만 아주 최근에 발표된 시각 분야의 연구는 우리가 대부분의 시간 동안 놀라울 정도로 적은 것을 지각한다는 사실을 보여준다.

어린 시절 내가 가장 지겨워했던 활동 중 하나는 잡지나 연감의 '틀린 그림 찾기'를 푸는 것이었다. 언뜻 보기에는 똑같은 두 그림에서 미세하게 다른 부분을 찾아내는 놀이였다. 말도 안 되게 어려울 때도 있었다. 이렇게 부분적인 변화를 찾아내지 못한다는 것이 변화 맹시의 기초다. 변화 맹시는 잘 보이는 시각적 장면에 아주 커다란 변화가 일어났는데도 알아채지 못하는 지각 현상이다(그림 9.6).

변화 맹시를 세밀하게 실험한 가장 초기의 연구에서 참가자들은 안구 운동이 기록되는 동안 컴퓨터 스크린에 제시되는 상세한 총천연색의 일상적 시각 장면을 보았다(McConkie & Currie, 1996). 컴퓨터는 참가자가 어디를 보는지에 따라서 시각 장면에 변화를 주도록 프로그램되어 있었고, 건물에서 창문을 제거하는

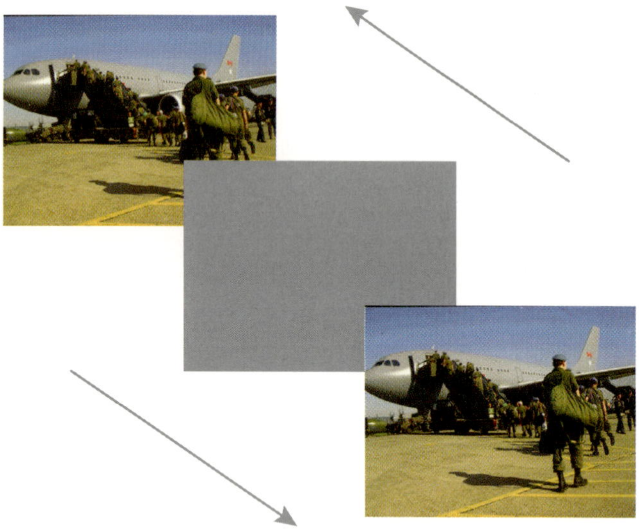

그림 9.6 변화 맹시 실험에 사용된 자극. 참가자가 차이를 찾아낼 때까지 두 사진에 변화를 준다. 이 예처럼 상대적으로 커다란 변화라도 알아채기까지 몇 초가 걸릴 수 있다. (답은 알려주지 않을 테니 직접 찾아보라.)
출처:

식으로 그림에 변화를 가했다. 매콘키와 커리는 *도약 안구 운동*(*saccade*, 바라보는 지점을 신속하게 옮기는 안구 운동-옮긴이) 중 변화가 일어나면 상당히 큰 변화라도 참가자가 알아채지 못할 수 있다는 것을 알아냈다. 렌싱크와 오리건, 클라크(Rensink, O'Regan & Clark, 1997)는 앞의 실험을 변형해 화면이 (80밀리초 이하로) 잠시 깜빡거리는 동안 변화를 주었고 같은 패턴의 결과를 얻었다. 이후 경두개 자기자극법을 활용한 연구에서는 *후부두정엽피질*의 활동을 억제했을 때 사람들이 연속으로 제시되는 사진에서 변화를 탐지하는 속도가 눈에 띄게 늦어졌다(Tseng et al., 2010). 후부두정엽피질은 단기 작업 기억에서 시각적 이미지를 유지하는 데 중요하다. 초창기 연구에서는 사진을 사용했지만 동영상을 활용한 연구에서도 비슷한 효과가 관찰되었다(Simons & Levin, 1997).

여러 사진에서 바뀐 것을 찾아내기는 쉽지 않지만, 바로 앞에서 고릴라가 걸어가고 있다면 확실히 모두 알아챌까? 전혀 그렇지 않다. 무주의 *맹시*는 한 사람이 눈앞에 있는 예상치 못한 자극을 알아보지 못할 때 발생한다. 야구 경기를 보고 있을 때 고릴라 분장을 한 사람이 화면 앞을 천천히 지나쳐 가거나 심지어 잠시 멈춰 손을 흔들어도 알아채지 못한다(그림 9.7). 공을 던진 횟수를 세는 것처럼 다른 과업을 열심히 수행 중인 참가자들은 절반 가까이 예상치 못한 사건을 눈치채지 못한다(Simons & Chabris, 1999). 무주의 맹시는 다양한 조건에서 관찰된다(Mack & Rock, 1998). 무주의 맹시가 발생하는 이유를 설명하는 여러 이론이 있으며, 무의식적으로 발생하는 지각이 얼마나 되는지를 두고도 많은 논쟁이 있다(Mack, 2003).

이러한 연구 결과들은 시각적 세계에 대한 우리의 표상이 생각만큼 풍요롭지 않다는 생각을 뒷받침한다. (처음부터 결코 많은 것을 부호화하지 않는다는 식의) 너무 앞서 나가는 결론을 내지 않도록 주의해야 하지만, 우리가 항상 대부분이 생각하는 것만큼 세계의 풍요로운 시각적 표상을 많이 가지지는 않다고 결론 내리는 게 안전할 듯하다. 시각적 세계의 표면적 풍요로움 역시 또 다른 착각이다.

착시

우리는 세계의 정확한 그림을 얻기 위해 지각 정보에만 의존할 수 없다. 우리는 지각적 착각, 특히 착시에 관한 연구에서 확인되듯이 쉽게 속아 넘어간다. *착시*는 시지각 처리에 관해 대단히 많은 것을 알려주며(Wade, 2006을 참고하라), 앞서 의식을 이해하는 데 도움을 주는 수단으로 몇 차례 착시를 언급한 바 있다. 하지만 여기서 강조하고 싶은 것은 착시가 시각적 인식에 관해 무엇을 알려주는지다(그림 9.8). 착시의 존재는 우리가 거기서 보는 것이 반드시 그대로는 아니라는 것을 확인시켜 준다. 선은 우리가 생각하는 것만큼 길지 않을 수 있

그림 9.7 무주의 맹시에 사용되는 자극. 고릴라가 보이나? 공이 패스되는 횟수를 세는 것처럼 요구가 많은 다른 과업에 집중하고 있는 때는 놀라울 정도로 많은 사람이 고릴라를 보지 못한다.

고, 특정한 부분은 우리가 생각하는 것만큼 밝지 않을 수 있다. 우리 시야의 주변부에 있는 사물이 마법처럼 나타났다가 사라지지도 않는다. 우리의 인식이 이 세계를 오해하게 하고 있다고 결론 내릴 수 있다.

착각은 시각적 양식에 한정되지 않는다. 피부 토끼 환상(cutaneous rabbit illusion)이라는 매력적인 이름의 현상은 사람의 피부에서 떨어져 있는 두 지점을 아주 빠르게 연속적으로 두드릴 때 발생한다. 팔 같은 부분을 이용하는 게 가장 좋다. 손목과 팔꿈치에 시도해 보자. 자극을 멈추더라도 종종 두 지점 사이를 두드리는 느낌이 이어지고 팔이 들썩이는 느낌까지 들 것이다(Geldard & Sherrick, 1972; Miyazaki et al., 2010). 아직 이에 대한 명쾌한 설명은 없고 복잡한 수학 모델이 필요하다. 우리는 의미가 없는 소리를 들을 때조차 단어, 심지어는 구까지 듣는다. 우리가 (아니면 뇌 속의 무언가가?) 무작위적인 소음을 좋아하지 않기 때문이라고 한다(Deutsch, 2003). 영원히 끝나지 않는 에셔 계단(Escher staircase, 펜로즈 계단이라고도 한다)의 청각 버전인 셰퍼드 음(Shepard tone, 음계가 끝없이 올라가거나 내려가는 듯한 착각-옮긴이)도 있다. 이제는 어떠한 입력도 신뢰할 수 없다고 믿게 된다.

그림 9.8 착시 모음. 사물은 보이는 대로가 아니다.
출처: BSIP/Universal Images Group/Getty Images; Alexandra Seres/EyeEm Getty Images; saulgranda/Moment/Getty Images; BSIP/Universal Images Group/Getty Images.

직접 해보자: 상상 단어

인터넷에서 독일어의 상상 단어(phantom word)와 셰퍼드 음을 검색해 보자. 그리고 피부 토끼 환상에 대한 설명을 따라 해 보자. 단, 아주 빠르게 두드려야 한다.

비보고 양식

의식에 관한 대부분의 연구는 무엇을 보았는지에 관한 사람들의 보고에 의존해 왔다. 특히 지각 연구에서는 언제 자극을 보았는지 보고한다. 최근에는 ***비보고 양식(no-report paradigm)***이라는 다른 접근법이 인기를 얻고 있다(Tsuchiya et al., 2015). 비보고는 언어적 보고가 아닌 대안적 측정의 활용을 포함한다. 이러한 기술에서는 의식과 관련이 있다고 추정되는 다른 측정치를 이용한다. 예를 들어 양안 경합 연구에서는 시각적 인식의 양상을 측정하기 위해 동공 면적의 변화나 안구 운동을 활용할 수 있다. 이러한 접근의 장점은 의식이 언어로 보고할 수 있는 것으로 한정된다는 가정을 피할 수 있다는 것이다. 단점은 우리가 언어 보고로는 얻을 수 없는 일부 측정치로 실제 의식을 평가할 수 있다고 가정해야 한다는 것이다(Overgaard & Fazekas, 2016).

시공간 지각 장애

신경 손상은 다양한 지각 결손으로 이어질 수 있다. 한 예로, 실인증(agnosia)은 시각적 사물 인식의 문제다. 병변이 뇌의 어디에 자리하는지에 따라 여러 유형이 있다. 안면실인증(prosopagnosia)은 안면 인식에, 난독증(alexia)은 단어 인식에 어려움을 겪는다. 이러한 결손은 일상에 지장을 주고 경험의 질에 영향을 미치지만 의식 자체에 관해 알려주는 것은 없다.

반면 의식 자체에 관한 깨달음을 주는 결손도 있다. 우리가 먼저 살펴볼 두 가지, 맹시와 방치는 단순한 시지각의 결손이 아니다. 공간에 대한 인식도 손상되며, 이러한 이유로 시공간 결손이라 한다.

맹시

시각과 인식이 분리될 수 있다는 것을 강력하게 보여주는 증거 중 하나는 맹시라 알려진 현상이다. **맹시**는 후두엽피질이 손상된 결과 적어도 (**암점(scotoma)**이라 불리는) 시야의 일부에서 피질 상으로는 시각을 잃는다. 그래도 여전히 시각 영역에서 일부 정보를 인출할 수는 있다. 맹시가 있는 사람은 자신들이 볼 수 있다는 사실을 부정하지만, (예를 들어 조명의 위치나 A위치와 B위치 중 어떤 사물이 있는 곳, 특정한 사물의 색 등을) 짐작해 보라고 했을 때 확률보다 월등히 나은 성과를 보인다. 또한 보이지 않는 영역에서 사물이 움직일 때도 적절히 안구를 움직인다. 움직임의 지각은 맹시에서도 대부분 유지되는 듯하다. 맹시에 관한 연구를 개척한 이는 오랫동안 옥스퍼드 대학교의 실험심리학과를 이끌었던 래리 와이스크랜츠(Larry Weiskrantz, 1986, 1997)다. 인간의 맹시에 관해 우리가 이해하게 된 바 중 많은 내용은 영국 런던의 환자 D. B.에게서 나왔다. D. B.는 뇌종양 치료를 위해 오른쪽 후두엽피질을 제거했고, 앞서 원숭이에게 이뤄졌던 실험을 다수 수행했다(Cowey, 2004; Weiskrantz, 1986).

맹시는 본인은 볼 수 있다고 생각하지만 실은 피질 상에서 시각을 상실하는 안톤바빈스키 증후군과 대조된다(6장을 참고하라). 안톤바빈스키 증후군 환자들이 본다는 개념은 유지하면서도 보는 능력은 잃어버리는 반면, 맹시는 보는 능력을 잃지 않은 상태에서 본다는 개념을 잃어버린다.

또한 맹시는 우리가 일상적으로 믿고 있는 바와 달리 인식에 도달한 시각적 자극만이 행동에 영향을 미치는 것은 아니라는 사실을 확인시켜 준다. 뇌의 시각 처리에 관여하는 경로로는 시신경에서 *후두엽피질*로 이어지는 경로가 잘 알려져 있으나 여기에서만 시각 처리가 이뤄지는 것은 아니다. 나는 대학교에 다니던 시절 잘못된 뇌의 모델을 배웠다. 하지만 이제 우리는 시각 처리 체계에 **외측슬상핵(lateral geniculate nucleus)**과 **상구(superior colliculus)**를 비롯해 여러 갈래가 있다는 것을 알고 있다. 실제로 워드(Ward, 2015)는 오늘날에는 열 가지 시각 처리 경로가 있다고 여겨진다고 설명했다. 이 책이 출판될 때는 분명히 이 숫자가 달라져 있을 것이다(그림 9.9).

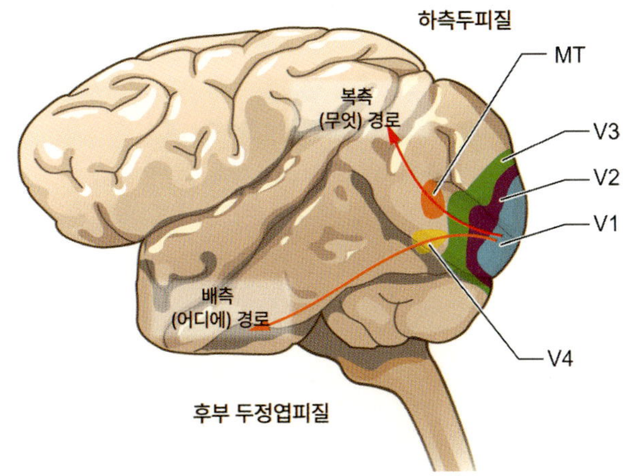

그림 9.9 뇌의 배측 시각 흐름(visual stream)과 복측 시각 흐름. 기본적으로 복측 흐름은 '무엇'의 경로이고, 배측 흐름은 '어디에'의 경로다. 눈에서 지각으로 이어지는 가장 중요한 두 경로이지만 다른 경로도 존재하는 것으로 알려졌다. V1부터 V4는 시각 영역을 가리킨다. MT는 중측 시각 영역이며 종종 V5라 칭하기도 한다.

망막-슬상-선조체 경로(retinal-geniculate-striate pathway)는 대부분의 사람들이 어떤 장면에서 물체를 시각적으로 인식했다고 생각하는 현상으로 이어지는 가장 중요한 시각 경로이다(Pinel & Barnes, 2017). 우리가 맹시에서도 어느 정도 시야를 가질 수 있는 것은, 피질 하부 구조에서 올라와 일차 피질을 둘러싼 이차 시각 피질로 바로 이어지지만 이차 시각 피질을 통과하지는 않는 경로들 덕분이다. 또 다른 설명은 **선조피질**(striate cortex)이 완전히 파괴되지는 않았다는 것이다. 현재로서는 어느 쪽이 더 좋은 설명인지 확실하지 않으며, 두 이론이 병존할 수도 있다(대표적으로, Gross et al., 2004).

가장 잘 알려진 이차 경로의 증거는 객체 인식을 위한 경로와 행동과 관련이 있는 비의식적인 경로의 차이에 있다(Goodale & Milner, 1992; Westwood & Goodale, 2011). 이러한 차이는 실인증이 심했지만 사물을 쥐고 조작할 수 있었던 환자 D. F.에 관한 고전적인 연구에서 실마리를 얻었다. 이 여성은 우체통이나 편지를 알아보지 못했지만 길게 틈이 나 있는 입구로 편지를 밀어 넣을 수는 있었다. 그는 우체통 입구에 관해 전혀 말하지 못하면서도 틈이 나 있는 각도에 상관없이 이러한 행동을 해냈다. 쌍시각계 가설(two-visual-systems hypothesis, 지각-행동 가설(perception-action hypothesis)이라고도 한다)에서는 시각 피질의 해부학적 *배측-복측* 분할을 독립적인 두 기능 모듈의 신경 기질로 해석해야 한다고 한다. 지각을 위한 시야(복측 경로)와 행동을 위한 시야(배측 경로)다. 이러한 이론은 원숭이의 두 가지 시각 처리 경로를 연구한 엉걸레이더와 미슈킨(Ungerleider & Mishkin, 1982)의 작업과 관련이 있다. 이들은 공간적 위치를 처리하는 배측 흐름을 '어디에(where)' 경로, 시각적 특징을 처리하는 복측 흐름을 '무엇(what)' 경로라 불렀다. 밀너와 구데일(Milner & Goodale, 1992)은 엉걸레이더와 미슈킨의 작업을 확장해 배측 경로는 행동과 연관되어 있고, 사람들은 '무엇' 경로에만 의식적으로 접근한다고 주장했다. 사람의 실제 상황은 훨씬 더 복잡할 수 있지만(Freud et al., 2016), 뇌에 의식이 다양한 수준에서 접근할 수 있는 여러 시각 처리 경로가 존재한다는 것은 사실인 듯하다.

공간 무시

공간 **무시** 혹은 시각 **무시**는 시야 중 일부를 알아채지 못하는 것처럼 보이는 장애다(그림 9.10, 그림 9.11). 가장 극단적인 경우에는 시야의 한쪽을 제외하고 모두 무시해서 *편측공간* 무시(*hemispatial* neglect)라 한다. 이런 환자들은 시계를 그려보라고 하면 한쪽만 그리거나 모든 숫자를 한쪽에 몰아넣는다. 그림 하나를 베껴보라고 하려면 반쪽만 베낄 것이다. 이들은 무시된 공간을 보는 것까지 피하는 경향이 있다(Li & Malhotra, 2015). 무시는 몇 가지 기이한 행동으로 이어질 수 있다. 몸의 반쪽만 옷을 입거나 접시의 한쪽에 있는 음식만 먹는다. 무시가 실인증(부인)이나 작화를 동반하는 것도 놀랍지 않다. 비시아 등(Bisiach et al.,

1990)은 자기 팔이 다른 사람에게 붙어 있어서 손이 세 개라고 결론 내리는 환자의 사례를 보고했다.

그림 9.10 공간 무시를 가진 사람들에게 보이는 세상. 얼마나 많은 정보가 소실되는지, 그 세부적인 내용과 심각한 정도는 병변의 정확한 크기와 위치에 좌우된다.
출처: Li & Malhotra (2015).

그림 9.11 베껴 그리기 과업과 공간 무시. 베껴 그릴 수 있는 정도 역시 병변의 세부적인 특징에 따라 결정된다. 환자들은 왼쪽 면 혹은 왼쪽 면의 일부를 빠뜨리는 경향이 있다.
출처: Li & Malhotra (2015).

무시는 단순한 지각 장애가 아니라 *주의* 지각 장애다. 이러한 특징은 이탈리아 밀라노에서 온 두 환자에게 밀라노 대성당의 계단에서 바라본 대성당 광장의 풍경을 물었던 실험에서 가장 분명히 드러난다. 두 환자는 광장의 한쪽 편만 묘사했지만, 다시 광장의 반대쪽 끝에서 바라보는 풍경을 묻자 자신들이 막 회상했던 내용을 설명하지 못했고 대신 빠트렸던 부분만을 설명했다. 따라서 이러한 결손은 단순히 시각적인 것이 아니며, 환자들이 생산해 낼 수 없는 정보도 존재하는 것이 분명하다(Bisiach & Luzzatti, 1978).

무시는 *두정엽* 손상으로 인해 발생하고 대체로 우반구와 관련된 손상이 왼쪽 공간 무시로 이어진다. 맹시와 무시는 세상에 대한 우리의 표상이 심각하게 제한될 수 있음을 보여준다.

공감각

공감각(snaesthesia)은 한 감각의 활성화가 다른 감각의 활성화로 이어지는 현상이다. 예를 들어 특정한 색을 보면 특정한 음이 들리기도 하고, 특정한 음식을 맛보면 특정한 형태가 느껴지기도 한다. 평생 이러한 경험을 겪었다고 보고하는 사람들을 *공감각자(synaesthete)*라 한다. 가장 흔한 유형의 공감각은 글자나 숫자에 항상 색이 입혀진 것처럼 지각하는 자소-색 공감각(grapheme-colour synaesthesia)이다(Cytowic & Cole, 2008; Cytowic & Eagleman, 2011; Ward, 2008). 공감각자들은 보통 글자에서 공통점을 찾아낸다(예를 들어 알파벳 A는 붉은색으로 보일 가능성이 크다). 공감각은 드물지 않으며(최소한 2,000명 중 1명이고, 20명 중의 1명 정도로 보편적일 수도 있다) 유전되는 경향이 있다(Baron-Cohen et al., 1996; Ramachandran & Hubbard, 2001a,b). 손상에 의해 발생할 수도 있고, 평소에는 공감각 성향이 없는 이들에게도 보통 환각제로 유도할 수 있다.

공감각은 초연결이라 알려진 조건에서 영역 간에 혼선이 있을 때 생긴다. 문자소를 볼 때 색을 보는 경험은 뇌의 문자 인식 영역 그리고 시각 피질의 V4와 V8으로 불리는 색 처리에 관여하는 인접 영역 사이의 혼선 때문일 수 있다. 자소-색 공감각은 시야 변두리에 있어 형태를 분간하기 어려울 때도 보통 각 문자소에 적절한 색을 부여할 수 있다(Ramachandran & Hubbard, 2001a, b).

공감각에 관한 또 다른 이론적 접근은 기본적으로 공감각을 *아이디어시지아(ideasthesia)*의 한 형태로 보는 것이다. 아이디어시지아에서는 개념이 특정한 지각을 활성화한다. 이러한 맥락에서는 공감각이 자극의 의미 추출로 인해 일어나는 현상이라 한다. 따라서 공감각은 근본적으로 의미와 함께 일어나는 의미적 현상이며, 공감각을 일으키는 것은 자극의 감각 속성이 아니라 자극의 의미다(Dixon, Smilek, Duffy, Zanna, & Merikle, 2006). 당연히 이 둘을 분리하기는 어렵지만 관련 연구에서는 그 의미가 맥락의 영향을 받는 애매한 자극들을 시험한다. 따라서 공감각의 신경 메커니즘을 이해하려면 의미의 메커니즘과 의미 추출에 관해 더 알아야만 한다(Gray et al., 2006).

그로센배커와 러브레이스(Grossenbacher & Lovelace, 2001)는 평소에는 독립적인 처리 모듈 간에 혼선이 있을 때 위계적으로 배열되는 피질 감각 경로에 기반해 공감각의 신경생물학 모델을 제안했다. 혼선은 지각 경로가 모두 합쳐진 후 모듈 간의 좌우 연결이나 하향식 정보 흐름에서 발생한다.

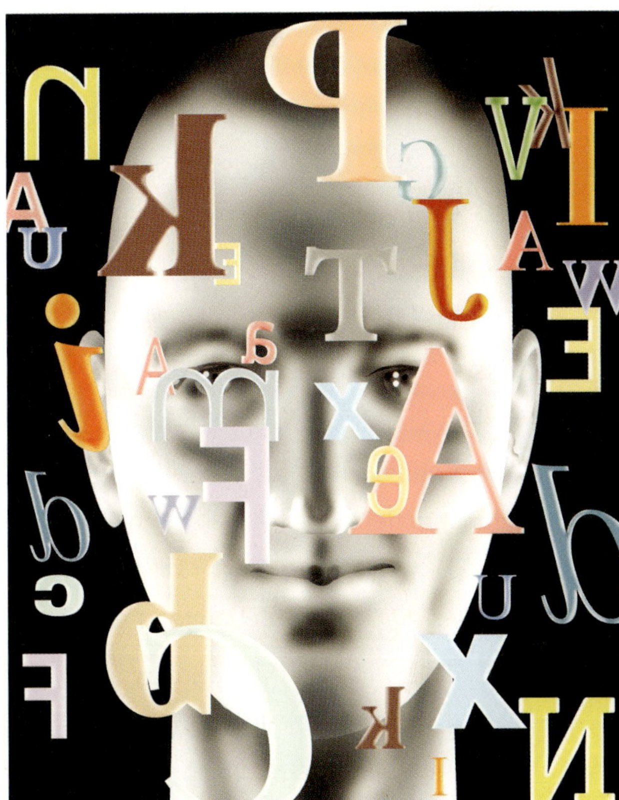

그림 9.12 자소-색 공감각 형상화. 가장 흔한 유형의 공감각으로 특정한 글씨나 숫자가 특정한 색과 연결된다.
출처: Fort Worth Star-Telegram/Tribune News Service/Getty Images.

고유수용성

고유수용성(proprioception)은 자기 몸과 그 일부를 움직였을 때의 효과에 대한 감각이다. 근육과 힘줄에 있는 고유수용기(proprioceptor)라는 특별한 뉴런이 이러한 감각을 제공한다.

이안 워터먼(Ian Waterman)은 19세에 복통을 수반하는 독감을 한 차례 심하게 겪었다. 복통을 수반하는 독감은 대개 불쾌한 경험을 선사하지만 부작용 없이 빠르게 지나간다. 하지만 이 남성에게는 아주 드문 자가면역 질환이 발병했고, 신경계를 공격당해 부작용으로 고유수용성 감각을 모두 잃게 되었다(Cole, 1995, 2016). 워커먼은 정상적으로 움직일 수 있었지만 직접 보지 않을 때는 자기 팔다리가 어디 있는지 알지 못했다. 그래도 여전히 통증과 온도는 느낄 수 있어서 이러한 시스템들이 별개로 존재한다는 사실이 밝혀졌다. 당연하게도 그의 움직임은 몹시 삐걱대는 듯이 보였다.

고유수용성 정보는 뇌 전반에서 통합되어 최종적으로 *두정엽피질*에서 관찰된다(Ehrsson et al., 2005).

결합 문제

우리는 호랑이를 볼 때 머리와 주황색 조각, 검은 줄무늬, 허공에서 으르렁거리는 이빨을 따로 보는 게 아니라 이 모든 것을 하나로 묶어서 본다. 여러 개의 선이 아니라 얼굴을 본다. 그리고 호랑이가 으르렁거리면 그 포효가 공간 속의 어느 한 점이 아니라 호랑이에게서 온 것을 안다. 이 모든 특징이 어떻게든 통합된다. 하지만 어떻게 통합되는 걸까? **결합 문제**는 서로 다른 감각이 어떻게 하나로 결합하고 단일한 지각 대상을 형성해서 우리가 관련된 모든 감정을 하나로 인식하게 되었는지를 묻는다. (우리가 모든 것이 알맞은 위치에 있는 하나의 대상을 알아볼 수 있도록) 양상(modality, 자극의 감각적인 측면-옮긴이) 내에서 결합이 이뤄지기도 하고, (호랑이를 보면 으르렁거리는 소리가 따라오는 것처럼) 여러 양상에 걸쳐 결합이 이뤄지기도 한다. (예를 들어, 시각과 같은) 하나의 양상 안에서 데이터의 선택이나 분리가 이뤄져서 별개의 대상을 형성하기도 한다. 여러 양상의 데이터가 합쳐져서 다양한 대상을 전체이자 단일한 경험으로 체험하기도 한다. 결국 우리가 인식하는 것은 (각각의 특성에 집중하는 것을 택하지 않는 이상) 개별 특성이 아니라 전체적인 대상이다. 크릭과 코흐(Crick & Koch, 1990, 2003)는 이 분야에 커다란 영향을 미친 생각들을 제안하면서 지각 결합이 분명히 단일한 의식의 기저에 있는 신경 경합 메커니즘에 의해 일어난다고 주장했다.

뇌는 다양한 자극을 (호랑이를 보는 것처럼 특정한 대상에 대응하는 세포들의 패턴인) 위치에 따라, 또는 시간에 따라 하나의 대상으로 결합할 수 있어서 하나의 패턴이 함께 반향을 불러일으킨다.

뇌의 인지 경로는 의식적 인식을 대표하는 한 무리의 세포 혹은 아예 하나의 세포로 수렴할까? 이러한 생각의 고전적인 예는 우리가 할머니(아니면 기린, 아니면 뭐든 특정한 대상)를 볼 때 활성화되는 할머니 세포(grandmother cell, 아주 구체적인 대상에 반응하는 가상의 뉴런-옮긴이)다. 이런 식으로 처리하면 결합 문제는 풀 수 있겠지만 사실과는 무척 거리가 있을 듯하다. 우리가 문제의 뉴런을 잃어버리면 (그리고 뉴런은 항상 사라지고 있다) 할머니도 영원히 잃어버리게 되기 때문이다. 뇌는 여러 개의 병렬 회로를 가지고 있지만 어떤 회로는 피질의 제1영역(primary areas)으로부터 더 멀리 움직여서 '결합(associative)' 영역에 더 가까이 가기 때문에 특정한 형태의 수렴을 보여준다. 전두엽피질과 전측두피질, 하두정엽피질에서 다양한 수렴 영역이 확인되었다. 시각 피질에서 명확하게 얼굴에 반응하는 체계 그리고 심지어 특정한 각도에서 보이는 얼굴에 반응하는 체계의 최상단에 특정한 뉴런이 있다는 사실이 확인되었다(Chang & Tsao, 2017).

뇌에서의 위치에 따라 결합과 지각이 이루어진다는 설명의 대안은 시간에 따라 결합이 일어난다는 것이다. 이 경우에는 일종의 동시성을 갖는 특성이 하나의 대상으로 '함께 활성화된다'.

밀너(Milner, 1974)는 피질에 있는 서로 다른 뉴런이 동시에 활성화되면서 개별 대상의 특징이 결합한다고 주장했다. 처리의 후반부에 시각 피질에서 대표되는 대상은 동시에 활성화된 뉴런의 조합으로 나타낼 수 있다(Engel & Singer, 2001). **감마파(gamma wave)**가 시간적 결합에서 중요한 역할을 하는 것으로 여겨진다. 감마파는 30~100헤르츠의 진동수를 갖는 빠른 파동으로 대개 40헤르츠로 진동한다. 이 파동이 정보를 동기화하고 결합하는 데 중요한 역할을 해서(상자 9.2) 시각적 인식과 단일한 의식을 만들어 낸다(Baldauf & Desimone, 2014; Crick & Koch, 2003; Engel et al., 1999; Gold, 1999; Gregoriou et al., 2009). 하나의 대상을 지각하는 데 관여하는 뉴런들은 약 40헤르츠로 동시에 진동하지만 서로 직접 연결되어 있지는 않다. 우리는 동기화된 활성화를 통해 지각 특성이 결합할 때만 시각적으로 자극을 인식하게 된다. 혹은 특성이 결합할 때 자동으로 인식하게 되는지도 모른다. 따라서 결합 문제와 지각 인식은 밀접하게 연결되어 있다(Crick & Koch, 2003).

상자 9.2 감마파

감마파는 뇌전도에서 관찰되는 진동수 25~140헤르츠 범위의 신경 진동으로 대개 약 40헤르츠의 진동수를 보인다. 감마파는 의식 연구의 모든 영역에 등장하며 자극이나 자극의 양상을 합치는 일종의 통합 효과를 가진 듯하다. 이 파동은 우리가 작업 기억에 접근하거나, 주목하거나, 지각적 집단화(perceptual grouping)에 관여하는 과업을 비롯해 다양한 인지 현상에 참여할 때 관찰된다. 그리고 특히 함께 오가는 특징들을 하나로 묶는 지각 결합에 관여하는 것으로 여겨진다(9장). 뇌전증(11장)과 조현병, 기분장애, 알츠하이머병을 앓는 환자들은 감마파가 교란되지만 상관관계에서 인과관계의 방향성을 찾으려 할 때는 항상 주의해야 한다. 명상의 효과(16장) 중 하나는 감마파 진동을 강화하는 것이다.

감마파는 뇌의 넓은 영역에 걸쳐 관찰되나, 의식을 위한 전환에 중요한 역할을 하고 뇌의 서로 다른 영역 사이에서 출입문 역할을 하며 정보를 전달하는 시상이 이 파동을 시작하는 데 중요한 것으로 여겨진다. 감마파는 시상-피질 고리의 구조 전체를 동시에 활성화하는 데 중요하다. 여기에서는 피드백 구조가 핵심적인 역할을 하는데, 시상-피질 피드포워드와 피질-시상 피드백 연결이 순환 고리를 이루고 있다.

감마파는 별개의 대상을 구성하기 위해 시각적 특성을 분할하고 선택하는 데 모두 관여하는 듯하다(Fries, 2009). 한 장면에 있는 서로 다른 대상은 약간 다른 진동수로 동기화를 유발할 것이다. 40헤르츠의 감마파는 렘수면 중에 나타나지만 비렘수면 중에는 나타나지 않는데, 상상 속의 시각적 장면 역시 결합이 필요하기 때문으로 추측된다. 다양한 특성이 동기화되면 '파장'이 뇌의 여러 부분을 지나간다. 시상에서 시작된 이 파장은 전두엽피질을 향해 1초에 40번씩 뇌를 휩쓸고 지나가서 다른 대상과의 동기화를 통해 특정 대상을 인식하는 데 관여하는 여러 신경 회로를 움직인다. 이러한 패턴을 *시상-피질 공명(thalamo-cortical resonance)*이라 한다(Llinás et al., 1998). 시상과 피질은 풍성하게 상호연결되어 있고 시상에서 피질로, 그리고 반대로 이어지는 피드백 고리들이 존재한다. 이냐스와 리바리(Llinás & Ribary, 1993)는 시상-피질 공명이 뇌간에 의해 조절되며, 깨어 있는 상태에서는 감각 입력을 통해 그리고 꿈을 꾸는 동안에는 내재적 활성화를 통해 외적인 내용을 얻는다고 주장했다. 크릭과 코흐는 두 뉴런이 (40헤르츠 내외의) 감마파 진동수 범위에서 동시에 진동한다면, 동일한 의식적 표상에 기여하고 있는 것이라고 설명했다.

모든 연구자가 감마파가 결합의 중심에 있다고 확신하는 것은 아니다. 감마파는 마취 상태여서 의식적으로는 아무것도 지각하지 않는 쥐에서도 관찰된다(Vanderwolf, 2000). 물론 쥐는 사람과 다를 수 있고 감마파가 한 가지 이상의 기능을 할 가능성도 있다. 하지만 의식의 중심에 있다고 여겨지는 것이 마취 상태에서도 뚜렷이 나타난다는 사실은 호기심을 자아낸다.

결합에 실패한다면 어떨까? 우리는 종종 시각적 장면을 잘못 분할하기도 한다. 팔 하나를 잘못된 사람에게 붙이는 게 대표적인 예다. 희소한 질병인 *발린트 증후군(Balint's syndrome)*은 주요 시각 피질인 V1은 온전하지만 환자는 기능적으로 시력을 잃는 신경 장애다. 발린트 증후군은 좌우 반구의 하두정엽이 모두 손상된 결과로 발생한다. 한 사람이 두 번의 충격으로 양쪽 반구의 같은 위치에 손상을 입을 정도로 운이 나빠야 해서 무척 드물게 확인된다. 이 장애에서 가장 흥미로운 증상은 *동시실인증(simultanagnosia)*이다. 발린트 증후군을 앓는 환자들은 특정한 장면의 개별적인 세부 사항은 볼 수 있지만 전체는 보지 못한다. 따라서 누군가의 손에 들린 유리잔은 알아보지만 들고 있는 손이나 팔은 보지 못할 수 있다. 게다가 자기 몸이 차지하는 공간에 대한 지각은 온전하게 남아있으나 그 안의 세계나 사물에는 반응하지 못한다. 발린트 증후군에 관한 가장 확실한 설명은 결합 실패다. 환자는 개별적인 특징을 지각할 수 있지만 하나로 묶지는 못해서 세계에 대한 하나의 일관성 있는 표상을 만들어 내지 못한다.

전반적인 실험적 증거는 의식이 적어도 고차원의 정보 통합과 관련이 있음을 보여준다(Mudrik et al., 2014). 우리는 보통 여러 자극이 하나로 결합했을 때 인식하게 된다. 이러한 통합은 확실히 뇌 영역 간의 연결을 포함한다. 한 예로, 강한 향기를 풍기는 붉은 장미를 지각하려면 시각 뇌 영역과 후각 뇌 영역에서 온 정보를 모두 이용해야 한다.

미세의식

시각 지각과 시각 의식을 연구하는 영국의 생리학자 세미르 제키(Semir Zeki)는 한 가지 의식이 존재하는 것이 아니라 (지각하는 사람으로서 자신의 의식인) 하나의 통일된 의식이 꼭대기에 자리하는 가운데 체계적으로 조직된 '다양한 의식'이 존재한다고 주장한다(Zeki, 2003). 제키는 특정한 지각 대상의 개별 속성을 위한 의식을 지칭하기 위해 *미세의식(microconsciousness)*이라는 용어를 사용한다.

미세의식을 가정하는 설명에 따르면 의식은 시간에 따라 퍼져 있으며, 뇌의 공간에도 퍼져 있다. 이러한 이론은 어떤 대상의 움직임이 색과는 약간의 차이를 두고 지각될 수도 있다는 발견을 기반으로 한다. 색은 시각 피질의 V4 영역에서, 움직임은 V5 영역에서 지각된다. V4 영역의 손상은 색맹으로, V5 영역의 손상은 동작맹으로 이어져서 서로 다른 해리성 질환과 연결된다. 게다가 실험을 통해 색이 운동보다 80밀리초 빠르게 지각된다는 사실이 밝혀졌다(Zeki, 2003). 시지각의 이러한 시간적 비동시성과 공간적 분리는 시간과 공간 각각에서 동시에 존재하지 않는 시각적 의식의 다원성을 드러낸다. 시각적 뇌에서 각 모듈은 실질적으로 모듈 자체의 의식, 즉 미세의식을 만들어 낸다(Zeki & Bartels, 1998). 그리고 이후 결합을 통해 하나의 지각 대상을 인식하는 대의식(macro-consciousness)으로 합쳐진다. 이러한 체계의 정점에는 통합된 의식이 있고, 통합된 의식이 한 사람으로서의 자신이라는 감각을 만들어 낸다. 당연히 특정한 단계는 앞선 단계의 존재에 좌우된다.

일부 연구자들은 뇌자기 자극(transmagnetic stimulation, TMS)으로 얻은 결과가 분산된 의식이라는 관점과 충돌한다고 주장한다. 뇌자기 자극을 가해 시각 처리를 방해한 결과 시각적 인식을 위해서는 V1 영역의 활성화가 필수적이라는 사실이 입증되었다. 따라서 각 지각 모듈은 독립적으로 '미세의식'을 만들어 낼 수 없다. V1 영역이 활성화되지 않았을 때 운동 모듈만으로는 인식이 일어나지 않는다(Cowey & Walsh, 2000). 코헨과 데넷(Cohen & Dennett, 2011) 역시 통합된 의식이 경험 이후에 합쳐진다고 하면 인지 처리에서 의식을 분리하는 것인데, 이러한 설명은 논리적이지 못하다고 주장하며 미세의식 이론을 비판했다. 통합된 인간이 자신은 인식하지 못하는 (운동이나 색만의 단독) 의식 상태를 가진다고 하면 말이 되지 않는다.

시각적 인식

우리는 시각적 인식이 측정하기 쉽기 때문에 이를 주제로 한 많은 연구가 축적되어 온 것을 알고 있다. 최근 연구에서는 하나의 개념에 반응하는 개별 뉴런이 존재한다는 사실이 밝혀졌다(가장 유명한 뉴런은 미국 배우 제니퍼 애니스턴(Jennifer Aniston)에 반응하는 뉴런이다; 상자 9.3). 사실 **전내측 측두엽(anterior medial temporal lobe)**의 개별 뉴런, 특히 편도체에 있는 뉴런이 이 활성화되면 시각 자극으로 식별되어 시각적 인식까지 도달한다. 레버 등(Reber et al., 2017)은 근접해 발생하는 두 가지 자극 중 두 번째 자극이 보통 의식적으로 간과되는 주의 과실(attentional blink) 절차를 이용해 수술 환자들을 대상으로 개별 뉴런을 측정하는 실험을 했다. 연구진은 뉴런이 일정 수준까지 활성화된 후에야 참가자들이 목표를 보았다고 보고하는 것을 알아냈다. 이러한 결과는 신경 계통의 사건이 단계가 나뉘는 방식으로 의식과 연관되어 있음을 시사한다. 또한 내측 측두엽의 앞쪽부터 뒤쪽까지 그리고 다시 편도체까지 인식의 기울기(gradient)도 존재한다. 따라서 편도체는 다른 다양한 기능을 하는 가운데 시각적 의식에도 중요한 역할을 하는 것으로 보인다(Fu & Rutishauser, 2018).

상자 9.3 제니퍼 애니스턴 뉴런

신경과학이 시작되고 초창기에는 시각 처리에 관여하는 세포들이 일정한 체계에 따라 함께 연결되어 있어서 특정한 인물을 알아볼 때는 대응하는 특정한 세포가 활성화된다고 추측했다. 그리고 이 세포를 **할머니 세포**라 불렀다. 시야에 할머니가 있을 때만 활성화되는 세포였다. 하지만 이러한 생각을 믿지 않는 이들도 있었다. 증거가 없기도 했고, 말이 안 되는 것처럼 들리기도 했기 때문이다. 만약 그 세포가 죽으면 어떻게 될까? 다시는 할머니를 알아볼 수 없는 걸까?

프리드와 동료들은 개방 뇌수술을 하면서 제니퍼 애니스턴이나 핼리 베리(Halle Berry), 빌 클린턴(Bill Clinton)처럼 유명한 인물의 사진을 제시하면 (함께 *내측 측두엽*을 이루는) 해마와 내후각피질, 편도체의 특정한 개별 세포가 활성화되는 것을 발견했다(Kreiman et al., 2000). 이러한 세포는 처리 체계의 최상단에 위치하면서 각각 (금발이나 머리 모양, 파란 눈, 특징적인 턱뼈처럼) 구체적인 특징들의 집합체를 대표한다고 여겨진다. 특정한 인물에 대한 반응으로 개별 세포가 활성화될 수는 있지만 이런 세포들이 하나 이상 활성화되면서 일정 정도의 중복을 제공할 수도 있다는 데 주목하자. 따라서 정확히 말하자면 이러한 연구는 할머니 세포의 존재보다 *희박성(sparseness)*이라는 개념을 뒷받침한다(Quiroga et al., 2007).

거대한 착각

우리가 세상에 관해 풍요롭고 상세한 표상들을 갖고 있다고 생각하고 싶지만, 의식 연구에서 다뤄지는 많은 생각이 그렇듯이 이러한 믿음 역시 틀렸다. 노에(Noë, 2002, 2010)는 이러한 믿음을 지각과 현실의 *거대한 착각(grand illusion)*이라 칭했다. 세계에 대한 우리의 표상은 다감각 영화 같지 않다.

지각은 하나의 양상 안에서 혹은 다양한 양상에 걸쳐 뇌에서 동시에 진행되는 다양한 처리를 포함한다. 그리고 특정한 시점에는 모두를 하나로 뭉쳐야 한다. 결합 문제는 이러한 병렬 처리를 동시에 해내는 방식이다. 우리는 묶여 있지 않은 대상을 절대 '지각'하지 않지만 이러한 결합이 대상들 의식하기 때문에 일어나는 것인지, 아니면 의식하기 전에 일어나는 것인지는 명확하지 않다. 우리는 자신이 많은 것을 의식한다고 생각하지만 (한 예로, 내가 '보는' 시각적 장면은 아주 풍요롭다) 실제로는 놀라울 정도로 적은 것을 보는 듯하다. 우리 의식의 내용은 처음에 생각했던 것보다 훨씬 빈곤하다.

내가 대학생이던 1970년대 중반에 배운 시각 처리와 뇌의 모델은 극히 상향식이었다. 초기 처리 신경 회로가 점점 복잡한 후기 처리 회로들을 낳았다(명암이 선으로, 선이 형태로, 형태가 입체로, 입체가 사물로, 사물은 다른 사물과의 관계로 이어졌고 마침내 의미를 얻은 후 의식이 되었다. 다만 의식이라는 단어가 허락되지는 않았다). 이제 우리는 뇌가 피드백 고리로 가득 차 있다는 것을 알고 있다. 피드백 고리 혹은 더글러스 호프스태터가 말한 이상한 고리가 의식의 중심이다.

호프먼(Hoffman, 2019)은 중요한 것은 우리가 생존해서 우리의 유전자가 다음 세대로 이어지는 것이라 주장했다. 지각의 결과가 진실할 필요는 없지만 효과적이어야 한다. 호프먼은 컴퓨터의 파일 아이콘을 예로 들었다. 우리는 간단하고 효과적이기 때문에 이 아이콘을 통해 상호작용한다. 기억 장치에 저장된 0과 1의 배열과 직접 상호작용할 수는 없을 것이다. 호프먼은 한발 더 나아가 이러한 논쟁에서 외부의 세계가 '진짜' 어떤지를 이야기하는 것은 말이 되지 않는다고 지적한다. 실제로 현실이 어떤지에 관해 이야기하는 것은 얼토당토않다. 결국 그는 관념론(idealism)의 현대적인 관점에서 존재하는 모든 것은 마음속에 있다고 주장한다.

9장 요약

- 경험론에서는 우리가 감각적 경험을 통해 모든 지식을 획득한다고 한다.
- 여러분이 커다란 통 속에 잠긴 채 지각 정보를 제공하는 센서들과 제어와 움직임이라는 착각을 제공하는 센서들에 연결되어 있는 뇌가 아니라는 것을 어떻게 알 수 있나?
- 착시는 세계가 항상 보이는 대로는 아니라는 것을 알려준다.
- 우리는 시신경이 망막과 만나는 맹점에서는 보지 않는다. 대신 시각적 장면을 채우거나 완성해야 한다.
- 우리는 동시에 두 가지 상태를 가지는 애매한 형태를 의식할 수 없다. 오로지 한 번에 한 가지 상태만 인식할 수 있다.
- 비슷하게 우리는 네커 큐브도 언제나 한 가지 방식으로만 지각할 수 있다.
- 네커 큐브를 한 가지 상태로 지각하다 다른 상태로 바꾸는 전환을 알려주는 단순한 신경 상관물은 없다. 상향식 시각 처리와 하향식 시각 처리가 모두 관여하는 듯하다.
- 양안 경합을 다룬 연구들은 네커 큐브에서 얻은 결론을 뒷받침한다. 뇌의 단 한 영역이 우리가 시각적 장면을 '인식하게 하는' 것은 아니다.
- 뇌의 피드백 고리는 시각적 인식에서 중요한 역할을 한다.
- 변화 맹시는 우리가 안구 운동과 같은 전환의 어느 순간에 시각적 장면에 상당히 커다란 변화가 일어나도 인식하지 못하는 현상이다.
- 무주의 맹시는 장면의 다른 측면에 주목하고 있을 때 중대한 '깜짝' 사건을 알아내지 못하는 것을 말한다.
- 변화 맹시와 무주의 맹시는 많은 시각 처리가 무의식적이거나, 심지어 시각적 장면에 대한 우리의 표상이 상당히 엉성할 수 있음을 시사한다.
- 맹시는 본인이 의식하기에는 시력을 잃었지만, 대상을 인식하지 않았다고 보고할 때조차 장면의 일부에서 정보를 알아낼 수 있는 신경 상태다.
- (적어도) 두 개의 시각 처리 경로가 존재하며, 열 개의 경로가 존재할 수도 있다.
- 이러한 시각 처리 경로들은 의식에 접근하는 수준이 다르며, 의식에 가장 많이 접근하는 경로는 무엇(시각적 특징)에 대한 경로이다.
- 무시는 시공간 세계의 한쪽에 주의를 돌리는 능력을 잃어버리는 주의 장애다.
- 공감각은 특정한 감각 자극을 다른 감각으로 경험하는 감각 혼동이다. 어떤 숫자를 볼 때 항상 특정한

소리를 듣거나 특정한 색을 보는 것이 예다.

- 우리는 고유수용성 모델을 가지고 있다.
- 우리는 어떻게든 여러 특성을 하나로 묶어 하나의 대상에 대한 표상을 형성한다. 그래서 개별적인 요소보다 대상 전체로 인식할 수 있다.
- 결합은 뇌의 위치에 따라 이뤄지기도 하고, 시간에 따라 이뤄지기도 한다.
- 거대한 착각은 우리가 대부분의 시간 동안 세상에 대한 상세한 지각적 표상을 가진다는 생각이다.
- 호프먼은 우리의 지각적 표상이 생존을 가능하게 하며, '현실'과 같은 것은 아무것도 없을 수 있다고 주장했다.
- 현실에 관해 이야기하는 것이 의미가 없을 수도 있다.

리뷰 질문

1. 적절한 시각 분석 하드웨어와 소프트웨어가 존재한다면 로봇도 착시에 취약해질 수 있을까?
2. 여러분이 아주 강력한 컴퓨터를 가지고 있다고 해보자. 그 컴퓨터가 개를 알아보게 하려면 적어도 무엇을 추가해야 할까?
3. 여러 지각 장애는 정상적인 지각에 관해 무엇을 알려주나?
4. 시각 무시란 무엇인가? 그리고 일반적인 의식에 관해 무엇을 말해주나?
5. 공감각의 근원은 무엇인가? 공감각이 세계를 '잘못' 보는 것이라고 말할 수 있을까?
6. 지각 결합이란 무엇이고 언제 일어나나?
7. 지각적 세계가 착각이라는 말은 무슨 뜻인가? 이러한 주장이 옳을까?
8. 지각은 어느 정도까지 진화 과정의 결과물이라 할 수 있을까? 그리고 지각이 진실하다고 하면 (다시 말해서, 세계를 있는 그대로 본다고 하면) 무슨 뜻일까?

추천 자료

언어와 의식

Harris, J. (2014). Sensation and Perception. London: Sage.

Pinel, J.P.J., and Barnes, S.J. (2017). Biological Psychology (10th ed.). Harlow, UK: Pearson.

시각·공간 장애

Weiskrantz, L. (2009 [1986]). Blindsight: A Case Study and Implications. Oxford, UK: Oxford University Press.

Harrison, J. (2001). Synaesthesia: The Strangest Thing. Oxford, UK: Oxford University Press.

Cole, J. (2016). Losing Touch: A Man without his Body. Oxford, UK: Oxford University Press.

결합 문제

크리스토프 코흐. (2006 [2004]). 의식의 탐구 (원제: The Quest for Consciousness: A Neurobiological Approach). 시그마프레스.

거대한 착각

Chater, N. (2018). The Mind is Flat: The Illusion of Mental Depth and the Improvised Mind. London: Penguin.

Frith, C. (2007). Making Up the Mind: How the Brain Creates Our Mental World. Oxford, UK: Blackwell.

Noë, A. (ed.) (2002). Is the Visual World a Grand Illusion? Charlottesville, VA: Imprint Academic.

10 의식과 뇌

의식을 만들어 내는 처리(process)들은 뇌 속 어디에 자리하고 있을까? 유물론은 의식이 뇌에 의존한다고 암시하지만 이때 뇌는 뇌 전체일까, 아니면 뇌의 특정한 부분일까, 아니면 뇌에서 일어나고 있는 무언가일까?

이 장에서 우리는 의식의 신경 상관물을 찾기 위한 여정에 집중한다. 의식의 신경 상관물은 하나의 의식적인 지각 대상이나 생각, 기억을 포괄하는 최소한의 신경 메커니즘이다(Tononi & Koch, 2015). 우리는 의식이 뇌 전체를 필요로 하지 않는다는 것을 알고 있다. 인간은 뇌에 (부상이나 뇌졸중 등으로 인해) 상당한 외상을 입고 살아남아 많은 양의 뇌 물질이 손상되더라도 손상의 정도에 따라 생활을 계속하고 의식을 분명히 유지할 수 있기 때문이다. 그렇다면 뇌의 특정한 부분이 의식을 책임지고 있는 걸까?

이 장에서는 마음과 뇌의 관계를 살펴보고 의식이 어디에 자리할 수 있는지 묻는다. 의식은 뇌(혹은 뇌 시스템)의 특정한 위치나 과정, 혹은 이 두 가지 모두에 해당할 수 있다. 처음에는 뇌의 전기생리학을 검토하고 의식과 관련된 활성 패턴이 있는지 알아본다. 뇌의 진화를 살펴보고, 의식을 뒷받침하는 구조가 진화한 연대표를 구성해 본다. 다음에는 특히 뇌가 정상적으로 발달하지 못한 사례를 중심으로 개인 안에서 의식의 발전을 알아본다. 그리고 마취제가 어떻게 작용하는지 검토하고, 마취제가 영향을 미치는 스위치나 간단한 메커니즘이 있는지 질문한 후 특히 시상을 들여다본다. 이 장의 끝에는 토노니(Tononi)의 통합 정보 이론을 비롯해 주로 뇌의 구조와 과정에 주목하는 의식 모델들을 살펴본다.

이제는 우리의 의식이 어떤 식으로든 뇌와 연관되어 있다는 사실이 명백해 보이지만 다르게 생각하던 시절도 있었다. 고대 그리스의 스토아학파 철학자들은 마음이 심장에 있다고 믿었다. 그들이 생각한 뇌의 역할은 심장을 식히는 것이었다. 고대 그리스인들은 사람의 몸을 해부하는 것을 꺼려서 신체가 작동하는 방식에 관한 지식이 한정되어 있었다. 하지만 역사가 시작된 이래 대부분의 시간 행동의 지휘 본부는 머리나 뇌와 연관 지어졌다. 한 예로, 초기 이집트인들은 머리와 뇌가 손상되면 행동의 변화로 이어진다는 것을 알고 있었다.

뇌와 의식의 신경 상관물에 관한 우리의 이해는 살아있는 뇌를 검사하는 기술이 지난 몇 년간 가파르게 발전한 데 힘입어 급격히 진보했다(상자 10.1).

상자 10.1 살아있는 뇌 연구하기

우리는 엑스선 덕분에 신체의 부드러운 장기 대부분을 살펴볼 수 있게 됐지만 뇌는 두개골이라는 거대한 뼈로 세심하게 보호되고 있다. 뇌 영상화는 뇌의 구조를 볼 수 있게 한다. *뇌기능 영상*은 활동 중인 뇌를 실시간으로 촬영할 수 있게 한다. 영상화 기술에 따라 *공간 해상도*와 *시간 해상도*에 차이가 있지만 지난 몇십 년간 두 가지 해상도 모두 발전해 왔다. 현대적 기술은 대부분 *비침습적*이지만(즉, 수술이 필요하지 않지만), 일부 기술은 *침습적*이어서 뇌 속이나 뇌 위에 전극을 설치해야 한다.

상자 10.1 살아있는 뇌 연구하기 (계속)

전산화 단층촬영(computed tomography, CT) 스캔. CAT(computerised axial tomography) 스캔으로도 알려진 기술로, 엑스선 측정을 결합해 다양한 각도에서 뇌의 횡단면*(단층)* 이미지를 만들어 낸다.

양전자 방출 단층촬영술(positron emission tomography, PET). 뇌의 대사 과정을 관찰하는 데 활용되는 기능적 영상화 기술. 대사 과정에 사용되는 방사선 의약품(대체로 낮은 용량에는 해가 없는 불소 -18을 쓴다)을 검사 대상자에게 주입한다. PET 스캔은 전자기파(감마파)의 방출을 측정해 뇌에서 일어나는 기능적 활동의 이미지를 만들어 낼 수 있게 한다.

뇌파검사(electroencephalography, EEG). 뇌의 전기적 활동을 기록하는 전기생리학적 관찰 방법. 두피의 특정 위치에 전극을 부착한다. 뇌파검사는 뇌 전역의 전압 변화를 측정한다.

피질뇌파검사(electrocorticography). 뇌 안에 전극을 주입하는 침습적 형태의 뇌파검사.

자기 공명 영상(MRI). 강력한 전자기파를 이용한다. 핵자기 공명(nuclear magnetic resonance)이라는 현상을 활용해 뇌의 이미지를 구축한다.

기능적 자기 공명 영상(fMRI). MRI를 확장한 기술로 우리가 과업을 수행하는 동안 뇌에서 어떤 일이 벌어지는지 컬러 이미지를 만들 수 있다. fMRI는(*혈류역학 반응(hemodynamic response)*이라 부르는) 혈류의 변화를 이용한다. 기본적인 아이디어는 뇌에서 더 열심히 일하고 있는 부분의 혈액에는 더 많은 산소가 필요하다는 것이며 fMRI에서는 혈류 산소 수준(blood oxygen level dependent, BOLD)의 차이를 측정한다. 오늘날 인지신경과학에서 가장 널리 쓰이는 기술이다.

경두개 자기 자극법(TMS). 뇌에서 목표로 하는 지점의 전기적 활성에 영향을 미치는 강력한 자석을 활용해서 이러한 조작이 대상자가 보고한 경험에 어떤 영향을 미치는지 관찰할 수 있다.

자기뇌파검사(Magnetoencephalography, MEG). 뇌의 전기적 활동이 만들어 내는 자기장의 변화를 측정한다. 초전도 양자 간섭 소자(superconducting quantum interference devices, SQUIDs)라 부르는 극도로 민감한 자력계를 다수 활용한다.

광유전학 기술(optogenetics). 빛에 민감하게 반응하도록 개량된 뉴런들을 제어하기 위해 빛을 사용하는 기술. 놀라운 이미지를 만들어 낼 뿐 아니라 네트워크 안에서 특정 뉴런이나 특정 뉴런 집합체의 역할을 확인할 수 있게 한다.

의식의 신경 상관물

의식의 신경 상관물(neural correaltes of consciousness)은 뇌의 어느 부분이 의식의 측면을 만드는 데 관여하며 어떻게 관여하는지의 문제다. 이 문제는 밀접히 관련되어 있는 쟁점들의 집합이다. 뇌는 어떻게 의식을 만들어 낼까? 우리가 특정한 종류의 처리에 관여하고 있을 때 활성화되는 것을 확인할 수 있는 특별한 뇌의 구조들이 있을까? 왜 더 많은 뉴런을 포함하고 있고 서로 긴밀히 연결되어 있는 소뇌가 아니라 대뇌피질(cerebral cortex)에서 의식이 생겨나는 것 같을까? 여러분은 자신이 어디에 있다고 생각하나? 이 책을 거실에서 읽고 있는지, 아니면 카페에서 읽고 있는지 묻는 게 아니다. 여러분의 몸속 어디에 있는가? 나는 내가 눈 사이의 뒤쪽 어딘가, 분명히 머릿속에 있다고 생각한다. 뇌가 행동을 제어하고 정보를 처리하는 신체 기관이라는 사실은 모두 알고 있다. 어떤 면에서 '나'는 내 뇌 속에 있다. 의식의 신경 상관물은 한 사람의 의식 상태가 깨어 있는 상태에서 잠든 상태로, 의식이 있는 상태에서 마취 상태로, 혹은 특정한 물체가 보이는 상태에서 보이지 않는 상태로 변하는 동안 특정한 종류의 영상화 기술을 통해 측정된다.

의식의 신경 상관물에는 두 가지 유형이 있다. 뇌의 한 지점 또는 부분이거나, 특정한 전기적 패턴과 같은 일종의 활동이다. 물론 두 유형이 모두 필요할 가능성도 있다. 의식은 특정한 지점의 특정한 활동에 해당한다.

뇌의 조그마한 부분을 콕 집어 거기에 의식이 있다고 말할 수는 없지만, 뇌의 특정한 부분이 다른 부분보다 의식을 유지하는 데 더 많이 관여하는 것은 분명하다. 소뇌는 뇌의 뒤쪽을 향해 있으며 움직임의 조정과 제어를 책임지는데, 소뇌가 크게 손상되면 행동에 급격한 변화가 생기지만 의식은 영향을 받지 않는다. 우리는 앞에서 뇌의 다양한 부분에 입은 손상이 어떻게 의식을 변성시키지 않는지, 혹은 의식의 양상을 바꿔놓는지 살펴보았다(7장). 반면 **시상피질계(thalamo-cortical system)**라 부르는 뇌의 한 경로는 의식을 유지하는 데 밀접히 관여하며 심각한 손상은 의식의 상실로 이어진다. 시상은 뇌의 중심부 근처에 있는 상대적으로 넓은 영역으로 감각 신호와 운동 신호를 전달하고 각성도를 유지하는 데 기여하며 피질과 긴밀히 연결되어 있다.

뇌는 정도에는 차이가 있으나 항상 전기적으로 활성화되어 있다. 우리가 꿈이 없는 잠에 들었다가 깰 때, 마취에서 깰 때, 혼수상태에서 깰 때의 활성 패턴은 무엇이 다를까? 이러한 상태들이 어떠한 면에서 차이가 있는지 알아볼 것이다.

놀라운 가설

의식이라는 퍼즐에서 가장 중요한 조각은 뇌의 객관적이고 물리적인 처리가 어떻게 주관적이고 정신적인 경험을 만들어 내느냐다. (실은 '난제'를 다르게 묻는 말이다.)

영국의 생물학자 프랜시스 크릭 경(Sir Francis Crick, 1916~2004)은 DNA의 구조를 발견한 이들 중 한 명이다. 이후 그는 미국 캘리포니아로 이주했고 자신이 *놀라운 가설(astonishing hypothesis)*이라 칭한 것에 매달렸다. 인간의 의식과 행동이 단순히 뉴런들의 행동에서 생겨난다는 생각이었다. 여러분은 이 가설이 그다지 놀랍지 않다고 단정할지도 모른다. 지금까지 살펴본 것처럼 실은 다른 대안이 없기 때문이다. 하지만 어떻게 그런 일이 가능한지는 여전히 놀랍다. 철학자 노에가 간파했듯이 '놀라운 가설'에서 놀라운 것은 이

가설이 놀랍지 않다는 것이다. 어쩌면 오직 특정한 무리의 뉴런만이 의식을 만들어 내는 데 관여한다는 크릭의 생각이 더 놀라울 수도 있다(Crick, 1995). 그래서 그의 연구 목표는 의식의 신경 상관물을 찾아내는 것이었다. 크릭의 연구가 시각과 시각 피질에 매우 집중되어 있었다는 사실도 짚고 넘어가야겠다.

놀라운 가설은 두 가지 면에서 놀랍다. 첫째, 역사 속 대부분의 시간 동안 대부분의 사람들은 무형의 본질이자 바로 자신인 영혼이 존재한다고 믿었다. 실제로 많은 사람이 여전히 영혼의 존재를 믿는다. 심리학자라면 우리가 결국 우리의 뇌라는 사실을 무심하게 인정할 것이다. 하지만 서구 사회에서 신앙심이 깊은 이들은 대부분 뇌와는 별개의 무언가인 영혼의 존재를 인정한다. 우리는 다음 장에서 뇌와 마음의 관계를 살펴볼 것이다. 하지만 여러분이 영혼의 존재를 믿지 않고 오직 뇌만 존재할 뿐이라는 사실을 받아들인다 해도 상대적으로 단순한 세포들로 구성된 고동치는 회백질 덩어리에서 우리의 복잡한 특징, 특히 의식과 감각, 나로 존재한다는 감각이 생겨난다는 것은 놀랍다.

우리가 일반적으로 의식을 이야기할 때는 주의와 시각적 결합, 공간에서 자기의 표상 등을 포함하는 넓은 의미의 의식을 생각하고 이러한 과정들의 신경 상관물이 무엇인지, 예를 들면 뇌의 어느 부분이 주의 처리에 관여하는지 살펴볼 수 있다. 아니면 의식의 더 엄격한 정의를 채택해서 핵심 의식만을 고려하며 어디서 핵심 의식이 생겨났는지 질문할 수도 있다. 마지막으로, 의식에 관해 이야기한다는 것 자체가 무엇을 의미하는지에 대한 논의도 끊이지 않는다.

독심술: 외부에서 내적인 내용 찾기

뇌의 활동을 보면 그 사람이 무슨 생각을 하고 있는지 알 수 있다는 연구가 몇 차례 논문으로 출판된 바 있다. 예를 들어 노먼 등(Norman et al., 2006)은 *다중 복셀 패턴 분석(multi-voxel pattern analysis, MVPA)*이라는 기법을 검토했다. 이 섬세한 기법에서는 특정한 시점에 나타난 뇌의 활성 패턴을 포착하는 상세한 이미지를 만들어 내기 위해 대량의 fMRI 데이터를 활용한다. 핵스비 등(Haxby et al., 2001)은 어떤 사람이 얼굴, 신발, 아니면 다른 대상을 보고 있는지 구분하기 위해 **복측두피질(ventral temporal cortex)**의 활성 패턴을 활용할 수 있음을 보였다. 사람이 바라보고 있는 대상의 방향을 예측하거나, 그림이나 물건을 보고 있는지 예측한 연구도 있었다(Norman et al., 2006). 핵스비 등은 이렇게 영상화 기술을 이용하는 것을 독심술이라 불렀다. 영상화 데이터를 분석하면 한 사람이 무엇을 생각하는지 (혹은 적어도 무엇을 바라보고 있는지) 말해준다는 것이다. 자극은 내생적이든 감각 입력이든 상관없다(Kanwisher, 2010).

이러한 연구는 단순히 과학적 호기심을 만족시키는 것 이상이다. 이러한 연구의 결과를 응용하려는 목표 중 하나는 운동신경세포병(motor neurone disease)이나 (이 장 뒤쪽에서 살펴볼) *락트인 증후군*처럼 심각한 거동 장애가 있는 이들의 의사소통을 돕는 것이다.

의식의 전기생리학

전기생리학(electrophysiology)은 신경계의 전기적 활동을 연구하는 학문이다. 1920년대 초 독일의 정신과 의사 한스 베르거(Hans Berger)가 처음 이 기술을 체계적으로 연구하기 시작했다. 전기적 활동의 표현

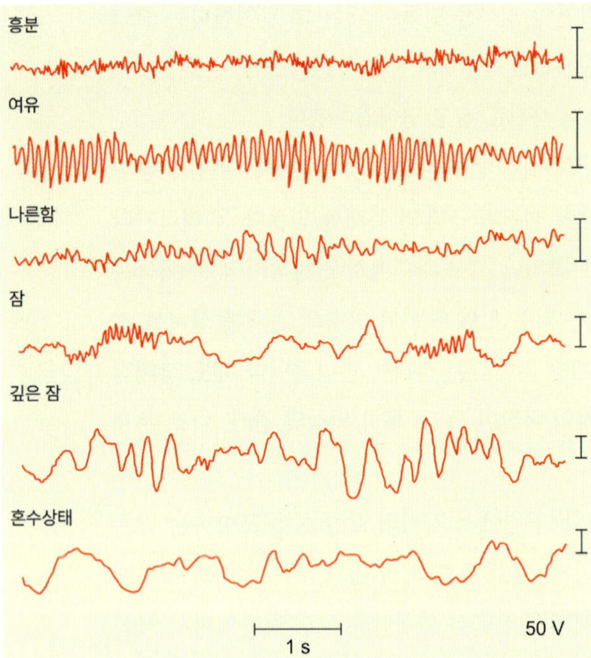

그림 10.1 뇌전도 결과 예시. 다양한 정신적 상태에서 특징적인 뇌전도 활성. 깨어 있는 상태에서 잠이 들었다가 혼수상태에 이르기까지 진행되는 패턴이 있나?

을 뇌전도라 하며 인간의 두피에 다수의 전극을 설치해 전기적 활동을 기록한다(그림 3.7). 뇌의 활동이 무작위적이지 않다는 것을 관찰할 수 있고, 대신 흔히 뇌파(brain wave)라고 하는 파동의 형태로 동기화된 패턴을 볼 수 있다(그림 10.1). 뇌파는 뇌 안에서 여러 무리의 뉴런이 함께 진동하면서 만들어진다.

파동은 (1초 동안 진동하는 횟수인) 진동수에 따라 분류한다. 관찰되는 파동의 패턴은 우리가 무엇을 하고 있는지에 따라 달라진다. 일반적으로 우리가 더 예민할 때 더 높은 진동수의 파동이 관찰된다. 베르거는 사람이 눈을 감고 있을 때 머리 뒤쪽의 두피에 나타나는 진폭이 크고 진동수는 느린 파동을 알파파(alpha wave)라 불렀고, 눈을 떴을 때 알파파 대신 나타나는 진폭은 더 작고 진동수는 더 빠른 파동을 베타파(beta wave)라 했다. 하지만 뇌파에는 몇 가지 유형이 있는 것으로 밝혀졌다. 이 중 많은 유형이 우리가 깨어 있다가 깊은 잠에 빠져들 때 차례차례 대략 관찰된다. 이런 유형의 파동들은 1초당 진동수를 기준으로 묶인다. 진동수의 단위인 헤르츠(Hz)는 1초당 1회 진동을 의미한다(상자 10.2).

상자 10.2 뇌파

감마파 (30~100헤르츠). 이 아주 빠른 파동은 뇌의 여러 영역에 걸쳐 있는 정보의 조직화에 관여한다. 감마파는 지각 현상의 결합과 의식에 중요한 역할을 하고 있을 수 있다. 전형적으로는 40헤르츠 전후의 진동수를 가진다. 뇌 전반에서 정보를 조직하는 방식 그리고 이를 통해 지각 대상의 정보를 결합할 수 있다는 이유 때문에 오랫동안 중요한 역할을 하는 것으로 여겨졌다(Gray, 2006).

베타파 (12.5~30헤르츠). 사람이 눈을 뜨고 경계하고 있을 때 상대적으로 진동수가 높은 이 파동을 관찰할 수 있다. 정상적으로 깨어 있는 의식의 특징이라 할 수 있다.

알파파 (8~12.5헤르츠). 이 파동은 진폭이 더 크고, 사람이 눈을 감고 있을 때 머리 뒤쪽의 두피에 나타나는 경향이 있다. 차분하지만 깨어 있을 때, 보통 눈을 감고 있을 때 확인된다.

세타파(theta wave) (4~7헤르츠). 깊은 수면과 몇몇 명상 상태에서 나타난다.

델타파(delta wave) (0.5~3헤르츠). 아주 느린 파동으로 대개 커다란 진폭을 가진다. 꿈이 없는 깊은 수면과 숙련된 명상가들의 깊은 명상 상태에서 관찰된다.

극서파(Infra-slow) (0.5헤르츠 미만). 이 아주 느린 파동은 탐지가 어렵고 그 특성에 관해 알려진 바가 거의 없다. 뇌 활동의 전반적인 타이밍(timing)에 관여한다는 가설이 있다.

우리는 의식의 신경 상관물이 뇌의 위치일 수도 있고 행동일 수도 있다는 것을 (혹은 그 둘 다일 수도 있다는 것을) 알았다. 의식을 가진 상태에 유일하게 부합하는 뇌전도 패턴이 있을까? 앞으로 살펴보게 될 것처럼 여러 후보가 있지만 이들을 평가할 때는 신중해야 한다(Tononi & Koch, 2015). 의식의 신경 상관물처럼 보이는 것이 실은 지각 대상이 인식으로 이어지는 지각 처리의 특징일 수도 있고, 혹은 그저 단순히 해당 지각 대상을 보고하거나 반추하고 있다는 신호일 수도 있다. 따라서 지금까지 늘 그랬듯이 뇌전도 데이터를 해석하는 것은 처음 생각했던 것보다 더 어렵다. 몇몇 연구자들은 **전두-두정피질(fronto-parietal cortex)**이 감마파 범위(35~80헤르츠, 대략 40헤르츠 부근)에서 높은 수준으로 활성화되는 것이 의식의 특징이라고 제안하거나, P300이라 알려진 뇌전도 결과에 주목하기도 한다(Dehaene & Changeux, 2011; Koch, 2004; Tononi & Laureys, 2009). P300은 자극 이후 300밀리초가 지나고 발생한 양의 전기 신호 편향이 드러나는 파동을 말한다. 하지만 전두엽의 관여가 없는 의식과 마취 상태 중 인식이 없는 감마파 활성, 꿈을 꾸는 중에 P300이 없는 의식이 관찰되었다(Cotet al., 2001; Engel & Singer, 2001; Goldberg et al., 2006; Murphy et al., 2011).

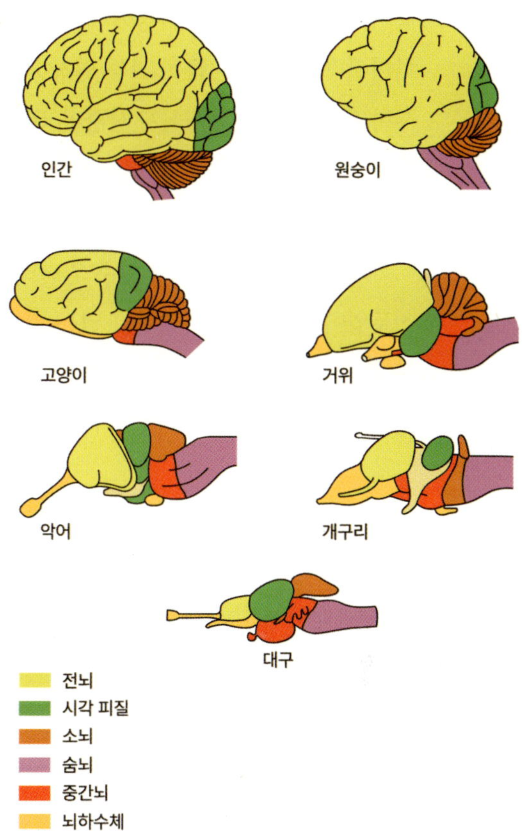

그림 10.2 진화하는 뇌(비율은 일정하지 않음). 기본적으로 유사하긴 하지만 진화의 사다리를 '오를'수록 전두엽피질의 양이 증가한다. 서로 다른 동물들은 서로 다른 환경적 조건에 맞게 진화하고, 결과적으로 뇌에 대한 요구도 달라서 이를 반영하며 진화한다.

뇌의 진화

우리는 앞에서 대부분의 사람들이 상대적으로 진화의 높은 단계에 있는 생명체에서만 의식을 찾으려 한다는 것을 알았다. 이러한 논법에 따르면 어떤 동물에게 자기 인식이나 인식이 있는지 그리고 쥐나 박쥐 혹은 고양이로 존재한다는 것이 무엇인지 절대 알 수 없다는 사실을 기억해야 한다. 그렇다 해도 뉴런의 총수와 분리된 뇌 영역의 수, 연결 정도로 측정되는 뇌의 복잡도는 일반적으로 동물이 처음 출현한 이래 점점 더 증가해 왔다. 따라서 육상 도마뱀은 물고기보다 더 복잡한 뇌를 가지고 있고, 포유류는 도마뱀보다 더 복잡한 뇌를 가지고 있다. 하지만 각자의 환경 및 생활양식과 관련이 있는 동물의 뇌에는 많은 차이가 있다는 사실을 기억해야 한다. 종이 다른 동물들의 뇌 구조를 연구하는 비교신경해부학(comparative neuroanatomy)은 뇌에 관해 무엇을 알려줄까(그림 10.2)?

심리학 대중서에서는 보통 '파충류 뇌'를 우리 뇌에서 기본적인 행동을 제어하는 부분으로, '원시포유류 뇌'를 정서를 제어하는 부분으로 설명한다. 또한 신피질이 계획, 사고, 언어를 비롯해 차원이 높은 다른 행동들을 제어하며, 자기 도움(self-help)은 우리의 더 원시적인 충동을 제어하기 위해 신피질을 사용하는 법을 배우는 것을 포함한다고 한다. 이러한 설명은 진화를 보는 단순화된 시각과 삼층 뇌(triune brain)에 관한 매클레인(MacLean, 1990)의 연구에서 영감을 얻었다. 삼층 뇌에는 세 영역이 있다. 파충류 집합체(reptilian complex)는 바닥핵처럼 뇌 심부에 자리한 구조들을 포함하며 짝짓기 의식과 공격성, 영역성에 관여한다. *원시포유류* 집합체(*paleomammalian* complex)는 대상회피질을 포함하는 **변연계(limbic system)**로 구성되며 정서를 담당한다. 정서는 포유류 진화의 초기에 생겨났다. *신포유류* 피질(*neomammalian* cortex)은 고등 영장류가 진화하는 과정에서 후기에 나타나며 *후두엽*과 *두정엽*, *측두엽*, *전두엽*을 포함하는 외피질로 이루어진다. *전두엽*은 특히 고등 영장류에서 발달했고 전전두엽피질은 특히 인간에게서 관찰된다. 비교신경해부학의 최근 연구들은 실제 상황이 삼층 뇌 이론이 제안하는 것보다 훨씬 더 복잡하다는 것을 입증했다. 예를 들어, 앞서 새들이 놀라울 정도로 지능적으로 날 수 있다는 사실을 확인했던 것처럼 파충류 집합체는 의례 행동보다 더 많은 것에 관여한다. 또한 신피질의 한 형태는 포유류 발달의 아주 초기에 나타났다.

비교신경해부학에서는 아주 일반적이고 추측에 근거한 결론 이상을 끌어내기가 어렵다. 영장류에서는 전전두엽이 자기 인식과 관련이 있는 것으로 보인다. 인식이라는 의미에서의 의식은 모든 포유류에게 어느 정도 존재하는 듯하다. 하지만 다른 동물에서는 뇌의 다른 구조가 의식에 관여하고, 따라서 포유류가 아닌 일부 동물도 (특히 새는) 어느 정도의 인식을 가지고 있을 가능성을 배제할 수 없다.

의식의 발달

대부분의 사람들이 신생아는 좀 더 나이를 먹은 아이들과 같은 의식을 갖지 않을 거라 믿는다. 의식의 발달에 관한 연구는 일반적인 의식 연구보다 더 추측에 기대는 경향이 강하며, 대체로 성인의 의식과 관련이 있다고 가정되는 신경 회로의 발달을 일반화하는 데 의존한다. 예를 들어 최소한의 의식은 약 24주부터 30주까지인 임신 후기에 태아가 발달하는 동안 시상을 감각 피질로 연결하는 신경 섬유가 생겨나면서 발전한다고 여겨진다. 이 시기쯤 되면 태아는 수면과 꿈꾸기의 특징적인 뇌전도 패턴을 보이고 시간이 지날수록 렘수면의 비율이 증가한다(Okai et al., 1992). 또한 (갑작스러운 소리에 심박동 수가 증가하는 것처럼) 외부 자극에 반응하고, 심지어 외부 자극과 관련이 있는 표정을 짓기도 한다. 이러한 발견이 필연적으로 깨어 있는 의식이 존재함을 입증한다고 해석해서는 안 된다. 모두 무의식적 반사로 발생하는 반응과 일치하기 때문이다(Lagercrantz & Changeux, 2009). 태아가 통증을 느낄 수 있는지에 관한 논의 때문에 이러한 쟁점이 특히 중요하다. 24주가 되기 전에는 통증을 느끼지 못한다는 데 의견이 모이고 있지만 일부 연구자들은 이보다 조금 더 빠른 시기를 주장한다. 통증을 느끼려면 필요한 **시상-피질 연결(thalamo-cortical connection)**이 해당 시점까지는 발달하

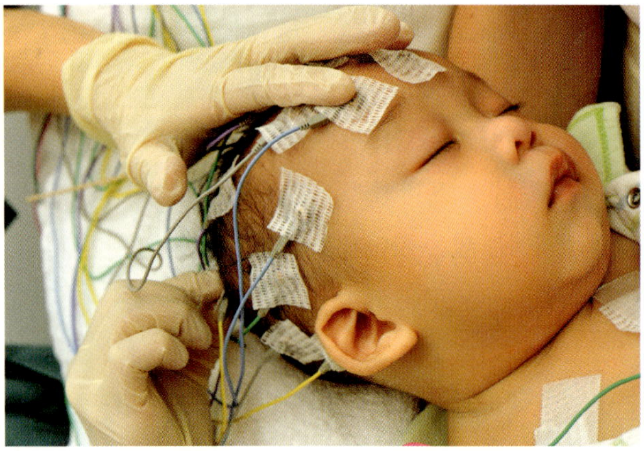

그림 10.3 뇌전도 검사를 받는 유아. 뇌전도를 이용해 유아를 검사하는 원리는 성인을 검사하는 것과 유사하다.
출처: dblight/E+/Getty Images.

지 않는다(Lee et al., 2005).

신생아가 깨어 있는 것처럼 보이더라도 그들의 의식은 성인의 의식과 무척 다르고 어쩌면 다양한 동물과 더 유사한 듯하다. 언어가 없고 지각 능력이 떨어지며 뇌는 아직 성인의 뇌와 무척 다르기 때문이다. 쿠이데르 등(Kouider et al., 2013)은 생후 개월 수가 다른 유아들이 성인들의 사진을 볼 때 이들의 뇌전도를 검사했다(그림 10.3). 5개월 된 유아들조차 성인과 마찬가지로 느린 파동이 천천히 나타났으나, 12개월 된 유아들보다는 더 약하고 빠르게 관찰되었다. 따라서 의식적인 시지각의 징후는 일찍부터 나타나지만 이와 관련된 메커니즘은 계속 발달한다. 급격한 뇌 성숙은 12개월부터 18개월 사이에 진행되고 이 시기가 끝날 때쯤 언어도 생겨나기 시작한다. 언어의 발달은 의식의 발달에서 대단한 중요성을 가지는 듯하며, '나'라고 이름 붙이는 자기 상징(self symbol)의 명시적 조작과 메타인지를 돕는다.

의식의 고차원 이론은 표상을 표현할 수 있는 능력의 중요성을 강조한다(Rosenthal, 2006). 그러려면 자신의 정신적 상태와 독립적 실재에 관한 주관적 관점을 신뢰해야 한다. 어린아이들이 이런 신뢰를 가지고 있지 않은 것을 보면 자의식은 상대적으로 늦게까지, 아마 네 살 무렵까지는 발달하지 않는 듯하다.

메타인지 기능이 발달할수록 자신의 의식을 분석하는 능력이 발달한다(Piaget, 1990). 아동기 기억 상실은 이렇게 구조적인 변화들 그리고 상응하는 인지적·메타인지적 변화와 관련이 있는 듯하다. 아마 우리는 경험 앞에 내세울 적절한 '나'가 없으면 '우리'의 경험을 기억하지 못할 것이다. 많은 부분이 추측으로 남아 있긴 하지만 일관성 있는 설명은 가능하다.

불완전한 뇌

불행히도 종종 파괴적인 뇌 손상을 안은 채 태어나는 아이들이 있다. 무뇌증(anencephaly)은 배아 발생 단계에서 척추와 뇌로 바뀌는 구조인 신경관의 장애로 뇌와 두개골의 많은 부분이 전혀 발달하지 않는 것이다. 특히 무뇌증 아이들은 (**피질**과 해마, **후각망울**, 바닥핵을 비롯해) **대뇌**가 거의 없는 채로 태어난다. 뇌줄기만 가지고 태어나는 아이들도 있다. 이런 아이들은 대부분 보통 오래 살지 못하지만 여기서는 이들이 무엇을 할 수 있는지에 관심이 있다. 무뇌증 아이들이 할 수 있는 일은 무척 한정적이다. *수두무뇌증(hydranencephaly)*은 뇌 상부 구조가 발달하는 대신 **뇌척수액**으로 채워져 있는 신경관 이상으로, 때로는 뇌척수액의 압력 때문에 발생한다. (이러한 장애의 원인은 복합적이고 몇 가지가 중첩되어 있으며 불명확하다.) 일부 환자들은 놀라울 정도로 오래 살기도 하며 가장 나이가 많은 환자는 35세였다(Aleman & Merker, 2014). 다마지오는 자신의 원의식 이론에 대한 근거로 수두무뇌증을 들었

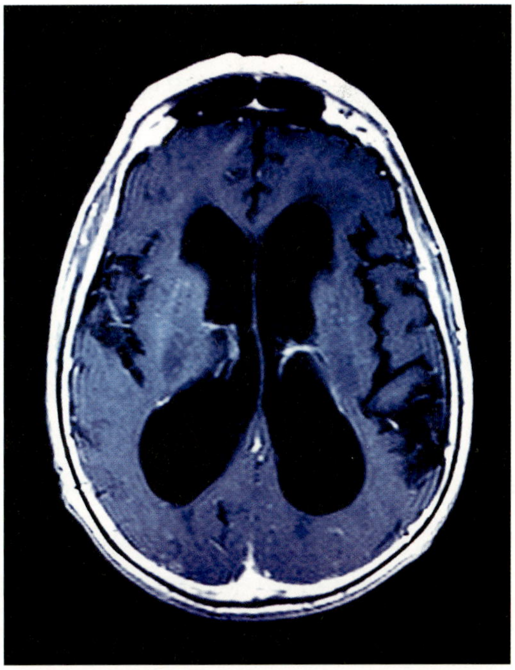

그림 10.4 수두증 검사. 수두증에 걸리면 뇌척수액이 뇌에 축적되어 압력이 발생한다. 유아와 어린이의 경우 적절히 빠르게 치료하지 않으면 두개골의 형태가 왜곡될 수 있다. 압력은 뇌의 형태도 왜곡한다. 뇌가 압축될 수는 있지만 반드시 작아지는 것은 아니다.
출처: Living Art Enterprises, LLC/Science Photo Library.

다. 그는 이 아이들이 절대 이 인지 단계를 벗어나 앞으로 나아갈 수 없긴 하지만, 평범한 신생아와 유사하게 원형적 쾌고감수능력(proto-sentience)을 가진 존재라고 주장했다. 그래도 감각과 음악을 즐기고, 특히 좋아하는 간병인이 있었으며, 보통 일종의 원형적 존재(primal existence)를 가지는 듯했다.

*수두증(hydrocephalus)*은 흔히 '뇌 속의 물'이라 알려진 상태로, 뇌와 척추를 보호하고 씻어내는 맑은 유체인 **뇌척수액**이 뇌 안과 주위에 비정상적으로 축적된 상태로 정의된다(그림 10.4). 나이와 관계없이 발생할 수 있지만 발달 장애일 때는 심각한 결과를 낳을 수 있다. 출생아 천 명당 한 명 이상이 영향을 받는 드물지 않은 질병이고 이제는 유체의 압력을 완화하는 관을 이식하는 외과 수술로 비교적 손쉽게 치료할 수 있다. 하지만 치료가 되지 않았을 때는 극적이고 심각한 결과로 이어질 수 있다. 뇌척수액은 뇌의 뇌실을 채우고 확장하며, 압박을 가해서 뇌 물질을 가장자리로 밀어낸다. 두개골이 확장되어 *대두증(macrocephaly)*으로 이어지고 형태가 왜곡될 수 있다.

불완전한 뇌에 관해서는 두 가지 중요한 쟁점이 있다. 첫 번째는 의식에서 피질의 역할이다. 두 번째는 한정된 뇌 물질로 성취할 수 있는 행동의 범위다.

전신 마취

의식의 신경 상관물을 찾아내는 확실한 방법 하나는 우리가 의식이 있을 때의 뇌 활동과 의식이 없을 때의 뇌 활동을 비교하는 것이다. 잠을 잘 때 의식이 없는지는 확신할 수 없기 때문에(12장을 참고하라) 연구에 적합한 대안은 마취에 빠졌을 때다.

마취에는 몇 가지 유형이 있다. 많은 사람이 치과 치료를 받을 때 통증을 완화하기 위해 국부적으로 이루어지는 마취에 익숙하다. 하지만 여기서는 전신 마취에 관심이 있다. 우리가 의식을 잃게 만드는 것 같기 때문이다. 어떻게 그럴 수 있을까? 의식은 껐다 켰다 할 수 있는 스위치 같은 것일까? 그렇다면 어떻게 작동할까? 전신 마취는 꿈이 없는 잠처럼 의식이 없는 상태를 유도하지만 확실히 차이가 있다. 잠이 든 상태에서 칼로 우리 배를 가른다면 아주 빨리 깨어날 게 분명하기 때문이다. 그러니 친절한 마취 전문의가 "제가 잠들게 해드릴게요"라고 한다고 해도 실제로 우리는 잠이 드는 게 아니다.

놀라운 일은 아니지만 현대적 외과 수술을 가능하게 한 진통제나 방부제와 마찬가지로 마취제를 찾아내기까지는 상당한 노력이 있었다. 전신 마취 없이 이뤄지는 수술과 절단의 고통은 상상을 초월한다. 초기에는 아편과 술처럼 진정 효과가 있는 약물을 시도했지만 수술에서 마취제를 사용해 처음으로 성공한 사례로 기록되어 있는 것은 1844년 뉴욕에서 호러스 웰스(Horace Wells)가 이산화질소(웃음가스)를 들이마시고 그 효과가 지속되는 동안 발치를 한 일이었다. 안타깝게도 이산화질소만으로는 전신 마취를 안정적으로 유지할 수 없다. 그 결과 수술 중간에 환자들이 깨어나 고통에 울부짖는 일도 있었다. 제임스 영 심프슨(James Young Simpson)은 1847년 영국 에든버러에서 진행된 수술에서 클로로포름 흡입을 이용했고, 이후 심장과 간에 유독한 영향을 미친다는 사실이 명백해지기 전까지 클로로포름이 널리 활용됐다. 이제 마취의 원리가 분명히 규명된 듯했고 약물과 기술 모두에서 급속한 발전이 이뤄졌다. 특히 오늘날에는 성인을 대상으로 양을 아주 정밀하게 조정할 수 있는 정맥 내 투여가 선호된다. 처음으로 정맥에 투여된 마취제는 타이오펜탈소듐(sodium thiopental)이었다(1934). 오늘날에는 신뢰할 수 있는 약품이 몇 가지 활용되고 있지만 특히 프로포폴(propofol)이 가장 인기가 높다.

전신 마취에는 다양한 위험이 있으며 사망에까지 이를 수 있다는 사실은 기억해 두자(극약 주사를 통해 사형 집행에도 사용될 수 있으며, 마취용 프로포폴은 2009년 마이클 잭슨(Michael Jackson)을 죽음으로 이끈 약물 칵테일의 구성성분 중 하나였다). 오늘날 치과에서 전신 마취를 받기가 그토록 어려운 것도 이 때문이다.

상자 10.3 마취의 역사

오랜 세월 동안 수술과 절단은 브랜디 한 잔 그리고 '형언할 수 없는 공포'라 불리던 끔찍한 고통에서 벗어날 수 있다는 희망에 기대 이루어지곤 했다. 수술이나 절단을 위해 식물을 준비했다는 역사적 증거가 있다. 기원전 4천 년경 만들어진 수메르 유물에는 아편의 원료가 되는 양귀비가 그려져 있다. 얼마 후인 기원전 6백 년경에는 인도에서 외과의들이 대마초 증기를 활용했다는 증거가 있다. 다시 시간이 지나 아시리아인들은 뇌로 가는 혈류를 막고 일시적으로 의식을 잃게 하기 위해 경동맥을 압박했다. 1525년 스위스의 내과 의사이자 점성술사였던 파라셀수스(Paracelsus, 필리푸스 아우레올루스 테오프라스투스 봄바스투스 폰 호엔하임(Philippus Aureolus Theophrastus Bombastus von Hohenheim)이라는 놀라운 본명을 가졌다. 1439~1541 추정)는 에테르가 동물들을 '재운다'는 것을 발견했다. 에테르(에틸에테르)는 독특한 구조를 가진 유기 화합물이다. 영국의 화학자 험프리 데이비(Humphry Davy, 1778~1829)는 이산화질소 기체('웃음가스')의 마취 효과를 확인했다. 곧 에테르를 장난삼아 사용하는 게 유행했고, 오락을 위해 기분이 좋아지는 효과를 내려고 에테르와 이산화질소를 가지고 놀았다.

수술을 하는 동안 전신 마취제를 사용해 무의식 상태를 유도하는 것이 가능하다는 사실을 최초로 입증한 이는 미국의 치과의사 윌리엄 T. 모턴(William T. Morton, 1819~1868)이었다. 그는 1846년 10월 16일 미국 매사추세츠 종합 병원에서 진행된 공개 실연에서 환자의 목에 있는 종양을 제거하는 동안 에테르를 이용해 전신 마취를 유지하는 데 성공했다. 이 수술이 성공했다는 소식은 재빨리 퍼져 나갔다. 하지만 에테르를 사용한 마취에는 위험이 없지 않았고, 점차 스코틀랜드의 산부인과 전문의 제임스 영 심프슨이 처음 사용한 클로로포름이 더 선호하는 마취제가 되었다. 1853년 빅토리아 여왕이 여덟 번째 아들 레오폴드 왕자를 낳을 때 클로로포름으로 마취를 받으면서 수술에 마취제를 사용하는 관행이 보편화되었다. 이러한 마취에는 보통 기체를 사용했지만 1934년 처음으로 타이오펜탈소듐의 정맥 내 투여가 함께 이루어졌다. 이후 다른 약물이 몇 가지 더 발견되었다. 정확한 전달 기술은 분명히 의학을 완전히 바꿔 놓았다.

감각을 잃는 마취와 특별히 통증을 완화하는 무통증(analgesia)은 구분해야 한다. 국부 마취와 국소 진통 완화에서는 그 구분이 다소 어렵다. 전신 마취는 의식을 잃게 한다.

전신 마취제는 어떻게 작용할까?

원래 의사들은 마취제가 (뉴런의 지질막처럼) 한 지점에 한 가지의 단순한 영향을 미친다고 생각했다. 유감스럽지만 분리되어 있는 통증과 의식에 대한 반응이 한 가지 영향으로 나타날 리는 없다. 제뇌한 쥐들, 즉 뇌간을 절단해서 대뇌가 연결되지 않은 쥐들이 고통스러운 자극에 반응해 움직이지 않게 하려면 정상적인 뇌를 가진 쥐들과 정확히 같은 양의 마취제가 필요하다. 이러한 사실은 (척수 수준에서 작동하는) 운동 반응을 방지하는 것은 (뇌 수준에서 작동하는) 통증의 지각과는 독립적이라는 사실을 시사한다(Rampil, 1994). 이제 우리는 마취제가 단순히 '의식 끄기' 스위치를 활성화하는 것보다 더 복잡한 방식으로 영향을 미쳐야 한다는 사실을 안다.

마취제는 우리의 의지와 상관없이 아주 빠르게 의식을 꺼버린다. 마취제를 투여한 후에는 스스로 의식을 유지할 수 없다. 언뜻 생각하기에는 마취제가 작용하는 메커니즘을 이해하면 의식의 생물학적 기저를 이해하는 데 무척 유용할 듯하다. 안타깝게도 의식과 관련된 것들은 전혀 단순하지 않고 몇 가지 문제가 있다. 첫 번째는 우리가 마취제가 어떻게 작용하는지 잘 모른다는 것이다. 두 번째는 조합되어 사용되는 약과 단독으로 사용되는 약의 효과가 다르다는 것이다. 세 번째로, 마취가 스위치처럼 작용한다고 가정해 보자. 텔레비전의 주 전원을 끄면 어떤 일이 벌어질까? 바로 화면이 나갈 것이다. 하지만 화면을 만들어 내는 장치 중 전원 스위치에 있는 장치는 극히 일부에 불과하다. 우리가 어떤 식으로든 텔레비전 전체에서 전기적 작용을 검사해 볼 수 있다면 텔레비전에서도 지점에 따라 전기적 활성이 달라지는 것을 볼 수 있을 것이다.

이러한 경고를 염두에 두더라도 우리는 마취제의 생물학적 효과에 관해 조금은 알고 있다. 프로포폴은 여러 영향을 미치지만 주로 억제성 신경전달물질인 가바(GABA)의 수용기 작용에 관여해 수용체를 촉진한다. 또한 대마와 관련이 있는 화학물질에 민감한 생물학적 시스템이자 **체내 칸나비노이드계(endocannabinoid system)**라 알려진 시스템을 자극한다. 아마 신경전달물질에 미친 이러한 효과가 함께 뇌의 전기적 활동, 특히 감마파 범위의 전기 활성을 감소시키는 듯한데, 이러한 변화는 정보를 결합하는 뇌의 능력이 저하되는 것을 시사한다(Kotani et al., 2008; Lee et al., 2009). 우리는 환자들의 반응이 없어질 때 뇌전도가 어떻게 변하는지 조금은 알고 있다. 의식의 상실은 진동수가 낮은 (1헤르츠 이하의) 뇌전도가 증가하고, 후두엽에서는 후두부에서 일관되게 관찰되던 알파 진동(8~12헤르츠)이 사라지며, 전두에 알파 진동이 출현하는 것으로 나타난다(Pardon et al., 2013). 전두 알파 진동과 진동수가 아주 낮은 진동은 **혼수상태**에서도 일부 관찰된다.

이러한 유형의 연구는 아직 초기 단계이고, 여전히 어떠한 메커니즘이 관여하는지 그리고 그런 사실이 무엇을 의미하는지 알려지지 않은 게 많다. 미국의 신경외과 의사 조지 매시아워(George Mashour)는 지금까지 밝혀진 바를 해석하려 했다. 매시아워(Mashour, 2013, 2014)는 지각적 결합의 존재가 의식의 특징이라고 주장한다. 우리는 개가 짖는 것을 보고 들으면 같은 대상에 속해 있는 것임을 알아본다. 개의 형태 그리고 그 형태와는 독립적으로 움직이는 검은색 부분을 보는 것이 아니라 검은색 개를 본다. 반면 의식이 없는 상태에서는 인지적 결합이 일어나지 않는다. 여러 자극이 통합되어 의식되지 않는다. 뒤에서 결합을 다시 다루게 되겠지만, 지금은 의식이 들어오는 자극들의 일관성과 결합, 통합을 암시하는 전기적 활성 패턴, 따라서 아마도 화학적 활성 패턴으로 특징지어진다는 점에 주목하자. 매시아워와 허데츠(Mashour & Hudetz, 2018)는 전신 마취제가 감각 경로가 아니라 전두-두정 네트워크와 하향식 네트워크에 영향을 미치는 것을 볼 때 감각 처리 자체만으로는 의식을 구성하기에 충분치 않다고 지적했다(Crick & Koch, 1995). 중요한 것은 피드백 고리이며, 전신 마취제는 이러한 고리들을 방해한다. 탈리아주치 등(Tagliazucchi et al., 2016a)은 프로포폴이 뇌의 연결성, 특히 장거리 연결의 활성도를 낮춘다는 것을 입증했다.

칭 등(Ching et al., 2010)은 프로포폴이 이렇게 비정상적인 알파 활성을 만들어 내기 위해 시상-피질 고리의 강도를 낮춰서 **가바**를 경유해 작용하는 방식을 보여주는 계산 모델을 제안했다. 그 결과 시상으로 향하는 피질 입력이 감소한다. 이러한 모델은 '켜기-끄기' 스위치로써 시상의 역할 혹은 피질로 향하는 신호를 허락할 때 효율을 제한하는 시상의 역할에 주목한다. 어느 쪽이든 시상은 전신 마취 그리고 결국 의식에 핵심적인 역할을 한다.

요약하면 우리는 마취제가 시상-피질 고리 안에 있는 하향식 정보의 상실을 유발해서 감각 정보를 통합하지 못하게 한다는 것을 알고 있다.

수술 후 기억

대부분의 경우 적절한 양의 마취제는 완전한 무의식 상태를 유도하지만, 환자 5명 중 1명은 수술 후 꿈을 꾸었다고 보고한다(Miller et al., 2014).

많은 이들이 가장 두려워하는 일은 전신 마취 중에 의식이 있지만 몸은 마비된 탓에 아무것도 할 수 없는 *수술 후 기억(post-operative recall)* 현상이다. 수술 후 이러한 현상이 보고된 사례는 약 0.2퍼센트로 매우 드물다(Sebel et al., 2004). 공포를 부추기려는 것은 아니지만 실제로 마취 중에 인식할 수 있게 되는 비율은 이러한 보고보다 훨씬 높을 수 있다. 분리 아래팔 기법(isolated forearm technique)에서는 약물이 주입되기 전 아래팔 주위를 커프로 감싼 뒤 부풀려서 손은 움직일 수 있는 상태에서 몸의 다른 부분이 마비되게 한다. 그리고 환자들은 마취에서 깨면 주먹을 쥐라는 지시를 받는다. 러셀과 왕(Russell & Wang, 2001)은 40명의 참가자 중 7명이 움직이는 것을 확인했다. 사람들이 두려워할 만하다. 이러한 경험을 한 이들은 상상할 수 있는 가장 끔찍하고 충격적인 경험이었다고 보고했다. 더 걱정스럽게도 일부 환자는 마취가 된 중에도 수술 중이라는 것을 인식했고 심지어 통증까지 느꼈지만 완전히 마비된 탓에 자신의 상황을 전할 수 없었다고 한다. 이러한 상태에는 두 가지 변형이 있다. (약의 기억상실 효과가 여전히 작용하는 것처럼) 이후에는 기억이 남지 않지만 마취 중에는 인식하기도 하고, 기억까지 남기도 한다(Crick & Ghoneim, 2001). 첫 번째 유형에서는 환자가 신호를 보내야 하지만 여전히 사실상 마비된 상태에서 신호를 보내기가 무척 어렵기 때문에 실제보다 적게 추산되어 있다. 이제는 외과의들이 뇌전도와 같은 수단으로 환자가 깨어났는지 관찰할 수도 있다. 하지만 이 책을 읽었다면 뇌전도와 같은 수단이 전적으로 효과적인지 자체도 논쟁의 대상인 것을 알고 있을 테니 이러한 보완책에 동의하지 않을 수도 있다.

직접 해보자: 의식 척도

바이스펙트럼 지수(Bispectral Index Scale)는 마취 상태에 활용하기 위해 개발된 척도로 수술 중 특수 모니터에 표시된다. 이 지수는 (뇌전도가 전혀 나타나지 않는) 0부터 100까지 숫자로 표시된다. 수술에 바람직한 수치는 40과 60 사이다. 이보다 높으면 수술 중 인식이 가능해질 위험이 있다. 의식을 공부한 학생으로서 이러한 척도를 어떻게 생각하는가? 100이라면 어떠한 상태에 부합할 거라고 예상하나? 지금 여러분의 의식은 어느 정도일까?

직접 해보자: 고통 잊기

나는 한 번 아주 사소한 외과 처치를 받은 적이 있다. 전문의는 미리 내게 약이 어떻게 작용하는지 도움이 되는 설명을 해주었다. "이 약은 통증을 없애 주지 않아요. 그저 당신이 기억하지 못하게 할 뿐이죠. 순간적으로는 아플지 몰라도 정신을 차리면 전혀 기억하지 못할 거예요"

여러분은 이런 유형의 약이 제공된다면 겁을 먹겠는가?

직접 해보자: 고통스러운 수술 상상하기

사고 실험이 있다. 여러분은 통증이 극심한 수술을 받아야 한다는 이야기를 들었다. 다행히 외과의가 일체의 고통과 수술에 관한 모든 것을 잊게 해주는 약을 주입해 줄 수 있다. 그 의사는 수요일이나 목요일 저녁에 수술을 할 것이며, 깨어날 때면 여러분이 완전히 정상적인 상태일 거라고 했다. 목요일 밤이 되자 그 의사가 여러분 침대 옆에 서류 한 장을 남겼다. 그 서류를 보면 여러분이 전날 밤 수술을 받았는지 아니면 받지 않았는지 알 수 있다. 신경이 쓰이나? 대부분은 그 서류에 이미 수술이 끝났다는 내용이 적혀 있길 바란다. 아무것도 기억하지 못한다면 이런 생각이 합리적일까?

시상과 시상피질계

시상피질계는 시상을 피질과 연결했다가 다시 그 반대로 연결하는 신경 회로들이다. 시상은 뇌의 중심 근처에 있는 상대적으로 큰 구조로 피질 하부 영역과 피질 영역 사이에서 전달하는 역할을 하며, 사실상 무엇이 뇌의 하부 영역에서 상부 영역으로 통과해 갈지 '결정'한다. 또한 시상은 주의와 각성을 조절하는 데도 중요한 역할을 한다. 앞서 살펴본 바와 같이 연구자들은 이 기관이 입력을 뇌의 다른 부분과 동기화화는 40헤르츠의 감마파를 만들어 내면서 의식에 없어서는 안 될 역할을 한다고 믿는다. 특히 시상-피질 고리는 하나의 통일된 인식 대상을 제공하기 위해 여러 다른 인식 대상을 결합할 수도 있다. 마취제의 초기 모델에서는 시상의 전기 활성 패턴을 바꿔서 시상의 '스위치를 *끄기*' 때문에 효과를 낸다고 했다. 하지만 이제 우리는 마취제의 효과가 훨씬 더 복잡하다는 사실을 알고 있다.

(잠든 상태뿐 아니라) 거의 모든 마취 상태에는 시상의 전기 활성이 감소해 의식을 유지하려면 최소한의 활성 정도가 필요하다는 것을 시사한다. (충격으로 인해 혈액 공급이 감소하면서) 시상이 손상된 결과를 보면 이 구조가 의식에 중요한 역할을 한다는 것을 확인할 수 있다. 먼저, 시상에 병변이 있는 환자들은 보통 (시상 통증 증후군이라고 하는) 만성 통증으로 고통을 겪는다. 둘째, 시상의 손상은 각성과 주의에 영향을 미칠 수 있으며(Srivastava et al., 2013) 수면에도 관여해 특히 불면증을 유발한다(Tinuper et al., 1989). 영상화 기술을 활용해 병변을 연구한 작업을 보면 시상의 중심 부분이 각성과 주의를 중재하는 데 관여함을 시사한다(Portas et al., 1998; Schiff, 2008). 일부 연구자들은 시상에 (특히 **시상판내핵(thalamic intralaminar nuclei)**이라 알려졌으며 위의 망상계(reticular system)와 연결되어 있는 중앙배측 부분에) 상대적으로 작은 (1세제곱센티미터의) 양측성 병변만 있어도 모든 인식을 잃을 수 있다고 주장한다(Bogen 1995a, b; Edelman et al., 2011). 비슷한 맥락에서 몇몇 연구자는 의식적인 인식이 시상의 동기화된 활동에서 생겨난다고 주장하며 *시상의 역동적 핵심부(thalamic dynamic core)*라 불리는 시상배핵(dorsal thalamic nuclei)을 지목하기도 한다(Ward, 2011). 워드는 피질이 의식의 내용을 계산한다면 시상은 이들을 보여주고, 따라서 '이러한 계산의 결과를 경험한다'라고 주장했다. 토노니와 에델먼(Tononi & Edelman, 1998, 2000)도 비슷한 제안을 했다. 이들은 자극의 의식적 인식과 관련이 있는 피질 뉴런이 뇌 전역에 다수 퍼져 있다가 동시에 활성화되면서 신경 활동의 동적 중심부를 형성한다고 주장했다. 하지만 해리성 약물 케타민(ketamine)은 의식 상실을 초래할 만한 양이 되면 전역에서 대사의 수준을 높이므로 이러한 설명이 좀 더 정교해져야 한다. 케타민이 시상-피질 회로의 신호를 단순히 줄이는 대신 교란한다고 할 수도 있다.

의식의 신경 상관물은 전방 피질일까, 아니면 후방 피질일까?

하지만 많은 이들이 시상이 의식을 가능하게 하는 역할을 한다고 믿으면서도 그 내용을 만들어 내는 것은 피질의 몫이라 생각한다. 텔레비전의 전원 공급 장치와 영상을 만들어 내는 부품의 차이다. 일반적으로 해부상의 의식의 신경 상관물은 대부분 피질이다. 피질에서 전방 부분이 더 큰 역할을 하는지, 아니면 후방 부분이 더 큰 역할을 하는지를 두고는 의견이 갈린다. 병변 연구에서 얻은 근거와 의식에 각기 다른 수준으로 접근해야 하는 다양한 과업 시의 영상은 모두 현상적 의식이 피질 감각 영역을 포함하는 뇌의 후방 부분과 관련이 있음을 시사한다(Boly et al., 2017; Koch et al., 2016). 과업 감시와 보고에 관여하는 전방 부분의 네트워크는 그보다 덜 중요한 역할을 한다. 예를 들어 전방의 병변은 집행 자기의 미묘한 손상으로 이어지지만(7장을 참고하라), 후방의 병변은 의식의 엄청난 변화로 이어진다(7장과 9장을 참고하라).

분명히 피질 영역의 전방과 후방 모두 의식을 만들어 내는 데 중요한 것으로 생각된다. 한 가지 해결책은 후방 영역은 현상적 의식과 관련이 있고, 전방 영역은 접근 의식과 관련이 있다고 정리하는 것이다.

재진입과 역동적 핵심부 가설

제럴드 에덜먼(1929~2014)은 면역 체계 연구로 노벨상을 받았다. 이 작업은 의식에 관한 생각에도 영향을 미쳤고, 그는 시상피질계에 있는 피드백 연결의 중요성을 강조하며 이 피드백 연결을 *재진입(re-entrant)*

이라 칭했다. 에덜먼은 자연 선택과 면역 체계의 발달에 관한 작업에 기반해 자신만의 이론을 발전시켰고 *신경다윈론(Neural Darwinism)*이라는 이름을 붙였다. 신경 활동의 패턴은 서로 경쟁하는 것이기 때문이다. 이러한 과정을 *신경군 선택(neuronal group selection)*이라 한다. 오로지 하나의 패턴만 승리할 수 있다. 우리는 오직 한 가지만 의식할 수 있다.

*재진입*은 시상-피질 고리에 있는 회로를 이용한다. 의식은 하나의 뇌 영역에서 다른 뇌 영역으로 이어지는 길고 엄청나게 병렬적인 연결들에 의존한다(Edelman & Gally, 2013). 둘 이상의 뇌 영역을 연결하는 상호적인 축삭 섬유를 따라 양방향으로 신호가 오간다. 이러한 구조는 널리 퍼져 있는 뉴런 무리가 동기화되고 통합된 활성화를 이뤄낼 수 있게 한다(Edelman & Tononi, 2000). 분리된 각 영역은 전체적인 의식에서 구분되는 특성을 처리하고, 동기화된 활성화는 이러한 특성들을 하나로 결합한다(Engel & Singer, 2001). 분명히 시상은 인식을 유지하는 데 핵심적인 역할을 하지만 이 구조가 의식이 자리하는 곳이라고 할 수는 없다. 대신 다시 한번 뇌 속에 존재하는 회로, 특히 피질과 시상에 관여하는 회로의 중요성을 보게 되며 이러한 회로들이 피드백 연결을 가지고 있다는 사실이 특히 중요하다. 뇌에서 피드백은 확실히 필수적인 역할을 한다.

역동적 핵심부(dynamic core)와 **통합 작업공간 모델(GWM)**은 많은 것을 공유한다(Edelman et al., 2011). GWM가 순간적인 의식 내용의 제한된 용량이 장기 기억의 대용량과 어떻게 상호작용하는지 보여주는 반면, 역동적 핵심부 가설(dynamic core hypothesis, DCH)은 의식적인 경험이 시상피질계에 재진입하는 신경 활동 때문에 발생한다고 제안한다. 활성화된 뉴런이 전뇌 전체에서 이동하고 집합하면서 재진입 피드백 연결을 이용해 동기화되고 역동적 핵심부를 형성한다. GWM와 DCH는 의식 연구에서 가장 유망한 이론이다. 두 이론은 다른 몇 가지 핵심적인 측면에서 차이가 있다. DCH에서는 의식의 신경 상관물이 비교적 초기에 시작된다고 주장하는 반면 GWM에서는 상대적으로 늦게 시작한다고 한다. DCH는 의식의 신경 상관물이 특히 감각 영역에서 상당히 지역적인 시상-피질 재진입 고리를 포함한다고 제안하지만 GWM에서는 광범위한 피질의 연결들, 특히 전두 영역과 두정 영역의 연결들을 꼽는다. GWM는 의식의 내용이 간단하다고 보지만 DCH는 의식의 내용이 더 풍성할 수 있다고 주장한다. 피츠 등(Pitts et al., 2018)은 이러한 차이가 봉합될 수 있다고 보았다. 피츠 등은 세부적인 부분을 더 명확히 해야 하지만, 우리가 주의와 의식의 관계를 온전히 설명하려 할 때 중요한 통찰이 따라온다고 주장한다.

전장

최근 의식 연구에서 상당히 주목받고 있는 또 다른 영역은 **전장(claustrum)**이다. 전장은 뇌의 중심에서 가까운 뇌섬엽 근처 피질 안쪽 표면 아래에 퍼져 있는 뉴런들을 의미한다(그림 10.5). 작기는 해도 편도체, 꼬리핵, 해마와 함께 피질 대부분의 영역에서 입력을 받고 되돌려 보내는 데 중요하다(Crick & Koch, 2005). 앞서 살펴보았듯이 여러 피질 영역과 *시상* 영역에 걸쳐 분포해 있는 뉴런의 정보를 재빨리 통합하고 결합하는 것은 의식에 필수적이다. 크릭과 코흐(Crick & Koch, 2005)는 전장이 의식적 지각과 인지, 행동의 기저에 있는 다양한 정보 대부분을 통합하기에 가장 이상적인 위치에 있는 듯하다고 주장한다. 그들은 데카르트 극장의 지휘자처럼 행동하며 (색이나 움직임처럼) 단일한 양상으로 그리고 (시각적 형태와 소리의 위치처럼)

여러 양상에 걸쳐 존재하는 대상의 다양한 속성을 재빨리 결합하고 묶어 두는 무언가의 위치가 전장일 수 있다고 제안한다. 또한 크릭과 코흐는 전장이 의식과 인지에서 조정하는 역할을 한다며 이 구조를 오케스트라의 지휘자와 비교했다.

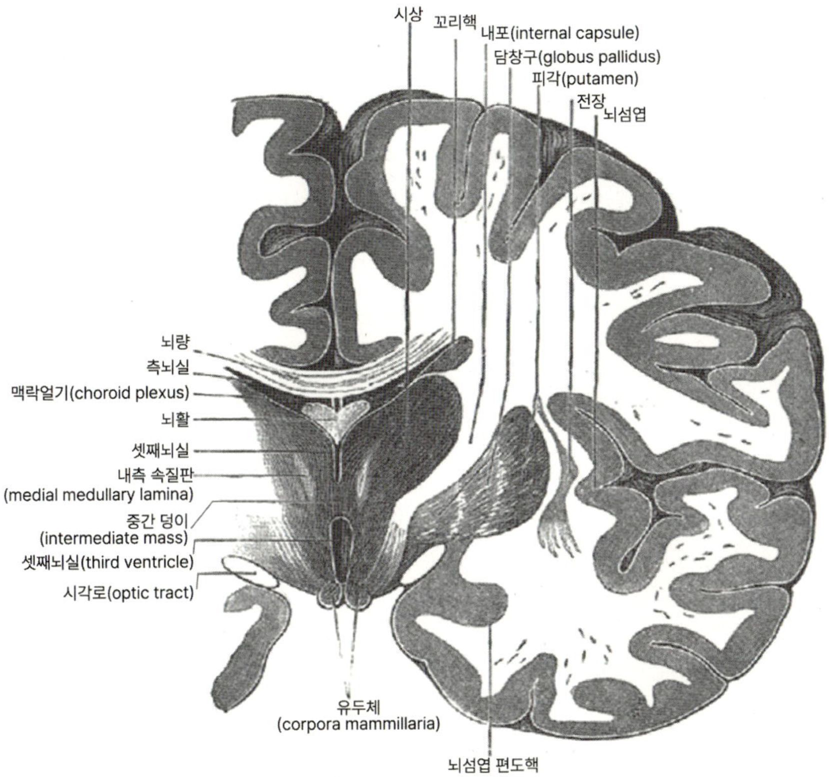

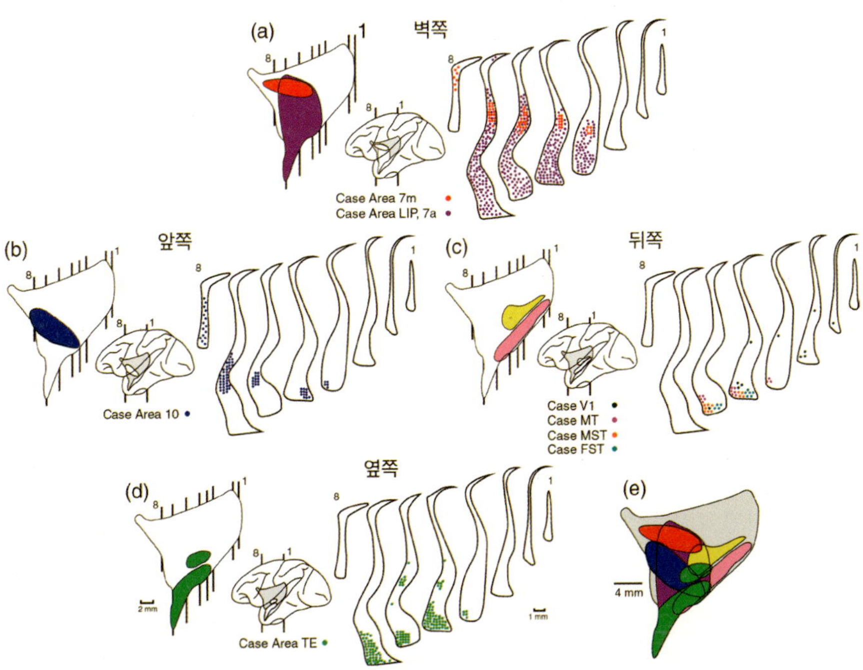

그림 10.5 전장의 위치. 전장은 피질 아래에 있는 뉴런들의 얇은 판이다. 전장 역시 중요한 신경 허브로 기능하며, 다양한 종류의 정보를 혼합한다는 면에서 시상보다 더 중요하다. 시상은 더 아래쪽 중심에 있는 커다란 덩어리다.

출처: (b) Copyright ©2014 Gattass, Soares, Desimone, & Ungerleider.

이렇게 전장에서 정보의 조정이 이루어진다고 하면, 대부분의 피질 영역과 광범위하고 상호적인 연결을 가지고 있으나 연결망을 구성하는 다양한 중심을 잇는 명확한 메커니즘은 없는 시상과 차이가 생긴다.

파트루와 레저(Patru & Reser, 2015)는 전장이 망상적 상태에 관여한다고 주장한다. 전장은 감각 정보를 해석하고 '현실 검증(reality testing)'을 수행하는 데 관여한다. 전장의 기능 장애는 구체적이고 통합된 결손으로 나타나기보다는 주로 고차원의 행동적·인지적 기능에 지장을 준다. 반면 파트루와 레저는 종양 치료를 위해 전장을 제거해도 관련된 모든 문제가 발생하거나, 단순한 인지 결손이나 지각 결손이 나타나지는 않았다고 지적한다. 하지만 이들이 검토한 수술들은 ***좌우반구 중 한쪽에만*** 이뤄졌다.

쥐를 대상으로 한 최근 연구는 전장에서 돌출된 세 개의 커다란 뉴런만으로도 뇌 전체가 효과적으로 연결된다고 제안한다. 뉴런 하나가 피질 전체를 책임진다(Bray, 2018; Reardon, 2017). 크리스토프 코흐의 작업을 바탕으로 하는 이런 연구는 적절한 시기에 더 상세히 평가되어야 하지만 대규모 연결성의 중요성 그리고 전장이나 시상과 같은 기관이 허브로서 가지고 있는 기능의 중요성을 보여준다. 이러한 구조는 분명히 의식에 핵심적인 역할을 한다.

전측 대상회의 역할

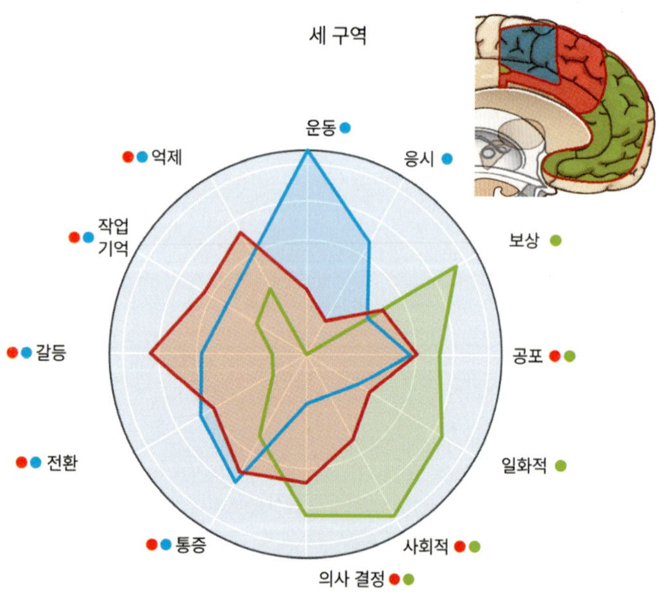

그림 10.6 전측 대상회의 위치. 의식을 유지하는 데 필수적인 역할을 하고 ('자유 의지'가 무엇을 의미하든) 자유 의지에 큰 역할을 하는 중요한 허브로 여겨진다.

뇌에서 엄청난 관심을 받는 영역 중 하나가 전측 대상회(ACC; 그림 10.6)다. 이 구조는 뇌의 다른 영역으로부터 정보를 중계하는 또 다른 허브다. 전측 대상회는 두 개의 피질반구를 연결하고 변연계와 시상, 피질을 연결하는 섬유 뭉치인 뇌량으로 둘러싸여 있는 변연계의 일부로, 대상엽의 앞쪽 부분이다. 그리고 동기(motivation)를 연결하는 것부터 과업과 감정, 학습을 수행하는 것까지 다양한 기능에 관여한다. 전측 대상회는 보상 기반 학습, 특히 예측과 발생 사이에 불일치가 존재할 때 오차를 탐지하는 학습과 관련이 있다(Bush et al., 2002). 크릭(Crick, 1995)은 전측 대상회가 인식과 자유 의지에 중요한 역할을 한다고 주장했다. 실은 전측 대상회에 자유 의지가 있다고 주장하기도 했다. 전측 대상회에 손상을 입은 환자들은 외계인 손 증후군(6장을 참고하라)처럼 자유 의지에 문제를 겪는다. 전측 대상회가 통증의 표명, 특히 통증에 대한 감정적 반응에도 관여한다는 것은 주목할 만하다. 전측 대상회가 의식에서 어느 정도 핵심적인 역할을 한다면 이러한 발견을 설명할 수 있다(Price, 2000).

통합 정보 이론

토노니와 코흐(Tononi & Koch, 2015)는 의식을 이해하려 할 때 가장 좋은 출발점은 의식의 핵심적인 속성을 생각하는 것이라 주장했고, 어떠한 물리적 메커니즘이 이러한 속성을 뒷받침할 수 있는지 물었다. 이들은 **통합 정보 이론**(integrated information theory, IIT; Tononi, 2008, 2012; Hoel et al., 2013; Tononi & Edelman, 1998)이 무엇이 의식이고 무엇이 의식이 아닌지를 가장 훌륭히 설명한다고 결론 내렸다. *고도 통합 정보(high integrated information)*는 시스템이 두 개의 독립적인 시스템으로 다시 분할될 수 없음을 의미한다. 시스템 A의 미래 상태는 시스템 B의 현재 상태에 좌우되며 역도 성립한다.

토노니와 코흐는 의식이 다음과 같은 속성을 가진다고 한다. 의식은 존재하고, 구조화되어 있으며(우리는 책과 붉은색, 붉은 책을 구분할 수 있다), 구체적이고(어떤 특정한 경험은 특징들의 특정한 집합으로 구성된다), 통합되어 있으며(우리는 시각적 장면의 왼쪽 면과 오른쪽 면이 서로 다른 시각 경로를 거쳐 오더라도 장면의 왼쪽 면을 오른쪽부터 지각하지 않는다), 어떤 것은 의식에서 배제된다(나는 붉은 책 한 권은 지각하겠지만 혈압을 직접 지각하지는 않는다).

IIT는 *통합 정보(integrated information)*라는 정보의 새로운 개념을 소개한다. 통합 정보는 관찰자가 아니라 시스템의 내재적 관점에서 '차이를 만들어 내는 차이'로 측정할 수 있다. 토노니는 의식이 뇌와 다른 것에서 만들어지기 때문에 의식을 계량화하고 특징짓기 위해서는 정보의 새로운 개념을 도입해야 한다고 주장한다(Tononi et al., 2016). IIT에서는 모든 물리적 시스템이 경험의 본질적인 특성을 설명할 수 있어야 한다고 가정한다. 이러한 설명에서 감각질은 본질적으로 가장 효과적이어서 더 이상 단순화할 수 없는 개념적 구조다. 정보는 개별적으로 존재하면서도 풍성하게 상호 연결된 다수의 요소를 포함하고 있어서, 결합이 일어나는 물리적 위치로 가장 이상적인 시상피질계에서 통합된다.

이러한 접근법의 결과 중 하나는 범심론이다. 정보를 처리하는 아주 단순한 전자기기라도 완전히 의식이 없는 것은 아닐 수 있기 때문이다. 당연히 동물은 의식이 있으며, 살아있든 살아있지 않든 (**파이(phi, Ø)**라고 이름 붙인) 고도의 '통합된 정보'를 다루는 모든 종류의 시스템도 의식을 가진다. 토노니는 파이에 대한 상세한 수학적 설명을 제시하는데 이러한 설명은 이 책의 범위를 넘어선다. 전통적인 범심론과 달리 모든 물체가 영(0)과는 다른 파이를 가지는 것은 아니다. 오로지 통합된 시스템만이 영이 아닌 파이를 가진다. 그래서 뇌는 파이를 가지지만, 접시 위의 연결되지 않는 뉴런 무리나 은하계는 파이를 가지지 않는다.

IIT를 비판하는 이들은 의식적 인식이 정보에 관한 설명만으로 결론 내릴 수 있는 것 이상이라고 주장한다. 또한 파이라는 척도나 이를 계산하는 방법에 관한 우려도 있다. 게다가 많은 이들이 범심론 그리고 일반적으로는 의식이 없다고 여겨지는 특정한 사물에 의식이 있다는 예측을 좋아하지 않는다(Doeriget al., 2019). 통합 정보 이론은 아마 난제를 해결하지 못하겠지만 다른 무언가는 해결할 수 있을까? 의식 연구의 많은 부분을 통합할 수 있는 환상적이고 일관성 있는 설명인 것은 분명하다.

근본적 가소성

클레이레만스(Cleeremans, 2011)는 우리에게 의식에 필요한 신경 하드웨어가 있긴 하지만 의식을 가지고 태어난 것은 아니라고 제안한다. 우리의 신경계만으로는 의식을 가질 수 없고 학습이 필요하다. 클레이레만스는 이러한 생각을 근본적 가소성(radical plasticity)이라 부른다. 또한 그는 *예측*이 처리에서 핵심적인 역할을 한다는 생각도 고수한다. 뇌는 피드백을 통해 우리가 세계에 미치는 영향과 환경이 우리 자신에게 미치는 영향을 예측하는 법을 배워야 할 뿐 아니라 뇌의 특정 영역에서의 신경 활동이 다른 영역에 가하는 결과도 배워야 한다. 이를 통해 우리는 결국 메타표상(meta-representation), 즉 더 낮은 차원의 표상과 자기 자신에 관한 표상을 발달시킨다. 따라서 의식은 학습과 신경가소성, 메타인지의 발달에서 생겨난다. 클레이레만스는 의식적인 마음이 뇌에 포함되어 있는 스스로에 관한 이론이라 정리했다. 또한 그는 특정한 상태가 다른 상태보다 더 중요하다고 인식하게 하는 감정의 역할을 강조했다.

*근본적 가소성*은 신경·인지 발달, 메타인지, 고차원 표상 이론 중 일부를 가져와서 예측에 관한 생각과 합친 것이다. 이러한 접근법은 동일한 개념을 이용한다고 생각되는 다른 이론들과 다르지 않지만 학습, 특히 시스템 자체에 관한 학습과 시스템에서 어떤 일이 일어나는지 관심을 기울이게 하는 감정의 역할을 강조한다. 이후의 연구들은 이러한 생각들을 확장해 작인(agency, 행위를 일으키는 원인 - 옮긴이)과 체화(embodiment)의 역할을 탐구한다(Caspar et al., 2015)

죽음이란 무엇인가?

벤저민 프랭클린(Benjamin Franklin)은 인생에서 확실한 것은 죽음과 세금, 둘밖에 없다는 유명한 말을 남겼다. 과세제도는 이 책에서 다루기는 너무 복잡하니 죽음에 관해 이야기해 보자.

언뜻 생각하기에 이 질문은 여러분이 이 책에서 마주하는 수많은 멍청한 질문 중에서 가장 멍청하게 느껴질 수도 있다. 당연히 죽음은 우리가 죽을 때 벌어지는 일 아닌가!

사실 많은 경우에 죽음은 칼로 자르듯 명확하지 않다. 우리는 죽음을 어떻게 정의하나? 뇌가 작동을 멈출 때? (폭발로 인해 몸이 완전히 파괴되는 것처럼) 극단적인 몇몇 경우에는 죽음이 아주 명확할 수도 있다. 하지만 대부분은 뇌가 작동을 멈춘 때를 특정하기가 쉽지 않다(그림 10.7). 뇌는 많은 요소와 기능을 가지는 복잡한 장기이며, 뇌의 모든 요소가 반드시 정확히 동시에 일제히 멈추지는 않는다.

우리는 앞에서 의식의 신경 상관물을 찾기 위해 어떻게 노력해 왔는지 살펴보았다. 이러한 탐구는 죽음과도 관련이 있다. 그러한 패턴을 확실히 확인할 수 있다면 경계선상의 상태에 있는 사람에게 인식이 있는지 없는지 구분할 수 있게 될 것이기 때문이다. 특히 신경 신호는 있지만의식이 없어 보이는 혼수상태일 때 더욱 중요하다. 하지만 의식의 신경 상관물은 죽음을 알려주는 믿을 만한 지표가 아닐 수도 있다. 앞으로 살펴보게 되겠지만, 어떤 사람에게 의식이 없더라도 그의 생명 유지 장치를 떼어내지 않으려 하는 상황도 있기 때문이다. 누가 자신이 잠든 사이 죽음이 선고되길 원하겠는가? 따라서 죽음을 정의하는 문제는 이론적으로 중요할 뿐 아니라 현실적으로도 중요하다.

죽음은 아마 아무것도 아닐 것이다. 오히려 가장 깊은 잠과 비슷할 수 있다. 많은 신앙의 핵심적인 믿음은 특정한 종류의 사후세계가 있다는 것이다. 우리는 어떠한 형태로든 부활하며 아마 의식도 다시 가지게 될 것이다. 종교는 과학을 다루는 책의 범위를 벗어난다. 어떤 사람들은 과학이 죽음에 관한 문제를 해결할 수 있게 된 미래의 어느 시점에 되살릴 수 있게 몸을 극저온으로 동결해 두는 것으로 죽음을 피해 가려 한다. 심지어 머리만 얼리는 사람도 있다. 뇌가 가장 중요한 부분이며 몸의 다른 부분에 관한 문제는 언젠가 해결되리라 믿기 때문이다.

그림 10.7 낙엽수의 외양이 여름에서 겨울 사이의 한순간에 순간적으로 변하지 않듯이 죽음도 항상 순간적이지는 않다. 심장 고동이 멈췄다고 해서 뇌가 죽었다는 것을 의미하지는 않는다. 또한 의식이 없다는 것 역시 뇌의 사망과 같지 않다. 대응관계는 불분명하다.
출처: Lorna Wilson/Taxi/Getty Images Plus.

몸이 부패하면, 화장되면, 다른 어떤 방식으로든 파괴되면 그리고 뇌가 파괴되면 우리는 (종교적 믿음은 논외로 하고) 이론의 여지 없이 죽는다. 하지만 명확한 죽음의 순간이 있을까? 누군가가 '잠든 채 평화롭게 죽을' 때는 어떤 일이 일어날까? 죽음은 정말 우리가 처음 생각했던 것처럼 이분법적인 현상일까?

죽음과 의식의 상실은 동일한 것이 아니다. 사람들은 종종 뇌가 사망하기 전에 (자극에 대한 반응이 없는 것으로 확인되듯이) 의식을 잃는다. 특정한 정의에 따라 사망한 후에도 잠시 일부 형태의 의식이 남아있는 것도 가능하다.

그림 10.8과 같이 의식의 내용(자기 자신과 환경에 대한 인식)에 대한 서로 다른 의식 수준(각성 또는 잠들지 않음)을 그림으로 그려보면 흥미롭다. 정상적으로 깨어 있는 상태에서는 각성과 인식이 긍정적인 상관관계를 가진다. 우리는 더 많이 각성할수록 환경을 더 많이 인식한다. 꿈이 없는 잠은 인식도 낮고 각성도 낮은 영역이다. 죽음은 영원히 원점에 남는 것이다. 각성도, 인식도 없다. 혼수상태와 유사한 상태들 그리고 전신 마취는 각성은 낮고 인식은 원점과 가까

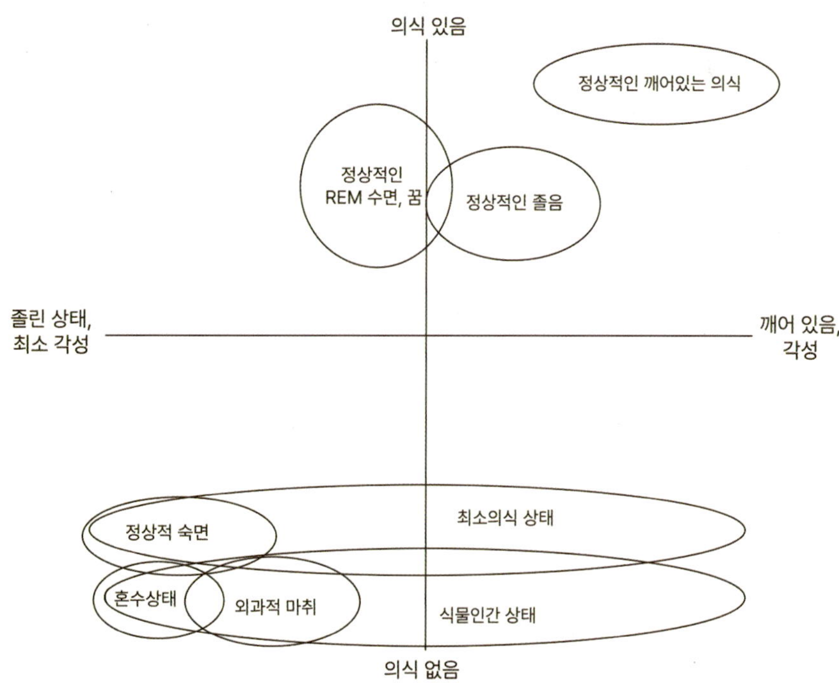

그림 10.8 각성에 따른 인식 도표. 현상적 의식 수준과 각성 상태를 두 축으로 이차원 평면에 다양한 상태와 의식 장애를 표시했다. 죽음은 영원히 원점에 머무르는 것에 해당한다.
출처: Ward (2011).

울 정도로 매우 낮은 상태다. 인식은 낮지만 각성은 높은 지점들은 식물인간 상태라 한다. 최소한의 의식이 있는 상태는 식물인간 상태와 정상적으로 깨어 있는 상태 사이에 존재한다.

고등 기능의 상실로서의 죽음

여러분은 죽음이야말로 그 무엇보다 정의하기 쉽다고 생각할 수도 있다. 모든 것이 작동을 멈추는 것이다. 하지만 우리가 죽어갈 때는 보통 모든 것이 동시에 한 번에 작동을 멈추지 않는다. 그렇다면 중단을 어떻게 측정해야 할까? 사실 나라에 따라 다른 기준을 사용할 정도로 상황이 명확하지 않다.

기준에는 두 가지 유형이 있다. 하나는 심장이 박동을 멈추고 사람이 호흡을 멈추는 *심장 호흡 부전*이고, 다른 하나는 신경학적 기준이다. 죽음을 심장과 호흡기의 중단으로 정의할 때 문제는 현대의학이 한동안 숨을 쉬지 못했던 환자를 '부활'시킬 수 있다는 것이다. 또한 거의 무기한으로 호흡을 도울 수도 있다. 뇌는 산소가 3~4분만 모자라도 죽어가기 시작한다. 그래서 이제는 뇌의 전기적 활동 중단으로 신경학적 죽음을 측정한다. 이때 문제는 많은 경우에 뇌 전체에 걸친 전기적 활동이 동시에 멈추지 않는다는 것이다. 죽음을 영구적이고 비가역적인 의식의 상실이라 정의할 수는 없다. 앞에서 살펴보았듯이 보편적으로 합의된 의식의 신경 상관물이 없다. '비가역적'이라는 단어를 보편적으로 어떻게 받아들일지도 문제다. 신피질의 고등 기능 중단을 죽음으로 받아들이는 것은 분명히 부적절하다. 이러한 정의는 인간의 삶에서 인지적 기능이 얼마나 중요한지 포착하고 있지만, 혼수상태와 식물인간 상태의 환자가 소생할 가능성을 배제한다(Laureys, 2005).

최근의 연구에서 뇌에 화학 약품을 살포하는 수술과 뇌를 아주 낮은 온도에서 유지하는 *극저온학(cryogenics)*을 결합하면 대형 포유류(돼지)의 뇌에서 세포사를 중단시킬 수 있다는 사실이 확인되었다(Vrselja et al., 2019). 이러한 연구는 뇌졸중 환자의 치료를 시작으로 잠재적으로 엄청난 실용적 중요성을 가질 수 있지만 당장 의식 연구에 시사하는 바는 없다. 이 연구는 뇌세포의 생명을 몇 시간 연장할 수 있다는 것을 증명했으나 인식에 필요한 전기적 활성 패턴과 뇌의 기능까지 유지할 수 있다는 것을 입증하지는 않았다.

의식 장애

프리스(Frith, 2019)는 (우리가 깨어 있는지, 잠들어 있는지, 아니면 혼수상태인지, 그리고 얼마나 각성해 있는지) 의식의 단계를 의식적 경험의 특정한 내용과 구분했으며, 주관적 경험을 반추할 수 있는 능력인 메타인지와도 구분했다. 이 섹션에서는 의식의 단계를 살펴볼 것이다. 의식이 덜하거나 명백히 없는 것이 가장 분명한 증상이어서 의식 장애라 불리는 신경 상태가 몇 가지 있다. 모든 의식 장애에서는 뇌의 대사 활동이 감소한다. 뇌의 대사 활성이 40퍼센트 아래로 떨어지면 의식이 유지되지 않으며, 혼수상태의 깊이는 대사의 감소 정도와 관련이 있다.

혼수상태 그리고 혼수상태와 유사한 상태들

혼수상태는 흔히 삶과 죽음 사이의 상태로 묘사된다. 회복을 촉진하기 위해 마취제로 혼수상태를 유도할 수도 있지만 보통은 심각한 급성 뇌 손상의 즉각적인 여파로 혼수상태에 빠진다. 혼수상태에서는 의식이 없고 깨울 수도 없다. 환자들은 구어 명령, 빛, 통증과 같은 자극에 반응하지 않아서 각성의 징후가 보이지 않으며 수면 각성 사이클의 징후도 없다. 혼수상태와 유사한 상태들은 특히 의식을 공부하는 학생들의 흥미를 끈다. 정상적 의식의 가장자리에 존재하고 의식의 신경 상관물에 관해 무언가를 알려줄 수도 있기 때문이다. 혼수상태에서 (적어도 언뜻 보기에는) 뇌는 사람을 살아있게 하지만 그 사람에게는 의식이 없다. 혼수상태와 유사한 상태나 전신 마취는 각성 수준이 낮고 인식은 원점에 가까울 정도로 무척 낮다. 인식은 낮지만 각성이 높은 지점은 식물인간 상태라 한다.

개인이 뇌 손상에서 회복하기 시작하면 혼수상태는 서서히 다양한 다른 상태 중 하나로 바뀐다. 지속 식물 상태나 (극히 드문) 만성적 혼수상태, 최소의식 상태, 정상 의식 상태다.

각성 정도와 인식 수준을 두 축으로 하는 이차원 평면에 이들을 나타낼 수 있다.

지속 식물 상태(persistent vegetative state, PVS)는 심각한 뇌 손상을 입은 환자가 진정한 인식이 아닌 부분적 각성 상태에 있는 장애다. 식물인간 상태에서 4주가 지나면 환자는 지속 식물 상태로 분류된다. 정신적 외상이 없는 뇌 손상이나 외상성 손상 이후 몇 달간(미국에서는 3개월, 영국에서는 6개월) 혹은 1년간 지속 식물 상태가 이어지면 영구 식물 상태로 진단(permanent vegetative state)한다. 오늘날 일부 의사와 신경과학자들은 이러한 의식 상태를 *무반응 각성 증후군(unresponsive wakefulness syndrome)*이라 칭하는 쪽을 선호한다. 주로 '식물인간'이라는 단어와 관련된 윤리적 문제 때문이다.

지속 식물 상태 환자들은 다양한 의식 수준을 보인다. 어느 정도 의식이 있을 때는 특정한 자극에 여전히 반응한다. 혼수상태로 생명을 이어가는 환자들이 눈을 감고 있는 반면 지속 식물 상태 환자들은 음식에 대한 반응으로 눈을 뜨기도 한다(Emmett, 1989). 이들은 (심장 박동수와 고동, 호흡, 위장 활동을 통제하는) 뇌줄기가 상대적으로 온전하기 때문에 영양 보급관 외에 생명 유지를 위한 장치도 거의 하지 않는다(Emmett, 1989). 식물인간 상태의 환자들은 눈을 뜨기도 하고 비자발적인 움직임을 보이기도 한다. 진정한 인식이나 수면 각성 사이클은 없다. 식물인간 상태에서 점차 회복할 수도 있고 이러한 상태가 몇 달간 지속되는 지속 식물 상태가 이어질 수도 있지만, 후자의 경우에는 예후가 무척 좋지 않다. 회복 가능성은 뇌의 손상 정도와 환자의 나이에 좌우된다. 나이가 많은 환자들보다 젊은 환자들이 회복할 가능성이 더 크다(Jennett, 2002). 지속 식물 상태를 오진하는 경우는 흔치 않다.

식물인간 상태에서 의식적 인식이 있는지 없는지는 중요한 질문이다. 이때는 완전히 다른 세 가지 양상을 구분해야 한다. 먼저 일부 환자는 그냥 의식이 있을 수 있다. 오진을 받아 실은 식물인간 상태가 아니기 때문이다. 두 번째로, 회복이 시작되는 단계에서 진단을 받을 수도 있다.

최소의식 상태(MCS)는 식물인간 상태와 정상적으로 깨어 있는 상태의 중간이다. 식물인간 상태보다는 훨씬 양호하게 어느 정도의 인식이 있지만 지속되지는 않고 신뢰할 수 있는 소통은 불가능하다. 지속 식물 상태와 달리 최소의식 상태 환자들은 의식적 인식이 일부 보존되어 있어서 자기와 환경을 의식하는 몇몇 증거를 보여준다. 말이나 행동으로 '네'와 '아니오'를 표현하거나, 목적이 있는 움직임을 보이거나, 언어적이거나 시각적인 감정 자극에 대한 적절한 반응으로 웃고 울거나, 적절한 안구 운동을 하거나, 간단한 명령을 따를 수도 있다. 하지만 반응이 일관되지 않을 수 있다. 최소의식 상태는 2002년이 되어서야 의학적 활용을 위해 공식적으로 인정되었고 보통은 지속 식물 상태보다 예후가 훨씬 좋다(Giacino et al., 2002). MRI 영상을 보면 최소의식 상태 환자들이 백색 소음보다 문장에 더 활발히 반응하며, 음성 처리 능력을 유지하고 있다는 몇 가지 증거를 확인할 수 있다(Coleman et al., 2007). 의식 장애에서 흔한 오진 중 하나는 최소의식 상태를 식물인간 상태로 판단하는 것이다. 이러한 오진은 의료 관리에서 심각한 결과로 이어질 수 있다.

이러한 의식 장애는 각성과 인식의 정도에 좌우되는 다양한 상태가 존재한다는 것을 보여준다. 게다가 일반적으로 뇌의 아주 특정한 부위와 관련이 있는 장애보다는 뇌의 전체 혹은 일부에 걸쳐 있는 활동이 존재한다.

죽음의 정의

뇌 전체의 죽음, 즉 뇌 전체에서 모든 전기적 활동이 영구적으로 중단되는 것은 한 사람이 사망했다고 하기에 충분한 기준이지만 반드시 만족해야 하는 기준은 아니다(Sarbey, 2016). 많은 이들이 이러한 정의는 너무 엄격하다고 생각한다. 하지만 미국의 동일사망판정법(Uniform Determination of Death Act)에 따르면 이 나라에서 기준이 되는 정의이자 죽음을 판단하는 두 가지 방법의 하나다(죽음을 판정하는 다른 방법은 '혈액 순환 기능과 호흡 기능이 비가역적으로 중단'되는 것이다). 자율 신경계 기능이 일부 남아 있는 지속 식물 상태와는 다르다. 따라서 미국에서 죽었다고 판정하려면 뇌줄기가 사망해야 한다. 주에 따라 자체적인 정의를 가질 수도 있어서, 뉴저지주에서는 신경학적 근거만으로는 공식적으로 죽음을 선언할 수 없고 생명 유지 장치를 한 사람은 뇌가 죽었더라도 여전히 살아있다고 판정된다. 죽음의 정의가 혼란을 유발하는 영국에서도 비슷한 문제를 맞닥뜨리게 된다. 영국에서는 1995년 왕립외과협회(Royal College of Physicians)가 죽음을 뇌줄기 기능의 비가역적 손실만으로 정의하자고 제안했다.

어떤 사람들은 죽음을 고등 기능의 영구한 손상, 즉 피질의 영구적인 사망으로 본다. 이때 '인간의 본성에 본질적으로 중요한 것이 비가역적으로 손상'된다고 생각하기 때문이다(Veatch, 1975). 하지만 이러한 정의는 죽음이 뇌줄기의 사망을 포함한다고 말하는 이들의 정의와 충돌한다.

락트인 증후군

락트인 증후군(locked-in syndrome, LIS)은 어떤 사람이 움직일 수 없지만 의식은 온전한 상태다. 안구 운동으로 소통할 수 있는 경우도 종종 있지만, 락트인 증후군 환자들은 깨어 있으면서도 어떠한 근육도 움직일 수 없다. 프랑스의 작가 겸 기자였던 장 도미니크 보비(Jean-Dominique Bauby, 1952~1997)는 43세에 심각한 뇌졸중을 겪은 후 왼쪽 눈꺼풀만 움직일 수 있었다. 그는 머릿속으로 작품을 구성한 뒤 도와주는 사람이 글자를 하나씩 보여주면 원하는 글자에 눈을 깜빡이는 방식으로 한 글자씩 글을 써서 『잠수종과 나비(The Diving Bell and the Butterfly)』(1997)라는 책을 완성했다. 뇌졸중 전후 자신의 삶을 묘사한 이 책은 이후 영화로도 만들어졌다(Schnabel, 2007). 보비는 책이 출판되고 이틀 만에 급작스레 사망했다.

완전 락트인 증후군(complete locked-in syndrome, CLIS)은 눈마저 마비된 상태다. 락트인 증후군에서는 뇌전도가 정상적이다. 락트인 증후군은 운동 출력이 거의 부재한 상태에서 의식이 있다는 게 어떠한 것인지 보여준다. 락트인 증후군 환자들은 도움을 받으며 몇십 년간 살 수 있고, 오늘날에는 컴퓨터를 활용하는 소통 수단 덕분에 삶의 질이 급격히 상승하고 있다. 락트인 증후군과 *근위축성측색경화증(amyotrophic lateral sclerosis, ALS.* 루게릭병(Lou Gehrig's disease) 또는 운동뉴런질환(motor neurone disease)이라고도 불리며 물리학자 스티븐 호킹(Stephen Hawking)에게 영향을 미친 질병으로도 알려졌다. 알 수 없는 이유로 자발적 운동을 통제하는 뉴런들이 죽는다)을 함께 앓는 환자 네 명은 기능적 근적외분광분석법(functional near infrared spectroscopy, fNIRS)이라는 기법을 적용한 뇌-컴퓨터 인터페이스를 이용해 '네'와 '아니오'라는 대답을 만들어 내는 법을 배울 수 있었다. fNIRS에서는 피질의 산소 수준을 통해 신경 활동을 측정한다(Chaudhary et al., 2017).

락트인 증후군은 치명적인 뇌졸중을 비롯해 뇌줄기를 손상하지만 뇌 상부는 온전하게 남겨두는 다양한 장애와 운동뉴런질환으로 인해 유발된다. (독이 있는 크레이트(krait)처럼) 특정한 종의 뱀에게 물리거나 (알칼로이드 식물에서 추출한 독물인) 쿠라레(curare)에 접촉해도 일시적으로 락트인 증후군과 유사한 일시적 근육 마비가 발생할 수 있다.

우리는 죽음에서 벗어날 수 있을까?

죽음에서 벗어나 영원히 사는 것이 가능할까? 신앙이 있고 영혼을 믿는다면 그리고 부활이나 환생 같은 특정한 형태의 사후세계를 믿는다면 그럴 수 있다고 답할 것이다.

안타깝지만 과학에는 사후세계를 기대하게 하는 것이 전혀 없다. 뇌와 마음은 밀접히 연결되어 있고 뇌가 (완전히) 죽으면 마음도 죽는다. 우리는 앞서 뇌가 죽는 순간이 늘 명확하지는 않다는 것 그리고 뇌의 부분적 죽음과 완전한 죽음 사이에 어떠한 일이 일어나는지 확실하지 않다는 것을 살펴보았다. 하지만 어떤 경우든 의식과 존재의 최후가 빠르게 찾아온다.

언젠가는 과학으로 인간의 수명을 연장해서 영원히는 아니더라도 오래, 아주 오래 살게 될 수도 있다. 미국의 미래학자 레이 커즈와일이 주로 이런 주장을 편다(Kurzweil & Grossman, 2004). 그는 그다지 멀지 않은 미래에 의학이 (인간의 몸이 완전히 파괴되는 소수의 비극적 사건을 제외하면) 대부분의 죽음을 막을 수 있게 될 거라 주장한다. 모든 질병을 치료하고, 암을 예방하며, 장기 교체와 나노 기술을 이용해 뇌와 신체를 영원히 젊게 유지할 수 있다. 우리가 해야 하는 일은 이러한 황금시대를 누릴 수 있게 충분히 오래 사는 것뿐이다. 커즈와일은 식단과 운동, 현명하고 건강한 삶, 보충제를 기반으로 하는 광범위한 노화 방지 프로그램을 이야기한다(트랜스휴머니즘에 관해서는 상자 4.3을 참고하라).

우리의 의식을 외부 뇌나 컴퓨터와 같은 외부 기기에 '업로드'하는 방법도 있다. 어쨌든 기능주의가 옳다면 기질은 중요하지 않으며, 컴퓨터는 다른 무엇보다 훌륭한 기질이 될 수 있다. 아직 이 기술은 공상과학의 영역에 존재하고 이론적으로라도 이런 일이 가능할지 논란이 많다. 하지만 미래에 우리가 (어쩌면 양자 이론이나 생물학적 이론에 기반한) 충분히 강력한 컴퓨터를 가지게 되어서 이 컴퓨터를 세계와 연결하고 상호작용하게 한다면 가능성이 있지 않을까?

우리는 자기 행동을 통해 그리고 '유전자와 밈'을 통해 죽은 후에도 어떻게든 생명력을 이어간다. 자식이 있다면 한동안은 자식이 우리의 기억을 지킬 것이고 어떤 사람들은 생각이나 명성, 악명으로 사회에 남을 수 있다. 모든 이가 자신에게서 시작되어 세상을 영원히 바꾸는 일들을 한다. 호프스태터(Hofstadter, 2007)는 우리는 어떤 면에서 다른 사람들의 기억 속에서 살아가며, 우리의 자기(the self)가 어느 정도는 그러한 개인들에게 '분산되어 있다'고 보았다. 그는 우리가 하는 모든 일이 세계에 영향을 미친다고 지적했다. 우리의 행동은 우리에게서 시작되어 널리 퍼지면서 예상할 수 없는 결과를 만들어 내는 '잔물결'을 남긴다. 또한 호프스태터는 이러한 외부효과가 우리의 일부이며, 따라서 우리의 정체성은 우리와는 어느 정도 독립적으로 존재하면서 죽은 후에도 이어진다고 주장했다. 그는 특히 아내의 비극적인 죽음 그리고 아내가 생전에 남긴 영향을 통해 어떤 면에서는 계속 이 세계에 살아있는 방식에 관심을 가졌다. 블랙(Black, 2018) 역시 비슷한 지적을 한다. 우리에 관한 기억, 즉 어느 정도는 우리의 기억이라 할 수 있는 것은 친척들을 통해 평균 세 세대 정도 살아남는다. 어떤 선생님들은 제자들에게 미친 영향으로 존재하고, 어떤 사람들은 작품을 통해 한동안 생명력을 얻는다. 내 책은 나보다 더 오래 살아남겠지만 아마 그 기간이 아주 길지는 않을 것이다. 몇몇 역사적 인물은 문화적 기억에서 훨씬 더 오래 이어진다. (기원전 525년경 출생한) 아이스킬로스의 비극들은 여전히 비평가들의 찬사를 받는다.

물론 우리가 세계에 영향을 미친다는 것은 사실이지만 내가 그 안에서 관찰할 수 없다면 별로 중요하지 않다. 이러한 맥락에서 '계속 살아남는다'는 말은 은유 이상으로 받아들이기 어렵다.

10장 요약

- 삼층 뇌 모델에서는 뇌를 세 부분으로 나눈다.
- (바닥핵에 기반하는) 파충류 뇌는 짝짓기 의식과 공격성, 영역성에 관여한다.
- (변연계로 대표되는) 원시포유류 뇌는 정서적 행동을 책임진다.
- (신피질로 대표되는) 신포유류 뇌는 고등 인지 기능을 맡으며 인식, 자기 인식과 관련이 있다.
- 하지만 다른 유형의 뇌를 가지는 다른 종의 동물이 인식을 가지고 있을 가능성을 부정해서는 안 된다.
- 뇌전도는 뇌의 전기적 활성을 측정한다.
- 감마파(30~100헤르츠)는 뇌의 다양한 영역에 걸쳐 있는 정보의 조직화에 관여하며, 지각 현상의 여러 측면을 결합해 의식에 불러오고 있을 수 있다.
- 베타파(12.5~30헤르츠)는 우리가 눈을 뜨고 경계하는 상태에서 관찰되며 정상적으로 깨어 있는 의식의 특징이라 할 수 있다.
- 알파파(8~12.5헤르츠)는 우리가 눈을 감고 있을 때 두피의 뒤쪽 부분에 나타나며, 차분하지만 깨어 있을 때 관찰된다.

- 세타파(4~7헤르츠)는 깊은 수면과 몇몇 명상 상태에서 나타난다.
- 델타파(0.5~3헤르츠)는 꿈이 없는 깊은 수면과 숙련된 명상가들의 명상 상태에서 관찰된다.
- 의식의 신경 상관물은 뇌에서 의식을 발생시키고 동반하는 구조와 과정이다.
- 수두증은 뇌 조직에 하나의 기능 유형만이 존재하는 것은 아니며, 뇌 구조가 엄청나게 변한 후에도 의식이 생겨날 수 있다는 사실을 보여준다.
- 전신 마취제가 작용하는 상세한 방식이 완전히 밝혀진 것은 아니지만 보통 시상-피질 고리에서 의식과 관련이 있는 결합을 방해해 효과를 낸다.
- 통합 정보 이론은 토노니와 다른 연구자들이 제안한 의식에 관한 중요한 설명으로, 정보가 합쳐져 의식을 만들어 내는 방식을 강조한다.
- 파이는 시스템의 정보 복잡도를 측정하는 척도로, 어느 시스템이 의식을 가지는지 알려준다.
- 근본적 가소성은 의식의 발달에서 학습과 가소성, 예측의 역할을 강조한다.
- 죽음은 다양한 방식으로 정의될 수 있으며 시대와 장소에 따라 다양한 정의가 사용되었다.
- 심장 사망과 뇌 사망은 동시에 일어나지 않는다.
- 뇌 사망을 정의하는 것은 복잡하다. 영역에 따라 전기적 활동이 멈추는 시기가 다를 수 있기 때문이다.
- 혼수상태는 특정한 기준에서 볼 때 뇌가 여전히 살아있지만 의식은 상실한 상태다.
- 우리는 완전한 의식과 최소 의식, 혼수상태, 지속 식물 상태를 구분한다.
- 락트인 증후군 환자는 완전한 의식이 있지만 움직이지 못한다.

리뷰 질문

1. 뇌 영상화 기술을 활용해 일상생활에서 경험하는 다양한 유형의 의식을 기록하면 의식의 신경 상관물의 정확한 위치를 찾아내는 데 얼마나 도움이 될까?
2. 뇌에서 무언가가 일어나고 있는 위치가 어디인지 알면 무슨 일이 일어나고 있는지 알 수 있을까?
3. 전신 마취제는 어떻게 작용하나?
4. 의식에 꼭 필요한 뇌의 구조는 무엇인가?
5. 뇌파의 기능은 무엇인가?
6. 파이는 무엇인가? 그리고 어떻게 의식을 설명하나?
7. 어떻게 해야 죽음을 가장 잘 정의할 수 있을까?
8. 생명 유지 장치를 제거해야 하는 상황은 어떤 상황일까?

추천 자료

뇌와 의식

스타니슬라스 데하네. (2017 [2014]). 뇌의식의 탄생 (원제: Consciousness and the Brain: Deciphering How the Brain Codes Our Thoughts). 한언출판사.

제럴드 에덜먼. (2006 [1992]). 신경과학과 마음의 세계 (원제: Bright Air, Brilliant Fire: On the Matter of the Mind). 범양사.

제럴드 에덜먼. (2006 [2004]). 뇌는 하늘보다 넓다 (원제: Wider than the Sky). 해나무.

Laureys, S., Gosseries, O., and Tononi, G. (2016). The Neurology of Consciousness. New York: Academic Press.

Shallice, T., and Cooper, R.P. (2011). The Organisation of Mind. Oxford, UK: Oxford University Press. 주로 11장을 참고하라.

통합 정보 이론

줄리오 토노니. (2017 [2012]). 파이: 뇌로부터 영혼까지의 여행 (원제: Phi: A Voyage from the Brain to the Soul). 쌤앤파커스.

Massimini, M., Tononi, G., and Andersen, F. (2018). Sizing Up Consciousness: Towards an Objective Measure of the Capacity for Experience. Oxford, UK: Oxford University Press.

죽음 정의하기

장 도미니크 보비. (2015 [1997]). 잠수종과 나비 (원제: The Diving Bell and the Butterfly). 동문선.

Owen, A. (2018). Into the Grey Zone: Exploring the Border Between Life and Death. Cleveland, OH: Guardian Faber.

3부
의식의 다른 상태들

11 변성된 의식 상태

지금까지는 정상적으로 깨어 있는 의식에 초점을 맞추었다. 정상적으로 깨어 있는 의식은 우리 대부분이 살아있는 대부분의 시간 동안 경험하는 것이다. 하지만 우리는 모두 의식의 변형을 경험하며 실제로 일부는 아주 기이한 상태를 경험했다고 보고하기도 한다.

우리는 의식의 중요한 변화를 겪을 수 있다. 주기적으로 잠을 자면서, 또 꿈을 꾸면서 자연스레 발생하는 변화도 있고 최면이나 명상, 약물로 인해 발생하는 변화도 있다. 앞으로 이러한 원인 하나하나마다 한 장씩 할애해 살펴볼 것이다. 우선 이 장에서는 일부 사람들도 종종 경험하는 변성된 의식 상태(altered state of consciousness, ASC)들을 알아본다. 먼저 변성된 의식 상태의 일반적인 특징을 검토한다. 그리고 감각 박탈의 형태와 활용을 알아본다. 어떤 사람들은 자기라는 감각이 몸을 떠나는 현상인 유체 이탈 체험(OBE)을 경험한다. 인구 중 적지만 상당한 수가 편두통이나 뇌전증으로 고통을 겪는데 이러한 질환은 세계를 경험하는 방식뿐 아니라 지각에서도 왜곡을 만들어 낼 수 있다. 마지막에는 *기면성뇌염(encephalitis lethargica)*이라는 기이한 병의 영향을 살펴본다.

변성된 의식 상태란 무엇인가?

우리는 먼저 **변성된 의식 상태(ASC)**가 무엇인지에 관해 조금 더 생각해 보아야 한다. 이 용어를 접하면 '변성된다'라는 것이 무엇인지 의문을 품게 된다. 그렇다면 변성되지 않은 상태, 즉 정상 의식 상태(normal state of consciousness, NSC)는 무엇일까?

한 가지 간단한 정의는 '변성된' 상태를 '정상적으로 깨어 있는 의식'과 대비하는 것이다. 하지만 이때에도 어느 정도 주의해야 한다. 커피 한 잔에는 카페인이 들어 있고 카페인은 신경 전달 물질 수준을 바꾸며 그 결과 각성 수준도 바뀐다. 카페인이 유발한 각성 상태를 변성된 의식 상태라고 해야 할까? 우리 대부분은 몸에 카페인의 흔적이 남은 채로 살아간다. 카페인의 반감기는 약 5.7시간이다(Statland & Demas, 1980). 오후 3시에 카페인이 약 100밀리그램 들어 있는 평범한 커피를 한 잔 마셨다면 밤 9시에도 여전히 50밀리그램의 카페인이 몸에 남아 있다는 뜻이다. 커피가 변성된 의식 상태를 촉진할까? 사람에 따라서도 차이가 있지 않을까? 오늘 나의 정상적인 상태가 여러분의 정상적인 상태와 같을까?

찰스 타트(Charles Tart, 1990)는 변성된 의식 상태를 의식의 질적 변화로 일컫는 주관적인 정의를 선호한다. 어떤 사람이 자신의 의식이 상당히 변성되었다고 생각한다면 변성된 의식 상태다. 조금 더 형식적인 접근은 변성된 의식 상태가 특정한 객관적 표지로 규정되는 질적 변화라 말하는 것이다. 이러한 표지 중 하나는 정상적으로 깨어 있으면서 경계하는 베타파와는 차이가 있는 뇌전도 패턴이다(Ludwig, 1966; 그림 11.1). 하지만 모든 변성된 의식 상태를 위한 객관적 표지를 찾기는 어려울 수 있고, 가능한 생물학적 표지에서는 차이가 나타나지 않을 수 있으며, 보통 실제로 확인하기는 무척 어렵다. 누군가가 언제 즉흥적으로 유체 이탈 체험을 할지는 알 수 없고, 시끄러운 fMRI 스캐너 안에서 사람들에게 최면을 걸거나 잠들게 하기도 어렵다. 따라서 오늘날의 연구자들은 객관적 정의를 더 선호하는 경향이 있다 (Blackmore & Troscianko, 2018; Farthing, 1992).

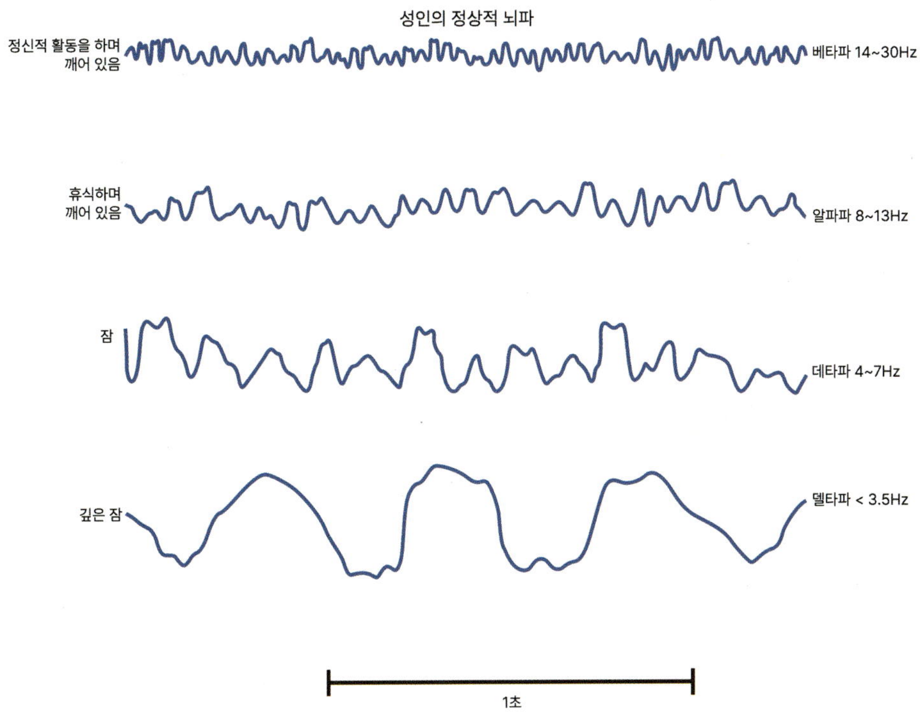

그림 11.1 정상적으로 깨어 있는 상태와 몇 가지 다른 상태에서의 뇌전도. 베타파(깨어 있음)와 알파파(기본적으로 깨어 있으나 휴식 중), 세타파(가벼운 잠), 델타파(깊은 잠)를 비교했다.

우리는 모두 거의 의식이 없는 상태인 잠을 경험하고, 의식의 아주 독특한 상태인 꿈도 경험한다. (특정한 약물을 복용하거나, 자신에게 최면을 거는 것을 허락하는 등의 방법으로) 자신의 의식을 일부러 바꿀 수 있고, 때로는 비자발적으로 (유체 이탈 체험이나 심오한 종교적 체험 등을 통해) 다른 유형의 의식에 빠질 수도 있다. 성관계에서의 오르가슴을 의식의 중요한 변화로 생각하는 이들도 있다.

또한 우리는 의식의 변형을 변성된 의식 상태라 한다. 의식이 어떻게 변하는지를 보면 정상적인 의식에 관해 많은 것을 알 수 있다. 여기서 목적은 변성된 의식 상태의 현상학(즉, 우리가 변성된 의식 상태를 느끼는 방식)을 관련된 인지 메커니즘 그리고 그러한 메커니즘의 생물학적 기반과 연결하는 것이다. 이러한 목적이 새로운 것이긴 하지만 그래도 아직은 알아낸 게 거의 없다. 변성된 의식 상태는 아주 많은 사람이 이러한 상태를 중요하게 생각한다는 점에서도 어느 정도 중요하다. 일부 문화권에서는 서구와 비교해 변성된 의식 상태에 더 많은 의미를 부여한다. 자신의 의식과 본성을 탐구하기 위해 일부러 변성된 의식 상태를 추구하는 이들도 있다. 이런 사람들은 종종 자신을 *내면 항해사(psychonaut)*라 칭한다.

의식에 적절한 정의를 부여할 수 없다면 변성된 의식 상태라는 개념을 두고 어려움을 겪는 것도 놀랍지 않다. 지금으로서는 여러분이 정상 의식 상태가 무엇인지 안다면 변성된 의식 상태가 무엇인지도 알 거라 짐작할 뿐이다.

변성의 본질은 무엇일까? 레본수오 등(Revonsuo et al., 2009)은 변성된 의식 상태와 정상 의식 상태의 차이는 의식의 변화가 아니라 표상과 세계, 의식의 관계에 생긴 변화에서 초래된다고 제안했다. 세부적인 차이는 무엇이 변화를 유발했느냐에 좌우된다.

상자 11.1 내면 항해사

*내면 항해사*는 영적 목적이나 연구 목적으로, 혹은 그저 자기 탐구와 자기 이해를 위해서 의식과 변성된 의식 상태를 탐험하는 데 열심인 사람들을 (보통 본인들이 스스로) 부르는 이름이다. 이러한 이들 역시 어떤 형태로든 인류가 종교 생활을 하고 예술 작품을 만들어 온 역사와 거의 비슷하게 존재해 왔다고 보는 것이 합리적이다. 낭만파 시인 중 몇몇은 내면 항해사였다고 할 수 있다. 새뮤얼 콜리지(Samuel Coleridge)는 아편팅크제 형태의 아편에 중독되어 있었는데, 이것은 활성 알칼로이드가 들어 있는 양귀비 삭과(蒴果, 여러 개의 씨방으로 된 열매-옮긴이) 꼭지 전체를 알코올에 우려낸 것이다. 그가 '영국 폴록에서 일 때문에 온 사람으로 인해' 초기 구상에 엄청난 방해를 받았으면서도 아편에 취한 채 시 「쿠블라 칸(Kubla Khan)」을 썼다는 사실은 잘 알려져 있다. 아편이 실제로 유익한 영향을 미치는지를 두고는 의견이 갈린다. 대부분의 학자들은 콜리지처럼 아편에 중독된 작가들이 약물의 혜택을 보기보다는 오히려 방해받았을 거라 믿는다.

가장 유명한 내면 항해사로는 변해가는 사회에서 강력한 환각제인 LSD의 가치를 전파했던 미국의 학자 겸 작가 티머시 리어리(Timothy Leary, 그림 11.2)가 있다. 하버드대학교에서 임상 심리학자로 초기 경력을 쌓았던 리어리는 LSD의 잠재적 치료 효과를 믿게 되었다(오늘날에는 높은 평가를 받는 아이디어다. 15장을 참고하라). 리어리는 1963년 하버드대학교에서 해고됐다. 그는 "스스로 생각하라. 권위에 도전하라"와 "흥분하라, 깨달아라, 이탈하라(turn on, tune in, drop out)" 같은 말을 만들어 내기도 했다.

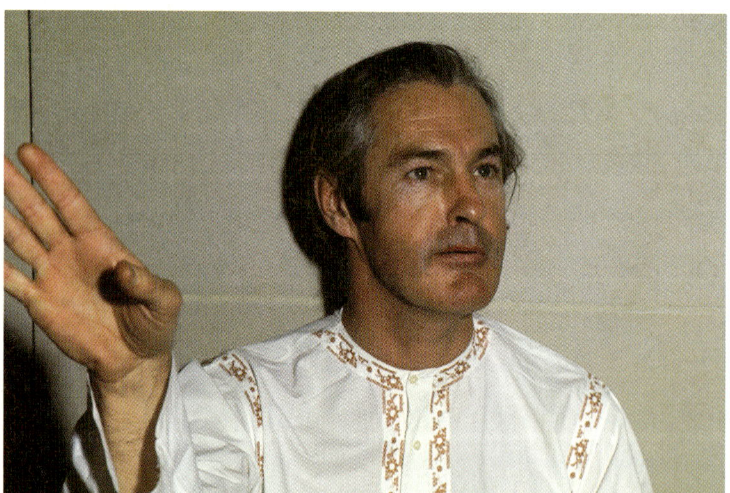

그림 11.2 티머시 리어리(1920~1996). 리어리는 정신을 변성하는 약물, 특히 LSD를 옹호한 것으로 유명한 미국의 심리학자이자 작가이다.
출처: Bettmann/Bettmann/Getty Images.

내면 항해사들은 약물(특히 대담하게 사용한다. 15장을 참고하라), 명상, 감각 박탈, 습관화 등 이 책에서 논의되는 다양한 방법을 활용한다. 특히 습관화에는 바이노럴 비트(binaural beats) 듣기나 의례, 다양한 유형의 노래(*이카로(Icaro)*는 남아메리카의 아야와스카(ayahuasca) 의식에서 불리는 '마법 노래'로 15장에서 자세히 다룬다), 최면, 꿈 기억 및 분석 등을 이용하는 뇌파 오락과 간츠펠트(ganzfeld, 시야를 완전히 차단한 상태에서 아무런 자극도 주지 않는 것 - 옮긴이), 자각몽이 동반된다. 이렇게 다양한 방법을 활용한 결과를 평가하기는 어렵다. 성공의 정의는 온전히 개인에게 달려 있다.

상자 11.1 내면 항해사(계속)

어쩌면 트랜스휴머니즘을 지지하는 이들(상자 4.3)을 내면 항해사의 가장 현대적 형태로 볼 수도 있을 것이다. 의식을 탐구하는 데 여러분의 의식을 확장하는 것보다 더 좋은 방법이 있을까?

변성된 의식 상태의 유형

먼저 흔치 않은 변성된 의식 상태 몇 가지를 간략하게 살펴볼 것이다. 바이틀 등(Vaitl et al., 2005)은 변성된 의식 상태의 모든 범위를 조사했다. 이들은 현상학적 분석을 통해 변성된 의식 상태를 네 가지 차원으로 분류할 수 있다고 주장했다. 활성화 정도와 인식 범위, 자기 인식 정도, 감각 역학의 감소 또는 증가다. 예를 들어 **임사체험**은 자기 인식 증가와 감각 역학(sensory dynamics) 증가가 특징이며 극심한 졸음은 모든 차원의 감소로 표시된다. 강하게 변성된 의식 상태는 대개 위태로운 상태의 뇌 구조, 뇌 영역 간의 단절로 이어지는 뇌 역학의 일시적 변화, 신경화학적·대사적 과정의 변화로 인해 유발된다. 반면 상대적으로 약한 변성된 의식 상태는 환경적 자극이나 정신적 훈련, 자기 통제 기술을 통해서도 생겨날 수 있다. 비슷한 맥락에서 카반나 등(Cavanna et al., 2018)은 변성된 의식 상태가 역동적 핵심부의 변화, 즉 뇌의 연결 패턴 변화로 유발된다고 주장했다.

감각 박탈

미국 미니애폴리스(Minneapolis)에 있는 기업 오필드 래버러토리(Orfield Laboratory)의 무반향실(anechoic chamber)은 지구에서 가장 조용한 장소로 기네스북에 올랐다. 그 안에서 45분 이상 견딘 이는 극소수였고, 한 시간을 넘긴 사람은 없었으며, 많은 사람이 불과 몇 분 만에 나가게 해 달라고 요청했다고 한다(그림 11.3). 먼저 자기 몸에서 나는 소리가 아주 크게 들리기 시작한다. 그리고 잠시 후 일부는 환청을 듣기 시작한다. 뇌는 감각 입력의 완전한 부재를 좋아하지 않는다. 사실 뇌는 변함없는 감각 입력을 좋아하지 않고 변화에 익숙하다.

그림 11.3 세계에서 가장 조용한 장소인 무반향실 안. 이 방은 내부에서 발생하는 소음을 대단히 줄여줄 뿐 아니라 내면의 소리가 울리게 한다.
출처: Jeff Corwin/Photolibrary/Getty Images Plus.

우리는 보통 감각 정보가 쏟아지는 환경에 있다. **감각 박탈**은 이러한 지각 정보 중 일부를 혹은 가능한 한 많이 제거하는 것이다(그림 11.4). 감각 입력을 줄이는 일반적인 방법 하나는 사람을 농도를 맞춘 소금물로 가득 찬 탱

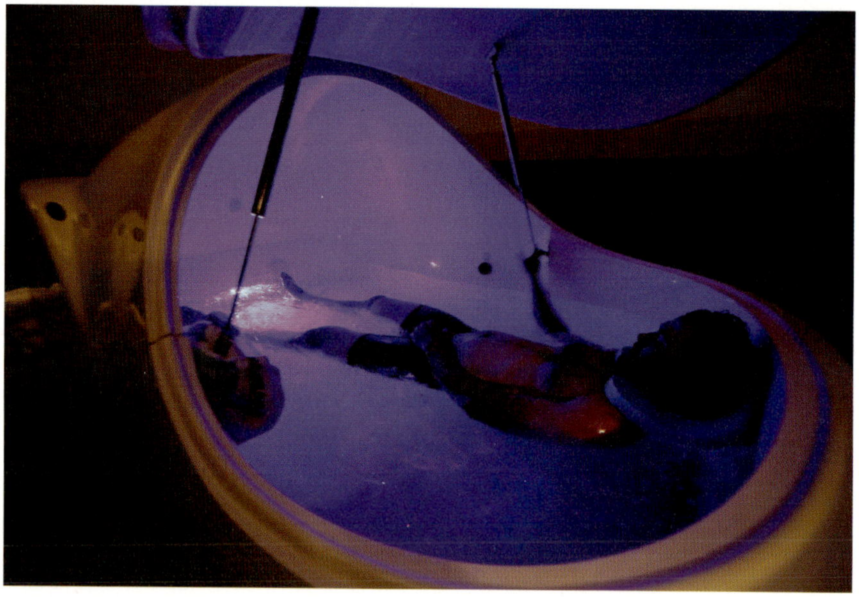

그림 11.4 소금물 감각 박탈 탱크. 사람들은 촉각과 물의 인력을 줄이기 위해 물 위에 떠 있게 되고 시각적으로나 청각적으로나 격리된다. 사람들은 잠시 탱크에 있는 것은 즐거워하지만 머무는 시간이 길어지면 그리고 특히 머무는 시간을 자신이 통제할 수 없을 때면 보통 불쾌함을 느낀다.
출처: MediaNews Group/Bay Area News via Getty Images.

크에 넣고 (중력의 영향을 느끼지 않으며) 떠다니게 하는 것이다. 한 사람이 특정한 상태를 좋아할지 싫어할지는 안전하다는 느낌이나 지속 기간, 그 상태를 끝낼 수 있는 선택의 수처럼 다양한 요인에 좌우된다. 감각 습관화(sensory habituation)는 (암흑과 침묵 대신 붉은 빛과 일정한 음처럼) 변함없는 감각 범위(sensory field)를 제공하는 것으로, 사람들은 박탈보다 습관화를 선호하는 듯하다. 자발적인 단기 감각 습관화는 감각 박탈과 유사하게 즐거움을 주지만 명상이나 이완 운동과도 비슷한 영향을 미친다 (Wackermann et al., 2008). 비자발적인 장기 감각 박탈은 불쾌하게 느껴지고 시간 감각 상실과 높은 수준의 불안, 착각을 포함하는 영향을 준다. 그 정도가 무척 심해서 감각 박탈이 심리적 고문 방법으로 활용되었을 (그리고 아마 지금도 활용될) 정도다.

머리에 모자를 눌러쓰거나 안대, 귀마개를 착용하면 저렴하고 손쉽게 일종의 감각 박탈을 만들어 낼 수 있다. 북아일랜드에 주둔했던 영국 보안군이나 미국의 안보 조직이 테러 혐의자들을 심문할 때 이러한 기법을 활용했다고 알려졌다.

유익한 목적으로 활용될 때는 이러한 기법들을 **제한된 환경 자극 치료법(restricted environmental stimulation therapy, REST)**이라 통칭하기도 한다. REST는 이완과 행동 수정에 활용된다. 한 연구에서는 REST가 사람들의 금연을 돕는 데 무척 효과적이라 제안하기도 했다 (Suedfeld & Baker-Brown, 1987). 전기생리학적 기법을 활용한 연구에서는 REST를 시작하고 약 30~40분 후에 중요한 변화가 발생해서 알파파 그리고 특히 세타파가 간헐적으로 나타나는 가운데 뇌의 전기적 활동이 전반적으로 감소하는 것으로 나타났다. 이러한 뇌파 패턴의 출현은 환각이나 환영의 경험에 부합할 수도 있다(Iwata et al., 1999, 2001). REST로 인한 변화는 숙련된 명상가들에게서 관찰되는 변화와 무척 유사하다.

간츠펠트

많은 사람들은 짧은 시간이라도 감각 박탈에 불쾌함을 느끼며 시간이 길어지면 견딜 수 없어 한다. 우리는 감각 박탈보다 감각 *습관화*를 선호한다. 습관화에서 사람들은 간츠펠트(독일어로 '균일한 장'이라는 뜻이다)라 알려진 기법에 따라 균일한 감각장을 경험하게 된다. 헤드폰으로 백색 잡음이나 분홍색 잡음(pink noise, 채널을 맞추지 않은 아날로그 텔레비전이나 라디오에서 들을 수 있는 무작위적인 쉭쉭 소리. 인터넷에서 다양한 샘플을 찾을 수 있다)을 재생하고 반으로 자른 탁구공(잘라낸 단면의 날카로운 부분에 다치지 않도록 보호재를 댄다)으로 눈을 덮은 뒤 붉은빛을 비춰서 균일하게 붉은 시야를 만들면 단순한 형태의 간츠펠트 실험을 할 수 있다(그림 17.6). 이 기법으로 휴식부터 강렬한 꿈과 같은 이미지를 보는 상태까지 다양한 상태를 유발할 수 있으며, 특히 선명한 시각적 이미지를 활용할 수도 있다. 웨커먼 등(Wackermann et al., 2008)은 이렇게 간츠펠트 상태의 뇌전도 패턴은 수면 관련 상태와 아주 다르게 알파파가 증진되는 것을 관찰했다.

유체 이탈 체험

종종 자신이 일시적으로 '몸 밖으로 빠져나갔다'고 보고하는 사람들이 있다. 우리가 **유체 이탈 체험(OBE)**이라 부르는 경험이다. 다음은 유체이탈체험연구재단(Out of the Body Experience Research Foundation)에서 얻은 전형적인 사례다. 2016년 7월 20일 기록된 리처드 F.(Richard F.)의 경험이다.

> 나는 90분 정도 명상을 하려고 딱딱한 나무 의자에 앉아 있었다. 엉덩이가 정말 아파서 움직이고 싶다는 생각에서 벗어날 수 없었지만 최선을 다해 무시하려 하고 있었다. 그냥 내 손이 나무처럼 뻣뻣하게 느껴진다고 생각했다. 뜬금없이 그리고 전혀 예상치 못하게 천장에 등이 닿은 채 천장을 밀어내고 있는 나 자신을 발견했다. 천장 높이는 약 4.6미터였다. 천장을 미는 동안 (천장에 등이 닿아 있었지만 팔을 천장을 향해 뻗고 있는 것 같았다) 내가 어디에 있는지 알았고 내 몸은 여전히 저기에 앉아 있다는 것을 깨달았다. 여전히 엉덩이가 아프다는 것을 알았지만 느낄 수는 없었다. 더 상황을 분석할 시간 없이 나는 엉덩이가 아프게 앉아 있는 내 몸으로 돌아와 있었다. 몸을 벗어나 있는 동안 시야가 있었는지 없었는지는 말할 수 없다. 이 모든 게 상당히 빠르게 2초, 3초 만에 일어났다.

유체 이탈 체험 중에는 자기(the self)라는 감각이 여러분의 몸 밖으로 옮겨진다. 때로는 자신의 몸 위를 떠다닌다는 감각이 있다. 때로는 다른 시점에서 자신의 몸을 보기도 하는데(자기상환시라 불리는 현상이다. 우리가 6장에서 보았던 것처럼 공간 주의의 신경 질환에서 드물게 발견되기도 한다), 주로 위에서 아래에 있는 몸을 내려다본다.

순간적인 유체 이탈 체험은 사람들이 잠들 때, 심각한 트라우마를 겪거나 극도의 노력을 할 때, 임사 체험(17장을 참고하라)을 할 때, (특히 케타민 같은 해리성 환각제) 약물을 사용할 때 발생하며 명백한 이유가 없는 경우도 종종 있다. 전체 인구 중 5퍼센트가 유체 이탈 체험을 경험하는 것으로 추정된다(Blackmore, 1982).

인터넷을 잠깐 검색해 보면 유체 이탈 체험을 경험할 수 있는 방법을 제안하는 수많은 사이트를 찾을 수 있다. 나는 모든 방법을 시도해 본 것 같지만 성공에 근접한 적도 없었다. 모든 제안이 일종의 시각화와 함께 거의 잠에 빠질 정도까지의 이완을 포함한다. 한 가지 잘 알려진 기법은 밧줄이나 계단, 사다리를 오르고 있다고 상상하면서 가능한 한 밧줄의 느낌이나 올라가는 동작에 집중하는 것이다. 어둠 속에서 위로 올라가는 자신을 상상하면서 한참 오르고 나면 '영적인 눈을 뜨게 된다'. 나는 지시대로 하기가 쉽지 않았는데 아마 그래서 한 번도 성공하지 못했을 것이다. 대신 여러분을 둘러싼 공간을 상세히 시각화한 뒤 방 안의 다른 시점에서 방이 어떻게 보이는지 상상하면서 자신의 시점을 그 지점으로 옮겨보려 할 수도 있다. 아니면 방 안에 두 번째 자신을 만들려 노력하면서 주의를 그 지점으로 옮길 수도 있다.

즉각적인 유체 이탈 체험은 흥미롭고, 경험자들의 서술로부터 어떤 일이 일어나는지 추론해 볼 수도 있다. 통제할 수 없는 현장 연구가 늘 그렇듯이 우리가 끌어낼 수 있는 결론은 제한적이다. 또한 영상화 데이터와 같은 데이터를 얻기도 어렵다. 드물게 발생하는 데다 예측도 할 수 없기 때문이다. 연구실에서 다양한 방법을 활용해 유체 이탈 체험을 유발하려는 시도가 몇 차례 있었다(상자 11.2).

상자 11.2 연구실에서 유도하는 유체 이탈 체험

연구실에서 유체 이탈 체험을 유도하기 위해 다양한 방법이 시도되었으나 아무도 100퍼센트의 신뢰도로 성공하지 못했다. (멈춰 있던 자동차가 눈 깜짝할 사이에 시야에서 사라질 때 경험할 수 있는) 아주 빠른 가속력은 유체 이탈 체험을 유도할 수 있다. 이때 유체 이탈 체험은 원심분리기에서 시뮬레이션 훈련을 받는 전투기 조종사들이 경험하는 *'중력가속도에 의한 의식 상실(gravity-induced loss of consciousness)'*이라는 현상(이 연구와 가장 인연이 깊은 이는 팁 휘너리(Typ Whinnery)다. 대표적으로 Whinnery & Forster, 2013)과 감각 박탈, 뇌의 전기적·자기적 시뮬레이션(Saroka et al., 2010)을 종종 동반한다. 일부에서는 (양쪽 귀에 다른 리듬을 들려줘서 주파수가 살짝 어긋나게 하는) 바이노럴 비트가 유체 이탈 체험을 가능하게 한다고 주장한다. 다른 주장과 마찬가지로 인터넷에 다양한 자료가 있으나 과학적 근거는 부족하다.

한 연구에서는 참가자들이 머리에 착용하는 영상 디스플레이 한 쌍을 장착하고 앉아 있었다(Ehrsson, 2007). 디스플레이는 참가자의 머리에서 2미터 뒤에 놓인 카메라 두 대가 실시간으로 촬영하는 화면을 보여준다. 즉, 두 카메라가 양쪽 눈에 대응하는 영상을 제공하지만 참가자는 두 영상을 하나로 합쳐서 본다. 사실상 자신의 뒤에 앉아 있는 누군가의 시점에서 자신의 등을 보게 되는 것이다. 이때 연구자가 참여자 뒤에 서서 두 개의 플라스틱 막대를 이용해 참가자의 실제 가슴과 환상에 불과한 가슴을 함께 건드린다. 그러자 참가자들은 자신의 물리적 몸 뒤에 앉은 채 해당 위치에서 바라보는 경험을 했다고 보고했다. 이러한 연구는 유체 이탈 체험에 신비주의적 요소는 전혀 없으며, 우리 몸에 대한 공간 표상의 여러 측면을 통합할 때 충돌이 발생해서 일어나는 현상임을 보여준다.

유체 이탈 체험 설명하기

유체 이탈 체험을 설명하기 위해서 '영적 투사'를 통해 움직이는 영혼의 존재를 상정할 필요는 없다. 그렇다 해도 일부 심리학 이론들은 그냥 이상하거나, 아니면 너무 복잡하게 느껴진다. 한 예로, 천문학자 칼 세이

건(Carl Sagan)은 유체 이탈 체험이 일종의 부활 환상이라고 주장했다. 유체 이탈 체험은 해리 상태의 한 형태다. 분명히 세계에 관한 모델이 일부 어긋나서 우리가 생각하는 위치와 실제 위치가 일치하지 않고 '우리'가 자기 몸이 아닌 다른 어떤 곳에 있다는 착각을 만들어 낸다. 블랙모어(Blackmore, 1992)는 이러한 기본적인 생각을 확장해 유체 이탈 체험 중에도 우리에게 여전히 의식이 있지만 일시적으로 적어도 일부 감각 입력과의 접촉이 끊어진다고 주장했다. 이러한 맥락에서 유체 이탈은 자각몽의 특성을 일부 공유한다.

유체 이탈 체험은 감각 데이터와 공간 속 자신의 위치에 관한 모델이 불일치하면서 만들어지는 환각이며, 자기상환시나 자기환시 같은 자기 장애(disorder of the self)를 닮았다(7장을 참고하라). 뇌 영상과 시뮬레이션을 활용한 연구가 이러한 생각을 뒷받침한다. 가장 잘 알려진 연구로는 스위스의 신경 과학자 올라프 블랑케의 작업이 있다(Blanke & Mohjr, 2005; Blanke et al., 2002, 2004). 블라케의 연구는 (뇌전증 치료를 위해 외과 치료 중인 환자의) **우측 각회(right angular gyrus)**를 전기적으로 자극할 때 유체 이탈 체험이 발생할 수 있음을 보였다. 또한 이 여성 환자는 팔과 다리의 지각 왜곡도 경험했다(Blanke et al., 2002). 블랑케 등(Blanke et al., 2002)은 우측 각회 근처에 자리한 **전정피질(vestibular cortex)** 또한 관여한다고 가정해서, 유체 이탈 체험 중 일반적으로 보고되는 공중 부양과 몸이 가벼워지는 감각을 설명했다. 이러한 경험은 **측두-두정 접합부**(7장을 참고하라)의 이상 활동으로 인해 발생하지만 이상 활동이 생기는 원인은 아직 알려지지 않았다(그림 11.5).

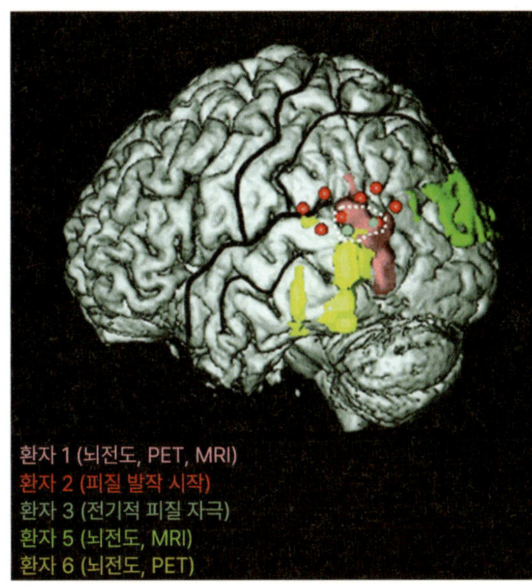

그림 11.5 공간에서의 자기 감각에 영향을 미쳐 유체 이탈 체험으로 이어지는 병변. 그림에서는 유체 이탈 체험과 관련된 (자기상환시) 현상에 취약한 환자 5명의 좌반구 병변 위치를 겹쳐서 보여준다. 이러한 지점이 측두-두정 접합부 주위에 모여 있는 것을 주목하자.
출처: Blanke et al. (2004). © 2004, Oxford University Press.

구테르스탐 등(Guterstam et al., 2015)은 참가자들이 fMRI 장치 안에서 스캔되는 동안 유체 이탈 체험 착각을 만들어 내기 위해 고무손 착각(7장을 참고하라)에 기반한 다감각 가상 현실 시스템을 활용했다. 이들은 블랑케 등과 유사한 결과를 얻었고, 몸에 대한 자의식이 두 가지 요소로 구성된다고 주장했다. 몸이 자기 일부라고 느끼는 신체 소유감(body ownership)과 몸이 공간 어딘가에 위치한다고 경험하는 자기 위치(self-location)다. 이 두 가지 요소가 해리될 수 있어서 자가국소실인증에서는 팔다리를 자기의 일부로 인식하는 데 실패하고, 유체 이탈 체험에서는 자기 위치가 몸과 분리된다. 뇌 영상을 보면 신체 소유감은 **전운동 영역**과 *두정내 영역*의 활동과 관련이 있으며, 자기 위치는 해마와 *두정내 영역*의 활동에 좌우된다. 두 시스템은 보통 후부 대상회피질에 의해 중재된다.

핵심은 유체 이탈 체험에 신비주의적 요소가 전혀 없다는 것이다. 여러분의 영혼이 어딘가로 이동하는 게 아니다. 영적 몸과 물리적 몸 사이의 줄이 끊어진다고 해서 사망하지도 않을 것이다. 또한 이원론의 증거도 될 수 없다. 대신 유체 이탈 체험은 병리적 뇌 활동을 나타내고, 이러한 설명은 공간에서 자기라는 감각에 영향을 미치는 병변을 다룬 연구에서 알게 된 사실에 훌륭히 부합한다.

직접 해보자: 유체 이탈 체험

유체 이탈 체험을 유도하는 기법을 몇 가지 시도해 보자. 인터넷에 검색해 보면 상세한 지시를 찾을 수 있다. 어떤 사람들은 양쪽 귀에 서로 다른 주파수의 리듬을 재생하는 바이노럴 비트를 제안한다. 바이노럴 비트를 제공하는 앱은 쉽게 찾을 수 있다. 4헤르츠 정도가 적당하다고 한다.

가장 쉬운 방법은 시각화를 통한 정신적 유도다. 고전적인 기법의 하나는 바닥에 누워서 눈을 감고 우리 몸이 떠다니는 것을 상상하는 것이다. 떠다니는 몸의 시점으로 자신을 내려다본다고 상상하라. (자신을 다른 어디로든 움직일 수 있는 기법인 *영적 투사*를 이야기하는 사람들은 진짜 몸과 시각화된 몸 사이를 잇는 줄을 떠올리라고 할 것이다. 그리고 이 줄이 끊어지지 않게 해야 한다고 애원한다. 그 줄이 끊어지면 죽게 된다는 것이다. 절대 무시할 수 없는 경고다.)

*먼로 기법(Monroe technique)*은 물리적·정신적 이완을 바탕으로 한다. 먼저 근육 이완과 깊고 느린 호흡을 통해 몸의 긴장을 푼다. 그다음 수면의 경계에 해당하는 상태에 이르려 노력한다. 이러한 상태를 1단계 수면(phase 1 sleep) 혹은 입면상태(hypnagogic state)라 한다(12장). 한 가지 방법은 잠이 들 때 자기 팔을 들어 올리는 것이다. 잠이 들어서 팔이 떨어지면 깨게 된다. 팔을 들어 올리려 잠에서 깰 필요가 없을 정도로 얕은 잠에 빠질 때까지 이 방법을 연습한다. 한 가지 물체에 집중하는 방법도 있다. 아무 생각도 없이 이런 상태에 머무르는 것을 시도해 보자. 그리고 점점 더 깊이 이완하려 해보자. 어떤 사람들은 전신에 퍼지는 '떨림'이나 따끔거리는 감각, 전기 충격을 보고한다. 그렇다면 이러한 떨림을 통제하는 것을 연습하자. 그다음 자신을 들어 올려 떠오르고 점점 더 가벼워진다고 생각하거나, 정신적 몸의 이미지를 회전시켜서 물리적 몸과는 다른 위치에 말아 넣는다고 상상해 보자. 마지막에는 물리적 몸과 정신적 몸을 합치는 것을 잊지 마라.

나는 이 중 어떤 방법으로도 성공한 적이 없지만 여러분은 다를 수도 있다. 행운을 빈다!

편두통과 뇌전증

안타깝게도 많은 이들이 *편두통*에 익숙하다. 전체 인구의 약 15퍼센트가 적어도 간헐적으로 편두통을 겪는다고 추정된다. 종종 편두통의 통증에 앞서 의식의 변화를 포함하는 징후가 나타나기도 한다. 첫째, 편두통이 발생하기 몇 시간 전 혹은 심지어 며칠 전부터 메스꺼움과 변비, 신경과민, 우울, 집중력 상실, 빛 또는 냄새에 대한 민감성 등 아주 다양한 증상을 보이는 *전구증상 단계(prodrome phase)*가 있을 수 있다. 이러한 단계는 24시간에서 48시간 지속되며 *편두통 환자(migraineurs)*의 80퍼센트에게 영향을 미친다. 내 경우 가장 흥미로운 증상은 가벼운 어지러움과 '그다지 현실 같지 않은' 느낌(현실감 소실)이었다. 그다음에는 많은 사람들이 *시각조짐(visual aura)*을 경험한다(Sacks, 1970). 나는 지그재그인 선이 맹점에서부터 퍼지기 시작해서 전체 시야를 채울 정도로 확장되다가 통증이 시작되는 지점으로 밀려나는 전형적인 증상을 겪는다(그림 11.6). 어떤 사람들은 편두통이 끝난 뒤 *후구증상 단계(post-drome phase)*를 경험하기도 한다. 피로해지거나, 기분의 변화를 겪거나, 우울해지거나, 배탈이 난다. 혹은 거의 조증에 가까울 정도로 기분이 들뜨기도 한다.

또한 편두통은 머리의 통증과 함께 의식의 변화를 포함한다. 편두통의 원인은 아직 거의 밝혀지지 않았다. 쌍둥이 연구를 보면 50퍼센트 정도의 유전율을 시사하므로(Plane et al., 2007) 분명히 유전적 요소가 있다. 스트레스나 피로, 굶주림처럼 덜 구체적인 유발인자(trigger)들과 함께 치즈, 적포도주, 초콜릿 등의 음식 같은 환경적 유발인자도 몇 가지 보고되었다. 십대 시절 나는 의식처럼 토요일 밤마다 치즈를 먹고 나면 매주 일요일 편두통을 앓는다는 것을 깨달았다. 그래도 일요일에 잔디를 깎아야 하는 스트레스에서는 벗어날 수 없었다. 유전자와 유발인자가 상호작용하며 증상과 통증을 만들어 내는 메커니즘 역시 거의 알려지지 않았다. 일부 연구자들은 뇌로 향하는 혈류가 중요하며 혈관의 수축과 팽창이 심리학적 변화와 통증으로 이어진다고 주장한다. 다른 연구자들은 뇌의 신경 활성 패턴이 더 중요하고 특히 신경전달물질 **NDMA**와 **세로토닌**의 수용체가 큰 영향을 미친다고 주장한다. 뇌줄기가 편두통의 증상들이 시작되는 데 중요한 역할을 하는 듯하다(Akerman, Holland, & Goadsby, 2011; Dodick & Gargus, 2008; Olesen et al., 2009; Shevel, 2011). 시야의 중심에서부터 퍼져 나가는 시각조짐은 시각피질 전역으로 퍼져 나가는 활성으로 추적할 수 있다(Sacks, 1970).

그림 11.6 편두통 조짐. 전형적인 편두통은 생리적·심리적 변화가 특징인 전구증상 단계로 시작된 뒤 시각조짐이 따라올 수 있다. 전형적인 조짐은 가운데 맹점에서 시작되며, 다양한 색의 지그재그인 선이 시야의 가장자리로 뻗어 나간다.
출처: smartboy10/DigitalVision Vectors/Getty Images.

뇌전증 역시 뇌 전역으로 퍼지는 비정상적 신경 활동을 포함하지만 더 극적이고 위험한 결과를 낳는다. 뇌전증 *발작*에서는 뉴런들의 갑작스러운 방출에 해당하는 뇌의 과도한 전기적 활성이 발생한다. 이러한 발작이 개인에게 영향을 미치는 정도는 뇌의 얼마나 많은 부분이 그리고 어떠한 특정한 영역이 영향을 받았는지에 따라 결정된다(그림 11.7). 뇌전증은 편두통보다는 덜 흔하지만 그래도 100명 중 1명에게 영향을 미친다.

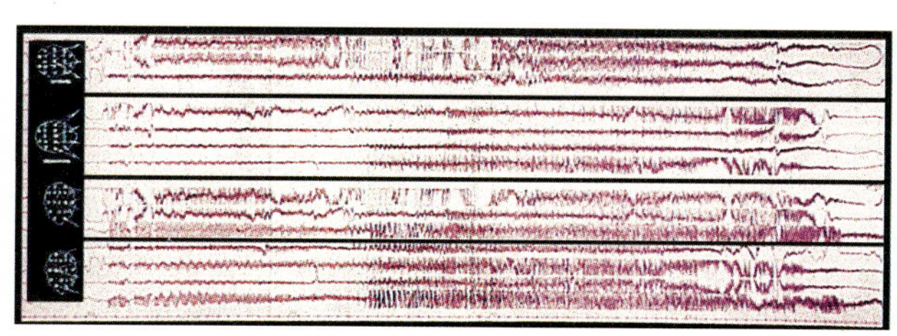

그림 11.7 뇌전증 발작이 일어나는 동안의 뇌전도. 부분발작에서는 비정상적인 전기적 활동이 뇌의 특정한 영역 한 곳 주위에서만 감지된다. 전신 발작에서는 변화가 광범위하게 관찰된다. 뇌전도가 '미쳐 날뛰는' 것처럼 보일 수도 있다. 발작이 아닐 때도 일부 비정상적인 전기적 활동이 감지되기도 한다.
출처: BSIP/UIG via Getty Images.

뇌전증의 가장 확실한 신호는 발작이다(Duncan et al., 2006). 약 60퍼센트의 발작이 경련을 동반한다. 이러한 발작 중 3분의 2 정도는 피질의 중심에서 시작되어 나머지 영역으로 퍼지며, 3분의 1은 양쪽 반구에 모두 영향을 미치는 전신 발작으로 시작된다. (흔히 대발작(grand mal seizures)이라 알려진) 후자의 경련성 발작은 몸 양쪽의 강력한 근육 수축으로 시작된다. 환자는 의식을 완전히 잃는다. 이후 응답이 없고 깊이 잠이 들었지만 깨어 있다고 혼동되는 *발작 후* 상태(*postictal* state)를 거쳐 의식을 회복하기까지는 다소 시간이 걸린다. 경련성 발작은 운동피질에서 시작된 뇌전증 활성의 결과다.

나머지 40퍼센트의 발작은 비경련성 발작으로, 가장 극적인 유형은 몇 초간 의식 수준이 급격히 떨어지는 결여 발작(absence seizure)이다(아마 '존재하지 않는' 것처럼 보여서 이런 이름이 붙었을 것이다). 결여 발작은 소발작(petit mal seizure)이라고도 한다. 당사자는 재빨리 정상으로 돌아오며 혼란을 겪지도 않는다. 발작은 후두엽 중심에서 시작되어 시각장애와 색이 있는 패턴, 환각을 만들어 낸다. 두정엽에 집중된 발작은 신체 감각 장애, 유체 이탈 체험 그리고 기억 혼란과 강렬한 정서적 상태를 포함하는 인지와 경험의 복합 장애를 유발한다.

발작 역시 편두통과 마찬가지로 냄새와 같은 감각 현상의 환각을 포함하는 전조와 입술을 핥는 등의 단순하고 반복적인 동작인 자동증(automatism)이 먼저 나타날 수 있다.

> **직접 해보자: 여러분의 편두통 조짐**
>
> 불행히도 편두통과 조짐으로 고통을 겪고 있다면 여러분이 경험하는 조짐을 정리해 보자. 시각조짐이 전체 시야로 확장되는 데 얼마나 걸리는지 측정해 보자. 조짐의 중단과 통증의 시작 사이에는 어떠한 시간적 관계가 있는가?

편두통과 마찬가지로 대부분의 간질이 발생하는 이유도 알려지지 않았다. 뇌 손상이나 충격, 뇌종양, 감염, 출생 시의 외상으로 인해 발생하는 때도 있으나 절반 정도는 명확한 원인이 없다. 편두통처럼 유전적 요인이 있어서 쌍둥이 연구는 50퍼센트 정도의 유전율을 시사한다(Pandolfo, 2011). 과거에는 심각한 뇌전증 치료를 위해 보통 수술을 받았으나(드물게는 뇌량을 절단하기도 했다) 이제는 보통 발프로산(sodium valproate)과 같은 항경련제(anti-convulsant drugs)로 뇌전증을 통제할 수 있다.

발작 중에는 언제나 의식을 상실한다. 전신 발작 시에는 전두-두정 네트워크와 시상처럼 관련된 피질 하부 구조에서 급격히 신경 활동이 증가하지만, 다른 발작의 경우에는 같은 영역에서 신경 활동이 급격히 감소한다(Blumenfeld & Taylor, 2003). 하지만 결과는 같아서 이 사상-피질 회로의 활동이 의식을 유지하는 데 필수적이라는 9장의 결론과 일치한다.

임사체험

어떤 사람들은 죽음에 가까워질 때 특별한 경험을 보고하며, 이들의 경험에는 보통 공통점이 많다. 수술 중이던 사람 혹은 심장마비 상태였던 사람이 이후 어떤 목소리를 듣거나, 무언가를 보았거나, 행복감에 젖은 채 평화로움을 느꼈으며 죽음의 공포는 없었다고 보고한 사례들이 있다. 이들은 보통 빛의 터널을 따라 내려가서 사랑했던 고인들을 만났고 이후 암흑 또는 빛으로 들어갔다고 보고한다. 이러한 체험을 임사체험(near-death experience, NDE)이라 한다. 임사체험은 드물지 않다. 미국인의 13퍼센트가 임사체험을 한다는 추정도 있다(Mobbs & Watts, 2011). 대부분은 임사체험이 무척 즐거웠다고 하지만 모두 그런 것은 아니다. 두려움과 공포로 묘사할 수 있는 무서운 시간이었다고 묘사하는 소수도 있다.

임사체험이라는 용어와 이러한 체험에 대한 최초의 설명은 죽을 뻔했던 사람을 150명 조사했던 무디

(Moody, 1975)가 제시했다. 그는 임사체험에서 공통으로 발견되는 요소 9가지를 정리했다. ① 평화로움과 고통 없음, ② 이상한 소리, ③ 유체 이탈 체험, ④ 터널 체험, ⑤ 갑작스러운 천국으로의 승천, ⑥ 사람들이나 빛을 보는 것, ⑦ 신성한 존재의 감각, ⑧ 돌아가기를 꺼림, ⑨ 인생 회고다. 임사체험을 보고한 이들 중 일부는 당시 갑자기 사람들과 인생의 사건에 관해 많은 기억을 떠올렸다고 설명했다. '인생이 눈앞에 스쳐 가는' 그 유명한 *인생 회고 체험(life review experience, LRE)*이다. 인생 회고 체험은 보통 연대순으로 이뤄지며, 임사체험 시에 가장 많이 발견되긴 하지만 스트레스가 매우 큰 다른 시기에도 관찰된다(Katz et al., 2017). 임사체험 중 약 13퍼센트가 인생 회고 체험을 포함한다(Van Lommel et al., 2001).

링(Ring, 1980)은 임사체험을 다섯 개의 연속적인 단계로 요약했다. ① 대단히 평화롭다는 느낌, ② 몸에서 분리되는 느낌, ③ 어둠으로 들어가기, ④ 빛을 보기, ⑤ 빛으로 들어가기다. 그는 임사체험을 겪은 대부분의 사람이 (평화로움과 만족을 느끼는) 1단계를 경험하지만 ('빛으로 들어가는') 5단계를 경험하는 이는 10퍼센트에 불과하다고 설명했다.

심장박동이 멈춘 후에도 산소 부족이 뇌에 영향을 미칠 때까지 잠깐은 인식이 일부 계속된다(Parnia et al., 2014). 따라서 심장 발작 후 생존한 이들에 관한 연구도 아주 많다. 파르니아 등(Parnia et al., 2014)은 심장 발작을 일으키고도 생존한 250명을 대상으로 대규모 연구를 수행했다. 거의 50퍼센트에 달하는 생존자들이 발작 당시의 기억을 보고했고 이들의 기억에는 주로 7개의 주제가 되풀이해서 등장했다. ① 공포, ② 밝은 빛, ③ 가족들과의 만남, ④ 동물과 식물, ⑤ 폭력과 핍박, ⑥ 기시감, ⑦ 발작이 일어난 후의 사건 회상이었다. 생존자 중 9퍼센트가 임사체험을 보고했고, 2퍼센트는 회생과 관련된 실제 사건을 '보고' '들은' 인식을 묘사했다. 한 환자는 뇌 기능이 멈췄어야 하는 시간에도 의식적 인지를 확인할 수 있는 시기가 (최고 3분까지) 있었다.

물론 임사체험이 죽었다가 죽음에서 돌아오는 것과 같지는 않다. 임사체험을 한 사람은 완전히 사망한 적이 없다(죽음을 어떻게 정의하는지에 따라 달라질 수도 있다는 것은 인정한다). 이러한 점을 명확히 하지 않으면 "죽음 이후의 삶이 존재한다: 과학자들이 획기적인 연구를 통해 충격적인 사실을 밝히다"(「데일리익스프레스(Daily Express) 영국판」, 2016년 8월 15일) 같은 표제가 나온다. 위에 언급한 파르니아 등(Parnia et al., 2014)의 연구에 관한 기사였다. 신문에서 읽은 것을 모두 다 믿지는 마라.

상자 11.3 임사체험은 어떻게 죽음에 대한 두려움을 줄이나

인터넷에서 찾을 수 있는 조사 결과는 임사체험이 어떻게 삶을 완전히 바꿀 수 있는지 보여주는 일화적 증거다. 이 결과를 신뢰할 수 있다면 알코올 중독자들은 음주를 멈추고, 범죄자들은 모범적인 시민이 되며, 무신론자들은 신을 받아들이고, 사람들은 더는 죽음을 두려워하지 않게 된다. 오직 (5분의 1에 해당하는) 소수의 사람만이 임사체험이 어떤 식으로도 자신을 바꾸지 않았다고 보고한다(Atwater, 2007). 모든 변화가 좋은 것은 아니다. 임사체험 후에는 이혼율, 자살률, 일터에서 문제를 일으키는 비율이 증가한다. 아마 더 좋은 쪽으로 변화한 후 어느 시점까지는 더 열리고 신뢰하는 태도를 보이다가, 어떤 사람은 환상에서 깨어나는 때도 오기 때문일 것이다(Atwater, 2007; Shermer, 2018).

상자 11.3 임사체험은 어떻게 죽음에 대한 두려움을 줄이나 (계속)

지나치게 회의적으로 굴지는 말자. 어쨌든 LSD 같은 환각제를 사용하는 경험 한 번이 한 사람의 인생을 영원히 바꾸어 놓을 수도 있다(15장을 보라). 분명히 중요한 경험 한 번이 이론적으로 한 사람의 인생을 바꾸어 놓을 수 있지만, 우리는 아직 어떻게 그런 일이 일어나는지 충분히 이해하지 못하고 있다. 장기적 변화에 관여하는 메커니즘에 관한 이해가 특히 부족하다. 약물 증거는 한 번의 사건도 장기적인 정신약리적 변화를 낳을 수 있음을 시사한다. 아마 임사체험에서도 비슷한 일이 일어날 것이다. 심리적으로는 단순히 즐거운 임사체험을 겪으면서 죽음의 과정이 불행하지 않고 실은 즐거울 수도 있다는 사실을 알게 될 수도 있다(돌아오는 것을 꺼리는 특성에 주목하라). 마지막으로, 많은 사람이 임사체험 뒤에 더 영적인 사람이 되며 죽음 이후에도 어떤 방식으로든 존재하게 된다고 생각하게 된다. 임사체험을 겪은 모든 이가 죽음을 두려워하지 않게 되는 것은 아니라는 사실도 기억하자.

임사체험은 이 체험에서 돌아온 이들이 자신의 삶을 보는 방식에 커다란 변화를 겪고 죽음에 대한 두려움을 버리게 된다는 점에서 보통 *변혁적*이다(van Lommel, 2011). 가상 현실을 통해 유도한 임사체험도 죽음에 대한 공포를 덜어줄 수 있다(Bourdin et al., 2017).

임사체험의 생물학적 설명

인간의 영혼이 죽음을 향해 가다가 돌아오면서 임사체험이 일어난다고 믿는 과학자들은 소수에 불과하지만 임사체험은 이런 식으로 해석되는 경우가 많다(위를 보라). 임사체험 중 뇌전도가 완전히 평탄해지는 순간은 없다. 임사체험이 과거에 일어난 일에 관한 실제 기억이 아니라 깨어나서 만들어진 이야기라고 주장하는 이들도 있다. 이러한 생각을 반박하는 증거가 있다. 임사체험을 보고한 사람들이 하는 이야기와 회복 과정에서 임사체험을 꾸며내 보라는 요청을 받은 사람들이 하는 이야기는 아주 다르다. 또한 임사체험 중인 사람들은 그 상태 중에 일어난 사건에 관한 정보에 접근할 수 있다(Sartori, 2008).

대신 우리는 뇌가 사망하기 시작했거나 극단적인 스트레스에 놓였다는 설명을 지지한다. 이렇게 위태로운 단계에서 뇌의 생리는 당사자가 이후 보고하는 변성된 의식 상태의 특성을 유발한다. 수전 블랙모어의 *죽어가는 뇌 가설(dying brain hypothesis)*에서는 임사체험의 현상학이 뇌가 사망하기 시작할 때 동반되는 생리적 변화와 특히 산소 부족으로 유발된 변화로 설명된다고 한다(Blackmore, 1993). 몸에 산소가 부족해지면 이산화탄소 농도가 증가한다. 예를 들어, 빛의 터널로 들어가는 이미지는 시각피질로 향하는 혈류의 감소로 설명할 수 있다.

일부 과학자들은 임사체험의 행복감과 환각을 내인성 환각제인 *N,N-디메틸트립타민(N,N-dimethyltryptamine, DMT)*에 잠긴 뇌로 설명할 수 있다고 주장한다(Strassman, 2001). 임사체험과 DMT로 유발된 상태는 신체를 초월하고 많은 것과 소통하는 감각을 비롯해 강력한 유사점들이 있다(Timmermann et al., 2018). 하지만 솔방울샘은 임사체험을 겪는 아주 짧은 시간에 필요한 만큼의 DMT를 만들어 내지 못할 것이다(15장과 Kingsland, 2019를 참고하라). 대신 몸은 행복감을 만들어 내는 천연 진통제인 엔도르핀을 방출한다. 또한 피질에서 세로토닌 수용체의 한 유형인 2A의 결합도 갑자기 심하게 증가할 수 있다. LSD와 같은 환각성 약물도 이러한 수용체에 결합하는데, 환각성 약물의 장기 효과 중 하나가 죽음에 대한 공포가 감소하는 것이다(Kingsland, 2019). 이러한 관계는 다소 허약하지만 그럴듯하게 들린다.

'인생이 눈앞에 스쳐 가는' 인생 회고 체험은 어떻게 설명할 수 있을까? 다양한 설명이 나왔다. 사건들이 일어나는 속도를 볼 때 인생 회고 체험의 기저에는 생물학적 설명이 존재할 가능성이 크다. 한 가지 가능한 설명은 산소 부족이 시각피질에서 시작되는 뉴런의 탈억제로 이어져서 수많은 뉴런이 한 번에 활성화되기 시작하고 자서전적 기억을 관리하는 뇌의 여러 영역에서 변성된 활동이 일어난다는 것이다(Blackmore, 1993; Greyson, 1998; Katz et al., 2017; Mobbs & Watts, 2011).

모든 연구자가 신경생리학적 모델로 임사체험의 모든 측면을 설명할 수 있다고 믿는 것은 아니다(Greyson et al., 2012). 임사체험은 일관되게 기분 좋은 경험으로 보고되지만 측두엽에 대한 전기적 자극은 보통 무척 불안하고 무서운 경험을 만들어 낸다(Gloor, 1990). 임사체험 시의 혈류 산소 수준은 통제된 환자들과 비슷하거나 더 높을 때도 있다(Parnia et al., 2001). 또한 임사체험은 다른 신경학적 조건에서 환각과는 달라서 더 현실적이고, 더 즐거우며, 모든 감각을 포함한다(Greyson et al., 2012). 이러한 반박 중 일부에도 의문이 제기되고 있으므로(Mobbs, 2012) 배심원들은 아직 판결을 내려서는 안 된다. 임사체험은 드물고 예측할 수 없이 발생해서 관련된 신경과학 데이터를 수집하기가 어렵다.

기면성 뇌염

*기면성 뇌염*은 20세기 초에 등장한 질병이다. 이 병은 '수면병(sleepy sickness)'으로도 불렸다(열대 아프리카에서 체체파리가 옮기는 기생병인 '수면병(sleeping sickness)'과 혼동하면 안 된다). 기면성 뇌염은 1915년부터 1925년부터 세계 전역에서 약 5백만 명에게 영향을 미쳤으나 대부분의 사례는 유럽과 북아메리카에서 보고되었다(그림 11.8). 이 병을 최초로 설명한 이는 오스트리아와 루마니아의 저명한 신경학자이자 정신과 의사였던 콘스탄틴 폰 에코노모(Constantin von Economo, 1876~1931)였다. 폰 에코노모는 일찌감치 상세한 뇌의 세포구조 지도책을 펴내기도 했다. 기면성 뇌염은 상당히 신비로운 병이었다. 처음에는 눈에 띄는 무기력과 함께 고열, 심한 두통, 인후염, 혼동, 발작, 시력 손상 및 복시 등 뇌염의 흔한 증상이 나타났다. 일부 환자는 혼수상태에 빠졌고 3분의 1 정도는 급성기에 사망했다. 처음에는 수백만 명이, 어쩌면 그 이상이 어느 정도 기면성 뇌염에 걸렸던 것으로 추정된다.

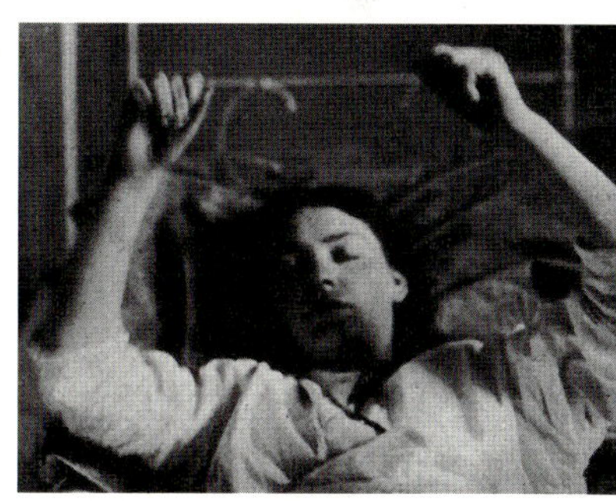

그림 11.8 기면성 뇌염을 앓는 환자. 환자는 잠이 든 듯한 상태로 보인다. 수면병으로도 불리지만 체체파리가 옮기는 기생병과 혼동해서는 안 된다. 기면성 뇌염은 1916년 처음 관찰되었으나 그 원인은 아직도 확실하지 않다
출처: Stern(1928).

급성기를 견디고 생존한 환자 중 많은 이는 완전히 정상으로 돌아가지 못했다. 특히 대개 의식 수준에 영향을 미쳐 어느 정도의 무기력이 남았다(Sacks, 1973). 더 극단적일 때에는 분명히 의식이 있으면서도 행동을 시작할 수 없어 움직이거나 말하지 않고 어떠한 에너지도 없는 '살아있는 조각상'이 되었다. 일부 환자는

수십 년간 이러한 상태로 남아 있었다.

이 병의 원인은 여전히 밝혀지지 않았다. 이후 유사한 발병 사례도 보고되지 않았다. 기면성 뇌염이 처음 유행했을 당시의 병리학 도구는 지금처럼 정교하지 않았다. 처음에 이 병은 제1차 세계대전 이후 전 세계를 휩쓸었던 1918년 스페인 독감 유행과 관련이 있는 것으로 여겨졌다. 하지만 폰 에코노모는 두 유형의 환자들의 뇌를 검시해 보고 각 유형의 환자들이 서로 다른 병변을 가지고 있는 것을 알았다. 사망 전 혼수상태였던 환자들은 후측 시상하부나 **중간뇌**의 위쪽 부분에 병변이 있었다. 폰 에코노모는 뇌의 이 두 부분을 '각성 중심(wakefulness centre)'이라 지칭한 최초의 과학자였다. 사망 전 *불면증(sleeplessness)*을 겪었던 환자들은 전측 시상하부에 뇌 병변이 있어서 이 부분이 '수면 중심(sleep centre)'으로 알려지게 되었다. 일부 독감 환자는 해당 독감에 자가면역 반응을 발달시킨다고 알려졌다. 하지만 기면성 뇌염 발발은 스페인독감 유행이 시작되었다고 생각되는 해(1917년 후반)보다 몇 년 전이었다. 분석 결과 기면성 뇌염 환자들에게 어떠한 종류든 독감이 존재했다는 일관성 있는 증거는 발견되지 않았지만 당시에 쓰였던 기법은 신뢰하기 어렵다(McCall et al., 2009). 기면성 뇌염을 유발할 수 있는 강력한 후보 하나는 장을 통해 전염되는 장내바이러스(enterovirus)로, 가장 잘 알려진 예로 소아마비가 있다(Dourmashkin et al., 2012). *연쇄상구균(streptococcus)* 같은 쌍구균 박테리아(diplococcus bacterium)도 가능성이 있다. '패혈증 인두염'으로 알려진 상태가 이 박테리아와 관련이 있다. 근본적인 병원체가 무엇이든 기면성 뇌염의 영향은 뇌 심부 구조, 특히 바닥핵을 손상하는 것이다(Dale et al., 2004). 하지만 병의 정확한 원인과 이렇게 극적인 영향을 만들어 내는 과정은 아직 밝혀지지 않았다(Vilensky, 2011).

1960년대 후반에는 엘도파(L-DOPA) 약물 치료를 통해 거의 50년간 보살핌을 받으며 '잠들어' 있던 환자들을 '깨울' 수 있으리라는 희망이 있었다. 이 약은 단기적으로 많은 환자에게 효과를 보였지만 대부분은 다시 원래의 무기력 상태로 돌아갔다. 이러한 과정은 올리버 색스의 유명한 책 『깨어남(Awakenings)』(Oliver Sacks, 1973)에 기록되었으며 동명의 영화도 제작되었다(Marshall, 1990).

기면성 뇌염은 의식에 관한 우리의 탐구와도 관련이 있다. 많은 이들을 아주 오랫동안 기이한 상태에 빠트렸기 때문이다. 현대의 영상화 기법과 전기생리학적 기법이 생겨나기 전에 최초의 유행이 발생했기 때문에 이 질병이 뇌의 네트워크와 의식의 상관물에 어떤 영향을 미치는지 확신할 수 없지만, 다시 한번 정상적인 의식을 유지하는 데 뇌줄기가 중요하다는 것을 알 수 있다. 우리 대부분은 기면성 뇌염 환자가 된다는 것이 어떤 것인지 그 현상학을 추측할 수 있을 뿐이지만, 흥미롭고 읽어 볼 만한 가치가 있는 색스의 설명은 몇 가지 아이디어를 제공한다.

변성된 의식 상태의 다른 유형들

변성된 의식 상태는 강도와 발생의 빈도에 따라 다양한 사례가 있다. 예를 들어, 격렬하게 낭만적 사랑에 빠져 있는 상사병 상태(때로는 *집착 행동(limerence)*이라고도 한다)를 변성된 의식 상태라 주장할 수도 있을 것이다. 이러한 상태는 현실 왜곡과 강박, 침투적 사고를 특징으로 하며, 대중 언론에서는 도파민과 옥시토신 수치가 올라가고 세로토닌 수치는 평소보다 떨어진다고 설명한다. 이러한 주제로 동료 심사를 거쳐 학술지에 발표된 연구가 없긴 하지만, 적어도 언론의 주장 중 일부는 받아들이기 어렵다.

질병으로 인해 발생한 열은 분명히 정상적인 의식 상태가 아닌 섬망 상태를 만들어 낼 수 있다. 섬망 상태는 이름에서 짐작할 수 있듯이 섬망 발생성 환각성 약물이 유발하는 상태와 유사하다(15장을 참고하라).

이러한 경우를 생각하다 보면 다시 변성된 의식 상태의 정의로 돌아가게 된다. 의식 상태가 어떻게 변했을 때 연구자가 '변성된'이라는 이름표를 붙여야 할까? 객관적 척도는 없다.

11장 요약

- 변성된 의식 상태(ASC)는 의식의 질이 변하는 것을 특성으로 한다.
- 변성된 의식 상태는 객관적으로 혹은 주관적으로 (질적으로) 정의할 수 있다.
- 항상 변성된 의식 상태의 객관적 표지를 찾을 수 있는 것은 아니다.
- 감각 박탈은 감각 입력 수준을 장기적으로 낮춰서 변성된 의식 상태를 유발한다.
- 단기적이고 자발적인 감각 박탈은 즐겁고 명상과 유사한 영향을 미친다.
- 장기적이고 비자발적인 감각 박탈은 불쾌하며 높은 수준의 불안과 환각을 포함하는 영향을 미친다.
- 간츠펠트는 균일한 입력에 대한 감각 습관화로 만들어진 감각 입력 축소 상태다. 대부분의 사람이 꿈을 꾸는 것 같은 상태와 이완에 이른다.
- 유체 이탈 체험에서 사람들은 자기 몸 밖에 위치하는 자신을 발견하게 되고, 보통 자신을 내려다본다.
- 유체 이탈 체험은 감각 데이터와 공간 속 자기 위치에 관한 모델이 불일치하면서 생긴다.
- 편두통은 인식과 환시의 변화를 포함하는 의식의 변화가 선행되는 두통이다.
- 뇌전증 발작 역시 환각을 비롯한 의식의 변화가 선행될 수 있다.
- 죽음에 가까이 갔던 사람들은 종종 임사체험을 경험한다. 생리학으로 이러한 경험을 설명할 수 있으나, 상세한 설명에 관해서는 아직 합의가 이루어지지 않았다.
- 기면성 뇌염은 1915년부터 1925년까지 빈발하며 많은 환자를 움직임을 시작하는 데 심대한 어려움을 느끼는 수면과 비슷한 상태로 빠트렸던 질병으로, 그 원인은 밝혀지지 않았다.

리뷰 질문

1. 변성된 의식 상태에서는 무엇이 변하나?
2. 모든 변성된 의식 상태가 정신약리학적 변화에 좌우되나?
3. 변성된 의식 상태의 바람직한 효과가 있다면 무엇일까?
4. 유체 이탈 체험에서는 무엇이 변하나?
5. 뇌전증을 유발하는 것은 무엇인가?

6. 기면성 뇌염 유행 연구에서 어떤 교훈을 얻을 수 있나?
7. 사랑은 변성된 의식 상태일까?
8. 임사체험은 어떠한 사건인가?

추천 자료

변성된 의식 상태는 무엇인가?

Kingsland, J. (2019). Am I Dreaming? The New Science of Consciousness and How Altered States Reboot the Brain. London: Atlantic Books. 약물로 유도된 상태를 포함해서 변성된 의식 상태가 사람들, 특히 정신질환을 가진 이들을 어떻게 도울 수 있는지 강조한 훌륭한 검토서.

감각 박탈과 간츠펠트

Taylor, K. (2016). Brainwashing: The Science of Thought Control. Oxford, UK: Oxford University Press. 격리와 박탈을 넘어 사람들을 세뇌하기 위한 신경과학적 시도의 모든 양상을 다룬다.

유체 이탈 체험

Nicholls, G. (2012). Navigating the Out-of-Body Experience: Radical New Techniques. Woodbury, MN: Llewellyn Publications. 뉴에이지적인 성향만 무시할 수 있다면 관련 기법들을 충분히 살펴볼 수 있다.

편두통과 뇌전증

올리버 색스. (2020 [1970]). 편두통 (원제: Migraine). 알마.

임사체험

Blackmore, S. (2017). Seeing Myself: The New Science of Out-of-Body Experiences. Philadelphia, PA: Robinson Press.

기면성 뇌염

올리버 색스. (2012 [1973]). 깨어남 (원제: Awakenings). 알마.

Vilensky, J. (2010). Encephalitis Lethargica: During and After the Epidemic. Oxford, UK: Oxford University Press.

12 잠

우리는 살면서 거의 3분의 1에 해당하는 시간을 잠을 자며 보낸다. 잠은 본질적으로 우리가 가장 많은 시간을 보내는 변성된 의식 상태이지만 우리는 잠을 거의 기억하지 못한다. 잠이 든 채 경험하는 일종의 형상화이자 사람에 따라 다양한 명확도로 기억하는 꿈은 잠의 중요한 요소다. 누구나 꿈을 꾼다. 꿈을 꾸지 않는다고 주장하는 이들은 그저 꿈을 기억하지 못하는 것이다. 잠이 들었을 때 우리는 무척 취약하다. 우리는 어둡고 따뜻한 침실의 편안한 침대로 숨어들지만, 조상들은 동굴에서 옹기종기 하나로 모인 채 잠을 잤다.

잠에 관한 연구가 아주 중요한 이유는 무엇일까(그림 12.2)? 한 가지 이유는 잠이 의식의 부재로 정의되기 때문이다. 하지만 혼수상태나 죽음처럼 같은 방식으로 특정되는 다른 상태들과 달리 우리는 쉽사리 그리고 주기적으로 잠에서 빠져나와 정상적으로 깨어 있는 의식으로 돌아간다. 아마 정상적으로 깨어 있는 의식과 잠의 차이를 연구하면 의식을 특징짓는 뇌에 관해 알 수 있을 것이다. 그렇다면 잠의 신경 상관물은 무엇일까? 그리고 우리가 의식이 없는 잠에 엄청난 시간을 쏟는다는 점을 생각할 때, 잠의 목적은 무엇일까? 우리는 왜 정상적으로 깨어 있는 의식의 시간을 유지하기 위해 규칙적으로 오랜 시간 겉으로 보기에는 의식이 없는 상태를 유지해야 하는 걸까?

위의 질문에 설명을 덧붙이자면, 우리는 잠이 든 동안에도 일부 시간에는 의식이 없지는 않지만 인식이 제한되는 독특한 상태, 즉 우리가 꿈꾸기라 부르는 상태에 있다. 꿈꾸기는 아주 흥미로워서 한 장을 할애할 만하다. 꿈이 없는 잠과 꿈꾸기는 우리의 삶에서 가장 흔히 접하게 되는 변성된 의식 상태다.

잠이란 무엇인가?

그림 12.1 전형적인 수면 연구실. 하와이 호놀룰루에 있는 수면장애검사 연구실이다. 잠이 든 이에게서 더 많은 것을 측정할수록 좋다. 하지만 대상자에게 더 많은 장치를 부착할수록 잠을 자기가 어렵다.
출처: Gary Hofheimer/Photolibrary/Getty Images Plus.

잠은 되돌릴 수 있는 무의식과 특정한 뇌파 패턴, 산발적 안구운동, 근 긴장의 변화로 규정할 수 있는 상태로 정의된다. 우리에게 두 유형의 잠, 즉 꿈을 꾸는 잠과 꿈이 없는 잠이 있는 것은 분명하다.

한동안 잠들어 있는 누군가를 관찰하면 외부에서 보기에 두 가지 다른 유형의 잠이 있는 것도 분명하다. 수면 중 안구운동이 있는지 없는지에 따라 이 두 가지 유형에 이름을 붙였다. **렘수면(REM(rapid eye movement) sleep)**과 **비렘수면(NREM(non-rapid eye movement) sleep)**이다. 렘수면은 근육 마비(낮은 근 긴장)도 특징이어서 눈과 필수적인 근육만 움직이며, 렘수면 중이던 사람이 깨면 높은 비율로 꿈을 보고한다. 렘수면은 역설수면(paradoxical sleep)이라고도 알려졌다. 겉으로 보면 깊이 잠든 것 같지만 뇌는 아주 활성화되어 있기 때문이다. 비렘수면 시에는 안구운동이 없고 근육도 마비되지 않는다. 비렘수면 중이던 사람이 깨면 훨씬 낮은 빈도로 꿈을 보고한다.

잠은 약 90분의 주기로 이뤄지며 이러한 리듬을 *하루이내 수면 주기(ultradian sleep cycle)*라 한다. 비렘수면 주기 이후 렘수면 주기가 찾아오며 보통 하룻밤에 4~6주기가 진행된다. 처음에는 비렘수면이 두드러지다가 90분 후에는 렘수면이 나타나기 시작한다. 밤이 깊어질수록 렘수면의 지속시간이 길어지고 깰 시간이 가까워지면 가장 자주 나타난다. 렘수면의 비율은 나이에 따라 달라진다. 건강하고 젊은 성인은 비렘수면이 수면 시간의 75~90퍼센트를 차지한다.

대부분의 사람들은 점진적인 과정을 거쳐 잠이 든다. 때로는 잠이 들 때 **입면상태**라 부르는 뚜렷이 다른 상태를 느끼기도 한다. 기이한 생각이나 떨어지는 느낌, 특히 다리의 갑작스러운 근육 경련, 생생한 청각 심상을 포함하는 생생한 이미지나 환각 등이 이 상태의 특징이다(Schachter, 1976). 어떤 사람들은 종종 자신의 이름을 부르거나 벨이 울리는 것을 듣기도 한다.

나이가 들수록 수면 시간이 줄어든다. 신생아는 18시간까지 잘 수 있으며 학교에 다니는 어린아이들은 9~11시간, 성인은 6~8시간의 수면이 필요하다. 나이가 들수록 대개 수면의 질이 떨어지고 깊은 수면에 드는 시간도 줄어든다.

우리는 종종 자다가 깨는 사이에 선잠을 자면서 일종의 이행 상태를 겪기도 한다. 이러한 상태를 *출면상태(hypnopompic state)*라 한다. 하지만 알람 등의 외부적 사건에 의해 깨게 되는 경우도 많다.

모든 동물이 잠을 잘까?

고양이나 개 같은 동물을 관찰하면 많은 시간 잠을 자고 심지어 꿈을 꾸는 듯한 시간도 있다는 것을 분명히 알 수 있다. 모든 동물과 새는 잠을 자지만 수면의 양이나 유형은 대단히 다르다. 말과 기린은 하루에 3시간밖에 자지 않고 돼지와 인간은 거의 8시간을 잔다. 고양이는 하루에 15시간을, 나무두더지는 16시간을 자며 북아메리카의 갈색 박쥐는 거의 20시간을 잔다. 몸의 크기와 포식자로서의 위상은 수면 시간과 강력한 관계가 없는 것이 분명하다. 하지만 일반적으로 몸집이 작은 동물일수록 뇌 대사 속도가 더 빠르고 더 많이 자는 경향이 있다. 반면 몸집이 클수록 잠을 덜 잔다. 말과 같은 일부 동물은 심지어 서서 자기도 한다(말들은 일어나는 데 상당한 시간이 걸리기 때문에 누워서 자는 동안 포식자들이 주변에 있다면 분명한 약점일 것이다). 칼새와 앨버트로스를 비롯한 몇몇 새는 날면서 자는 듯하다. 많은 동물이 렘수면과 비렘수면

직접 해보자: 수면 일지 쓰기

수면 일지를 써보자. 언제 잠이 드나? 잠이 들기까지 얼마나 걸리나? 몇 시에 깨어나나? 몇 시에 알람을 맞추나? 잠에서 깨기까지 얼마나 걸리나? 수면 패턴이 기분이나 에너지 수준과 관계가 있나?

직접 해보자: 잠 탐험하기

며칠 밤 동안 여러분의 잠을 탐험해 보자. 어떤 단계와 사건을 구분할 수 있나? 여러분의 잠은 몇 가지 상태로 구성되어 있다고 할 수 있나?

의 증거를 모두 보여주지만 두 수면의 비율은 무척 다르다. 그리고 당연히 일부 동물은 물속에서 잠을 잔다(그림 12.2). 앞으로 살펴보겠지만 동물의 수면에 관한 연구는 인간의 수면과 수면 장애에 관한 정보를 준다(Ballie, 2001).

그림 12.2 해저에서 잠자고 있는 매너티(manatee). 동물들은 우리가 극단적인 조건이라 생각하는 공기 중이나 바닷속에서도 잠을 자야 한다.
출처: Jonathan Bird/Photolibrary/Getty Images Plus.

잠의 생물학

우리는 피곤할 때 자러 간다. 때로는 물리적 피로와 정신적 피로를 구분하기도 한다. 자는 동안 어떤 변화가 일어날까? 뇌의 어떤 부분이 관여하고, 무엇이 잠-수면 주기를 조절할까?

하루주기리듬

우리의 에너지 수준과 수면욕은 하루 내내 동일하지 않다. 우리 몸은 **하루주기**리듬(**circadian** rhythm)이라 부르는 리듬을 따른다. 정확히 24시간은 아니다. 외부 단서를 제거한 사람들을 보면 조금 더 길어서 적어도 24.2시간이다. 하지만 차이트게버(zeitgeber)라 부르는 빛과 온도 등의 환경 자극에 노출되면 리듬이 24시간 주기로 바뀐다. 모든 동물과 식물, 균류는 특정한 하루주기리듬을 갖는다.

원시적인 동물은 하루주기리듬의 증거를 보여주며, 잠이 든 듯한 상태가 아주 이른 진화적 뿌리를 가지고 있음을 시사한다. 선충의 일종인 *예쁜꼬마선충*은 무기력이나 상대적인 정지 시기를 보여주는 아주 초기의 동물이다. 지렁이는 어둠 속에서 활동이 줄어들고, 이렇게 덜 활동적인 상태에서는 산소 소비량이 감소해서 활동 기간이 주기적으로 변한다는 증거가 된다. 갯지렁이는 (수면과 기상을 조절하는 데 중요한 역할을 하는 호르몬인) **멜라토닌**의 생산을 시작하고 멈추기 위해 빛을 붙드는 단백질을 만들며, 밤에 멜라토닌을 생산한다. 멜라토닌은 이들이 헤엄치는 깊이를 통제한다(낮에는 포식자들과 해로운 자외선 광선을 피하려고 더 깊이 들어간다). 이러한 결과가 잠이 우리를 세계와 단절시키는 방식을 설명해 줄 수도 있다. 잠에서 깰 때면 눈과 다른 감각의 신호가 뇌의 입구인 시상을 통과한다. 앞의 발견을 종합하면 이러한 종류의 메커니즘이 적어도 7억 년간 존재해 왔다고 결론 내릴 수 있다(Tosches et al., 2014). 멜라토닌은 동물계 전체에서 활동-비활동 주기를 통제하는 데 중요하다(그림 12.3).

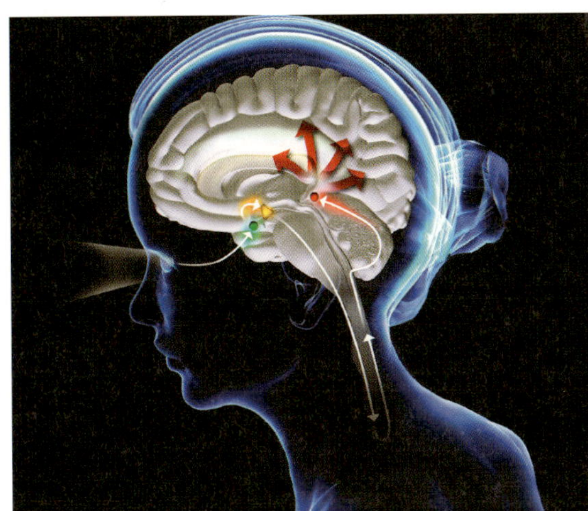

그림 12.3 멜라토닌 생산. 멜라토닌은 밤에 솔방울샘에서 분비되는 호르몬이다. 광도(光度)에 따라 신체의 하루 생체리듬을 통제한다. 빛은 시상하부의 한 구조인 실방핵과 시각교차상핵을 포함하는 경로를 통해 멜라토닌의 분비를 조절한다.
출처: Ernando da Cunha/Science Photo Library.

다양한 어류가 외부 자극에 대한 반응성이 낮아지는 듯한 비활동기를 보인다(초기 보고로 Titkov, 1976

등이 있다). 조류는 렘수면과 비렘수면을 보인다. 따라서 사실상 모든 생명체가 상대적으로 비활동적인 시기를 가지며, 모든 동물이 수면기를 가지는 듯하고, 모든 조류와 포유류는 꿈을 꾸는 듯하다. 특히 돌고래를 비롯해 조류와 포유류의 몇몇 종은 잠을 자는 동안 언제나 대뇌 반구 중 하나만 잠들어 있는데 이러한 현상을 *단일 반구 수면(unihemispheric sleep)*이라 한다. 단일 반구 수면은 해당 동물이 자는 동안에도 날거나 헤엄치면서 위험을 경계할 수 있게 한다. 이러한 수면은 서파수면(slow-wave sleep) 시에만 관찰된다.

알렉세예바(Alekseyeva, 1958)는 순환계를 공유하는 유합 쌍둥이를 관찰했다. 이들은 독립적인 수면 각성 주기를 가져서 수면과 각성이 단순히 혈액 내 한 가지 화학물질로 조절되지 않는다는 것을 증명했다. 포유류의 하루주기리듬은 세 가지 표지를 가진다. 체온과 스트레스 호르몬 **코르티솔(cortisol)**의 혈장 내 농도, 멜라토닌 농도다. 멜라토닌은 거의 모든 척추동물의 솔방울샘에서 분비된다(그림 12.4). 코르티솔 농도는 보통 밤새 올라가서 깨어나는 시간에 정점에 달하며 낮 동안 떨어진다. 멜라토닌은 시상의 뉴런이 규칙적인 리듬으로 활성화되게 해서 시상을 정지시킨다(Tosches et al., 2014). 멜라토닌은 일부 수면 장애의 치료제로 활용되고, 생물학적 주기의 전환을 도와서 적절히 복용하면 시차로 인한 피로에도 도움이 될 수 있다. 어떤 사람들은 멜라토닌이 불면증에도 도움이 된다고 믿지만 과학적 증거는 엇갈린다(Srinivasan et al., 2009). 멜라토닌 농도는 빛에 대한 노출에 의해 좌우된다. 파장이 460미터에서 180미터 사이인 블루라이트는 빛의 강도와 노출 시간에 비례해 멜라토닌을 억제한다. 빛에 노출되면 눈의 망막에서 시상하부로 향하는 신경 경로가 자극된다. 그리고 시상하부의 **시각교차상핵(SCN)**이 뇌의 다른 부분으로 신호를 보내 호르몬과 체온을 제어한다.

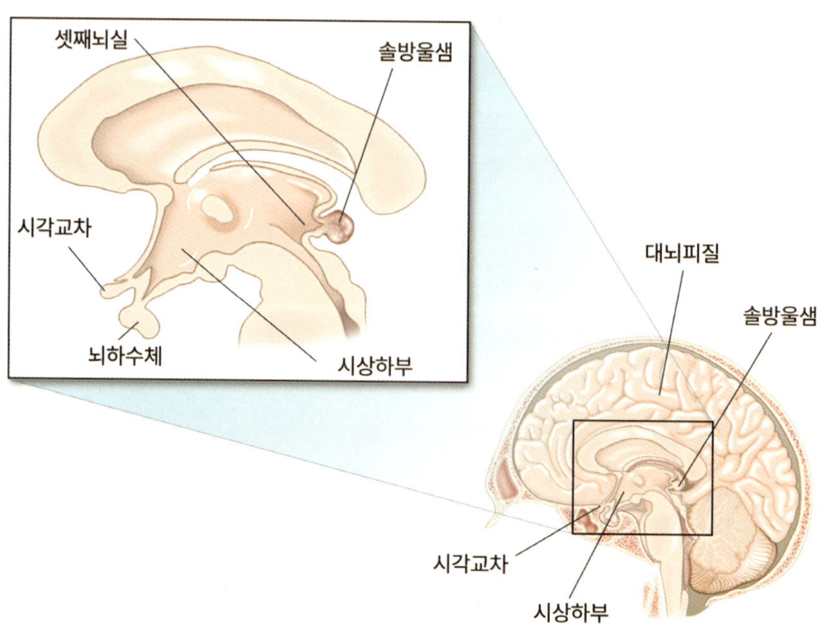

그림 12.4 솔방울샘의 위치. 데카르트는 솔방울샘의 위치 때문에 이 기관이 영혼의 자리라고 생각했다. 거의 모든 포유류가 솔방울샘을 가진다.
출처: Encyclopaedia Britannica/Universal Images Group/Getty Images.

잠의 전기생리학

'잠'은 오랫동안 한 가지 상태로 여겨졌고, 아니면 적어도 꿈이 없는 잠과 꿈꾸기의 차이로 잠의 범위를 충분히 포착할 수 있다고 생각되었다. 하지만 유진 아세린스키(Eugene Aserinsky)와 너새니얼 클리트먼(Nathaniel Kleitman)이 잠의 뇌전도를 연구해 다양한 수면 상태가 알려지면서 상황이 바뀌었다(Aserinsky & Kleitman, 1953). 클리트먼의 제자 윌리엄 디멘트(William Dement, 1928년 출생)가 이 선구적인 연구를 이어갔는데, 그는 렘수면과 꿈꾸기의 연관관계 그리고 수면 중의 뇌전도 패턴을 강조했다. 디멘트는 원래 잠에 네 가지 비렘수면 단계가 있다고 제안했지만, 이제는 세 단계로도 수면 중에 일어난 일을 충분히 포착할 수 있다고 여겨진다(Dement & Kleitman, 1957; Dement, 1974; 그림 12.5).

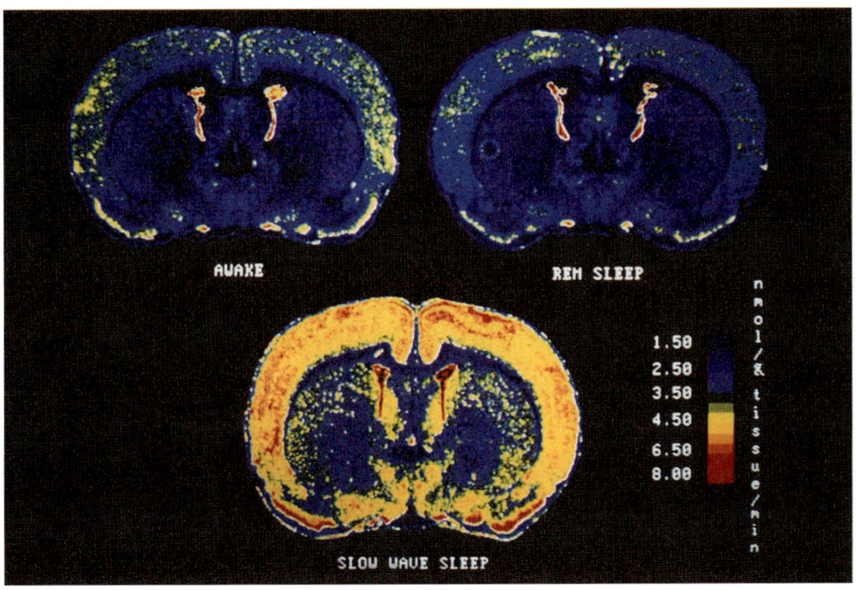

그림 12.5 수면 중 뇌의 활성화. 깨어 있는 상태와 렘수면 상태가 아주 유사하며, 거의 꿈이 없는 서파수면 상태는 무척 다르다는 것을 바로 확인할 수 있다.
출처: Yves Forestier/Sygma/Getty Images.

1단계는 기면(somnolence) 또는 나른한 잠(drowsy sleep)으로, 잠이 드는 후반 과정과 초기의 잠을 포함한다. 입면 시 환각상(hypnagogic imagery)이 있고, 이 단계에서 떠오르는 생각들은 모두 기이하다. 천천히 측면으로 구르는 안구운동이 있다. 뇌전도에서는 알파파의 점진적인 감소, 베타파의 증가, 중앙 전두의 세타파 증가, 5헤르츠 정도의 *양극후두부일시수면예파(positive occipital transients of sleep, POSTS)*가 나타난다.

2단계 수면에는 동기화되지 않은 베타파와 감마파가 동기화된 알파파(8~13헤르츠)로 바뀌고 다시 세타파(4~7헤르츠)로 바뀐다. 세타파는 하룻밤의 수면에서 전체적으로 가장 많이 관찰되는 파동이다.

3단계 수면은 깊은 수면이다. 델타파가 최소 20~50퍼센트를 차지하는 것이 특징이고, 이러한 느린 파동 때문에 보통 서파수면으로 알려졌다. 사실 3단계 뒤에 델타파가 더 많은 4단계가 있다고 했었지만 2008년 미국수면의학학회(American Academy of Sleep Medicine)에서 3단계와 4단계를 명확히 구분할 수 없다고 결론 내렸고 더는 4단계의 구분을 사용하지 않기로 했다(Schulz, 2008). 3단계 수면의 뇌전도 역시 K복합파(K complexe wave)와 수면 방추(sleep spindle)의 존재를 보여준다. 진폭이 크고 광범위한 수면 방추는 12~16헤르츠의 진동수를 가지며 중앙 영역에서 가장 큰 진폭을 보이지만(정점) 가끔은 전두 영역에서 두드러지기도 한다. 대부분의 수면 장애와 사건수면(parasomnia, 반사 외의 자극에 반응하지 않는 상태 - 옮긴이)은 이 단계에서 발생한다. 이 단계에도 꿈은 있지만 선명하거나 기이하거나 기억할 만한 것은 아니고 '생각'에 더 가깝다. 비렘수면의 꿈은 렘수면의 꿈보다 보통 더 짧고 덜 선명하며 덜 기이하지만, 이는 비렘수면의 꿈이 더 짧거나 덜 기억되기 때문일 수도 있다.

비렘수면이 끝나가는 것은 **뇌교슬상후두파(Ponto-geniculo-occipital wave; PGO파)**의 존재로 알 수 있다. 이 파동은 머리 뒤쪽을 대부분 가로지른다. 뇌교에서 시작되어 시상의 외측슬상핵으로 이동한 뒤 시각피질로 향한다. PGO파는 인간이 아닌 동물(고양이와 쥐)에서 뇌에 심는 전극을 이용해 처음 관찰되었다. 인간에게도 이러한 파동이 존재할 거라 추론되긴 했지만 파킨슨병 치료를 위해 뇌심부 자극술을 받는 인간 환자들에게서 직접 PGO파를 확인하기까지는 시간이 걸렸다(Lim et al., 2007). PGO파는 렘수면 중 안구운동이 시작될 때 가장 눈에 띄게 관찰된다. 홉슨 등(Hobson et al., 2000)은 이 파동이 꿈꾸기가 시작되는 것을 나타낸다고 주장했다. **활성화 종합 모델(activation-synthesis model)**에서는 PGO파가 뇌가 처리를 위해 전날의 경험을 기억해 내기 시작한 신호라고 한다.

마시미니 등(Massimini et al., 2005)은 전운동 영역에 경두개 자기자극법(TMS)를 활용했다. 조용할 때는 각성 활성화(wakefulness activation)가 피질 전체로 흐르듯 퍼진다. 경두개 자기자극법은 렘수면 상태일 때는더 강한 초기 반응을 유발하지만 곧 사라져서 피질 전역으로 퍼지지는 않는다. 수면의 특정 단계에서 의식이 희미해지는 것은 피질의 효과적인 연결이 결손하는 것과 관련이 있을 수 있다.

직접 해보자: 잠들기

여러분이 잠에 빠질 때 어떤 일이 생기나? 그 과정을 관찰하자. 여러분의 생각에는 어떤 일이 일어나나? 생각이 어떻게 변화하나? 잠이 드는 것을 관찰하고 있다는 사실이 상황을 어떻게 바꿔놓나? (이러한 시도 때문에 잠들지 못하고 계속 깨어있게 된다면 잠시 이 프로젝트를 멈추자. 중단한 후에는 편히 잠들 수 있길 기원한다.)

잠의 신경학

이제 우리는 잠의 생물학에 관해 많은 것을 알게 되었다. 특히 뇌의 전기적 활동을 이해할 수 있게 하는 기술의 발전 그리고 신경해부학의 발전 덕분이다.

잠의 신경생리학에 관해 처음으로 중요한 연구를 수행한 이는 벨기에의 신경학자 프레데리크 브레머(Frédéric Bremer, 1892~1982)였다. 그는 초기 작업에서 소뇌가 근 긴장(늘이기에 대한 근육의 저항)을 통제하는 방법을 다뤘고, 이후 자신의 연구를 수면 중에 뇌가 몸을 통제하는 방법으로 확장했다. 브레머는 고양이의 뇌를 다양한 수준에서 나누고 절단(transection)이라 칭했다. 그는 먼저 시상하부의 손상이 고양이들에게 졸음을 유발하는 것을 관찰했다. 특히 브레머가 각각 *상위이단뇌(cerveau isolé)*와 *분리뇌(encéphale isolé)*라 부른 두 가지 절단이 아주 다른 효과를 냈다는 연구 결과가 가장 잘 알려져 있다(그림 12.6).

상위이단뇌 절단에서는 중간뇌 사이를 잘라서 전뇌를 신경계의 나머지 부분과 분리한다. 이때 고양이는 계속 신경안정제를 주입 받는 것처럼 영구적인 숙면 상태에 들어가게 된다. 브레머는 아래쪽 뇌 척추에서 오는 감각 입력이 박탈된 탓에 잠이 유발되며, 시각 입력 자극과 후각 입력 자극만 온전히 남게 된다고 가정했다. 이러한 생각을 *구심로차단 수면 가설(deafferatation sleep hypothesis)*이라 한다. 즉, 위쪽 뇌는 몸에서 오는 끊임없는 입력이 있어야 한다. 몸이 이러한 자극을 주지 않으면 우리는 잠에 빠진다. 그에 반해 전체 뇌를 분리하는 분리뇌 절단은 고양이를 마비시키지만 정상적인 수면 각성 주기는 유지된다. (이러한 실험을 묘사하다 보면 속이 좀 메스꺼워지고 살짝 죄책감도 든다.)

구심로차단 수면 가설은 곧 퇴출당했다. 어쨌든 뇌는 여전히 시각 입력과 후각 입력을 받아들이고 있었다. 그리고 왜 꿈을 꾼다는 신호가 없을까? 하지만 브레머의 연구는 중간뇌와 뇌줄기의 구조들이 수면 각성 주기와 각성을 유지하는 데 중요하다는 사실을 알려주었다.

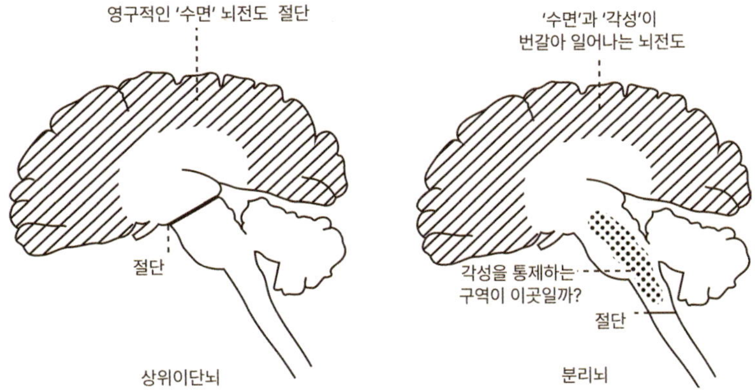

그림 12.6 뇌 절단. 브레머의 작업은 상위이단뇌와 분리뇌라 알려진 두 종류의 절단이 아주 다른 영향을 미친다는 것을 보였고, 뇌줄기와 망상 활성계 같은 구조가 수면 각성에 필수적인 역할을 한다는 사실을 밝혀냈다.

모루치와 매군(Moruzzi & Magoun, 1949)은 인식과 각성을 유지하려면 뇌줄기에 있는 **망상 활성계(reticular activating system)**라는 구조가 중요하다는 것을 입증했다(그림 12.7). (오늘날 망상 활성계는 종종 *뇌줄기 신경 세포 분포(brainstem neuronal population)*로도 불린다.) (겉으로 보면 그물망을 닮아 이런 이름이 붙은) 망상 활성계는 뇌의 여러 고등 영역으로 돌출해 있다. 모루치와 매군은 망상 활성계의 전기적 자극이 어떻게 각성에 광범위한 영향을 미치는지 보였다. 이들은 각성이 망상계에서 시작되는 배후의 지속적인 활성화에 좌우된다고 제안했다. 수면 각성 주기의 일부로 자연스럽게, 신경안정제와 같은 수면제의 영향으로, 혹은 브레머의 실험에서처럼 손상으로 인해 활성도가 낮아지면 정상적인 잠이나 마취 상태, 병적인 졸음으로 이어진다. 수없이 많은 부검 끝에 원인과 관계없이 사람의 뇌줄기가 손상되면 혼수상태에 빠진다는 것이 확인되었다. 따라서 뇌줄기가 각성 상태를 유지하는 데 핵심적인 역할을 하는 것이 분명해졌다(그림 12.8). 그리고 뇌줄기의 망상체가 '각성 중심'이라는 칭호의 가장 유력한 후보가 되었다. 이어진 실험에서 깨어 있던 고양이들의 시상에 전기적 자극을 가하자 고양이들이 잠에 빠졌다. 따라서 잠이 단순히 감각 입력이 박탈될 때 유도되는 수동적인 과정이 아니라 시상과 피질의 상호작용을 포함한다는 사실이 입증되었다. 특히 뇌줄기에서 **뇌교중간뒤판(mesopontine tegmentum)**이라 불

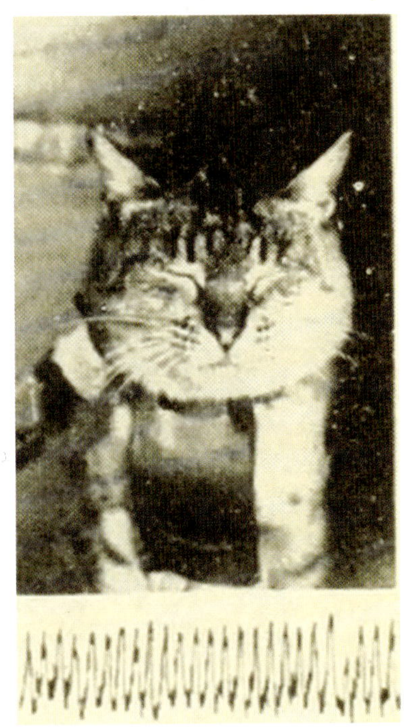

그림 12.7 고양이의 뇌전도. 고양이는 수면 연구에 널리 활용되었다. 모든 포유류는 뇌전도가 거의 비슷하다.
출처: Library Book Collection/Alamy Stock Photo.

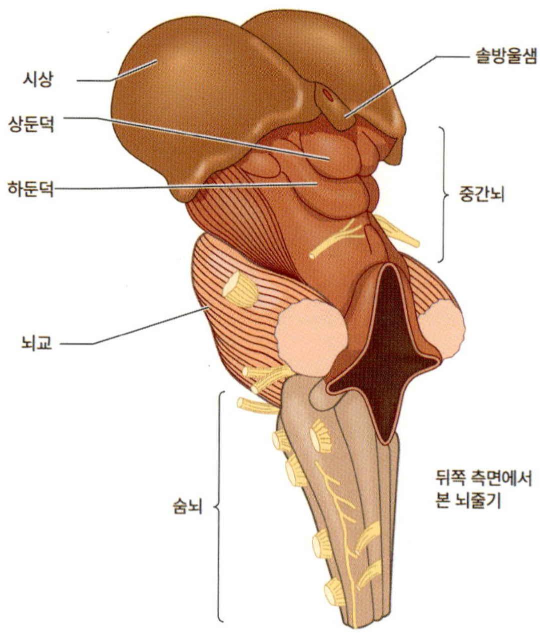

그림 12.8 뇌줄기 구조. 상대적으로 작지만 뇌줄기는 각성과 수면 각성 주기 유지뿐 아니라 생명 유지, 심장과 호흡 기능 유지에도 핵심적인 역할을 한다.

리는 구역은 우리가 렘수면에 들지, 아니면 비렘수면에 들지 제어하는 똑딱 스위치를 포함하고 있다고 여겨진다(Lu et al., 2006). 뇌교중간뒤판에는 (억제성 신경전달물질 **가바**를 통해) 서로 억제하는 두 개의 영역이 있다. 렘수면 영역에서는 흥분성 글루탐산염 뉴런이 렘수면의 뇌전도를 제어하기 위해 전뇌의 가장 아랫부분까지 뻗어 있고, 렘수면 시 근 긴장의 손실을 통제하는 숨뇌와 척수와도 닿아 있다. 어쨌든 핵심은 이러한 뇌에서의 처리가 경험으로 변환되는 메커니즘이지만 이에 대한 이해는 턱없이 부족하다.

텔레비전의 화면이 플러그에서 나온다고 결론 내릴 수 없듯이 의식이 망상 활성계에 자리하고 있다고 결론 내릴 수는 없다. 하지만 그림 12.8에 제시한 뇌줄기의 구조들은 아주 중요한 역할을 한다.

잠의 신경약리학

잠을 자는 동안 신경전달물질의 농도는 체계적으로 달라진다. 신경전달물질은 신경계에서 전달자 역할을 하는 물질이다(상자 12.1).

상자 12.1 신경전달물질

신경전달물질은 뉴런 간의 소통이 가능한 신경계에서 핵심적인 역할을 하는 화학적 전달자다. 뉴런 내에서의 전달은 전기적이지만 뉴런 간의 전달은 대부분 화학적이다. 뇌에는 아주 많은 수의 신경전달물질 체계가 있다. 도파민성 시스템이 그렇듯 일부 신경전달물질은 뇌 구조와 느슨하게 연관되어 있다. 하지만 신경전달물질이 중추 신경계에만 국한되는 것은 아니다. 세로토닌이 뇌보다 내장에 더 많다는 사실은 잘 알려져 있다. 독일의 약리학자 오토 뢰비(Otto Loewi, 1873~1961)는 뛰고 있는 개구리의 심장을 이용해 아세틸콜린(acetylcholine)이라는 신경전달물질을 처음 발견했다.

신경전달물질은 (목표한 뉴런의 활성을 높이는) 흥분성일 수도 있고 (목표한 뉴런의 활성을 낮추는) 억제성일 수도 있다. 내가 대학교 학생이었을 때는 소수의 신경전달물질만 이야기했다. 이제는 산화질소 기체나 심지어 황화수소 기체를 포함해 백 개가 넘는, 혹은 그보다 더 많을 수도 있는 신경전달물질이 알려졌다.

신경전달물질은 화학구조의 유사성에 따라 분류할 수 있다. 한 예로, 모노아민 신경전달물질은 방향족고리 하나에 한 개의 아민기가 포함되어 있는 신경전달물질이다. 비슷한 예로 도파민과 에피네프린(epinephrine), 노르에피네프린(이상의 세 물질을 모두 카테콜아민(catecholamines)으로 분류할 수도 있다), 세로토닌이 있다.

상자 12.1 신경전달물질 (계속)

의식 연구에 중요한 신경전달물질 몇 가지를 아래에 정리했다.

아세틸콜린(Ach). 아세틸콜린의 영향을 받는 뇌와 몸의 부분을 콜린성(cholinergic)이라 한다. 뇌에서 아세틸콜린은 각성과 주의, 기억, 동기에 관여한다. 몸에서는 근육의 움직임에 중요하다(신경 작용제(nerve agent)는 아세틸콜린의 작용을 막는다). 아세틸콜린 결핍은 알츠하이머병과 관련이 있으며, 인지 강화제(cognitive enhancer)와 치매 치료제는 주로 콜린성 시스템에 작용한다.

도파민(DA). 뇌에는 몇 개의 도파민성 경로가 있다. 그중 한 경로가 보상과 동기의 중심에 있어서 도파민은 중독의 심리학에 중요한 역할을 한다. 중간뇌의 흑색질에서 도파민을 분비하는 뉴런이 손상되면 파킨슨병과 같은 퇴행성 질병으로 이어진다.

에피네프린(아드레날린으로도 알려졌다). 에피네프린은 신경전달물질이자 호르몬으로 분류할 수 있으며, 몸의 교감신경계와 부교감신경계를 조절하는 데 가장 중요해서 약물로도 활용된다. 동물들이 위협을 받으면 아드레날린이 방출되고 교감신경계를 자극해서 싸우거나 도망치려 준비하게 된다. 이후 부교감신경계가 이러한 증상을 완화한다('휴식하며 소화하게' 한다).

감마아미노부티르산(가바, GABA). 가장 흔한 억제성 신경전달물질. 신경안정제나 벤조디아제핀(benzodiazepine)과 같은 약물들은 가바 시스템에 작용해 뇌의 각성을 낮춘다.

글루탐산염. 뇌에 가장 널리 퍼져 있는 흥분성 신경전달물질.

노르에피네프린(NE, 노르아드레날린이라고도 한다). 투쟁 도피 반응에서 몸이 움직이도록 준비시킨다. 보통 각성과 경계 시 증가한다.

세로토닌(5-히드록시트립타민(5-hydroxytryptamine), 5-HT). 기분과 정서 조절을 비롯해 다양한 다른 기능과 관련이 있으며, 보통 사실상 모든 정신 질환에서 핵심적인 역할을 하는 것으로 여겨진다. 예를 들어 선택적 세로토닌 재흡수 억제제(selective serotonin re-uptake inhibitor, SSRI)는 뇌에 있는 세로토닌의 양을 증가시키는 약물이다.

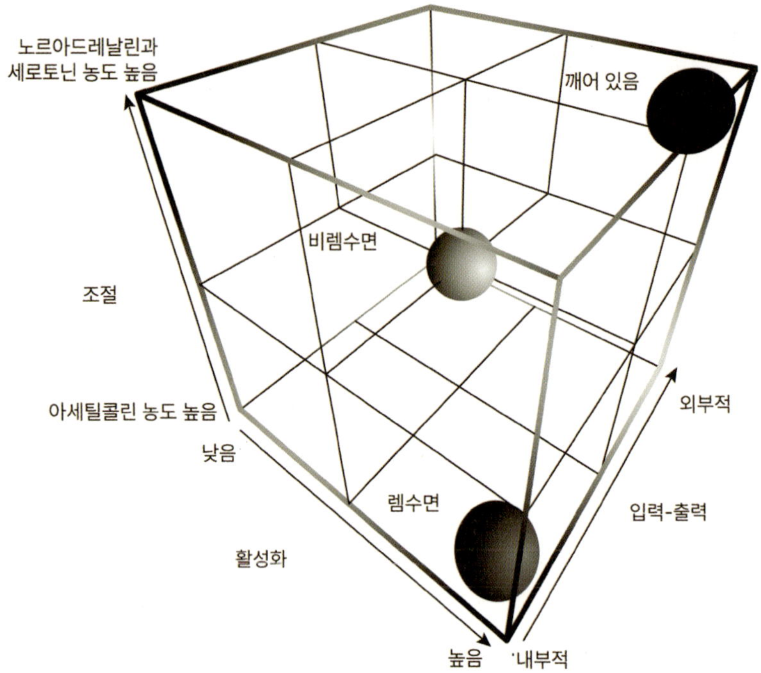

그림 12.9 홉슨이 제시한 의식의 AIM 모델. 의식의 다양한 상태를 활성화(A), 입력-출력 통제(I), 조절(M)을 축으로 하는 삼차원 공간에 배치한다. 각각은 시스템이 각성해 있는 정도(활성화), 외부 세계에서 정보가 들어오는 정도(입력-출력 통제), 뇌줄기에서 아민성 신경전달물질들이 만들어지는 정도(조절)를 의미한다.

잠과 꿈꾸기의 AIM 모델

하버드대학교의 정신과 의사 존 앨런 홉슨(John Allan Hobson)과 로버트 매칼리(Robert McCarley)는 1977년 처음으로 꿈의 활성화 종합 가설을 제안했고(Hobson & McCarley, 1977), 이후 이 이론은 몇 차례 수정되었다. 이들이 내놓은 잠과 꿈꾸기에 관한 일반 모델을 **활성화 입력 조절 모델(Activation input modulation model; AIM 모델)**이라 한다. 이 모델은 낮과 밤 동안 뇌가 거치는 다양한 상태를 결정하기 위해 삼차원 구조를 활용한다(그림 12.9).

이 모델의 세 가지 차원은 *활성화*와 *입력*, *조절*이고 여기서 이 모델의 이름이 나왔다. 뇌의 활성화 수준은 정보 처리 속도를 반영하며, 뇌줄기와 망상 활성화계에 의해 결정된다. 활성화 수준은 뇌전도로 측정한다. 입력은 정보의 원천으로 외부적 입력과 내부적 입력으로 나뉜다. 주로 깨어 있는 상태에서 감각 입출력과 외부 입출력은 외부적이고, 꿈을 꿀 때는 내부적이다. 조절은 뇌줄기에서 방출되는 다양한 유형의 신경전달물질을 혼합해서, 특히 (세로토닌 같은) 아민성 신경전달물질과 (아세틸콜린 같은) 콜린성 신경전달물질이 균형을 이루게 하면서 이루어진다. 이에 따라 우리가 정신적 활동을 기억할지(깨어 있을지 혹은 대부분 꿈꿀지) 그리고 생각들이 긴밀하게 연결되어 있고 논리적일지(깨어 있기) 아니면 느슨하게 연결될지(꿈꾸기)가 결정된다.

렘수면이 촉발되는 과정은 복잡하다. **작용제(agonist)**는 신경계에서 특정한 유형의 신경전달물질 수용체에 결합해 해당 유형의 수용체가 반응하도록 활성화하는 물질이다(반대로 기능하는 물질은 **대항제(antagonist)**라 한다). 쥐와 고양이의 뇌교에서 뇌교중간뒤판의 배측면에 (카르바콜(carbachol)이라 불리는 물질 같은) 콜린성 작용제를 주입하자 렘수면이 유도되었다(Semba, 1993). 뇌교의 이 영역은 뇌 전역으로 폭넓게 돌출된 콜린성 핵을 포함하며 주의와 각성, 학습, 사지 운동에 관여한다. 판타인파(Pontine wave; P

파) 또는 뇌교슬상후두파(ponto-geniculate-occipital wave)는 뇌교뒤판(pontine tegmentum)에서 생기는 뇌파다.

수면 장애

모든 사람이 베개에 머리를 대자마자 바로 잠이 들어서 아무런 방해 없이 숙면을 즐긴 뒤 7시간 30분쯤 후에 자연스레 깨어 완전히 재충전된 느낌을 받는 것은 아니다. 모든 심리적 과정이 그렇듯 잠도 여러 면에서 잘못될 수 있다. 수면 장애들을 사건수면이라 한다.

가장 흔한 수면 장애는 잠이 드는 데 문제가 있어서 원하지 않는 때에 깨어 있는 것이다. 누구든 때로는 잠이 오지 않아 끔찍한 밤을 보낸 뒤 낮 동안 엄청난 피로와 졸음을 느꼈던 경험이 있을 것이다. 사람들은 대부분 바로 잠에 빠지는 것이 아니라 잠이 들기까지 평균적으로 10~20분이 걸린다. 이 기간을 *수면잠복기(sleep latency)*라 한다.

잠들기와 깨어 있기

불면증은 자고 싶을 때도 깨어 있는 문제가 오랫동안 계속되는 상태다. 불면증을 앓는 이들은 대부분 잠들기 어려워하고 그래서 밤에도 깨어 있지만 여전히 잠을 자지 못한다. 수면 부족은 낮 동안의 피로와 기분 저하, 집중력 저하, 실수할 가능성 증가처럼 다른 문제들로 이어진다. 불면증은 아주 흔하며 원인도 많다. 통증과 소화 문제, 취침 전 지나친 카페인 섭취, 불안, 외부 소음을 비롯해 다양한 요인이 잠을 자기 어렵게 만들 수 있지만 보통 불면증까지 이르는 확실한 외부 요인은 없다. 언제나 서구의 성인 중 10퍼센트가 다양한 종류의 불면증으로 고통받고 있다. 불면증은 여성과 고령층에 더 많다(Qaseem et al., 2016). *만성 불면증 장애(chronic insomnia disorder)*를 진단하려면 환자가 임상적으로 중요한 고통이나 장애를 유발하지만 다른 질병이나 처치의 명확한 결과는 아닌 증상을 가지고 있어야 하며, 적어도 석 달간 한 주에 세 번 이상 이러한 증상이 나타나야 한다.

수면 부족은 전 세계에 만연한 현상으로 벨기에의 표본에서는 32퍼센트가 수면 부족을 보고했으나 브라질의 표본에서는 이 비율이 20퍼센트 이하로 떨어졌다(Thompson, 2020). 이러한 현상을 간단히 설명할 수는 없다. 하지만 오스트리아인들은 브라질인들보다도 더 수면의 질이 좋다고 보고한다. 사회에서 스트레스의 원천과 수면 문제를 받아들이는 방식을 비롯해 산업화와 햇빛이 비치는 시간, 인공조명의 사용, 수면 방법(침대나 요, 해먹?), 가족 구조, 낮잠 여부도 모두 영향을 미치는 듯하다.

불면증 치료에서 가장 중요한 것은 적절한 수면 위생이다. 매일 밤 같은 시간과 장소에서 잠을 청하고, 규칙적인 시간을 지키며, 잠을 청하기 전에는 커피와 다른 자극원을 피하고, (신체 기능을 저하하긴 하지만 수면을 방해하는) 술을 삼가며, 환한 빛은 제거하고, 너무 많은 자극이 없도록 한다. 끊임없이 이어지는 이미지를 보는 것도 방법이다(그림 12.10). 추가적인 치료로는 인지 행동 치료를 비롯해(Qaseem et al., 2016) 약물의 사용도 고려할 수 있다. 졸음을 유발하는 향정신성 약물을 *수면제(hypnotics)*라 한다. (용량이 적을 때

그림 12.10 불면증의 비약물적 치료. 수면 부족은 사람을 짜증 나게 하는 것을 넘어 위험하게 만들 수도 있다. 많은 치료법이 존재한다. 여기서는 환자가 마음을 편안하게 만들어 주는 이미지를 바라보고 있다.
출처: F. Roy Kemp/Hulton Archive/Getty Images Plus.

는 사람을 차분하게 만들어서 이런 부류의 약물을 *진정수면제(sedative-hypnotic)*라 칭하기도 한다.) 초창기에 활용했던 효과적인 수면제는 페노바르비탈(phenobarbital) 같은 바르비투르염(barbiturate) 약물이었지만 약물 의존성을 유발하고 과다 복용하면 무척 위험하다. 주디 갈런드(Judy Garland)와 지미 헨드릭스(Jimi Hendrix), 애비 호프만(Abbie Hoffman), 매릴린 먼로(Marilyn Monroe)를 비롯한 많은 이들의 자살이나 죽음이 이러한 약물을 돌발적으로 과다 복용한 결과였다. 오늘날에는 벤조디아제핀(benzodiazepine)을 단기적으로 복용하는 것을 더 선호하며 벤조디아제핀계가 아닌 최면제로는 (졸피뎀(zolpidem)과 앰비엔(Ambien)처럼) 새로운 세대의 약물인 소위 *Z약물(Z-drug)*도 널리 처방된다(Ramakrishnan & Scheid, 2007). 이러한 약물은 신경전달물질 GABA 수용체에 작용해 뇌에서 GABA의 가용성을 높이고 뉴런 흥분성을 낮추는 효과를 낸다. 대체로 4주 이하로 사용해야 하는데 이보다 길어지면 의존성이 생길 수 있고 사실 장기적으로는 수면을 방해하기 때문이다. 이 약물들은 서파수면을 감소시키고 렘수면의 시작을 지연한다.

*기면증(narcolepsy)*은 수면 각성 주기를 통제하지 못해서 낮 동안 극단적인 졸음을 느낀 나머지 몇 초부터 몇 분까지 짧은 시간 실제로 잠이 드는 질환이다. 기면증의 영향을 받는 이들은 대부분 근 긴장의 갑작스러운 상실(강경증(catalepsy))도 경험한다. 일부 환자는 깨어 있는 동안 생생한 꿈이나 환각을 보기도 한다. 역시 정확한 이유는 제대로 알려지지 않았다. 일부 환자들에게는 기면증의 가족력이 있고 몇몇 사례는 트라우마나 극단적인 스트레스, 감염이 영향을 미치기도 한다. 한 가지 이론은 기면증이 신경펩티드(neuropeptide)의 일종인 *오렉신(orexin)*의 농도가 비정상적으로 낮아서 생기는 자가면역 장애라는 것이다(*신경펩티드*란 뉴런이 다른 뉴런과 소통하기 위해 사용하는 호르몬과 관련이 있는 상대적으로 작은 단백질을 말한다). 오렉신은 식욕과 수면, 깨어남, 각성을 조절한다. 개를 대상으로 한 실험에서는 오렉신 수용체를 책임지는 유전자의 변이가 기면증을 유발했다(Lin et al., 1999). 기면증의 발생 정도에 대한 추정은 차이가 크다. 원인이 다양한 탓에 질환의 정의가 어렵고, 생물학적 표지가 없으며, 자기 보고에 의존하기 때문이다. 내가 극단적으로 졸린 상태로 며칠을 보내다 낮 동안 잠이 들었다면 기면증을 앓고 있다고 보고할까? 추정 빈도는 백만 명당 2명에서 6천 명까지 다양하다(Goswami et al., 2016). 기면증은 심각하고 위험한 병이다. 환자들이 사고에 휩쓸릴 확률이 높고 특히 운전 중에 잠이 들면 심각한 결과를 초래할 수 있다.

수면 중의 문제

잠은 잘 수 있지만 여전히 수면 장애가 있는 사람들이 있다. 일부 장애는 수면의 특정한 단계에 발견된다. 3단계 장애는 자면서 말하고 걷는 것과 (특히 연령이 낮은 층에서) 야뇨증을 포함한다(상자 12.2). 몇 년 전나는 매일 밤 소리가 나면 작동하는 녹음기를 이용해 내 꿈을 녹음했다. 나는 보통 일주일에 한 번 정도 수면 중에 무언가를 말했다. 한 번은 소름 끼치는 비명을 지른 뒤 바로 다음에 완전히 일상적인 말("차를 한 잔 마셔야겠어")을 하기도 했다. 다음 날 아침에는 아무것도 기억나지 않았다.

상자 12.2 수면 중에 말하기

디온 맥그레거(1922~1994)는 자면서 말하는 것으로 더 유명했던 미국의 작사가였다. 특히 자신이 자면서 한 이야기를 녹음하고 『디온 맥그레거의 꿈 세계(The Dream World Of Dion McGregor)』(1964a)라는 제목으로 발매해 작은 성공을 거뒀고 책(1964b)으로 펴내기도 했다. 맥그레거의 잠꼬대 음성 샘플은 인터넷에서 쉽게 찾을 수 있다. 그의 잠꼬대는 간헐적으로 내뱉는 말을 넘어 비판과 묘사로 구성되어 있었고 때로는 고함을 지르기도 했다. 가장 '히트'한 잠꼬대는 맥그레거가 겨자의 행방을 찾아 몇 번이고 반복했던 질문인 "누구 겨자 가지고 있어?"였다. 그가 자면서 했던 말, 즉 수면 중에 무의식적으로 나왔던 말(somniloquie)은 꿈의 내용을 서사적으로 기술하는 것 같다는 점에서 기이했다. 하지만 그래도 그가 말로 뱉은 꿈들은 다른 꿈들보다 일관성이 없는 듯하다. 들을 만한 가치가 있다는 점에서 별 4개 드립니다. 특히 마티니 안약에 대한 묘사가 좋았어요.

안타깝게도 이렇게 자면서 하는 말이 생겨나는 메커니즘이나 수면 상태에 관해서는 알려진 게 거의 없다. 내가 아는 바로는 맥그레거는 수면 과학자들에게 공식적인 검사를 받은 적이 없다. 맥그레거와 같은 사례는 극히 드물지만 유일하지는 않다. 영국에서는 애덤 슬레이빅레너드(Adam Slavick-Lennard)의 아내가 ("치즈는 됐어. 됐다고!"라는 말을 포함하는 – 도대체 잠꼬대와 음식은 무슨 상관이 있는 걸까?) 남편의 잠꼬대를 녹음한 뒤 블로그에 올려 화제가 되었고 『잠꼬대하는 남자(Sleep talkin' man)』라는 책까지 펴냈다(Slavick-Lennard, 2013). 성인의 약 5퍼센트가 자면서 자주 말을 한다는 사실은 주목할 만하다. 잠꼬대는 모든 수면 단계에서 나타나는 듯하지만 1단계와 2단계에서는 설명하기가 더 쉽다. 가장 다정한 사람이라도 잠을 잘 때는 극도로 상스러운 말을 내뱉을 수 있다는 것도 기억하자.

몇 년 전 내 파트너는 밤새 일정한 단계를 거치며 비명을 지르곤 했다. 보통 새벽 3시쯤이었고 신음과 중얼거림으로 시작해 몇 초간 비명이 점점 더 커지며 이어졌다. 그러고는 똑바로 앉아 눈을 떴다. 그가 항상 깨어나는 것은 아니었다(물론 나는 격렬히 뛰는 심장을 부여잡은 채 깨어나곤 했다). 처음에는 내 여인을 깨워서 모든 게 괜찮다고 이야기해 주곤 했다. 하지만 나중에는 그대로 두는 법을 배웠다. (실제로 일종의 발작 중인 사람은 깨우지 않는 게 최선이라는 합의가 있다. 그리고 어쨌든 깊은 수면에 가까운 상태이므로 깨우기도 쉽지 않을 수 있다.) 그는 다음 날 아침에는 아무것도 기억하지 못했고 6개월쯤 지나자 *야경증(night terrors)*이라 부르는 증상도 사라졌다. 내가 파트너를 깨우면 그는 두렵고 무척 섬뜩한 이미지를 보고하곤 했다. 한 가지 기억나는 것은 (힌두교의 신 비슈누(Vishnu)처럼) 팔이 여섯 개이고 흐트러진 머리를 한 키가 큰 인물이 자신을 주시하고 있었다는 이야기다. 그리고 극도로 강렬한 두려움을 느꼈다고 했다. 심장 박동이 대단히 증가하고 눈동자가 확장될 수 있으며 지나칠 정도로 땀을 흘리기도 한다. 야경증은 보통 밤의 상대적으로 이른 시간에 진행되는 3단계나 4단계 비렘수면 숙면 중에 발생한다. 어린이들에게 더 많이 나타나며(어린

이에게 발생하는 빈도는 약 6.5퍼센트로 어른의 2퍼센트보다 높다; American Psychiatric Association, 2013) 세 살 반 정도에 가장 흔하다. 어린 시절에는 야경증과 정신 장애 사이에 연관성이 없지만 성인에게는 연관성이 있으며 특히 불안장애와 외상 후 스트레스 장애, 우울증, 몇몇 인격장애와 관련이 있다(대표적으로 Szelenberger et al., 2005). (내 파트너는 양극성 장애가 있었다.)

악몽은 공포와 두려움을 동반하며 정서적으로 불쾌한 (그리고 이야기가 있는) 꿈인 악몽과는 다르다. 악몽은 대부분의 사람이 가끔 경험할 정도로 비교적 흔하지만 야경증은 상대적으로 드물다. 악몽이 렘수면에서 발생하는 반면 야경증은 비렘수면에서 발생한다. 따라서 야경증은 비교적 이른 밤에 발생하는 경향이 있다. 하지만 야경증에 대한 이해는 여전히 비교적 부족한 상황이다. 야경증이 발생하면 갑자기 똑바로 앉아서 통곡하고 비명을 지르기 시작할 수도 있다. 이러한 상태에 빠진 사람들은 위로를 해도 슬픔에서 헤어나지 못한다.

델타파 수면이 야경증에 취약한 이들에게 비정상적으로 나타나서 서파수면을 유지할 수 없게 한다는 증거가 있다(Szelenberger et al., 2005). 또한 야경증에는 강력한 유전적 기저가 있으며 남성보다 여성에게 더 많이 발생한다(Schredl, 2011).

야경증은 수면보행증(sleepwalking) 또는 몽유병(somnambulism)과 연관되어 있을 수 있으며, 두 가지 질환 모두 가족 내에서 유전될 수 있다. 수면보행증은 어린이들에게 더 흔하다. 수면보행증은 3단계 서파 비렘수면이 시작될 때 나타난다. 자면서 걷는 이들은 대개 눈을 뜨고, 걸어 다니며 과업을 수행하기도 한다. 약 5퍼센트의 어린이가 전해에 자면서 걸은 적이 있지만 같은 증상을 보고한 성인은 1.5퍼센트에 불과했다(Stallman & Kohler, 2016). 어떤 사람들은 자면서 행동하기도 하는데 종종 재앙적인 결과로 이어지기도 한다(상자 12.3).

상자 12.3 수면 중의 살인

어떤 사람이 자면서 범죄를 저질렀거나 평소에는 하지 않을 행동을 했다면 얼마나 책임을 져야 할까? 자던 중에 파트너를 살해했다는 사람들의 이야기가 종종 언론에 보도되곤 한다. 2009년 '헌신적인 남편'이었던 브라이언 토머스(Brian Thomas, 59세)는 휴가를 보내던 캠프용 밴에 누군가가 침입한 악몽을 꾸다 아내 크리스틴(Christine)을 목 졸라 살해했다. 검찰은 기소를 취하했고 배심원단은 공식적으로 무죄를 선고했다. 토머스는 아내가 사망한 후 40년간 절망에 빠져 있었다고 알려졌다.

*몽유병 살인(homicidal sleepwalking)*이 발생하는 정도에 관해서는 의견이 갈린다. 물론 몽유병 살인은 편리한 변명을 제공하기도 한다. 최근 발생한 수십 가지 사례가 주로 이야기되지만 이러한 사건은 역사 내내 계속되어 온 듯하다. 미국 법 역사를 통틀어 몽유병이 피고의 행동을 변호하는 데 효과적으로 활용된 최초의 사례는 앨버트 티럴(Albert Tirrell) 사건이었다. 티럴은 1846년 보스턴에서 마리아 빅포드(Maria Bickford)를 살해했으나 '잠으로 인한 정신 이상'의 영향에 있었다고 인정되어 무죄 판결을 받았다.

상자 12.3 수면 중의 살인 (계속)

1987년에는 캐나다의 온타리오에서 장모를 살해한 케네스 파크스(Kenneth Parks)가 무죄 판결을 받았다(Broughton et al., 1994). 파크스는 깊은 서파수면에서 1단계나 2단계 수면 혹은 렘수면을 거치지 않고 바로 깨어나는 비정상적인 뇌전도를 가진 것으로 확인되었다. 그는 잠과 각성 사이에 끼어 있는 것으로 여겨졌다. 물론 이렇게 사건수면이 있는 사람이 모두 사람을 살해하게 되는 것은 아니다. 더 많은 요인이 있겠지만 밝혀지지 않았다.

수면 박탈

잠이 꼭 필요하다면 한 생물체에게 잠을 박탈할 때 관찰할 수 있는 효과가 나타나야 한다. 실제로 인간과 비인간 동물에게서 모두 눈에 띄는 효과가 확인되며 사망에까지 이를 수 있다. 수면 박탈은 아주 불쾌해서 고문의 한 형태로도 활용된다. 수면 박탈에는 (긴 시간 계속 깨어 있는) 급성 수면 박탈도 있고 (매일 밤 충분히 자지 못한 상태가 지속되는) 만성 수면 박탈도 있다.

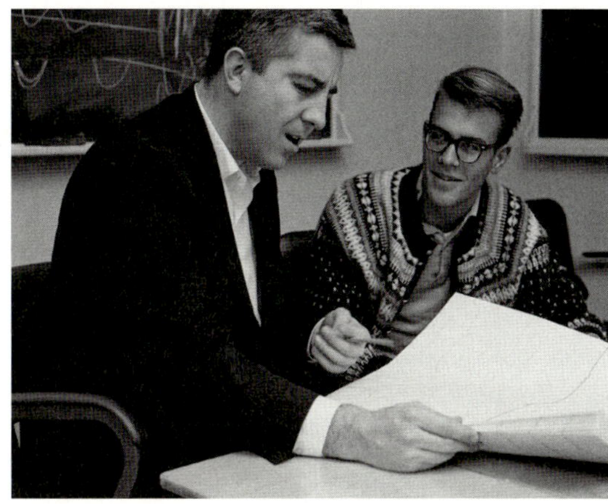

그림 12.11 랜디 가드너. 랜디 가드너는 11일 25분의 수면 박탈 세계 기록을 세웠다. 사진에서는 윌리엄 디멘트와 랜디 가드너가 수면 박탈 중 얻은 데이터를 살펴보고 있다.
출처: Don Cravens/The LIFE Images Collection/Getty Images

우리는 용감한 지원자들 덕분에 급성 수명 박탈의 효과에 관해 상당한 지식을 쌓게 되었다. 누구든 내가 스스로 수면을 박탈하는 것을 보게 되는 일은 없을 것이다. 나는 젊은 시절 하룻밤 잠을 자지 않는 수면 박탈 실험에 참여한 적이 있고 그걸로도 충분히 끔찍했다. 아침 9시가 되자 모두 속이 울렁거렸고 싸움을 벌이고 싶어 했다. 가장 오래 잠을 자지 않은 기록을 갖고 있는 이는 랜디 가드너(Randy Gardner)다. 그는 학생이던 1964년 1월 미국 샌디에이고에서 잠을 자지 않고 264.4시간(11일 25분)을 보냈다(그림 12.11). 초반에는 인지 능력이 떨어져서 이틀째에는 집중에 어려움을 겪었고, 눈꺼풀이 무거워졌으며, 짜증을 냈고, 말이 불분명해졌다. 두통도 있었다. 6일째가 되자 말을 거의 알아들을 수 없게 되었고 극도로 생생한 백일몽을 보고했다. 9일째에는 문장을 완성하지 못했고, 생각이 분절되었으며, 착각으로 괴로워했고, 피해망상이 되었다. 가드너는 깨어 있기 위해 찬물로 씻고 계속 걸었다. 실험이 끝난 후 그는 15시간 동안 잠을 잤고 대부분의 증상이 사라졌다. 이후 다음 날에는 4시간을 더, 다음 다음 날에는 2.5시간을 더 잤다. 그리고 이후에는 완전히 회복한 듯했다(Boese, 2016).

물 위에서 돌아가는 작은 원반 위에 올려놓고 잠을 자지 못하게 한 쥐들은 21~35일 만에 죽었다(Rechtschaffen & Bergmann, 1995). 기이하게도 사망의 주원인은 저체온증이었다. 쥐들은 체온을 조절하는 데 어려움을 겪었지만 이러한 증상으로 이어지는 정확한 메커니즘은 아직 불분명하다. 심각한 급성 수면 박탈은 인간에게도 좋지 않다. 환각을 유발하며, 깨어 있는 시간이 늘어나면서 점차 정신병이 진행된다(Waters, Chiu, Atkinson, & Blom, 2018). 아마 수면 박탈은 결국 인간도 죽일 것이다.

눈 밑이 거무스름해지는 것부터 두통, 질병에 걸릴 위험 증가, 고혈압, 비만, 제2형 당뇨병에 걸릴 확률 증가까지 만성적 수면 박탈이 미칠 수 있는 나쁜 영향은 아주 많다(Gottlieb et al., 2005). 기간이 길어지면 알츠하이머병 같은 퇴행성 질환이 발생할 확률도 증가할 수 있다. 물론 상관관계를 찾아낼 때는 주의해야 한다. 아마 알츠하이머병의 초기 징후 중 하나가 수면 장애일 것이다. 하지만 뒤에 살펴보게 될 것처럼 잠이 뇌에서 신경펩티드 오레신(히포크레틴(hypocretin)이라고도 한다)과 같은 해로운 화합물을 없애는 방식에 인과 관계가 있을 수도 있다(Kang et al., 2009; Xie et al., 2013).

하지만 균형이 중요하다. 꾸준히 잠을 너무 많이 자면 꾸준히 잠을 너무 적게 자는 것과 마찬가지로 다양한 증상이 발생할 수 있다! 잠은 건강한 정신을 위해 꼭 필요하다고 생각되지만, 역설적으로 수면 제한이 우울증을 치료하는 데 도움이 될 수도 있다(Riemann et al., 2001; 상자 12.4).

상자 12.4 우울증을 위한 수면 박탈

적절한 수면량을 알아내려면 균형을 찾아야 한다. 우리는 불면증이 임상 우울증의 증상 중 하나라는 것을 알고 있다. 악순환이다. 걱정이 많아지고 우울해지면 잠을 잘 수 없게 되고, 그래서 더 짜증이 나고 불안해진다. 몸과 마음이 지치는데 피로하면 운동을 덜 하게 될 수 있다. 우리는 운동이 우울증에 도움이 된다는 것도 알고 있다.

반면 몇몇 연구에서는 수면을 박탈하면 임상 우울증 환자들의 기분이 나아지고 증상도 호전될 수 있는 것으로 나타났다(Dallaspezia & Benedetti, 2015). 메타 분석 결과 약 50퍼센트의 환자에게 효과가 있었다(Boland et al., 2017). 항우울제와 달리 빠르게 작용해서 *급성 발현 치료(rapid-onset treatment)*가 되는 장점이 있었다. 특히 렘수면의 박탈이 효과적이었다(Vogel et al., 1975).

하지만 치료를 멈추면 증상이 빠르게 재발한다는 단점이 있다. 일부는 다음날 바로 돌아오기도 했다. 장기적인 수면 박탈이 건강의 다른 측면에는 좋지 않다는 것도 문제다. 이러한 치료와 관련된 메커니즘은 제대로 알려지지 않았다. 뒤에 살펴보겠지만 다양한 신경전달물질 체계가 잠에 관여하며 아마 이러한 체계 중 일부에 문제가 생기는 것이 분명하다. 잠은 학습과 관련이 있고 아마 학습에 대한 방해가 열쇠일 것이다. 동기와 보상 시스템과 학습이 방해를 받으면서 사람들이 다시 즐거움을 찾아낼 수 있게 된다는 가설이 있다(Gujar et al., 2011). 지금으로서는 알 수 없다. 그리고 이러한 치료가 모두에게 효과를 보이지 않는 이유는 무엇일까? 특정한 유전자와의 상호작용이 관여하는 걸까? 수면 박탈이 왜 항우울제로 작용하는지 이해하고 적절한 균형을 찾아내려면 분명히 더 많은 연구가 이루어져야 한다.

우리는 왜 잠을 잘까?

잠에 관한 상식적인 관점은 우리가 자면서 재충전하고 정신 건강과 신체 건강을 회복한다는 것이다. 이러한 일반적인 관점이 맞는 걸까?

잠의 진화적 기능

잠은 왜 진화했을까? 잠은 보편적이다. 모든 생명체는 활동기와 비활동기를 번갈아 보내며, 모든 동물은 비록 그 징후는 우리와 다를지라도 잠이라고 부를 수 있는 시기가 있다.

한 가지 진화적 가설은 잠이 포식자들에게서 벗어나 어둠 속에서 안전하고 움직이지 않게 한다는 것이다. 하지만 이러한 가설은 잠이 가진 회복력이나 수면 박탈의 다양한 부정적 효과를 설명하지 못한다. 잠은 분명히 인지적 처리의 기저에 있는 뇌 가소성의 통제에 관여한다. 수면 박탈이 인지·운동·영구 학습과 과업의 성과를 떨어트리기 때문이다(Wang et al., 2011의 리뷰를 참고하라). 수면 박탈이 이렇게 분명한 결과를 낳는다면 잠이 어떤 중요한 기능을, 그것도 복수로 하고 있는 것이 분명하다.

잠이 뇌에서 폐기물을 제거하는 데 관여한다는 가설도 있다. 뇌의 폐기물을 치우는 *글림프 시스템(glymphatic system)*은 우리가 잘 때 더 효과적으로 작동한다. 잠을 자는 자세가 잠재적으로 유독한 폐기물들이 뇌에서 사라지는 속도에 영향을 미치며(적어도 쥐의 뇌에서는 그렇다 - Lee et al., 2015; Xie et al., 2013), 옆을 보며 잘 때 더 효과적이다. 특히 생애 후반에 알츠하이머병에 관여할 수도 있는 화합물인 아밀로이드 베타(amyloid β)는 밤새 뇌에서 더 효과적으로 배출된다. 따라서 잠은 폐기물의 제거를 용이하게 하며, 수면 부족이 만년에 치매가 발생할 가능성이 높아지는 것과 관련이 있는 이유도 이 때문이다.

*시냅스 항상성 가설(synaptic homeostasis hypothesis)*에서는 각성 과정에서 발생하는 형태 변형(plastic process)이 뇌의 다양한 회로에서 전체적으로 시냅스 강도(synaptic strength)를 높인다고 설명한다. 시냅스 강도가 계속 높아지기만 해서는 안 된다. 그러면 뇌가 너무 많은 에너지를 소비하게 되기 때문이다. 따라서 잠은 에너지 차원에서 지속가능하면서 회백질 공간을 효율적으로 사용하게 하고 학습과 기억에도 이로운 기본 수준으로 시냅스 강도를 재조정하고 낮추는 메커니즘으로 보인다. 신경가소성은 서파수면에서 증가한다(Tononi & Cirelli, 2006). 또한 기억 중 강화되는 시냅스의 대부분은 글루탐산염을 기초로 한다. 글루탐산염은 뇌에 가장 많은 신경전달물질이자 대중적인 조미료다(글루탐산모노나트륨, MSG). 하지만 뇌에 글루탐산염이 너무 많으면 유해할 수 있는데 잠이 과잉분을 없애도록 도와준다. 인간이 아닌 동물을 대상으로 한 연구에서 최근에 휴식을 취한 동물과 비교할 때 수면을 박탈당한 동물에서 시냅스의 강도와 밀도가 증가하는 것도 발견되었다. 한 예로, 뇌전도를 관찰한 결과 수면 박탈은 전두엽피질에서 경두개 자기 자극법(TMS)의 효과가 더 격하게 나타나게 했다(Huber et al., 2013). 잠은 아주 유사한 회로 중 가지치기 시냅스 회로(pruning synaptic circuit)에 관여할 수 있다(Wang et al., 2011). 시냅스 항상성 가설은 학습에서 잠의 역할에도 주목하게 한다.

잠과 학습

자는 동안에 배울 수 있다는 생각은 오랫동안 사람들을 매혹해 왔다. 자는 동안 외국어에 노출하는 등의 방법으로 수면 중에 학습할 수 있게 도와준다는 상품의 광고를 접한 적이 있을 것이다. 이러한 상품이 도움이 된다는 증거는 전혀 없다. 하지만 잠(그리고 꿈꾸기)이 학습과 기억에 관여한다는 생각은 널리 받아들여지며 실험적 증거가 뒷받침하는 가설이어서, 우리가 잠을 자야 할 필요성을 설명해 준다.

우리는 쥐의 일화적 기억과 공간적 기억에 해마가 핵심적인 역할을 해서 특정한 경로와 관련이 있는 뉴런 배열을 재생하거나 자기 발생할 수 있게 한다는 것을 알고 있다. 초기에 제안된 동물 학습 모델에서는 낮 동안 저장된 기억 흔적은 일시적이고, 밤의 서파수면 중에 고정되거나 영구화된다고 했다(Pfeiffer, 2018의 리뷰를 참고하라). 그리고 서로 다른 유형의 수면은 서로 다른 유형의 학습과 관련이 있어서 (사건과 사실의) 명시적·서술적 기억의 형성에 중요한 서파수면과 비명시적·절차적·정서적 기억의 고정에 중요한 렘수면의 이중처리 모델에 이른다고 설명했다(Ackermann & Rasch, 2014). 다양한 동물과 사람을 대상으로 한 연구가 서파수면이 명시적 기억에 중요하다는 사실을 입증했다는 데는 모두 동의한다. 하지만 이제 서파수면의 역할을 절차적 기억의 고정까지 확대할 수 있다고 믿어지는 반면 렘수면에서 이뤄지는 학습의 목적은 훨씬 더 불분명하다. 렘수면은 정서적 기억의 처리에 관여하는 듯하지만 서파수면 역시 관여한다. 그에 반해 2단계 수면은 단순한 운동 학습과 관련이 있다. 뇌전도에서 관찰되는 수면 방추들은 기억 형성, 특히 기존 기억과 새로운 기억의 통합에 중요한 역할을 하는 것으로 보인다(Tamminen et al., 2010). 낮에 이뤄진 운동 학습 중 활성화된 뉴런은 비렘수면 동안 재활성화되어 새로운 가지돌기가시(dendritic spine)의 형성으로 이어진다(Yang et al., 2014). 렘수면을 방해해도 가시 형성이나 운동 학습이 약화되지 않았다.

요약하면 비렘수면은 학습에 필수적이지만 렘수면의 역할은 이해하기 어렵다. 하지만 기억을 형성하려면 잠이 필요할 뿐 아니라 수면 박탈은 가짜 기억의 생성과 관련이 있다(Frenda et al., 2014). 최근 통합적인 리뷰를 진행한 디켈만과 보른(Diekelmann & Born, 2010)은 서파수면이 다른 기억과 관련이 있는 기억의 고정을 뒷받침하며, 렘수면은 시냅스 고정을 뒷받침한다고 결론 내렸다. 서파수면 중에는 느린 진동과 수면 방추, 신경전달물질 아세틸콜린의 낮은 농도가 해마부터 피질까지 기억의 재활성화와 재분배를 조정한다. 렘수면 중에는 콜린성 신경전달물질의 농도가 높아지고 세타파가 나타나며 피질에서 기억의 시냅스 고정이 이어진다. 우리는 잠이 기억의 고정에서 얼마나 중요한 역할을 하는지 기초적인 내용을 알고 있다. 하지만 여전히 규명되어야 할 것들이 많다.

12장 요약

- 잠은 의식을 상실했지만 되돌릴 수 있는 상태다.
- 잠은 특징적인 뇌전도 패턴을 표지로 가진다.
- 모든 생명체는 활동기 사이에 어느 정도의 비활동기를 가진다.
- 모든 동물은 서로 다른 양의 잠을 잔다.
- 우리 몸은 각성 수준을 통제하는 하루주기리듬을 따르며, 하루주기리듬의 길이는 24시간에 가깝지만 정확히 24시간은 아니다.
- 졸음을 느끼는 데는 광도와 솔방울샘, 멜라토닌이 중요한 역할을 한다.
- 잠은 전기적 활성의 패턴에 따라 네 단계로 나눌 수 있다.
- 잠은 렘수면과 비렘수면으로 나눠며 대부분의 꿈은 하룻밤 중 늦은 시간의 렘수면에 생겨난다.
- 상위이단뇌와 분리뇌는 뇌줄기와 망상 활성계가 우리의 수면과 각성에 얼마나 중요한지 보여준다.
- 신경전달물질의 농도는 깨어날 때부터 잠들 때까지 달라지며 수면 중에도 바뀐다.
- 홉슨의 활성화 입력 조절 모델(AIM 모델)은 세 가지 차원의 활성도에 따라 어떻게 수면과 꿈, 각성이 결정되

는지 보여준다.

- 불면증, 몽유병, 기면증, 야경증, 잠꼬대를 비롯해 다양한 장애나 사건수면으로 인해 수면이 방해될 수 있다.
- 가벼운 수면 박탈로도 심각한 효과를 일으킬 수 있는 것을 볼 때 잠은 꼭 필요하다.
- 잠은 분명히 몇 가지 진화적 기능을 가지고 있다.
- 잠과 꿈꾸기는 학습과 기억 고정에 관여한다.

리뷰 질문

1. 우리는 왜 잠을 잘까?
2. 학습에서 잠의 역할은 무엇인가?
3. 일상적으로 밤새 잠을 자는 동안 신경전달물질들의 농도가 어떻게 달라지나? 그리고 그 이유는 무엇인가?
4. 우리가 잠에 빠질 때 어떤 일이 생길까?
5. 지금까지 알려진 수면 장애의 범위를 정리하고 이러한 장애가 발생하는 이유를 설명하라.
6. 단기적으로 그리고 장기적으로 수면 박탈의 효과는 무엇인가?
7. 우리는 잠을 잘 때 의식이 있을까?
8. 수면의 단계가 달라질 때마다 뇌의 다른 부분이 관여하나?

추천 자료

잠에 관한 입문서

데이비드 랜들. (2014 [2012]). 잠의 사생활 (원제: Dreamland: Adventures in the Strange World of Sleep). 해나무.

매슈 워커. (2019 [2018]). 우리는 왜 잠을 자야 할까 (원제: Why We Sleep: The New Science of Sleep and Dreams). 열린책들.

폴 마틴. (2003 [2002]). 달콤한 잠의 유혹 (원제: Counting Sheep). 북스캔.

Horne, J. (2006). Sleepfaring: A Journey Through the Science of Sleep. Oxford, UK: Oxford University Press.

Lewis, P.A. (2013). The Secret World of Sleep. New York: Palgrave Macmillan.

잠과 수면 장애

Moorcroft, W.H. (2013). Understanding Sleep and Dreaming (2nd. ed.). New York: Springer.

Morin, C.M., Espie, C.A., and Akerstedt, T. (2012). The Oxford Handbook of Sleep and Sleep Disorders. Oxford, UK: Oxford University Press.

활성화 입력 조절 모델

Hobson, A. (2017). Conscious States: The AIM Model of Waking, Sleeping, and Dreaming. Scotts Valley, CA: CreateSpace.

13 꿈

많은 이들이 꿈을 꾸었다는 사실을 기억하지 못하기는 하지만, 거의 모든 사람이 매일 밤 꿈을 꾸는 듯하다. 우리는 인생에서 평균적으로 7년을 꿈을 꾸는 데 쓴다.

우리가 꿈을 꾸느라 7년을 고스란히 보내야 한다면 꿈을 꾸는 그 귀한 시간 동안 무슨 일이 벌어지는 걸까? 꿈꾸기가 어떤 기능을 하는 걸까? 그리고 꿈은 무언가를 의미할까? 이 장에서는 이러한 질문에 답하려 한다. 먼저 자는 동안 일어나는 꿈이라는 우리의 경험을 검증할 수 있는지 묻고, 꿈이 무엇인지 질문하며 논의를 시작한다. 그리고 자신이 꿈을 꾸고 있다는 것을 알고 때로는 꿈속의 행동에도 영향을 미칠 수 있는 자각몽이라는 현상을 검토한다. 꿈에 관한 기억이 얼마나 정확한지도 알아본다. 렘수면과 비렘수면의 차이도 살펴본다.

다음에는 우리가 무엇을 꿈꾸는지, 왜 지금처럼 꿈을 꾸는지, 그리고 어쨌든 왜 꿈을 꾸는지 검토한다. 부정적인 정서적 내용을 다루는 악몽과 반복되는 꿈에 관해 알아본다. 꿈이 위협을 다루는 방법인지 그리고 창조적 과정에 관여하는지도 질문한다. 마지막으로 꿈의 정신분석 이론과 프로이트가 우리가 꿈을 만들어 낼 때 사용한다고 주장했던 메커니즘을 논의하며 이 장을 마친다.

꿈은 진짜일까?

먼저 우리는 꿈을 곧이곧대로 받아들일 수 있는지 질문해야 한다. 미국의 철학자 노먼 맬컴(Norman Malcolm)은 그럴 수 없다고 주장했다. 회의론자라면 우리가 꿈을 전혀 꾸지 않으며 깨어난 후에 꿈이라는 경험을 만들어 낸다고 주장할 수도 있다. 꿈이 실재한다는 사실을 받아들인다 해도 우리는 꿈을 꾼 이의 보고로만 꿈의 내용을 알 수 있다(아무리 믿을 수 있는 보고라고 해도 차이는 없다). 꿈꾸기에 관한 모든 것은 *검증할 수 없는* 듯하다(Malcolm, 1959).

이제는 우리가 꿈을 꾸는 사이 어떤 일이 벌어지는지 일관성 있는 설명을 제공하는 신경과학 데이터 덕분에 이렇게 극단적으로 회의적인 태도를 반박할 수 있다(Windt, 2015). 하지만 우리가 꿈 자체에 직접 접근할 수 없는 것은 사실이다. 우리는 오직 꿈에 관한 기억에만 접근할 수 있다. 꿈에 관한 기억은 보통 빠르게 희미해지며, 기억을 유지하는 동안에만 꿈을 반복해서 떠올릴 수 있다. 밤중에 깨어나 바로 기록하려 노력한다면 더 나은 기록을 얻을 수 있을지도 모르지만 심지어 그때에도 꿈을 얼마나 상기할 수 있느냐에 좌우된다. 어쩌면 떠올리려는 노력 자체가 꿈을 왜곡하지 않을까? 꿈을 기억해 낼 때면 종종 내가 실제보다 더 질서를 부여하며 구성하고 있지는 않은지 걱정하게 된다.

하지만 꿈이 적어도 대부분은 우리가 보고하는 대로라는 사실을 의심하게 하는 연구는 없다. 우리는 꿈에 관한 보고가 꿈이라는 경험의 핵심 요소를 상당히 충실하게 반영하고 있으며, 정직하다는 가정을 받아들일 수 있다(Windt, 2013, 2015). 다른 많은 동물, 적어도 포유류는 꿈을 꾸는 듯하다(Frith et al., 1999). 렘수면에서 인간과 유사한 표지를 보이기 때문이다. 일반적으로 렘수면 관련 마비를 없애는 뇌 병변을 지닌 고양이들은 꿈을 꾸는 동안 행동하는 것처럼 움직였다(Jouvet, 1979). 또한 동물들은 렘수면 중 아세틸콜린의 농도가 높아져 인간과 유사한 신경전달물질 패턴을 보인다(Stickgold, 1998). 강아지와 같은 동물을 반려하면서 종종 자신의 조그마한 친구가 무언가를 꿈꾸는 중이라는 것을 알아챘던 사람이라면 이러한 결론이 놀랍지 않겠다(그림 13.1).

그림 13.1 잠이 든 보. 보의 잠은 내 잠과 얼마나 비슷할까? 개의 음경 상징으로 가득한 개들만의 꿈을 꿀까?

상자 13.1 장자의 나비 꿈

상징적인 꿈 중 가장 유명한 것은 도교 철학자 장자(莊子, 기원전 369~286 추정)의 꿈이다. 그가 꾼 꿈의 내용은 다음과 같이 요약할 수 있다.

언젠가 나, 장자가 나비가 되어 훨훨 날아다니는 꿈을 꾸었다. 나비로서의 행복만을 의식했고 내가 장자라는 사실은 의식하지 않았다. 깨어나자 나는 다시 나 자신이 되었다. 이제는 그때 내가 나비가 된 꿈을 꾸는 사람이었는지 아니면 나비인 내가 사람이 된 꿈을 꾸고 있는지 모르겠다. 사람과 나비 사이에는 의당 차이가 있다.

환상은 무엇이고 현실은 무엇일까(그림 13.2)? 우리는 꿈을 꾸고 있는 때와 깨어 있는 때를 어떻게 알 수 있을까? 깨어 있을 때 나는 진정 '현실'에 깨어 있는 것일까, 아니면 (가끔 벌어지는 일처럼) 그저 또 다른 수준의 꿈에서 깨어난 것일까? 우리는 그 무엇도 확신할 수 없다.

상자 13.1 장자의 나비 꿈 (계속)

나비에서 사람으로의 변화는 자기 각성에 대한 은유일 뿐 아니라 더 뛰어난 통찰력과 이해력을 발휘하는 자기(the self)로의 탈바꿈으로도 볼 수 있다. 이러한 변화는 각(覺, 깨달음)에 해당한다.

그림 13.2 장자의 나비 꿈. 나는 나비가 된 꿈을 꾸다 깨어났다. 하지만 내가 정말 깨어 있는지 어떻게 알 수 있을까? 사진은 레드포스트맨 나비(red postman butterfly).
출처: Susan Walker/Moment/Getty Images.

꿈은 무엇일까?

꿈은 우리가 자는 동안 갖게 되는 일련의 생각과 이미지, 인상, 정서로, 대개 보통 특정한 유형의 이야기로 연결된다. 우리는 이러한 인상과 이미지를 인식하지만 꿈에서 자기 인식이 이뤄지는 경우는 거의 없다.

다른 사람의 꿈 이야기를 듣는 것은 상당히 따분한 일이라는 걸 알고 있지만, 내 꿈 일기에서 무작위로 하나를 골라 옮겨 본다.

> 나는 드라마 시리즈 「아내는 요술쟁이(Bewitched)」를 리메이크하기 위해 미국 캘리포니아에 세워진 세트를 구경하면서 참여도 하고 있었다. 먼저 그곳에는 대런(Darren, 주인공이자 마녀인 서맨사(Samantha)의 남편-옮긴이)이 있었다. 그가 바다 근처의 해변에서 조그마하지만 아주 작지는 않은 기차를 몰고 있는 게 보였다. 이웃집의 버릇없는 소년이 무언가로 기차를 쳤다. 수많은 개가 기차에서 탈출했다. 다친 사람은 없었지만 난장판이 벌어졌고 어디든 개들이 달리고 있었다. 서맨사는 파티 중이었고 대런은 늦을 것 같았다. 서맨사가 남편을 구하러 나타나 모든 난리를 정리했고 소년을 벌주었다. 기차와 해안, 사고 현장이 내려다보이는 절벽 위근사한 집에서 우리는 모든 것을 볼 수 있었다. 나는 다른 손님들과 함께 파티를 즐기고 있었다. 우리는 집 이야기를 하면서 모든 게 얼마나 멋진지 이야기했다. 나는 "실례하지만 내가 지금까지 본 집 중에서 최고예요"와 같은 말을 했다. 샴페인이 바닥났고 나는 나가서 두 병을 더 사 와야겠다고 생각했다. 서맨사가 파티에 샴페인을 더 내놓기 위해 자기 능력을 활용하지 않는 이유가 조금 궁금했다. 내 어머니도 그곳에 함께 있었다는 느낌이다. 태양이 빛나고 하늘은 푸르른 아름다운 날이었다.

내 꿈은 꿈의 다양한 특성을 분명히 보여준다. 먼저, 많은 꿈이 기이하다. 내 꿈에는 기이한 요소가 많다. 한 남자가 조그마한 기차를 몰고 가다가 사고가 나자 보통 크기의 개 한 무더기가 쏟아져 나오는 것을 보여준다. 꿈은 물리 법칙을 따르지 않는다. 둘째, 일종의 이야기가 있긴 하지만 순차적으로 구성되지는 않는다. 많은 것을 건너뛴다. 또한 하나 뒤에 또 다른 무언가가 따라오는데, 일관성 있는 서사를 만들기 위해 앞서 등장했던 이야기의 요소를 다시 떠올리는 경우는 거의 없다. 셋째, 시점이 계속 바뀐다. 때로는 이야기에 관여하고 있다가, 때로는 지켜보기만 하고, 때로는 꿈에 참여하고 있는 인물처럼 느껴진다. 마지막으로 무슨 일이 일어나고 있는지 숙고하지 않는다. '자그마한 기차에서 커다란 개들이 쏟아져 나와. 잠깐, 이런 일은 불가능하잖아'와 같은 생각을 하기 위해 멈추지 않는다. 꿈은 어떠한 메타인지도 없이 계속된다.

짐작했을지 모르지만 꿈에서 특정한 시각적 내용이 반복되는 것은 (인간이나 풍경과 같은) 자극 표현과 연관된 시각 피질 활성화 패턴으로 뇌의 동일한 영역이 활성화되는 것과 관련이 있다(Horikawa et al., 2013). 이를 통해 사람들이 무엇에 관한 꿈을 꾸고 있을지 예측할 수 있을 정도다.

꿈을 **렘**수면과 동일시하는 것은 잘못이다(Solms, 2000). 렘수면에서 더 자주 발생하긴 하지만 **비렘**수면에서도 꿈을 꾼다. 렘수면의 꿈은 더 길고 더 기이한 경향이 있다. 비렘수면의 꿈은 더 짧고, 때로는 길고 복잡한 이야기보다 분리된 생각처럼 느껴지기도 한다(Hobson, 2009). 비렘수면에서는 (정의에서도 확인할 수 있듯이 안구운동과 같은) 명시적인 표지가 더 적어서 꿈을 탐지하기 어렵다. 따라서 우리는 비렘수면에서 꿈을 얼마나 꾸는지 제대로 알 수 없다. 렘수면의 꿈을 더 잘 기억한다는 것도 아마 허상일 것이다. 우리는 꿈 보고가 *두정-후두 핫 존(parieto-occipital hot zone)*이라 불리는 후부 피질 영역의 고주파 활성화 증가와 관련이 있으며, 이 영역에 저주파 활성화가 증가하는 것은 꿈 경험의 부재와 관련이 있다는 것을 알고 있다(Siclari et al., 2017). 따라서 렘수면 박탈은 꿈 박탈과 같지 않다.

우리는 (1장에서) 의식의 정의를 논하면서, 꿈이 없는 잠을 잘 때는 의식을 잃어버리는 것임을 알았다. 이 정의의 문제는 '꿈이 없는 잠'이라는 개념은 꿈이 무엇이냐는 질문으로 이어진다는 것이다(Windt et al., 2016). 꿈이 없는 잠에서는 의식의 모든 징후가 사라지나? 꿈을 자는 동안의 환각 경험이라 정의하면, 자면서 하는 생각과 움직임의 감각이 꿈을 구성할까? 몽유병과 잠꼬대는 어떤가? (후자는 항상 사후에 보고한 심리 상태에 상응하지 않는다.) 이런 이유로 우리는 '꿈이 없는 잠'이라는 개념을 조심스레 다루어야 한다.

> **직접 해보자: 꿈 일기 쓰기**
>
> 적어도 몇 주간 꿈 일기를 쓰자. 가장 쉬운 방법은 잠에서 깼을 때 메모지에 여러분의 꿈을 기록하는 것이다. 살짝 더 복잡하지만 개인적인 경험에서 더 나은 결과를 얻었던 방법은 스마트폰의 녹음기를 사용하는 것이다. 나는 음성이 들리면 활성화되는 녹음기를 이용했을 때 가장 좋은 결과물을 얻었다. 이러한 장비는 비교적 저렴하게 구입할 수 있다.

우리는 꿈을 얼마나 잘 기억할까?

우리는 보통 꿈을 잘 기억하지 못한다. 보통 잠에서 깰 때는 기억하지만 몇 분 만에 많은 것을 기억할 수 없게 된다. 곧 꿈의 주제가 기억에서 사라져 버린다. 이러한 꿈의 특징을 *꿈 기억상실(dream amnesia)*이라 한다.

나는 종종 특정한 꿈을 아주 선명하게 기억하고 그 기억이 종일 이어지기도 한다. 이러한 경험이 항상 만족스러운 것은 아니다. 그래도 모든 꿈을 완벽히 기억하지 못하기 때문에 개인적으로는 즐기는 편이다. 하지만 사람에 따라 혼란에 빠지거나 스트레스를 받을 수도 있다. 또한 사람에 따라 자신의 꿈을 기억하는 정도에 큰 차이가 있는 듯하다. 나는 내 꿈에 엄청난 흥미를 느끼고, 꿈에 주목하며 기억하기 위해 대부분의 사람들보다 큰 노력을 기울인다. 그래서 상대적으로 좋은 기억을 가질 가능성이 크다.

자기 꿈에 흥미를 느끼는 정도 외에도 사람들이 꿈을 얼마나 잘 기억하는지에 영향을 미치는 요인은 더 있다. 밤새 자주 잠에서 깨는 성향이 있으면 꿈을 더 잘 기억해 낸다. 경험에 대해 열린 자세, 창의성 척도의 높은 점수, 몰입 점수(14장의 최면을 참고하라)와 같은 성격 변수도 꿈을 잘 기억해 내는 것과 관련이 있다(Ruby et al., 2013; Schredl, 2008; Watson, 2003). 이러한 차이는 신경생리적 차이에 의해 뒷받침된다고 할 수 있다. 루비 등(Ruby et al., 2013)은 여러 어조로 복수의 이름을 들려줬을 때 꿈을 잘 기억하지 못하는 사람들과 비교해서 꿈을 잘 기억하는 이들에게 알파파 활동이 더 일관되게 감소하는 것을 관찰했다. 알파파 활동의 감소는 억제 과정의 방출과 흥분성 증가에 상응한다. 이러한 경향은 잠을 자는 동안 잠깐씩 더 자주 깨서 꿈을 더 잘 기억하는 이들에게 나타날 수 있다.

빈트(Windt, 2015)는 꿈을 더 잘 기억하는 것이 깨어 있는 상태에서의 일화 기억하기와 관련이 있는 뇌의 상태와는 다른 특정한 뇌의 상태와 연관되어 있다는 사실을 입증하는 연구를 검토했다. **측두-두정 접합부(TPJ)** 그리고 내측 전전두엽피질(mPFC)의 일부가 특히 꿈을 기억해 내는 데 중요했다(Eichenlaub et al., 2014). 앞서 7장에서 특히 공간에서 자기라는 감각을 만들어 내는 데 내측 전전두엽피질이 중요하다는 사실을 살펴본 바 있다. 종합해 보면 모든 결과가 꿈이 다른 형태의 인지와는 다르다는 것을 시사한다. 꿈은 자는 동안 주기적으로 활성화되는 특정한 뇌 시스템의 산물인 듯하며, 특정한 사람들이 다른 사람들보다 꿈을 더 잘 기억해 내게 만드는 데 관여하는 과정에도 차이가 있는 듯하다(그림 13.3).

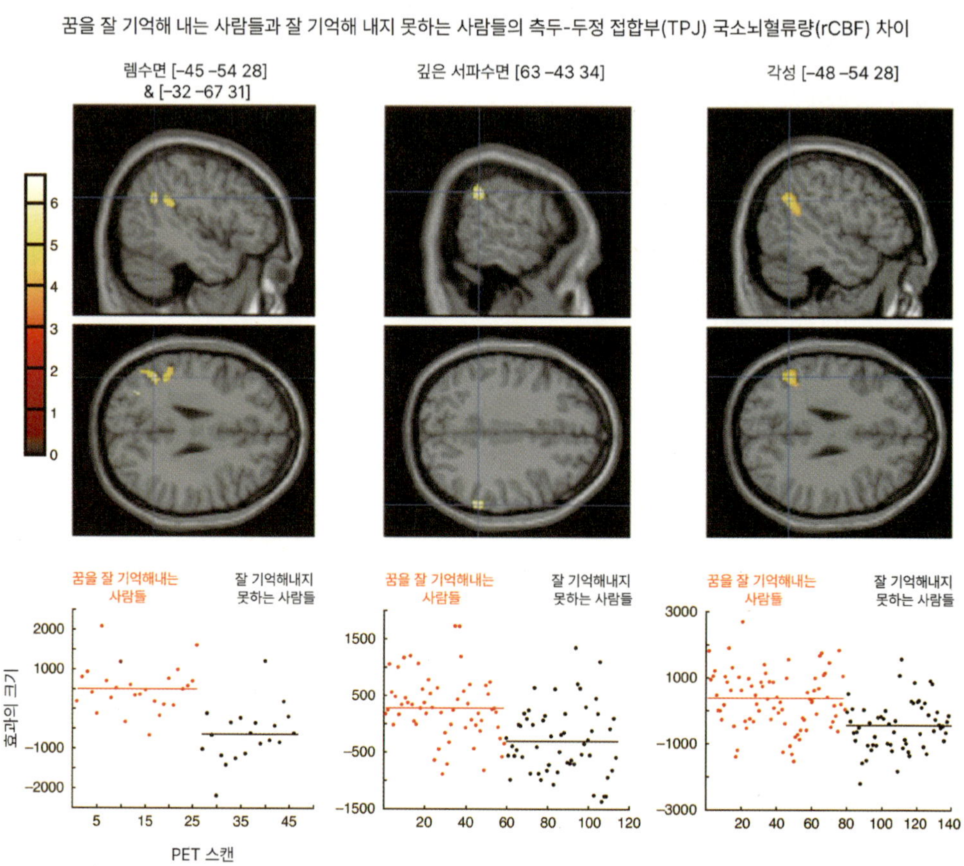

그림 13.3 일반적인 PET 스캔으로 관찰한, 꿈을 잘 기억해 내는 사람들과 잘 기억해 내지 못하는 사람들의 측두-두정 접합부(TPJ) 혈류량 차이. 렘수면과 각성, 깊은 서파 수면의 데이터를 나타냈다.
출처: Eichenlaub et al. (2014).

자각몽

대부분의 사람들은 대부분의 시간 동안 자신이 꿈을 꾸고 있다는 것을 인식하지 못한다. 우리가 꿈을 꾸고 있다는 사실을 인식하게 되는 꿈을 **자각몽(lucid dream)**이라 한다. 조사에 따르면 절반 정도의 사람은 살면서 한 번 이상 자각몽을 꾼 적이 있다(Blackmore, 1991). 인식 정도는 꿈을 꾸고 있다는 것을 완전히 아는 수준부터 뭔가 다르다는 느낌을 받는 정도까지 다양하다. 많은 이들이 자신이 꿈을 꾸고 있다는 것을 깨달으면 꿈을 통제하려 하지만 항상 성공하지는 못 한다. 일부 연구자들은 꿈을 통제하고 영향을 미치려 시도하는 이러한 요소가 아주 보편적이기 때문에 자각몽의 정의에 반영되어야 한다고 주장한다(Tart, 1988). 사람들이 자각몽을 꿀 때 시도하는 가장 대표적인 활동은 날기다. (나는 가끔 자각몽에 가까운 꿈을 꿀 뿐이다. 그래서인지 방 안에서 잠시 공중 부양하는 것 이상으로는 나아가지 못했다.) 어떤 사람들은 꿈속 풍경에서 일탈적인 특징을 알아채서 자신이 꿈을 꾸고 있다는 확실한 단서를 얻는다. 한 남자는 집 밖에 있는 포장용 돌이 뒤집혀 있는 것을 알아채고 길고 상세한 자각몽에 진입했다(Fox, 1962). 다른 사람들은 꿈에서 현실이 아니라는 잘못된 느낌을 받고 자각몽을 깨닫기도 한다.

자각몽을 꿀 때는 렘 활성화 수준이 극단적으로 높은데 아마 배외측 전전두엽피질의 활성화 때문일 것이다(Kahn & Hobson, 2005). 뇌의 이 영역은 자는 동안 대개 비활성화되어 있고 집행 처리에 중요하기 때문에 이러한 관찰이 중요하다. 꿈을 인식하는 것이 보통 잠이 관여할 때는 사라지는 집행 기능과 관련이 있다는 결론에 도달하게 된다(그림 13.4).

자각몽을 촉진하기 위한 다양한 기술이 있고 상업적인 장치도 구할 수 있다. 자각몽을 유도하는 방

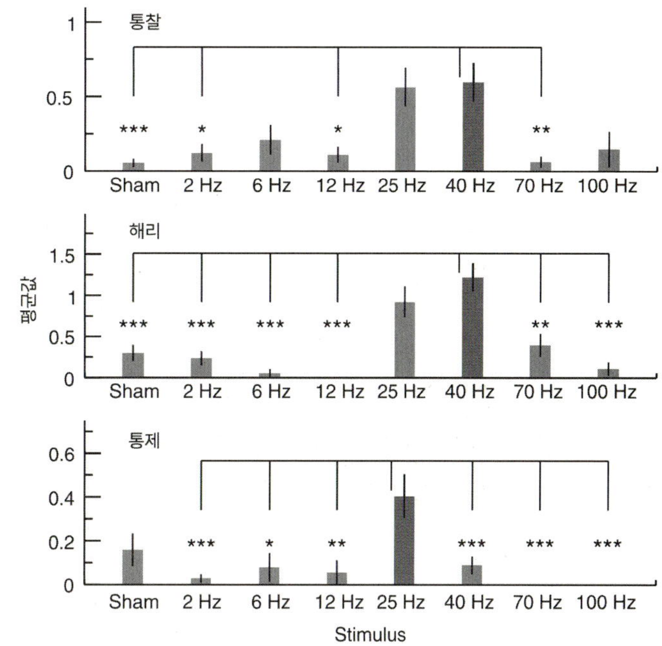

그림 13.4 전두부와 측두부를 25~40헤르츠로 자극하면 꿈을 자각할 가능성이 커진다. 이러한 감마파 범위의 자극을 주면 자각과 관련이 있는 통찰(insight), 해리, 통제를 보고하는 횟수가 늘었다.
출처: Voss et al. (2014).

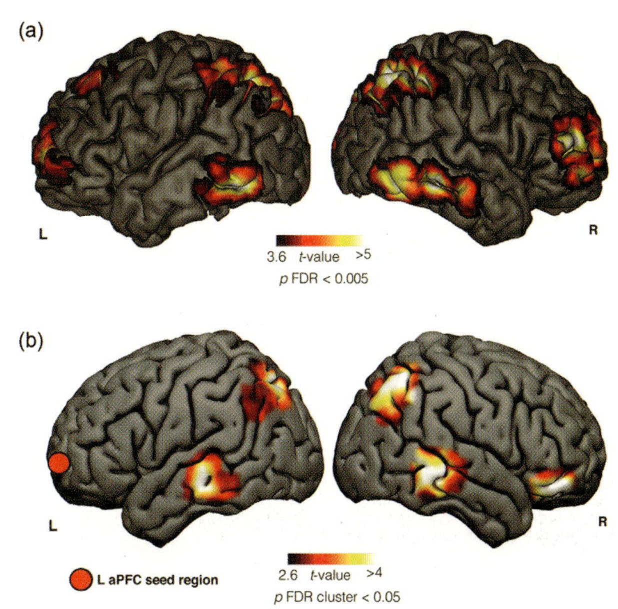

그림 13.5 자각몽이 아닌 꿈과 비교하면 자각몽에는 전두부와 두정부가 더 많이 관여한다. 위의 그림은 자각몽을 꾸는 사람의 사례를 나타냈고, 아래 그림에는 자각몽이 아닌 꿈을 꾸는 사람의 사례를 나타내 차이를 볼 수 있다. 전측 전전두엽피질(aPFC)와 내측 두정엽피질, 외측 두정엽피질의 활성화가 증가한 것이 확인된다.
출처: Baird et al. (2019).

법을 검토한 연구의 방법론적 수준은 대개 높지 않으며, 자각몽을 일관되게 확실히 유도하는 방법은 없다(Stumbrys et al., 2012). 가장 성공적인 방법으로는 특정한 형태의 외부 자극 그리고 의도(intention)와 잠드는 상상하기, 자기 암시의 반복이 있다.

자각몽은 전두부와 측두부의 감마파 활성(25~40헤르츠)과 관련이 있다. 보스 등(Voss et al., 2014)은 *경두개 교류 자극(transcranial alternating current stimulation, tACS)*이라는 시스템을 이용해 다양한 진동수로 뇌를 자극하면서 인과관계를 입증했다. 예측했던 대로 25헤르츠와 40헤르츠의 자극만이 자각몽을 보고하는 횟수의 증가와 유의미하게 관련이 있었다(그림 13.5). 자각몽의 신경과학은 아직 초기 단계이긴 하지만 자각몽이 아닌 꿈보다 전두부와 두정부가 더 많이 관여한다는 증거가 있다(Baird et al., 2019). 다만 fMRI를 활용한 자각몽 사례 연구가 단 한 건에 불과하다는 사실을 기억해 두자.

직접 해보자: 자각몽 꾸기

자각몽 꾸기에 전념하는 책과 인터넷 사이트는 많다. 스텀브라이스 등(Stumbrys et al., 2012)은 다양한 방법을 나열하고 평가했다. 나도 그중 많은 방법을 시도해 봤지만 성공하지 못했다. 하지만 그냥 성공에 필요한 인내심이 부족했는지도 모른다. 자각몽 기계를 구입할 수도 있다. 그런 기계로 대단한 성공을 거둔 사람은 보지 못했으나 그래도 몇몇은 자각몽을 꾸었다고 보고했다. 여러분이 찾은 방법을 시도해 보자. 덕분에 자각몽을 꾸었나? 연습할수록 꿈을 더 인식할 수 있게 되었나? 적어도 3일 간격을 두고 자각몽을 시도해야 한다고 경고하는 이들이 있다는 사실은 기억해 두자.

직접 해보자: 꿈 개선제

여러분에게 어떠한 종류든 약물을 시험해 보라고 제안하기는 꺼려지지만, 개인적으로는 밤늦게 콜린(choline)과 레시틴(lecithin)을 실험한 적이 있다. 이 두 가지 약물은 완전히 합법이며, 처방 없이도 손쉽게 구할 수 있는 보충제다. 콜린은 물에 녹는 비타민 B의 일종이며 과잉 섭취해도 문제없이 소변으로 배출된다. 나는 세이지(sage, 약용식물의 일종–옮긴이) 잎 추출물과 (갈란투스속 식물에서 발견된) 갈란타민(galantamine)도 시도해 보았다. 갈란타민은 콜린에스테라아제 억제제(뇌에서 일반적으로 아세틸콜린을 분해하는 콜린에스테라아제를 억제해서 신경전달물질 아세틸콜린 농도를 높인다)이며, 자각몽의 빈도를 높이는 데 매우 효과적인 것으로 보인다(Sparrow et al., 2018). 자신을 대상으로 혼자 실험을 할 때는 플라시보 효과를 통제하기가 무척 어렵지만 콜린을 썼을 때 내 꿈이 약간 더 생생해졌다고 느꼈다. 잠자리에 들기 한 시간 전에 멀티비타민 B를 약간 추가 섭취해서 시험할 수도 있다.

꿈의 내용

우리는 무엇에 관한 꿈을 꾸고, 왜 그런 꿈을 꿀까? 이 문장을 쓰고 있는 바로 오늘 오전에 나는 복잡한 꿈을 꾸었다. 나는 과거로 돌아가 영국 총리 해럴드 맥밀런(Harold Macmillan, 영국의 정치인. 실제로는 전쟁 기간이 아니라 1957년부터 1963년까지 총리를 역임했다 - 옮긴이)이 제2차 세계대전에서 승리하도록 도왔다. 무언가가 잘못된 세계였고, 러시아인들이 (실제로는 승리했던) 쿠르스크(Kursk)에서의 탱크전에서 패배한 탓에 동부전선에서 서둘러 움직여야 하는 상황이었다. 꿈의 서사는 놀라울 정도로 복잡했고 상당히 그럴듯했다. 적어도 나는 그런 꿈이 완전히 무작위적으로 만들어질 수는 없다고 확신한다. 그 꿈은 내가 같은 날 일찍 했던 일을 몇 가지 참고하고 있기도 했지만(첩자들에 관한 글을 읽었었다) 그것만으로 꿈 전체를 설명할 수는 없었다.

꿈 일기를 써보면 꿈이 전날에 일어난 일들의 단편을 포함하고 있다는 사실을 알아챌 것이다. 이러한 단편들을 *매일의 잔재(daily residue)*라 한다. 하지만 분명히 꿈에는 당일의 사건보다 더 많은 것이 등장한다. 과거의 사건에 관한 꿈을 꾸기도 하지만 가장 최근의 사건은 접하기 어렵다. 꿈을 꾸기 이틀 전부터 나흘 전의 재료는 5일 전부터 7일 전의 재료에 비해 꿈에 통합될 가능성이 적다(Blagrove et al., 2011; Nielsen et al., 2004). 이러한 효과를 *꿈 시차(dream lag)*라 한다. 유력한 설명은 기억 고정에 *주 단위* 리듬이 있다는 것이지만 아직 세부적인 내용은 불분명하다.

꿈의 내용은 몽상의 내용을 닮아 있어서 디폴트 모드 네트워크가 꿈꾸기에 관여할 수도 있다는 것을 시사한다. 두 상태 모두 관련 기억 때문에 강화된 현재의 관심사에서 내용이 도출되며, 그 내용은 대체로 시청각적이고 정서적이다. 폭스 등(Fox et al., 2013)은 몽상과 밤의 꿈이 이어져 있다고 주장했다. 그들에 따르면 밤의 꿈이 더 시각적이고 몰입감이 크며, 몽상보다 꿈에 관여하는 전전두엽피질이 더 작다.

또한 꿈의 내용에는 문화적 패턴과 발달적 차이도 있다. 어린이들과 수렵 채집 문화권의 사람들의 꿈에는 동물이 더 빈번하게 등장한다. 우리가 성장하면서 꿈의 본질도 바뀐다(Foulkes, 2002). 5살 무렵까지 가장 어린 시절의 꿈에는 줄거리가 없고, 꿈을 꾸는 이가 꿈에 참여하지도 않는다. 사회적 상호 작용은 5살부터 7살 사이에 나타나기 시작하고, 자기 참여는 7살부터 9살 사이 증가하며, 9살이 넘으면 마침내 서로 다른 감정과 새로운 등장인물이 출현한다.

상자 13.2 꿈의 내용

미국의 심리학자인 G. 윌리엄 돔호프(G. William Domhoff)는 애덤 슈나이더(Adam Schneider)와 함께 온라인에서 2만 개 이상의 꿈을 모은 드림뱅크(DreamBank)의 창립자 중 한 명이다(Domhoff & Schneider, 2008). 드림뱅크는 검색 기능을 정교하게 다듬었고, 대형 데이터 세트에서만 시험할 수 있는 꿈에 관한 가설을 연구하는 데 활용된다.

상자 13.2 꿈의 내용 (계속)

한 예로, 돔호프(Domhoff, 2003, 2017)는 대형 표본을 구성하는 꿈을 사람들이 어떤 범주의 사물에 관한 꿈을 꿨는지를 기준으로 분류했다.

등장인물 (동물, 남성과 여성, 친구, 낯선 사람)
활동 (생각하기, 말하기, 달리기)
정서 (기쁨, 슬픔, 당황스러움)
사회적 상호작용 (공격, 우정, 성생활)

돔호프는 사람마다 각 범주에 속하는 꿈의 비율이 한결같이 안정적이라는 사실을 발견했다. 그는 꿈의 약 70퍼센트는 과거와 현재, 미래의 개인적 관심에 관한 것이고 사람들이 정치나 종교, 경제에 관한 꿈을 꾸지는 않는다고 지적했다. 우리는 더 많이 관심을 가지는 주제에 관해 더 많은 꿈을 꾼다.

드림뱅크에 저장된 꿈 중 다수는 연구자가 아닌 이들이 보관한 꿈 일기다. 사람들은 다양한 이유로 자신의 꿈을 기록한다. 어떤 사람들은 개인적 성장의 도구로 보고, 어떤 사람들은 트라우마에 대처하기 위한 수단이라 생각한다. 어떤 사람들은 사망한 이의 기억을 간직하기 위해서 이런 행동을 한다. 다른 사람들의 꿈에 관해 읽는 것은 호기심이 생기면서도 감동적인 경험이다.

악몽

*악몽*은 자는 이를 깨우는 두려움, 공포, 괴로움의 강렬한 느낌과 관련이 있는 꿈이다. 꿈을 꾼 이는 깨어나는 과정에서 정서적 반응을 보이는데, 땀에 젖기도 하고 말을 하거나 비명을 지르며 일어나기도 한다. 깨어난 후에도 잠시 꿈이 기분에 영향을 미치고 다시 잠을 드는 데 어려움을 느낄 수도 있다. 어린이들은 악몽을 더 자주 보고한다. 대부분의 어른들도 가끔 악몽을 꾸지만 더 빈번하게 보고하는 이들도 있다. 괴로움을 느낄 정도로 악몽을 자주 꾼다면 DSM-5에 등재된 *악몽 장애(nightmare disorder)*를 겪고 있다고 할 수 있다. 악몽 장애는 야경증과는 다른 사건수면이다.

불쾌한 꿈이 상대적으로 자주 나타나는 원천으로는 침입자 경험이 있다. 누군가가 방에 들어오거나, 밖에 숨어 있거나, 혹은 악의적인 의도로 여러분을 지켜보는 것이다. 나는 종종 밖을 내다봤을 때 창 너머에서 누군가가 나를 지켜보고 있는 꿈을 꾼다. 변형으로는 집에 돌아와 문을 열었을 때 도둑이 들어서 언제나 스테레오 스피커를 도난당하는 꿈이 있다. 이렇게 존재를 감지하고 나면 보통 목소리나 발소리 같은 환청이 이어진다. 한 번은 계단을 올라오는 발소리를 들었는데 계단이 삐걱거리는 소리가 무척 현실적이었고 낮은 목소리도 들렸으며 다른 침실의 문이 열렸다가 닫혔다. 나는 전에도 이런 사건을 겪은 적이 있었다고 확신했고, 막대기 하나를 들고 문제의 침실로 달려 들어갔다. 하지만 당연하게도 그 방은 휑하게 비어 있었다. 그때 나는 아주 현실적인 꿈을 꾸었을 뿐이라고 결론 내렸다. 이러한 경험이 드물지는 않을 것이다.

육체적 질병이나 정신적 질병으로 고통을 겪는 이들은 악몽을 더 많이 꾸는 경향이 있다. 하르트만

(Hartmann, 1998)은 악몽이 널리 퍼진 믿음처럼 사람들이 자신의 문제를 헤쳐 나가는 방법이라고 제안했다. 하지만 그러한 관계가 발견되지 않은 연구가 많다는 점을 지적하고 넘어가야겠다. 스트레스와 불안, 정신병 모두 악몽과 관련이 있는 것으로 여겨진다. 비슷한 맥락에서 닐센과 러빈(Nielsen & Levin, 2007)은 악몽이 특히 꿈의 일상적인 *공포 제거* 기능이 작동하지 않은 결과이며 두려움에 관한 문제와 연관되어 있다고 주장했다. 일부 연구자들은 정신병리학과 관련이 있는 것은 악몽의 빈도보다 악몽의 심각성이라고 제안한다(Barrett, 1996). 여기서 한 가지 분명한 사실은 여전히 제대로 밝혀지지 않은 것이 많고 더 많은 연구가 이루어져야 한다는 것이다.

간헐적이고 잦은 악몽에는 여러 이유가 있을 수 있다. 잦은 악몽은 외상 후 스트레스 장애(PTSD)와 관련이 있고 꿈을 꾼 이가 트라우마를 준 사건을 다시 체험하게 하는 것일 수 있다(Pagel, 2000). PTSD 꿈은 공포 제거 문제와 연관되어 있다(Nielsen & Levin, 2007). 사람들이 더는 두려워할 필요가 없는 무언가를 계속 두려워한다는 뜻이다.

악몽 장애는 다양한 정신병 약으로 치료할 수 있다. 한 가지 약물이 모두에게 효과를 발휘하는 것은 아니지만 PTSD 악몽에 가장 효과적인 약물은 *프라조신(prazosin)*이다(Kung et al., 2012). 프라조신은 PTSD 악몽이 아닌 악몽에는 작용하지 않는 듯하다. 프라조신은 뇌에서 '스트레스 호르몬' 노르에피네프린의 활동을 차단하지만 꿈에 영향을 미치는 메커니즘은 아직 밝혀지지 않았다.

상자 13.3 수면 마비

*수면 마비(sleep paralysis)*는 잠에서 깬 후에도 마비되어 있는 상태다. 잠들었다가 깨어날 때 이런 증상이 발생할 수 있다. 때로는 깨면서 '쾅' 하는 소리를 듣는 것처럼 환청을 듣기도 한다. (내게 일어나는 드문 경우처럼 초인종이 울리는 환청을 듣기도 한다. 나는 일어나려고 하지만 그럴 수 없다.) 가끔은 감금되어 있거나 잡혀 있는 꿈을 꾸기도 한다. 강렬한 공포가 동반되는 경우도 있다. 수면 마비는 깨어난 후에도 렘수면의 근육 마비가 잠시 계속된 결과다. 마비가 지속되는 이유는 불분명하다. 반복해서 수면 마비를 겪는 이들은 더 파편적인 렘수면 패턴을 보이는 경향이 있다(Walther & Schulz, 2004). 마비는 간헐적일 수도 있고 지속적일 수도 있으며, 필요하다면 인지 행동 치료와 항우울 약물로 치료할 수 있다.

수면 마비에 무언가가 가슴에 얹혀 있고 그로 인해 움직일 수 없었다는 보고가 포함되는 경우도 있다(Hufford, 1989). 이러한 대상은 문화에 따라 다르게 나타나는데 미국 북동부 설화에서는 올드해그(Old Hag)라 하며 서구의 신화와 낭만주의 미술에서는 악령(incubus)이라 일컬어진다. 퓌슬리(Fuseli, 1802)의 그림 「악몽(The Nightmare)」에 그려진 악령이 유명하다(그림 13.6). 셰익스피어(Shakespeare)의 「로미오와 줄리엣」에서는 등장인물 중 한 명인 머큐시오(Mercutio)가 꿈에서 하녀들을 짓누르는 해그(Hag) 이야기를 한다.

상자 13.3 수면 마비 (계속)

그림 13.6 헨리 퓌슬리의 「악몽」(1802). 악몽을 그린 고전적인 작품으로 악령이 여성의 가슴 위에 앉아 제대로 숨쉬지 못하게 하고, 악몽에서 깨어날 때 겪는 마비라는 개념을 전달하고 있다.
출처: Heritage Images/Hulton Archive/Getty Images.

반복되는 꿈

나는 몇십 년 동안 *반복되는 꿈*이 있었다. 대학교 졸업시험을 봐야 하는데 시험공부나 준비를 전혀 하지 않은 것을 깨닫는 꿈이었다. 최근에는 이 꿈이 발표를 해야 하는데 발표 자료가 없고 준비도 전혀 해두지 않은 것을 알게 되는 것으로 바뀌었다. 다른 사람들과 대화를 나누면서 이렇게 반복되는 시험 꿈이 상당히 흔하며, 불안 때문에 직관적으로 유발된다는 것을 알게 되었다. 비슷하게 흔히 반복되는 꿈의 주제로는 자동차를 통제할 수 없게 되거나, 지각하거나, 공격을 받거나, (분명한 이유로 인해) 화장실을 찾지 못하거나, 자기 집에 관해 뭔가 새롭거나 잘못된 사실을 알게 되는 것 등이 있다.

인터넷을 검색해 보면 반복되는 꿈의 의미에 관한 다양한 가설을 찾을 수 있는데 대개 주장을 뒷받침할 근거가 부족하다. 흔한 가설은 우리의 의식이 우리가 듣지 않으려 하는 메시지를 전하려 한다는 것이다. 프로이트는 반복되는 꿈에 관해 이야기한 적이 있다. 그는 자기 머리카락이나 이가 빠지는 꿈을 반복해서 꾸는 남자들은 거세 불안(castration anxiety)으로 고통받고 있다고 짐작했다(Sulloway, 1979). 나는 (지금까지는) 머리카락이나 이가 빠지는 꿈을 꾼 적이 없다.

우리가 특정한 무언가에 관한 꿈을 반복해서 꾸는 이유에 대해서는 몇 가지 설명이 제안된 바 있다. 레본수오(Revonsuo, 2000)의 *위협 시뮬레이션 이론(threat simulation theory)*에서는 반복되는 꿈이 특정한 걱정을 시뮬레이션하기 위한 자연적 수단이라고 본다. 반복되는 꿈의 약 66퍼센트는 한 가지 이상의 위협을 포함한다(Zadra et al., 2006). Zadra 등은 꿈을 꾸는 이들이 위협을 없애는 데 실패한다는 점도 지적했다. 반복되는 꿈이 위협에 대처하는 방법이라면 왜 위협을 해결하는 데는 실패할까? 반면 반복되는 꿈은 해결하기가 까다롭다는 것이 증명된 위협을 해결하기 위한 시도를 대변할 수도 있다. 이런 주장에는 근거가 더 필요하다. 외상 후 스트레스 장애(PTSD)에서도 반복되는 악몽이 관찰된다(Davis et al., 2007). 프로이트(Freud, 1899)는 반복되는 주제가 특정한 신경증적 특징을 보여주며, 근본적인 문제가 존재하기 때문에 문제를 해결하기 전까지는 꿈이 계속 반복된다고 생각했다.

최근 진행된 연구는 시험에서 떨어지는 꿈이 시험에서 더 좋은 성과를 내는 것과 관련이 있다고 제안했다. 연구자들은 중요한 시험이 있기 전 며칠간 의대 학생들의 꿈 보고를 수집했고, 전반적으로는 꿈이 부정적으로 여겨졌음에도 시험 바로 전날 꿈을 꾸면 비교적 높은 점수를 예측할 수 있었다고 밝혔다(Arnulf et al., 2014). 어쩌면 시험에 관한 꿈은 그 내용이 부정적일지라도 성공에 대한 더 강한 갈망과 동기를 반영하고 있을지도 모르고, 꿈이 공부해야 하는 것과 관련된 기억을 고정하는 데 도움을 주었을 수도 있다(Wamsley et al., 2010). 따라서 부정적인 꿈이라도 긍정적인 기능을 할 수 있다.

돌이켜보면 내가 특정한 무언가에 관해 몇 차례 꿈을 꾸면 그 대상이 실제인 것처럼 *매일의 잔재* 일부가 되고 인지 공간에서 반응을 불러일으키는 존재가 되는 듯하다. 나는 대부분의 사람들이 그런 것처럼 반복되는 꿈이 몇 가지 있다(하늘을 날던 비행기가 추락하는 꿈, 핵폭발이 일어나는 꿈, 집이 털리는 꿈, 내가 「닥터 후(Dr Who)」나 「스타트렉」의 세계 속에 있는 꿈). 이러한 꿈은 다른 꿈과 비교해 특별히 중요한 의미를 가지지는 않지만, 같은 꿈을 몇 차례 꾼 후에는 그 꿈을 다시 꿀 가능성이 커진다. 우리는 우리가 생각하는 것에 관한 꿈을 꾼다.

우리가 반복해서 같은 꿈을 꾸는 이유에 관해 모두가 동의하는 설명은 없다. 아마 한 가지 이상의 이유가 있을 듯하다.

왜 꿈을 꿀까?

꿈꾸기 역시 잠과 마찬가지로 두 가지 이상의 필요를 만족하기 위해 진화했을 수 있다. 따라서 여기서 논의할 생각은 서로 경쟁 관계가 아니다. 우리는 다양한 가설을 검토할 것이다. 다만 잠의 목적과 비교해 꿈꾸기의 목적에 관해서는 명확히 밝혀진 것이 많지 않다.

몇몇 연구자는 꿈이 실은 어떤 목적도 없고, 깨어 있는 동안의 우리 행동에 큰 영향을 미치지 않으며, 그저 렘수면의 무작위적인 부산물일 뿐이라고 주장한다. 홉슨과 매칼리(Hobson & McCarley, 1977)는 활성화 종합 가설에서 렘수면 중 피질의 뉴런이 무작위적으로 활성화되면서 꿈이 생기고, 그 결과 이어지는 기억의 무작위적인 활성화가 이야기로 바뀐다고 제안했다. 이 이론은 렘수면 시의 정신이 비합리적인 이유를 설명하는 데 도움을 준다. 활성화 종합 가설에 따르면 전뇌가 자신에게 제공된 무의미한 감각 정보를 통합하고 타당하게 만들려는 시도로 이야기를 만들어 내기 때문이다. 따라서 기이하다는 꿈의 본질은 뇌의 특정 부분이 렘수면 동안 뇌줄기에서 아세틸콜린을 방출하면서 본질적으로 무작위적으로 제공된 정보를 하나의 이야

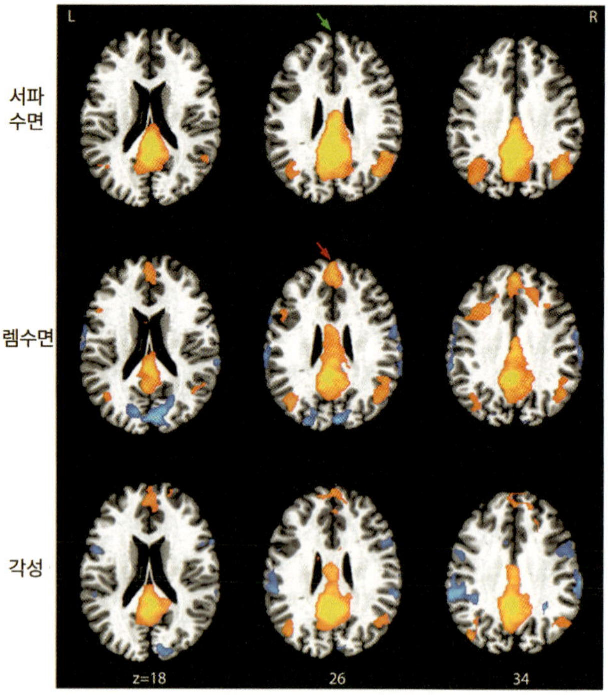

그림 13.7 fMRI로 관찰한 디폴트 모드 네트워크(DMN)의 활성화. 각성과 렘수면 시의 DMN 활성화 정도가 서파수면 시의 활성화 정도와 대조를 이룬다. 각성과 렘수면 시에는 DMN의 전방 영역과 후방 영역이 연결되어 있지만 서파수면 시에는 분리되어 있다.
출처: Chow et al. (2013).

기로 묶어내려 한다는 데서 기인한다. 이 이론은 꿈이 그토록 괴상한 이유와 보통 꿈을 기억하기가 매우 어려운 이유를 모두 설명한다.

일부 연구자들은 몽상과 밤에 꾸는 꿈의 유사성에 주목하며 디폴트 모드 네트워크가 꿈을 만들어 내는 데 관여한다고 주장한다. 비슷한 맥락에서 돔호프와 폭스(Domhoff & Fox, 2015)는 시각 피질과 감각-운동 피질이 추가로 관여한다고 제안했다. 디폴트 모드 네트워크에 관여하는 허브들이 우리가 휴식할 때보다 렘수면을 취할 때 더 활성화되는 것을 보여주는 영상화 연구가 이러한 주장을 뒷받침한다(Chow et al., 2013; Fox et al., 2013; 그림 13.7). 핵심은 꿈꾸기가 대략 '밤의 백일몽'이라는 것이다(Domhoff, 2011).

꿈꾸기와 창의성

꿈꾸기가 창의성이나 문제 해결과 관련이 있어서 사람들이 자는 동안 좋은 아이디어를 얻고 문제를 해결하기도 한다는 믿음이 널리 퍼져 있다. 문제 풀이에서 벗어나 휴식을 취하는 것이 답을 찾는 데 도움이 된다는 사실은 잘 알려져 있다. 잠복기(incubation)라 부르는 과정이다.

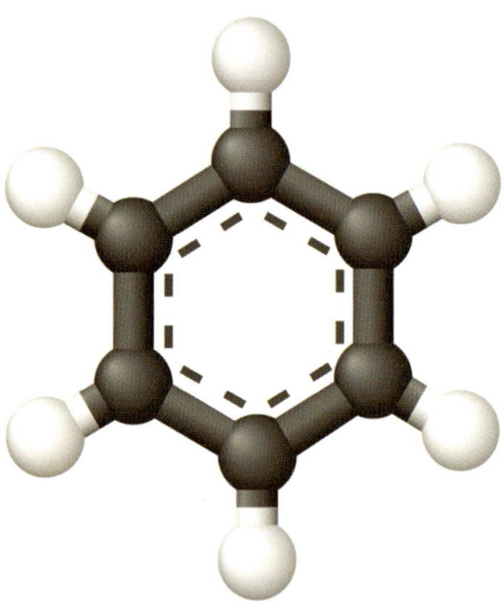

그림 13.8 벤젠의 구조. 벤젠의 화학식은 C6H6이며 원과 같은 구조를 이룬다.

확실히 자다가 문제를 해결한 이들의 일화가 많다. 독일 태생의 생리학자 오토 뢰비(Otto Loewi, 1873~1961)는 신경 자극의 화학적 전달을 규명한 연구로 1936년 노벨 생리·의학상을 받았다. 개구리에서 화학적 전달을 발견한 핵심 실험의 아이디어는 꿈에서 찾아왔다.

또 다른 유명한 일화는 독일의 화학자 프리드리히 아우구스트 케쿨레(Friedrich August Kekulé)의 이야기다. 그는 1890년 자신이 25년 전 벤젠 분자의 구조를 어떻게 밝혀냈는지 털어놓았다. 이 분자의 구조는 한동안 화학자들을 당혹하게 했다. 벤젠 분자에 탄소 원자가 6개 있다는 사실은 알려졌지만, 이들이 어떻게 배치되어 있을까? 케쿨레는 이 문제를 고민하다 잠이 들었고, 꿈에서 탄소 원자들이 춤을 추며 뱀 모양을 만들었다가 꼬리를 삼켜서 원을 이루는 것을 보았다(우로보로스(ouroboros)라 알려진, 아주 오래된 상징이다). 꿈에서 깨어난 그는 벤젠의 구조에 원을 이루는 6개의 탄소 원자가 포함되어 있다는 것을 깨달았다(그림 13.8, 13.9).

케쿨레가 이 꿈을 한참 후에야 이야기했다는 사실에 주목하자. 우리는 보통 밤늦게 꿈을 꾼다는 사실도 알고 있다. 자료에 따라 이 꿈을 '몽상'으로 칭하기도 한다. 또한 케쿨레가 벤젠 분자의 구조를 알아내는 과정에서 또 다른 꿈도 꾸었다고 밝히기는 했지만, 그가 꿈에서 뱀 대신 서로 손을 잡고 있는 원숭이 여섯 마리를 보았다는 설명도 있다. 이러한 혼란은 특히 사건이 일어나고 한참 후에야 알려진 일화에서 결론을 끌어내려 할 때의 문제점을 보여준다.

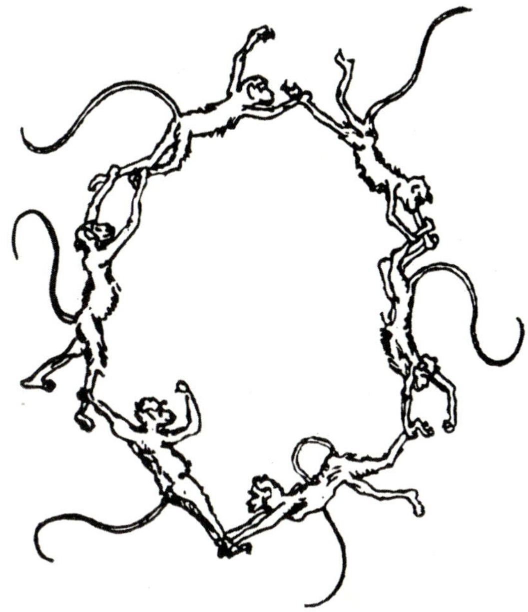

그림 13.9 '원숭이들의 원형 춤': 여섯 마리의 원숭이가 손과 발을 잡고 있다. 벤젠 분자의 구조를 표현하는 영적인 방식으로, 케쿨레 본인이 제시한 것으로 추정된다.
출처: Interfoto/Alamy Stock Photo.

과학적 발견에만 한정해도 잠이나 꿈꾸기와 관련된 일화가 아주 많기 때문에 마냥 근거가 없는 생각으로 치부하는 것은 삼가야 한다. 러시아의 화학자 멘델레예프(Mendeleev)는 1869년 주기율표의 구조를 발견했을 때 이 문제를 고민하다 잠이 들었던 사이 답을 찾았다며 잠복기 덕분이라고 주장했다. 인도의 수학자 스리니바사 라마누잔(Srinivasa Ramanujan)은 그가 해낸 증명 중 많은 것이 꿈을 꾸는 동안 힌두교의 여신이 보여준 것이었다고 밝혔다. 발명가 토머스 에디슨(Thomas Edison)은 풀어야 할 문제가 있을 때면 금속 공을 손에 쥔 채 편안한 의자에 앉는다고 했다. 잠에 빠지면서 공을 떨어트리면 해답이 떠오른다는 것이었다.

루엘린(Llewellyn, 2013, 2015)은 창의력이 꿈에서 핵심적인 역할을 한다고 보았고, 꿈은 아무런 해를 끼치지 않고 가능성을 연습해 보는 방식이라 생각했다. 그는 꿈이 일화적 기억을 암호화하는 데, 특히 연관성이 만들어진 기억을 정교하게 암호화하는 데 관여한다고 주장했다. 꿈은 깨어 있을 때와 비교해서 특정한 생각에 대한 연상이 더 멀리 뻗어나가고 더 기이하다는 점에서 *초연결적(hyperassociative)*이다.

꿈은 위협을 다루는 방법일까?

영향력 있는 이론 하나는 꿈이 위협을 다루는 방법이라는 것이다. **꿈꾸기의 위협 시뮬레이션 이론(Threat simulation theory of dreaming, TST**; Revonsuo, 2000)에서는 꿈이 반복해서 위협을 시뮬레이션하는 능력을 위해 오래 전에 진화에 의해 선택된 생물학적 방어 기제라고 한다. 꿈에서 우리는 위협에서 탈출하는 다양한 방법을 안전하게 시도해 볼 수 있다. 꿈을 꾸는 뇌는 특히 이러한 역할에 적합하다. 감각 입력이나 운동 출력과는 분리된 상태에서, 즉 아무런 해도 입힐 수 없는 상태에서 의식적인 경험을 만들어 낼 수 있기 때문이다.

TST는 우리가 깨어 있는 동안 맞닥뜨리는 정말 위협적인 사건이 위협 시뮬레이션 반응인 위협 체계의 활성화 증거로 이어지며, 그 결과 꿈에 점점 더 위협적인 사건이 등장할 수 있다고 예측한다. 발리 등(Valli et al., 2005)은 심각한 트라우마나 그보다 정도가 덜한 트라우마를 겪은 쿠르드인 어린이 122명과 트라우마를 겪지 않은 핀란드 어린이 82명의 꿈 보고 내용을 분석해 TST 가설을 검증했다. 검증 결과는 TST에 기반한 예측을 뒷받침했다. 심각한 트라우마를 겪었던 어린이들은 유의미하게 더 많은 꿈을 보고했고, 그들의 꿈은 위협적인 사건을 더 많이 포함했으며, 위협의 정도가 더욱 심각해지는 것으로 판단되었다.

어린이들은 악몽을 더 많이 꾸는 경향이 있으며 '원형적' 꿈, 즉 동물에게 공격당하는 것처럼 인간이 몇천 년 전 경험했을 법한 아주 기본적인 위협을 다루는 종류의 꿈도 더 많이 꾸는 경향이 있다. 어린이들이 성장할수록 이러한 꿈이 서서히 사라지고 현대 성인의 삶과 관련된 주제의 꿈이 더 많아진다.

물론 분명히 위협에 대처하는 꿈도 있지만 모든 꿈을 이러한 범주에 넣기는 어렵다. 따라서 TST는 그 중요성이 크다 해도 아마 꿈이 만들어지는 메커니즘 중 하나에 불과할 것이다.

정신분석과 꿈

대부분의 독자들은 의식에 관한 책에서 어떻게 절반이 지나도록 정신분석과 꿈꾸기를 다루지 않는지 궁금했을 것이다. 꿈꾸기에 관한 지크문트 프로이트의 생각은 대중의 상상 속에 자리 잡았고, 일부에서는 20세기에 나온 인류에 관한 사상 중 정수라고 평하기도 한다. 2001년 잡지 『타임(Time)』은 프로이트를 20세기의 가장 중요한 사상가 중 한 명으로 꼽았다. 하지만 우리가 앞에서(6장) 무의식에 관한 그의 생각을 살펴보며 알게 된 것처럼 심리학자와 신경과학자들은 프로이트의 작업에서 역사적 가치만을 볼 뿐 의미를 부여하지 않는다. 꿈의 기원에 관한 프로이트의 정신분석 이론을 지지하는 근거는 거의 없다.

직접 해보자: 여러분의 꿈에는 위협이 존재하나?

여러분의 꿈 일기를 검토해 보자. 모든 꿈을 특정한 종류의 위협에 대처하는 것으로 이해할 수 있나? 아니라면, 그렇게 해석할 수 있는 꿈의 비율이 얼마나 되나?

꿈꾸기의 목적에 관한 프로이트의 생각은 여러 책과 강의에 설명되어 있지만 주로 『꿈의 해석(The Interpretation of Dreams)』(1899)을 참고한다. 두 가지가 핵심이다. 꿈은 *방어 기제*이며, 꿈을 분석하면 무의식을 이해할 수 있다. 꿈은 자는 동안 무의식이 활동하는 결과로 발생하고, 오이디푸스 콤플렉스를 그리는 극에서 아버지를 살해하고 엄마와 동침하는 것처럼 기본적으로 어떤 *소망*의 성취를 표현한다. 무의식의 내용 역시 불쾌하고 우리를 깨울 만해서, 꿈이라는 과정은 진정한 꿈의 내용을 위장한다. 따라서 꿈은 숨겨진 *잠재적 내용*과 실제의 *현시적 내용*을 가진다. 분석가의 과업은 논의와 자유 연상을 통해 환자가 잠재적 내용을 이해할 수 있게 돕는 것이다. 참고로 모든 꿈의 기저에는 필연적으로 성적인 본질이 있다는 주장에는 프로이트도 분명히 반대했다.

그림 13.10 꿈의 상징. 터널을 빠져나온 기차가 하얀색 연기를 내뿜고 있다. 이러한 이미지가 무엇을 상징하는지는 독자들의 판단에 맡긴다.
출처: Lenki/500px/500Px Plus/Getty Images.

꿈 과정은 잠재적 내용을 위장하기 위해 몇 가지 메커니즘을 사용한다. *치환(displacement)*은 목표물이 어머니일 때 파트너의 꿈을 꾸는 것처럼 한 가지 생각을 다른 생각으로 위장하는 것이다. *응축(condensation)*은 애매한 인물의 꿈을 꾸는 것처럼 두 가지 이상의 생각을 조합하는 것이다. 하지만 가장 유명한 메커니즘은 *상징(symbol)*의 활용이다(그림 13.10). 시가로 음경을 나타내거나 로켓을 쏘아 올리는 것으로 섹스를 표현하는 것이다.

카를 구스타프 융(1875~1961)은 프로이트와 가까운 제자로 정신분석학 경력을 시작했다. 실제로 프로이트는 융을 자신의 학문적 후계자로 여겼다. 하지만 융이 프로이트가 지나치게 성(性)을 강조한다고 결론 내리면서 사이가 틀어졌다. 융은 대신 자신이 *개성화(individuation)*라 칭한 과정인 개인의 영적 발달을 중요시했다. 또한 그는 꿈이 해석할 때가 된 상징을 포함하고 있고, 이러한 상징을 해석하면 사람들이 트라우마를 극복하고 영적으로 성장할 수 있게 도울 수 있다고 믿었다. 꿈이 감춘다고 믿었던 프로이트와 반대로 융은 꿈이 드러낸다고 믿었다. 또한 그는 꿈이 집단무의식의 전형적 상징을 보여준다고 생각했다(6장을 참고하라). 융은 우리가 종종 특히 개인화를 돕는 데 중요한 *큰 꿈(big dream)*을 꾼다고 주장했다.

두 접근법의 문제는 우리가 꿈을 꿀 때 다른 일이 일어난다는 증거는 많은 반면 프로이트나 융이 주장한 과정이 일어난다는 증거는 없다는 것이다. 꿈에 대한 정신분석적 접근법을 받아들이려면 정신분석 이론을 전체적으로 믿어야 하지만 역시 이를 뒷받침하는 구체적인 증거도 존재하지 않는다. 그런데도 꿈을 해석하고 꿈의 의미와 상징을 나열하는 것에서 거대한 산업이 만들어졌다. 계단을 올라가는 꿈을 꾸는 사람들이 모두 자신의 인생 목표에 더 큰 노력을 기울이기로 결심해서 그런 꿈을 꾸는 것이라는 주장에 설득되는 이는 거의 없을 것이다.

알프레트 아들러(Alfred Adler, 1870~1937) 역시 원래 프로이트와 함께 일했고 빈 정신분석학회(Vienna Psychoanalytic Society)의 핵심 구성원이자 첫 번째 회장이 되었지만 성적 발달의 중요성을 두고 충돌한 끝에 프로이트와 결별했다. 아들러는 성공과 성취, 자신에 관한 느낌에 집중해 여러 중요한 개념을 발전시켰다. 그는 개인의 느낌이 자존감, 특히 불충분하다는 감각에 영향을 받고 그에 대한 보상으로 공격적 행동으로 이어질 수 있는 열등 콤플렉스(inferiority complex)라는 개념을 발전시켰다. 아들러는 꿈 해석의 중요성에 깊은 인상을 받았으나 성적 요소를 경시했고 대신 사회적 요인과 개인의 자존감을 강조했다(Adler & Brett, 2009). 또한 그는 우리와 우리의 꿈이 무의식의 지배를 받지 않는다고 생각했다. 꿈은 사람들이 매일 일상에서 맞닥뜨리는 내부적·외부적 문제의 해결에 관한 것이고 사람들이 정말 걱정하는 것을 드러낸다. 꿈은 우리가 깨어있는 동안 자신이 부적절하다고 느낀 것에 보상하는 방식이기도 하다. 한 예로, 연설에 능하지 못해 걱정하는 사람이 뛰어난 연설을 하는 꿈을 꾸기도 한다. 아들러는 사람들이 자신의 꿈이 말해주는 것에서 배울 수 있고, 꿈이 우리의 문제를 어떻게 해결해야 할지 답을 던져줄 수도 있다고 생각했다. 나는 아들러의 접근방식이 많은 면에서 일반인들이 꿈에 관해 생각하는 방식에 가깝다고 본다. 꿈은 우리에게 무언가를 말해주지만 꼭 성에 관한 것은 아니며, 우리는 꿈에서 무언가를 배울 수도 있다.

후기분석 꿈 이론

프로이트 이후의 몇몇 꿈 해석가나 다른 초기의 정신분석가들은 프로이트의 개념을 훌쩍 뛰어넘는 폭넓은 전통 속에서 작업을 이어갔다. 이들을 묶어 *후기분석(post-analytic)*이라 한다.

캘빈 홀(Calvin Hall, 1953)은 꿈 해석이라는 체계적 접근법을 채택했다. 그는 참가자들에게 수천 개의 꿈을 기록해달라고 요청한 뒤 코딩 체계를 활용해 이 꿈에서 규칙성을 찾았다. 홀은 한 사람이 어떤 종류의 것을 꿈꾸는 경향이 있는지 알지 못하면 꿈을 분석할 수 없다고 주장했다. 그가 예시로 든 분류는 인물과 설정, 꿈꾸는 이와 다른 사람들의 꿈속 행동, 목표, 결과 등이었다. 홀은 꿈 자체가 아니라 꿈을 꾸는 이를 이해하려 했다. 사회학자 G. 윌리엄 돔호프는 홀과 함께 작업하며 꿈 해석의 내용 분석 접근법을 발전시켰다(상자 13.2). 돔호프(Domhoff, 2001, 2003, 2017)는 꿈꾸기가 전뇌 구조에 있는 특정한 네트워크의 성숙과 유지에 좌우된다는 *신경인지적* 접근법을 제안했다. 그는 이러한 꿈꾸기 신경망의 출력이 현재의 개인적 관심사와 관련이 있는 *지속성 원칙(continuity principle)*과 과거의 정서적 집착에 뿌리를 둔 *반복성 원칙(repetition principle)*에 의해 유도된다고 주장했다.

> **직접 해보자: 꿈의 상징**
>
> 며칠 밤 동안 꿈을 기록하자. 꿈의 의미나 상징을 나열한 사전을 찾아보자. 온라인에서 다양한 사전을 무료로 구할 수 있다. 찾은 사전에 따라 여러분의 꿈을 분석하자. 해석이 얼마나 그럴듯한가? 앞선 활동에서 기록한 꿈 일기를 살펴보자. 어떤 면에서든 진짜인 것 같은가?

데이비드 포크스(David Foulkes)는 3세부터 15세까지의 아이들이 꾸는 꿈을 연구했고 역시 꿈꾸기의 발달이 중요하다고 강조했다. 포크스(Foulkes, 2002)는 꿈이 이미 뇌에 저장되어 있는 지식 사이의 연결을 형성한다는 인지적 꿈 기원 이론을 제안했다. 꿈을 이해하기 위한 과정은 퍼즐을 푸는 것과 비슷하다.

꿈과 학습

우리는 연구자들이 불과 몇 년 전까지 생각했던 것과 달리 렘수면과 꿈꾸기가 학습과 기억에서 어떤 역할을 하는지 불분명하다는 것을 안다. 꿈은 기억보다 망각에 더 관여할 수도 있다. 이러한 설명에 따르면 꿈은 기억의 가지치기에 관여한다. 크릭과 미치슨(Crick & Mitchison, 1983)은 꿈을 꾸는 동안 활성화된 시냅스는 강해지기보다는 약해진다는 가설을 세웠다. 이 이론에 따르면 꿈의 내용은 그다지 큰 의미가 없다. 대신 우리는 경험의 폐기물에 관해 꿈을 꾼다. 꿈이 기억 가지치기에 관여할 수도 있지만 어떤 꿈은 다른 꿈보다 더 중요하다는 느낌을 주고 중요한 사건이나 생각을 다루기도 한다.

13장 요약

- 꿈은 우리가 자는 동안 갖게 되는 일련의 생각과 이미지, 인상, 정서다.
- 우리가 꿈을 잘못 기억하거나 그 내용을 완전히 되새기지 못할 수도 있지만 꿈은 자는 동안 일어나는 진짜 경험이다.
- 자각몽에서 우리는 꿈을 꾸고 있다는 사실을 인식하며 꿈의 구성에 영향을 미치기도 한다.
- 자각몽을 유도하는 몇 가지 기법이 있다.
- 악몽은 정서적으로 부정적이면서 강렬한 내용을 담은 꿈이다.
- 악몽은 외상 후 스트레스 장애에서 더 흔히 나타나며 프라조신이라는 약물로 치료할 수 있다.
- 활성화 종합 가설에서는 꿈이 근본적으로 무작위적이라고 본다. 전뇌가 무작위적인 뉴런 활성화를 의미가 통하게 만들려고 하면서 그 결과 무작위적으로 활성화된 기억을 이야기로 바꾸게 된다는 것이다.
- 꿈꾸기는 기억 가지치기와 관련이 있다.
- 어떤 꿈은 창조적인 사고에 영감을 준다.
- 꿈은 위협적인 사건에 대한 반응을 안전하게 연습할 수 있게 해서 위협을 다루는 방식이다.
- 꿈이 위장된 소망의 성취라는 프로이트의 생각에는 근거가 거의 없다.
- 프로이트는 치환, 응축, 상징을 비롯해 꿈의 잠재적 내용을 위장하는 기제를 몇 가지 제안했다.
- 융은 꿈이 개인화와 관련되어 있다고 제안했다.

리뷰 질문

1. 우리는 왜 꿈을 꿀까?
2. 꿈꾸기에 관한 프로이트의 정신분석 이론을 평가해 보자. 프로이트의 설명은 융이나 아들러의 설명과 무엇이 다른가?
3. 자각몽은 왜 특별할까? 그리고 의식에 관해 무엇을 말해주나?
4. 악몽이란 무엇이고 왜 생길까? 왜 어떤 사람들은 다른 사람들보다 더 자주 악몽을 꿀까?
5. 외상 후 스트레스 장애(PTSD)는 꿈꾸기에 어떤 영향을 미치나? 우리는 PTSD의 영향을 치료해야 하나? 그래야 한다면 어떻게 해야 할까?
6. 우리가 꿈을 꿀 때 뇌에서는 어떤 일이 벌어지나?
7. 아주 어렸을 때부터 아주 나이가 들 때까지 꿈의 본질과 내용은 어떻게 변하나? 이러한 차이는 무엇을 의미할까?
8. 꿈꾸기는 기억에 얼마나 중요한가?

추천 자료

일반

Flanagan, O. (2000). Dreaming Souls. Oxford, UK: Oxford University Press.

Windt, J.M. (2015). Dreaming. Cambridge, MA: MIT Press.

활성화 종합 모델과 꿈

Hobson, J.A. (2015). Psychodynamic Neurology: Dreams, Consciousness, and Virtual Reality. Boca Raton, FL: CRC Press.

Hobson, J.A. (2017). Conscious States: The AIM Model of Waking, Sleeping, and Dreaming. Scotts Valley, CA: CreateSpace.

자각몽

스티븐 라버지. (2003 [1990]). 꿈: 내가 원하는 대로 꾸기 (원제: Exploring the World of Lucid Dreaming). 인디고블루.

Love, D. (2013). Are You Dreaming? Exploring Lucid Dreams. Enchanted Loom Publishing.

정신분석 이론

지크문트 프로이트. (2020 [1899]). 꿈의 해석 (원제: The Interpretation of Dreams). 열린책들.

카를 융. (2007 [1995]). 카를 융, 기억 꿈 사상 (원제: Memories, Dreams, Reflections). 김영사.

Jung, C.G. (2014). Dreams. London: Routledge.

14 최면

최면이라고 하면 이상한 남자가 누군가의 눈앞에서 줄에 매달린 시계를 흔들면서 점점 졸음이 쏟아진다고 속삭이는 장면을 떠올리는 사람이 많을 것이다. 그러다 최면에 빠진 사람들이 개처럼 짖거나 소처럼 울부짖으며 네 발로 무대 위를 뛰어다니기도 한다. 겉으로 보기에는 깨어 있는 상태인데도 사람들은 최면술사의 신호에 따라 예상치 못했던 일을 하고, 나중에는 자신들의 행동을 설명하지 못한다. 최면은 일반적으로 극도로 주의를 집중하면서 주변 자극에 대한 인식은 줄어든 상태라 받아들여진다. 최면술(hypnotism)이라는 단어도 구별 없이 사용되지만 최근에는 최면(hypnosis)이라는 단어를 더 선호한다.

최면에 대한 이러한 이미지는 얼마나 정확할까? 이 장은 최면의 역사를 살펴보면서 시작한다. 그다음 최면의 과정을 살펴보면서 최면술사들이 어떻게 트랜스(trance, 변성된 의식 상태의 하나로 외부 자극에 반응하지 않고 내면에 깊이 집중한 상태 - 옮긴이)를 유도하는지 묻고, 최면에 더 잘 걸리는 법을 배울 수 있는지 그리고 최면에 걸리는 능력에 개인적 차이가 있는지 검토한다.

최면이 실제로 변성된 의식 상태의 하나인지 아니면 대상자가 지시를 따를 뿐인지도 생각해 본다. 또한 같은 맥락에서 해리도 살펴본다. 누군가가 최면에 걸리면 어떤 식으로든 뇌 활동이 변할까?

다음에는 최면의 다양한 효과 중 일부와 최면의 활용을 알아본다. 최면 상태가 명백히 끝났어도 사람들이 암시를 따를 수 있을까? 최면 상태 중에 혹은 최면 상태가 끝난 후에 환각을 느끼게 할 수 있을까? 최면 상태에서 일어난 일을 정말 잊게 할 수 있을까? 통증을 멈추기 위해 최면을 활용하고 심지어 외과 수술까지 가능하게 하는 최면 마취도 살펴본다. 그리고 최면이 치료 방법으로 활용될 수 있는지 그 효능을 검토한다. 마지막으로 스스로 자신에게 최면을 걸 수 있는지 질문하며 이 장을 마친다.

최면의 역사

최면을 거는 방법은 오래전부터 퍼져 있었지만 대규모의 대중 앞에서 최면을 활용한 최초의 인물은 독일의 의사 프란츠 메스머(Franz Mesmer, 1734~1815)였다(그림 14.1). 그는 동물자기장(animal magnetism)이라고 부른 특별한 종류의 에너지 전이로 이 현상을 설명했다. 당시 최면 과정은 *메스머리즘(mesmerism)*으로 알려졌다. 메스머가 원래 관심을 가졌던 분야는 천문학이었고 초기에는 행성과 조수(潮水)가 인간의 몸에 미치는 영향을 탐구했다. 그는 자석을 이용해 환자의 몸 안에 인공적인 흐름을 유도하는 법을 연구하다가, 오늘날 우리가 최면이라고 인식하는 방법을 발전시켰다.

동인도회사 벵골(Bengal, 인도 서벵골주에서 방글라데시에 이르는 지역 - 옮긴이)지부에서 일했던 스코틀랜드 출신 외과의 제임스 에스데일(James Esdaile, 1808~1859)은 통각 상실증을 유도해 수술하기 위해 최면을 체계적으로 활용한 최초의 인물이었다. 당시에는 효과적인 화학적 마취제가 없었다. 최면에 대한 이

그림 14.1 프란츠 메스머(1734~1815). 메스머(오른쪽)는 천문학에 관심이 많은 독일의 의사였고, 살아있는 물체와 생명이 없는 물체 간에 에너지가 전달될 수 있다고 생각했다. 지금도 종종 최면술을 메스머리즘이라 칭한다.
출처: Print Collector/Hulton Archive/Getty Images.

해도 아주 부족해서 에스데일은 자신의 손을 갈고리 모양으로 만들어, 환자의 몸 주변에서 반복적으로 헛손질을 하는 힘들고 긴 과정을 반복해 통각 상실증을 유도했다. 그는 특히 마취제 없이 음낭의 종양을 제거하는 데 성공했다. 영국 맨체스터에서 일했던 스코틀랜드 출신 외과의 제임스 브레이드(James Braid, 1795~1860)는 시연에 참석한 뒤 '동물자기장'에 관심을 갖게 되었다. 그는 최면 과정에서 자력이 아무런 역할도 하지 않는다는 것을 알아챘고 (그가 신경최면학(neurohypnology)이라 칭했던) 최면술이 여러 면에서 잠과 유사한 상태 변화를 만들어 낸다고 믿었다. 브레이드는 처음으로 최면술의 메커니즘과 활용을 과학적으로 탐구했다. 또한 그는 (이 장 뒤에서 살펴볼) *자기 최면(self-hypnosis)*을 해서 자기 최면이 최면과 유사한 상태를 만들어 내며, 따라서 최면을 거는 사람이 최면에 꼭 필요한 요소가 아니라는 사실을 밝혀냈다. 최면에서 사람들 사이에 전달되는 에너지는 없었고, 예외적인 카리스마처럼 특별한 기술을 요구하지도 않았다. 이후 브레이드는 최면술이라는 단어를 사용했다. 최면이라는 단어는 1880년대에 프랑스에서 처음 기록되었다. 당시에는 최면이 진지하게 받아들여졌고 과학적 분석의 대상으로 여겨졌다.

프로이트는 프랑스에서 장 마르탱 샤르코(Jean Martin Charcot, 상자 14.1)에게 최면을 배웠고, 히스테리(hysteria)를 연구하던 경력 초기에 조제프 브로이어(Joseph Breuer)와 함께 최면을 활용했다(Breuer & Freud, 2004 [1895]). 히스테리는 19세기 말 몸을 통해 신경증의 증상이 나타나는 신체화 장애를 통칭하던 용어다. 생리적인 이유가 없는데도 팔을 움직이지 못하는 것과 같은 증상을 동반했던 히스테리는 이제 광범위한 심리적 장애 중 구체적인 병명으로 구분된다. 프로이트는 정신분석을 발전시키면서 이어진 이론적 고찰과, 몇몇 환자에게 최면 활용하는 시간과 어려움을 고려해, 정신분석학적 논의와 자유 연상, 꿈 분석을 더 선호하게 되었다.

상자 14.1 프로이트와 샤르코, 히스테리, 최면

정신질환을 보는 시각은 귀신에게 홀리거나 마법에 걸린 결과라는 관점부터 상대적으로 개화된 현대적 관점까지 시대에 따라 변해 왔다. 19세기 말에는 *히스테리*라는 진단이 흔했다. 히스테리는 감정 장애로, 보통 우리가 오늘날 신체화(somatization)라 부르는 현상을 동반했다. 신체화는 정신질환이 몸의 일부에 영향을 미치는 현상이다.

상자 14.1 프로이트와 샤르코, 히스테리, 최면 (계속)

히스테리는 오직 여성에게만 발생하는 것으로 여겨졌다(이런 이유로 히스테리라는 이름도 '자궁'을 뜻하는 그리스어 단어에서 왔다). 지크문트 프로이트는 경력을 시작한 초기에 프랑스의 저명한 신경학자 샤르코(그림 14.2)를 찾아갔고 그가 운영하는 살페트리에르 병원을 방문했다. 샤르코는 처음에는 히스테리가 생리적 질병이라고 생각했지만 그 기원이 심리적 이유에 있다고 확신하게 되었다. 샤르코는 히스테리를 치료하기 위해 최면을 활용했고 특히 환자들의 증상 개선을 돕기 위해 암시를 사용했다. 그는 히스테리가 특정한 형태의 최면이기 때문에 히스테리와 최면은 떼어놓을 수 없는 관계이며, 히스테리가 있는 사람만 최면에 걸린다고 생각했다. 사르코가 보기에 최면은 치료의 수단이면서 동시에 증상이었고, 최면으로 유도한 혼란스러운 정신 상태는 히스테리에 대항하는 효과를 발휘했다. 또한 그는 당시 만연했던 생각과 달리 히스테리가 남성에게도 비교적 흔하다고 주장했다. 프로이트는 빈으로 돌아온 뒤 역시 최면을 활용하기 시작했지만 시간이 많이 걸리고 까다롭다는 것을 알았다. 그래서 다른 기법을 찾다가 정신분석을 발전시키게 되었다.

그림 14.2 장 마르탱 샤르코(1825~1893). '히스테리' 치료법으로 최면을 연구하기 시작한 프랑스의 신경학자. 프로이트는 그에게 최면을 배웠지만 최면이 까다롭고 시간이 오래 걸린다는 것을 알고 대안적 치료법으로 정신분석이라는 새로운 기법을 발전시켰다.
출처: Contributor/Universal Images Group/Getty Images.

최면 과정

무대에 서는 최면술사들은 관객 중 최면에 잘 걸리는 이들을 골라낼 수 있는데, 아주 일반적인 지시사항으로 시작한다("팔을 드세요. 팔이 점점 무거워져서 들 수 없을 정도로 무거워집니다"라고 말하고 누구의 팔이 떨어지는지 주목한다). 개인과 일하는 최면 치료사들은 이런 호사를 누릴 수 없다. 하지만 **최면 유도**

(hypnotic induction)는 한 사람을 트랜스에 빠트리는 과정으로서, 목표물이 누구든 대략 동일한 과정을 거친다.

최면 유도

최면에서 최면술사들은 상대에게 *트랜스를 유도*한다. 방법은 다양하며, 이러한 유도 과정에 대한 반응은 사람에 따라 다양하다. 최면이 이루어지는 일반적인 범주인 무대에서의 설정과 임상에서의 설정을 구분하면 유용하지만, 당연히 또 다른 환경에서 최면이 이루어질 수도 있다. 무대에서는 대부분의 최면술사가 모든 관객에게 간단한 지시를 내리는 것으로 분류를 시작해서 최면에 취약한 한두 명의 대상자가 남을 때까지 이런 분류를 계속할 것이다(그림 14.3). 임상 치료사들은 이러한 여유를 누릴 수 없고 바로 눈앞에 있는 상대에게 최면을 유도해야 한다.

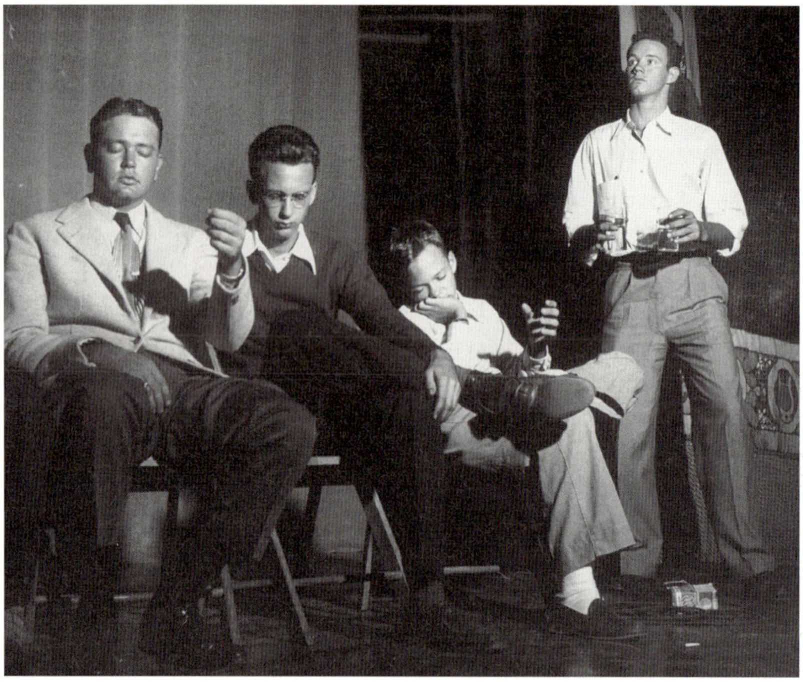

그림 14.3 집단 최면. 무대에서 최면술사는 보통 한 무리의 사람에게 암시를 주는 걸로 시작해서 가장 최면에 취약한 이들만을 상대로 최면을 이어간다.
출처: Michael Rougier/The LIFE Picture Collection/GettyImages.

최면술사마다 각자 선호하는 유도법이 있다. 이것은 최면에 관한 전통적인 이미지에서 크게 벗어나지 않을 것이다. (대개 콧수염이 있는) 최면술사는 최면을 유도하려는 상대 앞에서 밝게 빛나는 시계를 흔들며 시계에 집중하고 다른 것은 보지 말라고 한다. "당신의 눈꺼풀이 점점 무거워집니다…" 이러한 조건에서는 사람의 눈꺼풀이 당연히 무거워지기 때문에 효과적인 방법이다. 참가자는 자연스러운 이 감각을 최면에 걸리는 첫 번째 신호로 해석한다. 하지만 꼭 이런 방법을 써야 하는 것은 절대 아니다. 오늘날에는 참가자가 가만히 있으면서 긴장을 풀고 최면을 거는 이의 목소리에만 집중하게 하는 간단한 방법도 있다. 유도의 초기 단계는 점진적인 근육 이완을 포함한다. 지시하는 문구가 중요하다는 사실은 알아두자. "당신은 손을 들어 올립니다"처럼 상대에게 선택의 여지를 주는 대신 "당신의 손이 올라갑니다"라고 강력하게 이야기하는 것이 좋다(Terhune et al., 2017). 후자와 같은 지시는 참가자의 주체성을 약화한다. 전형적인 최면 과정이라면 최면술사가 이어서 참가자에게 열을 거꾸로 세는 동안 졸음이 점점 몰려오면서 깊은 최면 상태에 빠지게 된다고 이야기할 것이다. 최면 상태가 깊어질 때까지 이런 과정을 몇 차례 되풀이할 수도 있다.

정해진 시간이 끝나면 최면술사가 참가자들을 최면 상태에서 불러오는데, 이것은 최면 유도 과정을 거꾸로 더 빠르게 진행하는 형태로 볼 수 있다. 예를 들면 참가자들에게 점점 정신이 초롱초롱해지며 깨어난다고 이야기하면서 숫자를 거꾸로 세는 것이다.

흔히 최면 '비평가'로 알려진 시어도어 X. 바버(Theodore X. Barber, X는 크세노폰(Xenophon)이라는 근사한 이름의 약자다)는 유도 과정은 사실 참가자들이 필요하다고 믿는 것일 뿐 실제로 최면을 유도하는 데는 의미가 없다고 주장했다. 일반적으로 예상되는 문화적 맥락일 뿐이다(Barber, 1969; Chaves, 2006).

최면 트랜스

최면술사가 유도를 계속하면 참가자들이 트랜스에 빠질 수 있지만 트랜스의 깊이는 사람과 최면술사, 환경에 따라 달라진다. 트랜스는 한 사람이 주의를 집중한 상태이며 결과적으로 주변에 대한 인식이 감소한다는 특징을 가진다. 참가자가 암시에 더 열려 있을수록 트랜스 동안 어떤 일이 벌어졌는지 이후에 더 기억하지 못할 수 있다. 깊이에 따라 네 가지 트랜스가 있지만 구분할 수 있는 범주인지 연속적인지는 분명하지 않다'

깊이가 가장 얕을 때를 가벼운 트랜스(light trance)라 하며 겉보기몽유병이나 진짜 몽유병이 따라온다. 가장 깊은 트랜스는 최면술사가 하는 말에 주의를 집중하면서 깊이 이완한 상태다. 가장 얕은 트랜스는 다양하게 유도할 수 있다. 겉보기몽유병이라고 부르는 이유는 잠과 유사하기 때문이며, 이 상태에서는 마취를 유도할 수 있다. 진짜 몽유병은 육체적으로나 정신적으로나 완전히 이완되어 있어서 더 깊은 상태이므로 참가자들이 *진공상태(blank nothingness)*에 있다. 이 상태에서는 최면술사들이 참가자들에게 최면에서 깬 이후의 행동에 관해 효과적인 암시를 줄 수 있는 것으로 여겨진다(암시를 무시할 수 있는 검열이 존재하지 않기 때문이다). 이 상태에서는 외과 수술도 가능하다.

가장 깊은 최면 상태는 혼수(coma)로 종종 (앞에 등장했던 스코틀랜드의 외과의 에스데일의 이름을 따) *에스데일 상태(Esdaile state)*라 부르기도 한다. 인구 중 극소수에게만 이런 상태를 유도할 수 있다. 참가자들은 이 상태에서 완전한 '행복감(bliss)'을 느꼈다고 보고하며, 중요한 외과 수술도 할 수 있다(아래를 보라).

최면에 걸리는 능력의 개인차

최면에 걸릴 수 있는 정도는 사람마다 다르다. 우리는 최면 대상으로 좋은 이들(최면에 더 잘 걸리는 경향이 있는 이들)의 특징을 몇 가지 알고 있다. 이러한 사람들은 *스탠퍼드 최면 암시감응성 척도(Stanford Hypnotic Suggestibility Scale)*로 측정되는 특성인 암시감응성이 다른 사람들보다 높다(표 14.1). 이들은 자연을 더 가까이하고, 신앙심이 더 깊으며, 어린 시절에 상상 속의 친구들과 어울리는 것을 비롯해 더 활발한 놀이를 했던 경향이 있다(Tellegen & Atkinson, 1974; Wilson & Barber, 1983). 최면 대상으로 좋은 이들은 *텔레겐 몰입 척도*에서도 더 높은 점수를 받는 경향이 있다(Kingsland, 2019; 상자 14.2). 어린 시절의 트라우마 때문에 해리성 증상을 경험하기 쉬운 이들도 최면에 더 잘 걸린다(Bell et al., 2011).

표 14.1 스탠퍼드 최면 암시감응성 척도(Kihlstrom, 1985에서 발췌하여 수정). 가능한 척도와 함께 대략 어려워지는 순서로 정리했다.

눈 감기	어느 단계에 이르면 눈이 감긴다.
손 떨어트리기	손이 15센티미터 이상 떨어진다.
손 벌어지기	두 손이 15센티미터 이상 벌어진다.
모기 환각	찡그리거나 인정한다.
맛 환각	새콤달콤한 맛, 강도
팔 강직성	10초 간격으로 구부리는 횟수
꿈	꿈 기록과 상세한 정도
연령 퇴행	10세 정도로의 퇴행과 세부 사항
팔 정지	팔을 10초간 움직일 수 없음
후각 상실	강력한 냄새를 맡지 못함
환청	환청으로 들리는 목소리의 주인을 향함
부정 환시	항목들을 보지 못함
최면 후 기억 상실	목록에서 셋 이하의 항목들만 기억
최면 후 암시	지시했던 대로 의자를 움직이거나 일어남

이러한 특징은 높은 최면감수성(hypnotisability)을 보이기 위한 필요조건이나 충분조건은 아니며 상관관계도 약하다. 일부에서는 최면감수성이 불안이나 사교성, 혹은 성격의 다른 기본적인 속성처럼 하나의 특성이라고 한다. 하지만 이러한 주장이 사실이라면, 그래서 다른 속성과는 신뢰할 만한 연관성이 없다면, 왜 이러한 속성이 나타나는 걸까(Heap et al., 2004)?

상자 14.2 텔레겐 몰입 척도의 질문 범주

몰입했던 자극에 반응하는가?

1. '감응' 자극에 반응하는가?
2. 자주 이미지로 생각하는가?
3. 생생하고 암시적인 이미지를 떠올릴 수 있는가?
4. '교차 양상' 경험이 있는가(예. 공감각)?
5. 자체적인 생각이나 상상의 산물에 몰입할 수 있는가?
6. 과거를 생생하게 다시 경험할 수 있는가?
7. 인식이 확장되었던 사건이 있는가(예. 초감각)?
8. 의식의 변성된 상태를 경험했는가?

암시감응성을 배울 수 있을까?

우리가 암시에 감응하는 정도는 정해져 있을까? 아니면 배우거나 훈련하거나 더 잘 감응하게 될 수 있을까? 암시에 감응하는 법을 배울 수 있다는 증거가 있다. 한 가지 잘 알려진 방법은 칼턴 기술 훈련 프로그램(Carleton Skill Training programme)을 따라 하는 것이다(Fellows & Ragg, 1992; Gorassini & Spanos, 1986).

이 훈련은 기본적으로 최면을 더 긍정적으로 느끼게 하면서, 최면에 걸리고 적절히 반응하려는 동기를 키우는 것이다. (손이 저절로 올라간다고 상상하면서 실제로 손을 들어올려야 한다는 식으로) 심상의 중요성을 강조하면서 암시에 긍정적으로 반응하도록 격려한다. 일부 연구에 따르면 최면감수성이 낮은 사람들에게 이 훈련을 받게 하자 50퍼센트는 2년 뒤에도 '높은 최면감수성'을 보였다(Bates et al., 1988). 하지만 나머지는 높은 최면감수성을 보이지 않아 훈련이 효과가 있을지라도 성과가 미미하고 계속해서 유지되지는 않는다는 것을 시사했다. 훈련 프로그램의 요구적인 특성으로 이러한 결과의 차이를 설명할 수도 있다. 이 프로그램이 최면감수성을 높여준다고 들은 사람들은 더 많은 발전을 보였다. 최면술사와의 상호신뢰 관계가 향상되면 역시 최면감수성이 높아진다(Gfeller et al., 1987).

뛰어난 최면술사의 자질은 무엇일까?

최면술사가 되고 싶다면 분명히 최면의 기본적인 기술을 배워야 한다. 하지만 왜 어떤 사람들은 다른 사람들보다 뛰어날까? 최면 대상의 적합성 연구와 비교해, 최면술사의 자질을 다룬 연구가 훨씬 적다. 흔히 하는 말로 최면술사들은 감정을 이입하고 자신감을 불어넣을 수 있어야 한다고 한다. 공감이 최면에 개입한다는 사실을 보여준다는 연구 결과가 있다(Wickramasekera, 2015). 게다가 fMRI로 얻은 자료들은 카리스마가 넘치는 종교 연설가들이 중보 기도(자신을 위해서가 아니라 타인을 위해 올리는 기도 - 옮긴이)를 받는 사람들의 전두엽 기능을 억제하는 능력이 있다는 것을 보여준다. 따라서 어쨌든 최면술사에게도 감지할 수 있는 카리스마가 중요할 수 있으며, 카리스마는 듣는 이들의 전두엽 기능을 저해하는 작용을 할 수 있다(그림 14.4). 무대에 서는 최면술사들과 최면 치료사들은 다소 다른 기술을 지니고 있겠지만 어느 쪽이든 분명히 효과적으로 최면을 걸 수 있어야 한다!

그림 14.4 카리스마 넘치는 연설가: 복음주의 교회 전도사 빌리 그레이엄(Billy Graham, 1918~2018). 다른 사람들보다 대중 연설에 뛰어난 이들이 있고 카리스마가 넘치는 이들도 있다. 이들은 확신에 차 있고, 매력적이며, 청중이 특별한 느낌을 받게 한다. 이들은 청중의 전두엽 기능을 억제하며 영향력을 발휘한다. 뛰어난 최면술사에게도 같은 자질을 기대할 수 있다.
출처: Keystone/Stringer/Hulton Archive/Getty Images.

상자 14.3 뱀을 부리는 사람과 호스 위스퍼러

서구인들이 떠올리는 인도와 동남아시아의 가장 이국적인 이미지 중 하나는 뱀을 부리는 사람이다(그림 14.5). 뱀 부리기는 뱀을 마법처럼 사로잡거나 '최면을 거는' 기술이다. 보통 바구니에 있는 코브라가 피리 소리에 따라 움직인다. 이제는 인도에서도 야생동물 보호법 때문에 이러한 풍경이 거의 사라졌다. 최면과는 상관이 없다. 뱀은 그저 포식자나 먹이에 반응하듯 눈에 보이는 피리의 움직임을 따라갈 뿐이다. 벌레 부리기도 있지만 몸을 꿈틀거리는 동물과 상호작용하는 수단으로는 극적인 요소가 떨어진다.

호스 위스퍼러(horse whisperer)는 예외적인 훈련 능력을 지니고 다루기 힘든 동물들과 함께 일하는 것처럼 보이는 말 훈련사들을 일컫는 용어다. 지금은 '천부적인 말 훈련사(natural horsemanship)'이라는 단어를 더 선호한다. 역시 최면과는 상관이 없지만 어떤 훈련사들은 분명히 다른 이들보다 더 재능이 뛰어나며, 다양한 훈련 기술을 요령 있게 이용하고, 자신들의 차분하고 평온한 태도를 활용한다. 물론 이러한 기술은 말을 훈련하는 데만 한정되지 않는다. 다른 사람들보다 더 뛰어난 개 훈련사들도 있다. (오로지 내 잘못 때문에 보와 겪었던 문제들을 생각하면 나는 확실히 천부적인 개 훈련사라 할 수 없다.) 천부적인 훈련사라고 해서 암시감응성의 특수한 상태를 유발한다는 의미에서 최면을 동물에게 거는 기술을 가지고 있지는 않을 것이다. 대신 동물의 긴장을 풀어주고 편안하게 하는 기술이 있을 것이다.

그림 14.5 카뱀을 부리는 사람. 뱀에게 최면을 걸어서 뱀을 부리는 것일까?
출처: SM Rafiq Photography/Moment/Getty Images Plus.

특별한 최면 상태가 존재할까?

최면 상태에서 어떤 일이 벌어지는지를 두고 아주 다른 두 가지 시각이 있다. 가장 중요한 쟁점은 최면이 정말 변성된 의식 상태인지다. *상태* 관점(*state* view)에서는 변성된 의식 상태라 하고, *비상태* 관점(*non-state* view)에서는 아니라고 한다.

해리

최면을 변성된 의식 상태로 보는 시각의 중심에는 해리라는 개념이 있다. 해리는 보통 하나로 연결되어 있던 것이 대개 과도한 스트레스의 결과로 분리되거나 나누어지는 것이다. 우리는 우리 자신의 일부로 갈라져 나오거나, 환경에서 우리 자신을 분리한다. 해리는 여러 종류의 정신병에서 어떤 경험이 자기라는 정상적인 감각과 통합되지 않아서 그 사람이 어떤 식으로든 자기 자신이나 세계와의 연결이 끊어졌다고 느낄 때 발견된다. 해리는 다양한 형태를 취할 수 있다. 예를 들어, 우리는 종종 일부 외상 후 스트레스 장애 사례에서 정서마비(emotional numbing)를 관찰한다. 극도로 괴로워해야 마땅한 상황의 사람이 아무런 감정적 반응을 보이지 않는 것이다. 혹은 누군가가 특정한 느낌에 압도되거나, 별다른 설명 없이 평소라면 하지 않았을 일을 하는 사례와도 특히 관련이 있다. 해리성 기억 상실을 앓는 이는 이전에 겪었던 학대처럼 특정한 사건을 기억해 내지 못한다. 해리성 둔주 상태의 사람들은 말 그대로 '부재(不在)'해서 나중에 그곳까지 어떻게 갔는지 전혀 기억이 없는 낯선 장소에서 자신을 발견하기도 한다. 이인증(depersonalization)을 앓는 사람은 자기 자신이라는 감각이 없고 자기 몸과 분리되어 있다고 느낀다. 현실감소실(derealization)을 겪는 이는 현실에 어떤 특성이 부족하다고 생각해서 자신이 현실을 경험하는 것이 아니라 영화를 보고 있다고 느끼거나 유리 뒤에서 세계를 관찰하고 있다고 믿는다. 프로이트가 연구했던 '히스테리' 장애 중 많은 것이 오늘날에는 해리 장애라 불린다. 대표적으로 신체적으로 아무 문제가 없는데도 오른쪽 몸을 움직일 수 없었던 안나 오(Anna O.)가 있다(Breuer & Freud, 2004 1895]). 해리의 더 극단적인 형태는 정체성의 상실을 포함한다. 해리성 정체감 장애는 당연히 해리의 한 유형이다.

해리는 자연 발생적인 최면의 한 형태이고 최면과 다양한 특성을 공유하고 있다고 할 수도 있다. 최면은 인공적인 해리 상태를 만들어 내고 해리를 활용하는 방법이라 볼 수 있다.

미국의 심리학자 어니스트 힐가드(Ernest Hilgard, 1904~2001)는 1973년 처음으로 해리의 개념을 확장한 *신해리론(neodissociation theory)*을 제안했다(Hilgard, 1977). 그의 주장에 따르면 최면은 최면에 걸린 사람과 *숨어있는 관찰자*로 의식이 나누어진 특별한 의식 상태다. 숨어있는 관찰자는 뒤에 앉은 채 이 상황에 관해 어느 정도 객관성을 유지한다. 이후 힐가드는 자신의 설명을 지나치게 문자 그대로 받아들여서는 안 된다고 설명했다. 숨어있는 관찰자는 호문쿨루스를 가리키는 것이 아니라 인식에는 접근할 수 없는 고도의 인지적 기능을 상징한다. 그래서 사람들은 최면에 걸렸을 때도 자신들의 '진정한' 바람과 도덕률에 반하는 행동을 할 수 없다. 최면 상태에는 독립적으로 작동하는 서로 다른 수준의 인식이 존재한다. 따라서 최면으로 통각 저하를 유도하면 최면에 걸린 사람은 통증을 인식하지 못하지만 숨어있는 관찰자는 인식한다. 최면으로 기억 상실을 유도하면 최면에 걸린 사람은 최면 중에 벌어진 일을 상기해 내지 못하지만 숨어있는 관찰자는 할 수 있다.

'숨어있는 관찰자'는 최면 연구에서 논쟁적인 아이디어로 남아 있다(Kallio & Revonsuo, 2005). 최면 중에 어떤 일이 벌어지는지는 명확히 알려지지 않았고, 이 이론이 완전히 논리정연한지도 불분명하다.

최면의 비상태 이론

상태 이론은 이해하기 쉽다. 아마 대부분의 사람들이 최면을 누군가가 트랜스라 부르는 특별한 상태에 빠지게 유도하는 방법이라 생각할 것이다. 비상태 이론을 지지하는 이들은 트랜스 상태라는 개념을 거부한다. 최면에 걸린 사람은 여전히 자신을 통제하고 있다. 비상태 이론을 지지하는 연구자들은 사회적 역할 지각과 유리한 동기 부여(Sarbin & Coe, 1972), 능동적 상상과 긍정적 인지 틀(Barber, 1969), 반응 기대(Kirsch, 2011), 과업특이적 주관적 전략의 능동적 활용(Spanos, 1983, 1986, 1989) 등 여러 과업특이적 요소의 결합으로 최면의 효과를 해석한다. 이러한 이론은 모두 근본적으로 최면에 걸린 이가 지시에 순응하면서 최면에 걸린 척하기로 동의했다고 본다. 최면 경험과 비최면 경험이 특별한 상태나 비상태 범주로 구분하기에는 너무 복잡하고 사람들이 들은 바나 그들의 경험, 안전함 등의 다른 요인에 좌우된다고 주장하는 이들도 있다(Lynn et al., 2015). 게다가 최면에 빠지는 동안 뇌 활동이 변화하는 것을 관찰할 수는 있어도 최면에 대응하는 하나의 특정한 신경 징후는 없다(Lynn et al., 2015; 그림 14.9).

비상태 이론에 대한 가장 일반적인 반론 세 가지는 최면에 의한 통각 상실증과 마취, 최면 후의 기억 상실, 트랜스 중 뇌에 발생하는 최면 특이성 변화다. 어떻게 이 모든 것이 그냥 암시 때문이라고 할 수 있나? 비상태 이론을 지지하는 이들은 모든 것이 가능하거나, 혹은 적어도 가능해 보인다고 답한다. 오늘날에는 상태 이론과 비상태 이론의 경계가 그다지 명확하지 않은 것으로 여겨진다. 한 예로, 킬스트롬(Kihlstrom, 2014, 2018)은 최면이 최면술사와 참가자가 변화를 만들어 내기 위해 상호 작용하는 변성된 인지 상태(altered state of cognition)라 주장했다.

최면의 효과

물론 최면은 단순한 과학적 구경거리 이상이다. 무대에서는 사람들을 즐겁게 하는 기술로 활용되고 상담에서는 치료의 수단이 된다. 최면치료는 사람들이 금연과 같은 목표를 이룰 수 있게 돕는 것부터 불안이나 공포증, 다른 심리적 문제의 치료까지 다양하게 특화된 형태로 활용된다. 공연과 치료 목적의 최면 모두 최면 트랜스 상태 중 제시되는 암시를 활용한다.

그림 14.6 나쁜 습관을 버리기 위해 최면을 시도 중인 흡연자들. 최면은 흡연과 같은 행동을 변화시키는 데 널리 활용된다. (사진에는 보이지 않는) 치료사는 스티븐 로젠버그(Steven Rosenberg) 박사로 혐오 요법이라는 기법을 활용한다. 로젠버그는 흡연자들에게 최면을 건 뒤 담배에서 토사물의 맛이 난다고 믿게 한다.
출처: William Thomas Cain/Stringer/Getty Images News.

최면 암시

암시는 최면 트랜스에 있는 사람에게 이후의 행동을 지시하는 것이다(그림 14.6). 금연처럼 치료 목적에서 주어질 수도 있고, 재미를 위해서 주어질 수도 있다. 그리고 암시에는 기억 상실의 요소가 있을 수도 있다(최면을 거는 사람은 참가자가 무대 위에 사자가 있는 환시를 보게 될 거라는 암시를 들었다는 사실을 기억하지 않길 바랄 것이다). 그렇지만 최면 암시가 효과적이며 fMRI로 탐지할 수 있는 뇌의 변화를 동반한다는 근거가 축적되어 있다(Oakley & Halligan, 2013).

비상태 이론에서는 암시를 쉽게 설명할 수 있다. 최면 대상이 그저 순응해서 지시를 따른다는 것이다. 단시간 작용하는 암시에 대해서는 그럴듯한 설명이 되겠지만 금연과 같은 문제 행동 변화에는 잘 들어맞지 않는 듯하고 (뒤에 더 자세히 논의할) 최면에 의한 마취는 설명할 수 없다. 금연을 위한 다양한 최면 기법이 존재한다. 예를 들면 치료사는 담배에서 역겨운 맛이 나거나, 입이 아주 마르고 텁텁해질 거라고 암시한다. 반면 상태 이론에서는 최면 상태에서 변화된 정신 상태가 행동 변화를 일으키기에 좋기 때문에 암시가 효과를 발휘한다고 설명한다. 금연을 위한 최면 치료는 무척 효과적이고 니코틴 대체 요법보다 더 효과적일 수도 있다(Hasan et al., 2014).

최면과 기억

암시의 특별한 유형은 무언가를 잊는 것이다. 암시에 따라 무언가를 잊는 현상을 *최면 후* **기억 상실**이라 한다. 최면 후 기억 상실은 1784년 마르키스 드 퓌세귀르(Marquis de Puységur)가 처음 발견했다. 빅토르(Victor)에게 최면을 걸던 퓌세귀르는 그가 최면에서 빠져나오면 최면 중에 벌어진 모든 일에 관한 기억을 상실한다는 사실을 알아챘다. 퓌세귀르는 곧 일부러 기억 상실을 유도해 병이 있는 이들을 치료하기 시작했다. 클라크 헐(Clark Hull, 1933)은 전반적인 최면과 최면 후 기억 상실에 관한 초창기의 실험 중 일부를 수행했다. 헐의 작업은 최면에 빠지는 동안 외현기억(explicit memory)과 암묵기억(implicit memory) 사이에 해리가 있음을 보였다. 또한 그는 오래된 정보가 새로운 정보의 학습을 방해하는 것에 기반한 *순행 간섭(proactive interference)* 기법과 새로운 정보가 오래된 기억의 탐색을 방해하는 것에 기반한 *역행 간섭(retroactive interference)* 기법에 관한 연구도 진행했다(Hull, 1940). 헐은 예일대학교로 자리를 옮기면서 최면 연구가 위험할 수 있다는 두려움에 관련 작업을 중단했다. 그럼에도 그는 최면 상태에서 사람들이 정보를 선택적으로 잊게 할 수 있다는 사실을 밝혔다.

다른 때에는 떠올리지 못하던 내용을 최면 트랜스에서 기억해 낼 가능성을 두고는 논란이 많다. 물론 아주 이완된 상태에서 적절한 신호를 받는다면 이전까지 떠올리지 못했던 무언가를 상기할 수도 있겠지만 전반적으로 보아 잃어버린 기억을 '복원'하기 위해 최면을 활용한다는 접근에는 회의를 품어야 한다. 이러한 생각은 상당히 의심스러우면서 논란이 많고 실제로 위험하기도 하다. 많은 사람이 실제로 가능하다고 믿기 때문이다. 잘못된 믿음이 가족을 파괴하기도 한다. 의심스러운 복원 기억은 어린 시절에만 한정되지 않는다. 외계인에게 납치되었다고 주장하는 베티 힐(Betty Hill)은 최

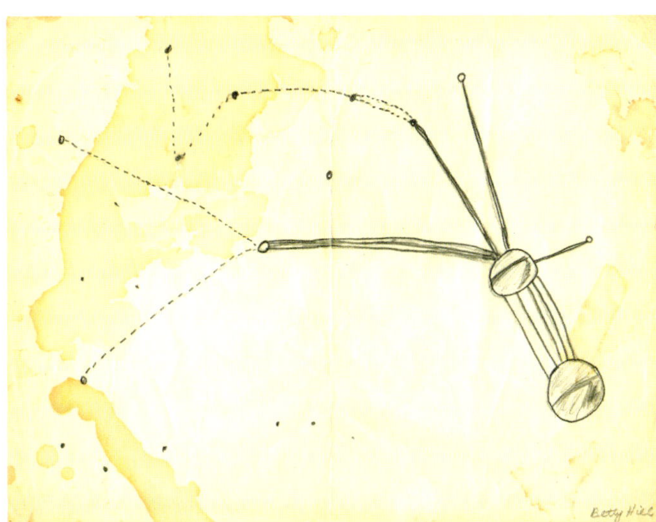

그림 14.7 베티 힐의 별 지도. 외계 항성계를 그린 지도로 점선과 실선으로는 교역로를 나타냈다. 외계인에게 납치되었다고 주장하는 베티 힐이 1964년 벤저민 사이먼(Benjamin Simon)과 최면 세션을 가진 뒤 그렸다.
출처: University of New Hampshire/Gado/Archive Photos/Getty Images.

면 상태에서 외계인들과 함께했던 여행의 상세한 내용을 되살렸다(그림 14.7). 베티는 1961년 9월 19일 미국 뉴햄프셔 외곽에서 남편 바니(Barney)와 함께 외계인들에게 납치되어 9월 20일까지 함께 지냈다고 밝혔다.

우리는 기억은 전반적으로 극도로 신뢰성이 떨어진다는 사실을 알고 있다. 사람들은 상황을 잘못 기억하고, 세부적인 내용을 다르게 생각한다. 또한 사람들의 기억은 질문하는 방식에도 영향을 받을 수 있다. 증인들의 기억은 놀라울 정도로 형편없었다(Loftus, 1996). 여기서는 사람들이 아예 일어나지 않은 일도 '기억'할 수 있다고 정리하는 것이 적절하겠다. 역시나 논쟁적이면서도 중요한 이 주제를 두고 엄청난 양의 연구가 이루어졌다(6장도 함께 참고하라). 이때까지 독립적으로 진행된 여러 연구의 결과를 모아 메타 분석한 최신 연구의 결과 대상의 절반 가까이가 자신에게 암시되었던 '가짜 기억'을 만들어 내는 데 취약한 것으로 나타났다(Scoboria et al., 2017). 몇몇 사람들은 자체적으로 세부 내용을 더해 기억을 윤색하기까지 했다. 선도적인 기억 연구자들은 대체로 트라우마의 기억이 억압되며 나중에 최면이나 치료를 통해 복원할 수 있다는 생각을 통렬히 비판한다. "'복원 기억'이라는 발상은 … 위험한 유행이다"(Loftus & Ketcham, 2000; Conway, 1997도 참고하라).

더 기이하고 믿기 어려운 생각은 최면이 전생을 떠올리게 해준다는 것이다. 뒤에 나오는 장에서 살펴보겠지만 사람에게 전생이 있다는 생각은 근거가 전혀 없다. 자신이 클레오파트라나 클레오파트라를 수행하는 노예였다고 믿는 사람들, 고대 켈트족이 믿었던 드루이드교의 사제였으나 로마인들에게 목숨을 잃었다고 생각하는 사람들은 완전히 틀렸다. 그럼에도 최면 상태에서 전생을 보고하는 사람들이 있다. 아마도 무의식 중에 자신의 과거사를 꾸며내는 게 분명하다.

상자 14.4 최면은 위험할까?

내가 좋아하는 짧은 이야기 중 정말 짧은 이야기가 하나 있다. 어떤 축제장에서 최면술사가 자원한 사람 한 명을 공중 부양시키고 있었다. 불행히도 그 사람이 떠오르기 시작한 직후에 최면술사가 갑자기 사망했고, 그 지원자는 트랜스에 빠진 채 계속 떠올랐다……

문학 작품이나 영화에서 사람들은 종종 최면에 걸리고 그러면 자기 의지에 반해 행동한다. 그리고 최면이 끝나면 기억이 사라진다는 암시 덕분에 모든 것을 잊는다. 이와 비슷한 일이 실제로 벌어졌다는 증거는 전혀 없다. 사실 최면이 위험하다는 증거는 거의 없고 대신 유용하다는 증거가 넘쳐난다.

최면술사들이 사람들을 개처럼 짖으며 달리게 만드는 무대 위의 최면술은 어떠냐고? 참가자들이 정말 자기 의지에 반해 이러한 행동을 한다고 생각하기는 어렵다. 비상태 이론을 지지하는 이들은 참가자들이 최면술사와 관객들을 즐겁게 하고 싶어하며 실제로 자기 행동을 즐기고 있을 수도 있다고 설명한다. 최면이라는 꼬리표는 거리낌 없이 행동할 수 있는 핑곗거리가 되어준다.

하지만 최면 이후 부작용을 보고하는 참가자들도 있다. 어떤 사람들은 원치 않는 생각이나 불안의 고조를 보고했다(Machovec, 1988). 맥호벡(Machovec)은 약 50가지 부작용을 나열했다. 몇몇 최면술사들은 참가자들을

상자 14.4 최면은 위험할까? (계속)

트랜스에서 너무 빨리 깨워서 참가자들이 졸음이나 어지러움을 느끼기도 했다. 이들이 바로 운전대를 잡는다면 위험할 수 있다. 실력이 떨어지거나 훈련을 덜 받은 최면술사들이 부작용을 남기는 경우가 많다. 일부 최면술사들은 최면 치료 이후 주요 증상이 진정되긴 했지만 이후 다른 방식으로 나타났다고 보고한다. 클라인하우즈와 버렌(Kleinhauz & Beren, 1984)은 최면 치료로 흡연을 중단했으나 이후 심각한 우울증에 빠진 환자의 사례를 제시했다. 물론 이 사례에서 최면이 인과적 역할을 했는지는 알 방법이 없다.

최면 치료는 일반적으로 무척 안전하나, 대부분의 치료가 그렇듯 가끔 부작용이 있다고 결론 내릴 수 있다.

최면 마취

최면이 가장 인상적으로 활용되는 방법의 하나는 *마취 상태*, 즉 통증에 면역이 생긴 듯한 상태를 만들어 내는 것이다. 마취 상태를 만들어 내기 위해 최면을 활용하는 이유는 *최면 수술(hypnosurgery)*이라 부르는 처치를 하기 위해서다. 인터넷을 잠시 검색해 보면 최면 수술을 보여주는 수많은 영상을 찾을 수 있다. 가장 인상적인 영상으로는 치과에서 만들어진 영상과 탈장 치료를 위해 개복 수술을 하는 남자의 영상이 있다.

사람들이 그저 순응할 뿐이라고 믿기는 어렵다. 외과수술용 칼이 생살을 가르는 고통 속에서 그저 최면술사를 기쁘게 하기 위해, 아니면 그저 재미를 위해 이 모든 것에 협조하며 거짓말을 할 사람은 많지 않을 것이다. 언뜻 보기에 최면 수술의 효과적인 활용은 최면의 상태 이론을 지지하는 듯하다.

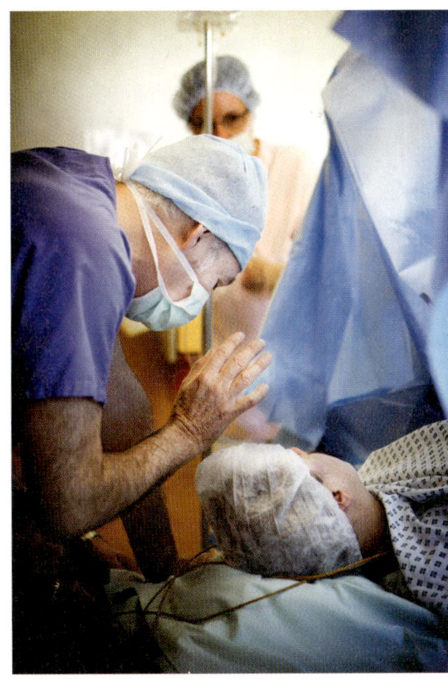

그림 14.8 프랑스 렌의 생그레구아르 병원 산부인과 병동에서 최면 중에 진행된 제왕절개 수술. 마취 전문의는 최면과 척추 마취를 병행했다.
출처: BSIP/Universal Images Group/Getty Images.

하지만 더 깊이 생각해 보아야 할 쟁점들이 있다. 먼저 최면 수술을 철저히 검토한 연구나 대조 실험 연구가 부족하다(Wobst, 2007). 최면이나 마취를 하지 않는 대조군에게 수술을 해야 한다는 윤리적 문제가 난관으로 작용한다. 둘째, 최면 마취의 정의와 그 절차가 흔히 생각하는 것만큼 항상 명백하지는 않다. 드페셰뢰 등(Defechereux et al., 2000)은 최면 마취를 '최면과 국소 마취, 최소한의 의식 진정'으로 정의했다. 인터넷을 검색해 보면 최면뿐 아니라 국소 마취도 포함하는 다양한 설명이 나온다(그림 14.8). 이런 상황에서는 당연히 마취 상태를 만들어 내는 데 최면이 어떤 역할을 하는지 규정하기가 어렵다. 따라서 최면이 수술 후의 통증을 줄여주고 마취 이후의 결과와 회복 속도를 향상시켜 줄 수도 있다는 근거가 일부 존재한다고 하더라도(Häuser et al., 2016), 일부 치과 치료에서와 같이 상대적으로 낮은 수준의 국부 통증을 느끼지 않게 한다는 것 이상의 설명을 내놓기는 어렵다.

비상태 이론가들은 어떤 사례에서든 사람들이 통증에 대처하는 방식에서 기대 효과를 찾아낸다. 통각 상실증을 다루는 실험은 대략 비슷한 설정을 활용한다(Spanos, 1986). 아주 차가운 물에 한쪽 손이나 팔을 담그고 통증에 대한 기준선이나 통증에 대한 저항력을 측정한다. 그다음 참가자들을 통제집단이나 실험집단에 배정하고 다시 측정을 실시한다. 스파노스(Spanos)는 (스스로 "나쁘지 않은데" 같은 말을 하거나 주의를 분산시키는 등) 상태 변화나 최면 유도 없이 통증을 줄일 수 있는 다양한 인지적 전략이 있음을 지적했다. 최면 통각 상실증과 인지적 통각 상실증은 동일한 규모의 효과를 만들어 내서 최면의 효과가 특별하지 않다는 것을 시사했다. 또한 스파노스는 최면을 받을 거라 예상한 참가자들이 실험 전 차가운 물에서 통증을 더 높이 평가해서 최면 후 개선될 여지가 더 많았을 수 있다는 것도 보였다(Stam & Spanos, 1980). 따라서 기대가 커다란 역할을 했을 수 있다.

최면의 신경 과학

*fMRI*나 뇌전도 같은 영상화 기법은 최면에 걸린 뇌와 최면에 걸리지 않은 뇌에 일관된 차이가 있음을 보여준다. 최면에 걸린 뇌에는 **전두 피질** 영역과 **후두 피질** 영역 사이에 그리고 감시 처리에 관여한다고 알려진 **전측 전두엽** 영역들 사이에 기능적 연결(정보의 흐름)의 단절이 있다(Egner & Raz, 2007; Landry et al., 2014). 깊은 최면에 빠진 이들은 디폴트 모드 네트워크가 덜 활성화되어 집중과 목적 지향적 활동의 증가를 시사한다(McGeown et al., 2009).

배외측 전전두엽피질(DLPFC)에 **경두개 자기 자극법**을 가하면 최면 암시감응성이 높아진다(Dienes & Hutton, 2013). 앞서 뛰어난 최면술사들은 전두엽의 기능을 억제하는 능력이 있다는 것을 살펴본 바 있다. 이러한 효과는 집행 기능, 특히 메타인지에 관여하는 뇌의 영역을 노린다.

누군가 뜨거운 물에 불편하게 손을 담그고 있는 것과 같은 상황에서는 뇌의 넓은 영역, 특히 전측 대상회 피질이 최면과 최면 마취에 관여한다(Rainville et al., 1999, 2002). 전측 대상회는 특히 최면 유도 중에 활성화된다(Oakley & Halligan, 2010). 또한 뇌의 넓은 영역에 걸쳐 정신적 형상화 과업에 관여할 때 활성화되는 영역들 역시 활성이 증가하지만 특히 *전두엽*과 **대상회**, 시상이 활성화된다(Faymonville et al., 2006)

언뜻 보기에는 영상화 기술로 확인되는 이러한 차이가 최면 '상태'가 실제로 진짜 변성된 상태라는 생각을 뒷받침하는 듯하지만 여전히 논쟁이 계속되고 있다(Kirsch, 2011). 마초니(Mazzoni, 2013)는 최면 중 관찰되는 차이의 원인을 특별한 상태에서 찾는 대신 실험의 설계 특성에 찾아야 한다고 주장했다. 한 예로, 많은 연구가 암시감응성 척도에서 높은 점수를 받은 참가자들만을 대상으로 이루어졌다. 영상에서 변성된 상태가 아니라 암시와 관련이 있는 변화를 보여주고 있을 가능성도 있다. 최면에서 '말이 생리를 변화시키'고 우리의 의식을 바꾼다는 합의는 있으나 이러한 변화를 설명하기 위해 반드시 특별한 트랜스 상태가 존재해야 하는 것은 아니다(Bloom, 2004; Lynn et al., 2015).

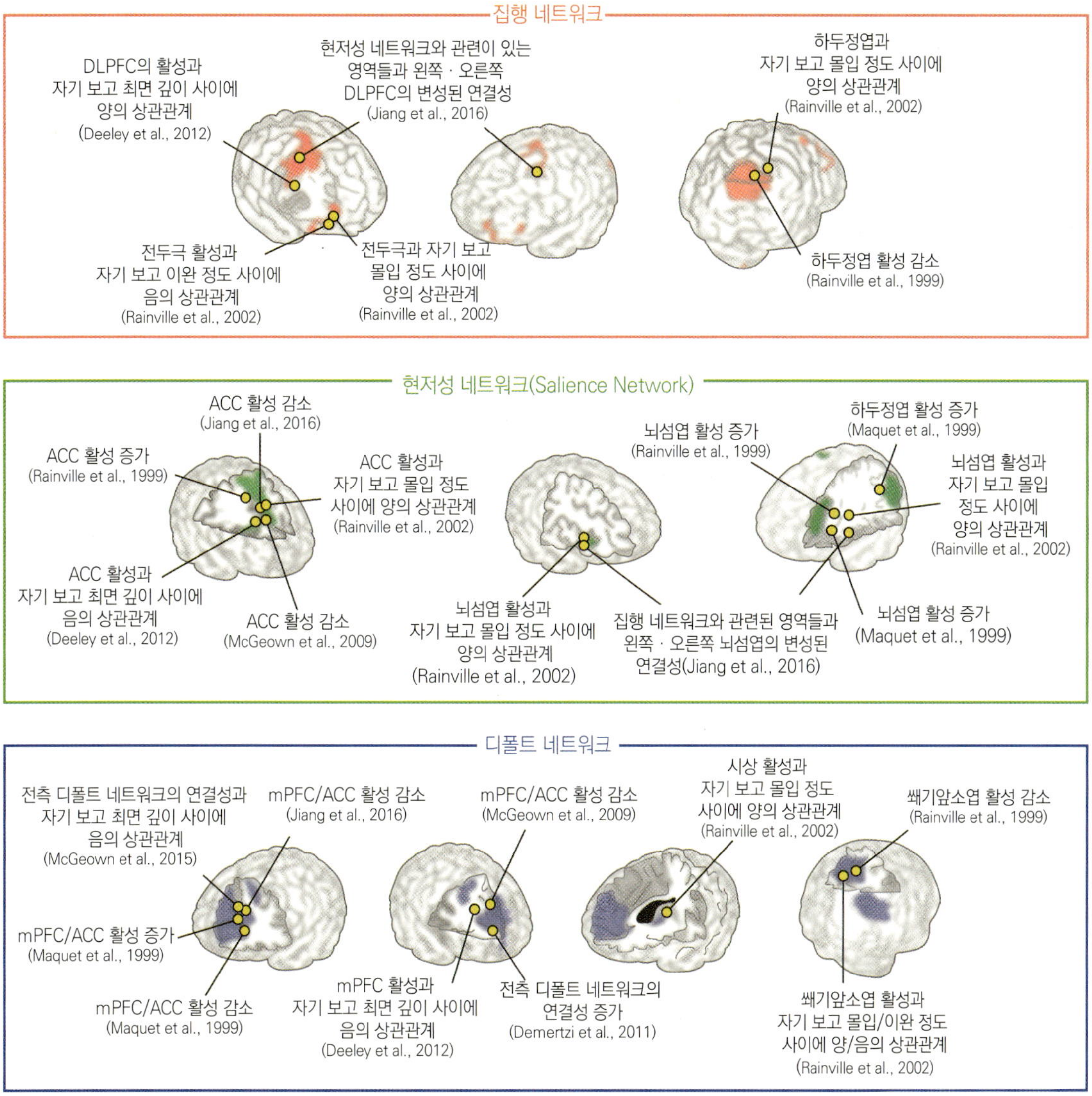

그림 14.9 최면 유도의 신경 상관물. 여러 연구를 요약한 그림으로 중앙 집행 네트워크와 현저성 네트워크, 디폴트 네트워크에서 각각 기능적 연결성의 변화와 지역적 활성화 및 비활성화를 정리했다. ACC = 전측 대상회피질. DLPFC = 배외측 전전두엽피질. mPFC = 내측 전전두엽피질
출처: Landry et al. (2014)의 Figure 4.

자기 최면

전통적인 최면에는 트랜스를 유도하는 최면술사가 포함되지만 *자기 최면*을 유도할 수도 있다. 이 기법은 사실 설명이 제시되는 시각화로, 대본을 따라가면서 이완된 상태에 진입하고 스스로 암시를 주면 된다. 예를 들면 여러분이 아주 쾌적한 무인도에 있다고 시각화하면서 아름다운 해변에 부서지는 부드러운 파도 소리에 따라 긴장을 풀고 몸에 와닿는 따뜻한 햇빛을 느낀다. 그리고 보물 상자를 발견하는데 그 안에 여러분이 미리 정해둔 암시가 들어 있다. 그 암시를 성공적으로 실천하는 자신을 떠올린다.

> **직접 해보자: 자기 최면**
>
> 자기 최면 세션은 온라인에서 무료와 유료 모두 찾을 수 있다. 한두 가지를 택해 시도해 보자. 이러한 세션은 금연이나 학습 능력 향상 등의 목적을 이루기 위해 이완이나 자기 암시 활용과 같은 특정한 무언가를 하려 할 것이다. 참여한 세션을 평가해 보자. 효과가 있었나? 효능을 과학적으로 평가하려면 무엇을 통제해야 할까?

자기 최면에 관한 연구는 최면에 관한 연구보다 훨씬 적게 이루어졌지만 자기 최면이 효과를 발휘한다는 증거는 있다. 예를 들어 편두통에 취약한 어린 이들이 자기 최면을 배우면 통제집단보다 더 적은 두통을 보고했다(Olness et al., 1987). 초기 연구에서는 자기 최면이 분만 시간을 줄이고 더 편안하게 해주는 것으로 나타났으나(Davidson, 1962) 이 연구는 재현되지 않았다(Freeman et al., 1986). 자기 최면이 최면과 유사하게 작용하는지, 뇌에서 최면과 동일한 메커니즘이 관여하는지, 불안을 줄여주는 과정이 관여하는지는 명확하지 않다.

최면이 인지에 관해 알려주는 것

많은 의식 연구가 그렇듯 의식과 관련이 있는 현상에 관한 연구는 인지에 관해 많은 것을 알려준다. 최면은 특히 중요한 기여를 해 왔다(Kihlstrom, 2014). 한 예로, 사람들이 자신이 얻은 정보를 어디서 알게 됐는지 기억하지 못하는 *출처 기억 상실(source amnesia)*이라는 현상은 최면에 관한 연구 중에 처음 확인되었다(Evans, 1979). 최면 중 지각이 변성되는 방식은 저수준 처리의 통제에 집행 처리가 관여하는 정도와 한계를 알려주며, 심지어 자동 처리가 '탈자동화'될 수 있는 방법까지 알게 한다. 또한 최면은 성격 연구와 사회심리학에도 순응에 관한 지식과 실험에서의 요구 특성의 규모에 관한 정보를 제공하고 있다.

14장 요약

- 최면 과정은 역사적으로 오랫동안 알려져 있었고 메스머리즘과 동물자기장 등 몇 가지 다른 명칭으로 불리기도 했다.
- 최면에서는 최면술사가 개인에게 트랜스를 유도한다.
- 트랜스에는 보통 네 가지 단계가 있다고 여겨진다.
- 최면에 잘 걸리는 정도는 사람마다 차이가 있으며, 암시감응성이 뛰어난 이들은 식별할 수 있는 특징을 가진다.
- 최면술사로 능력을 발휘할 수 있는 정도 역시 사람마다 다르다.
- 최면 트랜스가 의식의 특별한 상태인지, 아니면 기대 효과와 같은 사회심리학적 용어를 통해 최면에서의 행동을 충분히 설명할 수 있는지를 두고 치열한 논쟁이 벌어지고 있다.
- 대안적 설명은 최면 트랜스가 해리를 포함하는 의식의 특별한 상태라는 것이다.

- 힐가드는 최면이 최면에 걸린 사람에게서 숨어 있는 관찰자를 분리하는 것을 포함한다고 제안했다.
- 최면에 걸린 사람의 뇌에는 분명하고 체계적인 변화가 나타난다.
- 최면술사는 트랜스 중에 최면에 걸린 사람이 트랜스에서 빠져나온 후 따를 암시를 심을 수 있다.
- 최면 중인 사람들이 자신의 소망에 반하는 무언가를 하게 만들 수 있다는 증거는 없다.
- 최면 상태의 기억을 잃어버리는 것을 최면 후 기억 상실이라 한다.
- 다른 형태의 마취 없이 최면 수술이 성공했다는 확실한 근거는 아직 많지 않지만 최면은 지각했다고 보고하는 통증의 정도를 변화시킨다. 다만 이러한 변화가 발생하는 이유를 두고는 아직 논쟁 중이다.
- 최면을 통해 생의 이른 시기나 어린 시절의 숨겨진 기억으로 회귀할 수 있다는 증거는 없다.
- 우리는 자기 최면을 통해 스스로 최면과 유사한 상태를 유도할 수 있다.

리뷰 질문

1. 최면 유도에서 빠질 수 없는 요소는 무엇일까?
2. 최면 상태가 존재하지 않는다면 최면 마취의 영향을 받는 이들은 그냥 거짓된 반응을 보이는 걸까?
3. 최면에 잘 걸리는 사람의 특징은 무엇일까?
4. 자기 최면은 다른 사람이 유도하는 최면과 동일한 과정을 포함하나?
5. 최면 암시는 어떻게 작동하나?
6. 최면에 걸린 누군가가 본인이 원하지 않는 무언가를 하게 할 수 있을까?
7. 최면은 이완 상태나 명상 중인 상태와 무엇이 다른가?
8. 뇌의 어떤 영역이 최면에 관여하나? 왜 그럴까? 뇌의 특정한 영역이 최면에 관여한다면 최면 트랜스가 의식의 변성된 상태라고 할 수 있을까?

추천 자료

일반

Nash, M.R., and Barnier, A.J. (2008). The Oxford Handbook of Hypnosis: Theory, Research, and Practice. Oxford, UK: Oxford University Press. The best general reference on hypnosis.

최면의 역사

Waterfield, R. (2002). Hidden Depths: The Story of Hypnosis. London: Macmillan.

최면 유도

Hand, K. (2017). Magic Words and Language Patterns: The Hypnotist's Essential Guide to Crafting Irresistible Suggestions. San Francisco, CA: Remind.

Hunter, C.R. (2010). The Art of Hypnosis: Mastering Basic Techniques (3rd ed.). London: Crown House.

최면 치료

Brann, L., Owens, J., and Williamson, A. (2015). The Handbook of Contemporary Clinical Hypnosis: Theory and Practice. Oxford, UK: Wiley-Blackwell.

Fulcher, R.Z. (2014). The Beginner's Guide to Hypnotherapy. Scotts Valley, CA: CreateSpace.

Jaloba, A., and Nicholson, F. (2014). The Hypnotherapy Handbook. Scotts Valley, CA: CreateSpace.

Lynn, S.J., Rhue, J.W., and Kirsch, I. (eds.) (1993). Handbook of Clinical Hypnosis. Washington, DC: American Psychological Association.

자기 최면

Eason, A. (2013). The Science of Self-Hypnosis: The Evidence Based Way to Hypnotise Yourself. San Diego, CA: Awake Media. 높은 평가를 받는 자기 최면에 관한 포괄적 안내서.

15 약물과 의식

약물은 몸에 들어갔을 때 생리적인 효과를 내는 물질이다. 우리는 혈액-뇌 장벽을 넘어 뇌에 영향을 미쳐서 단기적으로든 장기적으로든 정신적 상태에 변화를 만들어 내는 향정신성 약물에 관심이 있다. 물론 뉴런의 성장을 촉진하는 등 다른 효과를 내는 향정신성 약물들도 있다. 일부 향정신성 약물은 우리의 의식을 여러 면에서 상당히 변화시킬 수 있다. 약물은 뇌의 화학적 성질에 영향을 미치고 신경전달물질이 작동하는 방식에 개입해서 효과를 발휘한다. (알코올이나 헤로인 같은) 일부 약물은 신경전달물질을 모방하고 시냅스의 반대편에 있는 수용기에 바로 결합해서 영향을 미치고, (코카인이나 암페타민 같은) 일부 약물은 시냅스의 재흡수 영역을 막아서 신경전달물질이 재흡수되지 않고 뇌에서 해당 신경전달물질 농도가 급격히 상승하게 한다(Nutt, 2012).

이 장에서는 향정신성 약물이 의식에 관해 무엇을 알려주는지 살펴본다. 향정신성 약물을 분류하는 것으로 시작해 가장 널리 사용되는 물질 중 하나인 대마의 효과를 알아본다. 다음에는 각성제 약물군으로 중 암페타민과 코카인을 검토한다. 이후 살펴볼 오피오이드는 아편과 관련이 있는 약물군으로 뇌에서 오피오이드 수용체와 결합하며, 모르핀과 헤로인이 여기 포함된다. 자연에 존재하는 물질과 인공적으로 만들어지는 LSD를 비롯해 가장 주목할 만한 향정신성 약물인 환각제도 검토할 것이다.

수많은 종류의 향정신성 약물은 다양한 수준으로 의식에 영향을 미친다. 우리는 아주 중요한 것들만 살펴볼 될 것이다. 이러한 약물은 어떤 식으로든 뇌의 화학적 성질을 바꿔서 효과를 발휘한다. 약물에 따라 작용 메커니즘이 규명된 정도도 다르지만 이러한 변화가 의식의 현상학에 미치는 영향은 더욱더 알려지지 않았다. 게다가 이러한 물질 중 대부분이 상당히 오래전부터 많은 나라에서 불법으로 규정되었기 때문에 많은 연구가 이뤄질 수 없었다.

직접 해보자: 약물 탐험하기

대부분의 향정신성 약물은 불법이고 많은 약물이 위험할 수 있어서 이들을 실험할 기회가 제한되어 있다. 하지만 알코올과 같은 약물은 대부분의 나라에서 합법이고 어렵지 않게 구할 수 있다. 여러분이 적절한 나이를 지났고 도덕적으로 꺼려지는 이유가 없다면 알코올이나 카페인을 소량 시도해 보는 건 어떨까? 이러한 약물은 여러분의 정신적 상태를 정확히 어떻게 바꾸나? 어떤 식으로든 여러분의 의식이 변했다고 이야기할 수 있나?

향정신성 약물의 분류

많은 약물이 치료에 활용되며 많은 치료제는 뇌와 정신에 영향을 미친다. 이러한 약물을 향정신성 혹은 정신활성이라 한다. 다양한 약물이 불안 장애(벤조디아제핀계 등)와 우울증(시탈로프람, 플루옥세틴, 설트랄린과 같은 *선택적 세로토닌 재흡수 억제제*(SSRI))의 치료에 쓰인다. 기분 전환을 위해 쓰이는 약물은 단시간 작용한다는 점에서 치료를 위해 쓰이는 약물과 다르다. 재빨리 영향이 나타나고 곧 효과가 서서히 사라져서 보통은 더 많은 양을 복용하고 싶게 만들고 종종 불쾌한 부작용까지 남긴다. 우울증과 같은 장애에 작용하는 약물은 효과를 발휘하기까지 몇 주 혹은 몇 달까지도 걸린다. 안타깝게도 오늘날 쉽게 구할 수 있는 약물 중 복용하자마자 바로 더 행복한 느낌이 들게 하면서 안전한 약물은 없다. 우리는 물리적 통증을 없앨 수 있지만 정신적 통증은 없앨 수 없다. 각성과 기분, 인지에 영향을 미치는 약물이 있지만 확정적인 방식은 아니다. 커피에 들어있는 카페인은 향정신성 약물로 정신과 행동에 영향을 미치는 각성제다. 알코올은 향정신성 효과를 내는 억제제다.

향정신성 약물의 종류는 아주 다양하다. 일부는 아주 작은 효과만 낸다. 이 장에서는 약물들의 범위를 살펴보고 가장 중요한 일부에 관해 논의할 것이다. 각각의 경우마다 해당 약물의 생리적 효과(항상 잘 규명되어 있는 것은 아니다)가 (빠르고 직접적으로 인식되는) 의식에 대한 현상학적 효과와 어떤 관련이 있는지 질문할 것이다. 일부 사용자는 약물의 효과를 상쇄하거나 두드러지게 하기 위해 약물을 섞기도 한다. 가장 잘 알려진 (그리고 가장 치명적인 부류에 속하는) 것이 코카인과 헤로인의 조합인 스피드볼(speedball)이다.

우리의 목적에 따라 기분 전환을 위한 향정신성 약물의 주요 효과를 크게 세 가지로 분류할 수 있다. 이러한 약물은 각성(기민하게 느끼는 정도)과 기분, 지각에 영향을 미친다. 표 15.1과 같이 향정신성 약물을 여섯 가지의 넓은 범주(Farthing, 1992, p. 450)로 구분할 수도 있다.

표 15.1 신경전달물질에 따른 약물 분류 (Nutt, 2012)

유형	약물
중추 신경계 각성제	카페인; 니코틴; 암페타민; 코카인
중추 신경계 억제제	알코올; 바르비투르산염, 벤조디아제핀계(가벼운 신경억제제)를 비롯한 수면진정제와 항불안제
마약성 진통제	코데인, 모르핀, 헤로인을 비롯한 아편제; 메타돈 같은 합성 아편제
향정신병제	클로르프로마진(chlorpromazine, 강력한 신경억제제)
항우울제	삼환성항우울제(tricyclics), 모노아민산화효소억제제(monoamine oxidase inhibitor), SSRI(시탈로프람, 플루옥세틴, 설트랄린), 세로토닌·노르아드레날린 재흡수억제제(벤라팍신)
환각제	대마, 메틸렌디옥시 메스암페타민(MDMA, 엑스터시) 같은 가벼운 약물

이러한 분류 체계에 관해 반드시 기억해야 할 사실이 있다. 첫째, 이 목록은 절대 완전하지 않다. 둘째, 효과는 복용량에 따라 달라진다. 한 예로, 아편을 대량 복용하면 강력한 환각제로 작용할 수 있다. 마지막으로, 그리고 가장 중요하게는, 대부분의 약물이 두 가지 이상의 효과를 낸다. 엑스터시(와 적은 용량의 아편)는 환각을 만들어 내고, 지각을 강화하고, 시간관념을 바꾸고, 이완을 촉진하고, 불안을 줄여주고, (극도로 고양되

는 기분인) *다행감(euphoria)*을 자아내고, 내적 평화의 감각을 만들어 낼 수 있다. 파티와 같은 사회적 환경에서는 운동 활동을 늘리고 긍정적 정서와 자신감, 사회성, 공감을 높여줄 수 있다. 이 약물이 광란의 파티에서 널리 쓰이는 이유를 설명해 준다.

영국의 정신과 의사 데이비드 넛(David Nutt)은 2009년 정부의 약물남용자문위원회 의장직에서 파면되었다. 향정신성 약물의 상대적 위험성을 맥락 속에서 이해하려 한 시도 때문이었다. 그가 기자들을 만난 자리에서 기분 전환을 위한 약물 복용은 통계적으로 승마보다 위험하지 않으며, 알코올과 담배가 LSD나 대마보다 더 사회에 해롭다고 말했다는 사실은 잘 알려져 있다. 넛은 향정신성 약물과 이러한 약물이 뇌에 미치는 영향을 사려 깊게 분석한 연구를 여러 편 발표한 바 있다(예를 들어, Nutt, 2012). 그는 약물의 효과 그리고 이에 영향을 받는 주요 신경전달물질을 통해 뇌에 미치는 작용에 따라 약물을 분류한다. 하지만 우리는 약물이 신경전달물질에 어떻게 영향을 미치는지 제대로 이해하지 못하며, 이러한 변화가 인지와 의식 상태, 행동에 어떠한 변화를 불러오는지는 더더욱 불분명하다는 사실을 기억해야 한다.

향정신성 약물은 심각하게 부정적인 결과를 불러오며, 대부분의 사람들은 매력적으로 보이는 위 목록의 효과보다 부정적인 결과에 더 집중한다. 과다한 복용은 사망까지 이어질 수 있고, 과다 복용을 결정하는 약의 양은 약의 순도와 경험, 개개인의 몸 상태에 따라 달라진다. 많은 약물이 중독적이고 결국 인생을 망친다. 그리고 물론 대부분의 약물이 많은 나라에서 불법이다.

사람들은 다양한 이유로 향정신성 약물을 복용한다. 중독된 이들은 그저 갑작스럽고 강력한 부작용이 발생하는 것을 피하려고 더 많은 약물을 갈망한다. 어떤 사람들은 압박감을 느낄 때 약물을 복용한다. 대부분은 단기적으로 '기분이 좋아지고' 싶어서 섭취한다. 소위 내면 항해사라는 이들은 의식을 탐험하고 고양 상태를 경험하기 위해 약물을 (특히 환각제를) 섭취한다.

대마

대마는 환각제 중 가장 흔히 사용되며 구하기 쉬운 약물 중 하나다. 전 세계에서 알코올과 니코틴에 이어 세 번째로 많이 사용되는 기분 전환용 환각제다. 모든 나라가 대마 사용을 금하는 것은 아니며, 최근에는 캘리포니아부터 워싱턴까지 미국의 일부 주에서 기분 전환을 위한 대마의 사용을 합법화하며 자율화되는 추세다. 캐나다와 네덜란드, 스페인, 포르투갈, 우루과이와 같은 일부 국가에서는 각각 다른 수준의 제한을 두고 개인의 대마 소비를 허용한다. 미국의 다른 주와 다른 나라에서는 의료적 활용 목적에서만 대마를 사용할 수 있다. 대마는 원래 중앙아시아에서 자랐던 삼(Cannabis sativa)이라는 식물에서 추출된다. 마리화나는 대마의 말린 잎과 다른 부분, 특히 수지(樹脂)를 합쳐서 궐련처럼 피우거나 입으로 섭취할 수 있게 한 것이다(그림 15.1).

대마는 용량에 따라 의식에 몇 가지 영향을 미치지만 모든 향정신성 약물이 그렇듯 그 효과는 사람에 따라 그리고 상황에 따라 다르다. 기분을 바꿔서 특히 다행감을 느끼게 하고, 시간 감각이 변해서 몇 분 사이에 몇 시간이 흐른 것 같기도 하다. 지각에 변화를 일으켜 특히 색이 더 환해 보이고, (대부분 움직임과 함께 언

그림 15.1 대마 식물. 대마의 주요 정신활성 성분은 이 식물에서 몇 가지 방법으로 추출할 수 있는 테트라하이드로칸나비놀(THC)이다. 태국 방콕에 있는 랭싯대학교 약용대마연구센터에서 실내 재배하는 식물을 촬영했다. 출처: Lauren DeCicca/Getty Images News/Getty Images.

급되는) 공감각이 발생하며, 인지도 변화한다. 이러한 인지적·물리적 손상은 아주 심각해서 대마 섭취 후 운전 등의 행동은 극도로 위험하고 당연히 불법이다. 아주 많은 양을 복용하면 불안과 공황 발작, 환각, 심장 박동수의 급격한 증가로 이어질 수 있다.

대마의 주요 정신활성 성분은 **테트라하이드로칸나비놀(tetrahydrocannabinol, THC)**이지만 수백 가지의 관련 칸나비노이드(cannabinoid)를 포함할 수 있으며 이들 중 일부는 대마초의 효과를 복잡하게 만들 수 있다. THC의 작용은 복잡하나 *칸나비노이드 수용체* CB1의 작용제로 기능하고, 정도는 덜하지만 오피오이드수용체의 작용제로도 기능한다. CB_1은 수용체들의 *엔도칸나비노이드* 체계에서 수용체이며 엔도칸나비노이드 신경전달물질이다. 지금은 이 체계의 기능이 제대로 밝혀지지 않았지만 욕구와 기분, 운동 학습, 기억, 인지의 조절에 관여한다(Grotenhermen, 2003).

상자 15.1 의료 목적의 대마 사용

이제는 대마에 통증과 염증, 기분, 수면, 신경 손상으로 인한 마비를 치료하는 등 몇 가지 의료적 용도가 있다는 사실이 널리 인정되고 있다. 예를 들어 대마는 통증과 뇌전증, 다발성 경화증 치료에 활용된다. 사용자들은 (실제로 다른 치료법이 있다면) 다른 치료법보다 뛰어난 경감 효과를 보였다고 보고한다.

대마의 정신활성 성분은 THC지만 의학적 활성 성분은 칸나비디올(cannabidiol, CBD)이다. CBD는 대마에서 나오며 식물 추출물에서 중요한 부분을 차지한다. CBD는 THC를 정신활성으로 만드는 칸나비노이드 수용체에 친화도가 낮지만 뇌 전반에 걸쳐, 특히 바닥핵에 많은 영향을 미친다.

대마는 대체로 불법이기 때문에 환자들이 CBD를 얻기는 쉽지 않다. 하지만 불법으로 규정한 이 줄어들고 있다. 예를 들어 미국식품의약국(Food and Drug Administration, FDA)은 CBD를 기초로 하는 뇌전증 치료제 에피디올렉스(Epidiolex)를 승인했다. THC 역시 의료적 효과가 있다는 주장이 있지만 이 성분의 활용에 대해서는 논란이 더 많다. 이제는 여러 나라가 CBD 오일의 구매를 허용하지만 보통은 의약품으로 광고할 수 없고 THC를 극미량 이상 포함할 수 없다는 규정이 따라붙는다. 이러한 제품을 구매할 때의 어려움은 어떤 효과를 얻을 수 있는지 분명하지 않고 CBD가 얼마나 함유되어 있는지도 확실하지 않다는 것이다.

암페타민과 다른 각성제

각성제는 중추 신경계의 각성을 높인다. 각성 수준은 깊이 잠든 정도에서 정상적으로 깨어 있는 의식, 극도로 흥분한 상태까지 다양하며 아세틸콜린, 노르에피네프린, 도파민, 세로토닌을 비롯해 몇 가지 신경전달물질에 의해 조절된다. 각성은 흥분성 피질 활성을 높이고 결과적으로 각성도와 경계, 처리 효율이 높아진다.

가장 널리 사용되는 각성제는 차나 커피 같은 음료에 들어 있는 카페인이다. 카페인은 (잠들지 않게 할 정도로) 피로를 줄여주고 경계와 집중, 전반적인 인지 수행을 향상시키며 운동 수행을 향상시킨다. 물리적 영향도 있어서 혈압을 올리고 혈관의 폭을 좁히며 음식물이 소화관을 통과하는 속도를 높인다.

아무리 좋은 것도 지나칠 수 있다. 커피를 과하게 섭취하면 불안과 공황 발작을 유발할 수 있고 물리적 효과가 더욱 도드라질 수 있다. 카페인은 금단 증상도 있다. 커피를 마시지 않게 되면 특히 두통과 짜증, 심지어 우울까지 금단 증상을 경험하게 될 것이다.

카페인은 *아데노신수용체*(*adenosine* receptor)의 활동을 방해해서 영향을 미친다. 카페인은 뇌에서 아데노신수용체에 결합하는데, 아데노신이 중추 신경계를 억제하는 효과를 내기 때문에 카페인이 각성을 높이고 졸음을 줄여주게 된다(그림 15.2).

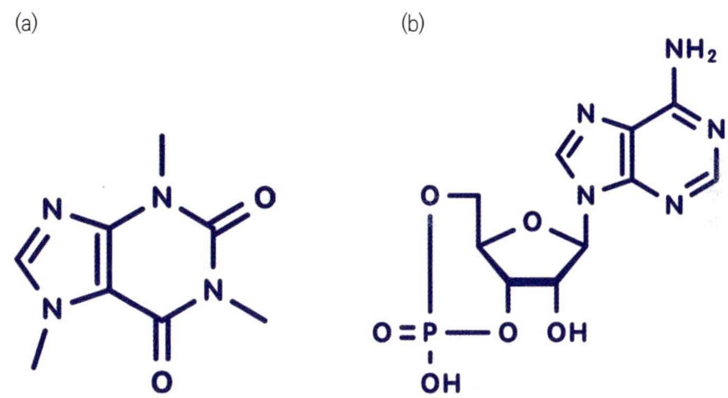

그림 15.2 카페인과 아데노신. 구조의 핵심 부분이 유사해서 차와 커피에 포함되어 있는 카페인 분자가 아데노신 영역에 결합할 수 있다.
출처: Molekuul/Science Photo Library/Getty Images.

암페타민

*암페타민*은 각성제의 가장 좋은 예다. 각성도와 힘을 높이고 반응 시간을 향상시키는 형태로 각성을 강화하며, 성 충동을 비롯한 동기를 높이고, 기억 회상과 기분을 개선하며, 용량을 늘리면 다행감까지 유발한다.

암페타민은 의학적으로 주의력결핍 과잉행동장애(attention deficit hyperactivity disorder, ADHD)와 기면증(의 깨어 있을 때의 문제; 12장을 참고하라)을 비롯한 다양한 장애의 치료에 활용된다. (잠들기 어렵고 심장 박동이 증가하며 혈압이 변하는 등) 단기적인 효과가 많고 다양하며, 중독 위험이 크고, 과도하게 사용하면 특히 조현병과 유사한 상태인 *암페타민정신병*(*amphetamine psychosis*, 상자 15.2) 등 장기적인 부작용이 발생할 수 있어서 대부분의 나라에서 엄격한 통제에 따라 처방된다. 암페타민에 중독되면 내성이 생겨서 점점 더 많은 양을 복용하게 된다. 의학적으로 사용하는 경우에는 중독과 암페타민정신병이 드물게 나타나지만 기분 전환을 위해 사용할 때는 발생 빈도가 상당히 높아지는 경향이 있다(Bagot & Kaminer, 2014). 많은 양을 복용하면 역설적인 효과가 있어서 각성이 *약해지고* 근육 파손을 유발한다.

상자 15.2 암페타민정신병

암페타민정신병 혹은 더 일반적으로 *각성제정신병*은 암페타민이나 다른 각성제를 장기 남용한 결과 발생하는 기질성 뇌 장애다. 약물 사용을 중단해도 발생할 수 있다. 다른 이들보다 이러한 질환에 더 취약한 사람들이 있기 때문에 유전자가 개입할 수도 있음을 시사한다. 예후는 다양해서 어떤 사람들은 몇 주 만에 호전되지만 어떤 사람들은 훨씬 더 오래 증상을 겪을 수도 있다. 각성제정신병은 여러 면에서 조현병과 비슷하고, 실제로 일부에서는 영구적인 조현병으로 전이되기도 한다. 증상에는 모든 감각을 포함하는 환각과 편집증, 정신 산만, 망상 등이 있다. 또한 불안과 정신적·육체적 동요로 고통받기도 한다. 일반적으로 다행감이 유지되는 시간이 길수록 해당 약품의 복용이 정신병으로 이어질 가능성이 더 크다. 따라서 다행감 효과가 몇 시간씩 지속되는 암페타민이 보통 30분이면 다행감이 점차 사라지는 코카인보다 문제를 유발할 가능성이 더 크다. 항정신성 약물 치료가 효과적이다(Henning, Kurt, & Espiridon, 2019).

각성제는 뇌에 장기적인 변화를 유발한다. 도파민과 노르에피네프린의 재흡수를 막거나 두 물질의 생산을 촉진해서 도파민작용성 경로(dopaminergic pathway)에 변화를 일으킨다. 그 결과 작업 기억, 동기, 보상 같은 인지 기능과 움직임에 관여하는 중피질계(mesocortical system), 중변연계(mesolimbic system), 흑질선조체계(nigrostriatal system)의 활성을 증가시킨다. 도파민 과잉은 양이 많을 때는 신경독으로 작용할 수 있는 흥분성 신경전달물질 글루타민산염을 과다 생산하는 등의 연쇄 반응을 부를 수 있다. 이미 예상했을지 모르겠지만 이러한 생리적 변화와 상세한 증상에 관해서는 더 많은 연구가 필요하다.

*메스암페타민(methamphetamine)*은 암페타민과 관련이 있고 실제로 처음에는 암페타민으로 대사전환한다. 이 약물은 다행감을 만들어 내고 각성제와 최음제의 효과를 내서 기분 전환을 위해 사용된다. 하지만 중독성이 아주 강하며, 아주 불쾌하고 위험한 부작용을 다수 가지고 있다. 특히 메스(meth)라 불리는 결정 형태는 약효가 아주 강력하고 널리 유통되어 중독과 건강 문제를 유발한다. 특히 미국에서는 20세기 후반부터 '결정형 메스 위기(crystal meth crisis)'라는 단어가 통용될 정도다.

각성제는 우리가 깨어있게 해줄 뿐 아니라 중요한 의학적 용도가 있다. 리탈린(Ritalin)이라는 상표명으로 더 많이 알려진 *메틸페니데이트(Methylphenidate)*는 기면증과 ADHD를 치료하기 위해 특히 어린이들에게 사용하는 각성제다. 리탈린은 작업 기억과 억제 조절을 향상시키는 등 전반적인 인지 기능에도 약간의 효과를 발휘한다(Ilieva et al., 2015). 다른 각성제와 마찬가지로 리탈린에도 중독성이 있으며 역시 수많은 물리적·심리적 부작용이 있다. 이러한 요인 때문에 리탈린의 처방은 매우 엄격하게 통제된다.

아마 예상했겠지만 암페타민은 뇌에서 일어나는 자극성 신경전달 작용의 영향을 키워서 효과를 낸다. 특히 전두피질로 향하는 신경 경로에서 신경전달물질 도파민과 노르에피네프린의 농도를 높인다.

코카인

('코크(coke)', '눈(snow)', '블로우(blow)' 등 다양한 이름으로 불리는) 코카인은 기분 전환을 위한 약물로 널리 사용되는 각성제로, 보통 코로 흡입하거나(전통적으로 돈뭉치를 사용해 흡입했다. 대부분의 지폐가 낮은 농도로 코카인에 오염되어 있는 이유는 이 때문이다) 잇몸에 비벼서 섭취하며 드물게 주사로 주입하기도 한다. 오늘날에는 거의 전 세계적으로 불법이고 가장 많이 사용되는 불법 약물이다(대마가 불법인 곳에서는 대마 다음으로 많이 사용되는 불법 약물이다). 남아메리카 서부지역의 코카나무 잎에서 자연적으로 생겨나며 함유량은 약 0.5퍼센트다(그림 15.3). 용제를 이용하는 화학적 과정을 통해 잎에서 약물을 얻을 수 있다. 독일의 화학자 알베르트 니만(Albert Niemann, 1834~1861)이 1859년 처음으로 코카인을 추출했다. (니만은 젊은 나이에 사망했는데 아마 연구 과정에서 폐가 손상되었을 것이다.) 코카인은 잠시 광범위하게 사용됐다. 프로이트는 이 약물을 우울증과 발기부전 치료에 활용하는 실험을 했다. 심지어 코카콜라의 성분에 코카인이 추가되기도 했지만 1903년에는 빠지게 되었다. 이 약물이 널리 사용되면서 위험성이 분명히 드러났고, 미국에서는 1914년과 1922년에 법을 제정하며 코카인 사용을 불법화했다.

그림 15.3 볼리비아 융가스(Yungas)의 코카나무밭. 코카나무는 코카인의 원천이다.
출처: Jeff Rotman/Photolibrary/Getty Images Plus.

코카인은 향정신성 알칼로이드다. 알칼로이드는 특정한 구조를 가지는 화학 물질의 무리로 자연에 널리 존재하며 모두 약간 쓴맛을 가진다. 많은 알칼로이드가 동물에 영향을 미친다. 강렬한 다행감(행복감과 안녕)을 유발하지만 사람에 따라 불안이 동반되기도 한다. 코로 들이마시면 몇 초나 몇 분 만에 효과를 발휘하기 시작해서 5분에서 90분까지 지속된다(Pomara et al., 2012). 심장 박동을 빠르게 하고, 동공이 확장되며, 땀이 많이 난다. 또한 국부 마취제로도 기능한다.

코카인은 부작용이 많고 장기적으로 사용할수록 부작용이 늘어난다. 코의 내벽을 파괴하고, 오래 사용하면 코의 (가운데에 있는 연골 조각인) 격막도 파괴한다. 심장 문제를 유발할 수 있으며, 과다 복용하면 혈압이 위험할 정도로 높아질 수 있다. 또한 수면 장애, 우울증, 뇌 손상, 환각, 편집증 그리고 곤충들이 피부 위를 기어다니는 느낌(의주감(formication)이라 한다)이 드는 가려움 등을 유발할 수도 있다. 사실 부작용의 목록은 끝이 없다. 또한 도파민 농도와 뇌의 보상 시스템에 영향을 미쳐서 중독성도 무척 강하다. 코카인은 보통 이윤을 높이기 위해 다른 하얀 가루에 희석한 하얀 가루 형태로 유통되며, 희석을 위해 추가한 일부 물질이 추가로 건강을 위협할 수 있다. 장기간 복용하면 내성이 생겨서 동일한 효과를 내기 위해 더 많은 양을 필요로 한다. 중독성이 있어서 코카인 사용을 중단하면 금단증상을 겪게 된다.

다른 향정신성 약물과 마찬가지로 코카인이 작용하는 방식은 매우 복잡하다. 특히 도파민뿐 아니라 노르에피네프린과 세로토닌의 재흡수를 억제해서 (도파민의 농도를 급격히 높여서 보상 시스템을 방해하는 것을 포함해) 몇 가지 신경전달물질 체계에 영향을 미친다.

크랙 코카인(crack cocaine)은 흡연할 수 있는 형태로 특별히 강렬한 다행감을 선사한다. 특히 중독적이고 사회적 박탈감과 관련이 있다.

아편제와 오피오이드

아편제는 *양귀비(papaver somniferum)*의 봉우리에서 추출한 물질인 *아편(opium)*에서 유래된 약물이다. 오피오이드는 특히 뇌와 말초신경계, 소화관에서 오피오이드 수용체와 결합하는 약물군을 통칭하는 더 현대적인 용어로, 정도의 차이는 있지만 통각 상실(통증 완화)과 다행감의 정신활성 효과를 발휘한다. 수용체는 자물쇠라고 생각하면 된다. 자물쇠에 맞는 열쇠가 들어오면 해당 영역이 점화되어 뉴런과 관여하는 경로가 활성화된다. 모든 오피오이드는 *내성*(같은 효과를 얻으려면 점점 더 많은 양이 필요하다)과 *의존성*(계속 섭취하지 않으면 점차 극도로 불쾌한 금단증상을 겪게 된다)으로 이어진다. 또한 혈압을 낮추고, 성호르몬의 생성을 저해하며, 변비를 유발하고, 진정시키며, 가장 심각하게는 단기적으로 호흡 기능을 떨어트리는 등 다양한 부작용도 있다. 의존성과 보상 시스템의 활성화는 *중독*으로 이어진다.

오피오이드는 자연에서 얻을 수도 있고 인공적으로 생산할 수도 있는데 후자를 합성 오피오이드라 한다. 합성 오피오이드는 더 강하고 더 중독적이며 더 위험한 경향이 있다. 최근에는 통증 완화를 위해 생산된 다종의 합성 오피오이드들이 트라마돌(tramadol), 펜타닐(fentanyl), 히드로코돈(hydrocodone) 등의 약품에 사용되고 있다. 중독성이 있는 이러한 약품의 광범위한 처방은 특히 미국에서 오피오이드 유행병(opioid epidemic)에 관한 논의로 이어지고 있다(McGreal, 2018).

모르핀

아편팅크(laudanum)는 (약 10퍼센트의) 아편제와 알코올을 혼합한 팅크제(tincture, 생약을 알코올이나 묽은 알코올로 우려낸 것 - 옮긴이)로 20세기까지 유럽과 아메리카에서 널리 쓰였다. 아편제는 코데인과 모르핀을 포함해 여러 오피오이드를 함유하고 있다. 20세기 초부터 대부분의 나라에서 약물의 판매를 규제하기 시작했고, 오피오이드의 판매는 미국과 영국에서 각각 1914년과 1920년 제정된 법률을 비롯해 다양한 국가의 법으로 상당히 제한되게 되었다.

모르핀은 1905년경 독일의 화학자 프리드리히 제르튀르너(Friedrich Sertürner)가 처음 분리해 냈는데 아마 식물에서 유효 성분을 분리한 최초의 사례였을 것이다. 이 약물은 대부분 정맥주사로 주입된다. 모르핀은 가장 엄격히 규제되는 약물 중 하나지만 헤로인 같은 합성 오피오이드는 기분 전환을 위해 훨씬 더 흔하게 사용된다.

모르핀은 오피오이드 수용체에 결합하는 것이 입증된 최초의 오피오이드였다. 이러한 작용에 관해 처음으로 자세한 설명을 내놓은 이는 퍼트와 스나이더(Pert & Snyder, 1973)였다. 이들은 오피오이드의 활동을 막는 물질인 날록손(naloxone)을 이용했다. 오피오이드 수용체의 활성화는 통증 감각이 감소하는 통각 상실로 이어지는 것으로 확인되었으나, 수용체에는 몇 가지 유형이 있고 각각 미묘하게 다른 효과를 낸다. 일부 수용체의 활성화는 다행감으로 이어져서 오피오이드 약물이 보이는 다양한 효과를 설명해 준다(그림 15.4). 기분 전환에 활용되는 다양한 약물과 마찬가지로 오피오이드 역시 도파민 농도가 급격히 높아지게 해서 갑작스럽게 기쁨과 보상의 감각을 선사한다.

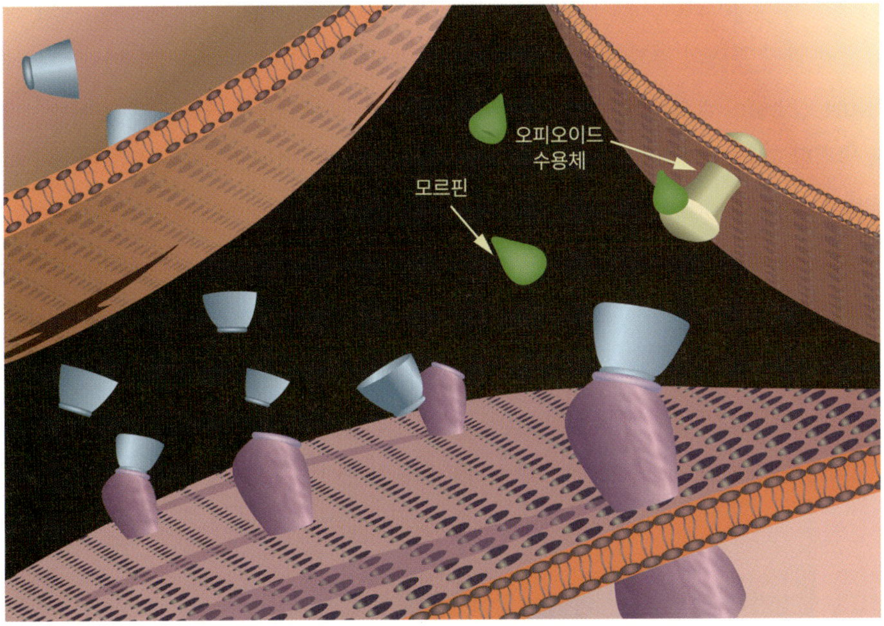

그림 15.4 수용체를 활성화하는 모르핀 오피오이드. 모르핀은 신경계의 뮤오피오이드 수용체(μ-opioid receptor, MOR)에 결합해서 통각 상실과 다행감을 만들어 낸다.

모르핀은 *내인성* 오피오이드의 예다. 우리 몸 자체에서, 특히 백혈구에서 만들어져서 통증 완화 기능을 하기 때문이다. 이러한 과정은 끔찍한 상처를 입었는데도 통증을 느끼지 않고 종종 다행감에 빠지기도 하는 사람들의 일화를 설명해 준다.

헤로인

헤로인은 중독성 마약 중에서도 가장 중독성이 강한 마약이다. 미국의 록 그룹 벨벳언더그라운드(Velvet Underground)은 탁월하지만 듣는 이를 완전히 우울함에 빠트리는 곡 「헤로인(Heroin)」에서 "헤로인, 나의 죽음이 되어줘. 헤로인, 나의 아내이고 나의 인생이지"(Reed, 1967)라고 노래했다. 헤로인 중독은 몇 차례 커다란 안도를 느끼기 위해 모든 것을 소모하는 고통이다.

헤로인은 놀라울 정도로 강한 다행감을 만들어 낸다. 보통은 최대한 빨리 효과를 내고 즉각적인 '흥분'을 얻기 위해 주사로 주입한다(이 때문에 주사기를 공유하다 혈액 매개 질병에 걸릴 위험도 있다). 다행감은 몇 시간까지 유지될 수 있다. 강렬한 약효 때문에 헤로인은 몹시 중독적이고, 사용자들은 빠르게 또 다른 경험을 열망하게 된다. 하지만 이 약물은 심리적 의존성뿐 아니라 육체적 의존성도 유발한다. 약을 중단하고 불과 몇 시간 만에 불안과 우울, 다량의 콧물, 경련, 오한, 식은땀을 포함하는 극도로 불편한 금단 현상이 나타나며,

헤로인이 다시 공급되면 빠르게 사라진다. 게다가 사용자들은 점차 약에 내성이 생겨서 점점 더 많은 양을 원하게 되고 갈망하는 정도와 금단 증상도 심해진다. 그래서 중독된 사용자들은 곧 통제 불능의 상태에 빠진다. 이러한 이유 때문에 헤로인을 *끊기*가 정말 어려운 것이다.

헤로인은 과잉 투여의 위험도 있으며 치사량은 사용자의 내성에 따라 다르다. 장기 사용은 호흡기 질환과 심장 질환을 비롯한 다양한 물리적 부작용으로도 이어진다. 과잉 투여는 대개 호흡 부전을 유발해 사망까지 이어진다. 팀 버클리(Tim Buckley)와 피트 판든(Pete Farndon), 재니스 조플린(Janis Joplin), 디 디 레이먼(Dee Dee Ramone), 시드 비셔스(Sid Vicious), 마이키 웰시(Mikey Welsh)를 비롯해 수많은 록스타가 돌발적인 혹은 고의적인 헤로인 과잉 투여의 결과 숨졌다(유서가 없으면 어느 쪽인지 판단하기가 어렵거나 불가능하다). 커트 코베인(Kurt Cobain) 역시 헤로인에 취한 상태에서 자신에게 총을 쏴 생을 마감했다.

헤로인은 모르핀과도 밀접한 관련이 있으며 디아모르핀(diamorphine)이라고도 불린다. 1874년 영국의 화학자 찰스 롬리 올더 라이트(Charles Romley Alder Wright)가 처음으로 이 물질을 합성했는데, 그는 아이러니하게도 모르핀을 대체하기 위해 중독성이 없는 강력한 진통제를 찾는 중이었다. 일부 사용자들은 헤로인이 어떠한 오피오이드보다도 강렬한 다행감을 만들어 낸다고 주장한다. 뇌는 헤로인을 재빨리 모르핀을 포함하는 세 가지 대사 산물로 바꾼다. 다른 대사 산물 역시 정신활성일 수 있고 모르핀의 영향을 강화할 수도 있지만, 그 효과는 본질적으로 모르핀과 동일하다(Martin & Fraser, 1961).

환각 약물

환각제(hallucinogen)는 신경전달물질 농도를 바꿔서 의식에 변화를 일으키고 결과적으로 지각과 정서, 인지의 측면에 왜곡을 불러온다. 특히 *환각*을 유발하지만, (무언가를 보거나 듣고 그 대상을 현실과 구분하지 못하는 것처럼) 무(無)에서 무언가를 만들어 내는 과정을 포함하지 않고 대체로 지각의 왜곡이나 과장이 일어나기 때문에 유사환각이라 칭하는 것이 더 적절할 수도 있다. 또한 환각제는 타인과 자연계에 대한 사랑과 애착의 느낌을 품게 해서 *공감을 증가시키는(empathogenic)* 경향이 있다. 신비함과 경외감, 종교적 느낌, 심지어 신을 만나고 있다는 느낌까지 주는 환각제 역시 **도취제(entheogens)**다. 환각제는 의식에 유발하는 변화의 규모 때문에 특히 의식 연구에 중요한 약물이다.

환각 물질은 자연계에 상당히 흔하게 존재하며 주로 식물과 균류에서 찾을 수 있다(수수두꺼비가 다른 유독성 물질과 함께 환각제의 일종인 부포테닌(bufotenine)을 분비하고 위험한 사냥 거리를 삼켜버리는 예가 있긴 하다). 이러한 물질은 쓴맛이 나는 알칼로이드다. 환각 약물에는 크게 세 가지 유형이 있다. 섬망발생성 약물과 해리성 약물, 환각성 약물(psychedelic)이다. 유형에 따라 서로 다른 정신약리학적 경로에 영향을 미치지만 그 효과를 언제나 명확히 구분할 수 있는 것은 아니며, 대부분의 자연발생적 환각제는 정도의 차이는 있더라도 다양한 효과를 발휘한다.

섬망발생성 약물

(벨라도나(belladonna), 사리풀(henbane), 흰 독말풀(mandrake)의 추출물 같은) *섬망발생성 약물*은 혼란을 자아내고 행동을 통제할 수 없게 한다. 또한 보통 심장이 급히 뛰고 지나치게 땀이 나는 등 극심한 (그리고 보통 불쾌한) 신체적 증상도 함께 나타난다. 섬망발생성 약물은 혼란과 망상을 유발한다. 주술사들과 마법사들이 이러한 물질을 활용해 온 역사가 아주 길어서 이보다 더 오랫동안 사용되어 온 향정신작용성 약물은 알코올밖에 없을 정도다. 섬망발생성 약물은 하늘로 솟구쳐 날아다니는 유체 이탈 체험과 변신을 만들어 낸다(안식일에 고양이로 모습을 바꿔서 빗자루를 타고 날아다니는 마녀들을 생각해 보라). 섬망발생성 약물은 스코폴라민(scopolamine) 같은 알칼로이드이며 벨라도나와 사리풀, 흰 독말풀을 비롯한 가지속(nightshade) 식물에서 발견된다. 이러한 약물은 의례에 광범위하게 사용되어 온 것과 달리 기분 전환용으로는 널리 쓰이지 않는다. 두통과 우울, 기억 상실, 심장 박동 증가와 체온 상승, 운동 조절 상실을 비롯한 효과와 부작용이 불편함을 주는 데다 '밤의 그늘'이라는 영어 이름이 암시하듯이 과다 복용하면 치명적이기 때문이다. 섬망발생성 약물은 신경전달물질 아세틸콜린의 활동을 방해해서 효과를 내는 항콜린제다.

해리성 약물

(케타민, 아산화질소(nitrous oxide), 샐비어(salvia) 같은) *해리성 약물*은 강경증, 기억 상실, 통각 상실과 함께 분리(해리)의 느낌을 만들어 낸다. 해리성 약물은 해리의 감각을 유발한다. 앞에서 살펴보았듯이 해리는 분리를 포함하는 다양한 심리학적 상태를 통칭한다.

해리성 약물에는 *펜시클리딘(phencyclidine; PCP*나 천사의 가루라고도 한다)과 케타민 등이 있다. PCP는 다양한 형태로 섭취할 수 있고, N-메틸-D-아스파트산염(NMDA) 수용체 길항제로 흥분성 신경전달물질인 NMDA의 작용을 방해한다. 중독성도 있다. 케타민은 강력한 해리 상태를 유도하고 환각도 만들어 낸다. 혈압에 영향을 미치고 강력한 불안을 자아내는 것을 비롯해 위험한 부작용이 많다. 또한 다른 약물과 해로운 상호작용을 한다. 이러한 부작용, 특히 환각 때문에 케타민을 마취제로 사용하는 경우는 한정적이다. 주로 NMDA 수용체 길항제로 작용하지만 모노아민 체계와 오피오이드 체계에도 영향을 미친다. 케타민의 효과는 상대적으로 짧게 지속된다. 다양한 방법으로 접할 수 있으나 주입이 가장 빠른 효과를 낸다. 몇 분 만에 효과가 나타나기 시작해서 환각이 보통 한두 시간 정도 이어진다. 해리와 분리의 느낌, 특히 이인증과 현실감 소실의 느낌을 만들어 낸다. 해리의 정도와 환각의 생생함은 용량에 좌우된다. 아주 많은 양을 섭취하거나 투여하면 속어로 케이홀(K-hole)이라 하는 극단적인 해리의 느낌을 받게 된다. 긴장형 조현병, 임사체험, 유체 이탈 체험(11장을 참고하라)과 유사하며 다행감, 신체적 자각의 상실, 시간 지각 상실, 우주를 떠다니는 감각이 동반된다. 모든 게 끝나면 사용자는 혼란을 느끼고 때로는 기억 상실을 겪기도 한다(케타민이 데이트 강간 약물로 유명해진 이유다).

케타민은 마취제로 사용되어 왔지만 다양한 부작용으로 인해 제한적으로 사용된다. 하지만 재빨리 기분을 끌어올리는 데 아주 유용하다는 근거가 있어서 우울증의 단기적 치료, 특히 활동을 시작하기 위해 몇 주 혹은 몇 달간 복용하는 항우울제로 사용될 수도 있다(Caddy et al., 2014). 이 약물의 사용으로 인한 사망이 증가하면서 영국에서는 기분 전환을 위해 케타민을 사용하는 이들에 대한 규제가 엄격해지고 있다.

환각성 약물

*환각성 약물*은 인지와 지각을 변성시킨다. 색을 강화하고, 공감각을 일으키며, 색과 형태가 움직인다는 의미에서 환각을 만들어 내고, 기억을 손상하며, 시간이 느리게 간다는 느낌을 준다. 사람들은 불가사의한 생각을 하면서 관련이 없는 상황과 사건을 연결한다. 용량을 늘리면 자기 자신을 더는 개인이라 생각하지 않고 우주에 통합된다고 믿는 *자아 용해(ego dissolution)*가 일어날 수도 있다.

페요테

페요테(혹은 오우옥 선인장(Lophophora williamsii))는 미국 남부(특히 텍사스)와 멕시코 북부의 치후아후안 사막(Chihuahuan Desert)에서 발견되는 조그마한 선인장이다(그림 15.5). 모든 식물이 그렇듯 여러 물질의 혼합체를 함유하고 있는데 이 중 가장 흥미로운 물질인 향정신성 알칼로이드가 꽃봉오리에 농축되어 있다. 알칼로이드는 질소 원자가 중요한 역할을 하는 유사한 화학적 구조를 공유하는 유기화합물의 무리다. 많은 알칼로이드가 약리적 효과를 가지고 있으며 대량 섭취하면 독성이 있다. 페요테에서 가장 중요한 알칼로이드는 **메스칼린(mescaline)**이다.

메스칼린은 산페드로선인장(Echinopsis pachanoi)과 산페드로마초(Echinopsis peruviana)를 비롯한 몇몇 아메리카 선인장에서 발견되며 콩류 일부에도 소량 포함되어 있다. 다른 환각제와 마찬가지로 정확한 효과는 용량에 좌우되는데 감각을 왜곡하고 과장하며 인지 처리를 변화시킨다. 메스칼린은 다른 환각제와 비슷한 효과를 만들어 내지만 사고 과정을 더 변성시키고 시간과 자기 인식에 대한 감각도 더 변성시킨다. 색이 강화되고, 평면의 형태가 삼차원으로 보이며, 공감각이 일어날 수도 있다. 약에 취한 사람은 다행감을 느끼기도 한다. 효과는 10시간가량 지속되고 사용자가 (약에 취한 당시에는) 실재의 본질에 관해 깊은 통찰을 얻는 특징이 있다.

그림 15.5 페요테 선인장. 메스칼린의 원천이다.
출처: Sinisa Kukic/Moment/Getty Images.

메스칼린은 1919년 독일의 화학자 에른스트 슈패트(Ernst Späth)에 의해 처음 합성되었다. 이 약물은 창조성을 탐험하고 공감을 유도하는 데 사용되었다. 도취제는 종교적 상태나 강렬한 영적 상태를 만들어 내서 몇몇 종교적 과정에 사용되는 환각제다. 미국에서는 페요테 사용이 불법이지만 북미원주민교회(Native American Church)의 의식은 예외로 한다.

올더스 헉슬리(Aldous Huxley)가 『지각의 문(The Doors of Perception)』(1954)이라는 책에 자신의 메스칼린 체험을 묘사한 것은 유명하다. 1955년에는 영국의 정치인 크리스토퍼 메이휴(Christopher Mayhew)가 BBC의 텔레비전 프로그램 「파노라마(Panorama)」를 위해 정신과 전문의의 감독 아래 메스칼린을 섭취했지만, 그 결과가 방송에 내보내기에는 너무 논쟁적인 것으로 판단되었다. 어쨌든 메이휴는 이 경험을 아주 높이 사면서 "내가 평생 경험한 것 중 가장 흥미로운 일"이라고 평했다. 반면 장 폴 사르트르(Jean-Paul Sartre)는 1929년 이 약물과 유쾌하지 못한 시간을 보냈고 수많은 게가 자신을 따라오는 걸 보았다고 했다(New York Times, 2009). 그는 게들이 자신의 고립감을 상징한다고 판단했다. 사르트르의 체험은 소설 『구토(La Nause'e)』(1938) 속 세계 묘사에 영향을 미쳤다. 창조성이나 실재의 본질을 탐험하기 위해 메스칼린을 사용했다는 기록은 이 밖에도 많다.

메스칼린은 3,4,5-트라이메톡시페닐에틸아민(3,4,5-trimethoxyphenethylamine)의 화학 구조를 가진다. 모든 환각제가 그렇듯이 정확한 약리적 효과는 알려지지 않았다. 행동과 인지를 바꾸는 방식에 관해서는 더욱 밝혀진 바가 없지만 모두 뇌에서 자연 발생하는 신경전달물질을 모방한다. 메스칼린은 세로토닌작용성 환각제로 알려졌고, 뇌 전역에서 세로토닌 영역에 결합하는 방식으로 신경전달물질 세로토닌과 상호작용한다. 특히 세로토닌 5-HT2A 수용체를 활성화한다(따라서 세로토닌 작용제이다). 뇌의 세로토닌 경로를 흥분시켜 특히 전전두엽피질의 뉴런이 과다 활성화되게 한다. 신경과학에 관한 우리의 지식과 의식에 발생하는 심오한 변화 사이에는 거대한 공백이 존재한다.

실로시빈

마법의 버섯은 전 세계에 걸쳐 보통 축축한 풀밭에서 발견되는 조그마한 갈색 버섯이나 회색 버섯 무리를 말한다(그림 15.6). 마법의 버섯에는 실로시빈(psilocybin)이 함유되어 있는데 실로시빈 자체는 아무런 작용도 하지 않지만 몸에서 곧 강한 환각제인 실로신(psilocin)으로 분해된다.

그림 15.6 마법의 버섯. '마법의 버섯'은 사실 실로시빈과 실로신을 함유하는 다양한 버섯 무리를 가리킨다. 가장 흔한 마법의 버섯 중 하나는 가시환각버섯(Psilocybe semilanceatadb)이다. 왼쪽 끝의 유리병과 오른쪽은 주사위환각버섯(Psilocybe cubensis)이고, 중앙의 유리병 두 개는 실로시브멕시카나(Psilocybe mexicana) 버섯의 갈린도이(Galindoi) 변종이다.
출처: The Washington Post/Getty Images.

fMRI를 활용해 뇌 영상을 보면 실로시빈이 내측 전전두엽피질과 후부 대상회피질의 연결을 저하하는 것을 확인할 수 있다. 뇌의 핵심 연결 허브 간에 활성과 연결성이 감소하는 것이다. 후부 대상회피질은 디폴트 모드 네트워크(8장을 참고하라)와도 밀접한 관련이 있다. **디폴트 네트워크**는 기본적으로 꺼져 있다(Nutt, 2012). 디폴트 네트워크는 자기 반추, 몽상하기, 자기(the self), 자아(ego) 개념과 관련이 있다(Carhart-Harris & Friston, 2010; Gusnard et al., 2001; Raichle, 1998).

DMT

DMT(N,N-디메틸트립타민(N,N-dimethyltryptamine)의 약어로 더 적절하게 N,N-DMT로 줄여 쓰기도 한다)는 알칼로이드 트립타민(tryptamine)에서 유래한 물질이다. 트립타민은 (멜라토닌 등 다른 물질을 비롯해) 세로토닌의 전구물질인 아미노산 트립토판(tryptophan)과 관련이 있다. DMT는 브라질 북동부에 자라는 관목 미모사(Mimosa tenuiflora)와 아마존 유역의 덩굴 식물 디플로프테리스 카브레라나(Diplopterys cabrerana, 그림 15.7) 같은 다양한 열대 식물에서 발견된다. 특히 영적 의식과 종교의식에서 쓰이는 걸로 유명해서 슈트라스만(Strassman, 2001)은 '영혼의 분자(spirit molecule)'라 칭하기도 했다.

그림 15.7 페루의 아마존 유역에 자라는 아야와스카의 식물 재료. 아야와스카에는 여러 물질 중에서도 DMT가 많이 들어 있다.
출처: Alison Wright/Corbis Documentary/Getty Images.

DMT는 흡입할 수도 있고, 주입할 수도 있으며, 음료에 타서 입으로 섭취할 수도 있다. 효과는 빠르게 나타나 상대적으로 짧게 지속된다. 하지만 입으로 섭취할 때는 반드시 모노아민산화효소억제제(monoamine oxidase inhibitor)로 알려진 물질을 함께 복용해야 한다. 도파민, 세로토닌, 에피네프린을 비롯한 모노아민계 신경전달물질의 분해를 담당하는 모노아민산화효소의 활동을 억제해 주기 때문이다. DMT는 세로토닌 수용체, 특히 5-HT2A 수용체의 작용제로 기능하지만 다른 약물과 마찬가지로 아세틸콜린 수용체, 도파민 수용체, 글루탐산염 수용체 등 다른 시스템에도 영향을 미친다.

DMT를 효과적으로 사용하기 위한 조건은 다른 환각제보다 복잡해 보인다. 덩굴 식물 바니스테리오프시스 카피(Banisteriopsis caapi)를 포함해 여러 식물을 끓여 만든 아야와스카 음료를 마시면 상대적으로 쉽게 DMT를 섭취할 수 있다. 바니스테리오프시스 카피는 입으로 복용할 때 효과를 발휘하는 성분을 모두 포함하고 있다. 아마존 유역 전역에서 여러 형태의 아야와스카가 만들어지는데 다양한 이름으로 불리며 도취제로 활용된다. DMT는 남아메리카의 여러 주술적 신앙에서 중요한 역할을 하고 약으로도 사용된다(그림 15.8). 종교의식에서 일회성으로 아야와스카를 사용하면 한 달 이상 정신 건강과 삶의 만족도, 사고 능력을 향상해 줄 수 있는 것으로 확인되었다(Uthaug et al. 2018).

DMT는 혈압과 심장 박동수, 체온에 물리적 영향을 미치며 심리적으로는 다행감과 차분함, 확연한 착시를 만들어 낸다(Strassman, 2001). 익히 짐작하겠지만 도취제로 작용해서 경외감과 강렬한 영성의 느낌, 그리고 특히 신이 존재한다는 느낌도 만들어 낸다.

DMT가 동물에게 자연적으로 (내생적으로) 소량 발생한다는 사실도 흥미롭다. 쥐의 뇌 그리고 인간의 뇌척수액과 솔방울샘에서 적은 양이 확인되어(Smythies et al., 1979) 인간의 뇌에서도 조금이나마 만들어진다고 추정할 수 있다. DMT가 정상적인 양보다 많아지면 조현병에서 환각을 만들어 내는 역할을 하는 것으로 보인다(Wyatt et al., 1974).

이 물질이 영적 체험과 초자연적 체험, 종교적 체험에 일조한다는 가설도 있지만 현재로서는 이에 대한 근거가 아주 한정적이다. 실제로 더 최근에 나온 연구는 내생적 DMT의 세로토닌작용성 효과가 차분하고 이완된 상태를 조성하며, 정신병적 증상을 촉진하기보다는 이완한다고 제안한다. 내생적으로 발견된다는 사실 때문에 DMT에 관한 관심이 급격히 증가했고 미국의 정신과 리처드 슈트라스만(Richard Strassman, 2001)의 작업도 한몫을 했다. 슈트라스만은 태어날 때와 죽을 때, 죽음에 가까워졌을 때처럼 극단적인 스트레스를 겪는 순간이나 특별히 영적인 사건을 경험할 때 뇌에 내생적인 DMT가 범람한다고 주장한다. 그는 DMT를 '영혼의 분자'라 불렀다. 한 예로, 슈트라스만(Strassman, 2014)은 구약 성서에 묘사된 사건 중 적어도 일부는 DMT가 촉진한 환영에서 나왔을 것이라 제안했다.

그림 15.8 2018년 페루 아마존 유역의 야리나코차(Yarinacocha)에서 진행된 아야와스카 의식. 주술사가 이끄는 이러한 의식에 참석한 많은 서구인이 '인생을 바꿀 수 있는' 경험이라 묘사한다. 적절한 의식은 참가자들의 건강을 해치지 않는다.
출처: Manuel Medir/Stringer/Getty Images News/Getty Images.

내생적 DMT의 역할을 강조할 때의 문제는 지금까지 아주 극소량만 발견되었다는 것이다. DMT가 솔방울샘에서 생성된다고 하면, 환각과 절정경험(peak experience)을 만들어 낼 수 있을 정도로 DMT를 빠르게 공급하기에는 솔방울샘이 너무 작다(Nichols, 2017).

LSD

리세르그산다이에틸아마이드(lysergic acid diethylamide, LSD)는 나팔꽃과 맥각균을 포함해 다양한 식물에서 발견되는 맥각(ergot)에서 합성한 알칼로이드 화합물이다. LSD는 몹시 강력하다. 20마이크로그램이면 효과를 내기에 충분하지만 '좋은 품질'의 흡수지에는 보통 약 100마이크로그램이 들어있다(그림 15.9). 입으로 섭취하면 20분 정도 후에 다행감과 현기증이 시작된다. 환각은 서너 시간 후에 절정에 달하고 6시간에서 15시간이 지나면 서서히 사라진다. 대체로 하룻밤 자고 나면 모든 효

그림 15.9 LSD 약. 액시드(acid)라고도 알려진 LSD는 환각제 중 가장 유명하다. 종이에 약을 흡수시킨 흡수지의 형태로 가장 많이 판매된다. 몹시 강력한 약물이다.
출처: RapidEye/E+/Getty Images.

그림 15.10 LSD 환각제 경험에서 보게 되는 프랙털을 재현했다. 프랙털은 모든 규모에서 자기유사성을 가지는 구조다. LSD 체험에서 자주 보고되는데 시각계의 구조를 반영하는 듯하다.
출처: oxygen/Moment/Getty Images.

과가 사라진다.

LSD는 양이 많을수록 강렬한 영적 체험을 만들어 낸다. '종교적' 효과를 내고 초월적 경험을 얻기 위해 사용되는 약을 모두 도취제라 한다. 이를 위해 LSD를 복용하는 이들은 보통 아주 많은 양을 섭취한다. 일반적으로 이렇게 유도된 체험이 좋을지 나쁠지는 섭취 전의 기분과 환경에 좌우된다.

아무리 적은 양이라도 LSD 경험의 현상학은 강렬하다. 환시와 환청이 생기며, 적어도 적은 용량에서는 가상의 무언가를 보는 대신 감각이 과장되거나 왜곡된다. 형태와 색이 저절로 변하는 것처럼 보이고, 특히 음악을 들을 때는 감각이 공감각과 섞인다. 많은 사용자가 유사한 형태가 반복되는 프랙털을 보았다고 보고하는데 아마 시각피질의 구조가 반영되었기 때문일 것이다(그림 15.10). 시간 감각에도 변화가 생겨서 몇 초를 영원처럼 느낄 수도 있다.

LSD는 중독성이 없고 유독성도 비교적 낮다. 어떤 사람들은 LSD 체험 중 나타났던 환각이 한참 뒤에 다시 일어나는 장기적인 플래시백(flashback)을 보고하는데 이런 상태를 *환각제 지속성 지각장애(hallucinogen persisting perception disorder, HPPD)*라 한다. 사실 특별한 조건을 제외하면 플래시백이 발생한다는 근거는 많지 않다(Goldman et al., 2007). 약물 사용, 특히 환각제의 사용에 관해 많은 괴담이 있다(이를 정리한 위키피디아 페이지가 있을 정도다; 상자 15.2). 환각제 사용이 정신 건강을 해치거나 장기적인 정신병과 관련이 있다는 증거는 드물다(Krebs & Johansen, 2013). 앞으로 살펴보게 되겠지만 환각제 사용은 사실 아마 정신 건강에 이로울 것이다.

상자 15.3 도시 전설과 LSD 사용

LSD에 관한 정보에는 과장과 왜곡이 많다. 지속해서 유통되는 이야기는 보통 대체로 불쾌하며 다음과 같은 것들이 있다.

> 끔찍한 장면을 본 남자가 자기 눈을 뽑아냈다.
>
> LSD에 취한 육아 도우미가 아기를 전자레인지에 넣었다.
>
> 어떤 남자는 평생 자신이 오렌지 주스가 든 유리잔이라고 생각하게 되어 다시는 몸을 구부리지 않게 되었다.

상자 15.3 도시 전설과 LSD 사용 (계속)

LSD를 혼합할 때 스트리크닌(strychnine, 맹독성 알칼로이드 물질 – 옮긴이)이 사용된다.

LSD에 취한 사이 맨눈으로 태양을 바라보던 사람들이 실명했다.

이러한 일 중 하나라도 실제로 일어났다는 증거는 없다. 나도 젊은 시절에는 LSD를 복용하고 환각을 겪으면서 건물에서 일부러 뛰어내리거나, 높은 유리창 밖으로 몸을 던지거나, 자기 눈을 뜯어냈다는 '친구의 친구' 이야기를 자주 들었다. 실제로 이런 일을 일부러 했다는 사람들에 관한 설명은 찾을 수 없었지만 LSD 체험 중에 추락 같은 치명적인 사건을 겪은 사람들에 관한 기술은 많다. 그리고 물론 자살을 생각하던 이들이 무모하게 행동했을 수도 있다. LSD처럼 강력한 물질은 언제나 주의해야 하며, 질병이 있거나 정신질환이 있는 사람들은 전문가의 지도를 받는 상황이 아니라면 섭취를 피해야 한다. 그리고 누구든 혼자 있을 때 사용해서는 안 된다.

LSD 사용의 역사

LSD는 1938년 11월 16일 스위스의 화학자 알버트 호프만(Albert Hofmann, 1906~2008; 출생과 사망 연도를 잘못 쓴 게 아니다. 그는 102세까지 살았다)에 의해 합성되었다. 호프만은 혈액순환 촉진제와 분만 촉진제를 개발하기 위해 리세르그산(lysergic acid)을 연구하던 중이었다. 그는 새로 합성해 낸 물질을 1943년 4월 16일까지 방치해두다가 물질의 일부가 자신의 손끝에 흡수되는 일을 겪었다. 호프만은 이후 이날의 경험을 회상했다.

> 나는 주목할 만한 동요를 느꼈고 가벼운 현기증이 동반되었다. 집에 와서 눕자 취한 듯하지만 불쾌하지는 않은 상태에 빠졌다. 상상이 극도로 활발해지는 것이 특징이었다. 꿈과 같은 상태에서 눈을 감자 (햇빛이 지나치게 밝았다) 환상적인 장면과 보기 드문 강렬한 형태, 만화경 같은 색의 향연이 끊임없이 이어졌다. 두 시간쯤 지나자 이러한 증상이 서서히 사라졌다.
>
> 이후 그는 LSD를 '나의 문제아'라 칭했다(Hoffmann, 2018).

LSD가 소개된 후 문화계에 미친 극적이고 광범위한 문화적 영향처럼 엄청난 파급력을 만들어 낸 물질은 또 없을 것이다. 수많은 예술가가 창조력을 북돋우는 방법으로 LSD를 사용했다. 1950년대 이후 서양 예술에는 LSD와 그 영향을 언급하는 내용이 넘쳐난다. 비틀스는 1965년에 LSD를 접했는데 아마 존 레넌(John Lennon)과 조지 해리슨(George Harrison)의 치과의사가 그들의 커피에 LSD를 추가했을 때였을 것이다. 1966년 말이 되자 비틀스의 모든 멤버가 LSD를 시험하거나 정기적으로 사용하고 있었고 폴 매카트니(Paul McCartney)는 "그게 내 눈을 열어주었다. … 나를 더 좋고 더 정직하며 더 관대한 사회 구성원으로 만들었다"고 선언했다(Brown & Gaines, 2002). 환각성 약물, 특히 LSD는 록 음악의 새로운 갈래인 사이키델릭(psychedelia)에 영감을 제공했다. 사이키델릭은 기이한 가사와 길고 오래 이어지는 솔로 연주, 비서구권 악기의 잦은 사용이 특징이며 (듣는 동안 영향을 받기에 적합한 음악을 만들어 내는 것에 더해) 음악으로 환각제 체험을 재현하는 것을 목표로 했다. 여러분을 위해 권하자면, 핑크플로이드(Pink Floyd)나 제퍼슨에어플레인(Jefferson Airplane)의 초기 곡을 들어보시라. 1970년대 초부터 LSD를 구하기가 어려워지고 사용도 줄어들면서 사이키델릭 음악의 유행이 사그라들었지만 이 장르가 현대 록 음악에 미친 영향은 엄청나다.

1950년대와 1960년대에는 LSD와 메스칼린, 실로시빈을 이용한 몇 가지 유명한 실험이 진행되었고 ('환각 체험의 선장(Captain Trips)'으로 알려진) 앨프리드 허버드(Alfred Hubbard, 1901~1982)와 특히 '흥분하라, 깨달아라, 이탈하라'는 말을 만들어 낸 티머시 리어리(1920~1996)가 명성을 누렸다. 『뻐꾸기 둥지 위로 날아간 새(One Flew Over the Cuckoo's Nest)』(1962)의 작가 켄 키지(Ken Kesey, 1935~2001)는 LSD에서 힘을 얻어 이 약물의 이점을 홍보하고 문화를 대항문화(counter-culture)로 바꾸기 위해 미국 전역을 누비는 버스 투어를 기획했고, 인세로 비용을 충당했다. 미국에서는 '사랑의 여름(Summer of Love)'에 대응해 1967년 LSD가 불법화됐다(상자 15.4).

상자 15.4 사랑의 여름

'사랑의 여름'은 1960년대에 일어난 사회 변화의 정점이었다. 전후 '베이비붐(baby boom)', 베트남전쟁 반대 시위, 비트 세대(Beat Generation, 1950년대 전후 미국에서 물질 중심적 가치관을 중심으로 하는 기성세대의 질서를 거부하고 저항적인 문화를 추구했던 세대 – 옮긴이)의 영향, 페미니즘과 시민권의 발전, 피임약의 보급, LSD의 보급 등 다양한 요소가 최고조에 달했던 때였다. 사랑의 여름은 1967년 2월 티머시 리어리가 바로 '흥분하라, 깨달아라, 이탈하라'고 선언했던 샌프란시스코의 골든게이트 공원(Golden Gate Park)에서 시작되었다. 같은 해 초여름에는 수많은 '히피'들이 샌프란시스코, 특히 해이트애시버리(Haight Ashbury) 지역에 모였다(그림 15.11). 환각성 약물이 다량 사용되었는데 약물 자체에 탐닉하기보다는 의식을 탐험하는 것이 목적이었다.

그림 15.11 1967년 사랑의 여름. 6월 21일 히피들이 하지(夏至)를 축하하기 위해 캘리포니아 샌프란시스코의 골든게이트 공원에 모여 있다. 사랑의 여름은 주로 캘리포니아, 특히 샌프란시스코를 중심으로 하는 현상이었고, 어느 정도는 LSD가 부채질한 생각들이 세상을 바꾸었다.

사랑의 여름은 록 음악에도 상당한 변화를 불러왔다. 앨범 표지에 환각제 체험을 재현한 게 분명한 비틀스의 「서전트 페퍼스 론리 하트 클럽 밴드(Sgt. Pepper's Lonely Hearts Club Band)」와 (확실히 환각제에서 영감을 얻은 히트곡 '화이트 래빗(White Rabbit)'이 담긴) 제퍼슨에어플레인의 「서리얼리스틱 필로우(Surrealistic Pillow)」, 러브(Love)

상자 15.4 사랑의 여름 (계속)

의 「포레버 체인지스(Forever Changes)」를 비롯해 다양한 앨범이 공개되었다. 실제로 앨범 표지부터 눈에 띄었던 사이키델릭 록은 이 시기부터 LSD의 직접적인 영향을 받았다.

1968년에는 세계 전역에서 폭동이 일어났고 특히 프랑스 파리에서 가장 격렬했다. 1969년 12월 6일 앨터몬트 무료 콘서트(Altamont Free Concert)에서 롤링스톤스(Rolling Stones)가 공연하던 중 메레디스 헌터(Meredith Hunter)가 사망(흑인이었던 헌터는 롤링스톤스가 안전을 위해 고용한 안전 요원의 칼에 찔려 숨졌다 – 옮긴이)하면서 1960년대가 끝났다고 여겨진다.

덜 건전한 목적으로 환각제를 사용한 사례로는 콩코드 감옥 실험(Concord Prison experiment, 1961~1963)이 있다. 티머시 리어리는 실로시빈이 재소자들을 더 사회적으로 만들고 범죄를 저지를 가능성은 줄여주길 희망하며, 혹은 기대하며 매사추세츠에 있는 콩코드 주립 교도소의 죄수들에게 이 약물을 주었다. 리어리는 이 실험이 효과를 거두었다고 주장했지만 나중에 다시 분석한 결과 원래의 실험 설계와 분석에서 상당한 문제점이 발견되었다(Doblin, 1998). MKULTRA 프로젝트(Project MKULTRA, 1953~1973)는 미국 중앙정보국(Central Intelligence Agency)이 후원한 정신 통제(mind control)에 관한 연구 프로그램으로, LSD 같은 환각제에 의한 통제도 연구 대상이었다. 이 프로젝트의 목적은 용의자들에게 자백과 정보를 얻어내고 행동을 바꾸도록 상대를 세뇌하는 것이었다. 당시 CIA가 진행한 실험 중 다수가 불법이었다.

상자 15.5 마시 채플의 성금요일 실험

이 분야에서 가장 유명한 실험 중 하나는 성금요일(Good Friday, 聖金曜日) 실험 또는 마시 채플(Marsh Chapel) 실험이라 알려진 사례다(Pahnke, 1966). 1962년 대학원생이었던 월터 N. 팬크(Walter N. Pahnke)는 당시 하버드대학교에 재직 중이던 티머시 리어리의 지도 아래 성금요일에 보스턴대학교의 마시 채플에서 이 실험을 진행했다(연구 윤리위원회가 없던 시절이었다). 팬크는 하버드대학교 신학부에서 신학을 전공하는 대학원생이었고, 하버드 실로시빈 프로젝트(Harvard Psilocybin Project)의 일부로 리어리의 감독 아래 실험을 설계했다. 이중맹검 연구(double-blind study)를 위해 신학부 학생 20명을 두 그룹으로 나눈 뒤 한 그룹에는 실로시빈을 주고 통제 그룹에는 비타민 나이아신(vitamin niacin)을 주었다. 실험 그룹의 학생들은 심오한 종교 체험을 보고했다. 일부 학생은 몇 년 뒤에도 자신의 영적인 삶을 통틀어 가장 심오하고 신비로운 체험이었다고 밝히기도 했다(Doblin, 1991). 1년 뒤 재현한 실험에서도 유사한 결과가 나왔고 참가자들은 또다시 경험의 강도를 언급했다(Griffiths et al., 2006). 이 연구가 시사하는 바는 다음과 같다. 첫째, 일부 환각제는 도취제로 작용해 심오한 종교적 상태를 만들어 낼 수 있다. 둘째, 신비 체험의 기원은 환각성 약물들과 같은 약리학적 경로를 공유할 것이다.

환각제의 신경과학

환각성 약물은 뇌의 신경전달물질 체계가 교란되면 의식에 엄청난 영향을 미칠 수 있다는 것을 보여준다. 환각성 약물은 다양한 정신약리적 효과가 있지만 이러한 현상학을 만들어 내는 세부적인 작용 방식이 복잡하고 우리가 아직 알지 못하는 것이 많다. 우리는 이러한 약물이 특히 5-HT2A 유형의 세로토닌 수용체 일부를 활성화한다는 것을 알고 있다. 따라서 환각제는 *5-HT2A 작용제*다. 선택적 세로토닌 재흡수 억제제(SSRI)라 불리며 광범위하게 처방되는 약물군 역시 뇌의 세로토닌 농도를 높이지만 환각으로 이어지지는 않는다. SSRI는 아주 느리게 작용해서 치료 효과가 나타나기까지 몇 주나 몇 달이 걸리기도 한다(뇌의 세로토닌 농도는 비교적 빨리 높아지기 시작한다). 반면 환각제는 세로토닌의 가용성을 아주 빠르게 대대적으로 높인다. 환각 유발을 위한 사용과 치료적 사용의 관련성은 아주 중요하며 이후에 다시 살펴보게 될 것이다.

한 가지 가설은 5-HT2A 수용체의 활성화가 전전두엽피질에 있는 뉴런의 흥분으로 이어진다는 것이지만 이러한 변화가 어떻게 환각 체험으로 이어지는지는 불분명하다(Béïque et al., 2007). 5-HT2A 수용체가 활성화되면서 **시상피질계**에서 흥분성 신경전달물질인 글루탐산염의 방출을 유발할 수 있다. 아니면 글루탐산염의 방출 없이 전전두엽 회로가 차질을 겪을 수도 있다(Béïque et al., 2007; Vollenweider & Kometer, 2010). 하지만 이런 방식으로 환각 상태의 현상학을 설명하려면 아직 갈 길이 멀다.

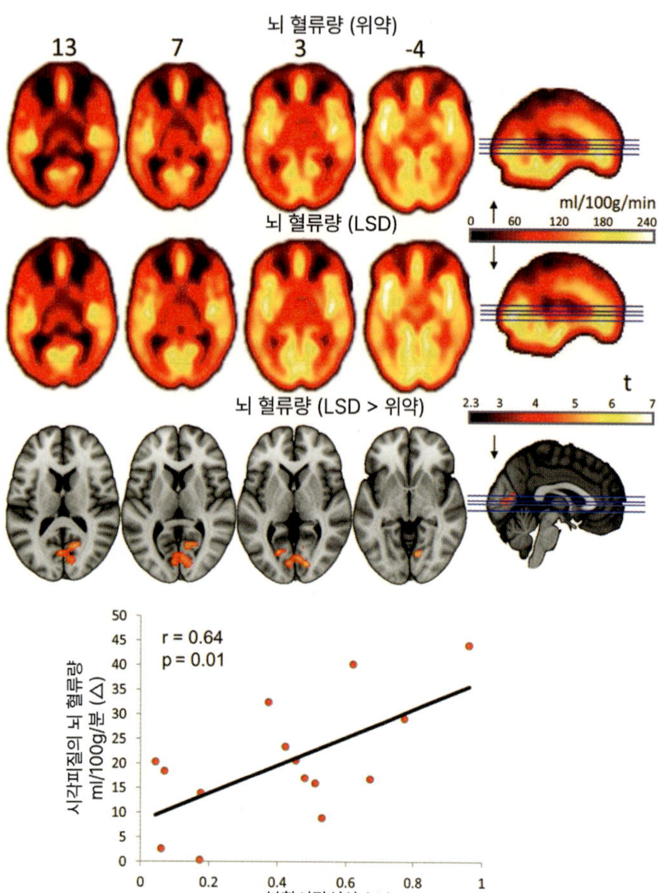

그림 15.12 환각을 느끼는 뇌의 영상. LSD를 사용한 사람의 뇌와 LSD를 사용하지 않은 사람의 뇌(위약)에서 뇌 혈류량이 어떻게 다른지가 핵심이다. 특히 시각피질의 혈류량이 높다는 데 주목하라.
출처: Carhart-Harris et al. (2016)의 Figure 1.

fMRI를 활용한 영상 연구는 마법 버섯의 유효 성분인 실로시빈이 혈류 감소를 유발하고 결과적으로 시상, 앞대상이랑피질, 뒤대상이랑피질 같은 뇌의 허브 영역에서 활성을 낮출 수도 있다는 것을 보여준다(Carhart-Harris et al., 2012; 그림 15.12). 허브는 연결망에서 중심 위치를 차지한다. 이러한 영역은 (예를 들면, 후두엽피질처럼) 아주 구체적인 과업과 관련되어 있는 것이 아니라, 뇌의 서로 다른 영역을 연결하면서 정보가 통합되고 여러 영역으로 전달되게 하는 중계자로 기능한다(van den Heuvel & Sporns, 2013). 따라서 환각성 약물은 아마 뇌의 핵심 연결 허브에서 활성과 연결성을 떨어트려서 '제한받지 않는 인지' 상태가 가능하게 할 것이다(Carhart-Harris et al., 2012). 실로시빈을 사용하면 뒤대상이랑피질과 내측 전전두엽피질로 향하는 혈류가 감소하는 것이 관찰된다. 환각제는 뒤대상이랑피질이 만들어 내는 알파파의 수도 감소시킨다.

알파파의 감소는 자아 용해의 정도 그리고 개인이 보고하는 마술적 사고의 양 증가와 상관관계가 있다. 뒤대상이랑피질과 내측 전전두엽피질은 디폴트 모드 네트워크의 주요 노드로 알려졌다. LSD의 효과를 다룬 한 연구에서는 이 약이 디폴트 모드 네트워크에서 뇌의 활성을 비동기화하는 것이 입증되었다. 디폴트 모드 네트워크를 구성하는 뇌 영역이 동시에 활성화되는 상관관계가 약해진 것이다.

LSD의 가장 심오한 효과 중 하나는 자기(the self)가 사라지고 자기와 외부 세계 사이의 장벽도 사라지는 감각인 *자아 용해*다. fMRI 영상 연구는 LSD를 사용해서 발생한 자아 용해가 뇌 전역의 연결성 *증가*, 특히 디폴트 모드 네트워크나 시상과 관련된 영역의 연결성 증가를 동반한다는 것을 보여준다(Tagliazucchi et al., 2016b). 활성 증가가 관찰된 뇌 영역은 세로토닌 2A 수용체가 가장 많은 영역이기도 하다. LSD는 평소에는 뚜렷이 구별되는 여러 뇌 네트워크 간의 통신을 증가시키는 듯하다.

약물 사용의 사회적 맥락

향정신성 약물은 항상 생리적·심리적·문화적 맥락에서 살펴보아야 한다. 일부 약물은 의료적 치료에 활용되지만 우리가 논의한 약물 중 다수가 여러 나라에서 불법으로 규정되어 있다. 헤로인 같은 중독성 마약이 위험하다는 데는 전반적으로 의견이 일치하지만 사용자를 범죄자로 처벌하는 것이 가장 좋은 정책인지를 두고는 여전히 논쟁이 벌어지고 있다. 약물 사용의 합법성에 관한 논의는 특히 대마를 중심으로 이루어지고 있다. 환각제는 유사 이래 몇몇 문화권에서 자기 탐험과 종교 의례, 성년식을 위해 사용되어 왔다. 게다가 지각에 미치는 영향 때문에 '정신과 실재의 본질'을 '탐험'하기 위해 일부러 환각제를 섭취하기도 한다. 때로는 종교적인 목적으로도 사용된다.

대마의 위험성

대마는 얼마나 위험할까? 먼저 '마리화나'처럼 피우는 형태의 대마는 당연하게도 흡연의 잘 알려진 부정적 효과와 다르지 않은 영향을 미친다. 우리는 흡연이 얼마나 해로운지 알고 있다. 둘째, 대마에 '취한' 사람들은 자해나 범죄를 저지를 가능성이 더 크다는 두려움이 있다. 셋째, 대마가 조현병을 촉발할 수 있다는 우려가 있다. 여기서 우리는 조현병과는 완전히 무관한 사람들에게 이 병을 유발하는 것과, 조현병에 취약한 이들에게 발병하게 하거나 원래보다 이르게 발병하게 하는 것을 구분해야 한다. 전자는 근거가 거의 없으며, 후자는 어느 정도 근거가 있다. 정신병적 증상을 일부 완화할 수 있어서 오히려 조현병에 걸린 사람들이 대마를 사용할 수도 있다(Nutt, 2012). 하지만 테트라하이드로칸나비놀(THC)과 칸나비디올(CBD)이 정신질환 치료에 그다지 효과적이지 않다는 근거가 있다(Black et al., 2019). 넷째, 대마가 어린 사용자들의 신경 발달에 해로운 영향을 미친다는 우려가 있다. 다섯째, 대마를 장기 사용하면 뇌 구조, 특히 안와전두피질의 용량이 변하고 아마도 그 보상으로 신경 연결성이 증가하는 듯하다(Filbey et al., 2014).

마지막으로 대마가 사용자들을 더 중독성이 강한 약물로 이끄는 *통로수단약물(gateway drug)*이라는 우려가 있다. 처음에는 담배를 몇 개비 피우는 걸로 시작하겠지만 몇 년 뒤에는 헤로인 중독자가 되어 있을 것이다.

이 모든 위험에서는 원인과 결과를 분리하기가 무척 어렵다. 아마 조현병을 키우는 성향이 있는 사람들은 이러한 성향이 아닌 사람들보다 대마를 사용하려 할 가능성이 클 것이다. 그리고 아마 중독성 약물에 끌리는 성향이 있는 이들은 어린 시절부터 대마로 시작할 가능성이 클 것이다. 대마와 약물 사용은 위험 감수 행동이라는 범주에 속한다고 할 수 있다.

이러한 상황에서도 대마는 다른 약물이 듣지 않은 통증의 완화와 심각한 간질의 치료, 일부 정신질환을 비롯해 암이나 다발성 경화증 같은 질병에 고통받는 이들의 삶의 질 향상 등 다양한 의학적 목적으로 사용되고 있다. 이렇게 긍정적인 효과는 거의 THC가 아니라 향정신성이 아닌 구성 성분 CBD에서 나오며, 이제는 많은 지역에서 기름의 형태로 CBD를 구할 수 있다. CBD는 위장 문제와 피로 같은 부작용도 있다.

넛(Nutt, 2012)은 위험한 약물 순위에서 대마를 상대적으로 아래에 배치했다. 그는 앞서 정리한 대마의 위험성 중 다수가 잘못된 정보에 기초한 것이거나 근거가 확실하지 않다고 주장했다. 넛이 가장 위험한 약물로 꼽은 것은 알코올이었다.

약물 사용의 문화적 다양성

그림 15.13 카를로스 카스타네다(1925~1998)의 책 일부. 카스타네다는 『돈 후앙의 가르침』(1968)의 작가로, 샤먼을 만나 수련했던 경험과 뒤이어 일어난 일을 썼다. 그의 책은 원래 논픽션으로 분류되었으나 이제는 많은 부분이 창작된 것으로 여겨진다.
출처: www.pqpictures.co.uk/Alamy Stock Photo.

아마 종교적 관례에서의 환각성 약물 사용에 관한 설명 중 가장 잘 알려진 것은 인류학자 카를로스 카스타네다(Carlos Castaneda)가 쓴 샤먼(shaman)의 훈련에 관한 책일 것이다. 그는 『돈 후앙의 가르침(The Teachings of Don Juan)』(1968; 그림 15.13)을 시작으로 일련의 책을 펴냈다. 이 책들이 진실을 담고 있는지, 아니면 허구인지, 혹은 부분적으로 창작된 사실인지를 두고는 여전히 상당한 논란이 있다. 카스타네다는 여러 권의 책에 1960년대 초 멕시코의 소노라 사막(Sonora Desert)에서 야키족(Yaqui) 샤먼을 만나 수련했던 경험을 풀어냈는데 페요테와 흰독말풀, 실로시빈을 광범위하게 사용했다. 그리고 책으로 상당한 돈을 번 후에는 캘리포니아의 대저택에 틀어박혀 내면의 발전에 몰두했다. 그야말로 내가 원하는 삶이다.

문화에 따라 환각성 약물을 보는 관점이 다르다. 서구에서 더 위험하다고 할 수도 있는 카페인과 알코올은 받아들이고 대마는 허락하지 않은 것은 어느 정도 역사적 우연이라 할 수 있다(Nutt, 2012). 전 세계에 걸쳐 서로 다른 약물이 용인되고 심지어 영적 관습으로 숭배되기도 한다. 한 예로, 아프리카 대륙 북동부에서 발견되는 관목인 *카트(khat)*의 잎에는 흥분제이자 다행감을 자아내는 물질인 *카티논(cathinone)*이 들어 있어서 입을 씹어 섭취한다. 비슷하게 남아메리카 원주민은 각성 효과를 얻기 위해 코카인이 들어있는 *코카* 식물의 잎을 씹는다. *아야와스카*는 남아메리카에서 종교의식과 영적 의식에 사용되는 강력한 환각성 혼합 음료로 N,N-디메틸트립타민(DMT)과 모노아민산화효소억제제(MAOI)가 풍부하다.

치료 목적의 환각제 사용

환각제, 특히 LSD와 실로시빈을 다양한 물리적·정신적·실존적 문제의 치료에 활용할 수 있을지 엄청난 관심이 모이고 있다. 정상 용량(normal dose)뿐 아니라 양이 너무 적어서 명시적인 영향은 없는 *미세 용량(micro-dose)*의 활용에 관해서도 연구가 이뤄지고 있다. 하지만 이런 유형의 연구를 진행하기는 쉽지 않다. 환각제와 관련된 정치적 오명 때문에 연구 계획이 연구윤리검토위원회를 통과하기가 무척 어렵기 때문이다. 이러한 연구 대부분은 영국의 임페리얼 칼리지 런던(Imperial College London)에 있는 환각제연구센터(Centre for Psychedelic Research)에서 의사 데이비드 넛과 신경과학자 로빈 카하트해리스(Robin Carhart-Harris)의 주도하에 진행되고 있다.

환각제가 도움이 되는 장애의 목록은 인상적이며, (LSD는 이 성분에 취약한 이들에게 급성 정신병을 촉발할 수도 있지만; Passie et al., 2008) 조현병 그리고 특히 기분 장애도 포함된다.

킹슬랜드(Kingsland, 2019)는 환각제를 치료 목적으로 사용할 때 얻을 수 있는 다양한 이점을 검토했다. 소량의 LSD가 말기 암 환자들의 삶의 질을 높여줄 수 있다는 증거가 있다. LSD는 군발두통(cluster headache)에 도움이 될 수 있다. 케타민은 아주 빠르게 작용하는 항우울제로 사용될 수 있다. 엄밀히 말하면 환각제가 아니라고 할 수 있지만, 엑스터시는 외상 후 스트레스 장애(PTSD) 치료제로 고려된다. LSD와 실로시빈은 우울증에 도움을 주고(Carhart-Harris et al., 2016), 불치병 환자들의 불안과 우울을 완화할 수 있다. 두 물질은 알코올 중독자나 금연을 시도하는 이들에게 도움이 될 수 있다. 요약하면 환각제는 불안, 우울, 중독에 도움을 주고 사람들이 삶의 의미를 찾는 데 일조할 수 있다.

카하트해리스와 넛(Carhart-Harris & Nutt, 2017)은 두 유형의 세로토닌 수용체 5-HT1A와 5-HT2A가 서로 다르게 작용한다고 제안했다. 5-HT1A 시스템은 특정한 스트레스의 원천을 수동적으로 감내하는 데 관여하는 반면 5-HT2A 시스템은 능동적으로 대처하면서 행동을 변화시키는 데 관여한다. 두 사람은 더 나아가 5-HT1AR 경로는 선택적 세로토닌 재흡수 억제제(SSRI)에 의해 강화되지만 5-HT2AR 경로는 환각제에 의해 강화된다고 주장했다.

우리는 아야와스카와 같은 약물 혼합물이 아마존 유역의 주술 의식에서 어떻게 사용되는지 살펴보았다. 이제는 서구에도 자기를 탐험하고, 창조성을 발산하며, 더 나은 삶을 위한 심리적 변화를 이뤄내기 위해 이러한 의식을 경험하려는 사람이 많다(Kingsland, 2019; Pollan, 2019). 아야와스카 의식에 참가하면서 임박한 죽음에 대한 공포가 완전히 사라졌다고 보고하는 말기 암 환자의 증언을 전하고, 이러한 의식과 환각제가 어떻게 죽음의 공포에 더 잘 대처하게 하는지를 다룬 언론 보도도 있다. 실로시빈이 여러 긍정적인 삶의 변화를 일으킬 수 있고 특히 죽음을 초월하게 한다는 이러한 생각은 관련 연구에서 근거를 찾을 수 있다(Griffiths et al., 2018).

15장 요약

- 향정신성 약물은 혈액-뇌 장벽을 넘어 정신 상태를 바꾼다.
- 향정신성 약물은 신경전달물질 농도에 영향을 미쳐 단기적 혹은 장기적으로 행동을 바꾸지만 다른 효과도 낼 수 있다.
- 향정신성 약물은 치료 목적이나 기분 전환을 위해 사용된다.
- 기분 전환을 위한 약물은 각성(기민한 정도)과 기분, 지각에 영향을 미친다.
- 아주 행복하게 고양된 기분을 다행감이라 한다.
- 대마는 기분 전환 용도로 알코올과 니코틴에 이어 세 번째로 많이 사용되는 약물이다.
- 대마는 용량에 따라 몇 가지 효과를 내는데 기분, 시간 지각, 인지, 운동 제어, 지각의 변화를 포함한다.
- 대마의 주요 정신활성 성분은 반나비노이드 수용체의 작용제인 테트라하이드로칸나비놀(THC)이다.
- 암페타민은 여러 신경전달물질의 농도에 영향을 미치는 각성제다.
- 암페타민을 과도하게 사용하면 암페타민정신병으로 이어진다.
- 코카인은 다행감을 만들어 내는 각성제인 알칼로이드의 일종이다.
- 환각 약물은 자연적으로 광범위하게 분포하며 섬망발생 효과와 해리 효과, 환각 효과를 낸다.
- LSD는 역사가 가장 길고 가장 널리 사용되는 환각제이고 세로토닌 수용체에 영향을 미친다.
- 1960년대 LSD의 사용은 광범위한 사회적 변화와 관련이 있었다.
- 자연에서 얻는 환각제에는 페요테 선인장, 마법 버섯, 아야와스카 등이 있다.
- DMT는 내생적으로도 발견되지만 큰 효과를 내기에는 양이 너무 적은 것이 거의 확실하다.
- 자연에서 얻는 환각제는 여러 문화권에서 다양한 종교의식에 활용된다.
- 경외감과 신이 존재한다는 느낌, 삶의 의미를 통찰했다는 느낌을 주는 환각제를 도취제라 한다.
- 향정신성 약물은 많은 나라에서 불법이지만 대마는 서구 일부에서 합법화되었다.
- 향정신성 약물은 개인과 사회, 특히 성장 중인 청소년과 젊은이들에게 위험하게 여겨지기 때문에 금지된다.
- 최근의 연구는 다량이나 소량(혹은 미량)의 환각제가 정신질환, 특히 우울증의 효과적인 치료제일 수 있음을 보였다.
- 환각제는 창조성을 키워줄 수 있으며, 환각제 사용은 목적과 의미에 대한 감각을 장기적으로 변화시키는 것과 관련이 있다.
- 대마가 통로수단약물인지에 대한 근거는 엇갈린다.
- 많은 향정신성 약물이 다양한 나라에서 불법이지만, 범죄화가 최선의 정책인지에 대한 근거는 복잡하다.

리뷰 질문

1. 오피오이드 수용체는 무엇인가? 어떤 약물이 오피오이드 수용체와 결합하나? 이 약물은 어떤 효과를 내나?
2. 향정신성 약물을 어떻게 분류할 수 있을까?
3. 향정신성 약물은 어떻게 작용하나? 인지적인 변화나 다른 정신심리적 변화는 정신약리적 변화와 어떤 관계가 있을까?
4. 환각제가 치료 효과를 가진다면 어떻게 이러한 효과를 낼까?
5. 환각성 약물은 '정상적인' 의식에 관해 무엇을 말해주나?
6. 자연에 이렇게 다양한 향정신성 약물이 존재하는 이유는 무엇일까?
7. 향정신성 약물은 세계 곳곳에서 문화 발전에 어떠한 역할을 해왔나?
8. LSD를 계속 금지해야 할까?

추천 자료

일반

Nutt, D. (2012). Drugs Without the Hot Air. Cambridge, UK: UIT Cambridge Ltd.

코카인

Markel, H. (2011). An Anatomy of Addiction: Sigmund Freud, William Halstead, and the Miracle Drug Cocaine. London: Vintage.

환각제

Hofmann, A. (2018). LSD My Problem Child / Insights/Outlooks (trans. J. Ott, reprint edition). Oxford, UK: Beckley Foundation Press.

Lee, M.A., and Shlain, B. (1985). Acid Dreams. New York: Grove Press.

향정신성 약물 사용의 문화적 맥락

카를로스 카스타네다. (2014 [1969]). 돈 후앙의 가르침 (원제: The Teachings of Don Juan: A Yaqui Way of Knowledge). 정신세계사.

16 명상과 초월적 경험

우리의 정상적인 의식은 외부 환경, 특히 대부분이 시각적 세계를 지향하는 적정한 각성을 특징으로 하며 베타파의 우세로 정의된다. 특정한 과업에 뜻을 두지 않으면 (그리고 그럴 때가 잦다!) 디폴트 모드 네트워크가 활성화되기 시작하고, 보통 우리의 의지와 달리 정신이 방황하기 시작한다.

이 장에서는 이러한 일상적인 상태를 개선하는 방법을 살펴본다. 더 집중하고, 우리를 산만하게 하는 것에 덜 취약해질 수 있을까? 먼저 지금 하는 일에 온전히 주목하면서 주위를 인식하는 마음챙김을 검토할 것이다. 그리고 이완된 상태에서 주의를 집중하는 명상 과정으로 넘어간다. 명상은 어떻게 할까? 명상의 이점은 무엇일까? 명상이 뇌를 변화시키기도 할까? 다음에는 '더 고차원적'인 변성된 상태로 이동해 여러 측면에서 평상시보다 '더 나은' 의식 상태를 가지는 게 가능한지 알아본다. 특히 다양한 종교적 체험을 살펴보고, 의식과 자기를 보는 다양한 방식의 예로 불교와 선불교(Zen Buddhism)에 잠시 시간을 들일 것이다. 마지막으로는 기도와 의식을 비롯한 종교적 관습을 검토한다.

명상

내가 젊었을 때만 해도 명상을 기껏해야 괴짜들이나 할 법한 이상한 행동이라고 생각하거나, 최악의 경우에는 동양의 돌팔이들이 하는 짓이라고 보는 사람이 많았다. 이제는 명상이 널리 보급되었고 유익하다고 여겨진다. 명상과 마음챙김은 유사하다. **명상**은 이완된 상태에서 정신 집중으로 이어지는 수련이다. 다양한 유형의 수련이 있지만 모두 무언가에 집중한다는 공통점이 있다. 가장 일반적인 형태의 명상은 호흡명상과 진언명상(mantra meditation)이다. 어떤 형태든 바닥에 편안하게 앉아 등을 똑바로 세우고 보통 다리를 교차하는 과정이 포함된다. 잠에 빠질 정도로 편안한 자세는 아니다. 명상을 하는 사람은 들어오고 나가는 호흡이나 주문처럼 외우는 진언 혹은 호흡과 결합한 진언에 집중한다. 호흡명상에서는 호흡을 바꾸려 하는 대신 그대로 받아들인다. 호흡에 집중하면서 다른 생각이 떠오르면 흘려보낸다. 명상에는 실패가 없다. 지금 그대로를 알아차리는 것이 명상이다.

우리는 의식 자체의 본질에 관해서도 명상할 수 있다(Blackmore, 2011). 나는 지금 무엇을 하고 있는가? 생각과 행동은 어디에서 오는가? 생각이나 행동하기로 한 결심의 기원을 찾아낼 수 있는가?

대부분의 사람들이 정신을 집중하는 방법으로 제일 먼저 명상을 선택한다. 일반적으로는 한 번에 15분에서 30분간 명상을 하지만 하루에 두 번 혹은 그 이상 명상하는 사람들도 있다. 역사학자이자 작가인 (『사피엔스(Sapiens)』(2014)의 저자) 유발 하라리는 매일 두 시간씩 *위빳사나명상(vipassana meditation)*을 할 뿐 아니라 매년 한 달 혹은 두 달간 침묵명상(silent meditation) 수행을 한다. 위빳사나명상은 통찰명상(insight meditation)으로도 불리며 사물을 있는 그대로 보는 것을 목적으로 한다. 하라리는 명상 수련 덕분에 집중하며 글을 쓸 수 있다고 한다.

명상의 생리적 효과

명상에는 (불안을 줄여주고, 더 평온해지며, 스트레스의 영향을 감소시키고, 집중력이 향상되며, 통증에 대한 회복력이 향상되는 등) 심리적으로나 (전반적인 건강이 향상되고, 심장 건강이 개선되며, 면역력이 좋아지고, 스트레스의 영향을 받을 때 코르티솔 농도가 낮아지고, 수명이 늘어나는 등) 생리적으로나 다양한 효과가 있다고 한다. 물론 심리적 요소와 생리적 요소를 항상 명확히 구분할 수 있는 것은 아니다. 어쨌든 괄호 속에 나열된 효과는 마법처럼 들린다. 인터넷을 검색해 보면 아마 여러분이 건강에서 떠올릴 수 있는 거의 모든 측면을 포함하는, 기적과도 같은 효과의 목록을 찾을 수 있을 것이다. 하지만 이런 주장 중 다수를 뒷받침하는 실증적 근거가 있다.

베어드 등(Baird et al., 2014)은 2주간의 명상 프로그램이 메타기억 판단검사(meta-memory judgement)로 측정되는 내적 성찰 정확성(introspective accuracy)을 상당히 높이는 것을 발견했다. 검사 결과는 내적 성찰 능력이 가소성(plasticity)을 가지며 훈련을 통해 향상될 수 있음을 시사한다. 또한 몇천 시간을 수련한 고도로 숙련된 명상가들이 가장 심오한 변화를 보여주기는 하지만, 겨우 몇 시간을 수련한 초보 명상가들에게도 눈에 띄는 변화가 나타난다. 생리적 변화의 극단적인 사례는 벤슨 등의 연구(Benson et al., 1982)로, 툼묘요가(gtum mo yoga)를 수련한 이들은 손가락과 발가락의 온도가 섭씨 8.3도까지 높아졌다(상자 16.1).

상자 16.1 명상으로 체온 올리기

소림쿵후는 쿵후의 가장 오래된 갈래 중 하나로, 무술을 선불교와 결합했다. 소림사의 수도승들은 비범한 정신적·육체적 능력을 발휘할 수 있다고 알려졌다. 이들은 오랜 시간 불편한 자세로 쭈그려 앉거나 균형을 유지하고, 두개골을 강화하기 위해 서로 머리를 세차게 부딪치며, 장시간 물구나무서기를 할 수 있다.

이러한 능력을 통해 정신이 몸을 지배한다는 것을 증명할 수 있을까? 벤슨 등(Benson et al., 1982)은 전통적인 실험을 통해 툼묘요가를 수련하는 이들의 손가락과 발가락 온도가 섭씨 8.3도까지 높아질 수 있다는 것을 발견했다. 추운 히말라야산맥에서 진행된 의식에서도 툼모요가를 수련하는 이들이 몸에 감고 있던 젖은 천이 마르는 것을 보고 시작된 실험이었다. 그 기저에 있는 메커니즘에는 두 가지 요소가 있다(Kozhevnikov et al., 2013). 첫 번째는 특별한 유형의 '강력한 호흡'이 피부 표면 가까이에 있는 혈관의 폭을 넓히고 열을 내는 혈관 확장을 유도한다는 것이다. 두 번째 요소는 혈관 확장을 유지하기 위해 시각화를 활용하는 것이다. 이렇게 열이 나는 효과는 알파파와 베타파, 감마파를 동반한다. 이러한 연구 결과는 명상이 건강을 향상하는 방식을 짐작하게 할 뿐 아니라 몸을 바꾸기 위한 방법으로 명상이 어떻게 활용될 수 있는지를 보여준다. 숙련된 명상가들이 어떻게 여러 기이한 능력을 보여줄 수 있는지에 관해서는 더 많은 연구가 이뤄져야 한다.

명상의 신경과학

명상에는 다양한 유형이 있으며, 주의를 집중하는지, 주의를 배분하는지에 따라 그 유형이 결정된다. 따라서 유형에 따라 다양한 신경생리 시스템이 관여할 거라 예상할 수 있다. 루츠 등(Lutz et al., 2008)은 명상을 기본적인 두 가지 유형으로 구분했다. 호흡 같은 특정한 대상이나 활동에 주의를 집중하려 하는 집중명상(focused attention)과 순간순간의 경험을 주시하면서 반응은 하지 않는 통찰명상(open monitoring)이다. 이 두 가지 유형의 명상은 다른 뇌 과정을 포함하며, 명상을 하는 시간이 길어질수록 변화가 더 확연해진다. 집중명상은 충돌을 관찰하고 주의를 유지하는 여러 체계의 변화를 포함하는 반면 통찰명상은 선택적 주의가 아니라 관찰, 경계, 자극으로부터의 주의 이탈을 포함한다. 숙련된 명상가들은 명상을 하지 않을 때도 주의를 유지해야 하는 과업에서 향상된 성과를 보였다(여기서 숙련된 명상가란 평생 만 시간 이상 명상을 해온 이들을 말한다). 명상은 딴생각을 효과적으로 줄여준다. fMRI 영상 연구를 통해 경험이 많은 명상가들이 명상하는 동안 디폴트 모드 네트워크(전전두엽 대상회피질과 후부 대상회피질)의 주요 노드가 비활성화되고, 동시에 자기 감시와 자기 통제에 관여하는 영역(후부 대상회, 등쪽 전측 대상회, 배외측 전전두엽피질)의 연결성은 증가하는 것이 확인되었다(Brewer et al., 2011). 명상을 하지 않는 통제 집단과 비교해 확인된 이러한 변화는 명상을 하지 않는 상태에도 지속되었다.

(티베트의 수도승을 대상으로 한 연구에서) 명상을 하는, 특히 자비 명상을 하는 숙련된 명상가들의 뇌전도에 (25~40헤르츠의) 감마파가 두드러진다는 증거도 있다(Lutz et al., 2004). 초보 명상가들의 통제 집단에서는 감마파 활동이 나타나지 않았다(그림 16.1). 9장에서 살펴보았듯이 감마파가 뇌 전역의 지각 정보를 동기화해서 서로 다른 출처의 정보를 결합하고 우리가 인지할 수 있는 것 중 하나의 일관성 있는 지각 대상(percept)을 형성하게 한다는 주장이 있다. 숙련된 명상가들에게서 관찰되는 감마파 활동이 고양된 의식과 변성된 상태라는 감각을 만들어 낼 수도 있다.

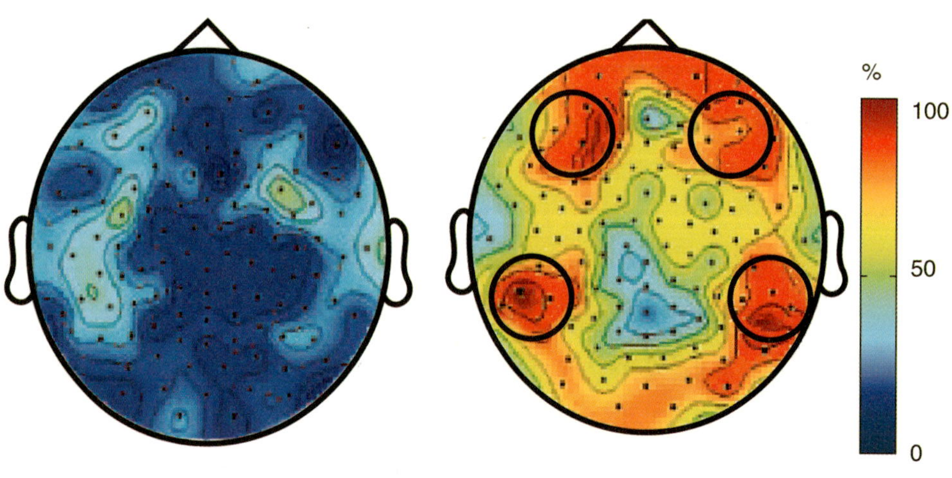

그림 16.1 명상하는 동안 초보 통제 집단의 뇌(왼쪽)와 숙련된 명상가들의 뇌(오른쪽). 파란색에서는 감마파(25~40헤르츠)의 활동이 적고 주황색과 붉은색에는 많다.
출처: Lutz et al. (2004)의 Figure 3에서 제일 위의 그림.

마음챙김 명상 훈련을 아주 단기간만 해도 유익한 효과가 있을 수 있다. 25명의 참가자 그룹은 8주짜리 마음챙김 명상 훈련 과정을 마친 후 통제 집단과 비교해 (전반적으로 웰빙의 감각과 관련이 있는) 왼쪽 전두부의 활성이 증가했다. 하지만 아마 더 인상적인 결과는 (인플루엔자 항체의 수로 측정한) 면역 반응의 현저한 향상일 것이다. 왼쪽 전두부가 활성화될수록 면역 반응도 더 향상되었다(Davidson et al., 2003).

장기적으로 명상은 회색질의 양을 늘려서 해마의 부피, 특히 스트레스 조절과 관련이 있는 해마 부위의 부피를 증가시킨다(Lazar et al., 2000; Luders et al., 2013). 이미 예상했겠지만 이러한 변화는 명상을 수련한 햇수와 상관관계를 가진다. 불교 명상가들은 주의와 관련이 있는 뇌 영역의 피질이 더 두껍고(Schjoedt, 2009의 리뷰를 참고하라), 명상가들은 (나이와 통계적 유의미성에 영향을 미치는 요인을 모두 고려했을 때 오른쪽 시상과 왼쪽 하측두 뇌회뿐 아니라) 오른쪽 안와전두피질의 회색 질 용적이 확연히 더 컸다. 게다가 명상가들은 오른쪽 해마의 용적이 상당히 더 컸다. 안와전두영역과 해마영역 모두 정서 조절과 반응 통제에 관여하므로, 이러한 영역의 용적이 더 크다는 사실이 긍정적인 정서를 쌓고 정서적 안정성을 유지하며 마음챙김을 연습하는 행동에 영향을 미치는 명상가들의 능력을 설명해 줄 수도 있다(Luders et al., 2013).

최근 리뷰 연구에서는 마음챙김 명상에서 중요한 뇌의 8개 영역을 정리했다(Tang et al., 2015). 명상가들에게서 일관되게 변성이 관찰된 뇌 영역이었다. 먼저, 명상 수행으로 메타인지 강화와 연관된 것으로 추정되는전두극피질이 있다. 감각피질과 뇌섬엽은 신체 알아차림과 관련된 영역이다. 해마는 기억 처리와 관련이 있는 영역이다. 전측 대상회피질과 선조체, 중대상회피질, 안와전두피질은 주의 조절, 자기 조절및 정서 조절과 관련이 있다고 알려진 영역이다. 뇌섬엽과 쐐기앞소엽은 자기 인식에 중요하다고 알려졌다. 마지막으로 상부 종속(superior longitudinal fasciculus)과 뇌량은 반구 ***사이의*** 통신과 반구 내 통신에 관여하는 영역이다.

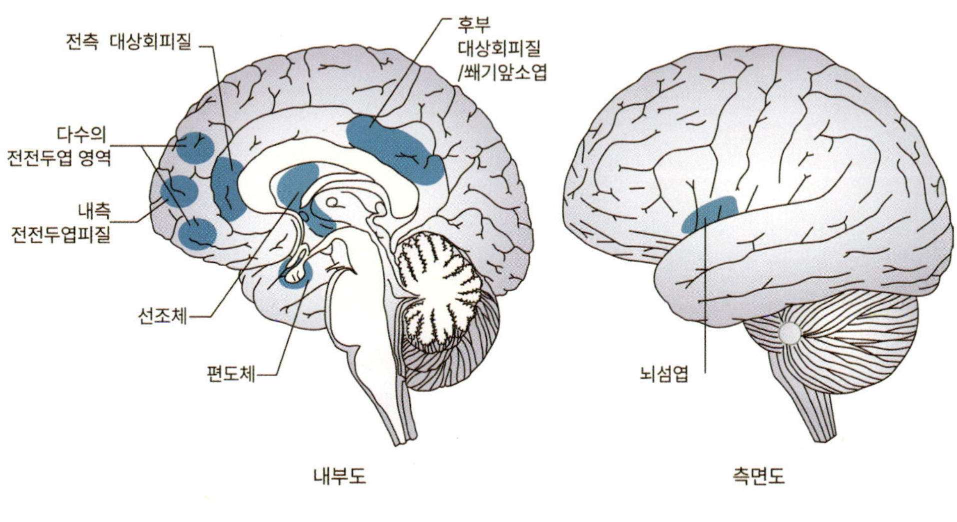

그림 16.2 마음챙김 명상에 관여하는 뇌의 영역. 주의 통제(전측 대상회피질과 선조체)와 감정 조절(다수의 전전두엽 영역, 변연 영역, 선조체), 자기 인식(뇌섬엽, 내측 전전두엽피질, 후부 대상회피질, 쐐기앞소엽)에 관여하는 영역이 포함되어 있다.
출처: Tang et al. (2015)의 Figure 1.

마음챙김

우리는 정상적으로 깨어 있는 상태에서 산만하기 그지없고 한 번에 몇 가지를 동시에 하려 한다. 집에서 점심을 먹을 때면 나는 보통 식사하는 동안 아이패드로 신문을 읽으면서 텔레비전에는 뉴스를 켜둔다. 일부 경영 전문가과 고용주들은 한 번에 두 가지 이상을 하라고 부추긴다. 이러한 능력을 *멀티태스킹(multitasking)*이라 한다.

하지만 이미 엄청난 양의 심리학 연구가 축적되어 있어서, 멀티태스킹이 좋지 않다는 결론을 확실하게 내릴 수 있는데 이는 매우 흔치 않은 일이긴 하다. (두 가지 과업 중 하나에 아주 숙련되지 않았다면) 우리는 두 가지 일을 한 번에 제대로 할 수 없다. 먼저 주의 전환으로 인한 손실이 있고, 둘째로 두 가지 과업이 서로 지장을 준다. 두 가지 일을 차례로 할 때보다 각 과업을 완성하는 속도가 늦어지고 더 많은 실수를 범하게 된다(Marois & Ivanoff, 2005; Pashler, 1994). 이 주제는 단순한 학계의 관심사를 넘어선다. 운전을 하면서 스마트폰으로 문자를 보내는 것은 운전을 하면서 술을 마시는 것만큼 위험할 수 있다.

우리는 멀티태스킹을 권장하는 세상에 살고 있는 듯하다. 대안은 마음챙김을 연습하며 사는 것이다. *마음챙김*은 여러분이 지금 하는 일에 온전히 집중하는 것이다. 하고 있는 일에 초점을 맞춘다. 대부분의 사람들은 마음챙김 상태를 오래 유지하기 어렵다. (나는 간신히 1분을 버틴다.) 마음챙김을 연습할 때는 판단하거나 평가하지 않는 것이 중요하다.

마음챙김을 유지하는 능력은 훈련을 통해 향상될 수 있다. 주로 집중명상을 통해 주의를 유지하는 능력을 개발하는 훈련이다. 마음챙김 훈련과 마음챙김 상태는 명상 훈련의 다양한 특성뿐 아니라 다양한 장점까지 공유한다. 마음챙김 훈련은 불안과 우울증을 비롯한 정신질환의 효과적인 치료법이다. 실제로 인지적 행동치료나 항우울제만큼 효과적인 듯하지만 부작용은 없다(Kuyken et al., 2015; Sundquist et al., 2014). 자이단 등(Zeidan et al., 2010)은 작업 기억과 문제 해결을 포함하는 인지와 기분, 불안, 피로도에 다양한 수준의 향상이 있음을 확인했다.

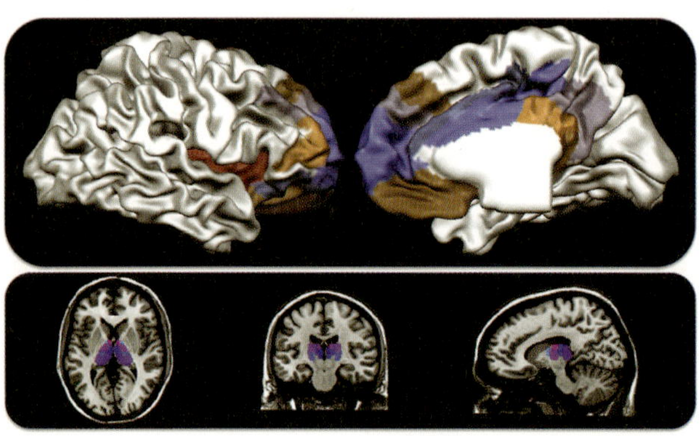

그림 16.3 마음챙김 훈련은 다른 유형의 명상과 동일한 영역에 변화를 일으키며, 의식을 뒷받침하는 데 아주 중요하다고 알려졌다. 명상 수련은 주의나 인지유연성과 관련이 있는 뇌 영역의 장기적인 변화로 이어진다.
출처: Manuello et al. (2016)의 Fiture 3.

마음챙김 훈련은 다른 유형의 명상이 영향을 미친다고 알려진 뇌 영역 일부와 의식을 뒷받침하는 데 중요하다고 알려진 영역에 변화를 불러오는 것으로 보인다(Manuello et al., 2016; 그림 16.3). 마음챙김 훈련은 특히 해마, 후부 대상회피질, 측두-두정 접합부, 소뇌에서 회색질의 밀도를 높였다. 전측 대상회피질, 후부 대상회피질, 뇌섬엽, 시상은 명상과 의식에서 핵심적인 역할을 한다.

처음에는 이러한 연구 결과들이 뇌의 다양한 부분을 잔뜩 나열한 목록을 제시하는 것처럼 보일 수도 있다. 하지만 몇 가지 결론을 끌어낼 수 있다. 첫째, 숙련된 명상은 의식을 뒷받침하는 데 중요하다고 알려진 뇌의 영역에 관여한다. 둘째, 명상의 유형에 따라 약간 다른 뇌의 영역들을 사용할 수도 있다. 셋째, 명상은 디폴트 모드 네트워크에 작용해서 결과적으로 피질의 연결성을 증가시키고, 시상피질 활성을 감소시키며, 호흡과 심장 박동에 영향을 미치는 뇌줄기에 변화를 일으킨다(Jerath et al., 2012).

직접 해보자: 마음 챙기기

마음챙김을 시도해 보자. 현재에 머무르려고 노력하라. 여러분이 지금 하는 일에 집중하라. 여기 그리고 지금에 초점을 맞추라. 마음이 멀리 방황하는 걸 알았다면 (거의 분명히 그럴 것이다) 자신을 책망하지 말고 다정하게 주의를 다시 현재로 돌려라. 얼마나 오래 현재에 머물 수 있나?

초월적 의식

여러 측면에서 평소보다 나은 변성된 의식 상태를 가지는 게 가능할까? 결과적으로 우리는 살아있는 대부분의 시간에 최적이 아닌 상태로 살아가는 걸까? **초월적(超越的)**이라고 하면 더 낫거나 뛰어넘는 것을 의미한다. 따라서 초월적 의식은 어떤 면에서든 정상적인 의식보다 더 낫거나 정상적인 의식을 넘어서는 것이다. 초월명상은 우리가 더 나아지도록 도와줄 수 있다.

확장의식 혹은 고차의식은 자기나 우리를 둘러싼 공간이 어떤 면에서든 더 크고 나아 보일 때의 일시적인 의식 상태다. 작가이자 '성난 젊은이(angry young man, 1950년대 전통적인 영국 사회에 환멸을 표했던 젊은 세대의 작가들 – 옮긴이)'였던 콜린 윌슨(Colin Wilson, 1931~2013)은 이 난해한 대상을 연구했다. 그는 간헐적으로 일시적인 고차원적 상태를 경험하기 위해 그리고 더 확실하고 영구적으로 이런 상태에 도달하기 위해 많은 시간을 바쳤다(상자 16.2). 윌슨(Wilson, 2004a)은 의식의 질을 표 16.1과 같은 연속체로 나타낼 수 있다고 제안했다. 대부분의 사람들이 일상적으로 경험하는 대부분의 의식은 4단계 정도다.

표 16.1 윌슨의 신비의식(mystical consciousness) 단계

0	의식 없음
1	꿈, 최면 상태
2	단순한 인식, 아무것도 생각하지 않음
3	자기 인식은 있지만 둔감하고 느림 – 사르트르의 『구토』
4	일상적인 인식, 둔감함, 수동적, '구역질이 날 것 같은'
5	봄날 아침의 인식 – 모든 게 좋고 '활력이 넘침'
6	마법 같은 – 특별한 순간, '절정의 경험'
7	다른 장소와 시간을 인식, 동시성의 감각
8	신비의식

상자 16.2 콜린 윌슨의 삶

콜린 윌슨(1931~2013)은 비주류 심리학과 초자연적 현상의 다양한 측면을 다루는 작품을 다수 발표한 작가이지만(그림 16.5) 무시해서는 안 되는 인물이다. 그의 모든 작품을 관통하는 공통적인 메세지는 '어떻게 해야 더 충만하고 만족스러운 삶을 살 수 있을까'라는 질문이었다. 이것은 돈을 더 많이 벌거나 좋은 직업을 구한다는 의미가 아니라, 더 많이 *알아차린다*는 의미였다. 윌슨이 이러한 문제에 매달린 최초의 작가는 아닐지 몰라도(다른 예로, 그림 16.4) 가장 설득력 있고 이해하기 쉽게 풀어낸 이 중 하나였다. 그는 인간은 생존하는 대부분의 시간에 자동 조종 방식으로 가동된다고 지적하며 이러한 상태를 임무를 맡은 로봇이라 칭했다(구르시예프라면 잠들어 있는 상태라고 했을 것이다). 평범하고 볼 것 없는 우리의 의식에 종종 더 많이 알아차리고, 더 많이 의식하며, 평소보다 더 깨어있는 통찰의 순간이 끼어든다. 이러한 순간의 특징은 철학적 통찰에 극도의 행복이 결합하는 것이다. 이러한 '절정의 순간'은 문학에 종종 등장한다. 체스터턴(G.K. Chesterton)은 '터무니없이 좋은 소식'을 받은 듯한 느낌이라 했고 프루스트(Proust)는 '더없이 행복한 순간'이라 칭했다. 워즈워스(Wordsworth)는 '시간의 점'이라 썼고 제임스 조이스(James Joyce)는 이제는 널리 통용되는 단어인 *현현(epiphany)*으로 정의했다. 현현은 드물게 찾아온다. 윌슨은 현실과 작품 모두에서 현현의 빈도를 높일 방법을 탐구했고 현현을 존재의 기본적인 방식으로 만드는 것을 목표로 삼았다. 드물고 예측할 수 없기 때문에 현현을 다룬 심리학 연구나 신경과학 연구는 거의 없다. 하지만 일부 종교적 상태와는 관련이 있을 것으로 추정된다.

그림 16.4 정신적 지도자이자 철학자였으며 신비주의자이고 작곡가였던 게오르게 이바노비치 구르시예프(George Ivanovitch Gurdjieff, 1877~1949). 구르시예프는 자기 인식이라는 의미에서 항상 '깨어 있는' 것이 중요하다고 강조했고 (깨어 있지 않은) '잠에 맞서는 전쟁'에서 승리하는 법을 가르쳤다.
출처: InCommunicado/Getty Images.

그림 16.5 영국의 작가 콜린 윌슨(1931~2013). 미확인 비행 물체(UFO)부터 전설 속의 대륙 아틀란티스(Atlantis)까지 모든 것에 관해 수많은 작품을 남겼다. 그가 남긴 모든 작품의 기본적인 주제는 고차원적인 의식 상태로 인생을 살아가는 법이었다. 소외와 창조성을 다룬 작품 『아웃사이더(Outsider)』(1956) 덕분에 초기의 '성난 젊은이' 중 한 명으로 꼽히게 되었다.
출처: Mark Kauffman/The LIFE Picture Collection/Getty Images.

때로는 *현현*이라고도 하는 *절정경험(peak experience)*은 말로 옮기기 어려운 상태라 할 수 있지만 막 '터무니없이 좋은 소식'을 들은 것처럼 극도로 명료하고 기쁜 것이 특징이다. 작가 제임스 조이스는 소설 『젊은 예술가의 초상(A Portrait of the Artist as a Young Man)』(1916)에서 현현을 묘사했고, 영국의 낭만파 시인 윌리엄 워즈워스(William Wordsworth, 1770~1850)는 이러한 순간을 '시간의 점'이라 칭했다. 모든 것이 의미와 의의로 가득 찬 듯한 특별한 순간이다. 한 예로, 워즈워스는 호수에서 노를 저으며 인상적인 산이 어렴풋이 보이는 듯했을 때 현현을 경험했다.

윌슨은 그리스계 아르메니아인이자 영적 지도자였던 게오르게 이바노비치 구르시예프(1877~1949)를 비롯해 그의 제자인 러시아의 신비주의자 우스펜스키(P.D. Ouspensky, 1878~1947), 영국의 과학자 존 베넷(John Bennett, 1897~1974)이 남긴 작품에서 영감을 얻었다. 윌슨은 오늘날의 우리가 마음챙김의 형태에 속한다고 보는 생각을 제시했다(Wilson, 2005, 2009; 그림 16.5). 그는 절정경험의 중요성을 인정하면서 이러한 순간을 잘 소환할 수 있게 되길 바랐다. 윌슨은 절정경험의 활력을 판에 박힌 의식과 일상의 둔감함과 대조했다. 이러한 작가들은 절정경험에 도달하는 것이 인식하고 있는 것 그리고 인식하고 있다는 사실을 기억하는 것에 달려 있다고 보았다. 윌슨이 '로봇 깨우기'나 '깨어 있기'라 부른 과정이다. 우리는 임무를 맡은 로봇처럼 대부분의 시간을 성찰 없이 무의식적으로 살아간다. 하지만 가끔 우리는 그 로봇을 깨워서 더 고차원적인 의식으로 나아가고, 이제는 마음챙김이라고 부르는 것을 활용할 수 있다. 둔감한 의식에 머무르는 무의식적인 과정과 싸우고, 인식에서 자기 인식으로 그리고 절정경험까지 나아가려 노력하고, 그래서 제대로 깨어나려는 것을 '잠에 맞서는 전쟁'이라 한다. 윌슨은 베넷이 어떻게 '깨어 있으려' 했고 고차원적인 의식 상태를 유지하려 했는지 설명했다. 베넷은 구르시예프를 만나고 자신이 지난 두 주간 '잠들어' 있었다는 것을 깨달았다. 문자 그대로 잠을 잔 것이 아니라 임무를 맡은 로봇으로 일상적인 삶을 살았다.

직접 해보자: 절정경험

여러분은 절정경험을 겪은 적이 있는가? 대부분이 손쉽게 몇 가지를 나열할 수 있을 것이다. 이러한 경험에 공통점이 있는가? 첫 번째 절정경험은 언제였나?

직접 해보자: 잠에 맞서는 전쟁

잠에 맞서 싸워보자. 지금 당신은 어떤 의식 상태에 있는가? 깨어 있으려 노력하면 깨어날 수 있나?

의식 고양

*의식 고양(consciousness raising)*은 (상대적으로) 혜택을 받지 못한 집단의 사람들이 자신들이 억압당하고 있고 이를 위해 어떤 수단이 활용되고 있는지 상황을 인식하게 하는 과정을 일컫는 용어다. 이 단어는 1960년대와 1970년대에 페미니즘의 맥락에서 주목을 받았지만 오늘날에는 더 광범위하게 사용된다(그림 16.6). 의식 고양은 개인이 자신이 속해 있는 사회적 맥락을 더 인식하게 하고 이전까지 알지 못했던 사실을 의식하게 할 수 있지만, 인식이라는 의미에서 한 사람의 의식을 바로 바꾸지는 않는다. 대신 사람들의 자기 모델과 신념 체계를 바꾼다.

그림 16.6 여성 해방. 1971년 3월 6일 세계 여성의 날을 기념하기 위해 영국 런던의 하이드파크(Hyde Park) 스피커스코너(Speaker's Corner)부터 다우닝가(Downing Street) 10번지까지 평등권 행진이 열렸다. 평등한 권리를 위한 싸움은 오랜 역사를 가지며 여전히 계속되고 있다. 이 싸움에서는 여성이 차별을 인식하게 하는 '의식 고양'이 중요한 무기로 여겨진다.
출처: xpress/Stringer/Hulton Archive/Getty Images.

종교적 체험

많은 이에게 종교적 체험은 한 사람이 겪을 수 있는 가장 강렬한 경험 중 하나다. 종교적 체험은 다양한 형태를 가질 수 있지만 모두 경외감과 극도의 기쁨, 무언가가 자신에게 드러났다는 감각을 경험하는 상태에 빠진다는 공통점이 있다(James, 1902; 그림 16.3). 종교적 체험은 완전히 즉흥적일 수도 있고 기도나 명상, 의식, 극도의 육체적 노력, 묵주를 넘기며 기도하는 등의 반복적 행동을 통해 유도될 수도 있다.

상자 16.3 신비 상태(mystical state)의 아홉 가지 특징

신비 상태는 모두 다음과 같은 특성을 공유한다.

1. 사람이나 물건, 초자연적인 대상과 하나가 되었다는 감각
2. 시간과 공간의 초월
3. 강력한 긍정적 기분
4. 신성한 느낌
5. '궁극적인 실체'의 본질에 대한 통찰
6. 역설성 (체험은 논리적으로 모순되는 것처럼 보인다. 남아있는 자기가 보기에는 감각의 손상이 있을 수 있다.)
7. 형언할 수 없음 (말로 다 표현할 수 없는 경험이다.)
8. 찰나의 경험
9. 하지만 태도나 행동의 측면에서 긍정적인 변화가 영구적으로 지속된다.

Kingsland (2019)와 Pahnke (1963)에서 종합.

강렬한 종교적 체험의 전형적인 사례는 프랑스 남서부의 도시 루르드(Lourdes)에서 성녀 베르나데타(Bernadette, 본명은 마리 베르나데타 수비루(Marie Bernarde Soubirous, 1844~1879)가 본 환영이다. 그는 1858년 한 동굴에서 성모 마리아의 환영을 보았다고 보고했다. 아무것도 움직이지 않는데 세차게 바람이 부는 소리가 들렸고, 눈 부신 빛 속에서 그가 '조그마한 아가씨'라 묘사한 하얀 형상을 보았다. 성녀 베르나데타는 두 주간 매일 같은 동굴에서 환영을 보았고 때로는 명백히 트랜스와 유사한 상태에 빠지기도 했다. 환영들은 기도와 금식, 속죄 수행, 샘물로 씻기에 관한 가르침을 주었다. 그가 보고한 사건은 1943년 발표된 영화 『베르나데타의 노래(The Song of Bernadette)』(King, 1943)에 정확히 담겨 있다.

그림 16.7 메울레위 의례를 행하는 탁발승들. 춤과 빙빙 돌기는 명상과 헌신을 가능하게 하는 변성된 의식 상태를 유도한다. 자기(the self)는 깨달음에 도달하기 위해 없애야 하는 착각일 뿐이다.
출처: Izzet Keribar/Stone/Gettyimages.

신비 상태를 유도하기 위해 의식(ritual)을 활용하는 가장 극적인 예 중 하나는 이슬람 수피 교단의 수도자들이 (특히 터키의 메블레위 교단(Mevlevi Brotherhood)에서) 실행하는 빙빙 도는 춤이다. (수피 교단은 신비주의를 강조하는 이슬람교의 한 갈래다. 이 교단의 금욕적인 스승들을 탁발승(dervish)이라 한다.) 이 춤은 동적 명상의 한 형태로, 기도를 반복하는 사이 음악에 맞춰 빙빙 돌면서 (불교의 가르침과 비슷하게) 자신의 자아를 버리고 신에 집중하려 시도한다(그림 16.7). 안타깝게도 이러한 상태에서 어떤 일이 벌어지는지 과학적으로 규명한 연구는 부족하다. 빙빙 돌고 있는 탁발승을 fMRI 장치에 넣기 어렵다는 현실적인 문제를 생각하면 이해할 만하다. 다만 명상처럼 변성된 상태에서 발견되는 것과 유사한 신경 화학적 변화와 뇌전도의 변화가 있을 거라 짐작할 뿐이다. 보러가드와 파케트(Beauregard & Paquette, 2006)는 fMRI를 활용한 연구에서 가톨릭 가르멜 수녀회(Carmelites-Sisters)의 수녀들이 하느님과 하나가 된 상태를 보고하는 동안 오른쪽 내측의 안와전두피질과 측두피질, 왼쪽과 오른쪽의 꼬리핵, 왼쪽 전측 대상회피질, 왼

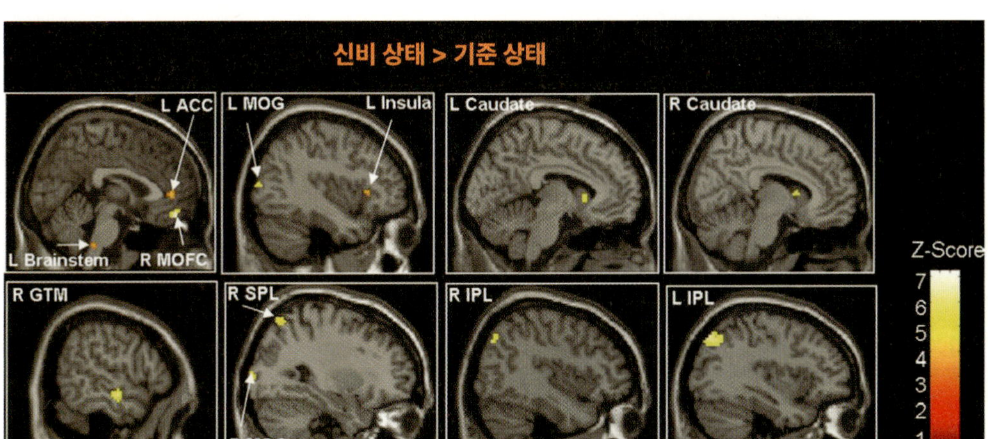

그림 16.8 신비 상태에 빠진 가르멜 수녀회 수녀들의 추가적인 뇌 활성화. 그림에서 확인할 수 있듯이 신비 상태에서는 한 영역만 활성화되지 않는다. 선조체 외의 시각피질(extra-striate visual cortex) 일부에 더해 오른쪽 내측 안와전두피질, 오른쪽 중간 측두피질, 오른쪽 하두정소엽(IPL)과 상두접소엽(SPL), 오른쪽 꼬리핵, 왼쪽 내측 전전두엽피질(mPFC), 왼쪽 배전측 대상회피질(ACC), 왼쪽 하두정소엽(IPL), 왼쪽 뇌섬엽, 왼쪽 꼬리핵, 왼쪽 뇌줄기가 모두 관여한다.
출처: Beauregard & Paquette (2006)의 Figure 1. © 2006 Elsevier Ltd.

쪽 뇌줄기를 포함하는 뇌의 광범위한 영역이 활성화되는 것을 발견했다(그림 16.8).

종교에는 다양한 유형이 있으며 종교적 관습 역시 다양하다. 그중 하나에 이점이 있다고 해서 모두 도움이 되는 것은 아니다. 특정한 형태의 기도가 유익하다고 해서 종교적 작품을 읽는 게 무조건 유익한 것도 아니다. 명상에는 엄청난 양의 노력이 포함되고, 예를 들어 교회에 간다고 해서 같은 효과를 얻을 수는 없다(하지만 자선을 더 베풀게 되거나 사회적 상호작용이 늘어나는 등 다른 이점이 있을 수는 있다). 따라서 종교 활동과 명상 활동의 유익한 효과를 생각할 때는 주의해야 한다.

어떤 사람들은 다른 이들보다 영적 체험을 겪을 가능성이 더 크다. 일에 몰입하거나 마음을 빼앗기는 정도를 반영하는 특성인 몰입에서 높은 점수를 받는 사람들은 기도 중 신의 목소리를 들었다고 보고하거나, 환각성 약물을 활용해서 혹은 활용하지 않고도 강렬한 신비체험을 하거나, 가짜 뇌 자극에 반응하거나, 음악을 듣거나 자연을 감상하면서 격렬한 초월적 경험을 할 확률이 가능성이 크다(Lifshitz et al., 2019). 몰입 정도는 *텔레겐 몰입 척도*로 측정하고 몽상이나 최면감수성, 창조성에서 개인차를 설명하는 데 중요하다. 효과적인 명상가들 역시 몰입에 더 높은 점수를 받는 경향이 있다(Kingsland, 2019).

측두엽 활성화와 종교

강렬한 종교적 체험을 다룬 신경과학 연구 중 많은 작업이 캐나다의 심리학자 마이클 피싱어(Michael Persinger, 1945~2018)에 의해 이뤄졌다. 피싱어는 환영과 같은 영적 체험이 *측두엽*, 특히 오른쪽 반구 측두엽의 비정상적인 활성화 때문에 발생한다고 주장했다. 그는 '신 헬멧(god helmet)'(그림 16.9)이라 알려진 장치를 이용해 약한 자기장으로 측두엽을 자극하면 종교적 체험과 유사한 감정을 유도할 수 있다고 주장했다(Persinger, 1987, 2001). 특히 참가자들은 다른 무언가, 즉 보이지 않는 실체의 존재를 감지했다. 하지만 피싱어의 실험은 재현되지 않았다(Wiseman, 2015). 그의 실험 결과는 자기 자극이 아닌 피암시성으로 인한

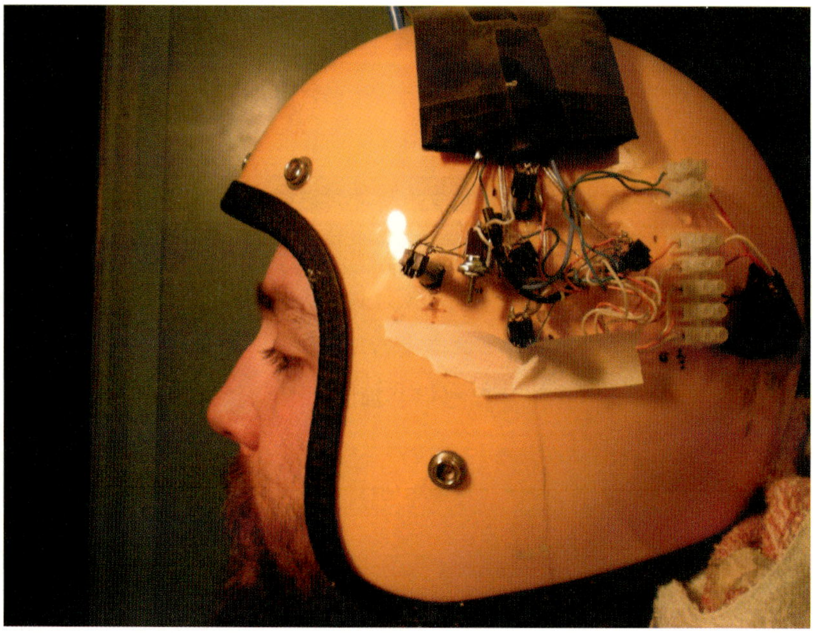

그림 16.9 '신 헬멧'. 캐나다의 심리학자 마이클 피싱어(1945~2018)가 개발한 이 헬멧은 측두엽의 여러 영역을 자극한다. 하지만 그의 실험 결과는 재현되지 않았고 피암시성으로 인한 것일 수 있다. 출처: Harriet Carlson via Flikr.

것일 수 있다. 장치가 켜져 있지 않을 때도 유사한 결과가 나왔기 때문이다(Granqvist et al., 2005; Larsson et al., 2005).

또한 피싱어는 측두엽뇌전증이 심오한 종교적 상태와 종교에 대한 집착, 혹은 과도한 종교성(hyper-religiosity)을 만들어 낼 수 있다고 제안했다. 그는 영적 체험이 측두엽의 차이로 인해 발생한다고 보아야 한다고 주장했다. 슬레이터(Slater)와 비어드(Beard)는 조현병과 유사한 정신병적 증상을 보이는 뇌전증 환자 69명의 임상적 특징을 정리했다(Beard, 1963; Slater & Beard, 1963a, b). 그들이 연구한 환자 중 4분의 3은 측두엽뇌전증을 앓고 있었고 38퍼센트는 종교적 체험이나 신비체험을 했다고 주장했다. 미국의 신경학자 노먼 게쉬윈드(Norman Geschwind)는 이러한 유형의 근거를 바탕으로 측두엽뇌전증 환자들이 보이는 특성을 정리했고 이후에는 *게쉬윈드 증후군(Geschwind syndrome)*이라 알려졌다(Geschwind, 1979; Schjoedt, 2009).

종교적 체험에는 뇌의 다른 영역도 관여할 가능성이 있다. 독실한 모르몬교도 19명을 대상으로 한 fMRI 연구에서는 종교적 관습이 전두엽의 영역, 특히 복내측 전전두엽피질 및 전측 대상회피질과 관련이 있다는 사실이 밝혀졌다(Ferguson et al., 2016). 그리고 아마 가장 흥미로운 발견은 다양한 사례에서 **사이막의지핵**의 활성화가 영적 느낌이 절정에 달하는 순간보다 1초에서 3초 정도 선행했다는 사실일 것이다. 다른 연구에서도 비슷한 결과가 나왔다. 이러한 영역은 낭만적인 사랑 같은 상태나 코카인 같은 약물에 의해 활성화되는 뇌의 보상 회로와 관련이 있음을 시사하기 때문에 중요하다. 놀랄 일은 아니지만 디폴트 모드 네트워크 역시 연관되어 있을 수 있다(van Elk & Aleman, 2017). 심오한 종교적 상태나 과도한 종교성은 조현병이나 양극성 장애의 우울 삽화 같은 다른 상태에서도 발견된다.

애언스톡데일(Aaen-Stockdale, 2012)은 이러한 연구 중 다수가 소규모로 이루어졌고, 그가 평가한 시점에는 뇌의 '신 지점(god spot)'에 대한 근거가 상대적으로 약하다고 경고했다. 실은 종교적 체험에 상응해 활성화되는 뇌의 특정 영역을 가리키는 '신 지점'이라는 개념 자체가 전반적으로 모호하다. '종교적 체험'은 강도가 다른 광범위한 유형의 경험을 포괄하므로, 거의 분명히 뇌의 많은 영역에 걸쳐 있는 여러 구조 네트워크를 포함할 것이다.

도취제

도취제라고 부르는 특정 환각성 약물 역시 강렬한 영적 상태를 유도할 수 있다(15장을 참고하라). 도취제의 가장 강력한 정신약리적 효과는 도파민의 가용도를 대대적으로 높이는 것이다. 뇌 보상 회로의 도파민이 관여한다면 이러한 약물이 영적 상태를 유도하는 이유도 설명할 수 있다. 도파민 가용성 저하가 특징인 파킨슨병 환자들이 종교적 감정을 잃었다고 보고하는 일화적 근거는 이러한 가설을 뒷받침한다. 판엘크와 에일먼(Van Elk & Aleman, 2017)은 뇌의 네 가지 시스템에 의존하는 종교적 체험과 영적 체험의 통합 모델을 제안했다. 이들이 지목한 네 가지 시스템은 종교적 환영 및 황홀한 체험과 관련이 있는 측두 영역, 자기 초월적 체험에 관여하는 다감각 뇌 영역과 디폴트 모드 네트워크, 기도 체험 및 의도성의 지나친 귀인(overattribution of intentionality)과 관련이 있는 정신 네트워크 이론(theory of mind network), 직관적인 *초자연적 신념*을 획득하고 유지하는 데 관여하는 *전측 대상회피질*과 *내측 전전두엽피질*에서 예를 찾을 수 있는 하향식 메커니즘이다.

도취성 약물로 유도된 종교 체험은 즉흥적인 종교 체험과 매우 유사하다. 약물을 사용하지 않은 체험과 약물로 유도되지 않은 체험을 비교한 한 조사에서는 차이점보다 유사성이 훨씬 더 많이 나타났다. 하지만 약물을 사용하지 않은 집단은 자신들의 체험에 대한 가장 좋은 설명으로 '신을 맞닥뜨렸다'는 표현을 택한 반면, 약물을 사용한 집단은 '궁극적인 실체를 맞닥뜨렸다'는 표현을 선호했다(Griffiths et al., 2019). 두 집단 모두 의식이 있고, 자애로우며, 총명하고, 성스러우며, 영원하고, 모든 것을 알고 있는 존재와 조우했다고 보고했다. 체험 전까지 자신이 무신론자라고 밝혔던 이 중 3분의 2는 이후 이러한 정체성을 버렸다.

불교

모든 종교는 우리 자신보다 거대한 무언가에 대한 믿음을 강조한다. 불교와 동양의 다른 몇몇 종교(어쩌면 '철학'이라는 단어가 더 적절할 수도 있다)는 마음을 세계와 연결하는 자기(the self)를 이해하고 명상 수행을 통해 정신적 거리 두기를 발전시키는 데 특히 중요성을 부여한다(그림 16.10).

불교의 수행 방법에 숙달한 수행자들은 특정한 신비 상태를 갈망한다. 궁극적으로 추구하는 상태는 인간이 물리적 욕망과 고통에서 해방되는 (또한 탄생과 고통, 죽음, 환생의 순환인 *윤회(輪廻)*를 이어가게 하는 세속적인 열망에서 자유로워지는) 완전한 평화와 행복, 만족의 상태인 *열반(涅槃)*이다. 그 과정에서 수행자는 진정한 내적 본질을 일별하며 *깨달음*을 얻는 강렬한 영적 체험, 즉 *돈오(頓悟)*를 경험하게 된다. 자기라는 감각을 완전히 잃어버리는 대신 세계와 일체감을 가지게 된다. 이러한 상태를 설명하기는 쉽지 않다. 경험한 이들이 거의 하나같이 말로는 옮길 수 없다고 하기 때문이다! 불교가 아닌 종교적 관습이나 종교적 함의가 없는

그림 16.10 성스러운 부처의 묘사. 중국 장시성(江西省) 우시시(無錫市) 링산(灵山)에 있는 부처상을 공중에서 촬영한 사진이다. 불교는 변성된 의식 상태를 만들어 내기 위해 명상을 매우 강조한다.
출처: Jeff_Hu/E+/Getty Images.

명상에서도 유사한 상태를 추구하고 경험한다는 사실은 강조할 만하다.

(뒤에 더 자세히 살펴볼) 선불교와 선명상의 목표는 깨달음을 얻는 것이다. 깨달음이 설명하기 쉬운 개념이었다면 아마 도달하기도 좀 더 쉬웠을 것이다. 오랜 노력이 무색하게 나는 적어도 지금까지는 깨달음에 전혀 다가가지 못했다는 사실을 인정해야겠다.

깨달음은 'bodhi'라는 산스크리트어를 옮긴 것으로 각(覺)이라고도 한다. 삶과 사물의 진정한 본질에 관하여 부처 수준의 이해에 도달하는 것을 말한다. 서구에는 이러한 개념이 실재의 궁극적인 본질에 대한 갑작스러운 통찰을 의미한다는 점에서 낭만적으로 묘사되어 있다고 생각하는 사람들도 있다. 개인적으로 나는 불교의 용어와 씨름하고 있다. '실재의 궁극적인 본질'은 무엇을 뜻하는 걸까? 불교의 깨달음은 지식을 얻기 위해 노력하는 더 장기적인 과정이다. 깨달음은 사성제(四聖諦, Four Noble Truths)의 인식과 연관되어 있다. 삶은 *고(苦)*, 즉 사물에 대한 욕망에서 생겨나는 고통으로 가득 차 있다. 사물과 단기적인 만족을 탐하는 것을 멈추면 우리는 (고통에서 해방된 궁극적인 상태인) 열반에 도달할 수 있고, 제대로 살면 이러한 탐욕을 멈출 수 있다. 인터넷에는 깨달음에 관한 말이 넘쳐나지만 (내게) 타당해 보이는 것은 얼마 없다는 사실을 인정해야겠다. 내가 지금껏 얻은 지식에 따르면 (깨달음은 완강하게 나를 피해 가기만 했다) 깨달음은 자기(the self)가 착각에 불과하다는 본질을 인정하는 것을 포함한다. 이를 위해 시간과 노력이 필요하다는 데는 모두 동의할 것이다(그리고 아마 내가 그래서, 적어도 지금까지는, 깨달음에 도달하지 못했을 것이다).

'깨달음'과 '지혜'를 뜻하는 불교의 용어는 *돈오*다. 선불교 전통에서 돈오는 '무언가의 진정한 본질을 들여다보는' *견성(見性)*의 경험을 가리킨다. 견(見)은 '보다', 성(性)은 '본질'을 뜻한다. 갑작스러운 깨달음인 각성은 선불교에서 중요한 개념이고, 실은 이 종교의 목표다. 불교는 피상적인 욕망이 만들어 낸 끊임없는 고통의 순환에서 우리 자신을 풀어줄 길을 제시한다.

또한 불교는 '나'라는 개념이 착각이라는 *무아(無我)*의 교리를 가르친다. 영원히 변하지 않는 영혼이나 본질은 없다는 이 교리는 자기에 대한 다발론에 부합한다. 불교는 우리에게 무아와 고, 무상(無常, 세상에 영원한 것은 없음)을 인식하라고 가르친다. 무상은 인간에게 영원한 무언가, 아마 죽지 않는 영혼이 있다고 상정하는 다른 대부분의 종교와 불교를 차별화한다.

선불교

선불교는 특별히 언급하고 넘어가야 한다. 수많은 의식 연구자 사이에서 한 번은 찾아가야 할 종교로 이야기될 정도로 인기가 높기 때문이다. 특히 신이나 영혼, 사후 세계가 필요하지 않은 것이 인기의 비결이다. 십대 시절 선불교를 알게 되었던 때를 기억한다. 나 역시 내 마음의 본질을 이해하는 데 도움을 줄 거라는 인상을 받았다(그림 16.11). 실재의 궁극적 본질을 통찰한다는 생각이 좋았다(하지만 이러한 통찰에는 전혀 이르지 못했다).

선(禪)은 서기 700년경 중국 당나라에서 시작된 불교의 한 갈래이지만 인도의 명상 수행과 도교 철학의 영향을 강하게 받았다. 이 종교는 베트남과 한국을 거쳐 일본까지 동아시아에 재빨리 퍼져나갔다. 선은 자기 수양과 폭넓은 명상, 일상에서 드러나는 불교 사상에 대한 통찰을 강조한다. 그리고 제자를 분발시켜 (진실과

그림 16.11 선불교를 수행하는 서구인 무리. 이제 명상은 더는 기이하거나 신비하게 보이지 않는다. 이 장에서 우리는 명상이 주는 수많은 건강상의 이점을 검토했다. 비슷하게 불교와 선불교 역시 이제는 서구에서 상대적으로 주류에 속하는 종교가 되었다.
출처: Godong/Universal Images Group/Getty Images.

실재의 본질에 관한 통찰에 해당하는 각성인) 깨달음의 길로 이끄는 작은 수수께끼 혹은 역설인 선문답을 특별히 명상에 활용한다. 우리는 집중적인 명상 그리고 '한 손으로 치는 손뼉 소리는 무엇인가?'와 같은 선문답에 대한 숙고를 통해 이러한 상태에 도달할 수 있다. 그 외에 유명한 선문답으로는 '세상을 무엇이라고 부르는가?', '네 그릇을 닦아라' 등이 있다. 스승이 한 소녀를 업고 진흙탕 길을 건너게 해준 뒤 젊은 중이 항의하자 스승이 '나는 아까 저기에서 소녀를 내려주었는데 너는 여전히 업고 있느냐?'고 답했다는 일화도 있다. 선문답은 보통 제자가 깨달음을 얻는 것으로 끝난다.

선의 어떤 점이 그토록 의식 연구자들의 관심을 끄는 것일까? 선은 그만한 노력을 기울인다면 우리 의식의 본질에 관한 통찰을 (보장한다는 의미가 아니라 기회를 제공한다는 의미에서) 약속하는 내적 성찰의 한 형태다. 선에서는 앉아서 명상하며 존재의 본질을 돌아보는 *좌선(坐禪)*이라는 수행을 활용하는데, 아마 이 과정에서 선문답도 활용할 것이다. (일부 자료에서는 사람이 '앉는' 게 아니라 마음을 '가라앉힌다'는 의미라고 한다.) 십대 시절 나를 매료시켰던 또 다른 형태의 명상은 지관타좌(只管打坐)로, 아무것도 마음에 두지 않고 명상하려 노력하는 것이다. 호프스태터(Hofstadter, 1979) 역시 선과 선문답을 논한 바 있다. 선문답은 서로 모순되거나 말이 되지 않는 생각을 만들어 내는데, 바로 그가 의식을 만들어 낸다고 주장했던 일종의 뒤얽힌 고리의 예다.

이 부분이 그다지 말이 되지 않는 것처럼 느껴지지만 흥미는 생긴다면 선불교를 이해하기 시작한 것이다. 선은 의식에 관해 무엇을 말해줄까? 내게는 평소 생각하는 것보다 내가 의식적일 때가 적다는 사실을 알려주었다. 어쩌면 의식에는 거의 아무것도 없을 수도 있다. 정신적 내용이 바삐 움직이고 있다는 생각은 착각일 수도 있다.

직접 해보자: 선문답

아래의 유명한 선문답으로 명상을 해보자.

> 한 수도승이 당대의 승려 조주(趙州)에게 가르침을 청하였다.
>
> 조주는 "식사는 하였는가?"라고 물었다.
>
> 수도승은 "예, 먹었습니다"라고 대답했다.
>
> 조주는 "그렇다면 가서 그릇을 씻게나"라고 했다.
>
> 그때 수도승은 깨달음을 얻었다.

16장 요약

- 마음챙김은 현재에 존재하면서 지금 하고 있는 일에 최대한 주의를 기울이는 것이다.
- 명상은 이완된 상태에서 주의를 집중하는 법을 훈련하는 것이다.
- 명상은 보통 호흡에 주의를 두려 노력하는 것을 포함한다.
- 명상은 심리적으로나 생리적으로나 바람직한 다양한 효과가 있다.
- 어떤 사람들은 정상적으로 깨어 있는 의식보다 더 풍요롭거나 나은 의식 상태를 경험한다.
- 신비체험은 신비롭다고 해석되는 심리적 상태에서의 짧고 급격하지만 긍정적인 변화와 더 고차원적인 존재에 대한 느낌을 포함한다.
- 신비체험은 측두엽 발작 같은 분명한 생리적 상관물을 가진다.
- 실험실에서 신비 상태를 다시 만들어 내려는 시도는 논란이 많은 것으로 밝혀졌다.
- 불교는 자기에 대한 이해 그리고 고통의 순환에서의 해방을 강조한다.
- 고통은 감각적인 욕망에서 생겨난다.
- 불교는 더 높은 상태의 의식을 얻기 위한 노력을 포함한다.
- 선은 모순을 관찰해서 얻는 통찰이나 무(無)에서 얻는 통찰을 강조한다.

리뷰 질문

1. 숙련된 명상가들이 명상할 때 뇌에서 어떤 변화가 일어나나?
2. 마음챙김과 명상에 차이가 있다면 무엇일까?
3. 마음챙김과 명상의 장점은 무엇일까? 둘을 수련할 때 불리한 점이 있다면 무엇일까?
4. 정상적으로 깨어있는 의식 '위에 있는' 의식 상태를 이야기하는 것이 합당한가? 그런 상태는 어떤 면에서든 정상적으로 깨어있는 의식보다 더 '나을'까?

5. 불교는 의식에 관해 무엇을 말해주나?
6. 종교적 믿음이 심리학과 양립할 수 있나?
7. 더 차원이 높은 의식 상태에서 신경전달물질은 어떤 역할을 하나?

추천 자료

일반

대니 펜맨, 마크 윌리엄스. (2013 [2011]). 8주, 나를 비우는 시간 (원제: Mindfulness: A Practical Guide to Finding Peace in a Frantic World). 불광출판사.

쿨라다사, 매튜 이머거트, 제레미 그레이브즈. (2017 [2015]). 비추는 마음 비추인 마음 (원제: The Mind Illuminated). 학지사.

고차원의 의식

Wilson, C. (2009). Super Consciousness: The Quest for the Peak Experience. London: Watkins.

불교

수전 블랙모어. (2011 [2009]). 선과 의식의 기술 (원제: Zen and the Art of Consciousness). 바다출판사.

더글러스 호프스태터. (2017 [1979]). 괴델, 에셔, 바흐 (원제: Godel, Escher, Bach: An Eternal Golden Braid). 까치.

Claxton, G. (1992). The Heart of Buddhism: Practical Wisdom for an Agitated World. London: Thorsons.

종교적 체험

James, W. (2012 [1902]). The Varieties of Religious Experience. Riverside, CA: Renaissance Classics.

Murphy, T. (2014). Sacred Pathways: The Brain's Role in Religious and Mystic Experiences (2nd ed.). Scotts Valley, CA: CreateSpace.

스스로 변화하는 뇌

새론 베글리. (2008 [2007]). 달라이 라마, 마음이 뇌에게 묻다 (원제: Train Your Mind Change Your Brain). 북섬.

노먼 도이지. (2008 [2007]). 기적을 부르는 뇌 (원제: The Brain that Changes Itself). 지호.

Newberg, A., and Waldman, M.R. (2009). How God Changes Your Brain. New York: Ballantine Books.

Newberg, A., and Waldman, M.R. (2016). How Enlightenment Changes Your Brain. London: Hay House.

17 초심리학

초심리학(parapsychology)은 비정상적이고 설명할 수 없는 현상을 연구하는 학문이다. 어떤 점에서는 이상한 분야다. 특정한 주제를 설명할 수 있게 되면 해당 주제는 초심리학의 영역에서 심리학이나 물리학의 영역으로 이동하기 때문이다. 이 분야의 중심에는 지금껏 알려진 물리적 과정으로는 설명할 수 없는 방식으로 정신이 세계에 직접적인 힘이나 행동을 가하는 현상이 있다. 오늘날에는 *이상심리학(anomalistic psychology)*이라는 용어도 종종 사용되는데, 특히 이 용어는 *초자연적 현상*이 존재하지 않는다고 가정한다.

대부분의 사람들에게 초자연적 현상의 예를 들어달라고 하면 텔레파시와 투시, 유령, 미확인 비행물체(UFO), 외계인, 예티(Yeti), 심령술 등 비롯해 전혀 관련이 없는 항목을 길게 나열할 것이다. 이 장에서는 이 기묘하고 인상적인 목록에 질서를 부여하려 한다.

먼저 많은 사람이 초자연적이라 생각하는 일 대부분이 포함되는 자생적 현상(spontaneous phenomena)과 초자연적 현상의 실험적 연구를 구분해야 한다. 자생적 현상은 유령, 교령회, 외계인, UFO(그림 17.1), (예티나 빅풋(Bigfoot) 같은) 미확인 동물, 폴터가이스트(poltergeist, 시끄러운 소리를 내는 유령을 뜻하며, 이들로 인해 이유 없이 시끄러운 소리나 비명이 들리거나 물건이 움직이고 부서지는 현상을 가리키기도 함 – 옮긴이), 언뜻 봐서는 믿기 어려운 우연 등 이제까지 보고된 광범위한 현상을 포괄한다. 이 모든 것의 문제는 연구실 밖에서 발생해서 실제로 어떤 일이 일어나고 있는지 제대로 알지 못한다는 것이다. 여러분이 이 책에서 얻어가야 할 한 가지 중요한 사실은 목격자들은 매우 신뢰하기 어렵다는 것이다. 어떤 사람은 상황을 정말 솔직하게 평가해서 유령을 보았다고 생각하는 결론에 도달했을 수도 있다. 하지만 그러한 주장은 과학적 근거가 요구하는 높은 기준에 미치지 못한다. 누군가가 자기 부모님이 돌아가시기 전날 밤 두 분을 꿈에서 보았다고 해보자. 하지만 그 사람은 부모님의 꿈을 얼마나 자주 꿀까? 조건을 통제해서 사건에 확률을 부여하기는 매우 어렵다. 대부분의 초심리학자들이 조건을 통제하고, 우연히 발생할 확률을 알고 있으면서 연구실에서 작업해 온 사건을 다루려 하는 이유도 이 때문이다.

이 장은 텔레파시, 투시, 예지와 같은 심령 현상의 여러 유형을 구분해 보고 의미 있는 분류가 가능한지를 물으며 시작된다. 그리고 이러한 현상 기저에 있는 일반적인 메커니즘을 가리키는 용어 프사이(psi)를 소개한다.

다음에는 자생적 현상의 범위를 검토하고, 특히 이러한 현상에서 배울 것이 있는지 있다면 무엇인지 생각해 본다.

이후에는 대부분 초자연적 현상의 실험적 검증에 집중한다. 무엇이 좋은 실험을 만드는지에 특별히 관심을 두고 단서 주기와 감각 누출 같은 방법론상의 쟁점을 살펴본다. 그리고 초자연적 현상 연구에서 변성된 의식 상태, 특히 간츠펠트가 가지는 특별한 역할을 검토한다. 특성과 상태 영향을 알아보고 프사이 연구에 실험 효과의 개념을 도입한다. 그다음에는 실험실과 야생에서 폴터가이스트의 형태로 물질을 지배하는 정신(mind over matter), 즉 염력을 살펴본다.

그림 17.1 미확인 비행물체(UFO). 사진이 촬영된 장소와 시간은 알려지지 않았다. 외계인들은 정말 이런 비행물체를 타고 여행할까?
출처: Steven Peters/The Image Bank/Getty Images Plus.

그리고 우리가 죽은 후에도 우리의 무언가는 살아있다는 생각인 사후생존연구(survival research)에 관해 알아보며 이 장을 마무리한다.

이 책은 초자연적 현상이 아니라 의식에 관한 책이다. 그렇다면 둘은 어떤 관련이 있을까? 이 질문은 어느 정도 고민을 해야 한다. 우리 의식의 무언가나 인격의 일부가 죽은 후에도 살아남는다면 대부분의 사람들은 심리학의 유물론적 관점이 틀렸거나 적어도 불완전하다고 결론 내릴 것이다. 그리고 이러한 현상이 실재한다면 아마도 일원론보다는 이원론 중 몇몇 갈래의 맥락에서 더 훌륭히 설명될 것이다. 하지만 이러한 관계를 이해하려는 노력은 먼저 광범위하게 재현되었다고 인정받는 발견이 없다는 사실(재현의 문제)에, 두 번째로는 이러한 현상을 설명할 합당한 메커니즘이 부재한다는 사실에 가로막힌다.

특정한 현상이 (흔히 그렇듯이) 초자연적 현상이 아닌 것으로 밝혀진다 해도 항상 설명해야 하는 무언가가 있다는 것은 기억하자. 그림 17.1 역시 무언가를 말해준다. 위조된 사진이라면 왜 사람들이 신경을 쓰는 걸까? 왜 그렇게 많은 사람이 근거가 아주 빈약한데도 UFO의 존재를 믿는 걸까?

초감각 지각과 프사이

학문적 연구의 대상이 되어왔고 대부분의 사람들에게 가장 익숙한 초자연적 현상의 예로는 텔레파시가 있다. *텔레파시*는 한 사람의 마음에서 다른 사람의 마음으로 직접 전달하는 것, 즉 독심술이다. 내가 여러분이 무슨 생각을 하고 있는지 말할 수 있다면 혹은 여러분이 내게 정신적 메시지를 보낼 수 있다면 우리는 그냥 텔레파시 소통을 즐기는 것이다. *투시*는 물건에서 정보를 얻을 수 있는 능력이다. 여러분이 서랍 안에 그림을 넣어두거나 특정한 숫자를 조합해 자물쇠 비밀번호를 정했다고 하자. 그러면 나는 투시 능력을 써서 그림을 찾아내거나 비밀번호를 알아낼 수 있다.

바로 여기가 꼬이기 시작하는 지점이다. 내가 서랍 안에 무엇이 들어있는지 혹은 자물쇠 비밀번호가 무엇인지 알아냈을 때 여러분 마음속의 기억을 들여다본 것이 아니라 물체를 투시한 것인지 어떻게 알 수 있을까? 많은 환경에서는 이 둘을 구분하기가 어렵기 때문에 초심리학자들은 대신 *초감각 지각(extrasensory perception, ESP)*이라는 단어를 사용한다.

내게 미래에 일어날 일을 예측하는 능력이 있을 수도 있다. 내가 다음 주에 당첨될 복권 번호의 이미지를 보았다면 *예지*를 사용한 것이다. 봉인된 여러 봉투 중 하나를 무작위로 선택해 서랍 안에 넣는 등의 방식으로 텔레파시와 투시의 혼동은 피할 수 있을지도 모른다. 하지만 봉투가 열려 있고 누군가 그 내용을 보았다면 투시했는지 아니면 미래를 예지했는지 어떻게 구분할까? 다시 구분이 불가능하다. 따라서 텔레파시와 투시, 예지는 하나로 묶는 게 합당하다. 그래서 **전반적인 초감각 지각**(general extrasensory perception, GESP) 능력을 이야기하게 된다.

우리는 물건을 움직이거나 조작하는 데도 정신을 이용할 수 있다. 물질을 지배하는 정신, 즉 **염력**이다. 거시적으로 나는 책상 모서리에 있는 커피잔을 바닥에 옮길 수 있을 것이다. 사실이라면 골치가 아프겠지만 다행히도 내게는 그런 능력이 없다. 미시적으로는 방사성 물질의 붕괴에 영향을 미치고 결과적으로 일련의 난수를 만들어 내는 데 영향을 미칠 수도 있다. 내가 여러분에게 어떤 물건 하나를 생각해 달라고 부탁했는데 여러분은 크리스마스트리를 골랐고 내가 맞췄다고 해 보자. 내가 처음부터 염력(PK)으로 당신의 선택 자체에 영향을 미치지 않았는지 어떻게 확신할 수 있을까? 텔레파시, 투시, 예지, 염력 사이의 구분이 아주 불분명하기 때문에 이 분야의 연구자 대부분은 **프사이(psi)**라는 총칭을 선호한다.

우리는 자생적으로 일어나는 현상과 연구실에서 이루어지는 프사이의 실험적 검증을 구분할 수 있다.

자생적 현상

대부분의 사람들은 자생적으로 일어나는 초자연적 사건에 익숙하다. 어딘가에서 읽고 듣거나, 자신에게 일어나는 이상한 일이 그렇다. 자생적으로 발생하는 현상은 유령과 UFO, 심령술, 물리적 시간 여행, 폴터가이스트부터 미래 보기나 기이한 우연까지 막대한 범위에 걸쳐 있는 기이한 일을 포괄한다. 이 모든 것의 문제는 조건을 통제할 수 없어서 실험실 밖에서 평가하기가 무척 어렵다는 것이다. 우연히 일어나는 사건의 확률을 추정하기도 몹시 어렵다(같은 이유로 통계적 분석을 수행하기도 어렵다). 여러분이 누군가의 꿈을 꾸었더니 다음날 그가 전화를 걸었다고 해보자. 이런 사건이 일어날 확률이 얼마나 될까? 일화는 말이 덧붙여지고 과장되며, 우리는 기억을 믿을 수 없다는 사실을 알고 있다. 또한 우리는 대부분의 사람들이 확률을 잘못 이해하고 있다는 것도 알고 있다. 거짓을 걸러내기도 어렵다. 이러한 사건을 보고하는 이들이 모두 거짓말쟁이라는 것은 아니다. 그저 이런 일화들은 가치 있는 과학적 발견이 요구하는 근거의 기준에 도달하기 어렵다는 것이다. 한 사람만이 관여할 때는 변성된 의식 상태나 환각으로 인한 일화일 가능성도 배제할 수 없다.

잘 알려지지는 않았지만 현재의 물리학으로도 설명할 수 있는 환경적 측면에서 원인을 찾을 수 있는 자생적 현상의 예도 몇 가지 있다. 한 예로, (진동수가 20헤르츠 이하, 특히 19헤르츠 정도로 아주 낮은 소리인) 초저음(infrasound)은 인간에게 공포나 경외감을 비롯한 특정한 심리 상태를 유발하는 듯하다. 의식적으로 지각되지는 않아서 (진동수가 너무 낮아서 귀에 들리지 않는다) 사람들을 불안하게 만들 수 있으며 심지어 이상한 사건이 벌어지기도 한다. 영국의 엔지니어 빅 탠디(Vic Tandy, 1955~2005)는 유령 등의 자생적 초자연적 현상과 초저음의 관계를 조사했다. 그는 진동수가 약 19헤르츠인 초저음에 노출되면 생리적 반응(두려운 느낌)과 심리적 반응(침체된 느낌 그리고 종종 유령을 봄)이 모두 유발된다고 주장했다(Tandy & Lawrence, 1998). 리처드 와이즈먼(Richard Wiseman)과 다른 연구자들은 유사한 연구를 진행했다. 이들은 영국 런던의 사우스뱅크 지역에 있는 로열페스티벌홀(Royal Festival Hall) 퍼셀관(Purcell Room)에서 열린 공연에서 몇몇 작품을 연주하는 중에 진동수 17헤르츠의 초저음을 들려주었다. 많은 이들이 (실험에 활용된 곡들이 어떤 작품인지 몰랐는데도) 초저음이 동반된 곡의 효과를 알아챘다. 불안과 슬픔, 추위, '등골이 오싹한' 느낌을 포함해 생리적 효과와 심리적 효과가 모두 확인되었다(Wiseman, 2011a).

자생적 현상에 관한 모든 이야기가 이러한 메커니즘이나 유사한 메커니즘으로, 혹은 아직 알려지지 않은 물리적 메커니즘으로 설명될 가능성을 배제할 수 없다.

상자 17.1 베르사유 시간 여행 사건

1901년 8월 10일 두 영국인 관광객 샬럿 모벌리(Charlotte Moberly, 1846~1937)와 엘리너 주르뎅(Eleanor Jourdain, 1863~1924)이 베르사유 궁전을 찾았다. 모벌리는 옥스퍼드에 있는 여성 기숙사의 책임자였고 주르뎅은 모벌리의 조수였으나 그 역시 몇 권의 교과서를 집필한 바 있었다. 궁전에 큰 관심이 없었던 두 사람은 건물을 나와 (상대적으로) 조그마한 별궁인 프티트리아농(Petit Trianon)을 향해 걷기로 했다. 그러다 잠시 길을 잃었고 '답답하고 피로한 느낌'에 휩싸인 듯하다. 그때 그들은 18세기 말처럼 옷을 차려입은 사람들을 발견했다. 주르뎅이 작은 집을 알아봤고 모벌리는 모든 게 비현실적으로 보인다는 사실을 알아챘다. 마담투소 박물관에 밀랍 인형으로 재현되어 있는 풍경을 보고 있는 듯했다. 이후 두 사람은 의자에 앉아 있는 사람을 만났는데 그의 얼굴에는 천연두 자국이 있었다. 모벌리는 전통적인 옷을 입고 잔디 위에서 그림을 그리고 있는 숙녀를 보았다. 결국 두 사람은 궁전으로 돌아오는 길을 찾아냈고 다른 관광객들을 만났다.

이후 두 사람은 각자의 메모를 비교한 뒤 자신들이 1792년 8월 10일의 풍경을 보았고 모벌리가 본 (하지만 주르뎅은 보지 못한) 여자는 마리 앙투아네트(Marie Antoinette)라 결론 내렸다. 둘은 몇 차례 더 베르사유 궁전을 방문했으나 자신들의 경로나 주요 지형지물을 찾아내지 못했다. 이들은 자신들이 유령이 되었었거나 알 수 없는 이유로 시간을 거슬러 올라갔다고 생각했다.

기이한 주장이지만 두 여성의 사회적 지위를 생각하면 이러한 이야기를 지어내 자신들을 우습게 만들 이유는 없었을 듯하다. 따라서 우리는 적어도 그들이 뭔가 알 수 없는 일이 벌어졌다고 생각했을 거라 결론 내릴 수 있다. 시간 여행이나 유령은 가장 설득력이 떨어지는 설명이다. 특히 그들이 묘사한 특징을 1792년의 지도에서 찾을 수 없었다는 사실을 고려할 때 어떤 일이 벌어졌던 걸까? 두 사람의 이야기는 완전히 일치하지 않으며, 놀랍게도 어느 정도 시간이 흐른 후에야 서로의 메모를 비교해 보았다. 앞서 우리의 믿음과 기억이 얼마나 틀리기 쉬운지 살펴보았다(6장). 그리고 적어도 바틀릿(Bartlett, 1932)이 「유령들의 전쟁(The War of the Ghosts)」 이야기에 관한 연구를 발표한 후에는 이야기를 개작할 때 얼마나 많이 왜곡되는지도 알고 있다. 두 사람은 길을 잃었고 아마 방향 감각이 흐려지면서 혼란을 겪었을 것이다.

상자 17.1 베르사유 시간 여행 사건 (계속)

이 사건은 보통 모벌리-주르뎅 사건이라 불리며 모리슨(Morrison)과 러몬트(Lamont)라는 필명으로 발표한 공동 저서 『모험(An Adventure)』에서 (10년 뒤인 1911년) 처음 공개되었다. 믿기 어려운 일인데도 이 사건은 대중의 상상력을 사로잡았고 몇 차례 개작되었다(Castle, 1991; Iremonger, 1975 등). 놀라운 이야기라도 거짓이나 속임수에 의존하지 않는 합리적인 설명이 가능하다는 것을 보여주는 사례다.

상자 17.2 음파 소음과 음향 무기

특정한 위치에서 공격적이고 불안감을 주는 낮은 주파수의 소리를 들을 수 있다고 보고하는 사람들이 있다. 웅웅거리는 소리, 웅성거리는 소리, 웅얼거리는 소리 등으로 다양하게 묘사되는 소리다. 이러한 현상을 *험(Hum)*이라 한다. 사람에 따라 진동수 30헤르츠에서 50헤르츠 사이에서 험을 경험한다. 이러한 현상을 두고 근처에 있는 중장비에서 나는 소리나 잠수함이 연락을 주고받기 위해 사용하는 저주파, 동물이 내는 소음이라는 주장부터 종치는 소리 등 특정한 소음이 계속 들리는 청력 장애인 이명이나 청각계 내의 소음이라는 주장까지 다양한 설명이 제안되어 왔다. 하지만 험보다 주파수가 낮은 소리도 있다.

음향 무기는 강력한 소리와 (대부분의 사람들, 혹은 적어도 연령대가 높은 사람들의 청력 범위보다 주파수가 높은) 초음파, (진동수가 아주 낮아서 보통 20헤르츠 이하인) 초저주파를 사용한다. 상대적으로 낮은 출력의 초음파(약 20킬로헤르츠)를 울리면 불쾌한 느낌이 들어서 경찰과 지방 당국이 (진동수가 높은 소리에 훨씬 더 민감한) 젊은이들이 모여드는 것을 막으려 할 때 사용한다.

초저주파는 사람이 만들어 내기도 하고 다양한 자연적 원인으로 만들어지기도 한다. 코끼리, 코뿔소, 고래와 같은 일부 동물은 소통을 위해 초저주파를 사용한다.

특이한 소리 패턴이 초자연적 현상의 출현을 끌어낼까? 거의 확실하다. 이러한 패턴이 어느 정도 유지되지 않으면 자생적 사례를 분석하기가 몹시 어렵긴 해도 그 가능성을 배제할 수 없다. 하지만 비록 의식적으로 소리를 듣지는 못하더라도 특이한 소리 패턴은 이상함이나 두려움을 느끼게 하고 경외심에 사로잡히게 하는 등 우리에게 영향을 미칠 수 있다. 탠디와 와이즈먼의 작업은 심리적 설명을 배제하더라도 여전히 초자연적인 것에 의존하지 않고 물리적으로 설명할 수 있다는 것을 보여준다.

직접 해보자: 자생적 현상

자생적으로 발생하는 심령 현상의 사례를 찾아보자. 직접 경험한 괴담이 실리는 잡지나 신문이 있다면 쉽게 찾을 수 있다. 한 가지 사례를 표본으로 삼아 기존의 과학을 위배하지 않는 설명을 제시해 보자. 여러분의 '대안적' 설명은 얼마나 그럴듯한가?

직접 해보자: 윤리

퍼셀관 실험과 같은 연구에 윤리적 함의가 있을까? (이 실험에서 음악을 들으러 왔던 청중은 초저음을 포함하는 연구에 참여한다는 사실을 사전에 알고 있었다.)

시간의 흐름에 따른 자생적 현상의 변화

그림 17.2 제너 카드. 다섯 가지의 다른 디자인이 있어서 한 번 시도했을 때 카드의 무늬를 제대로 맞힐 확률은 5분의 1이다. 같은 방에 있는 사람과 텔레파시를 시험하는 것은 재미있는 장난이지만 과학적인 실험이라 하기에는 부족한 점이 많다.
출처: Chronicle/Alamy Stock Photo.

자생적 현상의 형태는 역사적으로 바뀌어 왔다. 최근까지는 마녀와 악령, 악마가 집착의 대상이었다. 세기가 바뀔 때는 영혼과 사후 세계가 주목을 받았다. 요즘에는 UFO와 외계인 유괴가 대세다. 자생적 현상의 유형은 심리적·과학적 이해가 발전함에 따라 변해왔다. 이러한 현상이 실재일 가능성이 작다는 뜻일 수 있지만, 근원적인 현상이 드러나는 방식을 반영할 수도 있다.

초심리학 실험을 통한 발견

초감각 지각에 관한 최초의 체계적인 연구는 1920년대와 1930년대 미국 노스캐롤라이나의 듀크대학교(Duke University)에서 미국인 식물학자 조지프 뱅크스 라인(Joseph Banks Rhine)과 그의 아내 루이즈 E. 라인(Louise E. Rhine)에 의해 이루어졌다. 라인은 제너 카드(Zener card)라 부르는 (원, 네모, 십자, 물결선, 별의) 분명한 이미지들을 사용했다(그림 17.2). 다섯 개의 이미지가 있으므로 그중 하나를 제대로 맞힐 확률은 5분의 1이고, 100번 시도하면 *평균적으로* 20번 맞히게 된다. 라인은 일반 인구 집단을 대상으로 한 실험에서 참가자에게 자신이 어느 카드를 바라보고 있는지 추측하게 했고, 기대 확률과 차이가 크진 않지만 유의하게 더 높은 점수를 받는 약한 효과의 증거를 찾아냈다. 하지만 대부분의 관심은 소수의 '초능력 슈퍼스타', 특히 확실히 확률보다 훨씬 더 높은 점수를 받은 허버트 피어스(Hubert Pearce)와 조지프 프랫(Joseph Pratt)에게 집중됐다(Rhine, 1934).

상자 17.3 초능력 슈퍼스타

대부분의 사람들이 프사이 실험에서 확률에 근접한 성과를 내고, 일반적으로 이러한 실험의 효과 크기는 작거나 0이다. 하지만 소수의 사람들은 평균보다 엄청나게 뛰어난 능력을 발휘하는 듯하며 이러한 사람들을 '*초능력 슈퍼스타*'라 부른다.

첫 번째 '슈퍼스타'는 미국의 심리학자 조지프 프랫(1910~1979)이 1933년부터 1934년 사이 진행한 실험에서 나왔다. 제너 카드로 진행한 실험에서 신학 학생인 허버트 피어스가 독보적인 결과를 낸 것이다. 그는 1,850번의 시도에서 558번 성공했다(확률에 따라 기대할 수 있는 성공 횟수는 370번으로, 그의 점수는 통계적으로 유의하게 높았다; Rhine, 1937에서 자세한 내용을 확인할 수 있다). 하지만 이 실험의 설계에는 미흡한 점이 많았다. 우선 전체적으로, 단순히 카드를 섞는 것은 좋지 못한 생각이다. 카드를 임의 추출할 때 굉장히 좋은 방식은 아니기 때문이다. 카드 판에서 좀 놀아본 사람이라면 알고 있듯이 리플 셔플(riffle shuffle, 카드를 반으로 갈라 양손에 쥐고 서로 마주 보고 섞이게 하는 방법 – 옮긴이)을 7번은 제대로 해야 하는 것으로 계산된다. 더 중요한 문제는 실험 설계에서 부정행위를 제거하지 않았다는 것이다. 이 실험의 기록이 조작되지 않았는지, 혹은 참가자나 공범자가 다른 방에서 스파이 노릇을 하지 않았는지를 두고 상당한 논란이 있다. 프사이 연구를 하면 여러분의 평판이 위험해질 수 있다. 피어스는 감리교 목사가 되었고 솔직하며 종교적인 사람으로 널리 인정받았다.

그림 17.3 이스라엘의 '초능력 슈퍼스타' 유리 겔러. 겔러는 1970년대 텔레비전에서 숟가락을 구부리는 묘기로 유명해졌다(염력 부분을 참고하라).
출처: Linjerry/iStock/Getty Images Plus.

미국의 예술가 잉고 스완(Ingo Swann, 1933~2013)은 타르그(Targ)와 푸소프(Puthoff)가 스타게이트 프로젝트(Stargate Project)에서 진행한 원격 조망 실험에서 두각을 드러낸 참가자였다(Targ & Puthoff, 1977). 스완은 멀리 있는 목표물을 보는 유체 이탈 체험 실험과 잘 차폐된 자력계의 자기장에 영향을 미치는 염력 실험에도 참가했다. 이러한 실험 역시 형편없는 실험 통제와 조작 방지 실패 등의 흔한 문제들과 관련이 있었다. 스완이 남긴 글(대표적으로, Swann, 2018)을 보면 초감각 지각과 텔레파시를 발달시키는 법을 알 수 있다.

1973년 스완은 원격으로 목성과 목성의 달을 관찰했다. 그는 토성의 고리와 같은 것이 존재한다고 보고했다. 그리고 1979년 보이저 탐사선(Voyager probe)이 목성 주위에서 희미한 고리를 찾아냈다. 물론 온전히 운이었을 거다.

더 최근에는 이스라엘의 마법사 유리 겔러(Uri Geller)가 초능력 슈퍼스타라는 주장이 나왔다(그림 17.3).

실험 설계의 쟁점

초심리학 실험은 수많은 비판자를 설득하기 위해 극도로 엄격한 설계가 필요하다. 일반적인 규칙으로, 무대 마술사가 결과를 재현할 수 있다면 문제가 있는 실험이다. 초심리학 실험이 잘못된 결과를 내놓을 수 있는

그림 17.4 감각 누출. 프사이를 검사하는 실험을 수행하는 것은 언뜻 생각하기처럼 쉽지 않다. 텔레파시 실험에서 발신자는 위의 두 사진 중 어느 사진을 바라보고 있을까?

몇 가지 방식이 있다. 첫째, 실험자가 네 장의 사진을 제시하고 그중 한 장의 사진이 다른 사람이 바라보고 있는 정답 사진이라고 이야기했다고 하자. 그런데 사진 한 장에만 기름진 손자국이 묻어 있다면(그림 17.4)? 여러분은 당연히 그 사진이 정답 사진이라고 짐작할 것이다. 여러분이 옳았고 확률보다 높은 점수를 기록했다. 하지만 초감각 지각과는 아무 관련이 없다. 심지어 손자국을 알아차리지 않아도 괜찮다. 우리는 사람들이 의식하지 않을 때조차 상당히 미묘한 신호를 알아본다는 사실을 알고 있다. 이런 유형의 정보 전달을 *감각 누출*이라 한다. 아니면 내가 카드를 보고 있을 때 내가 쓴 안경알에 카드가 비친다면 어떨까? 이제 한 사람이 여러분에게 이미지를 전송하려 한다고 해 보자. 그다음 내가 네 장의 사진을 보여주고 그중 하나가 정답이다. 나는 네 가지 사진 중 어느 것이 정답인지 알고 있어서 그 사진을 가리킬 때 "아니면 바로 이건가요?"라고 특별히 강조하며 말한다. 나는 애써 알려주려 한 적이 없고 그러고 있다는 것도 모른다. 여러분 역시 알아챘다는 것을 인식할 필요가 없다. 이런 유형의 정보 전달을 *단서 주기*라 한다. 누군가가 그저 무의식적인 감각 누출이나 단서 주기를 이용해 특정한 과업을 정말 훌륭히 수행할 수 있다는 생각을 의심할 수도 있다. 하지만 어떻게 설명해야 회의론자들이 마음을 돌리게 할 수 있을까? 물론 누출과 단서 주기를 방지하도록 실험을 설계할 수도 있다. 중복된 사진을 사용하고, 참가자들을 분리된 방 혹은 아예 분리된 건물에 홀로 두며, 참가자들과 접촉하는 실험자나 다른 사람은 답이 무엇인지 모르게 하는 이중 맹검 설계를 활용한다. 마지막으로, 실험자의 조작을 피할 수 있게 가능한 한 많은 예방책을 도입해야 한다. 초심리학자들 대부분은 이 모든 예방책을 채택하면 프사이의 존재를 뒷받침하는 발견도 존재할 거로 생각한다. 하지만 다른 과학에서와 달리 이러한 발견은 재현할 수 없다. 이를 *재현 가능성 문제(replicability problem)*라 하며, 초자연적 현상의 존재를 부정하게 하는 가장 효과적인 근거로 여겨진다.

프사이와 변성된 의식 상태

프사이가 존재한다면 왜 그렇게 약한 걸까? 대중적인 생각 한 가지는 프사이의 효과가 훨씬 더 강한 배경의 감각 잡음으로 인해 쉽사리 가려진다는 것이다. *감각 잡음 가설(sensory noise hypothesis)*은 특히 변성된 의식 상태를 활용해 신호 대(對) 잡음비를 높이는 기술에 대한 관심으로 이어졌다. 변성된 의식 상태 연구에서는 모두 프사이 신호의 양과 질을 향상하려 하며 최면과 이완, 꿈을 비롯한 많은 수단이 시도되었다.

1960년대와 1970년대 미국 뉴욕 브루클린에 있는 마이모니데스(Maimonides) 꿈연구소에서 정신과 의사 몬터규 울만(Montague Ullman)이 진행한 독창적인 연구에서 처음으로 초감각 지각의 확실한 증거가 발견된 듯하다(Ullman & Krippner, 1969). 이후 진행된 꿈 연구는 계속해서 초감각 지각을 뒷받침할 근거를 찾고 있다(Sherwood & Roe, 2003). 이러한 꿈 연구 뒤에 있는 원리는 간츠펠트에 활용되는 추론과 유사하다. 매일의 깨어있는 의식은 잡음의 원천이고, 꿈에서 잡음이 약해지면 프사이 신호가 더 강하게 도착한다. 초감각 지각과 관련된 꿈 연구는 간츠펠트 연구만큼 많은 관심을 받지 못했다. 물론 꿈 연구를 수행하기가 더 어렵고, 상대적으로 도외시된 주된 이유도 아마 이 때문일 것이다. 참가자 한 명을 준비시키느라 10시간을 쓰며 기다리고 난 후에 결국 그가 꿈을 하나도 기억하지 못한다는 것만 알게 될 수도 있다.

상자 17.4 가짜 영매

그림 17.5 1910년경 (에바(Eva) C.로도 알려진) 영매 마르트 베로(Marthe Beraud)의 머리 밖으로 빠져나오는 심령체가 확실히 보인다. 심령체는 영매에 의해 '표면화된' 영적 에너지나 영적 물질을 말한다. 내 눈에는 그냥 천으로 보이고 이런 속임수에 넘어가는 사람이 있다는 걸 이해하기 어렵다. 아마 어두운 조명에서 보면 훨씬 그럴듯했을 것이다. 필요한 물건을 몸에 숨기거나 때로는 토해내기도 했다.
출처: Hulton Archive/Stringer/Getty Images.

영매들은 교령회라 알려진 의식에서, 혹은 더 최근에는 무대나 대중적인 행사, 심지어 텔레비전에서 죽은 자와 접촉한다고 한다. 죽은 자와 접촉하는 것은 *심령술(spiritualism)*이라 알려진 종교적 운동의 기초다. 일부 영매들은 자신들의 의도를 정말 솔직히 밝히지만 사기나 속임수도 널리 퍼져 있다(그림 17.5). 미국의 마술사 겸 탈출 곡예사였던 해리 후두이니(Harry Houdini, 1874~1926)는 가짜 심령술사들을 폭로하는 데 힘을 쏟았고 그의 활동은 다른 무대 마술사들에게 영향을 미쳤다. 후두이니는 곧 변장을 하고 교령회에 참석해야 했다. 특히 유명한 한 사례에서 그는 '트럼펫 영매'를 폭로했다. 참가자들이 손을 잡고 원형으로 앉아 있으면 곧 어둠 속에서 트럼펫 소리가 들려오는 의식을 주도하는 이였다. 호우디니는 그 영매가 어떻게 원에서 빠져나가 (아마도 발로) 트럼펫을 조작하는지 보였다. 호우디니는 트럼펫에서 입을 대는 부분에 램프의 그을음을 발라두었고, 당연히 불이 켜졌을 때는 영매의 입 주위가 그을음으로 얼룩져 있었다.

현대의 영매들은 자신의 제물에게서 정보를 뽑아내기 위해 다양한 방법을 사용한다. 가장 무난한 방법은 그냥 상대와 대화를 나누며 신호를 알아채는 것이다. 한 예로, 상대가 고개를 끄덕이는 문장을 깊이 파고든다. 어떤 영매들은 정보를 찾아 나선다. 어떤 영매들은 상대를 만나기 전에 정보를 모은다. 존스(Jones, 2010)는 이러한 기술 중 일부를 검토했다.

직접 해보자: 초감각 지각을 시험하자

초감각 지각을 시험하기 위한 실험을 설계하자. 가능한 한 많은 예방책을 합리적으로 활용하자. 실험을 진행하고 적절한 통계적 분석을 적용하자.

간츠펠트에서의 프사이

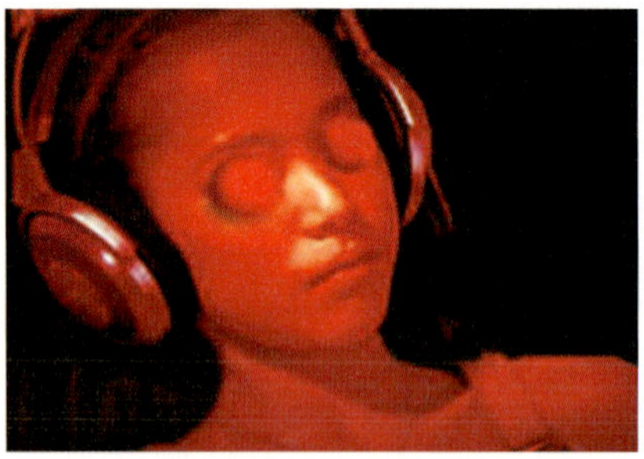

그림 17.6 간츠펠트. 참가자들은 눈에 단일한 붉은 빛이 비치고 귀에는 백색(이나 갈색) 소음이 제시되는 상태에서 이완한다.

변성된 의식 상태의 잡음을 줄이는 기법으로 가장 촉망받는 것 중 하나가 간츠펠트다. 간츠펠트는 감각 박탈과 유사한 감각 습관화의 한 형태이지만 훨씬 더 쾌적하며 실행이 쉽다(11장을 보라). 참가자들은 30분에서 한 시간 정도 의자나 침대에서 이완하고 자신들의 *정신 활동*(*mentation*, 해당 시간의 생각과 감각, 느낌)을 언어로 보고한다. 기본적인 간츠펠트 프사이 설정에서 참가자는 수신자다. 또 다른 장소에서는 다른 사람인 발송자가 그림 하나를 보고 있다(그림 17.6, 17.7). 일정 시간이 지나면 참가자는 정신 활동을 근거로 여러 가지 (보통 네 종류) 그림 중 발송자가 보고 있던 그림을 말해야 한다. 그다음 발송자를 불러 실제로 본 그림과 수신자가 추측한 그림을 비교한다. 1970년대와 1980년대에는 이러한 간츠펠트 설정에서 확실히 확률보다 유의하게 큰 점수가 나오는 듯하면서 초심리적 소통에 대한 기대가 커졌다. 여러 연구 결과를 종합한 몇몇 메타 분석에서 30~35퍼센트의 점수 차이가 확인되었다. 하지만 방법론적 견고함을 더 엄격하게 평가해 분석에 포함할 연구를 선정한 다른 메타 분석에서는 전체적으로 의미 있는 효과가 나타나지 않았다. 또한 (종속변인이 독립변인의 영향을 받지 않는다는) 무위 결과(null result)는 논문으로 출판되지 않는 파일 *서랍 효과*(*file drawer effect*)라는 잠재적인 문제도 있다. 이에 따라 늘 그렇듯이 뜨거운 논쟁이 이어지고 있다(Honorton, 1985; Hyman, 2010; Milton & Wiseman, 2001; Williams, 2011; 참고문헌은 각 논문을 참조하라).

그림 17.7 간츠펠트 설정에 사용되는 이미지. 발신자는 이 네 가지 그림 중 하나의 복사본을 바라보고 있고, 참가자는 정신 활동에 가장 부합하는 순서로 그림을 평가하거나 순위를 매긴다.

직접 해보자: 간츠펠트를 경험해 보자

설명대로 간츠펠트 환경을 만들라. 더 상세한 내용이 필요하다면 인터넷에서 쉽게 찾을 수 있을 것이다. 초감각 지각 실험을 설계하고 수행하라. 감각 누출과 신호 주기에 얼마나 잘 대비했나?

원격 조망

프사이에 관한 연구 중 가장 악명이 높은 몇몇 작업은 *원격 조망*이라는 기법을 포함하고 있다. 원격 조망은 참가자가 특정한 지리적 위치에 관한 정보를 얻으려 하는 것이다(그림 17.8). 원격 조망에 관한 가장 중요한 연구는 1970년대 미국 스탠퍼드연구소(Stanford Research Institute)에서 러셀 타르그(Russell Targ)와 해럴드 푸소프(Harold Puthoff)에 의해 진행되었다(Targ & Puthoff, 1977). 이들의 작업은 초능력 슈퍼스타, 대표적으로 잉고 스완(1933~2013)에게 의존하고 있었다. 초기에 얻은 흥미로운 결론 한 가지는 거리가 성공 확률에 영향을 미치지 않는다는 것이었다. 이 연구는 명백히 군사적 적용을 위해 *스타게이트 프로젝트*라는 이름으로 미국 정부의 자금 지원을 받고 있었다. 하지만 원격 조망 기술이 가능하다는 명백한 증거가 나오지 않자 처음에는 자금 지원이, 나중에는 연구가 중단되었다. 이후 원격 조망에 관한 타르그와 푸소프의 연구는 거센 비판을 받았다(특히, Hyman, 1986; Wiseman & Milton, 1999). 첫째, 프사이를 대상으로 한 다른 많은 실험과 마찬가지로 결과를 재현하기가 어렵거나 불가능했다. 둘째, 통제 부재, 감각 누출 가능성, 성공을 구성하는 요소의 불명확함, 조작 가능성을 제거할 만큼 엄격하지 않은 설계(개인적으로는 언제 들어도 약간은 부당하다고 느껴지는 공격이지만, 돌아오는 대꾸는 항상 '비범한 주장은 비범한 근거를 요구한다'는 것이다) 등 방법론을 두고 다양한 비판이 있었다.

그림 17.8 원격 조망. 나는 이 위치(영국 런던의 트래펄가 광장(Trafalgar Square)) 주변을 어슬렁거리고 있고, 여러분은 천 킬로미터 떨어진 곳에서 나에 관해 알아내려 한다. 이런 기술이 가능하다면 특히 군사적 목적에 유용할 것이다.

벰의 실험

미국의 존경받는 사회 심리학자 대릴 벰(Daryl Bem)이 최근 진행한 일련의 실험이 논란을 일으키고 있다. 그는 동료 심사의 기준이 아주 높다고 알려진 명망 있는 학술지 『성격 및 사회 심리학지(Journal of Personality and Social Psychology)』에 프사이의 존재를 통계적으로 뒷받침할 수 있는 실험들을 발표했다. 벰은 참가자들의 반응이 미래의 사건에 영향을 받는지 확인하기 위해 전통적인 심리학 실험 설정에 기반했지만 사건의 순서를 반전시킨('시간 반전') 아홉 가지의 실험을 진행했고 1,000명 이상을 참여시켰다(Bem, 2011). 소급 회상(retroactive recall)을 예로 살펴보자. 실험자는 참가자들에게 단어 목록을 하나 제시한 뒤 가능한 한 많은 단어를 생각해 내라고 요청했다. 그리고 목록의 단어 중 일부를 다시 연습용 단어로 제시했다. 참가자들은 먼저 단어들을 기억해 낸 후에 연습용 단어를 확인했는데도 통제 단어보다 연습용 단어를 더 많이 기억해 냈다. 다른 과업에는 성적이고 예지적인 부정적 자극을 보고, 프라이밍하고, 습관화하는 것이 포함되어 있었다. 벰은 이러한 결과가 예지를 뒷받침한다고 주장했다.

당연하게도 이 연구는 수많은 비판을 불렀다. 통계에 기반한 비판으로는 벰이 다중 통계 검정을 위한 통제를 하지 않았다, 적절하지 않게 단측검정을 사용했다, 알맞은 통계를 사용하지 않았다, 과정에서 중요한 세부 사항들을 빠뜨렸다, 통계적 유의성에 도달했을 때 실험을 중단했다는 주장이 있었다(Alcock, 2011). 두 번째 갈래의 비판은 벰의 발견을 재현하려는 시도가 광범위하게 실패했다는 것이었다(Ritchie et al., 2012). 세 번째 갈래의 비판은 심리학자들이 전통적으로 택하는 추론 통계적 접근이 적절하지 않고 대신 어떤 일이 일어날 가능성을 고려하는 베이지안 통계(Bayesian statistics)를 사용해야 한다는 것이었다(그리고 프사이는 발생 가능성이 아주 낮다; Wagenmakers et al., 2011). 벰과 동료들은 이러한 비판 중 일부를 다루려 했으나, 현재 심리학자들 사이에서는 이들이 성공하지 못했다는 데 의견이 모이고 있다(Bem et al., 2011).

이러한 논문이 학문적 명성이 아주 높은 미국심리학회(American Psychological Association, APA) 학술지에서 출판되었다는 사실은 비판을 불러일으켰고, 학계에서 이뤄지는 동료 심사 과정의 가치와 신뢰성에 관한 논쟁을 촉발했다.

특성과 상태 연구

많은 연구자가 프사이가 언제 더 발현될 가능성이 큰지 밝히기 위해 심리적 요인을 검토했다(Irwin & Watt, 2007; Watt, 2005). 이러한 작업은 특히 어떤 개인적 *특성*과 *상태*가 프사이에 도움이 되는지 조사했다. 요약하면 프사이는 신경증(neuroticism)에서는 낮은 점수를 받고 외향성에서는 높은 점수를 받는 참가자들에게서, 그리고 참가자들이 느긋하고 자신감에 차 있으며 기분이 좋을 때 나타날 가능성이 컸다.

재현이 가장 잘 이루어지는 초심리학의 발견 중 하나는 프사이의 존재를 믿는 사람들이 믿지 않는 사람들보다 더 높은 점수를 받는 양-염소 효과(sheep-goat effect)다. 여기서 양은 프사이의 존재를 인정하는 사람들이고 염소는 더 회의적인 사람들이다(Schmeidler, 1952). 대단히 흥미로우면서 훌륭히 재현되는 결과는 염소들이 양들보다 나쁜 점수를 받을 뿐 아니라 확률보다 유의하게 *낮은* 점수를 받는 경향이 있다는 것이다. 이러한 효과를 *프사이 누락(psi missing)*이라 한다.

프사이에서 특성 효과와 상태 효과를 입증하는 것은 그 자체로 프사이에 대한 근거가 된다. 실재하지 않는 현상과 의미 있는 상관관계를 가질 수는 없다. 따라서 초심리적 효과의 다른 영역과 마찬가지로 이러한 효과의 원인이나 실험의 타당성은 최대한 엄격한 감시를 받고 있다.

초심리학 연구의 실험자 효과

특성 차이는 참가자에게만 국한되지 않는다. 어떤 사람들은 의미 있는 결과를 얻어낼 가능성이 더 크다는 의미에서 다른 사람들보다 더 뛰어난 실험자가 될 수 있다는 믿을 만한 실증이 있다. 이러한 효과는 *실험자 효과*라 알려졌다. 근본적으로 좋은 참가자가 되는 사람들이 좋은 실험자가 된다. 성공적인 실험자는 외향적이고, 실험이 성공할 거라는 자신감에 차 있으며, 참가자들의 마음을 안심시키는 경향이 있다. 이러한 효과의 원천에 관해서는 논란이 많다(Palmer, 1997; Schmeidler, 1997). 실험자 효과가 초심리학에 국한되지 않는다는 것은 기억해 두자.

염력

염력은 물질을 지배하는 정신으로, 오로지 정신의 힘으로 물건을 움직이거나 사건을 바꿀 수 있는 능력이다. 염력은 눈으로 움직임을 확인할 수 있는 거시염력(macro-psychokinesis, 그림 17.9)과 컴퓨터나 일부 난수 생성기에 활용되는 방사성 물질처럼 움직임을 확인할 수 없는 물건에 작용하는 미시염력(micro-psychokinesis)으로 나뉜다.

그림 17.9 염력? 스타니슬라바 톰치크(Stanislawa Tomczyk)가 고무공을 공중에 띄우고 있다. 톰치크는 20세기 초 활발하게 활동했던 폴란드의 심령론자 영매였다.
출처: Science History Images/Alamy Stock Photo.

물론 거시염력이 자생적으로 발생할 가능성도 항상 있지만, 유력한 근거를 통해 제대로 입증된 사례는 없다. 영상에 염력이 담긴 사례가 몇 가지 있긴 하나 대개 구소련이나 동유럽에서 흑백 필름으로 촬영된 선명하지 못한 자료이고 무슨 일이 벌어지고 있는지 파악하기가 무척 어렵다. 가장 유명한 영상 중 하나는 러시아의 여성 니나 쿨라기나(Nina Kulagina, 1926~1990)의 모습이 담긴 것으로 인터넷에서 찾을 수 있다. 보통은 그가 물체를 이리저리 움직이기 위해 숨겨진 자석이나 실을 사용했다고 본다.

1970년대에 유행했던 것 중에 숟가락 구부리기가 있었다. 유행의 중심에는 이스라엘의 초능력자 유리 겔러(1946년 출생)가 있었다. 겔러는 무대와 텔레비전에서 숟가락과 포크를 구부렸고 부러트릴 때도 많았다(상자 17.3과 그림 17.3). 보통은 그가 염력이 아니라 무대 마술을 이용한 것으로 결론 내린다.

더 시사하는 바가 큰 증거는 프린스턴대학교에 프린스턴공학이상연구소(Princeton Engineering Anomalies Research Lab.)를 설립한 미국의 물리학자 로버트 잰(Robert Jahn, 1930~2017)의 작업에서 나왔다. 잰은 전기적 무작위 사건 생성기에 영향을 미치려는 참가자들의 시도를 연구했다. 무작위 사건 생성기는 컴퓨터의 난수 생성기에서 사용하는 알고리듬이 아니라 방사성 붕괴나 광전 효과처럼 완전히 무작위적인 원천에서 무작위적인 숫자 같은 결과물을 만들어 내는 장치다(컴퓨터에서 알고리듬으로 만드는 난수는 확률이 아주 낮긴 해도 이론적으로 예측이 가능하다). 잰은 무작위 사건이 만들어지는 확률에서 아주 작지만 통계적으로 유의미한 편차를 찾아냈다고 주장했다(대표적으로, Jahn & Dunne, 1986). 아직 다른 연구실에서는 그의 작업을 재현하지 못했고, 기계의 편향과 통계적 해석의 문제로 인한 결과로 의견이 모이고 있다(Pigliucci, 2018).

상자 17.5 폴터가이스트

그림 17.10 폴터가이스트: 1976년 프랑스 느베르(Nevers)에서 12세의 도미니크 페로(Dominique Perrot)가 톡톡 두드리는 소리가 나는 위치를 가리키고 있다. 아니면 다른 차원으로 통하는 입구일까? 이 여자아이는 2살 때부터 초자연적 현상과 관련이 있었다고 한다.
출처: Hulton Archive/Stringer/Getty Images.

(독일어로 '시끄러운 유령'이라는 뜻의) 폴터가이스트는 집 안에서 소음을 내거나 물건을 던지는 등 물리적 소란을 일으키는 유령의 유형을 말한다. 폴터가이스트는 대개 청소년기 여학생들과 관련이 있다(그림 17.10). 한 가지 가설은 이들이 어린이들을 사로잡는 영혼들과 연관되어 있다는 것이다. 그리고 다소 설득력이 떨어지는 다른 가설은 폴터가이스트가 보통 문제가 있는 청소년에 의해 생겨난 자생적 염력의 현현이라는 것이다. 하지만 일부 (지진이나 구상 번개, 강력한 기류 그리고 1957년 미국 케이프코드(Cape Cod)의 유명한 사례처럼 굴뚝에서 발생한 강력한 하강기류 같은) 자연적 현상의 결과도 있지만 대부분은 희망적 관측, 망상, 환각 그리고 특히 관심을 원하는 아이들이 벌이는 장난 등이 결합한 결과라는 데 의견이 일치한다. 사람들은 때때로 구마 의식을 통해 폴터가이스트를 없애려 하는데, 이러한 의식에는 몇 가지 심리적 이점이 있을 수 있다.

비교적 최근까지 유명했던 사례는 1970년대 후반 목격된 엔필드(Enfield)의 폴터가이스트다. 이 현상은 영국 런던 북부의 엔필드 지역 그린가(Green Street)에서 1977년부터 1979년 사이 일어났다(Playfair, 1980). 처음에는 가구들이 움직이더니 커다란 소음과 알 수 없는 목소리가 뒤따랐고 방 안의 물건들이 내팽개쳐졌다고 한다. 마거릿(Margaret, 13세), 재닛(Janet, 11세)과도 관련이 있었다. 모리스 그로스(Maurice Gross)와 가이 플레이페어(Guy Playfair)라는 두 조사관은 일부 사건은 의심할 여지 없이 두 어린이가 장난을 친 것이지만, 육신을 떠난 짓궂은 영혼으로 인해 실제로 벌어진 일도 있었다고 결론 내렸다. 다른 연구자들은 대부분 두 사람의 결론을 인정하지 않았다. 1979년 이후에는 비슷한 사건이 보고되지 않았다.

엔필드의 폴터가이스트는 1992년 핼러윈(Halloween)에 BBC에서 방송된 가짜 다큐멘터리 『귀신 보기(Ghostwatch)』에 영감을 제공했다고 한다. 이 다큐멘터리는 방송을 진지하게 받아들인 일부 시청자에게 공포와 공황을 유발했고(공황과 집단 히스테리에 관해서는 6장을 참고하라) 텔레비전 시청만으로 외상 후 스트레스 장애를 보고한 최초의 사례가 되었다(Simons & Silveira, 1994). 폴터가이스트는 공포 영화 장르에서 자주 사용되는 소재이기도 하다.

어떻게 해야 회의론자들을 설득할 수 있을까?

프사이나 초자연적 현상이 존재한다고 설득하려면 어떤 종류의 증거가 필요할까? 내가 연구실에서 텔레파시에 관한 실험 하나를 진행했고, 그 결과가 (통계적 유의확률) $p < 0.05$로 유의하다는 것을 알아냈다고 하

자. 여러분이 회의적인 심리학자라면 이제 두 손을 들고 "알겠습니다. 프사이는 존재합니다. 이제 심리학에 관한 우리의 이해를 모두 재고해야겠군요. 그런데 어떤 면에서는 물리법칙들도 분명히 틀렸겠죠?"라고 하겠나? 내가 단어 재인에 관해 같은 수준의 실험을 하고 역시 $p < 0.05$의 통계적 유의확률로 결과를 얻었다면 그 누구도 놀라게 하지 않고 유명한 학술지에 결과를 발표할 수 있을 것이다. 분명히 여기서는 굉장히 이상한 일이 벌어지고 있다. 우리가 그럴 리 없다고 여기는 일을 증명하려 하면 더 높은 기준을 요구한다. 그리고 매우 비범한 결과라면 증명에 매우 높은 기준을 요구한다. 철학자 데이비드 흄(1711~1776)이 기적에 관해 관찰한 것처럼 "우리가 검증하려 노력하는 증거가 사실일 때보다 거짓일 때 더 기적 같은 유형이 아니라면, 기적을 밝히기에 충분한 증거는 없다……"(Hume, 1738)

프사이의 입증은 고도로 높은 수준의 증명을 요구한다. 결국 실험자들의 음모와 집단 사기가 존재할 가능성이 프사이가 존재할 가능성보다 더 크냐는 질문에 이를 수도 있다.

초심리학에서 연구하는 현상이 견고한 과학적 기반을 갖추고 있는 것으로 입증된다면 우리가 정신과 의식을 개념화하는 방식과 물리학에 혁명이 일어나야 할 것이다. 하지만 사실상 모든 초심리학자는 프사이의 증거가 없다고 생각한다. 그리고 모든 현상과 의미 있는 실험 결과는 더 전통적인 방식으로 가장 잘 설명된다.

초심리학은 의식에 관해 무엇을 말해주나?

이례적인 체험에 관심을 가지는 이들에게 도움이 될 만한 연구는 있지만, 초심리적 현상을 어떻게 해야 확고하게 입증할 수 있을지에 관한 합의는 아직 이루어지지 않았다.

그러한 합의가 존재한다 해도 의식에 관해 무엇을 말해줄 수 있을까? 더 구체적인 정보가 없기 때문에 대답하기 어렵다. 아마 이원론 철학을 더 잘 받아들이게 되겠지만 프사이가 이원론에 해당하는 것은 아니다. 비슷하게, 프사이가 없다고 해도 물리주의로 귀결되는 것은 아니다. 하지만 프사이에 대한 증거가 없는 상황에서 이러한 쟁점은 흥밋거리에 불과하다.

그럼에도 불구하고…… 프사이를 확고히 입증할 수 있다면 물리주의적 세계관을 흔들 수 있을 것이다. 물리주의, 신경과학, 행동주의로 이루어진 정원의 모든 것이 장미빛으로 빛나지는 못할 것이다. 우리는, 최소한 나는 지금 의식을 예측하지 못하지만 프사이를 확고히 입증할 수 있다면 의식을 보는 방식에도 변화가 일어날지 모른다.

존속

*존속(survival)*은 죽은 후에도 어떠한 정체성, 즉 특별한 의식이 지속되는 것이다. 말할 필요도 없이 물리적 일원론은 어떤 종류의 물리적 존속도 허용하지 않는다. 우리는 물론 서로 다른 정도로, 일부는 다른 사람들보다 오래, 사람들의 기억에 남는다. 율리우스 카이사르(Julius Caesar)는 살아남았다고 할 수 있지만 대부분의 사람들이 의도하는 바와는 다르다. 그의 무엇도 실제로 남아있지는 않다.

양자 모델에서의 존속을 가장 잘 설명해 주는 것은 스튜어트 해머오프가 자신의 유튜브 채널(Stuart Hameroff)에 올린 「스튜어트 해머오프의 뇌양자컴퓨터(Stuart Hameroff 'Brain Quantum Computer')」

영상이다. 일부 양자 모델(한 예로, 조화객관환원이론; Hameroff & Penrose, 2014)에서는 죽음의 순간 미세소관을 떠나는 양자 정보를 이야기한다. 그 정보가 미세소관으로 다시 돌아가면 그 사람은 계속해서 살고 임사체험을 겪는다. 이 정보는 사람을 떠나서도 독립적으로 존재할 수 있고 죽은 후에도 지속될 수 있다고 한다. 일종의 존속이다. 지금까지 이런 생각은 '오로지 추측에 근거'한다고 분류된다.

마침내 우리는 더 환상적인 영역에 도달했다. 유령의 존재를 뒷받침할 과학적 근거는 전혀 없다. 영매가 죽은 자에게 접촉하려 시도하는 심령 사건에 대한 분석은 영매라 주장하는 이들이 운 좋게 맞춘 것부터 신호를 읽고 확률을 조작하는 것(사람들이 가득 찬 방 안에 이미 사망했고 이름이 G로 시작하는 친구나 친척을 아는 사람이 있을 확률이 얼마나 될까?)까지, 아니면 노골적인 사기까지 훨씬 더 재미없는 설명을 제시한다.

이론의 여지 없이 존속을 뒷받침하는 증거는 존재하지 않지만 어떤 의미에서 우리는 우리에 관한 다른 사람의 기억에, 우리가 해온 작업 속에, 우리의 아이들에게 계속 존속하고 있다(10장도 참고하라). 우리 대부분은 어떤 식으로든 세계를 바꾸고, 특히 누군가는 위대한 방식으로 세계를 바꾼다.

상자 17.6 유령

그림 17.11 빅토리아 시대에 찍힌 유령 사진. 또는 이중 노출로 만들어진 속임수 사진.
출처: Hulton Archive/Stringer/Getty Images.

십대 시절 나는 유령이 존재할 가능성에 매혹되어 있었고 독특하면서 구체적인 유령 이야기 장르를 접하며 심리학에 빠졌다. 유령은 살아있는 것처럼 보이는 죽은 이의 환영이다. 인간의 사실적인 외양부터 사람이 종이처럼 넓고 얇게 펴진 전형적인 모습, 혹은 보이지는 않지만 존재감은 느낄 수 있는 무언가까지 다양한 형태를 취한다. 유령을 사진으로 남기려는 시도는 많았고 우연히 유령을 포착했다고 주장한 사진도 많다(그림 17.11). (내게는) 놀랍게도 많은 사람(광범위하게 퍼진 수치에 따르면, 현대 미국인의 18퍼센트)이 유령을 보았다고 주장하지만 유령의 존재를 뒷받침할 수 있는 증거는 전혀 없다. 유령 사냥꾼들은 폴터가이스트 연구자들과 마찬가지로 적외선 탐지기와 동작 탐지기, 카메라, 온갖 종류의 센서로 무장하고 나타나겠지만 유령과 같은 현상이 보고된 설득력 있는 사례는 하나도 없다. 유령은 존속에 관한 증거를 전혀 제공하지 않는다.

상자 17.6 유령 (계속)

하지만 그렇게 많은 사람이 그냥 유령을 보았다고 거짓말을 했을 것 같지는 않다. 그렇다면 무슨 일이 벌어지고 있는 걸까? 당연히 장난을 치거나 거짓말을 한 사례도 있을 것이다. 일부 사례에서는 아마 갑자기 잠이나 선잠 상태에서 깨어나면서(12장을 보라) 혹은 약물을 복용한 결과로 환각을 보았을 수 있다. 많은 경우에 아마 *암시*가 상호작용하면서 자연 현상을 *오귀인(misattribution)*하고 있을 수 있다(14장을 보라). 일부는 저주파 음(위를 보라)이나 강력한 자기장의 존재, 곰팡이 홀씨의 유독한 효과 등 기이한 특정 요인의 존재로 인해 유발된 현상일 수도 있다. 이러한 요인은 특정한 *위치*에 유령들이 *출몰*한다는 보고들을 설명할 수 있다.

환생

관심의 정도 그리고 과학이 이를 뒷받침한다는 주장을 고려할 때 조금 더 논의할 가치가 있는 존속의 한 유형이 있다. *환생*은 한 사람이 사망 후 일정 시간이 지나 다시 태어난다는 개념이다. 물리적이지 않은 무언가가 새로운 물리적 몸과 관계를 맺게 되는 것이다(그림 17.12). 피타고라스와 소크라테스를 포함해 고대 그리스의 많은 철학자들이 환생을 믿었다. 환생이 이뤄지는 방식에 관한 구체적인 설명은 어떤 종교를 따르는지에 좌우된다. 환생은 뇌나 물리적 몸과는 독립적으로 존재하는 영혼에 대한 믿음을 요구하며, 우리는 이러한 믿음이 과학적 근거와 일치하지 않는다는 사실을 알고 있다. 현대의 여러 종교, 특히 브라만교, 자이나교(Jainism), 힌두교, 시크교(Sikhism)를 비롯한 동양의 종교들은 환생을 포함한다. 환생은 불교의 핵심이라 할 수 있다. 불교에서는 집착과 욕망을 버림으로써 생의 굴레를 벗어나 열반에 이르기 위해 노력해야 한다고 가르친다.

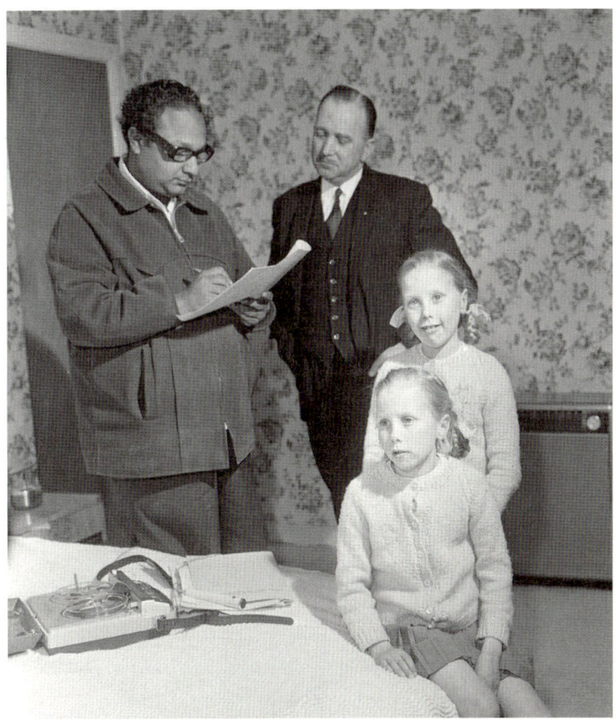

그림 17.12 환생: 폴록(Pollock) 자매의 사례. 1966년 쌍둥이 질리언(Gillian)과 제니퍼(Jennifer)를 촬영했다. 둘의 아버지는 딸들이 1957년 자동차 사고로 사망한 여자 형제들의 환생이라 믿었다. 히먼드라 바네르지(Hemendra Banerjee) 박사가 이 사례를 연구하고 있다.
출처: Mirrorpix/Mirrorpix/Getty Images.

이 분야에서 가장 유명한 연구자는 캐나다에서 태어나 버지니아대학교에 재직했던 정신과 의사 이언 스티븐슨(Ian Stevenson, 1918~2007)이다. 그는 전생의 기억을 가지고 있다고 주장하거나, 출생점(birthmark)이나 기형 같은 물리적 표지를 비롯해 다른 전생의 징후들을 보이는 아이들을 조사했다. 스티븐슨은 자신의 이론과 사례 연구의 상세한 내용을 담은 책을 여러 권 발표했다(Stevenson, 1988, 2001). 그는 자신이 조사한 아이들이 전생이 있었다고 밖에 설명할 수 없는 행동을 보였다고 주장했다.

스티븐슨의 연구와 같은 작업에는 두 가지 문제가 있다. 먼저, 초자연적인 설명을 고집한다 해도 반드시 존속을 고려해야 하는 것은 아니다. '환생한' 사람은 프사이로 정보를 얻고 있을 수도 있다. 둘째로, 사람들이 더 강력하게 비판하는 지점은 환생 가설을 뒷받침하기 위해 특정한 사례를 선택했다는 증거의 일화적 본질과, 가장 가능성이 큰 속임수의 가능성을 부인했다는 점이다(Edwards, 1986). 많은 사례에서 부모들이 하위 계층 가정에서 태어난 아이가 상위 계층 가정의 영혼이 환생한 존재라 주장한 것을 보면 돈이라는 확실한 동기가 있었다.

대부분의 과학자들이 어떠한 종류의 존속도 증거가 없다는 데 동의한다. 하지만 충분히 짐작할 수 있듯이 여러 정서를 불러일으키는 주제이며 많은 이들이 구원이나 영생, 환생이 가능하다고 확신한다는 점은 짚고 넘어가야겠다.

17장 요약

- 초심리학은 이례적인 현상을 연구하는 학문이다. 오늘날에는 이상심리학이라는 용어도 종종 사용된다.
- 초자연적 현상에는 텔레파시와 투시, 예지, (물질을 지배하는 정신인) 염력 등이 포함된다.
- 깊이 분석해 보면 이러한 현상을 구분 짓기는 어려우며, 따라서 이제는 초감각 지각이라는 단어나 가장 일반적인 프사이라는 용어가 선호된다.
- 초자연적 현상의 존재가 심리학과 의식의 유물론적 관점이 틀렸다는 것을 입증한다고 주장하는 사람들도 있다.
- 많은 연구에도 불구하고 프사이가 존재한다는 합의는 이루어지지 않았다.
- 프사이의 증거는 자생적 현상이나 실험 연구에서 나올 수 있다.
- 프사이의 자생적 사례를 의미 있게 해석하려면 수많은 문제가 산적해 있으므로 실험적 검증에 무게가 실린다.
- 초자연적 연구의 역사 내내 이른바 '초능력 슈퍼스타'에게 상당한 관심이 쏠렸다.
- 감각 유출이나 조작 같은 문제를 예방하려면 엄격한 실험 설계가 필요하다.
- (심리학 연구에서와 마찬가지로) 축소 보고나 '파일 서랍 효과'도 우려된다.
- 프사이가 아주 약한 이유에 관한 가설 하나는 감각 희석이다. 잡음이라는 더 강력한 지각 채널 아래에 감춰져 있다.
- 감각 희석 가설이 옳다면 잡음 감소 기법으로 신호 대(對) 잡음비를 높여서 프사이를 더 쉽게 감지할 수 있게 해야 한다.
- 잡음을 감소시키는 방법 하나는 변성된 의식 상태를 활용하는 것이다.
- 프사이를 뒷받침하는 가장 좋은 작업 중 일부는 감각 습관화의 간츠펠트 상태를 활용한 연구에서 나왔다. 하지만 이러한 연구 역시 엄청난 논란을 유발해 왔다.
- 무엇이 프사이를 더 효과적으로 만드는지를 두고 다양한 특성과 상태에 관한 연구가 이뤄졌다.

- 많은 연구자들이 참가자들의 특성 효과와 상태 효과뿐 아니라 실험자들에 의한 효과, 즉 실험자 효과도 있다고 주장한다. 이런 이유로 몇몇 프사이 연구자들은 다른 사람들보다 더 성공적인 결과를 얻는 것으로 보인다.
- 염력은 물질을 지배하는 정신이다.
- 폴터가이스트는 자생적 염력의 한 예일 수 있다.
- 영혼이 유령과 환생을 포함해 어떤 형태로든 존속한다는 타당한 과학적 증거는 없다.
- 우리는 다른 이들의 기억뿐 아니라 자식들과 우리의 작업, 생각들 안에 계속 살아 있다.

리뷰 질문

1. 초심리학에 무엇이든 중요하고 의미 있는 발견이 존재한다고 믿는 초심리학자는 왜 그토록 소수인가?
2. 프사이가 존재한다면 왜 매일의 일상에서 관찰되지 않을까?
3. 프사이 연구자들이 자신의 실험이 방법론적으로 견고하다는 것을 확실히 하려면 어떠한 예방책이 필요할까?
4. 프사이의 가장 훌륭한 증거는 무엇인가?
5. 프사이 연구자들은 왜 변성된 상태를 그렇게 많이 활용하는가?
6. 성격 특성과 상태에 관한 연구는 프사이에 관해 무엇을 알려주나?
7. 초자연적 연구는 '정상적인' 심리학 연구에 비해 방법론적으로 더 높은 기준을 충족해야 할까?
8. 사후에도 존속한다는 근거가 있나?

추천 자료

초심리학 전반

Cardeña, E., Palmer, J., and Marcusson-Clavertz, D. (eds.) (2015). Parapsychology: A Handbook for the 21st Century. Jefferson, NC: McFarland & Co.

Irwin, H.J., and Watt, C. (2007). An Introduction to Parapsychology (5th ed.). Jefferson, NC: McFarland. 가장 훌륭한 입문서 중 하나지만 한동안 업데이트가 진행되지 않고 있다.

Radin, D. (2009). The Conscious Universe: The Scientific Truth of Psychic Phenomena. New York: HarperOne. 초심리학을 부정적으로만 접한 이들을 위한 대중적인 해독제.

Watt, C. (2016). Parapsychology: A Beginner's Guide. London: Oneworld.

이상 심리학의 비판적 사고

마이클 셔머. (2007 [1997]). 왜 사람들은 이상한 것을 믿는가 (원제: Why People Believe Weird Things: Pseudoscience, Superstition, and Other Confusions of Our Time). 바다출판사. 일반적이고 좀 오래되

기도 했지만, 심리학도라면 누구나 흥미를 느낄 만한 책.

Alcock, J., Burns, J., and Freeman, A. (2003). Psi Wars: Getting to Grips with the Paranormal. Exeter, UK: Imprint Academic. 분명히 오래된 책이지만 여기에 추천한 다른 어떤 책보다 상세히 실험 초심리학을 다루고 있다.

French, C.C., and Stone, A. (2014). Anomalistic Psychology. Basingstoke, UK: Palgrave.

Schick, T., and Vaughn, L. (2019). How to Think About Weird Things. New York: McGraw-Hill. 초심리학과 색다른 사건들을 생각해 보게 하는 탁월한 안내서.

Wiseman, R. (2011). Paranormality: Why We See What Isn't There. London: Macmillan. 자생적 사례를 비롯해 가장 넓은 의미에서 사람들이 초자연적 현상을 믿는 이유를 파고든 안내서.

환생

Stevenson, I. (2001). Children Who Remember Previous Lives: A Question of Reincarnation. Jefferson, NC: McFarland.

18 종합

지금쯤 여러분은 의식이 무엇인지, 의식 연구는 왜 그토록 어려운지, 그리고 왜 그렇게 중요한지 명확한 생각을 가지고 있어야 한다. 우리는 개인적 경험의 핵심 문제를 둘러싼 지엽적인 쟁점에 관해 상당히 많은 말을 할 수 있다. 의식이 자기 모델링, 자기 참조와 관계가 있다고 말할 수 있다. 자기 참조와 주의, 메타인지 같은 문제에서도 엄청난 진전을 이루었다. 하지만 왜 이 모든 것이 특정한 느낌으로 이어지는 걸까? 우리가 감각질을 가지는 이유는 알 수 없다.

1장의 끝에서 정리했던 11개의 문제로 돌아가 보자. 그리고 지금 우리가 알고 있는 것으로 이 질문들에 얼마나 답할 수 있는지 알아보자.

의식을 어떻게 정의할까?

'정의 문제'는 의식이 무엇인지 묻는다. 가장 좋은 의식의 정의는 '꿈이 없는 잠에서 사라지는 것'이다. 또한 '무언가로 존재하는 것 같다는 느낌'이다. 나로 존재한다는 느낌이다. 아마 보와 같은 푸들로 존재한다는 느낌일 것이다(사실 나는 상당히 확신한다). 아마 바위 한 덩어리로 존재한다는 느낌은 아닐 것이다. 애매한 영역이 존재할 수도 있지만 (새우나 나무로 존재한다는 느낌을 가질 수도 있을까?) 그 애매함은 정의 자체에 명료함이 부족해서가 아니라 우리의 지식이 부족해서 발생한다. 의식을 가진다는 것은 인식한다는 것을 포함하며, 어떤 생물체들은 자기 인식도 한다. 즉, 자신의 인식을 인식할 수 있다. 자기 인식의 범위는 아마 훨씬 더 제한되어 있겠지만 이러한 불분명함 역시 정의의 문제가 아니라 우리의 지식 부족에서 생겨난다. 아마 인식과 자기 인식의 인지 상관물과 신경 상관물에 관해 더 많은 것을 이해하게 될수록 이러한 애매함은 서서히 사라질 것이다.

그림 18.1 월석. 이 암석에도 의식이 있을까? 대부분의 사람들은 "당연히 아니다"라고 답할 것이다. 하지만 최근 다시 유행하고 있는 범심론에 설득된 이들은 그렇게 명확한 문제가 아니라고 주장할 것이다.
출처: Space Frontiers/Stringer/Archive Photos/Getty Images.

난제

난제는 '왜 나로 존재하는 것처럼 느껴지는가?'라는 질문이다. 우리는 대체 왜 현상적 경험을 하는 걸까? 우리는 왜 감각질을 가질까? 많은 이들에게 난제는 의식의 중심에 있는 질문 혹은 미스터리이며, 그럼에도 가장 진전이 적은 지점이다. 심지어 난제가 정말 문제인지를 두고도 합의가 이루어지지 않았다. 아직 그 누구도 설득력 있고 널리 인정되는 답을 내놓지 못했다. 우리는 많은 연구자들이 의식에 관한 완벽한 이론을 내놓았다고 주장하는 것을 살펴보았지만 실제로는 그중 어떤 이론도 확신을 주지 못했다. 몇몇 의식 이론은 그저 난제가 현재 통용되는 이론의 범위를 벗어난다고만 말한다. 몇몇 이론은 아예 언급조차 하지 않는다. 대부분의 지각 모델과 인지 모델은 후자를 택해서 블록(Block)이 분류한 두 가지 의식 중 접근 의식만을 다루고 현상적 의식은 다루지 않는다.

우리는 오늘날 난제를 이해하는 다양한 방식이 있다는 것을 알고 있다. 어떤 연구자들은 크게 걱정할 문제가 있다고 생각하지 않는다. 우리가 살펴본 모델을 만들어 낸 연구자들 대부분은 자신이 난제를 해결했다고 주장한다. 개인적으로는 나는 이들의 생각에 동의하지 않는다. 나는 종종 우리가 서로 다른 것에 관해 이야기하고 있다는 인상을 받는다.

그리고 가장 극단에서는 신비주의자들이 인간의 뇌는 난제를 해결할 능력이 없으므로 이 문제는 언제나 인문 과학(human science)의 범위 밖에 남아있을 거라 주장한다. 노력까지 포기할 이유는 없다고 생각하지만 이 책의 2판(혹은 3판)이 나오기 전에 난제가 해결되리라 기대하지는 않는다.

의식의 신경 상관물은 무엇인가?

'의식의 신경 상관물' 문제는 뇌가 의식을 만들어 내는 방식에 관한 문제다. 이 영역은 최근 특히 fMRI를 비롯한 뇌 영상화 기술의 발전에 힘입어 엄청난 발전을 이뤄낸 분야다. 우리는 이제 뇌의 어떤 영역이 의식의 다양한 측면을 만들어 내는 데 관여하는지 비교적 정확하게 명시할 수 있다. 한 예로, 특히 후두엽피질을 비롯한 뇌의 다양한 영역이 시각 처리와 시각 인식에 관여한다는 것을 알게 되었다. 운동 행동에 관여하는 경로도 구분할 수 있다. 그리고 자기(the self)라는 감각이 어떻게 생겨나고 측두-두정 접합부가 왜 특히 중요한지도 안다. 우리는 시상-피질 고리가 인식에서 어떻게 핵심적인 역할을 하는지 살펴보았다. 게다가 뇌 영상에서 발견한 것은 뇌 손상이 의식의 여러 측면에 어떠한 지장을 주는지 보여주는 병변 연구를 통해 알게 된 것과 일치한다. 시상과 뇌줄기는 깨어있는 상태와 각성을 유지하는 데 필수적이다. 우리는 뇌의 경로가 신경전달물질 경로와 어떤 관련이 있는지 살펴보았고, 신경전달물질의 농도 변화가 어떻게 의식의 변성 상태를 유발하는지에 관해 우리가 얼마나 알고 있는지도 파악했다. 또한 의식의 전기 생리학에 관해, 다양한 자극을 하나로 묶을 때 약 40헤르츠의 주파수를 가지는 감마파가 어떻게 중요한 역할을 하는지에 관해 많은 것을 이해하게 되었다.

우리는 피드포워드 처리만으로는 의식이 생겨나지 않는 듯하다는 것도 알게 되었다. 의식은 뇌의 다양한 영역에 걸친 복잡한 피드백 고리의 결과다. 시상-피질 고리는 의식의 신경 상관물에 관한 논의에서 다시 중심으로 부상했다. 당장은 정확히 어떤 유형의 얼마나 많은 피드백이 의식을 위한 최소 필요조건인지 거의 알지 못한다. 하지만 이러한 용어를 사용해 말할 수 있다는 것만으로도 불과 몇 년 전까지도 상상할 수 없었던 정도로 발전했다는 사실을 알아야 한다.

엄청난 진전이 있긴 하지만 의식의 자리로 특정한 구조를 지목하는 것은 경계해야 한다. 텔레비전 플러그가 손상되면 결과적으로 화면이 나오지 않을 것이다. 하지만 플러그를 살펴본다고 해서 텔레비전 속 영상이 어떻게 만들어지는지 많은 것을 알 수는 없다. 또한 뇌의 어디에서 무언가가 일어난다는 사실을 아는 것에서 나아가 왜 그리고 어떻게 일어나는지를 이해하기까지 긴 여정이 남아있다. 아직 해야 할 일이 많다.

의식의 인지 상관물은 무엇인가?

'인지 문제'는 우리의 인지 기계에서 의식을 만들어 내는 것이 무엇인지를 묻는다. 의식은 인지 처리의 어디에 해당할까? 우리는 인지와 지각, 의식에 관해서 그리고 관련된 인지 처리가 뇌의 구조 및 활동과 어떤 관계를 맺고 있는지에 관해서 많은 것을 알고 있다. 실제로 이 영역은 최근 사반세기 동안 의식 연구가 가장 큰 성공을 거둔 분야 중 하나다. 우리는 인식과 주의의 복잡한 관계를 검토했고 이 둘이 완전히 같은 것이 아님을 확인했다.

그림 18.2 컴퓨터의 연결선과 전선. 컴퓨터 본체의 플러그를 뽑으면 갑자기 동작을 멈출 것이다. 그렇다고 해서 모니터에 떠 있던 것들이 전원 연결에서 생겨났다는 뜻일까? (그리고 만약 여러분이 의식이 있는 컴퓨터의 전원을 일부러 차단했다면 그 컴퓨터를 살해한 걸까?)
출처: Peter Sebastian/The Image Bank/Getty Images Plus.

철학적 좀비를 제외하면, 의식은 (가장 느슨한 의미에서) 세계에 대한 인지 처리와 지각 처리가 실시간으로 이루어질 때 생겨나는 무언가인 듯하다. 이러한 제약 조건 중 무언가가 느슨해지더라도 그 시스템이 여전히 의식을 가질 수 있을지는 아직 알 수 없다.

자기 인식은 자기 모델을 가지는 시스템에 의존하며 이에 따라 재귀와 복잡성, 혼돈과 같은 개념이 자주 논의된다. '자기 모델'이라 할 때 우리는 단순히 자신에 대한 상징을 가지는 시스템을 의미한다. 의식은 일화적 기억에 관여해서 기억에 관한 기억을 가지는 것을 가능하게 하고 미래의 우리 자신을 상상할 수 있게 한다. 따라서 의식은 미래를 계획하고 모델링하는 데 관여한다. 또한 우리는 주의와 의식의 관계가 처음 생각했던 것보다 복잡하고 이제는 둘을 분리할 수도 있다고 생각된다는 사실도 살펴보았다.

사건의 시기

'시간 문제'는 행동과 사고로 이어지는 연속적인 사건의 시기를 다룬다. 우리는 처리에 대한 인식이 매우 늦다는 사실을 알게 되었다. 그런데 왜 우리 뇌가 실제로는 조금 전에 결정을 내린 시점에도 행동을 선택할 수 있다고 착각하는지 의문이 생긴다. 다르게 표현하면, 의식의 신경 상관물을 보면 의식은 지각 처리나 운동 행동에 관여하기에는 너무 느린 듯하고 따라서 자유 의지와 의식의 기능에 관해 의문을 제기하게 된다. 몇십 년 전과 비교하면 이러한 처리의 의식 상관물에 관해 훨씬 다양한 지식을 가지게 된 것이 사실이지만 여전히 이해할 수 없는 것들이 많다.

아마도 놀라운 점은 심리학을 조금이라도 아는 사람이라면 상황이 달라질 수 있었다고 결론 내릴 수 있다는 사실일 것이다.

자유 의지의 문제

그림 18.3 감옥 경비 건물의 감시원. 우리는 자유 의지의 문제가 복잡하고, 우리의 행동을 자유롭게 선택할 수 없다고 타당하게 주장할 수 있다는 것을 알게 되었다. 그렇다면 처벌은 무슨 의미가 있을까? 사이코패스는 감금해야 할까, 치료해야 할까?
출처: Chris Salvo/The Image Bank/Getty Images Plus.

'자유 의지의 문제'는 시간 문제와 밀접히 연관되어 있으며, '만약 우리의 모든 행동이 결정되어 있다면 왜 선택과 통제라는 착각을 가지는가?'라는 문제다. 여기서 쟁점은 영국 런던의 유명한 시계탑에서 움직이는 거대한 시계 장치처럼 모든 것이 물리적 법칙에 따라 결정되고, 자유 의지가 끼어들 여지는 없다는 것이다. 결정론이 모든 것을 지배한다. 우리는 양자 역학이 아무 도움이 되지 않는다는 사실도 확인했다.

결정론을 거부하는 것은 물리학에 관한 우리의 이해가 어떤 면에서는 근본적으로 잘못되었다고 말하는 것을 포함할 것이다. 그래도 우리는 결정론을 거부하거나, 자유 의지가 착각이라는 생각을 받아들이거나, 자유 의지가 어떻게든 결정론과 양립할 수 있다고 말할 수 있다. 양립가능론(compatabilism)이라 부르는 마지막 태도는 일부 철학자들도 택한 것이지만 논쟁적이며 그다지 널리 인정되지 않는다. 이 딜레마를 해결하지 못하는 이상 우리는 대부분의 사람들이 실제로 택하는 상식적인 입장이 틀렸다고 결론 내려야 한다. 또한 자유 의지가 완전히 착각이라면 왜 그런 착각을 가지는지에 관해 합의된 설명도 없다.

우리는 이러한 딜레마의 도덕적 결과와 현실적 결과도 검토했다. 자유 의지가 없다면 범죄자들에게 행동에 대한 책임을 묻고 처벌할 수 있을까? 그리고 만약 누군가 뇌 손상 때문에, 혹은 그렇게 태어났기 때문에, 혹은 성장 과정 때문에 어떤 행동을 한다면 정말 그에게 도덕적 책임이 있다고 할 수 있을까? 간단한 답은 없지만 누구나 사회가 범죄를 감시하고 범죄자들을 처벌하기를 멈추었을 때 어떤 일이 벌어질지 상상할 수 있다(영화 「더 퍼지(The Purge)」(Demonaco, 2013)를 보기를 추천한다).

자기는 무엇인가?

'자기(the self) 문제'는 '선택권을 가지고 있다고 생각하며 나의 체험을 경험하고 있는 이 '나'는 누구인가?'라는 문제다. 연구자들은 우리가 일반적으로 생각하는 의미가 아니라는 점에서 자기를 착각이라 생각한다. 자기는 마음속을 관찰하며 앉아 있는 호문쿨루스가 아니다(그렇다면 호문쿨루스의 내면은 무엇이 관찰하겠는가?). 자기는 해체할 수도 있는 복잡한 구조물에 우리가 붙인 이름이다.

자기의 중요한 측면 하나는 공간에 자리하고 있다는 감각과 우리 몸 안에 존재한다는 느낌이다. 우리는 뇌가 특히 중요한 뇌섬엽과 같은 구조 및 측두-두정 접합부와 같은 영역과 함께 이러한 물리적 자기의 모델을 어떻게 구성하는지 살펴보았다. 이 모델이 일시적으로 붕괴하면 몇 가지 흥미로운 현상(고무손 착각)과 변성된 상태(유체 이탈 체험)가 발생할 수 있고, 뇌 손상으로 인해 모델의 붕괴가 지속되면 질병인식불능증과 무시 같은 현상이 생길 수도 있다.

우리는 우리 자신을 생각할 때 시간을 확장한다. 우리는 이때 기억이 하는 역할도 살펴보았다. 물론 우리 삶의 서사는 (주로 잠에 의해) 자주 중단되지만, 자기 모델이 자기를 가지고 있다는 영구적인 감각을 유지할 수 있게 도와준다는 것도 알게 되었다. 또한 기억상실이 어떻게 일화적 기억과 자기 서사를 제한하는지도 알아보았다.

독립체로서 자기의 위상은 불분명할 수 있지만, 모순되는 표현이 아니라면 우리는 자기를 구성하는 심리적 과정에 관해서는 상당히 많은 것을 알게 되었다.

우리는 왜 어떤 것은 의식하지 않을까?

'무의식 문제'는 '우리는 왜 어떤 것은 의식하고 다른 것은 의식하지 않을까?'라는 문제다. 우리의 수용 능력은 제한적이어서 언제든 우리 자신에게 일어나는 일이나 우리 주변에서 일어나는 일의 아주 적은 부분만은 인식할 수 있고 의식이 이러한 선택에 관여한다. 실제로 우리는 아주 적은 처리만을 의식한다. 그렇다면 '왜 우리는 어쨌든 무언가를 의식해야만 할까?'라는 질문이 생겨난다. 이런 이유로 무의식 문제는 부분적으로 '우리는 왜 의식하는가?'라는 질문과 합쳐지고, 우리는 이에 대한 답을 제대로 알지 못한다. 의식은 우리에게 어떤 추가적인 것을 (하나 혹은 여러 가지) 선사할까? 이러한 질문은 인지 상관물 문제와도 관련이 있다. 우리는 주의가 의식과 밀접히 관련되어 있지만 정확히 같은 것은 아니라는 사실을 알게 되었다.

의식하지 않는다는 의미에서의 무의식은 프로이트가 능동적으로 억압된 내용의 보관소로 개념화한 무의식과 구분해야 한다. 우리는 억압이나 프로이트의 구조적 정신 모델을 뒷받침하는 근거가 거의 없다는 사실을 알고 있다. 여전히 무척 논쟁적인 주제이긴 하지만 억압되거나 회복된 기억의 근거도 거의 없다.

우리에게는 왜 의식이 있을까?

'왜 문제'는 '우리는 왜 의식을 가지는지, 인간은 왜 자기 인식을 하는지, 왜 (일부) 동물과 생명이 없는 물체는 의식을 가지지 않는지'의 문제다. 우리는 연구자들이 우리가 의식을 가지는 이유에 관해 여러 설명을 제안한 것을 살펴보았다. 핵심은 의식을 가지는 것이 세계와 다른 이들에 관한 복잡한 모델을 만들어 낼 수 있게 한다는 생각이다. 우리는 미래에 행동할 우리 자신을 모델링할 수 있어야 한다. 그리고 특히 사회적 동물로서 다른 사람들을 모델링하고, 특히 우리가 한 무언가에 대한 반응으로 이들이 무엇을 할지 예측할 필요가

그림 18.4 동부고릴라(Gorilla beringei). 이 고릴라들에게 의식이 있다는 사실을 부정하는 이는 많지 않을 것이다. 그렇다면 의식이 그들에게 주는 혜택은 무엇일까? 의식은 진화의 산물일까? 그렇다면 왜 진화했을까? '좀비 고릴라' 같은 존재가 가능할까?
출처: Martin Harvey/The Image Bank/Getty Images.

있다. 이런 이유로 의식에 대한 이러한 관점은 마음 이론이라는 생각과 연결된다.

이 문제에 대한 답을 복잡하게 만드는 몇 가지 질문이 있다. 먼저, 자기 인식과 인식의 차이를 지적하려 하면 '왜 오직 인간과 아마 소수의 동물만이 자기 인식을 할까?'라는 질문이 생겨난다. 자기 인식이 사회적 행동이나 마음 이론과 하나로 묶인다면 왜 다른 몇몇 동물은 인식이 있을까? 두 번째는 '의식이 처리에서 무언가를 변화시키기에 너무 늦게 생겨난다면 어떻게 특정한 기능을 할 수 있을까?'라는 질문이다. 그리고 세 번째는 '범심론의 어느 형태가 옳다면 생명이 없는 특정한 물체도 의식을 가질 수 있을 것이고, 이때 의식이 어떤 기능을 가지고 있다고 말하는 게 무슨 의미가 있을까?'라는 질문이다. 네 번째는 '철학적 좀비가 가능하다고 인정한다면 의식은 꼭 필요하지는 않은 추가적인 것이 되는데, 의식이 없어도 잘 기능한다면 의식의 기능이나 목적을 이야기하는 게 무슨 의미가 있을까?'라는 질문이다.

적어도 의식의 진화적 기능과 의식이 어떻게 생겨났느냐는 질문은 구분할 필요가 있을 듯하다. 하지만 이 복잡한 질문에 만족스러운 답을 내놓으려면 아직 해야 할 일이 많다. 지금 이 진화적 문제를 보는 우리의 관점은 뒤죽박죽이다.

결합 문제 해결하기

그림 18.5 신경전달물질과 뇌의 상태라는 측면에서 변성된 의식 상태에는 어떠한 변화가 일어날까? 그리고 이러한 물리적 변화는 현상학적 변화와 어떤 관련이 있을까? 우리는 꿈꾸기나 약으로 유도된 변성된 의식 상태, 다른 유형의 의식 상태에 관해 많은 것을 알고 있지만 생리학에서 현상학으로의 대응은 아직 부분적으로만 이해하고 있다.
출처: PM Images/DigitalVision/Getty Images.

'결합 문제'는 단일한 지각 대상을 형성해서 관련된 모든 정서를 하나로 지각하기 위해 다양한 감각을 어떻게 하나로 결합하는지의 문제다. 왜 우리는 호랑이를 볼 때 함께 움직이는 주황색과 검은색의 줄무늬를 보고 배경과는 분리되는 호랑이의 형태를 볼까? 왜 커다란 포효 소리를 호랑이와 연결할까? 이 영역은 우리가 엄청난 발전을 이룬 또 다른 분야이며, 우리는 선택적 주의와 특성 결합에 관해서 그리고 이러한 과정이 뇌 속에서 어떻게 일어나는지에 관해서 많은 것을 알고 있다. 하지만 우리가 생각하는 것보다는 적은 결합이 일어날 수도 있고, 지각 세계의 완전성은 착각이다. 그러한 세계가 존재하지 않는다는 의미에서 착각이 아니라, 세계에 대한 우리의 표현이 생각만큼 풍요롭지 않을 수 있다는 의미에서 착각이다. 우리는 결합의 신경 상관물에 관해서도 많은 것을 알게 되었고, 주파수가 40헤르츠 내외인 감마파가 뇌 전역에 퍼지면서 지각 특성들이 결합한다는 생각도 상세히 살펴보았다.

의식을 보는 다양한 관점

정신을 보는 서구의 관점이 유일한 관점이라고 생각하는 것은 말할 것도 없고, 유일하게 옳은 관점이라 생각하는 것도 실수다. 서구 사회 안에서도 사람들의 믿음에 차이가 있어서 초심리학에서 다루는 현상 중 일부를 인정하거나 특정한 종교를 따르는 사람들이 많다. 단호한 과학자들은 이런 사람들이 그냥 틀렸다고 말하고 싶은 유혹이 시달리겠지만 결국 신앙의 요소가 개입하게 된다. 유명한 과학자 중에도 적극적으로 신앙 활동을 하는 기독교인이 많다.

그림 18.6 1700년경 열대 지방에서 원주민을 만나는 제임스 쿡(James Cook) 선장. 서로 다른 문화의 구성원이 세계를 지각하고 범주화하는 방식에는 사소한 차이가 있을지 몰라도 본질적으로 우리는 모두 같다. 일부 종교의 구성원은 세계를 '정상적인' 방식보다 더 나은 방식으로 체험하는 능력을 가졌을지도 모른다. 출처: Fotosearch/Stringer/Archive Photos/Getty Images.

우리는 다양한 문화에서 서구와는 완전히 다르게 정신을 바라본다는 사실을 알게 되었다. 존재와 마음에 관한 불교의 관점은 서구의 과학적 관점과 완전히 다르다. 이러한 관점이 그냥 틀렸다고 말하는 사람은 호기롭다 해야 할 것이다. 문화에 따라 존재를 탐험하는 방식에도 중요한 차이가 있다. 예를 들어 서구에 있는 대부분의 나라에서는 환각제가 불법이지만 다른 문화에서는 삶과 성장의 본질적인 부분이다. 또한 우리는 정신질환을 치료하기 위해 환각제를 사용하는 등 대안적 접근법을 따르는 사람들에게 귀를 기울여야 할 때라는 것도 알았다. 이들의 기술이 과학적으로 정밀히 조사한 결과에도 부응하기 때문이다. 우리는 편협해지는 것을 피하고 과학에 얼마나 많은 믿음을 바칠지 질문해야 한다.

의식의 과학이 존재할 수 있을까?

우리는 이 책에서 근본적으로 두 종류의 설명을 논의해 왔다. 의식의 인지 상관물과 신경 상관물을 설명하려 하는 이론들과, 개인적인 경험으로서의 의식을 설명하려 하는 이론들이었다. 전자의 논의가 최근 몇 년간 이룬 발전은 의식의 과학이 존재하느냐는 질문에 확고한 긍정의 답을 제시한다. 하지만 후자의 논의가 이룬 발전의 정도에 관해서는 지금까지 살펴본 것처럼 의견이 갈린다. 전자의 논의는 '난제'에 답하려 했지만 실패했다는 문제가 있다.

실제로 '개인적인 경험에 관한 과학적 이론이 존재할 수는 있는가?'라는 질문은 여전히 해결되지 않은 채 남아있다. 주제가 개인적인데 어떻게 이론이 과학적일 수 있을까? 우리는 과학적 이론이 검증할 수 있어야 하며, 이론적으로는 반증할 수 있어야 한다는 사실을 알고 있다(Popper, 1959). 감각질이라는 본성의 존재를 설명하려는 목적을 가진 모든 모델이 어떤 식으로든 검증될 수 있는지는 분명치 않다. 정의에 의하면 과학은 입증할 수 있는 '사실(fact)'의 측정과, 이러한 측정치를 바탕으로 검증할 수 있는 새로운 예측으로 이어지는 이론의 구성을 포함한다. 그리고 정의에 의하면 우리의 개인적인 경험은 외부에서 입증할 수 없다. 해당 경험의 보고와 같은 개인적인 경험의 상관물은 측정할 수 있지만 개인적인 경험 자체는 절대 측정할 수 없다. 이런 이유로 정의에 의해서 의식의 내용은 과학의 영역 밖에 있다. 데넷을 비롯한 일부 연구자들은 아마 이런 결론에 반대하겠지만 나는 많은 사람들이 동의하리라 생각한다. 따라서 개인적인 경험에 관한 설명은 과학적 모델이라기보다는 이야기로 보는 게 낫다. 가장 일관성 있는 이야기는 무엇인가? 어떤 이야기에 논리적 모순이 있는가? 더 나아가서, 우리가 유물론과 물리적 일원론을 거부한다면 과학의 역할은 무엇일까?

이러한 어려움에 답하는 방법에는 몇 가지가 있다. 첫 번째는 데넷처럼 실제로 문제가 있는 것이 아니라 그저 단어 사용의 문제일 뿐이고 그다지 중요하지 않다고 말하는 것이다. 두 번째는 실제로 문제가 존재하지만, 물리학이 세계에 관한 완전한 설명을 제공하지는 않다는 사실을 받아들이는 것이다. 왜 개인적인 경험에서 멈춰서야 할까? 어쩌면 초심리학 연구에 무언가가 있을 수도 있지 않을까? 그리고 물리학으로 이러한 현상을 설명하지 못하는 것은 물리학의 미진함 중 하나에 불과하지 않을까? 이러한 이유로 우리는 세계를 보는 유물론적 관점을 거부한다. 적어도 과학을 객관적으로 입증할 수 있고 논박할 수 있는 데이터에 근거해 물리적·자연적 세계에 관한 이론을 구성하는 데 사용되는 방법이라 정의한다면, 의식이 과학의 영역 밖으로 내쳐질 수도 있다. 아마 문제는 우리가 세계를 생각하는 데 필요하다고 결정한 방식일 것이고, 과학에 대한 우리의 이해는 너무 편협하다.

수전 블랙모어(Blackmore, 2001, p. 525)는 다른 여러 연구자나 평론가들처럼 절망한다. 이 여성 과학자는 자신의 리뷰를 "언젠가는 심리학자들이 과거를 돌아보며 우리가 빠졌던 우스운 혼란을 비웃으리라 생각한다. 그들에게는 출구가 확실할 것이다. 문제는 바로 지금 이 분야의 다른 모든 이와 마찬가지로 나는 출구를 볼 수 없다는 것이다"고 마무리했다. 난제가 아닌 문제에서는 우리가 엄청난 발전을 이룬 게 분명하기를 바라지만, 난제에 관해서는 합의된 바가 전혀 없다. 우리는 혼란에 빠져 있지만 나는 이 혼란이 우습다고는 생각하지 않는다.

그림 18.7 칠판 가득 적힌 수식. 우리는 의식을 인지적으로 이해할 수 있을까? '쉬운' 문제는 모두 풀었을지 몰라도, 난제를 제대로 이해하기는 할까? 의식 연구는 근본적으로 과학적 방법을 받아들일 수 있을까?
출처: virtualphoto/E+/Getty Images.

이 책은 많은 질문을 던졌고 종종 답이 부족하기도 했다. 철학에서 약간의 도움을 받는 가운데 과학, 특히 신경과학과 심리학이 적어도 의식에 관한 문제들을 명확히 했다. 이 판을 저술하는 시점에는 난제가 풀리지 않은 채 남아 있다. 개인적으로는 다음 판이 나올 때도 해결됐을 것 같지 않다. 다른 한편으로, 의식에 관해 나눌 이야기는 아주 많다. 적어도 스튜어트 서덜랜드가 이 책을 읽을 수 있었다면 의식에 관해서는 무엇도 쓸 가치가 없다고 했던 주장을 철회했기를 바란다.

어떤 독자들은 결론이 암울하다고 할지도 모르겠다. 우리 안에는 마법의 불꽃이 없고 실체가 없는 영혼도 없다. 우리가 죽은 후에도 계속 살아 있다는 과학적 근거는 없다. 우리에게는 자유 의지가 없다. 우리가 경험하는 것 중 많은 것이 실재하지 않는다는 의미에서가 아니라 우리가 그 대상을 생각하는 방식이 틀렸다는 의미에서 착각이다.

이 책은 여러분의 삶을 어떻게 도울까?

> **직접 해보자**
>
> 5년 후 여러분이 의식 연구에 관해 무엇을 기억하고 있을까? 그 이유는? 그 중 무엇이라도 여러분의 삶에 실제적인 결과를 미칠 것이라 생각하나?

여러분은 최소한 이 책의 일부를 한동안 기억할 것이다. 그리고 5년 뒤 이 책을 다시 떠올리면서 무슨 생각을 할까? 특이한 실험 결과나 일화를 기억할지도 모른다. 하지만 우리가 기억에 관한 연구에서 알게 되었듯이 책을 다시 읽거나 세부적인 내용을 곱씹지 않는 한 전체가 아닌 요점만을 기억할 것이다. 이 책의 요점은 무엇일까? 의식 연구가 여러분의 생각보다 어렵다는 것? 불가능하다는 것? 뇌 영상이 모든 답을 가지고 있다는 것? 우리가 의식이 있는 로봇에 5년 더 가까워졌다는 것?

18장 요약

- 우리는 앞에 제시한 11가지 질문 모두에 답하는 데 상당한 진전을 이뤘다.
- 그렇기는 하지만 어느 질문에도 모두가 동의하는 대답은 없다.
- 의식의 '쉬운 질문'을 연구하는 것은 가능하고 상당한 발전이 있었다.
- 뇌 영상화 기술을 활용할 수 있게 되면서 의식 연구는 커다란 변화를 겪었다.
- '난제'가 존재하는지 그리고 난제를 풀 수 있는지를 두고 논쟁이 계속되고 있으며, 이러한 논쟁은 앞으로도 계속될 가능성이 크다.
- 의식을 조사하면서 과학이 한계점에 도달할 수도 있다.
- 의식을 연구하는 것은 잠재적으로 여러분의 삶을 바꿀 수도 있다. 어떻게 바꿀지는 여러분에게 달려 있다.

추천 자료

책보다는 영화 몇 편(과 TV 프로그램)을 추천하며 이 장을 마무리하려 한다. 더 종합적인 목록은 저자의 웹사이트(www.trevorharley.com/consciousness.html)에서 확인할 수 있다. 의식은 특히 우리의 감각이 우리에게 어떤 속임수를 쓰는 설정의 영화에 자주 등장하는 주제다. 이러한 영화는 의식, 기억, 개인 정체성, 변성된 의식 상태의 본질을 추측하며, 대체로 매우 재미있고 가끔 교육적이다. 특히 줄거리에서 무엇이 잘못되었는지 자문해 볼 때 더 큰 재미를 느낄 수 있다.

좀비가 등장하는 영화는 아주 많지만 영화 속의 좀비들은 철학적 좀비가 아니다. 여러분의 뇌를 먹는 진짜 좀비들이다.

「매트릭스」 3부작(1편을 보라; The Wachowskis, 1999)은 (아직 보지 않았다면 이어지는 문장은 읽지 말고 넘겨라) … 다른 생명체들이 비도덕적인 이유로 커다란 통에 들어 있는 인간들의 뇌를 속이고 있다는 아이디어를 바탕으로 한다. 많은 영화가 특정한 개인의 대안적 미래를 그리지만 영웅은 뭔가 다른 것을 해낼 수 있다는 전제를 깔아둔다. 이러한 이유로 「사랑의 블랙홀(Groundhog Day)」(Ramis, 1993)의 (빌 머리(Bill Murray)가 연기하는) 필 코너스(Phil Connors)는 같은 날을 반복해서 살면서 (앤디 맥다월(Andie MacDowell)이 연기하는) 여인을 잡을 수 있게 자기 삶을 조정한다.

로봇과 컴퓨터는 영화와 소설에서 영광스럽고 긴 묘사를 할애받았다. 가장 주목할 만한 캐릭터 중 하나는 스탠리 큐브릭(Stanley Kubrick, 1968)의 「2001 스페이스 오디세이(2001: A Space Odyssey)」에서 우주선을 감독하는 컴퓨터 할(HAL)이다. 「스타트렉: 넥스트 제너레이션(Star Trek: The Next Generation)」(Roddenberry 1987-1994) 시리즈에서 데이터(Data)는 결국 인간의 정서를 경험할 수 있게 자신의 신경망에 정서 칩(emotion chip)을 추가하지만 나중에 그 칩을 제거한다. 얼마나 그럴듯한가? (해리슨 포드(Harrison Ford)가 출연한) 「블레이드 러너(Blade Runner)」(Scott, 1982)는 인간과 유사한 로봇인 이탈 '복제인간'을 잡으러 다니는 사냥꾼에 관한 영화다. (내부가 드러나지 않은) 복제인간은 자신이 인간이라 믿는다. 이 영화는 1968년 발표된 미국의 공상과학 소설가 필립 K. 딕(Philip K. Dick, 1928~1982)의 소설 「안드로이드는 전기 양의 꿈을 꾸는가?(Do Androids Dream of Electric Sheep?)」를 바탕으로 만들어졌다. 딕의 모든 소설과 작품은 정체성과 의식, 변성된 의식, 현실의 실체, 기억의 장난이라는 주제를 다루고 의식에 관심이 있는 모든 이를 매혹한다. 새롭고 흥미로운 방식으로 인간과 인간형 인공지능 간의 상호작용을 그린 탁월한 속편 「엑스 마키나(Ex Machina)」(Garland, 2014)도 있다. 물론 인공지능을 위협으로 다른 작품으로는 「터미네이터(Terminator)」 시리즈(Cameron & Hurd, 1984-2019), 특히 2편을 보면 된다. HBO의 텔레비전 시리즈 「웨스트월드(Westworld)」(Abrams, 2016)에서는 로봇들이 지각을 가지게 되고(의식을 가지게 되는 것과 같은 의미일까?), 자신들의 언어가 충분히 복잡해진 후에는 자유를 추구한다. 컴퓨터 의식, 의식의 진화, 양원적 마음, 의식의 발달에서 언어의 중요성이라는 네 가지 주제를 모두 관통하는 이야기다.

동물과 대화할 수 있는 능력은 인간 역사 내내 매혹적이었다. C. S. 루이스(C.S. Lewis, 1950-1956)의

『나니아 연대기(The Chronicles of Narnia)』를 읽으며 자랐던 어린 시절의 나에게는 엉뚱한 생각 같지 않았다. 내 반려견 보가 내말을 상당히 이해하는 것은 분명하니까 어느 날 내게 말을 걸어온다 해도 놀랍지 않을 것이다. 자신이 키우는 앵무새 폴리네시아(Polynesia)에게 동물들의 언어를 배운 남자의 이야기인 (1920년 첫 번째 편이 발표된) 휴 로프팅(Hugh Lofting)의 「닥터 두리틀(Dr Dolittle)」 연작 소설은 세 차례 영화로 만들어졌다. 렉스 해리슨(Rex Harrison)이 출연한 영화(Fleischer, 1967)는 뮤지컬 영화이고, 그다음 만들어진 작품(Thomas, 1998)에는 에디 머피(Eddie Murphy)가 나온다. 가장 최근에 만들어진 버전(Gaghan, 2020)의 주연은 로버트 다우니 주니어(Robert Downey, Jnr)였다. (약간이나마) 가장 현실과 가까워 보이는 영화는 알츠하이머병을 치료하기 위해 만든 약을 시험하던 침팬지들의 지능이 급격히 높아지는 「혹성탈출: 진화의 시작(The Rise of the Planet of the Apes)」(20th Century Studios)이다. 이 영화에서는 언어와 의식이 지능과 떼어놓을 수 없는 관계를 맺고 있다고 표현된다.

놀랍게도 망상은 영화에 자주 쓰이는 소재가 아니다. 사실에 기반한 좋은 영화로, 노벨상을 받은 수학자이자 게임 이론의 창시자인 존 내시(John Nash)의 삶을 다룬 「뷰티풀 마인드(Beautiful Mind)」(Howard, 2001)를 보자. (러셀 크로(Russell Crowe)가 연기한) 내쉬는 오랫동안 망상성 조현병으로 괴로워했다. 캡그라 증후군을 직접 다룬 작품은 아니지만 「신체강탈자의 침입(The Invasion of the Body Snatchers)」(Siegel, 1956)은 사람들이 실제로는 외양으로 알 수 있는 인물과 같은 사람이 아닐 때 생겨나는 편집증의 감각을 훌륭히 전달한다. 놓쳐서는 안 될 영화다.

많은 영화가 기억 또는 거짓이거나 심어진 기억이라는 개념을 활용한다. 대표적으로 다음과 같은 영화들이 있다. 「토탈 리콜(Total Recall)」: 나이가 들어서 그런지 아널드 슈워제네거(Arnold Schwarzenegger)가 출연한 1990년의 첫 번째 버전이 더 좋다. 영화는 필립 K. 딕(Dick, 1966)의 단편 「도매가로 기억을 팝니다(We can remember it for you wholesale)」를 바탕으로 한다. 딕의 많은 소설은 기억과 정체성을 다룬다. 더 말했다가는 너무 많은 것을 알려주게 될 것 같다. 「이터널 선샤인(Eternal Sunshine of the Spotless Mind)」(Gondry, 2004): 어떤 사람들은 가슴이 찢어지는 경험이나 실패한 연애사처럼 불편한 기억을 지우고 싶어 한다. 이 탁월한 영화에서 (짐 캐리(Jim Carrey)가 연기하는) 조엘 배리시(Joel Barish)는 (케이트 윈즐릿(Kate Winslet)이 연기하는) 클레멘타인 크루친스키(Clementine Kruczynski)와 사랑했던 기억을 지우는 시술을 받지만 바로 후회한다. 나쁜 기억이 모조리 나쁜 경우는 거의 없다.

중요한 심리학적 소재를 다룬 영화 중에서 가장 유명한 작품은 「이브의 세 얼굴(The Three aces of Eve)」(Johnson, 1957)이다. 주연을 맡은 조앤 우드워드(Joanne Woodward)는 이브 화이트(Eve White), 이브 블랙(Eve Black), 제인(Jane)의 세 가지 인격을 연기해 아카데미 여우주연상을 받았다. 이 영화는 어린 시절 두 건의 끔찍한 사건을 목격한 후 세 가지 인격을 발달시킨 크리스 코스트너 사이즈모어(1927~2016)의 실화를 바탕으로 만들어졌다.

원래는 장기적인 둔주 상태에서 기억상실을 겪은 후 자신의 정체성을 찾아가는 남자의 이야기를 다루는 유명 텔레비전 시리즈의 예로 NBC의 「버지니아인(The Virginian)」(Friedkin, 1962-1971)을 소개하려 했다. 하지만 확인 결과 이 시리즈는 사실 두 명의 목장 노동자에 관한 이야기였다. 제임스 드루리(James

Drury)가 연기한 목장 감독은 '버지니아인'으로만 통하고 끝까지 이름이 밝혀지지 않는다. 하지만 그가 기억 상실을 겪었거나 정체성을 잃어버렸다는 암시는 없다. 어린 시절 보았던 프로그램인 「셰넌도어라 불리는 남자(A Man Called Shenandoah)」(Alexander, 1965-1966)와 내용을 뒤섞어 버린 게 분명하다. 이 작품에서는 로버트 호턴(Robert Horton)이 기억을 잃었고 자신의 진정한 정체성을 회복하려 노력하는 카우보이로 출연했다. 안타깝게도 카우보이가 기억을 되찾기 전에 시리즈가 취소되었다. 이 작은 해프닝은 기억과 정체성이 얼마나 인기가 많은 소재인지 알려줄 뿐 아니라 기억이 얼마나 부정확할 수 있는지, 적어도 내 기억이 얼마나 형편없을 수 있는지 알려준다.

디즈니(Disney)의 「판타지아(Fantasia)」(Armstrong, 1940)는 공감각의 아름다운 사례로, 프랑스 작곡가 뒤카(Dukas, 1897)의 곡 「마법사의 제자(The Sorcerer's Apprentice)」 속에서 청소를 마치려는 미키 마우스를 그린다(Marshall, 1990).

당연히 약물과 변성된 의식 상태에 관한 영화도 많다. 약물 중독의 심리적·사회적 효과를 다룬 영화는 너무 많아서 모두 언급할 수 없을 정도다. 구체적으로 약물과 변성된 의식 상태를 다룬 영화 중 내가 가장 좋아하는 작품은 필립 K. 딕의 소설을 바탕으로 한 「스캐너 다클리(A Scanner Darkly)」(2006, 리처드 링클레이터(Richard Linklater)가 감독하고 만화로 가공된 키아누 리브스(Keanu Reeves)가 출연했다)다. 자기 피부 위를 기어다니는 곤충들을 느낄 수 있는 약물 중독자가 등장하며 시작되는 소설은 대단히 우울하다. 인터넷에는 이 영화와 소설에 대한 분석이 넘쳐난다.

꿈을 꾸는 사람은 영화에 반복해서 등장하는 주제다. 처음에 시청자들은 보통 놀랍고 종종 끔찍하기까지 한 사건이긴 하지만 현실에서 벌어지는 일이라고 생각하며, 화면 속의 인물도 대체로 같은 느낌을 받는다. 하지만 그 사람이 깜짝 놀라 눈을 뜨고 벌떡 일어나 앉으면 모든 게 '그저' 꿈이었다는 사실을 깨닫게 된다. 보통 꿈은 인물의 가장 깊은 공포를 그린다. 전형적이지만 가장 훌륭한 예 중 하나가 「터미네이터 2(Terminator 2: Judgment Day)」에서 린다 해밀턴(Linda Hamilton)이 꾸는 핵폭발 꿈이다.

「맨츄리안 캔디데이트(The Manchurian Candidate)」(Frakenheimer, 1962; 2004년 리메이크 되었다)는 1962년 발표된 영화로, '세뇌'되었고 특정한 카드를 보면 정치적 암살을 실행하게 되리라는 최면 후 암시를 받은 군인이 주인공이다.

락트인 증후군에 관한 영화는 「잠수종과 나비(The Diving Bell and the Butterfly)」(Schnabel, 2007)를 보라.

「클라우드 아틀라스(Cloud Atlas)」(Wachowski et al., 2012)는 환생에 관한 영화다.

용어 사전

일반 용어

간츠펠트(ganzfeld) 단일한 입력에 대한 감각 습관화를 통해 감각 입력을 줄인 상태.

감각 박탈(sensory deprivation) 뇌의 감각 입력을 대폭 줄여서 변성된 의식 상태를 유도하는 기법.

감각질(qualia) 감각의 요소들. 붉은색이라는 감각처럼 의식적 경험을 구성하는 개별적 구성요소들. 단수(單數)에 해당하는 영어 단어는 quale.

감마파(gamma wave) 약 30~100헤르츠의 진동수를 가지는 빠른 파동. 가장 전형적인 감마파는 40헤르츠 내외의 진동수를 가진다. 동기화와 결합에 중요한 역할을 하는 것으로 여겨진다.

개인적 지식(private knowledge) 감각질이나 정신적 상태처럼 오직 자신만이 접근할 수 있는 지식.

결정론(determinism) 모든 것이 이미 이전의 사건들에 의해 결정되어 있다는 생각. 물리 법칙은 현재의 모든 사건이 이미 결정된 오직 한 가지 결과만을 가질 수 있다는 것을 의미한다. 우리가 '선택'한 결과가 이미 결정되어 있기 때문에 결정론은 적어도 표면적으로는 자유 의지의 가능성을 배제한다.

결합 문제(binding problem) 붉은색과 형태가 합쳐져서 붉은색 정육면체라는 인상을 형성하는 것처럼, 여러 양상 안에서 혹은 여러 양상에 걸쳐 다양한 감각이 함께 결합해 단일한 표현형을 형성하는 메커니즘.

경두개 자기 자극법(transcranial magnetic stimulation; TMS) 뇌의 특정한 영역에서 일어나는 처리에 지장을 줄 수 있는 강력한 자기장을 만들어 내는 기법.

경험주의(empiricism) 모든 지식이 감각에서 파생된 경험을 바탕으로 한다는 믿음. 흄과 로크가 가장 유명한 사상가였다. 합리주의와 대조를 이룬다.

경험표집법(experience sampling method; ESM) 무작위적인 간격으로 울리면서 참가자들에게 바로 지금 무엇을 하고 있었는지 정확히 적어두도록 신호를 주는 타이머나 스마트폰앱을 이용해서 사람들이 무엇을 생각하는지 알아내는 방법.

계산(computation) 출력값을 만들어 내기 위해 잘 정의된 하나의 알고리듬이나 복수의 알고리듬을 사용하는 것. 더 광범위하게는 정신이 작동하는 방식에 대한 은유를, 일부에서는 정신이 작동하는 방식을 의미한다.

고무손 착각(rubber hand illusion) 자기 손과 연관 지어진 외부의 물체에서 감각을 느끼게 되는 착각.

고유 수용성(proprioception) 자기 몸이라는 감각.

공감각(synaesthesia) 한 감각의 활성화가 다른 감각의 활성화로 이어지는 현상. 예를 들어 특정한 색을 볼 때 특정한 소리를 듣는 것.

관념론(idealism) 세계는 기본적으로 정신적이라고 하는 일원론의 한 형태.

군집 지능(swarm intelligence) 분산되어 있는 단순한 로봇이나 동물의 상호작용에 의해 복잡한 집합적 행동이 출현하는 것. 동물의 사례로는 새 무리가 있다.

근간대성 경련(myoclonic jerk) 팔이나 다리 등의 날카로운 움직임으로 이어지는 갑작스러운 근육 수축. 잠든 사이 종종 경험하게 된다.

기능주의(functionalism) 중요한 것은 정신적 상태 간의 인과 관계나 기능적 관계라고 심신 관계를 설명하는 이론. 마음은 계산을 행한다. 컴퓨터 프로그램에서 어떤 트랜지스터를 작동시킬지 명시적으로 배정하지 않는 것과 마찬가지로, 기능적 관계가 구현되는 상세한 내용은 중요하지 않다.

기억상실(amnesia) 기억의 분실. 영구적일 수도 있고 일시적일 수도 있다.

기질 독립성(substrate independence) 중요한 것은 컴퓨터와 뇌가 무엇을 하는지, 즉 소프트웨어이며 무엇에서 하는지, 즉 하드웨어는 중요하지 않다는 생각.

꿈꾸기의 위협 시뮬레이션 이론(threat simulation theory of dreaming) 레본수오가 제안한 꿈꾸기 이론. 꿈은 오래된 생물학적 방어 기제의 결과로, 우리가 잠재적 위험을 시뮬레이션해서 대처할 수 있게 도와준다고 한다.

난제(hard problem) 데이비드 차머스가 개인적인 경험 그리고 감각질의 특성을 설명하는 것이라 정의한 문제.

내적 성찰(introspection) 자기 마음의 내용을 조사하기 위해 내면을 들여다보는 과정.

뇌교슬상후두파(ponto-geniculo-occipital wave) 뇌줄기의 뇌교 영역에서 발생해 뇌로 퍼져나가는 느린 파동. 잠을 잘 때 나타나며 꿈꾸기의 시작과 관련이 있을 수 있다.

뇌염(encephalitis) 뇌에 발생하는 염증을 일반적으로 이르는 말. 질병으로 인해 발생하는 경우가 가장 많다.

뇌량절개술(callosotomy) 뇌의 두 반구를 연결하는 신경섬유 다발인 뇌량을 잘라내는 수술.

뇌전도(electroencephalogram; EEG) 아주 짧은 기간에 일어나는 뇌의 전기적 활동과 이러한 뇌의 전기적 활동을 측정하는 장비를 모두 일컫는다.

뇌전증(epilepsy) 발작과 관련이 있는 장애. 결여 발작부터 경련까지 다양한 증상을 보일 수 있고 뇌에 무작위적으로 발생하는 강력한 전기적 활동과 연관성이 있다.

뇌척수액(cerebrospinal fluid; CSF) 뇌와 척추 안에서 발견되는 맑은 액체. 기계적·화학적으로 두 조직을 보호한다.

뉴런(neuron) 신경세포. 뉴런은 전기적·화학적 신호를 통해 정보를 전달한다. 시냅스에서 다른 뉴런과 접촉하는 축삭돌기와 세포체로 이루어졌다.

뉴런 작업공간 이론(neuronal workspace theory) 통합 작업공간 이론을 확장해 뇌의 어느 부분이 처리의 각 영역에 관여하는지 설명하는 모델.

다발론(bundle theory) 의식의 중심에 변함없는 인간이 있는 것이 아니라 속성의 집합 또는 다발이 존재한다고 하는 자기와 개인 정체성에 관한 이론.

다중 초안 모델(multiple drafts model) 데카르트 극장이 존재하지 않는 의식 모델로 데넷이 제안했다. 다수의 처리 흐름이 동시에 활성화되고 우리는 한순간 가장 활성화된 하나의 처리를 의식한다.

대사저하(hypometabolism) 뇌에서 손상된 부분을 보여주는 뇌 영상에서 포도당 대사가 평소보다 떨어지는 것.

대항제(antagonist) 신경전달물질 반응 부위에 결합해 활성화를 막는 물질.

데카르트 극장(Cartesian theatre) 감각 처리의 결과가 합쳐져 다감각적 스크린에 상영되고 호문쿨루스가 이를 지켜보는 마음속의 가상적 공간. 호문쿨루스는 이러한 입력을 바탕으로 행동한다. 데넷이 만든 용어로, 이른바 유물론적 의식 모델에 데카르트 이원론의 흔적이 남아 있음을 지적한다.

데카르트 이원론(Cartesian dualism) 두 종류의 실체, 즉 마음과 물질이 존재한다고 하는 이원론의 한 형태.

도취제(entheogen) 종교적인 상태나 격렬한 영적 상태를 만들어 내는 환각 유발성 약물.

디폴트 모드 네트워크(default mode network), 디폴트 네트워크(default network) 우리가 아무것도 하지 않을 때, 즉 기본 설정일 때 고도로 활성화되는 조직의 네트워크. 마음이 방랑하거나 몽상하는 것과도 연관되어 있다.

딴생각(mind-wandering) 우리가 무언가에 집중하기를 멈출 때 벌어지는 일. 몽상과 동일하다.

락트인 증후군(locked-in syndrome; LIS) 안구운동을 하는 일부 사례를 제외하면, 정상적인 의식의 신호는 보이지만 움직일 수 없는 상태.

렘수면(rapid eye movement(REM) sleep) 안구가 뚜렷이 무작위적인 운동을 하고 근육 마비가 일어나며 자주 꿈이 동반되는 수면 유형. 비렘수면과 대조를 이룬다.

로봇(robot) 환경과 직접 상호작용할 수 있고 일련의 복잡한 행동을 자동으로 수행할 수 있는 컴퓨터에 의해 제어되는 기계.

마음 이론(theory of mind) 대부분의 인간과 아마도 일부 동물이 가지고 있는, 같은 종에 속하는 다른 구성원들의 정신적 상태, 동기, 행동에 관한 모델. 다른 구성원들이 무엇을 할지 예측할 수 있게 한다.

마취제(anaesthetic) 감각과 통증을 국부적으로 또는 전체적으로 완전히 차단하는 물질. 후자에는 결과적으로 의식을 잃게 된다. 반면 진통제는 단순히 통증 완화만을 제공한다.

메스칼린(mescaline) 중요한 환각 유발성 알칼로이드. 페요테 선인장 같은 식물에서 자연적으로 생겨나고 발견된다.

멜라토닌(melatonin) 솔방울샘에서 만들어지며 수면과 각성을 조절하는 데 중요한 역할을 하는 호르몬.

명상(meditation) 이완된 상태에서 주의를 집중할 수 있게 긴장을 풀고 몰두하는 수련.

맹시(blindsight) 시야의 특정 영역에서 시각을 잃었다고 보고하는 사람이 그런데도 명백히 비어있는 영역의 시각 정보 일부를 정확하게 보고하는 신경 현상.

몰입(absorption) 텔레겐 몰입 척도로 측정되는 특성으로 한 사람이 어떤 과업이나 경험에 완전히 빠져들거나 몰입되는 정도를 반영한다.

무법칙적 일원론(anomalous monism) 도널드 데이비드슨이 제안한 일원론의 한 갈래. 오직 한 종류의 물질, 즉 물리적 물질만이 존재하지만 정신적 사건은 물리적 법칙으로 완전히 기술할 수 없다고 (또는 환원할 수 없다고) 한다.

무시(neglect) 시각적 공간의 한 영역에 주의를 기울이지 않는 신경 손상.

무의식적인(unconscious) 프로이트의 의식 이론에서 우리가 '알고' 있지만 의식이 바로 접근할 수는 없는 정보의 대부분. 또한 '의식적인'의 반대말.

물리주의(physicalism) 물리적인 것만이 존재한다는 철학적 믿음. 유물론의 동의어에 가깝다고 할 수 있지만 일부에서는 에너지의 유형과 물리적 법칙을 포함하는 것으로 구분한다.

미국정신의학협회 정신 장애 진단 및 통계 편람(DSM) 정신질환과 기형, 인격 장애의 분류에 활용된다.

미엘린(myelin) 뉴런의 축삭돌기를 보호하고 전기적 전달의 속도를 높이는 흰색 지방질.

반대쪽의(contralateral) 대칭되는 쪽의. 뇌는 몸 왼쪽의 정보가 처음에는 몸의 오른쪽으로 전송되게 연결되어 있으며 반대도 마찬가지다.

범신론(panpsychism) 모든 물체가 어느 정도의 정신적 상태와 의식의 요소를 가지고 있다는 관점.

변성된 의식 상태(altered state of consciousness; ASC) 우리가 매일 정상적으로 깨어있는 상태와는 확연히 다른 의식 상태. (뇌전도에 베타 리듬이 나타나는 것이 특징이다.)

변화 맹시(change blindness) 잘 보이는 시각적 장면에 아주 커다란 변화가 일어나도 종종 알아채지 못하는 시지각 현상.

복잡계(complex system) 단순하지만 상호작용하는 많은 단위로 구성되어 있어서 전체적인 행동이 예측과 무척 달라지는 시스템.

부분 전체의 오류(mereological fallacy) 믿는 주체는 뇌가 아닌 정신인데 '뇌가 믿는다' 같은 문장을 만들어서 뇌와 정신을 혼동하는 것.

부수현상설(epiphenomenalism) 의식이 행동의 부수현상이라면 행동에서 인과 역할을 하지 않는다는 생각처럼, 첫 번째 현상에서 인과 역할을 하지 않는 부차적 현상.

부인(denial) 자신에게 또 다른 망상이나 신경 손상이 없다는 망상적 믿음을 가지고 있는 사람.

불면증(insomnia) 잠이 들고 수면을 유지하는 데 어려움을 겪는 문제.

비렘수면(non-rapid eye movement (NREM) sleep) 안구가 움직이지 않고 근육은 느슨하게 이완된 상태이며 꿈을 꾸는 빈도가 낮은 유형의 수면. 렘수면과 번갈아 나타난다.

상징(symbol) 다른 무언가를 의미하는 무언가.

사고 실험(thought experiment) 어떤 시나리오를 택해 그 결과를 생각해 봄으로써 정신에 관한 우리의 믿음을 조사하는 과정. 대표적인 예로, 지식 논증을 생각할 때 활용하는 과학자 메리 사고실험이 있다.

선택적 주의(selective attention) 제한된 수의 자극에만 주목하는 것.

설명적 간극(explanatory gap) 현상적 경험과 뇌에서 일어난 물리적 사건의 차이를 설명하는 문제. 본질적으로 난제다.

수면(sleep) 되돌릴 수 있는 무의식과 특정한 뇌파 패턴, 간헐적 안구 운동, 근 긴장의 변성이 특징인 상태.

시냅스(synapse) 뉴런(신경세포) 사이의 이음부. 한 신경세포가 다른 뉴런으로 (신경전달물질을 통해) 전기적·화학적 신호를 보낼 수 있게 한다.

신경보철물(neuroprosthesis) 뇌의 기능을 대체하거나 확장하는 장치.

신경윤리(neuroethics) 신경과학에서 제기된 윤리적 문제를 연구하는 학문 분야. 예를 들어, 편도체의 비정상적인 활동이 관찰되는 사람이 있다면 그가 범죄를 저질렀을 때 얼마나 책임을 져야 할까?

신경전달물질(neurotransmitter) 신경계에서 뉴런들이 서로 통신하는 데 필수적인 역할을 하는 화학적 메신저.

신비주의(mysterianism) 우리에게는 의식을 완전히 이해하는 데 필요한 인지적 능력이 없기 때문에 절대 의식을 완전히 이해하지 못할 거라는 주장.

실체이원론(substance dualism) 데카르트 이원론과 동일하다. 마음과 물질이라는 두 가지 기본적인 유형의 실체가 존재한다는 생각이다.

심상(mental image) 지각 자극과 일부 유사성을 갖는 정신적 표현. 보통 장미를 상상한 결과처럼 시각적 심상이다.

심신 동일론(mind-brain identity theory) 정신적 상태는 뇌의 상태와 동일하다는 이론.

심신 문제(mind-body problem) 뉴런과 뇌를 구성하는 물질에서 어떻게 개인적인 경험과 주관적 인식이 생겨나는지의 문제.

쌍안적(bistable) 똑같이 유효한 두 가지 해석이 존재해서 뇌가 그 사이에서 전환될 수 있는 네커 큐브와 같은 자극. 대안적 형태가 세 가지 이상일 때는 다안적(multistable)이라 한다.

아편제(opiate) 아편에서 유래한 약물. 즉, 양귀비에서 유래한 약물.

암점(scotoma) 일부 편두통에서 발견되는 것처럼 시야에서 보이지 않는 지점.

양자역학(Quantum mechanics) 모든 에너지는 양자화되어 있다고 하는 물리 이론으로 고전역학과 대조를 이룬다. 양자화되어 있다고 하면 연속적이지 않고 분리된 단위로 존재한다는 뜻이다. 그리고 정보는 확정적이지 않고 확률적이다. 즉, 입자들은 특정한 위치에 있을 확률만을 가진다.

양전자 방출 단층촬영술(positron emission tomography; PET) 대사를 통해 뇌의 활동을 검사하는 뇌 검사 기법. 검사 장치는 포도당과 함께 주입된 (플루오린-18 같은) 방사성 추적자가 방출한 방사능을 탐지한다.

양쪽의(bilateral) (예를 들면, 뇌의) 좌우 양쪽 모두.

알고리듬(algorithm) 특정한 문제를 해결하기 위한 방법의 상세하고 명시적인 설명. 알고리듬은 컴퓨터 프로그램으로 구현될 수 있다. 입력값을 받고 일련의 단계를 거쳐 출력값을 반환한다.

양립가능론(compatibilism) 자유 의지와 결정론이 양립할 수 있고, 비논리적이지 않게 이 두 가지를 모두 믿을 수 있다고 생각하는 이론.

언어(language) 유한한 수의 단어를 결합해 무한한 수의 문장을 만들어 내기 위한 유한한 수의 규칙 체계.

엔도칸나비노이드(endocannabinoid) 대마와 관련된 화학 물질에 민감한 생체 시스템.

역동적 핵심부(dynamic core) 에델먼이 제안한 의식 모델. 의식적인 경험은 시상피질계에 재진입하는 신경 활동에서 생겨난다.

연결부절개술(commissurotomy) 두 해부학적 구조를 연결하는 맞교차(commissure)나 섬유, 조직을 잘라내는 것을 포함하는 수술. 이 책의 맥락에서는 뇌의 좌우 반구를 연결하는 뇌량과 시상, 다른 구조를 잘라내는 수술을 의미한다.

오피오이드(opioid) 신경계에서 오피오이드 수용체에 결합하는 약물.

유물론(materialism) 물질이 우주에 존재하는 유일한 기초적인 실체이며 의식을 포함한 모든 과정은 물질로 설명할 수 있다는 철학적 가설.

유체 이탈 체험(out-of-body experience; OBE) 의식이 우리 몸 밖에 있는 것처럼 느껴지는 상태. 보통 위에서 몸을 내려다본다.

의식의 신경 상관물(neural correlates of consciousness; NCC) 뇌의 어떤 부분이 의식의 측면을 만들어 내는 데 관여하고 어떻게 관여하는지 알아내는 것.

의식의 특징(signature of consciousness) 의식이 있는 상태와 의식이 없는 상태를 구분하게 하는 뇌 영상의 특징적 패턴과 같은 몇몇 패턴.

의식의 표상 이론(representational theory of consciousness) 표상의 표상이 중추적인 중요성을 가지는 의식 이론.

의식의 흐름(stream of consciousness) 우리 앞에 뒤섞여 펼쳐지는 것처럼 보이는 생각과 인상의 흐름. 혹은 이런 흐름을 따라가는 데 활용하는 문학적 기법을 가리키기도 한다.

이원론(dualism) 기본적인 두 가지 종류의 실체가 존재한다는 생각. 마음과 물질은 완전히 다른 종류의 것이다. 일원론과 대조를 이룬다.

인공지능(artificial intelligence; AI) 컴퓨터가 지능을 필요로 하는 과업을 수행하게 하는 것. 또한 기계 지능을 일컫기도 한다.

인식(awareness) 감각이나 생각을 지각하거나 느끼는 상태.

인식불능증(anosognosia) 다른 작화로 자신의 상태를 설명할 수 없는 지경일 때도 자신에게 문제가 있다는 것을 인식하지 못하는 듯한 장애에 대한 부인, 자기 인식의 결여.

일원론(monism) 마음이든 물질이든 오직 한 종류의 실체만이 존재한다는 믿음. 이원론과 대비된다.

일화 기억(episodic memory) 특정한 시간에 존재하는 구체적인 사건의 기억 또는 명쾌하게 명시할 수 있어서 해당 기억이 인식되기 시작했다는 것이 입증되는 연속적인 사건의 기억.

임사체험(near-death experience; NDE) 죽음에 근접해서 변성된 의식 상태에 진입하는 경험. 보통 빛의 터널을 보고 환영하는 목소리를 들으며 다행감을 느낀다.

입면상태(hypnagogic state) 잠이 안 든 상태와 잠에 빠지는 상태 사이의 상태.

자가국소실인증(asomatognosi) 팔다리와 같은 신체의 일부가 자기 몸에 속해 있다는 사실을 알지 못하는 것.

자각몽(lucid dream) 꿈을 꾸고 있다는 사실을 인식하면서 보통은 꿈속에서 일어나는 사건에 영향을 미칠 수 있는 꿈.

자각적 의식(autonoetic consciousness) 우리 자신을 과거나 미래 혹은 현재의 세계와 정반대되는 상황에 배치하는 능력.

자기(self) 우리 의식의 대상으로서 개개인.

자기상환시(autoscopy) 자신의 물리적 몸을 다른 위치에서 보지만 자신은 계속 올바른 위치에 있다고 경험하는 환각.

자기 인지 거울 검사(mirror test of self-recognition; MSR) 눈에 잘 띄는 어딘가(예를 들어, 원숭이의 이마)에 표시를 하고 검사 대상이 그 표시를 문질러 지우려 하는지 보는 검사. 그런 행동을 한다면 거울 속의 자신이 자신임을 알아보는 것이다.

자기환시(heautoscopy) 자기상환시와 관련이 있지만 심리적 자기도 이동해서 옮겨진 몸의 이미지와 함께 있게 되고, 따라서 공간의 다른 지점에서 자신과 세계를 경험하는 듯하다.

자서전적 기억(autobiographical memory) 우리 자신과 우리의 경험에 관한 기억.

자아 이론(ego theory) 세상을 관찰하고 경험하는 하나의 통일된 자기가 존재한다고 하는 자기 이론.

자유론(libertarianism) 의식과 철학의 맥락에서 자유론은 자유 의지가 결정주의와 양립할 수 없고 우리는 자유 의지를 가지고 있다는 입장이다. 따라서 결정주의는 틀릴 수밖에 없다. 정치적 자유론과 혼동하지 말자.

자유 의지(free will) 우리가 선택할 수 있는 행동 중 자유롭게 선택한다는 생각. 결정론과 명백히 충돌한다.

자의식(self-consciousness) 우리 자신의 의식에 대한 인식.

잠재적(subliminal) 의식 수준의 바로 아래에 있는 무언가.

재귀(recursion) 자신을 호출하는 규칙.

재입 처리(re-entrant processing) 뇌의 피드백 연결에 의존하는 처리. 보통 상대적으로 긴 해부상의 거리를 포함해서 뒤의 처리가 앞선 처리에 영향을 미칠 수 있다.

작용제(agonist) 신경전달물질 수용체에 결합해 활성화하는 물질. (약물처럼) 외생적일 수도 있고 (신경전달물질이나 호르몬처럼) 내생적일 수도 있다. 대항제와 반대로 작용한다.

작화(confabulation) 근본적으로 상황을 꾸며내는 것. 특히 무언가를 할 수 없거나 기억할 수 없는 이유, 혹은 실제로는 가지고 있는 특정한 결손을 가지고 있지 않다는 이유를 설명하기 위해 근거를 꾸며내는 것.

전기생리학(electrophysiology) 신경계의 전기적 활동을 연구하는 학문 분야.

전도된 스펙트럼(inverted spectrum) 사람마다 다른 색을 '보는' 사고 실험. 예를 들어, 내가 붉은색의 감각을 가질 때 여러분은 파란색의 감각을 가진다. 어떻게 해야 서로 다른 색을 본다는 것을 알 수 있을까?

접근 의식(access consciousness) 블록에 따르면 접근 의식의 표지는 추론, 기억, 언어, 사고로 이어지는 내용을 이용할 수 있는 가능성과 생각을 끌어가는 능력이다.

정신 모형(mental model) 우리를 둘러싼 세상이나 대화, 글에서 중요한 측면의 표현이나 모델.

정신적 시간 여행(mental time travel) 우리 자신을 과거 혹은 특히 미래의 어느 시점에 데려가거나 상상하고, 그런 상황에서 무엇을 할지 생각해 볼 수 있는 것.

제거적 유물론(eliminative materialism) 우리가 매일 세계를 보는 상식적인 '민간 심리학'의 관점이 틀렸고 우리가 생각하는 어떠한 정신적 상태도 실제로는 존재하지 않는다고 주장하며 유물론적 관점으로 심신 문제를 설명하는 이론. 우리는 언어에 속아서 '믿고' '바라는' 대상이 실재한다고 생각하게 된다.

제한된 환경 자극 치료법(restricted environmental stimulation therapy; REST) 가벼운 감각 박탈처럼 환경적 자극을 줄이는 치료기법의 한 형태.

주의(attention) 정신적 처리의 몇몇 측면에 초점을 맞출 때 발생하는 처리의 병목.

주의 과실(attentional blink) 첫 번째 표적을 보여준 후 두 번째 표적을 아주 빠르게 (200~500밀리초 후) 제시해서 후자를 식별하기 어렵게 하는 절차.

준비 전위(readiness potential; RP) 운동준비전위(Bereitschaftspotential; BP)라고도 한다. 뇌의 운동 피질 영역에 나타나 참가자가 자발적 움직임을 하려 준비하고 있다는 것을 알려주며, 뇌전도로 측정되는 전기적 신호다.

중립 일원론(neutral monism) 마음도 아니고 물질도 아닌 오직 한 종류의 실체만이 존재하고 마음과 물질은 이 실체를 다른 방식으로 묘사한 것이라는 관점.

지속 식물 상태(persistent vegetative state; PVS) 식물인간 상태가 시작되고 4주가 지나면 선언되는 상태. 심각한 뇌 손상을 입은 환자들이 겪는 장애로 진정한 인식이 아니라 부분적인 각성이 있는 상태다. 보통 예후가 나쁘다.

지식 논증(knowledge argument) 사고 실험을 이용하는 논증으로 프랭크 잭슨이 제안했다. 세상을 흑백으로 보는 과학자 메리에게 색이 있는 장미가 주어졌다. 경험하지 않고도 색에 관해 모든 것을 아는 게 가능할까? 지식 논증은 물질주의에 대한 가장 강력한 대응 중 하나로 여겨진다.

지향성(intentionality) 무언가를 향하는 행동.

직관펌프(intuition pump) 중요한 철학적 질문에 관한 직관을 얻기 위해 구성된 조그마한 사고 문제를 가리키는 말로 데닛이 처음 사용했다. 우리의 직관이 늘 옳지는 않을 수 있다는 사실은 기억해 두자.

집단무의식(collective unconscious) 융은 깊은 수준의 무의식이 원형이라 불리는 상징을 비롯해 사람들 사이에 공유되는 내용을 담고 있다고 생각했다.

창발론/창발(emergentism/emergence) 여러 단순한 속성의 상호작용에서 복잡한 속성과 행동이 생겨나는 방식.

채우기(filling in) 보통 시각적 장면의 맥락에서 지각 대상이 완전해 보이도록 공백을 메워서 자극을 완성하는 것.

철학적 좀비(philosophical zombie; P-zombie) 우리와 똑같이 생겼고 행동으로는 구분할 수 없지만 의식이 없는 가상적 존재.

청각 언어 환각(auditory verbal hallucination; AVH) 존재하지 않는 목소리를 듣는 것. 말하는 소리가 들리는 환청.

체화된 인지(embodied cognition) 인지적 처리가 우리의 몸에 그리고 세상에 체화된 방식과 지각·인지 처리를 통해 세계와 상호작용하는 방식에 크게 영향을 받는다는 생각.

초심리학(parapsychology) 비정상적인 경험을 연구하는 학문 분야.

초월적(transcendental) 초월적 의식이나 초월 명상에서처럼 더 낫거나 뛰어넘는.

최면(hypnosis) 주의 집중, 주변에 대한 인식 감소, 암시에 열려있음을 특징으로 하며 누군가에 의해 의도되는 트랜스 상태.

최면 유도(hypnosis induction) 한 사람을 최면 상태로 이끄는 과정.

최소의식 상태(minimally conscious state) 식물인간 상태와 정상적으로 깨어있는 의식 상태 사이에서 일부 시간에는 어느 정도 제한된 인식이 있는 상태로 혼수상태와 유사하다.

축삭(axon) 신경섬유의 일종으로, 시냅스를 통해 다른 뉴런과 연결된 기다란 돌기.

캡그라 증후군(Capgras delusion) 사기꾼(들)이 친구나 가족 구성원을 (또는 여러 사람일 수도 있지만 대개 환자의 파트너다) 대신하고 있다고 믿는 망상적 믿음.

커넥톰(connectome) 한 생명체의 완전한 신경 연결.

코르티솔(cortisol) 스트레스 반응과 관련이 있는 호르몬.

테트라하이드로칸나비놀(tetrahydrocannabinol, THC) 대마의 주요 향정신성 성분.

통증수용체(nociceptor) 잠재적으로 해롭거나 위험한 자극에 반응해 척수와 뇌에 메시지를 보내는 특별한 유형의 신경세포.

통합 작업공간 이론(global workspace theory; GWT) 바스가 제안한 의식에 관한 이론. 주의라는 조명이 현재 정신의 내용 중 일부를 비추는, 작업 기억과 유사한 구체적인 정신적 구조를 이용해 의식을 설명한다.

통합 정보 이론(integrated information theory; IIT) 적절히 통합된 충분한 양의 정보가 있는 모든 시스템에는 의식이 생긴다는 토노니의 이론.

튜링 머신(Turing machine) 테이프와 그 테이프를 읽고 쓸 수 있는 헤드(head)처럼 간단한 단어로 묘사할 수 있지만 계산할 수 있는 모든 과업을 계산할 수 있는 기계의 수학적 모델.

튜링 테스트(Turing test) 영국의 컴퓨터 과학자 앨런 튜링이 고안한 인간 수준의 지능 테스트. 독립적이고 '상대를 알지 못하는' 심판이 대화를 통해 화자가 컴퓨터인지 인간인지 판단하지 못하면 그 컴퓨터는 테스트를 통과한 것이다.

트랜스휴머니즘(transhumanism) 우리의 생리와 지적 능력을 향상시키기 위해 기술을 이용해서 인간의 조건을 발전시켜야 한다는 철학.

특이점(singularity) 기술 특이점에서는 한 시스템을 좌우하는 평상시의 규칙이 더는 적용되지 않는 지점을 말한다. 기술 특이점은 인공지능이나 로봇이 자체적으로 설계를 향상할 수 있을 때 도래할 것으로 추정되며, 이때는 예견할 수 없는 환경에서 기술 변화의 속도가 갑자기 극적으로 증가할 것이다.

파이(phi) 통합된 지식의 측정 단위.

파이 착시(phi illusion) 완전히 비동시적으로 켜졌다 꺼졌다 하는 두 광원 사이에서 빛이 움직이는 것처럼 보이는 착각.

프로이트적 실수(Freudian slip) 우리의 진정한 생각과 의도가 드러나게 하는 실수.

프사이(psi) 텔레파시, (초감각 지각을 포함하는) 투시, 예지, 염력 등 초자연적인 능력을 가리키는 총칭. 이중 어떤 능력이 기초가 되는지 불확실하기 때문에 포괄적 용어를 사용한다.

하루주기(circadian) 약 24시간의 주기를 가지는 생체 리듬.

합리주의(rationalism) 고유한 지식과 이성이 존재한다는 믿음. 데카르트와 라이프니츠 등이 주창했다. 경험주의와 대조를 이룬다.

향정신성(psychoactive) 정신과 행동에 영향을 미치는.

해리(dissociation) 보통은 연결되어 있는 정신의 일부가 분리되는 상태. 해리성 정체감 장애가 가장 극단적인 예다.

해리성 정체감 장애(dissociative identity disorder) 인격의 측면이 서로 단절되거나 해리되는 인격 장애. 다중인격장애로 더 많이 알려졌다.

허브(hub) 특정한 과업을 수행하기 위해 뇌의 서로 다른 영역을 하나로 연결하는 데 중요한 뇌의 중심.

현상적 의식(phenomenal consciousness) 감각 입력의 결과이자 우리가 인식하는 것들로 구성되는 의식.

현상학(phenomenology) 일인칭 시점에서 의식을 연구하는 학문 분야.

호문쿨루스(homunculus) 다른 생명체의 안에서 일하는 조그마한 생명체로 '호문쿨루스 안에는 무엇이 있나?'라는 무한 회귀를 부른다. 호문쿨루스는 데카르트 극장의 중심에 있다.

혼돈(chaos) 혼돈계는 초기 상태의 아주 작은 차이가 증폭되어 빠르게 예측할 수 없게 되는 시스템을 말한다.

혼수(coma) 뇌에 심각한 손상을 입어 의식이 없는 상태. 수면 각성 주기를 보이지 않고 어떠한 자극에도 반응하지 않는다.

확장 의식(extended consciousness) 특히 어떤 물건(예를 들면, 연필)이 우리 몸의 표상에 포함될 때 그 도구를 이용해 공간적·시간적으로 확장한 의식.

환각제(hallucinogen) 환각을 유발하거나 지각, 인지, 정서에 중요한 변화를 일으키는 약물 계열.

환상 팔다리(phantom limb) 잃어버린 팔다리가 어떤 면에서는 여전히 원래 자리에 있다고 느끼는 감각. 가장 대표적으로는 환상 팔다리에 통증을 느낀다.

환원주의(reductionism) 물리로 화학을 모두 설명할 수 있듯이 앞선 단계의 이론으로 특정 단계에 제시된 이론을 온전히 설명할 수 있다는 생각.

활성화 입력 조절 모델(Activation input modulation model; AIM) 앨런 홉슨이 제안한 잠과 꿈꾸기에 관한 모델. 활성화와 입력 원천, 신경전달물질 조절의 세 가지 차원을 가진다.

활성화 종합 모델(Activation-synthesis model) 홉슨과 매칼리가 제안한 꿈꾸기에 관한 신경생물학적 모델. 꿈을 근본적으로 무작위적인 뇌 활성을 해석하려 시도하는 피질의 결과물로 본다.

회색질(grey matter) 뇌의 신경세포체에 많은 물질. 상대적으로 유수 축삭(myelinated axon)에 많은 백색질과 구분된다.

회의론(scepticism) (내가 존재한다는 사실 외에) 어떠한 지식에 관해서도 아주 확신하기는 어렵다는 철학적 태도.

휴리스틱(heuristic) (항상은 그런 것은 아니지만) 보통 문제에 대한 올바른 답으로 이어지는 일반적인 규칙 또는 지침.

흥분제(stimulant) 카페인이나 암페타민처럼 신경계의 각성을 높이는 향정신성 물질.

신경해부학에서 사용하는 기본적인 위치 관련 용어

피질의 엽(葉)

전두(frontal) 뇌의 앞쪽을 향하는. 고등 기능을 담당.

측두(temporal) 측면의. 의미 추출을 담당.

두정(parietal) 위쪽을 향하는. 공간 처리를 담당.

후두(occipital) 뒤의. 시각 처리를 담당.

위치 지시자

외측-(lateral) 측면을 향해.

꼬리-(caudal) 꼬리를 향하는; 후방 하단.

내측-(medial) 중심을 향해.

내-(intra) 안에.

배측-(dorsal) 위쪽.

복측-(ventral) 아래쪽

양쪽-(bilateral) 양쪽 모두의.

입쪽-(rostral) 전두엽의 뾰족한 끝을 향해.

전방-(anterior) 앞을 향하는.

편측-(unilateral) 한쪽에만.

하-(inferior) 밑에 또는 아래에.

후-(posterior) 뒤를 향해.

이러한 용어는 종종 함께 사용된다. 한 예로, 배외측(dorsolateral)은 측면의 위쪽을 의미한다.

가장 흔히 사용되는 신경전달물질 용어

가바(GABA) 감마아미노부티르산은 주요 억제성 신경전달물질이다.

글루탐산염(glutamate) 가장 널리 퍼져 있는 흥분성 신경전달물질.

노르에피네프린(norepinephrine) 노르아드레날린으로도 불리는 이 신경전달물질은 호르몬으로 작용한다. 수면 중에 농도가 가장 낮고 스트레스를 받을 때 가장 높아진다.

도파민(dopamine) 운동 제어와 보상 시스템에 관여한다.

산화질소(nitric oxide) 신경전달물질로 작용하는 기체.

세로토닌(serotonin) 기분과 수면의 조절을 비롯해 뇌의 다양한 시스템에 관여하는 모노아민 신경전달물질.

아세틸콜린(acetylcholine) 콜린성 시스템에 영향을 미치며 근육 활동뿐 아니라 학습과 기억에 중요하다.

에피네프린(epinephrine) 아드레날린으로도 알려졌다. 몸의 기본적인 기능을 조절하는 데 관여하는 호르몬이자 신경전달물질이다.

가장 중요한 신경해부학 구조 용어

각회(angular gyrus) 두정엽에서 정면과 측면을 향하는 영역. 복잡한 인지 기능, 특히 시각 처리에서 의미 처리로의 정보 전달에 관여한다.

감각피질(sensory cortex) 일차 체감각 피질(primary somatosensory cortex)은 두정엽의 외측 부분으로, 반대쪽 몸에 대한 표상을 포함하고 감각계의 정보를 받아들인다.

구(sulcus) 피질에 있는 고랑.

꼬리핵(caudate nucleus) 배측 선조체를 구성하는 뇌의 한 부분. 결과적으로 학습과 움직임에 중요한 역할을 하는 구뇌(old brain)의 일부인 바닥핵에 속한다. 뇌에서 보상을 통제하는 데 중요한 피질-바닥-신경-시상 루프 구조에도 속한다.

뇌교(pons) 뇌줄기의 가장 윗부분. 호흡을 비롯한 다양한 하급 기능뿐 아니라 수면 마비, 꿈꾸기 제어에도 관여한다.

뇌교중간뒤판(mesopontine tegmentum) 배측 뇌교라고도 한다. 뇌교의 일부로 여러 두개신경핵(cranial nerve nucleus)과 뇌 전역으로 향하는 몇몇 주요 콜린성 핵의 결합 부위를 포함한다.

뇌량(corpus callosum) 피질 아래에서 뇌의 좌우 반구를 연결하는 얇은 섬유 다발.

뇌섬엽(insula) 뇌 중심으로 접혀 들어가 있는 피질의 일부. 인식과 정서, 항상성의 통제와 관련이 있다.

뇌줄기(brainstem) 뇌에 진입한 척추의 가장 위에 있는 동그란 부분. 중간뇌와 뇌교를 포함한다. 몸으로 신경을 보내는 데 관여하며 호흡과 심장 기능을 통제한다.

뇌하수체(pituitary gland) 뇌의 가장 아래쪽 시상하부에 붙어 있는 조그마한 샘(gland). 성장, 생식기, 혈압을 비롯해 신체의 주요 기능 다수를 제어하는 호르몬들을 생산한다.

대뇌(cerebrum) 전뇌. 중간뇌와 뇌줄기 위에 얹혀 있으며, 피질과 피질 하부의 구조를 포함하는 소뇌와는 구분되는 뇌의 많은 부분.

대상회(cingulate gyrus) 뇌량 위에 자리한 변연계의 한 부분. 피질과 시상, 변연계의 나머지 부분 사이에서 허브 역할을 한다.

대상회피질(cingulate cortex) 뇌 가운데 뇌량으로 둘러싼 피질의 맨 아랫부분에 있는 층. 뇌의 여러 부분과 연결되어 있으며 여러 다른 행동 중에서도 동기에 중요한 역할을 한다.

망막-슬상-선조 경로(retinal-geniculate-striate pathway) 물체 인식에서 눈에서 뇌로 향하는 주요 경로.

망상활성계(reticular activating system) 상행성망상활성계로도 알려졌다. 뇌줄기와 뇌교, 숨뇌에 있는 다수의 연결된 핵으로 구성되는 구조로 시상과 시상하부를 향해 뻗어 있다. 주요 신경전달물질계 다수에 관여하며 각성과 깨어남의 조절을 담당한다.

바닥핵(basal ganglia) 중간뇌 위에 있는 피질 하부의 구조. 피질, 시상, 뇌줄기 사이에서 허브 역할을 하고 운동 행동과 학습 등 다양한 처리에 관여하는 선조체를 포함한다.

방추형회(fusiform gyrus) 측두엽과 후두엽에서 측면을 향하는 영역으로 얼굴이나 다른 유형의 복잡한 인식에 관여하는 것으로 여겨진다.

배외측 전전두엽피질(dorsolateral prefrontal cortex; DLPFC) 전전두엽피질에서 정면과 측면을 향하는 부분인 DLPFC는 집행 처리를 비롯해 여러 고급 인지 기능에 관여한다.

변연계(limbic system) 해마, 편도체, 유두체를 비롯해 측두엽과 중간뇌 사이에 있는 일련의 조직을 가리킨다. 정서, 동기, 학습을 포함하는 광범위한 행동을 조절하는 기능을 한다.

브로카 영역(Broca's area) 언어, 특히 말 생성(speech production)과 연속적인 말(sequencing speech)에 관여하는 왼쪽 전전두엽피질의 일부 영역.

사이막의지핵(nucleus accumbens) 보상, 처벌, 혐오, 충동 조절, 학습의 양상과 여러 인지 기능에 관여하는 전뇌기저부(basal forebrain)의 한 영역.

상둔덕(superior colliculus) 중간뇌의 가장 위쪽에 있는 한 쌍의 구조로 시각 정보를 중계하는 데 관여한다.

선조체(striatum) 바닥핵의 한 구조로 꼬리핵, 피각, 담창구라 불리는 부분으로 이루어져 있다. 보상 시스템과 운동 시스템에 중요하다. 선조피질과 헷갈리지 말자.

선조피질(striate cortex) 일차시각영역이라고도 알려진 후두엽의 한 부분. 눈에서 뇌로 향하는 직접 시각 경로를 주로 받아들이는 영역이다.

소뇌(cerebellum) 운동 제어와 균형에 중요한 후뇌(hindbrain)를 형성하는 뉴런들의 커다랗고 분명한 덩어리.

솔방울샘(pineal gland) 좌우 반구 사이 뇌의 중심 근처에 있는 조그마한 샘. 데카르트는 영혼이 자리하며 정신이 물질과 상호작용하는 곳이라 생각했다. 멜라토닌을 생산한다.

시각교차(optic chiasm) 뇌에서 시신경섬유가 일부 교차해서 왼쪽 눈과 오른쪽 눈에서 온 정보가 분리되고 왼쪽 시야에서 온 정보는 오른쪽 뇌로, 오른쪽 시야에서 온 정보는 왼쪽 뇌로 향하게 하는 부분.

시각교차상핵(suprachiasmatic nucleus; SCN) 시각교차 위에 자리하는 조그마한 구조로 하루주기리듬의 통제를 담당한다.

시각피질(visual cortex) 후두엽에서 영문자 V와 숫자가 들어가는 명칭으로 구분되어 있는 부분들. 시각 처리를 담당한다.

시상(thalamus) 뇌의 중심 근처에 있는 커다란 구조. 감각 정보 중계와 인식 유지를 비롯해 핵심적인 필수 기능을 제공한다.

시상판내핵(thalamic intralaminar nuclei) 시상에서 뚜렷이 구분되는 몇 개의 무리를 생성하는 뉴런 집합.

시상피질계(thalamo-cortical system) 피질과 시상이 서로 연결된 시스템으로 의식의 조절에서 중요한 역할을 한다고 여겨진다.

시상하부(hypothalamus) 시상 아래에 있는 조그마한 구조. 굶주림과 갈증, 체온, 수면을 비롯한 몇 가지 기본적인 욕구를 통제하고 관련된 호르몬을 방출하는 데 관여한다.

신경독(neurotoxin) 신경계에 유독하고 신경계의 기능을 방해하는 물질.

신피질(neocortex) 대뇌에서 가장 바깥쪽에 있는 6개 층으로 고급 인지 기능을 담당한다.

쐐기앞소엽(precuneus) 두정엽 표면의 한 부분. 공간에서의 자기(the self) 표현과 기억에 관여하며 디폴트 모드 네트워크에서 중요한 역할을 한다.

안와전두피질(orbito-frontal cortex) 안와(눈구멍) 바로 위에 있는 전전두엽피질 부분으로 뇌의 맨 앞에 있다. 계획이나 의사 결정 같은 고급 인지 처리, 특히 억제와 반응 제어에 중요하다고 여겨진다.

외측슬상핵(lateral geniculate nucleus) 망막에서 온 시신경섬유가 끝나는 시상의 일부로 좌우 반구에 각각 하나씩 있다. 시각 경로에서 중요한 중계소 역할을 한다.

운동피질(motor cortex) 전운동피질, 일차운동피질, 보조운동영역으로 구성되는 전두엽의 한 부분.

일차운동피질(primary motor cortex) 전두엽에서 자발적 행동 제어를 바로 담당하는 영역. 척수로 뻗어 있다.

전두정엽 피질망(Fronto-parietal cortical network) 왼쪽 측면에서 전두엽과 두정엽을 연결하는 부분으로 주의와 의사 결정에 관여한다.

전운동피질(premotor cortex) 전두엽의 운동피질에서 일차운동피질 앞에 있는 영역. 움직임의 계획과 운동 제어에 관여한다. 곧장 척수로 뻗어 있다.

전장(claustrum) 피질과 피질 하부 영역 사이에 있는 얇은 판과 같은 구조물로 주요 허브 역할을 한다.

전전두엽 피질(prefrontal cortex) 전두엽피질의 앞부분. 특히 계획과 추론, 의사 결정에 중요하다.

전정피질(vestibular cortex) 인간에게서는 명확히 정의되지 않은 영역으로 측두엽과 두정엽의 일부와 뇌섬엽을 포함한다. (균형, 방향, 조정처럼) 내이(inner ear)에서 오는 전정(前庭) 정보를 처리한다.

전측 대상회피질(anterior cingulate cortex; ACC) 대상회피질의 앞쪽 부분. 뇌량으로 둘러싸인 깃(collar)처럼 보인다.

중간뇌(midbrain) 전뇌를 뇌줄기와 소뇌로 연결하는 일련의 구조로 움직임을 통제하는 데 중요한 역할을 한다.

측두-두정 접합부(temporo-parietal junction; TPJ) 뇌에서 측두엽과 두정엽이 만나는 영역. 체지각·청각·시각 처리 경로에서 온 정보가 시상과 변연계에서 온 정보와 통합되는 곳이다.

편도체(amygdala) 측두엽 깊숙이 뇌의 중간선 근처에서 한 쌍을 이루고 있는 작은 아몬드 모양의 조직. 변연계의 일부를 이룬다. 정서 조절과 정서적 기억의 처리, 동기에 중요하다고 여겨진다.

피질(cortex) 대뇌피질은 뇌에서 가장 바깥쪽에 드러난 층으로 두 개의 반구로 나누어지며 가장 고등한 기능을 맡는다.

피질-시상 섬유(cortico-thalamic fibre) 시상에서 시상으로 향하는 뉴런 축삭. 보통 피질로 되돌아오는 경로도 존재한다.

피질-피질 섬유(cortico-cortical fiber) 피질의 한 영역에서 시작되어 보통은 흥분성인 피질의 다른 영역에서 끝나는 뉴런 축삭.

하부 전두회(Inferior frontal gyrus) 브로카 영역을 포함하는 전전두엽피질에 있는 회.

해마(hippocampus) 변연계에 있는 해마 모양의 조직 한 쌍. 단기 기억에서 장기 기억으로의 정보 전달과 일화 기억 및 공간 기억에 중요한 역할을 한다.

해마곁(parahippocampus) 해마를 둘러싸고 있는 회색질. 변연계의 일부다.

회(gyrus) 피질에 있는 이랑.

후각망울(olfactory bulb) 양쪽 반구의 전두엽 아래에서 뇌 전역으로 향하는 구조로 냄새에 관한 데이터를 모으는 콧구멍 바로 위에 있다.

참고문헌

Aaen-Stockdale, C. (2012). Neuroscience for the soul. *The Psychologist*, 25, 520–523.

Aboitiz, F., Carrasco, X., Schröter, C., Zaidel, D.,Zaidel, E., and Lavados, M. (2003). The alien hand syndrome: classification of forms reported and discussion of a new condition. *Neurological Sciences*, 24, 252–257.

Abrams, J.J. (2016). *Westworld*. New York: HBO Entertainment.

Ackermann, S., and Rasch, B. (2014). Differential effects of non-REM and REM sleep on memory consolidation? *Current Neurology and Neuroscience Reports*, 14, 14430–1440.

Adamo, S.A. (2016). Consciousness explained or consciousness redefined? Proceedings of the National *Academy of Sciences*, 113, E3812–E3812.

Adler, A., and Brett, C. (2009). *Social Interest*. London: Oneworld.

Agrawal, D., Chinara, P., Kumar, S., and Mohanty, B. (2014). Split brain syndrome: one brain but two conscious minds? *Journal of Health Research and Reviews*, 1, 27–33.

Ahluwalia, A. (1978). An intra-cultural investigation of susceptibility to 'perspective' and 'non-perspective' spatial illusions. *British Journal of Psychology*, 69, 233–241.

Akerman, S., Holland, P.R., and Goadsby, P.J. (2011). Diencephalic and brainstem mechanisms in migraine. 5, 12, 570–584.

Alcock, J., Burns, J., and Freeman, A. (2003). *Psi Wars: Getting to Grips with The Paranormal*. Exeter, UK: Imprint Academic.

Alcock, J. (2011). Back from the future: parapsychology and the Bem Affair. *The Skeptical Inquirer*. https:// skepticalinquirer.org/exclusive/back-from-the-future/

Alderson-Day, B., and aFernyhough, C., (2015). Inner speech: development, cognitive functions, phenomenology, and neurobiology. *Psychological Bulletin*, 141, 931–965.

Aleksander, I. (2005). *the World in My Mind, My Mind in the World: Key Mechanisms of Consciousness in People*, Animals and Machines. Exeter, UK: Imprint Academic.

Alekseyeva, T.T. (1958). Correlation of nervous and humoral factors in the development of sleep in non-disjointed twins. *Zh Vyssh Nerv Deya*, 8, 844–865.

Aleman, B., and Merker, B. (2014). Consciousness without cortex: a hydranencephaly family survey. *Acta Paediatrica*, 10, 1057–1065.

Alter, T. (1998). A limited defence of the knowledge argument. *Philosophical Studies*, 90, 35–56.

Alvarez, J.A., and Emory, E. (2006). Executive function and the frontal lobes: A meta-analytic review. *Neuropsychology Review*, 16, 17–42.

Alvarez-Rodriguez, U., Sanz, M., Lamata, L., and Solano, E. (2018). Quantum artificial life in an IBM quantum computer. *Scientific Reports*, 8, 1–9.

American Psychiatric Association (2013). DSM-5. New York: American Psychiatric Association.

Anderson, B. (2011). There is no such thing as attention. *Frontiers in Psychology*, 2, 246.

Andrews-Hanna, J.R., Smallwood, J., and Spreng, R.N. (2014). The default network and self-generated thought: component processes, dynamic control, and clinical relevance. *Annals of the New York Academy of Sciences*, 1316, 29–52.

Appel, K., and Haken, W. (1977). Every planar pap is four colorable. I. Discharging. Illinois Journal of Mathematics, 21, 429–490.

Araujo, H.P., Kaplan, J.T., and Damasio, A. (2013). Cortical midline structures and autobiographical-self processes: an activation-likelihood estimation (ALE) meta-analysis. Frontiers in Human Neuroscience, 7.

Arnulf, I., Grosliere, L., Le Corvec, T., Golmard, J.-L., Lascols, O., and Duguet, A. (2014). Will students pass a competitive exam that they failed in their dreams? *Consciousness and Cognition*, 29, 36–47.

Aserinsky, E., and Kleitman, N. (1953). Regularly occurring periods of eye motility, and concomitant phenomena, during sleep. *Science*, 118, 273–274.

Asimov, I. (1950). *I, Robot*. New York: Doubleday.

Assal, F., Schwartz, S., and Vuilleumier, P. (2007). Moving with or without will: Functional neural correlates of alien hand syndrome. *Annals of Neurology*, 62, 301–306.

Atkinson, A.P., Thomas, M.S., and Cleeremans, A. (2010). Consciousness: mapping the theoretical landscape. *Trends in Cognitive Sciences*, 4, 372–382.

Atwater, P.M.H. (2007). The Big Book of *Near-Death Experiences*. Faber, VA: Rainbow Ridge.

Baars, B.J. (1983). Conscious contents provide thenervous system with coherent, global information. In R.J. Davidson, G.E. Schwartz, and D. Shapiro (eds.), *Consciousness and Self-Regulation* (Vol. 3). New York: Plenum Press.

Baars, B.J. (1988). *A Cognitive Theory of Consciousness*. Cambridge, UK: Cambridge University Press.

Baars, B.J. (1993). How does a serial, integrated and very limited stream of consciousness emerge from a nervous system that is mostly unconscious, distributed, parallel and of enormous capacity? Experimental and theoretical studies of consciousness. *Ciba Foundation Symposium*, 174, 282–303.

Baars, B.J. (1997). *In the Theater of Consciousness: The Workspace of the Mind*. New York: Oxford University Press.

Baars, B.J. (2002). The conscious access hypothesis: Origins and recent evidence. *Trends in Cognitive* Sciences, 6, 47–52.

Baars, B.J. (2010). Spontaneous repetitive thoughts can be adaptive: postscript on 'mind wandering'. *Psychological Bulletin*, 136, 208–210.

Baars, B.J., and Franklin S. (2003). How conscious experience and working memory interact. *Trends in Cognitive Sciences*, 7, 166–172.

Baars, B.J., and Geld, N. (2019). On *Consciousness: Science and Subjectivity*. Anza, CA: Nautilus Press.

Babb, S.J., and Crystal, J.D. (2006). Episodic-like memory in the rat. *Current Biology*, 16, 1317–1321.

Bagot, K.S., and Kaminer, Y. (2014). Efficacy of stimulants for cognitive enhancement in non-attention deficit hyperactivity disorder youth: a systematic review. *Addiction*, 109, 547–557.

Baggini, J. (2015). *Freedom Regained: The Possibility of Free Will*. London: Granta.

Baird, B., Mota-Rolim, S.A., and Dresler, M. (2019). The cognitive neuroscience of lucid dreaming. *Neuroscience and Biobehavioral Reviews*, 100, 305–323.

Baird, B., Mrazek, M.D., Phillips, D.T., and Schooler, J.W. (2014). Domain-specific enhancement of metacognitive ability following meditation training. *Journal of Experimental* Psychology: General, 143, 1972–1979.

Baker, D., Hunter E., Lawrence, E., et al. (2003). Depersonalisation disorder: clinical features of 204 cases. *British Journal of Psychiatry*, 182, 428–433.

Balcombe, J. (2016). *What a Fish Knows*. London: Oneworld.

Baldauf, D, and Desimone, R. (2014). Neural mechanisms of object-based attention. *Science*, 344, 424–427.

Ballie, R. (2001). Animal sleep studies offer hope for humans. *APA Monitor*, 32, 48.

Barber, T.X. (1969). *Hypnosis: A Scientific Approach*. New York: Van Nostrand Reinhold.

Bargh, J.A. (2012). Priming effects replicate just fine, thanks. Blog, *The Natural Unconscious on Psychology Today*. www.psychologytoday.com/gb/blog/thenatural-unconscious/201205/primingeffects-replicate-just-fine-thanks

Bargh, J.A., Chen, M., and Burrows, L. (1996). Automaticity of social behavior: direct effects of trait construct and stereotype-activation on action. *Journal of Personality and Social Psychology*, 71, 230–244.

Baron, P. (2016). *Free Will and Determinism* (2nd ed.). Scotts Valley, CA: CreateSpace.

Baron, R., and Maier, C. (1995). Phantom limb pain: are cutaneous nociceptors and spinothalamic neurons involved in the signaling and maintenance of spontaneous and touch-evoked pain? A case report. *Pain*, 60, 223–228.

Baron-Cohen, S., Burt, L., Smith-Laittan, F., Harrison, J., and Bolton, P. (1996). Synaesthesia: prevalence and familiality. *Perception*, 25, 1073–1079.

Barrett, D. (ed.). (1996). *Trauma and dreams*. Cambridge, MA: Harvard University Press.

Barron, A.B., and Klein, C. (2016). What insects can tell us about the origins of consciousness. *Proceedings of the National Academy of Sciences*, 113, 4900–4908.

Bartholomew, R.E., and Hassall, P. (2015). *A colourful history of popular delusions*. New York: Prometheus.

Bartlett, F. (1932). *Remembering*. Cambridge, UK: Cambridge University Press.

Barttfeld, P., Uhrig, L., Sitt, J.D., Sigman, M., Jarraya, B., and Dehaene, S. (2015). Signature of consciousness in the dynamics of resting-state brain activity. *Proceedings of the National* Academy of Sciences, 112, 887–892.

Basile, B.M. (2015). Rats remind us what actually counts in episodic memory research. *Frontiers in Psychology*, 6, 75.

Bates, B.L., Miller, R.J., Cross, H.J., and Brigham, T.A. (1988). Modifying hypnotic suggestibility with the Carleton Skills Training program. *Journal of Personality and Social Psychology*, 55, 120–127.

Bauby, J.-D. (1997). *The Diving Bell and the Butterfly*. Glasgow, UK: HarperCollins.

Baumeister, R.F., and Masicampo, E.J. (2010). Conscious thought is for facilitating social and cultural interactions: How mental simulations serve the animal-culture interface. *Psychological Review*, 117, 945–971.

Baumeister, R.F., Masicampo, E.J., and DeWall, N. (2009). Prosocial benefits of feeling free: Disbelief in free will increases aggression and reduces helpfulness. *Personality and Social Psychology Bulletin*, 35, 260–268.

Baumeister, R.F., Masicampo, E.J., and Vohs, K.D. (2011). Do conscious thoughts control behaviour? *Annual Review of Psychology*, 62, 331–361.

Bayne, T. (2008). The unity of consciousness and the split-brain syndrome. *Journal of Philosophy*, 105, 277–300.

Bayne, T., Cleeremans, A., and Wilken, P. (2009). *The Oxford Companion to Consciousness*. Oxford, UK: Oxford University Press.

Beaman, C.P., and Williams, T.I. (2010). Earworms ('stuck song syndrome'): towards a natural history of intrusive thoughts. *British Journal of Psychology*, 101, 637–653.

Beard, A.W. (1963). The Schizophrenia-like psychoses of epilepsy: ii. Physical aspects. *British Journal of Psychiatry*, 109, 119–129.

Beatles (The) (1967). *Sgt. Pepper's Lonely Hearts Club Band*. London: Parlophone.

Beauregard, M., and Paquette, V. (2006). Neural correlates of a mystical experience in Carmelite nuns. *Neuroscience Letters*, 405, 186–190.

Bechtel, W., and Abrahamsen, A.A. (2001). Connectionism and the Mind: *Parallel Processing, Dynamics, and Evolution in Networks*. Hoboken, NJ: John Wiley & Sons.

Beck, F., and Eccles, J.C. (1992). Quantum aspects of brain activity and the role of consciousness. *Proceedings of the National Academy of Science USA*, 89, 11357–11361.

Begley, S. (2007). *Train your Mind Change your Brain*. New York: Ballantine Books.

Béïque, J.C., Imad, M., Mladenovic, L., Gingrich, J.A., and Andrade, R. (2007). Mechanism of the 5-hydroxytryptamine 2A receptor-mediated facilitation of synaptic activity in prefrontal cortex. *Proceedings of the National Academy of Science*, USA, 104, 9870–9875.

Bell, V., Oakley, D.A., Halligan, P.W., and Deeley, Q. (2011). Dissociation in hysteria and hypnosis: Evidence from cognitive neuroscience. *Journal of Neurology, Neurosurgery and Psychiatry*, 82, 332–339.

Bem, D. (2011). Feeling the future: experimental evidence for anomalous retroactive influences on cognition and affect. *Journal of Personality and Social Psychology*, 100, 407–25.

Bem, D., Utts, J., and Johnon, W.O. (2011). Must psychologists change the way they analyze their data? *Journal of Personality and Social Psychology*, 101, 716–719

Bennett, M.R., and Hacker, P.M.S. (2003). Philosophical foundations of neuroscience. In M.R. Bennett, D. Dennett, P.M.S. Hacker, and J.R. Searle (eds.), *Neuroscience and Philosophy*: Brain, Mind, and Language. New York: Columbia University Press, pp. 15–33.

Benson, H., Lehmann, J.W., Malhotra, M.S., Goldman, R.F., Hopkins, J., and Epstein, M.D. (1982). Body temperature changes during the practice of gTum-mo yoga. *Nature*, 295, 234–236.

Berdoy, M., Webster, J.P., and Macdonald, D.W. (2000). Fatal attraction in rats infected with Toxoplasma gondii. *Proceedings of the Royal Society: Series B, Biological Sciences*, 267, 1591–1594.

Bernstein, A. (2016). Chris Sizemore, whose many personalities were the real 'Three Faces of Eve,' dies at 89. *Washington Post*, 29 July.

Berti, A., Bottini, G., Gandola, M., et al. (2005). Shared cortical anatomy for motor awareness and motor control. *Science*, 309, 488–491.

Bi, L., Fan, X.-A., and Liu, Y. (2013). EEG-based braincontrolled mobile robots: a survey. *IEEE Transactions on Human-Machine Systems*, 43,

161-176.

Biran, I., Giovannetti, T., Buxbaum, L., and Chatterjee, A. (2006). The alien hand syndrome: what makes the alien hand alien? *Cognitive Neuropsychology*, 23,

563-582.

Bisiach, E., and Luzzatti, C. (1978). Unilateral neglect of representational space. Cortex, 14, 129-133.

Bisiach, E., Meregalli S., and Berti, A. (1990). Mechanisms of production control and belief fixation in human visuospatial processing: clinical evidence from unilateral neglect and misrepresentation. In M.L. Commons, R.J. Herrnstein, S.M. Kosslyn, and D.B. Mumford (eds.), *Quantitative Analyses of Behavior, Vol IX*. Hillsdale, NJ: Erlbaum, pp. 3-21.

Black, N., Stockings, E., Campbell, G., et al. (2019). Cannabinoids for the treatment of mental disorders and symptoms of mental disorders: a systematic review and meta-analysis. *Lancet Psychiatry*, 6, 995-1010.

Black, S. (2018). *All that Remains*. New York: Doubleday.

Blackmore, S. (1991). Lucid dreaming: awake in your sleep? *Skeptical Inquirer*, 15, 362-370.

Blackmore, S. (1992) *Beyond the Body: An Investigation into Out-of-the-Body Experiences*. Published in 1992 (with new postscript), Chicago: Academy Chicago; first published in 1982, London: Heinemann.

Blackmore, S. (1993). Dying to Live: *Near-Death Experiences*. New York: Prometheus Books.

Blackmore, S. (2001). State of the art: the psychology of consciousness. *The Psychologist*, 14, 522-525.

Blackmore, S. (2002). There is no stream of consciousness. *Journal of Consciousness Studies*, 9, 17-28.

Blackmore, S. (2011). *Zen and the Art of Consciousness*. London: Oneworld Publications.

Blackmore, S. (2017). Seeing Myself: *The New Science of Out-of-Body Experiences*. London: Robinson Press.

Blackmore, S., and Troscianko, E.T. (2018). *Consciousness: An Introduction* (3rd ed.). London: Routledge.

Blagrove, M., Fouquet, N., Henley-Einion, J.A, et al. (2011). Assessing the dream-lag effect for REM and NREM stage 2 dreams. *PLoS ONE*, 6(10), e26708.

Blagrove, M., Henley-Einion, J., Barnett, A., Edwards, D., and Seage, C.H (2011). A replication of the 5-7 day dream-lag effect with comparison of dreams to future events as control for baseline matching. *Consciousness and Cognition*, 20, 384-391.

Blake, R., and Logothetis, N.K. (2002). Visual competition. *Nature Reviews Neuroscience*, 3, 13-21.

Blakemore, S.J., Wolpert, D.M., and Frith, C.D. (2002). Abnormalities in the awareness of action. *Trends in Cognitive Sciences*, 6, 237-242.

Blanke, O., Landis, T., Spinelli, L., and Seeck, M. (2004). Out-of-body experience and autoscopy of neurological origin. *Brain*, 127, 243-258.

Blanke, O., and Mohr, C. (2005). Out-of-body experience, heautoscopy, and autoscopic hallucination of neurological origin: implications for neurocognitive mechanisms of corporeal awareness and selfconsciousness. *Brain Research Reviews*, 50, 184-199.

Blanke, O., Ortigue, S., Landis, T., and Seeck, M. (2002). Stimulating illusory own-body perceptions. *Nature*, 419, 269-270.

Block, N. (1978). Troubles with functionalism. *Minnesota Studies in The Philosophy of Science*, 9, 261-325.

Block, N. (1995). On a confusion about a function of consciousness. *Behavioral* and Brain Sciences, 18, 227–287.

Block, N. (2005). Two neural correlates of consciousness. *Trends in Cognitive Sciences*, 9, 46–52.

Block, N. (2011). Perceptual consciousness overflows cognitive access. *Trends in Cognitive Sciences*, 15, 567–575.

Bloom, P. (2004). Advances in neuroscience relevant to the clinical practice of hypnosis: a clinician's perspective. *Keynote address to the 16th International Congress of Hypnosis and Hypnotherapy*, Singapore.

Bluhm, C., and Clendenin, N. (2009). Someone *Else's Face in the Mirror: Identity and the New Science of Face Transplants*. Santa Barbara, CA: Praeger.

Blumenfeld, H., and Taylor, J. (2003). Why do seizures cause loss of consciousness? *Neuroscientist*, 9, 301–310.

Boese, A. (2016). *Elephants on Acid*. London: Pan.

Bogen, J.E. (1995a). On the neurophysiology of consciousness: Part I. An overview. *Conscious and Cognition*, 4, 52–62.

Bogen, J.E. (1995b). On the neurophysiology of consciousness: Part II. Constraining the semantic problem. *Consciousness and Cognition*, 4, 137–158.

Boland, E.M., Rao, H., Dinges, D.F., et al. (2017). Metaanalysis of the antidepressant effects of acute sleep deprivation. *Journal of Clinical Psychiatry*, 78, e1020–11034.

Boly, M., Massimini, M., Tsuchiya, N., Postle, B.R., Koch, C., and Tononi, G. (2017). Are the neural correlates of consciousness in the front or in the back of the cerebral cortex? Clinical and neuroimaging evidence. *Journal of Neuroscience*, 37, 9603–9613.

Booker, C. (2004). *The Seven Basic Plots of Literature*. London: Bloomsbury Continuum.

Bostrom, N. (2003). Are you living in a computer simulation? *Philosophical Quarterly*, 53, 243–255.

Bostrom, N. (2014). *Superintelligence: Paths, Dangers, Strategies*. Oxford, UK: Oxford University Press.

Botvinick, M., and Cohen, J. (1998). Rubber hands 'feel' touch that eyes see. *Nature*, 391, 756.

Bourdin, P., Barberia, I., Oliva, R., and Slater, M. (2017). A virtual out-of-body experience reduces fear of death. *PLoS ONE*, 12, 1–19.

Brand, B.L., Sar, V., Stavropoulos, P., Krüger, C., et al.(2016). Separating fact from fiction: An empirical examination of six myths about dissociative identity disorder. *Harvard Review of Psychiatry*, 24, 257–270.

Brann, L., Owens, J., and Williamson, A. (2015). *The Handbook of Contemporary Clinical Hypnosis: Theory and Practice*. Oxford, UK: Wiley-Blackwell.

Bray, N. (2018). Concentrating on the claustrum. *Nature Reviews Neuroscience*, 19, 580–581.

Brentano, F.C. (1874). *Psychologie vom empirischen Standpunkte*. Leipzig: Meiner. Translated as *Psychology from an Empirical Standpoint*, by A.C. Rancurello, D.B. Terrell, and L. McAlister. London: Routledge, 1973.

Breuer, J., and Freud, S. (2004[1895]). *Studies on Hysteria*. London: Penguin.

BrewerA, J.A., Worhunsky, P.D., Gray, J.R., Tang, Y.-Y., Weber, J., and Kober, H. (2011). Meditation experience is associated with differences in default mode network activity and connectivity. *Proceedings of the National Academy of Sciences*, 108, 20254–20259.

Bristow, D., Haynes, J.D., Sylvester, R., Frith, C.D.,

and Rees, G. (2005). Blinking suppresses the neural response to unchanging retinal stimulation. *Current Biology*, 15, 1296–1300.

Broadbent, D. (1958). *Perception and Communication*. London: Pergamon Press.

Brodsky, W.,A and Slor,A Z. (2013). Background music as a risk factor for distraction among young-novice drivers. *Accident Analysis and Prevention*, 59, 382–393.

Brogaard, B. (2012). Split brains. Blog, *Psychology Today*. www.psychologytoday.com/gb/blog/thesuperhuman-mind/201211/split-brains

Broughton, R.J. (1994). Homicidal somnambulism: a case report. *Sleep*, 17, 253–264.

Brown, P., and Gaines, S. (2002). *The Love You Make: An Insider's Story of The Beatles*. New York: New American Library.

Buckner, R.L., Andrews-Hanna, J.R., and Schacter, D.L. (2008). The brain's default network: anatomy, function, and relevance to disease. *Annals of the New York Academy of Sciences*, 1124, 1–38.

Busby Grant, J., and Walsh, E. (2016). Exploring the use of experience sampling to assess episodic thought. *Applied Cognitive Psychology*, 30, 472–478.

Bush, G., Vogt, B.A., Holmes, J., et al.. (2002). Dorsal anterior cingulate cortex: a role in reward-based decision making. *Proceedings of the National Academy of Science*, 99, 523–528.

Caddy, C., Giaroli, G., White, T.P., Shergill, S.S., and Tracy, D.K. (2014). Ketamine as the prototype glutamatergic antidepressant: pharmacodynamic actions, and a systematic review and meta-analysis of efficacy. *Therapeutic Advances in Psychopharmacology*, 4, 75–99.

Call, J., and Tomasello, M. (2008). Does the chimpanzee have a theory of mind? 30 years later. *Trends in Cognitive Sciences*, 12, 187–192.

Cameron, J. (1984). *Terminator*. Los Angeles, CA: Hemdale Pacific Western Productions.

Cameron, J., and Hurd, G.A. (1984–2019). *Terminator* franchise. Los Angeles, CA: Hemdale Pacific Western Productions.

Cardeña, E., Palmer, J., and Marcusson-Clavertz, D. (eds.) (2015). *Parapsychology*: A Handbook for the 21st Century. Jefferson, NC: McFarland & Co

Carhart-Harris, R.L, and Friston, K.J. (2010). The default-mode, ego-functions and free-energy: a neurobiological account of Freudian ideas. *Brain*, 133, 1265–1283.

Carhart-Harris, R.L., and Nutt, D.J. (2017). Serotonin and brain function: a tale of two receptors. *Journal of Psychopharmacology*, 31, 1091–1120.

Carhart-Harris, R.L., Bolstridge, M., Rucker, J., et al. (2016). Psilocybin with psychological support for treatment-resistant depression: an open-label feasibility study. *The Lancet Psychiatry*, 3, 619–627.

Carhart-Harris, R.L., Erritzoe, D., Williams, T., et al., (2012). Neural correlates of the psychedelic state as determined by fMRI studies with psilocybin. *Proceedings of the National Academy of Sciences*, 109, 2138–2143.

Carhart-Harris, R.LQ., Muthukumaraswamy, S., Roseman, L., et al. (2016). Neural correlates of the LSD experience revealed by multimodal neuroimaging. *Proceedings of the National Academy of Sciences*, 113, 4853–4858.

Carroll, S. (2016). The Big Picture: *On the Origins of Life*, Meaning and the Universe Itself. London: Oneworld.

Caspar, E., Cleeremans, A., and Haggard, P. (2015). The relationship between human agency and embodiment. *Consciousness and Cognition*, 33, 226–236.

Castaneda, C. (1990). *The Teachings of Don Juan: A Yaqui Way of Knowledge*. Harmondsworth, UK: Penguin.

Castle, T. (1991). Contagious folly: an adventure and its skeptics. *Critical Inquiry*, 17, 741–772.

Cavanna, F., Vilas, M.G., Palmucci, M., and Tagliazucchi, E. (2018). Dynamic functional connectivity and brain metastability during altered states of consciousness. *NeuroImage*, 180, 383–395.

Cazzolla Gatti, R. (2015). Self-consciousness: beyond the looking-glass and what dogs found there. *Ethology Ecology and Evolution*, 28, 232–240.

Chalmers, A.F. (2013). *What is This Thing Called Science?* (4th ed.). Cambridge, MA. Hackett Press.

Chalmers, D.J. (1995). Absent qualia, fading qualia, dancing qualia. In T. Metzinger (ed.), *Conscious Experience*. Exeter, UK: Imprint Academic, pp. 309–328.

Chalmers, D.J. (1995). Facing up to the problem of consciousness. *Journal of Consciousness Studies*, 2, 200–219.

Chalmers, D.J. (1996). The Conscious Mind: *In Search of a Fundamental Theory*. Oxford, UK: Oxford University Press.

Chang, L., and Tsao, D.Y. (2017). The code for facial identity in the primate brain. *Cell*, 169, 1013–1028.

Chang, L., Zhang, S., Poo, M., and Gong, N. (2017). Spontaneous expression of mirror self-recognition in monkeys after learning precise visual-proprioceptive association for mirror images. *Proceedings of the National Academy of Sciences*, 114, 3258–3263.

Charland-Verville, V., Bruno, M., Bahri, M., Demertzi, A., Desseilles, M., Chatelle, C., Vanhaudenhuyse, A., Hustinx, R., Bernard, C., Tshibanda, L., Laureys, S., and Zeman, A. (2013). Brain dead yet mind alive: a positron emission tomography case study of brain metabolism in Cotard's syndrome. *Cortex*, 49, 1997–1999.

Chater, N. (2018). *The Mind is Flat: The Illusion of Mental Depth and the Improvised Mind*. London: Penguin.

Chaudhary, U., Xia, B., Silvoni, S., Cohen, L.G., and Birbaumer, N. (2017). Brain-computer interfacebased communication in the completely locked-in state. *PLoS Biology*, 1–25.

Chaves, J.F. (2006). Theodore X. Barber (1927–2005). *The American Psychologist*, 61, 175.

Cheney, D.L., and Seyfarth, R.M. (1990). *How Monkeys See the World*. Chicago, IL: University of Chicago Press.

Cherry, C.E. (1953). Some experiments on the recognition of speech, with one and with two ears. *Journal of the Acoustical Society of America*, 25, 975–979.

Ching, S., Cimenser, A., Purdon, P.L., Brown, E.N., and Kopell, N.J. (2010). Thalamocortical model for a propofol-induced α-rhythm associated with loss of consciousness. *Proceedings of the National Academy of Sciences*, 107, 22665–22670.

Chomsky, N. (1957). *Syntactic Structures*. The Hague: Mouton.

Chow, H.M., Horovitz, S., Carr, W., et al. (2013). Rhythmic alternating patterns of brain activity distinguish rapid eye movement sleep from other states of consciousness. *Proceedings of the National* Academy of Sciences, 110, 10300–10305.

Churchland, P.M. (1981). Eliminative materialism

and the propositional attitudes, *Journal of Philosophy*, 78, 67–90.

Churchland, P.M. (2004). Knowing qualia: a reply to Jackson (with 1997 postscript). In P. Ludlow, Nagasawa, Y., and Stoljar, D. (eds.), *There's Something About Mary* (pp. 163–178). Cambridge, MA: MIT Press.

Churchland, P.M. (2013). *Matter and Consciousness* (3rd. ed.). Cambridge, MA: MIT Press.

Churchland, P.S. (1986). *Neurophilosophy: Toward a Unified Science of the Mind/Brain.* Cambridge, MA: MIT Press.

Churchland, P.M. (1988). *Matter and Consciousness*. Cambridge, MA: MIT Press.

Churchland, P.S. (1996). The hornswoggle problem. *Journal of Consciousness Studies*, 3, 402–408.

Churchland, P.S. (2002). *Brain-Wise: Studies in Neurophilosophy*. Cambridge, MA: MIT Press.

Clark, A. (1985). Spectrum inversion and the color solid. *Southern Journal of Philosophy*, 23, 431–443.

Clark, A. (2010). *Supersizing the Mind: Embodiment, Action, and Cognitive Extension*. Oxford, UK: Oxford University Press.

Clark, A. (2013). Whatever next? Predictive brains, situated agents, and the future of cognitive science. *Behavioral and Brain Sciences*, 36, 181–204.

Clark, A. (2016). *Surfing Uncertainty: Prediction, Action, and the Embodied Mind*. New York: Oxford University Press.

Claxton, G. (1992). The Heart of Buddhism: Practical *Wisdom for an Agitated World*. London: Thorsons.

Clayton, N.S., Dally, J.M., and Emery, N.J. (2007). Social cognition by food-caching corvids. The western scrub-jay as a natural psychologist. *Philosophical Transactions of the Royal Society B: Biological Sciences*, 362, 507–522.

Cleeremans, A. (2011). The radical plasticity thesis: how the brain learns to be conscious. *Frontiers in Psychology*, 2, 1–12.

Cleeremans, A. (2014). Connecting conscious and unconscious processing. *Cognitive Science*, 38, 1286–1315.

Cohen, M. (2004). *Wittgenstein's Beetle and Other Classic Thought Experiments*. Oxford, UK: Wiley-Blackwell.

Cohen, M.A, and Dennett, D.C. (2011). Consciousness cannot be separated from function. *Trends in Cognitive Sciences*, 15, 358–364.

Cohen, M.A., Cavanagh, P., Chun, M.M., and Nakayama, K. (2012). The attentional requirements of consciousness. *Trends in Cognitive Sciences*, 16, 411–417.

Cole, J. (1995). *Pride and a Daily Marathon. Cambridge,* MA: MIT Press.

Cole, J. (2016). *Losing Touch: A Man without his Body*. Oxford, UK: Oxford University Press.

Coleman, M.R., Rodd, J.M., Davis, M.H., et al. (2007). Do vegetative patients retain aspects of language? Evidence from fMRI. *Brain*, 130, 2494–2507.

Conway, M.A. (1997). Past and present: recovered memories and false memories. In M.A. Conway (ed.), *Debates in Psychology: Recovered Memories and False Memories* (pp. 150–191). Oxford, UK: Oxford University Press.

Conway, M.A., and Pleydell-Pearce, C.W. (2000). The construction of autobiographical memories in the self-memory system. *Psychological Review*, 107, 261–288.

Corballis, M.C. (2014). *The Recursive Mind: The Origins of Human Language, Thought, and Civilization*. Princeton, NJ: Princeton University Press.

Corballis, M.C. (2017). Language evolution: a changing perspective. *Trends in Cognitive Sciences,* 21, 229–236.

Corlett, P.R., Taylor, J.R., Wang, X.J., Fletcher, P.C., and Krystal, J.H. (2010). Toward a neurobiology of delusions. *Progress in Neurobiology*, 92, 345–369.

Corley, M., Brocklehurst, P.H., and Moat, H.S. (2011). Error biases in inner and overt speech: evidence from tongue twisters. *Journal of Experimental Psychology: Learning, Memory, and Cognition*, 37, 162–175.

Cote, K.A., Etienne, L., and Campbell, K.B. (2001). Neurophysiological evidence for the detection of external stimuli during sleep. *Sleep*, 24, 791–803.

Cowey, A. (2004). Fact, artefact, and myth about blindsight. *Quarterly Journal of Experimental Psychology*, 57, 577–609.

Cowey, A., and Walsh, V. (2000). Magnetically induced phosphenes in sighted, blind and blindsighted observers. *NeuroReport*, 11, 3269–3273.

Craig, A.D. (2003). A new view of pain as a homeostatic emotion. *Trends in Neurosciences*, 26, 303–307.

Craig, A.D (2009). How do you feel – now? The anterior insula and human awareness. *Nature Reviews Neuroscience*, 10, 59–70.

Crick, F. (1984). Neurobiology: memory and molecular turnover. *Nature*, 312, 101.

Crick, F. (1995). The Astonishing Hypothesis: The *Scientific Search for the Soul.* New York: Simon and Schuster.

Crick, F., and Ghoneim, M.M. (2001). *Awareness During Anesthesia*. Oxford, UK: Butterworth-Heinemann.

Crick, F., and Koch, C. (1990). Towards a neurobiological theory of consciousness. *Seminars in the Neurosciences*, 2, 263–275.

Crick, F., and Koch, C. (1995). Are we aware of neural activity in the visual cortex? *Nature*, 375, 121–123.

Crick, F., and Koch, C. (1998). Consciousness and neuroscience. *Cerebral Cortex*, 8, 97–107.

Crick, F., and Koch, C. (2003). Framework for consciousness. *Nature Neuroscience*, 6, 119–126.

Crick, F., and Koch, C. (2005). What is the function of the claustrum? *Philosophical Transactions of the Royal Society, Series B*, 360, 1271–1279.

Crick, F., and Mitchison, G. (1983). The function of dream sleep. *Nature*, 304, 111–114.

Critchley, H.D., Wiens, S., Rotshtein, P., Öhman, A., and Dolan, R.J. (2004). Neural systems supporting interoceptive awareness. *Nature Neuroscience*, 7, 189–195.

Critchlow, H. (2018). *Consciousness*. London: Ladybird Books.

Cytowic, R.E., and Cole, J. (2008). *The Man Who Tasted Shapes*. Cambridge, MA: MIT Press.

Cytowic, R.E., and Eagleman, D.M. (2011). *Wednesday is Indigo Blue: Discovering the Brain of Synesthesia.* Cambridge, MA: MIT Press.

Dale, R.C., Church, A.J., Surtees, R.A.H., et al. (2004). Encephalitis lethargica syndrome: 20 New cases and evidence of basal ganglia autoimmunity. *Brain*, 127, 21–33.

Dallaspezia S., and Benedetti F. (2015). Sleep deprivation therapy for depression. *Current Topics in Behavioral Neuroscience*, 25, 483–502.

Dally, J.M., Emery, N.J., and Clayton, N.S. (2006), Foodcaching western scrub-jays keep track of who was watching when. *Science*, 312, 1662–1665.

Damasio, A.R. (1989). Time-locked multiregional retroactivation: a systems level proposal for the neural substrates of recall and recognition. *Cognition*, 3, 25–62.

Damasio, A. (1999). *The Feeling of What Happens*. New York: Harcourt Brace and Company.

Damasio, A. (2010). *Self Comes to Mind: Constructing the Conscious* Brain. New York: Pantheon.

Danquah, A.N., Farrell, M.J., and O'Boyle, D.J. (2008). Biases in the subjective timing of perceptual events: Libet et al. (1983) revisited. *Consciousness and Cognition*, 17, 616–627.

Davidson, D. (1970). Mental events. In L. Foster and J.W. Swanson (eds.), *Experience and Theory*. Amherst, MA: University of Massachusetts Press, pp. 79–101.

Davidson, J.A. (1962). An assessment of the value of hypnosis in pregnancy and labour. *British Medical Journal*, II, 951–952.

Davidson, R.J., Kabat-Zinn, J., Schumacher, J., et al. (2003). Alterations in brain and immune function produced by mindfulness meditation. *Psychosomatic Medicine*, 65, 564–570.

Davis, W. (1985). *The Serpent and the Rainbow*. New York: Simon and Schuster.

Davis, J.L., Byrd, P., Rhudy, J.L., and Wright, D.C. (2007). Characteristics of chronic nightmares in a trauma-exposed treatment-seeking sample. *Dreaming*, 17, 187–198.

Debruyne, H., Portzky, M., Van den Eynde, F., and Audenaert, K. (2010). Cotard's syndrome: a review. *Current Psychiatric Reports*, 11, 197–202.

Defechereux, T., Degauque, C., Fumal, I., et al. (2000). L'hypnosédation, un nouveau mode d'anesthésie pour la chirurgie endocrinienne cervicale. Étude prospective randomisée. *Annales de Chirurgie*, 125, 539–546.

Dehaene, S. (2014). *Consciousness and the Brain: Deciphering How the Brain Codes our Thoughts*. New York: Viking Press.

Dehaene, S., and Changeux, J-P. (2004). Neural mechanisms for access to consciousness. In M.S. Gazzaniga (ed.), *The Cognitive Neurosciences*. Cambridge, MA: Boston Review, pp. 1145–1157.

Dehaene S., and Changeux J-P. (2011). Experimental and theoretical approaches to conscious processing. *Neuron*, 70, 200–227.

Dehaene, S., and Naccache, L. (2001). Towards a cognitive neuroscience of consciousness: Basic evidence and a workspace framework. *Cognition*, 79, 1–37.

Dehaene, S., Kerszberg, M., and Changeux, J.P. (1998). A neuronal model of a global workspace in effortful cognitive tasks. *Proceedings of the National Academy Science USA*, 95, 14529–14534.

Dehaene, S., Changeux, J.-P., Sergent, C., Naccache, L., and Sackur, J. (2006). Conscious, preconscious, and subliminal processing: a testable taxonomy. *Trends in Cognitive Sciences*, 10, 204–211.

Dement, W., and Kleitman, N. (1957). The relation of eye movements during sleep to dream activity: an objective method for the study of dreaming. *Journal of Experimental Psychology*, 53, 339–346.

Dement, W.C. (1974). *Some Must Watch While Some Must Sleep*. San Francisco, CA: W.H. Freeman.

Demonaco, J. (2013). *The Purge*. Universal City, CA: Universal Pictures.

Dennett, D.C. (1978a). *Brainstorms*. Cambridge, MA: MIT Press.

Dennett, D.C. (1Q978b). Why you can't make a computer that feels pain. *Synthese*, 38, 415–456.

Dennett, D.C. (1988). Quining qualia. In A.J. Marcel and E. Bisiach (eds.), *Consciousness in Contemporary Science*. Oxford, UK: Oxford

University Press, pp. 42-77.

Dennett, D.C. (1991). *Consciousness Explained. Harmondsworth*, UK: Penguin Books.

Dennett, D.C. (1991b). Review of McGinn, *The Problem of Consciousness. The Times Literary Supplement*, May 10, 10.

Dennett, D.C. (1995). The unimagined preposterousness of zombies. *Journal of Consciousness Studies*, 2, 322-326.

Dennett, D.C. (2001). *Are we explaining consciousness yet?* Dennett 2001 Cognition, 79, 221-37.

Dennett, D.C. (2004). *Freedom Evolves*. Harmondsworth, UK: Penguin.

Dennett, D.C. (2014). *Intuition Pumps and Other Tools for Thinking*. Harmondsworth, UK: Penguin.

Dennett, D.C. (2015). Sweet Dreams: Philosophical *Obstacles to a Science of Consciousness*. Cambridge, MA: MIT Press.

Dennett, D.C. (2018). Facing up to the hard question of consciousness. *Philosophical Transactions of the Royal Society B: Biological Sciences*, 373, 1-7.

Dennett, D.C., and Kinsbourne, M. (1992). Time and the observer: the where and when of consciousness in the brain. *Behavioral and Brain Sciences*, 15, 183-247.

Deutsch, D. (2003). Phantom *Words and Other Curiosities*. La Jolla, CA: Philomel Records.

Diamond, J. (1997). *Guns, Germs, and Steel*: The Fates of Human Societies. New York: W.W. Norton and Company.

Dick, P.K. (1968). *Do Androids Dream of Electric Sheep*. New York: Doubleday.

Diekelmann, S., and Born, J. (2010). The memory function of sleep. *Nature Reviews Neuroscience*, 11, 114-126.

Dienes, Z., and Hutton, S. (2013). Understanding hypnosis metacognitively: RTMS applied to left DLPFC increases hypnotic suggestibility. *Cortex*, 49, 386-392.

Dixon, M.J., Smilek, D., Duffy, P.L., Zanna, P.M., and Merikle, P.M. (2006). The role of meaning in grapheme-colour synaesthesia. *Cortex*, 42, 243-252.

Doblin, R. (1991). Pahnke's 'Good Friday Experiment': a long-term follow-up and methodological critique. *Journal of Transpersonal Psychology*, 23, 1-25.

Doblin, R. (1998). Dr. Leary's Concord Prison Experiment: A 34 year follow-up study. *Journal of Psychoactive Drugs*, 30(4), 419-426.

Dodick, D.W., and Gargus, J.J. (2008). Why migraines strike. *Scientific American*, 299, 56-63.

Doerig, A., Schurger, A., Hess, K., and Herzog, M.H. (2019). The unfolding argument: why IIT and other causal structure theories cannot explain consciousness. *Consciousness and Cognition*, 72, 49-59.

Doidge, N. (2007). *The Brain that Changes Itself.* London: Penguin Books. Domhoff, G.W. (2001). A new neurocognitive theory of dreams. *Dreaming*, 11, 13-33.

Domhoff, G.W. (2003). *The Scientific Study of Dreams: Neural Networks, Cognitive Development, and Content Analysis*. Washington, DC: American Psychological Association Press.

Domhoff, G.W. (2011). The neural substrate for dreaming: is it a subsystem of the default network? *Consciousness and Cognition*, 20, 1163-1174.

Domhoff, G.W. (2017). *The Emergence of Dreaming: Mind-Wandering, Embodied Simulation, and the Default Network*. Oxford, UK: Oxford University Press.

Domhoff, G.W., and Fox, K.C.R. (2015). Dreaming

and the default network: a review, synthesis, and counterintuitive research proposal. *Consciousness and Cognition*, 33, 342–353.

Domhoff, G.W., and Schneider, A. (2008). Studying dream content using the archive and search engine on DreamBank.net. *Consciousness and Cognition*, 17, 1238–1247.

Donaldson, D. (1987). Knowing one's own mind. *Proceedings and Addresses of the American Philosophical Association*, 60, 441–458.

Dourmashkin, R.R., Dunn, G., Castano, V., and McCall, S.A. (2012). Evidence for an enterovirus as the cause of encephalitis lethargica. *BMC Infectious Diseases*, 12, 1–20.

Doyen, S., Klein, O., Pichon, C.-L., and Cleeremans, A. (2012). Behavioral priming: it's all in the mind, but whose mind? *PLOS ONE*, 7, 1–7.

Dretske, F. (1995). *Naturalizing the Mind*. Cambridge, MA: Bradford Books / MIT Press.

Dreyfus, H.L. (1992). *What Computers Still Can't Do*. Cambridge, MA: MIT Press.

Duhigg, C. (2013). *The Power of Habit: Why We Do What We Do, and How to Change*. New York: Random House.

Duncan, J.S., Sander, J.W., Sisodiya, S.M., and Walker, M.C. (2006). Adult epilepsy. *The Lancet*, 367, 1087–1100.

Dunlosky, J., and Thiede, K.W. (2013). Metamemory. In D. Reisberg (ed.), *The Oxford Handbook of Cognitive Psychology*. Oxford, UK: Oxford University Press, pp. 283–298.

Eagleman, D. (2011). Incognito: *The Secret Lives of the Brain*. Edinburgh, UK: Canongate.

Eason, A. (2013). *The Science of Self-Hypnosis: The Evidence Based Way to Hypnotise Yourself*. San Diego, CA: Awake Media.

Eccles, J.C. (1994). *How the Self Controls the Brain*. London: Springer.

Edelman, G.M. (1989). *The Remembered Present*. New York: Basic Books.

Edelman, G.M. (1992). *Bright Air, Brilliant Fire: On the Matter of the Mind*. New York: Basic Books.

Edelman, G.M. (2003). Naturalizing consciousness: a theoretical framework. *Proceedings of the National Academy of Science USA*., 100, 5520–5524.

Edelman, G.M. (2004). *Wider than the Sky*. London: Allen Lane.

Edelman, G.M., and Gally, J.A. (2013). Reentry: a key mechanism for integration of brain function. *Frontiers in Integrative Neuroscience*, 7(63), 1–6.

Edelman, D. B., and Seth, A. K. (2009). Animal consciousness: a synthetic approach. *Trends in Neurosciences*, 32, 476–484.

Edelman, G.M., and Tononi, G. (2000). *A Universe of Consciousness*. New York: Basic Books.

Edelman, G.M., Gally, J.A., and Baars, B.J. (2011). Biology of consciousness. *Frontiers in Psychology*, 2, 1–7.

Edwards, P. (1986). The case against reincarnation: Parts 1–4. *Free Inquiry*, 6, 24–53.

Egner, T., and Raz, A. (2007). Cognitive control processes and hypnosis. In G. Jamieson (ed.), *Hypnosis and Conscious States: The Cognitive Neuroscience Perspective*. London: Oxford University Press, pp. 29–50.

Ehrsson, H.H. (2007). The experimental induction of outof-body experiences. *Science*, 317, 1048.

Ehrsson, H.H., Holmes, N. P., and Passingham, R.E. (2005). Touching a rubber hand: feeling of body ownership is associated with activity in multisensory brain areas. *Journal of Neuroscience*, 25, 10564–10573.

Ehrsson, H.H., Kito, T., Sadato, N., Passingham, R.E.,

and Naito, E. (2005). Neural substrate of body size: Illusory feeling of shrinking of the waist. *PLoS Biology*, 3(12),1–8.

Ehrsson, H.H., Spence, C., and Passingham, R. E. (2004). That's my hand! Activity in premotor cortex reflects feeling of ownership of a limb. *Science*, 305, 875–877.

Eichenlaub, J.B., Nicolas, A., Daltrozzo, J., Redouté, J., Costes, N., and Ruby, P. (2014). Resting brain activity varies with dream recall frequency between subjects. *Neuropsychopharmacology*, 39, 1594–1602.

Eliasmith, C., Stewart, T.C., Choo, X., et al. (2012). A large-scale model of the functioning brain. *Science*, 338, 1202–1205.

Elitzur, A.C. (1997). Why don't we know what Mary knows? Baars' reversing the problem of qualia. *Journal of Consciousness Studies*, 4, 319–324.

Elliott, J.C., Baird, B., and Giesbrecht, B. (2016). Consciousness isn't all-or-none: Evidence for partial awareness during the attentional blink. *Consciousness and Cognition*, 40, 79–85.

Ellis, H.D., and Lewis, M.B. (2001). Capgras delusion: a window on face recognition. *Trends in Cognitive Sciences*, 5, 149–156.

Ellis, H.QD., and Young, A.W. (1990). Accounting for delusional misidentification. *British Journal of Psychiatry*, 157, 239–248.

Emmett, P.A. (1989). A biblico-ethical response to the question of withdrawing fluid and nutrition from individuals in the persistent vegetative state, 4–5, 248–249.

Engel, A., and Singer, W. (2001). Temporal binding and the neural correlates of sensory awareness. *Trends Cognitive Sciences*, 5, 16–25.

Engel, A.K., Fries, P., Koenig, P., Brecht, M., and Singer, W. (1999). Temporal binding, binocular rivalry, and consciousness. *Consciousness and Cognition*, 8, 128–151.

Epstein, R., Lanza, R.P., and Skinner, B.F. (1981). 'Selfawareness' in the pigeon. *Science*, 212, 695–696.

Eschner, K. (2017). Computers are great at chess, but that doesn't mean the game is 'solved'. Smart News, 21 February 2017, www.Smithsonian.com.

Evans, F.J. (1979). Contextual forgetting: posthypnotic source amnesia. *Journal of Abnormal Psychology*, 88, 556–563.

Evans, J.St.B.T. (2010). *Thinking Twice: Two Minds in One Brain*. Oxford, UK: Oxford University Press.

Exner, J.E. (2002). *The Rorschach: Basic Foundations and Principles of Interpretation* (Vol. 1). Hoboken, NJ: John Wiley and Sons.

Eysenck, M.W., and Keane, M.T. (2015). Cognitive Psychology: *A Student's Handbook* (7th ed.). London: Psychology Press.

Fallon, J. (2013). *The Psychopath Inside*. New York: Current Books.

Farah, M.J. (ed.) (2010). *Neuroethics: An Introduction with Readings*. Cambridge, MA: MIT Press.

Farrer, C., and Frith, C.D. (2002). Experiencing oneself vs another person as being the cause of an action: the neural correlates of the experience of agency. *NeuroImage*, 15, 596–603.

Farthing, G.W. (1992). *The Psychology of Consciousness*. Upper Saddle River, NJ: Prentice Hall.

Faymonville, M.E., Boly, M., and Laureys, S. (2006). Functional neuroanatomy of the hypnotic state. *Journal of Physiology Paris*, 99, 463–469.

Feigley, D.A., and Spear, N.E. (1970). Effect of age and punishment condition on long-term retention by the rat of active- and passive-avoidance learning. *Journal of Comparative and Physiological Psychology*, 73, 515–526.

Feinberg, T.E., and Mallatt, J. (2013). The evolutionary and genetic origins of consciousness in the Cambrian Period over 500 million years ago. *Frontiers in* Psychology, 4, 1–27.

Fellows, B., and Ragg, L. (1992). The Carleton Skill Training Program: a preliminary British trial. *Contemporary Hypnosis*, 9, 169–174.

Ferguson, M.A., Nielsen, J.A., King, J.B., et al. (2016). Reward, salience, and attentional networks are activated by religious experience in devout Mormons. *Social Neuroscience*, 13, 104–116.

Fernyhough, C. (2016). *The Voices Within: The History and Science of How We Talk to Ourselves*. London: Profile Books.

Filbey, F.M., Aslan, S., Calhoun, V.D., et al. (2014). Long-term effects of marijuana use on the brain. *Proceedings of the National Academy of Sciences*, 111, 16913–16918.

Fisher, T.D., Moore, Z.T., and Pittenger, M. (2012). Sex on the brain? An examination of frequency of sexual cognitions as a function of gender, erotophilia, and social desirability. *Journal of Sex Research*, 29, 69–77.

Flanagan, O. (1992). *Consciousness Reconsidered*. Cambridge, MA: MIT Press.

Flanagan, O. (2000). *Dreaming Souls*. Oxford, UK: Oxford University Press.

Flegr, J. (2007). Effects of Toxoplasma on human behavior. *Schizophrenia Bulletin*, 33, 757–760.

Flegr, J. (2013). Influence of latent *Toxoplasma* infection on human personality, physiology and morphology: pros and cons of the *Toxoplasma*-human model in studying the manipulation hypothesis. *The Journal of Experimental Biology*, 216, 127–133.

Fleischer, J.G., Gally, J.A., Edelman, G.M., and Krichmar, J.L. (2007). Retrospective and prospective responses arising in a modeled hippocampus during maze navigation by a brain-based device. *Proceedings of the National Academy of Sciences*, 104, 3556–3561.

Fleming, S.M., and Dolan, R.J. (2012). The neural basis of metacognitive ability. *Philosophical Transactions of the Real Society, Series B Biological Sciences*, 367, 1338–1349.

Flor, H., Nikolajsen, L., and Jensen, T.S. (2006). Phantom limb pain: a case of maladaptive CNS plasticity? *Nature Reviews Neuroscience*, 7, 873–881.

Fodor, J.A. (1975). *The Language of Thought*. Cambridge, MA: Harvard University Press.

Fornaro, M., Gabrielli, F., Albano, C., et al. (2009). Obsessive-compulsive disorder and related disorders: a comprehensive survey. *Annals of General Psychiatry*, 8, 1–13.

Foulkes, D. (2002). *Children's Dreaming and the Development of Consciousness*. Cambridge, MA: Harvard University Press.

Fox, O. (1962). *Astral Projection*. New York: 370 University Books.

Fox, K.C.R., Nijeboer, S., Solomonova, E., Domhoff, G.W., and Christoff, K. (2013). Dreaming as mind wandering: evidence from functional neuroimaging and first-person content reports. *Frontiers in Human Neuroscience*, 7, 412.

Frank, M.C., Everett, D.L., Fedorenko, E., and Gibson, E. (2008). Number as a cognitive technology: Evidence from Pirahã language and cognition. *Cognition*, 108, 819–824.

Franklin, S., Madl, T., Strain, S., et al. (2016). A LIDA cognitive model tutorial. *Biologically Inspired Cognitive Architectures*, 16, 105–130.

Franklin, S., Strain, S., Snaider, J., McCall, R., and Faghihi, U. (2012). Global workspace theory, its LIDA model and the underlying neuroscience. *Biologically Inspired Cognitive Architectures*, 1, 32–43.

Freeman, R.M., Macaulay, A.J., Eve, L., Chamberlain, G.V.P., and Bhat, A.V. (1986). Randomised trial of self hypnosis for analgesia in labour. *British Medical Journal*, 292, 657–658.

French, C.C., and Stone, A. (2014). *Anomalistic Psychology. Basingstoke*, UK: Palgrave.

Frenda, S.J., Patihis, L., Loftus, E.F., Lewis, H.C., and Fenn, K.M. (2014). Sleep deprivation and false memories. *Psychological Science*, 25, 1674–1681.

Freud, E., Plaut, D.C., and Behrmann, M. (2016). 'What' is happening in the dorsal visual pathway. *Trends in Cognitive Sciences*, 20, 773–784.

Freud, S. (1899). *The Interpretation of Dreams.* (New edition 1991.) Harmondsworth, UK: Penguin.

Freud, S. (1905). *The Psychopathology of Everyday Life*. (New edition 1991.) Harmondsworth, UK: Penguin.

Freud, S. (1924). *A General Introduction to Psychoanalysis*. (New edition 1991.) Harmondsworth, UK: Penguin.

Fried, I. (1997). Syndrome E. *The Lancet*, 350, 1845–1847.

Fries, P. (2009). Neuronal gamma-band synchronization as a fundamental process in cortical computation. *Annual Review of Neuroscience*, 32, 209–24.

Friston, K. (2009). The free-energy principle: a rough guide to the brain? *Trends in Cognitive Sciences*, 13, 293–301.

Friston, K. (2010). The free-energy principle: a unified brain theory? *Nature Reviews Neuroscience*, 11, 127–138.

Friston, K. (2018). Am I self-conscious? (Or does selforganisation entail self-consciousness?) *Frontiers in Psychology*, 00579.

Frith, C. (2007). *Making Up the Mind: How the Brain Creates Our Mental World*. Oxford, UK: Blackwell.

Frith, C.D. (2019). The neural basis of consciousness. *Psychological Medicine*, 1, 1–13.

Frith, C., Perry, R., and Lumer, E. (1999). The neural correlates of conscious experience: an experimental framework. *Trends in Cognitive Sciences*, 3, 105–114.

Fu, Z., and Rutishauser, U. (2018). Single-neuron correlates of awareness during attentional blinks. *Trends in Cognitive Sciences*, 22, 5–7.

Fulcher, R.Z. (2014). *The Beginner's Guide to Hypnotherapy*. Scotts Valley, CA: CreateSpace.

Gallagher, S. (2000). Philosophical conceptions of the self: implications for cognitive science. *Trends in Cognitive Sciences*, 4, 14–21.

Gallagher, S. (ed.). (2011). *The Oxford Handbook of the Self*. Oxford, UK: Oxford University Press.

Gallagher, S., and Zahavi, D. (2012). *The Phenomenological Mind*. London: Routledge.

Gallup, G.G., Jr. (1970). Chimpanzees: SELF recognition. *Science*, 167, 86–87.

Gamez, D. (2008). Progress in machine consciousness. *Consciousness and Cognition*, 17, 887–910.

Garland, A. (2014). *Ex Machina*. London: Film4/DNA Films.

Gazzaniga, M.S. (1996). *Conversations in Cognitive Neuroscience*. Cambridge, MA: MIT Press.

Gazzaniga, M.S. (2005). Essay: forty-five years of splitbrain research and still going strong. *Nature Reviews* Neuroscience, 6, 653–659.

Gazzaniga, M.S. (2015). *Tales from Both Sides of the Brain: A Life in Neuroscience*. New York: Ecco

Press.

Gazzaniga, M.S., Bogen, J.E., and Sperry, R.W. (1962). Some functional effects of sectioning the cerebral commissures in man. *Proceedings of the National Academy of Science USA*, 48, 1765–1769.

Gelbard-Sagiv, H., Mudrik, L., Hill, M. R., Koch, C., and Fried, I. (2018). Human single neuron activity precedes emergence of conscious perception. *Nature Communications*, 9, 1–13.

Geldard, F.A., and Sherrick, C.E. (1972). The cutaneous 'rabbit': a perceptual illusion. *Science*, 178, 178–179.

Gennaro, R. (2017). *Consciousness*. London: Routledge.

Geschwind, N. (1979). Behavioral changes in temporal lobe epilepsy. *Psychological Medicine*, 9, 217–219.

Gfeller, J.D., Lynne, S.J., and Pribble, W.E. (1987). Enhancing hypnotic susceptibility: interpersonal and rapport factors. *Journal of Personality and Social Psychology*, 52, 586–595.

Giacino, J.T., Ashwal, S., Childs, N., et al. (2002). The minimally conscious state: definition and diagnostic criteria. *Neurology*, 58, 349–353.

Giles, N., Lau, H., and Odegaard, B. (2016). What type of awareness does binocular rivalry assess? *Trends in Cognitive Sciences*, 20, 719–720.

Gillig, P.M. (2009). Dissociative identity disorder: a controversial diagnosis. *Psychiatry Rounds*, 6(3), 24–29.

Gillihan, S., and Farah, M. (2005). Is self special? A critical review of evidence from experimental psychology and cognitive neuroscience. *Psychological Bulletin*, 131, 76–97.

Givon, L.E., and Lazar, A.A. (2016). Neurokernel: an open source platform for emulating the fruit fly brain. *PLOS ONE*, 0146581, 1–25.

Gloor, P. (1990). Experiential phenomena of temporal lobe epilepsy. *Brain*, 113, 1673–1694.

Godfrey-Smith, P. (2016). *Other Minds: The Octopus and the Evolution of Intelligent Life*. London: William Collins.

Goethals, G.R., and Reckman, R.F. (1973). The perception of consistency in attitudes. *Journal of Experimental Social Psychology*, 9, 491–501.

Gold, I. (1999). Does 40-Hz oscillation play a role in visual consciousness? *Consciousness and Cognition*, 8, 186–195.

Goldberg, I.I., Harel, M., and Malach, R. (2006). When the brain loses its self: prefrontal inactivation during sensorimotor processing. *Neuron*, 50, 329–339.

Goldman, S., Galarneau, D., and Friedman, R. (2007). New onset LSD flashback syndrome triggered by the initiation of SSRIs. *The Ochsner Journal*, 7, 37–39.

Goodale, M.A., and Milner, A.D. (1992). Separate visual pathways for perception and action. *Trends in Neurosciences*, 15, 20–25.

Gorassini, D.R., and Spanos, N.P. (1986). A socialcognitive skills approach to the successful modification of hypnotic susceptibility. *Journal of Personality and Social Psychology*, 50, 1004–1012.

Gordon, P. (2004). Numerical cognition without words: evidence from Amazonia. *Science*, 306, 496–499.

Gorry, G.A., Kassirer, J.P., Essig, A., and Schwartz, W.B. (1973). Decision analysis as the basis for computeraided management of acute renal failure. *The American Journal of Medicine*, 55, 473–484.

Goswami, I. (2007). Cognitive Development: The

Learning Brain. Hove, UK: Psychology Press.

Goswami, M., Thorpy, M.J., and Pandi-Perumal, S.R. (2016). *Narcolepsy: a clinical guide*. Berlin: Springer.

Gottlieb, D.J., Punjabi, N.M., Newman, A.B., Resnick, H.E., Redline, S., Baldwin, C.M., and Nieto, F.J. (2005). Association of sleep time with diabetes mellitus and impaired glucose tolerance. *Archives of Internal Medicine*, 165, 863–867.

Granqvist, P., Fredrikson, M., Unge, P., et al. (2005). Sensed presence and mystical experiences arepredicted by suggestibility, not by the application of transcranial weak complex magnetic fields. *Neuroscience Letters*, 379, 1–6.

Gray, J.A. (2006). *Consciousness: Creeping Up on the Hard Problem*. Oxford, UK: Oxford University Press.

Gray, J.A., Parslow, D.M., Brammer, M.J., et al. (2006). Evidence against functionalism from neuroimaging of the alien colour effect in synaesthesia. *Cortex*, 42, 317.

Gray, K., and Wegner, D.M. (2012). Feeling robots and human zombies: mind perception and the uncanny valley. *Cognition*, 125, 125–130.

Greenemeier, L. (2017). 20 Years after Deep Blue: how AI has advanced since conquering chess. *Scientific American*, 2 June.

Greenwald, A.G., Banahi, M.R., Rudman, L.A., et al. (2002). A unified theory of implicit attitudes, stereotypes, self-esteem, and self concept. *Psychological Review*, 109, 3–25.

Greenwald, A.G., Klinger, M.R., and Schuh, E.S. (1995). Activation by marginally perceptible ('subliminal') stimuli: dissociation of unconscious from conscious cognition. *Journal of Experimental Psychology*: General, 124, 22–42.

Gregoriou, G.G., Gotts, S.J., Zhou, H., and Desimone, R. (2009). High-frequency, long-range coupling between prefrontal and visual cortex during attention. *Science*, 324, 1207–1210.

Greyson, B. (1998). Biological aspects of near-death experiences. *Perspectives in Biology and Medicine*, 42, 14–32.

Greyson, B., Holden, J.M., and van Lommel, P. (2012). 'There is nothing paranormal about near-death experiences' revisited: Comment on Mobbs and Watt. *Trends in Cognitive Sciences*, 16, 445.

Griffiths, R.R., Hurwitz, E.S., Davis, A.K., Johnson, M.W., and Jesse, R. (2019). Survey of subjective 'God encounter experiences': comparisons among naturally occurring experiences and those occasioned by the classic psychedelics psilocybin, LSD, ayahuasca, or DMT. *PLoS ONE*, 14, 1–26.

Griffiths, R.R., Richards, W.A., McCann, U., and Jesse, R. (2006). Psilocybin can occasion mystical-type experiences having substantial and sustained personal meaning and spiritual significance. *Psychopharmacology*, 187, 268–283.

Griffiths, R.R., Johnson, M.W., Richards, W.A., et al. (2018). Psilocybin-occasioned mystical-type experience in combination with meditation and other spiritual practices produces enduring positive changes in psychological functioning and in trait measures of prosocial attitudes and behaviors. *Journal of Psychopharmacology*, 32, 49–69.

Gross, C.G., Moore, T., and Rodman, H.R. (2004). Visually guided behavior after V1 lesions in young and adult monkeys and its relation to blindsight in humans. *Progress in Brain Research*, 144, 279–94.

Grossenbacher, P.G., and Lovelace, C.T. (2001). Mechanisms of synesthesia: cognitive and physiological constraints. *Trends in Cognitive Science*, 5, 36–41.

Grossman, S., Gueta, C., Pesin, S., Malach, R., and Landau, A.N. (2019). Where does time go when you blink? *Psychological Science*, 30, 907–916.

Grotenhermen, F. (2003). Pharmacokinetics and pharmacodynamics of cannabinoids. *Clinical Pharmacokinetics*, 42, 327–360.

Guggisberg, A.G., and Mottaz, A. (2013). Timing and awareness of movement decisions: does consciousness really come too late? *Frontiers in Human Neuroscience*, 7, 1–11.

Gujar, N., Yoo, S.S., Hu, P., and Walker, M.P. (2011). Sleep deprivation amplifies reactivity of brain reward networks, biasing the appraisal of positive emotional experiences. *Journal of Neuroscience*, 31, 466–47.

Gusnard, D.A., Akbudak, E., Shulman, G.L., and Raichle, M.E. (2001). Medial prefrontal cortex and selfreferential mental activity: Relation to a default mode of brain function. *Proceedings of the National Academy of Science*, 98, 4259–4264.

Guterstam, A., Björnsdotter, M., Gentile, G., and Ehrsson, H.H. (2015). Posterior cingulate cortex integrates the senses of self-location and body ownership. *Current Biology*, 25, 1416–1425.

Hall, C.S. (1953). A cognitive theory of dreams. *The Journal of General Psychology*, 49, 273–282.

Hameroff, S.R. (1998). 'Funda-Mentality': is the conscious mind subtly linked to a basic level of the universe? *Trends in Cognitive Sciences*, 2, 119–124.

Hameroff, S. (2006). Consciousness, neurobiology and quantum mechanics. In J.A. Tuszynski (ed.), *The Emerging Physics of Consciousness*. New York: Springer Science and Business Media, pp. 192–251.

Hameroff, S. (2007). The brain is both neurocomputer and quantum computer. *Cognitive Science*, 31, 1035–1045.

Hameroff, S., and Penrose, R. (2014). Consciousness in the universe: a review of the 'Orch OR' theory. *Physics of Life Review*, 11, 39–78.

Hankins, P. (2015). *The Shadow of Consciousness: A Little Less Wrong. Scotts Valley*, CA: CreateSpace.

Harari, Y.N. (2014). *Sapiens: A Brief History of Humankind*. New York: Harper Collins.

Harari, Y.N. (2016). Homo Deus: *A Brief History of Tomorrow*. London: Harvill Secker.

Hardin, C.L. (1993). *Color for Philosophers* (expanded edition). Indianapolis, IN: Hackett.

Hardy, J. (2006). Speaking clearly: a critical review of the self-talk literature. *Psychology of Sport and Exercise*, 7, 81–97.

Harley, H.E. (2013). Consciousness in dolphins? A review of recent evidence. *Journal of Comparative Physiology A*, 199, 565–582.

Harley, T.A. (2014). *The Psychology of Language* (4th ed.). London: Routledge.

Harley, T.A. (2017). *Talking the Talk: Language, Psychology, and Science*. London: Routledge.

Harman, G. (1973). *Thought*. Princeton, NJ: Princeton University Press.

Harris, A. (2019). *Consciousness*. New York: Harper.

Harris, J. (2014). *Sensation and Perception*. London: Sage.

Harris, S. (2012). *Free will*. New York: Free Press.

Harrison, J. (2001). *Synaesthesia: The Strangest Thing*. Oxford, UK: Oxford University Press.

Hart, H.L.A. (1970). *Punishment and Responsibility*. Oxford, UK: Oxford University Press.

Hartmann, E. (1998). *Dreams and Nightmares*: The Origin and Meaning of Dreams. New York: Basic Books.

Hasan, F.M., Zagarins, S.E., Pischke, K.M., et al. (2014). Hypnotherapy is more effective than nicotine replacement therapy for smoking cessation: Results of a randomized controlled trial. *Complementary Therapies in Medicine*, 22, 1-8.

Hassabis, D., Kumaran, D., and Maguire, E.A. (2007). Using imagination to understand the neural basis of episodic memory. *Journal of Neuroscience*, 27, 14365-14374.

Hauser, M.D., Chomsky, N., and Fitch, W.T. (2002). The faculty of language: what is it, who has it and how did it evolve? *Science*, 298, 1569-1579.

Häuser, W., Hagl, M., Schmierer, A., and Hansen, E. (2016). The efficacy, safety and applications of medical hypnosis: a systematic review of metaanalyses. *Deutsches Arzteblatt International*, 113, 289-296.

Haxby, J.V., Gobbini, M.I., Furey, M.L., et al. (2001). Distributed and overlapping representations of faces and objects in ventral temporal cortex. *Science*, 293, 2425-2430.

Hayne, H. (2004). Infant memory development: implications for childhood amnesia. *Developmental Review*, 24, 33-73.

Haynes, J.D. (2011). Decoding and predicting intentions. *Annals of the New York Academy of Sciences*, 1224, 9-21.

Heap, M., Brown, R.J., and Oakley, D.A. (2004). *The Highly Hypnotizable Person*: Theoretical, Experimental, and Clinical Issues. London: Routledge.

Heavey, C.L., and Hurlburt, R.T. (2008). The phenomena of inner experience. *Consciousness and Cognition*, 17, 798-810.

Heilman, K.M., Barrett, A.M., and Adair, J.C. (1998). Possible mechanisms of anosognosia: a defect in self-awareness. *Philosophical Transactions of the Royal Society B: Biological Science*, 353, 1903-1909.

Henning, A., Kurtom, M., and Espiridion, E.D. (2019). *A case study of acute stimulant-induced psychosis*. Cureus, 11, e4126.

Hesse, B.E., and Potter, B. (2004). A behavioral look at the training of Alex: a review of Pepperberg's *The Alex Studies: Cognitive and Communicative Abilities of Grey Parrots. The Analysis of Verbal Behavior*, 20, 141-151

Heyes, C.M. 1994. Reflections on self-recognition in primates. *Animal Behaviour*, 47, 909-919.

Heyes, C.M. 1998. Theory of mind in nonhuman primates. *Behavioural and Brain Sciences*, 21, 101-148.

Hilgard, E.R. (1977). Divided Consciousness: *Multiple Controls in Human Thought and Action*. New York: Wiley.

Hirstein, W. (2006). *Brain Fiction*. Cambridge, MA: MIT Press.

Hirstein, W., and Ramachandran, V.S. (1997). Capgras syndrome: a novel probe for understanding the neural representation of the identity and familiarity of persons. *Proceedings of the Royal Society of London Series B*, 264, 437-444.

Hobbes, T. (1668 [1651]). *Leviathan*. Oxford, UK: Oxford University Press.

Hobson, J.A. (2009). REM sleep and dreaming: towards a theory of protoconsciousness. *Nature Reviews Neuroscience*, 10, 803-813.

Hobson, J.A. (2015). *Psychodynamic Neurology: Dreams, Consciousness*, and Virtual Reality. Boca Raton, FL: CRC Press.

Hobson, J.A. (Q2017). Conscious States: *The AIM Model of Waking, Sleeping, and Dreaming*. Scotts Valley, CA: CreateSpace.

Hobson, J.A., and McCarley, R.W. (1977). The

brain as a dream state generator: an activation-synthesis hypothesis of the dream process. *American Journal of Psychiatry*, 134, 1335–1348.

Hobson, J.A., Pace-Schott, E.F., and Stickgold, R. (2000). Dreaming and the brain: toward a cognitive neuroscience of conscious states. *Behavioral and Brain Sciences*, 23, 793–842.

Hoel, E.P., Albantakis, L., and Tononi, G. (2013). Quantifying causal emergence shows that macro can beat micro. *Proceedings of the National Academy of Sciences USA*, 110, 19790–19795.

Hoffman, D.D. (2019). The Case Against Reality: *How Evolution Hid the Truth from Our Eyes*. London: Allen Lane.

Hofmann, A. (2018). *LSD My Problem Child / Insights/ Outlooks (trans. J. Ott, reprint edition)*. Oxford, UK: Beckley Foundation Press.

Hofstadter, D. (1979). *Godel, Escher, Bach: An Eternal Golden Braid*. New York: Basic Books.

Hofstadter, D. (2007). *I Am a Strange Loop*. New York: Basic Books.

Holender, D. (1986). Semantic activation without conscious identification in dichotic listening, parafoveal vision, and visual masking: a survey and appraisal. *Behavioral and Brain Sciences*, 9, 1–66.

Holender, D., and Duscherer, K. (2004). Unconscious perception: The need for a paradigm shift. *Perception and Psychophysics*, 66, 872–881.

Honda, I. (1957). *The Mysterians*. Tokyo, Japan: Toho.

Honorton, C. (1985). Meta-analyses of Psi Ganzfeld research: a response to Hyman. *Journal of Parapsychology*, 49, 52–86.

Hood, B. (2013). *The Self Illusion*. London: Constable.

Horikawa, T., Tamaki, M., Miyawaki, Y., and Kamitani, Y. (2013). Neural decoding of visual imagery during sleep. *Science*, 340, 639–642.

Horne, J. (2006). *Sleepfaring: A Journey Through the Science of Sleep*. Oxford, UK: Oxford University Press.

Horowitz, A. (2017). Smelling themselves: dogs investigate their own odours longer when modified in an 'olfactory mirror' test. *Behavioural Processes*, 143C, 17–24.

Hsu, F.-H. (2002). Behind Deep Blue: Building the Computer that *Defeated the World Chess Champion. Princeton, NJ*: Princeton University Press.

Huber, R., Mäki, H., Rosanova, M., Casarotto, S., Canali, P., Casali, A.G., … Massimini, M. (2013). Human cortical excitability increases with time awake. *Cerebral Cortex*, 23, 332–338.

Hufford, D.J. (1989). *The Terror that Comes in the Night: An Experience-Centered Study of Supernatural Assault Traditions*. Philadelphia, PA: University of Pennsylvania Press.

Hull, C. (1933). *Hypnosis and Suggestibility*: An Experimental Approach. New York: Appleton-Century.

Hull, C. (1940). *Mathematico-Deductive Theory of Rote Learning*. New Haven, CT: Yale University Press.

Hume, D. (1738). *An Enquiry Concerning Human Understanding*. London: Miller.

Humphrey, N. (1984). Consciousness Regained: Chapters in the Development of Mind. Oxford, UK: Oxford University Press.

Humphrey, N. (2006). *Seeing Red: A Study in Consciousness*. Harvard, CT: Harvard University Press.

Humphrey, N. (2011). *Soul Dust: The Magic of Consciousness*. London: Quercus.

Hunter, C.R. (2010). *The Art of Hypnosis: Mastering Basic Techniques* (3rd. ed.). London: Crown House.

Hunter, E.C.M., Charlton, J., and David, A.S. (2017). Depersonalisation and derealisation: assessment and management. *British Medical Journal*, 745, j745.

Husserl, E. (1913). *Logical Investigations*. London: Routledge.

Huxley, A. (1954). *The Doors of Perception*. London: Chatto & Windus.

Hyman, R. (1986). Parapsychological research: a tutorial review and critical appraisal. *Proceedings of the IEEE*, 74, 823-849.

Hyman R. (2010). Meta-analysis that conceals more than it reveals: comment on Storm et al. (2010). *Psychological Bulletin*, 136, 486.

Illes, J., and Sahakian, B.J. (2011). *The Oxford Handbook of Neuroethics*. Oxford, UK: Oxford University Press.

Ilieva, I.P, Hook, C.J., and Farah, M.J. (2015). Prescription stimulants' effects on healthy inhibitory control, working memory, and episodic memory: a metaanalysis. *Journal of Cognitive Neuroscience* 27, 1-21.

Intaite, M., Noreika, V., Šoliunas, A., and Falter, C.M. (2013). Interaction of bottom-up and top-down processes in the perception of ambiguous figures. *Vision Research*, 89, 24-31.

Iremonger, L. (1975). *The Ghosts of Versailles. London*: White Lion.

Irwin, H.J., and Watt, C. (2007). *An Introduction to Parapsychology* (5th ed.). Jefferson, NC: McFarland.

Iwata, K., Yamamoto, M., Nakao, M., and Kimura, M. (1999). A study on polysomnographic observations and subjective experiences under sensory deprivation. *Psychiatry and Clinical Neurosciences*, 53, 129-131.

Iwata, K., Nakao, M., Yamamoto, M., and Kimura, M. (2001). Quantitative characteristics of alpha and theta EEG activities during sensory deprivation. *Psychiatry and Clinical Neurosciences*, 55, 191-192.

Jackson, F. (1986). What Mary didn't know. *Journal of Philosophy*, 83, 291-295.

Jahn, R.G., and Dunne, B.J. (1986). On the quantum mechanics of consciousness, with application to anomalous phenomena. *Foundations of Physics*, 16, 721-772.

Jahoda, G. (1971). Retinal pigmentation, illusion susceptibility and space perception. International *Journal of Psychology*, 6, 199-207.

Jaloba, A., and Nicholson, F. (2014). *The Hypnotherapy Handbook*. Scotts Valley, CA: CreateSpace.

James, W. (1890). *The Principles of Psychology*. New York, NY: Henry Holt.

James, W. (1896). Is *Life Worth Living?* Philadelphia: S. Burns Weston.

James, W. (1902). *The Varieties of Religious Experience*. Reprinted 2012. Riverside, CA: Renaissance Classics.

Jefferson Airplane (1967). *Surrealistic Pillow*. Hollywood, CA: RCA Victor.

Jennett, B. (2002). Editorial: the vegetative state. The definition, diagnosis, prognosis and pathology of this state are discussed, together with the legal implications. *British Medical Journal*, 73, 355-357.

Jerath, R., Barnes, V.A., Dillard-Wright, D., Jerath, S., and Hamilton, B. (2012). Dynamic change of awareness during meditation techniques: neural and physiological Correlates. *Frontiers in Human Neuroscience*, 6, 131.

Johnson, N. (1957). *The Three Faces of Eve*. Los

Angeles, CA: 20th Century Fox.

Johnson-Laird, P.N. (1983). *Mental Models: Towards a Cognitive Science of Language, Inference, and Consciousness*. Cambridge, UK: Cambridge University Press.

Jones, D. (2010). *The Handbook of Psychic Cold Reading*. Milton Keynes, UK: Lightning Source.

Jouvet, M. (1979). What does a cat dream about? *Trends in Neuroscience*, 2, 15–16.

Joyce, J. (1916). *A Portrait of the Artist as a Young Man*. New York: B.W. Huebsch.

Jung, C.G. (1969). *Archetypes and the Collective Unconscious* (Collected works of C.G. Jung, Vol. 9). London: Routledge.

Jung, C.G. (1995). *Memories, Dreams, Reflections*. London: Fontana Press.

Jung, C.G. (2014). *Dreams*. London: Routledge.

Kahn, D., and Hobson, J.A. (2005). State-dependent thinking: a comparison of waking and dreaming thought. *Consciousness and Cognition*, 14, 429–38.

Kahneman, D. (2012). *Tahinking fast and slow*. Harmondsworth, UK: Penguin.

Kallio, S., and Revonsuo, A. (2005). The observer remains hidden. *Contemporary Hypnosis*, 22, 138–143.

Kane, M.J., and McVay, J.C. (2012). What mind wandering reveals about executive-control abilities and failures. *Current Directions in Psychological Science*, 21, 348–354.

Kane, R. (1998). *The Significance of Free Will*. Oxford, UK: Oxford University Press.

Kane, R. (2011). *The Oxford Handbook of Free Will* (2nd ed.). Oxford, UK: Oxford University Press.

Kang, J.-E., Lim, M.M., Bateman, R.J., Lee, J.J., Smyth, L.P., Cirrito, J.R., … Holtzman, D.M. (2009). Amyloid-B dynamics are regulated by Orexin and the sleep-wake cycle. Science, 326, 1005–1007.

Kanwisher, N. (2010). Functional specificity in the human brain: a window into the functional architecture of the mind. *Proceedings of the National Academy of Science*, USA, 107, 11163–11170.

Kätsyri, J., Förger, K., Mäkäräinen, M., and Takala, T. (2015). A review of empirical evidence on different uncanny valley hypotheses: support for perceptual mismatch as one road to the valley of eeriness. *Frontiers in Psychology*, 6, 390.

Katz J., Saadon-Grosman, N., and Arzy, S. (2017). The life review experience: qualitative and quantitative characteristics. *Consciousness and Cognition*, 48, 76–86.

Keller, H. (2012 [1903]). *The Story of my Life*. Mineola, NY: Dover Press.

Kemmerer, D. (2015). *Cognitive Neuroscience of Language*. Hove, Sussex: Psychology Press.

Kentridge, R.W., and Heywood, C.A. (2000). Metacognition and awareness. Consciousness and Cognition, 9, 308–312.

Kesselring, T., and Müller, U. (2011). The concept of egocentrism in the context of Piaget's theory. *New Ideas in Psychology*, 29, 327–345.

Kessels, R.P.C., Kortrijk, H.E., Wester, A.J., and Nys, G.M.S. (2008). Confabulation behavior and false memories in Korsakoff's syndrome: role of source memory and executive functioning. *Psychiatry and Clinical Neurosciences*, 62, 220–225.

Key, B. (2015). Fish do not feel pain and its implications for understanding phenomenal consciousness. *Biological Philosophy*, 30, 149–165.

Kesey, K. (1962). *One Flew Over the Cuckoo's Nest*. New York: Viking Press.

Khait, I., Lewin-Epstein, O., Sharon, R., et al. (2019). Plants emit informative airborne sounds under stress. *bioRxiv* 507590.

Kierkegaard, S. (1980 [1844]). *The Concept of Anxiety*. Princeton, NJ: Princeton University Press.

Kihlstrom, J.F. (1985). Hypnosis. *Annual Review of Psychology*, 36, 385–418.

Kihlstrom, J. (2014). Hypnosis and cognition. *Psychology of Consciousness*: Theory, Research, and Practice, 1, 139–152.

Kihlstrom, J.F. (2018). Hypnosis as an altered state of consciousness. *Journal of Consciousness Studies*, 25, 53–72.

Killingsworth, M.A., and Gilbert, D.T. (2010). A wandering mind is an unhappy mind. *Science*, 330, 932.

Kim, J. (2011). *Philosophy of Mind* (3rd ed.). Philadelphia, PA: Westview Press.

King, H. (1943). *The Song of Bernadette*. Hollywood, CA: 20th Century Fox.

Kingsland, J. (2019). *Am I Dreaming?* The New Science of Consciousness and how Altered States Reboot the Brain. London: Atlantic Books.

Kinsey, A., Pomeroy, W., and Martin, C. (1948). *Sexual Behavior in the Human Male.* Philadelphia: W.B. Saunders.

Kinsey, A., Pomeroy, W., Martin, C., and Gebhard, P. (1953). Sexual Behavior in the Human Female. Philadelphia: W.B. Saunders.

Kinsey Institute (2020). Sex FAQs. Website. https://kinseyinstitute.org/research/index.php

Kirsch, I. (2011). The altered state issue: dead or alive? *International Journal of Clinical and Experimental Hypnosis*, 59, 350–362.

Kleinhauz, M., and Beran, B. (1984). Misuse of hypnosis: a factor in psychopathology. *American Journal of Clinical Hypnosis*, 26, 283–290.

Koch, C. (2004). *The Quest for Consciousness: A Neurobiological Approach*. Englewood, CO: Roberts & Co.

Koch, C. (2012). Consciousness: *Confessions of a Romantic Reductionist*. Cambridge, MA: MIT Press.

Koch, C. (2014). Is consciousness universal? *Scientific American Mind*, 25, 1–6.

Koch, C., and Tsuchiya, N. (2007). Attention and consciousness: two distinct brain processes. *Trends in Cognitive Sciences*, 11, 16–22.

Koch, C., Massimini, M., Boly, M., and Tononi, G. (2016). Neural correlates of consciousness: progress and problems. *Nature Reviews Neuroscience*, 17, 307–321.

Koestler, A. (1959). *The Sleepwalkers*. London: Hutchison.

Köhler, W. (1917). *Intelligenzprüfungen an Menschenaffen*. The Mentality of Apes (1925 English publication). New York, NY: Harcourt, Brace and Company Inc.

Koivisto, M., Kainulainen, P., and Revonsuo, A. (2009). The relationship between awareness and attention: Evidence from ERP responses. *Neuropsychologia*, 47, 2891–2899.

Komatsu, H. (2006). The neural mechanisms of perceptual filling-in. *Nature Reviews Neuroscience*, 7, 220–231.

Koriat, A., and Levy-Sadot, R. (2000). Conscious and unconscious metacognition: A rejoinder. *Consciousness and Cognition*, 9, 193–202.

Kornmeier, J., and Bach, M. (2005). The Necker cube: An ambiguous figure disambiguated in early visual processing. *Vision Research*, 45, 955–960.

Kosslyn, S. (1996). *Imagery and Brain: The Resolution of the Imagery Debate*. Cambridge,

MA: MIT Press.

Kosslyn, S.M., Ganis, G., and Thompson, W.L. (2001). Neural foundations of imagery. *Nature Reviews Neuroscience*, 2, 635–642.

Kotani, Y., Shimazawa, M., Yoshimura, S., Iwama, T., and Hara, H. (2008). The experimental and clinical pharmacology of propofol, an anesthetic agent with neuroprotective properties. *CNS Neuroscience and Therapeutics*, 14, 95–106.

Kotov, A. (1971). *Think Like a Grandmaster*. London: Batsford.

Kouider, S., de Gardelle, V., Sackur, J., and Dupoux, E. (2010). How rich is consciousness? The partial awareness hypothesis. *Trends in Cognitive Sciences*, 14, 301–307.

Kouider, S., Stahlhut, C., Gelskov, S.V., Barbosa, L.S., Dutat, M., De Gardelle, V., ··· Dehaene-Lambertz, G. (2013). A neural marker of perceptual consciousness in infants. *Science*, 376, 376–380.

Kozhevnikov, M., Elliott, J., Shephard, J., and Gramann, K. (2013). Neurocognitive and somatic components of temperature increases during g-tummo meditation: legend and reality. *PLoS ONE*, 8, 1–12.

Krebs, T.S., and Johansen, P.Ø. (2013). Psychedelics and mental health: a population study. *PloS One*, 8, e63972.

Kreiman, G., Koch, C., and Fried, I. (2000). Categoryspecific visual responses of single neurons in the human medial temporal lobe. *Nature Neuroscience*, 3, 946–953.

Kring, A.M., and Johnson, S.L. (2013). Abnormal Psychology (12th ed.). Singapore: *Wiley*.

Kubrick, S. (1968). 2001: *A Space Odyssey*. UK: Stanley Kubrick Productions.

Kühl, H.S., Kalan, A.K., Arandjelovic, M., et al. (2016). Chimpanzee accumulative stone throwing. *Scientific Reports*, 6, 1–8.

Kung, S., Espinel, Z., and Lapid, M.I. (2012). Treatment of nightmares with prazosin: a systematic review. *Mayo Clinic Proceedings*, 87, 890–900.

Kurzweil, R. (2005). *The Singularity is Near*. New York: Penguin Group.

Kurzweil, R., and Grossman, T. (2004). *Fantastic Voyage: Live Long Enough to Live for Ever*. Emmaus, PA: Rodale.

Kurzweil, R., and Grossman, T. (2009). *Transcend*. New York: Rodale.

Kuyken, W., Hayes, R., Barrett, B., et al.(2015). The effectiveness and cost-effectiveness of mindfulnessbased cognitive therapy compared with maintenance antidepressant treatment in the prevention of depressive relapse or recurrence (PREVENT): results of a randomised controlled trial. *The Lancet*, 386, 63–73.

La Croix, R., Melzack, R., Smith, D., and Mitchell, N. (1992). Multiple phantom limbs in a child. *Cortex*, 28, 503–507.

LaBerge, D. (1997). Attention, awareness, and the triangular circuit. *Consciousness and Cognition*, 6, 149–181.

LaBerge, S., and Rheingold, H. (1990). *Exploring the World of Lucid Dreaming*. New York: Ballantine.

Lagercrantz, H., and Changeux, J.P. (2009). The emergence of human consciousness: from fetal to neonatal life. *Pediatric Research*, 65, 255–260.

Lamme, V.A.F. (2003). Why visual attention and awareness are different. *Trends in Cognitive Sciences*, 7, 12–18.

Lamme, V.A.F. (2010). How neuroscience will change our view on consciousness. *Cognitive Neuroscience*, 1, 204–220.

Lamme, V.A.F., and Roelfsema, P.R. (2000).

The distinct modes of vision offered by feedforward and recurrent processing. *Trends in Neurosciences*, 23, 571–579.

Landry, M., Lifshitz, M., and Raz, A. (2014). Brain correlates of hypnosis: a systematic review and metaanalytic exploration. *Neuroscience and Biobehavioral Reviews*, 81, 75–98.

Lane, T., Duncan, N.W., Cheng, T., and Northoff, G. (2016). The trajectory of the self. *Trends in Cognitive Sciences*, 20, 481–482.

Lang, F. (1927). *Metropolis*. Babelsberg, Germany: UFA.

Langdon R., Connaughton E., and Coltheart M. (2014). The Fregoli delusion: a disorder of person identification and tracking. *Topics in Cognitive Science*, 6, 615–631.

Larsson, M., Larhammarb, D., Fredrikson, M., and Granqvist, P. (2005), Reply to M.A. Persinger and S.A. Koren's response to Granqvist et al. 'Sensed presence and mystical experiences are predicted by suggestibility, not by the application of transcranial weak magnetic fields'. *Neuroscience Letters*, 380, 348–350.

Lau, SH., and Rosenthal, D. (2011). Empirical support for higher-order theories of conscious awareness. *Trends in Cognitive Sciences*, 15, 365–373.

Laureys, S. (2005). Science and society: death, unconsciousness and the brain. *Nature Reviews Neuroscience*, 6, 899–909.

Laureys, S., Gosseries, O., and Tononi, G. (2016). *The Neurology of Consciousness*. New York: Academic Press.

Lazar, S.W., Bush, G., Gollub, R.L., Fricchione, G.L., Khalsa, G., and Benson, H. (2000). Functional brain mapping of the relaxation response and meditation. *Neuroreport*, 11, 1581–1585.

LeCun, Y., Bengio, Y., and Hinton, G. (2015). Deep learning. *Nature*, 521, 436–444.

Lee, H., Xie, L., Yu, M., Kang, H., Feng, T., Deane, R., … Benveniste, H. (2015). The effect of body posture on brain glymphatic transport. *Journal of Neuroscience*, 35, 11034–11044.

Lee, M.A., and Shlain, B. (1985). *Acid Dreams*. New York: Grove Press.

Lee, S.J., Ralston, H.J.P., and Drey, E.A. (2005). Fetal pain: a systematic multidisciplinary review of the evidence. *Journal of the American Medical Association*, 294, 947–954.

Lee, U., Mashour, G.A., Kim, S., Noh, G.J., and Choi, B.M. (2009). Propofol induction reduces the capacity for neural information integration: implications for the mechanism of consciousness and general anesthesia. *Consciousness and Cognition*, 18, 56–64.

Le Moan, Sa., Farup, I., and Blahová, J. (2018). Towards exploiting change blindness for image processing. *Journal of Visual Communication and Image Representation*, 54, 31–38.

Lenggenhager, B., Metzinger, T., and Blanke, O. (2007). Video ergo sum: manipulating bodily selfconsciousness. *Science*, 318, 1096–1100.

Levy, S. (1993). *Artificial Life*. Harmondsworth, UK: Penguin Books.

Lewis, P.A. (2013). *The Secret World of Sleep*. New York: Palgrave Macmillan.

Li, K., and Malhotra, P.A. (2015). Spatial neglect. *Practical Neurology*, 15, 333–339.

Li, S., Callaghan, B.L., and Richardson, R. (2014). Infantile amnesia: forgotten but not gone. *Learning & Memory*, 21(3), 135–139.

Libet, B. (2005). Mind Time: *The Temporal Factor in Consciousness*. Harvard, MA: Harvard University Press.

Lifshitz, M., van Elk, M., and Luhrmann, T.M. (2019). Absorption and spiritual experience: a review of evidence and potential mechanisms. *Consciousness and Cognition*, 73(June), 102760.

Lilienfeld, S.O., Sauvigné, K.C., Lynn, S.J., et al.. (2015). Fifty psychological and psychiatric terms to avoid: a list of inaccurate, misleading, misused, ambiguous, and logically confused words and phrases. *Frontiers in Psychology*, 6, 1–15.

Lim, A., Lozano, A.M., Moro, E., Hamani, C., Hutchison, W.D., Dostrovsky, J.O., et al. (2007). Characterization of REM-sleep associated ponto-geniculo-occipital waves in the human pons. *Sleep*, 30, 823–827.

Lima, J. de, Lloyd-Thomas, A.R., Howard, R.F., Sumner, E., and Quinn, T.M. (1996). Infant and neonatal pain: anaesthetists' perceptions and prescribing patterns. *British Medical Journal*, 313, 787.

Lin, L., Faraco, J., Li, R., Kadotani, H., Rogers, W., Lin, X., Qiu, X., de Jong, P.J., Nishino, S., and Mignot, E. (1999). The sleep disorder canine narcolepsy is caused by a mutation in the hypocretin (orexin) receptor 2 gene. *Cell*, 98, 365–376.

Lindstrom, M. (2011). *Brandwashed: Tricks Companies Use to Manipulate Our Minds and Persuade Us to Buy*. London: Kogan Page.

Lipson, H., and Pollack, J.B. (2000). Automatic design and manufacture of robotic lifeforms. *Nature*, 406, 974–978.

Llewellyn, S. (2013). Such stuff as dreams are made on? Elaborative encoding, the ancient art of memory, and the hippocampus. *Behavioral and Brain Sciences*, 36, 589–607.

Llewellyn, S. (2015). Crossing the invisible line: Creative insight, REM dreaming and psychopathology. *Frontiers in Psychology*, 8, 1824.

Llinás, R. (2002). *I of the Vortex: From Neurons to Self*. Cambridge, MA: MIT Books.

Llinás, R., and Ribary, U. (1992). Rostrocaudal scan in human brain: a global characteristic of the 40-Hz response during sensory input. In E. Basar, and T. Bullock (eds.), *Induced Rhythms in the Brain* (pp. 147–154). Boston: Birkhäuser.

Llinás, R., and Ribary, U. (1993). Coherent 40-Hz oscillation characterizes dream state in humans. *Proceedings National Academy Science* USA, 90, 2078–2081.

Llinás, R., and Ribary, U. (2001). Consciousness and the brain. The thalamocortical dialogue in health and disease. *Annals of the New York Academy of Sciences*, 929, 166–175.

Llinás, R., Ribary, U., Contreras, D., and Pedroarena, C. (1998). The neuronal basis for consciousness. *Philosophical Transactions of the Royal Society of London*, 353, 1841–1849.

Loftus, E. (1996). *Eyewitness Testimony*. Harvard: Harvard University Press.

Loftus E.F., and Ketcham, K. (1994). *The Myth of Repressed Memory: False Memories and Allegations of Sexual Abuse*. New York: St Martin's Press.

Loftus, E., and Ketcham, K. (2000). *The Myth of Repressed Memory: False Memory And Allegations of Sexual Abuse*. London: St. Martin's Press.

Logan, J. (1955). *Picnic*. Los Angeles, CA: Columbia Pictures.

Logothetis, N.K. (2006). Vision: a window into consciousness. *Scientific American*, 295, 4–11.

Lou, H.C., Luber, B., Crupain, M., et al. (2004). Parietal cortex and representation of the mental self. *Proceedings of the National Academy of Sciences*, 101, 6827–6832.

Love (1967). *Forever Changes*. Hollywood, CA: Elektra.

Love, D. (2013). *Are You Dreaming? Exploring Lucid Dreams*. Enchanted Loom Publishing.

Lowe, P. (2012). *The Cambridge Declaration on Consciousness*. Cambridge, UK: University of Cambridge.

Lu, J., Sherman, D., Devor, M., and Saper, C.B. (2006). A putative flip-flop switch for control of REM sleep. *Nature*, 441, 589–594.

Lucchelli, F., and Spinnler, H. (2007). The case of lost Wilma: a clinical report of Capgras delusion. *Neurological Sciences*, 28, 188–195.

Luders, E., Kurth, F., Toga, A.W., Narr, K.L., and Gaser, C. (2013). Meditation effects within the hippocampal complex revealed by voxel-based morphometry and cytoarchitectonic probabilistic mapping. *Frontiers in Psychology*, 4, 398.

Ludlow, P., Nagasawa, Y., and Stoljar, D. (2004). *There's Something About Mary*. Cambridge, MA: MIT Press.

Ludwig, A.M. (1966). Altered states of consciousness. *Archives of General Psychiatry*, 15, 225–234.

Lutz, A., Greischar, L.L., Rawlings, N.B., Ricard, M., and Davidson, R.J. (2004). Long-term meditators self-induce high amplitude gamma synchrony during mental practice. *Proceedings of the National Academy of Sciences*, 101, 16369–16373.

Lutz, A., Slagter, H.A., Dunne, J.D., and Davidson, R.J. (2008). Attention regulation and monitoring in meditation. *Trends in Cognitive Science*, 12, 163–169.

Lynn, S.J., Laurence, J.R., and Kirsch, I. (2015). Hypnosis, suggestion, and suggestibility: an integrative model. *American Journal of Clinical Hypnosis*, 57, 314–329.

Lynn, S.J., Rhue, J.W., and Kirsch, I. (eds.), (1993). *Handbook of Clinical Hypnosis*. Washington, DC: American Psychological Association

Machovec, F. (1988). Hypnosis complications, risk factors, and prevention. *American Journal of Clinical Hypnosis*, 31, 40–49.

Mack, A. (2003). Inattentional blindness: looking without seeing. *Current Directions in Psychological Science*, 12, 180–184.

Mack, A., and Rock, I. (1998). *Inattentional Blindness*. Cambridge, MA: MIT Press.

MacLean, P.D. (1990). *The Triune Brain in Evolution: Role in Paleocerebral Functions*. New York: Plenum Press

MacLeod, C.M. (1975). Long-term recognition and recall following directed forgetting. *Journal of Experimental Psychology: Human Learning and Memory*, 1, 271–279.

MacPhail, E. (1998). *The Evolution of Consciousness*. Oxford, UK: Oxford University Press.

Maddula, M., Lutton, S., and Keegan, B. (2009). Anton's syndrome due to cerebrovascular disease: a case report. *Journal of Medical Case Reports*, 3, 9028.

Malcolm, N. (1959). *Dreaming*. London: Routledge and Kegan Paul.

Maltby, J., Day, L., and Macaskall, A. (2013). *Personality, Individual Differences, and Intelligence* (2nd ed.). Cambridge, UK: Pearson.

Manuello, J., Vercelli, U., Nani, A., Costa, T., and Cauda, F. (2016). Mindfulness meditation and consciousness: an integrative neuroscientific perspective. *Consciousness and Cognition*, 40, 67–78.

Maravita, A., and Iriki, A. (2004). Tools for the body (schema). *Trends in Cognitive Sciences*, 8, 79–86.

Marcel, A.J. (1983a). Conscious and unconscious perception: an approach to the relations between phenomenal experience and perceptual processes. *Cognitive Psychology*, 15, 238–300.

Marcel, A.J. (1983b). Conscious and unconscious perception: experiments on visual masking and word recognition. *Cognitive Psychology*, 15, 197–237.

Marchetti, C., and Della Sala, S. (1998). Disentangling the alien and anarchic hand. *Cognitive Neuropsychiatry*, 3, 191–207.

Markel, H. (2011). *An Anatomy of Addiction: Sigmund Freud, William Halstead, and the Miracle Drug Cocaine*. London: Vintage.

Marois, R., and Ivanoff, J. (2005). Capacity limits of information processing in the brain. *Trends in Cognitive Sciences*, 9, 296–305.

Marshall, P. (1990). *Awakenings*. New York: Lasker/Parkes Productions.

Marten, K., and Psarakos, S. (1995). Using self-view television to distinguish between self-examination and social behavior in the bottlenose dolphin (Tursiops truncatus). *Conscious and Cognition*, 4, 205–224.

Martin, P. (2003). *Counting Sheep*. London: Flamingo.

Martin, W.R., and Fraser H.F. (1961). A comparative study of physiological and subjective effects of heroin and morphine administered intravenously in postaddicts. *Journal of Pharmacology and Experimental Therapeutics*, 133, 388–399.

Mashour, G.A. (2013). Cognitive unbinding: a neuroscientific paradigm of general anesthesia and related states of unconsciousness. *Neuroscience and Biobehavioral Reviews*, 37, 213–223.

Mashour, G.A. (2014). Top-down mechanisms of anesthetic-induced unconsciousness. *Frontiers in Systems Neuroscience*, 8, 1–10.

Mashour, G.A., and Alkire, M.T. (2013). Evolution of consciousness: phylogeny, ontogeny, and emergence from general anesthesia. *Proceedings of the National Academy of Sciences*, 110 (Supplement 2), 10357–10364.

Mashour, G.A., and Hudetz, A.G. (2018). Neural correlates of unconsciousness in large-scale brain networks. *Trends in Neurosciences*, 41, 150–160.

Massimini, M., Ferrarelli, F., Huber, R., Esser, S. K., Singh, H., and Tononi, G. (2005). Breakdown of cortical effective connectivity during sleep. *Science*, 309, 2228–2232.

Massimini, M., Tononi, G., and Andersen, F. (2018). Sizing Up Consciousness: *Towards an Objective Measure of the Capacity for Experience*. Oxford, UK: Oxford University Press.

Mathis, D.A., and Mozer, M.C. (1995). On the computational utility of consciousness. In G. Tesauro, D.S. Touretzky, and T.K. Leen (eds.), *Advances in Neural Information Processing Systems* (Vol. 7). Cambridge, MA: MIT Press, pp. 10–18.

Mathur, M.B., and Reichling, D.B. (2016). Navigating a social world with robot partners: a quantitative cartography of the Uncanny Valley. *Cognition*, 146, 22–32.

Mattelaer, J.J., and Jilek, W. (2007). Koro? The psychological disappearance of the penis. *The Journal of Sexual Medicine*, 4, 1509–1515.

Mazzoni, G., Venneri, A., McGeown, W.J., and Kirsch, I. (2013). Neuroimaging resolution of the altered state hypothesis. *Cortex*, 49, 400–410.

McAllister, M.M. (2000). Dissociative identity disorder: a literature review. *Journal of Psychiatric and Mental Health Nursing*, 7, 25–33.

McCall, S., Vilensky, J.A., Gilman, S., and

Taubenberger, J.K. (2009). The relationship between encephalitis lethargica and influenza: a critical analysis. *Journal of Neurovirology*, 14, 177–185.

McClelland, J.L., and Rumelhart, D.E. (1981). An interactive activation model of context effects in letter perception. Part 1. An account of basic findings. *Psychological Review*, 88, 5, 375–407.

McConkie, G.W., and Currie, C.B. (1996). Visual stability across saccades while viewing complex pictures. *Journal of Experimental Psychology: Human Perception and Performance*, 22, 563–581.

McGeown, W.J., Mazzoni, G., Venneri, A., and Kirsch, I. (2009). Hypnotic induction decreases anterior default mode activity. *Consciousness and Cognition*, 18, 848–855.

McGinn, C. (1989). Can we solve the mind-body problem? *Mind*, 98, 349–366.

McGinn, C. (2000). The Mysterious Flame: *Conscious Minds in a Material World*. New York: Basic Books.

McGreal, C. (2018). *American Overdose*: The Opioid Tragedy in Three Acts. London: Guardian Faber.

McGregor, D.E.G. (1964a). *The Dream World Of Dion McGregor*. London: Decca.

McGregor, D.E.G. (1964b). *The Dream World Of Dion McGregor*. New York: Bernard Geis Associates.

McNally, R.J. (2007). Dispelling confusion about traumatic dissociative amnesia. *Mayo Clinical Proceedings*, 82, 1083–1087.

Mele, A.R. (2014). *Free: Why Science Hasn't Disproved Free Will*. Oxford, UK: Oxford University Press.

Melzack, R., and Wall, P.D. (1965). Pain mechanisms: a new theory. *Science*, 150, 971–979.

Menzel, E., Savage-Rumbaugh, E.S., and Lawson, J. (1985). Chimpanzee (Pan troglodytes) spatial problem solving with the use of mirrors and televised equivalents of mirrors. *Journal of Comparative Psychology*, 99, 211–217.

Merikle, P.M., and Cheesman, J. (1987). Current status of research on subliminal perception. *Advances in Consumer Research*, 14, 298–302.

Metzinger, T. (2004). Being No One: The Self-Model *Theory of Subjectivity*. Cambridge, MA: MIT Press.

Metzinger, T. (2010). *The Ego Tunnel: The Science of the Mind and the Myth of the Self* (reprint edition). New York: Basic Books.

Metzner, R. (1998). Hallucinogenic drugs and plants in psychotherapy and shamanism. *Journal of Psychoactive Drugs*, 30, 333–341.

Middlebrooks, P.G., and Sommer, M.A. (2011). Metacognition in monkeys during an oculomotor task. *Journal of Experimental Psychology Memory*, and Cognition, 27, 325–337.

Mele, A. (2010). *Effective Intentions: The Power of Conscious Will*. Oxford, UK: Oxford University Press.

Milaniak, I., and Widom, C.S. (2015). Does child abuse and neglect increase risk for perpetration of violence inside and outside the home? *Psychological Violence*, 5, 246–255.

Miller, R.D., Ericsson, L.I., Fleisher, L.A., Wiener-Kronish, J.P., Cohen, N.H., and Young, W.L. (2014). *Anesthesia* (8th ed.). Amsterdam: Elsevier.

Milner, P.M. (1974). A model for visual shape recognition. *Psychological Review*, 81, 521–535.

Milton, J., and Wiseman, R. (2001). Does psi exist? Reply to Storm and Ertel (2001). *Psychological Bulletin*, 127, 434–438.

Minh, A., Matheson, F.I., Daoud, N., et al. (2013). Linking childhood and adult criminality: Using a life course framework to examine childhood abuse and neglect, substance use and adult partner violence. *International Journal of Environmental Research and Public Health*, 10, 5470–5489.

Mithen, S.J. (1996). *The Prehistory of the Mind: A Search for the Origins of Art*, Religion, and Science. London: Thames and Hudson.

Mithen, S.J. (2005). *The Singing Neanderthals: The Origins of Music, Language, Mind and Body*. London: Weidenfeld and Nicolson, London.

Mittner, M., Hawkins, G.E., Boekel, W., and Forstmann, B.U. (2016). A neural model of mind wandering. *Trends in Cognitive Sciences*, 20, 570–578.

Miyazaki, M., Hirashima, M., and Nozaki, D. (2010). The 'cutaneous rabbit' hopping out of the body. *Journal of Neuroscience*, 30, 1856–1860.

Mobbs, D. (2012). Response to Greyson et al.: there is nothing paranormal about near-death experiences. *Trends in Cognitive Sciences*, 16, 446.

Mobbs, D., and Watt, C. (2011). There is nothing paranormal about near-death experiences: how neuroscience can explain seeing bright lights, meeting the dead, or being convinced you are one of them. *Trends in Cognitive Sciences*, 15, 447–449.

Modinos, G., Ormel, J., and Aleman, A. (2009). Activation of anterior insula during self-reflection. *PLoS ONE*, 4, e4618.

Mole, C. (2008). Attention in the absence of consciousness? *Trends in Cognitive Sciences*, 12, 44.

Møller, A. (2014). *Pain*, Its Anatomy, Physiology, and Treatment (2nd ed.). Scotts Valley, CA: CreateSpace.

Montemayor, C., and Haladjian, H.H. (2015). *Consciousness, Attention, and Conscious Attention*. Cambridge, MA: MIT Press.

Moody, R. (1975). *Life after Life: The Investigation of a Phenomenon: Survival of Bodily Death*. San Francisco, CA: Harper.

Moorcroft, W.H. (2013). *Understanding Sleep and Dreaming* (2nd ed.). New York: Springer.

Moore, T.M., Scarpa, A., and Raine, A. (2002). A meta-analysis of serotonin metabolite 5-HIAA and antisocial behavior. *Aggressive Behavior*, 28, 299–316.

Morcom, A.M., and Fletcher, P.C. (2007). Does the brain have a baseline? Why we should be resisting a rest. *NeuroImage*, 37, 1073–1082.

Morin, A., and Hamper, B. (2012). Self-reflection and the inner voice: activation of the left inferior frontal gyrus during perceptual and conceptual selfreferential thinking. *The Open Neuroimaging Journal*, 2012, 6, 78–89.

Morin, C.M., Espie, C.A., and Akerstedt, T. (2012). *The Oxford Handbook of Sleep and Sleep Disorders*. Oxford, UK: Oxford University Press.

Moro, V., Pernigo, S., Zapparoli, P., Cordioli, Z., and Aglioti, S.M. (2011). Phenomenology and neural correlates of implicit and emergent motor awareness in patients with anosognosia for hemiplegia. *Behavioural Brain Research*, 225, 259–269.

Morrison, E., and Lamont, F. (1911). *An Adventure*. London: Macmillan.

Mortensen, H.S., Pakkenberg, B., Dam, M., et al. (2014). Quantitative relationships in delphinid neocortex. *Frontiers in Neuroanatomy*, 8, 1–10.

Moruzzi, G., and Magoun, H.W. (1949). Brain stem reticular formation and activation of the EEG. *Electroencephalography and Clinical*

Neurophysiology, 1, 455–473.

Moseley, P., Fernyhough, C., and Ellison, A. (2013). Auditory verbal hallucinations as atypical inner speech monitoring, and the potential of neurostimulation as a treatment option. *Neuroscience and Biobehavioral Reviews*, 37, 2794–2805.

Moss, P.D., and McEvedy, C.P. (1966). An epidemic of over breathing among schoolgirls. *British Medical Journal*, 2, 1295–1300.

Mudrik, L., Faivre, N., and Koch, C. (2014). Information integration without awareness. *Trends in Cognitive Sciences*, 18, 488–496.

Murphy M.J., et al. (2011). Propofol anesthesia and sleep: a high-density EEG study. *Sleep*, 34, 283–291.

Myin-Germeys, I., Oorschot, M., Collip, D., et al. (2009). Experience sampling research in psychopathology: opening the black box of daily life. *Psychological Medicine*, 39, 1533–1547.

Naccache, L. (2018). Why and how access consciousness can account for phenomenal consciousness. *Philosophical Transactions of the Royal Society B: Biological Sciences*, 373, 1–9.

Nagel, T. (1974). What is it like to be a bat? *The Philosophical Review*, 83, 435–450.

Nagel, T. (1979). *Mortal Questions.* Cambridge, UK: Cambridge University Press.

Nakagaki, T., Yamada, H., and Tóth, Á. (2000). Mazesolving by an amoeboid organism. *Nature*, 407, 470.

Nagasawa, Y. (2009). The knowledge argument. In T. Bayne, A. Cleeremans, and P. Wilken, *The Oxford Companion to Consciousness*. Oxford, UK: Oxford University Press, pp.395–397.

Nash, M.R., and Barnier, A.J. (2008). *The Oxford Handbook of Hypnosis: Theory, Research, and Practice. Oxford*, UK: Oxford University Press.

Navon, D., and Gopher, D. (1979). On the economy of the human-processing system. *Psychological Review*, 86, 214–255.

Nelson, A.L., Barlow, G.J., and Doitsidis, L. (2009). Fitness functions in evolutionary robotics: A survey and analysis. *Robotics and Autonomous Systems*, 57, 345–370.

Newberg, A., and Waldman, M.R. (2009). *How God Changes Your Brain*. New York: Ballantine Books.

Newberg, A., and Waldman, M.R. (2016). *How Enlightenment Changes Your Brain*. London: Hay House.

Newman, J., and Baars, B.J. (1993). A neural attentional model for access to consciousness: a global workspace perspective. *Concepts in Neuroscience*, 4, 255–290.

New York Times (2009). When Sartre talked to crabs (it was Mescaline). *The New York Times*. 14 November.

Nicholls, G. (2012). *Navigating the Out-of-Body Experience: Radical New Techniques*. Woodbury, MN: Llewellyn Publications.

Nichols, D.E. (2017). N,N-dimethyltryptamine and the pineal gland: Separating fact from myth. *Journal of Psychopharmacology*, 32, 30–36.

Nielsen, T., and Levin, R. (2007). Nightmares: a new neurocognitive model. *Sleep Medicine Reviews*, 11, 295–310.

Nielsen, T.A., Kuiken, D., Alain, G., Stenstrom, P., and Powell, R.A. (2004). Immediate and delayed incorporations of events into dreams: Further replication and implications for dream function. *Journal of Sleep Research*, 13, 327–336.

Nisbett, R.E., and Wilson, T.D. (1977). Telling more than we can know: verbal reports on mental processes. *Psychological Review*, 84, 231–259.

Noë, A. (ed.) (2002). *Is the Visual World a Grand Illusion?* Charlottesville, VA: Imprint Academic.

Noë, A. (2010). *Out of Our Heads: Why You Are Not Your Brain, and Other Lessons from the Biology of Consciousness*. New York: Hill and Wang.

Nolfi, S., Floreano, D., and Arkin, R.C. (2004). *Evolutionary Robotics: The Biology, Intelligence, and Technology of Self-Organizing Machines*. Cambridge, MA: MIT Press.

Norman, K.A., Polyn, S.M., Detre, G.J., and Haxby, J.V. (2006). Beyond mind-reading: multi-voxel pattern analysis of fMRI data. *Trends in Cognitive Sciences*, 10, 424–430.

Northoff, G., and Bermpohl, F. (2004). Cortical midline structures and the self. *Trends in Cognitive Sciences*, 8, 102e107, 200

Northoff, G., et al. (2006). Self-referential processing in our brain: a meta-analysis of imaging studies on the self. *Neuroimage*, 31, 440–457.

Nosek, B.A., Smyth, F.L., Sriram, N., et al. (2009). National differences in gender-science stereotypes predict national sex differences in science and math achievement. *Proceedings of the National Academy of Science USA*, 106, 1–5.

Nozick, R. (1981). *Philosophical Explanations*. Harvard, MA: Harvard University Press.

Nutt, D. (2012). *Drugs Without the Hot Air*. Cambridge, UK: UIT Cambridge Ltd.

Nyberg, L., Kim, A.S.N., Habib, R., Levine, B., and Tulving, E. (2010). Consciousness of subjective time in the brain. *Proceedings of the National Academy of Sciences* USA, 107, 22356–22359.

Oakley, D.A., and Halligan, P.W. (2010). Psychophysiological foundations of hypnosis and suggestion. In S.J. Lynn, J.W. Rhue, and I. Kirsch (eds.), *Handbook of Clinical Hypnosis*. Washington, DC: American Psychological Association, pp. 79–177.

Oakley, D.A., and Halligan, P.W. (2013). Hypnotic suggestion: opportunities for cognitive neuroscience. *Nature Reviews Neuroscience*, 14, 565–576.

O'Connell, M. (2017). *To Be a Machine*. London: Granta.

O'Regan, J.K., and Noë, A. (2001). A sensorimotor account of vision and visual consciousness. *Behavioral and Brain Sciences*, 24, 939–1031.

Okai, T., Kozuma, S., Shinozuka, N., Kuwabara, Y., and Mizuno, M. (1992). A study on the development of sleep-wakefulness cycle in the human fetus. *Early Human Development*, 29, 391–396.

Olesen, J., Burstein, R., Ashina, M., and Tfelt-Hansen, P. (2009). Origin of pain in migraine: evidence for peripheral sensitisation. *The Lancet Neurology*, 8, 679–690.

Olkowicz, S., Kocourek, M., Luc ˇ an, R.K., et al. (2016). Birds have primate-like numbers of neurons in the forebrain. *Proceedings of the National Academy of Sciences*, 113, 7255–7260.

Olness, K., MacDonald, J.T., and Uden, D.L. (1987). Comparison of self-hypnosis and propranolol in the treatment of juvenile classic migraine. *Pediatrics*, 79, 593–597.

Oppenheim, G.M., and Dell, G.S. (2008). Inner speech slips exhibit lexical bias, but not the phonemic similarity effect. *Cognition*, 106, 528–537.

Oppenheim, G.M., and Dell, G.S. (2010). Motor movement matters: the flexible abstractness of inner speech. *Memory and Cognition*, 38, 1147–1160.

Orwell, G. (1949). *Nineteen Eighty-Four*. London:

Secker & Warburg.

Osvath, M., and Karvonen, E. (2012). Spontaneous innovation for future deception in a male chimpanzee. *PLoS ONE*, 7, 1–8.

Overgaard, M., and Fazekas, P. (2016). Can no-report paradigms extract true correlates of consciousness? *Trends in Cognitive Sciences*, 20, 241–242.

Owen, A. (2018). *Into the Grey Zone*. London: Guardian Books.

Packard, V., and Miller, M.C. (2007). *The Hidden Persuaders* (New edition). New York: Ig Press.

Padzer, L. (1980). *Michelle Remembers*. New York: Pocket Books.

Pagel, J.F. (2000). Nightmares and disorders of dreaming. *American Family Physician*, 61, 2037–2042.

Pahnke, W.N. (1963). *Drugs and mysticism: An analysis of the relationship between psychedelic drugs and the mystical consciousness*. PhD thesis presented to the Committee on Higher Degrees in History and Philosophy of Religion, Harvard University.

Pahnke, W.N. (1966). Drugs and mysticism. *International Journal of Parapsychology*, 8, 295–315.

Paivio, A. (1986). *Mental Representations: A Dual Coding Approach*. New York: Oxford University Press.

Palmer, J. (1997). The challenge of experimenter psi. *European Journal of Parapsychology*, 13, 110–125

Pandolfo, M. (2011). Genetics of epilepsy. *Seminars in Neurology*, 31, 506–518.

Parfit, D. (1984). *Reasons and Persons*. Oxford, UK: Oxford University Press.

Parfit, D. (1987). Divided minds and the nature of persons. In C. Blakemore and S. Greenfield (eds.), *Mindwaves: Thoughts on Intelligence, Identity and Consciousness*. Oxford, UK: B. Blackwell, pp. 19–28.

Parks, T. (2018). *Out of my Head: On the Trail of Consciousness*. London: Harvill Secker.

Parnia, S., Spearpoint, K., de Vos, G., Fenwick, P., Goldberg, D., Yang, J., et al. (2014). AWARE – AWAreness during REsuscitation: A prospective study. *Resuscitation*, 85, 1799–1805.

Parnia, S., Waller, D.G., Yeates, R., and Fenwick P. (2001). A qualitative and quantitative study of the incidence, features and aetiology of near death experiences in cardiac arrest survivors. *Resuscitation*, 48, 149–156.

Pashler, H. (1994). Dual-task interference in simple tasks: data and theory. *Psychological Bulletin*, 116, 220–244.

Passie, T., Halpern, J.H., Stichtenoth, D.O., Emrich, H.M., and Hintzen, A. (2008). The pharmacology of lysergic acid diethylamide: a review. *CNS Neuroscience and Therapeutics*, 14, 295–314.

Patel, G.M., Patel, G.C., Patel, R.B., Patel, J.K., and Patel, M. (2006). Nanorobot: a versatile tool in nanomedicine, *Journal of Drug Targeting*, 14, 63–67.

Patru, M.C., and Reser, D.H. (2015), A new perspective on delusional states: evidence for claustrum involvement. *Frontiers in Psychiatry*, 6, 158.

Payne, B.K., Brown-Iannuzzi, J.L., and Loersch, C. (2016). Replicable effects of primes on human behavior. *Journal of Experimental Psychology: General*, 145, 1269–1279.

Payne, J.D., and Nadel, L. (2004). Sleep, dreams, and memory consolidation: the role of the stress hormone cortisol. *Learning & Memory*, 11, 671–

678.

Pedersen, M.G., Motensen, P.B., Norgaard-Pedersen, B., and Postolache, T.T. (2012). Toxoplasma gondii infection and self-directed violence in mothers. *Archives of General Psychiatry*, 69, 1123–1130.

Penrose, R. (1989). *The Emperor's New Mind: Concerning Computers, Minds, and the Laws of Physics*. Oxford, UK: Oxford University Press.

Penrose, R. (1994). *Shadows of the Mind: A Search for the Missing Science of Consciousness*. London: Vintage Books.

Penrose, R. (1997). *The Large, the Small, and the Human Mind*. Cambridge, UK: University Press.

Pepperberg, I. (2013). *Alex and Me: How a Scientist and a Parrot Discovered a Hidden World of Animal Intelligence – and Formed a Deep Bond in the Process*. London: Scribe Press.

Persinger, M.A. (1987). *Neuropsychological Bases of God Beliefs*. New York: Prager Publishers.

Persinger, M.A. (2001). The neuropsychiatry of paranormal experiences. *The Journal of Neuropsychiatry and Clinical Neurosciences*, 13, 515–524.

Pert, C.B., and Snyder, S.H. (1973). Opiate receptor: demonstration in nervous tissue. *Science*, 179, 1011–1014.

Petkova, V.I., and Ehrsson, H.H. (2008). If I were you: perceptual illusion of body swapping. *PLoS ONE*, 3, 0003832.

Pfeiffer, B. E. (2018). The content of hippocampal 'replay.' *Hippocampus*, October 2017, 1–13.

Philippi, C.L., Feinstein, J.S., and Khalsa, S.S., et al. (2012). Preserved self-awareness following extensive bilateral brain damage to the insula, anterior cingulate, and medial prefrontal cortices. *PLoS ONE*, 7(8).

Piaget, J. (1990). *The Child's Conception of the World*. New York: Littlefield Adams.

Picchioni, D., Duyn, J.H., and Horovitz, S.G. (2013). Sleep and the functional connectome. *NeuroImage*, 80, 387–396.

Pigliucci, M. (2018). *Nonsense on Stilts* (2nd ed.). Chicago, IL: University of Chicago Press.

Pinel, J.P.J., and Barnes, S.J. (2017). *Biological Psychology* (10th ed.). Harlow, UK: Pearson.

Pinto, Y., Neville, D.A., Otten, M., et al. (2017). Split brain: divided perception but undivided consciousness. *Brain*, 140, 1231–1237.

Pitts, M.A., Lutsyshyna, L.A., and Hillyard, S.A. (2018). The relationship between attention and consciousness: an expanded taxonomy and implications for no-report paradigms. Philosophical Transactions of the *Royal Society B: Biological Sciences*, 373, 1–12.

Playfair, G.L. (1980). *This House is Haunted: The True Story of a Poltergeist*. New York: Stein and Day.

Pollan M. (2019). *How to Change Your Mind: The New Science of Psychedelics*. London: Penguin.

Pomara, C., Cassano, T., D'Errico, S., et al. (2012). Data available on the extent of cocaine use and dependence: biochemistry, pharmacologic effects and global burden of disease of cocaine abusers. *Current Medicinal Chemistry*, 19, 5647–5657.

Popper, K. (1959). *The Logic of Scientific Discovery*. Oxford, UK: Routledge.

Portas, C.M., Rees, G., Howseman, A.M., et al. (1998). A specific role for the thalamus in mediating the interaction of attention and arousal in humans. *Journal of Neuroscience*, 18, 8979–8989.

Posner, M.I. (1992). Attention as a cognitive

and neural system. *Current Directions in Psychological Science*, 1, 11–14.

Povinelli, D.J. (1989). Failure to find self-recognition in Asian elephants *(Elephas maximus)* in contrast to their use of mirror cues to discover hidden food. *Journal of Comparative Psychology*, 103, 122–131.

Pratkanis, A.R., Eskenazi, J., and Greenwald, A.G. (1994). What you expect is what you believe (but not necessarily what you get): a test of the effectiveness of subliminal self-help audiotapes. *Basic and Applied Social Psychology*, 15, 251–276.

Premack, D., and Woodruff, G. (1978). Does the chimpanzee have a theory of mind? *Behavioural and Brain Sciences*, 1, 515–526

Price, D.D. (2000). Psychological and neural mechanisms of the affective dimension of pain. *Science*. 288, 1769–1772.

Prigatano, G.P., and Schacter, D.L. (1991). *Awareness of Deficit After Brain Injury: Clinical and Theoretical Issues*. Oxford, UK: Oxford University Press.

Prior, H., Schwarz, A., Güntürkün, O., and De Waal, F. (2008). Mirror-induced behavior in the magpie (Pica pica): evidence of self-recognition. *PLoS Biology*, 6, e202.

Putnam, H. (1981). Reason, *Truth and History*. Cambridge, UK: Cambridge University Press.

Putnam, H. (1988). *Representation and Reality*. Cambridge, MA: MIT Press.

Pylyshyn, Z.W. (1973). What the mind's eye tells the mind's brain: a critique of mental imagery. *Psychological Bulletin*, 80, 1–25.

Pylyshyn, Z.W. (2002). Mental imagery: in search of a theory. *Behavioral and Brain Sciences*, 25, 157–237.

Qaseem, A., Kansagara, D., Forciea, M.A., Cooke, M., Denberg, T.D., Barry, M.J., … Wilt, T. (2016). Management of chronic insomnia disorder in adults: a clinical practice guideline from the American college of physicians. *Annals of Internal Medicine*, 165, 125–133.

Quiroga, R.Q., Kreiman, G., Koch, C., and Fried, I. (2007). Sparse but not 'grandmother-cell' coding in the medial temporal lobe. *Trends in Cognitive Sciences*, 12, 87–91.

Radin, D. (2009). *The Conscious Universe: The Scientific Truth of Psychic Phenomena*. New York: HarperOne.

Raichle, M.E. (1998). Behind the scenes of functional brain imaging: a historical and physiological perspective. *Proceedings of the National Academy of Sciences of the USA*, 95, 765–772.

Raichle, M.E. (2010). The brain's dark energy. *Scientific American*, 302, 44–49.

Raichle, M.E., MacLeod, A.M., Snyder, A.Z., et al. (2001). Inaugural article: a default mode of brain function. *Proceedings of the National Academy of Sciences*, 98, 676–682.

Raimo, E.B., Roemer, R.A., Moster, M., and Shan, Y. (1999). Alcohol-induced depersonalization. *Biological Psychiatry*, 45, 1523–1526.

Rainville, P., Hofbauer, R.K., Paus, T., et al. (1999). Cerebral Mechanisms of Hypnotic Induction. *Journal of Cognitive Neuroscience*, 11, 110–125.

Rainville, P., Hofbauer, R.K., Catherine Bushnell, M., Duncan, G.H., and Price, D.D. (2002). Hypnosis modulates activity in brain structures involved in the regulation of consciousness. *Journal of Cognitive Neuroscience*, 14, 887–901.

Ramachandran, V.S. (1998). *Phantoms in the Brain*. London: Fourth Estate.

Ramachandran, V.S. (2012). *The Tell-Tale Brain*.

London: Windmill Books.

Ramachandran, V.S., and Hubbard, E.M. (2001a). Psychophysical investigations into the neural basis of synaesthesia. *Proceedings of the Royal Society, Series B Biological Sciences*, 268, 979-983.

Ramachandran V.S., and Hubbard E.M. (2001b). Synaesthesia: a window into perception, thought and language. *Journal of Consciousness Studies*, 8, 3-34.

Ramachandran, V. S., Rogers-Ramachandran, D., and Stewart, M. (1992). Perceptual correlates of massive cortical reorganization. *Science*, 258, 7-8.

Ramachandran, V.S., Rogers-Ramachandran, D., and Cobb, S. (1995). Touching the phantom limb. *Nature*, 377, 489-490.

Ramakrishnan, K., and Scheid, D.C. (2007). Treatment options for insomnia. *American Family Physician*, 76, 517-526.

Rampil, I. (1994). Anesthetic potency is not altered after hypothermic spinal cord transection in rats. *Anesthesiology*, 80, 606-610.

Ramis, H. (1993). *Groundhog Day*. Los Angeles, CA: Columbia Pictures.

Randall, D.K. (2012). *Dreamland: Adventures in the Strange World of Sleep*. New York: Norton.

Rankin, A.M., and Philip, P.J. (1963). An epidemic of laughing in the Bukoba district of Tanganyika. *Central African Medical Journal*, 9, 167-170.

Reardon, S. (2017). A giant neuron found wrapped around entire mouse brain. *Nature*, 543, 14-15.

Reber, T.P., Faber, J., Niediek, J., et al. (2017). Singleneuron correlates of conscious perception in the human medial temporal lobe. *Current Biology*, 27, 2991-2998.

Rechtschaffen, A., and Bergmann, B.M. (1995). Sleep deprivation in the rat by the disk-over-water method. *Behavioural Brain Research*, 69, 55-63.

Reed, L. (1967). *Heroin*. Velvet Underground. Velvet Underground and Nico. Hollywood, CA: TTG Studios.

Regalado, A. (2014). *What will it take for computers to be conscious*. MIT Technology Review, 2 October.

Reggia, J., Huang, D., and Katz, G. (2015). Beliefs concerning the nature of consciousness. *Journal of Consciousness Studies*, 22, 146-171.

Reggia, J.A., Katz, G., and Huang, D.W. (2016). What are the computational correlates of consciousness? *Biologically Inspired Cognitive Architectures*, 17, 101-113.

Reinders, A.A., Nijenhuis, E.R., Quak, J., et al. (2006). Psychobiological characteristics of dissociative identity disorder: a symptom provocation study. *Biological Psychiatry*, 60, 730-740.

Reiss, D., and Marino, L. (2001). Mirror self-recognition in the bottlenose dolphin: a case of cognitive convergence. *Proceedings of the National Academy of Sciences*, 98, 5937-5942.

Rendu, W., Beauval, C., Crevecoeur, I., et al. (2016). Let the dead speak … comments on Dibble et al.'s reply to 'Evidence supporting an intentional burial at La Chapelle-aux-Saints'. *Journal of Archaeological Science*, 69, 12-20.

Renfrew, C. (2007). *Prehistory: The Making of the Human Mind*. London: Phoenix.

Rensink, R.A., O'Regan, J.K., and Clark, J. (1997). To see or not to see: the need for attention to perceive changes in scenes. *Psychological Science*, 8, 368-373.

Revonsuo, A. (2000). The reinterpretation of dreams: an evolutionary hypothesis of the function of dreaming. *Behavioral and Brain Sciences*, 23,

877–901.

Revonsuo, A., Kallio, S., and Sikka, P. (2009). What is an altered state of consciousness? *Philosophical Psychology*, 22, 187–204.

Rey, G. (1997). *Contemporary Philosophy of Mind.* London: Wiley.

Reynolds, C. (1987). Flocks, herds, and schools: a distributed behavioral model. *Computer Graphics*, 21, 25–34.

Rhine, J.B. (1934). *Extrasensory Perception*. Boston, MA: Boston Society for Psychical Research.

Rhine, J.B. (1937). *New Frontiers of the Mind.* New York: Farrar and Rinehart.

Rieber, R.W. (2006). *The Bifurcation of the Self: The History and Theory of Dissociation and its Disorders*. Berlin: Springer.

Riemann, D., Berger, M., and Voderholzer, U. (2001). Sleep and depression – results from psychobiological studies: an overview. *Biological Psychology*, 57, 67–103.

Ring, K. (1980). *Life at Death: A Scientific Investigation of the Near-Death Experience*. New York: Coward, McCann, and Geoghegan.

Ritchie, S.J., Wiseman, R., and French, C.C. (2012). Failing the future: three unsuccessful attempts to replicate Bem's 'retroactive facilitation of recall' effect. *PLoS ONE*, 7(3), 1–5.

Rizzolatti, G., and Sinigaglia, C. (2007). *Mirrors in the Brain: How Our Minds Share Actions and Emotions*. Oxford, UK: Oxford University Press.

Roddenberry, G. (1987–1994). *Star Trek: The Next Generation*. Los Angeles, CA: Paramount Domestic Television.

Rohde, M., Luca, M., &and Ernst, M. O. (2011). The rubber hand illusion: Feeling of ownership and proprioceptive drift Do not go hand in hand. *PLoS ONE*, 6(6).

Rose, J.D., Arlinghaus, R., Cooke, S.J., et al. (2014). Can fish really feel pain? *Fish and Fisheries*, 15, 97–133.

Rosenthal, D.M. (2006). *Consciousness and Mind.* Oxford, UK: Oxford University Press.

Rowson, J. (2019). *The Moves that Matter: A Chess Grandmaster on the Game of Life*. London: Bloomsbury.

Royal College of the Physicians of London (1995). Criteria for the diagnosis of brain stem death. *Journal of the Royal College of the Physicians of London*, 29, 381–382.

Ruby, P., Blochet, C., Eichenlaub, J.B., et al. (2013). Alpha reactivity to first names differs in subjects with high and low dream recall frequency. *Frontiers in Psychology*, 4, 1–9.

Russell, B. (1910). Knowledge by acquaintance and knowledge by description. *Proceedings of the Aristotelian Society*, 11, 108–128.

Russell, B. (1912). *The Problems of Philosophy*. Oxford, UK: Oxford University Press.

Russell, I.F., and Wang, M. (2001). Absence of memory for intra-operative information during surgery with total intravenous anaesthesia. *British Journal of Anaesthesia*, 86, 196–202.

Saadah, E.S.M., and Melzak, R. (1994). Phantom limb experiences in congenital limb-deficient adults. *Cortex*, 30, 479–485.

Sabah, M., Mulcahy, J., and Zeman, A. (2012). Herpes simplex encephalitis. *British Medical Journal*, 344(Jun06 2), e3166–e3166.

Sacks, O. (1970). *Migraine*. New York: Vintage Books.

Sacks, O. (1973). *Awakenings*. London: Duckworth.

Sacks, O. (1985). *The Man who Mistook his Wife for a Hat*. London: Duckworth.

Sacks, O. (2007). *Musicophilia: Tales of Music and*

the Brain. London: Picador.

Sadler, M., and Regan, N. (2019). *Game Changer: AlphaZero's Groundbreaking Chess Strategies and the Promise of AI*. Netherlands: New in Chess.

Sandberg, A. (2014). Ethics of brain emulations, *Journal of Experimental and Theoretical Artificial Intelligence*, 26, 439–457

Sandberg, A., and Bostrom, N. (2008). *Whole Brain Emulation: A Roadmap*. Technical Report 2008–03. Oxford, UK: University of Oxford.

Sarbey, B. (2016). Definitions of death: brain death and what matters in a person. *Journal of Law and the Biosciences*, 3, 743–752.

Sarbin, T.R., and Coe, W.C. (1972). *Hypnosis: A Social Psychological Analysis of Influence Communication*. New York: Holt, Rinehart and Winston.

Saroka, K., Mulligan, B.P., Murphy, T.R., and Persinger, M.A. (2010). Experimental elicitation of an out of body experience and concomitant crosshemispheric electroencephalographic coherence. *NeuroQuantology*, 8, 466–477.

Sartori, P. (2008). *The Near-Death Experiences of Hospitalised Intensive Care Patients: A Five Year Clinical Study*. New York: Edwin Mellen Press.

Sartre, J-.P. (1929). *La Nausée* [Nausea]. Paris: Éditions Gallimard.

Savage-Rumbaugh, S. (1996). *Kanzi: The Ape at the Brink of the Human Mind*. New York: Wiley.

Schacter, D.L. (1976). The hypnagogic state: a critical review of the literature. *Psychological Bulletin*, 83, 452–481.

Schacter, D.L., Addis, D.R., and Buckner, R.L. (2007). Remembering the past to imagine the future: the prospective brain. *Nature Reviews Neuroscience*, 8, 657–661.

Schick, T., and Vaughn, L. (2019). *How to Think About Weird Things*. New York: McGraw-Hill.

Schiff, N.D. (2008). Central thalamic contributions to arousal regulation and neurological disorders of consciousness. *Annals of the New York Academy of Sciences*, 1129, 105–118.

Schjoedt, U. (2009). The religious brain: a general introduction to the experimental neuroscience of religion. *Method and Theory in the Study of Religion*, 21, 310–339.

Schmeidler, G.R. (1952). Personal values and ESP scores. *Journal of Abnormal and Social Psychology*, 47, 757–761.

Schmeidler, G.R. (1997). Psi-conducive experimenters and psi-permissive ones. *European Journal of Parapsychology*, 13, 83–94.

Schnall, S., Bentos, J., and Harvey, S. (2008). With a clean conscience: cleanliness reduces the severity of moral judgments, *Psychological Science*, 19, 1219–1222.

Schneider, S., and Velman, M. (2017). *The Blackwell Companion to Consciousness*. Oxford, UK: Blackwell.

Schneider, W., and Shiffrin, R.M. (1977). Controlled and automatic human information processing: 1. Detection, search, and attention. *Psychological Review*, 84, 1–66.

Schredl, M. (2008). Dream recall frequency in a representative German sample. *Perceptual and Motor Skills*, 106, 699–702.

Schredl, M. (2011). Dream research in schizophrenia: methodological issues and a dimensional approach. *Consciousness and Cognition*, 20, 1036–1041.

Schulz, H. (2008). Rethinking sleep analysis. Journal

of Clinical Sleep Medicine, 4, 99–103.

Schurger, A., Mylopoulos, M., and Rosenthal, D. (2016). Neural antecedents of spontaneous voluntary movement: a new perspective. *Trends in Cognitive Sciences*, 20, 77–79.

Schwartz, J.M. (2017). *Brain Lock* (20th anniversary edition). New York: Harper Perennial.

Scoboria, A., Wade, K.A., Lindsay, D.S., Azad, J., Strange, D., Ost, J., et al. (2017). A mega-analysis of memory reports from eight peer-reviewed false memory implantation studies. *Memory*, 25, 146–163.

Scott, N., Hanstock, T.L., and Thornton, C. (2014). Dysfunctional self-talk associated with eating disorder severity and symptomatology. *Journal of Eating Disorders*, 2, 1–11.

Scott, R. (1982). *Blade Runner. Burbank*, CA: Warner Bros.

Scoville, W.B., and Milner, B. (1957). Loss of recent memory after bilateral hippocampal lesions. *Journal of Neurology, Neurosurgery and Psychiatry*, 20, 11–21.

Seager, W. (2016). *Theories of Consciousness* (2nd ed.). London: Routledge.

Seager, W., and Allen-Hermanson, S. (2015). Panpsychism. *The Stanford Encyclopedia of Philosophy* (Fall 2015 Edition), Edward N. Zalta (ed.).

Searle, J.R. (1980). Minds, brains and programs. *Behavioral and Brain Sciences*, 3, 417–457.

Searle, J.R. (1997). *The Mystery of Consciousness*. New York: not, *The New York Review of Books*.

Searle, J.R. (2004). *Mind: A Brief Introduction*. New York: Oxford University Press.

Searle, J.R. (2014). What your computer can't know. *The New York Review of Books*, 9 October 2014, p. 54.

Sebel P.S., Bowdle, T.A., Ghoneim M.M., et al. (2004). The incidence of awareness during anesthesia: a multicenter United States study. *Anesthesia and Analgesia*, 99, 833–839.

Semba, K. (1993). Aminergic and cholinergic afferents to REM sleep induction regions of the pontine reticular formation in the rat. *Journal of Comparative Neurology*, 330, 543–556.

Sergent, C., and Dehaene, S. (2004). Is consciousness a gradual phenomenon? Evidence for an all-or-none bifurcation during the attentional blink. *Psychological Science*, 15, 720–728.

Shallice, T., Burgess, P., and Robertson, I. (1996). The domain of supervisory processes and temporal organisation of behaviour. *Philosophical Transactions of the Royal Society, Series* B, 351, 1405–1412.

Shallice, T., and Cooper, R.P. (2011). *The Organisation of Mind*. Oxford, UK: Oxford University Press.

Shapiro, L. (2017). *The Routledge Handbook of Embodied Cognition*. Oxford, UK: Routledge.

Shaw, R.C., and Clayton, N.S. (2013). Careful cachers and prying pilferers: Eurasian jays (Garrulus glandarius) limit auditory information available to competitors. *Proceedings of the Royal Society, Biological sciences*, 280, 20122238.

Shea, N., and Frith, C.D. (2019). The global workspace needs metacognition. *Trends in Cognitive Sciences*, 23, 560–571.

Shermer, M. (1994). *Why People Believe Weird Things: Pseudoscience, Superstition, and Other Confusions of Our Time*. London: Souvenir.

Shermer, M. (2018). *Heavens on Earth: The Scientific Search for the Afterlife, Immortality, and Utopia*. New York: Henry Holt and Company.

Sherwood, S., and Roe, C. (2003). A review of dream ESP studies conducted since the Maimonides dream ESP programme. *Journal of Consciousness Studies*, 6, 85–109.

Shettleworth, S.J. (2010). Clever animals and killjoy explanations in comparative psychology. *Trends in Cognitive Sciences*, 14, 477–481.

Shevel, E. (2011). The extracranial vascular theory of migraine: a great story confirmed by the facts. Headache: *The Journal of Head and Face Pain*, 51, 409–417.

Shimmamura, A. (1992). Organic amnesia. In L.R. Squire (ed.), *Encyclopedia of Learning and Memory*. New York: Macmillan, pp. 30–35.

Siclari, F., Baird, B., Perogamvros, L., Bernardi, G., LaRocque, J.J., Riedner, B., … Tononi, G. (2017). The neural correlates of dreaming. *Nature Neuroscience*, 20, 872–878.

Silver, D., Hubert, T., Schrittwieser, J., et al. (2018). A general reinforcement learning algorithm that masters chess, shogi, and Go through self-play. *Science*, 362, 1140–1144.

Silver, N. (2012). *The Signal and the Noise: The Art and Science of Prediction*. London: Allen Lane.

Simeon, D. (2004). Depersonalisation disorder: a contemporary review. *CNS Drugs*, 18, 343–354.

Simons, D., Silveira, W.R. (1994). Post-traumatic stress disorder in children after television programmes. *British Medical Journal*, 308, 389.

Simons, D.J., and Chabris, C.F. (1999). Gorillas in our midst: sustained inattentional blindness for dynamic events. *Perception*, 28, 1059–1074.

Simons, D.J., and Levin, D.T. (1997). Change blindness. *Trends in Cognitive Sciences*, 1, 261–267.

Simons, D.J., and Rensink, R.A. (2005). Change blindness: past, present, and future. *Trends in Cognitive Sciences*, 9, 16–20.

Singer, P. (1990 [1975]). *Animal Liberation*. New York: Avon Books.

Sinnott-Armstrong, W., and Nadel, L. (2010). Conscious Will and Responsibility: *A Tribute to Benjamin Libet*. Cambridge, MA: Oxford University Press.

Sio, U.N., and Ormerod, T.C. (2009). Does incubation enhance problem solving? A meta-analytic review. *Psychological Bulletin*, 135, 94–120.

Sizemore, C.C. (1977). *I'm Eve*. New York: Doubleday.

Slater, E., and Beard, A.W. (1963a). The schizophrenialike psychoses of epilepsy: i. Psychiatric aspects. *British Journal of Psychiatry*, 109, 95–112.

Slater, E., and Beard, A.W. (1963b). The schizophrenialike psychoses of epilepsy: v. Discussion and conclusions. *British Journal of Psychiatry*, 109, 143–150.

Slater, M., Spanlang, B., Sanchez-Vives, M.V., and Blanke, O. (2010). First person experience of body transfer in virtual reality. *PLoS ONE*, 5, 1–9, 0010564.

Slavick-Lennard, K. (2013). *Sleep Talkin' Man*. New York: Black Cat.

Smallwood, J., and Schooler, J.W (2006). The restless mind. *Psychological Bulletin*, 132, 946–958.

Smallwood, J., and Schooler, J.W. (2015). The science of mind wandering: empirically navigating the stream of consciousness. *Annual Review of Psychology*, 66, 487–518.

Smart, J.J.C. (1959). Sensations and brain processes. *Philosophical Review*, 68, 141–156.

Smith J.D., Couchman, J.J., and Beran, M.J. (2014). Animal metacognition: a tale of two comparative psychologies. *Journal of Comparative Psychology*, 128, 115–131.

Smith, J.D., Schull, J., Strote, J., et al. (1995). The uncertain response in the bottlenosed dolphin

(Tursiops truncates). *Journal of Experimental Psychology*: General, 124, 391–408.

Smith, J.D., Zakrzewski, A.C., and Church, B.A. (2016). Formal models in animal-metacognition research: the problem of interpreting animals' behavior. *Psychonomic Bulletin and Review*, 23, 1341–1353.

Smythies J.R., Morin R.D., and Brown, G.B. (1979). Identification of dimethyltryptamine and O-methylbufotenin in human cerebrospinal fluid by combined gas chromatography/mass spectrometry. *Biological Psychiatry*, 14, 549–56.

Sneddon, L.U., and Leach, M.C. (2016). Anthropomorphic denial of fish pain. *Animal Sentience*, 3, 1–4.

Sneddon, L.U., Braithwaite, V.A., and Gentle, M.J. (2003). Do fishes have nociceptors? Evidence for the evolution of a vertebrate sensory system. *Proceedings of the Royal Society B: Biological Sciences*, 270, 1115–1121.

Solms, M. (2000). Dreaming and REM sleep are controlled by different brain mechanisms. *Behavioral and Brain Sciences*, 23, 843–850.

Soon, C.S., Brass, M., Heinze, H., and Haynes, J.D. (2008). Unconscious determinants of free decisions in the human brain. *Nature Neuroscience*, 11, 543–545.

Spanos, N. P. (1983). The hidden observer as an experimental creation. *Journal of Personality and Social Psychology*, 44, 170–176.

Spanos, N.P. (1986). Hypnotic behavior: a socialpsychological interpretation of amnesia, analgesia, and 'trance logic.' *Behavioral and Brain Sciences*, 9, 449–467.

Spanos, N.P. (1989). *Hypnosis: The Cognitive-Behavioral Perspective*. New York: Prometheus Press.

Sparrow, G., Hurd, R., Carlson, R., and Molina, A. (2018). Exploring the effects of galantamine paired with meditation and dream reliving on recalled dreams: toward an integrated protocol for lucid dream induction and nightmare resolution. *Consciousness and Cognition*, 63, 74–88.

Squire, L.R. (2009). The legacy of patient H.M. for neuroscience. *Neuron*, 61, 6–9.

Squire L.R., et al. (2010). Role of the hippocampus in remembering the past and imagining the future. *Proceedings of the National Academy of Sciences USA*, 107, 19044–19048.

Srinivasan, V., Pandi-Perumal, S.R., Trakht, I., et al. (2009). Pathophysiology of depression: role of sleep and the melatonergic system. *Psychiatry Research*, 165, 201–214.

Srivastava, A., McNeill, D., and Ip, R. (2013). The importance of thalamic connections: cognition, arousal, and behavior in thalamic stroke. *Journal of Neuropsychiatry and Clinical Neurosciences*, 25, E63–E64.

Stallman, H.M., and Kohler, M. (2016). Prevalence of sleepwalking: a systematic review and meta-analysis. *PLoS ONE*, 11, 1–20

Stam, H.J., and Spanos, N.P. (1980). Experimental designs, expectancy effects, and hypnotic analgesia. *Journal of Abnormal Psychology*, 89, 751–762.

Statland, B.E., and Demas, T.J. (1980). Serum caffeine half-lives. Healthy subjects vs. patients having alcoholic hepatic disease. *American Journal of Clinical Pathology*, 73, 390–393.

Stein, M.B., and Uhde, T.W. (1989). Depersonalization disorder: effects of caffeine and response to pharmacotherapy. *Biological Psychiatry*, 26, 315–320.

Sternberg, R.J. (1986). Inside intelligence. *American*

Scientist, 74, 137–143.

Stevenson, I. (1988). *Twenty Cases Suggestive of Reincarnation. Charlottesville*, VA: University of Virginia Press.

Stevenson, I. (2001). *Children who Remember Previous Lives: A Question of Reincarnation.* Jefferson, NC: McFarland & Co.

Stickgold, R. (1998). Sleep: off-line memory reprocessing. *Trends in Cognitive Sciences*, 2, 484–492

Stone, A., and Young, A.W. (1997). Delusions and brain injury: the philosophy and psychology of belief. *Mind and Language*, 12, 327–364.

Storm, L., Tressoldi, P.E., and Di Risio, L. (2010). Meta-analysis of free-response studies, 1992–2008: assessing the noise reduction model in parapsychology. *Psychological Bulletin*, 136, 471–485.

Strassman, R.J. (2001). *DMT: The Spirit Molecule. A Doctor's Revolutionary Research into the Biology of Near-Death and Mystical Experiences*. Rochester, VT: Park Street.

Strassman, R.J. (2014). *DMT and the Soul of Prophecy: A New Science of Spiritual Revelation in the Hebrew Bible*. Rochester, VT: Park Street Press.

Strawson, G. (2006). *Consciousness and its Place in Nature*. Exeter, UK: Imprint Academic.

Strawson, G. (2018). *Things that Bother Me*. New York: New York Review of Books.

Strawson, P.F. (1962). Freedom and resentment. *Proceedings of the British Academy*, 48, 1–25.

Stumbrys, T., Erlacher, D., Schädlich, M., and Schredl, M. (2012). Induction of lucid dreams: a systematic review of evidence. *Consciousness and Cognition*, 21, 1456–1475.

Suddendorf, T. (2013). *The Gap: The Science of What Separates Us from Other Animals*. New York: Basic Books.

Suddendorf, T., and Corballis, M.C. (2007). The evolution of foresight: what is mental time travel and is it unique to humans? *Behavioral and Brain Sciences*, 30, 299–313.

Suddendorf, T.R., Addis, D.R., and Corballis, M.C. (2009). Mental time travel and the shaping of the human mind. *Philosophical Transactions of the Royal Society of London*, B, 364, 1317–1324.

Suedfeld, P., and Baker-Brown, G. (1987). Restricted environmental stimulation therapy of smoking: a parametric study. *Addictive Behaviors*, 12, 263–267

Sui, J. (2016). Self-reference acts as a golden thread in binding. *Trends in Cognitive Sciences*, 20, 482–483.

Sui, J., and Humphreys, G.W. (2015). The integrative self: how self-reference integrates perception and memory. *Trends in Cognitive Sciences*, 19, 719–728.

Sulloway, F.J. (1979). *Freud, Biologist of the Mind*. Harvard: Harvard University Press.

Sundberg, M.L. (1996). Toward granting linguistic competence to apes: a review of Savage-Rumbaugh et al.'s language comprehension in ape and child. *Journal of the Experimental Analysis of Behaviour*, 65, 477–492.

Sundquist, J., Lilja, A., Palmér, K., et al. (2014). Mindfulness group therapy in primary care patients with depression, anxiety and stress and adjustment disorders: randomised controlled trial. *British Journal of Psychiatry*, 206, 128–135.

Sunstein, C.R., and Thaler, R.A. (2009). *Nudge: Improving Decisions About Health, Wealth and Happiness*. Harmondsworth, UK: Penguin.

Sutherland, S. (1989). Consciousness. *Macmillan*

Dictionary of Psychology. London: Macmillan.

Swan, I. (2018). *Everybody's guide to natural ESP: nlocking the extrasensory power of your mind*. Agoura Hills, CA: Swann-Ryder Productions.

Symons, C., and Johnson, B.T. (1997). The self-reference effect in memory: a meta-analysis. *Psychological Bulletin*, 121, 371–394.

Szelenberger, W.S., Niemcewicz, S., and Dabrowska, A.J. (2005). Sleepwalking and night terrors: psychopathological and psychophysiological correlates. *International Review of Psychiatry*, 17, 263–270.

Tagliazucchi, E., Chialvo, D.R., Siniatchkin, M., Brichant, J., and Laureys, S. (2016). Large-scale signatures of unconsciousness are consistent with a departure from critical dynamics. *Journal of The Royal Society Interface*, 13, 1–34T

Tagliazucchi, E., Roseman, L., Kaelen, M., et al. (2016). Increased global functional connectivity correlates with LSD-induced ego dissolution. *Current Biology*, 26, 1043–1050.

Tallis, F. (2012). *Hidden Minds: A History of the Unconscious*. New York: Helios Press.

Talwar, S.K., Xu, S., Hawley, E.S., et al. (2002). Rat navigation guided by remote control. *Nature*, 417, 37–38.

Tamminen, J., Payne, J.D., Stickgold, R., Wamsley, E. J., and Gaskell, M.G. (2010). Sleep spindle activity is associated with the integration of new memories and existing knowledge. *Journal of Neuroscience*, 30, 14356–14360.

Tandy, V., and Lawrence, T. (1998). The ghost in the machine. *Journal of the Society for Psychical Research*, 62, 360–364.

Tang, Y.Y., Hölzel, B.K., and Posner, M.I. (2015). The neuroscience of mindfulness meditation. *Nature Reviews Neuroscience*, 16, 213–225.

Targ, R., and Puthoff, H. (1977). *Mind-Reach*. London: Jonathan Cape.

Tart, C.T. (1988). From spontaneous event to lucidity. In J. Gackenbach and S. LaBerge (eds.), *Conscious Mind, Sleeping Brain*. New York: Springer, pp. 67–103.

Tart, C.T. (1990). Introduction to the first edition. In C.T. Tart (ed.), *Altered States of Consciousness*. San Francisco, CA: HarperCollins.

Taylor, K. (2016). *Brainwashing: The Science of Thought Control*. Oxford, UK: Oxford University Press.

Telford, C., McCarthy-Jones, S., Corcoran, R., and Rowse, G. (2012). Experience sampling methodology studies of depression: the state of the art. *Psychological Medicine*, 42, 1119–1129.

Tellegen A., and Atkinson, G. (1974). Openness to absorbing and self-altering experiences ('absorption'), a trait related to hypnotic susceptibility. *Journal of Abnormal Psychology*, 83, 268–277.

Tennie, C., Jensen, K., and Call, J. (2016). The nature of prosociality in chimpanzees. *Nature Communications*, 7, 13915.

Terhune, D.B., Cleeremans, A., Raz, A., and Lynn, S.J. (2017). Hypnosis and top-down regulation of consciousness. *Neuroscience and Biobehavioral Reviews*, 81, 59–74.

Tero, A., Takagi, S., Saigusa, T., et al. (2010). Rules for biologically inspired adaptive network design. *Science*, 327, 439–442.

The Wachowskis (1999). *The Matrix*. Burbank, CA: Warner Bros.

Thigpen, C.H., and Cleckley, H.M. (1954). A case of multiple personality. *Journal of Abnormal and Social Psychology*, 495, 135–151.

Thigpen, C.H., and Cleckley, H.M. (1992 [1957]).

The Three Faces of Eve (Revised ed.). New York City: McGraw-Hill Education.

Thompson, M. (2020). *Sleep Habits in Different Cultures*. Mattress Advisor, Sleep Resources. www.mattressadvisor.com/anthropology-cultures/

Timmermann, C., Roseman, L., Williams, L., et al. (2018). DMT models the near-death experience. *Frontiers in Psychology*, 9, 1-12.

Tinuper, P., Montagna, P., Medori, R., et al. (1989). The thalamus participates in the regulation of the sleep-waking cycle. a clinico-pathological study in fatal familial thalamic degeneration. *Electroencephalography and Clinical Neurophysiology*, 73, 117-123.

Titkov, E.S. (1976). Characteristics of the daily periodicity of wakefulness and rest in the brown bullhead (Ictalurus nebulosus). *Journal of Evolutionary Biochemistry and Physiology*, 12, 305-309.

Tong, F., Nakayama, K., Vaughan, J.T., and Kanwisher, N. (1998). Binocular rivalry and visual awareness in human extrastriate cortex. *Neuron*, 21, 753-759.

Tononi, G. (2004). An information integration theory of consciousness. *BMC Neuroscience*, 5, 1-22.

Tononi, G. (2008). Consciousness as integrated information: a provisional manifesto. *Biological Bulletin*, 215, 216-242.

Tononi, G. (2012). Phi: *A Voyage from the Brain to the Soul*. New York: Pantheon Books.

Tononi, G., and Cirelli, C. (2006). Sleep function and synaptic homeostasis. *Sleep Medicine Reviews*, 10, 49-62.

Tononi, G., and Edelman, G.M. (1998). Consciousness and complexity. *Science*, 282, 1846-1851.

Tononi, G., and Koch, C. (2008). The neural correlates of consciousness: an update. *Annals of the New York Academy of Sciences*, 1124, 239-261.

Tononi, G., and Koch, C. (2015). Consciousness: here, there and everywhere? *Philosophical Transactions of the Royal Society, Series* B, 370, 20140167.

Tononi, G., and Laureys, S. (2009). The neurology of consciousness: an overview. In S. Laureys and G. Tononi (eds.), *The Neurology of Consciousness*. Amsterdam, The Netherlands: Academic Press, pp. 375-412.

Tononi, G., Boly, M., Massimini, M., and Koch, C. (2016). Integrated information theory: from consciousness to its physical substrate. *Nature Reviews Neuroscience*, 17, 450-461.

Tosches, M.A., Bucher, D., Vopalensky, P., and Arendt, D. (2014). Melatonin signaling controls circadian swimming behavior in marine zooplankton. *Cell*, 159, 46-57.

Treisman, A. (1964). Selective attention in man. *British Medical Bulletin*, 20, 12-16.

Trevena, J.A., and Miller, J. (2002). Cortical movement preparation before and after a conscious decision to move. *Consciousness and Cognition*, 11, 162-190.

Trevena, J., and Miller, J. (2010). Brain preparation before a voluntary action: evidence against unconscious movement initiation. *Consciousness and Cognition*, 19, 447-456.

Tsakiris M., Hesse, M.D, Boy, C., Haggard. P., and Fink, G. R. (2007). Neural signatures of body ownership: a sensory network for bodily self-consciousness. *Cerebral Cortex*, 17, 2235-2244.

Tseng, P., Hsu, T., Muggleton, N.G., et al. (2010). Posterior parietal cortex mediates encoding and maintenance processes in change blindness. *Neuropsychologia*, 48, 1063-1070.

Tsuchiya, N., Wilke, M., Frässle, S., and Lamme, V.A.F. (2015). No-report paradigms: extracting the true neural correlates of consciousness. *Trends in Cognitive Sciences*, 19, 757–770.

Tsushima, Y., Sasaki, Y., and Watanabe, T. (2006). Greater disruption due to failure of inhibitory control on an ambiguous distractor. *Science*, 314, 1786–1788.

Tulving, E. (1985). Memory and consciousness. *Canadian Psychology*, 26, 1–12.

Tulving, E. (2002). Episodic memory: from mind to brain. *Annual Review of Psychology*, 53, 1–25.

Tustin, K., and Hayne, H. (2010). Defining the boundary: age-related changes in childhood amnesia. *Developmental Psychology*, 46, 1049–1061.

Tye. M. (1991). *The Imagery Debate*. Cambridge, MA: MIT Press.

Tye, M. (1995). *Ten Problems of Consciousness*. Cambridge, MA: MIT Press.

Tye, M. (2002). *Consciousness*, Color, and Content. Cambridge, MA: MIT Press.

Tye, M. (2003). *Consciousness and Persons: Unity and Identity*. Cambridge, MA: Bradford Books.

Ullman, M., and Krippner, S. (1969). A laboratory approach to the nocturnal dimension of paranormal experience: report of a confirmatory study using the REM monitoring technique. *Biological Psychiatry*, 1, 259–270.

Ungerleider, L.G., and Mishkin, M. (1982). Two cortical visual systems. In D.J. Ingle, M.A. Goodale, and R.J.W. Mansfield (eds.), *Analysis of Visual Behavior*. Cambridge, MA: MIT Press, pp. 549–586.

Uthaug, M., van Oorsouw, K., Kuypers, K.P.C., et al. (2018). Sub-acute and long-term effects of ayahuasca on affect and cognitive thinking style and their association with ego dissolution. *Psychopharmacology*, 235, 2979–2989.

Uttal, W.R. (2013). *Dualism*. London: Routledge.

Vaitl, D., Gruzelier, J., Jamieson, G.A., et al. (2005). Psychobiology of altered states of consciousness. *Psychological Bulletin*, 131, 98–127.

Valli, K., Revonsuo, A., Pälkäs, O., Ismail, K.H., Ali, K.J., and Punamäki, R.-L. (2005). The threat simulation theory of the evolutionary function of dreaming: evidence from dreams of traumatized children. *Consciousness and Cognition*, 14, 188–218.

Van den Heuvel, M.P., and Sporns, O. (2013). Network hubs in the human brain. *Trends in Cognitive Sciences*, 17, 683–696.

Van Elk, M., and Aleman, A. (2017). Brain mechanisms in religion and spirituality: an integrative predictive processing framework. *Neuroscience and Biobehavioral Reviews*, 73, 359–378.

Van Essen, D.C., Smith, S.M., Barch, D.M., et al. for the WU-Minn HCP Consortium. (2013). The WUMinn Human Connectome Project: an overview. *NeuroImage*, 80, 62–79.

Van Lommel, P. (2011). Near-death experiences: the experience of the self as real and not as an illusion. *Annals of the New York Academy of Sciences*, 1234, 19–28.

Van Lommel, P., Van Wees, R., Meyers, V., and Elfferich, I. (2001). Near-death experience in survivors of cardiac arrest: a prospective study in the Netherlands. *Lancet*, 358, 2039–2045.

Vanderwolf, C.H. (2000). Are neocortical gamma waves related to consciousness? *Brain Research*, 855, 217–224.

Vanhaudenhuyse, A., Demertzi. A., Schabus. M., et al. (2011). Two distinct neuronal networks mediate the awareness of environment and self. *Journal of Cognitive Neuroscience*, 23, 570e578, 20.

Vaso A., Adahan H.M., Gjika A., et al. (2014). Peripheral nervous system origin of phantom limb pain. *Pain*, 155, 1384–1391.

Veatch, R. (1975). The whole-brain-oriented concept of death: an outmoded philosophical formulation. *Journal of Thanatology*, 3, 13–30.

Vilensky, J.A. (ed.). (2011). *Encephalitis Lethargica: During and After the Epidemic*. Oxford, UK: Oxford University Press.

Vimal, R.L.P. (2009). Meanings attributed to the term 'consciousness'. *Journal of Consciousness Studies*, 5, 9–27.

Vogel, G.W., Thurmond, A., Gibbons, P., Sloan, K., and Walker, M. (1975). REM sleep reduction effects on depression syndromes. *Archives of General Psychiatry*, 32, 765–777.

Vogeley, K., and Fink, G.R. (2003). Neural correlates of the first-person-perspective. *Trends in Cognitive Sciences*, 7, 38–42.

Vogeley, K., Kurthen, M., Falkai P., and Maier, W. (1999). Essential functions of the human self model are implemented in the prefrontal cortex. *Consciousness and Cognition*, 8, 343–363.

Vohs, K.D., and Schooler, J.W. (2008). The value of believing in free will: encouraging a belief in determinism encourages cheating. *Psychological Science*, 19, 49–54.

Vollenweider, F.X., and Kometer, M. (2010). The neurobiology of psychedelic drugs: implications for the treatment of mood disorders. *Nature Reviews Neuroscience*, 11, 642–651.

Voss, U., Holzmann, R., Hobson, A., et al. (2014). Induction of self awareness in dreams through frontal low current stimulation of gamma activity. *Nature Neuroscience*, 17, 810–812.

Vrselja, Z., Daniele, S.G., Silbereis, J., et al. (2019). Restoration of brain circulation and cellular functions hours post-mortem. *Nature*, 568, 336–343.

Vygotsky, L. (1934). *Thought and Language*. Trans. 1962. Cambridge, MA: MIT Press.

Waal, F. de (2016). *Are We Smart Enough to Know How Smart Animals Are?* London: Granta.

Wackermann, J., Pütz, P., and Allefeld, C. (2008). Ganzfeld-induced hallucinatory experience, its phenomenology and cerebral electrophysiology. *Cortex*, 44, 1364–1378.

Wade, N. (2006). *Perception and Illusion: Historical Perspectives*. New York: Springer Publishing.

Wagenmakers, E.J., Wetzels, R., Borsboom, D., and van der Maas, H.L.J. (2011). Why psychologists must change the way they analyze their data: the case of Psi. Comment on Bem (2011). *Journal of Personality and Social Psychology*, 100, 426–432.

Walker, M. (2018). *Why We Sleep: The New Science of Sleep and Dreams*. London: Penguin.

Walther, B., and Schulz, H. (2004). Recurrent isolated sleep paralysis: Polysomnographic and clinical findings. *Somnologie – Schlafforschung und Schlafmedizin*, 8, 53–60.

Wamsley, E J., Tucker, M., Payne, J.D., Benavides, J.A., and Stickgold, R. (2010). Dreaming of a learning task is associated with enhanced sleep-dependent memory consolidation. *Current Biology*, 20, 850–855.

Wang, G., Grone, B., Colas, D., Appelbaum, L., and Mourrain, P. (2011). Synaptic plasticity in sleep: learning, homeostasis and disease. *Trends in Neurosciences*, 34, 452–463.

Ward, J. (2008). *The Frog who Croaked Blue: Synesthesia and the Mixing of the Senses*.

London: Routledge.

Ward, J. (2015). *The Student's Guide to Cognitive Neuroscience*. Hove, UK: Psychology Press.

Ward, L.M. (2011). The thalamic dynamic core theory of conscious experience. *Consciousness and Cognition*, 20, 464–486.

Warneken, F., and Tomasello, M. (2006). Altruistic helping in human infants and young chimpanzees. *Science*, 311, 1301–1303.

Waterfield, R. (2002). *Hidden Depths: The Story of Hypnosis*. London: Macmillan.

Waters, F., Chiu, V., Atkinson, A., and Blom, J.D. (2018). Severe sleep deprivation causes hallucinations and a gradual progression toward psychosis with increasing time awake. *Frontiers in Psychiatry*, 9, 1–13.

Watson, D. (2003). To dream, perchance to remember: individual differences in dream recall. *Personality and Individual Differences*, 34, 1271–1286.

Watt, C. (2005). Psychological factors. In J. Henry (ed.), *Parapsychology*. Hove, UK: Routledge. pp. 64–79

Watt, C. (2016). *Parapsychology*. London: Oneworld.

Wearing, D. (2005). *Forever today: A memoir of love and amnesia*. London: Corgi Press.

Wegner, D.M. (2003). *The Illusion of Conscious Will*. Cambridge, MA: MIT Press.

Weiskrantz, L. (1986). *Blindsight: A Case Study and Implications*. Oxford, UK: Oxford University Press.

Weiskrantz, L. (1997). *Consciousness Lost and Found: A Neuropsychological Exploration*. Oxford, UK: Oxford University Press.

Weizenbaum, J. (1966). ELIZA – A computer program for the study of natural language communication between man and machine. *Communications of the ACM*, 9, 36–45.

Wells, H.G. (1898). *The War of the Worlds*. London: Heinemann.

Wegner, D. (2002). *The Illusion of Conscious Control*. Cambridge, MA: MIT Press.

Westphal, J. (2016). *The Mind-Body Problem*. Cambridge, MA: MIT Press.

Westwood, D.A., and Goodale, M.A. (2011). Converging evidence for diverging pathways: neuropsychology and psychophysics tell the same story. *Vision Research*, 51, 804–811.

Whinnery, T., and Forster, E.M. (2013). The +Gz-induced loss of consciousness curve. *Extreme Physiology and Medicine*, 2, 1.

White, J.G., Southgate, E., Thomson, J.N., and Brenner, S. (1986). The structure of the nervous system of the nematode Caenorhabditis elegans. *Philosophical Transactions of the Royal Society, Series B* (Biological Sciences), 314, 1–340.

Whitehead, A.N. (1933). *Adventures of Ideas*. New York: Macmillan.

Whitley, R.J. (2006). Herpes simplex encephalitis: adolescents and adults. *Antiviral Research*, 71, 141–148.

Wickramasekera, I.E. (2015). Mysteries of hypnosis and the self are revealed by the psychology and neuroscience of empathy. *American Journal of Clinical Hypnosis*, 57, 330–348.

Wilcox, T., and Hirshkowitz, A. (2015). An overview of animal models of pain: disease models and outcome measures. *Journal of Pain*, 14, 1–27.

Williams, B.J. (2011). Revisiting the ganzfeld ESP debate: a basic review and assessment. *Journal of Scientific Exploration*, 25, 639–661.

Williams, M., and Penman, D. (2011). *Mindfulness: A Practical Guide to Finding Peace in a Frantic World*. London: Piatkus Books.

Wilson, A.D., and Golonka, S. (2013). Embodied cognition is not what you think it is. *Frontiers in Psychology*, 58, 4.

Wilson, B.A., and Wearing, D. (1995). Prisoner of consciousness: a state of just awakening following herpes simplex encephalitis. In R. Campbell and M.A. Conway (eds.), *Broken Memories: Case Studies in Memory Impairment*. Malden, UK: Blackwell Publishing, pp. 14–30.

Wilson, C. (2004a). *Dreaming to Some Purpose*. London: Century.

Wilson, C. (2005). *G.I. Gurdjieff: The War Against Sleep*. London: Aeon Books.

Wilson, C. (2009). *Super Consciousness: The Quest for the Peak Experience*. London: Watkins.

Wilson, E.O. (2012). *The Social Conquest of Earth*. New York: Liveright Press.

Wilson, H.R., Blake, R., and Lee, S.-H. (2001). Dynamics of travelling waves in visual perception. *Nature*, 412, 907–910.

Wilson, S.C., and Barber, T.X. (1983). The fantasyprone personality: Implications for understanding imagery, hypnosis, and parapsychological phenomena. In A.A. Sheikh (ed.), *Imagery: Current Theory, Research, and Applications*. New York: John Wiley, pp. 340–290.

Wilson, T.D. (2004b). *Strangers to Ourselves: Discovering the Adaptive Unconscious*. Harvard, MA: Harvard University Press.

Wilton, R., and Harley, T.A. (2018). *Science and Psychology*. London: Routledge.

Wiseman, R. (2015). *Paranormality: the science of the supernatural*. London: Pan.

Winawer, J., Witthoft, N., and Frank, M. (2007). Russian blues reveal effects of language on color discrimination. *Proceedings of the National Academy of Science USA*, 104(19).

Windt, J.M. (2013). Reporting dream experience: why (not) to be skeptical about dream reports. *Frontiers in Human Neuroscience*, 7, 708.

Windt, J.M. (2015). *Dreaming. Cambridge*, MA: MIT Press.

Windt, J. M., Nielsen, T., and Thompson, E. (2016). *Does consciousness disappear in dreamless sleep? Trends in Cognitive Sciences*, 20, 871–882.

Winfield, A. (2012). *Robotics: A Very Short Introduction*. Oxford, UK: Oxford University Press.

Winograd, T. (1972). *Understanding natural language*. Cognitive Psychology, 3, 1–191.

Wiseman, R. (2011a). *Quirkology*. London: Pan.

Wiseman, R. (2011b). The haunted brain. *Skeptical Inquirer*, 35, 5. csicop.org.

Wiseman, R. (2011c). *Paranormality: Why We See What Isn't There*. London: Macmillan.

Wiseman, R., and Milton, J. (1999). Experiment one of the SAIC Remote Viewing Program: a critical reevaluation. *Journal of Parapsychology*, 62, 297–308.

Wittgenstein, L. (1953). *Philosophical Investigations*. Oxford, UK: Blackwell.

Wittgenstein, L. (1961). *Tractatus Logico-Philosophicus*. London: Routledge and Kegan Paul.

Wobst, A.H.K. (2007). Hypnosis and surgery: past, present, and future. *Anesthesia and Analgesia*, 104, 1199–1208.

Wolman, D. (2012). The split brain: A tale of two halves. *Nature*, 483, 260–263.

Wright, D.B., Ost, J., and French, C.C. (2006). Recovered and false memories. *The Psychologist*, 19, 352–355.

Wyatt R.J., Gillin J.C., Kaplan J., et al. (1974). N,Ndimethyltryptamine: a possible relationship to schizophrenia? *Advances in Biochemical*

Psychopharmacology, 11, 299–313.

Xie, L., Kang, H., Xu, Q., et al. (2013). Sleep drives metabolite clearance from the adult brain. *Science*, 342, 373–377.

Xu, J., Vik, A., Groote, I.R., et al. (2014). Nondirective meditation activates default mode network and areas associated with memory retrieval and emotional processing. *Frontiers in Human Neuroscience*, 8, 86.

Yang, G., Lai, C.S.W., Cichon, J., et al. (2014). Sleep promotes branch-specific formation of dendritic spines after learning. *Science*, 344, 1173–1178.

Yang, Y. Raine, A., Narr, K.L., Colletti, and Toga, A. W. (2011). Localization of deformations within the amygdala in individuals with psychopathy. *Archives of General Psychiatry*, 66, 986–994.

Yates, J., and Immergut, M. (2017). *The Mind Illuminated*. London: Hay House.

Zadra, A., Desjardins, S., and Marcotte, E. (2006). Evolutionary function of dreams: a test of the threat simulation theory in recurrent dreams. *Consciousness and Cognition*, 15, 450–463.

Zaki, J., Davis, J.I., and Ochsner, K.N. (2012). Overlapping activity in anterior insula during interoception and emotional experience. *NeuroImage*, 62, 493–499.

Zamboni, G., Budriesi, C., and Nichelli, P. (2005). 'Seeing oneself': a case of autoscopy. *Neurocase*, 11, 212–215.

Zeidan, F., Johnson, S.K., Diamond, B.J., David, Z., and Goolkasian, P. (2010). Mindfulness meditation improves cognition: evidence of brief mental training. *Consciousness and Cognition*, 19, 597–605.

Zeki, S. (2003). The disunity of consciousness. *Trends in Cognitive Sciences*, 7, 214–218.

Zeki, S., and Bartels, A. (1998). The asynchrony of consciousness. *Proceedings of the Royal Society B*, 265, 1583–1585.

Zelazo, P.D., Moscovitch, M., and Thompson E. (2007). *The Cambridge Handbook of Consciousness*. Cambridge, UK: Cambridge University Press.

Zimbardo, P.G, Weisenberg, M., Firestone, I., and Levy B. (1969). Changing appetites for eating fried grasshoppers with cognitive dissonance. In P.G. Zimbardo, *The Cognitive Control of Motivation*. Glenview, IL.: Scott Foresman, pp. 100–122.

Zirkel, S., Garcia, J.A., and Murphy, M. C. (2015). Experience-sampling research methods and their potential for education research. *Educational Researcher*, 44, 7–16.

Zou, J., et al. (2016). Binocular rivalry from invisible patterns. *Proceedings of the National Academy of Science USA*, 113, 8408–8413.

색인

한국어	영어	구분	약어	페이지
시상-피질 고리	thalamo-cortical loop	neural correlates of c onsciousness		278-282
시상-피질 공명	thalamo-cortical resonance	brain		261
시상-피질 회로	thalamo-cortical circuit			306
시상피질계	thalamo-cortical system	neural correlates of consciousness		280
시상하부	hypothalamus			188, 310, 315, 318
시주의	visual attention	attention		222
시크교	Sikhism			427
식별	discrimination			402
식욕 부진	anorexia			219
신경 상관물 문제	neural correlates problem	consciousness problems		45, 432-433
신경가소성	neural plasticity			286
신경강화제	neural enhancer (nootropic) drugs			129
신경과학	neuroscience			25, 30-31, 196
신경다윈론	neural Darwinism			282
신경독	neurotoxin			64
신경망(심리학의 연결주의) 접근	neural networks approach	artificial intelligence		114
신경범죄학	neurocriminology	crime and punishment		92
신경보철물	neuroprosthesis	brain		126-127
신경윤리	neuroethics	ethics		92
신경전달물질	neurotransmitters			70, 320-321
신경증	neuroticism			185, 422
신경초	neural sheath			208
신경펩티드	neuropeptides			324
신념	beliefs			164-172
신뢰도	reliability	beliefs		165-166
신비 상태	mystical states	religious experiences		402-403
신비주의	mysterianism			74-76
신체 소유감	body ownership			303
신포유류 피질	neomammalian cortex			274
신피질	neocortex			274
신해리론	neodissociation theory			359
실로시빈	psilocybin			381, 386, 387, 388, 390, 391
실리콘 뇌	silicon brains	functionalism		68-69
실인증	agnosia			356, 257
실체 이원론	substance dualism	dualism		52-53, 74
실험자 효과	experimenter effect	parapsychology research		422
심령술	spiritualism			419

한국어	영어	구분	약어	페이지
철학	philosophy			25-26, 32, 48, 92, 124, 129, 148, 150, 425, 438
철학적 좀비	philosophical zombies	mind-body problem	p-zombies	64
청각 언어 환각	auditory verbal hallucinations		AVH	218
청반	locus coeruleus			224
체감각피질	somatosensory cortex			204
체내 칸나비노이드	endocannabinoid			278
체화된 인지	embodied cognition	artificial intelligence		118-119
초감각 지각	extrasensory perception		ESP	412-413, 416-419
초연결적 특성	hyperassociative nature	dreams		345
초월 의식	transcendental consciousness			399-409
초음파 효과	ultrasound effects	parapsychology		435
초인식	meta-awareness			149, 239
초자연적 신념	supernatural beliefs	beliefs		406
초자연적 현상	paranormal phenomena	parapsychology		411-412
초저주파 효과	infrasound effects			415
초전도 양자 간섭 소자	superconducting quantum interference devices		SQUIDs	269
최면	hypnosis			364
최면 과정	hypnotic process			353-358
최면 수술	hypnosurgery	hypnotic effects		363-364
최면 암시	hypnotic suggestions	hypnotic effects		360
최면 유도	hypnotic induction	hypnotic process		354-355
최면 트랜스	hypnotic trance	hypnotic process		355
최면 효과	hypnotic effects			360-364
최면 후 기억 상실	post-hypnotic amnesia	hypnotic effects		361-362
최면감수성	hypnotisability			355-357, 366, 404
최면술사	hypnotist	hypnotic process		353-358, 362-365
최면의 상태 이론	state theory of hypnosis	hypnosis		358-359
최면제	hypnotic drugs			324
최소한의 의식이 있는 상태	minimally conscious state	consciousness disorders	MCS	288
최소한의 자기	minimal self			188
최신 효과	recency effect	autobiographical memory		192
최적화	optimisation			240
추론 에너지	inference energy			240
측뇌실	lateral ventricles			53, 190
축삭	axon			68
출면상태	hypnopompic state	sleep		314

역자의 말

안녕하세요, 독자 여러분.

이 책은 '의식의 과학'을 다루는 포괄적인 안내서로, 다양한 분야에서 의식을 탐구하고자 하는 모든 분들을 위한 것입니다. 우리는 의식의 본질을 이해하기 위해 철학적, 뇌과학적, 심리학적 관점에서 접근하며, 인간의식뿐만 아니라 동물의식과 기계의식까지도 다룹니다.

의식의 과학을 관통하는 하나의 메시지는 의식이 인간에게만 있는 것인가, 그렇다면 그것은 무엇인가, 어떻게 연구하는가를 탐구하는 것입니다. 의식은 오래전부터 인류의 궁극적 질문 중 하나였습니다. 이 책에서는 의식이 무엇인지, 어떻게 작용하는지, 그리고 그 범위와 한계를 탐구합니다. 철학적 논의부터 시작해, 현대 뇌과학의 발견과 심리학적 연구를 통해 의식의 여러 측면을 조명합니다. 또한, 동물의식과 인공지능의 발전으로 인한 기계의식의 가능성까지도 심도 있게 다루고자 합니다.

이 책은 기존 의식 연구나 논의에서 배제되었던 사례들을 소개하고, 저자의 의견을 개진하며 다양한 논점을 소개합니다. 특히 명상과 초월적 의식 및 경험을 대학교재 차원에서 본격적으로 소개하고 있습니다. 명상이 학술적 연구 주제가 된 만큼, 이 책은 의식의 측면에서 명상을 본격적으로 다루는 거의 최초의 교재입니다. 그만큼 이 책은 의식의 분야와 깊이에 대해 열려있는 태도를 취합니다.

이 책을 번역하는 데 안혜림 박사님의 기여가 컸고, 정영민 학생을 비롯한 KAIST 명상과학연구소 공유랩 학생들의 도움이 컸습니다. 또한, 형설출판사 심효섭 상무님과는 번역서 기획 단계부터 긴밀하게 소통하면서 한국 독자들에게 도움이 되도록 방향을 잡았습니다. 이 지면을 빌려 감사의 마음을 전합니다.

이 책이 여러분께 의식의 다양한 측면을 이해하는 데 도움이 되길 바라며, 의식의 본질을 탐구하는 흥미로운 여정에 함께하시길 기대합니다. 감사합니다.

역자 대표 김은미 드림

의식의 과학

초판 1쇄 인쇄 / 2024년 5월 24일
초판 1쇄 발행 / 2024년 5월 31일

저자 트레버 할리
공역 김은미 · 안혜림
발행처 형설출판사
경기도 파주시 회동길 37-23 · 전화 (031) 955-2361~4 · 팩시밀리 (031) 955-2341
발행인 장진혁
등록 라-제9호 · 1962년 5월 1일
홈페이지 http://www.hyungseul.co.kr
e-mail hs@hyungseul.co.kr

정가 55,000원

ISBN 978-89-472-8677-0 93400